AF278609

LA MÉCANIQUE

A l'Exposition de 1900

TOME I

MACON, PROTAT FRÈRES, IMPRIMEURS

LA
MÉCANIQUE
A l'Exposition de 1900

Publiée sous le Patronage et la Direction technique d'un Comité de Rédaction

COMPOSÉ DE MM.

HATON DE LA GOUPILLIÈRE, G. O. ✳, Membre de l'Institut
Inspecteur général des Mines, *Président*

BARBET, ✳, ingénieur des arts et manufactures.

BIENAYMÉ, C ✳, inspecteur général du génie maritime.

BOURDON (Edouard), O. ✳, constructeur mécanicien, président de la chambre syndicale des mécaniciens.

BRÜLL, ✳, ingénieur, ancien élève de l'Ecole polytechnique, ancien président de la Société des Ingénieurs civils.

COLLIGNON (Ed.), O ✳, inspecteur général des ponts et chaussées en retraite.

FLAMANT, O. ✳, inspecteur général des ponts et chaussées.

IMBS, ✳, professeur au Conservatoire des arts et métiers et à l'Ecole centrale des arts et manufactures.

LINDER, C. ✳, inspecteur général des mines en retraite.

ROZÉ, ✳, répétiteur d'astronomie et conservateur des collections de mécanique à l'École polytechnique.

SAUVAGE, O. ✳, ingénieur en chef des mines, professeur à l'Ecole des mines et au Conservatoire des arts et métiers.

WALCKENAER, O. ✳, ingénieur en chef des mines, professeur à l'École des ponts et chaussées.

RATEAU, ingénieur des Mines.

Secrétaire de la Rédaction : **GUSTAVE RICHARD**, ✳, 44, rue de Rennes.

TOME I

I. Installations mécaniques de l'Exposition.

II. Chaudières à vapeur pour l'industrie et la marine.

III. Machines à vapeur.

IV. Moteurs à gaz, à pétrole et à air comprimé.

V. Moteurs hydrauliques.

PARIS. VI

Vve CH. DUNOD, ÉDITEUR
49, QUAI DES GRANDS-AUGUSTINS, 49

1902

TABLE DES MATIÈRES

LA MÉCANIQUE A L'EXPOSITION

DISTRIBUTION DE L'ÉNERGIE

LES INSTALLATIONS MÉCANIQUES

DE

L'EXPOSITION UNIVERSELLE

Par M. Gabriel Eude.

Avant-propos.

Les dispositions générales de l'Exposition Universelle de 1900 ont été l'objet d'un si grand nombre de publications, qu'il semblerait oiseux d'en donner la description.

Il suffira de rappeler que, depuis 1867, époque où, pour la première fois, le Champ-de-Mars a été utilisé pour une Exposition Universelle, chacune des Expositions qui ont suivi a nécessité l'adjonction de surfaces nouvelles : en 1878, le Trocadéro ; en 1889, l'Esplanade des Invalides et le quai d'Orsay.

Pour 1900, la loi du progrès exigeait des surfaces plus considérables encore, il a fallu, au Champ-de-Mars, au Trocadéro, aux Invalides et au quai d'Orsay, ajouter, sur la rive droite, le quai Debilly, le Cours-la-Reine et la partie des Champs-Élysées autrefois occupée par le Palais de l'Industrie.

Malgré cette addition, qui est loin d'être négligeable, malgré un étage qui règne sur un tiers environ des surfaces des palais du Champ-de-Mars et de l'Esplanade des Invalides [1], les surfaces disponibles étaient encore insuffisantes. Il a fallu chercher ailleurs de quoi abriter d'importants groupements de machines, que diverses considérations ont empêché d'admettre au Champ-de-Mars.

La solution a été trouvée dans l'adjonction d'une importante annexe, située dans la partie du bois de Vincennes qui avoisine le lac Daumesnil. Cette annexe, qui donne une satisfaction partielle aux partisans des Expositions « extra muros » et aux doléances souvent exprimées par les représentants d'un quartier déshérité à cause de son éloignement, recevra les œuvres sociales, habitations ouvrières, etc. Mais son intérêt considérable, au point de vue mécanique, résidera dans la présence des moteurs à gaz pauvre et des moteurs à pétrole, et dans celle, qui en est la conséquence logique, des cycles, des motocycles et des automobiles ; enfin le matériel des chemins de fer viendra ajouter un attrait puissant à cette annexe, que les visiteurs superficiels négligeront peut-être quelque peu, mais à laquelle tous les ingénieurs et tous les professionnels feront de nombreuses visites.

---

1. Se reporter, pour se rendre compte des parties des palais où règne un étage, à la planche I donnant le plan d'ensemble de l'Exposition, et, à droite, à échelle plus grande, les palais du Champ-de-Mars avec les voies de manutention.

Les parties des palais qui sont entourées par des rectangles ou des carrés plus ou moins déformés sont des halls ayant toute la hauteur des palais. Les espaces irréguliers compris entre ces halls représentent les parties des palais où il y a un étage.

La présente étude devant se limiter aux installations faites par l'Administration ou par les Exposants, en vue des services généraux de la force motrice ou de l'éclairage, nous n'aurons pas à nous occuper des constructions de la rive droite, qui sont affectées, d'une part aux Beaux-Arts (Champs-Élysées), d'autre part à des Expositions coloniales françaises ou étrangères (Trocadéro) ou enfin, le long des quais, à des Expositions spéciales (Horticulture, Ville de Paris), ou à des attractions variées.

Sur la rive gauche, nous passerons sans nous arrêter devant les élégantes façades des pavillons des puissances étrangères et devant l'Esplanade des Invalides, qui contiendra pourtant des industries très intéressantes, mais ne se rattachant à la Mécanique que par la force motrice qu'elles emploieront.

Nous arrivons ainsi au Champ-de-Mars, où se trouve concentrée toute l'action mécanique, et où nous devons nous arrêter longuement.

Des constructions qui avaient été édifiées pour l'Exposition de 1889, une seule a survécu — sans parler de la Tour de 300 mètres, qui est une entreprise privée, — c'est l'ancien Palais des Machines.

Encore, cet énorme vaisseau se trouve-t-il complètement transformé par la construction, en son milieu, d'une immense salle des fêtes, pouvant contenir 20.000 personnes, et laissant, à droite et à gauche, deux vastes halls, qui abriteront les groupes de l'Alimentation et de l'Agriculture (groupes VII et X). Du côté La Bourdonnais sera l'Exposition française, et les sections étrangères seront groupées du côté Suffren. L'ancien Palais des Machines devient donc le Palais de l'Alimentation.

Parallèlement à cette construction, et à 40 mètres de distance, ont été élevées, tant du côté Suffren que du côté La Bourdonnais, deux halls de 30 mètres de portée et de 117 mètres de longueur environ, dans la construction desquels ont été utilisées pour partie les fermes de la galerie qui, en 1889, conduisait au Dôme Central. Ils sont placés de part et d'autre du Palais de l'Électricité, gigantesque construction métallique qui masque la partie centrale du Palais des Machines de 1889, et qui forme, avec le vaste motif de décoration du Château d'Eau, le fond du tableau pour les visiteurs regardant du pont d'Iéna vers l'École militaire.

En retour sur ces diverses constructions, et longeant les avenues La Bourdonnais et Suffren, une série de palais, composés de fermes de 27 mètres alternant avec des fermes de 9 mètres [1], recevront les groupes suivants :

Du côté La Bourdonnais :

    Les industries mécaniques et électriques (gr. IV et V), section française ;
    La filature et le tissage (gr. XIII), sections étrangères et section française ;
    Les mines et la métallurgie (gr. XI), sections étrangères et section française ;

Du côté Suffren :

    Les industries mécaniques et électriques (gr. IV et V), sections étrangères ;
    Les industries chimiques (gr. XIV), sections étrangères et section française ;
    Le génie civil et les moyens de transport (gr. VI), sections étrangères et section française ;
    Les lettres, sciences, arts, l'enseignement et l'éducation (gr. I et III), sections étrangères et section française [2].

---

1. Voir la disposition des charpentes sur la planche II à la fin du fascicule.
2. Se reporter au plan général, planche I.

Ainsi qu'on le voit, les groupes XIII et XIV qui, avec les groupes IV et V, comprennent les industries présentant les groupements de machines les plus importants, ont été placés immédiatement à côté de ceux-ci.

D'après le mode de classification adopté, en effet, le matériel et les procédés de fabrication sont placés pour chaque industrie à côté des matières premières et des produits ; et, par suite, les machines de la filature, du tissage et des industries chimiques, parmi lesquelles certaines exigent de la vapeur ou de notables quantités d'eau, ne se trouvant plus dans une galerie unique avec les machines motrices, il convenait de rapprocher du centre de la production de la vapeur les emplacements réservés à ces diverses industries.

Contrairement à ce qui avait été fait dans les Expositions précédentes, toutes les chaudières à vapeur et toutes les machines motrices sont réunies de façon à constituer, en quelque sorte, une station centrale, d'où la force motrice, sous forme de courant électrique, est transmise dans tous les points de l'Exposition.

L'Administration a estimé, en effet, que la caractéristique des progrès réalisés dans l'industrie mécanique, depuis 1889, étant le développement du transport de la force par l'électricité, rien ne pourrait contribuer davantage à donner un cachet particulier à l'Exposition de la fin du siècle, que la suppression, aussi complète que possible, des organes de transmission, et la substitution de l'emploi de l'énergie électrique à celui des arbres et des courroies.

Pour accuser nettement cette évolution, l'attaque d'arbres de transmission par les machines motrices a été rigoureusement proscrite, et la conséquence, qui a permis de restreindre beaucoup les emplacements occupés par les machines motrices, a été que toutes les machines fournissant la force motrice à l'Administration sont des groupes électrogènes, portant directement montée sur leur arbre de couche, et remplaçant ou complétant le volant, la dynamo génératrice d'électricité.

Nous reviendrons plus loin, avec quelques détails, sur les conditions du fonctionnement des groupes électrogènes. Il convient, pensons-nous, de dire d'abord quelques mots sur l'organisation générale des services, et sur la nature des travaux entrepris.

Organisation des services.

Chacun sait que le Commissaire général de l'Exposition est M. Alfred Picard, Inspecteur général des Ponts et Chaussées, président de section au Conseil d'État, Rapporteur général de l'Exposition de 1889.

Sous sa présidence sont réunis cinq Directeurs. La vice-présidence du Comité des Directeurs est attribuée à M. Delaunay-Belleville, président honoraire de la Chambre de Commerce de Paris, nommé aux hautes fonctions de Directeur général de l'Exploitation ; M. Stéphane Dervillé, ancien président du Tribunal de Commerce de la Seine, a été chargé de la section française, avec le titre de Directeur général adjoint.

C'est de la Direction générale de l'Exploitation que dépendent tous les service techniques dont nous aurons à nous occuper :

1º Le Service des installations mécaniques, ingénieur en chef M. Ch. Bourdon, professeur à l'École Centrale, déjà ingénieur des services mécaniques et électriques à l'Exposition de 1889.

2º Le Service des installations électriques, ingénieur en chef M. R.-V. Picou ;

3º Le Service de la manutention et des appareils de levage, ingénieur principal M. Guyenet ;

4º Le Service des installations hydrauliques, ingénieur principal M. Meunier.

Ces divers services ont nécessairement de nombreux points de contact. Aussi, bien que notre programme soit d'exposer les travaux du service des installations mécaniques, nous trouverons-nous dans la nécessité de faire de fréquentes incursions dans les services voisins.

Le Service des installations mécaniques a pour programme d'assurer la production et la transmission de la force motrice.

Nous aurons donc à étudier successivement :

1° **La production de la vapeur**. Cette étude comprendra :
   L'installation des chaudières ;
   Les carneaux de fumée ;
   Les cheminées ;

2° **La distribution de la vapeur**, qui comprendra :
   Les galeries souterraines pour recevoir les canalisations ;
   L'étude des tuyauteries de vapeur ;

3° **La production de la force motrice**. Ce chapitre se subdivisera en :
   Installation des groupes électrogènes ;
   Canalisations d'eau pour la condensation et tuyauterie de purge ;

4° **La distribution de l'énergie**, par câbles électriques ou par transmissions de mouvement.

Nous donnerons en outre quelques indications sur la ventilation de certains palais et sur les appareils de levage destinés spécialement au montage des groupes électrogènes.

PRODUCTION DE LA VAPEUR

INSTALLATION DES CHAUDIÈRES

C'est dans les deux cours de 40 mètres de largeur et de 117 mètres de longueur, qui ont été déjà signalées, entre l'ancien Palais des Machines de 1889 et les galeries de 30 mètres destinées à recevoir les groupes électrogènes, que sont placées les deux usines génératrices de vapeur [1].

Dans chacune de ces usines sont installées des batteries de chaudières fournies par des Exposants, et répondant aux conditions techniques imposées par le Commissaire général, sur la proposition de M. Delaunay-Belleville et sur avis conforme du Comité technique des Machines.

De même qu'en 1889, en effet, il a été institué par arrêté ministériel, auprès du Commissariat général, un Comité technique des Machines, véritable commission consultative composée des sommités de la science et de l'industrie, dont la présidence a été confiée à M. Linder, ancien Inspecteur général des Mines, ancien président du Conseil supérieur des Mines.

Ce Comité technique, composé de soixante et un membres, a désigné dans son sein trois sous-comités, spécialement chargés d'étudier les questions qui seraient proposées à son examen, et de lui soumettre des rapports, sur les conclusions desquels le Comité entier donne son avis.

C'est ainsi que le Sous-Comité des Machines (président, M. Richemond ; rapporteur, M. Hirsch) a été chargé de l'étude des machines motrices proposées pour fournir l'énergie à toute l'Exposition, et, vu l'importance — 36.000 chevaux-vapeur environ — des machines motrices offertes, M. Hirsch et M. Potier n'ont pas dû présenter moins de trois rapports de détail et un rapport général aux Comités techniques des Machines et de l'Électricité, réunis pour la circonstance en séances plénières.

De même, le Sous-Comité des Chaudières (président, M. Michel Lévy ; rapporteur, M. Walckenaer) a été chargé de l'étude des diverses chaudières offertes pour fournir la vapeur destinée aux machines motrices, et cette étude a également demandé quatre rapports à M. Walckenaer.

Enfin, au Sous-Comité des Appareils divers (président, M. Bariquand ; rapporteur, M. Périssé) était réservée l'étude des diverses questions ne rentrant dans aucune des deux catégories précédentes.

Tout d'abord, le Comité technique des Machines a donc, comme il a été dit plus haut, examiné les conditions générales à imposer aux fournisseurs de vapeur.

Ces conditions générales peuvent se résumer comme suit :

1° Les chaudières devront fonctionner uniformément à 11 kilos. Cette pression était imposée par la nécessité d'utiliser indistinctement la vapeur de toutes les chaudières pour le fonctionnement des groupes électrogènes, et ces derniers demandant presque tous de la vapeur à 10 kilos, on voit que la différence de pression entre la chaudière et la boîte de

---

1. Voir la planche II.

distribution a été évaluée à 1 kilo. Les machines qui devront fonctionner à une pression moins élevée seront munies de détendeurs de vapeur.

2° Les constructeurs doivent présenter leurs plans à l'approbation de l'Administration, et le Comité technique détermine la puissance de vaporisation pour laquelle chacune des chaudières peut être admise.

Cette capacité productive, qui dépend de chaque type de chaudière, sera d'ailleurs vérifiée avant la mise en service des chaudières, et ne peut en aucun cas dépasser un maximum de 600 kilos de vapeur par mètre carré de surface de grille.

C'est d'après les chiffres admis par le Comité technique que doit être payée aux fournisseurs de vapeur une première rétribution fixe de 1.500 francs par 1.000 kilos de capacité productive par heure, cette rétribution étant destinée à leur tenir compte des frais d'installation de leurs fondations, qui restent à leur charge ainsi que les massifs des appareils accessoires.

3° Les carneaux généraux de fumée, et les cheminées auxquelles ils aboutissent, sont établis par l'Administration (nous reviendrons plus loin sur cette importante installation); mais les carneaux particuliers, reliant les chaudières aux carneaux généraux, sont à la charge des fournisseurs.

4° L'eau de Seine, sous la pression de 7 mètres environ, venant du bassin supérieur de la grande cascade, est fournie gratuitement aux constructeurs de chaudières. Deux conduites d'alimentation en fonte, de $0^m 200$ de diamètre, desservant les deux façades de chacun des bâtiments, sont établies par le Service des installations hydrauliques ; elles portent des tubulures de 60^{mm}, auxquelles les fournisseurs devront relier leurs réservoirs alimentaires ou leurs pompes.

5° Les collecteurs de vidange sont établis par l'Administration, mais les fournisseurs de vapeur doivent établir eux-mêmes les canalisations y reliant leurs chaudières et les purges de leurs divers appareils.

6° L'Administration établit elle-même un réseau de tuyautages généraux de vapeur, dans les bâtiments des chaudières, et chaque fournisseur doit relier ses chaudières à ces tuyaux.

7° L'Administration, voulant éviter d'évacuer dans l'atmosphère les vapeurs ayant travaillé dans les divers appareils auxiliaires des chaudières, établira des condenseurs indépendants, dans lesquels ces vapeurs seront évacuées, et auxquels les constructeurs auront à relier leurs appareils. Il sera néanmoins établi, à titre de secours, des branchements d'échappement à l'air libre.

8° Les chaudières devront être munies de tous les appareils indicateurs et vérificateurs nécessaires. Elles devront d'ailleurs remplir toutes les conditions de sécurité imposées par les règlements français, ou, pour les chaudières étrangères, par les règlements de leur pays d'origine, lorsque l'équivalence des conditions aura été reconnue.

9° Une prise spéciale de vapeur devra être établie, en aval du robinet de prise de vapeur, pour permettre de mesurer l'eau entraînée.

10° Les foyers seront disposés pour éviter, autant que possible, la production de fumées opaques, et des dispositions seront prévues pour pouvoir analyser les gaz de la combustion et mesurer leur température.

11° Les fournisseurs devront s'approvisionner eux-mêmes du combustible qui leur sera nécessaire, et auront à leur charge les frais de personnel et de surveillance. Mais, par suite d'une entente avec l'Administration de l'octroi, les combustibles destinés aux chaudières bénéficient du tarif réduit de l'entrepôt.

12° Pour éviter la production des poussières, les charbons devront être approvisionnés en sacs. Les escarbilles et cendres devront également être mises en sacs pour être réexpédiées hors de l'Exposition.

13° La quantité d'eau vaporisée par chaque chaudière sera déterminée par les indications d'un compteur établi par chaque fournisseur, et dont la clé restera entre les mains de l'Administration. Les indications de ce compteur seront relevées par les soins du Service des installations mécaniques.

Les constructeurs ne pourront d'ailleurs opérer la vidange de leurs chaudières qu'en présence d'un agent du Service mécanique, de sorte que la seule cause d'erreur pouvant résulter de cette manière d'opérer sera l'écart entre le volume de l'eau à son maximum de densité et celui résultant de la température réelle de l'eau d'alimentation. Mais si l'on réfléchit que cette eau d'alimentation, venant directement de la Seine, aura vraisemblablement une température moyenne de 18° à 20° environ, on voit que l'erreur commise sera pratiquement sans grande importance. En tous cas, l'emploi du compteur est le seul moyen pratique d'évaluation quand il s'agit de quantités d'eau aussi formidables que celles qui seront vaporisées chaque jour par deux batteries comprenant ensemble 92 chaudières.

14° Indépendamment de la rétribution fixe dont il a été question au § 2, l'Administration participera aux dépenses de l'exploitation par une rétribution proportionnelle à la production effective, et fixée à 4 fr. 45 par tonne de vapeur produite.

Cette participation a été déterminée d'après des données relatives aux Expositions de 1878 et 1889, et en tenant compte de ce que les fournisseurs de vapeur, en 1900, n'ont à leur charge ni construction de bâtiment, ni carneaux principaux, ni cheminée. Des ordres de service indiqueront d'ailleurs à chaque fournisseur les heures de marche qui leur seront attribuées chaque jour. L'Administration leur assure un minimum de 500 heures de marche utile.

15° L'installation des chaudières doit être terminée six semaines avant l'ouverture de l'Exposition, afin que l'Administration puisse procéder à tous les essais nécessaires. Des pénalités sont prévues en cas d'interruption dans le service, ou en cas de retard dans l'installation.

Telles sont les principales conditions imposées aux fournisseurs de vapeur, et approuvées par le Comité technique le 5 août 1898.

Dans une séance tenue au mois de mars 1889, le Comité technique des Machines a été d'avis d'ajouter quelques prescriptions supplémentaires :

1° La plupart des chaudières en service à l'Exposition devant être des chaudières multitubulaires, il est recommandé que les portes des foyers et des cendriers soient disposées pour se fermer automatiquement en cas de rupture d'un tube, et que des trappes d'expansion soient ménagées à la partie supérieure des fourneaux.

2° Les chaudières qui ne sont pas du type multitubulaire auront leurs portes de foyer solidement loquetées.

3° Les portes des boîtes à fumée doivent être pourvues d'une fermeture solide et de barres de sûreté.

4° Les prises de vapeur des chaudières seront munies d'un clapet automatique d'arrêt pouvant assurer la fermeture, tant dans le sens de l'écoulement de la vapeur que dans le sens inverse.

5° Il est formellement interdit de serrer les joints à chaud.

6° Les tubes de verre de tous les indicateurs seront entourés de pare-éclats.

7° Il est enfin recommandé de placer la vanne d'arrêt de chaque chaudière au point le plus haut possible du tuyau de raccordement qui la reliera à la canalisation principale, pour que les condensations puissent toujours soit retomber dans la chaudière, soit s'écouler dans le collecteur, mais non s'accumuler près de la vanne. Dans les cas où cette disposition ne pourrait être adoptée, un purgeur automatique, susceptible de fonctionner pendant la marche comme pendant l'arrêt, devrait être installé à chacun des points bas de raccordement.

Après avoir étudié les conditions générales dont il vient d'être donné un résumé, le Comité technique a abordé l'étude des diverses chaudières proposées.

Et tout d'abord, il a décidé, en principe, qu'aucune chaudière ne pourrait être admise à fonctionner à l'intérieur de l'Exposition si le constructeur ne pouvait fournir, comme références, des installations semblables sortant de ses ateliers.

Cette décision a obligé à écarter quelques types de chaudières, qu'il eût été sans doute très intéressant de voir figurer à l'Exposition, mais dont la pratique n'avait pas encore sanctionné le fonctionnement.

Le tableau suivant indique, en même temps que les noms des constructeurs admis à participer aux fournitures de vapeur, le nombre des chaudières fournies par chacun d'eux [1] et le type de ces chaudières.

CONSTRUCTEURS	NOMBRE de chaudières fournies	TYPE des chaudières
Roser à Saint-Denis	6	Multitubulaires.
Cie de Fives-Lille	3	Semi-tubulaires.
Montupet à Paris	6	5 multitubulaires. 1 semi-tubulaire.
Biétrix, Leflaive, Nicolet, à Saint-Étienne	1	Multitubulaire.
Solignac, Grille et Cie	1	Multitubulaire.
De Naeyer et Cie, à Willebroeck	10	Multitubulaires.
J. et A. Niclausse, à Paris	21	Multitubulaires.
Crépelle-Fontaine, à la Madeleine-Lille	1	Multitubulaire.
Société des générateurs Mathot, à Rœux-lez-Arras	7	Multitubulaires.
Cie Babcock-Wilcox, à Paris	14	Multitubulaires,
Galloways I.^d, à Manchester	6	Type Galloway.
Fitzner et Gamper à Sosnovice	1	Multitubulaire.
Steinmüller, à Gummersbach	5	Multitubulaires.
Petzold à Düren	1	Cornwall.
Simonis et Lanz, à Berlin	1	Multitubulaire.
Paucksch, à Landsberg-sur-la-Warthe	2	Cornwall.
Ewald Berninghaus, à Duisbourg	5	Cornwall.
Petry-Dereux, à Düren	1	Multitubulaire.
	92	

Le nombre total des chaudières installées sera donc de 92, et la production totale pour laquelle elles ont été admises par le Comité technique s'élève à environ 235.000 kilog. par heure. L'Administration ayant toujours établi ses calculs sur une production de 200.000 kilog. de vapeur par heure, il reste une marge de 35.000 kilog. pour tenir compte des arrêts motivés par les nettoyages ou par des réparations.

Ces chaudières sont réparties comme suit :

    50 dans l'usine La Bourdonnais, pour une
        capacité productive totale de........ 120.600 kilog. par heure,
    42 dans l'usine Suffren, pour une capacité
        productive totale de............... 114.100 kilog. par heure.

Parmi ces dernières, il en est trois, présentées par des constructeurs allemands, qui ne remplissent pas les conditions prescrites par les règlements français, et pour les-

1. Se reporter, pour la disposition des chaudières, dans les deux usines, à la planche II, à la fin du fascicule.

quelles il a été nécessaire de demander au Ministre des Travaux publics une autorisation en dérogation, qui a d'ailleurs été accordée, ces chaudières répondant aux prescriptions des règlements allemands.

La capacité productive de chacune des chaudières a été déterminée par des considérations qu'il serait trop long d'énumérer. Il faudrait pour cela reproduire presque en entier les rapports très documentés présentés au Comité technique par M. l'Ingénieur en chef des Mines Walckenaer, au nom du Sous-Comité de Chaudières. Nous nous trouverions d'ailleurs sortir de la réserve qui nous est imposée par le légitime désir que peuvent avoir les constructeurs, de ne pas voir livrés à la publicité, avant l'ouverture de l'Exposition, les détails de leurs installations.

Nous renverrons donc à l'étude spéciale des chaudières, qui doit paraître au cours de l'Exposition, nous contentant, pour le moment, de donner quelques indications générales de statistique, qui ne sont pas sans intérêt.

La surface de chauffe totale est de 15.000 mètres carrés environ.

De ce chiffre ressort une vaporisation moyenne de 15 kg. 6 par mètre carré de surface de chauffe. Cette puissance de vaporisation varie dans de grandes limites avec le type de chaudière, et avec le rapport entre la surface de chauffe et la surface de grille. La plus grande vaporisation est de 23 kilogrammes par mètre carré, avec un rapport $\frac{S}{G} = 24$ et la plus faible est de 10 kilog. seulement avec un rapport $\frac{S}{G} = 55$.

La surface de grille totale est de 396 mètres carrés, ce qui donne une production moyenne de 590 kilog. de vapeur par mètre carré de grille.

Le maximum ayant été limité à 600 kilog. a été atteint par presque tous les fournisseurs.

Le rapport moyen $\frac{G}{S}$ de la surface de chauffe à la surface de grille est de 38. Le minimum est de 24 et le maximum atteint 69, réchauffeur compris.

Disons enfin que la production moyenne par unité est de 2.550 kilog. par heure.

La plus forte production unitaire est de 5.200 kilog. de vapeur, par une multitubulaire Mathot, et la plus petite (650 kilog.) par une chaudière du même constructeur qui a voulu, en mettant côte à côte deux chaudières aussi différentes, rendre manifeste l'élasticité de son type de générateurs, et montrer qu'il s'adapte aussi bien aux petites industries qu'aux puissantes batteries des sucreries et des installations minières et métallurgiques.

Tel est l'ensemble des générateurs destinés à fournir la vapeur nécessaire aux Exposants et aux services généraux de la force motrice et de l'éclairage.

Complétons ces renseignements par une comparaison avec les Expositions précédentes.

En 1867, le nombre des corps de chaudières en service était de.... 32

En 1878   —   —   19

En 1889   —   —   30

En 1900 il sera de   —   —   92

La production totale pendant l'Exposition de 1878 a été de   39.473 tonnes.

          —   —   1889   68.797 tonnes.

Le rapport de ces deux productions est de $\frac{175}{100}$.

La production moyenne par journée de marche qui était de 219.450 kilog. en 1878, est passée en 1889 au chiffre de 382.205 kilog.

La durée de l'Exploitation avait été de 180 jours pendant chacune de ces deux Expositions.

En 1900, la production s'élèvera à 200.000 kilog. par heure, soit 1.500.000 kilog. par journée de marche, de 7 h. 1/2, soit environ 4 fois plus qu'en 1889 ; et pour une durée de 205 jours d'exploitation, la production totale s'élèvera au chiffre de 308.000 tonnes environ.

BATIMENTS DES CHAUDIÈRES

Les deux séries de batteries composant l'usine Suffren et l'usine La Bourdonnais sont abritées chacune par un hangar construit en acier, de 28 mètres de portée et de 105 mètres de longueur totale, couvrant en dehors des auvents une surface de 3.276 mètres. Les deux bâtiments sont fournis en location par la maison Moisant, Laurent, Savey et Cⁱᵉ.

Le prix de base a été établi à 36 francs le mètre carré, compris les gouttières en zinc n° 12, les descentes en zinc n° 10, et la couverture en tôle ondulée galvanisée de 8/10 de millimètres d'épaisseur avec ondulations de 140 millimètres d'axe en axe. L'évaluation s'est donc élevée à 235.872 francs.

Ces hangars étant placés dans des cours de 40 mètres de largeur sur 117 mètres de long (voir planche II), il reste de tous côtés entre eux et les constructions voisines un passage libre de 6 mètres, qui servira de voie charretière.

D'autre part, sous les hangars, une chambre de chauffe de 4 mètres a été réservée entre les poteaux de la charpente et les façades des chaudières, ce qui porte finalement à 10 mètres la distance entre les façades des chaudières et les bâtiments les plus voisins.

Les prescriptions du décret du 30 avril 1880 sont donc respectées, les bâtiments de l'Exposition devant être considérés comme lieux habités.

Les groupes de chaudières sont disposés sous chacun des hangars de façon à donner satisfaction, autant que faire se peut, à tous les desiderata des Exposants. Tous se trouvent séparés les uns des autres par un passage suffisant pour circuler librement, et par conséquent pour avoir un accès facile vers la voie ferrée par où arriveront les approvisionnements de combustibles.

CONSOMMATION JOURNALIÈRE DE COMBUSTIBLE

Si l'on admet d'une part que la consommation horaire de vapeur sera de 200.000 kilog. et que, d'autre part, la production moyenne de vapeur soit de 7 kg. 5 par kilogramme de charbon brut, le service ayant une durée moyenne de 7 h. 1/2, la consommation journalière de charbon se trouvera être de 200 tonnes environ, chiffre énorme, qui est encore susceptible d'augmentation lorsqu'il y aura des fêtes de nuit ou des services exceptionnels.

Les emplacements attribués aux fournisseurs de vapeur étant trop restreints pour leur permettre d'emmagasiner des stocks de combustible importants, et, d'un autre côté, les conditions générales imposant des obligations très sévères pour éviter les poussières (arrivée du combustible en sacs, enlèvement des cendres et mâchefers également en sacs) ; enfin le règlement exigeant que, chaque jour, le travail du déchargement des approvisionnements de charbon et de la réexpédition des déchets soit terminé pour 8 heures du matin, il a fallu prévoir la possibilité de procéder rapidement à la manutention de cette quantité énorme de matières.

Or, si l'on évalue à 50 sacs de 50 kilog., soit environ 2.500 kilog., la contenance maximum d'une voiture ordinaire de charbon, on voit qu'il faudrait chaque matin, régulièrement, faire pénétrer dans l'Exposition 80 charrettes semblables, et souvent bien davantage. En admettant même que le temps ne fasse pas défaut pour cette manœuvre, cela supposerait une organisation, en matériel et en cavalerie, que l'on ne peut songer à demander pour une exploitation qui doit durer 205 jours.

La solution pratique a donc été l'installation d'une voie ferrée, dans l'axe des deux cours des chaudières, parallèlement aux façades[1]. Cette voie ferrée, d'ailleurs fort utile pour faire arriver les chaudières à pied d'œuvre, est raccordée à la gare du Champ-de-Mars par aiguillages formant voies de garage et de triage, de telle sorte qu'une locomotive pourra refouler un train entier sur la voie des chaudières, et les voies de garage permettront de placer les wagons dans l'ordre correspondant à celui des générateurs dont ils devront assurer le réapprovisionnement, si ce travail n'a pas été fait à la gare même.

Les mêmes wagons qui seront arrivés chargés de sacs de charbon, repartiront chargés de sacs de cendres et de mâchefers, et de cette façon le double problème de l'arrivée d'approvisionnements considérables et de l'enlèvement des cendres dans un laps de temps extrêmement court, reçoit une solution simultanée et très simple.

Les exposants fournisseurs de vapeur auront d'ailleurs toute latitude pour s'approvisionner par charrettes, s'ils le jugent bon, puisque les voies charretières déjà signalées se prolongent, tant du côté Suffren que du côté La Bourdonnais, à travers les passages couverts qui relient les Palais de la Mécanique à l'ancien Palais des Machines, parallèlement à l'axe longitudinal du Champ-de-Mars.

CARNEAUX DE FUMÉE

Les conditions générales indiquent que les fournisseurs de vapeur auront à leur charge l'établissement de leurs carneaux de fumée, et leur raccordement avec les carneaux principaux établis par l'Administration.

La disposition générale adoptée par l'Administration a été la suivante : puisqu'il y a deux usines de production, formant chacune un ensemble complet, il convient que chacune de ces usines ait ses carneaux de fumée et sa cheminée propres, mais une seule cheminée par usine, afin de limiter autant que possible le nombre des points exposés à l'inconvénient d'un tel voisinage. De plus, cette cheminée doit avoir une hauteur considérable, pour atténuer les effets du déversement des fumées sur les parcs et jardins, de même que sur les immeubles voisins.

Le problème qui se posait ensuite consistait à établir, pour chacune des deux usines, des carneaux à sections progressivement croissantes, susceptibles de recevoir les fumées produites par tous les foyers, et ne pouvant être une gêne, ni pour l'installation des chaudières elles-mêmes, ni pour l'installation de la voie ferrée, ni pour les fondations des bâtiments.

Voici la solution proposée par M. Ch. Bourdon, et adoptée par l'Administration :

Dans chaque usine, deux carneaux souterrains s'étendent parallèlement à l'axe des bâtiments des chaudières, sur une longueur de 91 mètres. Puis, arrivés à 18 m. 80 du centre de la cheminée, ils se dévient en deux courbes formant un cœur, par lesquelles ils pénètrent en deux points diamétralement opposés, dans les fondations de la cheminée, en évitant les piliers des passages couverts reliant les galeries de 30 mètres à l'ancien Palais des Machines.

Les tracés de la planche III indiquent les dimensions et les dispositions générales de ces carneaux, et quelques-unes de leurs dimensions.

---

1. Voir le plan des voies de manutention, planche I.

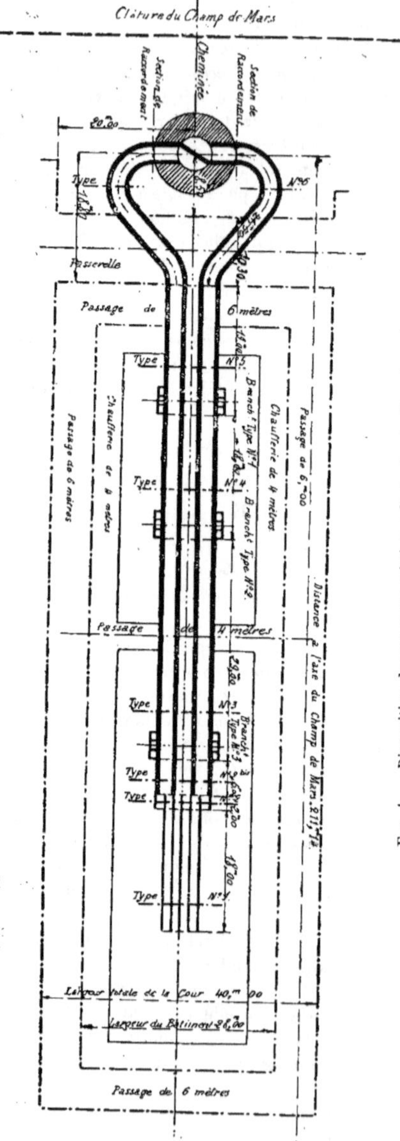

Fig. 1. — Disposition des carneaux généraux de l'usine La Bourdonnais.

On remarquera qu'ils ne sont pas accolés l'un à l'autre, et que leurs pieds-droits sont prolongés jusqu'à 0,50 au-dessous du niveau général du sol du Champ-de-Mars, soit jusqu'à la cote 35,10, excepté pour les sections des types n°s 1 et 2, de façon à offrir un point d'appui très solide non seulement à la partie arrière des chaudières, mais aussi à la voie ferrée dont il a déjà été question.

A l'époque où ces carneaux ont été étudiés, et même à l'époque où leur construction a été achevée, il était impossible de savoir exactement quelles seraient les chaudières auxquelles ils devraient être appropriés, et comment ces chaudières seraient réparties. Aussi a-t-il fallu adopter des dispositions absolument générales, sans se préoccuper d'approprier exactement la solution à une situation qui ne pouvait être nettement connue que beaucoup plus tard, et qui devait résulter de plusieurs conditions sujettes à variations.

Il a donc été admis que chacun des deux carneaux principaux de chaque usine, devrait recevoir les fumées de cinq groupes de chaudières, dont la capacité productive était évaluée à 10.000 kilog. par unité, soit 50.000 kilog. par carneau, ou 100.000 kilog. par usine ; c'est le chiffre que nous avons déjà indiqué.

On a vu que, en réalité, l'usine Suffren peut produire 114.100 kilog,, et l'usine La Bourdonnais 120.600.

L'unité a donc été le groupe de chaudières capable de donner 10.000 kilog. de vaporisation horaire. Un tel groupe peut, suivant les types, avoir une grille plus ou moins grande. Mais, en évaluant à 7 kg. 5 la quantité d'eau vaporisée par kilog. de charbon brut, la quantité de combustible à brûler pour obtenir 10.000 kilog. de vapeur est
$$\frac{10.000}{7,5} = 1.333 \text{ kilog.}$$

D'autre part, un mètre carré de grille produisant 600 kilog. de vapeur au maximum, la grille correspondante aura au moins $\dfrac{10.000}{600} = 16$ m² 66 ce qui correspond à une combustion par mètre carré de grille, de $\dfrac{1.333}{16,66} = 80$ kilog.

La section du carneau devant être environ 1/8 de la surface de grille, le chiffre adopté pour la section correspondant à un groupe de chaudières capable de produire 10.000 kilog. à l'heure a été de 2 m² 20.

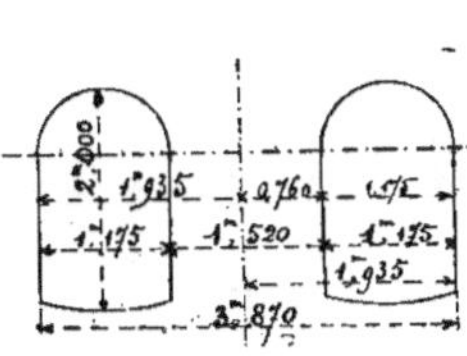
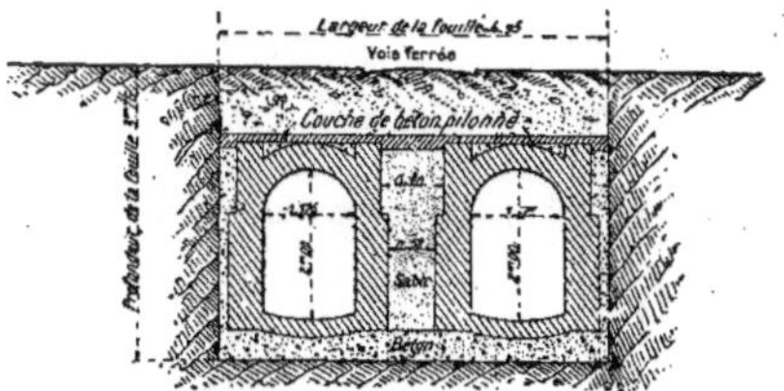

Fig. 2. — Section des carneaux.
Coupe transversale des deux carneaux du type n° 1.

Cette section a été obtenue par une galerie en plein cintre, de 1 m. 175 de largeur (fig. 2) et de 2 mètres de hauteur totale. La fig. 2 indique les deux carneaux juxtaposés,

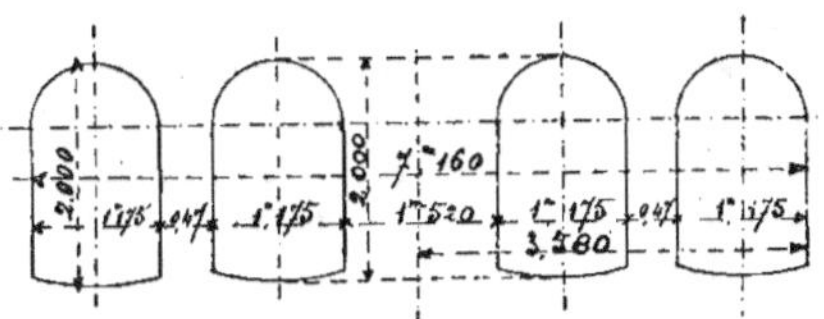
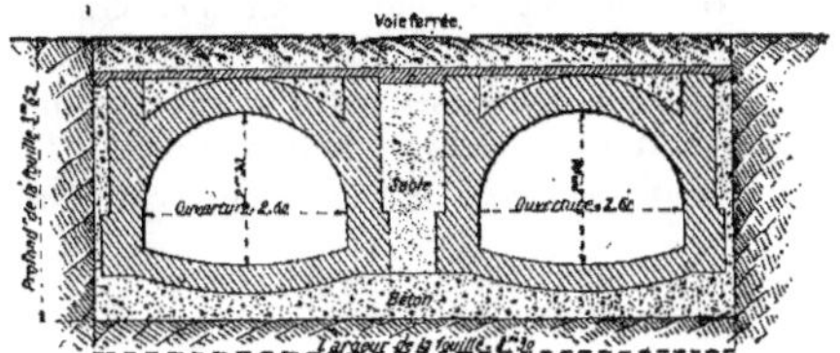

Fig. 3. — Section des carneaux.
Coupe transversale du type n° 2 sur les deux
carneaux principaux.

Fig. 4. — Section type n° 2 bis.

du type n° 1. La coupe est faite au point où un seul groupe de chaudières placé entre l'extrémité du bâtiment et l'about du carneau, a pu déverser ses fumées.

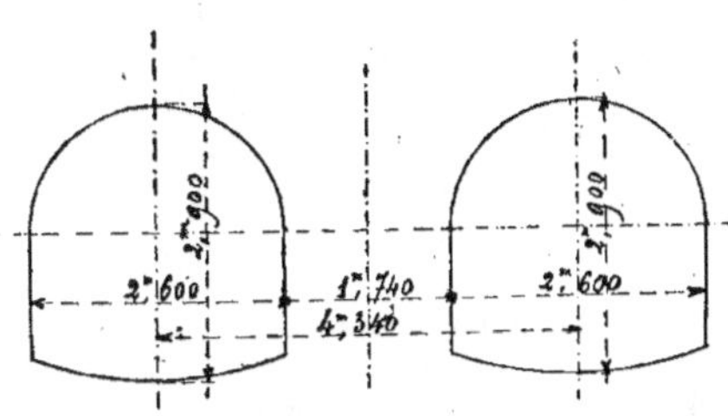
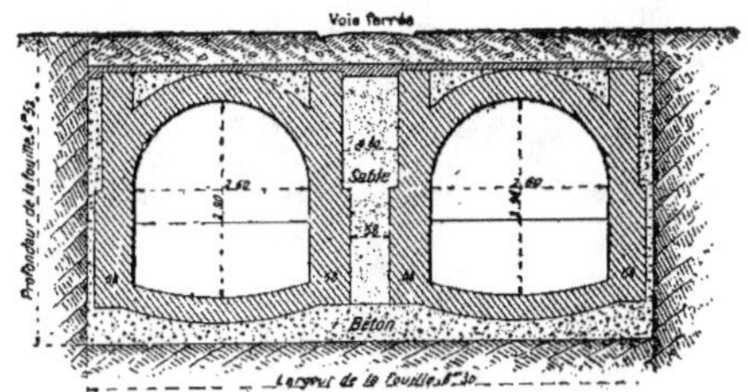

Fig. 5. — Section type n° 3.

Fig. 6. — Coupe transversale des carneaux de fumée.

Le second groupe prévu vient déboucher dans un bout de carneau de dimensions identiques, juxtaposé au premier, dont il est séparé par un mur en briques de 47 centimètres d'épaisseur (voir fig. 3).

La largeur occupée par ces deux carneaux et le mur qui les sépare atteint 3 m. 58 depuis l'axe de la voie ferrée, soit, pour l'ensemble des deux files parallèles, une bande de 7 m. 16 de largeur totale.

On ne pouvait plus songer à appliquer de nouveau une disposition analogue à celle qui vient d'être décrite, pour les agrandissements de section nécessités par les autres

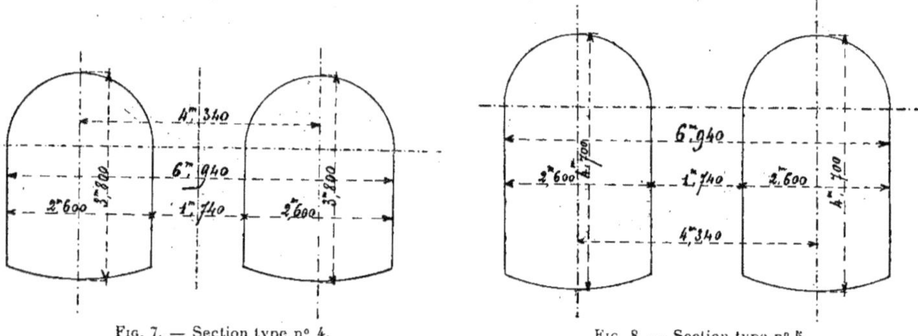

Fig. 7. — Section type n° 4.   Fig. 8. — Section type n° 5.

groupes de chaudières : la largeur entière du bâtiment aurait été encombrée par les carneaux, et les fondations des chaudières seraient devenues impossibles, comme aussi la pénétration dans la base de la cheminée ; enfin la dépense eût été excessive. Il fallut donc réaliser l'accroissement de section par un accroissement de hauteur des carneaux.

Dans ce but, les deux sections de 1,75 × 2,00 ont été réunies en un tronçon unique (voir planche III) ; le mur de séparation a été terminé en proue pour éviter les remous

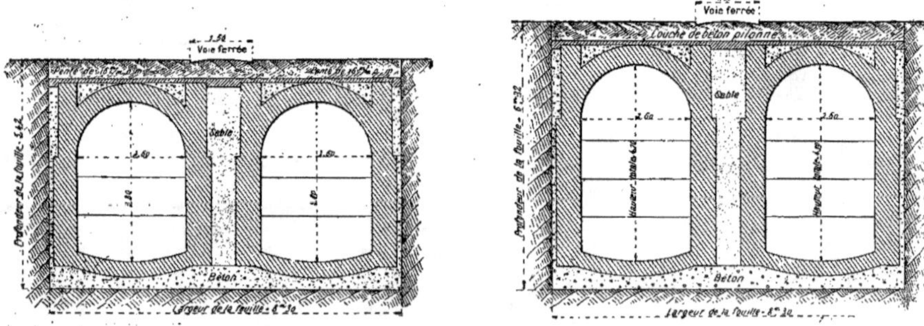

Fig. 9 et 10. — Coupes transversales des carneaux.

des deux courants gazeux, et la largeur a été réduite à 2 m. 60 en même temps que la hauteur était portée à 2 m. 15.

A partir de ce point, la largeur de 2 m. 60 restant invariable, pour chacun des carneaux, les augmentations de section nécessaires sont obtenues par des approfondissements successifs de ces carneaux qui prennent ainsi des hauteurs de 2 m. 900, 3 m. 800 et 4 m. 700, le niveau de la génératrice supérieure de la voûte reste constant. Il en résulte que le radier présente, dans le sens de la longueur, une série de redans successifs.

Les deux carneaux de 2 m. 60 de largeur, situés de part et d'autre de la voie ferrée, et l'intervalle de 1 m. 74 qui les sépare, constituent ainsi une bande de 6 m. 94, non compris l'épaisseur des pieds-droits. Ces derniers ayant 58 centimètres d'épaisseur à la base, la fouille a dû avoir sur toute la longueur une largeur de 8 m. 30 ; on voit que les terres ont dû être soutenues par de forts blindages, et que le travail devenait réellement difficile lorsque la profondeur a atteint et dépassé 6 mètres.

Pour faire le raccordement des carneaux secondaires correspondant à chaque groupe de chaudières, avec les carneaux principaux, il s'agissait d'éviter qu'en aucun cas une maladresse, une négligence, ou même la malveillance d'un ouvrier fumiste chargé d'une construction ou d'une réparation au carneau secondaire d'un groupe quelconque de chaudières, pût apporter un obstacle au tirage des chaudières plus éloignées de la cheminée.

A cet effet, les carneaux secondaires venant des générateurs débouchent latéralement,

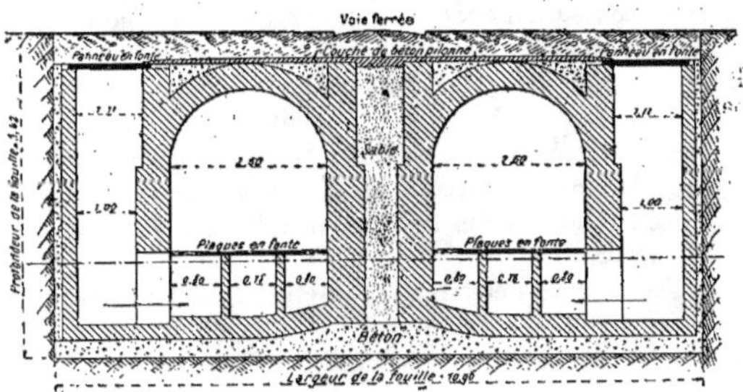

Fig. 11. — Coupe transversale sur un branchement.

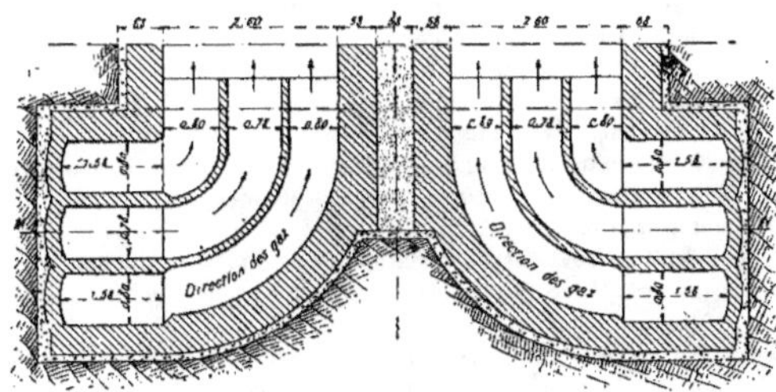

Fig. 12. — Coupe horizontale suivant AB.

au-dessous du radier du carneau principal, par des ouvertures voûtées auxquelles font suite des prolongements courbes ramenant les gaz dans la direction du courant général. Les côtés de ces prolongements courbes sont formés par les murs mêmes des carneaux et par des murettes construites en briques de 11. Ils sont recouverts par des plaques en fonte de 25 millimètres d'épaisseur, dans lesquelles sont noyés des treillis en fils de fer avec mailles de 4 centimètres de côté. Ces plaques en fonte reposent, en outre, sur des corbeaux formés de deux rangs de briques dans la maçonnerie des pieds-droits des carneaux.

Le détail de l'un de ces branchements, dont la profondeur varie avec la distance à la cheminée, est donné par les fig. 11 et 12.

Il montre les raccordements provisoires établis par l'Administration, et les dispositions adoptées comme il est expliqué ci-dessus, afin que les modifications que les constructeurs pourraient avoir à y apporter pour les approprier à leurs chaudières ne puissent compromettre ni la solidité ni le bon tirage des carneaux principaux.

Pour terminer la description de ce gros travail, nous donnerons quelques détails au point de vue de l'exécution matérielle.

Le gros œuvre a été exécuté en briques façon Bourgogne, hourdées en mortier de ciment composé de 125 kilog. chaux hydraulique de Beffes et 200 kilog. ciment Portland, par mètre cube de sable tamisé ; l'ensemble des carneaux et des conduits verticaux repose sur une couche de béton, composé de 150 kilog. de ciment de laitier et 0 m³ 5 de sable dragué, par mètre cube de cailloux lavés.

A mesure que les pieds-droits s'élevaient, l'intervalle entre la fouille et la maçonnerie a été rempli de béton pilonné. Cette couche de béton, qui enveloppe les carneaux dans toute leur longueur en contournant les conduits verticaux, a une épaisseur de 0,20 à la partie supérieure des maçonneries.

Enfin, l'espace compris entre les prolongements des pieds-droits de chacun des carneaux principaux est rempli de béton, avec enduit en mortier, formant à la partie supérieure une chape légèrement cintrée, dont la flèche est de 6 centimètres. Cet enduit est composé de 300 kilog. de ciment Portland par mètre cube de sable tamisé.

L'entreprise, mise en adjudication le 24 octobre 1898, a formé un lot unique pour les quatre carneaux principaux.

Le montant de l'entreprise a été établi au mètre courant de chaque type de tronçon de carneau comprenant fouilles, maçonnerie et remblayage des terres, et pour les branchements, à l'unité suivant le tableau ci-dessous :

Tronçon n° 1, composé de deux carneaux parallèles, de 1 m. 75 d'ouverture et de 2 mètres de hauteur totale intérieure, compris tous les terrassements, les maçonneries et les accessoires, tels que prolongements des pieds-droits jusqu'au niveau supérieur de l'extrados de la voûte, assise et garnissages en béton, remplissages en sable dragué et pilonné, chape en mortier de ciment, raccordements divers et appareillages spéciaux, rejointoiements, cintres, blindages et étaiements de toutes sortes, etc. — Le mètre courant .... 495 fr.

Tronçon n° 2, composé de quatre carneaux parallèles, de 1 m. 75 d'ouverture et de 2 mètres de hauteur totale intérieure, dans les mêmes conditions que ci-dessus. — Le mètre courant... 750 fr.

Tronçon n° 2 *bis*, composé de deux carneaux parallèles de 2 m. 60 d'ouverture et de 2 m. 15 de hauteur moyenne intérieure, dans les mêmes conditions que ci-dessus. — Le mètre courant.. 840 fr.

Tronçon n° 3, composé de deux carneaux parallèles de 2 m. 60 d'ouverture et de 2 m. 90 de hauteur totale intérieure, dans les mêmes conditions que ci-dessus. — Le mètre courant...................................... 980 fr.

Tronçon n° 4, composé de deux carneaux parallèles de 2 m. 60 d'ouverture et de 3 m. 80 de hauteur totale intérieure, dans les mêmes conditions que ci-dessus. — Le mètre courant....................................... 1.130 fr.

Tronçon n° 5, composé de deux carneaux parallèles de 2 m. 60 d'ouverture et de 4 m. 70 de hauteur totale intérieure, dans les mêmes conditions que ci-dessus. — Le mètre courant....................................... 1.280 fr.

Tronçon n° 6, composé d'un carneau unique de 2 m. 60 d'ouverture et de 4 m. 70 de hauteur totale intérieure, dans les mêmes conditions que ci-dessus. — Le mètre courant....................................... 640 fr.

BRANCHEMENTS

Type n° 1. — Avec une profondeur de fouille de 6 m. 32, compris tous les terrassements et étaiements, les maçonneries et les accessoires : conduits verticaux destinés à recevoir les gaz venant des générateurs, raccordements de ces con-

duits avec les carneaux principaux, raccordements courbes servant à guider les
gaz à la partie inférieure des dits carneaux, plaques en fonte formant le dessus
des prolongements courbes, tampons avec cadre en fonte, servant à fermer
la partie supérieure des conduits verticaux, assise et garnissages en béton.
solives et cornières en fonte, etc. — La pièce............................ 1.400 fr.
Type n° 2. — Avec profondeur de fouille de 5 m. 42. — La pièce............... 1.260 fr.
Type n° 3. — Avec profondeur de fouille de 4 m. 52. — La pièce............... 1.120 fr.

L'ensemble de l'entreprise s'élevait ainsi à........................ 245.540 fr.
Plus, pour travaux divers éventuels................................ 4.460 fr.

Soit un total de....................................... 250.000 fr.

MM. Nicou et Demarigny ayant fait le plus fort rabais, 12,40 %, par suite duquel le
montant de l'entreprise est ramené à 219.000 francs, ont été chargés de l'exécution des
travaux.

Commencés le 11 novembre 1898, ces travaux ont été menés avec activité, et, malgré
les difficultés provenant à la fois de la saison d'hiver, de la nécessité de soutenir par
des boisages multipliés des terres composées de remblais sur les trois ou quatre premiers
mètres, et de la rencontre d'anciens massifs de constructions et d'anciens égouts, ils ont
été terminés dans les délais voulus.

CHEMINÉES

Nous avons vu quelles sont les considérations qui ont décidé l'Administration de
l'Exposition à faire construire deux cheminées de grande hauteur.

La quantité de combustible à brûler par heure étant de 13.300 kilog. environ par
batterie de générateurs, un diamètre de 4 m. 50 au sommet a été adopté. A ce diamètre
correspond une section de 15 m² 90, soit environ $\frac{1}{10}$ de la surface des grilles en service,
ou encore 1 m² 20 environ par tonne de charbon brûlée par heure.

Ces données générales étant établies, l'Administration a fait dresser par le Service
des installations mécaniques un premier projet complet, tant comme étude de la stabilité
de la construction et des fondations, que comme décoration générale.

Toutefois, elle a décidé de faire de l'entreprise de la construction des cheminées
l'objet non d'une adjudication, mais d'un concours, ouvert à tous les constructeurs spécialistes français, en laissant à chaque concurrent la plus entière liberté, principalement au
point de vue décoratif, car il convenait de faire participer ces deux cheminées monumentales à l'harmonie de l'aspect général de l'Exposition, et dans ce but il fallait laisser
libre carrière à l'imagination des concurrents.

Aucune indication de prix de base n'était d'ailleurs fournie par l'Administration.

Le programme imposait seulement, outre l'indication d'une hauteur comprise entre
70 et 80 mètres, que le diamètre maximum à la base ne devait pas dépasser 12 mètres, et
que les fouilles ne dépasseraient pas 8 mètres de profondeur et 18 mètres de diamètre.

Dix-huit projets ont été présentés, par dix constructeurs différents. Ils ont été
examinés par un jury présidé par M. Delaunay-Belleville. C'est M. Hirsch, Inspecteur
général honoraire des Ponts et Chaussées, professeur au Conservatoire des Arts et
Métiers, président du Comité de la classe 19 (machines à vapeur et chaudières), qui a
été chargé, à la suite de ce concours, de présenter le rapport, au nom du jury. Nous
ferons de nombreux emprunts à ce rapport très documenté et extrêmement intéressant.

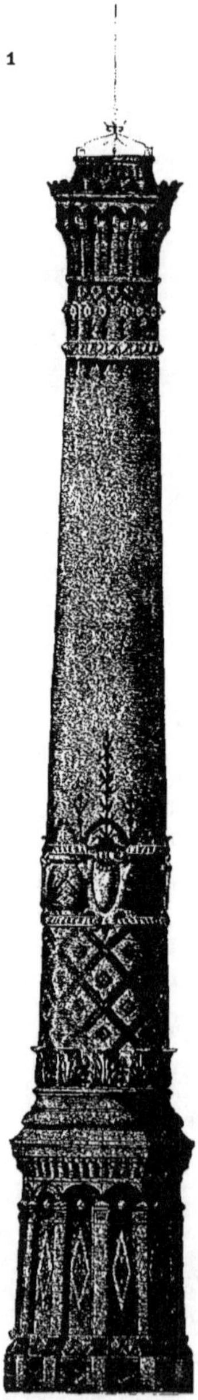

Le jury a classé en première ligne le projet n° **2**, présenté par MM. Nicou et Demarigny, déjà adjudicataires de la construction des carneaux de fumée.

Ce projet, très sérieusement étudié, était accompagné d'un tableau complet des calculs de résistance, reproduit ci-après. La charge maximum sur la maçonnerie de briques s'élève à 10 kg. 4 par centimètre carré, par des vents donnant une pression de 135 kilog. par mètre carré de section méridienne.

Pour l'établissement de ces calculs, comme pour la construction, la cheminée a été décomposée en un certain nombre de rouleaux, dont l'épaisseur va toujours croissant vers le bas, et dont le poids est composé avec l'action du vent pour déterminer la distance, à l'axe de la cheminée, du passage de la courbe des pressions.

Cette distance est indiquée dans la colonne marquée x au tableau page 19. On sait que, pour une bonne construction, elle doit toujours être inférieure à la moitié du rayon, et que par conséquent le rapport $\dfrac{R}{x}$ doit toujours rester supérieur à 2. L'examen du tableau montre que ce rapport reste toujours supérieur à 4,8, et que, par suite, la sécurité est grande, quant à la stabilité du fût, même si l'on admet que, dans les cas d'ouragans, la violence du vent puisse atteindre 270 kilog. par mètre carré de surface plane, ainsi que les circulaires ministérielles prescrivent de le supposer pour les calculs des ponts métalliques. D'ailleurs, même dans ce cas, par suite de la forme cylindrique de la cheminée, la composante pouvant contribuer au renversement ne dépasse pas les $^2/_3$ de cette pression, soit 180 kilog. par mètre carré de section diamétrale.

Les diverses planches (fig. 14 à 18) représentent les détails du projet de MM. Nicou et Demarigny, tel qu'il a été exécuté. La teinte générale est couleur nankin. La décoration polychrome qui relève l'aspect général de l'édifice est d'un effet très satisfaisant.

L'aspect monumental et décoratif résulte, d'une part, des oppositions de teintes obtenues avec des briques blanches, des briques de couleur sanguine, des briques noires et des briques émaillées, et, d'autre part, d'une décoration spéciale composée de fleurons, de cabochons, de grandes fleurs, de feuilles d'acanthe, et d'une grande ceinture avec quatre motifs de décoration, le tout en céramique nouvelle, système Siéver. Les détails qui sont donnés à plus grande échelle montrent parfaitement la décoration soignée de toutes les parties du soubassement et du chapiteau.

Le rapport du jury était, d'ailleurs, des plus élogieux pour ce projet, « étudié avec grand soin, dans le meilleur « sentiment, et avec une entente parfaite des nécessités « de la construction et des besoins du service.... le seul

Fig. 13. — Cheminée de l'Usine La Bourdonnais. Hauteur : 80 mètres. Projet de MM. Nicou et Demarigny.

CHEMINÉE LA BOURBONNAIS. — PROJET DE MM. NICOU ET DEMARIGNY

Fig. 14.
Détail du couronnement.
Élévation et coupe.

Fig. 15 et 16. — Détail des parties supérieure
et inférieure du soubassement.
Élévation et profil.

Nos des rouleaux	HAUTEUR de chaque rouleau h	HAUTEUR totale de la portion de cheminée considérée $\Sigma h = y$	RAYON extérieur à la base de la portion considérée R	ÉPAISSEUR de la maçonnerie e	PRESSION du vent à 135 kos F	DISTANCE du centre de gravité à la base l	MOMENT de renversement μ	POIDS de chaque rouleau ou assise n	POIDS cumulés N	DISTANCE à l'axe, de la courbe de stabilité x	COEFFICIENT de stabilité $\frac{R}{x}$	RAYON intérieur à la base r	CHARGE de maçonnerie par m² $\frac{N}{\Omega}$	PRESSION sur l'arête extérieure Maximum S^1	Minimum S'
1	5,00	5,00	2,63	0,23	3,450k	2,475	8,358k	35,260	35,260	0,272	10,86	2,400	9,701k	11,650k	7,750k
2	5,0	10,00	2,78	0,35	7,100	4,905	34,830	55,640	90,900	0,383	7,25	2,430	15,867	20,820	10,910
3	7,00	17,00	2,99	0,46	12,553	8,236	103,390	107,430	198,330	0,521	5,73	2,530	24,862	34,960	14,760
4	7,00	24,00	3,20	0,58	18,403	11,493	211,507	143,110	341,440	0,619	5,17	2,620	32,196	47,110	17,280
5	7,50	31,50	3,42	0,70	25,110	14,910	374,400	195,450	536,890	0,697	4,91	2,725	39,697	59,480	19,910
6	7,50	39,00	3,65	0,81	32,275	18,260	589,310	239,140	776,030	0,759	4,8 .	2,840	46,988	71,330	22,640
7	8,00	47,00	3,89	0,93	40,417	21,766	879,734	307,0 0	1,083,030	0,811	4,80	2,960	54,214	82,850	25,580
8	8,00	55,00	4,13	1,04	49,080	25,212	1,237,376	364,890	1,447,920	0,853	4,83	3,090	61,463	94,040	28,890
9	8,00	63,00	4,37	1,15	58,260	28,600	1,666,384	424,87	1,872,790	0,889	4,92	3,220	68,368	104,400	32,240
10	14,09	77,00	5,20	1,82	76,875	35,475	2,716,975	1,288,520	3,161,310	0,851	6,11	3,100	57,768	85,670	29,890
11	3,00	80,00	5,70	2,60	81,490	36,973	3,013,00	431,280	3,592,590	0,838	6,80	3,100	50,008	72,710	27,300
12	1,20	81,20	6,45	3,35				241,220	3,833,810			3,100	38,164		
13	1,00	82,20	6,70	3,60				221,670	4,055,480			3,100	36,607		
14	1,00	83,20	6,95	3,85				243,110	4,298,590			3,100	35,378		
15	1,00	84,20						265,340	4,563,930			3,100	34,415		
16	0,65	84,85						288,350	4,852,280			3,10)	33,668		
17	0,65	85,50						140,180	4,992,460			3,100	32,065		
18	0,50	86,00						160,370	5,152,83			2,850	31,296		
19	0,5)	86,50						316,120	5,468,950				29,421		
20	1,50	88,00						633,740	6,102,690				28,899		

« qui réponde d'une manière satisfaisante aux conditions multiples du programme, et
« le seul qui mérite d'être exécuté tel qu'il est présenté. »

Le prix total de la cheminée proposée par MM. Nicou et Demarigny s'élevait à
179.000 francs, dont 14.500 francs pour le projet d'illumination, soit 165.000 francs
pour la cheminée proprement dite.

Mais, d'une part, les épures de résistance s'arrêtaient au-dessus de l'assiette de la
fondation, et, d'autre part, les calculs avaient été établis pour une pression du vent de
135 kilog. par mètre carré, au lieu de celle résultant de la circulaire du 29 août 1891.
Or, en partant des données du projet, la pression maximum sur le terrain de fondation
était :

Sous la charge statique...................... 2 kg. 09 par centimètre carré
Avec un vent de 270 kilog. par mètre carré..... 4 kg. 05   —

Pouvait-on faire supporter ces pressions par le sol du Champ-de-Mars? Nous ne
pouvons mieux faire que de reproduire les considérations dont M. Hirsch, dans le rapport
déjà cité, a accompagné la réponse à cette question.

Le sol du Champ-de-Mars a été, depuis trente ans, si souvent remué, qu'il ne peut
être, dans son ensemble, considéré que comme étant du remblai. Mais, fort heureusement,
entre la cote 31 et la cote 32, c'est-à-dire à environ 4 mètres du jour, cote variable,
d'ailleurs, avec le point considéré, on trouve une belle couche de sable qui n'a guère été
attaquée dans les Expositions précédentes, et qui s'étend en profondeur jusqu'à la cote
27,50. Sous cette couche de sable s'étend une couche de glaise.

C'est au-dessous de cette couche de glaise qu'il convient de chercher, au moyen de
pieux, le sol véritablement résistant.

« Ce sol se compose d'une couche épaisse d'un excellent sable graveleux superposé
« à l'argile plastique ; à la surface de séparation de ces deux formations s'étend, comme
« c'est naturel, une nappe aquifère.

« Quelle résistance peut-on demander à un pareil sol ?

« Nous pouvons, par une heureuse chance, répondre à cette question avec entière
« certitude; nous avons à notre disposition les fondations de la Galerie des Machines,
« établies dans les mêmes terrains, et des documents officiels sur ces fondations.

« Or, depuis sa construction, il y a douze années, la Galerie des Machines n'a
« éprouvé, en aucun point, ni tassement, ni signe d'affaiblissement. Les données qui
« ont servi à établir les fondations sont donc confirmées par une expérience décisive, et
« l'on peut s'y fier avec sécurité.

« Les fondations de la Galerie des Machines ont été établies suivant deux types
« principaux.

« Partout où la couche de sable et gravier conserve une épaisseur d'au moins trois
« mètres au-dessus de la couche d'argile, la fondation est constituée par une table en
« béton de ciment, laquelle transmet au sol de fondation des pressions s'élevant à 3 kg. 28
« par centimètre carré.

« Quand la couche de sable a moins de 1 m. 50 d'épaisseur, la construction repose
« sur des pieux de 0 m. 33, dont la tête est noyée, sur 1 m. 75 de hauteur, dans du béton
« de chaux, et surmontée d'une couche de 1 m. 25 de béton de ciment. Le mode de
« calcul appliqué à ce type de fondation est le suivant : on admet que chaque pieu
« fournit une réaction de 12.000 kilog., et que le reste de la pression se répartit sur le
« sol jusqu'à un maximum de 1 kg. 32 par centimètre carré.

« Quelque peu scientifique que puisse paraître cette formule de calcul, elle se trouve
« sanctionnée par une pratique décisive, et, en la suivant, on ne risque pas de faire
« fausse route.

« Or, appliqué tel quel au projet de MM. Nicou et Demarigny, ce calcul conduit à
« une charge, par grand vent, de 4 kg. 05 au lieu de 2 kg. 57 par centimètre carré.
« La stabilité cesse d'être certaine, et il convient de remanier le projet. Comment devra
« s'opérer ce remaniement? Il y a là une étude complète et détaillée à laquelle le Jury
« ne saurait se livrer : nous devons nous contenter d'indiquer dans quel sens devraient
« être dirigées les études.

« Dans tous les cas, on devra prendre pour guides les procédés et modes de calcul
« qui ont été appliqués avec un succès si complet aux fondations de la Galerie des
« Machines. »

Nous compléterons les indications qui précèdent, sur les fondations de la Galerie

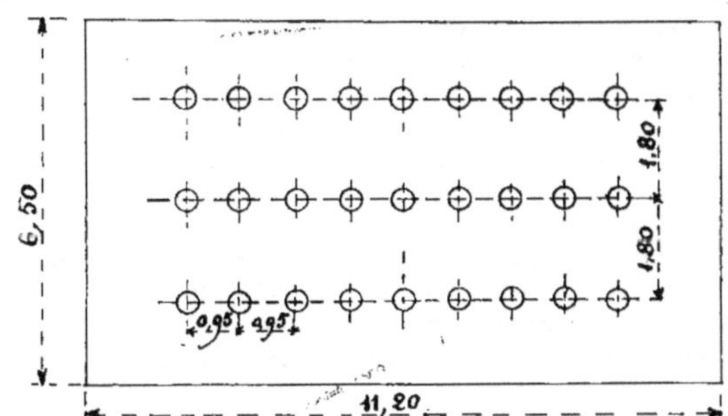

Fig. 19. — Disposition des pieux pour les points d'appui de la Galerie des Machines en 1889.

des Machines de 1889, en rappelant que les points d'appui des fermes du Palais de
Contamin comportent chacun 27 pieux en sapin, de 9 mètres de longueur environ,
disposés en trois rangées espacées de 1 m. 80 dans le sens de la largeur, et de 0 m. 95
dans le sens de la longueur, noyés dans un massif de béton de 6 m. 50 de largeur sur
11 m. 20 de longueur, et 3 mètres d'épaisseur, et que, à la charge de 12 tonnes par pieu,
correspondant à 16 kg. 7 par centimètre carré, il y a lieu d'ajouter la charge supplémentaire provenant du remblai sur les fondations, et qui s'élève à 5 kg. 1 par centimètre
carré, ce qui fait que la charge totale par centimètre carré portée par les pieux est
de 21 kg. 8. On trouve de même, en tenant compte de la surcharge des remblais,
que la pression totale supportée par le sol des fondations s'élève à 1 kg. 84 par centimètre
carré.

L'étude du remaniement du projet Nicou et Demarigny, demandée par le Jury, a été
faite par le Service mécanique de l'Exposition dans l'ordre d'idées indiqué.

M. Bourdon a estimé qu'il convenait de donner au massif de béton formant assise un
diamètre de 18 mètres, chiffre qu'il avait adopté, du reste, dans ses premières études, au
lieu des 16 m. 40 auxquels MM. Nicou et Demarigny s'étaient arrêtés. Il en est résulté
une augmentation du nombre des pieux qui, de 93, a pu être porté à 133, en réduisant
leur écartement, mais en les maintenant cependant assez éloignés encore pour ne pas
désagréger le terrain.

Pour déterminer les conditions dans lesquelles la charge se trouvera répartie entre
les pieux et le terrain naturel, on s'est servi des formules générales relatives aux charges
supportées par des sections hétérogènes.

Au moyen de ces formules, on peut déterminer la charge par centimètre carré du
terrain et des pieux, en fonction des coefficients d'élasticité des matières composant la
section, c'est-à-dire du bois et du terrain. Celui du bois est connu. Comme il n'existait

pas de données précises sur le second, il a fallu rechercher quelle était la valeur à lui attribuée par Contamin dans ses études et qui était confirmée par l'expérience.

Cette valeur a été déduite de la formule générale elle-même

$$n = \frac{E\,N}{E\,\Omega + E'\,\Omega'} + \frac{E\,M\,v}{E\,I + E'\,I'}$$

en prenant, pour effectuer les calculs, les hypothèses mêmes faites par Contamin. Autrement dit, la formule appliquée aux fondations de la Galerie des Machines, dont toutes les données sont connues, a permis de calculer le coefficient d'élasticité du sol, qui a été trouvé de 80 tonnes $\times$ 10³, et cette valeur, reportée dans la même formule avec les chiffres concernant la cheminée, a fourni les charges respectivement supportées par le terrain et par les pieux [1].

Une pression de vent de 270 kilog. par mètre carré de surface plane, ramenée à 180 kilog. par mètre carré de section diamétrale, se traduit, pour l'ensemble de la cheminée, par une force de 107 tonnes appliquée à 45 mètres de la fondation.

Des données qui précèdent, on déduit les résultats suivants :

La charge la plus forte supportée par le pieu le plus fatigué est de 24 t. 5, et, s'il n'y a pas de vent, cette charge maximum est réduite à 19 tonnes, toutes surcharges de remblais comprises, soit, par centimètre carré, 34 kg. 6.

Les pieux employés étant des pieux en chêne, peuvent être chargés facilement à 40 kilog. par centimètre carré.

De même, pour le terrain, la pression supportée en cas d'ouragan est de 2 kg. 34 par centimètre carré, et 1 kg. 75 seulement, s'il n'y a pas de vent.

Enfin, si l'on suppose que le sol supporte seul toute la charge, et que les pieux ne portent rien, la charge sur le sol est de 3 kg. 67 par centimètre carré.

Le tableau ci-dessous résume, en les comparant, les résultats des calculs pour les fondations du Palais des Machines, et pour celle de la cheminée.

	PALAIS des Machines	CHEMINÉE	
		Sans vent	Avec vent
Charge maximum par pieu	19ᵗ 7	19ᵗ	24ᵗ 5
D'après répartition { Charge maximum par cm² de pieu	21ᵏ8	26ᵏ8	34ᵏ6
Charge maximum par cm² de terre	1ᵏ84	1ᵏ75	2ᵏ34
Charge maximum par cm² de terre, les pieux ne portant rien	3ᵏ28	2ᵏ85	3ᵏ67

La conclusion à en tirer est que le terrain des fondations des cheminées supporte une charge égale aux $\frac{2,34}{1,84}$, soit 125 p. 100 environ, de celle correspondant dans le Palais de Contamin, et par conséquent le rapport inverse, soit $\frac{184}{234}$ ou environ 0,80, représente le rapport de la sécurité que présentent les cheminées relativement au Palais des Machines, quant à la charge du sol.

Il ne faut pas perdre de vue que ces calculs ont été établis en admettant le chiffre

1. Pour le détail de ces calculs, voir le *Génie Civil*, du 10 février 1900.

FIG. 17 et 18. — Détail de la ceinture en céramique et de la feuille d'acanthe.
Élévation et profil.

de 80 tonnes $\times 10^3$ comme coefficient d'élasticité du sol. Il était intéressant de se rendre compte des changements qui pouvaient être apportés dans les résultats par l'attribution d'autres valeurs à ce coefficient.

Dans ce but, les calculs ont été refaits en faisant varier l'élasticité du sol dans les limites vraisemblables, soit entre 50 et 100 tonnes. Le résultat a été que, quel que soit le chiffre adopté dans ces limites, le rapport envisagé est presque constant, et ne varie que dans les limites très restreintes de 0,77 à 0,83.

Les conditions de résistance du sol sont donc convenables, même en admettant des hypothèses différentes de celles qui ont servi de base aux calculs de Contamin.

Il est bon de remarquer aussi que les ouragans de 270 kilog. par mètre carré sont à peu près inconnus dans nos régions, et que, d'autre part, Contamin n'en avait pas tenu compte dans l'établissement de ses calculs.

Enfin, l'étude des fondations de la Tour Eiffel indique que la couche de glaise du Champ-de-Mars peut être chargée de 3 à 4 kilog. sans inconvénient. On est donc très prudent en ne dépassant pas 2 kg. 34 pour l'arête la plus chargée.

Le poids total de la cheminée, dans les conditions résultant des modifications détaillées ci-dessus, est de 5,733 tonnes.

Dans les fondations ont été réservées deux ouvertures en plein cintre, diamétralement opposées, ayant intérieurement 2 m. 60 de large sur 4 m. 70 de hauteur totale. Ces pénétrations se prolongent par deux amorces de galeries, de mêmes dimensions, venant se raccorder avec les carneaux de fumée.

Une cloison diamétrale, dans une direction oblique par rapport à l'arrivée des carneaux, et se prolongeant verticalement jusqu'à un mètre au-dessus du sol, divise les deux courants gazeux jusqu'à ce qu'ils aient pris une direction bien parallèle.

Quelques détails sur la manière dont la maçonnerie a été construite peuvent présenter un certain intérêt.

Le fût est hourdé en mortier n° 3 de la Ville de Paris, composé de $^1/_3$ chaux de Beffes et $^2/_3$ de sable tamisé.

Le couronnement est hourdé en mortier de ciment Portland et sable tamisé, au dosage de 350 kilog.

Le soulagement apporté par les pieux à la charge du sol n'est réel qu'à la condition que ceux-ci atteignent le terrain solide, et que, par conséquent, on obtienne un bon refus.

Le cahier des charges du traité passé avec les entrepreneurs supposait l'emploi d'un mouton de 500 kilog. tombant d'une hauteur de 1 m. 30, et sous l'action d'une volée de 25 coups l'enfoncement des pieux ne devait pas être de plus de 6 millimètres pour que le refus fût considéré comme satisfaisant.

Ces conditions étaient beaucoup plus sévères que celles imposées ordinairement par la Ville de Paris.

En vue d'accélérer l'opération du battage des pieux, les entrepreneurs ont demandé l'autorisation de se servir d'une sonnette à vapeur, système Decout-Lacour, ayant une masse frappante de 1.200 kilog. tombant de 1 m. 50 de hauteur.

Le refus a été considéré comme satisfaisant lorsque l'enfoncement n'a pas dépassé 15 millimètres pour une volée de 10 coups.

Bien entendu, les pieux étaient munis de sabots en fer, et leur tête portait une frette en fer plat de 60 millimètres $\times$ 20 millimètres (fig. 21).

Le croquis (fig. 20) indique la répartition des pieux dans la fouille. Le traçage de ces emplacements a été fait lorsque la fouille a atteint 6 m. 90 de profondeur, c'est-à-dire à la cote 28,70.

Ils ont été répartis de la manière suivante :

Au centre de la fouille............		1 pieu.			
Sur un cercle de 1 m. 10 de rayon	4 pieux,	écart^t radial 1 m. 10,	écart^t circonférentiel 1 m. 72
»	2 m. 40 »	12 »	» 1 m. 30	" 1 m. 25
»	3 m. 70 »	20 »	» 1 m. 30	» 1 m. 16
»	5 m. 00 »	24 »	» 1 m. 30	" 1 m. 31
»	6 m. 30 »	32 »	» 1 m. 30	" 1 m. 23
»	7 m. 00 »	40 »	» 1 m. 30	» 1 m. 16
Ensemble............		133 pieux.			

L'écartement des pieux, d'axe en axe, est donc de 1 m. 30 dans le sens des rayons, et, dans l'autre sens, varie de 1 m. 16 à 1 m. 31.

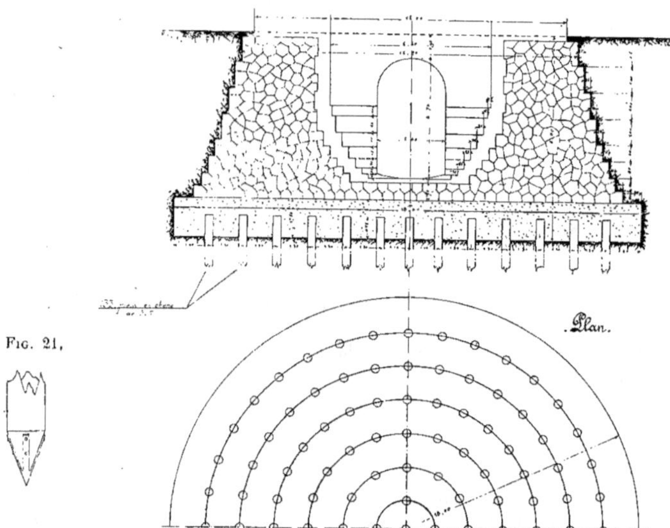

Fig. 20. — Coupe des fondations de la cheminée. Disposition des pieux dans la fouille.
Fig. 21. — Sabotage d'un pieu.

La couche de glaise qui forme le sous-sol imperméable étant à la cote 27,35, il restait donc, au moment où les pieux ont été battus, 1 m. 35 de sable à traverser, en plus de l'épaisseur de la couche de glaise, avant d'arriver au sous-sol résistant.

La longueur des pieux a atteint une moyenne de 9 m. 20. Quelques-uns ont eu jusqu'à 10 m. 15 et même 10 m. 25 de longueur.

Il n'est pas utile d'insister sur les difficultés qu'a présentées la recherche de pieux en chêne, bien sains et bien droits, de 30 centimètres d'équarrissage, et de telles longueurs, à un moment où un si grand nombre de travaux exécutés en bordure sur la Seine, et sur les quais, ont nécessité l'emploi de quantités énormes de pilotis.

Les croquis ci-contre (fig. 22 à 24) qui se rapportent aux fouilles de la cheminée La Bourdonnais montrent que la couche de glaise a une épaisseur variant, suivant l'emplacement des pieux, de 8 m. 32 à 6 m. 65 ; et si l'on considère que l'éloignement le plus grand entre deux pieux ne peut dépasser 15 m. 20, leur distance au bord de la fouille et par conséquent à l'extrémité du gâteau de béton étant de 1 m. 40 au moins, on voit que l'inclinaison du dessous de la couche est très accentuée. L'épaisseur en est donc très irrégulière, et tend à diminuer vers l'avenue de Suffren.

On a une confirmation de ce fait dans l'étude des pieux de l'usine Suffren.

La longueur des pieux battus n'a été, en moyenne, de ce côté, que de 3 m. 90, et si l'on en déduit 1 m. 50 environ pour tenir compte de la couche de sable graveleux qui restait à traverser avant de trouver la couche aquifère, on conclut que l'épaisseur de la couche de glaise, vers l'avenue de Suffren, est de 2 m. 40 seulement.

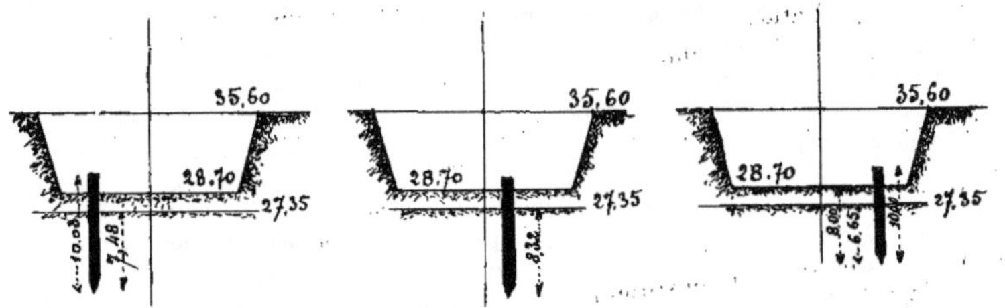

Fig. 22 à 24. — Coupe verticale des fouilles de la cheminée La Bourdonnais, montrant divers pieux arrivés au refus.

Les longueurs extrêmes des pilotis employés ont été 3 m. 50 comme minimum et 4 m. 56 comme maximum, ce qui donne pour la couche d'argile une épaisseur variant de 2 mètres à 3 m. 06.

L'enfoncement produit par la dernière volée de 20 coups a été en moyenne de 17 à 18 millimètres, et certains pieux n'ont donné que 9 millimètres.

Lorsque tous les pieux ont été battus, la fouille a été approfondie jusqu'au contact de la glaise, les pieux récépés, et leur tête emprisonnée, comme il était prescrit, dans un vaste gâteau de béton, de 18 mètres de diamètre. L'épaisseur de ce gâteau, prévue de 1 m. 50, a été portée à 1 m. 85, c'est-à-dire augmentée des 35 centimètres dont la fouille a été approfondie.

Ce béton est composé de 0 m³ 5 de mortier, au dosage de 300 kilog. ciment Portland par mètre cube de sable dragué, pour 1 mètre cube de cailloux lavés.

Sauf l'enveloppe intérieure et les voûtes de pénétration, le reste du soubassement est fait en meulière hourdée en mortier au dosage de 350 kilog. de ciment Portland pour 1 mètre cube de sable dragué.

L'enveloppe intérieure du soubassement, les pénétrations et la cheminée elle-même au-dessus du sol sont en briques très résistantes (300 kilog. par centimètre carré), hourdées en mortier bâtard composé de 200 kilog. de ciment Portland et 150 kilog. de chaux hydraulique de Beffes par mètre cube de sable tamisé.

Le fût est en briques très résistantes, hourdé en mortier composé de $^1/_3$ de chaux hydraulique de Beffes et $^2/_3$ de sable tamisé.

Le couronnement est hourdé en mortier de ciment Portland et sable tamisé, au dosage de 350 kilog.

Le dessus des corniches du piédestal et du couronnement est enduit en ciment Portland, pour éviter les infiltrations d'eau.

PRIX DE REVIENT

Comme conséquence des modifications apportées dans les fondations, il a fallu faire un remaniement dans le devis.

Le prix à forfait d'une cheminée a été établi, d'un commun accord entre l'Administration de l'Exposition et les entrepreneurs, au chiffre de 203.000 francs, résultant de l'application, aux nouvelles données de la construction, des prix qui avaient servi de base à l'établissement du devis primitif, et d'un léger rabais consenti par MM. Nicou et Demarigny sur l'ensemble du devis.

La dépense totale peut se décomposer comme suit :

Fouilles et pilotis. . . . . 38.000 fr.
Béton et maçonnerie du soubassement, en meulière et en briques. . 35.000
Maçonnerie en briques du piédestal et du fût. 95.000
Partie décorative comprenant la céramique nouvelle, les briques
    émaillées et la plus-value pour briques blanches. 28.000
Ferrures et paratonnerre. 7.000

On voit que, pour atteindre le sol, la dépense dépasse 70.000 francs.

Aurait-il été possible d'éviter cette dépense, ou tout au moins de la réduire? Pour arriver à ce résultat, il aurait fallu pouvoir diminuer la profondeur des fondations, et conserver à la couche de sable et gravier toute son épaisseur ou tout au moins 3 mètres, ce qui eût permis de supprimer les pilotis. Les carneaux de fumée auraient dû alors être inclinés, et pénétrer dans la cheminée en partie au-dessus du sol.

Diverses considérations se sont opposées à l'adoption de cette solution; dès lors, la pénétration des carneaux devant se faire entièrement sous le sol, l'épaisseur des rouleaux de briques formant la voûte et celle du radier, jointe à la hauteur des carneaux de pénétration, imposaient les dimensions qui ont été adoptées.

APPAREILS DE LEVAGE

Les entrepreneurs chargés de la construction de cheminées de cette importance, devaient nécessairement avoir recours à des moyens mécaniques pour l'élévation des matériaux.

Du côté La Bourdonnais, le système élévatoire employé par MM. Nicou et Demarigny comprenait une locomobile actionnant un treuil dont le câble en fil d'acier passait d'abord sur une poulie de renvoi, placée à la partie supérieure de la porte de service, puis, en haut de la cheminée, sur une seconde poulie suspendue par des cordes à une forte traverse reposant sur la maçonnerie. Un plancher supérieur servait aux ouvriers de plate-forme de travail. Un second plancher, à un niveau inférieur de deux mètres environ, servait de dépôt aux matériaux. Les briques étaient montées par paquets de huit, réunies par une élingue, et suspendues, ainsi que les seaux de mortier, à un fort crochet à huit branches, fixé à l'extrémité libre du câble.

Il n'y avait donc aucun système de guidage, et la charge était exposée à ballotter pendant l'ascension qui, d'ailleurs, était très rapide. Il n'est résulté de cette disposition aucun inconvénient.

Il convient d'ajouter que, pour éviter tous risques d'accidents, l'accès de l'intérieur de la cheminée était formellement interdit.

MM. Toisoul et Fradet, qui ont été, comme nous le verrons plus loin, adjudicataires de la cheminée Suffren, ont adopté l'emploi d'une cage guidée, suspendue à une chaîne calibrée, actionnée par un treuil Bernier mis en mouvement lui-même par une locomobile. Ce sytème permettait, il est vrai, de monter une charge considérable, portée sur un chariot roulant sur voie ferrée jusqu'à la cage, et par conséquent les manutentions étaient bien facilitées, mais la vitesse d'élévation était extrêmement lente.

Il y avait en outre des pertes de temps sérieuses chaque fois qu'il fallait interrompre le fonctionnement des appareils pour allonger les guidages et changer le niveau du plancher de travail en même temps que la poulie de renvoi supérieure.

PROJET D'ILLUMINATION

L'article 6 du programme du concours donnait aux concurrents la faculté de présenter un projet spécial d'illumination. L'Administration avait la disposition d'une prime de 2.000 francs pour le projet qui serait adopté.

Tous les projets présentés comportaient des appareils d'éclairage suspendus en guirlandes, en quinconces ou en couronnes. Ces appareils étaient d'un service presque impossible ou, en tous cas, trop coûteux et trop compliqué, et la plupart nuisaient à l'aspect extérieur au lieu de le relever.

Il n'a pas paru au jury qu'aucun de ces projets pût être retenu, et, usant de la faculté que l'Administration s'était réservée, il a décidé de ne délivrer à aucun des concurrents la prime de 2.000 francs.

Mais, en même temps, le rapporteur signalait un moyen de résoudre la question, aussi peu coûteux que facile à organiser, et présentant en outre l'immense avantage de débarrasser complètement les cheminées de toutes adjonctions parasites : escaliers, balcons, etc.

« Il y a un moyen simple, dit M. Hirsch, d'éclairer la nuit les hautes cheminées,
« et d'en tirer un effet décoratif des plus saisissants. Tous ceux qui ont assisté à des
« coulées de fonte, la nuit, dans les halls de hauts fourneaux, le connaissent bien.
« Il consiste à éclairer vivement les parties élevées de l'édifice, au moyen d'un foyer
« extérieur d'une grande intensité. Ces hautes masses, se détachant en clair ardent sur
« le ciel sombre, ont une apparence fantastique, pleine de mystère et de grandeur.
« L'usage de l'électricité permet de réaliser ce genre d'éclairage dans des conditions
« éminemment favorables. De puissants projecteurs seraient installés à une certaine
« distance de la cheminée. Ces projecteurs seraient combinés de manière à envoyer un
« faisceau lumineux circonscrit par le contour apparent de la cheminée, moins vif vers le
« bas, plus éclatant dans les hauts. Il éclairerait en même temps la fumée qui, comme on
« sait, apparaît tout à fait blanche sous l'action d'une vive lumière... »

Le programme du concours réservait enfin toute liberté à l'Administration, de traiter avec un seul entrepreneur pour l'ensemble des deux cheminées, ou d'en faire deux entreprises distinctes. Le Jury a dû donner son appréciation sur ce sujet, et voici en quels termes il l'a exprimée :
« Si l'on accepte de faire exécuter les deux cheminées par un même entrepreneur,
« ce sont MM. Nicou et Demarigny qui devront être chargés de ce travail, après passa-
« tion d'un marché dans lequel il sera tenu tel compte que de droit des indications
« consignées dans le présent rapport.
« Mais, d'autre part, des motifs puissants paraissent militer en faveur de la deuxième
« solution : celle de deux entrepreneurs distincts. Si l'Administration l'adopte, la situation
« est simple : MM. Nicou et Demarigny auraient l'entreprise de l'une des deux chemi-
« nées. Quant à ce qui concerne la seconde, aucun des autres projets présentés n'a
« paru mériter de fixer le choix de la Commission. L'Administration peut donc traiter
« au mieux de ses intérêts avec un entrepreneur quelconque. Ce traité devra être
« précédé de l'étude complète d'un projet nouveau, à établir soit directement par les

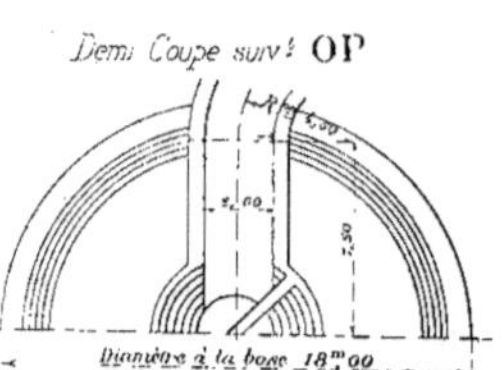

Fig. 26.
Demi-coupe horizontale suivant OP
dans les fondations de la cheminée.

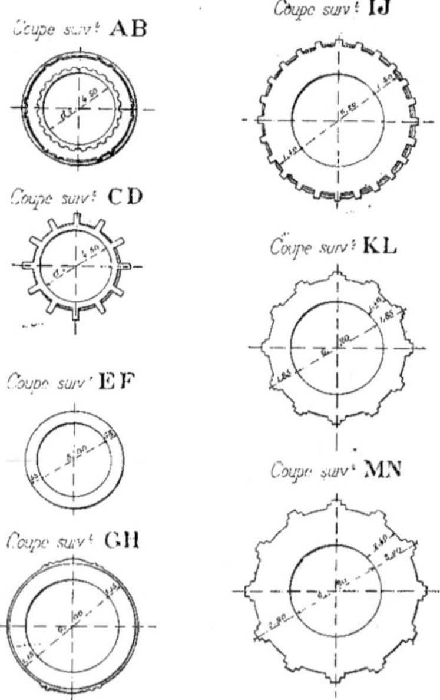

Fig. 25, 27 à 33. — Coupe verticale de la cheminée
de l'usine Suffren,
et coupes horizontales par différents niveaux.

EXPOSITION UNIVERSELLE DE 1900
CHEMINÉE MONUMENTALE . USINE SUFFREN
DÉTAIL DU PIÉDESTAL

Fig. 24. — Cheminée Suffren.

Détail du soubassement en élévation et en profil
Projet de l'Administration, exécuté par MM. Toisoul et Fradet.

« Services techniques de l'Exposition, soit par l'entrepreneur choisi, sous le contrôle de
« ces Services techniques. »

Conformément aux indications contenues dans ce rapport, l'Administration a traité,
ainsi que nous l'avons vu, avec MM. Nicou et Demarigny pour la cheminée La Bourdonnais, et elle a chargé M. Bourdon d'établir un projet pour la seconde cheminée, destinée
à l'usine Suffren.

Les données générales pour cette seconde cheminée sont restées identiques à celles
de l'usine La Bourdonnais : même diamètre à la base, même diamètre intérieur au
sommet, même hauteur. Mais les formes extérieures et la décoration diffèrent sensiblement.

Les fig. 25 à 33 donnent la coupe verticale par l'axe de la cheminée et une série de

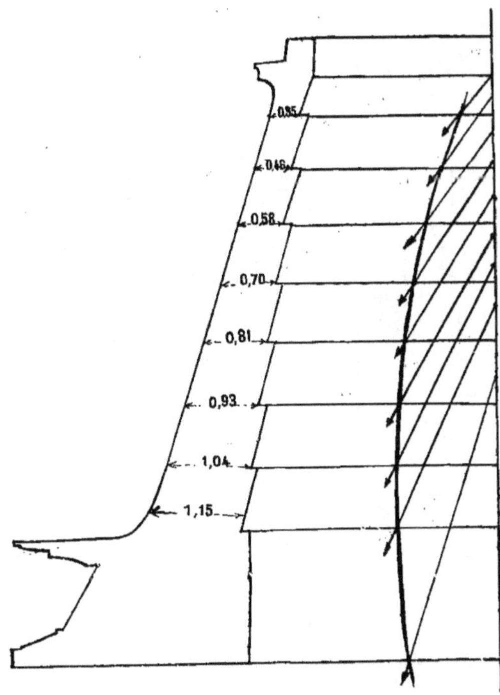

Fig. 36. — Épure déformée de la stabilité.

coupes à des niveaux variés, avec lesquelles il est facile de se rendre compte des formes
de chacune des parties de la construction.

D'ailleurs les deux tracés fig. 34 et 35 donnent un détail de la décoration et du mode
de construction du soubassement et du chapiteau.

La hauteur du soubassement, depuis le sol jusqu'au-dessus de l'entablement, c'est-à-
dire dans la partie représentée fig. 34, est de 16 mètres.

Tous les profils sont obtenus avec des briques de formes spéciales, pour lesquelles il
a fallu créer des moules.

La « céramique nouvelle » joue un rôle assez important dans la décoration proprement dite de cette cheminée, comme dans celle de la cheminée La Bourdonnais.

Par suite des différences existant dans la construction de cette cheminée relativement à celle de l'usine La Bourdonnais, le poids des deux cheminées n'est pas le même, et il est devenu nécessaire de refaire les calculs de résistance. La comparaison des chiffres du tableau ci-dessous avec ceux du tableau de la p. 19 indique ces différences pratiquement sans grande importance.

Numéros des rouleaux	Volume de maçonnerie de chaque rouleau	POIDS de la maçonnerie		SURFACES diamétrales		Rayon du noyau central	Pression du vent depuis le haut de la cheminée jusqu'au bas du rouleau considéré	Hauteur du centre de pression au-dessus du bas de la section considérée	Moment de flexion M	Section de la maçonnerie au bas du rouleau Ω	Moment d'inertie $I = \frac{\pi}{64}(D^4 - d^4)$	Charge par cm² sans vent $\frac{N}{\Omega}$	Charge par cm² avec vent $\frac{N}{\Omega} + \frac{Mv}{I}$
		Partiels	Cumulés N.	Partielles	Cumulées								
	m³	t.	t.	m²	m²	m.	t.	m.	tm.	m²		k.	k.
1	50	90	90	33	33	»	5.9	2.50	14·8	17.4	»	»	»
2	30	54	144	31	64	1.22	11.7	5. »	58.5	5.7	19	2.52	3.4
3	54	97	241	41	105	1.29	18.9	8.30	157	7.9	30.9	3.05	4.6
4	70	126	367	43	148	1.32	26.8	11.60	310	10.7	46	3.42	5.6
5	100	180	547	50	198	1.37	35.6	15 10	538	13.5	66	4.03	6.8
6	116	208	755	52	250	1.43	45 »	18.40	830	16.7	91.5	4.52	7.8
7	152	273	1.028	60	310	1.48	55.8	21.90	1220	20.0	124	5.15	9.0
8	184	330	1.358	64	374	1.56	67.2	25.30	1700	23.7	156	5.73	10.3
9	230	415	1.773	69	443	1.72	80. »	28.60	2290	34.3	272	5.18	9.1
10	960	1.730	3.503	187	630	1.90	113. »	35.15	3960	83	945	4.2	6.7
Fondations { Meulière.	800	1.760											
Briques .	100	180											
Béton ...	380	760					42.90	4840					
		6.203											
Terre de remblais	425	640											
		6.843											

L'épure de l'action du vent montre que la maçonnerie travaille dans de très bonnes conditions. Cela ressort, d'ailleurs, des chiffres du tableau; mais le croquis (fig. 36) dans lequel les diamètres sont à une échelle dix fois plus grande que les hauteurs, montre d'une manière encore plus sensible, par sa déformation même, combien la stabilité est assurée, même par les plus grands vents, puisque les efforts de renversement sont représentés dans l'hypothèse la plus défavorable.

Les pieux, beaucoup plus courts, puisque la couche de glaise est moins épaisse, ont été rapidement battus, et le sol est chargé sensiblement de la même façon que du côté La Bourdonnais.

Pression maximum sur la brique, sans vent. . . . . $5^k 73$ cm²

         —   avec vent. . . . . $10^k 3$

Fig. 35. — Cheminée Suffren.
Élévation du chapiteau.
Projet de l'Administration, exécuté par MM. Toisoul et Fradet.

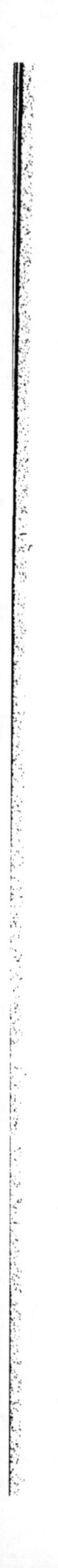

Poids de la cheminée, du sol au haut................. 3.500 ᵗ
   — compris fondations et poids du remblai............ 6.800 ᵗ
Charge de la terre par centimètre carré, sans vent....... 1 ᵏ 75
       —   avec vent....... 2 ᵏ 35
Charge des pieux par centimètre carré, sans vent........ 26 ᵏ 8
       —   avec vent....... 34 ᵏ 6

La construction de la cheminée Suffren, contrairement à ce qui avait eu lieu pour la cheminée La Bourdonnais, a fait l'objet d'une adjudication.

MM. Toisoul, Fradet et Cie ayant fait le plus fort rabais, ont été chargés de la construction de cet édifice, dont le prix se trouve, par suite du rabais, être de 186.000 fr.

Les moyens d'ascension prévus sont de deux espèces.

A l'intérieur des cheminées, tous les cinq rangs de briques, sont scellés des échelons en fer rond de 28 millimètres, faisant saillie de 0 m. 15 sur le parement intérieur.

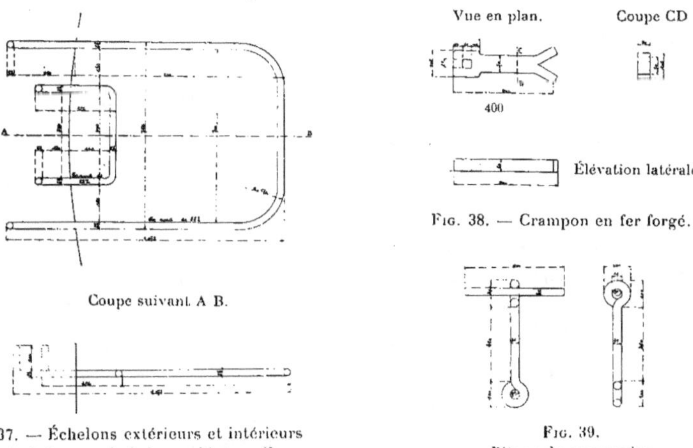

Fig. 38. — Crampon en fer forgé.

Fig. 37. — Échelons extérieurs et intérieurs placés à 5 rangs de briques d'intervalle.

Fig. 39.
Pitons de suspension.

Un dispositif de sûreté est formé par une deuxième série d'échelons, plus grands, enveloppant les premiers, et formant une sorte de cage, à l'intérieur de laquelle se fait l'ascension. Cette seconde série d'échelons est, comme la première, en fer rond de 28 millimètres, et elle permet les repos en cours de montée.

Afin de pouvoir, au besoin, pendant l'exploitation, monter un échafaudage extérieur, 70 crampons en fer forgé de 70 millimètres $\times$ 50 millimètres, et de 0,400 de longueur totale, terminés par une queue de carpe, avec œil carré de 35 millimètres dans une partie renflée de 105 millimètres de côté, sont scellés dans le parement extérieur du fût de la cheminée. Ils sont placés deux par deux en ligne droite les uns au-dessus des autres, et, pour qu'ils ne nuisent pas à l'aspect général, ils sont peints suivant la nuance de la partie de la cheminée où ils sont scellés.

Enfin, dans chacun des arceaux du couronnement, un piton en fer rond de 35 millimètres est scellé, pour que l'on puisse y suspendre un échafaudage volant. Ces pitons sont composés d'une tige, terminée à chacune de ses extrémités par un œil de 35 millimètres. L'œil supérieur est traversé par une barre de fer rond de 30 millimètres, scellée dans la maçonnerie.

Pour compléter l'étude des ferrures des cheminées, ajoutons que 15 cercles en fer plat de 120×11, composés de 4 segments se recouvrant de 0 m. 400, réunis deux par deux par 4 boulons de 22 millimètres, sont noyés dans l'épaisseur des maçonneries du fût et du couronnement, et qu'à la partie inférieure, au niveau du sol, un regard, bouchant une porte de travail, permet de pénétrer dans la cheminée.

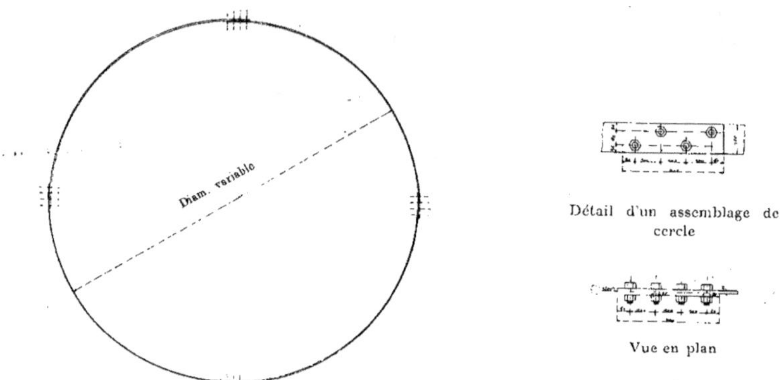

Fig. 40. — Assemblage d'un cercle en plusieurs morceaux.

La fermeture autoclave se compose d'un fort cadre en fonte de 220 millimètres de largeur, pris dans la maçonnerie. Son ouverture est de 600×400.

Au milieu des deux côtés verticaux du cadre, sont venus de fonte des bossages sur lesquels sont fixés des étriers comme l'indique la coupe AB.

Ces étriers servent à faire passer un fléau dans l'axe duquel est ménagé un renflement formant écrou fixe pour une vis de serrage terminée par une manette double, D, de

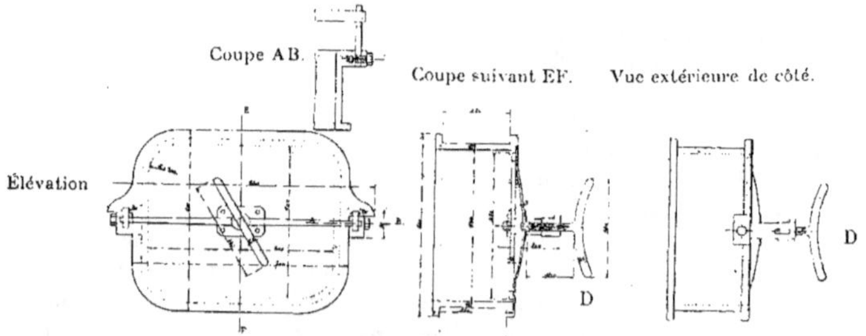

Fig. 41 à 43. — Regard à fermeture autoclave.

25 millimètres de diamètre, qui vient porter sur un renfort rivé au centre du tampon en tôle qui assure la fermeture. C'est, en somme, à très peu de chose près, la disposition ordinairement adoptée dans les usines à gaz pour la fermeture des cornues.

Enfin le paratonnerre est formé d'une tige unique de 12 m. 50 de longueur totale, en fer doux forgé galvanisé, de 80 millimètres à la base, et 35 millimètres au sommet, terminée par une pointe en cuivre rouge de 0 m. 50 de longueur, avec cône en platine. L'ensemble est supporté par un croisillon en fer galvanisé de 0,080 × 0,020, scellé dans le bout du fût, à 1 m. 50 en contrebas du sommet.

Sur le conducteur en cuivre rouge étamé, formant ceinture et couronnement, sont fixés deux autres conducteurs diamétralement opposés, en cuivre rouge, de 0,030 × 0,002 descendant le long du fût jusqu'à la base, où l'un des conducteurs est fixé comme prise de terre à un tubage métallique de 150 millimètres de diamètre et de 5 mètres de profondeur, tandis que le second conducteur gagne en tranchée la plus proche canalisation d'eau souterraine.

L'étude du paratonnerre a été faite tout d'abord en vue de répondre au but immédiatement utilitaire : c'est dans cet ordre d'idées que les dispositions proposées ont été soumises à l'examen de la commission chargée, sous la présidence de M. Mascart, d'étudier les moyens de préserver de la foudre les constructions de l'Exposition ; mais il convenait aussi de ne pas nuire à l'effet décoratif général, et d'y faire contribuer au contraire, si la chose était possible, les éléments essentiels du paratonnerre. C'est dans ce but que les formes définitives indiquées sur la fig. 13 ont été adoptées.

DISTRIBUTION DE LA VAPEUR

GALERIES SOUTERRAINES

Pour distribuer l'eau de Seine et la vapeur dans les palais de la Mécanique, de l'Électricité et des Industries Chimiques, il a été construit un réseau de galeries souterraines, dans lesquelles sont placées les canalisations.

Ces galeries sont dirigées, les unes parallèlement à l'axe longitudinal du Champ-de-Mars, les autres perpendiculairement à cette direction.

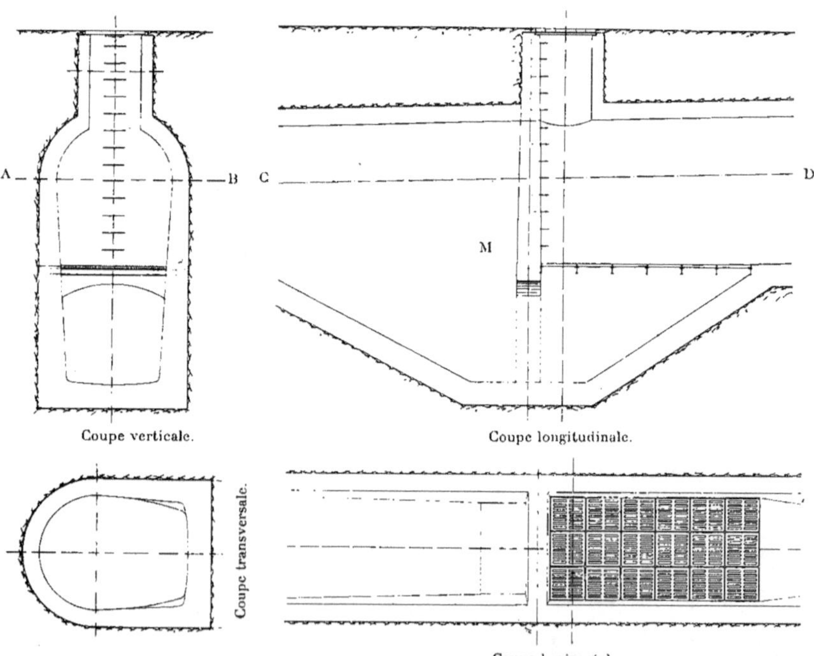

Fig. 44 et 45. — Joint hydraulique au raccordement des galeries avec l'égout.

Aux points de rencontre de deux galeries de directions différentes, ont été construites des chambres carrées, de 4 m. 80 de côté intérieurement, où s'effectuent les croisements de tuyaux, et où sont placés (fig. 50-51-55) les appareils accessoires de la distribution, vannes, purgeurs automatiques, réservoirs de purge, etc.

La disposition générale des galeries est indiquée sur les planches IV et V à la fin du fascicule.

Elles se raccordent d'un côté avec 4 cheminées d'aérage de 2 m. 80 de côté, en O, O', P, P', dans les bâtiments des chaudières, et d'un autre côté, en A et A', avec les égouts de la Ville, sous les avenues de Suffren et de La Bourdonnais.

En ces derniers points, des précautions spéciales devaient être prises, pour éviter à la fois le retour des odeurs des égouts et la pénétration des rats dans les galeries souterraines, et par conséquent aussi dans les palais de l'Exposition.

Dans ce but, en chacun des points A et A' a été installé un siphon formant joint hydraulique dont la disposition est représentée aux fig. 44 et 45 en coupes verticale, longitudinale et transversale, et à la fig. 45 par une coupe horizontale suivant A B C D.

On voit que cet appareil est constitué par une cloison M de 0 m. 40 d'épaisseur bouchant la galerie, et descendant jusqu'à 0 m. 30 au-dessous du niveau du radier. Cette cloison porte une série d'échelons en fer espacés de 0 m. 33 les uns des autres, et de 40 centimètres de largeur, et se raccorde avec un regard de descente de 0 m. 90 de diamètre, recouvert par un panneau en bastaings de 0 m. 17 de largeur sur 0 m. 085 d'épaisseur.

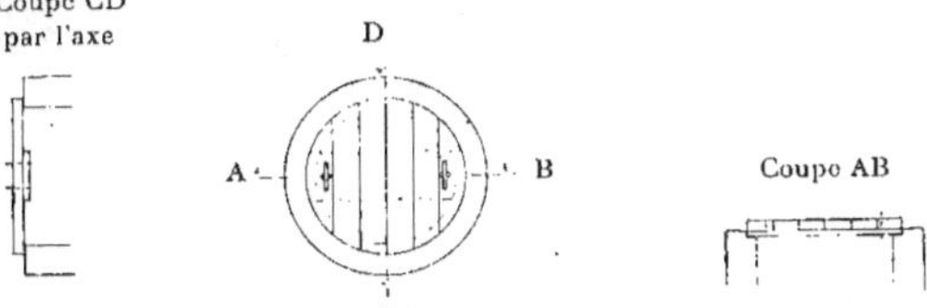

Fig. 46. — Panneau recouvrant une bouche d'aération.

Au droit de cette cloison, la galerie est approfondie de 2 mètres, de façon à donner une garde hydraulique, dont la surface est tout à fait dégagée du côté de l'égout, mais, du côté du Champ-de-Mars, est recouverte par une grille en fonte composée de 18 panneaux de 0 m. 60 de long sur 0 m. 66 de large, reposant sur 7 solives en fer I scellées dans les murs de côté. L'épaisseur des panneaux est de 50 millimètres et le poids de chacun d'eux est de 80 kilog. environ.

Les cheminées d'aérage sont représentées en coupe sur la planche II dans la coupe transversale des bâtiments des chaudières ; elles recouvrent les chambres O, O', P, P'.

Les galeries souterraines ne sont pas seulement destinées à recevoir des tuyaux. Il peut arriver que, soit par suite d'une rupture, soit au moment d'une réparation dans les tuyauteries, elles reçoivent une quantité d'eau plus ou moins considérable, à laquelle il convenait d'assurer un écoulement facile. Elles sont donc exposées à jouer parfois le rôle d'égouts, et dès lors il devenait nécessaire de leur faire un radier étanche et de leur donner une pente vers le point d'écoulement possible, c'est-à-dire vers le raccordement avec l'égout de la Ville.

Ces galeries ont été construites sur trois modèles ou types différents, suivant le diamètre et le nombre des canalisations qu'elles reçoivent. Les dimensions principales de chacun des types sont indiquées au tableau suivant :

	Largeur.	Hauteur sous voûte.	Longueur totale.
Type n° 1.............	2 m 60	2 m 70	516
Type n° 2.............	2 40	2 60	730
Type n° 3.............	2 00	2 60	201
		Total........	1,447 mètres.

Voici, au surplus, le détail des longueurs de chacune d'elles classées d'après le type auquel elles se rapportent (voir pl. II).

GALERIES TYPE Nº 1			GALERIES TYPE Nº 2			GALERIES TYPE Nº 3		
Désignation	Longueurs partielles	Longueurs totales	Désignation	Longueurs partielles	Longueurs totales	Désignation	Longueurs partielles	Longueurs totales
CD-C'D'........................	2 × 54,25	108,50	BC-B'C'-K'L'-KL...........	4 × 30,50	122,00			
CK-G'K'-H'L'-HL..........	4 × 29,57	118,30	BC-B'G'-C'H'-CH...........	4 × 98,55	394,20	AB.......................	1 × 47,00	47,00
KO-K'O'-L'P'-LP	4 × 14,35	57,40	HI-H'I'....................	2 × 42,00	84,00	A'B'.....................	1 × 44,00	44,00
LM-L'M'......................	2 × 77,05	154,10	FG........................	1 × 37,00	37,00	FE.......................	1 × 40,00	40,00
MN-M'N'	2 × 39,00	78,00	F'G'-J'K'-JK	3 × 31,00	93,00	QM-Q'M'..................	2 × 35,00	70,00
TOTAL. Type Nº 1............		516,30	TOTAL. Type Nº 2............		730,20	TOTAL. Type Nº 3..........		201,00

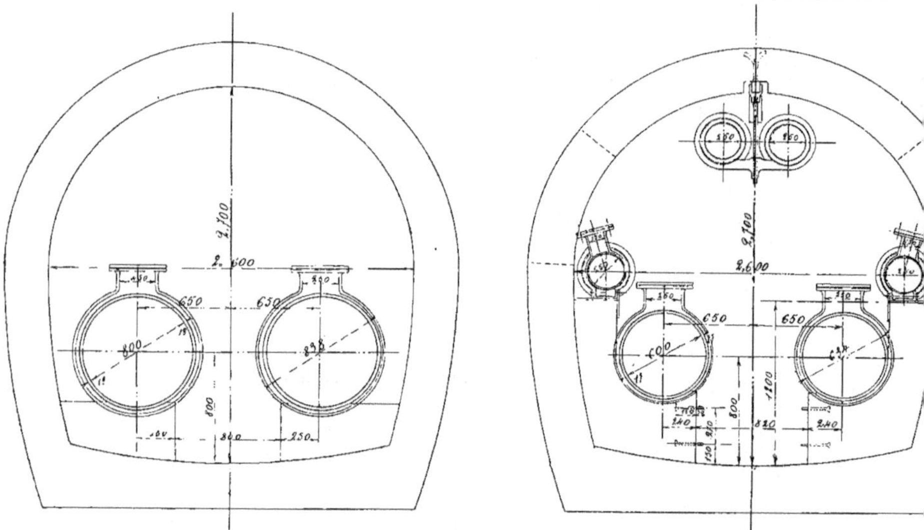

Fig. 47. — Galeries type nº 1.

Ce réseau de galeries, bien qu'invisible pour les visiteurs, n'en constitue pas moins un des travaux les plus importants du service de l'exploitation : quand les visiteurs circuleront dans les chemins placés dans l'axe des galeries de 9 mètres, ils ne se douteront certainement pas que sous leurs pieds, à une distance moyenne de 1 m. 50 environ, se trouvent des galeries dans lesquelles passeront chaque jour 1.500.000 kilog. de vapeur à 10 atmosphères, et 35.000 mètres cubes d'eau.

Les tracés des galeries souterraines et des voies de chemin de fer ont été établis de telle sorte que les voies ferrées passent transversalement sur les galeries souterraines, et, par conséquent, ne se trouvent jamais les charger dans le sens de leur longueur.

Les passages sous voie ferrée sont au nombre de   6 pour les galeries du type nº 1,

    —   de 10   —   —   nº 2,

    —   de 5   —   —   nº 3.

A chacun de ces passages, il convenait de renforcer les voûtes. Aussi leur épaisseur, comme celle des pieds-droits et du radier, a-t-elle été portée à 50 centimètres, sur une longueur de 2 m. 50, au droit de ces passages.

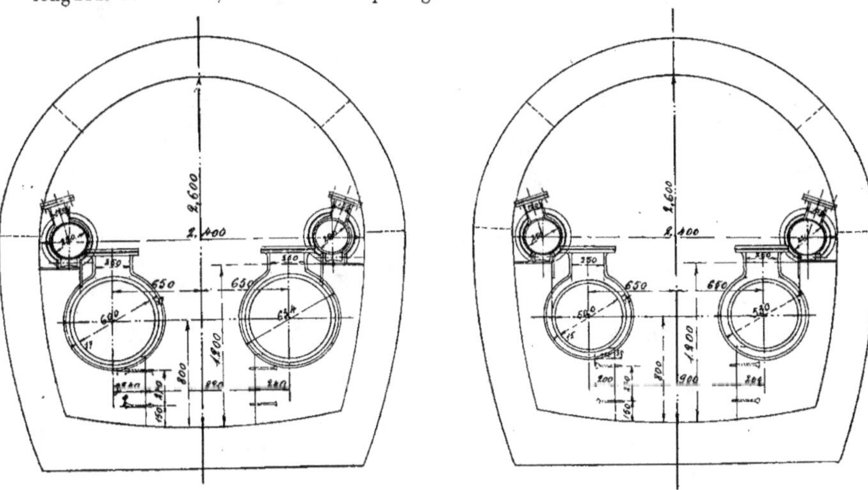

Fig. 48. — Galeries type n° 2.

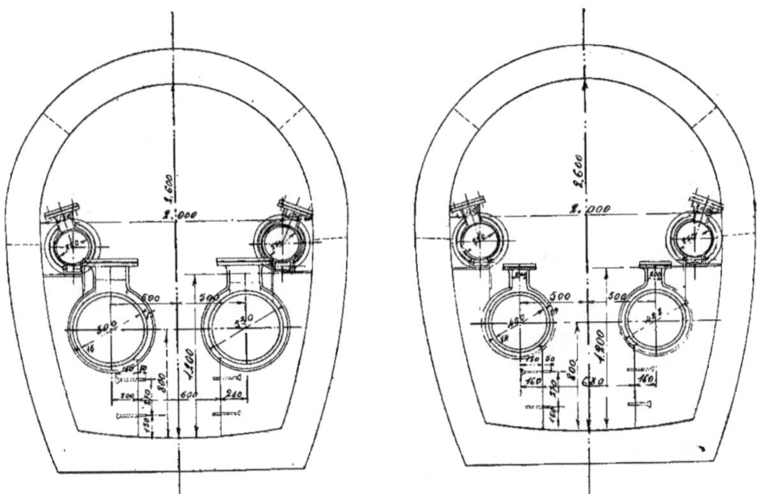

Fig. 49. — Galeries type n° 3.

Le gros œuvre des galeries souterraines et des chambres est construit en meulière, hourdée de mortier de ciment, composé de 300 kilog. de ciment de laitier par mètre cube de sable dragué.

Les voûtes des galeries sont recouvertes extérieurement par une chape en mortier de

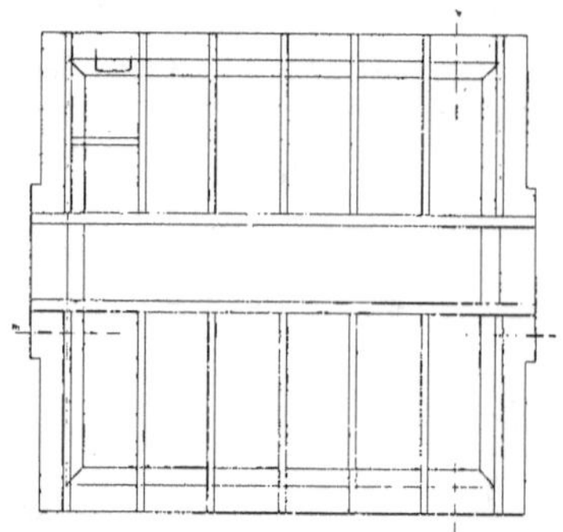

Fig. 50. — Détail d'une chambre carrée.
Vue en plan.

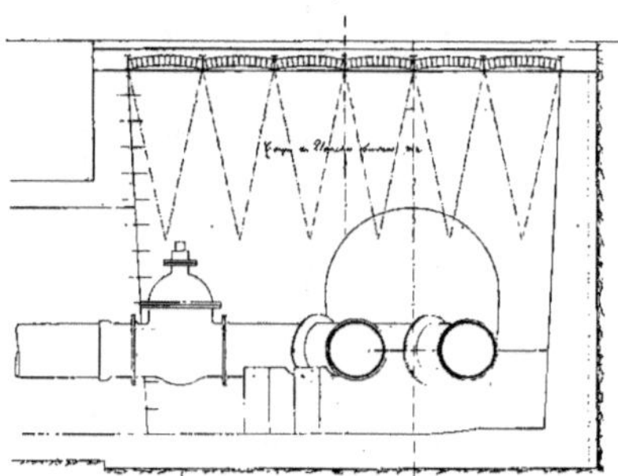

Fig. 51. — Détail d'une chambre carrée.
Coupe transversale.

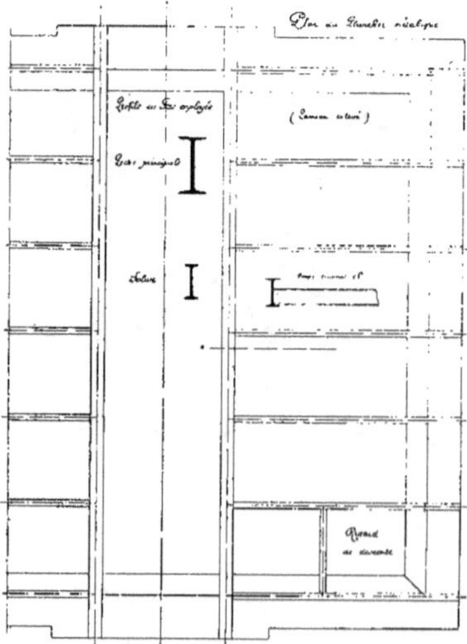

Fig. 55. — Détail du plancher en fer.
Vue en plan.

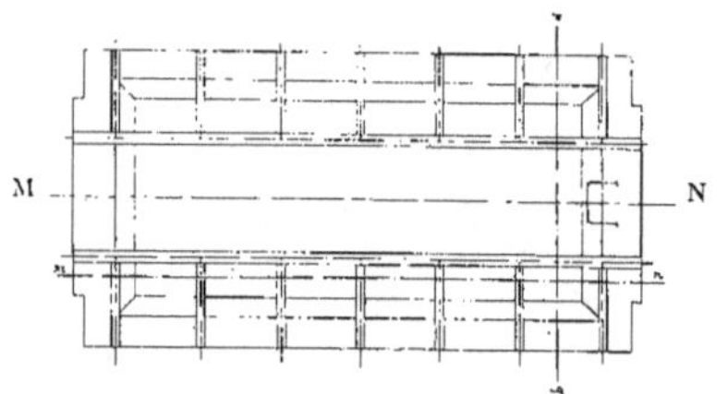

Fig. 53. — Détail d'une chambre d'extrémité.
Vue en plan.

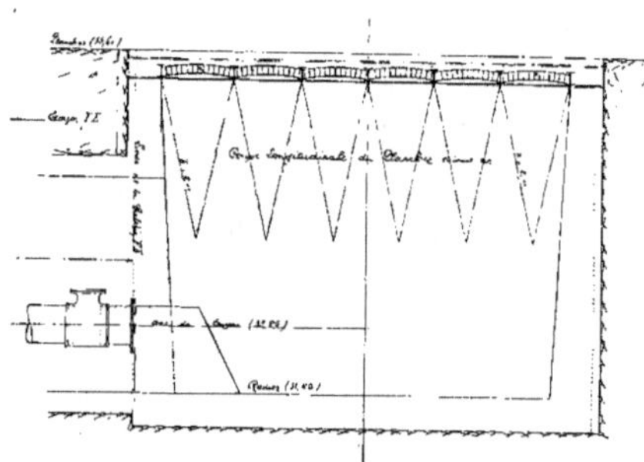

Fig. 54. — Détail d'une chambre d'extrémité.
Coupe suivant MN.

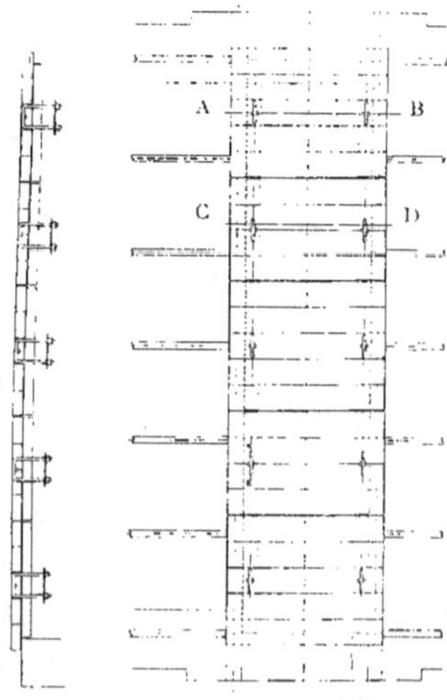

Fig. 56. — Plan du panneau complet.
Détail du panneau en plan et en coupe longitudinale
montrant la disposition des poignées.

ciment, composé de 450 kilog. de ciment de Vassy par mètre cube de sable dragué. A l'intérieur, les voûtes, les pieds-droits des galeries, les parois verticales des chambres, regards, cheminées d'aérage, etc., sont recouverts d'un enduit de 1 centimètre d'épaisseur en mortier composé de 900 kilog. de ciment de Vassy par mètre cube de sable tamisé.

Enfin le radier des galeries et des chambres, rejointoyé au mortier, est en outre recouvert d'un enduit de 2 centimètres d'épaisseur en mortier de ciment composé de 650 kilog. de ciment Portland par mètre cube de sable tamisé.

PLANCHERS DES CHAMBRES

Les chambres sont recouvertes par des planchers métalliques, constitués par deux poutres longitudinales en fer I de 260 × 126 × 16, espacées de 1 m. 20 d'axe en axe, et

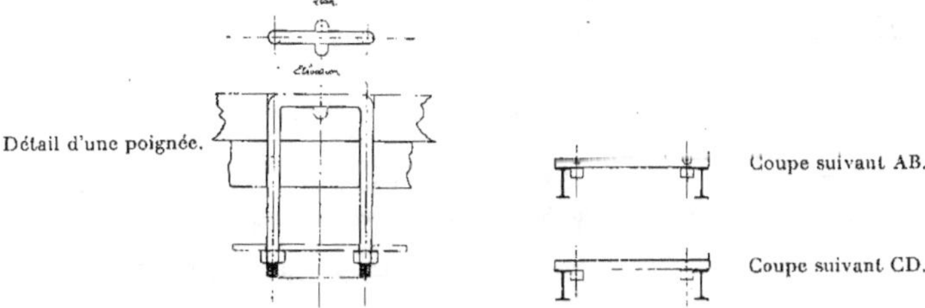

FIG. 57. — Panneau recouvrant l'ouverture d'une chambre.

par des solives transversales en fer I de 160 × 55 × 10, espacées de 0 m. 800 d'axe en axe, sur lesquelles viennent se poser des entrevous en briques de 2 mètres de rayon à

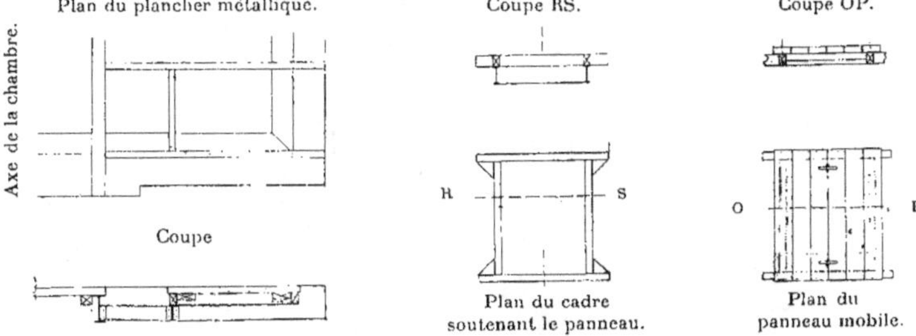

FIG. 58 à 60. — Regard de descente dans une chambre.

l'intrados. L'espace resté libre entre les deux poutres longitudinales se trouve ainsi être de 1 m. 08 environ sur toute la longueur de la chambre. C'est par les ouvertures ainsi ménagées que l'on introduit dans les galeries les tuyaux constituant les canalisations d'eau et de vapeur. C'est également par elles que se fera le remplacement des tuyaux, en cours d'exploitation, si cette opération est nécessaire. Ces ouvertures sont alternativement dans le sens de la longueur et dans le sens de la largeur du Champ-de-Mars, de façon à pouvoir toujours faire pénétrer facilement un tuyau, dans une galerie quelconque, longitudinale ou transversale, sans avoir à le faire changer de direction.

Les fig. 50 et 51 montrent la disposition adoptée dans les chambres carrées, et les fig. 53 et 54 dans les chambres d'extrémité. Les détails sont représentés à plus grande

. échelle à la fig. 55 pour ce qui concerne les planches en fer, et à la fig. 56 pour les panneaux recouvrant l'ouverture longitudinale. Ces panneaux sont composés de madriers 8×22

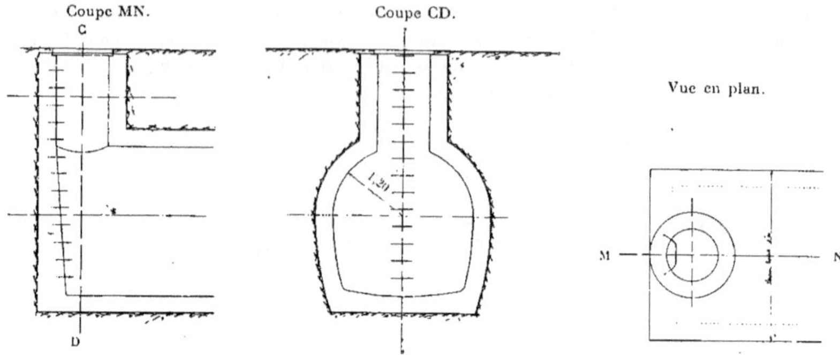

Fig. 61 et 62. — Bouche d'aération à une extrémité de galerie.

et de 1 m. 32 de longueur, renforcés et reliés quatre par quatre ou cinq par cinq par d'autres madriers longitudinaux placés en dessous, et espacés de 0,95 d'axe en axe. Des

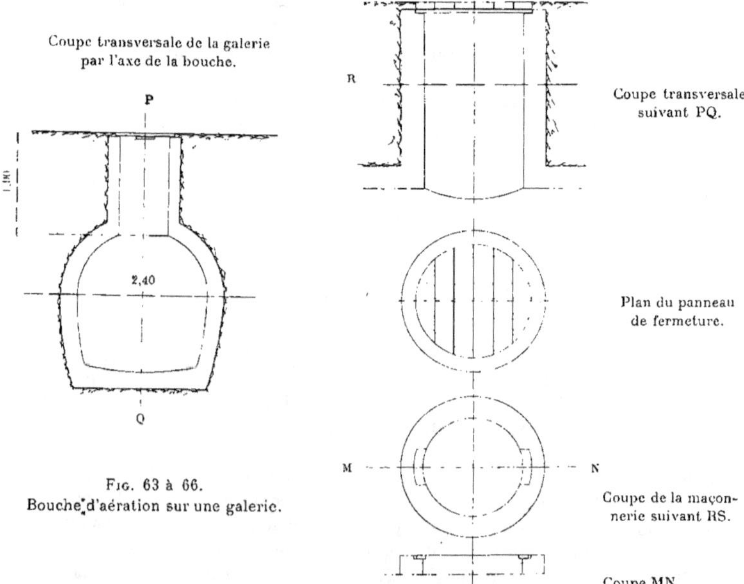

Fig. 63 à 66.
Bouche d'aération sur une galerie.

poignées en fer rond de 20 millimètres sont disposées sur chacun des panneaux. La fig. 57 en donne le détail. Une encoche est ménagée dans le madrier pour permettre de passer le doigt pour soulever la poignée.

REGARDS DE DESCENTE

Dans un angle du plancher recouvrant les chambres, est ménagée une ouverture de 0 m. 85 × 0 m. 95, pour former un regard de descente sous lequel sont disposés des

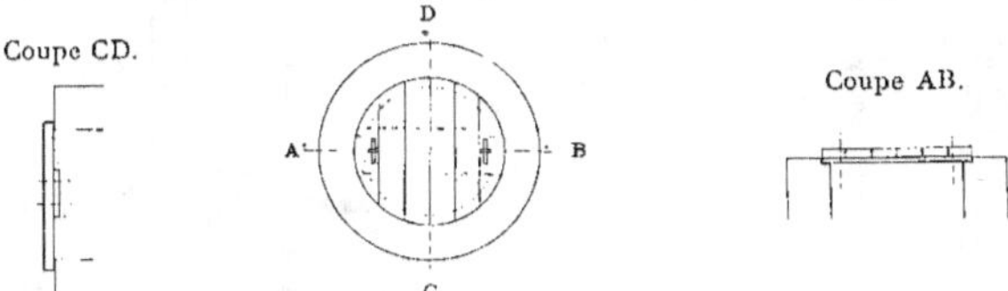

Fig. 67. — Panneau recouvrant un regard de descente en bout de galerie.

échelons en fer rond galvanisé, de 0 m. 40 de longueur, et distants du mur de 0 m. 15. Il y a ainsi 10 regards de descente, marqués sur le plan par la lettre R.

BOUCHES D'AÉRATION

En outre, 4 bouches d'aération ont été réservées sur les galeries aux points marqués b. Mais ces regards ne sont pas les seuls. Aux extrémités des galeries, là où il n'y a pas de

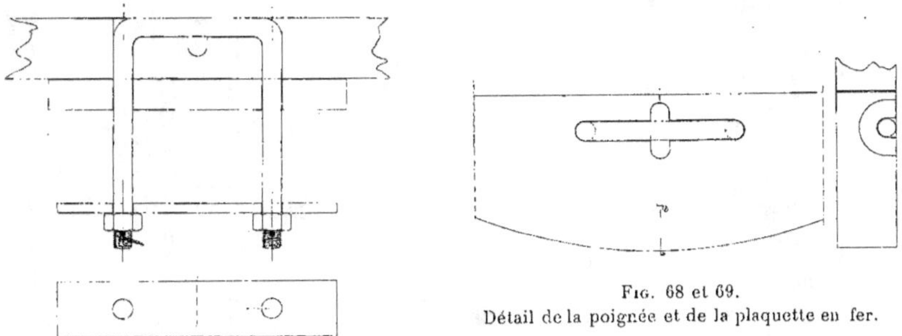

Fig. 68 et 69.
Détail de la poignée et de la plaquette en fer.

chambres proprement dites, ils affectent une disposition particulière, représentée aux fig. 61, 62. Les ouvertures des regards de descente et des bouches d'aération sont recouvertes par des panneaux en bastaings de 65 millimètres d'épaisseur sur 0 m. 17 de largeur, renforcés en dessous par des traverses. Les fig. 67, 68 et 69 indiquent ces dispositions et le détail de la poignée pour soulever le panneau.

MURETTES

A l'intérieur des galeries, des murettes de 0 m. 30 d'épaisseur ont été construites en maçonnerie de meulière hourdée en mortier au ciment de laitier, pour supporter les conduites d'eau froide et d'eau chaude, en même temps que les conduites de distribution de vapeur. Elles sont disposées, de chaque côté de la galerie, à raison de deux par tuyau de 4 m. 40 de longueur utile. Les tuyaux d'eau, en effet, ont une longueur de 4 mètres,

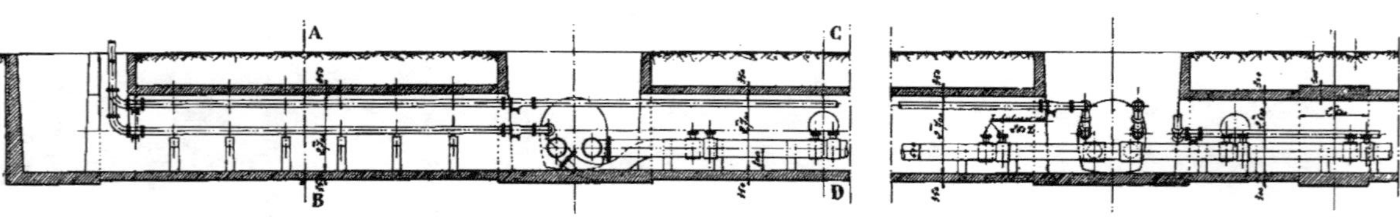

Fig. 70. — Coupe longitudinale EF d'une galerie souterraine montrant la disposition des murettes, des ouvertures latérales et d'un passage sous voie ferrée.

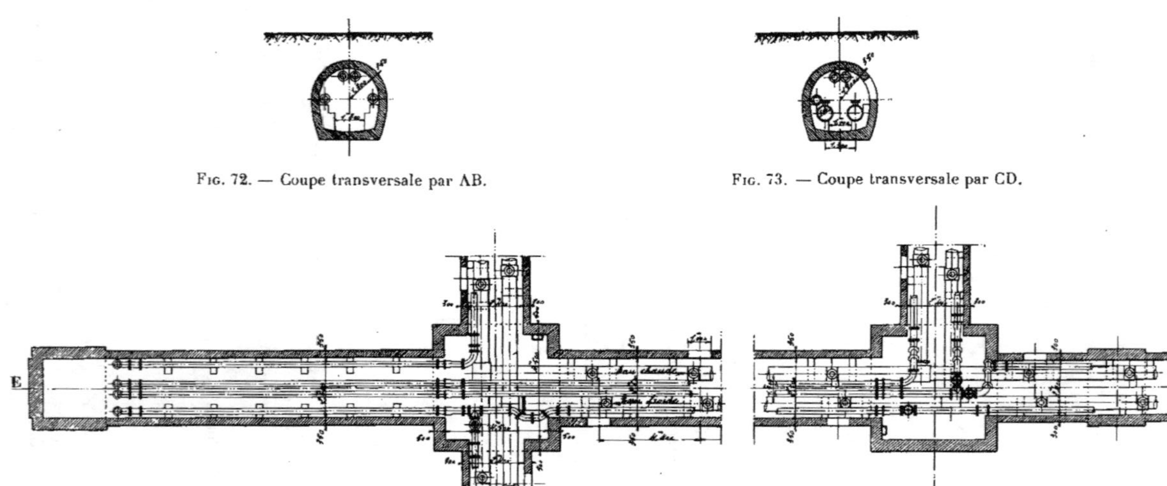

Fig. 72. — Coupe transversale par AB.

Fig. 73. — Coupe transversale par CD.

Fig. 71. — Coupe horizontale d'une galerie souterraine montrant en plan la disposition des murettes, des tubulures de prise d'eau et des ouvertures latérales ainsi que deux types de croisements de galeries.

et les manchons à tubulure 0 m. 40, de telle sorte que la distance d'axe en axe de deux tubulures consécutives est de 4 m. 40. Les murettes ont des formes et des dimensions variables selon qu'elles supportent uniquement des tuyaux de vapeur, comme le montre la coupe AB (fig. 72) ou uniquement des canalisations d'eau, où, à la fois, des canalisations d'eau et des tuyaux de vapeur, comme le montrent la coupe CD (fig. 73) et les fig. 47, 48 et 49.

OUVERTURES LATÉRALES

Des ouvertures de 1 mètre de longueur sur 0 m. 80 de hauteur, ont été ménagées dans les parois latérales des galeries, au-dessus de la naissance des voûtes, pour le passage des branchements de prise de vapeur et d'eau.

Ces ouvertures sont, en général, espacées de 4 m. 40 d'axe en axe ; mais elles ont été

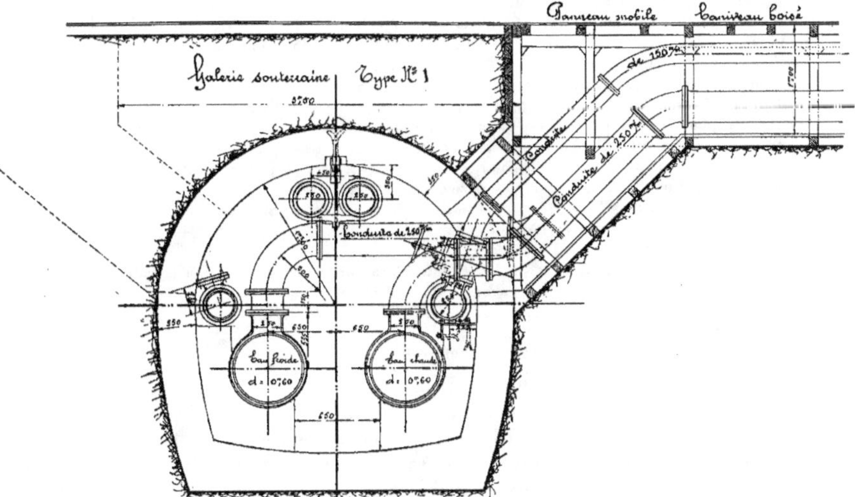

Fɪɢ. 74. — Type d'un branchement pour raccorder les conduites d'eau et de vapeur à un groupe électrogène.

ménagées alternativement du côté droit et du côté gauche de la galerie, de telle sorte que, d'un même côté, deux ouvertures consécutives sont espacées de 8 m. 80.

Les dimensions des ouvertures latérales ont été établies en vue de permettre le passage des trois branchements d'eau froide, de vapeur, et de retour des eaux chaudes de la condensation, correspondant à une même machine. Ces ouvertures ne sont sans doute pas toutes utilisées; mais au moment de la construction des galeries souterraines, la plupart des constructeurs des machines motrices n'avaient pas encore fait connaître leurs intentions au sujet de leur participation à l'Exposition ; on ne pouvait donc que s'arrêter à une solution de principe, et c'est ainsi qu'il a été décidé d'établir une ouverture en face de chaque tubulure, sauf lorsque les ouvertures ainsi combinées tombaient en des points où les circonstances extérieures (voie ferrée, piliers de fermes) opposent un obstacle absolu à leur utilisation.

Au droit de ces ouvertures, une surépaisseur de 0 m. 10 a été donnée à la maçonnerie de la voûte, pour servir d'appui à des douelles en sapin créosoté de 0 m. 17 sur 0 m. 065, au moyen desquelles les ouvertures ont été bouchées pour éviter les éboulements de terre à l'intérieur, lorsque l'on a procédé au remblayage sur les reins des voûtes.

Enfin il faut signaler que des scellements ont été préparés à la clef de voûte, pour supporter soit les tuyaux de vapeur, soit les tuyaux des purges des machines.

Le devis de l'entreprise, s'élevant à 369.611 francs, a été établi, en ce qui concerne les galeries, sur un prix de base par mètre courant de chacun des types, et, pour chacun des divers travaux accessoires, chambres, regards, bouches d'aération, passages sous voie ferrée, etc., sur un prix unitaire, dont voici le détail :

Galerie de 2 m. 60 d'ouverture type n° 1, compris tous les terrassements, les maçonneries et les accessoires, tels que : murettes supportant les tuyaux, ouvertures latérales pour le passage des tuyaux de prise d'eau et de vapeur, fermées provisoirement par des douelles en sapin, ouvertures pratiquées dans la clef de voûte pour scellements ultérieurs, pattes à scellement, etc., le mètre courant.. 224 fr.

Galerie de 2 m.40 d'ouverture, type n° 2, dans les mêmes conditions, le mètre courant...... 207

Galerie de 2 m. 00 d'ouverture, type n° 3, dans les mêmes conditions, le mètre courant...... 166

Fouilles supplémentaires, le mètre cube.. 5

Supplément pour chaque passage de galerie, type n° 1, sous voie ferrée (surépaisseur de 0 m. 50 — 0 m. 33 = 0 m. 17 sur 2 m. 50 de longueur), le mètre courant............... 167

Supplément pour chaque passage de galerie, type n° 2, sous voie ferrée (surépaisseur de 0 m. 20 sur 2 m. 50 de longueur), le mètre courant.................................... 190

Supplément pour chaque passage de galerie, type n° 3, sous voie ferrée (surépaisseur de 0 m. 30 sur 2 m. 50 de longueur), le mètre courant.................................... 214

Chambres de 4 m. 50 × 4 m. 50 (dimensions intérieures), compris tous terrassements, maçonneries et travaux accessoires, la pièce... 3.347

Chambres de 4 m. 50 × 2 m. 00, la pièce... 2.223

Siphons formant joints hydrauliques sur les égouts de raccordement du réseau des galeries souterraines avec les égouts de l'avenue de Suffren et l'avenue de La Bourdonnais, la pièce.. 2.325

Regards de descente, la pièce... 256

Bouches d'aération, compris panneaux de fermeture, la pièce.............................. 75

L'adjudication a eu lieu le 27 juin 1898.

M. Versillé, entrepreneur à Paris, ayant fait le plus fort rabais, a été déclaré adjudicataire, et chargé de l'exécution des travaux, qui ont été commencés le 27 septembre.

D'après le cahier des charges, les travaux devaient être exécutés dans un délai de six mois. Toute la partie des travaux que l'état d'avancement des fondations des palais traversés a permis d'entreprendre à cette époque, a été terminée en février 1899, soit en cinq mois. L'entrepreneur s'est donc acquitté de sa tâche avec activité et avec une connaissance réelle des nécessités d'une Exposition.

TUYAUTERIE DE VAPEUR

Nous avons vu que chacune des deux usines de production de vapeur est susceptible de fournir des quantités variant de 115 à 120 tonnes par heure, mais que cette production serait probablement réduite, dans la pratique, à 100 tonnes, par suite d'un certain roulement à établir entre les machines en fonctionnement, et par suite aussi des nettoyages et des réparations inévitables.

Nous avons vu également qu'il a été décidé en principe que tel groupe de chaudières ne serait pas affecté spécialement à telle machine déterminée, mais que tous les générateurs indistinctement déverseraient leur production tout entière dans les canalisations

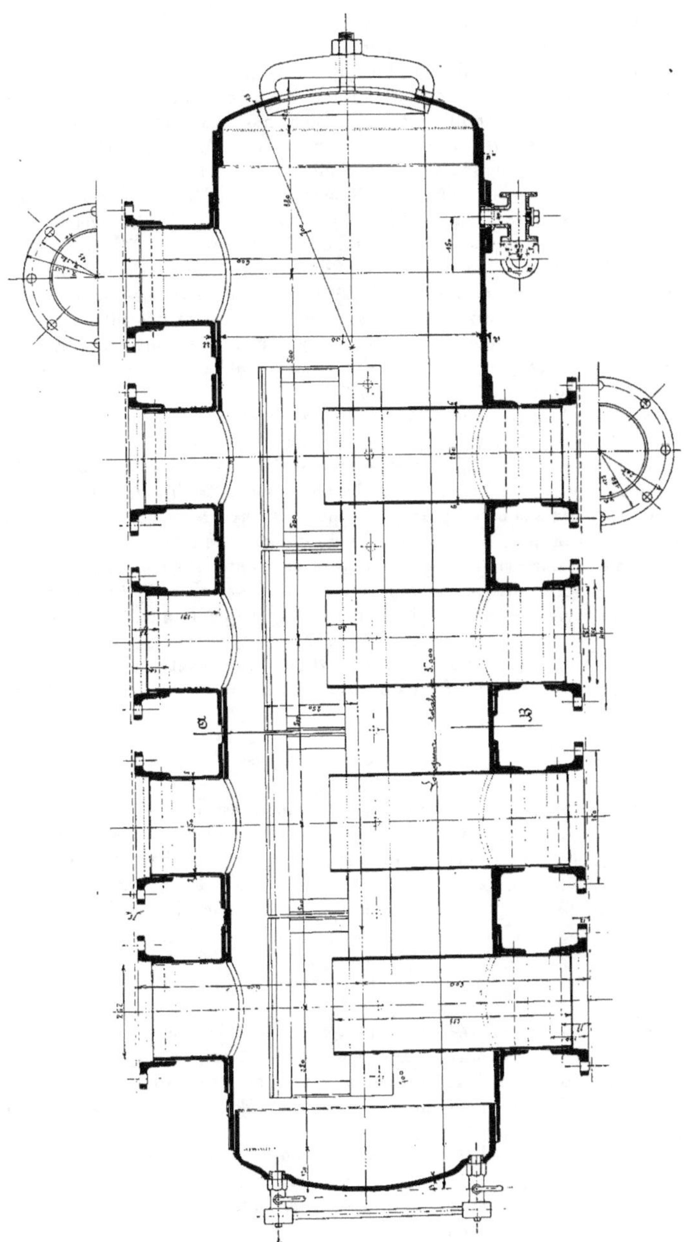

FIG. 75. — Réservoir collecteur de vapeur (nourrice).

installées par l'Administration, et que les diverses machines à mettre en mouvement puiseraient directement dans ces conduites.

En raison des avantages qui résultent de l'uniformité du diamètre, et en particulier en vue de faciliter le montage, toutes les conduites de distribution de vapeur sont d'un diamètre uniforme de 250 millimètres intérieur, quitte à mettre double canalisation lorsque la consommation de vapeur dans une galerie dépasse le débit que l'on peut demander à une conduite unique d'un tel diamètre.

Le choix de ce diamètre de 250 millimètres a été déterminé principalement par l'importance des machines auxquelles il fallait fournir la vapeur. En effet, nous verrons plus loin que, parmi les groupes électrogènes qui fonctionneront à l'Exposition, il en est plusieurs dont la puissance atteint et dépasse 2.000 chevaux, et que la puissance moyenne est peu éloignée de 1.000 chevaux. La plupart des groupes électrogènes consomment donc par heure des quantités de vapeur comprises entre 8.000 et 18.000 kilog.

Une conduite de vapeur doit pouvoir alimenter au moins deux machines. En admettant, pour la vapeur dans les conduites, une vitesse moyenne de 25 mètres par seconde, une conduite de 0 m. 250 peut débiter environ 25.000 kilog. par heure.

D'autre part, plusieurs considérations s'opposaient à l'adoption d'un diamètre plus grand. Dans l'examen de l'encombrement occasionné par la canalisation de vapeur, il convenait de faire entrer en ligne de compte le diamètre des brides ; or le plus petit diamètre que l'on puisse adopter pour les brides d'une tuyauterie de 0 m. 250 intérieur, est de 0 m. 400. Un diamètre plus grand pour la tuyauterie aurait conduit, lors de l'établissement des projets, à augmenter les dimensions des galeries souterraines.

Il fallait aussi tenir compte de la nécessité de monter sur les conduites un certain nombre de pièces accessoires, et notamment les robinets-vannes, dont l'encombrement, et aussi le prix de revient, s'élève rapidement à mesure que le diamètre de l'orifice augmente.

Enfin, le matériel devant être fourni en location, il convenait de s'arrêter à des dimensions qui permissent aux constructeurs d'en tirer parti après l'Exposition.

DISPOSITIONS GÉNÉRALES

La disposition générale de la tuyauterie de vapeur est la suivante :

Huit canalisations collectrices (voir planche II) munies de nombreuses tubulures par lesquelles les chaudières déverseront leur production, sont disposées dans chacun des bâtiments des chaudières, parallèlement à leurs façades. Elles sont portées par des corbeaux en fonte, fixés sur la charpente, à un niveau variant de 4 m. 75 à 6 m. 25.

RÉSERVOIRS COLLECTEURS

Dans chaque usine, deux réservoirs horizontaux en tôle d'acier (fig. 75), de 3 mètres de longueur totale, placés à peu de hauteur au-dessus du sol, en avant des coffres d'aération des galeries souterraines, reçoivent chacun quatre de ces canalisations. Une cinquième tubulure sert à établir une communication entre les deux réservoirs collecteurs d'une même usine.

Ils portent, en outre, à leur partie inférieure, quatre tubulures, également de 250 millimètres, prolongées à l'intérieur sur 0 m. 400 de hauteur, de façon à puiser dans ces nourrices de la vapeur sèche, en laissant au fond toute l'eau qui aurait pu être entraînée jusque-là. La séparation de l'eau et de la vapeur est, d'ailleurs, facilitée par la présence, à l'intérieur du réservoir, d'un parapluie en tôle et cornières (fig. 76), qui fait écouler l'eau le long des parois, et protège les orifices des tubulures de prise de vapeur.

Un niveau d'eau à tube de verre placé sur des bossages dans un des fonds, permet de se rendre compte, à chaque instant, de la quantité d'eau que contiennent ces nourrices, et une tubulure double les met en communication avec deux purgeurs automatiques (fig. 77).

Un trou d'homme est ménagé dans le fond opposé.

Chacune des tubulures inférieures des nourrices donne naissance à une canalisation de distribution. Les deux palais de la Mécanique sont donc desservis chacun par huit canalisations de distribution. Toutes ces canalisations plongent de suite dans les galeries souterraines, et vont porter la vapeur dans tous les points des palais de la Mécanique, suivant le tracé indiqué en pointué sur la planche V, et comme le montrent les fig. 70 et 71.

Une des canalisations de l'usine Suffren se prolonge à la rencontre de la canalisation correspondante du côté La Bourdonnais, de telle sorte que, bien qu'une vanne d'arrêt disposée dans la chambre M doive généralement intercepter la communication entre les deux canalisations, et, par suite, rendre indépendantes l'une de l'autre les deux usines, il ne serait cependant pas impossible, en cas de nécessité, de faire alimenter les machines des sections étrangères par les chaudières de l'usine La Bourdonnais, ou inversement.

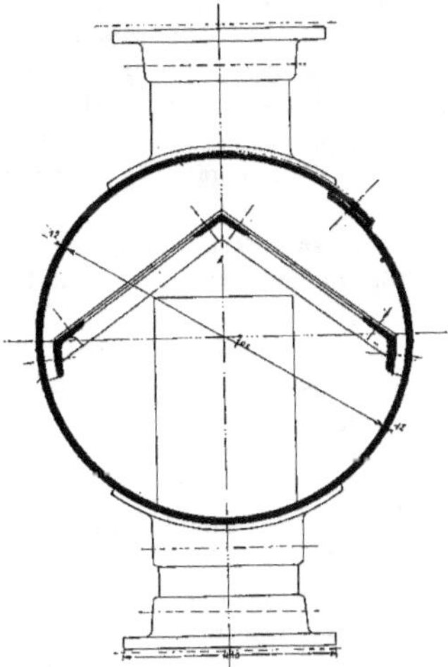

Fig. 76. — Coupe transversale
du réservoir collecteur, suivant AB.

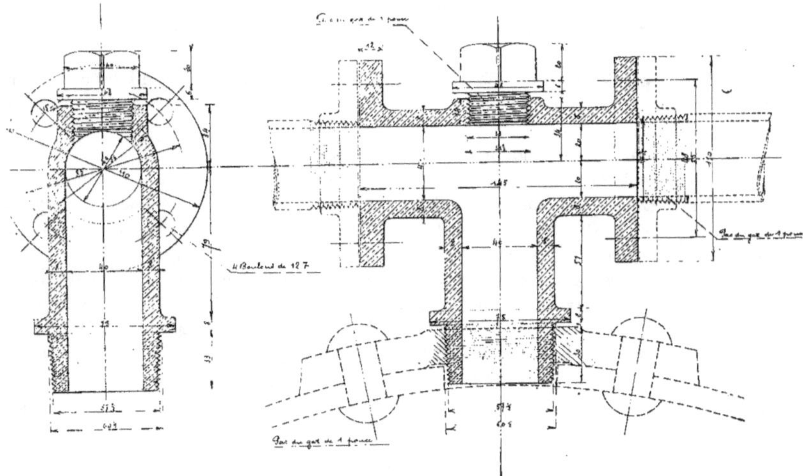

Fig. 77. — Détail de la tubulure double pour le rendement aux purgeurs automatiques.

A l'entrée de chaque canalisation collectrice dans les nourrices, et sur chaque conduite de distribution, à la sortie de ces nourrices est placé un robinet-vanne, de manière à pouvoir isoler toute canalisation sur laquelle une réparation serait nécessaire, sans, pour cela, interrompre le service général.

Les galeries KO, LP, K'O', L'P' qui aboutissent au bâtiment des chaudières, reçoivent donc chacune quatre canalisations (fig. 70, 71) ; deux d'entre elles reposent sur les murettes en maçonnerie qui ont été établies pour porter les tuyaux d'eau ; les deux autres sont supportées par des corbeaux suspendus à la voûte.

Les premières, dont l'abord est le plus facile, donnent naissance à toutes les prises servant à l'alimentation des machines à desservir dans le voisinage. Les autres sont analogues à des feeders, et portent la vapeur aux points de consommation plus éloignés. Là, elles sont descendues au niveau des murettes, et deviennent canalisations de distribution, quand les premières sont épuisées.

L'ensemble de la canalisation est constitué par des tuyaux dont la longueur courante est de 4 m. 40. Cette longueur a été adoptée afin de concorder avec la longueur utile des tuyaux d'eau, et d'utiliser les mêmes ouvertures latérales pour les branchements.

Tous les tuyaux placés soit dans les bâtiments des chaudières, soit dans les galeries souterraines, sont revêtus d'une enveloppe calorifuge en carton plissé silicaté. Ceux sur lesquels seront faits les branchements des Exposants portent, à 0 m. 300 de l'une de leurs extrémités, une tubulure de 150 millimètres de diamètre. Un tel orifice suffit pour débiter de 10.000 à 12.000 kilog. de vapeur par heure. Dès leur sortie des galeries souterraines, et dans leur parcours jusqu'aux machines, les branchements de vapeur seront revêtus, comme les tuyaux eux-mêmes, d'une enveloppe calorifuge, et devront être placés dans des caniveaux recouverts par des panneaux mobiles, les rendant accessibles dans toute leur longueur.

En vue d'éviter toute cause d'incendie, les bois, s'il en est fait usage, comme l'indique le tracé fig. 74, qui représente une des nombreuses dispositions susceptibles d'être adoptées, doivent être ignifugés.

Après la pose des branchements, les ouvertures latérales réservées dans les galeries, et les caniveaux qui y font suite seront calfeutrés, de façon à éviter le dégagement de l'air chaud des galeries souterraines dans l'intérieur des palais de l'Exposition.

Un des points les plus délicats d'une telle canalisation est la dilatation. Pour faciliter les mouvements dus aux variations de température, toutes les parties horizontales de la canalisation reposent sur des rouleaux.

D'autre part, pour régulariser et compenser ces mouvements, les tuyauteries sont divisées sur leur longueur, en sections de 30 mètres environ, pouvant se dilater indépendamment les unes des autres. A l'une des extrémités de chaque section, a donc été établi un point fixe de butée, forçant la dilatation à se produire vers un presse-étoupes placé à l'extrémité opposée, et fixé d'une manière rigide.

Une autre préoccupation constante a été d'assurer l'évacuation de l'eau entraînée ou condensée, afin d'éviter les coups d'eau, qui produisent les effets les plus désastreux.

Il ressort, en effet, d'une note publiée dans les *Annales des Mines*, par M. l'ingénieur en chef Walckenaer, que, depuis l'emploi de hautes pressions, il s'est produit un certain nombre d'accidents par suite de ruptures occasionnées par des coups d'eau sur des vannes en fonte. C'est cette considération qui a fait proscrire l'emploi de la fonte et imposer celui du bronze.

Les canalisations ont donc une pente générale dans le sens de l'écoulement de la vapeur, de telle sorte que l'eau entraînée ou condensée peut s'écouler le long de la canalisation, pour se réunir en des points déterminés.

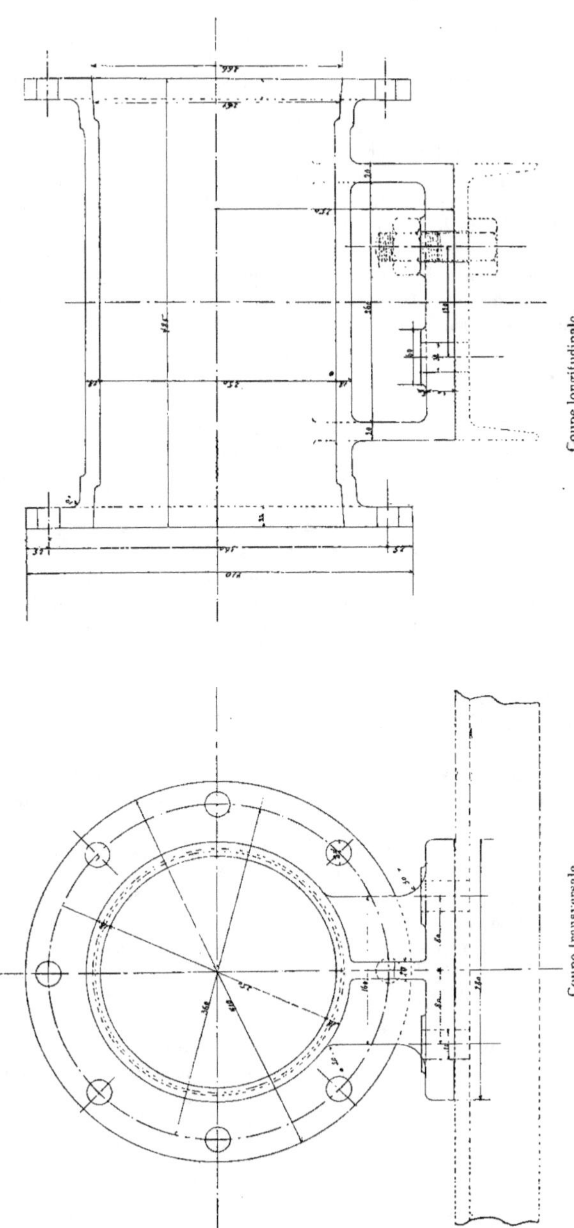

Coupe longitudinale.

Coupe transversale.

Fig. 78 et 79. — Manchon servant de point fixe ou de butée, en acier moulé.

Partout où une accumulation d'eau peut se produire, et notamment au-devant des robinets-vannes, sont établis des tuyaux aboutissant à des bouteilles de purge placées dans un angle des chambres, et qui se vident progressivement au moyen de purgeurs automatiques.

Telles sont les dispositions générales de l'étude qui a été faite par le Service des Installations mécaniques, et qui a servi de programme au concours ouvert entre les constructeurs pour la fourniture et l'entretien, pendant toute la durée de l'Exposition, des canalisations de vapeur et des pièces accessoires.

En mettant au concours cette fourniture, l'Administration n'a pas voulu imposer aux concurrents les dispositions de détail auxquelles le service Mécanique s'était arrêté, et elle a laissé à chaque concurrent la faculté de proposer les dispositions de détail qu'il croirait les plus avantageuses.

L'ensemble de l'entreprise comprenant des travaux de chaudronnerie en même temps que des appareils mécaniques, robinets, presse-étoupes, purgeurs, etc., et la pose et l'entretien de ce matériel, l'Administration a pensé qu'une même maison se chargerait difficilement de travaux et de fournitures relevant de spécialités si différentes. Il a donc été spécifié dans le programme du concours que des propositions pourraient être remises par un consortium composé de plusieurs industriels, appartenant à ces diverses spécialités, mais tous agissant conjointement et solidairement.

Les projets remis par les concurrents ont été examinés et classés par un jury présidé par M. Delaunay-Belleville, Directeur général de l'Exploitation. Aux termes du programme du concours, ce jury devait tenir compte non seulement des prix unitaires et totaux proposés par chaque concurrent, mais aussi des garanties présentées pour chaque organe de la distribution, au point de vue de la construction, de la sécurité et de l'étanchéité.

La question du prix n'était donc pas le seul élément d'appréciation.

La fourniture devait composer deux lots, l'un d'eux comprenant la fourniture relative à l'usine La Bourdonnais, et l'autre celle relative à l'usine Suffren. Le Jury avait, d'ailleurs, la faculté de proposer d'attribuer les deux lots à un même adjudicataire. Sur le rapport présenté par M. Walckenaer, ingénieur en chef des Mines, le Jury a proposé de les attribuer à un seul entrepreneur, et de charger de cette importante entreprise un consortium composé de :

La Société des Générateurs Mathot, à Rœux-lez-Arras, pour la partie chaudronnerie ;

MM. Muller et Roger, fondeurs-constructeurs à Paris, pour la partie mécanique ;

MM. Supervielle et Pellier, entrepreneurs de travaux publics à Paris, pour les pièces brutes, et pour la pose et l'entretien de tout le matériel.

Le montant de l'entreprise s'élève à 385.344 francs suivant détail au tableau ci-contre, et en raison de l'attribution des deux lots qui leur est faite, les entrepreneurs ont consenti à faire un rabais général qui a ramené au prix net de 373.787 francs le total de l'entreprise.

Chacun des prix unitaires indiqués comprend la fourniture en location, la pose, avec tous les travaux de fournitures qu'elle nécessite, les essais, l'entretien et le service journalier pendant la durée de l'Exposition, les frais d'aménagement des galeries, les colliers et autres pièces d'attaches spéciales, à exécuter à la demande et ne figurant pas dans la nomenclature, les enveloppes calorifuges, la dépose et le transport après la fermeture de l'Exposition.

DÉSIGNATION DES PIÈCES	NOMBRE de pièces	PRIX UNITAIRES de la location	SOMMES
		francs	francs
Tuyaux de 0ᵐ250 intérieur et 1ᵐ400 de longueur, avec tubulure, joint plein, brides, boulons............	252	308	77,616
Tuyaux de 0ᵐ25 intérieur et 1ᵐ400 de longueur, avec brides et boulons............	278	274	76,172
Tuyaux de 0ᵐ250 intérieur et 3ᵐ000 de longueur, avec brides et boulons............	50	228	11,400
Tuyaux de 0ᵐ250 intérieur et 2ᵐ000 de longueur, avec brides et boulons............	110	165	18,150
Tuyaux de 0ᵐ250 intérieur et 1ᵐ000 de longueur, avec brides et boulons............	50	124	6,200
Tuyaux de 0ᵐ100 intérieur et 5ᵐ000 de longueur, pour échappements de vapeur............	80	162	12,960
Tuyaux de 0ᵐ075 × 0ᵐ082 et 4ᵐ400 de longueur, soudés à recouvrement............	75	93	6,975
Supports en fonte à une branche (corbeaux), pour tuyaux de 0ᵐ250............	250	20	5,000
Support en fonte à une branche (corbeaux), pour tuyaux de 0ᵐ100.	100	14	1,400
Supports à deux branches, sous voûte............	170	35	5,950
Supports en fonte sur murettes, avec galets........	670	25	16,750
Bouteilles de purge de 0ᵐ800 de diamètre et 0ᵐ870 de longueur......	20	385	7,700
Réservoirs collecteurs de 3ᵐ de long. avec 9 tubulures de 0ᵐ250 et 2 tubulures de 0ᵐ030 et niveau d'eau...	4	1,940	7,760
Supports de ces réservoirs............	8	84	672
Manchons points fixes avec leurs supports en fer ⊔..	45	187	8,415
Coudes au ¼, de 0ᵐ250 intérieur............	74	231	17,094
Coudes au ⅛ allongés, de 0ᵐ250 intérieur............	25	186	4,650
Tés de 250 × 250............	30	159	4,770
Tés en fonte, de 100 × 60 pour tuyau d'échappement..	50	37	1,850
Tés en fonte, de 75 × 60............	20	29	580
Raccords spéciaux............	20	35	700
Brides avec tubulures diverses, à entonnoir	25	40	1,000
Brides à bouclier............	5	45	225
Vannes de 0ᵐ250 droites............	57	775	44,175
Boîtes à dilatation avec leurs supports en fer ⊔.....	39	726	28,314
Boîtes à dilatation avec joint à tubulure de purge et supports en fer ⊔	11	837	9,207
Purgeurs automatiques de 0ᵐ030 avec leur canalisation.	74	102	7,548
Purgeurs à main de 0ᵐ030 avec leur canalisation......	8	56	448
Purgeurs à main de 0ᵐ015 avec leur canalisation.....	20	25	500
Brides pleines pour tuyaux de 0ᵐ250 intérieur........	40	29	1,160

Nous allons donner quelques indications sur la construction de chacun des éléments dont se compose cette installation.

TUYAUX DE 0 M. 250 INTÉRIEUR, DE DIVERSES LONGUEURS

L'un des points les plus importants du problème posé, l'un de ceux qui ont par conséquent motivé, pour chacune des propositions qui lui étaient soumises, l'examen le

plus attentif du Jury, a été le mode de jonction des tuyaux. M. Mathot a proposé
d'employer des joints à bagues biconiques en acier ou en fer tourné et poli, analogues à
ceux appliqués dans les chaudières de Nacyer.

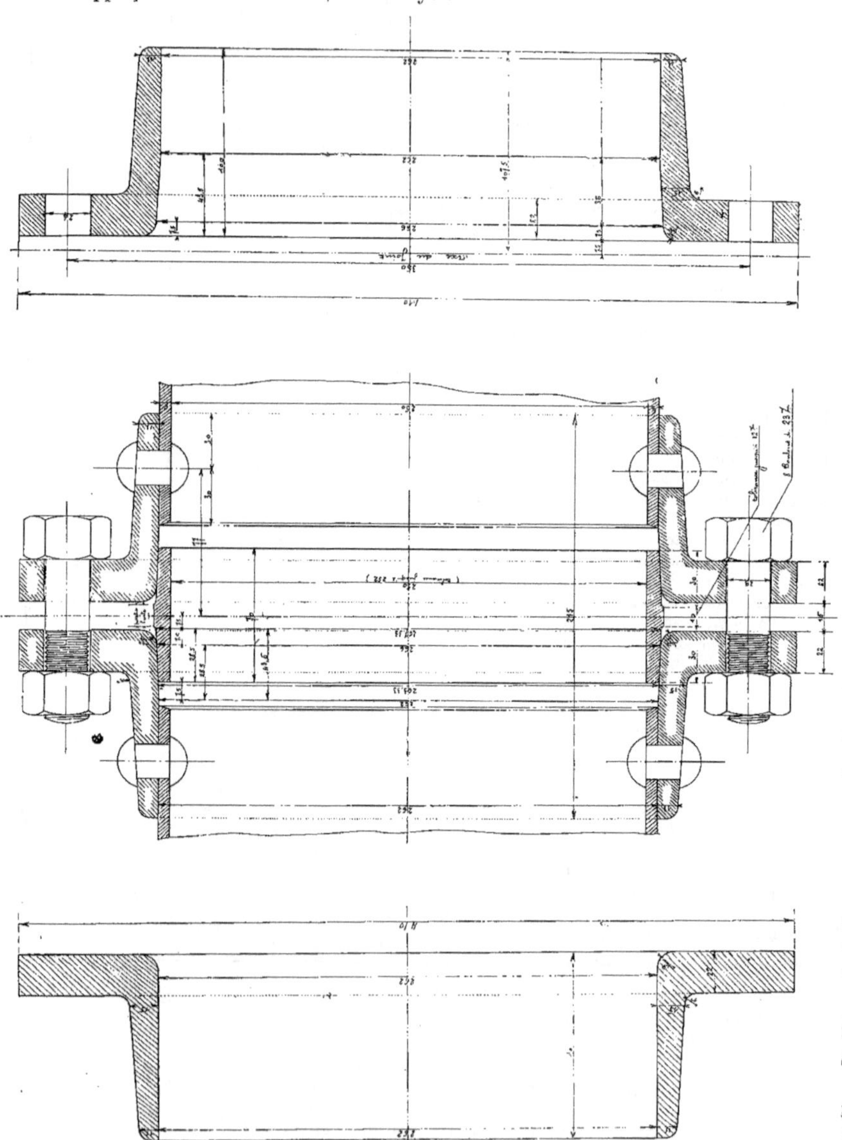

Fig. 82. — Profil type

Fig. 80. — Disposition générale de l'assemblage

Fig. 81. — Profil type des brides

Ce mode de jonction, dont la valeur a déjà été consacrée par une longue pratique, dispense d'employer une garniture quelconque, et il permet, malgré la forte pression de la vapeur, d'obtenir des joints étanches avec un nombre réduit de boulons, le rôle de ces derniers étant uniquement d'assurer le serrage sur les bagues.

Les tuyaux de longueur courante, c'est-à-dire 4 m. 40, sont composés de viroles cylindriques, en tôle d'acier Martin Siémens basique non trempant, des aciéries de Denain, donnant de 38 à 42 kilog. de résistance, et de 22 à 24 p. 100 d'allongement ; l'épaisseur des tôles est de 6 millimètres. Ils portent, à leurs deux extrémités, des brides de jonction en acier forgé embouti, évasées sur le tour avant rivetage, suivant un calibre rigoureux.

Les fig. 81 et 82 indiquent en détail la forme et les dimensions de ces brides, brutes de forge et finies de tour.

Les deux viroles extrêmes ont 250 millimètres intérieurement ; celle du milieu a 262 millimètres, et la longueur utile de chaque virole est de 1 m. 410, de rivure à rivure, ce qui donne, pour les trois viroles, une longueur utile de 4 m. 230. Avec les brides, la longueur totale est de 4 m. 385. Il reste donc un jeu de 15 millimètres entre les brides de deux tuyaux consécutifs. Pour les tuyaux de longueurs réduites, ne comportant que deux viroles, il a été nécessaire d'employer des viroles coniques. Mais dans ce cas le diamètre de 250 millimètres est toujours resté le diamètre minimum.

Afin de permettre d'établir des branchements pour desservir les machines en fonctionnement, un grand nombre de tuyaux portent vers leur extrémité, à 300 millimètres de la bride, une tubulure de 150 millimètres, en tôle d'acier soudée, avec bride posée à chaud et collet rabattu. Une feuille de tôle d'acier extra-doux dont le gabarit de commande en forge est indiqué en ponctué sur le tracé, et qui est ensuite découpée à l'atelier suivant le développement géométrique, permet de former un tronc de cône soudé.

La petite base du tronc de cône est tournée, comme l'indique la coupe, fig. 83, de façon à former un repos de 3 millimètres pour la bride qui est placée à chaud, et dans la gorge de laquelle le métal du cône est rabattu à froid, comme le montre la fig. 85. On obtient ainsi des tubulures d'une solidité parfaite et d'un aspect très satisfaisant, avec des brides dont l'épaisseur est indépendante de celle de la tôle.

A l'intérieur des brides, la conicité est de 4 millimètres sur le diamètre ; elle existe sur une longueur de 36 millimètres. La conicité est également de 4 millimètres pour les bagues, mais la longueur sur laquelle elle est répartie n'est que de 28 millimètres, la longueur totale des bagues n'étant que de 70 millimètres. Le petit diamètre du cône des bagues est 263 mm. 33, soit 1 mm. 1/3 plus grand que celui des brides.

Tous les tuyaux sont essayés en usine, et soumis à une pression hydraulique de 20 kilog. par centimètre carré.

SUPPORTS EN FONTE A UNE BRANCHE POUR TUYAUX DE 250 ET DE 100 MILLIMÈTRES POUR CONDUITES EN ÉLÉVATION

Ils sont destinés à porter les tuyaux à l'intérieur des bâtiments des chaudières. Ils se composent d'une console en fonte, à nervure, fixée sur les fers de la façade par quatre boulons pour lesquels ont été ménagés des trous ovalisés de 17 × 57, distants horizontalement de 66 millimètres sur le patin. Ces consoles portent, venues de fonte, deux hautes oreilles à encoches (fig. 88), dans lesquelles passe l'axe du rouleau qui supporte directement le tuyau. L'axe est en fer ; il est noyé dans la fonte du rouleau.

La distance de l'axe du rouleau, et par conséquent aussi de l'axe du tuyau, à la face de la charpente, est constante et égale à 225 millimètres. Il n'y a donc pas lieu à réglage en direction, la charpente étant elle-même réglée.

Quant au réglage en hauteur, il est facile, grâce aux trous allongés qui permettent de relever ou d'abaisser le corbeau.

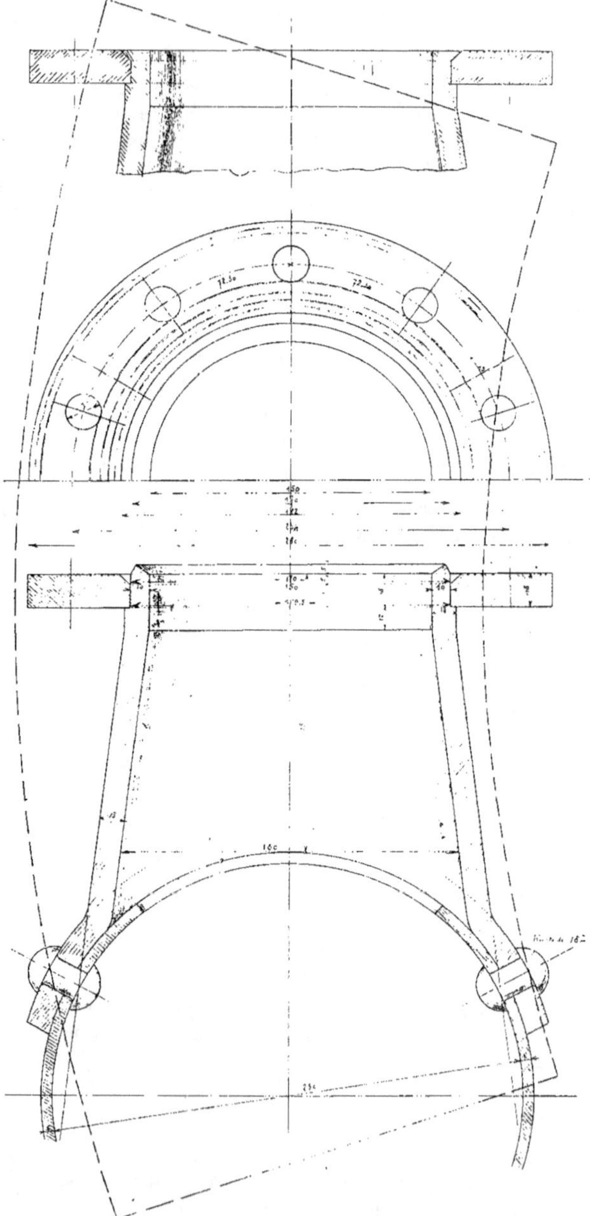

Fig. 83. — Détail d'une tubulure. — Fig. 84. — Demi-plan de la bride.
Fig. 85. — Bride posée, bord rabattu.

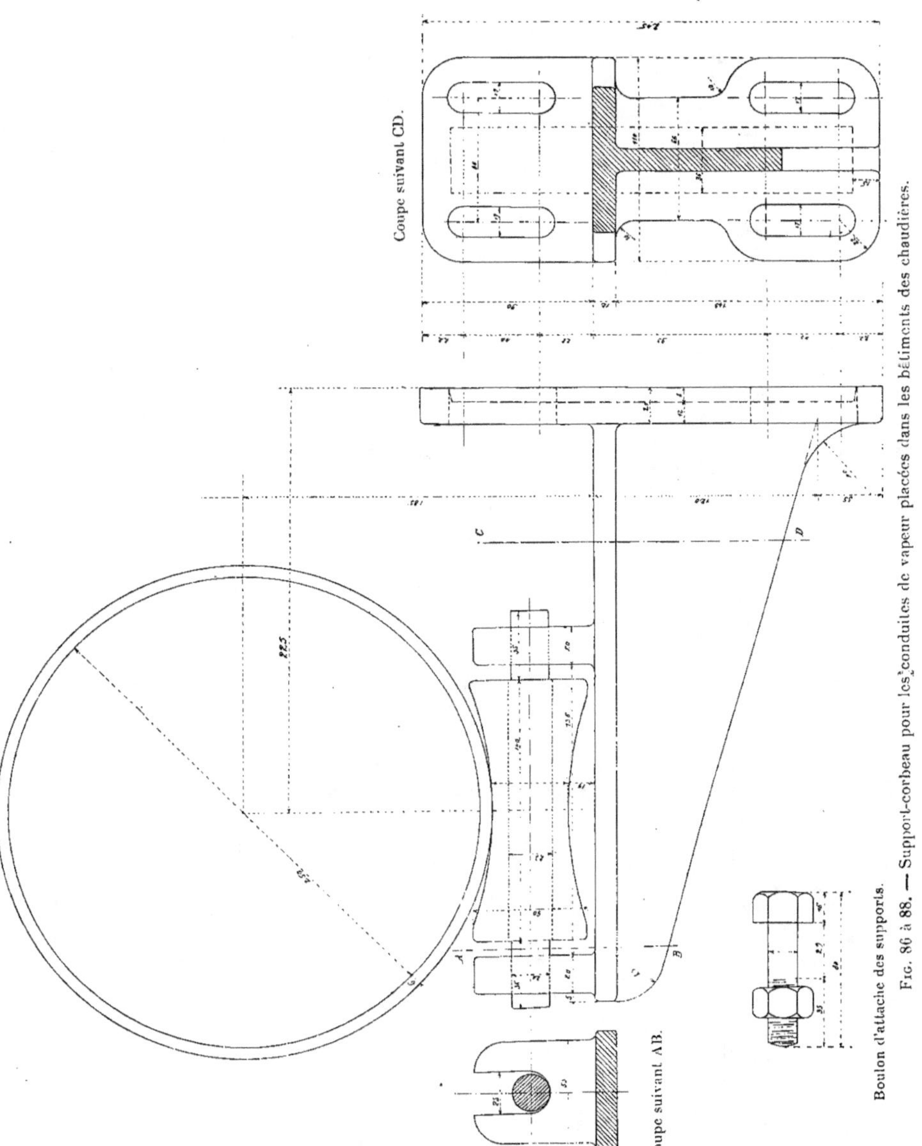

Fig. 86 à 88. — Support-corbeau pour les conduites de vapeur placées dans les bâtiments des chaudières.

Nous avons dit que certaines canalisations, analogues à des feeders, étaient suspendues aux voûtes pour porter la vapeur à des points de consommation éloignés. Il convenait

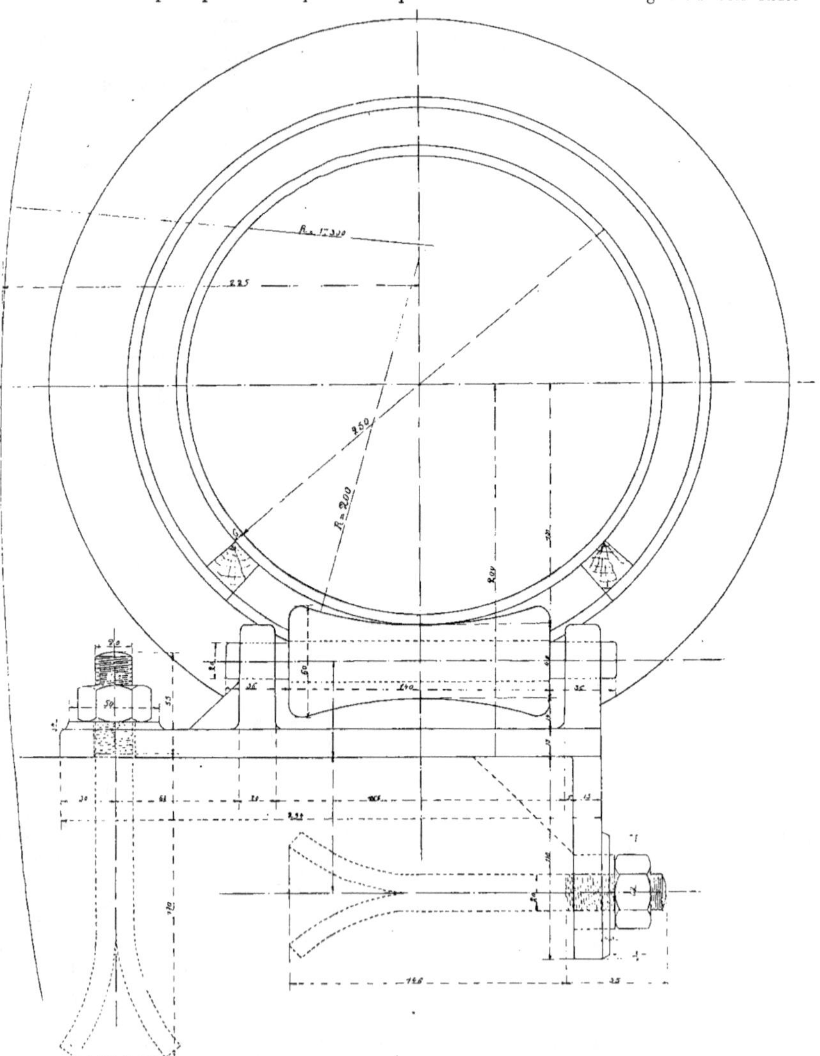

Fig. 89. — Support sur murette dans une galerie type n° 1.

d'adopter pour ces canalisations une forme spéciale de supports, le seul point d'appui

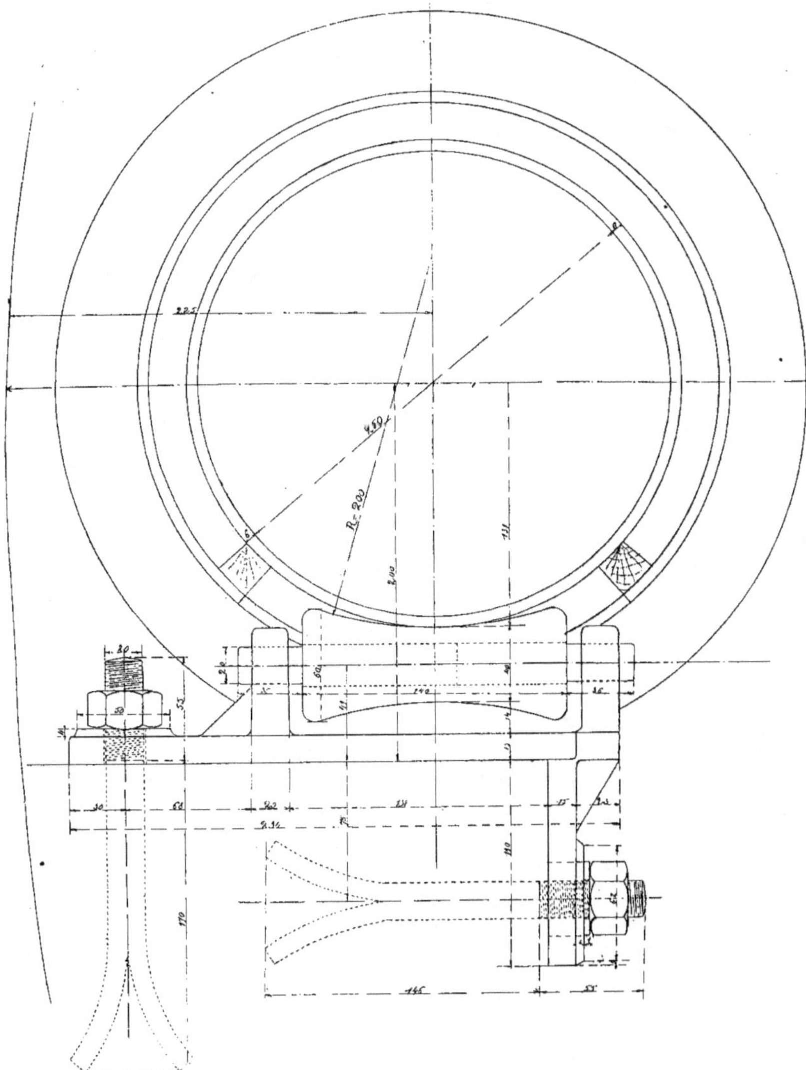

Fig. 90. — Support sur murette dans une galerie type n° 2.

disponible étant le scellement en fer plat de 60 × 18 établi dans la voûte par les soins de l'Administration.

Sur ce scellement, on fixe par deux forts boulons une charnière femelle, sur laquelle vient s'articuler une tige en fer rond de 25 millimètres de diamètre et de 650 millimètres de longueur totale, filetée à l'extrémité sur une longueur de 130 millimètres. La tige

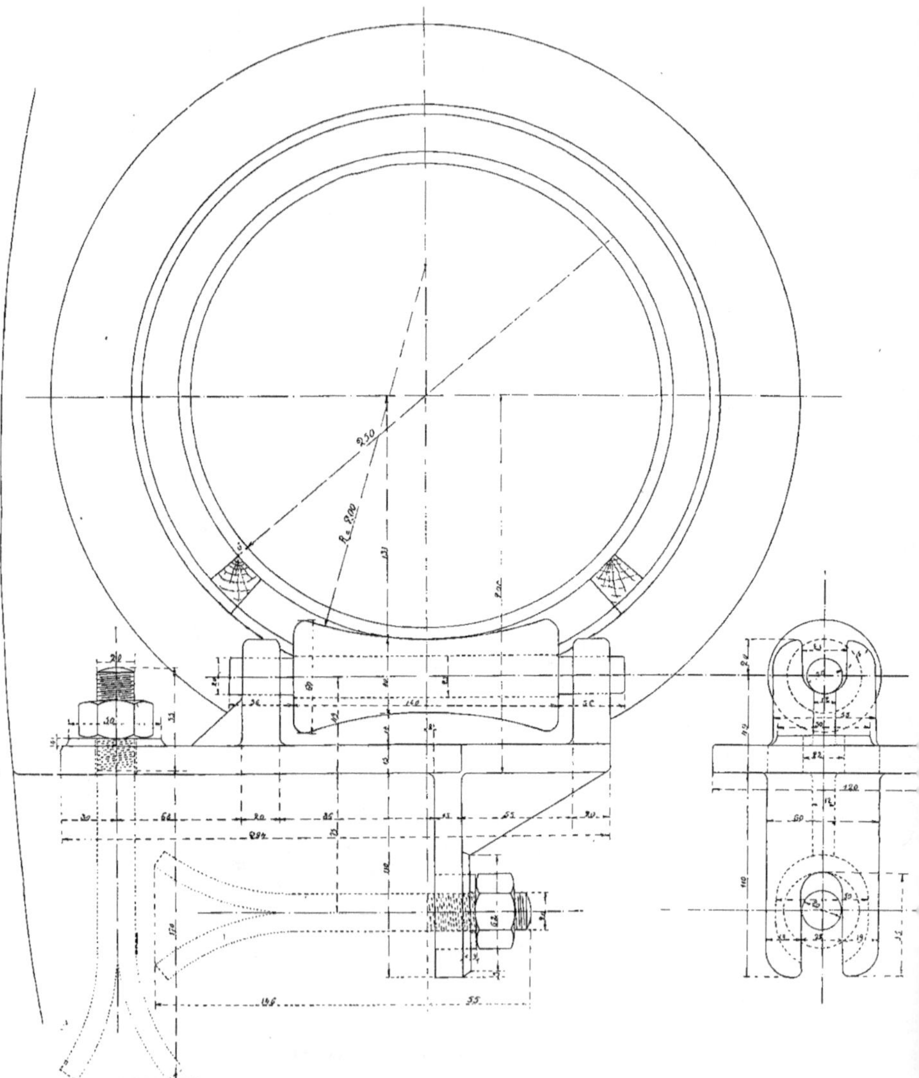

Fig. 91.— Support sur murette dans une galerie type n° 3.

en fer rond de 25 millimètres peut supporter un poids de 3.000 kilog. en travaillant à 6 kilog., et présente une résistance à la rupture de 17.500 kilog. Une contre-plaque en fer plat de 120 × 6, percée de trous ovalisés, est prise par les boulons fixant la charnière au scellement de la voûte, et porte dans sa partie coudée une échancrure de 26 millimètres, dans laquelle peut coulisser la tige de 23 millimètres.

On peut, de cette façon, régler en direction la position du support, pendant que l'écrou et le contre-écrou permettent de régler en hauteur la traverse qui supporte directement les tuyaux.

SUPPORTS EN FONTE SUR MURETTES

Ils ne diffèrent des corbeaux déjà décrits que par la forme des patins en fonte, qui permettent de les sceller sur les murettes construites dans les galeries. Il y en a de plusieurs modèles, différant entre eux par l'importance de l'encorbellement, afin de maintenir toujours l'axe des galets, et par conséquent celui des tuyaux, à la même distance des parois des galeries, quelle que soit la largeur des murettes, et quel que soit le diamètre des conduites d'eau. Les tracés (fig. 89-90-91) donnent le détail d'un support pour galerie n° 1 avec conduite d'eau de 0,600, d'un support pour galerie n° 2 avec conduite de 0,600, et enfin d'un support pour galerie n° 3 avec conduite de 0,400.

BOUTEILLES DE PURGE

Ces bouteilles (fig. 92-93) ont 0 m. 800 de diamètre, et 0 m. 870 de longueur. La virole a 11 millimètres d'épaisseur, les fonds 12 millimètres, et elles sont timbrées à

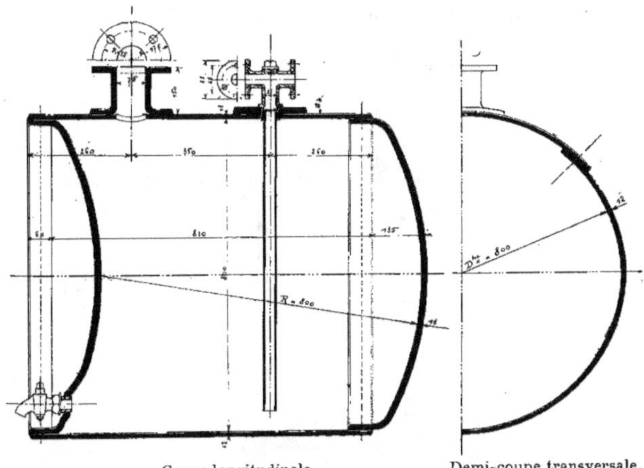

Coupe longitudinale.Demi-coupe transversale.

Fig. 92 et 93. — Bouteille de purge.

12 kilog., comme récipients de vapeur, par le Service des Mines. Chaque bouteille porte une tubulure en acier embouti, de 70 millimètres de diamètre, construite d'après les mêmes principes que celles des tuyaux. Cette tubulure est destinée à recevoir le tuyau d'arrivée des eaux condensées et une tubulure double en bronze (fig. 94) prolongée par un tube plongeur est reliée à deux purgeurs automatiques. Un robinet de purge (fig. 117) per-

met de les vider à la main, pour le cas, peu probable d'ailleurs, où les purgeurs automatiques viendraient à mal fonctionner.

L'exécution de la canalisation a nécessité, par suite des changements de direction

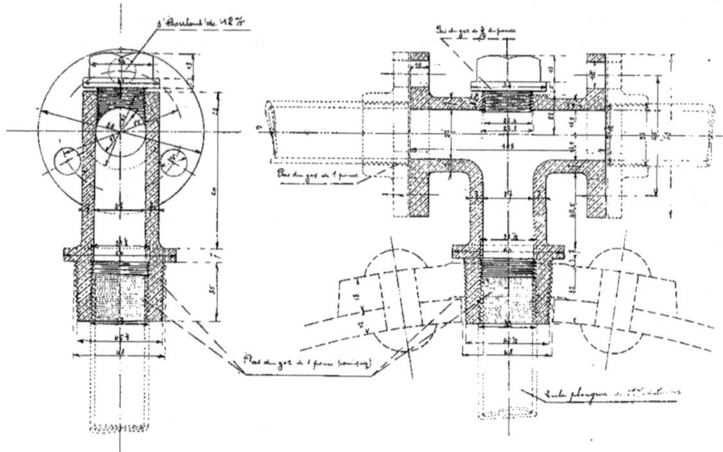

Fig. 94. — Tubulure double pour les purgeurs automatiques des bouteilles.

ou de niveau, l'emploi d'un certain nombre de pièces spéciales dont la plupart ne motivent aucune description. C'est ainsi que les coudes au 1/4, au 1/8, les tés, ont dû être employés en assez grand nombre. Ces pièces sont en acier moulé des aciéries de Denain,

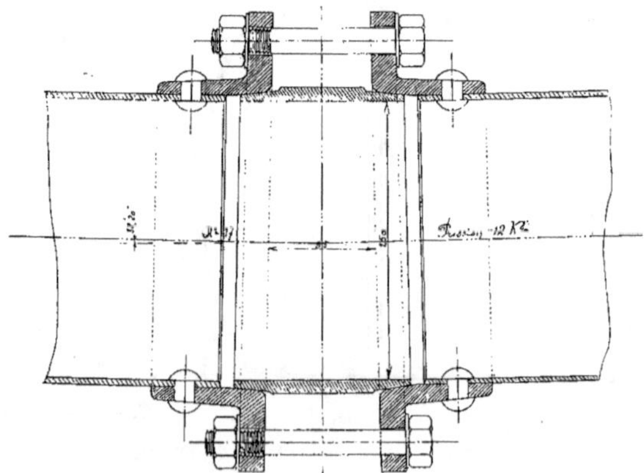

Fig. 97. — Bague spéciale pour raccorder deux tuyaux non en ligne droite.

comme aussi les manchons servant de points fixes et portant par conséquent un fort patin de fixation relié à la partie cylindrique par des nervures (voir fig. 78 et 79).

Les fig. 70 et 71 montrent quelques-unes des dispositions qui ont dû être adoptées

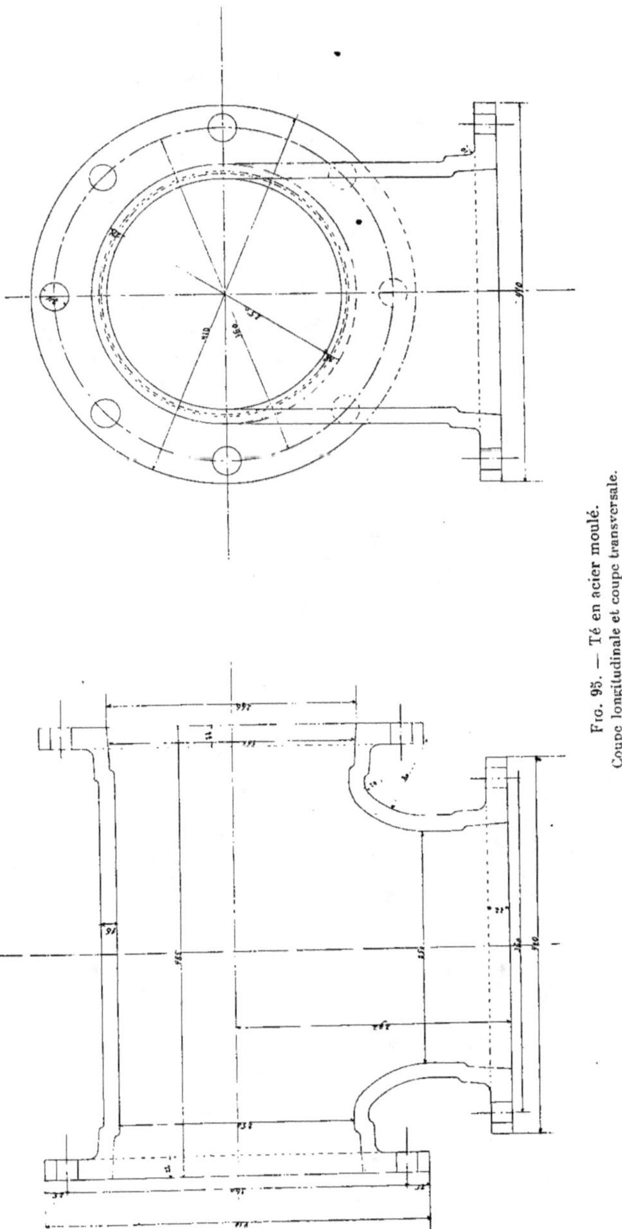

Fig. 95. — Té en acier moulé.
Coupe longitudinale et coupe transversale.

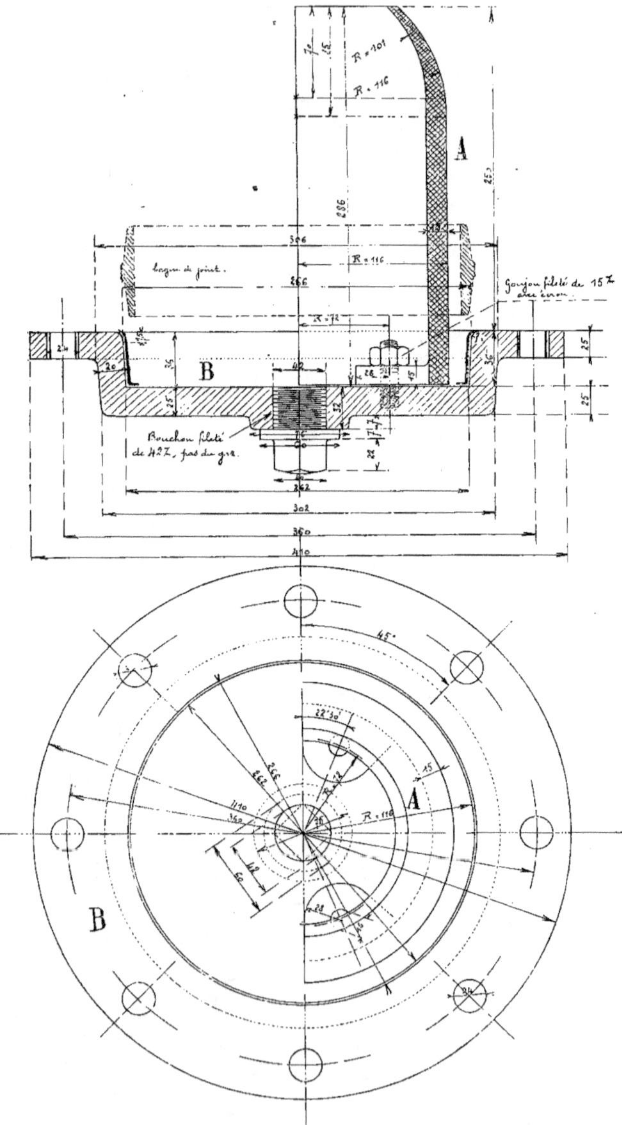

Fig. 96. — Bride à bouclier

pour raccorder entre elles les canalisations de vapeur aux points de changement de direction ou de changement de niveau.

Des tés se trouvent ainsi être placés inclinés, et motivent l'emploi de brides à bouclier.

BRIDES À BOUCLIER, RACCORDS SPÉCIAUX

Pour arrêter en des points déterminés les eaux condensées dans les parties plus hautes des canalisations, il est fait usage de brides à bouclier. Cette disposition consiste en un plateau-bride portant, fixé par des goujons sur sa face interne, une sorte d'écran A doublement courbé, placé dans la direction voulue pour arrêter l'eau qui s'écoule alors par un tuyau purgeur que l'on substitue, au montage, au bouchon fileté représenté fig. 96.

Enfin certaines tuyauteries, sans être tout à fait en ligne droite avec la tuyauterie voisine, forment avec elle un angle très ouvert.

Dans ce cas, l'inclinaison nécessaire a été obtenue, non par un coude en acier,

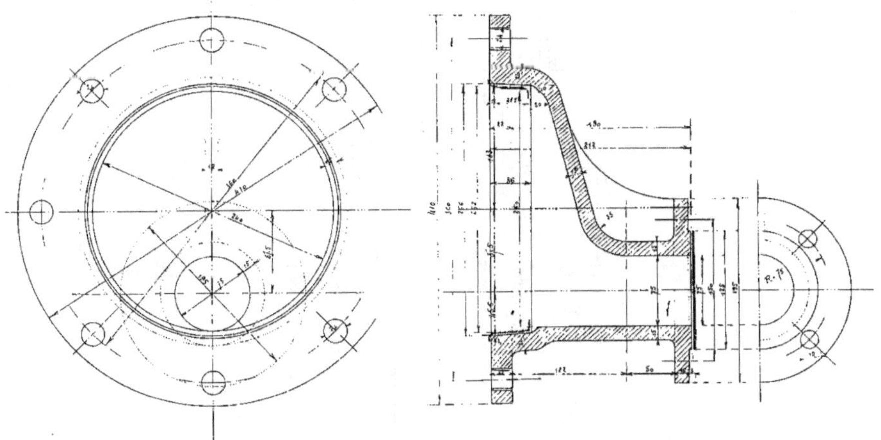

Fig. 98. — Bride de raccordement pour tuyaux de 0,075 × 0,082.

mais par une simple bague, de largeur plus grande que les bagues courantes, et dont les deux parties coniques, étant obliques l'une par rapport à l'autre, donnent aux tuyauteries l'inclinaison voulue (fig. 97).

BRIDES DE RACCORDEMENT

A l'extrémité des classes de la Mécanique, il a été nécessaire de prolonger une canalisation de vapeur vers le groupe des Industries chimiques, où un Exposant en fera une consommation de 1.000 kilog. par heure. Une canalisation de 250 eût été exagérée pour ce débit. Aussi a-t-il été décidé d'installer, en prolongement de la tuyauterie de 250 millimètres, une tuyauterie en 75 millimètres intérieur, raccordée avec la première par une tubulure spéciale (fig. 98).

Ces tuyaux de 75 millimètres sont en acier soudé à recouvrement, et portent à leurs extrémités des brides brasées, percées de 4 trous de 18 millimètres. Les tubulures de prise de vapeur sur ces tuyaux se font par de simples tés en fonte.

CANALISATION DES PURGES

L'eau sortant des purgeurs automatiques se rend dans une conduite en fer soudé à rapprochement, suspendue à la voûte des galeries. Aux points de rencontre de deux ou plusieurs galeries de directions différentes, une pièce de fonte, représentée fig. 101, sert de nourrice collectrice, et déverse les eaux provenant de directions différentes dans un tuyau de diamètre plus grand.

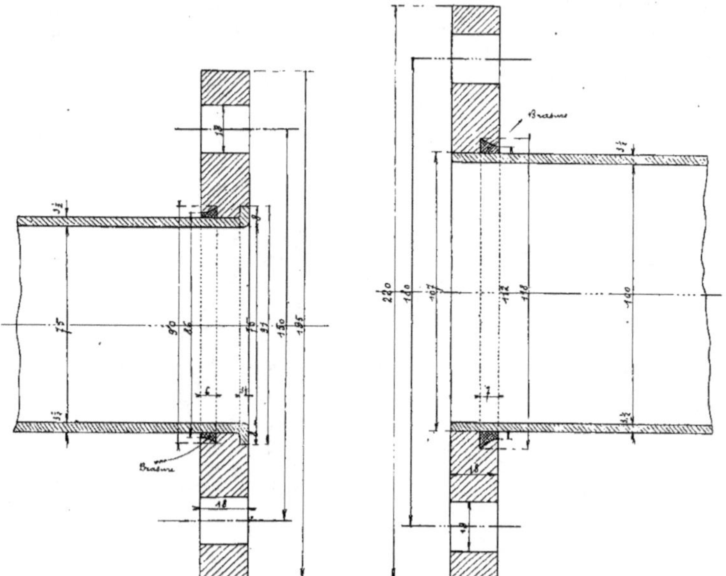

<table>
<tr><td>Fig. 99. — Tuyau soudé à recouvrement avec bride brasée et collet, pour vapeur.</td><td>Fig. 100. — Tuyau soudé à rapprochement avec bride brasée, pour échappement de vapeur.</td></tr>
</table>

Dans chaque usine, deux conduites principales de purges viennent aboutir chacune à un vase d'expansion placé à la base des coffres d'aération, dans les chambres O, P, O', P' des galeries souterraines.

VASES D'EXPANSION

Le tracé de ces déversoirs-collecteurs est donné, fig. 102, 103 et 104. Il montre qu'au niveau 33 m. 33 un bec formant trop-plein communiquant, par une boîte-étanche, avec un tuyau plongeur, laisse déverser dans la galerie, en une nappe d'eau coulant sur une tôle recourbée, les eaux de purge apportées par le tuyau de 100 millimètres de diamètre intérieur qui arrive à 1 m. 95 au-dessus du radier.

Le réservoir d'expansion est supporté par deux fers entre lesquels cet excédent d'eau peut s'écouler. Normalement, les eaux recueillies par ce réservoir vont se déverser, par un tuyau inférieur de 150 millimètres de diamètre, dans la conduite des eaux chaudes la plus rapprochée, et ce n'est qu'en cas d'arrivée excessive des eaux de condensation, que ce réservoir doit être appelé à fonctionner par son déversoir. Le vase d'expansion est surmonté d'un tuyau en tôle, de 250 millimètres de diamètre et de 2 m. 55 de hauteur, dans lequel pénètre un tuyau terminé par une pomme d'arrosoir pour condenser les buées qui pourraient provenir des purges.

La fig. 104 montre, à une échelle réduite, la disposition du vase d'expansion, du déversoir, et des tuyaux d'arrivée et d'évacuation des purges dans la galerie.

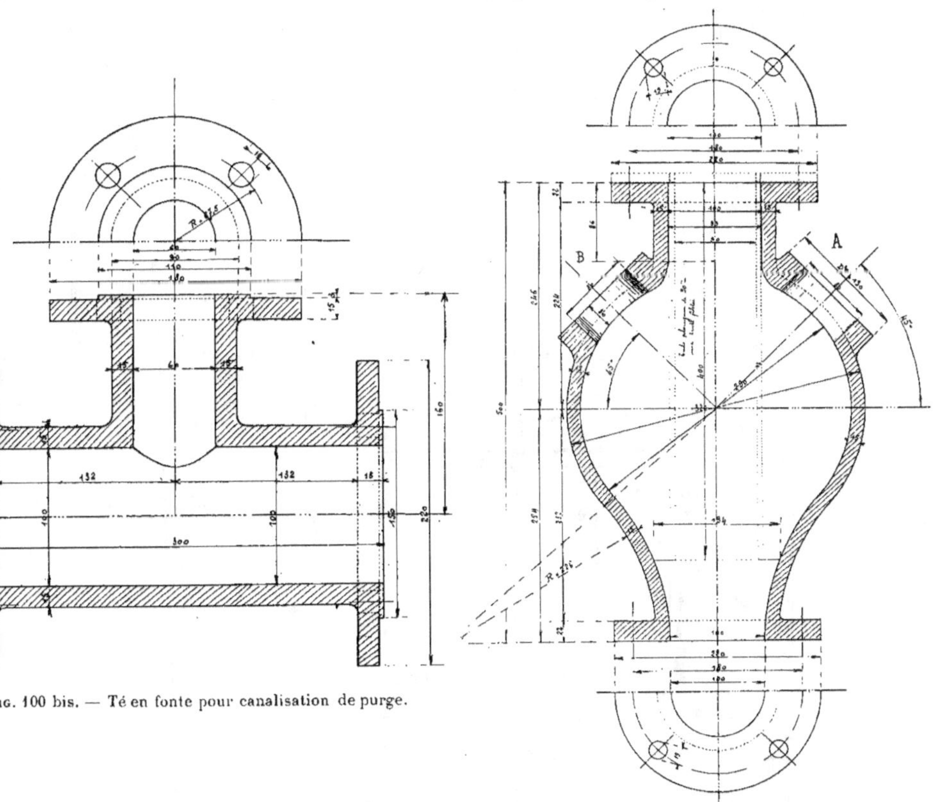

Fig. 100 bis. — Té en fonte pour canalisation de purge.

Fig. 101. — Nourrice des conduites de purge.

ROBINETS-VANNES DE 0 M. 250

Les robinets de la canalisation de vapeur pouvant occuper toutes les positions, puisqu'il en est de droits, de penchés, et qu'un bon nombre sont disposés horizontalement, il importait de choisir un type de robinet dont le fonctionnement ne pût rien laisser à désirer dans aucune position.

MM. Muller et Roger ont proposé le robinet bivalve cylindro-sphérique de leur

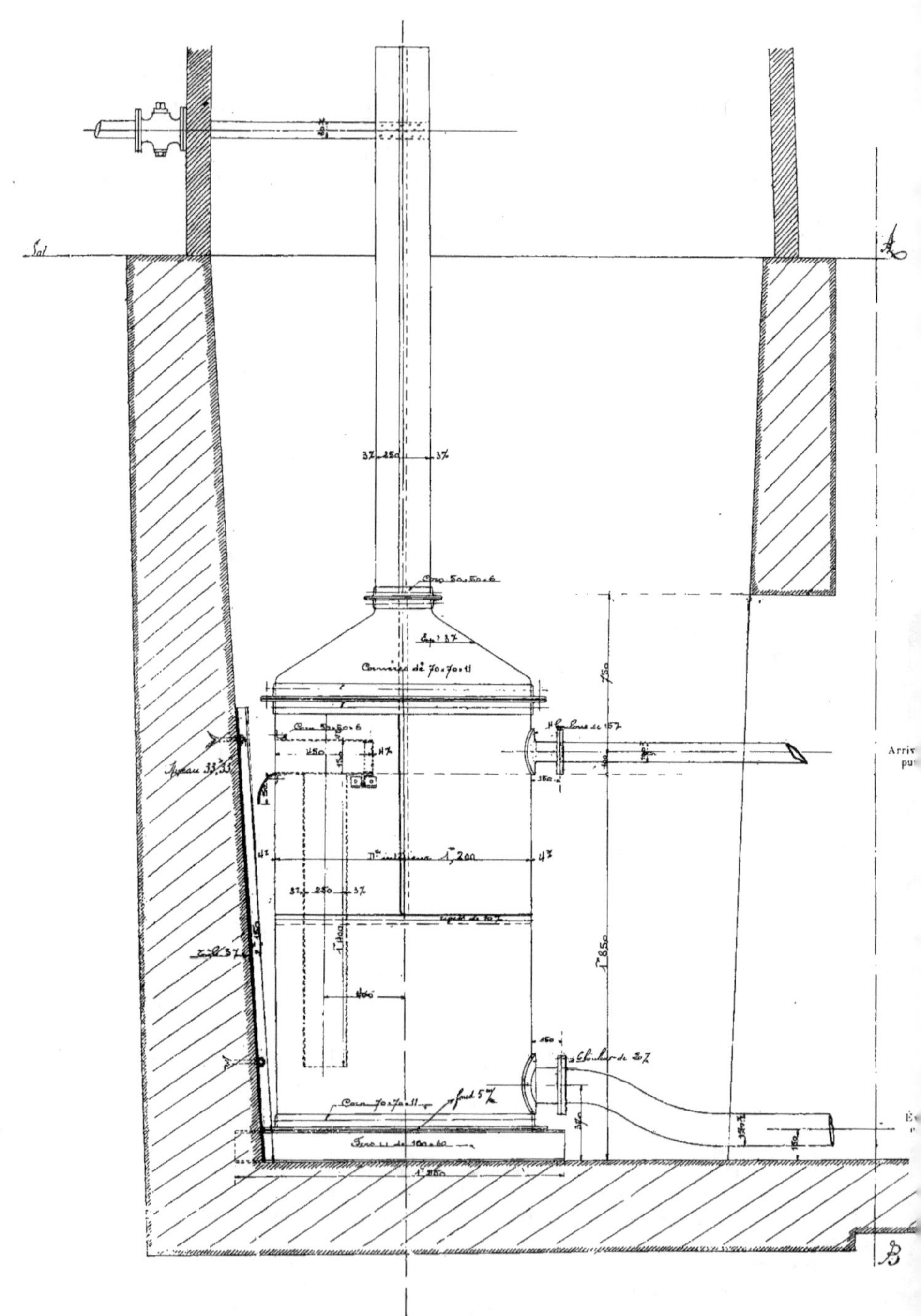

FIG. 102. — Vase d'expansion dans une chambre souterraine. Vue de côté.

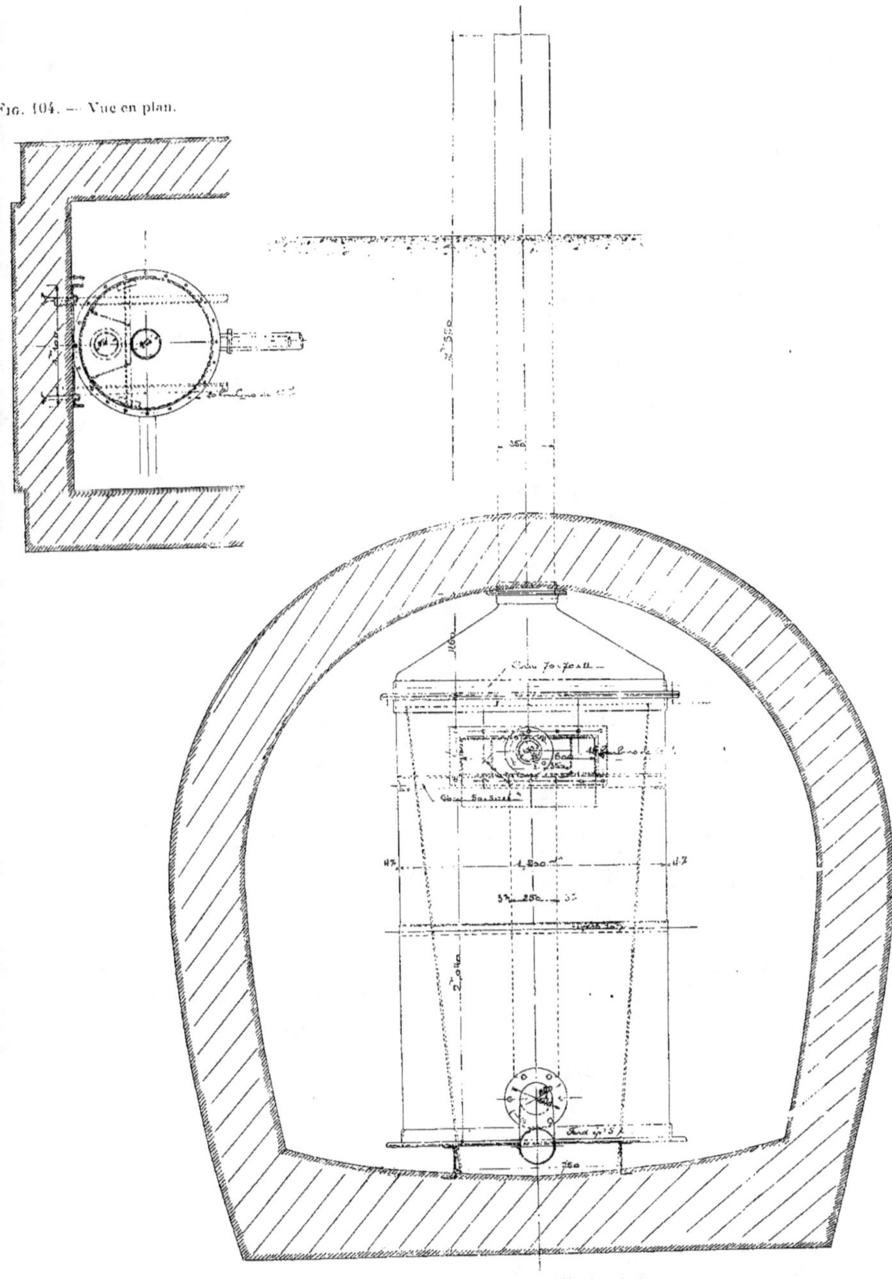

Fig. 103. — Coupe de la galerie suivant AB. Vue de face.

système, avec boîte entièrement en bronze, afin de présenter toute sécurité contre les dangers des coups d'eau (fig. 105-106-107).

Le bronze est au titre de la Marine 88-10-2.

La vis est également en bronze, mais on a employé pour sa construction un bronze spécial de haute résistance, donnant 45 kilog. de résistance et 20 p. 100 d'allongement.

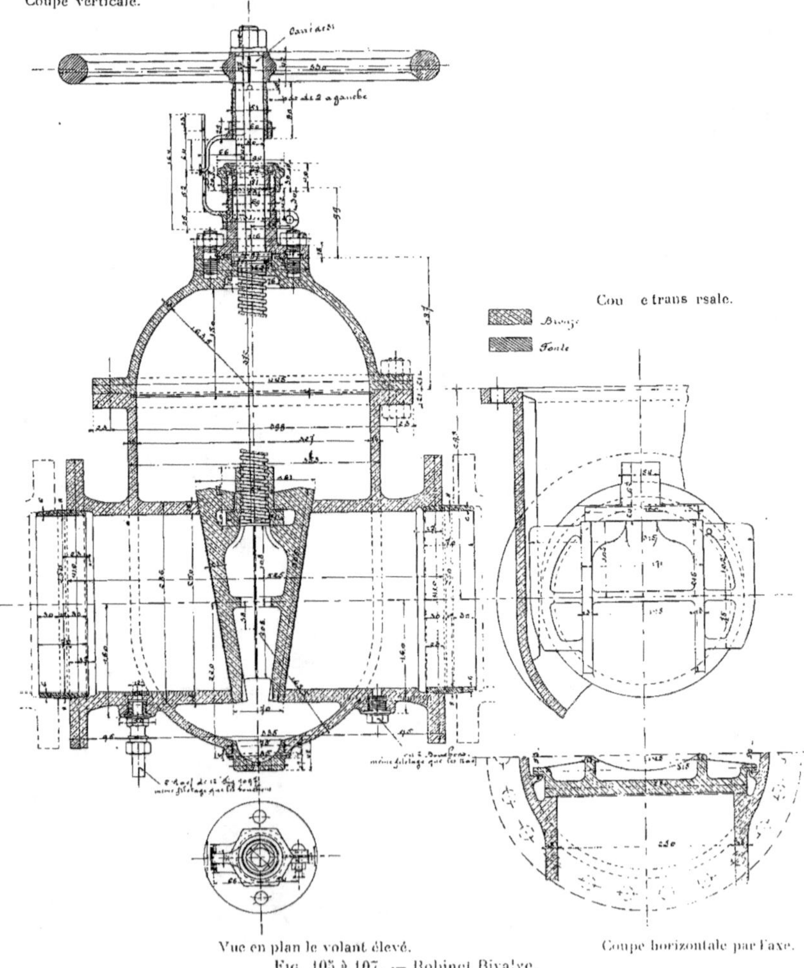

Fig. 105 à 107. — Robinet Bivalve.

Ces messieurs avaient joint à leurs tracés et à la description de leur robinet un certificat de l'Établissement de la Marine à Indret, constatant les bons résultats obtenus avec les robinets bivalves.

Le mode de construction de ces appareils est suffisamment indiqué aux tracés, pour qu'il soit inutile d'en donner une description détaillée.

Rappelons seulement que le corps du robinet présente deux plans inclinés parfaitement dressés, sur lesquels viennent s'appliquer et faire joints deux disques indépendants, guidés par des rainures venues de fonte

Un écrou mobile, encastré dans les deux disques, permet d'opérer la fermeture ou l'ouverture du robinet, au moyen d'une vis manœuvrée par un volant.

La boîte de chaque robinet porte, à la partie inférieure, de chaque côté, un bossage avec trou fileté. D'un côté, ce trou est fermé par un bouchon en bronze. Du côté opposé, (celui de l'arrivée de vapeur), le taraudage reçoit un raccord à trois pièces, permettant de mettre l'intérieur de la boîte en communication avec un purgeur.

La jonction des robinets avec les tuyaux est faite, comme celle des tuyaux entre eux, au moyen de bagues biconiques.

PURGEURS AUTOMATIQUES

La disposition générale de la distribution de vapeur comporte, partout où de l'eau de condensation peut être accumulée, un ou plusieurs appareils de purge automatique.

MM. Muller et Roger ont proposé d'employer le purgeur Geipel, dont les dessins de détail sont donnés fig. 109 à 114.

Le principe de l'appareil est le suivant. Le triangle ABC étant isocèle, si nous donnons au côté BC une augmentation de longueur DC' même minime, le côté AC restant constant, nous obtenons un nouveau triangle ABC', dont le sommet C' se trouve sur un arc de cercle ayant le point A pour centre, et la distance CC' sera d'autant plus grande que l'augmentation de longueur donnée à BC aura elle-même été plus grande relativement à AB.

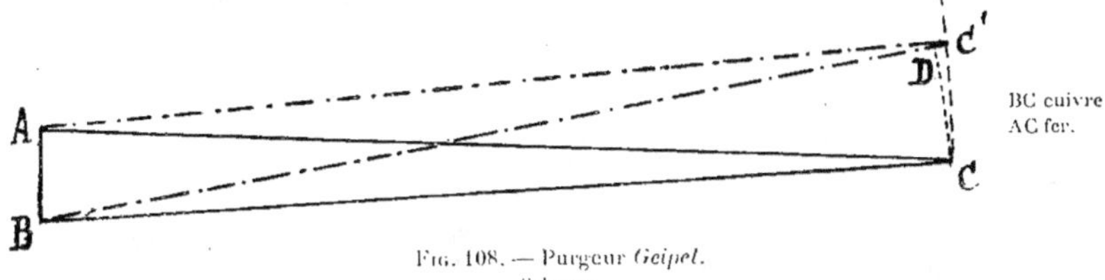

Fig. 108. — Purgeur Geipel.
Schema.

Si le côté AC est un tube en fer, et le côté BC un tube en cuivre de même longueur, et si au sommet C est placée une boîte à soupape, disposée de telle sorte que, dans la position normale, cette soupape ne repose pas sur son siège R, on comprend que, le tuyau en cuivre se dilatant plus que le tube en fer, au moment où arrive de la vapeur, la boîte à soupape se soulève et vient porter sur le clapet, qui, dès lors, ferme l'orifice.

Lorsque, au contraire, le tuyau BC en cuivre se remplit d'eau, moins chaude que la vapeur, il se contracte, la boîte s'abaisse, le clapet, qui reste en place et est indépendant de la boîte à soupape, ne porte plus sur son siège, et l'écoulement de l'eau se fait, entre le siège et le clapet, par le tube en fer.

Enfin un dispositif simple permet de purger à la main à tout moment. Il suffit d'appuyer le doigt sur l'extrémité du levier articulé L, qu'un ressort tient ordinairement levé. Le clapet n'est plus appuyé sur son siège, et la purge du réservoir correspondant à l'appareil s'opère rapidement.

Afin d'éviter qu'un dépôt de tartre puisse venir faire bloquer la petite soupape S, un écrou mobile K, à chapeau, permet de desserrer la tige du levier. Le nettoyage du clapet peut alors se faire très rapidement.

Un écrou E permet de régler le mouvement du clapet à toute pression.

Par suite de la grande simplicité de l'appareil, les risques d'interruption dans le fonctionnement n'existent pas.

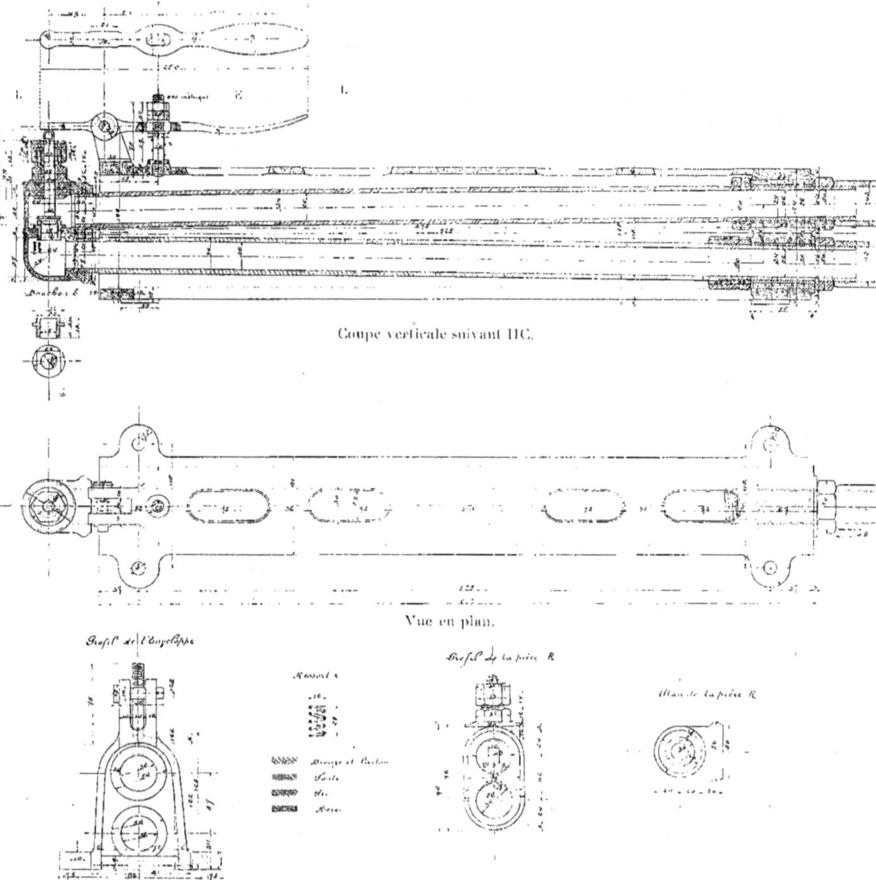

Fig. 109 à 114. — Purgeur *Geipel*.

Le montage est très facile et se fait dans toutes les positions. Le purgeur étant fixé sur son support, il suffit de relier le bout fileté du tuyau de cuivre avec la conduite de vapeur ou l'appareil à purger, et le tuyau de fer avec le tuyau de décharge.

Pour régler la soupape, on serre les écrous E, qui agissent sur le levier du clapet, jusqu'à ce que la vapeur sorte librement. Ce résultat étant obtenu, on les desserre très lentement, jusqu'à ce qu'il ne sorte plus de trace de vapeur par l'extrémité du tuyau de décharge : à ce moment, l'appareil est réglé.

Un avantage précieux de cet appareil dans les galeries de l'Exposition est son peu d'encombrement.

BOÎTES A DILATATION OU JOINTS COMPENSATEURS

Ces organes sont composés d'un manchon en fonte de 0 m. 800 de longueur, terminé à une extrémité par une bride avec emmanchement conique pour le raccordement,

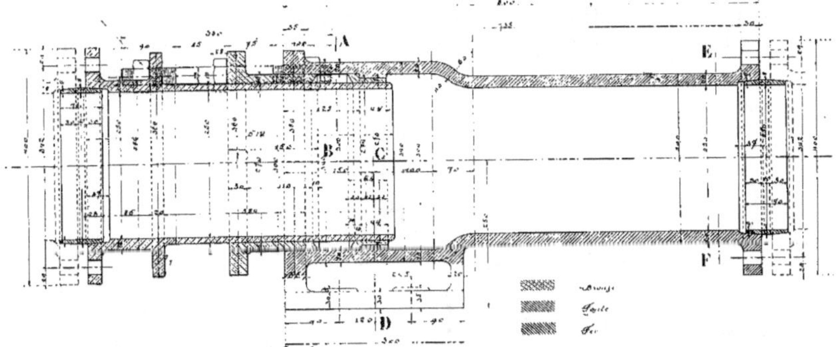

Fig. 115. — Boîte à dilatation ordinaire

au moyen d'une bague biconique, avec un tuyau courant, et, à l'autre extrémité, par un emboîtement pour recevoir les presse-étoupes.

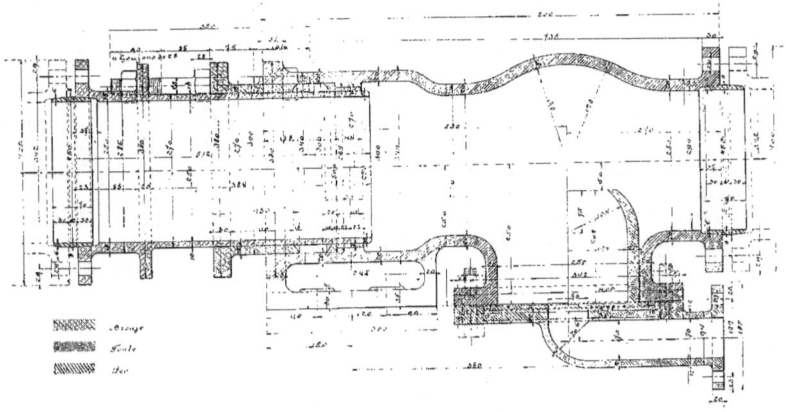

Fig. 116. — Boîte à dilatation avec tubulure de purge.

Cet emboîtement porte un patin permettant de fixer la pièce, au moyen de quatre forts boulons, sur un support en fer scellé dans la maçonnerie.

Le système de dilatation se compose d'une grande douille en bronze portant deux brides et coulissant dans le presse-étoupes formé de deux bagues, également en bronze.

L'une des deux brides est carrée, et reliée par 4 boulons à la bague du presse-étoupes et au manchon en fonte. L'autre bride est ronde, et permet d'assembler la grande douille avec le tuyau voisin, au moyen d'une bague biconique.

Ces joints compensateurs permettent une dilatation de 100 millimètres.

En un certain nombre de points de la canalisation, où les boîtes à dilatation sont exposées à recevoir des quantités d'eau plus importantes, des dispositions spéciales sont prises pour recueillir cette eau et l'envoyer à une bouteille de purge.

À cet effet, la forme du manchon est modifiée, de façon à permettre de placer, à côté du patin de fixation ordinaire, une bride portant une tubulure de purge.

Cette bride elle-même est prolongée, vers l'intérieur du manchon, par une sorte

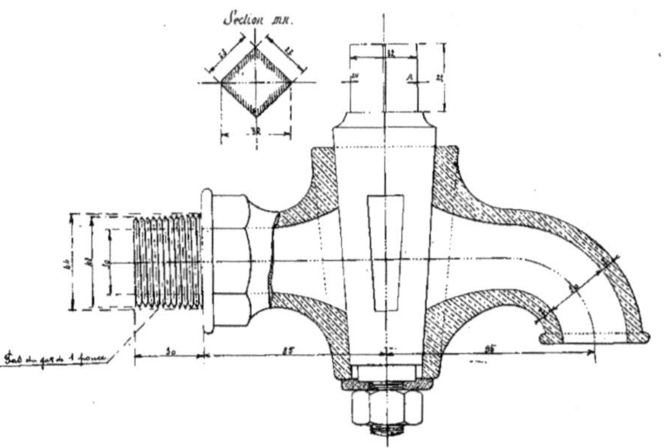

FIG. 117. — Purgeur à main.

de bouclier analogue à celui qui a été décrit plus haut, qui arrête l'eau et s'oppose à son entraînement dans le reste de la canalisation.

La présence de cette bride et celle de son bouclier qui exige un renflement correspondant dans la boîte, afin de ne pas diminuer sensiblement la section du passage de la vapeur, ont conduit à créer un second type de boîte à dilatation, identique, quant au système de dilatation, à celui décrit plus haut, mais dans lequel la forme de la boîte a dû subir une modification ainsi que l'indique le tracé ci-dessus (fig. 116).

Quant aux purgeurs à main (fig. 117), ce sont des robinets en bronze, à boisseau et à douille, du type courant de la maison Muller et Roger.

PRODUCTION DE LA FORCE MOTRICE

INSTALLATION DES GROUPES ÉLECTROGÈNES

Par le même arrêté ministériel, en date du 20 mars 1898, qui établissait auprès du Commissariat général le Comité technique des Machines dont nous avons indiqué les attributions au début de cette étude, a été constitué un Comité technique de l'Électricité, composé de 42 membres, sous la présidence de M. Mascart.

En raison de la nature même des groupes électrogènes, le Comité technique de l'Électricité a eu à examiner, au même titre que le Comité technique des Machines, les conditions générales imposées aux fournisseurs de force motrice, lesquelles ont été ensuite approuvées par le Commissaire général.

Ces conditions peuvent se résumer comme suit :

1° Les groupes électrogènes peuvent être fournis soit par un seul constructeur, soit par un consortium formé par un constructeur de machines à vapeur et un constructeur de machines électriques.

2° Toutes les machines doivent fonctionner à condensation.

3° La vapeur et l'eau de condensation sont fournies gratuitement par l'Administration, qui les amène dans des canalisations établies par elle dans les galeries souterraines, à proximité des emplacements réservés aux groupes électrogènes.

4° Les fournisseurs doivent établir à leurs frais les branchements qui leur sont nécessaires, sur les canalisations générales de l'Administration, ainsi que les robinets d'arrêt et les caniveaux destinés à recevoir les branchements reliant les machines aux canalisations placées dans les galeries souterraines.

5° Chaque machine électrique est pourvue d'un tableau portant tous les moyens d'interruption et de protection d'usage ordinaire, ainsi que d'appareils de mesure d'un modèle agréé par l'Administration.

6° Pour les machines à courant alternatif, le constructeur doit fournir et mettre en place les transformateurs qu'il sera nécessaire d'établir aux sous-stations de distribution pour l'utilisation du courant de ses alternateurs.

7° Le Service des installations électriques prend le courant aux bornes du tableau du fournisseur, sous une tension régulière, et constante pour chaque machine.

La détermination de cette tension a été quelque peu modifiée, afin de l'approprier autant que possible aux convenances des constructeurs, et finalement elle a été ainsi définie :

Courant continu : 240 — 480 volts au tableau général ;

Courant alternatif simple : 2.200 volts au tableau, fréquence 50 périodes par seconde ;

Courant alternatif triphasé : 2.200 — 3.000 — 5.000 volts au tableau ; fréquence 50 périodes par seconde ;

Courant alternatif triphasé : 2.200 volts au tableau ; fréquence 42 périodes par seconde ;

8° Les constructeurs doivent présenter leurs plans à l'approbation de l'Administration.

Ces plans, joints aux marchés, sont soumis aux Comités techniques des Machines et de l'Électricité, qui déterminent la puissance, en chevaux indiqués, pour laquelle les groupes électrogènes sont admis.

9° C'est d'après cette puissance que sera payée aux constructeurs des machines à vapeur et des dynamos une première rétribution fixe, représentant la part contributive, à forfait, de l'Administration, dans les frais de premier établissement.

Le tableau suivant indique la valeur de cette rétribution, qui est calculée d'après une échelle décroissante à mesure que la force dépasse 1.000 puis 1.500 chevaux. Cette allocation est destinée à tenir compte des frais que chaque fournisseur doit supporter pour installer les massifs des fondations, branchements. caniveaux, etc., et remettre ses machines en état après l'Exposition.

ALLOCATION PAR CHEVAL INDIQUÉ	MACHINES à vapeur	DYNAMOS	ENSEMBLE
1° Pour chacun des 1,000 premiers chevaux...............	9f 95	4f 08	14f 03
2° Pour les chevaux de 1,000 à 1,500...................	7 10	1 25	8 35
3° Pour les chevaux au-dessus de 1,500.................	5 20	0 95	6 15

L'Administration se réserve d'ailleurs de procéder à tels essais qui lui conviendront pour constater que les machines à vapeur et les génératrices électriques sont en situation de fournir normalement la puissance définie dans les marchés particuliers.

Il ressort du tableau ci-dessus, qu'un groupe électrogène de 500 chevaux indiqués donnera lieu au paiement, à titre d'allocation pour frais de premier établissement, d'une somme de 7.015 francs, cette somme étant ainsi répartie : 4.975 francs pour le constructeur de la machine à vapeur, et 2.040 francs pour le constructeur de la génératrice électrique.

De même un groupe de 1.700 chevaux recevra une rétribution ainsi calculée :

ALLOCATION PAR CHEVAL INDIQUÉ	MACHINE à vapeur	DYNAMOS	ENSEMBLE
Pour 1,000 premiers chevaux.......................	9,950f	4,080f	14,030f
Pour les 500 suivants...........................	3,550	625	4,175
Pour les 200 derniers...........................	1,040	190	1,230
Totaux...........	14,540f	4,895f	19,435f

Cependant la part contributive totale de l'Administration est limitée à 340.000 francs pour l'ensemble des installations, et cette somme est partagée en deux sommes égales de 170.000 francs, destinées à être réparties, à raison de 120.000 francs aux fournisseurs des machines à vapeur et 50.000 francs aux fournisseurs des dynamos, l'une aux constructeurs de la section française (usine La Bourdonnais), l'autre indistinctement entre tous les fournisseurs de force motrice appartenant aux sections étrangères (usine Suffren).

Or, si l'on attribuait à chacun des groupes électrogènes admis les allocations résultant à la fois de la puissance pour laquelle ils ont été admis, et du tableau ci-dessus, les sommes à payer par l'Administration seraient les suivantes :

	Mach. à vapeur	Dynamos	Ensemble
Usine La Bourdonnais...	138.073 fr.	53.959 fr.	192.032 fr.
Usine Suffren	193.520	70.761	264.281

Ces sommes étant supérieures à celles effectivement attribuées à chacune des usines, il sera opéré une réduction proportionnelle sur chaque allocation calculée comme il est dit plus haut, de manière à en ramener le total dans les limites budgétaires.

10° Indépendamment de la rétribution à forfait qui vient d'être indiquée, l'Administration alloue aux constructeurs une somme proportionnelle au nombre d'heures de marche et à la puissance normale pour laquelle chaque machine a été acceptée par les comités techniques. Le montant de cette allocation est indiqué au tableau ci-dessous :

ALLOCATION PAR CHEVAL INDIQUÉ et par heure de marche	MACHINES à vapeur	DYNAMOS	ENSEMBLE
1° Pour chacun des 1,000 premiers chevaux	0ᶠ 00840	0ᶠ 00707	0ᶠ 01547
2° Pour les chevaux de 1,000 à 1,500	0 00382	0 00293	0 00675
3° Pour les chevaux au-delà de 1,500	0 00288	0 00240	0 00528

L'Administration garantit aux fournisseurs une durée de marche minimum, qui est fixée à 500 heures.

Les frais d'exploitation à payer aux constructeurs des groupes électrogènes seront donc, au minimum, les suivants :

	MACHINES à vapeur	DYNAMOS	ENSEMBLE
Usine La Bourdonnais	56,543ᶠ	47,362ᶠ	103,905ᶠ
Usine Suffren	76,114	63,561	139,675
	132,657ᶠ	110,923ᶠ	243,580ᶠ

Ces sommes sont destinées à indemniser les fournisseurs de leurs frais d'entretien, de personnel, de graissage et de réparations pendant la période d'exploitation.

Après un premier examen des propositions des constructeurs mécaniciens et électriciens et des plans qui étaient joints à ces propositions, les Comités techniques des Machines et de l'Électricité ont chargé respectivement MM. Hirsch et Potier d'examiner en détail ces diverses propositions et de leur présenter des rapports, tant au point de vue électrique qu'au point de vue mécanique, sur les machines offertes.

Tous les calculs des cylindres ont été vérifiés avec soin, ainsi que les conditions du fonctionnement des machines.

L'attention du Comité technique des Machines a été particulièrement appelée sur les conditions de résistance des volants, dont la vitesse circonférentielle atteint parfois des chiffres élevés.

Les tableaux ci-contre indiquent les puissances pour lesquelles ont été admises les machines à vapeur. Conformément aux prescriptions des conditions générales relatives à l'installation et au fonctionnement des groupes électrogènes, ces puissances sont exprimées en chevaux indiqués.

La plupart des constructeurs n'étant pas à la fois mécaniciens et électriciens, les noms des électriciens associés pour la circonstance avec les mécaniciens figurent à côté des noms de ces derniers.

Une colonne est réservée à l'indication du nombre de kilowatts utiles que doivent produire les machines. La nature du courant figure dans une troisième colonne, et enfin la dernière colonne porte l'indication du voltage, et, pour les machines à courant alternatif, le nombre des périodes par seconde.

SECTION FRANÇAISE. — Usine La Bourdonnais [1].

CONSTRUCTEURS mécaniciens et électriciens	PUISSANCE admise en chevaux	KILOWATTS	NATURE du $\frac{1}{2}$ courant	VOLTAGE et fréquence	
Société Alsacienne	1.200	675	—	500	
Crépelle et Garand, avec Société Decauville	1.200	675	—	250	
Société de Laval	350	200	—	250	
Id.	350	200	—	250	
Compagnie de Fives-Lille	1.200	675	λ	2.200	$f = 50$
Piguet et Cie ; A. Grammont	600	335	λ	2.200	$f = 50$
Garnier et Faure-Beaulieu ; Etabliss^ts Postel-Vinay	400	225	—	500	
Id. id.	135	75	—	500	
Dujardin et Cie ; Eclairage électrique	800	440	λ	3.000	$f = 50$
Biétrix, Leflaive, Nicolet ; Eclairage électrique	350	190	—	250	
Farcot	850	480	$+$	2.200	$f = 42$
Weyher et Richemond ; Etabliss^ts Daydé et Pillé	1.000	560	—	250	
Id. Société G^ie électr. de Nancy	500	280	λ	3.000	$f = 50$
Id. Société « Electricité et Hy- draulique »	1.000	560	λ	2.200	$f = 50$
Delaunay-Belleville ; Maison Bréguet	1.250	700	λ	2.200	$f = 50$
Etablissements Cail ; Cie Franç^se Thomson Houston	1.250	600	λ	5.500	$f = 50$
Dujardin et Cie ; Schneider et Cie	1.500	840	λ	3.000	$f = 50$
Hauts-Fourneaux de Maubeuge	500	280	—	250	

RÉSUMÉ

Nombre des machines.......................... 18

Puissance totale admise.......................... 14.435 chevaux indiqués.

Puissance moyenne des machines.................. 802 chevaux.

L'inspection de ces tableaux montre que, sur les 37 groupes électrogènes admis, 17 fournissent du courant continu, pour une puissance indiquée totale de 13.200 chevaux environ, tandis que 20 produisent du courant alternatif, sous des formes variées, pour une puissance totale de 22.900 chevaux environ.

Nous observerons pour les machines à vapeur la même réserve que pour les chaudières, et nous ne donnerons, pour le moment, que des indications générales, en quelque sorte statistiques, sur ces importantes installations. Nous ferons, bien entendu, abstraction des deux turbines de Laval, dont les conditions de fonctionnement diffèrent absolument de celles des machines à vapeur ordinaires.

Les machines à grande vitesse ne sont représentées du côté français que par une seule machine.

Du côté étranger trois groupes seulement ont des vitesses de rotation dépassant 200 tours.

Le minimum de vitesse est de 70 tours.

La plupart des machines emploient la vapeur à la pression la plus haute possible, soit 10 kilog., dans la boîte de distribution.

Cinq machines seulement sont monocylindriques. Elles sont toutes dans la section française. A une seule exception près, ces machines n'utilisent pas directement la vapeur fournie à 10 kilog., mais sont munies de détendeurs de vapeur.

Deux constructeurs français seulement appliquent la triple détente, et tous deux

1. *L'Électricien*, 17 mars 1900.

SECTIONS ÉTRANGÈRES. — Usine Suffren [1].

SECTIONS étrangères	CONSTRUCTEURS Mécaniciens et Electriciens	PUISSANCE admise en chevaux	KILOWATTS	NATURE du courant	NOLTAGE et fréquence
Gde Bretagne	Robey et Co....................	500	280	—	250
	Willans et Robinson ; Siemens Brothers....	2.400	1.340	—	500
	Galloways Ld ; Mather et Platt............	500	280	—	250
Pays-Bas....	Storck et Co ; Electrotechnische Industrie...	550	300	—	500
	Maschinenfabrik Augsbourg ; Helios........	1.900	1.060	∿	2.200 $f = 50$
Allemagne..	Machinenfabrik Augsbourg et Nurenberg. Schuckert.....................	2.000	800	—	500
			850	λ	5.000 $f = 50$
	Borsig ; Siemens et Halske.............	2.230	1.250	λ	2.200 $f = 50$
	Maschinenfabrik Augsbourg et Nurenberg ; Lameyer.....................	1.400	350	—	250
			790	λ	5.000 $f = 50$
Belgique....	Carels frères ; Kolben,,,,,, ...	1.000	560	λ	3.000 $f = 50$
	Bollinckx ; Electricité et Hydraulique (Dulait).	1.100	620	λ	2.200 $f = 42$
	Van Den Kerchove ; Cie Indlle d'Electricité (Pieper).....................	1.000	560	λ	2.200 $f = 50$
Autriche....	Ringhoffer ; Siemens et Halske............	1.600	900	—	500
	Erste Brünner Maschinenfabrik ; Ganz et Co.	910	510	λ	2.200 $f = 42$
Hongrie.....	Lang et Co ; Ganz et Co..................	1.200	675	λ	2.200 $f = 50$
	Sulzer frères ; Ateliers d'OErlikon..........	400	230	∿	2.200 $f = 50$
Suisse......	Escher Wyss ; Ateliers d'OErlikon........	900	500	λ	2.200 $f = 50$
	Emile Mertz ; Société Alioth.............	360	200	—	500
Italie.......	Tosi ; Schuckert.......................	1.200	700	—	500
	Tosi ; Bacini..........................	600	300	—	500

RÉSUMÉ

Sections étrangères.	Nombre de machines.........................	19
	Puissance totale admise......................	21.650 chevaux indiqués.
	Puissance moyenne par machine................	1.140 chevaux.

RÉSUMÉ GÉNÉRAL....	Nombre des machines françaises ou étrangères....	37
	Puissance totale admise......................	36.085 chevaux indiqués.
	Puissance moyenne par machine................	975 chevaux.

emploient deux cylindres de 3ᵉ détente. Dans les sections étrangères, au contraire, la troisième détente est très appliquée, mais le double cylindre de 3ᶜ détente ne figure que chez deux constructeurs.

La puissance des machines varie dans des limites très étendues. Il est donc impossible d'établir une moyenne des dimensions des cylindres.

A titre de simple indication, le cylindre unique de la machine constituant la plus petite unité en fonctionnement utile, a un volume de 83 litres, tandis que les quatre cylindres de l'une des plus grosses machines ont un volume de 5.240 litres.

Les vitesses moyennes des pistons varient dans des limites bien moins étendues que les nombres de tours ; ces variations ne s'étendent qu'entre 2 m. 40 et 4 m. 17.

La détente totale varie de 5 à 22, et la pression moyenne de la vapeur dans les cylindres varie entre 1 kg. 70 et 3 kg. 16.

1. *L'Électricien*, 17 mars 1900.

COMPARAISON DE LA FORCE MOTRICE AUX DIVERSES EXPOSITIONS

Dans le rapport sur les opérations du Jury de la Mécanique en 1889, auquel nous avons déjà eu recours pour comparer les productions de vapeur dans les diverses Expositions, M. Hirsch a publié un tableau sur la force motrice disponible en 1867, 1878 et 1889.

La puissance totale, en 1867, était de 854 chevaux, fournis par 52 machines dont la force moyenne était de 16 chevaux.

En 1878, la puissance totale des machines motrices était de 2.533 chevaux fournis par 41 machines dont la force moyenne était de 62 chevaux. La puissance transmise avait donc, entre 1867 et 1878, augmenté dans la proportion de 300 p. 100, pendant que la force unitaire augmentait dans la proportion de 390 p. 100.

En 1889, la puissance totale disponible était de 5.320 chevaux, soit, relativement à 1878, une augmentation de 210 p. 100. Cette puissance était fournie par 32 machines motrices seulement, ce qui donne pour puissance moyenne par machine 166 chevaux. L'augmentation sur 1878 est de 268 p. 100.

On constate donc que, pendant les Expositions précédentes, à mesure que la puissance à transmettre augmentait, le nombre des machines motrices en mouvement allait constamment en diminuant, et, par contre, la force unitaire allait en augmentant dans une proportion considérable.

En 1900, la puissance totale des groupes électrogènes chargés de fournir l'énergie est de 36.085 chevaux, et le nombre des machines est de 37. La puissance moyenne par unité est donc de 975 chevaux.

La comparaison de ces chiffres avec ceux de 1889, montre le chemin parcouru en dix ans. La puissance totale augmente de 680 p. 100, pendant que la force moyenne unitaire augmente de 585 p. 100.

Enfin, il n'est pas sans intérêt de remarquer que la section française à elle seule fournit 18 machines motrices pour une force totale de 14.435 chevaux, soit 802 chevaux par unité, tandis que les sections étrangères avec 19 machines motrices fournissent 21.650 chevaux, soit une moyenne de 1.140 chevaux.

CANALISATIONS D'EAU POUR LA CONDENSATION

Nous avons vu que toutes les machines doivent marcher à condensation. Cette prescription ne s'applique pas seulement aux groupes électrogènes, mais à toutes les machines et à tous les appareils divers utilisant la vapeur, et, en particulier, aux petits-chevaux des chaudières.

Afin de ne pas exagérer, cependant, la consommation d'eau occasionnée par cette prescription, le fonctionnement des condenseurs des diverses machines devra être réglé de façon à ce qu'ils ne rejettent pas l'eau à une température inférieure à 45° centigrades.

Toutes les machines à vapeur exposées dans les diverses classes, et en particulier les petits-chevaux, n'étant pas pourvues d'appareils de condensation, on utilisera dans ce but les condenseurs automoteurs exposés, en leur envoyant, au moyen d'une canalisation à établir par chaque exposant, la vapeur détendue.

Quelle consommation d'eau exigera la réalisation de cette condensation ?

En admettant qu'il soit nécessaire d'employer 22 kilog. d'eau pour condenser un kilogramme de vapeur. la dépense d'eau par heure, correspondant à une consommation de 155.000 kilog. de vapeur, sera approximativement de 3.400 mètres cubes, soit environ 950 litres par seconde. Si l'on y ajoute l'eau vaporisée. on voit que les besoins du service s'élèvent à un total de 3.600 mètres cubes à l'heure, soit 1.000 litres par seconde.

En 1889, le débit moyen des pompes élévatoires a été de 6.300 mètres cubes par jour.

L'eau destinée à l'alimentation des chaudières et à la condensation de la vapeur est de l'eau de la Seine, élevée et distribuée par les soins du Service hydraulique.

En plus de cette distribution, le réseau des canalisations d'eau de l'Exposition comporte des fournitures d'eau de source pour les besoins domestiques et pour les industries touchant à l'alimentation, et d'eau de rivière sous pression (Ourcq et Seine) pour l'arrosage et le service d'incendie.

Ces dernières canalisations sont reliées à celles de la Ville. Elles ont été installées par le Service de la Voirie, en vertu d'une convention avec la Ville de Paris.

Les eaux destinées aux installations mécaniques commenceront par être utilisées pour le service de la grande cascade du Champ-de-Mars ; elles proviendront de l'usine élévatoire installée par les soins de M. Meunier sur les berges de la Seine, au port de la Cunette, à peu près dans le prolongement de l'avenue de Suffren, et c'est après cette première utilisation, qu'elles retourneront à la Seine. en passant par les condenseurs des machines.

Conformément au principe adopté, dont nous avons eu déjà l'occasion de citer des applications à propos des cheminées monumentales et des canalisations de vapeur, afin de laisser aux constructeurs la plus grande latitude pour l'établissement de leurs projets et devis, l'installation de l'usine élévatoire a fait l'objet d'un concours, et non d'une simple adjudication.

D'après le programme de ce concours. l'entreprise comprend la construction, la fourniture en location, le montage des pompes, des chaudières nécessaires et de tous les accessoires, les tuyaux d'aspiration. les crépines défendues par les enclaves établies par l'Administration, la construction du bâtiment et de la cheminée, l'entretien pendant toute la durée de l'exploitation, ainsi que le démontage et l'enlèvement des appareils et des matériaux après la fermeture de l'Exposition.

A la suite de ce concours, la Société française des pompes Worthington a été déclarée adjudicataire de l'ensemble du service.

L'installation comprend deux groupes de deux machines. Chacune de ces machines est capable d'élever par seconde, à la cote 47,50. dans le bassin supérieur de la grande cascade, 500 litres d'eau puisée dans la Seine à la cote 27, et même. lors des plus basses eaux, à la cote 26.

A l'origine des tuyaux de refoulement, sont placées des vannes d'arrêt. Les deux conduites ascensionnelles sont installées par l'Administration. Elles ont 0 m. 800 de diamètre, et chacune d'elles peut, par conséquent. débiter les 500 litres indiqués, avec une vitesse d'écoulement de 1 mètre par seconde.

Bien entendu, des appareils enregistrant automatiquement, au moyen d'une communication électrique. la hauteur du niveau de l'eau dans les bassins du Château d'eau, seront intallés dans l'usine élévatoire.

Le volume d'eau montée sera calculé chaque jour d'après le nombre des tours du compteur. Le volume en eau montée est compté industriellement pour 0,95 du volume théorique engendré par le piston.

Les quatre machines élévatoires ont été construites en leur entier dans les ateliers de MM. Crépelle et Garand. à Lille.

L'Administration a autorisé, sur la demande de la Cie Worthington, l'emploi de condenseurs à surface, et la circulation dans ceux-ci, de l'eau aspirée et refoulée par les pompes, étant entendu que l'eau ne doit pas subir un échauffement de plus de 6/10 de degré centigrade, et qu'elle n'a aucun contact direct avec la vapeur.

Les réservoirs d'air ont une capacité suffisante pour que la pression ne varie pas de plus de un mètre au-dessus ou au-dessous de la pression moyenne.

Afin d'être en état de fournir l'eau aux condenseurs des machines à vapeur, dont le fonctionnement commencera au plus tard à 10 heures, l'usine élévatoire fonctionnera tous les matins à partir de 9 h. 1/2.

En cas d'avarie à l'une des canalisations de refoulement, le débit de l'autre canalisation sera porté à 750 litres par seconde.

Les canalisations sont en fonte. Toutes les pièces et raccords sont du modèle de la Ville de Paris. Elles ont été réceptionnées par les agents de la Ville, de telle sorte qu'après l'Exposition, en vertu d'un traité, le matériel en bon état passera au Service municipal de Paris.

Du bassin supérieur de la grande cascade, partent deux canalisations contenant de l'eau à moyenne pression (7 mètres environ), destinée à l'alimentation des chaudières et au refroidissement des cylindres des moteurs à gaz.

Dans le bassin inférieur, dont le déversoir est à la cote de 35,90, sont installées, à la cote 35,70, les deux prises conduisant l'eau, à droite et à gauche, dans les galeries souterraines.

Il n'y aura donc pas de pression dans ces canalisations, et lorsque les machines seront au repos, le niveau dans les conduites sera le niveau même du bassin, soit 35,70.

Mais, pendant le fonctionnement des machines, le débit des canalisations donnera lieu à une perte de charge qui, dans les parties les plus éloignées du point d'alimentation, c'est-à-dire vers le mili u du Palais de l'Électricité, peut faire descendre le niveau piézométrique à la cote 32,90.

Parallèlement à la canalisation d'eau froide, et au même niveau, c'est-à-dire à une profondeur moyenne de 3 m. 40 au-dessous du plancher des palais, soit aux environs de la cote 32,20, cote variable d'ailleurs par suite de l'inclinaison des conduites, est placée une seconde conduite en fonte destinée à recevoir les eaux chaudes venant de la condensation, pour les écouler à la Seine. Le niveau piézométrique dans ces conduites de retour peut varier entre les cotes 32,50 et 34,50.

Ces deux canalisations parallèles ont, dans chaque galerie souterraine, un même diamètre.

Ce diamètre varie suivant les galeries, et il dépend du nombre et de l'importance des machines desservies.

Au sortir du bassin inférieur de la cascade, ce diamètre est de 0 m. 800. Il devient 0 m. 600 après les chambres C et C′, où a lieu une bifurcation, et n'est plus que de 0 m. 500 dans la plupart des galeries terminus. Un diamètre de 0 m. 400 a même été suffisant dans la galerie EF.

Cette variété dans les diamètres des canalisations a motivé l'établissement de plusieurs types de murettes pour supporter les tuyaux, et a, par ricochet, conduit à créer les divers types de supports à galets sur murettes, pour soutenir les tuyaux de vapeur.

Les tuyaux des deux canalisations portent des tubulures d'attente de 0,200 et 0,250 destinées aux branchements à établir par les Exposants.

Les tuyaux d'eau doivent être butés partout où il y a des changements de direction.

Les fig. 118 et 119 ci-contre montrent la disposition adoptée pour buter des coudes, dans les chambres B et B′.

Elles montrent également le robinet de décharge de 0 m. 280 qui a été prévu pour vider, en cas de besoin, la conduite d'eau froide et faire écouler son contenu à l'égout

Les fig. 120 et 121 représentent une chambre d'extrémité où l'on voit en plan la butée des tuyaux, qui est représentée en élévation sur la fig. 54, page 46.

Les deux tracés de la planche V représentent les réseaux de diverses canalisations (eau et vapeur) qui intéressent directement le service mécanique.

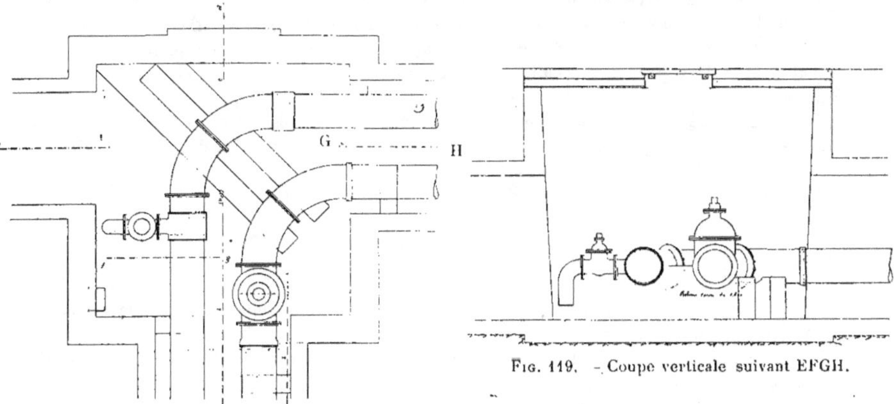

Fig. 119. — Coupe verticale suivant EFGH.

Fig. 118. — Coupe horizontale.

Dans le tracé de gauche, les galeries et chambres ont été déformées, pour rendre plus visibles les canalisations qui y sont figurées.

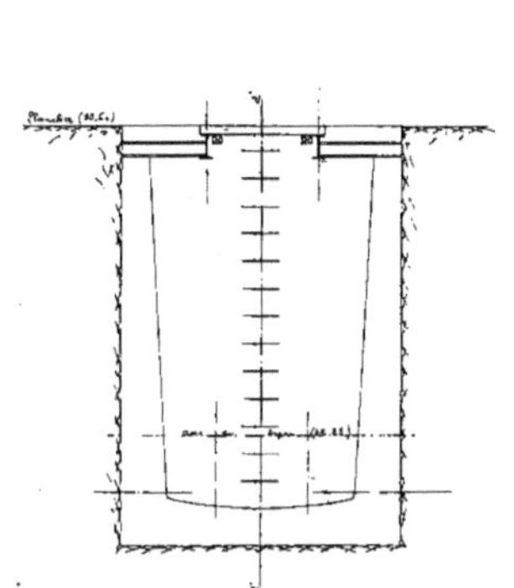

Fig. 120. — Coupe verticale suivant EFGH.

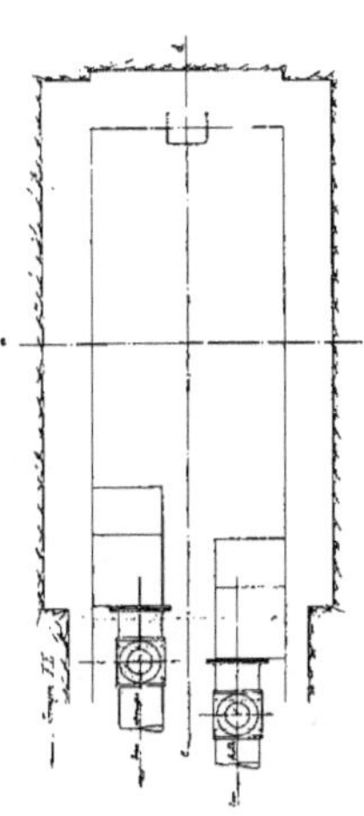

Fig. 121.

On a marqué :

En traits pleins, les canalisations d'eau froide sans pression ;

En traits pointillés, les canalisations d'eau chaude provenant de la condensation, et retournant à la Seine.

Ces deux canalisations sont, d'ailleurs, figurées à l'échelle de $\dfrac{1}{1.500}$ sur le tracé de droite, où sont indiqués leurs diamètres, les emplacements et les diamètres des tubulures, et, à plus grande échelle, les dimensions des brides des tubulures.

Les canalisations d'eau sous moyenne pression et celle d'eau de la Ville avec lesquelles elles sont susceptibles d'être reliées, sont marquées en ponctué, et enfin, la partie des canalisations de vapeur qui est dans les galeries souterraines, est représentée en traits mixtes.

Par suite de la variété des diamètres des canalisations d'eau et de celle des types de galeries souterraines, l'espace qui reste libre pour circuler entre les deux canalisations d'eau froide et d'eau chaude varie de 45 à 65 centimètres.

TUYAUTERIE DE PURGE

Toutes les machines à vapeur, et, en général, tous les appareils employant la vapeur, doivent être reliés aux canalisations des purges.

Ces canalisations, dont il a été parlé déjà page 72, sont suspendues à la voûte des galeries souterraines.

Les purges des cylindres, enveloppes, etc., doivent également pouvoir être évacuées dans les condenseurs.

DISTRIBUTION DE L'ÉNERGIE

UTILISATION DE L'ÉNERGIE ÉLECTRIQUE PRODUITE

L'utilisation de l'énorme quantité d'énergie électrique disponible n'était évidemment pas la chose du monde la plus facile, en raison de la variété même des moteurs et des formes sous lesquelles l'énergie est disponible.

Il s'agissait de répartir cette énergie dans toutes les parties de l'Exposition qui ont besoin de force motrice ou d'éclairage, en l'appropriant le mieux possible à chacune des demandes. Ce travail a été dévolu à M. Picou, Ingénieur en chef des Installations Électriques.

Le courant continu, dont le voltage est relativement peu élevé, devait, naturellement, être utilisé en des points aussi rapprochés que possible du lieu de production de l'énergie. Aussi a-t-il été décidé que, pendant toute la durée de la marche des machines motrices, c'est-à-dire pendant toute la journée, excepté aux heures des repas, le courant continu serait mis à la disposition des exposants :

A l'intérieur du Champ-de-Mars, pour la force motrice et pour l'éclairage, par une canalisation à trois conducteurs ; la tension moyenne est de 220 volts par pont ;

A l'intérieur des palais des Invalides, pour la force motrice seulement, par une canalisation à deux conducteurs ; la tension moyenne de distribution est de 500 volts environ.

Pour les machines à courant alternatif, il était de toute nécessité d'organiser le service de telle manière que, à toute machine en mouvement, pût être instantanément substituée une machine de rechange, en cas d'avarie quelconque. Dans ce but, les surfaces de l'Exposition ont été divisées en une série de secteurs, chacun de ces secteurs étant desservi par une canalisation spéciale prenant le courant sur un tableau auquel aboutit le courant des machines destinées à alimenter ce secteur ; c'est dire que ces machines doivent avoir les mêmes caractéristiques générales, même nature de courant, même voltage et même fréquence.

La distribution du courant alternatif a, d'après ce principe, été organisée de la façon suivante :

1° Le courant alternatif simple est distribué, pendant les heures d'éclairage seulement, sur le pourtour extérieur des palais du Champ-de-Mars ; la tension moyenne de distribution est de 2.000 volts primaires, et de 110 volts secondaires ; la fréquence est de 50 périodes par seconde.

2° Le courant alternatif triphasé est distribué :

Pendant toute la durée de la marche des groupes électrogènes, sous les tensions moyennes de distribution de 2.000 volts primaires et 110 volts secondaires, à la fréquence de 50 périodes par seconde, dans les jardins du Champs-de-Mars, du Trocadéro et sur le quai Debilly, près du Trocadéro.

Pendant les heures d'éclairage seulement :

α. Sur le quai d'Orsay, en aval du pont de l'Alma, sous les tensions moyennes de distribution de 2.000 volts primaires et 110 volts secondaires, à la fréquence de 42 périodes par seconde ;

β. Sur le quai d'Orsay, en amont du pont de l'Alma, sous les tensions moyennes de distribution de 4.800 volts primaires ou 110 secondaires, à la fréquence de 50 périodes par seconde ;

γ. Dans les Invalides (côté Fabert), suivant les emplacements, sous les tensions moyennes de 4.800 volts et 2.000 volts primaires et 110 volts secondaires, à la fréquence de 50 périodes ;

δ. Dans les Invalides (côté Constantine), sous les tensions moyennes de 2.000 volts primaires et 110 volts secondaires, à la fréquence de 50 périodes par seconde.

Par suite de cette disposition et de la nécessité de grouper deux par deux les machines produisant du courant alternatif, il pourra être impossible d'utiliser toute la puissance pour lesquelles les machines ont été admises.

Un exemple fera ressortir cette situation.

Parmi toutes les machines présentées pour la production du courant électrique, deux seulement fournissent du courant triphasé sous 2.200 volts et à la fréquence 50. L'une de ces machines peut donner 510 kilowatts, et l'autre 620 kilowatts. Or, si le secteur attribué à ce groupement ne comporte qu'une consommation de 440 kilowatts, il est de toute évidence qu'aucune de ces deux machines n'aura jamais l'occasion de marcher à son maximum.

Ce fait a une importance sérieuse au point de vue de l'estimation générale de la consommation de la vapeur.

DÉTERMINATION DES BESOINS DE VAPEUR

Les groupes électrogènes à courant alternatif étant surtout destinés à fournir de l'éclairage public, ne fonctionneront à pleine charge que le soir, et pendant quelques heures seulement. Leur consommation ne dépassera probablement pas 80.000 kilog. par heure. Ceux formant rechange resteront au repos pendant ce temps-là. Mais, marcheraient-ils en même temps tous à vide, qu'il en résulterait seulement une augmentation de 15.000 kilog. au maximum, dans la consommation horaire de vapeur, laquelle se trouverait ainsi portée à 95.000 kilog.

. A cette consommation, viendra s'ajouter, bien entendu, celle provenant des groupes à courant continu. Or, ainsi qu'il ressort des tableaux pages 84 et 85, l'ensemble de ces groupes forme une puissance totale de 13.000 chevaux environ, dont la consommation, en supposant qu'ils marchent en charge tous à la fois, ne dépasserait en aucun cas 100.000 kilog. de vapeur par heure. L'éclairage public ne comportant pas plus de 6.000 chevaux en courant continu, il n'y a donc aucune probabilité de voir la consommation totale dépasser 150.000 kilog. de vapeur par heure, pendant l'éclairage de nuit.

Pendant la journée, les conditions du fonctionnement seront autres : parmi les groupes électrogènes à courant alternatif, un très petit nombre seulement devront fonctionner utilement. En supposant qu'aucune de ces machines ne soit en réparation, le maximum de consommation de vapeur de tous ces groupes fonctionnant à vide, serait de 25.000 kilog. par heure environ.

D'autre part, l'ensemble de la puissance motrice demandée par toutes les classes et toutes les sections étrangères réunies est de 8.000 chevaux effectifs environ.

En tenant compte de ce fait, que la transmission de la force s'effectue sous forme de courant électrique et que la transformation de cette énergie électrique en mouvement de rotation ne se fera pas sans occasionner une diminution de rendement, on peut estimer que, les machines exposées ne fonctionnant ni d'une manière continue, ni toutes à la fois, la puissance réellement utilisée correspondra à 10.000 chevaux indiqués ; de là une consommation de vapeur par heure d'environ...................................... 80.000 kilog.

A ce chiffre, il faut ajouter la consommation des autres groupes électrogènes à courant continu, qui fonctionneront probablement à vide, soit environ...................................... 5.000 kilog.

et celle des groupes à courant alternatif, déjà estimée à................. 25.000 kilog.

enfin, les demandes directes de vapeur indiquées par certains exposants, lesquelles s'élèvent à...................................... 40.000 kilog.

On obtient ainsi un total par heure de...................................... 150.000 kilog.

On voit donc que la consommation de jour ou de nuit est sensiblement la même, et égale à 150.000 kilog. par heure.

Ce chiffre ne tient évidemment pas compte des condensations qui pourront se produire dans les conduites. Bien qu'il doive être augmenté en outre de la quantité qui sera nécessaire pour le fonctionnement des chevaux alimentaires des chaudières, on peut estimer que l'ensemble de l'installation se trouve, au point de vue de la vapeur, dans des conditions favorables, la consommation n'atteignant pas, à beaucoup près, la puissance vaporisatrice des groupes de chaudières.

Sauf les imprévus qui pourront résulter de consommations supérieures à celles qui ont été indiquées par les Exposants eux-mêmes, ce n'est donc pas par manque de vapeur que l'Administration pourra se trouver dans l'obligation d'user de la réserve faite vis-à-vis de tous les Exposants ayant besoin de force motrice, et d'établir un roulement dans le fonctionnement des appareils en mouvement.

Il est nécessaire de faire encore un retour en arrière, et de dire quelques mots sur la manière dont chacun des groupes électrogènes est relié aux conduites générales de vapeur.

Le Service mécanique ne pouvait se désintéresser de la question, et considérer son rôle comme terminé, pour avoir établi des canalisations de vapeur à proximité des machines à mettre en mouvement.

Chaque canalisation a un but absolument déterminé, et dessert généralement, un, deux, quelquefois trois ou quatre des groupes électrogènes suivant leur importance, et parfois aussi quelques exposants répartis dans les classes.

L'objectif principal de l'Administration est, naturellement, que le service public de l'éclairage ou de la force motrice ne puisse jamais subir d'interruption. Or, supposons que deux groupes électrogènes devant servir de rechange l'un à l'autre soient alimentés par des branchements pris sur une même conduite principale de vapeur ; si, par suite d'une circonstance quelconque, il devenait nécessaire de couper la vapeur dans cette conduite principale, les deux machines se trouveraient mises à la fois au repos, et par suite, le service général serait interrompu.

Il a donc été nécessaire d'étudier la répartition des prises de vapeur entre les exposants, non seulement d'après la consommation de chacune des machines et d'après le débit normal des tuyauteries de vapeur, mais aussi en tenant compte du roulement des machines entre elles, et en évitant que deux machines destinées à alterner l'une avec l'autre pour assurer un service puissent être immobilisées à la fois par une circonstance n'intéressant qu'une seule canalisation.

Chaque exposant ne pouvait donc être laissé libre de choisir lui-même les tubulures de vapeur ou d'eau sur lesquelles doivent être établies ses prises de vapeur ; et ainsi s'explique la prescription contenue dans les conditions générales pour l'installation des groupes électrogènes, que chaque exposant doit présenter à l'approbation de l'Administration le tracé des branchements qu'il compte établir.

TRANSMISSIONS

La force motrice dont auront besoin les machines en mouvement sera fournie en général, ainsi que nous l'avons déjà dit, au moyen d'une distribution d'énergie électrique actionnant des dynamos montées directement sur les appareils qu'elles commandent.

Dans les palais de l'Esplanade des Invalides, en particulier, vu le caractère artistique de la majorité des expositions qui y sont réunies, la distribution d'énergie se fera exclusivement de cette façon.

Mais les palais du Champ-de-Mars comportant des installations mécaniques très variées et très nombreuses, l'Administration a dû, malgré son désir de faire observer autant que possible le programme exposé, accepter, au moins à titre exceptionnel, de donner satisfaction à quelques demandes d'arbres de transmission, qui, mis en mouvement eux-mêmes par des dynamos réceptrices, servent à actionner par courroies un certain nombre de machines.

Les tronçons de transmissions générales ainsi installés sont établis à 5 m. 22 au-dessus du plancher du rez-de-chaussée, et reposent sur des supports en bois placés dans les parties du palais où existe un étage.

Ces supports sont de deux catégories. Les uns, les supports principaux, reposent directement sur un massif de béton, et sont contre-butés à leur partie supérieure sous les poutres du plancher de l'étage. Ils sont espacés de neuf mètres environ, et sont reliés entre eux par deux poutres en treillis formant poitrail en fer.

C'est sur le poitrail ainsi formé que reposent les supports intermédiaires, deux fois plus nombreux que les autres.

Tous ces supports forment des points d'appui espacés de trois mètres en moyenne les uns des autres, et sur lesquels reposent les paliers des transmissions.

Ces lignes de transmission sont d'ailleurs très peu nombreuses — 7 seulement — et ne présentent qu'une longueur totale de 250 mètres environ, non compris bien entendu les quelques tronçons installés par certaines classes françaises ou sections étrangères, à leurs frais et en dehors de l'Administration.

Lorsqu'il s'est agi d'installer ces transmissions, les services d'architecture se sont opposés à l'emploi de chaises suspendues aux poutres en fer du plancher de l'étage. Ils ont seulement consenti à laisser buter contre ces poutres au moyen de cales, les supports sur lesquels reposeraient les paliers.

A l'époque où les diverses classes intéressées ont fait connaître d'une façon définitive quelles étaient les transmissions à leur fournir, il était déjà trop tard pour pouvoir faire exécuter des supports métalliques plus ou moins ouvragés. Seul, le bois permettait une construction assez rapide; force a donc été d'avoir recours à lui, et c'est ce qui a conduit à adopter les dispositions qui viennent d'être décrites et qui sont représentées aux fig. 122 à 126.

A titre de comparaison, rappelons qu'en 1867 la longueur cumulée des arbres installés par l'Administration était de . . . .   792 mètres,

En 1878 leur développement total atteignait . . . .   2.176 mètres,

En 1889 il était de . . . .   1.360 mètres,

En 1900 il tombe à . . . .   250 mètres,

La force totale transmise par ces arbres n'est que de . . . .   225 chevaux;

soit par mètre courant, en moyenne . . . .   0 chl 9.

En 1867 et 1878 la force transmise était de 1 chl 1 par mètre courant, et en 1889,

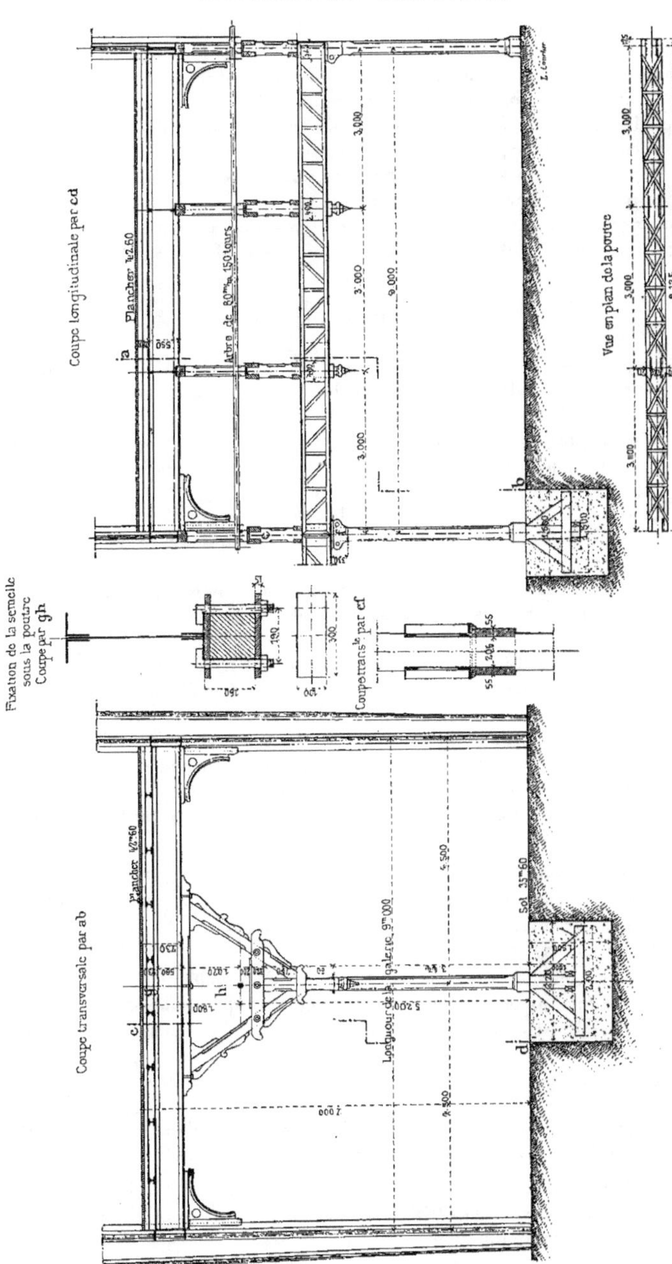

Fig. 122 à 126. — Supports des transmissions et détails des assemblages.

par suite du groupement de toutes les machines dans un même palais, elle avait atteint 2 chx 23 par mètre courant.

Les arbres de transmission, leurs paliers et leurs manchons d'accouplement, sont fournis en location par la maison A. Piat et ses fils.

Les poulies sont fournies par les exposants qui ont besoin de force motrice. Ces poulies sont en deux pièces, et doivent être parfaitement équilibrées.

Leur fixation sur les arbres doit résulter uniquement du serrage des boulons et ne comporte par conséquent ni rainures ni plats.

Les courroies reliant les dynamos réceptrices aux arbres de transmission, sont fournies gratuitement à l'Administration par les soins de M. Placide Peltereau fils.

APPAREILS DE LEVAGE

Nous ne pouvons passer complètement sous silence les dispositions générales qui ont été prises pour la manutention et le montage des puissantes machines destinées à fournir l'énergie ; ces appareils ressortissent au service de M. Guyenet.

Le tracé des voies de manutention a été établi avec la préoccupation de desservir le mieux possible les emplacements où doivent arriver des colis très lourds et très encombrants.

C'est ainsi que nous avons déjà montré les bâtiments des chaudières traversés dans toute leur longueur par une voie ferrée qui permet de conduire à pied d'œuvre les wagons chargés de matériel.

Dans le même ordre d'idées, l'Administration a fait longer les galeries de 30 mètres dans lesquelles sont répartis les groupes électrogènes, par une voie de manutention placée dans leur axe et par une voie parallèle dans le bas côté.

En outre, afin de faciliter le déchargement des wagons et le montage des machines, elle a installé, dans chacune des usines Suffren et La Bourdonnais, un puissant appareil de levage, susceptible de porter en un point quelconque de ces galeries, et de lever jusqu'à une hauteur de 12 m. 50 du sol, des masses indivisibles de 25 tonnes. Nous ne nous étendrons pas sur ces engins, qui seront décrits en détail dans une étude ultérieure.

Nous dirons seulement que tous deux sont construits en acier, que le travail du métal a été calculé à 10 kilog. par mm², et que les vitesses de régime sont les suivantes :

	Petite vitesse	Grande vitesse
Mouvement de levage	0,020	0,040
Mouvement du chariot sur la volée	0,200	0,200
Mouvement d'orientation ou de giration (vitesse au croc)	0,300	0,300
Translation générale de l'appareil	0,200	0,200

Les voies sur lesquelles circulent ces appareils sont à double file de rails, entretoisés entre eux par des fuseaux en acier formant crémaillère, et le mouvement de translation générale de l'appareil est obtenu par l'engrènement de pignons sur les crémaillères ainsi constituées.

Les pignons sont accouplés, d'un côté à l'autre de l'appareil, au moyen d'arbres de transmission.

Dans la section française (usine La Bourdonnais) l'appareil est une grue Titan, qui a été construite par M. J. Le Blanc. Elle est mue par l'électricité.

Le rayon d'action du crochet est de	11 mètres,
La hauteur sous poutre de la volée, depuis le sol, est de	12 m. 500,
La course horizontale minimum du crochet est de	8 m. 500,

La voie de la grue est de.............................   6 mètres,
La longueur de la voie est de........................   115   —
Le diamètre du cercle d'orientation, au milieu des galets, est de.   4   —
Les roues, accouplées deux à deux par un palonnier, sont au
    nombre de..   8
L'écartement d'axe en axe des roues dans le sens de la voie
    est de..   8 mètres,

La translation est assurée sans coincement, la charge étant placée à l'extrémité de la volée, et celle-ci orientée en travers.

La conséquence des données indiquées ci-dessus est qu'un chemin large de 7 mètres a dû être ménagé au milieu de la galerie des moteurs. Les groupes électrogènes se trouvent ainsi répartis à droite et à gauche de ce chemin de circulation vers les piliers des fermes, dans deux bandes parallèles de 11 m. 60 de largeur chacune.

Du côté Suffren, les groupes électrogènes allemands, belges et anglais, sont desservis par un chevalet roulant, circulant sur une double voie établie près des piliers des fermes. Des chemins de circulation se trouvent donc réservés près des piliers, et par suite la largeur du chemin central est moins grande. Le chevalet Flohr marche électriquement, et son fonctionnement est admirablement précis. Comme il était installé et en service dès le mois d'octobre, les constructeurs allemands, qui avaient eu soin de faire exécuter leurs puissants massifs de fondations pendant l'été, ont pu commencer le montage de leurs machines bien longtemps avant les constructeurs français.

VENTILATION

Il reste à dire quelques mots d'une question qui n'a pas été sans préoccuper vivement l'Administration. Nous voulons parler du renouvellement de l'air dans la Salle des Fêtes, dans les palais de l'Agriculture et dans les halls des groupes électrogènes.

Dans la Salle des Fêtes, où l'on prévoit la possibilité de réunir 20.000 personnes, la nécessité d'une ventilation, au moins intermittente, s'impose.

Dans les halls des machines, c'est la vapeur des cylindres et l'air provenant des galeries souterraines qui élèvera la température de l'atmosphère. Malgré toutes les précautions prises, en effet, et malgré les enduits calorifuges dont seront entourées les conduites de vapeur, une température de 50° peut être considérée comme un minimum de la température qui régnera dans ces galeries pendant les heures de fonctionnement des machines.

De toute façon, il était indispensable de prendre des mesures pour assurer le renouvellement de l'air.

M. Bourdon a été chargé d'établir le projet de cette installation.

Deux systèmes pouvaient être employés :

Ou bien aspirer au dehors de l'air pur et relativement frais, et l'amener par des canalisations maçonnées aux divers points de consommation ; — ou bien se contenter de déplacer l'air de façon à donner aux visiteurs une certaine sensation de fraîcheur produite par le simple mouvement de palettes.

L'Administration a décidé d'appliquer les deux systèmes à la fois.

Toutefois, ces installations n'étant pas encore terminées, nous ne nous étendrons pas longuement sur ce sujet, et nous nous contenterons d'en indiquer les lignes principales.

La Salle des Fêtes atteint le cube énorme de 256.170 mètres cubes. Quatre ventilateurs soufflants, dont chacun est capable de débiter 65.000 mètres cubes à l'heure, seront donc juste suffisants pour renouveler l'air une fois par heure.

De chaque ventilateur partiront trois conduits souterrains de 0 m² 60 de section chacun, amenant l'air au centre et dans les angles de la Salle des Fêtes.

Chacun de ces ventilateurs sera de la force de 30 chevaux et commandé par une dynamo-réceptrice de 40 chevaux.

La ventilation de la Salle des Fêtes sera complétée par l'emploi de deux refroidisseurs d'air, débitant chacun 24.000 mètres cubes à l'heure, et commandés par des électro-moteurs de 10 chevaux.

Ainsi qu'il a été expliqué au début de cette étude, le palais de l'Agriculture est divisé en deux parties par cette Salle des Fêtes : la section française occupe le côté La Bourdonnais, et les sections étrangères le côté Suffren.

Chacune de ces parties présente un cube de 495.000 mètres et est desservie à la fois par deux ventilateurs débitant chacun 54.000 mètres cubes à l'heure, et par huit déplaceurs d'air à hélice, installés sous le plancher de l'étage. La proportion de l'air renouvelé par heure sera ainsi de 50 p. 100.

Enfin les halls des groupes électrogènes ont un cube de 46.200 mètres. Ils seront desservis par quatre déplaceurs d'air à hélice, débitant chacun 18.000 mètres cubes / à l'heure. Ces déplaceurs d'air, commandés par des moteurs électriques de deux chevaux, seront installés sous le plancher de l'étage de l'annexe.

CLASSES DE LA MÉCANIQUE

Pour terminer, ajoutons quelques indications succinctes sur l'installation des classes de la Mécanique, et sur les emplacements qu'elles occupent.

Le groupe IV contient quatre classes :

La classe 19 (machines à vapeur) occupe, en commun avec la classe 23 pour la partie des groupes électrogènes, une surface de.................... 4.230 m²

Il lui a en outre été attribué une surface de 2.270 mètres carrés au rez-de-chaussée et 670 mètres carrés à l'étage, soit ensemble................. 2.940 m²

Son emplacement est représenté par des hachures serrées, inclinées de droite à gauche sur la fig. 127.

A la classe 20 (moteurs à gaz et à pétrole) a été attribuée au rez-de-chaussée une surface de 1.680 mètres carrés, et à l'étage 560 mètres carrés, soit ensemble (emplacement quadrillé).. .... 2.240 m²

A la classe 21 (appareils divers de la Mécanique) on a donné au rez-de-chaussée 2.530 mètres carrés, et à l'étage 920 mètres carrés, ensemble.. 3.450 m²

Enfin la classe 22 (machines-outils) a reçu au rez-de-chaussée 4.600 mètres carrés, et à l'étage 1.910 mètres carrés, soit ensemble .... 6.510 m²

L'ensemble des classes du groupe de la Mécanique a donc reçu, dans la section française, une attribution de surface de.................... 19.370 m²

La classe 20 a construit une annexe en bordure de l'avenue de La Bourdonnais.

La classe 21 a également construit un petit hangar pour abriter des pompes.

La classe 19 et la classe 20 ont à Vincennes des emplacements assez considérables.

On voit donc que les personnes qui s'intéressent aux questions mécaniques auront large matière à étude.

Les divers emplacements occupés par ces classes au rez-de-chaussée sont indiqués à la fig. 127 ci-contre.

Enfin, à l'étage, un Musée Centennal du groupe permettra de réunir les modèles de

Plan d'ensemble de la Section française.

Échelle de 1/1200

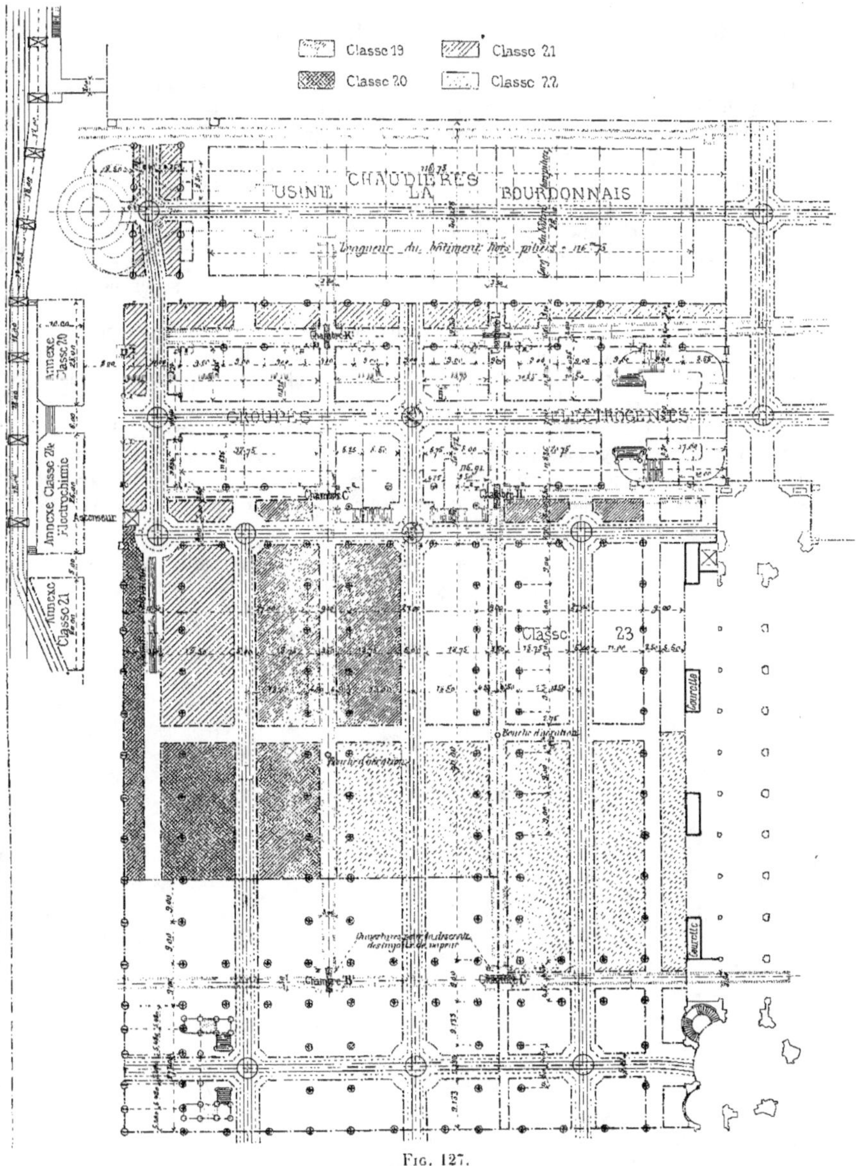

Fig. 127.

machines et les publications relatives à la Mécanique, qui ne pouvaient être admis comme sujets nouveaux, et qui, cependant, présentent un grand intérêt au point de vue historique.

IMPORTANCE GÉNÉRALE DES SERVICES MÉCANIQUES PAR DES CHIFFRES APPROXIMATIFS

Récapitulons enfin les diverses dépenses qui incombent aux Services Mécaniques, et qui ont été déjà mentionnées, pour la plupart, au cours de cette étude.

Le budget total du service des Installations Mécaniques s'élève à environ.. 4 200.000 fr.

Le Service Hydraulique (installation en location des conduites d'eau de Seine, et Usine élévatoire) a un budget qui s'élève à. 1.100.000

Le Service des Installations électriques a un budget de......... 1.600.000

Celui de la Manutention et des Appareils de levage............ 1.100.000

8.000.000 fr.

L'ensemble des Services techniques de la Direction générale de l'Exploitation s'élève donc, approximativement, au chiffre respectable de 8 millions. Rien, dit-on, n'est plus éloquent que des chiffres ; et ceux-ci semblent exprimer d'une façon suffisamment claire l'importance de ces services.

Ceux qui en ont la charge ont un passé qui répond d'eux, et malgré la grosse responsabilité qui leur incombe, le Commissaire général et les Directeurs généraux de l'Exploitation ont eu pleine confiance dans le résultat final, parce qu'ils savaient pouvoir compter sur la science des chefs de service et sur le dévouement absolu de ceux qui ont eu l'honneur d'être appelés à les seconder.

LA MÉCANIQUE

A l'Exposition de 1900

Publiée sous le Patronage et la Direction technique d'un Comité de Rédaction

COMPOSÉ DE MM.

HATON DE LA GOUPILLIÈRE, G. O. ✳, Membre de l'Institut
Inspecteur général des Mines, *Président*

BARBET, ✳, ingénieur des arts et manufactures.

BIENAYMÉ, C. ✳. inspecteur général du génie maritime.

BOURDON (Édouard), O. ✳, constructeur mécanicien, président de la chambre syndicale des mécaniciens.

BRÜLL, ✳, ingénieur, ancien élève de l'École polytechnique, ancien président de la Société des Ingénieurs civils.

COLLIGNON (Ed.), O. ✳, inspecteur général des ponts et chaussées en retraite.

FLAMANT, O. ✳, inspecteur général des ponts et chaussées.

HIRSCH, O. ✳, inspecteur général honoraire des ponts et chaussées, professeur au Conservatoire des arts et métiers.

IMBS, ✳, professeur au Conservatoire des arts et métiers et à l'École centrale des arts et manufactures.

LINDER. C. ✳, inspecteur général des mines en retraite.

ROZÉ, ✳, répétiteur d'astronomie et conservateur des collections de mécanique à l'École polytechnique.

SAUVAGE, O. ✳. ingénieur en chef des mines, professeur à l'École des mines.

WALCKENAER, O. ✳, ingénieur en chef des mines, professeur à l'École des ponts et chaussées.

Secrétaire de la Rédaction : **GUSTAVE RICHARD**, ✳, 44, rue de Rennes.

2ᵉ LIVRAISON

LES CHAUDIÈRES A VAPEUR POUR L'INDUSTRIE ET LA MARINE

PAR

M. CH. BELLENS

PARIS. VI

Vᵛᵉ CH. DUNOD, ÉDITEUR

49, QUAI DES GRANDS-AUGUSTINS, 49

TÉLÉPHONE 147.92

1901

TABLE DES MATIÈRES

DEUXIÈME PARTIE

CHAUDIÈRES A FOYER INTÉRIEUR ET A FOYER EXTÉRIEUR

TROISIÈME PARTIE

APPAREILS AUXILIAIRES

LES CHAUDIÈRES A VAPEUR

POUR

L'INDUSTRIE ET LA MARINE

A L'EXPOSITION UNIVERSELLE DE 1900

PAR

M. CH. BELLENS

AVANT-PROPOS

La partie la plus importante des chaudières à vapeur exposée était constituée par les générateurs qui fournissent la vapeur aux services mécaniques de l'Exposition, et était divisée en deux groupes dénommés : Usine La Bourdonnais et Usine Suffren, installés au fond du Champ-de-Mars, en avant de l'ancienne Galerie des machines. On trouvera tous les détails d'installation générale de ces deux groupes dans la première livraison de cette publication.

Les générateurs simplement exposés et non en service étaient disséminés un peu partout dans les diverses classes.

L'annexe de Vincennes possédait seulement deux chaudières en feu pour le service de la Section Américaine.

L'impression qui se dégage d'une première visite à l'Exposition est que le type de chaudières multitubulaires ou *à tubes d'eau*[1] s'est imposé et s'est considérablement développé dans l'industrie et la marine. Ensuite, sans détruire cette impression, le classement méthodique des observations montre que tous les principaux types de chaudières sont exposés. Seule la chaudière à un gros corps cylindrique simple avec bouilleurs n'est pas représentée : en fait elle n'est plus en harmonie avec les qualités de puissance, de rendement et de résistance exigées généralement par les besoins actuels de l'industrie.

La *chaudière multitubulaire* est non seulement représentée par le plus grand nombre d'appareils, elle l'est aussi par ses principales variantes :

a) La chaudière multitubulaire à éléments avec retour d'eau extérieur aux tubes vaporisateurs et celle avec retour d'eau intérieur à ces tubes.

b) La chaudière à lames d'eau combinée avec ces mêmes modes d'alimentation des tubes vaporisateurs.

1. Dénomination adoptée par le Congrès de mécanique de 1900.

c) La chaudière à éléments composés d'un serpentin continu.

d) La chaudière à éléments sectionnés.

e) La chaudière de torpilleur à très petits tubes.

f) La chaudière hérisson modifiée.

g) La chaudière Field multitubulaire.

La chaudière à foyer intérieur est représentée par :

a) La chaudière cylindrique à un, deux et trois tubes-foyers.

b) La chaudière tubulaire à foyer intérieur.

c) La chaudière à foyer intérieur amovible.

d) La chaudière Tischbein formée d'un corps cylindrique tubulaire placé sur un autre corps cylindrique à deux foyers. Ce dernier type, peu connu en France, est fort répandu en Allemagne, en Autriche et en Russie.

e) La chaudière verticale à tubes Field ou à bouilleurs croisés.

La chaudière à foyer extérieur est représentée par :

a) La chaudière semi-tubulaire à bouilleurs.

b) La chaudière à bouilleurs superposés, dites multi-bouilleurs.

Nous maintiendrons dans nos descriptions la classification des chaudières en ces trois grandes familles. Nous l'avons déjà adoptée dans notre *Traité des chaudières à vapeur*, afin de mieux montrer les similitudes des divers générateurs de vapeur, qui diffèrent parfois tellement comme aspect extérieur, et pour montrer combien il y a peu de différence générique entre des chaudières auxquelles leurs constructeurs attribuent souvent des mérites tout à fait exceptionnels.

L'ordre d'examen que nous allons suivre ne nous permet pas de conserver le groupement des appareils tel qu'il existe à l'Exposition.

Voici la nomenclature de tous les exposants de chaudières par ordre alphabétique et par pays.

FRANCE

ATELIERS DE CONSTRUCTIONS MÉCANIQUES, à *Levallois-Perret*.

Classe 19. — Une chaudière Field multitubulaire, système Turgan.

E. BÉRENDORF FILS, à *Paris*.

Classe 19. — Une chaudière semi-tubulaire à bouilleurs.

BIÉTRIX, LEFLAIVE, NICOLET ET Cⁱᵉ, à *Saint-Étienne*.

Classe 19. — Une chaudière multitubulaire à lames d'eau, système « Buettner », en feu. Usine La Bourdonnais.

Classe 33. — Pièces détachées du système de chaudière « Buettner ».

CHALIGNY ET Cⁱᵉ, à *Paris*.

Classe 118. — 5 chaudières tubulaires à foyer intérieur pour canots.

COMPAGNIE DE FIVES-LILLE, à *Paris*.

Classe 19. — 3 chaudières semi-tubulaires à bouilleurs, en feu. Usine La Bourdonnais.

Compagnie française Babcock et Wilcox, à *Paris*.

Classe 19. — 8 chaudières multitubulaires à éléments, en feu. Usine La Bourdonnais.
4 chaudières multitubulaires à éléments, en feu. Usine Suffren.
2 chaudières multitubulaires à éléments, type marine, en feu. Usine La Bourdonnais.
Classe 21. — 4 chaudières multitubulaires à éléments, en feu, à l'usine du service des
eaux de l'Exposition et qui figurent sur le catalogue officiel comme étant exposées, avec leurs accessoires, par la Société Française des pompes Worthington.

Ch. Crépelle-Fontaine, à *La Madeleine-lez-Lille*.

Classe 19. — Une chaudière multitubulaire à éléments, avec émulseur Dubiau, en feu.
Usine La Bourdonnais.
Une chaudière multibouilleurs avec émulseur Dubiau.
Une chaudière semitubulaire à bouilleurs.

Delaunay-Belleville et Cie, à *Saint-Denis (Seine)*.

Classe 19. — 3 chaudières multitubulaires à éléments formés d'un serpentin continu,
deux du type fixe et un du type transportable.
Classe 33. — Deux chaudières multitubulaires à éléments formés d'un serpentin continu,
type marine.
Classe 64. — Une chaudière double multitubulaire à éléments formés d'un serpentin
continu, appliqué à la suite des fours métallurgiques.
Classe 118. — 2 chaudières multitubulaires à éléments formés d'un serpentin continu,
type marine, dont une incomplète, et 10 enveloppes avec ballons.

Delpeutte, à *Saint-Nazaire*.

Classe 19. — Une chaudière à vapeur multitubulaire à éléments verticaux.

Forges et Chantiers de la Méditerranée, à *Paris*.

Classe 118. — Une chaudière à très petits tubes, système Normand.

Frédéric Fouché, à *Paris*.

Classe 119. — Une chaudière multitubulaire à lames d'eau.

Armand Girard, à *Paris*.

Classe 19. — Une chaudière semitubulaire à bouilleurs.
Deux chaudières verticales à tubes Field.

Louis Grenthe, à *Pontoise*.

Classe 19. — Une chaudière tubulaire à foyer intérieur.

JOANNY JOYA, à *Grenoble*.

Classe 19. — Une chaudière multitubulaire à éléments et retours d'eau intérieurs aux
    tubes.

E. DE LA BROSSE ET FOUCHÉ, à *Nantes*.'

Classe 19. — Une chaudière à très petits tubes.

C. MATHIAN, à *Paris*.

Classe 19. — Une chaudière verticale à tubes Field.

MEUNIER ET Cⁱᵉ, à *Fives-Lille*.

Classe 19. — Deux chaudières semitubulaires à bouilleurs
    Une chaudière verticale à tubes Field.
    Une chaudière verticale à tubes croisés.
    Une chaudière à foyer intérieur amovible.
    Une chaudière tubulaire à foyer intérieur vertical.

ANTOINE MONTUPET, à *Paris*.

Classe 19. — Trois chaudières multitubulaires à lames d'eau avec retour intérieur aux
    tubes, en feu. Usine La Bourdonnais.
    Une chaudière semitubulaire, à bouilleurs, en feu. Usine La Bourdonnais.
    Deux chaudières multitubulaires à lames d'eau avec retour intérieur aux tubes, type
    marine, en feu. Usine La Bourdonnais.
    Trois chaudières multitubulaires à lames d'eau avec retour intérieur aux tubes.
    Une chaudière verticale à tubes Field.
Classe 118. — Une chaudière multitubulaire à lames d'eau avec retour intérieur aux tubes,
    type marine.

J. ET A. NICLAUSSE, à *Paris*.

Classe 19. — Chaudières multitubulaires à éléments et retour d'eau intérieur aux tubes.
    Douze chaudières, en feu. Usine La Bourdonnais.
    Neuf chaudières, en feu. Usine Suffren.
    Quatre chaudières de diverses puissances.
Classe 33. — Deux chaudières marines.
Classe 118. — Une chaudière double et une enveloppe de chaudière double avec ballons.
    Trois enveloppes de chaudières avec ballons.

NICOLAS ROSER, à *Saint-Denis*.

Classe 19. — Six chaudières multitubulaires, à éléments, en feu. Usine La Bourdonnais
    Une chaudière semi-tubulaire à bouilleurs.
    Une chaudière multitubulaire à éléments.

SOCIÉTÉ DES CHAUDRONNERIES DU NORD DE LA FRANCE, à *Lesquin-les-Lille* (*Nord*).

Classe 19. — Une chaudière multitubulaire à tubes Field.

Société Anonyme des Générateurs Mathot, à *Roeux-les-Arras (Pas-de-Calais)*.

Classe 19. — Quatre chaudières multitubulaires à lames d'eau, en feu. Usine La Bourdonnais.
Trois chaudières multitubulaires à lames d'eau, en feu. Usine Suffren.

Société Anonyme du Temple, à *Paris*.

Classe 118. — Une chaudière à très petits tubes, type du Temple-Guyot.

Société Française de Constructions mécaniques « Anciens Établissements Cail », à *Paris*.

Classe 19. — Une chaudière multitubulaire à lames d'eau avec retour extérieur.

Société industrielle de paris, à *Poissy (S.-et-O.)*.

Classe 118. — Une chaudière à lames d'eau et retour d'eau intérieur aux tubes.

Solignac, Grille et Cⁱᵉ, à *Paris*.

Classe 19. — Une chaudière multitubulaire à éléments.

ALLEMAGNE

E. Berninghaus, *Duisbourg-sur-Rhin*.

Classe 19. — Quatre chaudières, type Tischbein, en feu. Usine Suffren.
Une chaudière à trois foyers intérieurs, en feu. Usine Suffren.

Düsseldorf-Rathingen Röhrenkessel Gesellschaft « Ancienne maison Dürr et Cⁱᵉ »,
à *Rathingen, près Dusseldorf*.

Classe 118. — Une chaudière à lames d'eau avec retour intérieur aux tubes.

Pétry Dereux, à *Duren (Province Rhénane)*.¹

Classe 19. — Une chaudière multitubulaire à lames d'eau, en feu. Usine Suffren.

Petzold et Cⁱᵉ, à *Inowrazlaw (Posen)*.

Classe 19. — Une chaudière Tischbein, en feu. Usine Suffren.

Simonis et Lanz, à *Francfort-sur-Mein*.

Classe 19. — Une chaudière multitubulaire à lames d'eau, en feu. Usine Suffren.

Société Paucksch, à *Landsberg-sur-Warthe*.

Classe 19. — Une chaudière double à foyers intérieurs, en feu. Usine Suffren.

L. et C. Steinmuller, à *Gummersbach*.

Classe 19. — Cinq chaudières multitubulaires à lames d'eau, en feu. Usine Suffren.

BELGIQUE

De Naeyer et Cⁱᵉ, à *Willebroeck*.

Classe 19. — Six chaudières multitubulaires à éléments sectionnés, en feu. Usine La
Bourdonnais.
Quatre chaudières multitubulaires à éléments sectionnés, en feu. Usine Suffren.

Établissements Jacques Piedbœuf, à *Jupille*.

Classe 19. — Une chaudière à foyer intérieur.

ÉTATS-UNIS DE L'AMÉRIQUE DU NORD

Clonbrock Steam Boiler Co, à *Brooklyn*.

Classe 19. — Deux chaudières multitubulaires hérisson, type Climax, en feu, à l'Annexe
de Vincennes.

GRANDE-BRETAGNE

Société Galloway, à *Manchester*.

Classe 19. — Six chaudières à foyers intérieurs, en feu. Usine Suffren.

RUSSIE

Alexandre Bary, à *Moscou*.

Classe 19. — Une chaudière multitubulaire à éléments sectionnés.
Une chaudière tubulaire à foyer intérieur vertical.

Société des Établissements W. Fitzner et K. Gamper, à *Sielce, près Sosnowice*.

Classe 19. — Une chaudière multitubulaire à lames d'eau avec émulseur Dubiau, en feu.
Usine La Bourdonnais.
Une chaudière multitubulaire à lames d'eau avec émulseur Dubiau.
Une chaudière à foyers intérieurs.

Le genre de chaudière multitubulaire était représenté par. . 124 appareils, dont 80 en feu.
      —   à foyer intér   —   . .   30   —   13 —
      —   à foyer extér   —   . .   11   —   4 —

Dans cet ensemble important de chaudières, il est bon de remarquer tout d'abord que la construction française, sauf de rares exceptions, et en excluant les générateurs pour la marine, n'était pas représentée par ses meilleurs produits, et que les constructeurs allemands ont exposé des appareils généralement très bien exécutés et révélant l'emploi courant d'un outillage bien conçu et puissant.

C'est à la Société des Établissements Fitzner et Gamper, de Sielce (Pologne russe) que revient incontestablement la palme du mérite. Les plus petits détails comme les grandes lignes de la construction ont dû, dans ces usines, fournir l'objet d'une série de travaux des plus importants, pour atteindre le degré de perfection que nous avons admiré. Nous avons pu obtenir des renseignements détaillés sur les procédés de soudure et sur la fabrication des foyers ondulés, que l'on trouvera insérés à la suite de la description de la chaudière à foyer intérieur de cette Société.

Au point de vue de leur conception théorique, la plupart des chaudières exposées sont la reproduction fidèle des errements du passé, et témoignent du faible rôle que les lois et les phénomènes de la physique industrielle jouent dans les préoccupations de la plupart des constructeurs de chaudières.

Deux maisons exposent des chaudières munies de l'appareil émulseur Dubiau, qui active la circulation de l'eau, facilite le dégagement de la vapeur, assure des avantages économiques importants, et donne de nouvelles garanties de sécurité. D'autres maisons exposent des chaudières dont les modifications au type primitif ont été souvent inspirées par nos travaux sur les chaudières, mais plus ou moins bien interprétés.

Aucun enseignement ne ressort de l'ensemble des appareils exposés pour l'emploi de la vapeur. La question de la *vapeur surchauffée*, surtout, a été complètement délaissée. La maison Berninghaus (Allemagne) expose deux chaudières avec surchauffeurs de vapeur, mais la vapeur de ces appareils se déverse dans la tuyauterie commune.

Les quatre chaudières Babcock et Wilcox de l'usine élévatoire Worthington, pour le service des eaux, sont également munies de surchauffeurs, mais cette installation spéciale, pour des pompes à action directe, est un cas trop particulier pour pouvoir être considérée comme une application de la surchauffe aux moteurs industriels.

L'Administration de l'Exposition a écarté systématiquement les demandes faites pour l'installation des moteurs fonctionnant avec de la vapeur surchauffée. La condition qu'elle s'était imposée était de faire déverser toute la vapeur dans des tuyauteries communes. Il est regrettable que cet agencement, érigé en question de principe, ait privé le monde des ingénieurs et des industriels d'étudier la condition qui prime actuellement toutes les autres dans l'emploi de la vapeur d'eau pour la production de la force motrice. On est même amené à se demander si ce n'est pas une faute lourde commise par la Direction de l'Exploitation. Les progrès réalisés depuis quelques années en Autriche et en Allemagne dans les applications de la vapeur surchauffée sont ignorés de la presque totalité des ingénieurs français; de plus, il n'y a pas chez nous d'intallations similaires, permettant l'étude complète et le développement de ces applications.

La distribution par soupapes, qui seule s'accommode bien de la surchauffe, n'a pas encore été adoptée par nos constructeurs de machines. Ces constructeurs préfèrent s'en tenir aux tiroirs plans, et surtout aux robinets Corliss, plutôt que d'apporter une modification à leurs modèles établis. Ils vont ainsi à l'encontre de leurs intérêts, en négligeant le seul élément qui pourra leur permettre de soutenir la lutte contre le développement et la suprématie du moteur à gaz. La machine à vapeur entre dans une période de crise qui menace d'être fort aiguë, et la situation nous paraît analogue à celle qui a existé il y a dix à quinze années, entre l'éclairage au gaz et l'éclairage à l'électricité. L'industrie gazière s'était laissé surprendre faute de prévoyance, et il lui a fallu être sérieusement atteinte dans ses intérêts pour qu'elle se décidât à développer l'invention de Auer, éconduit jusque-là par la routine. Pouvait-on prendre au sérieux un inventeur qui se proposait de réduire la dépense du gaz? L'éclairage du Champ-de-Mars à l'Exposition de 1900 est la revanche du gaz contre l'électricité pour l'éclairage public.

Le moteur à gaz se développe d'une façon inquiétante pour les constructeurs de machines et de chaudières. Les grosses unités paraissent être actuellement dans le domaine de la pratique, et les résultats économiques sont des plus satisfaisants, quoique encore perfectibles. L'emploi, rendu possible, des gaz de haut fourneau, a déjà porté un coup très sensible aux installations à vapeur. Il s'agit là, il est vrai, d'applications particulières et forcément limitées; mais les installations industrielles sont aussi sérieusement menacées. Les moteurs à gaz pauvre de 200 à 300 chevaux consomment régulièrement environ 500 grammes de charbon anthraciteux par cheval-heure. Un essai fait par M. le professeur Aimé Witz sur un moteur de 100 chevaux, a donné une consommation de 600 grammes de charbon par cheval-heure effectif. Il n'y a pas en France d'installation à vapeur pouvant rivaliser avec un tel résultat. Nos meilleurs constructeurs ne peuvent livrer une machine, dans ces puissances, avec une consommation inférieure à 7 kilog. de vapeur, soit, avec les pertes de la conduite, 7,5 kilog. Pour être aussi économique que le moteur thermique, l'installation à vapeur devrait pouvoir produire aux chaudières 15 kilog. de vapeur par kilog. de combustible.

Dans de telles conditions, la lutte serait impossible, et il faut que les constructeurs de machines à vapeur et de chaudières se mettent de suite à la besogne, pour éviter les déboires que leur prépare un avenir très rapproché.

Dans les machines à vapeur, il faudra employer la surchauffe d'une façon générale, avec détente double ou multiple. La distribution par soupapes permettant seule l'emploi d'un degré de surchauffe suffisant, il faudra l'adopter sans hésiter pour le cylindre de première admission, et on pourra maintenir, si on y tient, la distribution Corliss aux autres cylindres. A part les soins à donner aux calculs des organes de distribution et des volumes des cylindres, et l'amélioration de quelques détails de construction, là se borne à notre avis tout ce que pourra faire le constructeur de machines à vapeur; il doit ainsi obtenir des consommations de vapeur de 4,4 kilog. à 5 kilog. par cheval indiqué. *Nous connaissons à l'étranger des machines pour lesquelles la garantie de consommation est de 4 kg. 55 de vapeur par cheval-heure indiqué.*

C'est au constructeur de chaudières à faire le reste; son rôle est le plus important.

Il lui faudra munir les chaudières de bons surchauffeurs, efficaces et ne se détériorant pas. Il faut, à notre avis, abandonner complètement les surchauffeurs à foyer indépendant; *l'appareil de surchauffe doit faire partie intégrante de la chaudière.* C'est là une partie fort délicate, car il faut savoir où placer et comment disposer le surchauffeur pour obtenir l'effet cherché.

Le degré de surchauffe donnant le maximum d'économie possible avec la machine à alimenter, varie suivant les installations. La surchauffe doit parfaire : 1° aux pertes de la conduite; 2° aux pertes de chaleur du cylindre de première admission, lequel n'aura plus besoin d'enveloppe. Elle sera suffisante pour que la vapeur passant au cylindre suivant (lequel sera à enveloppe) soit saturée et sèche. Pour obtenir ce résultat il faut que le surchauffeur soit composé de petits tubes, et que certaines relations soient gardées entre l'emplacement du surchauffeur dans les carneaux de la chaudière, l'allure de la grille, la surface de surchauffe, la vitesse d'écoulement de la vapeur dans l'appareil et le temps pendant lequel la vapeur parcourt les surfaces chauffées.

Il faudra ensuite que le constructeur de chaudières établisse son générateur pour obtenir le maximum d'utilisation possible. Les appareils devront être étudiés mieux qu'on ne l'a fait jusqu'ici, sans se borner à construire un type quelconque, plus ou moins copié sur celui du voisin, et sans promettre l'impossible et recourir à des effets de prestidigitation pendant les essais de garantie. Il faudra donc avoir des chaudières rationnelles, ayant une bonne circulation de l'eau, construites non pas comme la chaudronnerie actuelle, mais comme de la mécanique, afin de donner la plus grande sécurité. Le moteur à gaz se réclame de supprimer les explosions de chaudières. Il faudra avoir une allure de grille modérée pour assurer la bonne combustion du charbon et une surface de chauffe suffisante pour utiliser convenablement la chaleur du foyer. Le réchauffeur sera bien conçu, et sa surface bien proportionnée, pour dépouiller autant que possible les gaz de la combustion.

Voilà les grandes lignes de la tâche qui incombe au constructeur de chaudières. Nous nous hâtons d'ajouter, quelque ardue que puisse paraître la solution de ce problème, qu'il est facilement réalisable, et qu'on peut obtenir ainsi une production de 10 kilog. de vapeur surchauffée par kilog. de combustible de même pouvoir calorifique que celui employé pour les moteurs à gaz.

Dans les conditions que nous venons d'indiquer, la vapeur pourra tenir tête et empêcher le développement absorbant du gaz pauvre. L'emploi de la vapeur présente tellement d'avantages, qu'on n'hésitera pas à lui donner la préférence à égalité de consommation.

Avant de commencer l'examen détaillé des diverses chaudières exposées, il convient d'expliquer ici que la qualité d'un générateur dépend de trois conditions : sa *construction*, sa *conception* et sa *disposition*.

La qualité de la construction d'une chaudière est d'une importance capitale. Ce n'est que grâce aux soins d'une construction irréprochable qu'on a vu le développement considérable pris par des chaudières qui sont parfois défectueuses de conception. La bonne construction donne les plus grandes garanties de sécurité, et la sécurité doit être recherchée avant tout dans l'établissement des chaudières ; c'est pourquoi nous avons vérifié et relaté scrupuleusement comment est traitée l'exécution des différentes chaudières exposées.

Quelle que soit la forme que l'on donne à un assemblage de surfaces métalliques, si l'on met de l'eau à l'intérieur et du feu à l'extérieur, on produira de la vapeur. Le fait d'avoir un appareil produisant de la vapeur d'eau n'entraîne pas comme conséquence que l'appareil produit cette vapeur dans des conditions économiques, que sa conception est bien fondée et que les dispositions adoptées pour réaliser ces idées soient heureuses, ni même que l'appareil puisse rendre les services que demande l'industrie. Pour analyser cette partie toute théorique, nous ferons précéder d'un exposé de principes le genre de chaudières qui seront décrites. Cela évitera des répétitions d'ordre général dans les descriptions particulières à chaque constructeur. Il suffira de se reporter à la partie de l'exposé général rappelée par les renvois.

Nous terminerons notre travail en présentant les accessoires de chaudières nouveaux ou perfectionnés que nous avons examinés au Champ-de-Mars. Le nombre de ces appareils est considérable, et il nous était impossible de les présenter tous sans nuire à l'objet même de notre étude, qui est un travail tout personnel et non une compilation des prospectus des exposants.

PREMIÈRE PARTIE

CHAUDIÈRES MULTITUBULAIRES OU A TUBES D'EAU

CHAPITRE PREMIER

Considérations générales sur la circulation de l'eau.

Sur 165 générateurs de vapeur exposés, 124 appartiennent au genre multitubulaire. Les constructeurs de ces appareils revendiquent tous, pour leurs dispositions particulières, les avantages d'une circulation d'eau effective, énergique et activée.

L'étude critique des chaudières de ce genre ne saurait donc être complète sans un exposé préliminaire sur la question très importante de la circulation de l'eau, qui a donné lieu récemment à des controverses fort animées. Nous ne donnerons pas à ce chapitre de physique industrielle tout le développement qu'entraînerait l'étude complète du phénomène; nous résumerons seulement les points principaux pouvant être directement rattachés à la marche des chaudières multitubulaires.

Depuis quelques années, la question a été l'objet de travaux importants et de recherches expérimentales considérables. Les publications techniques qui ont exposé ces travaux et ces recherches ont provoqué des polémiques très étendues, et du plus grand intérêt pour les spécialistes. Cela prouve que la question est loin d'être définitivement · résolue, et que son étude a encore besoin d'être développée.

Le phénomène physique qui donne lieu à la circulation de l'eau est le suivant :

Lorsqu'une bulle de gaz ou de vapeur s'élève dans un tube plongeant au sein d'un liquide, il se produit à la base du tube une dépression. Dans le cas où le tube affleure à sa partie haute le niveau de l'eau et dans celui où le tube plonge entièrement dans le liquide, toute la colonne fluide du tube se met en mouvement vers le haut, et le liquide environnant afflue vers le bas du tube. Lorsque la bulle se sera dégagée du tube, le mouvement provoqué par sa montée ne cessera pas immédiatement, à cause des forces vives acquises par les colonnes liquides, mais il diminuera progressivement pour cesser lorsque les résistances auront absorbé lesdites forces vives.

Si le tube dépasse le plan d'eau, la colonne liquide qu'il contient s'élève dans le tube pendant l'ascension de la bulle, et le niveau s'arrête à une certaine hauteur au-dessus du plan d'eau d'origine. Lorsque la bulle s'est dégagée, la colonne du tube retombe, il se produit une série d'oscillations d'amplitude décroissante jusqu'au repos. Il n'y a pas eu circulation ; mais si le tube n'avait dépassé le plan d'eau que d'une hauteur moindre que celle à laquelle s'était élevée le niveau intérieur du tube, l'eau serait retombée par déversement, et il y aurait circulation.

Si des bulles se dégagent successivement et d'une façon permanente dans le tube, la dépression produite par leur ascension sera permanente, et toute la masse liquide sera animée d'un mouvement continu, ascendant dans le tube, descendant à l'extérieur du tube.

Ces faits peuvent être facilement contrôlés par des expériences. Ils sont hors de discussion.

Il convient maintenant de bien expliquer ce que l'on doit entendre par circulation de l'eau.

Certains auteurs, et notamment M. Brillié, qui a publié sur ce sujet des études fort savantes, ont entendu par ce mot la vitesse avec laquelle se meut le mélange des fluides eau et vapeur, d'où ils ont conclu que la circulation est d'autant meilleure que cette vitesse était plus grande.

Cette conception est à notre avis inexacte; ce que l'on veut obtenir par la circulation, c'est l'établissement d'un courant d'eau énergique venant balayer les surfaces de chauffe. Il faut donc seulement considérer le volume *d'eau* passant par seconde sur ces surfaces, et la circulation sera alors d'autant meilleure que ce volume d'eau sera plus considérable.

Si la vitesse des fluides était le critérium de la circulation, l'effet que nous venons d'indiquer n'aurait plus d'importance dans un circuit de circulation. La vitesse de montée d'un mélange d'eau et d'un gaz ou d'une vapeur croît principalement en fonction de la proportion du fluide gazeux dans le mélange. Nous verrons plus loin que les résultats de nombreuses expériences ont montré que le volume d'eau mis en mouvement atteint très rapidement un maximum. A partir de ce moment, pour le cas de la vapeur, lorsque la colonne en mouvement n'est pas soustraite aux influences thermiques, le volume d'eau diminue au fur et à mesure qu'augmente la proportion du fluide gazeux dans le mélange et la vitesse de ce dernier. Il n'est donc pas juste de dire que plus la vaporisation est active, plus importante et meilleure est la circulation. Il est dangereux même de disposer des systèmes où la vitesse des fluides doit dépasser celle qui correspond au volume d'eau maximum pouvant être mis en mouvement.

Ce que nous venons de dire devrait être un précepte immuable dans la construction des chaudières multitubulaires, afin de maintenir toujours les appareils dans les conditions du maximum de sécurité. Mais il faudrait pour cela que les productions normales, pour lesquelles on vend d'habitude ces chaudières, fussent considérablement réduites.

Bien que le phénomène de la circulation naturelle de l'eau ait été exposé et discuté par un grand nombre d'ingénieurs, peu d'entre eux ont étudié suffisamment les faits pour pouvoir les expliquer et présenter une théorie rationnelle et une formule pour calculer les débits. Les ingénieurs qui ont envisagé tous les points de la question se partagent en deux camps opposés, et leurs manières de voir individuelles sont différentes. Tout le monde est d'accord sur l'effet qui entraîne le mouvement de l'eau, c'est-à-dire la dépression qui se produit à la base de la colonne d'eau dans laquelle se dégagent les bulles. Mais le désaccord est complet sur la cause qui produit cette dépression.

La théorie la plus ancienne en date est celle dite du poids spécifique moyen. Elle se retrouve dans les quelques vieux ouvrages de mécanique traitant des chaudières, et a été reprise et développée en 1890 par M. G. Babcock [1].

THÉORIE DE M. BABCOCK

M. Babcock expose que, dans un tube en U inséré sur le fond d'un récipient et dont on chauffe une branche, la circulation est produite par la différence de densité des deux colonnes et qu'elle est fonction de cette différence. Ceci est exact tant qu'il n'y a pas de production de vapeur; mais, pour pouvoir assimiler les deux cas, M. Babcock a été forcé

1. *La Vapeur*, brochure éditée par la Cie Babcock et Wilcox.

d'admettre que lorsqu'il y avait ébullition, l'eau et la vapeur formaient une combinaison intime à laquelle il a donné le nom de *mucilage*. Cette combinaison instable, locale et particulière d'eau et de vapeur, ayant un poids spécifique plus faible que celui de l'eau, étant acceptée, il y avait au bas de la colonne montante différence de pression due aux différences de densité. Mais l'eau et la vapeur ne forment pas de combinaison intime, et les bulles sont disséminées dans la masse d'eau d'une façon très irrégulière. Elles diffèrent de volume, et dans leur mouvement d'ascension, elles s'agglomèrent et forment au débouché dans le récipient supérieur de grosses bulles, parfois de gros ballons pouvant aller jusqu'à occuper toute la section du débouché.

En présentant cette nouvelle combinaison du mucilage d'eau et de vapeur, M. Babcock a cru éviter par avance la critique fondée de son système.

Pour qu'il puisse se produire dans le bas de la colonne de montée du tube en U chauffé une dépression correspondante à celle qui donnerait une différence de densité réelle, il faudrait que les deux conditions suivantes soient remplies :

1° Que les bulles de vapeur n'aient pas de vitesse relative par rapport à l'eau dans laquelle elles se meuvent ;

2° Que le mouvement d'ascension des bulles soit un mouvement uniforme.

Or, ces deux conditions ne sont à peu près remplies que dans le seul cas limite où l'ascension des bulles se fait dans les tubes d'assez petit diamètre pour qu'elles viennent occuper toute la section du tube. Alors seulement la pression qui s'exerce par la colonne de chapelets est égale à celle que donnerait une même colonne d'un fluide ayant comme densité le poids spécifique moyen du mélange. En partant implicitement de ce cas limite, tous les partisans de la théorie dite du poids spécifique moyen ont établi leurs développements, ce qui suffit à démontrer que cette manière d'envisager les faits ne peut pas être

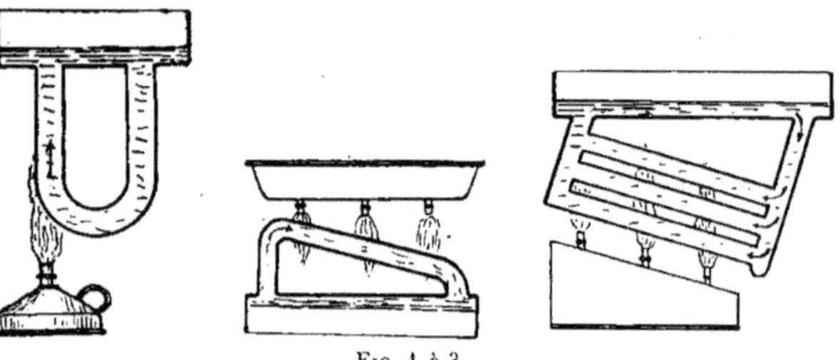

Fig. 1 à 3.

généralisée. M. Babcock, pour appliquer les déductions de sa théorie au fonctionnement des chaudières qu'il exploitait, a présenté une transformation de dessins élégante, mais a commis une erreur technique considérable.

Parti du tube en U vertical de la fig. 1, cas le plus simple et le plus rationnel du dispositif de circulation, M. Babcock le transforme en celui représenté fig. 2, dont le fonctionnement reste pour lui le même. Il négligeait ainsi le raccourcissement des branches verticales, dont la hauteur a une importance considérable sur la circulation, et la résistance au mouvement de circulation produite par la partie faiblement inclinée et les deux coudes brusques. Ensuite, par l'addition d'autres tubes, M. Babcock composait le dispositif de la fig. 3, en ajoutant qu'ainsi on augmentait la surface de chauffe, « tout en conservant la forme et le fonctionnement du tube en U ».

L'examen attentif et raisonné des trois figures montre qu'il faut beaucoup de bonne volonté pour admettre la similitude du dispositif de la fig. 3, à celui de la fig. 2 et, *a fortiori*, à celui de la fig. 1.

Nous examinerons plus loin le fonctionnement du dispositif de la fig. 3 lorsque nous étudierons la circulation de l'eau dans les différents modèles de chaudières.

En appliquant la formule de Bernouilli, M. Babcock a déterminé la vitesse de circulation théorique. Le résultat de son calcul montre que le maximum d'eau en circulation est obtenu lorsque la densité du mucilage dans la colonne montante est la moitié de la densité de l'eau dans la colonne de retour, ce qui revient à dire : lorsqu'il y a des volumes égaux d'eau et de vapeur dans le flux ascendant.

M. Babcock a négligé toutes les pertes de charges, provenant des changements de direction, des rétrécissements de section, des frottements, de la formation des bulles de vapeur, et calcule, au moyen de cette vitesse théorique, combien de fois une molécule d'eau doit passer dans les tubes avant de se vaporiser : 110, 216, 870 fois (!). La seule conclusion qui se dégage de la théorie Babcock, c'est qu'il faut prendre une chaudière Babcock et Wilcox, pour avoir une bonne circulation.

THÉORIE DE M. BRILLIÉ

M. Brillié, ingénieur des Constructions navales, a publié dans le journal *Le Génie civil*, de décembre 1897 à octobre 1899, plusieurs séries d'articles, dont l'ensemble forme l'étude mathématique la plus complète qui ait été faite sur la circulation de l'eau dans les chaudières à très petits tubes.

M. Brillié n'a pas énoncé de prime abord la cause à laquelle il attribue la dépression produisant la circulation. Il s'est attaché à démontrer par le calcul et par le raisonnement, que lorsqu'une bulle s'élève et que son mouvement peut être considéré comme uniforme, à partir de ce moment « tout se passe, au point de vue de la pression moyenne, sur le fond du vase, comme si l'on avait un liquide homogène ayant le même poids spécifique que le mélange d'eau et de la bulle ». M. Brillié ajoute que Babcock s'est trompé dans l'exposé de sa théorie (qui est juste comme conclusion), car il a omis de dire qu'elle n'était admissible qu'à partir du moment où les bulles atteignent le mouvement uniforme.

Mais quand M. Brillié passe ensuite à la démonstration que le mouvement d'une bulle peut être considéré comme uniforme, pour ainsi dire, dès le début de son ascension, cela revient en somme à l'admission de la théorie du poids spécifique moyen dans toute son acception et pour tous les cas.

Toute l'étude de M. Brillié est surtout relative au phénomène de la circulation de l'eau dans les tubes de faibles dimensions, tels que ceux employés dans les chaudières à très petits tubes (du Temple, Normand, Thornycroft, Yarrow, etc.), dont la marine militaire a une tendance à développer l'emploi. Pour ce cas particulier, qui se rapproche du cas limite indiqué plus haut, pour lequel toutes les théories donnent un résultat uniforme, on peut envisager la question en s'appuyant sur la théorie des densités moyennes. Dans ce cas, les bulles forment piston dans le tube, l'eau et la vapeur sont animées de la même vitesse. Mais il ne s'agit là que d'un cas particulier, et, pour pouvoir généraliser l'application du principe fondamental de sa théorie, M. Brillié a été forcé d'admettre les deux hypothèses suivantes :

1° La vitesse relative des bulles de vapeur par rapport à l'eau est négligeable ;

2° Les bulles sont uniformément réparties dans l'eau.

Nous retrouvons ici les conditions du mucilage de Babcock présentées sous une forme plus scientifique ; mais les expériences bien faites ont démontré que la vitesse relative des bulles par rapport à l'eau croît beaucoup au fur et à mesure que l'on s'écarte du cas limite, que les bulles de vapeur sont réparties très inégalement dans la masse d'eau et diffèrent beaucoup comme grandeur.

Le travail de M. Brillié fait grand honneur à ses qualités de mathématicien. On peut toutefois lui reprocher, qu'après avoir développé et défendu la théorie des poids spécifiques moyens, il a complètement négligé les formules découlant de cette théorie lorsqu'il s'est agi de déterminer par l'analyse les formules donnant les vitesses de circulation théorique. M. Brillié a alors pris exclusivement en considération la variation d'énergie des bulles entre leurs positions extrêmes au sein et à la surface du liquide.

Avant M. Brillié, cette considération de la variation d'énergie potentielle des bulles avait été déjà présentée par M. Walckenaer (*Revue de Mécanique*, février 1897) et étudiée par M. de Chasseloup-Laubat (*Bulletin de la Société des Ingénieurs civils*, avril 1897) et enfin par nous (*Revue technique*, février 1898).

Les développements analytiques de M. Brillié sont très longs et d'une étude fort ardue. Tous les cas théoriques relatifs aux chaudières à très petits tubes ont été calculés, à l'aide d'hypothèses plus ou moins admissibles, et les résultats du calcul sont représentés graphiquement par des courbes.

M. Brillié a ainsi trouvé que le maximum de circulation d'eau était obtenu lorsque le mélange se composait de volumes égaux d'eau et de vapeur, et que la valeur absolue de ce maximum variait, dans de certaines limites, comme le diamètre du retour. Cette influence du retour a été présentée pour la première fois par nous dans la *Revue technique*, de février 1898.

M. Brillié, ainsi que nous l'avons dit, a spécialement étudié le phénomène de la circulation dans les chaudières à très petits tubes. La section de production et de dégagement reste constante. Aussi, il faudrait apporter de nombreuses restrictions à ses raisonnements et à ses conclusions s'ils étaient appliqués aux chaudières multitubulaires en général.

Les conclusions de M. Brillié sont que, pour assurer une bonne circulation de l'eau il faut : 1° donner aux chaudières à très petits tubes une grande hauteur; 2° employer des tubes relativement gros, inclinés sur l'horizontale seulement à partir d'une certaine hauteur au-dessus des collecteurs inférieurs, et sur une partie d'autant plus courte que l'inclinaison est plus forte; 3° raccorder ces tubes inclinés aux parties verticales par des courbures à grand rayon, et ménager des retours d'eau d'une section égale à la section totale des tubes vaporisateurs.

Ce simple énoncé suffit pour montrer combien peu des chaudières multitubulaires ordinaires remplissent les conditions d'une bonne circulation théorique.

Théorie de M. Krauss.

M. Krauss, ingénieur à Vienne (Autriche), a fait paraître sur la circulation de l'eau une étude des plus intéressantes dans le *Journal de la Société pour la surveillance des chaudières*, en Autriche.

M. Krauss commence par expliquer qu'une bulle ne peut s'élever dans un liquide, qu'à la condition qu'un volume égal d'eau tombe : c'est, à l'état d'embryon, la considération de l'énergie potentielle disponible. Mais, contrairement à ce qu'a fait M. Brillié, M. Krauss n'a pas développé cette considération : il étudie les conséquences du volume d'eau qui tombe, cause du mouvement qui se produit dans le système. Ce calcul le conduit à énoncer cette conclusion : que les mouvements de la bulle et de l'eau peuvent être considérés comme uniformes dans un intervalle de temps très court après le départ.

M. Krauss étudie ensuite la chute, dans l'eau, d'un corps plus lourd et, par application de la valeur de la pression exercée par ce corps sur l'eau, il conclut que, lorsque le mouvement uniforme est atteint par le corps, la pression exercée sur le fond du vase est égale à celle que donnerait un liquide ayant comme densité le poids spécifique moyen du

système. D'après l'auteur, lorsqu'il s'agit de bulles qui montent, et sans que la transition
soit expliquée, la pression de l'eau qui tombe est soustractive, au lieu d'être additive
comme dans le cas d'un corps plus lourd. C'est par ce raisonnement que M. Krauss se
rallie à la théorie de la densité moyenne.

Partant de ce principe, M. Krauss détermine la hauteur de la colonne d'un mélange
d'air et d'eau faisant équilibre à une colonne d'eau donnée. La différence de hauteur entre
la colonne théorique d'air et d'eau et celle existant réellement dans le tube de montée
détermine le mouvement. En admettant que l'air s'élève avec la même vitesse que l'eau
(mucilage de Babcock, bulles uniformément réparties de M. Brillié), M. Krauss établit des
formules en fonction du volume d'eau présent dans le tube. Il trouve également, comme
condition du maximum de circulation d'eau, le mélange de volumes égaux d'air et d'eau.

M. Krauss passe ensuite à l'examen du cas où la circulation se produit par le fait de
la production et du dégagement des bulles de vapeur; il fait remarquer combien les conditions diffèrent et ne permettent pas une analyse complète du phénomène par le calcul.
Toute cette partie du travail de M. Krauss est traitée surtout théoriquement, et offre le
plus grand intérêt.

L'auteur y démontre, en établissant certaines suppositions pour les cas les plus favorables, que, pour un faisceau tubulaire peu incliné sur l'horizontale, le retour se fait partie
par les tubes du haut et partie par le corps supérieur de la chaudière. Mais il ajoute que
l'importance des courants ainsi définis, grâce aux hypothèses, n'est que momentanée, et
leur état instable; que la production de la vapeur vient à tout moment en modifier pro-
fondément la direction et l'importance. Il conclut, qu'en pratique, seule la communication
entre la partie la plus haute du faisceau tubulaire et le corps supérieur de la chaudière.
peut être utilement employée pour provoquer la circulation générale de l'eau, circulation
dont l'importance dépend de la hauteur et de la section de cette communication, ainsi que
du volume de vapeur qui y est présent. M. Krauss n'a pas étudié l'influence de la section
du retour; mais il indique néanmoins que la section du retour doit être largement calculée.

Cet exposé sommaire des publications des trois défenseurs les plus autorisés de la
théorie dite des poids spécifiques moyens montre que les partisans de cette théorie ont
été forcés, pour leurs études, d'admettre, comme hypothèse, des conditions telles, pour la
répartition de la vapeur dans l'eau, que le mélange formât en réalité un tout homogène,
ou qu'il se trouvât dans les conditions des chapelets. Ils ont été forcément tous amenés
ainsi à étudier en réalité un seul et même cas limite, ce qui fait que leurs formules donnent,
pour le poids d'eau maximum mis en circulation, des résultats qui concordent entre eux,
et qui concordent avec ceux obtenus par les autres spécialistes ayant traité cette question
en partant d'un principe différent. Nous allons rapidement examiner les bases de ce principe.

THÉORIE DE M. WALCKENAER

M. Walckenaer, ingénieur en chef des mines, a développé son étude de la circulation
dans un article publié par la *Revue de Mécanique*, février 1897.

Le point de départ de cette étude est le suivant : une bulle s'élevant dans un liquide ne
peut passer d'une position M à une position supérieure M', sans qu'un volume d'eau égal
descende de M' en M. Pour que la bulle puisse monter il y a donc chute d'un volume d'eau
correspondant au volume de la bulle, et, les chemins parcourus verticalement étant égaux,
il y a travail positif de la pesanteur.

C'est ce travail qui doit subvenir à la dépense d'énergie des différents mouvements
qui se produisent dans le système, y compris les remous du liquide,

Lorsque la bulle est au sein d'un liquide très étendu en tous sens, les mouvements qui se produisent sont limités à une portion du liquide voisine de la bulle. Si donc on suppose une bulle infiniment petite dans une des branches d'un tube en U en circuit fermé, son ascension ne troublera pas l'équilibre statique de l'ensemble du système, et il n'y aura pas de déplacement de la colonne de retour vers la colonne de montée.

Mais si, comme autre hypothèse extrême, on suppose dans une des branches une grosse bulle occupant toute la section transversale du tube, le système ne sera plus en équilibre à l'état statique, et il y aura entre les deux colonnes une différence de charge approximativement égale à la hauteur occupée par la bulle dans le tube. L'eau descendra par le tube de retour, l'eau et la bulle s'élèveront dans l'autre tube. Il y aura toujours chute du liquide et travail positif de la pesanteur, seulement, le liquide effectuera sa chute par l'unique chemin qui lui soit offert.

M. Walckenaer fait remarquer que l'on passe de l'une à l'autre de ces hypothèses extrêmes par degrés insensibles, en imaginant dans le tube, sur la hauteur occupée par la grosse bulle, une collection de bulles de plus en plus nombreuses et serrées. Tant que les intervalles entre les bulles sont très grands par rapport à leurs dimensions, les mouvements de l'eau sont à peu près purement locaux; mais si ces intervalles sont suffisamment étroits, le passage de l'eau dans ces intervalles constitue un phénomène d'écoulement qui intéresse toute la section liquide du tube. La chute du liquide correspondant à la montée des bulles a lieu partie par ces intervalles, partie par le tube de retour. La répartition entre ces deux modes se fait de la manière qui correspond au moindre travail résistant, et si les intervalles entre les bulles se rétrécissent indéfiniment, le second mode devient indéfiniment prédominant et subsiste seul à la limite.

M. Walckenaer a développé par le raisonnement les résumés qui précèdent, sans présenter de calculs à l'appui et sans établir de formules pour calculer les débits.

M. Walckenaer attribue le mouvement général à la perte de charge correspondante à l'écoulement de l'eau qui se produit autour des bulles qui montent en sens inverse de leur direction, perte de charge qui devient égale à la hauteur de ces bulles pour le cas limite où elles viennent occuper toute la section transversale du tube.

Théorie de M. de Chasseloup-Laubat

Cette théorie a été présentée à la Société des ingénieurs civils de France comme suite à une monographie sur les chaudières marines et a été publiée au *Bulletin* de cette Société, d'avril 1897.

M. de Chasseloup-Laubat expose que, lorsqu'une bulle s'élève au sein d'un liquide contenu dans un récipient, le centre de gravité du système s'abaisse. Il y a par suite production de travail effectif, travail employé à produire la circulation.

Dans le cas ci-dessus, la circulation est localisée; les molécules liquides au-dessus de la bulle se déplacent, d'autres molécules viennent se placer en dessous de la bulle. Ces mouvements produisent des remous dans le liquide.

Si la bulle se dégage dans le circuit fermé d'un tube en U, le phénomène des remous se produira dans le canal de montée, mais il y aura en même temps entraînement de la masse d'eau des tubes dans le sens du mouvement de la bulle.

D'une façon générale, il faut considérer, en dehors du mouvement de circulation proprement dit, les mouvements de remous, lesquels seront d'autant plus faibles que la section d'écoulement entre la bulle et le tube sera plus faible. Lorsque la bulle touchera les parois du tube, ces mouvements n'existeront plus, et toute l'énergie disponible de la bulle sera employée à produire le mouvement de circulation.

M. de Chasseloup-Laubat passe ensuite à l'étude analytique de la circulation dans les chaudières multitubulaires en tenant compte, dans une certaine mesure, des influences thermiques. Il divise ce genre d'appareils à vapeur en deux grandes classes, suivant qu'ils utilisent la circulation naturelle ou la circulation artificielle, chacune de ces classes étant divisée en deux catégories : les chaudières dont la circulation constitue un cycle réversible, c'est-à-dire où la circulation peut changer de sens avec le sens de la force qui la détermine (toutes les chaudières où le débouché des tubes vaporisateurs se trouve en dessous du plan d'eau), et les chaudières dont la circulation constitue un cycle non réversible, c'est-à-dire où la circulation ne peut se faire que dans une seule et unique direction, ou ne se fera point (chaudière Thornycroft et similaires, où les tubes vaporisateurs débouchent au-dessus du plan d'eau).

Après avoir exposé la méthode générale du calcul du travail disponible pour effectuer la circulation, M. de Chasseloup-Laubat applique cette méthode aux deux cycles de circulation qu'il a définis pour le cas particulier des chaudières à très petits tubes, et en faisant successivement certaines hypothèses sur l'importance, le nombre et la position des bulles, et l'effet de la source de chaleur, en faisant toutefois observer que le problème général est extrêmement compliqué, et que les cas les plus simples conduisent à des expressions qui sont loin d'être simples.

Après avoir déterminé les travaux correspondant à l'énergie potentielle des bulles disponible pour la circulation, M. de Chasseloup-Laubat calcule le maximum de débit d'eau d'un tube chauffé. Ce maximum se trouve devoir être atteint lorsque les proportions d'eau et de vapeur sont à peu près égales dans le mélange. Puis il recherche quel est le nombre de calories fournies au tube pour lequel le tube est en danger. Il en conclut qu'il ne faut pas dépasser le nombre de calories correspondant à la présence, sur les surfaces de chauffe, d'un volume de vapeur égal au volume d'eau, et que, pour un plus grand volume de vapeur présent, le régime pulsatoire doit être imminent.

M. de Chasseloup-Laubat termine en énonçant, d'après les résultats des expériences et les indications du calcul, les conditions nécessaires et suffisantes à la bonne circulation de l'eau, conditions que nous résumons ci-après :

1° *Chaudières à cycle non réversible*. Tubes vaporisateurs de petit diamètre, de grande hauteur, se rapprochant de la verticale autant que possible, sans coudes brusques ni changements de section, chauffés surtout dans le bas. Tubes de retour gros, donnant une grande section totale, placés verticalement, peu ou même point chauffés.

2° *Chaudières à cycle réversible*. Tubes vaporisateurs d'assez petit diamètre, de grande hauteur, se rapprochant de la verticale autant que possible, sans coudes brusques ni changements de section. Tubes de retour gros, à large section totale, placés verticalement, à l'abri de l'influence du dégagement de la vapeur, chauffés plus ou moins, suivant leur section plus ou moins grande.

On voit que les conditions demandées sont les mêmes pour les deux cycles, sauf en ce qui concerne la chauffe des tubes de dégagement dans le cycle non réversible.

THÉORIE DE M. BELLENS

Il ne nous reste plus qu'à résumer ce que nous avons publié sur la question (Traité des chaudières à vapeur, 1895 ; *Revue technique*, janvier et février, 1898 ; *Revue de Mécanique*, novembre 1899).

Nous avons étudié tout d'abord la naissance des bulles de vapeur, leurs formes et le chemin parcouru lorsqu'elles s'élèvent dans l'eau. Nous avons démontré que l'élévation de la bulle est un simple phénomène de gravité et que son déplacement est accompagné du passage à sa partie inférieure des molécules d'eau qui se trouvent au-dessus de la bulle. Dans une grande masse d'eau, le chemin que suivent les bulles en montant n'est pas vertical ; leur trajectoire est une hélice. Les bulles se vissent dans l'eau pour monter à la surface. Lorsque la bulle se meut dans un espace limité, tel par exemple un tube, si la section du tube est plus petite que la projection horizontale de la trajectoire de la bulle, celle-ci vient toucher les parois du tube. Son mouvement est ralenti, et elle s'élève alors pour ainsi dire verticalement, en suivant la génératrice et par inclinaisons alternées.

Si la section du tube devient assez petite par rapport à la bulle pour que l'espace annulaire entre la bulle et les parois du tube soit faible, l'écoulement de l'eau se fait tout autour d'une façon régulière. La bulle ne peut plus suivre un chemin de moindre résistance, et elle s'élève alors verticalement avec une vitesse d'autant plus réduite que l'intervalle annulaire est plus limité. La plus petite vitesse est obtenue lorsque la bulle est suffisamment grande pour venir toucher les parois du tube, l'écoulement de l'eau se faisant alors par la mince pellicule liquide qui mouille les parois. Si cette pellicule d'eau n'existait pas, la bulle resterait immobile.

Nous avons ensuite étudié le même ordre de phénomènes sur les tubes en U raccordés verticalement à un réservoir d'eau ; c'est ce que nous appelons le tube en U en circuit fermé. Dans ce cas, la montée de la bulle est accompagnée du mouvement des colonnes d'eau contenues dans les deux branches du tube : de bas en haut dans la colonne de dégagement des bulles, de haut en bas dans la colonne de retour.

Nous avons mesuré, avec un appareil d'expérience, la vitesse de montée de bulles isolées et de groupes de bulles de différentes grosseurs, ainsi que la vitesse de l'eau au retour, dans des tubes de différents diamètres.

Une longue série de recherches expérimentales nous a permis de déduire les conclusions que voici :

Pour un même tube, la vitesse absolue des bulles croît avec la diminution de leur volume, et la vitesse de circulation diminue avec la diminution de ce volume.

Il en est de même pour des bulles de même volume montant dans des tubes de différents diamètres.

Ces expériences nous ont permis de déterminer les vitesses relatives des bulles par rapport à l'eau qui se meut avec elles, la quantité de l'énergie potentielle des bulles employée pour la circulation générale, celle absorbée par la vitesse relative des bulles, et celle dissipée en perte de charge et frottements.

En passant à l'étude de la cause de la dépression qui a pour effet de produire le mouvement de circulation, nous avons discuté la théorie des poids spécifiques moyens, et démontré par des résultats d'expériences et par le raisonnement, que cette conception du phénomène n'était pas exacte.

Nous avons analysé les conditions de la montée des bulles, et expliqué comment la chute d'eau qui se produit tout autour de la bulle, cause de la vitesse relative de cette bulle par rapport à l'eau qui chemine dans le même sens, constitue un phénomène d'écoulement auquel correspond une diminution de la charge statique. Cette diminution de charge, qui se fait sentir dans l'ensemble de la section autour de la bulle, intéresse toute la section du tube, et c'est elle qui produit la dépression, origine du mouvement de circulation.

Nous avons ensuite recherché par le calcul quelles étaient les conditions qui donnaient le plus grand débit d'eau pour un tube de hauteur et de section données et quel était ce débit maximum. Nous avons, à cet effet, employé la considération de l'énergie potentielle des bulles, et nous avons trouvé que le maximum de débit était obtenu lorsque les bulles venaient toucher les parois des tubes (qu'elles formaient chapelet) et que le volume des bulles présentes dans les tubes était égal au volume d'eau. Avec les formules, nous avons calculé les débits maximums d'eau, et elles nous ont permis de contrôler les résultats d'une longue série d'expériences ayant eu pour objet la mesure directe de ces débits. L'influence de la section du retour sur les débits d'eau maximums a également été l'objet d'autres expériences. L'application de nos formules à ce cas particulier a montré la concordance des résultats du calcul avec les résultats de la pratique.

Nous donnons (fig. 4) à titre d'exemple, les courbes théoriques et pratiques des débits maximums en fonction de la section du retour pour un tube de 25 millimètres de diamètre intérieur, 1 mètre de hauteur, placé verticalement, fonctionnant avec l'air, tout le volume d'air étant introduit pour le bas.

En abordant l'étude théorique et expérimentale de la circulation à chaud, nous avons

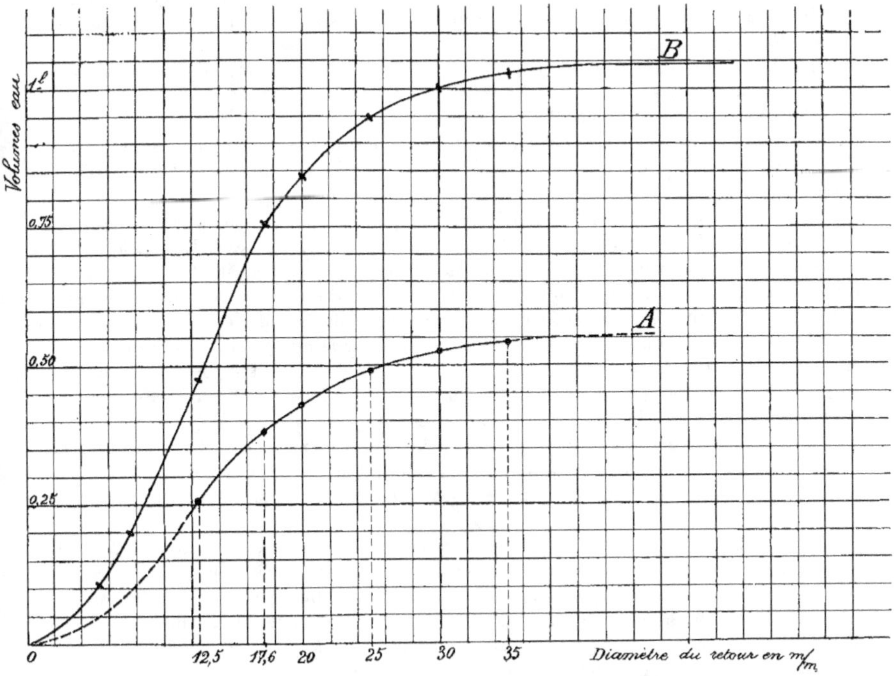

Fig. 4. — *A*, courbe trouvée. *B*, courbe calculée, abstraction faite des frottements.

reconnu que le cas est extrêmement compliqué. Les influences thermiques y jouent un rôle prépondérant, et les variations auxquelles elles sont soumises dans les chaudières, renversent complètement tous les calculs établis sur des hypothèses et des probabilités.

Nous allons présenter quelques considérations sur cette partie inédite de nos travaux.

L'exposé qui précède sur les deux théories de la circulation montre que la théorie du poids spécifique moyen, qui repose sur une prétendue différence de densité des deux colonnes, est moins qu'approximative, et ne se prête pas au rigorisme de l'esprit scientifique.

Pour exposer cette théorie, il faut poser des conditions qui sont en désaccord absolu avec la réalité des faits : telles les hypothèses de la répartition uniforme de la vapeur dans toute la masse d'eau du tube de montée ou de la combinaison intime de l'eau et de la vapeur. Il est ensuite totalement impossible, de passer à l'analyse complète du phéno-mène. C'est ce qui a forcé M. Brillié à abandonner cette théorie lorsqu'il a voulu employer le calcul pour représenter par des expressions mathématiques les différentes conditions de la circulation.

La théorie qui se base sur la considération de l'énergie potentielle des bulles permet l'étude complète du phénomène théorique. Mais si l'on étudie les formules établies par les partisans de cette théorie, et dont M. Brillié a développé les formules, on croirait qu'il n'en est pas ainsi. On reconnaît, en effet, que le volume de vapeur dans son ascen-sion a toujours été considéré comme constant, que les questions de températures ont été délaissées, etc. Les auteurs ont presque tous négligé les questions thermiques, soit que leur importance leur ait complètement échappé, soit qu'ils aient reculé devant la difficulté de l'étude.

Le cas le plus simple est celui d'un tube de chaudière placé verticalement et exposé sur toute sa longueur à une source de chaleur.

Dans toute étude raisonnée de physique industrielle, il faut, au début, admettre cer-taines hypothèses de simplification, quitte à les éliminer successivement au fur et à mesure qu'on avance dans l'étude. L'essentiel est que les hypothèses admises soient assez rappro-chées de la vérité.

Pour le cas que nous allons considérer, l'hypothèse que la source de chaleur est constante tout le long du tube est admissible : elle est même réalisable. L'hypothèse que le coefficient de transmission de la chaleur du métal au fluide est constant tout le long du tube, n'est pas non plus impossible à admettre. Il est certain que ce coefficient diminue avec l'accroissement de la proportion de vapeur dans le fluide qui s'écoule, lorsque cette proportion est prédominante; mais, lorsque c'est le liquide qui prédomine, l'abaissement du coefficient de transmission ne saurait être que très faible. Enfin l'hypothèse que la tem-pérature des bulles de vapeur est égale à celle de l'eau qui les enveloppe s'étaye sur une des considérations les plus importantes de la thermodynamique.

Ainsi défini, le cas est ramené à l'étude de l'écoulement d'un mélange d'eau et de vapeur avec addition de chaleur, problème déjà étudié par bien des auteurs en mécanique (Clausius, Zeuner, Hirn, etc.,) et que le caractère de cette publication ne permet par d'aborder.

On peut ensuite, par transformations successives, analyser tous les autres cas, en fai-sant intervenir les différences de pression, l'augmentation et les différences de répartition du volume de vapeur, les résistances de l'appareil, les influences de la génération des bulles, etc., etc. On arrivera ainsi à déterminer, par le calcul, la forme, les dimensions, les dispositions, la grandeur d'une chaudière ayant une circulation d'eau, une puissance de production et un rendement déterminés. Ceci n'a rien de paradoxal. Il ne faut pas oublier que la chaudière à vapeur est un transformateur d'énergie, et que, pour d'autres appareils de transformation d'énergie, les dynamos actuelles, c'est par le calcul théorique que l'on détermine à l'avance les formes, les dispositions et les conditions de construction pour obtenir une puissance et un rendement déterminés.

Il nous paraît néanmoins intéressant de donner ici un aperçu de l'importance des variations de température qui accompagnent le phénomène de la circulation, afin de mon-trer l'erreur qui a été commise jusqu'ici en négligeant ces variations de températures.

Prenons le cas le plus favorable, le tube en U en circuit fermé, dont une branche est chauffée, et ayant une hauteur de deux mètres, fonctionnant sous une pression de vapeur de 8 kilogrammes. Supposons que la source de chaleur soit appliquée au bas de la branche de montée et que le volume d'eau mis en mouvement soit de 1 litre par seconde. La pression dans la zone de production de la vapeur sera de 8,2 kilogrammes, et la tempéra-ture de l'eau et de la vapeur en cet endroit 175° 44. Dans le haut, la température ne sera plus que 174° 52 et l'eau aura libéré 0,962 calories. Cette chaleur aura provoqué la vaporisation supplémentaire de 2 grammes d'eau, en volume 0, 424 litres de vapeur. Pour que le tube soit placé dans les conditions de débit maximum, la source de chaleur ne devrait produire que environ 0,500 litres de vapeur par seconde. En tenant compte des effets de la variation de température de la vapeur (chaleur libérée et dilatation) on voit que, sans aucune addition de chaleur sur le parcours, la seule chaleur libérée par les fluides en mouvement est suffisante pour doubler en cours de route le volume de vapeur engendré à la partie basse. Si l'on envisage ensuite la question en considérant l'effet de l'addition de chaleur tout le long du tube, on verra que la proportion de vapeur dans le mélange part de zéro pour atteindre à la partie supérieure une valeur qui peut être très élevée.

Nous avons contrôlé, par des expériences très nombreuses, ces indications de la théorie, non pas avec de petits appareils de laboratoire, mais avec de véritables appareils industriels. Nous avons trouvé que le seul fait de l'augmentation du volume de vapeur initial, dû à la variation de température, suffisait pour réduire considérablement le volume d'eau qui aurait été mis en mouvement à température constante, et que l'addition de chaleur supplémentaire, en cours de route, faisait tomber brusquement les débits d'eau.

On voit, par ce simple exposé du cas le plus favorable, combien est grande l'importance des influences thermiques. Leur effet sur les mouvements de l'eau est encore plus considérable lorsque le tube est incliné et tend à se rapprocher de l'horizontale. Mais toutes ces conditions si diverses d'une question très complexe peuvent être étudiées complètement et résolues à l'aide de la théorie de l'énergie potentielle.

Nous avons dit qu'on pourrait établir un type de chaudière parfaite à la condition de disposer d'une source de chaleur constante comme intensité et comme répartition. Malheureusement, cette dernière condition n'est pas réalisable en pratique. La source de chaleur dans les chaudières est extrêmement variable, et par conséquent le régime de la circulation naturelle dans les chaudières est extrêmement instable.

La conclusion de nos travaux sur la question et du rapide exposé de ce chapitre est que, pour être assuré de provoquer une circulation d'eau importante, régulière, et déterminée *a priori* avec certitude, il faut renoncer à la simple circulation naturelle sur les surfaces de chauffe des chaudières multitubulaires et rechercher les moyens de provoquer et d'entretenir une circulation d'eau artificielle, en mettant l'agent de circulation entièrement à l'abri des influences thermiques extérieures.

CHAPITRE II

Applications, aux Chaudières multitubulaires, des considérations théoriques et des résultats d'expériences sur la circulation.

Les nombreuses variétés de chaudières multitubulaires peuvent être ramenées à cinq types originaux au point de vue de la circulation de l'eau.

Les considérations théoriques résumées au chapitre précédent vont nous permettre d'étudier le fonctionnement de ces types en tenant compte des résultats de nombreuses recherches faites en vue d'étudier la circulation de l'eau au moyen d'appareils de démonstration.

Les ingénieurs qui se sont livrés à ces études expérimentales sont nombreux, mais presque tous ont commis une faute grave en jugeant de l'importance de la circulation par le mouvement des bulles de vapeur.

Dans le chapitre précédent, il a été exposé que, dans un seul cas limite, les bulles se meuvent avec la même vitesse que l'eau ; c'est lorsque les bulles sont suffisamment grandes pour venir occuper toute la section transversale du tube. Le calcul et les relevés d'expériences ont montré que, pour une même bulle, la vitesse relative par rapport à l'eau est. d'autant plus grande que la vitesse de l'eau qui chemine avec elle est plus faible. L'importance de la section des tubes de retour d'eau a été également mise en évidence.

Par la mauvaise disposition du modèle employé pour établir l'appareil d'expérience, il peut arriver que l'eau ne puisse accomplir son cycle qu'avec des pertes de charge très importantes. La montée des bulles de vapeur, de l'endroit chauffé au plan d'eau, pourra néanmoins se faire dans les mêmes conditions que si l'appareil était disposé pour une bonne circulation.

A cette erreur de conception du phénomène est venu s'ajouter une erreur d'observation. Lorsque les bulles viennent crever à la surface de l'eau, il se produit un soulèvement de l'eau au-dessus de l'endroit par où se dégage la vapeur. Cette sorte d'intumescence, et sa grandeur, ont été attribuées au mouvement de l'eau et à l'importance de ce mouvement. Il s'agit là au contraire d'un phénomène de la tension superficielle de l'eau, qui est en opposition au mouvement des bulles. La surface de séparation d'un liquide et d'un gaz, à cause des forces moléculaires non équilibrées dont elle est le siège, peut être assimilée à une mince membrane élastique enserrant le liquide. La vapeur, pour se dégager, doit déchirer cette membrane, et vaincre la résistance qu'elle oppose, résistance considérable comparée à la force vive des bulles. Un ralentissement important, un temps d'arrêt du mouvement des bulles se produisent lorsqu'elles viennent frapper contre la dernière couche superficielle du liquide. Il s'ensuit une agglomération des bulles qui provoque l'intumescence que l'on observe. Au contraire, si la circulation d'eau est énergique, il y aura dans le récipient supérieur un courant actif de l'eau sortant du dégagement vers le retour. Les bulles ne se sépareront pas de suite dans ce courant, mais elles seront entraînées sur un certain parcours. De ce fait, la zone de dégagement sera beaucoup plus étendue, et l'intumescence produite par l'accumulation des bulles sera plus faible. Si la section du récipient supérieur était suffisamment petite pour que l'eau y conservât sa même vitesse que dans le tube de dégagement. les bulles seraient entraînées vers le retour. Lorsqu'on observe des appareils de démonstration, on voit souvent que les bulles amenées dans le voisinage du retour sont pour ainsi dire happées par le courant, et descendent avec l'eau pour repasser une deuxième fois sur les surfaces chauffées.

Par suite de ces deux erreurs, les observateurs ont déduit de leurs expériences un certain nombre de considérations, acceptées par le monde industriel, et qui sont en contradiction absolue avec la matérialité des faits. Lorsqu'on entreprend des expériences sans le contrôle d'une mesure directe, il faut se garder des conclusions absolues, jusqu'au jour où elles ont pu être rigoureusement contrôlées et mises hors de doute.

Les conditions dans lesquelles les expériences sont faites ont naturellement une très grande influence sur les résultats qu'on observe, car ces résultats ne sont souvent obtenus que par la manière dont l'expérience est conduite.

Ainsi, on avait jusqu'ici attribué au tube Field la prérogative d'une circulation très active. Comme démonstration, on chauffait les parois latérales d'un modèle en verre, et l'on déduisait la circulation de la montée des bulles dans l'espace annulaire. On se gardait bien de chauffer le culot, car on aurait vu alors que le tube fonctionnait par pulsations, le contenu total étant expulsé tout à la fois par l'espace annulaire et par le tube intérieur. Nous avons discuté le tube Field comme appareil de circulation dans notre *Traité des Chaudières à vapeur*, et nous avons pu constater à l'Exposition de 1900 plusieurs perfectionnements de principe découlant de nos indications.

Un autre exemple typique à l'appui de notre remarque peut être tiré d'une des expériences sur la circulation présentées en 1895 par M. Yarrow, constructeur anglais. Un tube en U en circuit fermé, et sous pression, était chauffé sur une de ses branches. La circulation s'établissait : l'eau et la vapeur montaient dans le tube chauffé, et le tube de retour était parcouru par un courant d'eau descendant. Cet état de choses établi, on allumait successivement, et en partant par le plus bas, cinq brûleurs placés le long de la moitié inférieure du tube de retour. Le sens de la circulation restait le même. On éteignait alors les becs qui avaient primitivement chauffé le tube de montée, et la circulation continuait toujours dans le même sens, toute la production de vapeur étant exclusivement engendrée dans la partie basse du tube de retour. Si l'on montrait à quelqu'un de non prévenu seulement la dernière phase d'une expérience semblable, il pourrait soutenir, et affirmer pour l'avoir constaté *de visu*, que la circulation d'eau se produit en sens inverse de ce qui est généralement admis, et en chauffant seulement le retour d'eau. Même prise dans tout son ensemble, cette expérience de M. Yarrow était le résultat d'une série d'artifices : amorçage préalable de la circulation dans un sens déterminé, avec une faible production ; chauffage progressif, à la partie basse du retour, venant graduellement augmenter la quantité de vapeur présente dans le tube de montée ; pression assez élevée (10 kg. 500) pour diminuer le volume des bulles ; chauffage du retour à la partie basse seulement, afin de maintenir toujours, au-dessus de la zone de production, une colonne d'eau de hauteur suffisante pour maintenir le sens de la circulation.

Si l'on avait au début allumé les brûleurs du retour, la circulation se serait établie en sens inverse. Avec le même appareil, on obtenait ainsi deux résultats différents, mais parce que les procédés expérimentaux étaient différents ; eux seuls provoquaient les résultats différents.

En matière de circulation d'eau, il faut être particulièrement sceptique, et n'accepter que sous réserve les expériences où l'on se borne à juger de l'intensité des courants d'après des observations optiques. M. Thornycroft, constructeur anglais, a fait en 1894 des expériences en plaçant un barrage dans le corps supérieur, et il a observé par des regards le déversement de l'eau au-dessus de ce barrage. Cette méthode ne lui a pas permis de procéder à des mesures, mais lui a fait voir que le courant d'eau qui affluait vers les retours était beaucoup plus important lorsque les tubes de dégagement de vapeur et d'eau débouchent au-dessus du plan d'eau que lorsqu'ils débouchent en dessous de ce même plan d'eau.

La même année, M. Thornycroft a présenté les résultats d'autres expériences, donnant les mesures des dépressions relevées dans les collecteurs du bas de ses chaudières d'expériences, et dont le diagramme a été reproduit par MM. Walckenaer et Brillié. Ce diagramme montre que les dépressions sont plus faibles lorsque les tubes vaporisateurs débouchent au-dessus du plan d'eau que lorsqu'ils débouchent en dessous de ce plan, et que les dépressions augmentent avec l'activité de vaporisation. Trois des courbes du cas où le débouché des tubes vaporisateurs est noyé passent par un maximum. M. Thornycroft en a conclu, à l'appui de ses premières expériences, que la circulation était moins bonne avec les tubes vaporisateurs noyés, et que le maximum de dépression observé correspondait au point critique où la vapeur commençait à se dégager par le retour.

Ce que nous avons résumé dans le chapitre précédent suffit pour faire voir l'erreur commise par M. Thornycroft. Les appareils étant supposés comparables entre eux, et les dessins présentés permettent cette supposition, les plus fortes dépressions dans le collecteur inférieur correspondent aux circulations les plus actives, et le maximum de dépression au poids maximum de l'eau en circulation. Nous savons dans quelles conditions se produit ce maximum. Le travail de M. Thornycroft démontre en réalité le contraire de ses déductions.

D'après ce qui précède, on voit combien il est nécessaire de bien vérifier les conditions des expériences, et ensuite de savoir interpréter correctement les résultats obtenus avant d'accepter des conclusions qui ne sont parfois que les résultats d'une expérimentation habilement conduite ou une explication inexacte des constatations.

Dans toutes nos expériences, nous avons eu soin d'écarter les sources d'erreur ; nous avons jaugé les volumes d'eau mis en mouvement ; nous avons mesuré directement les vitesses des bulles en fonction de leur volume, de leur nombre et de la section du tube de montée, et les vitesses correspondantes dans le tube de retour. Nous avons pu réunir ainsi une quantité considérable d'observations qui nous ont donné des indications exactes, permettant la discussion autorisée des différentes dispositions adoptées pour les générateurs de vapeur que nous allons examiner. Nous avons divisé ces générateurs en trois classes, suivant leur dispositif générique de construction.

La plus grande partie des types de chaudières multitubulaires a les tubes vaporisateurs plus ou moins faiblement inclinés. Cette disposition des tubes a été adoptée pour des raisons commerciales, car elle permet une construction plus économique. Examinons quelles sont les conséquences de cette disposition sur le phénomène de la circulation de l'eau.

La demi-surface inférieure des tubes constitue surtout la surface d'absorption de la chaleur ; c'est donc la surface de production dés bulles. Lorsque celles-ci se détachent du métal, elles tendent à s'élever verticalement, et, si l'eau dans laquelle ces bulles se meuvent est animée d'un mouvement général suivant l'axe du tube, les bulles suivront une direction oblique. La longueur des tubes est très grande par rapport au diamètre ; sauf les bulles qui se produisent dans le voisinage immédiat du débouché du tube, toutes les autres viendront frapper les génératrices supérieures des tubes, et y adhéreront. Le métal fera alors équilibre à une partie d'autant plus grande de la poussée que le tube se rapproche davantage de l'horizontale ; si le tube était horizontal, l'effet de la poussée sur le mouvement de la bulle serait entièrement détruit. Sur la paroi inclinée, la poussée verticale se décompose en deux forces : l'une normale à la paroi, qui tend à appliquer la bulle contre le tube, et l'autre parallèle à l'axe du tube, qui tend à faire marcher la bulle le long de la paroi. On voit que cette dernière est très petite lorsque le tube est faiblement incliné, comme c'est le cas en pratique ; elle peut ne pas être même suffisante pour vaincre l'attraction du métal sur la bulle, qui adhérera à la paroi et ne se déplacera pas.

Les tubes vaporisateurs ainsi disposés sont d'ordinaire fort longs : les bulles de vapeur présentes sont en grand nombre et forment un véritable rétrécissement de section. La résistance du tube pour l'écoulement de l'eau n'est plus négligeable et la partie de la poussée des bulles pouvant être utilisée pour la circulation est perdue à cause des frottements et des pertes de charges qui accompagnent la circulation.

C'est seulement la vapeur se trouvant dans la partie verticale du dégagement qui peut être utilisée pour la circulation, et le tube faiblement incliné ne peut être considéré que comme une résistance additionnelle placée dans le circuit.

Une autre conséquence de cet état de choses est l'accumulation des bulles à la partie supérieure des tubes. Les cantonnements de vapeur qui s'y produisent sont d'autant plus importants qu'on avance vers le débouché du tube. Leurs traces sont nettement accusées, et on les retrouve lors des visites intérieures. Ces cantonnements, soit que, par leur importance, ils mettent à sec des parties chauffées, soit qu'une vaporisation violente ait lieu dans leur voisinage, sont très souvent le siège d'effets dynamiques importants. Ils se transforment en pistons de vapeur qui se détendent brusquement en chassant des deux côtés à la fois le contenu du tube et en découvrant ainsi les surfaces de chauffe. C'est à cette cause qu'il faut attribuer les surchauffes si fréquentes des tubes les plus fortement chauffés dans ce genre d'appareils à vapeur. Il y a alors tendance à ce que le régime pulsatoire s'établisse dans le tube qui se remplit brusquement pour se vider à nouveau, et ainsi de suite. Nous verrons des chaudières établies avec des dispositifs particuliers non pour supprimer, mais pour *utiliser* les effets de ces pistons de vapeur.

CLASSE A. — La disposition essentielle et caractéristique de ce type est représentée schématiquement à la fig. 5. Les tubes vaporisateurs sont insérés entre deux collecteurs reliés au réservoir supérieur. Celui de ces collecteurs où débouche l'extrémité la plus haute des tubes sert de dégagement aux produits de la vaporisation, l'autre sert au retour de l'eau.

Lorsqu'on étudie sur un modèle de laboratoire la marche de la circulation de l'eau dans un dispositif semblable, on voit l'accumulation des bulles le long des génératrices supérieures des tubes et les poches de vapeur qui en sont la conséquence, conformément à ce que nous avons exposé précédemment par le raisonnement. On remarque en outre que les tubes de la partie supérieure du faisceau sont parcourus par un courant descendant d'eau. Il ne peut y avoir aucun doute sur cette dernière observation, car des bulles de vapeur sont saisies parfois par ces courants avec les-quels elles cheminent. La vapeur ne peut *tomber* que si elle se trouve enserrée dans de l'eau animée d'un mouvement descendant très rapide.

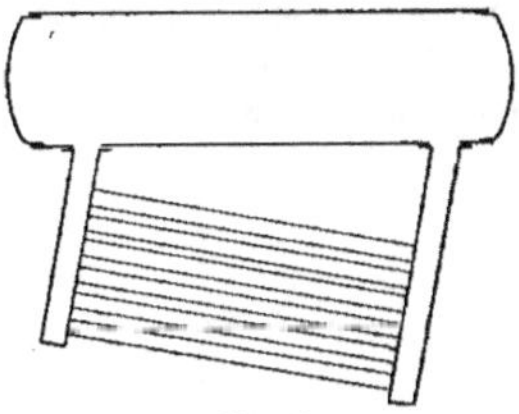

M. de Chasseloup-Laubat a recherché les raisons théo-riques de ce phénomène en considérant l'effet d'un tube additionnel de raccordement entre les colonnes de montée et

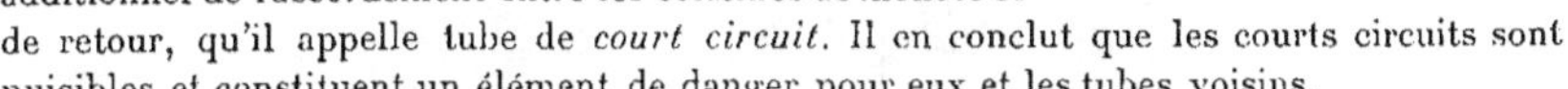

FIG. 5.

de retour, qu'il appelle tube de *court circuit*. Il en conclut que les courts circuits sont nuisibles et constituent un élément de danger pour eux et les tubes voisins.

M. Fritz Krauss, dans la publication déjà citée, a aussi étudié ce cas particulier. Il a démontré par le calcul que le mouvement de circulation qui se produit dans les tubes du bas intéresse un volume d'eau qui se partage en deux dans le collecteur de dégagement. Une partie passe par le réservoir supérieur, l'autre redescend vers le retour par les tubes de la partie supérieure du faisceau. Les valeurs de cette répartition dépendent de la hauteur du collecteur comprise entre le débouché du tube le plus haut et le raccordement du collecteur sur le réservoir.

Il y a donc dans ce type de chaudières deux circuits bien distincts parcourus par l'eau. Un de ces circuits est localisé au faisceau tubulaire lui-même, et a pour effet de contrarier le dégagement de la vapeur produite dans les tubes supérieurs, d'y amener une partie de la vapeur qui monte des tubes du bas, et de faire repasser sur les surfaces les plus chauf-fées l'eau la plus chaude et une partie de la vapeur qui s'en est dégagée. L'entraînement de la vapeur par les courants descendants des tubes supérieurs a aussi pour conséquence d'amener la vapeur dans le collecteur de retour d'eau, où elle peut détruire en partie ou en totalité l'action du retour de l'eau.

Les effets immédiats de cette circulation sont de faciliter la formation des pistons de vapeur, la mise à sec des surfaces de chauffe, et de maintenir les impuretés et les sels de l'eau présents sur les surfaces de chauffe.

Cela explique pourquoi les tubes de chaudières de ce type se surchauffent si souvent et sont si facilement obstrués par les dépôts calcaires.

L'autre circuit intéresse toute la masse d'eau de la chaudière. C'est le seul qui doive être pris en considération, puisqu'il constitue le véritable mouvement de circulation tant cherché pour les chaudières. Nous venons de voir combien son importance est diminuée, et comment elle est limitée. L'effet de cette hauteur disponible pour la circulation géné-rale peut encore être amoindri par la disposition du raccordement entre les faisceaux vaporisateurs et le réservoir supérieur. Dans les chaudières où les deux collecteurs de dégagement et de retour sont formés par des lames d'eau, le raccordement se fait généralement par une large section, qui ne crée pas un obstacle considérable au dégagement de la vapeur si les proportions en sont convenablement calculées. Au contraire, dans les chaudières formées par la juxtaposition d'éléments verticaux, chaque élément se raccorde au réservoir supérieur par un étranglement de section considérable, constituant une résistance suffisante pour annuler l'effet de la petite hauteur utilisable pour la circulation.

La fig. 6 représente nne variante de ce type. Le retour d'eau est indépendant du système tubulaire, il vient se raccorder à la partie basse du collecteur arrière, lequel n'est alors plus qu'un collecteur de distribution. Cette variante ne modifie pas la répartition et la direction des courants dans le faisceau tubulaire, mais on voit qu'elle supprime les dégagements de vapeur par le retour. De plus, l'eau de la circulation générale venant par le retour tend à passer de préférence par les tubes de coup de feu, d'où un rafraîchissement plus considérable. Cette disposition du retour doit donc être toujours préférée.

La faible circulation générale qui existe dans ce type de générateur de vapeur explique pourquoi ces appareils ne donnent pas une stabilité de pression suffisante malgré le

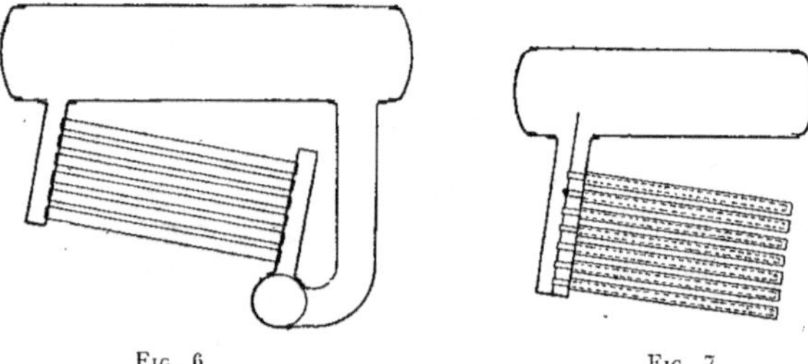

Fig. 6.   Fig. 7.

volume d'eau relativement important qui est contenu dans le réservoir supérieur ; ils exigent une certaine habitude, et une attention soutenue pour le service de la chauffe.

CLASSE B. — Les chaudières multitubulaires de cette classe ont pour origine le tube pendentif de Field. Leur surface de chauffe est presque exclusivement composée de ces tubes ; mais leur fonctionnement diffère notablement suivant que les tubes se rapprochent de la position verticale ou qu'ils sont faiblement inclinés sur l'horizontale. Elles forment ainsi deux catégories de types très différents, malgré la similitude des parties qui composent la surface de chauffe.

Le croquis figure 7 donne la disposition schématique des chaudières multitubulaires avec tubes vaporisateurs à retour intérieur, faiblement inclinés sur l'horizontale. Comme on le voit, cette disposition consiste essentiellement en un collecteur cloisonné, rattaché au réservoir supérieur, et dans lequel débouchent sur une des faces les tubes vaporisateurs, les tubes intérieurs de retour étant insérés sur le cloisonnement du collecteur. La partie postérieure du collecteur sert au dégagement des produits de la vaporisation, et la partie antérieure au retour de l'eau.

L'inconvénient qui résulte de la position des tubes vaporisateurs, déjà expliqué plus loin, subsiste dans son entier, mais cette disposition présente l'avantage sur celle des chaudières à deux collecteurs, de supprimer l'inconvénient des courts circuits.

Toute la hauteur du collecteur deviendrait ainsi disponible pour la circulation si les résistances que crée ce système ne venaient en détruire les effets.

Les dimensions restreintes des tubes intérieurs de retour et des espaces annulaires de production offrent à l'écoulement des fluides des résistances plus considérables que celles qui se produisent dans les tubes à pleine section libre. Le rebroussement du courant à

l'extrémité du tube y produit des remous occasionnant une perte de charge importante.
Le dégagement libre de la vapeur dans le collecteur est contrarié par les tubes de retour
qui viennent successivement barrer son chemin. Le courant qui se dégage d'un tube vaporisateur vient se briser contre le bas du tube de retour supérieur, où il se divise en formant
au-dessus de ce tube une zone de remous qui entrave le dégagement du tube vaporisateur
correspondant. Ces remous vont toujours en augmentant en allant vers le haut du collecteur, et leur effet est d'empêcher tout mouvement de circulation dans les tubes supérieurs
du faisceau, lesquels ont aussi les plus petites hauteurs de charge utilisables pour la
circulation.

L'effet dynamique de la production des bulles prend une grande importance dans ces
chaudières à cause de l'exiguïté de la section de production et de la position des tubes.
La proportion de vapeur présente dans le mélange sur les surfaces de chauffe sera toujours
plus grande dans ces chaudières que dans celles avec tubes à section libre. Dans ces
derniers, les bulles montent librement à la partie supérieure des tubes, les poches se
forment au début sur des surfaces peu ou point chauffées. Dans le dispositif avec tubes
intérieurs de retour, une partie des bulles s'accroche au tube intérieur : il ne faut pas
oublier que la paroi de ce tube est une surface de production de vapeur, bien qu'elle ne
soit pas chauffée. On sait en effet qu'il suffit de plonger un corps quelconque dans de
l'eau en ébullition ou dans un liquide contenant un gaz en dissolution pour que toute la
surface immergée se couvre de bulles de vapeur et devienne une surface de production.

Les bulles produites sur la paroi du tube intérieur s'en détachent difficilement. On
conçoit dès lors, qu'avec les autres bulles qui viennent s'accrocher au tube, il se forme
facilement des poches de vapeur dans la partie basse des tubes, c'est-à-dire sur les surfaces
les plus chauffées.

Tout comme les appareils de la classe A ces chaudières sont constituées soit par une
lame d'eau unique, soit par l'assemblage de collecteurs juxtaposés, portant les tubes
vaporisateurs. Les remarques sur ces modes d'assemblage exposées en examinant les dispositifs de la classe A s'appliquent également aux chaudières de ce système.

CLASSE C. — Nous groupons dans cette classe toutes les chaudières dont les tubes
vaporisateurs débouchent directement dans le corps supérieur sans passer par l'intermédiaire de collecteurs ou de lames d'eau.

Type 1. — La fig. 8 donne le croquis schématique des chaudière de cette subdivi-
sion, plus particulièrement employées en marine. Les tubes vaporisateurs sont supprimés
sur la droite pour montrer le retour d'eau. La meilleure disposition de ces chaudières
multitubulaires comporte des tubes vaporisateurs droits ou à très grand rayon de courbure,
placés verticalement ou peu écartés de la verticale, débouchant dans le réservoir supérieur avec leur section entière, et ayant des retours d'eau
offrant une section totale aussi grande que la section totale
des tubes vaporisateurs; elles présentent, notamment lorsque
la production est modérée, les meilleures conditions pour la
circulation naturelle de l'eau. Elles se rapprochent le plus du
tube théorique en U. Mais les chaudières de cette classe sont
fort peu nombreuses, et les nécessités de construction font le
plus souvent perdre les avantages que présente le modèle
théorique.

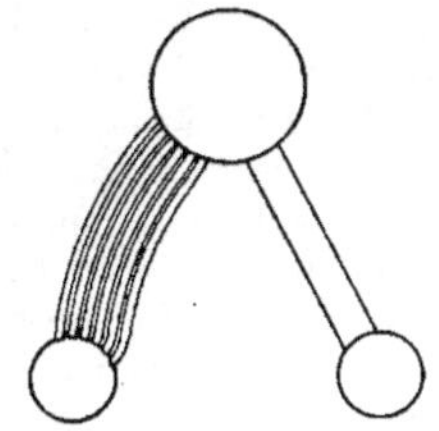

Fig. 8.

Pour loger une grande surface de chauffe dans un espace
restreint, on a allongé les tubes vaporisateurs en les repliant sur eux-mêmes avec des
formes plus ou moins tortueuses. Du fait des coudes et des parties droites inclinées, on a
augmenté considérablement les pertes de charge et les résistances du système, en diminuant l'activité de la circulation d'eau.

La section des tubes de retours d'eau extérieurs est toujours trop petite et ne représente qu'une faible partie de la section de dégagement : nouvel obstacle à la circulation active de l'eau, laquelle est tellement réduite qu'on a pu supprimer les tubes de retour extérieur sans troubler la marche de ces chaudières. Ce sont alors quelques tubes du faisceau vaporisateur qui doivent fonctionner comme retour d'eau. Les tubes les plus fortement chauffés ont, dans ce cas, tendance à fonctionner par pulsations à cause de l'insuffisance de l'arrivée de l'eau. Les autres tubes seront parcourus par des courants ascendants ou descendants suivant que les conditions momentanées de chauffe y amènent la présence d'une plus ou moins grande quantité de vapeur. Le régime de la chaudière est donc très instable, et n'offre aucune sécurité. Il suffit d'un violent dégagement de chaleur en un point quelconque, pour provoquer une catastrophe.

Ce type de chaudières, ainsi que nous l'avons déjà dit, est employé surtout par les marines militaires; les applications sont très rares dans l'industrie. Leur prix de construction est très élevé. Elles ne peuvent être alimentées qu'avec de l'eau distillée ; le nettoyage intérieur et le remplacement des tubes avariés offrent de très grosses difficultés.

Type 2. — La disposition représentée schématiquement par la fig. 9 se compose de tubes vaporisateurs en forme de serpentins, débouchant à leur partie supérieure dans le réservoir d'eau et de vapeur, et raccordés à la partie inférieure à un collecteur qui est à son tour relié à un ou plusieurs tubes de retour d'eau.

Au point de vue de la circulation de l'eau, ce dispositif offre les plus mauvaises conditions. Les tubes faiblement inclinés sur l'horizontale et les pertes de charge aux coudes

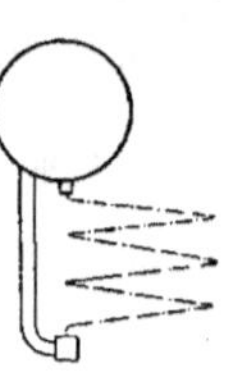

Fig. 9.

successifs font que toute l'énergie potentielle des bulles présentes dans le serpentin est complètement perdue pour la circulation de l'eau. La vapeur produite par la rangée de tubes la plus basse au-dessus de la grille tend à se dégager surtout par le tube de retour. Pour obvier à cet inconvénient, qui condamnerait définitivement cette disposition, on a recours à un artifice consistant à diminuer considérablement la section du passage qui réunit le bas des serpentins au collecteur d'alimentation. On crée ainsi, à cet endroit, une résistance additionnelle plus grande que celle opposée par le serpentin au mouvement ascensionnel des fluides. Par ce moyen, l'effet dynamique des pistons de vapeur qui se produisent dans les tubes a pour résultat de chasser le contenu du serpentin dans le réservoir supérieur par projections violentes et intermittentes.

Les chaudières de ce type, à vrai dire, n'ont pas été conçues avec leurs dispositions actuelles. Elles sont le résultat de transformations successives apportées à une chaudière d'origine avec tubes à plis multiples, établie sur le principe de la vaporisation instantanée du volume d'eau injecté dans l'appareil. Pour rendre ces appareils utilisables, on a été forcé d'y introduire une certaine quantité d'eau et d'amener cette eau sur les surfaces les plus chauffées pour les préserver d'une destruction très rapide.

Les projections violentes et intermittentes de l'eau dans le réservoir supérieur font que la vapeur produite charrie beaucoup d'eau en suspension. Pour remédier à cette mauvaise qualité de la vapeur, on emploie différents dispositifs que nous examinerons en présentant les chaudières exposées.

Enfin, la faible réserve d'eau contenue dans ces appareils ne se prête pas aux variations de l'alimentation, de la chauffe, ni à celles de la consommation sans entraîner de grosses variations de pressions. Nous verrons plus loin comment les constructeurs se sont efforcés de parer à cette instabilité de la pression.

En résumé, les chaudières de ce type constituent des appareils très délicats, difficiles à conduire, coûteux comme entretien et comme réparations : ce sont de véritables machines à fabriquer de la vapeur.

Type 3. — Cette disposition d'appareils à vapeur, avec tubes à retour intérieur se rapprochant de la verticale, est toute récente, et la fig. 10 en donne le schéma.

Le culot des tubes n'est pas chauffé comme dans le dispositif primitif de Field, l'action du foyer s'exerce sur les parois du tube, et l'entrée des tubes intérieurs de retour d'eau est effectivement séparée du flux montant d'eau et de vapeur qui se dégage dans l'espace annulaire.

Dans ces chaudières, la circulation naturelle de l'eau peut ne pas être entravée par des dispositions vicieuses, seulement son importance ne correspond pas à celle qui serait obtenue par l'utilisation de la charge correspondant à la hauteur des tubes à cause du rebroussement de courant qui se produit à la sortie du tube intérieur de retour. Ce rebroussement brusque du courant crée en cet endroit des remous violents qui occasionnent une perte de charge considérable.

Le rapport de la section annulaire de production et de dégagement à la section du retour a une grande importance sur le fonctionnement de ces tubes pendentifs. Du fait même de la construction, la distance entre les deux parois concentriques est toujours petite. Les bulles touchent ces deux parois, et sont gênées dans leur ascension. Si le tube de retour est insuffisant, l'effet dynamique de la formation des bulles tend à établir le mouvement pulsatoire. Pour éviter cet inconvénient, il faut se rapprocher autant que possible de l'unité pour le rapport de ces sections, tout en laissant entre les parois des deux tubes un intervalle d'au moins 20 à 25 millimètres.

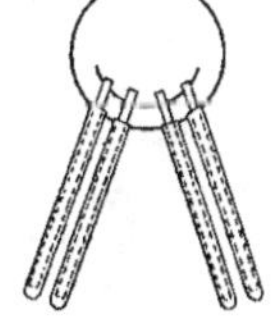

Fig. 10.

Comme conséquence de ces conditions, on devrait employer des tubes de gros diamètre, alors qu'en pratique on voit généralement préférer les tubes de petit et moyen diamètres, lesquels entraînent des retours trop faibles, afin de ne pas trop rétrécir l'espace annulaire de production.

Nous terminerons ce chapitre en disant quelques mots sur la question de la dénomination à donner aux chaudières dont la surface de chauffe est constituée principalement par des tubes chauffés à l'extérieur. On a critiqué le mot : multitubulaire, généralement adopté jusqu'ici. L'étymologie de ce mot indique un grand nombre de tubes, mais n'explique pas si ces tubes sont baignés par l'eau à l'extérieur et chauffés à l'intérieur, ou *vice versa*, et il peut s'appliquer à toute chaudière dont la surface de chauffe comporte des tubes.

La Société des ingénieurs civils de France a discuté cette grave question dans sa séance du 21 janvier 1898. M. Duchesne a conseillé de suivre l'exemple qui nous vient de l'étranger et de traduire le *water tube boiler* des Anglais, le *caldaie di tubi d'acqua* des Italiens, et nous y ajouterons le *wasserrœhren kessel* des Allemands, par le mot de *générateurs à tubes d'eau*. M. de Chasseloup-Laubat a critiqué cette appelation et son origine, et propose le mot de chaudière *aquitubulaire*. M. Bertin, directeur des constructions Navales, a adopté dans son ouvrage sur les *Chaudières marines* la dénomination de *chaudières tubuleuses*, et a parlé, dans la séance précitée, de *chaudières igni-enveloppes*.

La question n'a pas été résolue. Elle a été reprise par le Congrès international de mécanique appliquée, de 1900. Une commission a été nommée, qui a émis le vœu suivant : On désignera sous le nom de *chaudières à tubes d'eau* celles formées de tubes contenant l'eau à l'intérieur, et léchées extérieurement par les gaz, en les distinguant, s'il y a lieu, en chaudières à *gros* et *petits* tubes d'eau. Voilà donc l'appellation proposée par M. Duchesne, appuyée officiellement par un vœu du Congrès international. Cette dénomination de *tubes d'eau* est-elle justifiée ? Non grammaticalement du moins ; car, si *multitubulaire* n'indique pas les positions relatives de l'eau et des flammes par rapport aux tubes, à *tubes d'eau*, pris dans le sens littéral, indique que les tubes sont en eau. C'est donc une interprétation conventionnelle qu'il faut donner à cette expression, et c'est précisément le reproche qu'on a élevé contre le mot *multitubulaire*. La désignation additionnelle proposée par le Congrès n'est pas non plus exempte de critique. Où commence le gros tube? où finit le petit?

Avec l'expression proposée par M. de Chasseloup-Laubat, le sens étymologique du mot *aqui-tubulaire* exprime bien que l'eau est contenue dans les tubes. Mais nous confessons ne pas comprendre ce besoin impérieux de substituer au mot *multitubulaire* une nouvelle appellation. Il est impropre, c'est vrai; mais il a été généralement adopté, et depuis longtemps. Il n'y a pas en France un seul ingénieur à l'esprit duquel la désignation de *chaudière multitubulaire* n'évoque immédiatement, et sans ambiguïté, le genre de chaudière auquel il s'applique. Que doit-on demander de plus à un mot? C'est pourquoi nous continuons à employer l'ancienne désignation, en y ajoutant toutefois les expressions suivantes pour caractériser les chaudières :

A circuit composé simple, pour les appareils ou les courants de dégagement de la série de tubes superposés viennent se réunir dans un même conduit de dégagement.

A circuit composé et retour intérieur, pour les appareils disposés comme ci-dessus, mais avec tubes de retour d'eau intérieurs pour chaque tube vaporisateur.

A circuit composé mixte, pour les appareils ou les courants de dégagement d'une ou plusieurs rangées horizontales de tubes sont effectivement séparés des courants de dégagement des autres rangées de tubes.

A circuit distinct pour les appareils où chaque tube vaporisateur débouche directement dans le réservoir d'eau et de vapeur.

Presque toutes les chaudières multitubulaires exposées avaient les *portes de foyer et de cendrier à bascule*, ouvrant de l'extérieur vers l'intérieur. Cette disposition, présentée par certains constructeurs comme une innovation importante, a été en réalité proposée il y a quelques années par l'Administration des Mines, qui s'est efforcée, avec raison, de la faire adopter par tous les constructeurs. En cas de déchirure des tubes au moment du chargement, la porte du foyer, si elle est bien construite, se ferme sous la poussée de la vapeur qui s'échappe et arrête ainsi l'invasion de la chaufferie par le flux brûlant. Il en est de même pour les portes de cendrier, qui arrêtent aussi les projections de combustible enflammé. Ces mesures préventives d'accidents sont complétées par l'adjonction de *trappes d'expansion*, ménageant, dans la maçonnerie des carneaux, une ou plusieurs ouvertures fermées par une trappe légère, laquelle se déplace dès qu'une faible pression s'établit à l'intérieur de la chaudière. En cas de déchirure d'un tube la vapeur trouve ainsi une issue de plus vers un appel extérieur. Enfin, les portes des boîtes à tubes sont assujetties par une barre transversale de sûreté.

Ces dispositions, conseillées à titre officieux par l'Administration des Mines, ont déjà produit d'heureux effets; elles protègent le personnel de service contre le flux de vapeur qui inondait les chaufferies en cas de déchirures des tubes. Leur emploi devrait être universellement adopté.

CHAPITRE III

Chaudières multitubulaires à circuit composé simple.

Les appareils exposés sont présentés ici dans l'ordre alphabétique des pays et des constructeurs. Les indications placées entre parenthèses après la définition du type de chaudière renvoient aux considérations générales du chapitre II.

1° Biétrix, Leflaive, Nicolet et Cⁱᵉ, a Saint-Étienne (Loire)

Chaudières à lames d'eau (Classe A).

Cette chaudière, représentée en fig. 11, est du système de M. Buettner, constructeur à Nœrdingen-sur-Rhin (Prusse); MM. Biétrix, Leflaive, Nicolet et Cⁱᵉ exploitent en France le brevet de cette maison.

Des deux caissons à lames d'eau qui assemblent le faisceau de tubes vaporisateurs, le

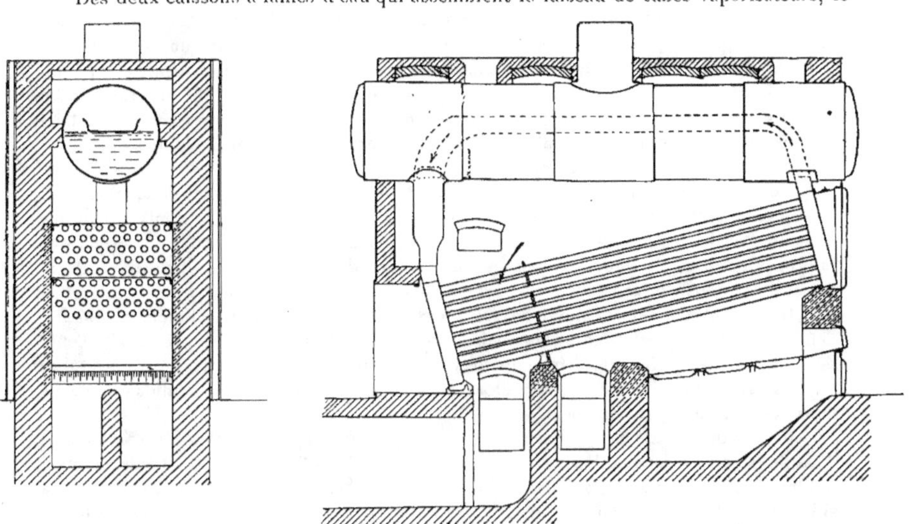

Fig. 11. — Chaudière *Buettner*.

caisson avant est rivé au corps cylindrique, celui d'arrière s'y relie par l'intermédiaire d'une tubulure de raccordement, dont la section est circulaire dans le haut, rectangulaire dans le bas. Les tubes vaporisateurs sont placés en quinconce, avec une cloison séparatrice en avant de la lame d'eau arrière. Des chicanes reposent sur la quatrième rangée de tubes à partir du bas et sur la rangée supérieure, ménageant des passages pour les gaz, dans le bas vers l'arrière, et dans le haut à l'avant du faisceau tubulaire. Les produits de la combustion, après avoir léché les tubes inférieurs jusqu'à la cloison séparatrice, pénètrent dans le faisceau tubulaire d'où ils s'échappent à l'avant pour venir chauffer le corps cylindrique supérieur, et vont à la cheminée par un dernier parcours, en plongeant à travers la partie du faisceau tubulaire qui se trouve à l'arrière de la cloison séparatrice.

La particularité de cette chaudière consiste en un conduit, appelé *couloir* par les constructeurs, réunissant la lame d'eau de dégagement à l'avant à la tubulure de retour en arrière. Ce couloir monte jusqu'au-dessus du plan d'eau normal; il est largement échancré à sa partie supérieure et étanche à l'avant. A l'arrière, il est percé de deux ouvertures.

Les constructeurs considèrent ce couloir comme un perfectionnement d'un mérite exceptionnel, et ils admettent que, le couloir enlevé, la chaudière n'aurait plus aucune de ses qualités, savoir : grande production par mètre carré de surface de chauffe, siccité parfaite de la vapeur, absence de dépôts dans le faisceau tubulaire, suppression des accidents dus à la dilatation, nul cintrage des tubes.

Des essais comparatifs d'une même chaudière, avec et sans le couloir Buettner, auraient pu nous démontrer la valeur de cet appareil et modifier l'opinion basée sur l'étude de ce dispositif. Nous regrettons, au point de vue scientifique, que de pareils essais, s'il en existe, n'aient pas été publiés, et qu'on ne nous ait pas autorisé à en faire nous-même.

D'après l'inventeur, le but du couloir est d'activer beaucoup la circulation de l'eau dans les tubes, en ne détruisant pas la force vive de l'eau qui se dégage de la lame d'eau avant. Cette eau passe dans le couloir dont la section est limitée, ne se mélange pas à la masse d'eau du corps supérieur, pénètre dans la tubulure du retour avec une certaine vitesse, et, de ce fait, la circulation doit s'accélérer très rapidement. Les constructeurs expliquent que l'eau et la vapeur forment dans la lame d'eau d'avant une émulsion, et que, grâce à la forme du couloir, cette émulsion est projetée horizontalement, ce qui permet à la vapeur de se débarrasser des particules d'eau qu'elle pourrait entraîner. D'où siccité de la vapeur. Les ouvertures ménagées dans le couloir, à l'arrière, servent à faire pénétrer dans le courant de circulation le volume d'eau vaporisé dans les tubes.

Examinons les effets de ce dispositif :

Nous remarquerons d'abord que l'on présente les fluides se dégageant de la lame d'eau d'avant comme formant une émulsion d'eau et de vapeur, c'est-à-dire une mixture intime dans un état de très grande division. Nous nous demandons s'il est possible d'affirmer que la projection de cette *émulsion* dans le sens horizontal permettra à la vapeur de se dégager et de se débarrasser des particules d'eau qu'elle pourrait entraîner.

Il faudrait donner à l'appui de cette assertion une explication rationnelle, qui fait défaut. En fait, si cette quasi-combinaison de l'eau et de la vapeur se produisait, l'effet du couloir serait de la diriger telle quelle vers le retour, de la faire repasser vers les tubes vaporisateurs. La chaudière serait alors rapidement remplie de cette émulsion, même dans l'espace de vapeur du corps principal.

La mixture se déverserait par le tuyau de prise de vapeur, la chaudière se viderait d'eau, et serait en danger. Heureusement pour la chaudière Buettner, cette émulsion, ainsi que nous l'avons expliqué, est impossible. La vapeur peut former des mousses à la surface si la qualité de l'eau le permet, mais, au sein du liquide, les bulles de vapeur sont disséminées dans la masse, sont toujours soumises à la poussée du liquide, et se meuvent avec une plus grande vitesse que l'eau. C'est à cause de cette séparation très nette des bulles et de la masse d'eau dans laquelle elles se meuvent que, lorsque le mélange chemine horizontalement dans le couloir, les bulles peuvent monter à la surface et se dégager. Ce dégagement de la vapeur ne présente rien de particulier. Elle se dégage à la surface de l'eau dans le couloir tout comme au plan d'eau dans le corps principal. Chaque bulle doit déchirer la pellicule liquide qui l'enserre, et les entraînements d'eau avec la vapeur (qu'il ne faut pas confondre avec les projections d'eau) resteront les mêmes, sans que le dispositif en question puisse avoir aucune influence sur la siccité de la vapeur. La position judicieuse de la prise de vapeur et la hauteur convenable de l'espace de vapeur seront plus efficaces pour améliorer la qualité de la vapeur.

La condition de ne pas détruire la force vive de l'eau afin de lui conserver une certaine vitesse à son entrée dans le retour paraît assez séduisante au premier abord, puisqu'on peut en tirer comme conclusion que le mouvement de l'eau pourra s'accélérer très rapidement. Mais, en étudiant attentivement cette condition, on reconnaît :

1° Que la force vive de l'eau sortant de la lame d'eau d'avant ne peut pas être maintenue, car, du fait du dégagement de la vapeur, il y a diminution du volume du mélange, donc diminution de vitesse, et perte de force vive;

2° Que l'accélération de vitesse théorique de l'eau dans le circuit ne se produit pas en pratique. Le volume d'eau maximum qui peut être mis en mouvement dépend de la section de dégagement du couloir, de la hauteur disponible comme charge de circulation et de la vitesse du retour. Le couloir étant isolé de la masse d'eau du réservoir, le dispositif Buettner permet d'utiliser comme hauteur disponible la distance du plan d'eau à la partie haute de la rangée des tubes supérieurs.

La section du couloir est à peu près la même que celle du retour. D'après ce que nous avons dit précédemment, et en admettant qu'il n'y ait pas de remous, le volume d'eau maximum qui peut être mis en mouvement dans la chaudière exposée est d'environ 40 litres par seconde, la production de cette chaudière est donnée, par les constructeurs, de 2.860 kilog. de vapeur par heure. A la pression de 10 kilog., le volume de la vapeur qui se dégagera par le couloir en une seconde sera de 144 litres.

La condition du maximum étant l'écoulement, en un même temps, de volumes égaux d'eau et de vapeur, on voit qu'il y aura toujours, même aux allures réduites, une telle proportion de vapeur dans le mélange que l'on se trouvera dans la partie descendante de la courbe de débit qui suit le maximum. Il y aura, par suite, toujours assez de vapeur pour communiquer à l'eau en mouvement sa force vive, et la vitesse de montée du mélange restera la même, que l'eau affluant au retour parte du repos, ou qu'elle soit animée d'une vitesse initiale plus ou moins grande, comme conséquence de la condition du maximum de débit, sur laquelle toutes les théories et toutes les expériences sont d'accord;

3° L'eau canalisée par le couloir, qui a une section limitée, déborde en partie, et retombe dans la masse d'eau du réservoir. L'autre partie afflue vers le retour avec une certaine vitesse. La masse de l'eau est beaucoup plus considérable que celle de la vapeur qu'elle contient, et l'eau entraîne avec elle des bulles de vapeur qui pénètrent ainsi dans le retour (Expériences de Yarrow et autres). Ces bulles de vapeur repasseront sur les surfaces de chauffe, et leur présence dans le retour diminuera la charge disponible pour la circulation;

4° Cette charge disponible se trouverait aussi diminuée du fait du déversement, par les bords du couloir, d'une partie de l'eau élevée. Si les deux ouvertures ménagées à l'extrémité arrière du couloir n'étaient pas suffisantes pour y faire pénétrer le volume d'eau déversé, le débit de l'eau pendant l'unité de temps serait alors supérieur à celui passan par le retour. Il s'établirait alors forcément, dans ce retour, un plan d'eau correspondant à une diminution de charge telle que le volume d'eau débité soit égal au volume d'eau affluant vers le retour.

Ces considérations nous portent à penser que le fonctionnement de la chaudière Buettner sera sensiblement le même, avec ou sans le dispositif du couloir intérieur. Notre opinion est confirmée par le dispositif d'ensemble des générateurs à grand volume d'eau représenté à la fig. 12, dont on voyait un modèle réduit à l'Exposition. Nous reviendrons plus loin sur ce modèle considéré comme appareil d'expérience.

Dans cette disposition, le corps principal est prolongé, et l'on place à l'arrière du faisceau tubulaire un bouilleur ayant deux cuissards de communication avec le corps principal. Le couloir Buettner ne se raccorde plus au retour du faisceau tubulaire, mais au premier cuissard du bouilleur. La circulation de l'eau serait la suivante, indiquée par les flèches sur le dessin :

L'eau élevée par la lame d'eau de tête chemine dans le couloir, descend dans le bouilleur par le premier cuissard, remonte par le deuxième cuissard, et revient par le corps supérieur à la lame d'eau de retour.

Si l'on applique à cette disposition le principe de la conservation de la force vive de l'eau, on voit de suite que cette force vive est perdue par le passage du courant dans le bouilleur et dans le corps principal. Cette disposition de la chaudière à grand volume est donc la négation de la théorie invoquée pour justifier la disposition de la chaudière à petit volume, et les raisons présentées pour démontrer l'utilité du couloir dans l'une ne subsistent plus dans l'autre.

Le modèle exposé, de chaudière à grand volume, a pour objet de démontrer la circu-

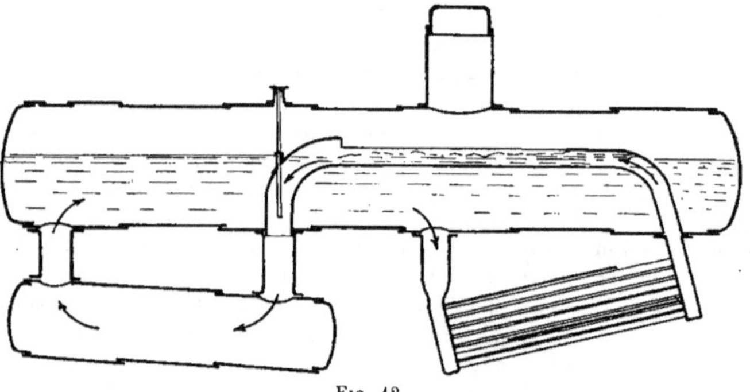

Fig. 12.

lation active produite par le couloir, et la suppression de la circulation lorsque le couloir est enlevé. La partie supérieure du corps principal est amovible, pour permettre de retirer ou mettre en place le couloir. L'appareil est entièrement métallique, sauf une partie de chacun des deux cuissards, formée de tubes de verre. Un premier réchaud est placé sous le faisceau tubulaire, un deuxième sous le bouilleur, et servent à chauffer l'appareil.

Avec le couloir en place, on voit que les bulles de vapeur qui se forment dans le bouilleur se dégagent toutes par le cuissard d'arrière.

Au contraire, avec le couloir enlevé, les bulles se dégagent par les deux cuissards, et on en conclut, à tort selon nous, que dans le premier cas il y avait circulation générale dans toute la chaudière.

Lorsque le couloir est placé, le retour d'eau à la lame arrière du faisceau tubulaire ne peut se faire que par le bouilleur. Le courant qui s'établit ainsi entraîne les bulles dans le cuissard arrière. Lorsqu'on supprime le couloir, le retour à la lame d'eau arrière se fait directement dans le corps cylindrique. Avec ou sans couloir, la circulation dans le faisceau tubulaire restera la même; mais, toutes ces surfaces étant métalliques, on ne voit rien de ce qui s'y passe dans les deux cas. L'expérience se réduit donc à la démonstration inutile, le dessin suffisant, que, dans le premier cas, le bouilleur est intéressé dans la circulation et qu'il ne l'est pas dans le second. Elle ne montre rien de ce qui se passe dans le faisceau tubulaire, ni de l'influence du couloir sur cette partie la plus importante de la surface de chauffe.

Elle nous fait voir que, le couloir étant enlevé, le bouilleur, placé dans le dernier parcours des gaz, et non pas chauffé directement comme dans l'expérience, remplira le rôle de réchauffeur d'eau d'alimentation, et qu'ainsi le rendement de la chaudière sans couloir sera supérieur à celui de la même chaudière avec couloir.

Nous regrettons beaucoup d'ajouter à ce qui précède quelques critiques sur la construction de la chaudière Buettner, exposée par MM. Biétrix, Leflaive, Nicolet et Cie. Nous y rencontrons plusieurs défauts de fabrication, savoir : le fond embouti à l'avant du réservoir supérieur est loin d'approcher la correction des emboutis des autres chaudières, et notamment de celles des constructeurs étrangers. La courbure n'est pas uniforme, et la partie basse de ce fond porte les traces de coups de marteau ayant produit des bosses. Le travail des caissons soudés formant lame d'eau laisse à désirer. Le travail général aurait pu être plus soigné ; on voit même, aux coins des collerettes rabattues, les pièces rapportées de raccordement.

2° COMPAGNIE FRANÇAISE BABCOCK ET WILCOX, A PARIS.

Chaudières à éléments (Classe A).

Les chaudières exposées de ce système américain comprennent les deux types d'appareils pour l'industrie et la marine.

Le type terrestre, représenté par la figure 13, est formé par l'assemblage d'un certain nombre de collecteurs ondulés réunissant une série verticale de tubes. L'ondulation des collecteurs donne aux tubes des rangées horizontales une disposition en quinconce. Les

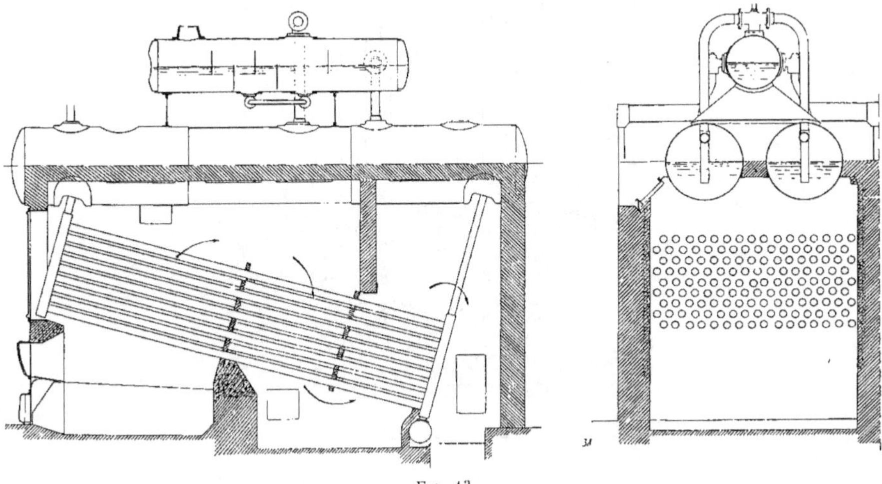

FIG. 13.

collecteurs de l'avant et de l'arrière sont mis en communication avec le corps cylindrique, chacun par un tube mandriné d'une part dans le collecteur et d'autre part dans l'orifice correspondant d'une pièce emboutie spéciale rivée sur le réservoir. La section de dégagement de chaque collecteur se trouve ainsi considérablement étranglée. La hauteur de la colonne disponible pour produire la circulation générale est limitée à la petite hauteur des tubes de raccordement à l'avant.

Le faisceau tubulaire est divisé en trois parties par deux cloisonnements. Les produits de la combustion s'élèvent à travers le faisceau tubulaire dans le compartiment d'avant, plongeant dans le compartiment intermédiaire, remontent dans le compartiment d'arrière, et lèchent les tubes de retour, pour passer au carneau de sortie.

Les dispositions d'ensemble de ce type de chaudière sont déjà fort connues, et nous nous bornerons à examiner les points nouveaux présentés avec les appareils exposés.

Toutes les chaudières terrestres avaient des dispositions particulières pour le chauffage, que nous examinerons au chapitre des accessoires.

Les tampons obturateurs des ouvertures en regard des tubes sont à fermeture intérieure, par opposition à la coquille à fermeture extérieure employée à tort jusqu'ici, car le tampon autoclave est une nécessité pour les chaudières multitubulaires. Les ouvertures en regard des tubes sont elliptiques, pour permettre l'introduction d'un autoclave avec garniture d'amiante, que l'on serre au moyen d'un écrou et d'un étrier extérieur.

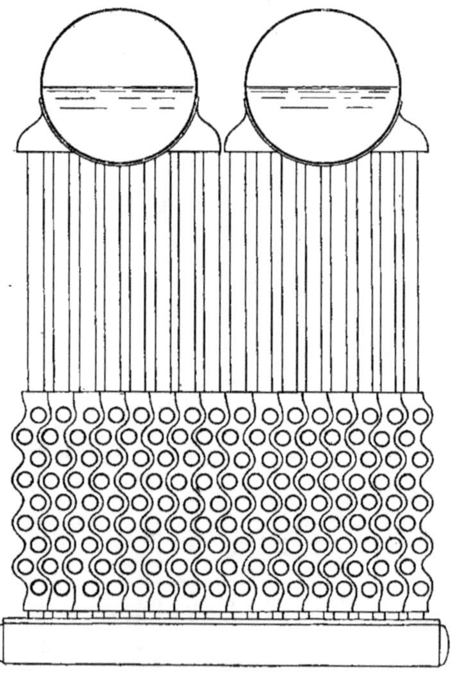

FIG. 14.

Les quatre chaudières de l'usine Suffren sont formées chacune par la réunion, dans un même massif, de deux chaudières ordinaires (fig. 13) avec grille commune et collecteur de vidange commun. Dans la chaudière Babcock et Wilcox, le nombre d'éléments que l'on peut juxtaposer est limité par les dimensions des pièces de raccordement rivées sur le corps supérieur. Pour constituer des unités de grandes puissances, on a recours à l'artifice exposé ci-dessus, lequel présente en pratique certaines difficultés pour le service de l'alimentation. Les deux corps supérieurs ne sont en communication pour l'eau que par l'intermédiaire du collecteur de vidange qui réunit tous les éléments à l'arrière (fig. 14). Cette communication indirecte offre un passage limité à l'eau devant passer d'un corps cylindrique à l'autre pour la concordance des plans d'eau. Le passage de l'eau se fait lentement et avec difficulté à cause des mouvements d'eau dans les tubes et collecteurs de retour. En fait, dans chacun des réservoirs, le plan d'eau suit l'allure de production du faisceau tubulaire correspondant, et, pour ne pas avoir de trop fortes dénivellations entre les deux niveaux, les chauffeurs ont, en général, tendance à pousser les feux sous le faisceau tubulaire du réservoir où le niveau est le plus bas. Cette manœuvre, qui en soi n'est pas prudente, occasionne encore une chauffe irrégulière, nuisible au bon rendement économique, à cause de l'alternance du phénomène dans les deux corps.

A notre avis, ce mode de réunion de deux chaudières sur une grille commune n'est réellement pratique qu'à la condition de réunir les deux réservoirs supérieurs par une large communication directe en dessous du plan d'eau.

Toutes les chaudières exposées sont munies d'un réservoir décanteur pour l'eau d'alimentation, disposé au-dessus du corps principal, comme aux figures 13 et 15. Le haut de ce réservoir communique par un tuyau avec l'espace de vapeur du corps principal. L'eau d'alimentation est introduite à l'une des extrémités du décanteur, sur un dispositif à plateaux qui la divise en nappes minces afin d'augmenter la surface de contact avec la vapeur et échauffer l'eau plus rapidement. L'air contenu dans l'eau d'alimentation est libéré; une partie des carbonates en dissolution se précipite, et est retenue dans le décanteur par les chicanes transversales. Un tuyau plongeur inséré à l'autre extrémité du cylindre et partant de l'axe horizontal fait déverser le trop-plein d'eau dans le corps principal de la chaudière. Des robinets d'extraction sont montés sur la partie basse du décanteur, pour évacuer les boues accumulées.

Cette disposition n'est pas nouvelle comme principe; elle a séduit de nombreux inventeurs dès l'origine des chaudières, car on la retrouve dans beaucoup d'appareils auxiliaires pour l'alimentation, et notamment dans les divers réchauffeurs-détartreurs. On pensait retenir ainsi dans l'appareil une quantité notable des sels contenus dans l'eau d'alimentation, et diminuer l'importance et la rapidité de formation de dépôts durs, adhérents sur les parois de la chaudière. Cette conception théorique juste n'a pas donné en pratique les résultats espérés, et cela à cause de la difficulté de retenir les sels précipités et de faire évacuer ceux qui pourraient se déposer dans le décanteur. La précipitation des sels en dissolution dans l'eau est très lente. Il faut environ 24 heures pour bien clarifier l'eau. Les dimensions des réchauffeurs-détartreurs sont toujours très petites par rapport au temps nécessaire à la décantation. Les sels précipités passent en majeure partie dans la chaudière avec l'eau d'alimentation. Les dépôts ne commencent à se produire dans les décanteurs que pendant les intervalles entre deux périodes d'alimentation, et n'intéressent alors que l'eau qui s'y trouve cantonnée. Mais, en admettant même qu'il y ait une grande accumulation de boues dans un compartiment, l'ouverture d'un robinet de vidange dans cette région n'a pas l'effet que l'on suppose généralement. Suivant la position du robinet, il se produit dans son voisinage immédiat une rigole ou un entonnoir dans la masse des boues; seuls, les dépôts qui se trouvaient dans cette excavation sont expulsés. La conséquence de cette exiguïté de proportions et de ces extractions insuffisantes est que le décanteur est en réalité un appareil superflu. Pour le rendre efficace, il faudrait lui donner des dimensions suffisantes pour contenir sans inconvénients tous les sels précipités pendant l'intervalle entre deux nettoyages à fond, et alors ses dimensions entraîneraient des pertes de chaleur considérables, ou bien disposer des agitateurs pour remettre en suspension dans l'eau les sels précipités, et vider tout à fait les compartiments de décantation; cela entraînerait aussi des pertes de chaleur importantes et, de plus, la complication d'un dispositif mécanique. Ce sont là les raisons pour lesquelles les décanteurs n'ont pas rempli le but qu'on recherchait, et qui font que leur emploi ne s'est pas généralisé. Leur seul avantage est de diminuer l'importance des corrosions produites par la présence de l'air dans l'eau d'alimentation.

Les quatre chaudières de l'Usine élévatoire Worthington sont munies de surchauffeurs de vapeur. Elles sont représentées à la figure 15.

L'usine Worthington est la seule installation de l'Exposition employant la vapeur surchauffée. L'appareil est placé entre le corps cylindrique et le faisceau tubulaire, et sa surface est léchée par les gaz chauds dans leur passage du premier au deuxième parcours. Le surchauffeur se compose de deux boîtes rectangulaires placées transversalement l'une au-dessus de l'autre, reliées par une série de petits tubes en forme de U irrégulier. La boîte supérieure puise la vapeur dans le corps principal par un tuyau direct qui traverse la paroi du corps, la nappe d'eau, et débouche dans l'espace de vapeur. Le fluide passe

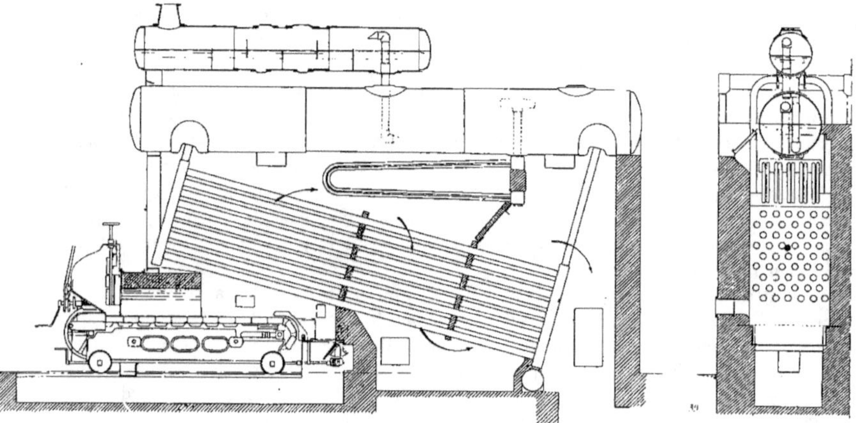

Fig. 15. — Chaudière *Babcock-Wilcox* avec surchauffeur.

dans cette boîte, s'écoule par les tubes chauffés où sa température s'élève, et se rassemble dans le collecteur du bas, qui est relié à la conduite de vapeur.

Un dispositif spécial d'injection d'eau est placé à l'arrière de la chaudière. Un petit tuyau partant du bas du corps supérieur aboutit à la boîte inférieure du surchauffeur. Sur ce tuyau, est placé un robinet à trois voies qui permet de remplir d'eau le surchauffeur, en le mettant en communication avec le corps cylindrique pendant la mise en pression et lorsqu'on ne veut employer que de la vapeur saturée. Ce même robinet sert à vidanger le surchauffeur pour le mettre en service, et ensuite à isoler de la masse d'eau du corps principal l'appareil en marche.

Cet appareil surchauffeur est bien conçu et bien exécuté. Il a été appliqué à l'étranger sur de nombreuses chaudières, et donne d'excellents résultats. Suivant l'intensité d'allure au foyer et la surface de l'appareil, on peut obtenir des surchauffes de 50 à 100°, très suffisantes pour les besoins de la pratique.

L'emplacement des surchauffeurs est judicieusement choisi ; les gaz, qui ont préalablement léché presque la moitié de la surface de chauffe totale, arrivent dans la chambre du surchauffeur à des températures variant de 450 à 600° suivant l'allure du foyer. Les petits tubes qui forment la surface de surchauffe ne sont pas endommagés par ces températures, grâce à la faible épaisseur des parois et à la grande vitesse d'écoulement de la vapeur qui facilite la transmission de la chaleur.

Lorsque l'activité du foyer est faible, la production est modérée, les gaz arrivent dans la chambre du surchauffeur à des températures relativement basses. Au fur et à mesure que l'activité du foyer croît, la température d'arrivée des gaz s'élève, mais la production de vapeur augmente en même temps, et la vitesse d'écoulement à travers les tubes croît proportionnellement à la production.

La Compagnie Babcock et Wilcox expose également deux chaudières du type Marine représenté à la fig. 16.

A part les collecteurs ondulés verticaux, prolongés vers le bas par une partie droite, on ne retrouve dans cette disposition aucun des éléments caractéristiques de la chaudière terrestre de ces mêmes constructeurs.

Chaque collecteur reçoit une double rangée irrégulière de tubes de petit diamètre

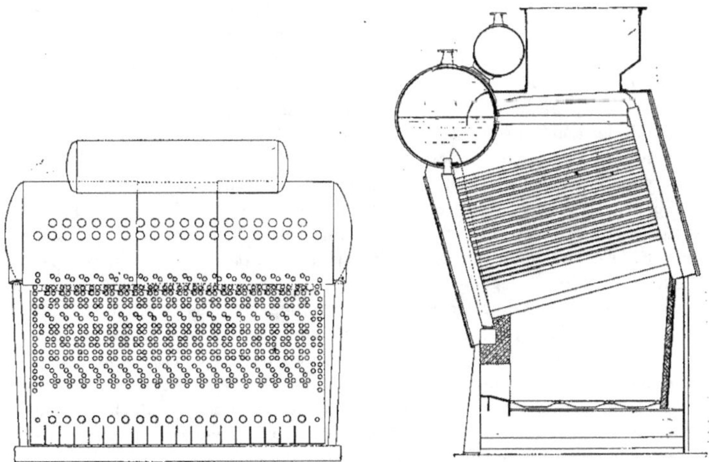

Fig. 16. — Chaudière marine Babcock-Wilcox.

placés en quinconce ; les deux collecteurs extrêmes de chaque façade ont une paroi droite, et les tubes extrêmes sont placés en alignement vertical, formant écran de protection pour les enveloppes. Les tubes de coup de feu sont insérés dans le bas de la partie droite des collecteurs; ils sont d'un plus grand diamètre et à ailettes intérieures, du type Serve, afin de combattre, par une plus grande résistance des tubes, les déformations de la surface placée sous l'action directe du foyer.

Un collecteur transversal qui se trouve placé à l'avant dépasse de chaque côté l'enveloppe pour recevoir deux tubes de retour d'eau auxiliaires qui descendent du corps supérieur. Les tubes sont inclinés de l'arrière à l'avant; les collecteurs arrière sont réunis au corps cylindrique par deux rangées de tubes horizontaux ayant le même diamètre que les tubes de coup de feu. Comme dans les chaudières terrestres, les connexions des différentes pièces sont obtenues par des bouts de tubes mandrinés. Les ouvertures en regard des petits tubes sont fermées par des bouchons autoclaves, dont le joint se fait métal sur métal. Des ouvertures plus larges ménagées par place permettent d'introduire des petits bouchons intérieurs. L'alimentation se fait dans un réservoir de décantation établi sur le même principe que ceux des chaudières terrestres. Les produits du foyer montent directement au travers du faisceau tubulaire pour passer à la cheminée. Toute la chaudière est enfermée dans une enveloppe métallique.

Les constructeurs expliquent le fonctionnement de cette chaudière marine, comme suit :

La vapeur et l'eau se dirigent vers les collecteurs arrière, montent à la partie supérieure de ces collecteurs, passent au réservoir par les tuyaux horizontaux de dégagement, la vapeur se sépare et l'eau revient aux tubes par les collecteurs de l'avant, en établissant ainsi la circulation continue de l'eau dans la chaudière.

Nous sommes loin de partager cette manière de voir. Considérons la chaudière telle qu'elle se trouve à l'Exposition, c'est-à-dire immobile. Pour que le cycle présenté par les constructeurs se produise, il faut que le mélange d'eau et de vapeur puisse cheminer horizontalement dans les tubes qui réunissent le corps cylindrique à la partie haute des collecteurs arrière. Ce mouvement est contraire aux lois de la gravité. Pour qu'il s'effectue, il faut nécessairement que la pression dans le réservoir soit inférieure à la pression existante dans le haut des collecteurs arrière. Dans tout cycle de circulation, la pression en un point quelconque du dégagement est d'ailleurs toujours *inférieure* à celle du point correspondant du retour. C'est la condition *sine qua non* de la circulation, celle qui découle de la théorie présentée par M. Babcock lui-même. Il ne peut donc pas y avoir dans le haut des collecteurs arrière un excédent sur la pression du réservoir pression nécessaire pour faire écouler le mélange dans le sens horizontal. Contrairement aux conditions indispensables pour l'écoulement des fluides dans la direction cherchée, on a créé une résistance additionnelle au débouché des tubes dans le réservoir en plaçant un écran déflecteur. Si le dégagement vertical de la vapeur peut produire un soulèvement du plan d'eau et des projections, rien de tel n'est à craindre avec le dégagement horizontal, et l'écran est inutile. L'effet de cet écran, qui se prolonge en dessous du plan d'eau normal, est de faire plonger la vapeur dans la masse d'eau du réservoir, condition qui s'oppose encore à tout mouvement dans la direction indiquée par les constructeurs.

En dernier lieu, la section des tubes horizontaux de dégagement est tellement faible, par rapport à la section totale des tubes vaporisateurs et à la production intensive de la chaudière, qu'elle suffirait à empêcher tout mouvement d'eau si la position de ces tubes n'était par elle-même un obstacle insurmontable.

Cet état de choses ne peut qu'être aggravé par les mouvements du bateau. Les collecteurs de retour d'eau se trouvent dans le voisinage immédiat des surfaces de grande production. La formation dynamique des pistons de vapeur dans les tubes aura pour effet de refouler la vapeur dans les collecteurs de retour, et c'est surtout par ceux-ci que la vapeur se dégagera vers le corps supérieur. Il s'en suivra, comme conséquence, le fonctionnement pulsatoire des tubes, qui se rempliront alternativement de vapeur ou d'eau.

La construction des chaudières terrestres et marines est bonne. Les collecteurs en tôle d'acier soudés, les pièces embouties de raccordement au corps cylindrique des chaudières terrestres, les fonds emboutis des réservoirs sont tous de bonne fabrication. La Compagnie Anglaise Babcock et Wilcox a établi dans ses ateliers de Renfrew (Écosse) un outillage puissant et perfectionné, qui lui permet de fabriquer ces pièces dans les meilleures conditions et de les fournir à tous ses correspondants et concessionnaires. Les collecteurs ondulés, notamment, sont dignes d'éloge.

Le ramonage des cendres et des suies se fait par un dispositif fixe, remplaçant la lance à vapeur mobile employée généralement. Des tubes verticaux, placés par côté contre les maçonneries, sont réunis à une conduite générale raccordée par un robinet à l'espace de vapeur du réservoir. Les tubes sont percés de petits orifices, et il suffit de lancer la vapeur dans les conduits pour que les jets de vapeur produisent des remous violents dans toute la chaudière, balayant les cendres et les suies, qui sont emportées à la cheminée.

Avec ce dispositif, nécessitant seulement l'ouverture d'un robinet pendant quelques instants, il y a des chances pour que le ramonage soit fait à des intervalles réguliers et suffisamment, tandis que les chauffeurs évitent le ramonage à la lance, qui est long et incommode.

3° Delpeutte, a Saint-Nazaire (Loire-Inférieure)

Chaudière à éléments, à chauffage extérieur et intérieur des tubes (Classe A).

Cette chaudière, d'un ensemble original, indiqué à la figure 17, est formée par une réunion d'éléments discutables.

Deux caissons à section rectangulaire sont placés à une certaine distance l'un au-dessus de l'autre. Le caisson supérieur, plus important, porte trois rangées de tubes horizontaux en cul-de-sac et deux rangées alternées de collecteurs également horizontaux. Le caisson inférieur porte deux rangées alternées de collecteurs horizontaux. Les collecteurs correspondants du haut et du bas sont réunis par les tubes vaporisateurs, placés verticalement, et par un tube de retour d'eau. Les tubes vaporisateurs contiennent chacun un tube de fumée intérieur qui traverse les collecteurs. Les deux caissons de façade sont ainsi réunis par deux tubes de retour d'eau. Le plan d'eau normal est placé dans le bas du caisson supérieur.

Les collecteurs du bas se trouvent au-dessus de la grille. Des chicanes obligent les gaz chauds à traverser le faisceau tubulaire en zigzag ; une partie des produits de la combustion passe par les tubes de fumée, placés à l'intérieur des tubes vaporisateurs.

L'inventeur de cette chaudière ne paraît pas s'être rendu bien compte des conditions nécessaires pour que la vapeur puisse se séparer de l'eau qui la contient. Le courant montant qui pourrait s'établir dans les espaces annulaires des tubes vaporisateurs viendra se briser dans le collecteur supérieur. Il faudrait ici, dans un espace des plus limités, que toute la vapeur se dirigeât horizontalement vers le caisson de façade, et que l'eau se meuve en sens inverse vers le retour. Il y a là une impossibilité matérielle, dont la conséquence est que les bulles de vapeur s'élevant dans les tubes viendront s'accumuler dans le collecteur horizontal et dans le haut des tubes, en supprimant le mouvement de l'eau. Les collecteurs inférieurs sont exposés au rayonnement de la grille, et à la première action des flammes; ils forment la surface de plus grande production, et l'absence de circulation fait que la vapeur s'y accumulera également.

L'alimentation a lieu dans ces collecteurs inférieurs, mais elle ne sera pas suffisante pour y arrêter l'ébullition, et ce mode d'alimentation aura pour effet d'obstruer très rapidement, par les dépôts, les collecteurs inférieurs et l'entrée des tubes vaporisateurs. Au lieu de posséder une circulation d'eau rationnelle, cette chaudière ne fonctionnera en réalité que comme un appareil à vaporisation instantanée, avec ses surfaces de chauffe dégarnies d'eau. Les tubes, en cul-de-sac, placés sur le caisson supérieur, doivent remplir l'office de surchauffeur de vapeur. Mais leur disposition est telle, que la vapeur qui s'y trouve, reste cantonnée. La vapeur qui s'écoulera de la chaudière ne passera pas par ces tubes. C'est donc une adjonction inutile.

Les tubes intérieurs de fumée nous paraissent également inutiles. On a voulu, par eux, augmenter la surface de chauffe dans un emplacement limité. Mais cette surface supplémentaire sera peu efficace, car une très faible partie seulement des gaz chauds passera à l'intérieur des tubes, la petite section de ces tubes occasionnant une résistance considérable. Les produits de la combustion passeront surtout par les carneaux extérieurs aux tubes. Eu égard au but poursuivi, cette complication est au moins inutile.

Une autre idée qui a dû présider à la création de ce type, paraît être la facilité de démontage des éléments tubulaires. Dans ce but, tous les assemblages sont obtenus par l'emploi de boulons-tirants intérieurs. Ce mode d'assemblage est très dangereux, car le tirant, à l'abri des gaz chauds, se dilate moins que les parties assemblées qui sont chauffées, et est soumis de ce fait à des efforts de traction considérables. Dans les anciennes chaudières

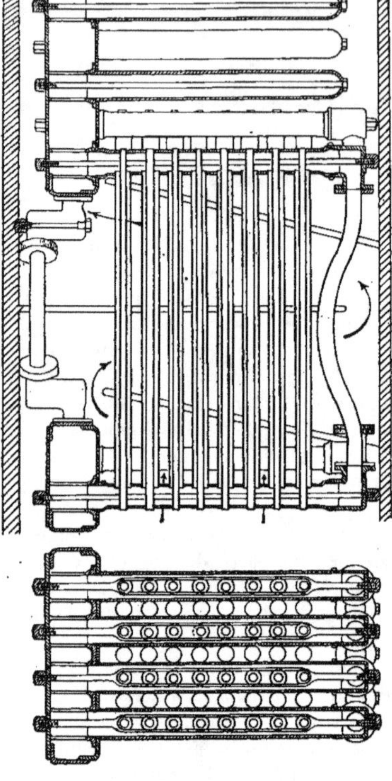

Fig. 17. — Chaudière *Delpeutte*.
D'après le Portefeuille des machines, juillet 1900.

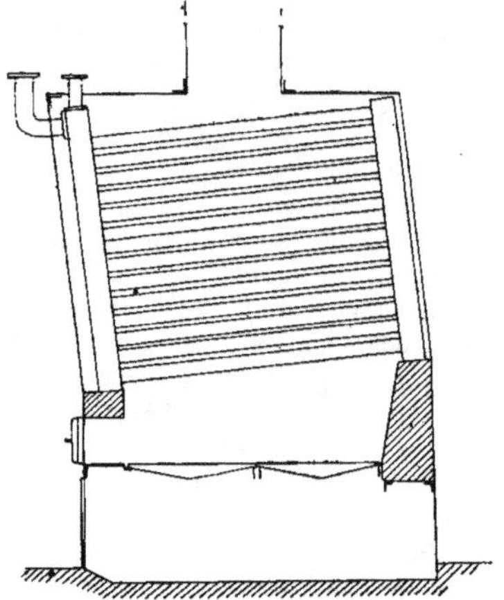

Fig. 18. — Chaudière *Fouché*.

Collet, on a employé le même mode d'assemblage, et les mécomptes auxquels il a donné lieu l'ont fait rejeter définitivement.

Enfin, aucun nettoyage intérieur n'est possible sans le démontage complet de toutes les parties de la chaudière.

4º Frédéric Fouché, a Paris

Chaudière à lames d'eau, sans réservoir d'eau et de vapeur (Classe A).

L'examen du croquis figure 18 montre que la chaudière de M. Fouché se compose exclusivement de deux lames d'eau réunies par un faisceau compact de tubes vaporisateurs. Comme dans la chaudière marine de Babcock et Wilcox, les tubes sont inclinés de l'arrière à l'avant. La longueur des tubes est, à peu de chose près, celle de la grille. Le plan d'eau est maintenu dans la région haute du faisceau vaporisateur; un certain nombre de rangées de tubes et une partie des lames d'eau ne contiennent que de la vapeur. La prise de vapeur et les robinets d'indicateur de niveau sont montés sur le caisson formant lame d'eau à l'avant.

Les produits du foyer s'élèvent à travers le faisceau tubulaire, pour passer à la cheminée. La chaudière est placée dans une enveloppe métallique à double paroi et à circulation d'air. Le cendrier étant clos, l'appel de l'air sous la grille se fait du haut en bas par les doubles parois.

En supprimant le réservoir supérieur, le constructeur de cette chaudière a voulu limiter la circulation d'eau aux circuits intérieurs au faisceau tubulaire. Le dégagement devrait se faire de l'avant à l'arrière, la séparation de la vapeur et de l'eau devrait avoir lieu dans la lame d'eau arrière, l'eau revenir par les tubes noyés de la partie haute à la lame d'eau avant, qui est supposée servir de retour d'eau, et la vapeur descendre par les tubes supérieurs pour se rendre à la prise de vapeur. La considération de la répartition des pressions dans un pareil circuit suffit à démontrer qu'il est irréalisable. Ce que nous avons dit du mode de fonctionnement du faisceau tubulaire dans la chaudière marine Babcock et Wilcox, s'applique également à la chaudière Fouché, qui peut, à la rigueur, être considérée comme une simplification peu heureuse de la première, car elle en exagère l'instabilité de pression, et la difficulté de chauffe.

Les tampons obturateurs des ouvertures ménagées sur les plaques de façade des caissons sont autoclaves.

Le cendrier clos et l'appel sous la grille de l'air qui s'est échauffé en circulant dans les parois doubles de l'enveloppe métallique ne favorisent pas la combustion. L'air dilaté contient, en poids, moins d'oxygène que le même volume d'air froid, et le mélange intime de l'oxygène aux produits comburants est obtenu plus difficilement. Pour créer l'appel d'air dans le cendrier, il faut qu'il s'y produise une dépression suffisante, dépression qui ne peut être obtenue qu'en faisant passer à la cheminée des gaz à très haute température pour augmenter proportionnellement la dépression à la base de la cheminée.

L'appel d'air par des enveloppes à doubles parois n'est rationnel que lorsqu'on introduit l'air chaud soit au-dessus de la grille, dans le foyer, soit dans une chambre de combustion où s'opère le brassage des gaz et de l'air introduit.

L'enveloppe entièrement métallique, lorsqu'elle est bien construite, offre un avantage très marqué pour l'utilisation du combustible. Les parois étant absolument étanches, on supprime ainsi les rentrées d'air par les fissures et la porosité des maçonneries; rentrées dont l'effet est si funeste pour le bon rendement des chaudières.

5° N. ROSER, A SAINT-DENIS (SEINE)

Chaudières à éléments, à retours indépendants (Classe A).

Le générateur multitubulaire de la maison Roser (figure 19) dérive du type Babcock et Wilcox. Il est formé par la juxtaposition d'éléments verticaux, formés chacun de deux collecteurs droits reliés par une série de tubes vaporisateurs superposés. Les collecteurs de l'avant sont reliés à un réservoir transversal au moyen d'un joint double à bague biconique. Le réservoir transversal est réuni à deux réservoirs longitudinaux qui se prolongent jusqu'à l'arrière de la chaudière, et qui portent chacun un dôme de prise de vapeur. De l'extrémité de ces réservoirs partent deux tubes droits de retour d'eau. Ces tubes viennent se relier à deux moignons portés par un collecteur transversal sur lequel s'insèrent les collecteurs arrière par joint double à bague biconique.

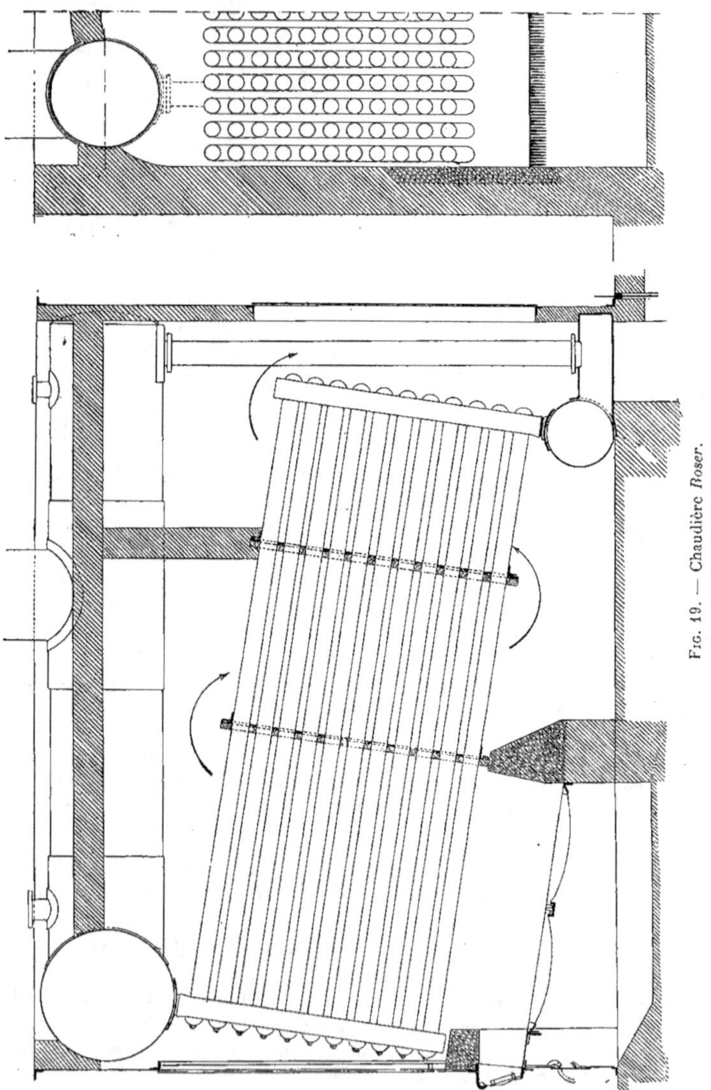

Fig. 19. — *Chaudière Roser.*

Le faisceau tubulaire est léché par les gaz en trois parcours successifs.
Les deux retours indépendants assurent une meilleure distribution de l'eau aux tubes

de coup de feu, ainsi que cela a été expliqué dans nos considérations générales. Leur section nous paraît faible par comparaison à la section totale du faisceau vaporisateur (deux tubes de retour de 180 millimètres de diamètre pour 143 tubes vaporisateurs de 120 millimètres de diamètre). Il y aurait avantage à donner à ces tubes de retour une plus grande section.

Les collecteurs sont droits et les tubes vaporisateurs sont placés les uns au-dessus des autres : leurs intervalles, dans le sens horizontal, forment ainsi des passages directs pour les gaz chauds, dont la masse ne se trouve pas brassée comme dans la disposition en quinconce. L'efficacité de la surface de chauffe est un peu diminuée de ce fait, mais cette critique n'a pas une très grande importance pour les appareils de M. Roser, car ce constructeur, d'après les enseignements de la pratique, a pour principe de maintenir très modérée la production de vapeur de ses chaudières. C'est là une excellente mesure.

Les collecteurs des éléments sont en tôle d'acier soudée; les tampons obturateurs sont autoclaves. La réunion des éléments aux corps cylindriques par des joints doubles à bague biconique facilite beaucoup le démontage des éléments en cas de réparations.

La construction de ces appareils est soignée. Nous critiquerons seulement le manque d'esthétique des façades. Les devantures sont constituées par le simple assemblage de tôles plates et de cornières droites d'une simplicité extrême mais d'un aspect disgracieux. Dans les grandes usines modernes, on exige un peu plus de goût dans l'ensemble de la construction et dans l'aspect extérieur des appareils.

6° SOCIÉTÉ ANONYME DES GÉNÉRATEURS MATHOT, A RŒUX-LES-ARRAS (NORD)

Chaudières à lames d'eau (Classe A).

La figure 20 donne la coupe longitudinale de ce système de chaudière et les coupes transversales de deux unités de différentes puissantes.

Deux caissons formant lame d'eau sont réunis par le faisceau tubulaire, qui est séparé en trois groupes dans le sens vertical, en deux groupes seulement pour la plus petite des chaudières exposées. La lame d'eau avant est directement rivée sur le corps supérieur et communique avec ce corps par une large section rectangulaire. La lame d'eau arrière est réunie au réservoir d'eau et de vapeur par un petit nombre de tubes de retour d'eau : de 3 à 7, suivant la puissance des chaudières exposées.

Les produits de la combustion viennent lécher les tubes vaporisateurs en trois parcours superposés (deux parcours seulement pour la plus petite des chaudières exposées) obtenus par la disposition de chicanes placées sur le haut de chacun des groupes de tubes formant le faisceau vaporisateur. En quittant les surfaces tubulaires, les gaz chauds lèchent le corps supérieur et passent au-dessus de la lame d'eau arrière pour plonger derrière celle-ci vers le carneau de sortie. L'écartement ménagé entre les groupes de tubes est nécessaire pour laisser une section suffisante au passage des gaz.

Le ramonage de ces chaudières se fait à lance, partie par des tubes entretoisés disposés au travers de la lame d'eau, et partie par des évidements latéraux dans la maçonnerie (Voir sur les coupes transversales de la figure 20). Ces évidements se prolongent jusqu'à la façade, et sont fermés par des portillons. La nécessité de combiner ces deux dispositions de ramonage n'est pas bien indiquée. La dernière ne nous paraît pas avoir de raison d'être avec la lance droite. Nous verrons, sur les chaudières Steinmuller, une application plus judicieuse des évidements latéraux de ramonage, qui entraîne néanmoins une plus grande largeur de façade et augmente la surface occupée par les chaudières. .

Les portes de foyer des générateurs Mathot sont reliées à la commande du registre, de façon à fermer presque complètement ce dernier lorsqu'on ouvre les portes de foyer pour le chargement de la grille. Beaucoup d'ingénieurs et quelques constructeurs ont attaché une grande importance à cette condition, qui ne nous paraît pas justifiée. Nous avons fait de nombreux essais comparatifs pour déterminer son influence sur le rendement, et nous en avons conclu que les bénéfices en étaient très minimes et de grandeur comparables aux erreurs d'observations qu'on commet dans les expériences.

L'orifice pour le passage de la vapeur de la lame avant dans le réservoir supérieur, se prolonge par un conduit rectangulaire qui monte vers le haut du réservoir, bien au-dessus du plan d'eau, et se prolonge horizontalement vers l'arrière. Dans la partie hori-

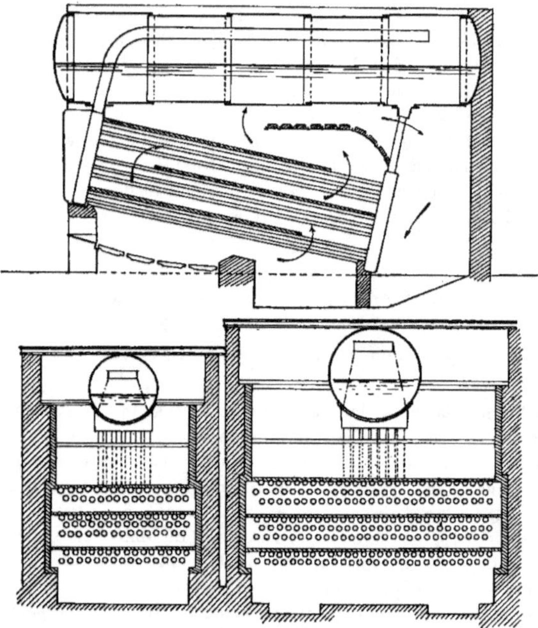

Fig. 20. — Chaudière *Mathot*.

zontale, ce conduit est ouvert à son extrémité, et porte sur sa face inférieure une série d'orifices pour le déversement progressif de l'eau en cours de route. La séparation de la vapeur se fait en faible partie dans ce couloir : l'eau retombant par son extrémité et les orifices intermédiaires entraîne avec elle la plus grande quantité de vapeur, qui se sépare après avoir plongé dans la masse d'eau du réservoir. Cet agencement permet d'augmenter la colonne disponible pour la circulation de la hauteur de l'eau dans le réservoir, moins une partie de la hauteur de la colonne fluide qui se trouve dans le conduit au-dessus du plan d'eau.

Les caissons formant lame d'eau, que construit la Société des Générateurs Mathot, ont une section transversale rigoureusement rectangulaire. Lorsqu'ils sont très larges (comme cela était le cas pour quelques-unes des chaudières exposées), la vapeur produite dans les côtés du faisceau tubulaire monte dans le haut des lames d'eau, où elle doit cheminer horizontalement pour atteindre l'ouverture centrale de dégagement. Elle y forme des poches dont la flèche croîtra avec la largeur latérale du caisson. On évite généralement cet inconvénient en inclinant les parois supérieures des caissons et en les faisant converger vers l'orifice de dégagement.

Les retours d'eau à l'arrière paraissent insuffisants, et font perdre tout l'avantage que peut donner le conduit séparé de dégagement à l'avant, dont l'effet se trouve déjà diminué par la grande hauteur à laquelle l'eau doit être élevée au-dessus du plan d'eau, et le long parcours horizontal. Les retours semblent d'autant plus insuffisants que toutes les chaudières sont munies de très grandes grilles, et sont présentées pour des productions intensives. Les chaudières exposées montrent que cette question des retours ne préoccupe pas assez les constructeurs. Voici, groupés en tableau, les surfaces de grille, le nombre de tubes vaporisateurs et le nombre de tubes de retour pour les différentes puissances :

Surfaces de grille	1 m² 44	4 m² 53	9 m² 20
Nombre de tubes vaporisateurs de 90 millimètres	26	105	224
Tubes de retour de 120 millimètres	3	6	7

On voit que cette question des retours n'est pas traitée logiquement.

7° Société française de constructions mécaniques
(anciens établissements Cail) a Paris.

Chaudière à lames d'eau et retours indépendants (Classe A).

Cette chaudière est représentée par la figure 21. Deux caissons formant lames d'eau sont réunis par le faisceau tubulaire. Le caisson avant est rivé sur toute sa largeur à un réservoir transversal, ce qui permet une section de dégagement presque égale à la section du caisson. Deux corps cylindriques horizontaux partent du réservoir transversal, et se prolongent jusqu'à l'arrière de la chaudière. Un ballon transversal pour la prise de vapeur est placé sur ces deux réservoirs longitudinaux, et, de leur extrémité arrière, partent deux tubes de retour d'eau qui viennent se raccorder à un collecteur transversal placé sous la lame d'eau arrière. Les tubes sont placés en quinconce, et leur faisceau est traversé par les gaz chauds en trois parcours créés par deux cloisons transversales.

Quelques-uns des tubes vaporisateurs sont établis pour servir d'entretoises entre les deux plaques tubulaires des lames d'eau. Ces entretoises tubulaires sont hachurées sur la coupe transversale (fig. 21). Elles constituent une mesure de sécurité qui est rarement employée, et qui est surtout recommandable pour les chaudières à éléments, dans lesquelles on a souvent constaté le déboîtage des tubes.

La construction des caissons formant lame d'eau est moins bien comprise. Cette conception donne satisfaction au chaudronnier voulant résoudre une question délicate de rivetage, mais elle ne répond pas à la conception d'un ingénieur ayant à se préoccuper de toutes les conditions d'établissement d'un bon générateur à vapeur. Parmi les plus essentielles de ces conditions, il en est une qu'on ne devrait jamais perdre de vue : *toutes les rivures chauffées doivent être baignées par l'eau sur l'une des faces.*

Or, voici comment sont construits les caissons de cette chaudière : les deux faces sont formées de deux tôles rectangulaires à bords rabattus sur trois côtés; les côtés intermédiaires pour former la collerette d'attache sur les corps cylindriques, et les bords rabattus latéraux sont rivés ensemble; pour fermer le quatrième côté du caisson, on enserre un fond embouti, ainsi qu'on le voit à la figure 21.

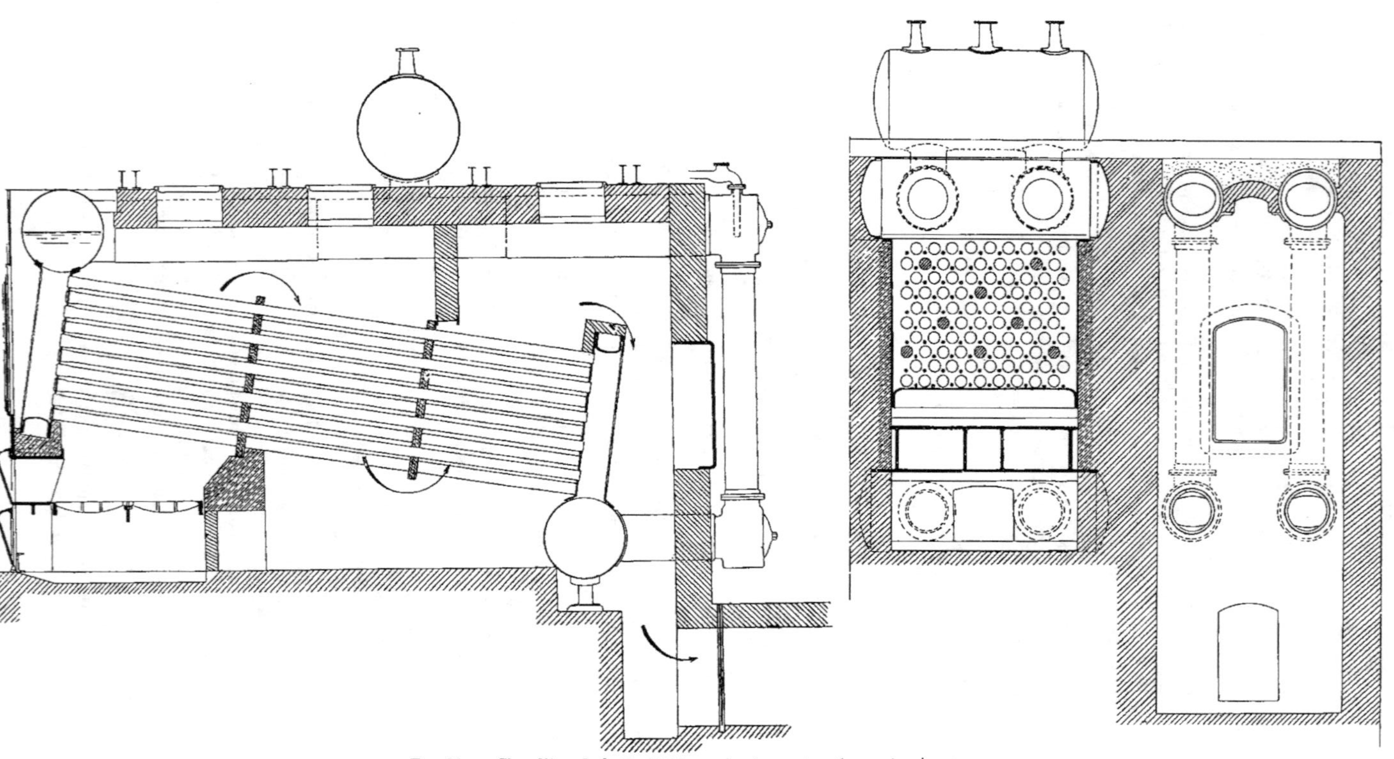

Fig. 21. — Chaudière de la *Société française de constructions mécaniques.*

Les rivures de ces fonds emboutis sur les caissons ne sont pas en contact avec l'eau; il en résulte que cet assemblage doit souffrir par l'action de la chaleur, surtout à la partie postérieure du caisson avant. On a bien indiqué en cet endroit une mince garniture réfractaire; mais elle est insuffisante, car elle sera toujours à très haute température. Du reste, ces garnitures se détériorent rapidement en pratique : elles s'effritent ou coulent sous l'action de la chaleur et elles tombent souvent sous la poussée des mouvements de la chaudière. La rivure se trouve alors exposée, sans écran, au rayonnement de la grille.

La chaudière est suspendue à une charpente métallique, qui décharge les maçonneries du poids de l'appareil. C'est une bonne disposition, qui tend à se généraliser dans la construction des chaudières multitubulaires. Les tampons obturateurs sont à fermeture autoclave.

8° SOLIGNAC, GRILLE ET Cie, A PARIS

Chaudière à éléments, à circulation artificielle (Classe A).

La figure 22 donne la coupe longitudinale schématique de ce nouveau système de chaudière et la vue de face de l'appareil exposé. Il est formé par l'assemblage de plusieurs collecteurs rectangulaires sur lesquels sont inséré des séries de tubes vaporisateurs de petit diamètre en forme d'U couché et irrégulier. La branche supérieure de ces tubes est placée horizontalement, la branche inférieure est très légèrement inclinée de l'arrière à l'avant. Chacun des collecteurs est réuni au réservoir supérieur d'eau et de vapeur par un système tubulaire formé d'un tube de dégagement et d'un tube de retour. Les tubes de dégagement partent de la partie haute des collecteurs, en dessous du débouché supérieur des tubes vaporisateurs, et se prolongent jusqu'au-dessus du plan d'eau normal dans l'espace de vapeur du corps principal. Le tube de retour est inséré à la partie basse du corps principal, et aboutit également à la partie basse du collecteur.

Cette chaudière est présentée pour une vaporisation très intensive. La surface de chauffe est de 30 m², et la production normale annoncée est de 1.200 kilogrammes de vapeur par heure, soit 40 kilogrammes de vapeur par heure et mètre carré de surface de chauffe.

Cette production peut évidemment être atteinte si l'on brûle sur la grille une quantité suffisante de combustible. Il ne faut pas s'étonner des grosses productions, et les considérer comme des résultats extraordinaires. Avec n'importe quelle chaudière on peut obtenir facilement des vaporisations intensives. Les surfaces exposées au rayonnement de la grille produisent de 100 à 200 kilogrammes de vapeur par mètre carré et par heure, d'après de nombreuses expériences, parmi lesquelles il faut rappeler les recherches de M. Hirsch (*Annales du Conservatoire des Arts et Métiers*, 2ᵉ série, volume I). La production des surfaces qui suivent la surface de chauffe directe tombe très rapidement. Il suffit dès lors de supprimer une partie de la surface de chauffe indirecte pour que le taux moyen de la production par unité de surface s'élève rapidement. Mais nous nous empressons d'ajouter que cela ne peut pas être réalisé sans nuire beaucoup au rendement économique, surtout si la surface de chauffe indirecte, ainsi supprimée, est importante.

Dans l'hypothèse que nous venons d'indiquer, la chaudière ne souffre pas de cette production intensive, qui n'est qu'apparente, car les quantités de chaleur absorbées par les différentes parties de la chaudière restent les mêmes.

D'un autre côté, la production moyenne peut être augmentée, si l'on augmente la quantité de chaleur développée dans le foyer. C'est la capacité productive du foyer qui limite alors la puissance de production de la chaudière. Dans ce cas, le rendement économique de la chaudière baisse encore plus rapidement avec l'augmentation de production, et la chau-

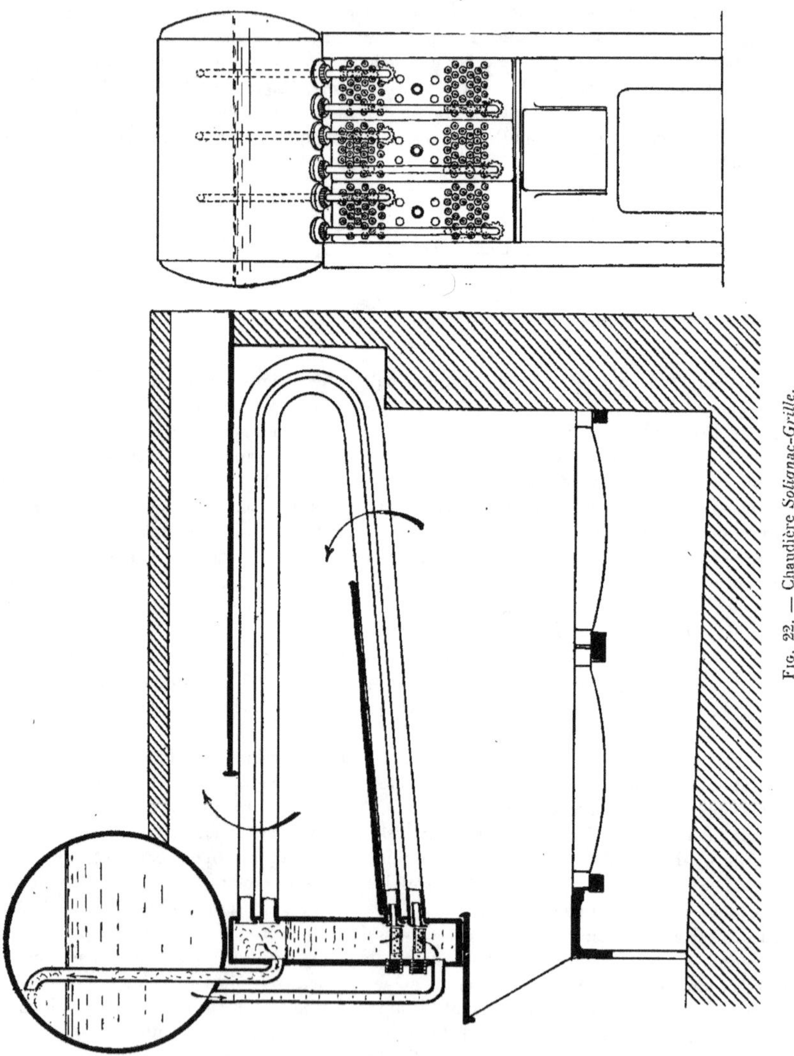

Fig. 22. — Chaudière *Solignac-Grille*.

dière souffre de l'accroissement d'absorption de chaleur par unité de surface, conséquence de l'accroissement d'intensité du foyer. La chaudière est forcée.

On voit donc que les très grosses productions ne sont en général, obtenues qu'au détriment du rendement. La chaudière Solignac exposée ne peut donc avoir, à notre avis, qu'un rendement assez faible, mais elle doit pouvoir produire les 1.200 kilogrammes annoncés, car elle a une grille de 1 m² 92. Le parcours des gaz qu'on voit sur la coupe schématique (fig. 22), est presque direct, et n'offre pas de résistances considérables ; on doit ainsi facilement brûler 100 kilogrammes et même plus par mètre carré de grille et par heure.

Reprenant les idées du début de Belleville, M. Solignac a voulu tout d'abord créer un générateur à vaporisation instantanée en injectant un mince filet d'eau dans les tubes, par un très petit orifice, au moyen d'une pompe. Il s'est heurté aux mêmes inconvénients qu'a dû surmonter Belleville, et, tout comme celui-ci, il a reconnu la nécessité d'avoir une certaine quantité d'eau sur les surfaces chauffées. Quoique l'aspect en soit différent, on retrouve, dans les diverses étapes de la chaudière Solignac exposées par les dessins à la classe 19, toutes les transformations d'origine de la chaudière Belleville.

La position presque horizontale des tubes vaporisateurs étant un empêchement majeur pour faire arriver l'eau sur les surfaces de chauffe, M. Solignac a eu la même idée que Belleville : utiliser l'effet dynamique de la formation de la vapeur pour produire le dégagement dans une direction assignée d'avance, et former un appel d'eau dans la même direction, en créant une résistance à l'écoulement par le rétrécissement de l'orifice d'entrée de l'eau. Ces effets ont été expliqués au chapitre II. M. Solignac place à l'entrée de ses tubes vaporisateurs, dans le bas du collecteur, un petit ajutage réduisant la section de cette entrée. Un bout de tube forme butoir pour empêcher la projection de ces ajutages par l'effet dynamique de la formation des bulles. Ces tubes sont percés d'un grand nombre d'orifices pour laisser passer l'eau aux ajutages.

Il suffirait de donner aux tubes une inclinaison suffisante, pour pouvoir se dispenser d'ajutage et mieux rafraîchir les surfaces de chauffe. Ce serait une solution rationnelle.

Le fonctionnement de cette chaudière est le suivant : au repos, les tubes et les collecteurs sont remplis d'eau ; en chauffant, et tant qu'il n'y a pas de production de vapeur, les courants de convection sont localisés dans les tubes vaporisateurs et leurs collecteurs. Dès que la vapeur commence à se produire l'eau est chassée de tous côtés vers les collecteurs. La formation successive des bulles a bientôt pour effet d'accentuer le mouvement par les tubes vers la partie haute des collecteurs, et la vapeur vient tout d'abord s'accumuler dans cette partie haute des collecteurs où elle ne trouve pas d'issue. L'eau continue toujours à être refoulée dans le corps supérieur par les tubes de retour. Lorsque, par suite de l'arrivée successive de la vapeur, le plan d'eau auxiliaire ainsi établi dans le haut des collecteurs vient affleurer l'ouverture du tube de dégagement, la vapeur et l'eau se précipitent dans ces tubes et se déversent dans le corps principal. A ce moment, le tube de retour fonctionne suivant sa destination, et ramène dans le bas des collecteurs un volume d'eau égal à celui qui a été déversé dans le haut. L'eau amenée par le retour se distribue aux ajutages d'entrée des tubes vaporisateurs. On crée ainsi un cycle de circulation artificielle, automatique, continue, indépendante des variations de l'alimentation et nettement caractérisé, qui aura son maximum d'effet lorsque la section des tubes de dégagement et celle des tubes de retour de chaque collecteur seront égales à la somme des sections des ajutages de distribution aux tubes vaporisateurs insérés dans le collecteur. La hauteur de charge ainsi disponible pour produire la circulation de l'eau est la distance entre le plan d'eau du corps supérieur et les ajutages d'entrée des tubes.

9° Pétry-Dereux, a Dueren (Prusse rhénane)

Chaudière à lames d'eau (Classe A).

La figure 23 montre la disposition d'ensemble de ce générateur, composé de deux caissons formant lames d'eau, réunis par le faisceau tubulaire. Le caisson de l'avant est directement rivé au corps cylindrique, le caisson de l'arrière est assemblé au réservoir principal par l'intermédiaire d'une large tubulure de raccordement. Le faisceau tubulaire est partagé en deux chambres par une cloison transversale vers l'arrière. Deux séries de chicanes, placées à plat sur les tubes, comme l'indique la figure, obligent les gaz chauds à se diriger vers l'arrière, en léchant les quatre rangées de tubes inférieurs dans la chambre d'avant. Ces gaz remontent dans le faisceau, qu'ils quittent à la partie supérieure à l'avant, et, après avoir chauffé le corps supérieur, ils plongent à travers les tubes à l'arrière de la cloison pour passer au carneau de sortie.

Le constructeur signale deux particularités de son appareil sur lesquelles il insiste.

Dans le but de supprimer les entraînements d'eau avec la vapeur, le dégagement de vapeur se fait dans un coffre à compartiments chicanés placé

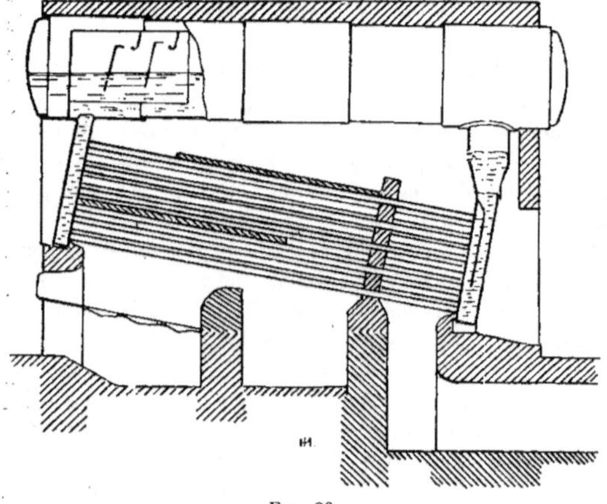

Fig. 23.

dans le réservoir d'eau et de vapeur (Voir fig. 23). Avant de passer dans l'espace de vapeur principal, la vapeur est obligée de traverser les méandres formés par les chicanes du coffre. On suppose que, grâce aux brusques changements de section, et en vertu de l'inertie, la vapeur se débarrasse de l'eau qu'elle contient en suspension. Le principe de ce dispositif n'est pas nouveau, et a déjà fait l'objet de nombreuses applications dans des chaudières ou dans les appareils auxiliaires que l'on appelle séparateurs d'eau. Son efficacité sur ce que l'on est convenu d'appeler les entraînements d'eau est très contestable.

Au moment où se déchire la pellicule liquide qui enserre la bulle de vapeur flottante, il y a projection de petites vésicules d'eau extrêmement ténues. Ce phénomène est constant tant qu'il y a des bulles venant à la surface de l'eau, et une certaine quantité d'eau est ainsi toujours projetée dans le voisinage du plan d'eau. Cette poussière est charriée par la vapeur, tout comme celle qui est transportée parfois à de très grandes distances par le déplacement de l'air dans le voisinage d'un jet d'eau. C'est un effet de la tension superficielle de l'eau; effet d'autant plus accentué que la température de l'eau est plus basse et que les bulles sont plus petites. Lorsque ces deux dernières conditions sont réunies, on voit s'élever de la surface de l'eau un véritable nuage. Pour remédier à un pareil état de choses naturel et permanent, on conçoit qu'il faudrait avoir une vitesse presque nulle de la vapeur à l'endroit où elle se dégage, pour que la poussière d'eau puisse retomber à la masse, et se séparer. C'est la raison pour laquelle les chaudières où le dégagement des bulles se fait sur une grande étendue (comme dans les chaudières à foyer intérieur), et qui ont en outre un très grand espace de vapeur, donnent de la vapeur moins humide, c'est-à-dire charriant moins d'eau en suspension, que celles qui ne remplissent pas ces conditions. On dit que les premières entraînent moins que les deuxièmes, et on appelle *titre de la vapeur*, la proportion de celle-ci dans le mélange. Dans les chaudières où le dégagement de toute la production de vapeur est réunie en un seul endroit, la vitesse de la vapeur en quittant l'eau est toujours très grande, et s'augmente encore à cause de l'intumescence produite par l'accumulation des bulles à la surface, qui vient diminuer l'espace de vapeur. C'est surtout le cas des chaudières multitubulaires, qui ont presque toujours des réservoirs supérieurs de faibles dimensions et des espaces de vapeur restreints. Ceci explique la raison d'être de l'écran que l'on place sous l'eau et au-dessus du dégagement de la vapeur dans certains systèmes de générateurs multitubulaires, et des conduits de dégagement à déversoir prolongé qui existent dans d'autres. On répartit ainsi les bulles sur une plus grande surface, et le titre de la vapeur est amélioré.

Les explications qui précèdent donnent la raison de l'inefficacité de tous les séparateurs basés sur l'inertie, car tous ces appareils ne font qu'accroître la vitesse de la vapeur en lui faisant parcourir des méandres plus ou moins tortueux, alors qu'il faudrait avoir une vitesse presque nulle pour opérer la séparation complète de l'eau.

L'autre perfectionnement présenté par la maison Pétry-Dereux est une cloison séparatrice transversale placée dans le caisson arrière, jusqu'au-dessus de la deuxième rangée de tubes à partir du bas (fig. 23). Le caisson se trouve ainsi partagé sur une certaine hauteur en deux compartiments distincts. L'eau du retour qui descend par le compartiment postérieur vient desservir ainsi directement les tubes du bas. Cette disposition est analogue, comme effet, à celle du retour d'eau indépendant, que nous avons déjà présentée, et qui est préférable à celle qui consiste à ramener simplement l'eau par le haut des caissons ou des collecteurs. La cloison séparatrice de la chaudière Pétry-Dereux n'est pas fixe; elle est formée de parties assemblées, qu'il faut déplacer pour procéder à la visite et au nettoyage des tubes vaporisateurs. C'est une complication d'entretien, que l'on évite avec le retour indépendant.

La construction de la chaudière est en général assez soignée, seules les barrettes du trou d'homme du corps principal prêtent à la critique. Elles sont en fers plats, en forme de chapeau de gendarme et d'un aspect disgracieux.

10° Simonis et Lanz, a Francfort-sur-le-Mein

Chaudière à lames d'eau et circulation artificielle (Classe A).

La figure 24 montre la disposition d'ensemble de ce générateur, composé de deux lames d'eau réunies par le faisceau tubulaire. La lame d'eau avant est réunie au corps principal par une pièce de raccordement, la lame d'eau arrière par une tubulure dont la section, circulaire dans le haut, devient rectangulaire à l'insertion sur le caisson. Le parcours des gaz chauds est indiqué sur la coupe longitudinale.

Cette chaudière présente quelques dispositions particulières.

Les tampons sont circulaires et autoclaves, et leurs joints peuvent être faits de l'extérieur. Dans d'autres systèmes, le tampon circulaire autoclave nécessite l'établissement d'un trou de passage spécial pour introduire les tampons dans l'intérieur du caisson, ce qui constitue une complication d'entretien. Dans cette chaudière, les tampons et les trous ont une même conicité vers l'extérieur. L'orifice sur le caisson est diamétralement entaillé à l'extérieur sur la demi-épaisseur, et le tampon est évidé à la base sur deux côtés opposés et sur la demi-hauteur conique. Le diamètre de l'orifice aux entailles est légèrement plus grand que le diamètre du tampon aux évidements. Le tampon, présenté de côté, dans cette

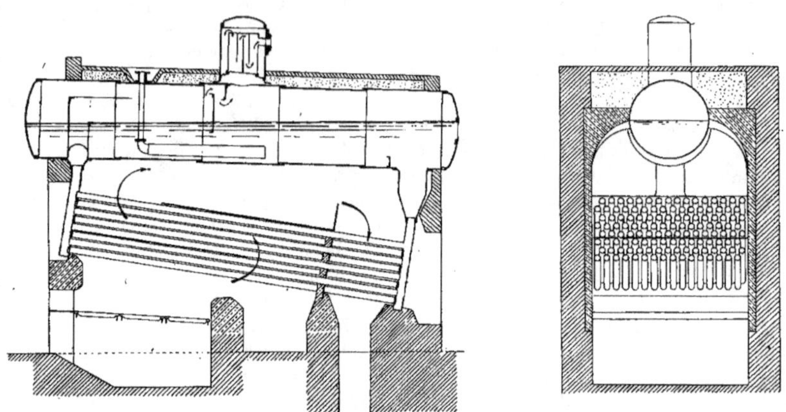

Fig. 24. — Chaudière *Simonis* et *Lenz*.

position particulière, passe par le trou, et on le ramène pour boucher l'ouverture. On le fait tourner de 90 degrés. Les entailles de l'orifice sont alors en regard des parties pleines du tampon, et le joint se fait sur les surfaces coniques qui sont en contact sur tout le pourtour. La figure 25 représente cette disposition, qu'il suffit d'avoir vu une seule fois en fonction, pour en apprécier toute l'ingéniosité et la grande simplicité.

La chaudière Simonis et Lanz possède dans le corps supérieur, et dans le dôme de

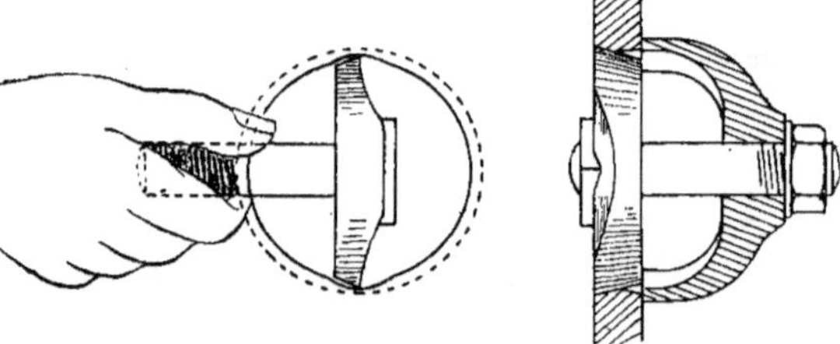

Fig. 25.

prise de vapeur, deux séries de chicanes, dont le but est de séparer l'eau en suspension dans la vapeur. Nous avons expliqué l'inutilité de ces dispositifs en parlant de l'arrangement similaire de la chaudière précédente.

Le corps supérieur n'est pas placé horizontalement, ainsi que cela se fait d'habitude. Il est légèrement incliné vers l'arrière. La raison de cette complication de construction et de montage nous échappe, d'autant plus que, pour un même volume d'eau contenu dans le réservoir, elle a pour effet de diminuer la hauteur de la charge disponible pour l'appareil de circulation artificielle.

L'alimentation se fait dans le corps supérieur par un tuyau plongeant, qui se raccorde par un coude à un tube de gros diamètre placé dans le bas du réservoir (fig. 24). Les constructeurs expliquent l'utilité de ce dispositif par le fait que l'eau s'échauffe suffisamment dans le tube horizontal pour que la précipitation des sels s'opère, qu'ils sont ainsi amenés vers l'arrière du réservoir, où un écran les retient, et les empêche de se déverser dans le retour. On extrait ces sels par une vidange spéciale.

. Nous ne pensons pas que ce dispositif donne en pratique les effets qu'on attend de lui. Les coudes des tuyaux d'alimentation, dans l'intérieur des chaudières, sont une source d'ennuis. Les coups de bélier qui se produisent dans ces conduits détériorent les coudes, et provoquent la déchirure du coude ou du tuyau. Il faut les éviter avec soin, car les débris des tuyaux d'alimentation ont souvent provoqué des désordres graves. Il est certain que l'eau d'alimentation ne s'échauffera pas mieux dans le tuyau horizontal que si elle est mélangée à la masse d'eau, puisque celle-ci seule peut lui céder de la chaleur. Si l'on

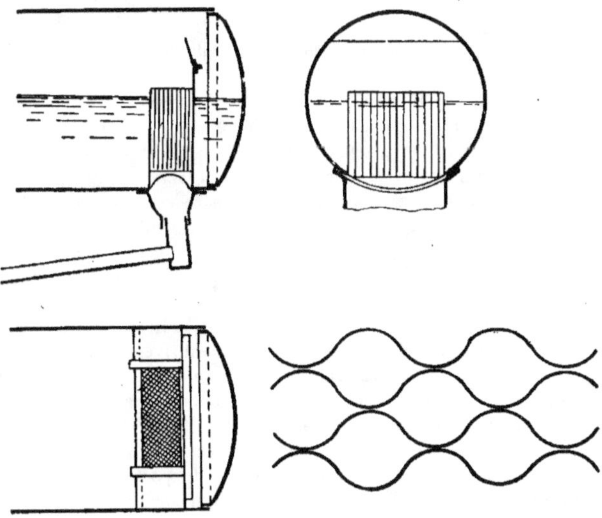

Fig. 26.

suppose que la séparation des sels calcaires puisse se faire aussi facilement, et qu'on veuille amener l'eau d'alimentation dans la zone de dépôt en amont du barrage, il suffirait de déplacer la position du tuyau plongeur, et le mettre en arrière du dôme.

La chaudière Simonis-Lanz est munie d'un dispositif intérieur pour provoquer la circulation artificielle de l'eau et représenté par la figure 26. Ce dispositif est placé dans le réservoir supérieur, immédiatement au-dessus du dégagement de vapeur. Il se compose d'une boîte rectangulaire sans fonds, et, entre les parois de cette boîte, sont insérées des tôles ondulées placées verticalement. Ces tôles se touchent sur les génératrices les plus saillantes d'ondulations alternées, et forment ainsi un ensemble de conduits juxtaposés, dont la section dépend du profil des tôles ondulées qui se prolongent un peu au-dessus du plan d'eau. Toute la vapeur produite par la chaudière se dégage dans le caisson de l'avant formant lame d'eau, et est amenée sous ce système tubulaire. Les petites bulles s'y engagent directement, les grosses bulles se partagent entre plusieurs conduits voisins, à moins que l'ondulation des tôles ne donne des conduits suffisamment grands pour leur livrer passage. D'après ce que nous avons dit sur la question de la circulation, on reconnaît de suite que ce dispositif réunit certaines des conditions voulues pour mettre en mouvement un volume d'eau important, parmi lesquelles le dégagement des bulles de vapeur en un plus ou moins grand nombre de passages directs mis à l'abri des influences thermiques du foyer. Mais la disposition de la chaudière ne permet pas de tirer tout le parti que peut donner l'appareil de circulation. Les courts circuits intérieurs sont diminués, mais ne sont pas supprimés, et il y aura encore des retours de vapeur des tubes supérieurs aux tubes de coup de feu. Nous verrons sur d'autres chaudières comment on peut faire disparaître ce grave inconvénient.

11° L. ET C. STEINMUELLER, A GUMMERSBACH (PROVINCE RHÉNANE)

Chaudières à lames d'eau (Classe A).

Les chaudières de ce système alimentaient une des installations mécaniques les plus importantes de la Section allemande. Comme le montre la figure 27, elles se composent de deux lames d'eau réunies par le faisceau tubulaire disposé en quinconce. Le corps supérieur porte, rivé à l'avant, une pièce de raccordement à section rectangulaire, et à l'arrière une tubulure dont la section circulaire se transforme en section rectangulaire. Ces deux pièces portent des brides rivées, et s'assemblent par joint boulonné, aux brides correspondantes rivées sur les caissons. Le parcours des gaz se fait exclusivement dans le faisceau tubulaire et les courants sont dirigés par des chicanes et une cloison, comme l'indique le dessin.

La séparation en deux parties de ce système de chaudière répond à des convenances commerciales, car elle permet de transporter, entièrement rivées, les chaudières de grandes dimensions, sans qu'elles sortent des gabarits des chemins de fer. Il ne reste qu'à boulonner les deux parties sur place. Nous devons néanmoins faire remarquer combien sont délicats les joints dans de pareilles dimensions.

Les caissons des chaudières Steinmueller sont terminés dans le haut par des parois horizontales. Il y a donc en cet endroit formation de poches de vapeur importantes de chaque côté de la tubulure de dégagement, ce qui constitue un grave inconvénient.

Le dispositif placé dans le corps principal est présenté comme ayant une importance telle qu'il semble que c'est seulement grâce à lui que la chaudière multitubulaire peut exister. « Les défauts inhérents au principe même de ce genre de chaudières, disent les « constructeurs, ont démontré avec le temps l'impossibilité d'établir, jusqu'à ce jour, un « bon générateur multitubulaire. »

. Voici en quoi consiste le dispositif en question, et comment est expliqué son fonctionnement :

Au-dessus du débouché de la lame d'eau avant (fig. 27) est placée une caisse qui a pour objet d'isoler le flux montant de la masse d'eau du corps supérieur. Cette caisse est prolongée jusqu'au-dessus du plan d'eau et se continue par un conduit rectangulaire longitudinal, ouvert et percé d'ouvertures sur la paroi inférieure. Dans le bas de la caisse, est inséré un tube qui se dirige vers l'arrière et s'arrête au ras de la tubulure de retour d'eau.

Au début de la chauffe, les courants de convection montent dans la caisse, et celle-ci une fois remplie d'eau plus chaude que l'eau du réservoir, se déversent dans la masse liquide du corps principal par le tuyau auxilaire, établissant ainsi un mouvement qui tend à uniformiser la température de toute l'eau. Lorsque l'ébullition se produit, les courants montants s'établissent avec grande vigueur. Le mélange d'eau et de vapeur se *précipite*

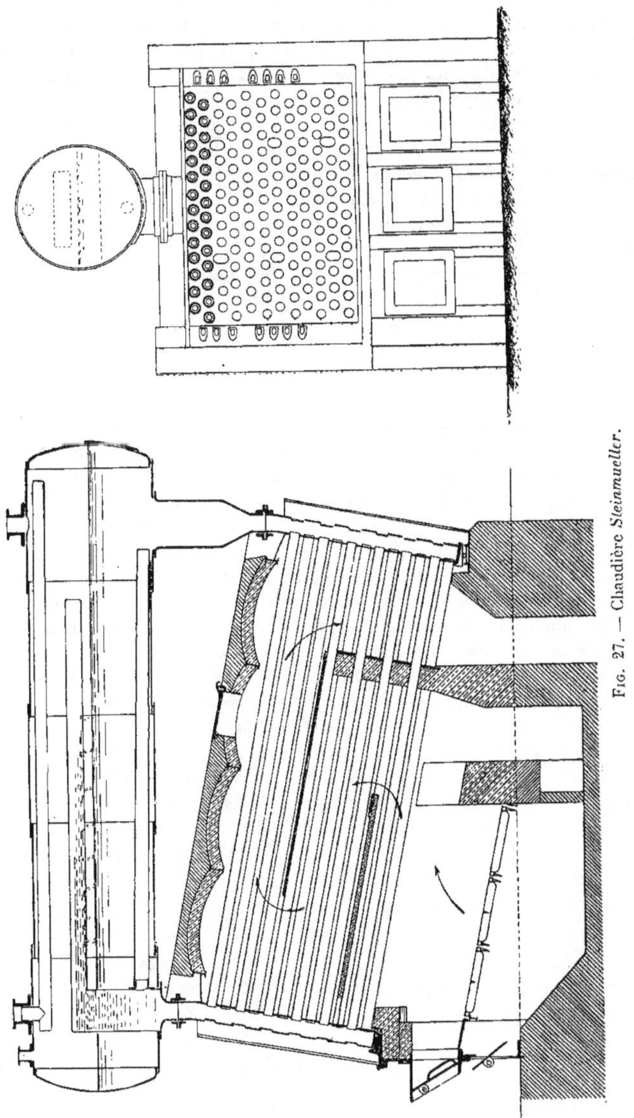

FIG. 27. — Chaudière *Steinmueller*.

avec *force* dans la caisse; une partie de l'eau *se sépare* et reflue immédiatement vers l'arrière, par le tuyau auxiliaire. La vapeur avec le reste de l'eau montent dans le couloir longitudinal, et se dirigent vers l'arrière ; la vapeur se sépare en cours de route, et l'eau retombe par les ouvertures ménagées dans la paroi inférieure du couloir.

D'après les constructeurs, cet agencement produit les effets suivants : 1° établissement d'une circulation d'eau continue et très énergique ; 2° séparation complète de la vapeur et de l'eau, et par suite suppression de toute trace d'humidité dans la vapeur.

En examinant un dispositif presque analogue, qui se trouve placé dans la chaudière Mathot (n° 6), nous avons montré que son influence sur la qualité de la vapeur était nulle. Du reste, le tube *Crampton* pour la prise de vapeur, situé dans le corps principal des chaudières Steinmueller, indique bien qu'on doit recourir à d'autres artifices pour débarrasser la vapeur de l'eau qu'elle tient en suspension.

Comme appareil de circulation, l'arrangement choisi nous paraît devoir produire le contraire de l'effet cherché.

L'eau et la vapeur qui se trouvent dans la caisse ne peuvent pas se séparer aussi facilement qu'on l'a supposé ; c'est à la surface libre seulement que la vapeur se libère. Si donc il y avait par le tube du bas de la caisse un courant vers l'arrière, ce courant d'eau entraînerait avec lui une proportion de vapeur à peu près égale à celle du mélange dans la caisse. Cette vapeur serait amenée directement dans le retour, avec toutes les conséquences que l'on connaît.

Si l'on considère attentivement ce dispositif et la répartition des pressions, on verra que la charge de l'eau du réservoir, qui s'exerce à l'extrémité du tube, produira un mouvement en sens inverse. L'eau du corps principal pénétrera par le tube dans la caisse, et sera élevée dans le couloir. Il s'établira donc une circulation locale de l'eau du réservoir, au détriment de la circulation générale. L'effet de cet appareil nous paraît donc être également l'opposé de celui qu'on recherche.

La circulation de l'eau dans les chaudières Steinmueller, loin d'être très énergique, est à notre avis insuffisante. Cette manière de voir est confirmée par des expériences faites par les constructeurs eux-mêmes, et dont ils présentent les résultats comme preuve concluante de la circulation très active qu'ils invoquent en faveur de leur système.

Voici comment ils ont procédé pour mesurer l'importance de la circulation.

Le réservoir d'une chaudière a été séparé du faisceau tubulaire, et on a placé dans le retour une hélice actionnant un compteur de tours. Les deux brides de raccordement étaient obturées, et sur celle d'arrière était monté un robinet de vidange. Le réservoir étant rempli à la hauteur normale, on a ouvert la vidange, tout en faisant arriver dans le réservoir assez d'eau pour que le niveau demeurât constant. On a déterminé le débit d'eau pour un nombre de tours donné, en pesant le liquide écoulé. Le réservoir a été ensuite replacé sur son faisceau tubulaire avec l'hélice dans le retour, et on a chauffé l'appareil, en mesurant la quantité de vapeur produite et le nombre de tours de l'hélice. Les chiffres communiqués sont les suivants :

> Surface de chauffe...................... 20 mètres carrés.
> Production de vapeur par heure........ 400 kilogrammes.
> Eau passant par le retour.............. 152 à 168 kilogrammes par minute.

Prenons le chiffre le plus élevé. Le poids d'eau passant par le retour en une seconde, était de $\frac{168}{60} = 2,8$ kilogrammes.

La production de vapeur en une seconde, était de $\frac{400}{3.600} = 0,111$ kilogrammes.

La pression de marche n'est pas indiquée ; admettons les pressions de 6 kilogrammes et de 11 kilogrammes. Les volumes de vapeur correspondants pour la production d'une seconde, sont de 35 litres et 20 litres, contre 2 l., 8 d'eau en circulation.

On sait, qu'avec un volume de vapeur donné, on peut mettre en mouvement un volume d'eau égal. Les 2 lit. 8 d'eau de circulation mesurés, donnent une très faible circulation, puisque, si la pression de régime était de 6 kilog. on pourrait faire circuler 35 litres par seconde, et 20 litres si la pression était de 11 kilog.

On se rendra bien compte de l'insuffisance de cette circulation en calculant les proportions du mélange. Dans le premier cas la vapeur, occuperait 93 p. 100 du volume d'ensemble et dans le second cas 90 p. 100.

Ce sont des proportions dangereuses, et, si l'on tient compte que la production n'est pas uniforme dans le faisceau, les tubes de coup de feu produisant à eux seuls en volume environ les trois quarts du volume total de vapeur, il est clair que l'arrivée de l'eau dans ces tubes est presque nulle, et que la production pulsatoire doit s'y établir infailliblement.

A notre avis, le dispositif de circulation de la maison Steinmuller n'a aucune influence sur le mouvement de l'eau; il ne doit pas améliorer les résultats économiques de la chaudière.

La construction des chaudières exposées est bien soignée dans toutes les parties. Les tampons obturateurs dans les lames d'eau sont à fermeture autoclave sans interposition d'un joint. Les portées des tampons sur la face intérieure des caissons sont fraisées. Les obturateurs circulaires sont introduits par des trous de bras qui sont figurés sur la vue de face de la figure 27. On remarque enfin sur cette vue, de chaque côté du caisson, un certain nombre de petits ouvreaux destinés au passage de la lance de ramonage. Cette lance, droite généralement, est ici au contraire recourbée à angle droit. La partie recourbée est suffisamment longue pour aller jusqu'à l'axe de la chaudière; elle est percée de nombreux petits trous d'insufflation. On introduit la partie recourbée de la lance par les ouvreaux, et on la place parallèlement aux lames d'eau. Il suffit alors de l'enfoncer, pour opérer un ramonage efficace. Ce mode de nettoyage des suies est très bien compris et doit donner en pratique de bons résultats.

12° Alexandre Bary, a Moscou

Chaudière à éléments sectionnés (Classe A).

La figure 28 reproduit le générateur multibulaire exposé par la maison Bary, lequel rompt la monotonie dans la disposition générale des lames d'eau et du faisceau tubulaire de la plupart des chaudières étrangères.

Les tubes vaporisateurs sont réunis par groupes de 19, et sont assemblés sur des tambours. La réunion de deux groupes superposés à un corps cylindrique constitue un élément de la chaudière. Celle-ci est formée par la juxtaposition de deux éléments réunis par un collecteur de vapeur transversal et par un collecteur de vidange dans le bas, à l'arrière.

Les différentes parties des éléments sont réunies entre elles et au réservoir commun, au moyen d'un joint boulonné. On obtient ce joint en rivant sur les deux parties assemblées des collerettes embouties formant bride intérieure. Les surfaces de contact de ces brides sont dressées, et les boulons sont placés et serrés à l'intérieur même des parties de la chaudière.

La chaudière est munie d'un surchauffeur de vapeur, construit sur le même principe que les groupes tubulaires, et placé transversalement. Le dégagement des produits de la vaporisation se fait par une manchette insérée dans la communication de l'avant, entre le réservoir et le tambour assemblé avec lui. Cette manchette se prolonge jusqu'au-dessus du plan d'eau où elle se termine par un coude brusque, raccordé à une rigole d'écoulement.

L'ensemble des petits faisceaux tubulaires est séparé en deux chambres par une cloison transversale. Les produits de la combustion s'élèvent dans la chambre d'avant, et plongent vers la sortie dans la chambre d'arrière; la surface de chauffe n'est ainsi léchée par les gaz qu'en deux parcours seulement.

Les fonds extérieurs des tambours sont amovibles, pour permettre l'accès des tubes. L'amovibilité est obtenue de la façon suivante : on rive un cercle avec deux surépaisseurs, diamétralement opposées, sur le bord de la paroi du tambour. Le fond est embouti,

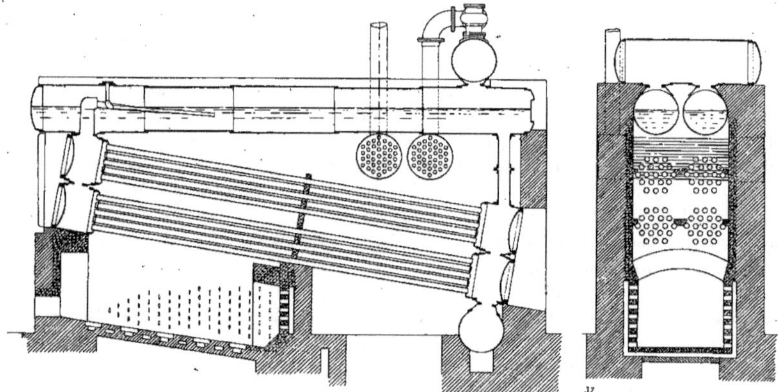

FIG. 28. — Chaudière *Bary*.

avec deux méplats correspondants aux surépaisseurs du cercle ci-dessus. On introduit ce fond comme un tampon de trou d'homme ordinaire, et l'extrémité du bord tombé vient s'appliquer contre le cercle rivé. Le serrage est obtenu sur une contreplaque extérieure, par des boulons à œillets fixés sur le fond.

Les éléments de la chaudière communiquent entre eux, en dessous du plan d'eau seulement, par le collecteur transversal du bas à l'arrière. Nous avons expliqué au n° 2 les inconvénients de cette disposition, contraire à la bonne marche du service d'alimentation.

Le grand volume des tambours est un obstacle additionnel au mouvement de l'eau. Les bulles de vapeur peuvent s'y élever librement, sans exercer aucune action sur la répartition des charges. La hauteur de la manchette, depuis le plan d'eau, peut seulement être utilisée pour la circulation; mais son effet sera peu important, eu égard au diamètre restreint des réservoirs, et se fera surtout sentir sur le groupe de tubes supérieurs, qui en a le moins besoin. La grosse production de vapeur des tubes de coup de feu viendra s'accumuler en ballons sous le joint de communication des deux tambours, en obstruant ce passage. A chaque dégagement de vapeur, il y aura, par cette même ouverture, chute d'eau, et refoulement vers le bas. C'est un phénomène que l'on observe facilement sur les appareils de laboratoire ayant une disposition analogue. Les groupes tubulaires inférieurs ne seront pas intéressés dans la circulation générale. La quantité d'eau qui sera appelée par le retour, se bornera au remplacement de l'eau vaporisée, et les mouvements qui se produiront dans ces sections d'éléments seront purement locaux.

La distribution des gaz en deux parcours à très grandes sections de passage ne nous paraît pas favorable à une bonne utilisation. Pour bien dépouiller les gaz chauds, il faut de grandes surfaces refroidissantes ; il faut surtout laisser le plus longtemps possible les gaz en contact avec ces surfaces. Dans les grandes sections, il se produit des veines de passage, et les gaz ne se répartissent pas uniformément. Leur vitesse n'est pas fonction de la section. Il y a toujours grand intérêt, pour la bonne utilisation, à multiplier les parcours, sans toutefois créer de trop grandes résistances au mouvement des gaz.

Le surchauffeur de vapeur est mal placé; sa surface sera mal utilisée, et son effet très faible.

La construction de la maison Bary est très bonne; son système de chaudière ne serait du reste pas possible sans une exécution minutieusement soignée, jusque dans les moindres détails.

13° Société de Établissements W. Fitzner et K. Gamper,

a Sielce (Pologne russe).

Chaudières à lames d'eau avec retour indépendant et circulation artificielle (Classe A).

Ainsi que le montre la figure 29, ce système de chaudière diffère, dans ses grandes lignes, des chaudières à lames d'eau ordinaires, par le retour d'eau indépendant placé à l'arrière. Ce retour part du corps cylindrique et aboutit à un petit réservoir longitudinal

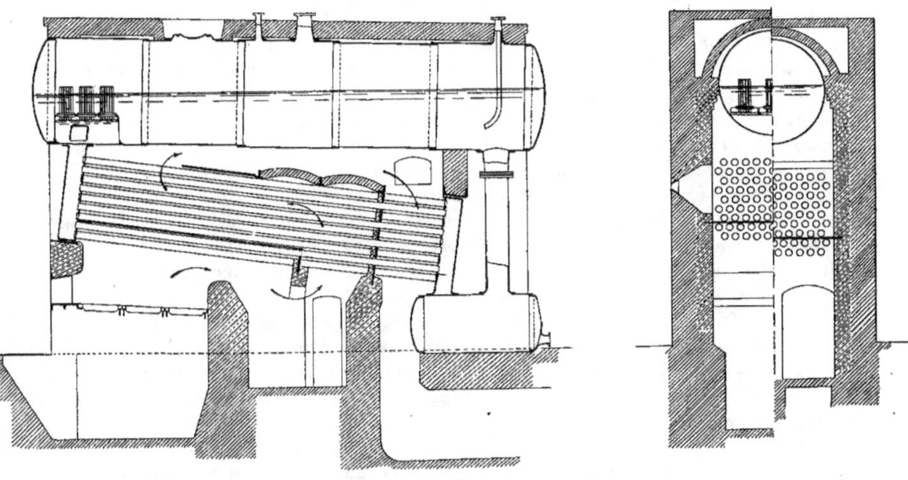

Fig. 29.

sur lequel est rivé le caisson formant la lame d'eau arrière. Le caisson avant est rivé sur le corps cylindrique; au-dessus du débouché de ce caisson, est adapté un émulseur Dubiau.

Cet appareil se compose d'une cloche étanche fixée au corps cylindrique, et sur le fond de laquelle sont placés un certain nombre de faisceaux tubulaires jointifs sur ce fond. Les tubes des faisceaux pénètrent tous d'une quantité égale dans la cloche, et se prolongent à une faible hauteur au-dessus du plan d'eau normal de la chaudière.

Le faisceau tubulaire vaporisateur est divisé en deux parties inégales par une cloison transversale placée vers l'arrière. La partie en avant de cette cloison porte des chicanes directrices pour les gaz sur la deuxième rangée du bas et sur la plus haute rangée des tubes, comme cela est représenté à la figure. Derrière l'autel, au droit de la chicane inférieure, se trouve une voûte transversale, formant barrage, sous les deux rangées inférieures de tubes. Les gaz du foyer, après avoir chauffé la partie antérieure des tubes de coup de feu, passent au-dessus de l'autel, et sont infléchis par la voûte de barrage dans la chambre de combustion située après le foyer; là les gaz se brassent en achevant leur combustion. Cette disposition est bonne, car on sait que les flammes s'éteignent en pénétrant dans un faisceau compact de tubes; c'est la raison pour laquelle les générateurs multitubulaires produisent, en général, beaucoup plus de fumée que les autres genres de générateurs. Les gaz brûlés pénètrent ensuite dans le faisceau tubulaire qu'ils parcourent de l'arrière à l'avant, viennent lécher le corps supérieur, et passent à la sortie par un dernier parcours, plongeant entre la cloison séparatrice et la lame d'eau arrière.

La circulation artificielle de l'eau est provoquée par le procédé Dubiau, dont voici le fonctionnement.

La vapeur produite dans les tubes se dégage dans la lame d'eau avant, monte dans la cloche, où elle ne trouve pas d'issue, et où elle s'accumule à la partie supérieure, en établissant un coussin de vapeur. Il se crée ainsi dans cette cloche un plan d'eau auxiliaire, qui baisse au fur et à mesure de l'arrivée de la vapeur, jusqu'au moment où ce niveau vient affleurer l'extrémité des tubes qui pénètrent dans la cloche. A ce moment, la vapeur trouve une issue et s'élance à travers les tubes dans l'espace de vapeur principal. Il se produit alors dans la cloche une dépression sous l'effet de laquelle toute l'eau de la chaudière se met en mouvement. L'eau et la vapeur qui affluent sont élevés par l'émulseur Dubiau et sont lancés dans le réservoir principal de vapeur. La vapeur se sépare et l'eau retombe dans la masse d'où elle revient, par le retour, sous la cloche, après avoir lavé les surfaces de chauffe. Pour assurer le balayage énergique des tubes de coup de feu, lesquels produisent à eux seuls l'énorme quantité de vapeur que l'on sait, on a placé un écran dans la lame d'eau arrière, au-dessus de ces tubes. Cet écran diminue, dans une certaine proportion, le passage pour l'eau appelée dans les tubes supérieurs du faisceau, et force ainsi le surplus à passer exclusivement par les tubes de coup de feu.

Tant qu'il y a production de vapeur, l'émulseur Dubiau fonctionne comme une pompe, aspirant l'eau dans la cloche pour la déverser au plan d'eau normal; il est entièrement à l'abri de l'influence thermique du foyer, et réunit les conditions indiquées par la théorie pour assurer une circulation d'eau puissante et continue.

On a fait sur cet appareil de nombreuses expériences concluantes, et on a acquis la certitude d'avoir avec lui toujours de l'eau, en grande quantité sur les surfaces de chauffe. Sa simplicité en fait un auxiliaire précieux dans la production de la vapeur. Les avantages du système sont précisément ceux que la plupart des constructeurs invoquent pour faire valoir les appareils de circulation qu'ils préconisent : meilleure utilisation de la chaleur, propreté des surfaces de chauffe, accroissement de sécurité. La pratique a aussi révélé que le *titre* de la vapeur produite par les chaudières munies de l'émulseur Dubiau était meilleur que celui qu'on obtient avec les chaudières ordinaires. Le raisonnement indique bien qu'il doit en être ainsi, puisque les bulles crèvent dans l'espace de vapeur auxiliaire formé sous la cloche, et les projections d'eau qui s'ensuivent sont retenues par les surfaces métalliques existant de tous côtés; le nombre de bulles qui crèvent dans l'espace supérieur est fort réduit. L'eau qui jaillit des tubes et qui retombe, produit encore un effet d'essorage au moment même où la vapeur se libère, en la lavant. Cette question de la meilleure qualité de la vapeur produite avec l'émulseur Dubiau a été mise en évidence par des expériences décisives, que l'on trouvera dans les publications spéciales.

En sus de son effet sur le titre de la vapeur, la cloche placée dans le corps supérieur permet d'augmenter la puissance de l'appareil de circulation. Si l'on plaçait les tubes émulseurs directement sur les ouvertures de communication avec la lame d'eau, on aurait pour la section totale de ces tubes une section forcément moindre que la section des passages. Pour un même diamètre des tubes émulseurs, les débits d'eau des appareils dépendent du nombre des tubes, et l'on sait que le maximum de débit d'un tube est rapidement atteint. L'importance de la circulation serait ainsi limitée par le nombre de tubes pouvant être logés dans les passages. La cloche permet au contraire de placer un nombre de tubes beaucoup plus considérable. Par la répartition judicieuse de la vapeur dans ces tubes, on peut les maintenir dans des conditions correspondantes à des points de la courbe de débit des tubes en deçà du maximum. On pourra par cet artifice mettre en mouvement la quantité maxima d'eau pouvant circuler dans la chaudière, et suppléer ainsi à l'insuffisance de la section de dégagement. Des expériences très précises, faites en mesurant les volumes d'eau élevés par les différentes dispositions, permettent de calculer exactement les débits des appareils.

La Société Fitzner et Gamper, après de nombreuses expériences faites dans ses usines, a acquis le monopole pour l'exploitation en Russie de l'émulseur Dubiau, et l'a déjà appliqué à un grand nombre de générateurs, toujours avec d'excellents résultats.

La chaudière Fitzner et Gamper est supportée par une légère charpente métallique, ce qui décharge les maçonneries du poids du générateur. La devanture est également reliée à cette charpente. La chaudière peut être entièrement montée avant d'élever les maçonneries ; et celles-ci peuvent être démolies pour les réparations, sans qu'on touche au générateur. Ces avantages pratiques ne sont pas négligeables.

Les trous de tampons sont fermés par des bouchons cônes autoclaves, faisant joint, métal sur métal, sans interposition de matières étrangères.

Les caissons formant lame d'eau sont en tôles d'acier, embouties et soudées. Ce travail de soudure est absolument supérieur, et nous y reviendrons plus en détail en décrivant la chaudière à foyers intérieurs exposée par cette même maison.

Une des chaudières exposées n'était pas en feu, et était complétée par un surchauffeur de vapeur, placé sous le faisceau tubulaire. Ce surchauffeur est du système Héring. Il se compose de deux petits collecteurs réunis par des tubes en acier de petit diamètre, ayant une très forte épaisseur, et repliés en serpentins. Le surchauffeur peut être isolé de la conduite de vapeur par un jeu de valves, et du courant des gaz par une manœuvre de registres. La forte épaisseur des tubes permet de ne pas remplir d'eau le surchauffeur pendant la mise en pression, ce qui prévient la formation de dépôts dans cet appareil. Les serpentins élémentaires sont amovibles, et peuvent être remplacés, sans interrompre la marche de la chaudière.

La construction de la chaudière est de tout premier ordre, irréprochable jusque dans les détails les plus insignifiants. On peut dire que les travaux de chaudronnerie présentés par cette Société étaient les plus parfaits de l'Exposition, et nous avons eu l'occasion de les entendre louer par plusieurs concurrents, ce qui est assez rare, surtout parmi les chaudronniers.

Le jury a attribué un *grand prix* à la Société Fitzner et Gamper, malgré sa fondation récente. Elle exposait pour la première fois en France.

CHAPITRE IV

Chaudières multitubulaires à circuit composé simple et retour intérieur aux tubes vaporisateurs.

1° Joanny Joya, a Grenoble (Isère).

Chaudière à collecteurs et retour intérieur (Classe B).

L'ensemble du générateur exposé par M. Joya est donné par la figure 30. Les tubes vaporisateurs sont insérés par doubles rangées verticales sur des collecteurs cloisonnés. Leurs extrémités libres, obturées par des bouchons, traversent une plaque d'écartement

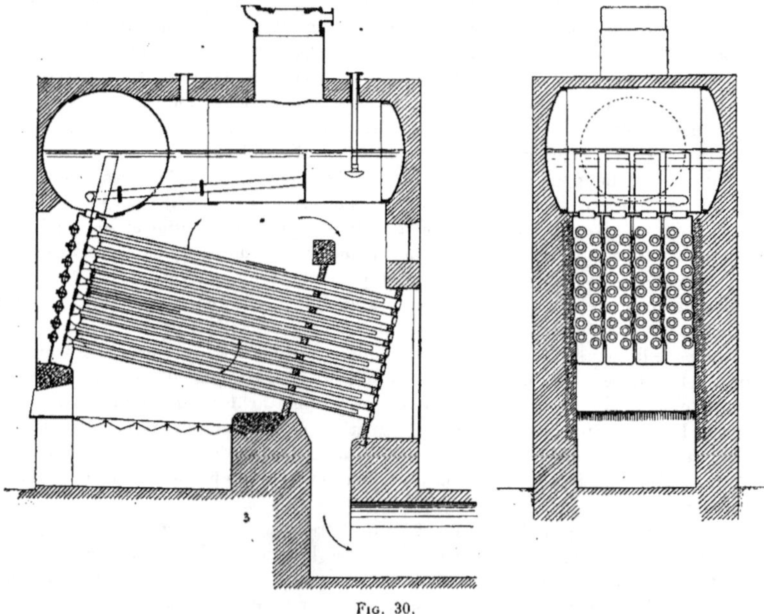

Fig. 30.

placée à l'arrière. Un peu en avant de cette plaque se trouve une cloison transversale, qui sépare en deux chambres inégales le massif de la chaudière. Chaque tube vaporisateur reçoit un tube intérieur, qui part de la cloison séparatrice du collecteur, et se prolonge jusqu'à un peu en avant de l'extrémité du tube vaporisateur. Les ouvertures dans le cloisonnement sont suffisamment grandes pour permettre le passage des tubes vaporisateurs. Les petits tubes intérieurs de retour sont terminés par des entonnoirs qui obturent l'excé-

dent des ouvertures du cloisonnement. La cloison séparatrice des collecteurs s'arrête à une
certaine distance au-dessus de la partie inférieure du collecteur. Le corps supérieur est
en forme de T; la partie transversale est placée sur l'avant, au-dessus des collecteurs, dont
la réunion a lieu par l'intermédiaire de bagues circulaires. Au-dessus de ces communications, il existe des manchettes de dégagement qui s'arrêtent vers le plan d'eau normal.
Un côté de ces manchettes, passe par la bague de communication, qui se trouve ainsi
partagée en deux compartiments, et vient s'adapter à la cloison du collecteur.

Les produits de la combustion s'élèvent à travers le faisceau tubulaire, vont lécher le
corps supérieur, et plongent derrière la cloison séparatrice vers la sortie, repassant par la
partie arrière des tubes.

Les collecteurs sont réunis à l'avant par des coudes établissant une communication
pour la vidange.

Un inconvénient commun à toutes les chaudières de cette classe est l'impossibilité de
vidanger les tubes par les moyens ordinaires. Les tubes restent toujours plein d'eau. Le
mode de fermeture de l'extrémité basse des tubes ne résout pas cette difficulté. Les tampons à fermeture extérieure offrant le danger de leur projection, la maison Joya a adopté
un tampon cône, à fermeture autoclave, qui vient faire joint sur une bague cône soudée
au bout du tube. Ce tampon ne peut être introduit que par l'autre extrémité du tube. Il
faut le décoller pour vidanger le contenu de chaque tube. L'eau se répand alors dans la
chaufferie et dans les carneaux de fumée.

Le tampon autoclave du bout est un obstacle à la visite des tubes vaporisateurs.
Pour cette visite, il faut enlever les tubes intérieurs, et retirer ensuite les tampons. L'impossibilité de la visite intérieure sans démontage important, est un défaut commun à
toutes les chaudières à tube de retour intérieur. Elle n'existe pas dans les chaudières de
a classe A, sauf de rares exceptions; par exemple, dans la chaudière Pétry-Dereux.
Il suffit, dans ces générateurs, après leur vidange, qui est toujours totale, d'enlever les
tampons obturateurs sur les éléments ou les caissons de lames d'eau, pour pouvoir inspec-
ter les surfaces de vaporisation. Il faut même reconnaître que ce sont ces chaudières qui
offrent le plus de facilité pour l'inspection intérieure des parties soumises au feu, et pour
les nettoyages intérieurs.

Les détails de construction des collecteurs et leur mode d'assemblage avec le corps
supérieur créent, dans la chaudière Joya, toute une série d'obstacles à la circulation
naturelle de l'eau. Les manchettes placées dans le corps supérieur sont de nul effet; il
suffit, pour s'en convaincre, de considérer l'exiguïté de la demi-bague d'assemblage qui
doit donner passage au flux montant d'eau et de vapeur. C'est là un empêchement majeur.
Les entonnoirs des tubes intérieurs de retour viennent diminuer considérablement le passage libre de la partie arrière du collecteur. Enfin, le cloisonnement du collecteur, qui ne
descend pas jusqu'en bas, établit un court-circuit entre les deux lames ; le peu d'eau qui
peut passer avec la vapeur par la demi-bague d'assemblage, viendra directement par le
bas du collecteur, plutôt que de suivre le chemin de grande résistance des tubes intérieurs
et de l'espace annulaire de vaporisation. On peut dire que, même à une allure très réduite,
le régime de la chaudière Joya, en tant que circulation d'eau, sera probablement pulsatoire.

L'alimentation de la chaudière se fait à l'arrière du corps supérieur, dans un compartiment étanche, formé par une cloison transversale rivée sur le corps. Un tube de prise d'eau
est inséré sur la cloison séparatrice, et vient se raccorder à un petit collecteur de distribution, placé en avant des manchettes de dégagement. Ce collecteur porte des orifices en
regard de chacune des bagues de raccordement. Le but de ce dispositif est de ménager
à l'arrière du réservoir un bac de décantation, et d'amener directement aux communications de retour l'eau d'alimentation plus froide et purifiée.

Pour que cet écoulement puisse se produire, il faut que la charge d'eau qui s'exerce à l'ouverture des orifices de distribution soit inférieure à celle qui s'exerce par le tuyau et qui dépend de la hauteur de l'eau dans le compartiment arrière. Si cette différence de charge existe par suite d'un niveau plus bas dans le réservoir que dans le compartiment arrière, l'écoulement par le collecteur de distribution aura surtout pour effet de rétablir l'équilibre des niveaux entre les deux parties du réservoir. Si la différence de charge n'existe pas, l'eau d'alimentation se déversera par dessus la cloison. Le cantonnement des dépôts serait certainement plus efficace sans le tuyau de distribution, lequel doit en somme s'obstruer rapidement.

La construction de la chaudière est bonne ; l'aspect extérieur est satisfaisant.

2° A. Montupet, a Paris.

Chaudières à lame d'eau et retour intérieur (Classe B).

M. Montupet expose deux types de chaudières multitubulaires de son système : le type terrestre, et le type marine.

La chaudière terrestre, dont la figure 31 donne une vue d'ensemble extérieure, se

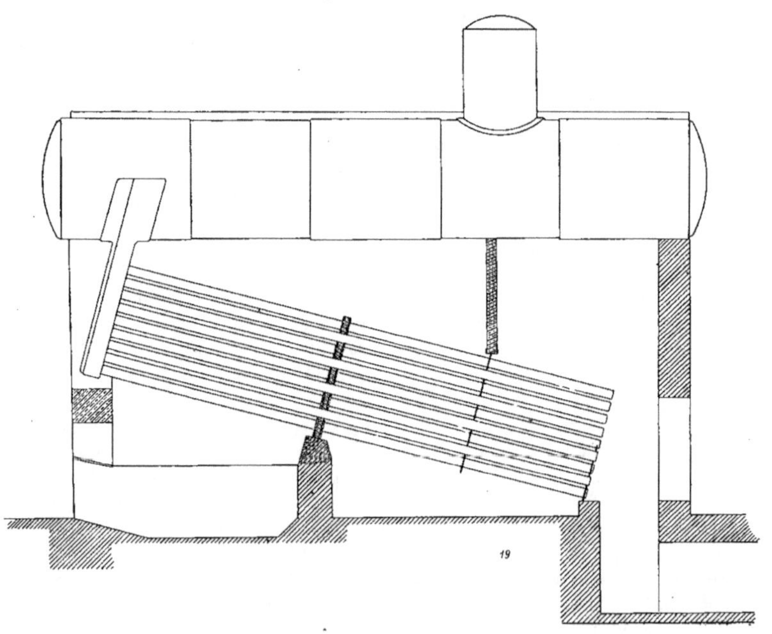

Fig. 31.

compose d'une lame d'eau rivée sur le corps cylindrique. La lame d'eau est cloisonnée dans toute sa hauteur. Les tubes vaporisateurs très longs, disposés en quinconce, sont insérés sur la cloison médiane et sur la face arrière du caisson, et portent les tubes intérieurs de retour.

Nous donnons plus loin le détail de cette construction. Le faisceau tubulaire est séparé en trois compartiments par des cloisons transversales; ces compartiments sont parcourus successivement par les gaz chauds du foyer.

Toutes les chaudières de la classe B ont, en général, des tubes très courts, ne dépassant guère la longueur de la grille et de l'autel. C'est une nécessité à cause des résistances importantes créées par le tube intérieur et l'espace annulaire. Avec des tubes longs, ces résistances deviennent considérables. M. Montupet atténue en partie ces effets, en donnant une forte inclinaison aux tubes.

La figure 32 montre le détail d'un tube vaporisateur et son mode d'insertion dans la lame d'eau. Le tube vaporisateur porte deux bagues soudées. La bague placée à l'extrémité du tube est cylindrique; elle vient obturer le trou de passage qui est ménagé dans

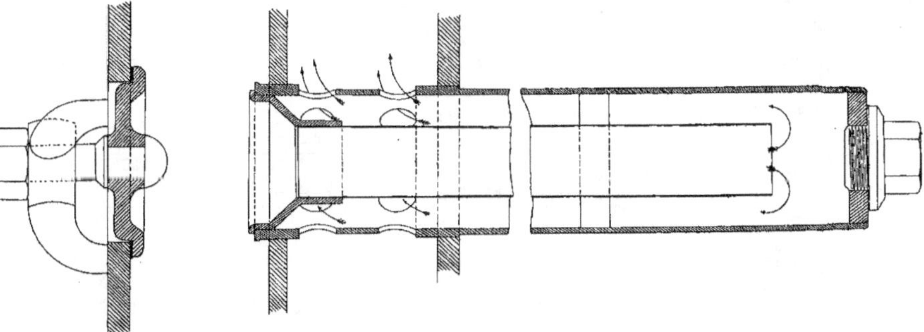

Fig. 32.

la cloison intermédiaire en face de chaque tube. L'autre bague, sur la partie qui s'adapte au trou dans la paroi postérieure du caisson, est tournée légèrement cône, ainsi que le trou. On obtient de la sorte un joint étanche par le simple contact des deux surfaces métalliques. Pour décoller ces joints, on enduit les surfaces d'un corps gras en couche très mince. On voit que la pression intérieure qui s'exerce sur le culot du tube tend à appliquer les surfaces du joint l'une contre l'autre, et à maintenir son étanchéité.

Le tube vaporisateur est fermé au bout par une rondelle où se loge un bouchon fileté. L'enlèvement de tous ces bouchons est nécessaire pour la vidange du faisceau vaporisateur.

Les tubes intérieurs de retour sont montés sur un entonnoir de raccordement qui vient se loger dans le tube vaporisateur; le tube intérieur est maintenu dans l'axe du tube extérieur par un collier à pattes. Cette dernière disposition n'est pas recommandable, car ces surfaces métalliques qui se projettent ainsi dans l'espace annulaire de vaporisation sont l'origine d'amas de tartre, et peuvent amener rapidement l'obstruction des tubes par les dépôts. De plus, les pattes d'écartement ne peuvent être suffisamment ajustées; elles doivent même avoir un certain jeu. Les vibrations continues du tube, en faisant marteler ces plaques toujours au même endroit, peuvent y produire des usures importantes de la surface de chauffe. Le cas a déjà été vérifié dans d'autres circonstances analogues, et l'on verra plus loin que plusieurs constructeurs ont mieux résolu l'obligation de maintenir dans l'axe les tubes intérieurs, lorsque les tubes vaporisateurs sont inclinés. Nous pensons que l'exposant écoutera notre critique, car nous reconnaissons à M. Montupet le mérite de ne pas s'hypnotiser dans son œuvre primitive. La grande variété de types de chaudières qu'il a établis, leurs transformations successives et fréquentes, prouvent que lorsqu'il juge qu'une disposition nouvelle ou préconisée ailleurs est avantageuse, il n'hésite pas à en adopter le principe en variant plus ou moins le dispositif initial.

La partie du tube vaporisateur située entre la cloison séparatrice et la face arrière du caisson est percée de quelques orifices circulaires pour le dégagement de la vapeur. Cette disposition est une gêne additionnelle au mouvement des fluides.

Les trous sur la face avant des caissons en regard de chaque tube sont fermés par des obturateurs autoclaves faisant joint au moyen d'une rondelle interposée.

La chaudière type marine, du même constructeur, est représentée à la figure 33. La disposition de principe est la même que dans la chaudière terrestre, sauf que les tubes vaporisateurs sont courts, et que le ballon supérieur est transversal.

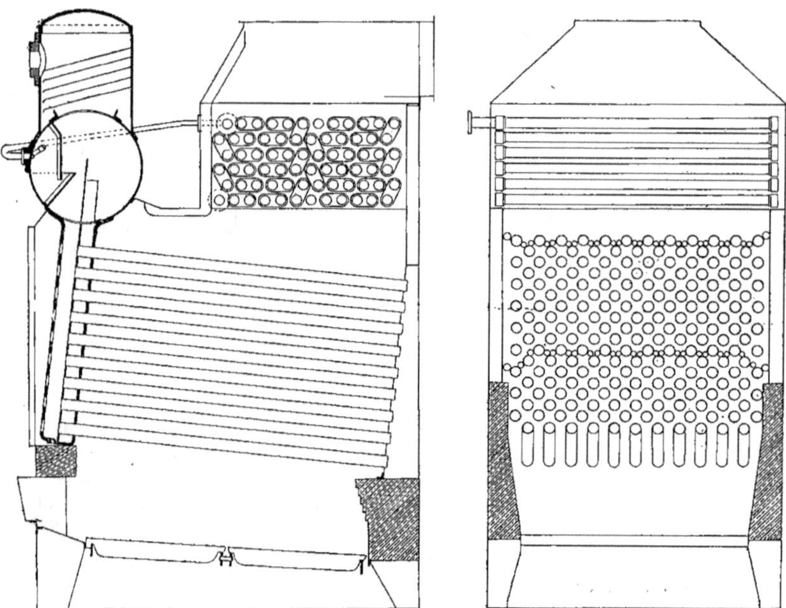

Fig. 33. — Chaudière marine *Montupet*.

La chaudière est, en outre, munie d'un réchauffeur d'eau d'alimentation.

Les produits de la combustion s'élèvent directement à travers le faisceau tubulaire, où ils sont chicanés, comme on le voit sur la coupe transversale de la figure 33, par des petits tubes en fer, posés sur les tubes vaporisateurs, obstruant sur une partie de la longueur les passages entre les tubes. Après avoir chauffé le faisceau tubulaire, les gaz passent par le réchauffeur, et se rendent à la cheminée d'appel.

La cloison séparatrice de la lame d'eau se prolonge dans le corps supérieur, pour mieux isoler du retour le dégagement de la vapeur.

Le dôme de prise de vapeur contient un système de chicanes dans le but de séparer la vapeur de l'eau en suspension qu'elle charrie. Nous avons discuté des dispositifs analogues, et nous avons montré combien ils sont aléatoires. Mais la position du dôme et de la prise de vapeur immédiatement au-dessus des dégagements violents qui se produisent dans le ballon font que le système de chicanes adopté empêche les projections de masses importantes d'eau d'arriver à la prise de vapeur et de passer de là aux conduites. Il ne faut pas confondre ces projections d'eau avec le phénomène auquel on a donné le nom d'entraînement.

Le réchauffeur d'eau d'alimentation est constitué par une série de tubes réunis alternativement par des coudes et formant ainsi un serpentin continu. L'addition de ce réchauffeur améliore un peu le rendement de la chaudière; son effet est limité par le mode de chauffage qui n'est pas méthodique, supprimant ainsi une des conditions nécessaires pour tirer le meilleur parti des réchauffeurs. Cette condition du chauffage méthodique s'impose, parce que la transmission de la chaleur des gaz à des températures relativement basses est très lente. Chacun sait qu'on la facilite en maintenant le plus grand écart possible entre la température des surfaces d'absorption et celle des gaz. L'eau la plus chaude doit passer par la zone de plus haute température des gaz, et l'eau la plus froide pénétrer là où les gaz quittent le réchauffeur.

Pour réaliser cette condition dans un réchauffeur composé de tubes placés horizontalement, et parcouru de bas en haut par les gaz, il faut naturellement que l'eau parcoure le réchauffeur de haut en bas. Mais cette direction de l'eau présente un inconvénient capital qui la fait rejeter. Pendant l'arrêt de l'alimentation, il y a production de vapeur dans le réchauffeur. Cette production a lieu même pendant l'alimentation si les gaz arrivent au réchauffeur à une température assez élevée, comme c'est le cas pour les chaudières multitubulaires marines, dont la surface de chauffe restreinte est léchée par les gaz en un seul parcours direct. Cette production de vapeur dans le réchauffeur occasionne des troubles dans l'alimentation en vidant une partie du contenu du réchauffeur dans la chaudière, la position horizontale des tubes ne permettant pas l'accumulation de la vapeur en un endroit déterminé, et son passage à la chaudière. Les tubes les plus chauffés sont ainsi mis à sec, des pistons de vapeur se forment dans les autres, et lorsque l'eau froide d'alimentation pénètre dans le réchauffeur elle y occasionne des coups de bélier qui détériorent l'appareil. Nous verrons au chapitre suivant comment cette question du réchauffeur a été traitée par un autre exposant, pour supprimer ces effets de la production de la vapeur.

Dans les cas analogues à celui de la chaudière Montupet, on est obligé de faire pénétrer l'eau froide dans le bas du réchauffeur. L'eau la plus chaude se trouve dans le haut, en contact avec les gaz à plus basse température. L'absorption de chaleur diminue, et la production de vapeur est, pour ainsi dire insignifiante; celle qui est engendrée tend à s'élever avec l'eau animée d'un mouvement dans la même direction, et ne se cantonne plus aussi facilement. Mais l'effet utile du réchauffeur est beaucoup diminué.

Pour améliorer ces conditions, M. Montupet a séparé son réchauffeur en deux sections formant deux serpentins juxtaposés, comme cela est indiqué par les boîtes de connexion représentées sur la coupe longitudinale de la figure 33. L'eau pénètre par le bas du serpentin d'arrière; après l'avoir parcouru, elle revient dans le bas du serpentin d'avant, et passe du haut de ce serpentin à la chaudière. Comparé à la disposition en serpentin unique, ce dédoublement aura pour conséquence de faire absorber une plus grande quantité de chaleur dans la partie arrière et une plus petite quantité dans la partie avant. La somme de ces quantités peut être égale, supérieure ou inférieure à la quantité de chaleur qu'absorberait le serpentin unique. Pour pouvoir la déterminer, il faudrait faire des expériences précises et très délicates. Mais le dédoublement du serpentin a un effet certain : il y aura, à la sortie du réchauffeur, deux colonnes de gaz à des températures notablement différentes. Le mélange de ces deux colonnes dans la cheminée, et dans les parcours horizontaux si la plus chaude se trouve en bas, produira des remous dans la veine gazeuse. Ces remous diminueront le tirage, et nuiront, par là, au rendement de la chaudière.

La figure 34 montre le détail de montage des tubes vaporisateurs et des tampons de fermeture. Au lieu des orifices de dégagement existant sur la chaudière terrestre, nous voyons ici que le tube vaporisateur porte deux larges ouvertures pour la sortie des produits de la vaporisation dans le tube. On remarquera, en outre, le dispositif de sûreté employé pour empêcher la projection du tube intérieur de retour sous l'effort produit par le dégagement violent de la vapeur.

Les trous de la face avant du caisson, en regard des tubes, sont échancrés en demi-cercles sur un diamètre, pour permettre le passage du tampon obturateur, dont la forme

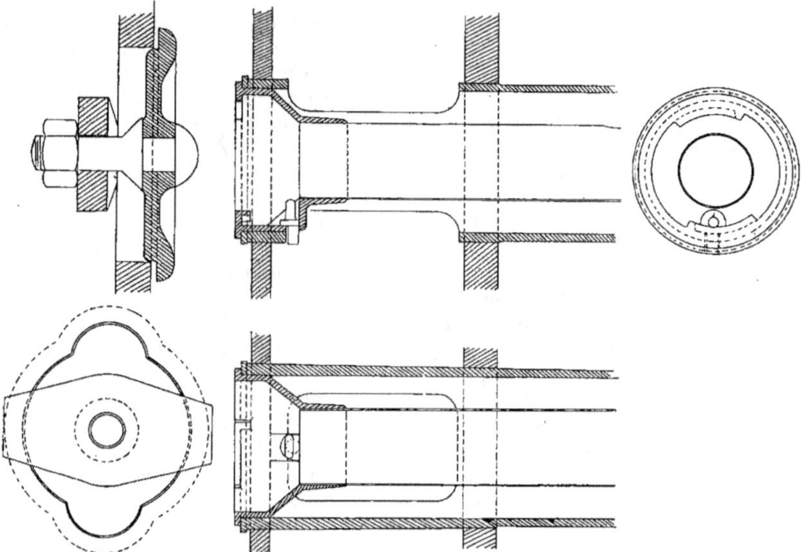

FIG. 34. — Chaudière marine *Montupet*.
Détail du montage des tubes vaporisateur et d'un tampon.

épouse le contour du trou. Cela revient à avoir le trou et l'autoclave ovales; seule une question d'outillage a dû motiver le contour figuré sur le dessin.

La construction de M. Montupet ne donne lieu à aucune observation; nous pouvons néanmoins la classer parmi les bonnes constructions de la section française.

3° J. ET A. NICLAUSSE, A PARIS.

Chaudières à éléments et retours intérieurs (Classe B).

Les appareils exposés par la maison Niclausse sont nombreux. Les uns sont répartis dans les différentes classes, les autres constitue deux groupes importants en service dans les usines La Bourdonnais et Suffren. L'ensemble forme une très importante exposition de chaudières. Tous les appareils exposés sont du système représenté à la figure 35, employé comme type terrestre aussi bien que comme type marine, avec seulement quelques adjonctions ou modifications accessoires.

Les tubes vaporisateurs sont disposés en quinconce groupés en double rangées verti-

cales contiguës, et insérés sur des collecteurs en acier fondu ondulés et cloisonnés intérieurement. Ces collecteurs se raccordent au ballon supérieur, placé transversalement, par des
joints à bague biconique. Au-dessus du débouché de chaque collecteur, est placé, dans
le réservoir, une manchette pour la séparation des courants; cette manchette se prolonge
dans la bague de communication, qu'elle divise en deux compartiments, et aboutit à la
cloison séparatrice du collecteur.

Les gaz chauds du foyer s'élèvent à travers le faisceau tubulaire en un seul parcours,

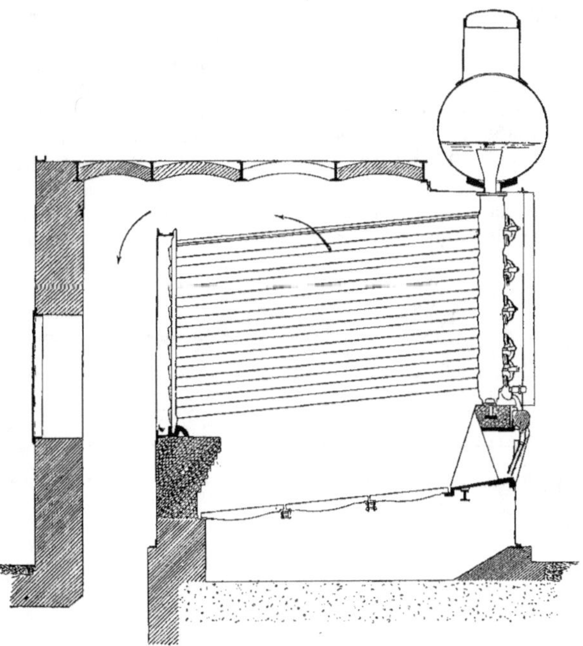

Fig. 35.

et leur trajet trop direct est chicané au moyen de petits tubes posés sur une rangée intermédiaire et sur la dernière rangée des tubes vaporisateurs.

La figure 36 montre comment les tubes vaporisateurs sont établis, d'après les plans et
les documents que les constructeurs ont eu l'obligeance de nous communiquer.

Le tube vaporisateur, fileté à l'intérieur, porte une bague soudée, tournée cône à l'extérieur. Il reçoit une pièce en acier coulé, appelée *lanterne*, qui est en quelque sorte le
prolongement du tube. Cette lanterne porte une cloison médiane, percée au centre d'un
orifice, et se termine par un bouchon également percé d'un orifice central. La lanterne
traverse ainsi tout le collecteur dans le sens de sa profondeur. Les trous de passage sur
la face arrière, sur le cloisonnement et sur la face avant du collecteur ont des diamètres
qui vont en augmentant légèrement pour permettre l'introduction du tube et de sa lanterne. Le bouchon de la lanterne est tourné cône, et les orifices sur les deux faces des
collecteurs sont alésés cône. On obtient ainsi simultanément le joint du tube sur la paroi
arrière du collecteur et celui du bouchon de la lanterne sur la face avant de ce même

collecteur. La fixation de deux tubes voisins, après montage, se fait au moyen d'un prisonnier intermédiaire, par un écrou et un étrier à cheval sur les deux lanternes. L'étrier repose sur un tampon creux vissé dans l'ouverture centrale du bouchon de la lanterne. Ce tampon fait partie d'un lanterneau en acier coulé qui va jusqu'à la cloison intermédiaire de la lanterne, où il fait joint sur l'ouverture centrale de cette cloison ; cette dernière vient à son tour boucher approximativement le trou de passage dans le cloisonnement du collecteur. Le tube intérieur de retour est rivé au lanterneau, et, à l'autre extrémité, il se termine par un support qui s'insère dans le bout rétréci du tube vaporisateur. Le tube de retour est ainsi maintenu dans l'axe du tube vaporisateur sans toucher en aucun point les parois chauffées, et la section annulaire de vaporisation reste libre sur toute la longueur. Le bout rétréci du tube extérieur est fermé par un petit chapeau fileté, lequel porte dans un trou de la cloison d'écartement situé à l'arrière du faisceau.

Par l'ensemble de ce mode de construction on obtient de grandes facilités pour l'amovibilité des tubes. Il suffit, après démontage du tube intérieur, d'exercer avec un outil spécial une traction sur le tube, pour décoller les deux joints cônes sur les faces des collecteurs ; il est alors très facile de retirer ce tube pour le visiter, le nettoyer et le poser à nouveau, ou le remplacer par un autre. Pour la vidange des tubes il faut les démon-

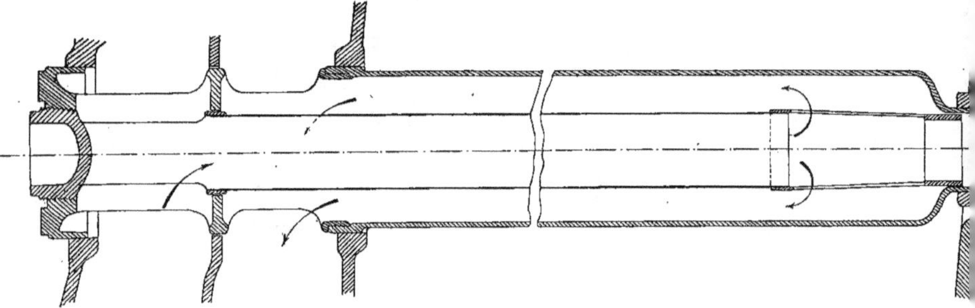

FIG. 36. — Chaudières *Niclausse*.
Détail d'un élément.

ter ou défaire les chapeaux du bout, et pour le nettoyage intérieur on retire aussi les tubes de retour. Pour faciliter l'amovibilité de deux parties qui sont vissées, on donne un léger cône aux filetages du chapeau et du lanterneau ; il suffit dès lors d'un faible ébranlement de l'assemblage pour dévisser les pièces.

Dans notre *Traité des Chaudières à vapeur* nous avons critiqué le modèle de lanterne que construisait alors la maison Niclausse ; avec le nouveau modèle de lanterne, les points que nous avons critiqués ont été modifiés. Les deux joints sont obtenus : celui d'arrière par le tube, et celui d'avant par la lanterne, et la nouvelle forme évidée du bouchon permet une légère déformation de la paroi qui est tournée cône. La suppression, sur les lanternes, des oreilles de décollage, et le nouvel outil créé pour le démontage, répondent aussi à une autre de nos critiques.

L'adaptation d'un tube de retour intérieur permet le démontage rapide de la surface de chauffe. C'est un des mérites que font le plus ressortir les constructeurs dont les chaudières possèdent ce dispositif. Les principales modifications apportées par la maison Niclausse dans sa construction ont eu pour objet l'amovibilité des tubes, et son appareil est le plus perfectionné à cet égard.

Il faut cependant faire observer qu'en général ces facilités de démontage dans les chaudières multitubulaires, répondent à l'objet du remplacement rapide des tubes avariés, et aux nécessités du nettoyage intérieur pour les appareils de la classe B ; ce sont donc en réalité des palliatifs contre le rafraîchissement parfois insuffisant des surfaces de chauffe, et la complication du système qui ne permet pas l'accès immédiat des surfaces de vaporisation. Dans une chaudière dont les tubes ne s'avarieraient pas, ayant une circulation d'eau toujours suffisante pour chasser la plus grande partie des dépôts dans le corps supérieur, il importerait peu que les tubes fussent plus ou moins démontables.

Dans la partie arrière, la lanterne du tube vaporisateur porte deux échancrures pour le dégagement de la vapeur; il y a aussi deux échancrures dans la partie avant de cette lanterne pour permettre l'accès de l'eau au tube de retour à travers les fenestrations du lanterneau. La lanterne et le tube de retour dans le conduit du dégagement de la vapeur, la lanterne et le lanterneau dans le conduit du retour de l'eau, créent une série d'obstacles aux mouvements réguliers des fluides, en produisant, comme nous l'avons expliqué, des remous qui risquent de détruire en partie l'effet de la charge disponible pour la circulation.

Les chaudières Niclausse ont un corps supérieur de dimension assez restreinte ; par suite, leur volume d'eau est faible, et il faut une attention soutenue de la part du chauffeur, pour maintenir la stabilité de la pression. Pour atténuer l'influence d'une brusque introduction de l'eau en trop grande quantité, toutes les chaudières de l'Exposition sont munies d'un régulateur automatique pour l'alimentation, qui nous semble bien conçu, et dont nous donnons la description au chapitre des accessoires.

L'eau d'alimentation est introduite dans une boîte de précipitation fixée sur le réservoir supérieur. Nous avons déjà expliqué que les dimensions fort restreintes de ce genre d'appareils ne permettent pas la décantation des sels précipités, et que leur emploi n'offre pas d'avantage.

Les collecteurs sont réunis à l'avant par un drain, dont l'effet de vidange, comme on le sait, ne se fait sentir que sur les collecteurs eux-mêmes et le coffre à vapeur, les tubes ne pouvant être vidés que chacun séparément par le dévissage de leurs chapeaux obturateurs à l'arrière où leur démontage complet.

La construction des appareils Niclausse est très bonne, dans son ensemble aussi bien que dans les détails. Ces appareils sont établis avec tous les soins qu'on réserve d'habitude aux constructions mécaniques; ce qui, d'après ce que nous avons exposé, est une nécessité indispensable pour l'établissement de la surface de chauffe de ce système de chaudières. On peut, il est vrai, critiquer la corniche dont sont affublées les chaudières terrestres. Par contre, en examinant les chaudières marines exposées par le même constructeur, on est frappé du dessin sobre et correct des façades, dont l'aspect est fort élégant.

Les dispositions d'ensemble des chaudières marines sont les mêmes que celles des chaudières terrestres.

Un des groupes de chaudières exposées a cette particularité, que le réservoir supérieur est commun à deux chaudières contiguës.

Les générateurs exposés du type marin ont un dispositif pour le chauffage dit mixte; et qui consiste à injecter du pétrole dans le foyer au-dessus du combustible incandescent. Chaque chaudière porte, au-dessus du corps supérieur, un petit réservoir relié à une conduite générale de distribution de pétrole. On emploie, en réalité, du *mazout*, huile lourde résiduelle de la distillation du pétrole. Le réservoir à mazout est chauffé par un serpentin intérieur, afin de faciliter l'écoulement de l'huile dans une conduite de distribution qui descend de ce réservoir aux appareils d'injection. Ceux-ci sont également raccordés à une conduite amenant de la vapeur qui s'échappe par un jet central, entouré par le jet de mazout, et par un troisième jet extérieur concentrique. Le mazout est ainsi lancé dans le foyer dans un état de grande division, et les jets de vapeur auxiliaires produisent un brassage énergique pour bien mélanger le mazout aux autres produits de la combustion.

La disposition du chauffage mixte n'est pas particulière aux chaudières Niclausse. Elle est employée sur les navires de guerre dans le but de pousser les feux et d'augmenter immédiatement, en cas de besoin, la quantité de chaleur développée dans le foyer. Dans son ouvrage sur les Chaudières marines, M. Bertin, directeur des constructions navales, dit que la combustion du pétrole ne fait pas tort à la combustion de la houille. Au tirage naturel, on fait du chauffage mixte en brûlant par exemple 80 kilogrammes de houille par mètre carré de grille et par heure, auxquels on ajoute 60 kilogrammes de mazout; on obtiendrait des effets équivalents à une combustion de 170 kilogrammes de charbon. M. Bertin estime que le chauffage mixte pourrait tenir lieu du tirage forcé, sur lequel il aurait de grands avantages.

L'idée qui a conduit à l'emploi du chauffage mixte paraît être la suivante : la combustion de la houille dans les foyers a lieu d'ordinaire avec un excès d'air plus ou moins important. Grâce à la pulvérisation et au brassage énergique, le mazout brûlerait en utilisant cet excès d'air. Cette conception, très souriante au point de vue théorique, ne nous paraît pas réalisable en pratique. En effet, les remous produits par le brassage, le volume de vapeur lancée dans le foyer, les gaz produits par la volatilisation et la combustion du mazout ont pour conséquence immédiate de diminuer la dépression dans le foyer. L'appel d'air au travers de la couche de combustible se trouve réduit d'autant, la combustion de la houille est moins bonne, celle du mazout n'est pas complète. Cette dernière ne pourra être obtenue que s'il y a un excès d'air considérable, soit que la grille soit mal servie, soit qu'il y ait des rentrées d'air importantes dans le foyer. Mais si le foyer est en bonnes conditions et la grille convenablement couverte, le chauffage mixte aura pour conséquence de produire la mauvaise combustion de la houille et du mazout.

Voilà pourquoi nous ne partageons pas l'avis de M. Bertin; et nous ajouterons que les essais réalisés avec le chauffage mixte n'ont pas donné les résultats espérés, comme puissance et comme rendement.

MM. J. et A. Niclausse ont présenté au *Congrès de mécanique appliquée* le compte rendu d'expériences faites en vue de mesurer la quantité de vapeur produite par les différentes rangées de tubes de leurs chaudières. Dans ce but, ils ont construit une chaudière d'expérience composée de douze collecteurs placés horizontalement, avec leurs tubes vaporisateurs les uns au-dessous des autres. Chaque collecteur avait en bout deux tubes, l'un sur le compartiment d'avant pour le retour de l'eau, l'autre sur le compartiment d'arrière, pour l'évacuation de la vapeur. Au-dessus de la chaudière, était placée une caisse partagée en douze compartiments, et les deux tubes de chaque collecteur débouchaient dans un de ces compartiments, lesquels étaient en outre munis chacun d'un indicateur de niveau. On pouvait ainsi mesurer par l'alimentation des compartiments de la caisse la quantité de vapeur produite par chaque rangée horizontale de tubes.

MM. J. et A. Niclausse ont ainsi trouvé que la production des tubes de coups de feu (première rangée au-dessus de la grille), n'est que 22,3 p. 100 de la production totale, quelle que soit l'allure de la grille, qui a varié dans leurs expériences de 30 à 300 kilogrammes de combustible brûlé par mètre carré de surface de grille et par heure. Cette production, relativement modérée, est notablement inférieure à celles qu'on peut déduire des expériences de Christian, de Clément, de Saint-Ange, de Thomas et Laurens, de Graham, de Geoffroy, de Hirsch, de Durston, de Witz, de Hutton, de Yarrow, de l'Institut de Physique de Berlin, etc. M. Watt, en Angleterre, a trouvé, sur un modèle de chaudière multitubulaire, que la production de la première rangée de tubes au-dessus du foyer était de 60 p. 100 de la production totale. Nous-mêmes avons trouvé, sur une véritable chaudière industrielle, que cette production variait de 78 à 52 p. 100, suivant l'allure de la grille, la proportion *baissant* avec l'activité plus grande de la combustion.

En examinant l'appareil d'expérience établi par MM. J. et A. Niclausse, on se rend d'ailleurs bien compte de la cause qui a influencé les résultats. La position des collecteurs forçait la vapeur à se dégager horizontalement; cette condition produisait forcément un matelas de vapeur occupant une grande hauteur dans le collecteur et déterminant la présence d'une très grande proportion de vapeur dans l'espace annulaire de vaporisation. Les tubes les plus éloignés du tuyau de dégagement de vapeur, notamment, devaient rester presque toujours dégarnis d'eau. Ce phénomène avait d'autant plus d'importance que les expériences ont été faites à l'air libre, avec l'énorme augmentation de volume de vapeur correspondante, et que le tube de dégagement était insuffisant. Dans ces conditions, il n'est pas surprenant que la transmission de la chaleur ait été faible au coup de feu. Les constatations relevées indiquent donc ce qui se passait dans l'appareil d'expérience, lequel est loin de reproduire la chaudière Niclausse, et à plus forte raison les autres générateurs multitubulaires. On a donc eu tort de tirer de ces expériences des conclusions données comme *pouvant être intégralement appliquées à l'étude et à la construction des générateurs multitubulaires.*

Le compte rendu présenté au Congrès par MM. J. et A. Niclausse, donne aussi un tableau résumant, *d'après leurs essais*, les rendements de leur chaudière et en pour cent du pouvoir calorifique du combustible, en fonction du rapport de la surface de grille à la surface de chauffe et de l'allure de la combustion. Un tableau de cette nature présente un intérêt considérable, car de pareils essais n'avaient pas été entrepris jusqu'ici, du moins à notre connaissance. Malheureusement, la régularité des différences, et les nombreux rendements allant de 70 à 91,7 p. 100 (?), pour une chaudière sans réchauffeur, semble indiquer que quelques erreurs ont pu se glisser dans les relevés des essais. Nous développerons, à la fin du dernier chapitre, quelques considérations sur le rendement théorique et pratique des chaudières.

4° Société des Chaudronneries du nord de la France,

a Lequin-lès-Lille (Nord)

Chaudière à éléments et tubes Field (Classe B).

Le générateur de vapeur représenté par la figure 37 se compose d'un réservoir longitudinal sur lequel est rivé, de chaque côté de l'axe, une série de collecteurs inclinés à environ 50°. Chaque collecteur reçoit une double rangée de tubes vaporisateurs. La position des collecteurs permet de chevaucher les rangées de tubes de deux collecteurs opposés, d'où le nom de chaudières en X, donné à ce système. Les tubes d'une même rangée sont de longueur inégale, de façon que leurs extrémités se trouvent dans un même plan vertical. Pour protéger les parois du foyer dans l'intervalle qui existe sur les côtés (entre deux rangées de tubes) l'extrémité des collecteurs porte des tubes pendentifs. Les collecteurs sont cloisonnés et les tubes vaporisateurs sont insérés par un joint métallique cône sur la paroi inférieure des collecteurs. Le tube intérieur de retour est fixé à une petite lanterne qui s'emboîte sur le rebord du tube vaporisateur et s'adapte à l'ouverture de passage de la cloison séparatrice du collecteur. La lanterne porte une lumière latérale qui se raccorde par un tube au coude intérieur. Cette diposition, indiquée à la figure 38, a pour auteur M. Montupet; nous la présenterons de nouveau au chapitre qui traite des chaudières à foyer intérieur.

Elle a, dans la chaudière fig. 37, pour effet de faire dégager les produits de la vaposation dans le compartiment haut du collecteur, le compartiment bas servant au retour de l'eau. Les cloisonnements des collecteurs se raccordent (dans le réservoir) à des tôles de séparation isolant du retour les courants montants. Un écran déflecteur est placé sur le dégagement de la vapeur.

Dans les intervalles libres ménagés en haut et sur les côtés par le croisement des

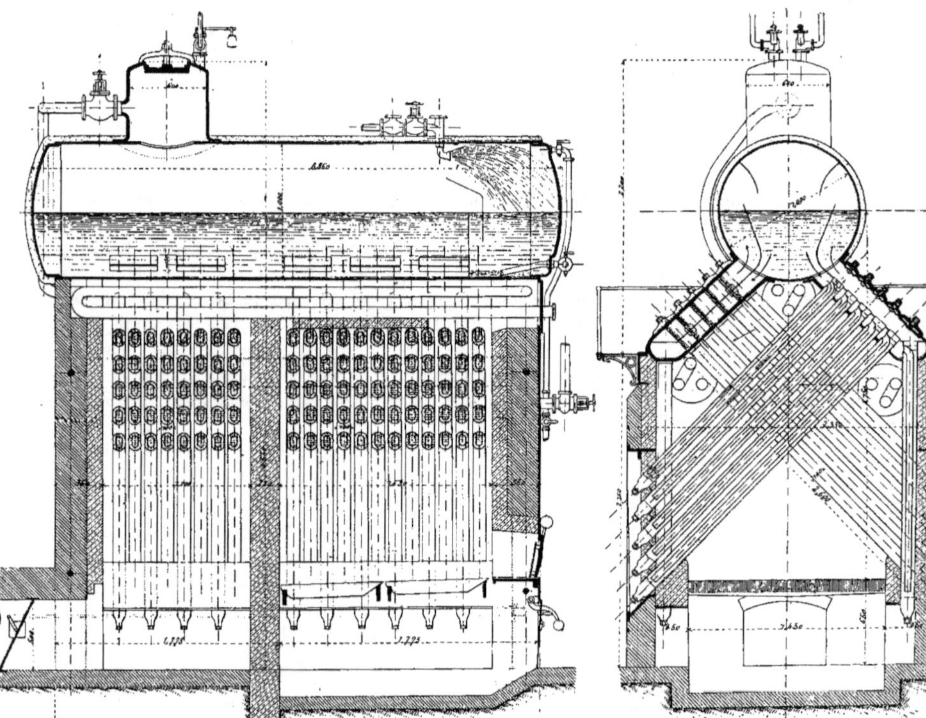

Fig. 37. — Chaudière de la Société des *Chaudronneries du Nord de la France.*

tubes, se trouve un sécheur de vapeur composé de trois faisceaux de trois tubes chacun, réunis en serpentin continu.

La grille est placée entre les deux jambes de l'X. Le faisceau tubulaire est divisé en deux chambres par une cloison transversale. Les produits de la combustion s'élèvent à travers les tubes contenus dans la chambre avant, et passent dans la chambre arrière par dessus la cloison transversale, pour plonger vers le conduit de sortie.

La circulation de l'eau dans cette chaudière paraît de prime abord meilleure que dans les appareils de la même classe à tubes faiblement incinés. La position du tube vaporisateur permet de le considérer comme fonctionnant suivant le dispositif Field.

(Nous donnons cette appellation aux tubes vaporisateurs avec retour intérieur, inclinés
à 45° au moins).

L'établissement des courants de circulation ne sera pas contrarié par la production
de vapeur sur les culots des tubes, qui sont mis à l'abri
du foyer, mais le coude de retour d'eau dans la lanterne
produit un rétrécissement de section, préjudiciable au
libre dégagement de la vapeur. Cet inconvénient sera
très marqué aux tubes de coup de feu, dont la partie
basse touche presque le combustible. Les constructeurs
voient un gros avantage dans cette dernière condition,
et citent à l'appui l'autorité de M. Chasseloup-Laubat,
mais ils n'ont pas compris ce qui a été expliqué par cet
auteur. M. de Chasseloup-Laubat dit, en effet, que pour
produire une *circulation continue* dans les chaudières
à cycle irréversible (Thornycroft et similaires), il faut

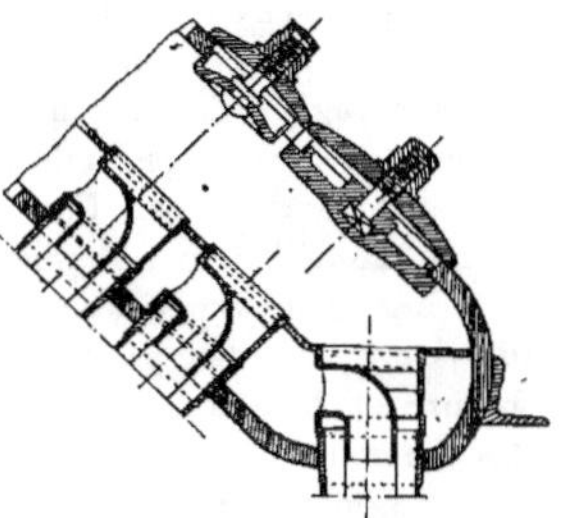

Fig. 38.

que les tubes soient chauffés surtout dans le bas et très peu dans le haut, mais il n'a
pas généralisé cette condition, et ne l'a surtout pas appliquée aux différents cas des
chaudières à cycles reversibles, dont fait partie la chaudière que nous examinons.

M. de Chasseloup-Laubat a démontré, que dans une chaudière à cycle irréversible, si
l'on chauffe seulement la partie haute des tubes, on ne produit pas de circulation continue;
ce n'est que lorsqu'il y a production de vapeur dans le bas du tube, que toute la colonne est
mise en mouvement, et se déverse par les orifices qui débouchent au-dessus du plan d'eau.
Il a analysé ce cas particulier où la chauffe est appliquée surtout dans le bas du tube, et
les effets dynamiques de la formation des bulles, l'ont amené à conclure que la circulation
serait améliorée en disposant à la base de chaque tube chauffé un clapet équilibré, s'ouvrant seulement dans le sens de la circulation. M. de Chasseloup-Laubat ne s'est d'ailleurs pas dissimulé que de tels dispositifs sont très difficiles à installer.

Nous ajouterons que le contraire a lieu pour les chaudières à cycle reversible; il suffit,
en effet, de chauffer dans celles-ci seulement la partie haute des tubes, pour établir la
circulation continue. Si la production de vapeur du tube est supérieure à celle qui est
nécessaire pour produire le maximum de circulation d'eau, et c'est toujours le cas avec
les tubes de coup de feu, il y a intérêt à produire l'excédent de vapeur dans la partie haute
du tube plutôt que dans le bas, puisque le volume d'eau présent dans le tube sera plus
grand que dans le cas où cet excédent de vapeur est produit dans la partie basse du tube.

D'une façon générale, qu'il s'agisse de chaudières à cycle irréversible ou réversible,
il faut se préoccuper des effets dynamiques de la formation des bulles. Lorsqu'une bulle
est engendrée, elle doit communiquer à la colonne fluide une certaine vitesse, et, par suite,
une certaine force vive. Plus bas sera placé le point de formation de la bulle, plus grande
sera la masse d'eau qui la surmonte, et plus grande sera la force vive que la bulle devra
lui communiquer. En vertu du principe de l'action et de la réaction, la bulle réagira sur
la colonne de retour pour la refouler. Si la bulle se forme à la partie basse du tube, et si
son volume est relativement grand, elle se dégagera par le retour aussi bien que par le
tube vaporisateur.

On voit, d'après ce qui a été exposé par M. de Chasseloup-Laubat, et ce que nous
venons d'expliquer, que la disposition rationnelle du chauffage est l'inverse de celle préconisée par les constructeurs de la chaudière que nous examinons. A notre avis, le régime
pulsatoire s'établit dans les tubes les plus chauffés de cette chaudière. Une conséquence
de ce régime est la projection des lanternes portant les tubes de retour, dont le mode de
montage exige un jeu important avec les parties auxquelles ces lanternes s'adaptent. Nous
n'avons remarqué aucun dispositif de fixation pour maintenir en place les tubes de retour.

L'alimentation se fait à l'arrière du corps supérieur, dans la vapeur. L'eau retombe dans un compartiment de dimensions trop restreintes pour que la précipitation des dépôts puisse s'effectuer.

Du fait du croisement des séries successives des tubes, il y a au-dessus de la grille, alternativement de chaque côté, des passages libres. Les gaz chauds s'élèveront, de préférence par ces passages de moindre résistance pour gagner les conduits latéraux qui les amènent vers l'arrière. Une partie importante de la surface de chauffe ne sera pas utilisée, ce qui n'améliore pas le rendement économique.

Les tubes vaporisateurs, rétrécis au bout, sont fermés par des bouchons filetés, qu'on dévisse pour vidanger chaque tube. Pour faciliter cette opération, les bouchons sont en bronze et le filetage est nickelé. Cette dernière précaution est superflue, l'emploi du bronze suffisant à empêcher le collage des bouchons par la rouille.

La question de nickelage paraît préoccuper particulièrement les constructeurs, puisque les réchauffeurs d'eau d'alimentation de leurs chaudières se composent de tubes en fer nickelés à l'extérieur et à l'intérieur. Ces tubes, disposés aussi d'après le système de retour intérieur, sont placés horizontalement dans la chambre, à l'arrière, entre les jambages de l'X. Le revêtement en nickel a pour objet de prévenir les corrosions et d'empêcher l'adhérence des dépôts de suie. Pour les corrosions, on obtiendra plus simplement des résultats satisfaisants en employant des tôles d'acier au nickel pour la fabrication des tubes. La pratique des chaudières marines a montré que cette qualité de métal résiste mieux que les autres aux actions corrosives. Les dépôts de suie seront certainement moindres si la surface de nickelage extérieur est polie; mais ce poli empêchera l'absorption de la chaleur, ainsi que le démontrent les expériences de physique sur l'absorption et l'émission de la chaleur, et l'effet du réchauffeur sera diminué.

Le réchauffeur n'absorbera utilement de la chaleur que lorsque la surface sera mate ou oxydée, mais alors les suies adhéreront aux tubes nickelés tout comme aux tubes ordinaires, et on ne peut pas supprimer les procédés de ramonage habituel.

La construction de la chaudière exposée est bonne.

5° Société industrielle de Paris, a Poissy (Seine-et-Oise).

Chaudière à lame d'eau avec retour intérieur aux tubes vaporisateurs
et appareil sécheur pour la vapeur (Classe B).

La *Société industrielle de Paris* exploite en France le système de chaudière établi par la maison Dürr, de Ratingen, près Dusseldorf. Elle expose une chaudière marine de ce système (fig. 39), avec quelques variantes.

Pour ne pas intervertir l'ordre général que nous avons établi, nous décrirons plus loin la disposition d'origine, et nous n'examinerons ici que les variantes.

Les tubes de coup de feu et la rangée de tubes qui les suit sont écartés du reste du faisceau tubulaire. Ils sont d'un diamètre légèrement plus grand, et sont inclinés davantage. On forme ainsi, entre les deux parties de la surface de chauffe, une espèce de chambre où les gaz subissent un léger brassage et où la combustion peut se continuer.

Quatre séries de chicanes dirigent les gaz chauds dans le faisceau tubulaire. Le but de ces chicanes est de bien répartir les produits du foyer sur les surfaces de chauffe de façon à les utiliser presque complètement. Nous trouvons des dispositions presque analogues dans beaucoup de chaudières multitubulaires, et l'étude de ces dispositions montre que la distribution des gaz ne peut pas se faire aussi uniformément que l'on pense. Les flammes suivront, en montant, le chemin sinueux indiqué par les flèches sur le dessin, mais elles formeront une veine continue sur la trajectoire la plus directe. Les surfaces métal-

liques qui se trouvent placées dans les encoignures, au-dessus et en dessous des chicanes de direction, ne seront pas léchées par le courant des gaz, et une notable partie de la surface de chauffe devient inefficace. Aux visites, on trouve, au-dessus des chicanes, dans les encoignures, des amas de cendres et de suies qui montrent nettement la zone intéressée seulement dans la chauffe. Si l'on considère, en outre, que, dans les chaudières multitubulaires où les gaz s'élèvent directement au travers des tubes, un peu plus de la demi-surface inférieure du tube est effectivement chauffée, on reconnaîtra que ces chaudières n'utilisent en réalité que moins de la moitié des surfaces du faisceau tubulaire. On s'explique par là les rendements insuffisants qu'on rencontre si souvent.

Nous avons été chargé d'étudier la disposition des chicanes donnant les meilleurs résultats économiques, et nous avons fait, dans ce

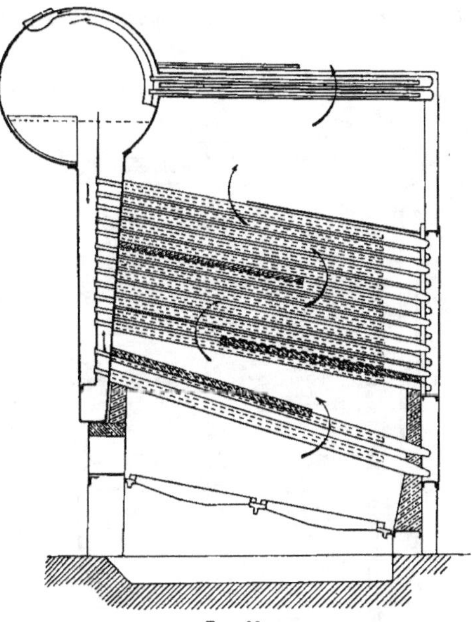

FIG. 39.

but, de longues recherches industrielles. Nous avons trouvé qu'il fallait supprimer toutes les chicanes que l'on place d'habitude dans le faisceau, et qu'il fallait seulement placer sur les tubes les plus hauts des écrans de répartition calculés et disposés d'après certaines règles [1].

Les tubes vaporisateurs sont rétrécis à l'arrière en forme de fuseau et filetés extérieurement au bout. Ils reçoivent une bague d'épaulement vissée, sur laquelle vient faire joint un écrou borgne qui ferme le tube. Le joint est obtenu par deux arêtes circulaires que porte la face de l'écrou, et qui viennent s'écraser contre la bague d'arrêt.

La cloison séparatrice de la lame d'eau se replie en bas à la hauteur des tubes du coup de feu, et elle vient se raccorder à la face avant du caisson. Ce caisson est prolongé de façon à former un petit collecteur de dépôts.

Nous allons maintenant présenter les dispositions d'ensemble, en examinant la chaudière Dürr originale.

1. Les moyens d'obtenir cette répartition uniforme des gaz dans le faisceau tubulaire ont fait l'objet d'un brevet.

6° DUESSELDORF-RATINGER ROEHRENKESSELFABRIK (ANCIENNE MAISON DURR ET Cie), A RATINGEN, PRÈS DUESSELDORF.

Chaudière à lame d'eau, avec retour intérieur aux tubes, et appareil sécheur pour la vapeur
(Classe B).

La chaudière Durr exposée est du type marine. La figure 40 montre qu'elle se compose d'un faisceau de tubes montés sur un caisson formant lame d'eau. Ce caisson est cloisonné, et les tubes de retour, qui pénètrent dans les tubes vaporisateurs, sont montés sur le cloisonnement. Ce cloisonnement et prolongé par une petite tôle transversale dans le ballon (également transversal), rivé au caisson. Le ballon porte en outre, au-dessus du faisceau tubulaire, un sécheur de vapeur établi sur le principe du tube de retour intérieur. Nous donnons (fig. 41) le détail du ballon supérieur. On voit, sur cette figure, deux cloisonnements concentriques fermés et disposés dans la partie haute du réservoir. La vapeur pénètre dans le premier compartiment, par les orifices dans la tôle qui le ferme au sommet; elle passe au tube intérieur, revient, par les espaces annulaires entre les tubes, au second compartiment qui l'amène à la prise de vapeur.

Les gaz chauds du foyer s'élèvent à travers le faisceau tubulaire, où ils se répartissent au moyen de trois séries de chicanes placées sur les tubes (voir fig. 40).

En comparant cette chaudière à la précédente, on reconnaît qu'elle utilise encore moins sa surface de chauffe.

Le caisson de la lame d'eau n'est pas à faces parallèles, comme on le fait généralement; il est évasé vers le haut, et offre au dégagement de la vapeur une section croissante en partant du bas.

Cette disposition est logique puisque le volume de vapeur va en augmentant à partir du bas. La construction du caisson, surtout l'entretoisage, sont rendus plus difficiles. Pour laisser au dégagement de la vapeur la plus grande section libre, la tôle du réservoir est entièrement découpée à sa liaison avec le caisson, et la résistance supprimée par ce fait est rem-

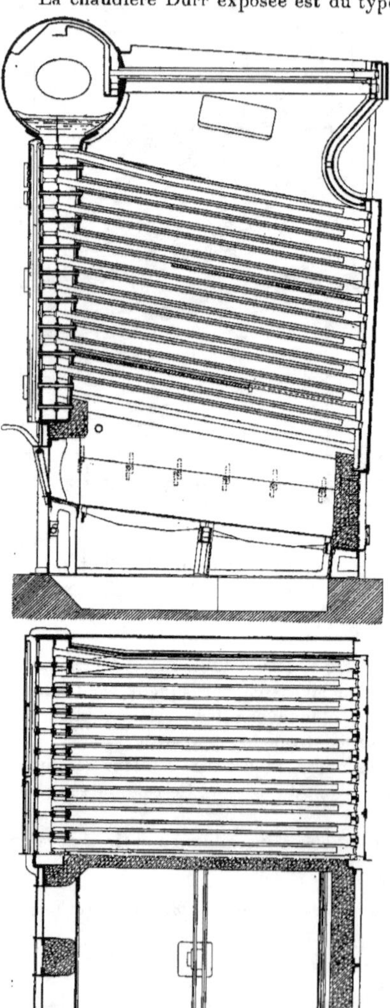

Fig. 40.

placée par celle d'une série d'entretoises verticales en tôles rivées sur les deux côtés de la découpure (fig. 41).

Le caisson se rétrécit par les côtés, dans le haut, à partir de la cinquième rangée des tubes supérieurs, pour ménager l'espace nécessaire à la collerette de raccordement du caisson au réservoir, et aux emboutis des fonds. Le réservoir ne dépasse pas l'aplomb des faces latérales de la chaudière et le caisson vient jusqu'à cet aplomb. Toutes les entretoises du caisson sont percées pour livrer passage à la lance de ramonage, sauf les rangées extrêmes du bas et des côtés.

Le caisson étant droit et les tubes inclinés, ces derniers ne se présentent pas normalement à la face arrière dudit caisson. Pour parer à cela, on a cintré légèrement le bout antérieur des tubes : lequel bout porte les bagues coniques faisant le joint des tubes dans les trous coniques de la plaque tubulaire. Les tubes sont disposés en quinconce, sauf les deux rangées verticales extrêmes. Les tubes de ces rangées sont aussi cintrés, dans le plan de l'inclinaison, de façon à se superposer sur la plus grande partie de leur longueur. Ils forment ainsi, de chaque côté, une espèce de cloison protectrice pour les parois latérales de l'enveloppe métallique. Cette disposition est bonne, car elle empêche les gaz de venir lécher ces parois.

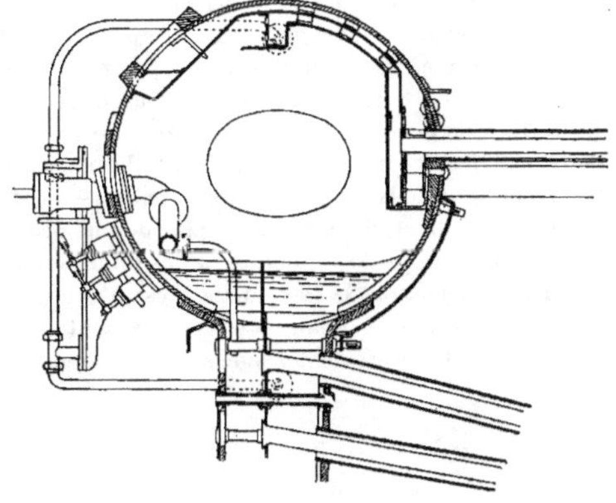

Fig. 41.

Les tubes intérieurs de retour sont montés d'une façon peu satisfaisante. Ils sont légèrement évasés, et sont pris dans les deux encoches d'une bride mince, flexible, qui dépasse le trou de la cloison pour le passage du tube vaporisateur, et qui se fixe sur la cloison par deux tenons. La bride est coupée suivant un rayon. Pour sortir le tube intérieur, il faut le dégager de la bride, après avoir dégagé le tout de la cloison; écarter les deux branches de la bride, et la présenter en hélice pour la faire sortir par le trou de tampon de la face avant. Un assemblage de pareils éléments ne peut pas être étanche. Chaque tube intérieur produira un court circuit entre les deux compartiments du caisson, et comme le nombre de ces courts circuits est considérable la circulation déjà faible de l'eau sur les surfaces de chauffe sera encore amoindrie.

Les tubes de retour sont maintenus dans l'axe des tubes vaporisateurs par des lames élastiques rivées à l'extrémité du retour, et qui pressent contre les parois du tube extérieur. Avec cette disposition on n'a pas l'effet de martelage par les vibrations, mais on n'évite pas l'inconvénient des amas de dépôts provoqués par la présence de ces lames.

Les tubes vaporisateurs sont rétrécis à l'arrière en forme de fuseau, et sont fermés par un tampon conique autoclave; nous avons déjà expliqué l'avantage et l'inconvénient de ce mode de fermeture dans ce cas particulier.

Les trous de tampons sur la face avant du caisson de la lame d'eau sont également à joint conique autoclave. Les tampons sont introduits de l'intérieur, en les passant par un certain nombre de trous plus grands ménagés dans la plaque de façade du caisson.

On remarquera sur la figure 41 la position de la prise d'eau du tube indicateur de niveau; cette prise d'eau se fait sur le caisson, dans le compartiment du dégagement de la vapeur. Pour diminuer les entraînements d'eau avec la vapeur, la surface de dégagement doit être maintenue très basse dans le réservoir. Pour cela, il ne faut pas que la colonne de retour puisse exercer une trop grande charge ; elle doit être maintenue très basse en dessous de la cloison, et le plan d'eau du retour disparaîtrait du tube de verre. La prise d'eau de l'indicateur dans le compartiment arrière donnera, au contraire, un niveau qui ne sera pas le vrai, mais qui sera apparent. Nous croyons cette disposition dangereuse ; il vaudrait mieux baisser encore l'indicateur de niveau, et placer sa prise d'eau sur le compartiment du retour. Ce serait, il est vrai, montrer que la circulation de l'eau annoncée comme très énergique ne se produit pas.

Le corps supérieur porte, rivée à l'avant, une contre-plaque dans laquelle sont percés les orifices servant à introduire et à retirer les tubes du sécheur. Ces orifices sont obturés par des tampons coniques autoclaves.

Le foyer de la chaudière, très large, à quatre portes de chargement, est séparé en deux par une cloison longitudinale, qui monte jusqu'à la deuxième rangée des tubes du bas. Le tube de la rangée de coup de feu qui se trouve au droit de la cloison est supprimé. La surface de grille se trouve ainsi être un peu diminuée, mais sans nuire à la puissance de production. Cette séparation facilite beaucoup le service de la chauffe ; on garnit plus facilement et mieux les deux grilles contiguës de dimensions modérées. La meilleure utilisation du combustible fait obtenir plus que ne produirait le combustible brûlant sur la zone supprimée de la grille unique avec des dimensions exagérées.

La construction de la chaudière est bonne ; tous les détails sont étudiés avec soin, et bien exécutés. Nous signalerons, comme étant un joli travail, le caisson de la lame d'eau. Ce caisson est entièrement soudé et parfaitement établi.

CHAPITRE V

Chaudières multitubulaires à circuit composé mixte.

1° Crépelle Fontaine, a la Madeleine-lez-Lille (Nord).

Chaudière à éléments et circulation artificielle (Classe A).

La figure 42 montre par les coupes en long et en travers l'ensemble du générateur multitubulaire de la maison Crépelle-Fontaine. Il se différencie de la généralité des autres chaudières multitubulaires par une bonne conception des conditions nécessaires à la circulation de l'eau.

Le faisceau des tubes chauffés est partagé en trois séries dans le sens horizontal. La première série du haut réunit le réservoir d'eau et de vapeur, placé transversalement à l'avant, aux collecteurs verticaux de l'arrière. Elle se compose d'un seul tube en hauteur, et sert comme retour de l'eau. La deuxième série, composée de six tubes en hauteur, et la troisième comprenant exclusivement les tubes de coups de feu, réunissent par rangées verticales les deux collecteurs correspondants, l'un à l'avant, l'autre à l'arrière.

Les collecteurs sont en acier coulé ; leur profil est ondulé au droit de la deuxième série de tubes, qui se trouvent ainsi disposés en quinconce. Les collecteurs de l'arrière sont réunis à la partie basse par un drain de vidange, auquel ils se rattachent par des petits bouts de tubes mandrinés dans les ouvertures correspondantes des collecteurs et du drain. Les collecteurs de dégagement à l'avant sont cloisonnés, mais seulement sur la

hauteur de la deuxième série de tubes; cette cloison est percée d'un orifice en regard
de chacun des tubes, pour permettre le passage de ceux-ci et leur inspection intérieure.
Ces orifices sont fermés par des tampons amovibles. Chaque collecteur se trouve ainsi partagé en deux compartiments; celui de l'avant permet le dégagement direct des produits

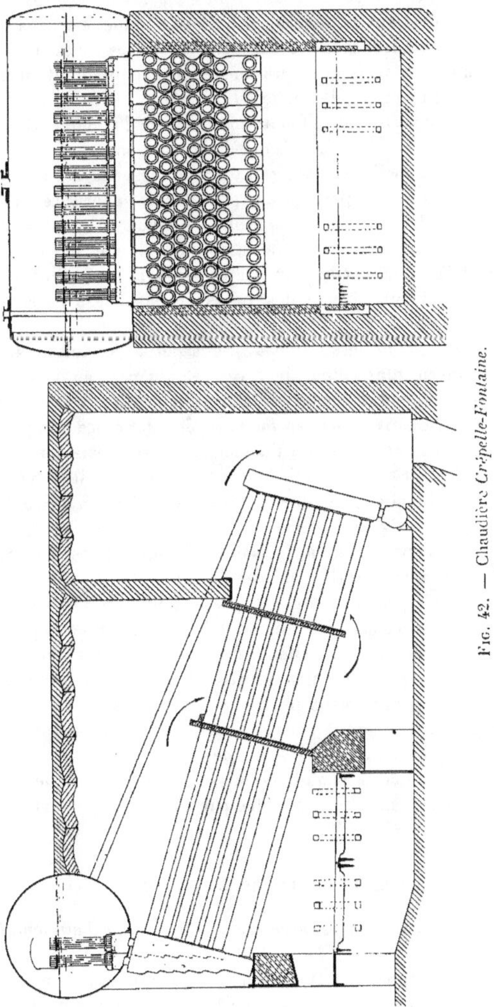

Fig. 42. — Chaudière Crépelle-Fontaine.

de la vaporisation des tubes de coup de feu dans le réservoir, sans qu'ils soient mélangés
aux produits de la vaporisation des autres tubes. Ces derniers produits se dégagent
à leur tour, dans le réservoir commun, par les compartiments arrière des collecteurs de
l'avant.

Les deux compartiments de ces collecteurs sont réunis au corps cylindrique par des bagues cylindriques, mandrinées dans les ouvertures correspondantes des collecteurs et du réservoir. Au-dessus de ces communications sont placées deux séries distinctes d'émulseurs Dubiau, pour provoquer la circulation artificielle de l'eau. La série d'avant dessert les tubes de coup de feu, la série d'arrière dessert les autres tubes vaporisateurs.

La chambre qui contient le faisceau tubulaire chauffé, est séparée en trois compartiments par deux cloisons transversales, traversées par les tubes. Les gaz chauds lèchent les surfaces de chauffe en trois parcours successifs, et plongent derrière les collecteurs du bout pour passer au conduit de sortie.

Nous ne reviendrons pas sur le fonctionnement de l'appareil Dubiau que nous avons décrit au n° 13 du chapitre III. Le volume d'eau mis en mouvement par l'ensemble de l'appareil, tel que M. Crépelle-Fontaine l'a disposé, descend par les tubes de retour, vers les collecteurs arrière, où il se partage entre les tubes vaporisateurs du haut et les tubes de coup de feu. La puissance de circulation des deux séries d'émulseurs étant égale, la moitié de l'eau mise en mouvement (86 litres par seconde) passe par les tubes de coup de feu, dont on sait l'énorme production. Cette partie de la surface de chauffe est balayée très énergiquement, puisque chacun des tubes du bas laisse passer environ trois litres d'eau par seconde.

Comme on le voit sur le dessin (fig. 42), des petits conduits d'arrivée d'air sont disposés dans la maçonnerie tout autour du foyer, et amènent au-dessus de la grille de l'air frais puisé directement dans le cendrier. Cette disposition a pour objet de diminuer la production de fumée. Nous n'avons pas pu contrôler son efficacité, parce que la cheminée qui desservait toutes les chaudières de l'usine La Bourdonnais vomissait presque toujours des torrents de fumée noire. Il est vrai de dire que les produits déversés par la cheminée de l'usine Suffren n'indiquaient pas une meilleure combustion du côté de la Section étrangère.

La disposition des maçonneries, laissant deux grands espaces au-dessus des tubes de retour d'eau, ne nous paraît pas recommandable. Il y a là un développement important de maçonneries, formant des surfaces d'émission de chaleur nuisibles et considérables. De plus, ces espaces se trouvent en dehors de la zone d'appel direct à la cheminée; il peut s'y former des cantonnements de gaz non brûlés, dont l'inflammation accidentelle peut être provoquée par une rentrée d'air, et déterminer ainsi des explosions dans les carneaux. Il vaudrait mieux placer les petites voûtes du plafond directement au-dessus des tubes de retour, sauf à les relever à l'arrière au-dessus du dernier parcours pour obtenir la section nécessaire à la sortie des gaz.

L'aspect extérieur de cette chaudière laisse à désirer. A une décoration mal appropriée, nous préférerions la simplicité adoptée par d'autres constructeurs.

2º DE NAEYER ET COMPAGNIE, A WILLEBROECK (BELGIQUE).

Chaudière à éléments sectionnés, avec réchauffeur d'eau d'alimentation (Classe A).

Le générateur multitubulaire De Naeyer, un des premiers en date, est fort répandu par ses applications industrielles. Il est par là même très connu, et les appareils qui figurent à l'Exposition présentent sur le type habituel une modification importante.

Les tubes vaporisateurs de ce système sont montés par paires sur des petites caisses, et le faisceau tubulaire est formé par l'empilage d'un certain nombre de caisses, placées à plat par rangées superposées. Les caisses superposées communiquent alternativement par des doubles coudes extérieurs, faisant joint dans les trous correspondants par des bagues

biconiques. Les deux coudes voisins d'une même boîte sont serrés par un étrier passé sur
un boulon intermédiaire. La rangée supérieure de caisses à l'avant communique, de la
même manière, avec un collecteur qui se raccorde au corps supérieur, et la rangée inférieure de caisses à l'arrière est mise de même en communication avec un collecteur transversal, qui reçoit deux gros tubes descendant du corps supérieur. Les tubes vaporisateurs
étant légèrement inclinés vers l'arrière, la vapeur se dégage à l'avant par le chemin
sinueux des caisses et des doubles coudes de communication, et l'eau revient à l'arrière par
les gros tubes de retour, pour se distribuer aux tubes vaporisateurs, en zigzaguant à
travers les caisses et les doubles coudes de communication.

La figure 43 montre comment la constitution du faisceau tubulaire a été modifiée,
à la suite d'une série d'expériences que l'auteur a réalisées dans les usines de
MM. De Naeyer et Cie. L'ancien mode d'assemblage est maintenu seulement pour la
partie supérieure du faisceau tubulaire; les deux dernières rangées de tubes en bas sont

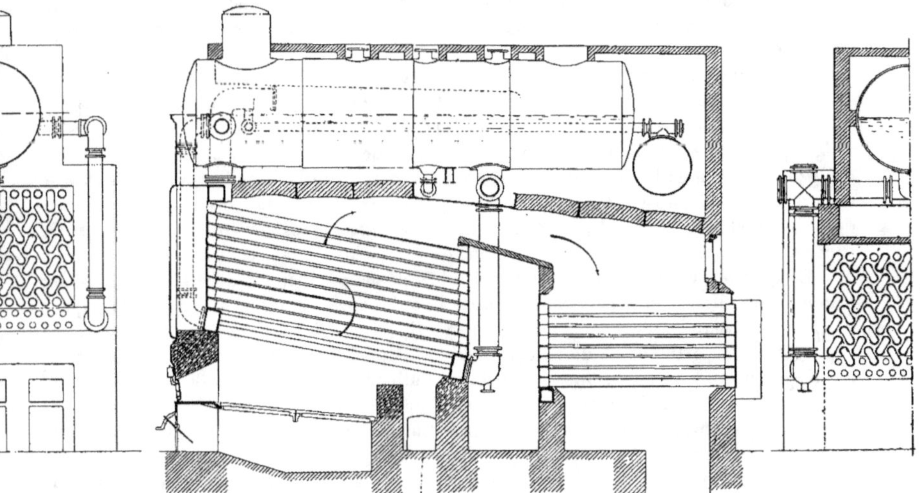

FIG. 43. — Chaudière *De Naeyer*.

insérées sur deux collecteurs transversaux, en tôle d'acier soudée. Le collecteur d'arrière
reçoit les deux tubes de retour d'eau, et communique en outre par des coudes doubles
avec la rangée de caisses qui lui est superposée, pour amener l'eau aux tubes supérieurs. Le collecteur transversal à l'avant est complètement séparé du reste du faisceau
tubulaire. Il reçoit à ses deux extrémités deux tubes de dégagement qui montent directement au corps cylindrique. La communication qui sert au dégagement de la vapeur
produite par le reste de la surface de chauffe, se prolonge dans le réservoir par un conduit coudé qui dépasse le plan d'eau normal.

Les gaz du foyer s'élèvent à travers le faisceau tubulaire en un seul parcours contrarié par deux séries de chicanes reposant sur les tubes, et passent à l'arrière pour chauffer (en un parcours plongeant) le réchauffeur d'eau d'alimentation. La surface de chauffe
de ce réchauffeur est formée par la superposition de plusieurs rangées horizontales de
tubes, montés par paires sur des caisses qui sont réunies alternativement à chaque extrémité dans le sens horizontal, au moyen de coudes doubles. Chaque rangée communique

à une seule extrémité et d'un seul côté avec la rangée supérieure. Le tout forme comme un serpentin continu.

L'eau froide d'alimentation pénètre dans le bas du réchauffeur, et après l'avoir parcouru dans tout son développement, elle passe par un tuyau qui n'est pas figuré sur le dessin, dans le ballon transversal que l'on voit à l'arrière du corps principal. Une tubulure montée dans le haut du ballon du réchauffeur, se relie à un conduit pénétrant dans le corps principal, et se raccordant au conduit de dégagement de la partie haute du faisceau tubulaire. L'eau d'alimentation vient ainsi se mélanger aux produits de la vaporisation qui se déversent par le conduit de dégagement.

Nous ne voyons pas d'avantage à cette disposition ; nous y trouvons même un inconvénient. L'accès du raccordement du tuyau d'alimentation sur le conduit de dégagement n'est pas facile. Sa position amène, en ce point, l'accumulation des dépôts qui viennent avec l'eau d'alimentation, et des dépôts qui sont charriés dans le conduit par l'eau de la chaudière. L'obstruction de ce raccordement est à craindre, et il est à notre avis plus simple et préférable de faire déverser l'eau d'alimentation directement dans le réservoir.

Le dégagement direct, dans le corps supérieur, de la production de vapeur des tubes de coup de feu, a une importance considérable dans les chaudières multitubulaires, pour les raisons que nous avons déjà expliquées. Dans la chaudière système De Naeyer, cette séparation des circuits remédie au défaut principal de la disposition d'origine. On reprochait justement à cette disposition, que toute la vapeur de la chaudière devait se frayer avec difficulté un passage à travers le chemin sinueux et irrégulier formé par la réunion des caisses et des boîtes. Cette résistance au dégagement existe encore pour la partie supérieure du faisceau tubulaire, mais dans des proportions très réduites.

La grande production de vapeur des tubes de coup de feu est déversée par les deux colonnes latérales ; mais, pour pouvoir s'engager dans ces colonnes, il faut que la vapeur chemine horizontalement dans le collecteur. Il y aura donc formation de matelas de vapeur dans la partie haute de ce collecteur, si l'appel d'eau déterminé par les colonnes n'est pas suffisant pour entraîner la vapeur en bulles à l'état de grande division.

La grande section des tubes de dégagement, nécessaire pour le volume de vapeur qui se dégage, n'étant pas divisée, ne permet pas d'utiliser pour la circulation toute l'énergie potentielle des bulles. Ainsi que nous l'avons expliqué, pour provoquer un mouvement d'eau très important, il faut distribuer la vapeur, passant par un tuyau unique de grande section, dans un grand nombre de petits tubes offrant ensemble la même section de passage. Le double coude horizontal, que des nécessités de construction ont fait adopter pour raccorder au réservoir les colonnes de dégagement direct, crée au débouché de ces colonnes une résistance additionnelle, du fait des changements de direction, et de l'obligation de faire cheminer la vapeur horizontalement.

Ces résistances ne peuvent être vaincues, comme nous l'avons indiqué ci-dessus, que par une vitesse initiale de l'eau suffisante pour entraîner la vapeur ; et dans ce but la maison De Naeyer a décidé de munir désormais ses chaudières à dégagement direct de l'émulseur Dubiau, pour produire, par la circulation artificielle, l'appel d'eau nécessaire au lavage énergique des surfaces de chauffe, et au balayage de la vapeur dans les parcours horizontaux.

Le réchauffeur d'eau faisant suite à la chaudière est parcouru de haut en bas par les gaz chauds. Cette direction des gaz permet le chauffage méthodique de l'appareil, ce qui en augmente le rendement. Pour annuler l'effet de la formation des pistons de vapeur dans les tubes les plus chauffés, par suite de la position horizontale des tubes, on place entre le réchauffeur et le corps principal de la chaudière un petit ballon transversal. La vapeur formée dans le réchauffeur monte à la partie haute du ballon, et passe de suite à la chaudière. Pendant les arrêts de l'alimentation, la vapeur produite dans les tubes vient s'accumuler dans ce ballon, et entre dans le générateur dès que la pression dans le réchauffeur dépasse celle de la chaudière. On assure ainsi la présence effective de l'eau dans le réchauffeur, et on empêche qu'il se vide, si l'arrêt de l'alimentation se prolongeait.

La maison De Naeyer a beaucoup vulgarisé l'emploi des réchauffeurs; un grand nombre de ses chaudières sont établies suivant la disposition d'ensemble que nous venons de décrire. Grâce à ces réchauffeurs, on obtient des rendements économiques élevés.

La construction des chaudières exposées est très soignée, malgré l'aspect un peu rustique; aspect voulu et qui est le cachet de la maison. Tout y est épais, massif, lourd; cela n'est pas sans inspirer une certaine confiance dans la solidité des appareils. On pourrait peut-être leur reprocher d'être trop lourds, mais cela n'a aucune importance pour les installations industrielles fixes, où la chaudière De Naeyer est exclusivement employée.

Parmi tant de systèmes de chaudières multitubulaires, la chaudière De Naeyer est celle qui présente, avec la chaudière Niclausse, les plus grandes facilités pour l'amovibilité de la surface de chauffe. Ajoutons que l'amovibilité ne sert ici qu'au cas d'avaries ou de réparations, car toutes les parties du générateur sont d'un accès très facile pour les visites et les nettoyages.

CHAPITRE VI

Chaudières multitubulaires à circuits distincts.

. 1° ATELIERS DE CONSTRUCTIONS MÉCANIQUES, A LEVALLOIS-PERRET (SEINE).

Chaudière à tubes Field, système Turgan (Classe C, type 3).

La chaudière Turgan exposée (fig. 44) se compose d'un réservoir supérieur formé par la réunion de deux parties boulonnées. La partie supérieure est demi-cylindrique, la partie inférieure porte, sur toute la longueur, deux parties méplates formant plaques tubulaires, dans lesquelles sont insérés, par rangées, les tubes vaporisateurs, groupés en deux faisceaux compacts de chaque côté de l'axe. Les tubes sont fortement inclinés, et se rapprochent de la verticale, formant ainsi une sorte de V renversé, enserrant la grille entre ses branches en bas.

A l'intérieur du corps principal est placé un coffre concentrique, en deux parties boulonnées, ayant le même profil. Les parties méplates de ce coffre portent les tubes intérieurs de retour qui alimentent les tubes vaporisateurs. De larges ouvertures pratiquées à la partie haute, mettent ce coffre en communication avec l'espace de vapeur du corps principal, et une série de petites ouvertures latérales, dans la région du plan d'eau, servent au passage de l'eau. L'alimentation se fait dans le coffre intérieur.

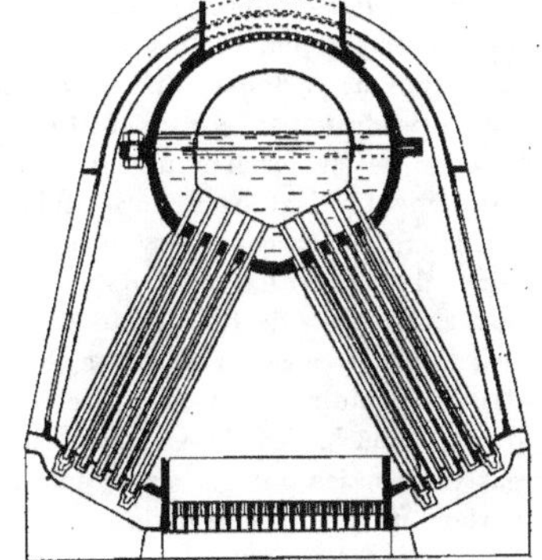

FIG. 44.

Les produits de la combustion sont dirigés dans les faisceaux tubulaires par un artifice original (voir fig. 44). Les tubes placés dans la chambre de combustion ont un plus grand diamètre, et sont rétrécis à leur insertion dans les plaques tubulaires. L'augmentation de diamètre correspond à l'écartement des trous dans la plaque ; ces tubes viendront donc se toucher suivant une génératrice, et formeront une cloison qui ne laissera pas passer les gaz. A l'arrière, sur une certaine longueur, les tubes reprennent le diamètre normal ; les gaz, pouvant passer par les intervalles d'écartement, pénètrent dans les faisceaux de tubes qu'ils parcourent de l'arrière vers l'avant, où se trouve la cheminée d'appel. Pour soustraire l'enveloppe métallique de la chaudière au chauffage par les gaz, les tubes du pourtour sont aussi à diamètre agrandi, et forment une cloison protectrice.

Le joint d'assemblage des deux parties du corps supérieur est la partie délicate du système. Les tubes vaporisateurs sont fermés dans le bas par un chapeau fileté qui applique (contre le bord du tube formant un siège) un petit clapet obturateur. La fixation du tube dans la plaque tubulaire se fait par une portée conique, dont l'adhérence est obtenue par le serrage d'un écrou intérieur. Seules, les parois des tubes Field sont chauffées ; l'extrémité inférieure de ces tubes est soustraite à l'action de la chaleur. On supprime ainsi un grave inconvénient de ce dispositif, les bulles de vapeur ne pouvant plus s'engager dans le tube intérieur de retour d'eau.

Les produits de la vaporisation passent de l'espace annulaire des tubes dans le couloir de dégagement ; et le plan d'eau dans ce couloir s'élève au-dessus du plan d'eau du coffre intérieur, qui dessert les tubes intérieurs de retour. Grâce à cette différence de hauteur, il y aura écoulement d'eau du couloir vers le coffre intérieur, par les petits orifices de communication.

Les constructeurs, dans la brochure qui nous a été soumise, présentent cet appareil comme ayant « une circulation d'eau aussi parfaite que possible, car, l'alimentation se « faisant exclusivement dans le collecteur intérieur, l'eau descend forcément naturelle- « ment par les tubes intérieurs, et proportionnellement à la production de vapeur pro- « duite ». Cette phrase explique assez mal ce que l'on a voulu dire. Elle laisse supposer que la quantité d'eau qui descend par les tubes intérieurs est limitée au remplacement de la quantité de vapeur produite. Il n'y aurait alors pas de circulation d'eau, et ce serait très dangereux. Nous croyons qu'on a voulu dire que le fonctionnement du retour, entière- rement séparé du dégagement, n'étant pas entravé, l'arrivée de l'eau, par les tubes inté- rieurs, se fait d'autant plus énergiquement que la production de vapeur dans les espaces annulaires est plus intense.

Nous ne partageons pas la confiance des constructeurs sur la circulation « *tellement vive* » produite par leur disposition. Les rétrécissements de section au débouché des tubes de coup de feu forment un obstacle considérable, qui suffit à lui seul pour établir le fonc- tionnement pulsatoire dans les tubes de la plus grande production. Dans les autres tubes du deuxième parcours il y aura une circulation d'eau, mais fort limitée. L'eau qui doit faire retour dans les tubes doit passer par les ouvertures latérales du coffre intérieur. Ces ouvertures sont de très petite section, et ne peuvent laisser écouler qu'un volume d'eau très faible à cause de la petite différence de charge qui existe entre les hauteurs de l'eau dans le couloir et dans le coffre. Ces orifices sont dans le voisinage de la région du plan d'eau, là où le liquide est mélangé à une grande quantité de bulles de vapeur. L'eau qui passera par les ouvertures de décharge entraînera de la vapeur, laquelle se dégagera à la surface du plan d'eau dans le coffre. Ceci réduit encore le volume d'eau qui passera vers les retours. La circulation générale, loin d'être vive, sera donc très limitée.

Dans le tube en U théorique en circuit fermé, on dispose de toute la hauteur du tube pour produire la circulation parce que le passage de l'eau élevée par la branche de montée afflue librement vers le retour. La hauteur du plan d'eau au-dessus des deux branches est presque la même. Interposons un barrage entre le dégagement et le retour. Si le barrage était assez haut et sans ouvertures de communication, il n'y aurait plus de circulation. L'eau élevée ne pourra passer au retour que par un déversoir, si le barrage n'est pas trop haut, ou par des orifices dans la paroi. Le plan d'eau s'élèvera du côté du dégagement, et il baissera du côté du retour. Ce sera seulement cette différence de charge et le débit du déversoir ou des orifices de communication, qui commanderont la circulation.

Ainsi, dans la chaudière Turgan, quand l'inventeur s'est bien rendu compte du fonctionnement du tube Field, il a supprimé toute une série de conditions nuisibles, mais il les a remplacées par de nouvelles dispositions créant de nouveaux obstacles à la libre circulation de l'eau.

Le nettoyage intérieur de la chaudière présente de nombreuses difficultés et entraîne un démontage presque complet. Le remplacement d'un tube avarié exige des opérations longues et coûteuses. Ce sont là, à notre avis, de sérieux obstacles à la propagation de ce type de générateur.

2° Delaunay-Belleville et Cie, a Saint-Denis (Seine).

Chaudière à éléments en serpentin continu (Classe C, type 2).

Nous reproduisons à la figure 45 le dernier modèle du générateur Belleville type 1896. C'est surtout par ses applications aux marines militaires, en France et à l'étranger, que la chaudière de ce système s'est considérablement développée. Les types terrestres,

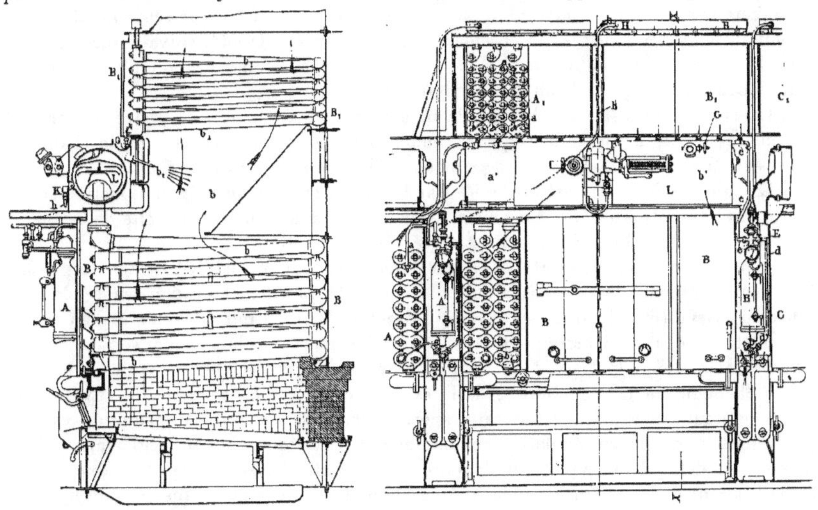

Fig. 45.
D'après le Bulletin de l'Association technique maritime.

exposés à la classe 19, ne diffèrent du type marine exposé aux classes 33 et 118 que par l'absence du réchauffeur d'eau d'alimentation, et par de légères variantes de construction.

La chaudière Belleville est universellement connue. Nous nous bornerons à la décrire sommairement, et nous examinerons plus particulièrement les modifications apportées récemment.

Le faisceau tubulaire de la chaudière est divisé en éléments formés de deux séries verticales de tubes b (fig. 45). Ces tubes sont très faiblement inclinés sur l'horizontale, ceux d'une série de l'arrière vers l'avant, ceux de la série contiguë de l'avant vers l'arrière. Ils sont réunis deux par deux, alternativement, à l'avant et à l'arrière, par des boîtes de communication B, et les deux séries forment ainsi un serpentin continu, qui part d'un collecteur transversal placé à l'avant, dans le bas, et qui débouche en haut dans un petit corps cylindrique transversal L. Le collecteur en bas, le corps cylindrique en haut, réunissent tous les éléments en serpentin qui forment la surface de chauffe de la chaudière, et ils sont raccordés par deux tubes de retour d'eau disposés sur les côtés de la chaudière.

Au-dessus du corps transversal est monté le réchauffeur d'eau d'alimentation, composé d'éléments b_1 B_1 en serpentins semblables à ceux de la chaudière, mais avec des tubes de moindre diamètre.

Les produits de la combustion s'élèvent au travers du faisceau tubulaire de vaporisation, et viennent se brasser dans la chambre de combustion intermédiaire, formée par l'espace d'écartement entre la chaudière et le réchauffeur. Dans cette chambre de combustion est disposé un système d'injection d'air comprimé b_2, pour produire le brassage des gaz et leur réinflammation. Les gaz chauds traversent ensuite le réchauffeur, et passent à la cheminée.

Le volume d'eau contenu dans le générateur Belleville est très faible : pour atténuer l'instabilité de marche qui en est la conséquence, on a recours à la régulation automatique de l'alimentation et de la combustion.

L'alimentation est contrôlée par une soupape équilibrée qui règle l'introduction de l'eau dans le générateur. Cette soupape est manœuvrée par un flotteur renfermé dans une colonne de niveau A, placée extérieurement à la chaudière, sur le côté. Suivant que le niveau dans la colonne descend ou monte, la soupape démasque une section plus ou moins grande pour le passage de l'eau d'alimentation.

La combustion est contrôlée par la manœuvre automatique du registre, commandé par un ressort à diaphragmes qui se comprime dès que la pression de la chaudière dépasse le timbre réglementaire, en fermant proportionnellement le registre.

La colonne de niveau est raccordée par le haut à la dernière boîte de jonction supérieure du serpentin qui lui est voisin, et dans le bas à la première boîte de ce même serpentin. Le plan d'eau apparent est réglé vers la moitié de la hauteur du serpentin. A vrai dire, il n'existe pas de plan d'eau dans la chaudière Belleville. Les serpentins sont parcourus par des pistons alternés d'eau et de vapeur; et l'eau déversée dans le coffre supérieur retombe dans les tuyaux de retour. Le tube indicateur de niveau est un manomètre à eau, qui indique la charge qui s'exerce dans le bas du serpentin avec lequel il communique. Mais il ne donne aucune indication sur ce qui se passe dans les autres éléments de la chaudière. Aussi les indications de la colonne de niveau sont inexactes pour l'ensemble du faisceau vaporisateur, et le service d'alimentation est des plus délicats, malgré sa régulation automatique. En pratique, on peut régler approximativement le débit de la pompe alimentaire sur la production de la vapeur, en négligeant les indications de la colonne de niveau. Une alimentation légèrement insuffisante ne constitue pas un danger immédiat. La chaudière Belleville est si solidement et si bien construite, que la mise à sec accidentelle des surfaces de chauffe ne compromet pas la marche. Nous avons vu des chaudières Belleville dont le faisceau tubulaire était porté au rouge par un manque d'eau momentané; il a suffi d'accélérer un peu la marche de la pompe d'alimentation, pour remettre les choses en état, sans interrompre le fonctionnement.

Par contre, la marche avec un excès d'eau d'alimentation est impossible, car la chaudière se remplirait toute rapidement d'eau qui passerait dans les conduites aux machines. C'est surtout pour ce cas que le flotteur de la colonne de niveau peut être utile en fermant la soupape d'arrivée d'eau. Lorsqu'il y a excès d'arrivée d'eau, la production de vapeur diminue considérablement, et les charges statiques de l'eau dans les éléments de la chaudière tendent à s'uniformiser, comme au repos.

Le contrôle du service d'alimentation serait plus facile si la colonne de niveau était montée directement sur les tubes de retour d'eau. On aurait ainsi l'indication apparente de la charge d'eau qui fait équilibre à la moyenne des pressions correspondantes aux mouvements se produisant dans les divers éléments vaporisateurs.

Depuis que les questions relatives à la circulation de l'eau ont été étudiées et développées, la chaudière Belleville est présentée comme un appareil à « circulation forcée, « indispensable pour obtenir une bonne utilisation des surfaces de chauffe, et une parfaite « conservation des tubes ». On ajoute : « que cette circulation forcée, condition si essentielle « du bon fonctionnement des générateurs à tubes d'eau », est obtenue naturellement par la disposition de la chaudière.

Nous avons exposé, dans les considérations générales, la nature et l'importance des mouvements de l'eau dans un circuit en serpentin ; nous voyons ainsi que les mots : « circulation forcée » ne peuvent s'appliquer qu'à la *direction* dans laquelle on fait cheminer les produits de la vaporisation. Mais il est impossible de présenter un tel circuit comme produisant la circulation d'eau active et importante, indiquée par le mot : « forcée » et par les considérations qui le suivent.

Dans son ouvrage sur les « chaudières marines », M. Bertin a classé avec raison la chaudière Belleville parmi les appareils à circulation limitée. Ce qui caractérise dans ce système la circulation limitée, c'est en premier lieu la faible section du retour de l'eau ; ensuite, la faible hauteur de la colonne d'eau dans ce retour, et enfin l'étranglement très accentué de la section du passage réunissant les serpentins au collecteur transversal du bas, qui distribue l'eau aux diverses sections du faisceau tubulaire. Étranglement nécessaire, comme nous l'avons expliqué, pour *forcer* la vapeur à se dégager en suivant le serpentin.

La proportion de vapeur, dans la colonne qui parcourt les tubes, augmente considérablement de bas en haut ; l'eau, chassée des tubes par la vapeur, est projetée dans le coffre supérieur, avec une très grande violence. Aussi ce coffre est disposé avec une série d'écrans fort compliquée (voir fig. 45), ayant pour but de diviser et de retenir les projections d'eau, de les ramener dans le bas du coffre, d'où l'eau se déverse aux retours. Malgré ces précautions, la séparation de la vapeur n'est pas complète. En parcourant tous les méandres placés dans le coffre supérieur, la vapeur conserve une très grande vitesse, et ne se débarrasse pas de l'eau en suspension.

Le visites intérieures et extérieures des appareils sont assez faciles ; de la façade on a accès à toutes les parties. Mais les réparations et les remplacements des parties avariées sont difficiles et coûteuses, car les éléments ne sont pas amovibles. Tous les assemblages sont à joints vissés, et en cas d'avarie d'un tube il est plus expéditif de remplacer le serpentin complet, que le tube avarié.

Le réchauffeur d'eau d'alimentation placé à la suite de la surface de vaporisation, augmente le rendement économique de la chaudière. Le chauffage de cet appareil n'est pas méthodique ; l'eau entre par le bas, et sort par le haut. Nous avons déjà expliqué les raisons qui imposent cette condition.

L'adjonction d'un réchauffeur à la chaudière Belleville a fait son apparition après les premières applications de ce système de chaudière dans la marine militaire anglaise. Les constructeurs présentent cette adjonction comme réalisant « un progrès considérable ». Nous ferons remarquer que cette disposition, et les résultats économiques qui en sont la conséquence, sont absolument indépendants du système et du genre de chaudière. C'est une disposition fort ancienne, dont on ne saurait trop recommander de généraliser l'emploi.

Dans le Palais de la Métallurgie, on voit une application des chaudières Belleville placée à la suite de fours. Ce système de chaudière ne nous paraît pas convenir pour ces installations toutes spéciales. D'une façon générale, en métallurgie, l'action des fours est intermittente. Aussi est-il de toute nécessité d'avoir des chaudières avec de très grandes réserves d'eau, pour emmagasiner l'énergie pendant les périodes où la demande de vapeur est nulle ou limitée.

La construction des générateurs Belleville est de tout premier ordre; elle rachète tous les petits défauts de principe que nous avons relevés dans le système, et suffit, à elle seule, à expliquer le grand développement de ses applications.

3° Forges et Chantiers de la Méditerranée, a Paris.

Chaudière à très petits tubes, système Normand (Classe C, type 1).

La chaudière système Normand (fig. 46), exposée par les Forges et Chantiers de la Méditerranée, est d'un petit modèle pour canots à vapeur. Elle se compose de deux faisceaux de tubes de très petit diamètre, à plusieurs courbures, placés symétriquement, réunissant deux collecteurs inférieurs, longitudinaux et parallèles, entre lesquels est placée

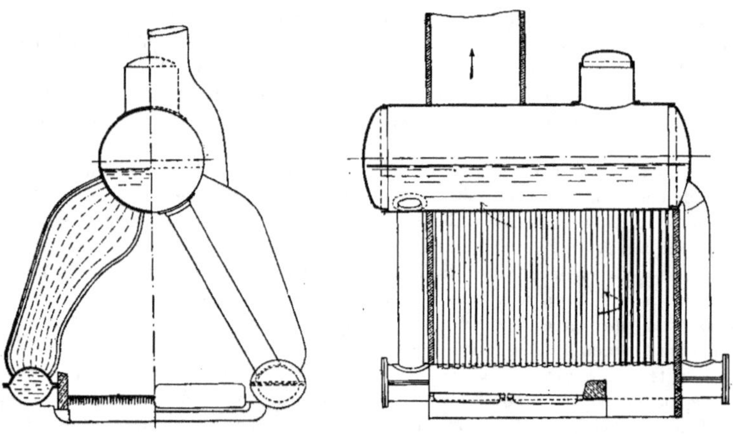

FIG. 46.

la grille, à un réservoir supérieur commun. Quatre tubes de retour, deux à l'avant et deux à l'arrière, partent du corps supérieur pour aboutir chacun au collecteur du bas correspondant.

L'espace compris entre la grille et les deux faisceaux tubulaires convergents, constitue la chambre de combustion du foyer. Les deux rangées de tubes qui bordent le foyer, de chaque côté, sont ramenées l'une dans l'autre, formant ainsi une sorte de voûte qui force les flammes à se diriger vers l'arrière. Là, les tubes n'étant plus jointifs, laissent un passage aux gaz qui se divisent en deux veines, pénètrent de chaque côté dans les faisceaux tubulaires, reviennent à l'avant, et se réunissent dans la cheminée. Pour protéger l'enveloppe métallique de la chaudière, les intervalles entre les tubes des rangées extérieures sont bourrés à la tresse d'amiante, sauf à l'endroit du passage des gaz à la cheminée. Les collecteurs inférieurs sont formés de deux parties assemblées par joint boulonné, afin de permettre la fixation des tubes.

Cette chaudière ne présente aucune particularité, comme disposition d'ensemble. Les quatre tubes de retour extérieur facilitent les mouvements de l'eau dans les tubes. Mais ces tubes ont une section insuffisante pour produire, dans tout le système, des circuits déterminés, et pour empêcher le fonctionnement pulsatoire. Ce régime défectueux s'établit indistinctement dans n'importe quel tube de cette classe d'appareils, qu'il soit beaucoup ou peu chauffé. C'est là une conséquence de la très petite section des tubes vaporisateurs : les bulles de vapeur touchent de suite les parois des tubes, et forment piston. Il y a alors, entre la bulle et le tube, une très mince pellicule d'eau en contact avec le métal chauffé. Cette pellicule, pour se vaporiser, exige une température supérieure à celle de la vapeur qu'elle enserre, à cause de la tension superficielle et de l'attraction moléculaire du métal, qui ne peuvent être vaincues que par un excès de température. Par suite de l'extrême ténuité de cette pellicule liquide, ces forces moléculaires sont très importantes, et lorsque le métal a transmis suffisamment de chaleur pour que l'équilibre soit rompu en un point, la pellicule se vaporise brusquement, en produisant une petite explosion locale, qui chasse l'eau par les deux bouts du tube à la fois.

Cet effet est analogue à celui qui se produit dans les explosions de chaudières. M. Dublau, directeur de l'Association des propriétaires d'appareils à vapeur du Sud-Est, a groupé un grand nombre d'observations sur les effets dynamiques des explosions, et il a constaté que lorsque l'enveloppe métallique se déchire et que la rupture a son origine dans le réservoir de vapeur ou dans le voisinage du plan d'eau, de manière que la surface de l'eau soit brusquement soumise à une grande diminution de pression, il y a explosion avec des effets dynamiques d'autant plus grands que l'étendue du plan d'eau est plus grande. L'effet de la rupture d'équilibre au plan d'eau est analogue à celui d'un explosif détonant.

Tout cela prouve que la cause du régime pulsatoire et les conditions qui le font établir dans les chaudières à très petits tubes fortement inclinés sont différentes de celles qui produisent le même phénomène dans les chaudières à gros tubes faiblement inclinés.

Nous avons dit que la chaudière Belleville pouvait supporter des surchauffes accidentelles. Cela est dû à la grande résistance de la surface de chauffe, composée, aux endroits de grande vaporisation, par des tubes ayant 10 millimètres d'épaisseur pour des diamètres extérieurs de 90 ou 100 millimètres. De même, les chaudières avec tubes de très petit diamètre, offrent une très grande résistance, rendant possible une grande surchauffe du métal à des moments donnés. C'est pourquoi ce dernier type de chaudière permet de plus fortes allures de grille et peut soutenir, dans de certaines limites, la marche à tirage forcé.

Le rendement est faible, malgré la disposition du foyer formé par des parois absorbantes. La combustion, surtout aux allures vives, ne peut pas s'achever dans le foyer, et les flammes s'éteignent dès qu'elles pénètrent dans le faisceau tubulaire très compact, laissant entre les tubes des interstices trop faibles pour que la combustion se maintienne. A cela s'ajoute la faible longueur du parcours direct, qui ne permet pas aux gaz de rester assez longtemps en contact avec les surfaces de chauffe, pour transmettre la plus grande partie de leur chaleur.

Ces chaudières nécessitent enfin l'emploi exclusif de l'eau distillée pour l'alimentation, car les dépôts obstrueraient très rapidement les tubes, et mettraient l'appareil hors service. Le remplacement d'un tube avarié est coûteux, surtout s'il s'agit d'un tube des rangées intérieures. Il faut alors sacrifier les tubes sains qui l'environnent, pour faire la réparation.

La construction de le chaudière Normand, exécutée par les Forges et Chantiers de la Méditerranée, est bonne.

4° E. DE LA BROSSE ET FOUCHÉ, A NANTES (LOIRE-INFÉRIEURE).

Chaudière à très petits tubes (Classe C, type 1).

Le générateur de vapeur présenté par MM. E. de la Brosse et Fouché, a été établi tout spécialement pour la soumission à l'adjudication des services hydrauliques de l'Exposi-

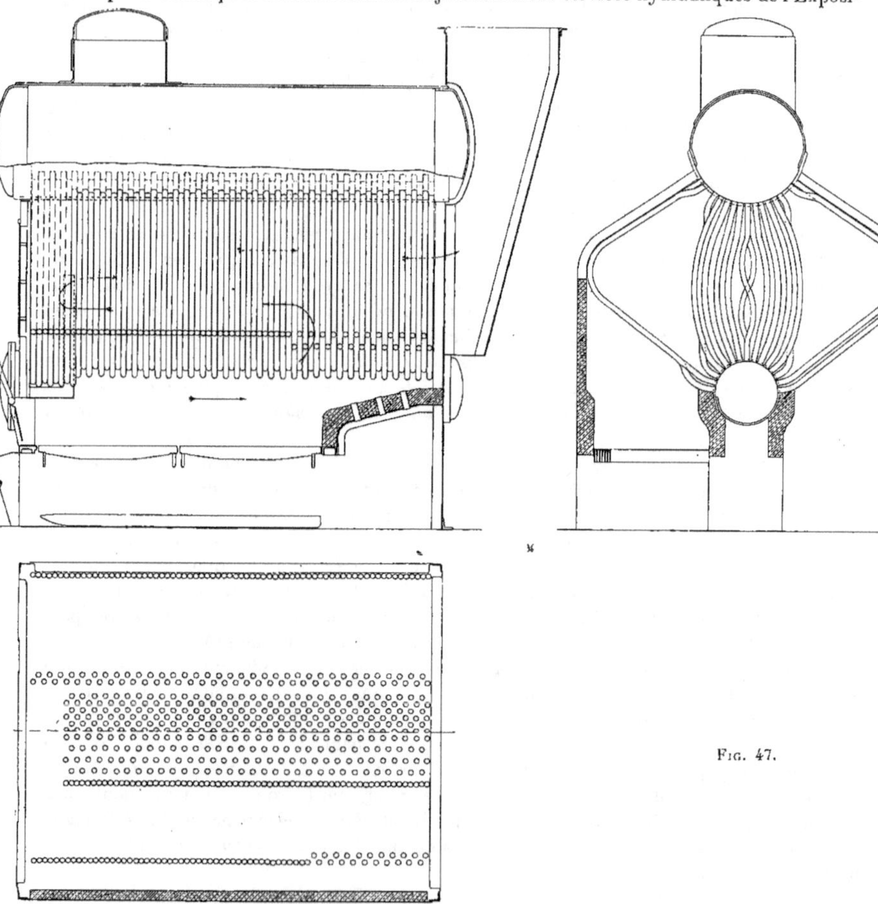

Fig. 47.

tion. L'examen des dispositions d'ensemble, reproduites à la figure 47, fait classer cette chaudière plutôt parmi les appareils destinées au service de la marine. On conçoit mal qu'une pareille chaudière soit chargée d'un service industriel, même régulier et continu, comme le service hydraulique de l'Exposition.

Le réservoir supérieur de vapeur et d'eau et le collecteur inférieur, placés longitudinalement, sont réunis par un faisceau tubulaire, dont la disposition pourrait servir de motif de décoration dans l'art nouveau.

Les deux rangées de tubes extérieurs, de chaque côté, s'inclinent au-dessus des grilles, placées latéralement au collecteur du bas, et s'infléchissent à angle aigu pour rejoindre le corps supérieur. Ces deux rangées sont ramenées l'une dans l'autre de façon à former paroi, sauf au-dessus de l'autel pour le pli du bas. Les tubes intermédiaires sont à courbure presque régulière, et la disposition des deux premières rangées du groupe forme paroi jointive. Ce faisceau tubulaire n'existe pas sur toute la longueur de la chaudière, et laisse à l'avant, derrière la façade, un espace libre. Enfin la rangée centrale des tubes est à deux courbures inverses alternées. Les produits du foyer passent à l'arrière dans les chambres latérales formées par les tubes, reviennent à l'avant, se réunissent dans l'espace libre laissé entre la façade et le faisceau tubulaire, qu'ils traversent en dernier parcours pour passer à la cheminée.

La chaudière n'a pas de retour d'eau. La forme, le petit diamètre et la grande longueur des tubes de coup de feu font que le régime pulsatoire sera évidemment le seul qui pourra s'établir.

Les constructeurs paraissent avoir surtout cherché le moyen d'empêcher la production de la fumée. C'était du reste une des prescriptions du concours pour le service des eaux de l'Exposition. Dans ce but, ils ont disposé des rentrées d'air à l'autel, et ont donné au deuxième parcours des gaz une grande section libre. C'était logique, car, en effet, on ne peut prévenir la production de la fumée intense, qu'à la condition d'avoir un excès d'air considérable au moment de l'inflammation des hydrocarbures, distillés par le combustible frais chargé sur la grille. Mais cet excès d'air doit se limiter à la période de distillation. S'il se prolonge, il nuit d'une part à la combustion du carbone sur la grille, qui exige un appel d'air très vif à travers la masse du combustible; d'autre part, l'air en excès introduit dans le foyer s'échauffe aux dépens de la chaleur contenue dans les gaz, et augmente considérablement les pertes par la cheminée, tandis que la perte de chaleur par les fumées, même très noires, n'est pas considérable.

Tout appareil fumivore automatique est un accessoire très coûteux. Avec un chauffeur soigneux, on peut obtenir une production de fumée presque nulle; dans tous les cas, pas de fumée noire épaisse, mais un léger nuage de courte durée, immédiatement après la charge. Il suffit pour cela d'avoir une grille dont la section libre soit convenablement calculée pour la qualité de combustible que l'on brûle, servir la grille par petites charges, et laisser la porte de foyer entr'ouverte pendant quelques instants après chaque charge. La rentrée d'air qui se produit ainsi au-dessus de la grille, diminue l'appel au travers du combustible incandescent, dont la température baisse un peu. La distillation du combustible frais se fait un peu moins vite, et l'excès momentané d'air dans le foyer facilite la combustion des hydrocarbures.

On a toujours attribué à l'ouverture des portes de foyer pendant les charges, une influence nuisible sur le rendement du combustible, et l'on recommande partout et toujours de faire les charges avec la plus grande rapidité. Nous avons vu des essais où cette prescription prenait une telle importance, qu'un homme était spécialement préposé aux portes de foyers qu'il ouvrait juste le temps nécessaire pour que le chauffeur lançât la pelletée de charbon. On pourra facilement vérifier, d'une manière indiscutable, non seulement l'inutilité, mais l'influence nuisible de cette pratique routinière, en relevant les températures des gaz au registre. Après une charge suivie de la fermeture immédiate de la porte du foyer, la température finale baisse, et il y a production de fumée. Mais si après une charge la porte de foyer reste entr'ouverte pendant quelques instants, la température finale monte au lieu de baisser, et il n'y a pas production de fumée.

Si la disposition de MM. E. de la Brosse et Fouché prévient le production de fumée, cela ne pourra être obtenu qu'au détriment de l'utilisation du combustible, déjà diminuée par la disposition des foyers. Toutes les chaudières à très petits tubes ont généralement la chambre de combustion du foyer constituée par les surfaces de chauffe. directe. Dans l'arrangement de foyer de la chaudière que nous examinons, le rayonnement de la grille n'est presque pas utilisé faute de surfaces absorbantes. On produira des gaz à très haute température qui transmettent moins facilement leur chaleur par contact.

La construction de la chaudière est assez bonne.

5° Société Anonyme du Temple, a Paris.

Chaudière à très petits tubes, système du Temple-Guyot (Classe C, type 1).

Le générateur du Temple a été le premier type complet de chaudière à surface de chauffe composée exclusivement de tubes à très petit diamètre. Du modèle d'origine, qui comportait des tubes à plis, découlent toutes les nombreuses formes de cette catégorie de chaudières.

Les tubes à plis multiples du début, par simplifications successives, tendent à se rapprocher de la ligne droite. Dans le modèle du Temple-Guyot (fig. 48) exposé au Palais des Armées de Terre et de Mer, les tubes sont cintrés sur un très grand rayon. Les extrémités seules ont des courbures plus accentuées, afin que les tubes se présentent normalement à leur insertion sur les collecteurs et le réservoir.

Les dispositions d'ensemble de la chaudière et les parcours des gaz sont les mêmes que dans le type Normand, déjà décrit, lequel n'est en réalité qu'une transformation plus ancienne de la chaudière du Temple.

Nous allons examiner seulement les variantes de la chaudière exposée.

Les tubes sont à courbure uniforme sur la presque totalité de leur longueur ; cela diminue un peu les résistances au mouvement dans le faisceau tubulaire. Les retours d'eau sont au nombre de deux seulement, placés à l'arrière de la chaudière. Quoique leur section soit équivalente à celle qu'on donnerait avec quatre retours, les résistances sont moindres, et le débit de ces retours est un peu plus important. De ces deux chefs réunis, le régime de la circulation dans la chaudière se trouve un peu amélioré.

Le fond de la chambre de combustion est tapissé de briques perforées, admettant dans le foyer de l'air en petits jets multiples qui se mélangent aux gaz avant leur entrée dans le faisceau tubulaire. Cette disposition a pour but de diminuer la production de fumée.

Avant que les gaz parviennent aux ouvertures conduisant à la cheminée, ils frappent contre une cloison ou écran qui leur barre le passage. Cet écran, marqué sur la vue en plan (fig. 48) est placé transversalement entre les tubes ; il a pour but de répartir les gaz sur toute la hauteur du faisceau. A cet effet, il est percé d'un certain nombre d'ouvertures, plus importantes dans le bas ; les sections de passage sont calculées pour ne pas gêner le tirage. Sans cette précaution, seule la partie haute du faisceau sera léchée par les produits de la combustion, la section de passage entre les tubes étant trop grande.

Les parois tubulaires, formées par le rapprochement des deux séries contiguës de tubes, ne sont plus obtenues par le simple contact de deux génératrices, mais bien par la juxtaposition de deux surfaces. Les tubes des rangées qui doivent former écran ont un profil spécial, à deux parties plates diamétralement opposées. Avec la première disposition, les tubes se déplacent sous l'influence des dilatations ou de la surchauffe du métal, ce qui modifie les courbures. Le contact des génératrices n'est plus assuré, et il se forme dans la paroi des jours par lesquels une partie des gaz s'infiltre, sans suivre le parcours normal, et sans lécher toute la surface de chauffe. Avec les nouveaux tubes à méplats latéraux, les tubes peuvent se déplacer légèrement sans que l'étanchéité de la paroi soit compromise. Ce n'est qu'en cas de forte surchauffe que l'étanchéité de la voûte est détruite.

La construction de la chaudière est excellente ; tous les détails sont très bien soignés.

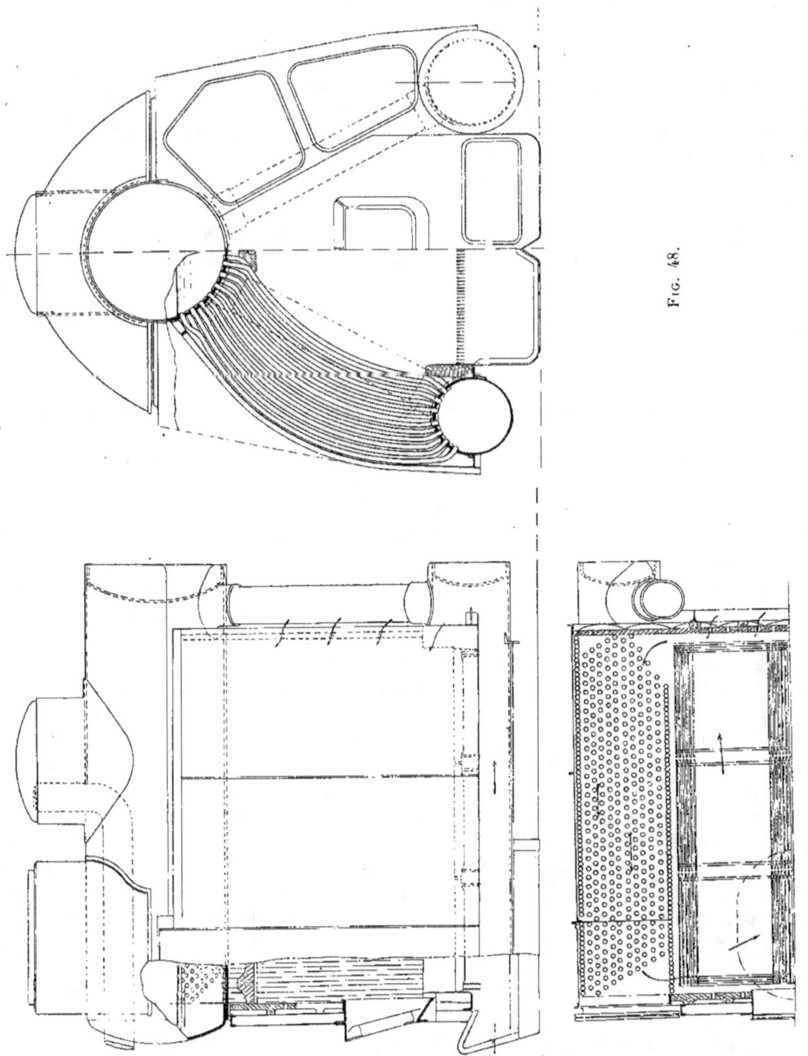

Fig. 48.

Toutes les chaudières de cette catégorie ont pour principal mérite de produire une quantité déterminée de vapeur avec un appareil le plus léger possible. Ainsi la chaudière que nous venons d'examiner est annoncée pour le poids de 5.200 kilogr. et une production de 7.470 kilogr. de vapeur par heure. Nous croyons que ces chiffres ont dû être intervertis par erreur, et que le poids de l'appareil en service est de 7.470 kilogr. pour une production maxima de 5.200 kilogr. de vapeur par heure. Ce sont du reste ces derniers chiffres qui correspondent aux documents que nous avons sous les yeux. Cette réduction de poids est obtenue par la légèreté des éléments constitutifs de la chaudière, et par le très petit volume d'eau qu'elle contient.

C'est un avantage qui paraît primer tous les autres dans les petits navires ayant pour unique qualité la grande vitesse. On obtient une grande production avec de faibles poids en sacrifiant le rendement du combustible, en payant cher des appareils imparfaits, et dont la durée est très limitée. Les chaudières de cette catégorie, marchant à pleine puissance, consomment en quelques heures leur poids de combustible. Cet avantage du poids n'est en somme qu'apparent, puisqu'il faut embarquer un excédent de charbon considérable.

Par contre on peut facilement établir une chaudière marine à très grand rendement aux allures normales, pouvant produire à grande puissance 500 à 600 kilogr. de vapeur à l'heure par tonne de poids, et consommant encore à ces allures très vives 70 à 75 p. 100 de la quantité de combustible absorbée pour le même travail par les chaudières à très petits éléments.

6° CLONBROCK STEAM BOILER CO., A BROOKLYN (ÉTATS-UNIS DE L'AMÉRIQUE DU NORD).

Chaudière Hérisson, à spires, système Climax (Classe C, type 2).

Le générateur de vapeur système Climax, qui termine notre revue des chaudières multitubulaires, est un appareil peu ordinaire, comme conception et comme exécution. La fig. 49 indique ses dispositions d'ensemble. Un réservoir cylindrique central de très grande hauteur, repose sur le sol et est entouré d'une grille. A un mètre environ au-dessus de la grille commence le faisceau tubulaire, qui est formé par des tubes cintrés sur un gabarit uniforme, dont le contour affecte la forme d'un pétale.

Ces tubes, en très grand nombre, sont insérés dans le cylindre central par séries circulaires, les extrémités de chaque tube débouchant à des plans superposés. Le tout est enclos dans une enveloppe métallique dont le sommet se raccorde à la cheminée. La grille circulaire est desservie par quatre portes de chargement placées à 90° l'une de l'autre. La chaufferie s'étend donc tout autour de la chaudière. Les produits de la combustion s'élèvent directement à travers le faisceau des tubes.

Le plan d'eau est fixé vers les 3/5 de la hauteur de la chaudière. La partie du cylindre vertical correspondant à l'espace de vapeur, est divisé en compartiments superposés, par des cloisons horizontales. Chaque compartiment reçoit les extrémités alternées de deux séries de tubes. La vapeur qui se dégage du plan d'eau pour passer dans le dernier compartiment où se trouve le robinet de prise de vapeur, traverse ainsi, successivement, les rangées de tubes supérieures.

L'eau d'alimentation, avant de pénétrer dans la chaudière, parcourt un long tube enroulé en spirale, placé au-dessus du faisceau tubulaire de la chaudière, fonctionnant comme réchauffeur.

Les spires qui forment la surface de chauffe de cette chaudière sont, en résumé, constituées par la réunion des extrémités de deux tubes de la chaudière Hérisson primitive, et qui a été définitivement condamnée. Cette réunion ne modifie pas le fonctionnement des tubes : la plus grande partie de la surface de chauffe est placée horizontalement, et la branche inférieure des tubes est toujours la plus chauffée. Les tubes se videront et se rempliront d'eau à tour de rôle, et le fonctionnement de cette chaudière sera le régime spasmodique par excellence. Pour pouvoir provoquer un mouvement régulier de l'eau dans ces tubes, il faudrait chauffer exclusivement, et avec modération, la partie cintrée de raccordement. Cela est si vrai, que ce système de chaudière avait tout d'abord un deuxième cylindre intérieur dans la partie noyée, destiné à séparer le dégagement de la vapeur du retour de l'eau. La branche supérieure des tubes s'arrêtait au cylindre extérieur ; la branche inférieure, plus longue, traversait l'espace annulaire, et débouchait dans

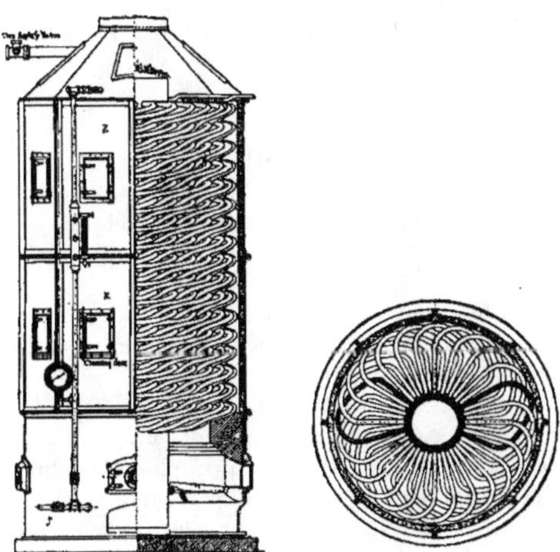

Fig. 49. — Chaudière *Climax*.

le cylindre intérieur. Cette séparation des courants a été supprimée par la suite (elle n'existe pas sur les chaudières exposées), sans que pour cela le fonctionnement de la chaudière ait été modifié.

Le rendement de cet appareil doit être faible, vu l'appel direct des produits de la combustion, et le faible rapport de la surface mouillée à la surface de grille.

Cette chaudière occupe un très grand emplacement, la chaufferie devant être concentrique à l'appareil. Les visites et les nettoyages intérieurs sont impossibles, les remplacements de tubes difficiles.

La construction est médiocre ; tout révèle la préoccupation unique de faire à très bon marché. C'est une chaudière bizarre, établie en vue du remplacement, à peu de frais, en cas d'avarie, de tout l'appareil.

DEUXIÈME PARTIE

CHAPITRE VII

Les chaudières à foyer intérieur.

La chaudière type à foyer intérieur, formée d'un corps cylindrique dans lequel passe un ou plusieurs tubes foyers, est fort peu répandu en France. Les appareils exposés viennent de constructeurs étrangers.

Cette disposition paraît avoir eu son origine en Angleterre. Son emploi s'est beaucoup développé dans les autres contrées du continent européen. Avant l'invasion récente du générateur multitubulaire, c'était certainement la plus répandue.

Le foyer, placé dans une enveloppe métallique entourée d'eau, se trouve dans les meilleures conditions pour l'absorption facile et immédiate de toute la chaleur rayonnante émise par le combustible incandescent. L'absorption de la chaleur rayonnante a une influence considérable sur le rendement des chaudières : elle abaisse la température du foyer; permet à la combustion de se faire plus lentement et mieux, et opère le développement de la chaleur dans le foyer aussi complètement que possible. Nous avons trouvé, dans nos essais, que pour un même appareil la meilleure utilisation du charbon était obtenue lorsque la température dans le foyer oscillait de 800° à 900°, la grille étant bien garnie. Des températures inférieures indiquent des rentrées d'air au foyer, et une mauvaise répartition du combustible sur la grille. Lorsque la température dans le foyer dépasse 1.000° les rendements sont moins bons, et ils tombent brusquement quand les températures s'élèvent à 1.300° ou 1.400°. A ce moment, les feux deviennent éblouissants, et la combustion se produit dans de mauvaises conditions, contrairement à ce que l'on croit généralement. Le feu très vif, la production et le rendement qui baissent, font critiquer la chaudière, alors que le foyer se trouve seul dans de mauvaises conditions.

Lorsque le foyer est porté à de très hautes températures, c'est que la quantité d'air appelée par la cheminée est insuffisante pour la quantité de carbone volatilisé sur la grille. Si l'on prélève un échantillon de gaz au registre, on trouve, à l'analyse, de fortes proportions d'oxyde de carbone. Cela se produit à la suite d'une perturbation dans le tirage, ou c'est la conséquence de la réinflammation des gaz dans les carneaux. Le poids des gaz qui passent par la cheminée est maximum pour la température de 300°. Lorsque cette température est dépassée, le poids d'air appelé à travers la grille diminue, la température monte, la production d'oxyde de carbone augmente, et la température finale s'élève. Cet état de choses amène rapidement le foyer dans les conditions que nous examinons.

La notion seule de la température n'est pas suffisante pour évaluer la quantité de chaleur développée dans un foyer. Cette quantité de chaleur, mesurée par le nombre de calories libérées, est le produit de la température par l'entropie du corps qui renferme la chaleur. On conçoit dès lors qu'une haute température, motivée par la diminution du poids des produits de la combustion, n'est pas nécessairement accompagnée du dégagement d'une plus grande quantité de chaleur. Nos sens ne sont sensibles qu'à l'intensité de la chaleur, à sa température, et il nous est impossible d'en apprécier la quantité sans une méthode scientifique de contrôle.

Le phénomène que nous venons d'analyser se produit souvent dans les chaudières à foyer extérieur, où la réflexion de la chaleur sur les parois en maçonnerie, et le rayonnement de celles-ci sur la grille, contribuent à élever la température de la couche de combustible en ignition. Mais les chaudières à foyer intérieur sont à l'abri de cet inconvénient, car l'influence refroidissante des parois métalliques d'absorption est très énergique. Dans des conditions comparables, la combustion sera toujours plus complète avec les chaudières à foyer intérieur, le rendement du foyer sera plus grand et de ce fait l'utilisation de la chaudière sera meilleure.

Cette influence refroidissante des parois de coup de feu est tellement marquée, qu'il est impossible de brûler du charbon très maigre sur la grille d'une chaudière à foyer intérieur. Les charbons maigres ne sont brûlés dans de bonnes conditions que lorsqu'on les mélange avec du charbon gras.

D'autres causes concourent à la bonne utilisation du combustible avec les chaudières à foyer intérieur. Les massifs de maçonnerie de ces chaudières ont moins d'importance que ceux des générateurs dont le foyer est formé par le briquetage. Dans le premier cas, les pertes extérieures du massif par rayonnement et par conductibilité sont beaucoup plus faibles. Les rentrées d'air froid sur le parcours des gaz sont aussi diminuées. Les parois en maçonnerie des chaudières à foyer extérieur se fissurent d'autant plus facilement qu'elles sont soumises à des températures plus élevées. D'autre part, ces parois sont perméables : l'air froid qui pénètre dans les carneaux se mélange aux gaz chauds, et abaisse leur température, en réduisant ainsi la transmission de la chaleur aux surfaces de chauffe.

Si la chaudière à foyer intérieur offre des avantages réels pour l'utilisation du combustible, elle présente certains inconvénients importants qui en ont arrêté en France le développement.

Le plan d'eau est très rapproché du sommet des foyers. Une négligence dans le service de l'alimentation peut mettre rapidement à sec les surfaces les plus chauffées. La vaporisation sur une surface convexe facilite la formation des matelas de vapeur, car les bulles adhèrent plus facilement au métal et tendent à s'élever en cheminant le long de la paroi. Aussi les poches et les affaissements de foyer se produisent facilement, et entraînent des réparations longues et fort coûteuses. Les différents dispositifs qu'on a proposés pour renforcer les foyers, frettes, bords rabattus extérieurs, ondulations, n'ont pas répondu au but qu'on poursuivait, car ils ne suppriment pas la cause de ces avaries.

La circulation de l'eau dans ces chaudières est très défectueuse. Toute la masse d'eau qui se trouve en dessous du plan des grilles reste immobile et ne participe pas aux mouvements qui se produisent dans le liquide au-dessus de ce même plan.

Fletcher a fait des expériences remarquables sur cette question de la circulation dans les chaudières à foyer intérieur, et sur les explosions attribuées à tort à l'alimentation intempestive sur des tôles portées au rouge. On trouvera le résumé complet de ces expériences dans notre *Traité des chaudières à vapeur*. Fletcher a relevé des différences de 120° entre la température à la partie supérieure et celle de l'eau du bas de la chaudière, après que les chaudières étaient mises en service et débitaient de la vapeur.

Les effets de ces différences de température sont désastreux, les efforts auxquels sont soumis les foyers et leurs enveloppes, du fait des dilatations inégales, étant considérables. Le calcul montre qu'ils atteignent et peuvent dépasser 30 kilogr. par millimètre carré. Ce sont les assemblages qui souffrent le plus de cette tension exagérée ; les rivures du corps cylindrique dans la partie basse, les rivures des fonds, les attaches des foyers se disloquent et occasionnent des fuites nombreuses et importantes.

Enfin la chaudière à foyer intérieur devient difficile à construire, et est excessivement coûteuse, lorsqu'on aborde les hautes pressions de vapeur, qui sont généralement employées, à notre époque.

1° EWALD BERNINGAUS, A DUISBOURG-SUR-LE-RHIN..

Chaudière à trois foyers intérieurs.

La chaudière est représentée par la figure 50 ; un corps cylindrique fermé par deux fonds emboutis, reçoit deux tubes foyers dont les axes horizontaux sont superposés aux axes horizontaux du corps cylindrique, et un troisième tube foyer d'un plus petit diamètre, placé dans le bas entre les deux tubes foyers supérieurs. Les foyers sont cylindriques à l'endroit des grilles, légèrement coniques sur deux viroles à la suite de l'autel, et se continuent à l'arrière par une partie cylindrique d'un plus petit diamètre.

Dans les chaudières à deux foyers, la diminution du diamètre à l'arrière a pour objet de créer un passage permettant l'accès de la partie basse de la chaudière. Ici cet accès est empêché par le troisième tube.

Le tube conique est parfois employé aussi pour faciliter la sortie du foyer en cas

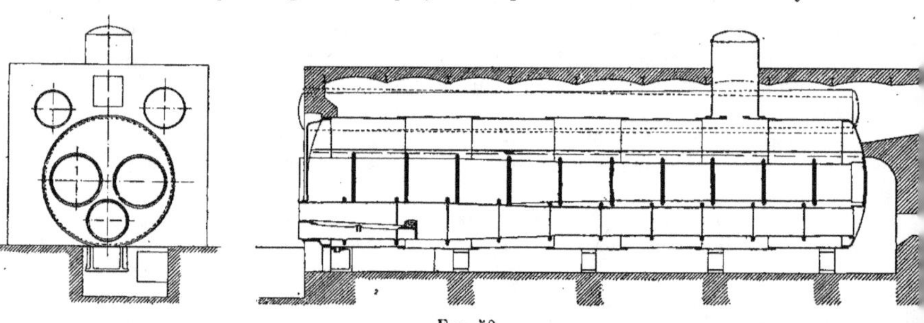

FIG. 50.

de réparation ; les viroles s'emboîtent alors l'une dans l'autre. Dans la chaudière Berninghans la sortie d'un tube foyer entraîne le dérivetage du fond avant, à cause des joints Adamson qui assemblent les viroles, et qui ne passent pas par le trou de façade. Ces joints sont formés par l'assemblage des deux collerettes rabattues des viroles voisines sur une bride intermédiaire.

Les viroles formant les tubes foyers sont soudées. Au-dessus de la chaudière sont placés deux bouilleurs réchauffeurs pour l'eau d'alimentation.

La seule particularité de cette chaudière est la combinaison des trois foyers. D'habitude, pour les chaudières terrestres, on place deux foyers, légèrement désaxés vers le bas. La surface de grille est forcément limitée ; en remontant les deux foyers et en plaçant le troisième dans le bas, la surface de grille est augmentée, et la puissance de production de la chaudière est plus élevée ; ce générateur a été présenté pour une vaporisation de 30 à 35 kilogr. par mètre carré de surface de chauffe, et par heure. Les deux foyers supérieurs sont placés trop haut ; le chauffeur reçoit le rayonnement à la face, et doit élever la pelle à environ un mètre du sol, pour lancer le combustible. Il faudra au contraire qu'il se baisse presque au ras du sol pour charger le troisième foyer en bas. Ce sont des conditions trop difficiles à obtenir, pour que la chauffe puisse être bien conduite. Elles font perdre l'avantage de la plus grande surface de la grille.

La position du foyer du bas diminue la zone de cantonnement de l'eau, puisqu'elle engendre une quantité de vapeur importante dans une partie où les mouvements de l'eau ne se produisaient pas, faute de la présence des bulles. Mais cette vapeur, en venant s'ajouter à celle produite par les foyers supérieurs, augmente beaucoup les risques de la formation de poches et de matelas de vapeur sur les surfaces des tubes foyers supérieurs.

La construction de la chaudière est excellente.

2° Société H. Paucksch, a Landsberg-sur-la-Warthe (Prusse).

Chaudière double à foyers intérieurs.

La chaudière Paucksch (fig. 51) rappelle une disposition très ancienne, presque délaissée dès son apparition, et rappelée dans l'ouvrage de Péclet. L'appareil exposé n'en diffère, comme conception, que par la position de la grille, qui était placée extérieurement, et était commune aux deux corps dans la disposition d'origine.

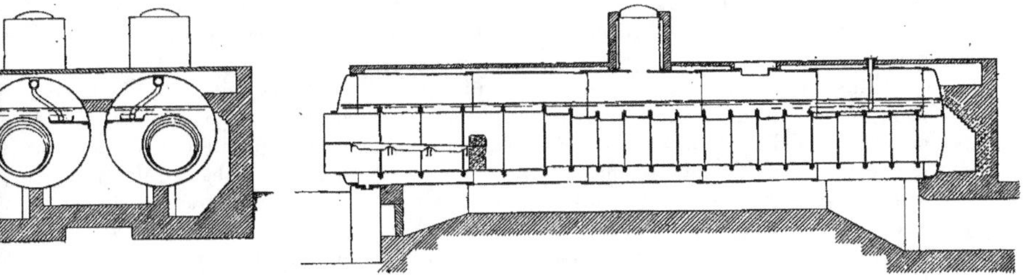

Fig. 51.

Le générateur exposé est formé de deux chaudières à un foyer intérieur, montées dans un massif commun.

Les tubes foyers sont désaxés dans le bas et vers le côté, et sont formés de l'assemblage d'un grand nombre de petites viroles. Les tronçons qui reçoivent la grille sont de même diamètre, et font un conduit cylindrique, mais ceux qui font suite sont plus petits et de diamètres différents, et forment un conduit présentant des rétrécissements et des élargissements alternés.

Les gaz chauds des deux foyers se réunissent à l'arrière, et viennent à l'avant par le carneau central commun aux deux chaudières, se divisent à nouveau en deux courants léchant les côtés extérieurs des corps cylindriques sur leur chemin vers le rampant de la cheminée.

Le foyer à double désaxement, appelé foyer excentré, a été proposé comme un remède au manque de circulation de l'eau qui reste cantonnée en dessous du plan des grilles. On a pensé aspirer cette eau vers la partie haute, en diminuant d'un côté la section entre le foyer et son enveloppe.

Le raisonnement fait voir que cette conception n'est pas bien fondée. Au-dessus du plan des grilles, des deux côtés du foyer, la vapeur est disséminée dans l'eau ; mais les sections de dégagement sont trop considérables pour que l'ascension des bulles puisse produire autre chose que des remous plus ou moins violents. Il n'y a pas sur le plan des grilles, pas plus d'un côté du foyer que de l'autre, une différence de pression qui puisse entraîner toute la masse liquide dans un mouvement général de circulation intéressant les parties basses. Les relevés des températures de l'eau sur les chaudières à foyer excentré, ont révélé entre le haut et le bas les mêmes différences de température observées avec les dispositions du foyer dans l'axe.

Cela est si vrai, que pour la chaudière Pancksch on présente comme un gros avantage le mode de construction du foyer, dont la grande élasticité se prête aux déformations. S'il y avait circulation de l'eau entre le haut et le bas, les grosses différences de dilatations que nous connaissons ne se produiraient évidemment pas.

La disposition du tube foyer ôte certainement beaucoup de la rigidité des foyers droits, mais nous ne pensons pas que les élargissements et les rétrécissements alternés aient une influence réelle sur l'absorption de la chaleur. Les constructeurs disent que grâce à cette modification, l'effet utile des surfaces de chauffe augmente, et qu'ils obtiennent une vaporisation très intensive, 30 à 35 kilogr. de vapeur par mètre carré de surface de chauffe et par heure, avec un rendement économique très élevé, 72 à 75 p. 100 du pouvoir calorifique du combustible. Ils expliquent que la forme des assemblages des viroles produit un mélange plus intime des gaz, et leur imprime un mouvement de tourbillon, qui amène sur les surfaces de chauffe les veines centrales, assurant ainsi un remplacement très rapide des couches qui ont transmis une partie de la chaleur au métal. De plus ce brassage aurait pour effet d'améliorer la combustion et de supprimer le dégagement de fumée.

On se trouve ici en présence d'une simple allégation que rien ne justifie. Le mouvement tourbillonnant des gaz se produit dans tous les tubes foyers, et n'est pas spécial au mode d'assemblage de la Société Paucksch. C'est un effet de la gravité qui sollicite vers le bas de la veine fluide en mouvement, les couches gazeuses du haut refroidies par leur contact avec les tôles, et les effets de ces mouvements sur la transmission de la chaleur, ainsi que l'achèvement de la combustion, sont indépendants du profil du foyer. Du reste les renseignements que nous possédons montrent que ce système de chaudière, tout aussi bon que les autres systèmes de chaudières à foyer intérieur, ne présente pas, comme production et comme rendement, des avantages plus grands.

L'emploi d'un même massif pour deux corps de chaudières a l'inconvénient d'exiger pour l'installation un plus grand emplacement que la chaudière unique à deux foyers intérieurs. Elle exige aussi une attention plus soutenue pour l'alimentation, puisqu'il y a deux plans d'eau à surveiller. Par contre le diamètre moindre des corps permet d'aborder plus facilement les hautes pressions.

Les portes de foyer de la chaudière exposée sont solidaires de la manœuvre du registre. Nous avons déjà expliqué pourquoi cette disposition ne semble pas justifier toute l'importance qu'on y attache généralement.

La construction de la chaudière est très bien soignée.

3° Établissements Jacques Piedbœuf, a Jupille (Belgique).

Chaudière à deux foyers intérieurs et tubes Galloway.

La Société Piedbœuf expose un générateur cylindrique à deux tubes foyers, dont l'ensemble est reproduit à la figure 52, avec la disposition du fourneau en maçonnerie, qui n'existe pas à l'Exposition.

La partie des tubes foyers qui reçoit la grille est ondulée, les viroles qui font suite sont cylindriques, et assemblées par simple recouvrement rivé. Ce mode d'assemblage a l'inconvénient d'exposer les têtes de rivets à l'action des flammes ; il est préférable de faire le joint des viroles par collerettes rabattues, la rivure tout entière est ainsi protégée par l'eau qui l'entoure. Il est aussi préférable, lorsqu'on établit le tube foyer comme le fait la Société Piedbœuf, de faire les viroles légèrement coniques, s'emboîtant l'une dans l'autre. Par ce procédé on soustrait à l'action des flammes le chanfrein des tôles, qui est soumis à cette action dans la chaudière que nous examinons, et cette précaution contribue à la durée et à la solidité du tube foyer. Au delà de l'autel, les tubes foyers portent un certain nombre de tubes Galloway, à inclinaisons alternées. Les tubes ainsi disposés dans les foyers forment une surface de chauffe additionnelle efficace, car elle est frappée en plein par le courant des gaz, qui se divise à la rencontre de chaque tube. Il se produit un effet de brassage qui mélange les corps comburants et facilite leur combinaison. La combustion s'achève ainsi avant que les gaz ne parviennent à l'extrémité du foyer. Avec cette disposition on utilise mieux le combustible qu'avec les foyers lisses ; de plus les gaz qui parcourent les carneaux latéraux, étant à plus basse température, les pertes par le massif sont un peu amoindries. Le rendement de la chaudière se trouve ainsi légèrement amélioré.

Un certain nombre de tubes Galloway sont prolongés en dessous des tubes foyers, jusqu'au bas de la chaudière. Les constructeurs pensent provoquer une circulation d'eau

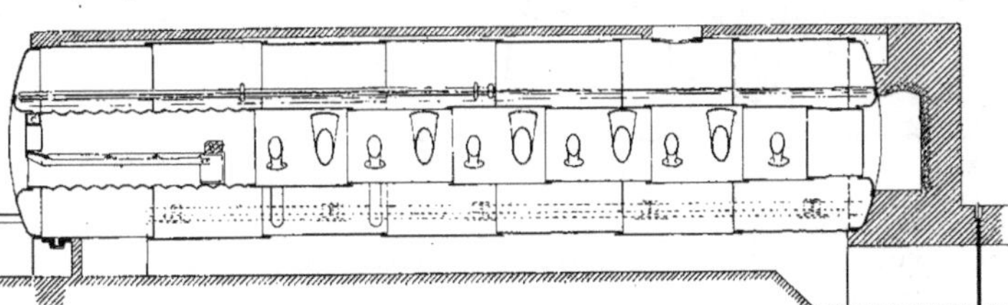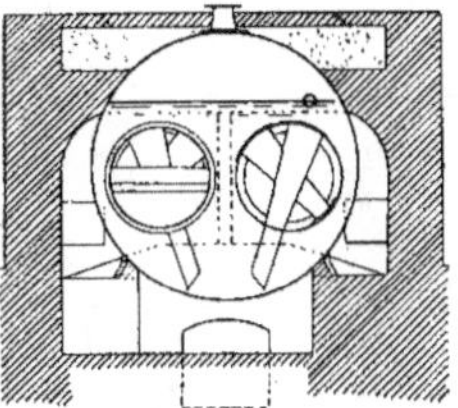

Fig. 52.

an moyen de ces allonges plongeant dans la partie stagnante du liquide. Les expériences de Fletcher ont démontré que les tubes Galloway n'avaient aucun effet sur la circulation de l'eau. La section de dégagement de ces tubes est considérable si on la compare au volume de vapeur qui s'y dégage. L'effet de la montée des bulles et des courants de convection sera de produire des remous, sans créer à la base du tube la dépression qui est nécessaire pour mettre en mouvement les colonnes d'eau extérieures, lesquelles, ainsi que nous l'avons expliqué, ont aussi, dans les parties correspondantes, des bulles et des courants de convection qui montent. Si l'on chauffe simultanément et à la même hauteur les deux branches d'un tube en U, on amènera à l'ébullition toute l'eau au-dessus de la zone de chauffe, mais en dessous de cette zone l'eau restera à la température initiale. Si le tube est assez gros, il se produira, au-dessus des foyers, un mouvement de circulation dans chacune des branches, l'eau supérieure descendant pour remplacer celle qui s'élève le long des parois avec la vapeur. Si le tube est petit, l'eau sera expulsée par la vapeur et les branches se videront. Dans un cas comme dans l'autre, le liquide en dessous des foyers restera immobile et ne s'échauffera pas. Le seul raisonnement suffit à étudier ce cas, puisque, pour produire la circulation, il est indispensable d'avoir deux colonnes déterminant sur un même plan des pressions différentes.

L'allonge de la Société Piedbœuf ne peut pas modifier les conditions du tube Galloway ; elle ne présente aucun caractère physique ni mécanique pouvant influencer la répartition des pressions dans le liquide. Elle nous paraît dès lors superflue.

Les appareils de contrôle placés sur la façade sont fixés à des bosses venues d'emboutissage avec le fond. Les autres appareils de sécurité et de contrôle placés sur le corps cylindrique sont montés sur des piètements en fer forgé, au lieu de la fonte ordinairement employée. C'est une bonne mesure pour la sécurité et le service d'entretien.

La construction de la chaudière exposée est excellente, digne de la réputation de la Société Piedbœuf, dont les établissements, croyons-nous, sont les plus anciens du continent.

4° Société Galloway, a Manchester.

Chaudière à foyers intérieurs Système Galloway.

La coupe longitudinale fig. 53 montre que dans les appareils exposés rien n'est changé comme disposition de principe aux chaudières Galloway que tout le monde connaît. C'est

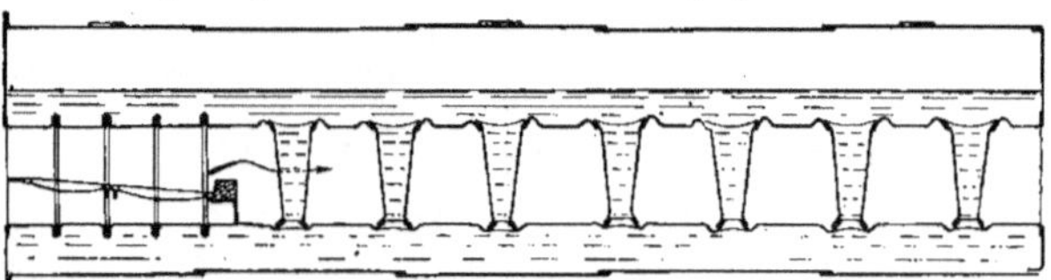

Fig. 53.

le type dit *à haricot* d'après le profil du carneau (fig. 54) faisant suite aux deux tubes foyers qui reçoivent les grilles.

Aucun perfectionnement n'a été apporté à la construction de ces chaudières. Alors que les fonds emboutis et bombés sont adoptés exclusivement dans tous les pays du continent qui construisent de préférence la chaudière à foyer intérieur, la Société Galloway est restée fidèle au fond plat du début raccordé au corps cylindrique par une cornière circulaire, entretoisé sur la calandre par des armatures rigides.

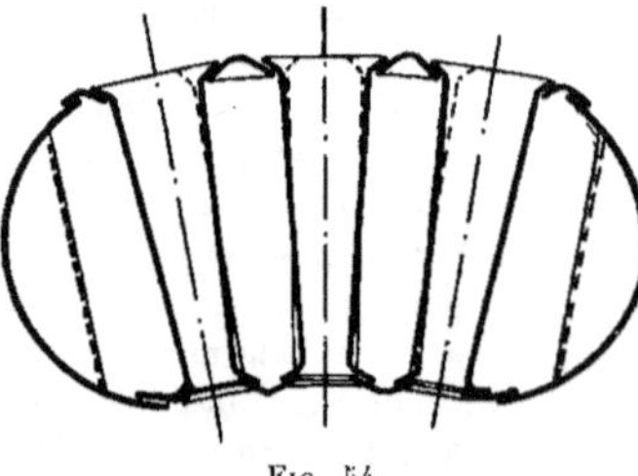

Fig. 54.

Le fond embouti et bombé présente une grande résistance, permettant de se passer d'armatures, et il offre en outre une certaine élasticité, qui lui fait suivre en quelque sorte les mouvements occasionnés par les différences de dilatations ; ce fond s'assemble sur la calandre par une seule rivure. Le fond plat, au contraire, ne se prête pas aux mouvements de dilatations et, du fait des armatures, reporte les efforts exercés par la plus grande dilatation des foyers sur l'enveloppe, qui est déjà soumise à des tensions excessives ; l'assemblage par cornière du fond sur la calandre, exige deux joints rivés, offrant ainsi plus de chances de fuite.

Le seul détail de construction qui ait été modifié est la nouvelle disposition des tubes Galloway dont les collerettes ne sont plus entièrement rabattues ; elles forment un peu entonnoir, et sont rivées sur des parties embouties dans les tôles supérieures et inféricures du tube carneau. Cette modification a pour objet de renforcer le carneau qui reçoit les tubes transversaux, les chaudières ayant dû être timbrées à 11 kilogr. pour pouvoir fonctionner dans le service mécanique de l'Exposition. Cette pression de 11 kilogr. paraît avoir considérablement ému la Société Galloway, puisqu'elle l'annonce comme un fait extraordinaire, ayant été abordé pour la première fois. Cette Société ignore que depuis de nombreuses années les constructeurs allemands, autrichiens, belges, suisses et même italiens, établissent couramment les chaudières à foyers intérieurs pour des pressions de 11, 12 et 13 kilogr.

La construction des chaudières exposées est très bonne.

5° Société des Établissements W. Fitzner et K. Gamper, a Sielce près Sosnowice (Pologne russe).

Chaudière à deux tubes foyers.

La Société Fitzner et Gamper expose dans la section russe du Groupe IV, classe 19, une chaudière à foyers intérieurs (fig. 55), et des pièces détachées, formant, avec une chaudière sphérique pour cuire les chiffons, un ensemble des plus remarquables comme travaux de chaudronnerie.

La chaudière à foyers intérieurs a un diamètre de 2,300 m., et est établie pour

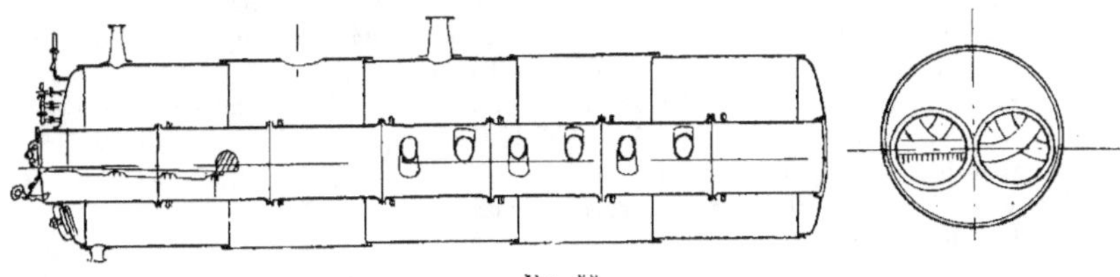

Fig. 55.

un timbre de 12 kilogr. La longueur de 10,600 m. se compose de cinq viroles seulement, chacune obtenue par l'enroulement d'une seule tôle. Les rivures longitudinales sont à double couvre-joint et à triple rang de rivets. Les rivures transversales sont à recouvrement et à double rang de rivets. Les fonds emboutis sont bombés. Tous les piètements

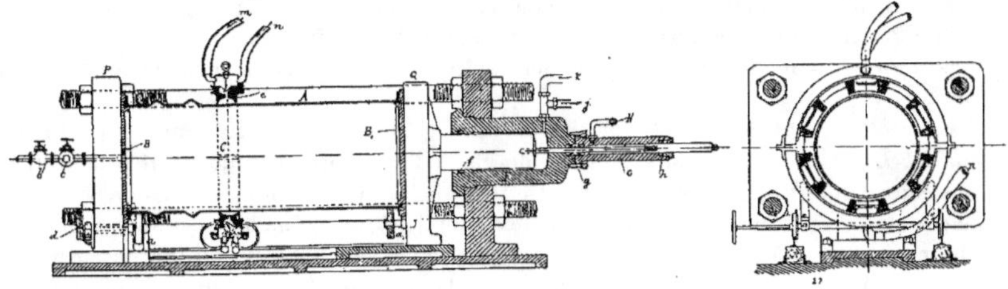

Fig. 56.

sont en tôle soudée. Les tubes foyers sont formés par l'assemblage de viroles soudées à collerettes rabattues, réunies par des joints type Adamson. Les viroles, qui font suite au foyer, portent des tubes de brassage cintrés, dont les extrémités sont soudées à la tôle de la virole. L'effet de ces tubes est le même que celui des tubes Galloway. Les viroles des tubes foyers ont des ondulations formant nervures de renforcement, obtenues par un nouveau procédé.

La virole avec ses collerettes rabattues est insérée entre les plateaux d'une presse hydraulique puissante (fig. 56); elle repose librement sur des galets tournants *a a* conduits par un moteur électrique, qui imprime à la virole un mouvement tournant continu. Un chalumeau circulaire C, comportant 6 à 8 becs de gaz à l'eau, entoure la virole; il est porté par un petit wagonnet sur rails et peut être déplacé tout le long de la virole. Le plateau fixe de la presse est percé d'un orifice central, dans lequel est inséré un conduit de raccordement avec un réservoir d'air comprimé. Le chalumeau circulaire étant placé à l'endroit où l'on veut obtenir l'ondulation, on allume les becs et on lance le courant électrique qui fait tourner la virole, laquelle s'échauffe ainsi uniformément. Lorsque la température du métal est au point voulu, on déplace vivement le foyer et on coupe le courant moteur, en envoyant, d'un côté, l'eau dans le cylindre de la presse, et de l'autre côté, l'air comprimé dans l'intérieur de la virole. Les collerettes de cette virole vont faire joint sur les plateaux par l'interposition de tresses de cuivre bourrées de corde d'amiante.

Sous l'action combinée des deux pressions, la partie chauffée s'emboutit extérieurement. La hauteur de l'ondulation dépend de la pression exercée par la presse hydraulique. Dès lors que l'ondulation s'est formée, on laisse échapper l'air et l'eau, et la virole est prête pour l'ondulation suivante.

L'effort de compression exercée par la presse hydraulique varie de 4 à 5 kilogr. par millimètre carré et la pression d'air intérieure est de 6 kilogr. environ.

Suivant le diamètre de la virole et l'épaisseur du métal, le temps nécessaire pour former une ondulation varie de 6 à 9 minutes. Le chauffage dure 5 à 8 minutes et la compression une minute. Un ouvrier et un aide produisent facilement 20 viroles par jour.

Ce procédé breveté, dû à la collaboration de K. Gamper, fondateur de la Société, et de M. Maicejewski, ingénieur en chef de la Chaudronnerie, présente, sur la fabrication ordinaire des foyers ondulés, les avantages suivants :

1º Prix de revient plus bas;

2º Accroissement de 1 à 2 millimètres de l'épaisseur du métal dans l'ondulation, conséquence de la compression en bout, alors que les autres procédés amincissent le métal, et exigent des tôles plus épaisses, pour présenter dans l'ondulation l'épaisseur correspondante à la pression de marche dans la chaudière;

3º Possibilité de former des ondes de n'importe quelle hauteur et d'en faire varier l'écartement;

4º Possibilité d'onduler sur une même machine des viroles de longueurs et de diamètres différents, avec des épaisseurs allant jusqu'à 20 millimètres.

La figure 57 montre la disposition schématique de l'installation pour le soudage des viroles.

La virole *D*, cintrée à froid, dont les bords longitudinaux se recouvrent, est posée sur le chariot *E*. Deux chalumeaux mobiles de gaz à l'eau portent rapidement à la température convenable les parties à souder. Cette température atteinte, les chalumeaux sont déplacés, la virole est poussée sur l'enclume mobile *B*, et le métal chauffé est pilonné par le marteau *A*. Le chariot *F* fait avancer ou reculer l'enclume *B*, qui tourne en même temps dans les paliers *b b*, de façon à faire agir le pilon sur toute la zone chauffée. *C* est le contrepoids de l'enclume. Le chauffage dure 4 à 5 minutes et embrasse 200 à 300 millimètres de longueur. Le même procédé est employé pour souder les viroles en bout, mais dans ce cas, les enclumes sont plus courtes.

Après la soudure, les viroles sont recuites et passent à des cylindres calibreurs qui les rectifient. Les collerettes sont rabattues par une machine spéciale qui refoule le métal au pli, et maintient l'uniformité de l'épaisseur. Ces collerettes sont ensuite dressées au tour.

L'emploi du gaz à l'eau pour tous les travaux de soudage offre une supériorité marquée ; les surfaces chauffées restent propres et leur rapprochement n'en devient que plus intime. La Société Fitzner et Gamper fabrique le gaz à l'eau par le procédé Dellwik-Fleischer, qui donne une flamme très pure, une plus haute température et un plus grand rendement par kilogr. de coke. On obtient 2 à 2, 5 mètres cubes de gaz contre 1 à 1, 5 mètres cubes obtenus par kilogr. de coke avec les anciens procédés.

Les différents travaux de soudure exposés par la Société Fitzner et Gamper sont extrêmement remarquables ; ils éclipsent tout ce qui a été fait et présenté jusqu'à ce jour.

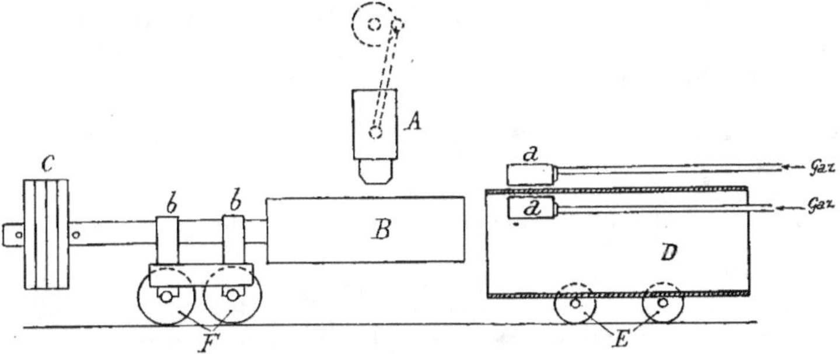

FIG. 57. — Soudage des viroles.

Il est impossible de découvrir aucune ligne de soudure dans la coupe des parties rapprochées, ni aucune surépaisseur ; la réunion des deux parties est parfaite.

Nous citerons le tube pour conduite de vapeur, de 16,1 mètres de long et 350 millimètres de diamètre ; l'énoncé des dimensions suffit pour apprécier la valeur du procédé de fabrication. Ce tube porte des tubulures à bride et ses brides d'assemblage, le tout soudé. Le tube, les tubulures, les brides ne forment qu'une seule et même pièce, établie pour une pression de 12 kilogr.

La chaudière sphérique pour cuire les chiffons présente à notre avis le travail de soudage le plus difficile qu'on ait fait jusqu'ici. C'est une sphère entièrement soudée de 2,745 mètres de diamètre intérieur, de 13 millimètres d'épaisseur, timbrée à 7 kilogr. Les deux tubulures diamétralement opposées formant pivots sont soudées sur la sphère, qui a été formée par l'assemblage de 6 tôles. Le travail a été fait au marteau par un seul forgeron et deux aides. La sphère est si bien équilibrée qu'on peut la faire tourner à la main. Ceci indique bien la supériorité du procédé du gaz à l'eau, qui donne un égal degré de perfection, aussi bien dans le travail fait à la main que dans celui obtenu mécaniquement.

CHAPITRE VIII

Les chaudières tubulaires à foyers intérieurs.

Les chaudières tubulaires à foyers intérieurs ont été imaginés pour les besoins de la marine. La chaudière ordinaire exige un très grand emplacement pour le développement de la surface de chauffe. L'espace dans les bateaux étant très limité, on a d'abord réduit la longueur de la chaudière et on a remplacé la partie du tube foyer faisant suite à la grille par un faisceau de tubes que les gaz traversaient à l'intérieur. Les procédés de fabrication s'étant perfectionnés, on a pu raccourcir encore la chaudière, augmenter considérablement le diamètre de la calandre, et loger le faisceau tubulaire au-dessus des foyers, en les réunissant par une chambre de combustion.

Les applications industrielles de ces chaudières sont très rares en France. Elles sont moins rares en Angleterre, et très répandues en Allemagne et en Autriche, où cette combinaison, du foyer intérieur et du faisceau tubulaire, a conduit à l'établissement d'un type de chaudière qui donne la meilleure utilisation du combustible.

Les chaudières où le faisceau tubulaire fait suite au foyer, ont comme inconvénient de présenter la plaque tubulaire à l'action directe des flammes. Le réseau très serré des tubes empêche le libre dégagement de la vapeur engendrée sur la plaque, dont l'épaisseur est très forte. Aussi ces plaques se surchauffent et se détériorent rapidement; elles donnent lieu à des fuites fréquentes à l'insertion des tubes. Dans les chaudières où le faisceau tubulaire est logé au-dessus du foyer, le réseau de tubes forme un véritable écran qui contrarie le dégagement de la vapeur s'élevant du foyer vers le plan d'eau. Aussi cette disposition facilite la formation des matelas de vapeur sur le foyer et les affaissements qui en résultent sont beaucoup plus fréquents qu'avec les chaudières à foyers intérieurs simples.

En plaçant le faisceau tubulaire dans un corps cylindrique superposé à celui contenant les foyers, on évite ce dernier inconvénient, à la condition de séparer les masses d'eau des deux corps; la vapeur produite dans le corps inférieur passe alors directement dans l'espace où se fait la prise de vapeur.

Dans les applications à la marine, les différences de dilatation, dues au manque de circulation de l'eau entre le bas et le haut de la chaudière, sont encore plus importantes que dans les applications industrielles, puisque les gaz chauds ne viennent pas lécher le bas de l'enveloppe métallique; ces chaudières donnent lieu à des réparations continues, et sont d'un entretien très coûteux. Leurs grandes dimensions se prêtent mal à l'emploi des hautes pressions adoptées de nos jours. On est amené à employer des tôles de 25, 30 et jusqu'à 35 millimètres d'épaisseur; la construction des appareils devient excessivement onéreuse.

1° Chaligny et Cie, a Paris.

Chaudières tubulaires à foyer intérieur, pour canot.

MM. Chaligny et Cie exposent cinq petites chaudières pour canot, semblables, mais de diverses puissances, dont l'ensemble est représenté fig. 58.

Le foyer, à peine plus long que la grille, est demi-circulaire; il est immédiatement suivi du faisceau tubulaire qui débouche dans la boîte à fumée à l'arrière. Les fonds emboutis plats sont entretoisés par des tirants, ainsi que la plaque tubulaire du foyer et la partie correspondante du fond arrière. Le ciel du foyer est armé par des entretoises à chappe qui le relient à l'enveloppe.

Le foyer et la plaque tubulaire sont soudés et forment une seule pièce. C'est une disposition recommandable, car elle supprime les rivures dans le foyer et les fuites qui s'y produisent. Les tubes sont en laiton, avec ailettes intérieures (tubes Serve) dans le haut du faisceau. La section de passage se trouve un peu réduite à la partie supérieure et on a une meilleure répartition des gaz dans la partie basse du faisceau composé de tubes lisses.

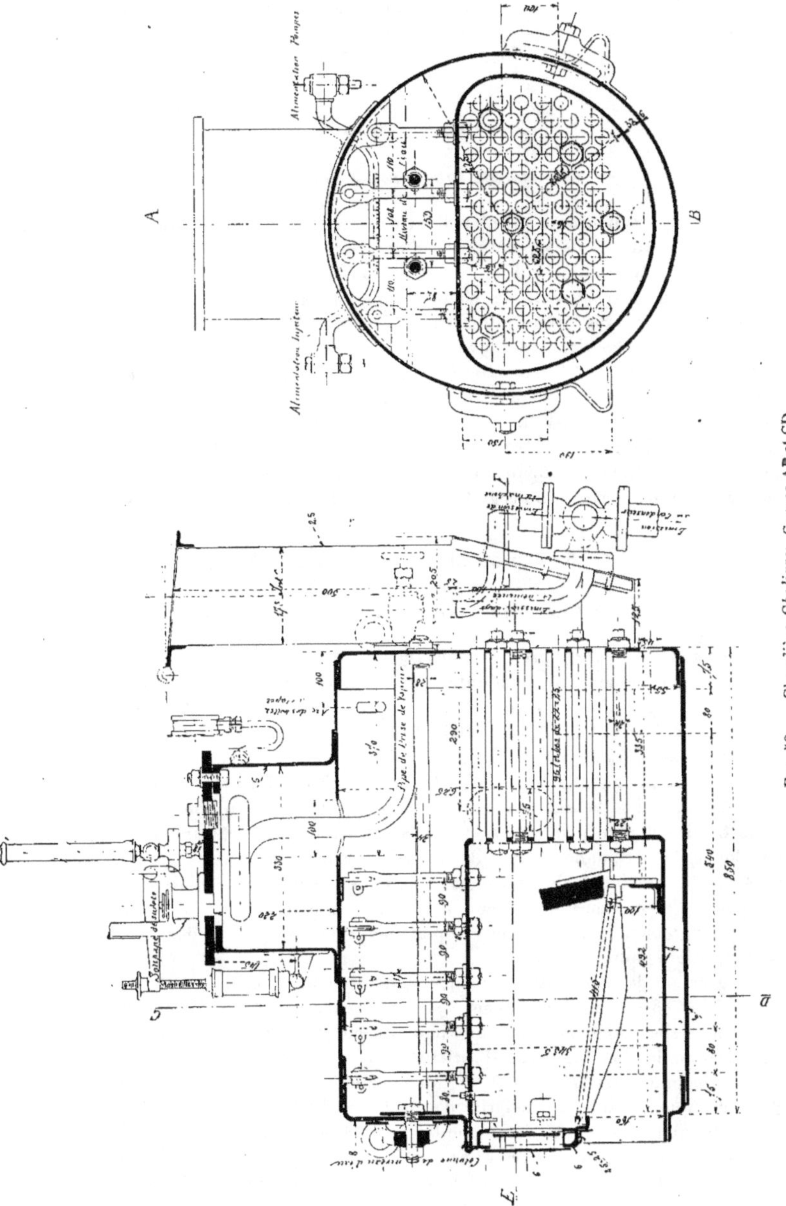

Fig. 58. — Chaudière *Chaligny*. Coupes AB et CD.

Ces petiles chaudières, dont l'ensemble est très compact, nous paraissent devoir bien répondre au but auquel on les destine.

La construction de MM. Chaligny et Cie est bien soignée.

2º Louis Grenthe, a Pontoise.

Chaudière tubulaire à foyer intérieur.

M. Grenthe a pensé qu'en intercalant dans un faisceau tubulaire plongé dans l'eau des écrans métalliques de séparation, inclinés, entre les rangées des tubes, il activerait et faciliterait la transmission de la chaleur. Dans le faisceau tubulaire même, la vapeur ne servirait que de véhicule à la chaleur pour passer des tubes aux écrans, et toute la production de vapeur se trouverait ainsi reportée aux écrans extrêmes, par l'intermédiaire des *corpuscules calorifiques* découverts par M. Frenthe, et lesquels bondissent d'une façon continue de l'un à l'autre écran. C'est du moins ce que nous croyons être la substance de documents nombreux et volumineux qui nous ont été remis. Les chaudières pour le chauffage des serres de la Ville de Paris à Auteuil sont établies sur ce principe. Elles sont alimentées par l'eau de retour; les écrans y sont certainement inutiles; il faudrait les supprimer. Dans une chaudière alimentée avec de l'eau non distillée, les écrans auront pour seul effet d'amener le blocage très rapide du faisceau tubulaire par les dépôts.

3º Meunier et Cie, a Fives-Lille (Nord).

Chaudières tubulaires à foyer intérieur.

a) *Chaudière à foyer intérieur amovible.*

Dans les chaudières à foyer intérieur ordinaire on admettait, avant les travaux de Fletcher, que les fuites aux rivures de la partie basse de la calandre, et aux rivures d'attaches des fonds et des foyers, étaient occasionnées par la poussée des foyers sur les fonds. Thomas et Laurens imaginèrent de placer dans l'enveloppe un foyer aboutissant dans une chambre métallique, d'où partait un faisceau tubulaire revenant au fond avant; lequel était réuni à la calandre par un grand joint circulaire boulonné. Il suffisait dès lors de défaire ce joint pour retirer toute la surface de chauffe, qui était indépendante de l'enveloppe de la chaudière. On sait aujourd'hui que ce dispositif ne peut parer aux effets du défaut de circulation de l'eau cantonnée dans le bas de la chaudière, et on s'explique pourquoi ces générateurs de vapeur, accueillis dès leur apparition avec une très grande faveur, sont aujourd'hui presque complètement délaissés, et tendent à disparaître dans les applications industrielles.

L'insertion des tubes sur la plaque tubulaire dans la chambre de combustion est un point faible; on accède difficilement dans cette chambre, même pour les grosses chaudières; les réparations de la plaque tubulaire ou le remplacement d'un tube exigent le démontage de la chambre de combustion.

La chaudière exposée par MM. Meunier et Cie est du type Thomas et Laurens; elle n'offre qu'une seule particularité de construction : le dudgeonnage des tubes dans les plaques tubulaires est protégé par une bague intérieure aux tubes. L'emploi des bagues de protection a été adopté surtout en marine, mais après avoir modifié leurs formes et essayé différents métaux pour leur fabrication, on les a abandonnées, car ces bagues, non rafraîchies par l'eau, se brûlent et se corrodent avec grande rapidité, et n'empêchent pas les fuites à la plaque tubulaire. Elles ont en outre l'inconvénient de diminuer considérablement la section de passage des gaz, et de ralentir la combustion sur la grille, ce qui abaisse la production et le rendement de la chaudière.

b) *Chaudière à foyer intérieur vertical avec faisceau tubulaire horizontal.*

Ce générateur est une reproduction de l'ancien type adopté dans les locomobiles, généralement remplacé aujourd'hui par la chaudière à foyer carré, permettant de disposer une plus grande surface de grille avec un faisceau tubulaire plus important. La chaudière de MM. Meunier et Cⁱᵉ, destinée à des applications industrielles, se distingue seulement du type d'origine par la très grande longueur du faisceau tubulaire horizontal, qui fait suite au foyer vertical circulaire. On a cru obtenir ainsi une meilleure utilisation du combustible, mais, d'après les expériences et les travaux de Henry, Durston, Stromeyer, et autres, la surface additionnelle obtenue par le prolongement exagéré des tubes absorbe moins de chaleur que n'en perd la partie correspondante de la chaudière.

4° Ewald Berninghaus, a Duisbourg sur le Rhin.

Chaudières tubulaires à foyers intérieurs, système Tischbein.

Le système Tischbein, très répandu dans les pays allemands, est caractérisé par la réunion d'une chaudière à foyers intérieurs, raccourcie, et d'un corps tubulaire placé au-dessus. Parfois les deux corps superposés ont un plan d'eau unique, d'autres fois, chaque corps a son plan d'eau. Les quatre chaudières exposées par M. Berninghaus (fig. 59) sont à deux plans d'eau.

Dans deux appareils le corps inférieur est à deux foyers lisses, avec les viroles assemblées par joints Adamson et quatre tubes étançons dans chaque foyer au delà de l'autel. Le corps tubulaire supérieur porte à l'avant un moignon sur lequel est fixé l'indicateur de niveau; les tubes sont groupés en deux faisceaux avec un espace libre intermédiaire. Le corps tubulaire se raccorde au corps inférieur par un cuissard de soutènement, mais les tôles des corps cylindriques ne sont pas débouchées en plein, au droit du cuissard. Une petite ouverture dans la tôle du corps inférieur met l'intérieur du cuissard en communication avec l'espace de vapeur de la chaudière inférieure. Un tube de dégagement de vapeur, monté sur la tôle du corps supérieur, traverse toute la masse d'eau de ce corps et débouche dans l'espace de vapeur du haut, mettant ainsi en communication (par l'intermédiaire de la chambre du cuissard), cet espace de vapeur avec celui de la chaudière inférieure.

Le cuissard est traversé par un tube plus petit qui part du niveau normal du corps supérieur et débouche en dessous du plan d'eau normal du corps inférieur. Ce tuyau déverse par trop plein l'eau d'alimentation, dont l'introduction a lieu dans le corps tubulaire.

La chaudière du bas a ses propres appareils de niveau, mais n'est alimentée que par l'intermédiaire du corps supérieur. Pour les cas d'urgence, une deuxième alimentation de secours est montée directement sur le corps inférieur. La prise de vapeur et les soupapes de sûreté sont montées sur le corps supérieur. Un surchauffeur de vapeur système Hering, déjà décrit par nous, est placé au-dessus du corps tubulaire.

Les produits de la combustion passent à l'arrière, et montent au surchauffeur dont ils lèchent la surface en contournant deux chicanes verticales, pénètrent ensuite dans le faisceau tubulaire de la chaudière, retournent à l'arrière, par les côtés du corps supérieur, et reviennent à l'avant en chauffant le haut de l'enveloppe de la chaudière inférieure. De là ils se dirigent à l'arrière en chauffant l'autre partie, pour passer ensuite au carneau de sortie. Un jeu de six registres, que l'on voit sur la coupe transversale de la figure 59, permet de supprimer, en marche, le parcours des gaz dans le surchauffeur.

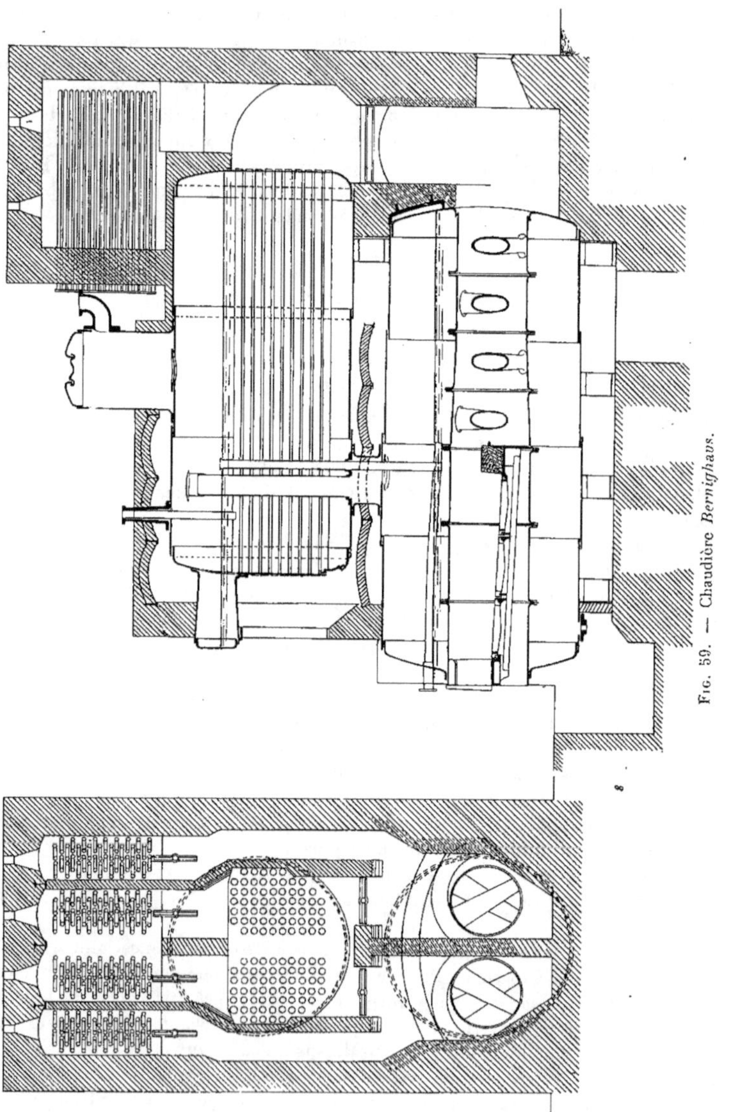

Fig. 59. — Chaudière *Bernighaus.*

Les deux autres chaudières exposées sont disposées de même, sauf qu'elles n'ont pas de surchauffeurs, et que les foyers sont formés sur toute la longueur par l'assemblage de viroles ondulées.

La masse d'eau du corps supérieur étant séparée de la masse d'eau du corps inférieur, il n'y a pas de circulation d'eau entre les deux corps. Le corps du haut remplit ainsi l'office d'un réchauffeur d'eau d'alimentation. Cela explique le rendement élevé de ce système de chaudière. Disons, par contre, que le corps supérieur est attaqué par les corrosions qui se développent si rapidement dans les réchauffeurs en fer ou en acier. L'autre disposition de chaudière Tischbein avec plan d'eau unique, et deux cuissards à pleines débouchures entre les deux corps, évite ces corrosions rapides du corps supérieur; mais celui-ci n'agissant plus comme réchauffeur, le rendement économique de la chaudière baisse beaucoup.

Les deux ouvertures pour le passage de la vapeur dans la chambre du cuissard ne sont pas en regard et le tube de dégagement est coiffé d'un chapeau, afin d'empêcher les projections d'eau. Cet arrangement répond imparfaitement au but recherché. La vapeur qui se dégage du corps inférieur vers l'espace de vapeur du corps supérieur, passe par le tube qui est plongé dans la masse d'eau relativement froide du corps supérieur; il y a, le long des surfaces de ce tube, une condensation importante qui est chassée dans l'espace de vapeur du corps tubulaire, la section du tube étant faible et la vitesse de la vapeur grande.

La construction de ces chaudières est très bonne. Les fonds emboutis bombés sont d'un joli travail; ceux des corps tubulaires ont des parties plates où les tubes viennent s'insérer normalement, ce qui assure une meilleure fixation de ces tubes.

5° Petzold et Cie, a Inowrazlaw-Posen (Prusse).

Chaudière tubulaire à foyers intérieurs, système Tischbein.

Le générateur de la Société Petzold (fig. 60) ne diffère que par certains détails de

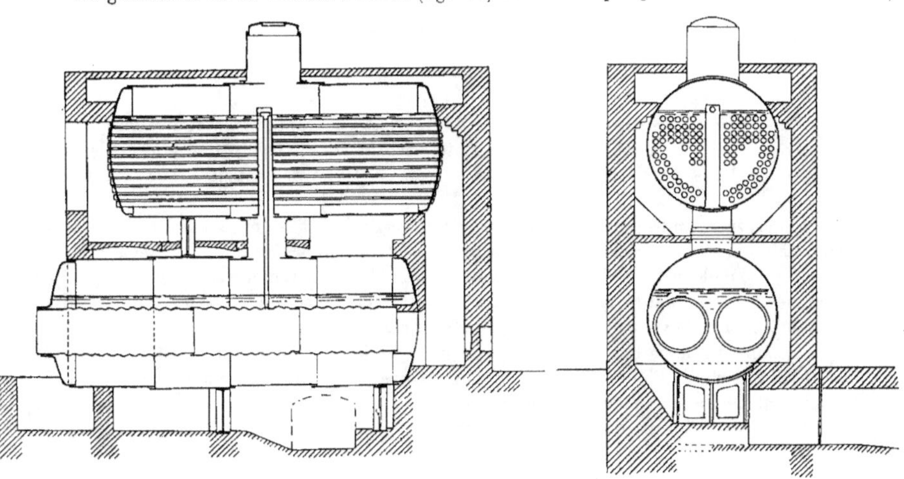

Fig. 60.

construction des chaudières Tischbein de la Maison Bernighaus, que nous venons de décrire.

Les foyers sont ondulés, sans tubes étançons. Le cuissard de communication et de soutènement se trouve reporté un peu vers l'arrière; le tube de trop plein pour l'alimentation du corps du bas est concentrique au tube de dégagement de vapeur. Aucune considération technique ne justifie cette dernière disposition. Ce n'est qu'une simplification de travail.

Le tube de dégagement de vapeur débouche en plein sous le dôme; cela facilite le passage aux conduits de vapeur des projections d'eau condensée sur les parois de ce tube.

Les tubes du corps supérieur sont répartis en deux faisceaux, disposés chacun avec un évidement intérieur qui facilite l'accès et le nettoyage des tubes. Cette disposition entraîne une augmentation du diamètre du corps tubulaire.

La construction de la chaudière est bonne. Les fonds emboutis du corps supérieur sont entièrement bombés, et ne présentent pas des parties plates comme chez Berninghaus. Les tubes se présentent en biais et le perçage des fonds devient un travail délicat. L'adhérence du tube dans l'alésage se fait suivant une surface gauche. Tout cela augmente les risques de fuites.

Le fond avant de la chaudière inférieure est un travail d'emboutissage remarquable, avec bossages pour toute la robinetterie. Il est toutefois déparé par un prolongement soudé, inutile, des emboutis qui reçoivent les extrémités des foyers.

CHAPITRE IX

Les chaudières verticales à foyer intérieur.

1° ARMAND GIRARD, A PARIS.

Chaudière Field.

M. A. Girard a été l'un des premiers à vulgariser en France l'emploi du tube pendentif de Field, qu'il a perfectionné; il est resté fidèle à son dispositif d'origine, et les deux petites chaudières verticales qu'il expose à la classe 19 ne présentent aucun caractère de nouveauté.

Le foyer cylindrique circulaire est placé verticalement dans une calandre concentrique plus haute. Le ciel du foyer porte un certain nombre de tubes pendentifs, avec tube intérieur de retour, dont nous avons expliqué le fonctionnement spasmodique. La cheminée est insérée directement sur le ciel du foyer, et traverse la nappe d'eau qui recouvre ce ciel, l'espace de vapeur et le fond supérieur de la calandre.

Ce sont des appareils de faible puissance, de faible rendement, destinés aux très petites industries, et pour lesquels on n'exige pas les qualités de fonctionnement et de rendement des bonnes chaudières industrielles.

La construction de M. Girard est bonne.

2° C. MATHIAN, A PARIS.

Chaudière Field.

Le générateur fig. 61 se différencie du type Field ordinaire par la disposition des tubes et par la répartition des produits de la combustion.

Il n'y a pas de cheminée d'appel centrale dans le haut du foyer. Tout le ciel du foyer est garni de tubes pendentifs de différentes longueurs. La grille est placée au centre de l'appareil ; elle est entourée d'un autel circulaire en matériaux réfractaires, avec un cendrier métallique clos. Les flammes s'épanouissent à travers les tubes, plongent entre le foyer et la lame d'eau circulaire pour sortir au-dessous du cendrier.

Cette disposition améliore le fonctionnement d'une partie des tubes pendentifs. Ceux qui reçoivent le rayonnement de la grille sur le culot continuent à fonctionner par pulsations ; mais les tubes des rangées latérales, ceux surtout qui plongent entre le foyer et la lame d'eau, ont un mouvement d'eau plus régulier, quoique imparfait. L'espace annulaire pour le dégagement de la vapeur étant concentrique à l'ouverture du tube intérieur de retour d'eau, une partie de la vapeur passe forcément par le tube intérieur.

Le rendement économique de cette chaudière doit être meilleur, quoique toujours faible, que celui de la chaudière Field ordinaire. Dans tous les cas il ne justifiera pas la plus grande dépense et le plus grand emplacement qu'il exige à égalité de production, puisque la surface de grille se trouve considérablement réduite ; elle ne peut occuper qu'une très faible partie de la section du cylindre intérieur, au lieu de la section toute entière utilisée dans le type Field ordinaire. Enfin les tôles de revêtement de l'autel et celles du cendrier, exposées à des gaz de haute température, se détérioreront très rapidement.

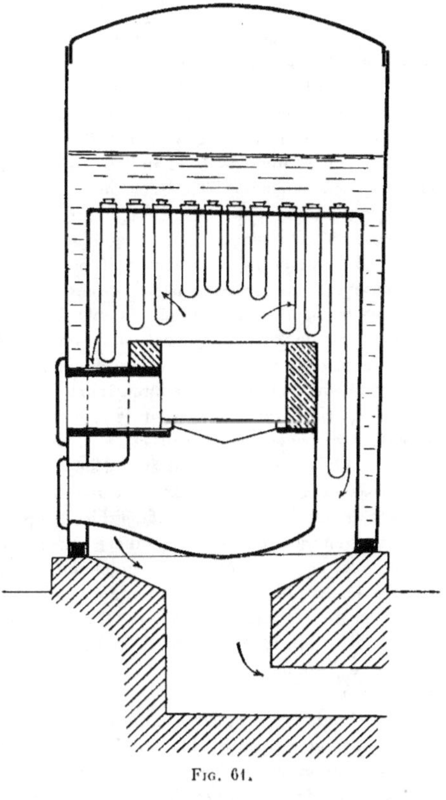

Fig. 61.

3° MEUNIER ET CIE, A FIVES-LILLE.

Chaudières verticales à foyers intérieurs.

a) *Chaudière Field.*

L'appareil exposé est destiné à utiliser les chaleurs perdues des fours métallurgiques.

Dans ces applications le foyer est cloisonné par une murette en briques réfractaires laissant un passage au sommet ; les gaz du four montent dans l'un de ces compartiments, pour plonger dans l'autre vers la sortie. On crée ainsi un double parcours de gaz, que les dimensions des appareils permettent ; ce qui est nécessaire pour une utilisation même médiocre du combustible. La surface de chauffe n'absorbe pas de chaleur rayonnée, puisqu'il n'y a pas de grille. Toute la chaleur est apportée par les gaz et doit être transmise par contact ; d'où il résulte que le temps, pendant lesquels les gaz chauds restent en contact avec la surface de chauffe, a une très grande importance sur la quantité de chaleur transmise.

La température des gaz à leur entrée dans la chaudière est très élevée. Vers la fin de la chaude on atteint jusqu'à 1.800°. Aussi les culots des tubes Field du premier parcours sont fortement chauffés et ces tubes fonctionnent par pulsation. Ceux du deuxième parcours, chauffés surtout dans le haut, avec leurs culots presque soustraits à l'action des gaz chauds, auront des mouvements d'eau réguliers.

Les dimensions de la chaudière, qui ne mesure que 40 mètres carrés de surface de chauffe, sont considérables. L'espace de vapeur a une très grande hauteur : le volume d'eau contenu dans la chaudière est très grand. Ce sont des conditions exigées par le service spécial demandé à ces chaudières. Pendant la chaude, la demande de vapeur est nulle, et l'eau de la chaudière doit accumuler la chaleur absorbée sans qu'il y ait un accroissement de pression par trop considérable ; il faut donc une grande masse d'eau. Lorsque la chaude est terminée, la chaudière doit fournir tout à coup au marteau pilon une grande quantité de vapeur, et cela au moment où l'intensité de la chauffe baisse brusquement. Sous l'effet de la dépression produite par le premier appel de vapeur, la vaporisation se fait au dépens de la chaleur emmagasinée, et toute la masse d'eau de la chaudière entre en ébullition. Une grande épaisseur de mousse se forme à la surface, et les projections d'eau seraient trop violentes si la prise de vapeur n'était placée très loin du plan d'eau.

L'application des chaudières Field à la suite des fours présente l'avantage d'exiger un assez faible espace pour son installation. Par contre sa grande hauteur donne une surface de refroidissement considérable, malgré les revêtements calorifuges.

En général, toutes les chaudières placées à la suite des fours présentent des inconvénients, soit comme très faible rendement, soit comme insuffisance de volume d'eau. La surface de chauffe frappée la première par les gaz chauds s'altère vite, à cause de la grande élévation de température des gaz. Ce n'est pas ici la quantité de chaleur transmise qui fatigue et altère le métal ; c'est sa qualité. Les chaudières Field monumentales peuvent donc être justement conseillées, puisque le remplacement des tubes avariés se fait très facilement.

b) *Chaudière verticale à bouilleurs croisés.*

Ce système primitif d'appareil à vapeur est presque complètement délaissé ; c'est le moins économique de toute la série verticale. Nous n'y avons remarqué aucun détail de construction justifiant l'exhibition de ce générateur suranné par une grande maison de construction.

4° A. Montupet, a Paris.

Chaudière Field.

La petite chaudière verticale exposée par M. Montupet a le mérite de présenter une nouvelle disposition du tube pendentif avec retour intérieur.

On sait que le fonctionnement de ces tubes est pulsatoire, surtout lorsque la partie basse du tube est le plus fortement chauffée ; que la vapeur produite sur le culot tend à se dégager par le retour intérieur ; et que lorsqu'il y a appel d'eau dans ce tube vers le bas, une partie de la vapeur qui se dégage par l'espace annulaire est aspirée par l'eau, qui la ramène ainsi de nouveau sur les surfaces de chauffe.

Pour obvier aux deux derniers défauts, et pour atténuer le premier, par suite d'un mouvement d'eau plus rapide, M. Montupet a imaginé le nouveau dispositif représenté fig. 62. Le tube Field est monté comme d'habitude dans le ciel du foyer, avec un petit t prolongement au-dessus; la partie qui dépasse est coiffée d'un deuxième tube de dégagement, qui s'arrête en dessous du plan d'eau normal et qui porte le tube intérieur de retour. Ce tube intérieur monte à la même hauteur que le tube de dégagement; il est fermé dans le haut avec, immédiatement au-dessus du tube pendentif, une petite tubulure latérale qui traverse le tube de dégagement, et donne accès à l'eau vers le tube intérieur. Le tube intérieur de retour se termine par un petit écran qui s'oppose à la pénétration, dans le tube, de la vapeur produite sur le culot.

La raison pour laquelle le tube de dégagement, et le tube intérieur, sont prolongés jusque vers le plan d'eau, est que la section circulaire dans laquelle se meuvent les bulles de vapeur, se trouve augmentée de toute la hauteur qui dépasse le ciel du foyer ; la dépression produite dans le bas du tube est plus forte.

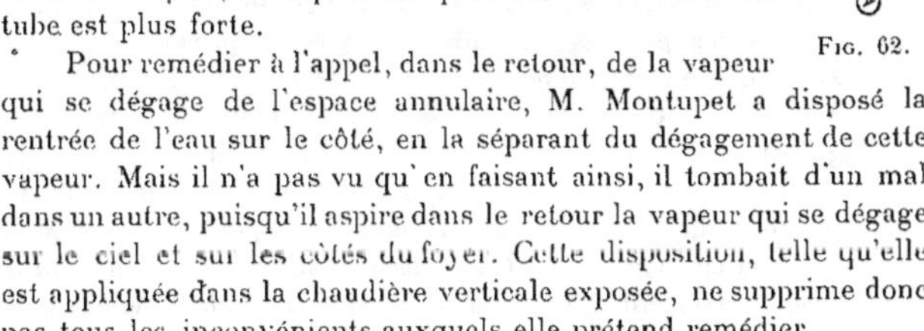

Fig. 62.

Pour remédier à l'appel, dans le retour, de la vapeur qui se dégage de l'espace annulaire, M. Montupet a disposé la rentrée de l'eau sur le côté, en la séparant du dégagement de cette vapeur. Mais il n'a pas vu qu'en faisant ainsi, il tombait d'un mal dans un autre, puisqu'il aspire dans le retour la vapeur qui se dégage sur le ciel et sur les côtés du foyer. Cette disposition, telle qu'elle est appliquée dans la chaudière verticale exposée, ne supprime donc pas tous les inconvénients auxquels elle prétend remédier.

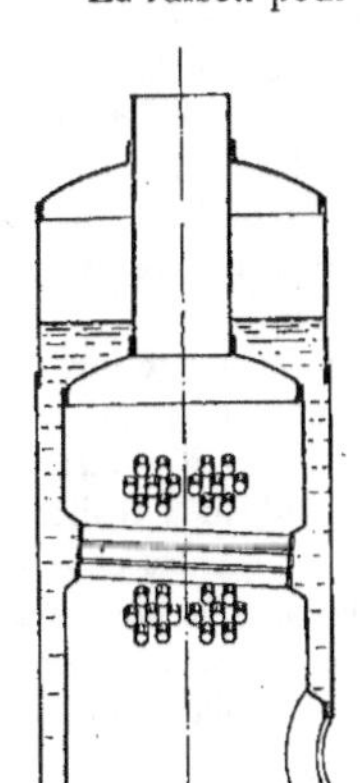

5° ALEXANDRE BARY, A MOSCOU.

Chaudière verticale tubulaire.

La chaudière verticale système Bary (fig. 63) est une modification de la chaudière à bouilleurs croisés. Les bouilleurs sont remplacés par des petits faisceaux tubulaires, formant des écrans qui s'opposent au passage trop direct des gaz à la cheminée. Les faisceaux tubulaires sont légèrement inclinés pour faciliter l'écoulement de la vapeur, mais cette inclinaison est insuffisante. Du reste, le constructeur de ces chaudières ne prétend pas obtenir une circulation d'eau régulière. Des trous d'hommes placés sur l'enveloppe extérieure permettent l'accès des tubes pour les nettoyages intérieurs.

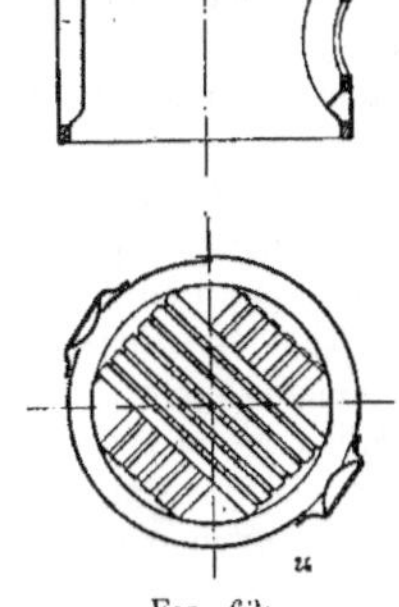

Fig. 63.

Le foyer intérieur soudé, avec bossages plats pour le dudgeonnage des tubes, est d'un beau travail.

CHAPITRE X

Les chaudières cylindriques à foyer extérieur.

La chaudière cylindrique simple, chauffée par un foyer extérieur en maçonnerie, qui a immédiatement suivi la *chaudière en tombeau* de Watt, ne se construit plus. Son encombrement et son faible rendement l'on fait remplacer par des dispositions moins simples, mais plus rationnelles. C'est surtout en France que ce genre de chaudières s'est développé ; les appareils exposés sont présentés exclusivement par des constructeurs français.

La chaudière à corps cylindrique supérieur avec un ou plusieurs bouilleurs inférieurs, qui se rencontre encore assez fréquemment dans l'industrie, a été détrônée par la chaudière dite semi-tubulaire, composée d'un corps cylindrique dans lequel est logé un faisceau compact de tubes, reposant le plus généralement sur deux bouilleurs inférieurs. Cette évolution s'explique, car la chaudière semi-tubulaire permet de disposer une grande surface de chauffe sur un emplacement petit, relativement à celui occupé par la chaudière ordinaire à bouilleurs. Elle permet aussi d'établir des unités beaucoup plus importantes comme surface de chauffe, et sa construction offre de gros avantages au fabricant. Environ 70 p. 100 de toute la surface de chauffe est formée par les tubes qu'il faut simplement insérer dans les plaques tubulaires du corps supérieur. Le chaudronnier ne construit, à vrai dire, qu'une très faible partie de la surface métallique.

Pour le fonctionnement des chaudières à bouilleurs, on admettait un échange rapide et régulier de l'eau contenue dans le corps supérieur, avec celle que renferment les bouilleurs. On supposait que le dégagement de la vapeur par le cuissard d'avant déterminait ce mouvement de circulation, mais les expériences que M. Paul Dubiau a réalisés en 1892, relatées dans notre *Traité des Chaudières à Vapeur*, ont démontré que les choses se passent autrement. La vapeur qui se dégage sur la demi-surface de chauffe inférieure des bouilleurs monte s'accumuler au ciel de ces bouilleurs, et y crée un espace de vapeur important, dont la flèche croît, d'après les expériences, avec la hauteur de la colonne de l'eau qui existe au-dessus des bouilleurs. Le plan d'eau qui s'établit ainsi dans les bouilleurs, et ses fluctuations, sont rendus visibles, et peuvent être étudiés, en plaçant un indicateur à tube de verre sur la tête du bouilleur.

La vapeur de ces matelas gazeux se dégage par saccades, et en gros ballons, dans les cuissards, avec l'effet de refoulement que nous avons expliqué en présentant les expériences de M. Dubiau. Les mouvements de circulation d'eau générale sont limités au remplacement de l'eau vaporisée dans les bouilleurs, et de celle qui suit les variations de volume de la vapeur présente dans ces bouilleurs, sans que ces mouvements suivent une direction régulière et toujours dans le même sens. On peut donc, d'après ce qui précède (comme cela a été fait par certains constructeurs), raccorder les bouilleurs au corps principal par un cuissard unique, sans pour cela modifier les conditions de marche industrielle des chaudières à bouilleurs.

Ces constatations ont permis d'expliquer les anomalies dans le fonctionnement de ces chaudières, et plus particulièrement les cintrages des bouilleurs, les mouvements qu'ils présentent pendant la marche, et les fausses indications des indicateurs du plan d'eau supérieur, lorsqu'ils sont raccordés aux têtes des bouilleurs pour la prise d'eau.

1° E. Bérendorf fils a Paris.

Chaudière semi-tubulaire à bouilleurs.

La chaudière exposée est à deux bouilleurs ; les tubes du corps supérieur sont insérés dans les plaques tubulaires par des joints cônes métalliques ; les plus petits diamètres des trous d'une plaque (généralement celle d'avant), et de la bague correspondante sur l'extrémité du tube, sont légèrement plus grands que la base de la bague conique sur l'autre extrémité du tube. Celui-ci passe librement au travers de la plaque d'avant, pour être mis en place, ou démonté.

Cette disposition a été imaginée par Bérendorf père, et les tubes construits d'après ce principe portent le nom de l'inventeur. Ils sont employés aujourd'hui d'une façon générale par tous les constructeurs de chaudières semi-tubulaires. Toutes les chaudières exposées de cette catégorie sont munies de tubes Bérendorf.

Les diamètres des trous dans les deux plaques tubulaires étant inégaux, il y a, du côté de la plus grande bague, un excédant de pression qui tend à chasser le tube. Pour en empêcher la projection, on met une contre plaque de garde, dans laquelle les trous percés en regard de chaque tube ont le diamètre intérieur des tubes. Cette plaque est maintenue par quelques écrous vissés sur des prisonniers portés par le fond du corps cylindrique.

Les tubes amovibles ont été imaginés pour faciliter les nettoyages intérieurs de la chaudière. Le faisceau tubulaire est toujours très compact, et il est très difficile, sinon impossible, de le débarrasser des dépôts durs adhérents. Il arrive souvent que les difficultés de nettoyage, et une eau d'alimentation un peu chargée de sels, font enserrer tout ou partie du faisceau tubulaire, dans un seul bloc de calcaire. L'idée de l'amovibilité des tubes était donc justifiée en soi, mais les résultats pratiques ne l'ont pas sanctionnée au point de vue des résultats cherchés. La couche de dépôt, qui adhère au tube, l'empêche de sortir, car elle atteint souvent très rapidement des épaisseurs supérieures au passage libre dans les plaques. Le démontage du faisceau tubulaire est une opération longue et coûteuse, que l'on évite d'une façon presque générale; l'amovibilité du tube n'a finalement qu'un seul avantage, celui de faciliter le remplacement d'un tube avarié.

2° Compagnie de Fives-Lille, a Paris.

Chaudières semi-tubulaires à bouilleurs.

La Compagnie de Fives-Lille expose trois grosses chaudières semi-tubulaires, à deux bouilleurs et tubes Bérendorf (fig. 64), fournissant de la vapeur aux services mécaniques de la section française. Avec une chaudière du même genre de M. Montupet, c'étaient les seuls générateurs en service de cette catégorie. Nous avons dit que pour l'énorme produc-

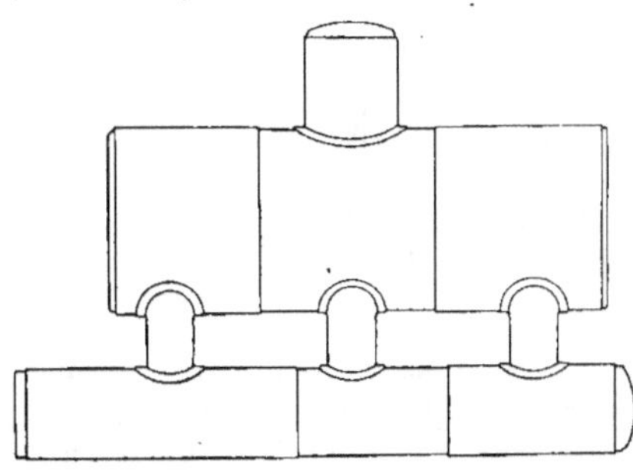
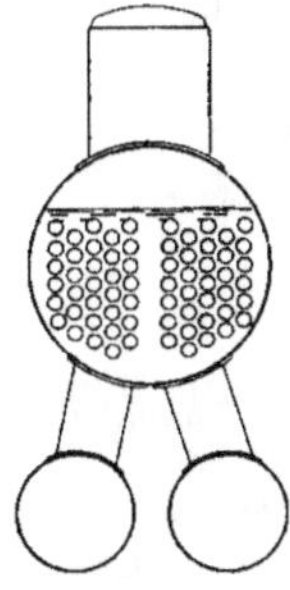

Fig. 64.

tion de vapeur absorbée par les services de l'Exposition, c'était la chaudière multitubulaire qui prédominait.

Les parcours de gaz sont les suivants : les produits du foyer passent à l'arrière en léchant les bouilleurs, viennent à l'avant par les deux côtés du corps cylindrique supérieur, et pénètrent dans le faisceau tubulaire pour plonger à l'arrière vers le carneau de sortie. Cet ordre de parcours est le plus avantageux pour l'utilisation du combustible, car les gaz peuvent achever leur combustion avant de passer dans le faisceau tubulaire. Lorsque ce dernier est chauffé en deuxième parcours, les flammes s'éteignent dès qu'elles pénètrent dans les tubes et se rallument le plus souvent en sortant à l'avant, grâce aux rentrées d'air qui existent presque toujours aux joints des portes de nettoyage de la boîte à fumée ; la surface de chauffe tubulaire est alors très mal utilisée. La raison qui faisait adopter ce parcours pour les gaz chauds était qu'en faisant lécher les carneaux latéraux par des gaz refroidis dans le corps cylindrique, on diminuait les pertes par les maçonneries, portées à une température moins élevée. Mais on a reconnu expérimentalement que les pertes additionnelles produites par l'élévation de température des parois du massif, sont beaucoup moindres que celles occasionnées par le passage des flammes en deuxième parcours dans le faisceau tubulaire.

Le chauffage des tubes en dernier parcours présente encore un autre avantage. La section de passage est très limitée, et le faisceau tubulaire constitue une résistance importante au mouvement des gaz. Résistance d'autant plus considérable que, pour un même poids de charbon, les gaz sont à plus haute température et occupent un plus grand volume. On brûlera donc, sur la même grille, plus de charbon, et on le brûlera mieux, si les tubes sont parcourus par des gaz à plus basse température. La production de la chaudière sera augmentée, et le rendement économique amélioré.

La prise d'eau des indicateurs de niveau est placée, pour les chaudières de la Compagnie de Fives-Lille, sur le côté du fond du corps cylindrique, entre l'enveloppe et les tubes. Cette disposition ne nous paraît pas recommandable ; les indications du tube de verre peuvent être troublées par la vapeur qui est présente en cet endroit, et par les mouvements qu'elle occasionne dans l'eau. Nous préférons de beaucoup le moignon fixé sur le fond avant pour porter les indicateurs de niveau, dispositif existant sur les corps tubulaires des chaudières Berninghaus et Petzold, et adopté généralement à l'étranger. Cette disposition conduit à augmenter un peu le diamètre du corps cylindrique pour pouvoir y loger le même nombre de tubes, et augmente le prix de construction, mais c'est une considération qui doit être écartée, lorsqu'il s'agit d'assurer l'exactitude et la régularité des indications du niveau d'eau, le plus important appareil de contrôle.

La construction des chaudières est de tout premier ordre, et justifie la réputation universelle de la Compagnie de Fives-Lille.

3° Ch. Crépelle-Fontaine a La Madeleine-lez-Lille.

Chaudière semi-tubulaire à bouilleurs et Chaudière multibouilleurs
à circulation artificielle.

a) *Chaudière semi-tubulaire à bouilleurs.*

Ce générateur est à deux bouilleurs avec tubes Bérendorf. Il présente comme particularité une nouvelle disposition des tubes tirants qui servent à entretoiser les deux fonds. Dans les chaudières où les tubes ne sont pas amovibles, on admettait que le mandrinage des tubes dans les plaques produit une adhérence suffisante pour que les tubes raidissent les fonds, et les fassent résister, sans déformation apparente ni dangereuse, à l'effort considérable exercé sur les fonds par la pression intérieure. Mais il a été reconnu (expériences de Wehrenfennig et de Stromeyer) que cet entretoisement, par les tubes dudgeonnés, ne se maintient qu'autant que l'assemblage n'est pas soumis à une surchauffe ; l'effet de cette surchauffe est de faire reprendre aux tubes mandrinés leur diamètre primitif, en détruisant l'adhérence entre le tube et la plaque. La surchauffe des plaques tubulaires se produit assez facilement, car elles se recouvrent rapidement d'une couche de dépôts durs adhérents. Aussi les bonnes maisons de constructions ne comptent pas sur l'effet du dudgeonnage pour entretoiser les fonds, et insèrent dans le faisceau un certain nombre de tubes plus épais, généralement filetés et vissés dans les plaques, avec écrous et rondelles de serrage, pour relier rigidement les deux fonds entre eux.

Dans les chaudières avec tubes Bérendorf, l'effet d'entretoisement des tubes ordinaires n'existe pas, aussi faut-il étudier avec soin les liaisons qui raidissent les fonds.

M. Crépelle-Fontaine a imaginé une disposition qui nous paraît bonne. Le tube, formant entretoise, plus épais que les tubes ordinaires, est aussi établi sur le modèle Bérendorf, mais il dépasse la plus petite des deux bagues biconiques d'une certaine longueur filetée, qui reçoit une rondelle et un écrou extérieur. La fixation rigide de cette extrémité du tube est obtenue par le serrage de l'écrou. Toute pression intérieure qui tendra à écarter les plaques, tendra à augmenter l'adhérence de la bague dans la plaque à l'autre extrémité du tube. M. Crépelle-Fontaine obtient ainsi une entretoise peu coûteuse, très solide, démontable, avec des joints dont l'étanchéité est obtenue facilement.

Le travail de chaudronnerie de la chaudière est bien exécuté; les rivures, quoique faites à la main, sont établies avec beaucoup de soin.

b) *Chaudière multibouilleurs à circulation artificielle.*

La figure 65 montre la disposition d'ensemble de ce générateur, formé par la réunion de deux éléments, composés chacun de deux bouilleurs superposés qui communiquent par

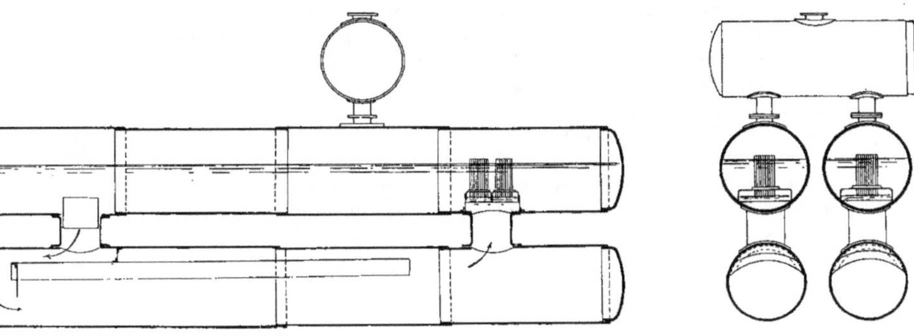

FIG. 65.

deux cuissards. Les deux éléments de cette chaudière à bouilleurs multiples (d'où son appellation de multibouilleurs) communiquent dans le haut par un ballon transversal, réunissant les espaces de vapeur, et qui porte les robinets de prise de vapeur. Les têtes des bouilleurs voisins sont réunies à l'avant, à leur partie basse, par des tubulures qui mettent en communication les masses d'eau des bouilleurs.

Ce type de chaudière est assez employé dans le nord de la France; on forme des éléments avec trois bouilleurs superposés, et l'on réunit dans un même massif jusqu'à trois éléments, formant ainsi des unités de grande puissance.

Le diamètre relativement faible des corps cylindriques, permet d'aborder facilement les hautes pressions de vapeur, tout en maintenant dans la chaudière un volume d'eau considérable. La création d'une circulation d'eau artificielle fait disparaître les inconvénients des ciels de vapeur qui se forment dans les bouilleurs ; aussi les chaudières ainsi disposées montrent en service des qualités de puissance, de rendement et de bonne tenue, qui en développent l'emploi, principalement là où les besoins du service exigent des consommations de vapeur très variables.

La circulation artificielle est obtenue par l'adjonction de l'émulseur Dubiau, appareil dont nous avons déjà expliqué le principe et le fonctionnement.

Dans la chaudière multibouilleurs de M. Crépelle, les faisceaux tubulaires de circulation sont montés sur une caisse placée au débouché des cuissards arrière, dans les bouilleurs supérieurs. Dans les bouilleurs du bas, depuis l'avant au-dessus de la grille jusqu'auprès des cuissards arrière, est placé un écran qui capte la production de vapeur des surfaces les plus chauffées et la dirige vers le cuissard arrière, en empêchant ainsi la formation du matelas de vapeur, que l'on sait, sous les surfaces supérieures des bouilleurs. Un diaphragme, placé à l'avant de l'écran, empêche le passage de la vapeur captée vers le cuissard de l'avant ; un deuxième diaphragme étanche, en arrière de ce dernier cuissard, entre les parois du bouilleur et l'écran, barre toute communication pour l'eau au-dessus de l'écran. Le volume d'eau déversé par l'appareil émulseur parcourt le bouilleur supérieur de l'arrière à l'avant, descend par le cuissard de façade, contourne l'écran et le diaphragme de tête, et vient balayer les tôles de coup de feu en parcourant le bouilleur du bas de l'avant à l'arrière. On appelle ainsi, sur la surface la plus chauffée, un très grand volume d'eau et on diminue beaucoup le volume de vapeur présent dans cette région. Le sens de la circulation a aussi pour effet de chasser, vers l'arrière du bouilleur du bas, les dépôts qui tendent à se déposer sur les tôles de coup de feu.

La localisation des dépôts est la source de fréquentes avaries dans les chaudières ne possédant pas la circulation artificielle. La nécessité de ménager à l'avant un passage suffisant pour les gaz, allant du deuxième au troisième parcours, fait reporter le premier cuissard de communication vers le fond de la grille, là où le développement de chaleur est le plus intense. Les remous qui se produisent dans l'eau des bouilleurs amènent les dépôts boueux en dessous de ce cuissard, et les chutes d'eau qui suivent les dégagements des gros ballons de vapeur, font tomber en cet endroit les paillettes de dépôts durs qui se détachent des parois du corps supérieur. Aux visites intérieures on trouve, au droit des cuissards de façade, des petits monticules de dépôts, origine de bosses et de poches dans cette partie de la surface de chauffe, et qui occasionnent des avaries, voire même des catastrophes. La circulation artificielle écarte ce danger.

4° Armand Girard, a Paris.

Chaudière semi-tubulaire à deux bouilleurs.

La chaudière de M. Girard n'offre aucune particularité. Comme toutes les autres semi-tubulaires, elle est avec tubes Bérendorf ; la construction en est bonne, et même assez soignée pour un appareil construit surtout à la main, en employant peu de moyens mécaniques.

M. Girard annonce par une affiche permanente que sa chaudière est du *type classique*, construite d'après les règles de l'Association Parisienne des Propriétaires d'appareils à vapeur. Si le constructeur, en employant le mot *classique*, a voulu dire que ce type de chaudière, par sa perfection, peut servir de modèle, cela prouverait qu'il n'a pas suivi les travaux théoriques et les recherches expérimentales qui depuis quinze ans ont fait réaliser de grands progrès, tant dans la production économique de la vapeur, que dans l'art de construire les chaudières.

Un détail nous a surtout frappé : on a placé la prise d'eau de l'indicateur de niveau d'eau sur la tête d'un bouilleur, là où précisément se forme un espace de vapeur. L'Association parisienne des propriétaires d'appareils à vapeur, dont on invoque le nom, ne devrait cependant pas ignorer que ce mode de montage est des plus défectueux, que les indications ainsi données sont fausses et peuvent, parfois même, être dangereuses.

5° Meunier et Cie, a Fives-Lille.

Chaudières semi-tubulaires à deux bouilleurs.

Les deux chaudières semi-tubulaires exposées par MM. Meunier et Cie, avec tubes Bérendorf, diffèrent par les dimensions, le timbre et la disposition des cuissards. La plus importante est représentée figure 66. Elle porte au-dessus du corps tubulaire un réservoir de vapeur, cylindrique.

Le diamètre du corps tubulaire est relativement petit afin d'éviter l'emploi de tôles trop épaisses, exigées par les hautes pressions actuelles. Ces épaisseurs de métal occasionnent, lorsqu'elles sont grandes, une mise en œuvre difficile et un outillage très per-

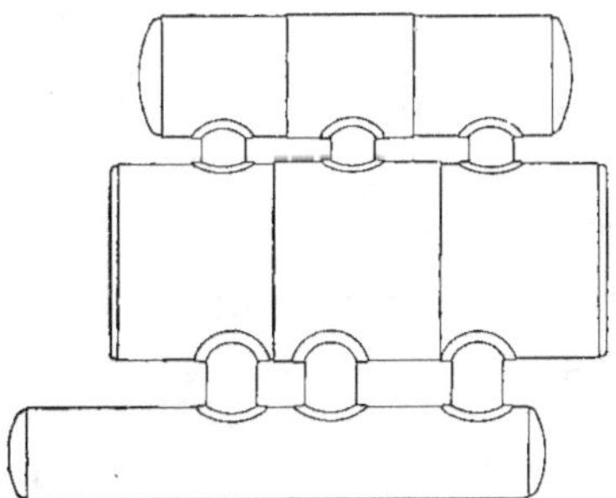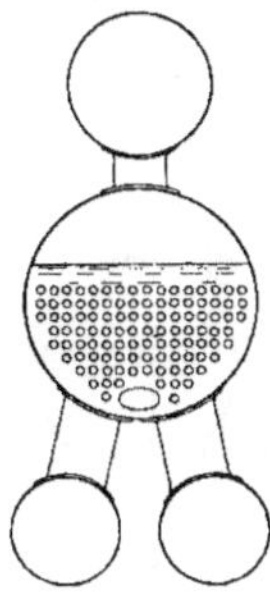

Fig. 66.

fectionné. Le faisceau tubulaire correspondant au développement de la surface de chauffe, occupe, par suite du petit diamètre du corps, la plus grande partie du réservoir principal; le plan d'eau est remonté et l'espace de vapeur se trouve réduit. Pour remédier à cet inconvénient on place un réservoir de vapeur supplémentaire.

Les premiers cuissards de dégagement sont placés, dans les chaudières Meunier, très loin de la tête du bouilleur; ils doivent probablement tomber derrière l'autel. Cette disposition augmente l'importance du matelas de vapeur dans la partie haute de l'avant des bouilleurs, puisque toute la forte production de la surface la plus chauffée vient s'accumuler en cet endroit.

Chaque bouilleur est raccordé au corps tubulaire par trois cuissards. Dans la chaudière à haute pression (fig. 66), le cuissard intermédiaire est rapproché du cuissard avant; il est rapproché du cuissard arrière sur l'autre chaudière. Ces deux dispositions contraires ne s'expliquent pas.

Les fonds des corps tubulaires sont entretoisés par des tubes tirants dont un modèle est exposé comme pièce détachée. C'est une modification du tube tirant employé par M. Crépelle-Fontaine, lequel est le premier en date. Les cônes de portages sont moins accusés et l'assemblage sur les plaques a lieu par deux écrous pour chaque joint, l'un à l'intérieur du fond, l'autre à l'extérieur. Au double point de vue de la solidité de l'assemblage et de l'étanchéité du joint, ces modifications du tube tirant de M. Crépelle-Fontaine ne paraissent pas justifiées.

MM. Meunier et Cie exposent aussi des échantillons d'assemblages et de rivures. La seule pièce intéressante est l'anneau découpé sur un assemblage de viroles, et aplati, montrant la parfaite adhérence des pinces.

6° A. Montupet, a Paris.

Chaudière semi-tubulaire à deux bouilleurs, à courants renversés.

La figure 67 représente l'arrangement schématique de la chaudière semi-tubulaire exposée par M. Montupet, et des dispositions qu'il a adoptées pour renverser le sens des courants naturels.

Les deux cuissards d'arrière sont coiffés d'un conduit de dégagement formant cheminée d'appel, et l'avant des bouilleurs est disposé avec un écran, qui capte la vapeur produite sur les surfaces de coup de feu et la force à s'accumuler dans le haut des

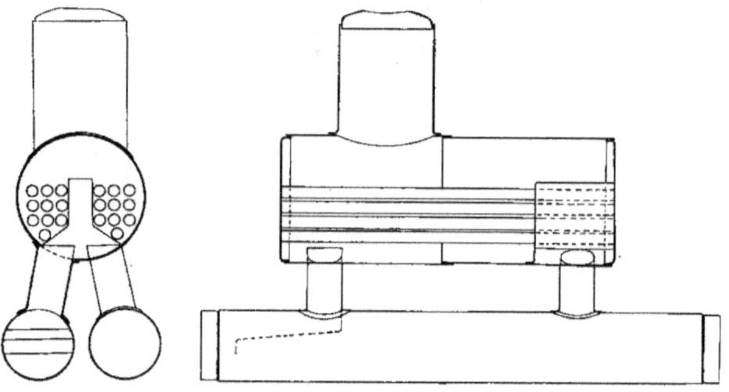

Fig. 67.

bouilleurs, à l'arrière du cuissard de façade. Cette disposition tend à réaliser, mais imparfaitement, à notre avis ce que l'on obtient par l'application de l'émulseur Dubiau dans les chaudières à bouilleurs.

Chez M. Montupet, le mouvement d'eau sera beaucoup moins important que chez M. Crépelle-Fontaine, par exemple, à cause de la forme et de la grande section de la cheminée de dégagement, qui ne permet pas d'utiliser, pour la circulation, l'énergie de position des bulles de vapeur. M. Montupet n'obtiendra pas non plus, croyons-nous, la circulation automatique et continue de l'eau, parce que son dispositif ne réunit pas les éléments indispensables pour établir cette circulation.

7° N. Roser a Saint-Denis (Seine).

Chaudière semi-tubulaire à deux bouilleurs et dégagement direct.

M. Roser présente une chaudière semi-tubulaire dénotant son intention de suivre l'évolution qui se manifeste, depuis quelques années, au sujet de la circulation de l'eau dans les chaudières.

L'appareil, représenté fig. 68, se compose d'un corps tubulaire surmontant deux bouilleurs. Un cuissard réunit l'arrière de chaque bouilleur au corps tubulaire. Le cuissard

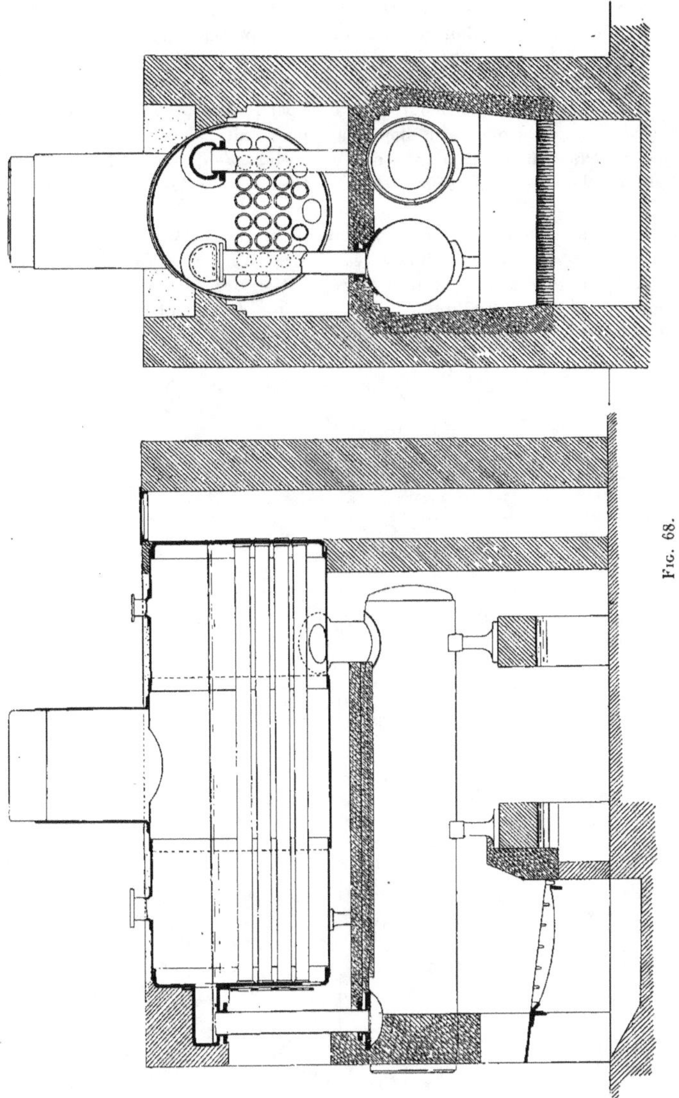

Fig. 68.

de l'avant est supprimé; il est remplacé par une colonne de dégagement, qui déverse au plan d'eau la production du bouilleur, sans qu'elle ait à traverser toute la masse d'eau du corps tubulaire. La montée des bulles dans ces colonnes, à section plutôt faible, produira dans le bouilleur une dépression qui déterminera un mouvement de circulation par le cuissard arrière.

Nous avons établi en 1894, au début de nos expériences industrielles sur la circulation, une chaudière semi-tubulaire avec le dispositif présenté par M. Roser; le dessin se trouve dans notre *Traité des Chaudières à Vapeur* paru en 1895.

Cette chaudière d'expérience nous a permis de relever des constatations fort intéressantes, dont plusieurs ont été constatées *de visu* par l'éclairage intérieur de la chaudière. Elles nous ont démontré que cette disposition ne tenait pas compte de deux conditions essentielles : 1° Pour que la circulation de l'eau s'établisse d'une façon permanente, régulière et toujours dans le même sens, il faut absolument que les courants soient canalisés sur les surfaces de grande production, en évitant que la formation du matelas de vapeur puisse venir entraver le libre fonctionnement du retour d'eau, et que, par des moyens appropriés, on répartisse uniformément les charges d'eau dans le bouilleur; 2° Pour le rendement économique de l'appareil et la répartition des dépôts, il n'est pas indifférent de provoquer la circulation plutôt dans un sens que dans l'autre. A ces deux points de vue, notre disposition de 1894, reprise aujourd'hui par M. Roser, est défectueuse.

TROISIÈME PARTIE

APPAREILS AUXILIAIRES

CHAPITRE XI

Appareils de sécurité, de contrôle et d'alimentation.

L'exposition comprenait un nombre considérable d'appareils auxiliaires qu'il nous est impossible de décrire tous ; nous signalerons seulement les nouveautés.

Nous avons remarqué, surtout sur les chaudières étrangères, que les tubes de niveau d'eau étaient protégés extérieurement par une enveloppe en verre, très épaisse, disposée de façon qu'en cas de rupture du tube de niveau d'eau, les éclats ne puissent atteindre le personnel de chauffe. Cette disposition est très recommandable et nous espérons qu'elle se développera en France où de pareils dispositifs sont très rares.

Nous avons aussi remarqué que dans les tubes de niveaux d'eau on s'attachait à rechercher une disposition permettant de faire ressortir d'une façon très apparente la position du niveau de l'eau dans le tube.

Cette question a une importance capitale, dont beaucoup d'industriels ne paraissent pas se rendre compte ; souvent, dans nos visites aux chaufferies, nous avons constaté qu'il était impossible de distinguer la position du niveau de l'eau dans le tube, parce qu'il était sale extérieurement ou intérieurement.

Il est du plus grand intérêt, malgré l'état plus ou moins propre du tube, de toujours voir la position du niveau de l'eau ; on connaît les tubes appelés *photophores* assez répandus en France ; les indications qu'ils donnent laissent un peu à désirer, et dépendent de la position de l'observateur.

Nous trouvons exposés un certain nombre de dispositifs tous basés sur le même principe que le tube photophore.

Sur les niveaux d'eau fabriqués en Allemagne, la partie occupée par l'eau est absolument noire, tandis que la partie au-dessus de l'eau a un aspect de métal blanchâtre. Ces indicateurs sont à plaques de verre ; le fond de la boîte métallique est argenté avec un dispositif de cannelures produisant par réfraction l'effet ci-dessus. Les indications de ces appareils sont tellement visibles que plusieurs constructeurs français, MM. Roser, Montupet, la Société des Générateurs Mathot, les ont installés sur leurs chaudières au cours de l'Exposition.

Parmi les indicateurs à tubes de verre, nous signalerons un dispositif de la Société du Verre étiré, 10, rue Thimonier à Paris, avec raies transversales ; dans la partie occupée par l'eau les raies, par réfraction, paraissent verticales. Ce dispositif nous a paru être le meilleur et le plus efficace.

Dans la classe des appareils de sécurité, nous signalerons les dispositions imposées par le service mécanique pour l'isolement des générateurs en cas de rupture des conduites, ou d'accident aux chaudières.

Lorsqu'une certaine quantité de chaudières alimentent la même conduite, les règlements français prescrivent de former des groupes, dont l'importance est limitée, et d'intercaler (sur la conduite de vapeur partant de ces groupes) des clapets automatiques de retenue de vapeur.

On a interprété ces prescriptions de différentes façons, les uns ont admis que le clapet devait se fermer sur le groupe qu'il dessert ; d'autres ont cru que c'était sur la conduite générale que devait avoir lieu la fermeture des clapets ; de sorte que la question n'était pas résolue dans toute la généralité.

Le service mécanique de l'Exposition a imposé, avec raison, des valves pouvant se fermer dans les deux sens, sur les chaudières ou sur la conduite générale, et elle a en outre imposé un clapet de retenue sur chaque chaudière.

D'une façon générale, ces valves sont constituées par un diaphragme métallique oscillant, à l'intérieur d'une boîte, autour de l'axe auquel il est fixé. Cet axe porte un levier extérieur. Lorsque, par suite d'une déchirure, l'écoulement de vapeur devient très considérable, le diaphragme est entraîné par l'acroissement de vitesse et vient s'appliquer sur l'orifice de sortie de la vapeur. Théoriquement la disposition est bonne ; la fermeture s'opère bien dans les deux sens ; seulement la sensibilité de l'appareil est suffisante pour fonctionner intempestivement, dès que la production de vapeur dépasse celle pour laquelle l'appareil est réglé. C'est pour cette raison qu'on dispose un levier extérieur permettant de décoller le diaphragme, et de le ramener à sa position normale.

En tant qu'appareils de sécurité, ce sont les seules innovations que nous avons remarquées.

Voici la liste des exposants d'appareils de sécurité, de contrôle, et autres accessoires :

FRANCE

MM. J. Borel, à *Paris*. Injecteurs.

    Gaillette et Narçon, à *Paris*. Robinetterie.

    J. Ducomet, à *Paris*. Appareils de sûreté.

    J. Grouvelle et H. Arquembourg, à *Paris*. Robinetterie.

    A. Guyot, à *Montreuil-sous-Bois*. Robinetterie.

    H. Hamelle, à *Paris*. Robinetterie.

    Olivier Lefèvre, à *Saint-Quentin* (*Aisne*). Robinetterie et appareils de sûreté.

    Martel et Bousselet, à *Paris*. Robinetterie.

    L. F. Pile, à *Paris*. Robinetterie et appareils de sûreté.

    P. Règner, à *Paris*. Accessoires de chaudières.

    Risacher et Hébert, à *Paris*. Appareils de sûreté.

    Muller et Roger, à *Paris*. Robinetterie et appareils de sûreté.

    L. Protais, à *Paris*, Manomètres.

ALLEMAGNE

Schaeffer et Budenberg, à *Buckau*. Robinetterie et appareils de sûreté.

Stinnes, à *Mulheim-sur-la-Rühr*. Soupapes de sûreté.

P. Suckow, à *Breslau*. Robinetterie et accessoires.

ÉTATS-UNIS

Ashton Valve Company, à *Boston*. Soupapes de sûreté.
Coale Muffler et Safety Valve Co, à *Baltimore*. Soupapes de sûreté.
Crane Co, à *Chicago*. Soupapes de sûreté.
Fort Wayne Safety Valve Co, à *Fort Wayne*. Soupapes de sûreté.
Lunkenheimer Co, à *Cincinnati*. Robinetterie et injecteurs.

GRANDE-BRETAGNE

Empire Safe Co, à *Birmingham*. Accessoires et Robinetterie.
Hartley et Sugden Ltd, à *Halifax*. Accessoires et Robinetterie.
Smith Frères et Co, à *Nottingham*. Accessoires et Robinetterie.

PAYS-BAS

Dikkers et Cie, à *Hengelo*. Accessoires et Robinetterie.

Les *appareils d'alimentation* comprennent : les pompes, les injecteurs et les épurateurs d'alimentation.

Les *pompes* sont traitées dans une autre partie de cette Revue.

Les *injecteurs* sont représentés par de nombreux spécimens, sans offrir aucune nouveauté intéressante à signaler.

Les *épurateurs d'eau d'alimentation* ont une importance considérable lorsque les eaux d'alimentation sont très chargées en sels de chaux. Leur emploi est indispensable si l'on est soucieux de la conservation des chaudières et des économies de combustible.

D'une façon générale on peut répartir les épurateurs en deux classes bien distinctes :

1° Les appareils à précipitation par la chaleur;

2° Ceux à précipitation par un réactif.

Parmi les appareils de la première classe, nous citerons les détartreurs Chevalet Mazeran et Sabrou, et Leroy.

Ces appareils fonctionnent soit avec la vapeur d'échappement des moteurs, soit avec de la vapeur venant directement de la chaudière; dans le premier cas ils font aussi fonction de réchauffeurs, dans le deuxième ils sont simplement épurateurs.

Dans les dispositions de ces appareils on cherche à obtenir le contact le plus grand de la vapeur et de l'eau; à cet effet on dispose, à l'intérieur, une série de bacs, placés les uns au-dessus des autres, de façon que l'eau tombe successivement de l'un à l'autre en nappe mince et divisée. Le contact recherché est ainsi effectivement obtenu.

Les constructeurs admettent ensuite que les précipités restent au fond des bacs; ce résultat est moins bien obtenu que le précédent, car pour cela les bacs devraient avoir une beaucoup plus grande capacité.

Les appareils de cette classe présentent donc le grand inconvénient de ne pas permettre une décantation suffisante. La précipitation y est imparfaite et on doit leur préférer les appareils à réactifs.

Les épurateurs chimiques exposés étaient plus nombreux que les détartreurs à vapeur. Voici la liste des exposants de ces appareils :

MM. Paul Barbier, à Paris; A. Buron, à Paris ; Howatson et Cie, à Neuilly-sur-Seine; A. Philippe, à Paris ; Société Anonyme « L'épuration des eaux », à Paris ; Société Anonyme de la Madeleine, à Lille; Société du filtre Maignen, à Paris; A. Dervaux, à Bruxelles.

Dans ces appareils, la précipitation est obtenue par l'addition d'un réactif à l'eau d'alimentation; potasse, soude ou magnésie.

Les épurateurs se composent de trois parties bien distinctes :

Une partie sert au mélange et au brassage des réactifs avec l'eau d'alimentation ; une autre partie à un premier filtrage qui se fait à travers des matières filtrantes grossières, telles que copeaux, paille, etc. ; enfin une dernière partie, la plus volumineuse, servant à la décantation. Cette dernière partie est formée par un réservoir de très grand volume, condition absolument indispensable si on veut obtenir un résultat satisfaisant ; dans ce réservoir sont disposées des chicanes qui facilitent la décantation, en retenant par adhérence les produits de la précipitation.

Ces appareils sont tous efficaces, à la condition de titrer tous les jours l'eau d'alimentation, et de doser la quantité de réactif nécessaire. Un excès de réactif attaquerait les appareils en cuivre fixés aux chaudières; une insuffisance de réactif ferait passer aux générateurs une certaine quantité d'eau non épurée.

Les épurateurs chimiques sont tous très volumineux; il faut beaucoup de place pour pouvoir les installer. Cependant nous ne saurions trop en recommander l'emploi dès que le degré hydrotimétrique des eaux d'alimentation est un peu élevé.

Enfin, pour terminer cette rubrique, nous devons signaler une disposition d'alimentation qui tend à se généraliser sur les chaudières multitubulaires, principalement sur celles du type marine. Par suite des faibles dimensions de certains réservoirs supérieurs de ces chaudières, l'alimentation devient des plus difficiles. Il faut en assurer la régularité, car le plan d'eau doit être maintenu sensiblement constant dans ces réservoirs. Il faut une observation ininterrompue des niveaux d'eau, pour pouvoir régler l'alimentation. Afin de remédier à cette situation les constructeurs disposent sur leurs chaudières un appareil dit *alimentateur automatique*.

Avec cet accessoire, les pompes alimentaires sont réglées automatiquement par la pression dans le refoulement. A cet effet on place, sur la conduite de refoulement, un robinet ou clapet manœuvré par un levier, dont l'extrémité est munie d'un flotteur. Ce flotteur suit les variations du plan d'eau supérieur, de façon que lorsque ce plan d'eau s'élève, le flotteur monte, le robinet ou le clapet se ferme et laisse écouler moins d'eau; la pression augmente alors dans la conduite de refoulement et la pompe ralentit. Si le plan d'eau baisse, le robinet, ou le clapet, s'ouvre davantage, la pression dans la conduite diminue et la pompe accélère son mouvement.

Nous donnons à la figure 69 la disposition de l'alimentateur automatique de la Maison Niclausse. Cet appareil fonctionne dans les conditions que nous venons d'indiquer; il est en outre pourvu d'un sifflet d'alarme avertisseur.

Remarquons que ce régulateur a pour but, dans les chaudières Niclausse, d'obtenir l'automaticité de l'alimentation dans des limites relativement restreintes. Lorsque le débit des chaudières augmente, ou diminue, dans de grandes proportions, il est nécessaire d'agir à la main sur la valve d'alimentation.

L'appareil doit être réglé d'avance pour la production normale qu'on veut obtenir de la chaudière; un dispositif permet de faire varier l'ouverture de la soupape automatique par rapport à la position moyenne du flotteur, correspondant au niveau moyen dans le réservoir cylindrique. On détermine l'ouverture de cette soupape en alimentant, d'une façon continue, la chaudière en marche (marche qui doit correspondre autant que possible à la production moyenne), et on cherche la position qui permet d'obtenir un niveau constant dans le tube de l'indicateur.

Le régulateur d'alimentation est la conséquence forcée de la faible dimension des réservoirs supérieurs; les constructeurs soutiennent que cet appareil n'est pas indispensable, mais en fait ils l'emploient couramment; sans régulateur, la question d'alimentation serait par trop délicate, et la sécurité reposerait tout entière sur le plus ou moins d'attention du chauffeur. De sorte que l'alimentation automatique, qui est présentée comme un progrès, ne sert, en réalité, qu'à parer à l'insuffisance du volume d'eau.

Nous ne contestons pas l'utilité du régulateur d'alimentation dans la marine de

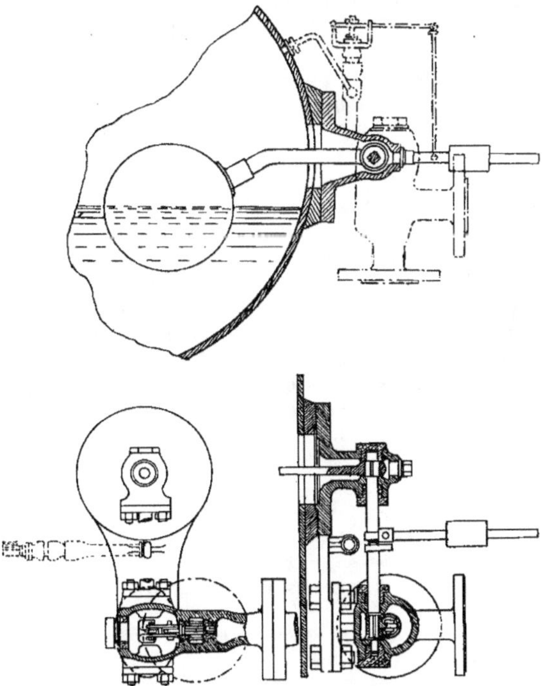

Fig. 69. — Alimentateur *Niclausse.*

guerre, où tout est sacrifié à la légèreté des appareils moteurs : ce régulateur y rend les plus grands services, car les réservoirs d'eau et de vapeur sont par principe très petits, et l'alimentation serait impossible sans les régulateurs automatiques.

Parmi les appareils qu'on pourrait à la rigueur classer comme économiques, nous citerons le système de *tirage induit* de M. Louis Prat qui injecte de l'air dans la cheminée, par un ventilateur et une tuyère, pour aspirer les produits de la combustion. Ce dispositif peut rendre des services lorsque le tirage de la cheminée est insuffisant, ou lorsqu'on veut augmenter l'effet utile d'une cheminée. On peut avec lui éviter, dans une installation nouvelle, l'établissement d'une grande cheminée ; il suffit d'en élever un tronçon, juste suffisant pour l'évacuation des produits de la combustion.

Nous terminerons ce chapitre en reproduisant les chiffres relevés sur un diagramme présenté par la Cᴵᴱ Générale des Appareils économiques (*Ancien Economic Steam Box*), à Paris.

On sait que par Economic Steam Box (*Boîte à vapeur économique*), on a désigné un écran métallique placé dans la boîte à fumée des chaudières tubulaires. Cet écran est disposé pour barrer le passage direct aux gaz qui sortent des tubes les plus rapprochés du conduit d'appel. On prétend ainsi mieux répartir la masse des gaz dans le faisceau tubulaire.

D'après le diagramme exposé, voici quelles seraient les températures relevées, avec un pyromètre à eau Siemens, dans la boîte à fumée d'une locomotive du Great Northern.

Nous avons transformé les degrés Fahrenheit en degrés centigrades.

Rangées de tubes.	Sans l'Economic Steam Box.		Avec l'Economic Steam Box.	
Première	420° F	215° C	276° F	136° C
Septième	357	180	294	146
Onzième	349	166	307	152
Quinzième	326	163	314	156
Vingt-et-unième	272	133	293	145

On voit immédiatement que les températures relevées sont inférieures à celles correspondant à la pression de la vapeur dans la chaudière.

Le diagramme montre simplement que les expérimentateurs étaient peu exercés, et qu'une cause quelconque, défaut d'appareil, ou autre, est venue fausser les résultats.

Une pareille erreur n'est pas particulière à la Cⁱᵉ générale des Appareils Économiques; nous l'avons déjà relevée dans bien des résultats d'essais. Si nous la relatons, c'est pour mettre en garde les expérimentateurs peu exercés contre de semblables résultats.

CHAPITRE XII

Appareils d'économie.

Les appareils d'économie se divisent en :
Foyers et grilles ;
Surchauffeurs de vapeur ;
Réchauffeurs d'eau d'alimentation.

a) Foyers et Grilles.

On trouve à l'Exposition un nombre relativement élevé de dispositions diverses de grilles et de foyers.

En fonctionnement, nous relevons une installation de foyers mécaniques importante de la Compagnie Babcock et Wilcox, à l'usine La Bourdonnais et aux chaudières de l'usine élévatoire Wortington.

La figure 70 représente la disposition employée, qui comprend d'abord une grille animée d'un mouvement de translation. A cet effet la grille se compose de barreaux très courts, assemblés de façon à former un tablier souple, pouvant s'enrouler sur deux tambours placés l'un à l'avant, l'autre à l'arrière, près de l'autel, dont il est écarté d'environ 0 m. 500. De sorte que si on imprime au tambour placé au dehors un mouvement circulaire très lent, le tablier se déplacera horizontalement de l'avant à l'arrière, et si on dispose à l'avant une hotte pouvant recevoir le combustible d'un distributeur automatique, on assure le chargement et le fonctionnement automatique de la grille. A l'arrière, à l'endroit où la grille mobile vient sur le deuxième tambour, se trouve une pièce en fonte encastrée dans les maçonneries, et ayant une partie mobile à l'avant. Cette pièce sert de raclette à la grille, et enlève les scories, lesquelles viennent tomber dans l'espace compris entre le tambour arrière et l'autel.

Tout le système est monté sur galets et sur rails, de façon à pouvoir être retiré de dessous la chaudière pour les réparations.

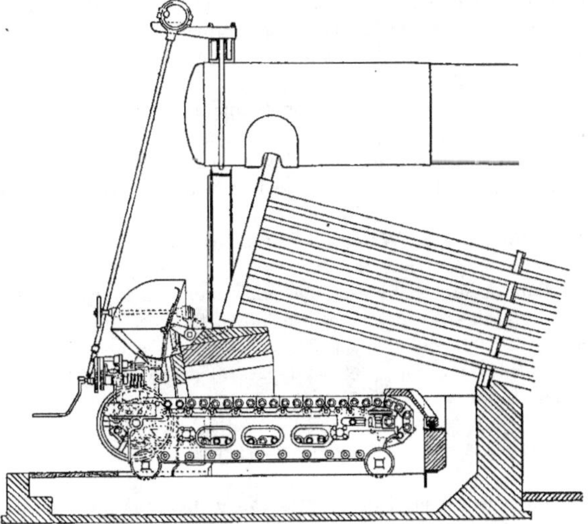

FIG. 70. — Grille mécanique *Babcok-Wilcox*.

En ajoutant que par un dispositif d'enclenchement on peut régler l'avancement de la grille, et par suite, l'allure de la combustion, nous aurons suffisamment décrit la grille mécanique Babcock et Wilcox.

Nous avons suivi de très près son fonctionnement, et nous avons toujours trouvé qu'il y avait au moins un appareil en réparation. Cette constatation nous permet de dire que les frais d'entretien et de chômage doivent être très élevés.

Nous avons vu également qu'une quantité considérable de combustible tombait dans le cendrier ; mais à l'Exposition, à l'usine La Bourdonnais, la perte était de peu d'importance, car on reprenait le combustible tombé et on le chargeait sur les grilles des chaudières marines voisines. Ces constatations donnent la mesure de la valeur du dispositif.

Nous avons entendu dire que le mérite de cette grille était la fumivorité, presque parfaite. En effet la cheminée de l'usine Worthington ne fumait presque pas, mais nous avons remarqué aussi que l'arrière de la grille était absolument découvert ; d'où excès d'air considérable, et, par suite, absence de fumée, sans oublier le mauvais rendement. Toute grille ordinaire marchant dans ces conditions ne fera pas de fumée, et n'aura par suite aucun mérite spécial.

Nous n'entendons la fumivorité qu'à la condition de ne pas diminuer le rendement du foyer et du générateur.

Il y a encore en fonctionnement à l'Exposition, sous les chaudières Babcock et Wilcox, à l'usine Suffren, une *grille Poillon* dite à lames de persiennes, à cause de l'inclinaison qu'on donne aux lames métalliques formant barreaux. On dispose des lames inclinées en sens inverse afin d'obtenir un brassage des gaz avantageux pour le rendement. Ce système de grille est combiné avec une insufflation d'air sous les barreaux.

Le tout offre des avantages pour l'emploi des combustibles menus et pauvres. Pour brûler ces combustibles, il faut un tirage énergique ; c'est le tirage qui est la cause du résultat et non le type de l'appareil ; tous les dispositifs qui augmenteront le tirage seront également bons.

Lorsqu'il s'agit d'un combustible de bonne qualité, il n'est plus nécessaire d'activer le tirage ; celui d'une cheminée bien établie est suffisant, et l'adaptation de ces appareils est alors préjudiciable à l'économie qu'on peut retirer du générateur ; à moins toutefois que la cheminée soit insuffisante, et qu'il faille recourir à un tirage activé pour pouvoir brûler la quantité de combustible.

En dehors de ces deux appareils qui fonctionnent, les systèmes suivants sont exposés par des modèles :

MM. J. CHAGOT ET CIE, à Montceau-les-Mines. Foyer Meldrun. CIE GÉNÉRALE DES APPAREILS ÉCONOMIQUES, à Paris. Double grille Noël. F. CRECEVEUR, à Mantes. Grille mobile oscillante. C. DONDERS, à Nancy. Grille Kudlicz. ORVIS ET HAWKES, à Chicago. Système de foyer fumivore. J. WAGNER, à Paris. Grilles diverses et foyers fumivores.

Nous ne décrirons pas tous ces différents systèmes qui sont connus et auxquels on peut appliquer d'une façon générale ce que nous avons dit à propos de la grille Poillon.

D'après les différents prospectus et brochures, tous ces appareils rendraient des services inestimables et feraient réaliser des économies considérables. Nous pensons que leurs mérites sont plus modestes, et ne dépassent pas les bénéfices d'une exploitation commerciale bien comprises.

b) SURCHAUFFEURS.

Les appareils pour la surchauffe de la vapeur figurant à l'Exposition sont en petit nombre.

Les surchauffeurs Héring des chaudières Fitzner et Gamper, Berninghaus, les surchauffeurs Babcock et Wilcox, ont été décrits aux chapitres des chaudières. Seul un surchauffeur Schmidt, exposé par la maison Stork frères et Cie, à Hengelo (Pays-Bas), complète la série de ces appareils, qui sont représentés par un nombre insuffisant de dispositifs.

Le nom de M. Schmidt est intimement lié aux questions relatives à l'emploi de la vapeur surchauffée ; on sait que, le premier, il a employé les très hautes surchauffes de la vapeur, en créant des types de machines et chaudières spéciales.

Les documents qui nous ont été remis n'ont pas trait à l'appareil exposé ; il nous est, dès lors, impossible d'en donner la description détaillée. C'est un surchauffeur à petits tubes et à foyer indépendant, dans lequel passe la vapeur produite par une chaudière quelconque.

L'ensemble du surchauffeur et de la machine exposée, qui est aussi du système Schmidt, marque un revirement complet dans les idées primitives de l'inventeur sur l'emploi de la vapeur surchauffée. La machine à simple effet et la très haute surchauffe du début, sont remplacées par la machine à double effet et la surchauffe modérée, dont l'emploi ne présente pas d'inconvénients et donne des résultats économiques indiscutables.

c) RÉCHAUFFEURS OU ÉCONOMISEURS.

Ce genre d'appareils a la plus grande importance pour l'utilisation du combustible et on peut dire que ce sont les seuls dont le mérite ne soit pas contesté. Cependant dans l'établissement de ces appareils on a pu se heurter à des mécomptes, que les inventeurs et les constructeurs se gardent, à tort, de signaler, et qui n'infirment nullement la qualité du système.

L'économie produite par les réchauffeurs résulte de la quantité de chaleur qu'ils soustraient aux gaz provenant de la combustion, après· que ces gaz ont léché la surface de chauffe de la chaudière. On obtient ainsi un abaissement de la température finale, et dans toute installation de ce genre, il faut s'assurer que cette chute de température n'entraînera par une diminution de l'effet utile de la cheminée, et, par suite, une combustion de charbon moins bonne ou plus faible. Cet effet a été constaté assez souvent.

Certains réchauffeurs utilisent la chaleur fournie par la vapeur d'échappement des machines, comme, par exemple, l'appareil exposé par la Maison Carpentier, et qui se compose d'un bac à l'intérieur duquel sont disposés un certain nombre de tuyaux, parcourus par la vapeur d'échappement d'une machine à vapeur. D'autres appareils sont en même temps réchauffeurs et détartreurs ; nous en avons déjà parlé lorsque nous avons examiné les appareils accessoires. Considérés dans leur double fonction ces appareils sont intéressants, et peuvent rendre de bons services.

Mais le réchauffeur le plus efficace est celui qui utilise la chaleur des gaz qui sortent de la chaudière ; on peut obtenir avec ces appareils un réchauffage très énergique de l'eau d'alimentation et même, dans bien des cas, suppléer à l'insuffisance de la surface de chauffe des chaudières. C'est en partant de cette considération que dans certains types de générateurs multitubulaires, et des plus connus, on a adapté des réchauffeurs en diminuant fortement la surface de chauffe des chaudières. On présente cette disposition comme un avantage considérable dans l'emploi du système de générateur ; la vérité est que tout autre générateur placé dans les mêmes conditions donnera les mêmes résultats.

D'une façon générale, les réchauffeurs sont constitués par des séries de tubes, que réunissent des collecteurs, de façon que l'eau passe successivement par les différentes séries de tubes ; dans certains réchauffeurs, comme ceux placés à la suite des chaudières De Naeyer, Montupet, on a même disposé les tubes de façon à former un serpentin continu. Nous avons parlé de ces réchauffeurs aux chapitres des chaudières.

En dehors des appareils montés à la suite des générateurs, nous citerons les économiseurs Green (Lemoine). La surface de chauffe de ces appareils est disposée comme nous l'avons indiqué ci-dessus ; elle se compose de tubes en fonte placés verticalement.

L'emploi de la fonte est indispensable, car elle n'est pas attaquée, comme le fer et l'acier par l'acide sulfureux des gaz, lequel se condense avec la vapeur d'eau sur les surfaces froides des réchauffeurs.

Les tubes des réchauffeurs se recouvrent très rapidement de suie, et le rendement de l'appareil baisse beaucoup. Pour obvier à cet inconvénient, un dispositif mécanique manœuvrant des raclettes est adapté à l'économiseur. Ces raclettes se déplacent tout le long des tubes ; arrivées en haut elles redescendent pour remonter à nouveau, et ainsi de suite.

Nous terminons ici la description de ce qui nous a paru le plus intéressant à signaler parmi les appareils auxiliaires des chaudières à vapeur. Nous croyons devoir ajouter quelques mots sur les expositions des Associations de propriétaires d'appareils à vapeur.

Les Associations françaises présentent une exposition collective amplement pourvue de pièces plus ou moins avariées, d'incrustations plus ou moins curieuses, et dont certainement l'exhibition n'est pas nouvelle.

Nous n'y avons remarqué aucun des appareils de contrôle et d'expérimentation que ces Associations devraient nécessairement posséder, à un tel point qu'on pourrait se demander si réellement ces appareils de contrôle font partie du matériel de nos Associations ou si elles les connaissent.

Les Associations italiennes présentaient également au public, en même temps que le résumé de leurs travaux, une collection restreinte de pièces intéressantes au point de vue des défauts qu'elles révélaient.

L'Association autrichienne mérite une mention spéciale, car elle exposait les appareils qui lui servent dans ses essais; essais auxquels préside un esprit scientifique d'étude et d'investigation, qui fait entièrement défaut dans les Associations françaises. L'attribution d'un Grand Prix à cette Association, qui expose pour la première fois en France, est une très juste récompense de ses efforts et de ses travaux, et une exacte appréciation du mérite de sa Direction et de son personnel.

L'attention des ingénieurs et des industriels français ne donne pas à cette question du rendement des chaudières toute l'importance qu'elle mérite, et qu'on lui attribue surtout dans les pays allemands.

En France, les chaudières ont d'abord été vendues au poids, ensuite à la surface de chauffe. Depuis quelques années, à la suite du développement des générateurs multitubulaires, les chaudières se vendent surtout d'après la puissance de production de vapeur par heure. C'est un moyen commercial élastique, puisque, suivant les cas, la surface de chauffe est plus ou moins mise à contribution.

Mais l'effet utile des chaudières n'est pas mesuré en pourcentage du pouvoir calorifique du combustible. On stipule un poids d'eau vaporisé par kilogr. de combustible sec et cendres déduites. Et c'est naturellement toujours par l'emploi d'un combustible de toute première qualité que l'on réalise les vaporisations qu'on devrait obtenir avec des combustibles courants, et parfois même médiocres.

L'industriel ou l'ingénieur chargé d'une installation portera toute son attention sur la machine à vapeur. On immobilisera facilement, et volontiers, des sommes considérables pour la machine la plus économique (au point de vue de nos conditions de machines économiques), mais on lésinera sur l'installation des chaudières, pour laquelle on choisira presque toujours l'offre la plus basse, sans aucun égard au mérite des appareils. On ne se rend pas compte que, la machine à vapeur utilisant au grand maximum 12 à 15 p. 100 de la chaleur du combustible, un écart de consommation de 10 p. 100 entre deux machines (ce qui est déjà un écart considérable), ne correspond en réalité qu'à une différence de 1, 2 à 1, 5 p. 100 dans l'utilisation du combustible, alors que, par la mauvaise disposition des chaudières et des services de chauffe insuffisants, on perd le plus souvent 20, 30 ou 40 p. 100 de l'énergie contenue dans le combustible.

Aussi sommes-nous d'avis qu'il faut de toute nécessité fixer le rendement des chaudières d'après le pouvoir calorifique du combustible employé.

Le *rendement théorique* d'une chaudière est le rapport entre les calories cédées à l'eau par kilogr. de combustible et le pouvoir calorifique du kilogr. de combustible, en admettant :

1° Que la combustion soit complète et parfaite;

2° Qu'il n'y ait aucune perte de chaleur dans la chaudière;

3° Que les gaz sortent de la chaudière à la limite de transmission de la chaleur, c'est-à-dire à la température de la chaudière.

La quantité de chaleur emportée par les gaz, même dans ces conditions théoriques, est très importante. Pour la calculer il faut connaître leur composition, laquelle varie avec la composition du combustible.

Prenons une houille donnant à l'analyse les proportions suivantes d'éléments combustibles :

Carbone, 83 p. 100 ; hydrogène, 5 p. 100 ; oxygène, 4 p. 100.

L'hydrogène se répartit en $^1/_8$ combinés avec l'oxygène du combustible, et 4, 5 p. 100 libres pour la combustion.

Le pouvoir calorifique théorique par kilogr. de ce combustible sera :

$$
\begin{aligned}
\text{Carbone.....} \quad & 0,830 \times 8080 = 6706,4 \\
\text{Hydrogène ..} \quad & 0,045 \times 34462 = 1550,79 \\
& \hspace{3.5cm} \text{soit } 8257,19 \text{ calories.}
\end{aligned}
$$

La combustion théorique, parfaite et complète, donnera :

Carbone 0 kg. 830 + 9 kg. 645 air = 10,475 kilogr. (CO_2 + AZ)

Hydrogène 0 kg. 045 + 1 kg. 575 air = 1,620 kilogr. dont 405 grammes eau.

(H + O) de composition 0 kg. 005 + 0 kg. 040 = 0,045 kg. (45 grammes eau).

Les produits de cette combustion donneront :

11,690 kilog. de gaz et 450 grammes d'eau.

Pour une pression de 10 kilogr. les pertes à la cheminée seront :

$$
\begin{aligned}
\text{Gaz} \quad & 11,690 \times 183° \times 0,236 \text{ cal.} = 504,867 \text{ cal.} \\
\text{Vapeur d'eau} \quad & 0,450 \times 637 \text{ cal.} = 286,65 \quad » \\
\text{Surchauffe} \quad & 0,450 \times 83° \times 0,48 \text{ cal.} = 19,92 \quad » \\
\text{Perte théorique par la cheminée} \quad & \hspace{2cm} 811,437 \text{ cal.}
\end{aligned}
$$

La chaudière aurait absorbé 7445,753 cal. par kg. de combustible, et le rendement théorique serait :

$$
\frac{7445,753}{8257,19} = 90,17 \text{ p. } 100
$$

Ce rendement théorique ne peut jamais être obtenu.

Le *maximum de rendement pratique* doit être établi en tenant compte des pertes inévitables qui se produisent.

1°) Perte par combustion incomplète, fumée, charbon dans les cendres, etc. au moins 5 p. 100.

2°) Perte par rayonnement et conductibilité du massif au moins 5 p. 100.

3°) Perte par l'excès d'air *absolument nécessaire* pour la combustion, laquelle exige au moins 16 kilogr. d'air par kilogr. de combustible (ce qui correspond à une proportion, peu fréquente, de 13,5 p. 100 de CO_2 au registre).

4°) Excès de température des gaz sur la température de la chaudière. Il ne saurait être inférieur à 100°, écart de température qui est la limite pratique de transmission de la chaleur des gaz.

Ces deux derniers éléments de perte donnent, pour le cas considéré ci-dessus au point de vue théorique, comme perte *minimum* à la cheminée.

$$
\begin{aligned}
\text{Gaz } [11,69 + (16 - 11,220)] \times 283° \times 0,236 \text{ cal.} &= 1100 \text{ cal.} \\
\text{Vapeur d'eau } 0,450 \times 637 \text{ cal.} &= 286,65 \\
\text{Surchauffe } 0,450 \times 183° \times 0.48 &= 39,528 \\
\text{Perte minima par la cheminée} &\hspace{1cm} 1426,178 \text{ cal.}
\end{aligned}
$$

Et le *rendement maximum pratique* sera calculé ainsi :

Perte à la cheminée	1426,178 cal.
Perte par combustion incomplète	412,86 cal.
Perte par le massif.	412,86 cal.
Pertes minima	2251,898 cal.

$$\text{Rendement pratique maximum}\ \frac{8257,19 - 2251,898}{8257,19} = 72,7\ \text{p. }100.$$

Voilà ce que l'on peut obtenir, *dans les conditions les plus favorables*, d'une chaudière sans réchauffeur d'eau d'alimentation. Avec ce dernier appareil, la température des gaz s'abaisse, car l'excès de température se rapporte alors à la température de l'eau d'alimentation. Les pertes par la cheminée diminuent beaucoup, le rendement se relève et peut atteindre 80 p. 100.

Les indications qui précèdent permettent de contrôler et de juger la valeur des chiffres qui sont présentés pour l'effet utile des chaudières. Elles montrent aussi tout l'intérêt qui s'attache à l'adoption d'une méthode d'essais rigoureuse et scientifique, pour déterminer les rendements des chaudières à vapeur.

ANNEXE

TABLEAU SYNOPTIQUE DES CHAUDIÈRES EN SERVICE

Nous donnons dans le tableau ci-contre les surfaces de chauffe et de grille ainsi que les productions de vapeur des chaudières fonctionnant pour les services de l'Exposition.

Dans la quatrième colonne est inscrite la production pour laquelle la surface de chauffe se trouve dans les meilleures conditions d'absorption de la chaleur. La dernière colonne présente les allures de grille correspondantes à ces productions, avec nos combustibles industriels de qualité courante. On peut de la sorte comparer les chaudières entre elles, comparer les productions observées aux productions de meilleure utilisation, et apprécier les conditions de marche des foyers, lesquels donnent leur rendement maximum avec des allures d'environ 70 kilog. par mètre carré et par heure (dépression de 10 à 12 millimètres après le registre).

Voici les chiffres adoptés pour les calculs :

Chaudières multitubulaires : production 12 kilog. par mètre carré S, rendement 7,5 brut.

Chaudières multitubulaires avec réchauffeur ou émulseur Dubiau : production 14 kilog. par mètre carré S, rendement 8 brut.

Chaudières à foyer intérieur : production 15 kilog. par mètre carré S, rendement 7, brut.

Chaudières à foyer intérieur Tischbein : production 10 kilog. par mètre carré S, rendement 8 brut.

Chaudières à foyer extérieur : production 10 kilog. par mètre carré S, rendement 7,5 brut.

DÉSIGNATION DES CHAUDIÈRES	SURFACE de chauffe	SURFACE de grille	PRODUCTION de vapeur par heure		ALLURE de grille
			observée	calculée	
	m²	m²	kgr.	kgr.	kgr. par m² heure
a/ MULTITUBULAIRES					
Biétrix, Leflaive, Nicolet et Cie	159	4.50	2.700	1.910	57
Cie Française Babcock et Wilcox :					
Usine La Bourdonnais :					
Chaudière à chauffage mécanique	170	3.11	2.200	2.040	87
Chaudière type marine	269	7.15	4.500	3.220	60
Usine Suffren :					
Chaudière double	301	6.17	3.500	3.610	78
Usine élévatoire Worthington :					
Chaudière à chauffage mécanique	114	2.33	--	1.370	81
Crépelle-Fontaine	210	5.40	3.000	2.940	69
A. Montupet :					
Chaudière type terrestre	135	3.60	2.200	1.610	60
Chaudière type marine (Réchauffeur 34^m²)....	113	3.32	2.200	1.580	55
J. et A. Niclausse	100	2.94	1.700	1.200	54.5
N. Roser	260	4.55	3.500	3.120	91.5
Société des Générateurs Mathot :					
2e grandeur	168	4.77	3.200	2.020	57
1re grandeur	348	9.53	6.000	4.180	58.5
3e grandeur	54	1.43	1.000	650	60
Solignac, Grille et Cie	30	1.92	800	360	25
Pétry Dereux	295	5.80	3.000	3.640	81.5
Simonis et Lanz	216	5.30	2.500	2.580	65
L. et C. Steinmueller	254	5.60	4.000	3.050	73
De Naeyer et Cie (Réchauffeurs 112^m²)	215	5.50	3.400	3.000	67.5
Société des Établissements Fitzner et Gamper	150	3.40	2.000	2.100	77
b/ CHAUDIÈRES A FOYER INTÉRIEUR					
Ewald Berninghaus :					
Chaudière Tischbein	260	4.80	2.800	2.600	67.5
Chaudière à 3 foyers	125	4.46	1.500	1.875	56
Petzold et Cie	255	3.6	2.800	2.550	88.5
Société H. Paucksch	100	3.24	1.200	1.500	61.5
Société Galloway	104	3.50	1.600	1.560	59.5
c/ CHAUDIÈRES A FOYER EXTÉRIEUR					
Compagnie de Fives-Lille	208	4.24	2.100	2.080	65.5
A. Montupet	35	1.1	900	350	42.5

Le Gérant : Vve Ch. DUNOD.

LA MÉCANIQUE

A l'Exposition de 1900

Publiée sous le Patronage et la Direction technique d'un Comité de Rédaction

COMPOSÉ DE MM.

HATON DE LA GOUPILLIÈRE, G. O. ✳, Membre de l'Institut

Inspecteur général des Mines, *Président*

BARBET, ✳, ingénieur des arts et manufactures.

BIENAYMÉ, C ✳, inspecteur général du génie maritime.

BOURDON (Edouard), O. ✳, constructeur mécanicien, président de la chambre syndicale des mécaniciens.

BRÜLL, ✳, ingénieur, ancien élève de l'École polytechnique, ancien président de la Société des Ingénieurs civils.

COLLIGNON (Ed.), O ✳, inspecteur général des ponts et chaussées en retraite.

FLAMANT, O. ✳, inspecteur général des ponts et chaussées.

IMBS, ✳, professeur au Conservatoire des arts et métiers et à l'École centrale des arts et manufactures.

LINDER, C. ✳, inspecteur général des mines en retraite.

ROZÉ, ✳, répétiteur d'astronomie et conservateur des collections de mécanique à l'École polytechnique.

SAUVAGE, O. ✳, ingénieur en chef des mines, professeur à l'École des mines et au Conservatoire des arts et métiers.

WALCKENAER, O. ✳, ingénieur en chef des mines, professeur à l'École des ponts et chaussées.

RATEAU, ingénieur des Mines.

Secrétaire de la Rédaction : **GUSTAVE RICHARD**, ✳, 44, rue de Rennes.

3ᵉ LIVRAISON

LES MACHINES A VAPEUR

PAR

M. Gabriel EUDE

PARIS. VI

Vᵛᵉ CH. DUNOD, ÉDITEUR

49, QUAI DES GRANDS-AUGUSTINS, 49

TÉLÉPHONE 147.92

1902

TABLE DES MATIÈRES

LES MACHINES A VAPEUR

PAR

M. Gabriel EUDE.

INTRODUCTION

Nous n'avons pas la prétention de présenter, dans cette étude sur les moteurs à vapeur qui figuraient à l'Exposition Universelle, un traité général sur la construction des machines à vapeur.

Notre programme a été de réunir dans ce fascicule, avec quelques données générales sur l'état actuel de la question, le plus grand nombre possible de documents pratiques pouvant intéresser les ingénieurs et les constructeurs de machines.

C'est dans ce but que, chaque fois que la chose nous a été possible, nous avons non seulement accompagné la description succincte des moteurs à vapeur, de dessins d'ensemble et de détails permettant de se rendre compte de la construction, mais encore ajouté un tableau résumant les dimensions principales, et indiquant, avec certains ré ultats de calculs, quelques-unes des données qui peuvent être considérées comme caractéristiques de chaque machine, telles que : vitesse moyenne des pistons, volume des cylindres, volume du grand cylindre par cheval. Ce dernier élément fournit une indication sur l'encombrement proportionnel des machines. Toutefois, le nombre ainsi obtenu ne tenant aucun compte du nombre de tours, il semble qu'il soit plus rationnel d'adopter comme *coefficient d'encombrement* le volume engendré par seconde et par cheval par le piston d'une machine, ou par son grand piston, dans le cas d'une machine à expansion multiple.

Remarquons que, plus l'encombrement ainsi défini est réduit, plus la machine développe de puissance pour un volume déterminé, et, par conséquent, l'inverse de ce coefficient d'encombrement peut être adopté comme caractéristique de *l'activité* de chaque machine ; c'est pourquoi nous désignerons cet inverse sous le nom de *coefficient d'activité*.

De la comparaison des tableaux accompagnant chaque machine, ressortent une série de constatations, qui ne sont pas sans intérêt, et sur lesquelles nous aurons l'occasion de nous étendre en passant successivement en revue chacun des éléments des machines.

Dans leur ensemble, et à part quelques exceptions très intéressantes, les machines présentées à l'Exposition étaient peu nouvelles. Les constructeurs semblent avoir eu pour objectif, depuis quelques années, moins de créer des types nouveaux que de perfectionner, en vue d'obtenir le meilleur rendement, des types déjà existants et ayant fait leurs preuves.

Les efforts faits par tous les constructeurs, en général, pour perfectionner leurs machines semblent avoir coïncidé avec le grand développement pris par les installations électriques et avec l'accroissement de puissance unitaire des machines, qui en a été la conséquence [1].

A ce moment, en effet, il est devenu nécessaire d'établir des moteurs à vapeur d'une très grande régularité de marche, et remplissant en même temps les meilleures conditions économiques ; et, à mesure que la puissance unitaire augmentait, il devenait de plus en plus nécessaire d'avoir des machines peu encombrantes eu égard à leur puissance.

L'une des conséquences de ce mouvement a été l'augmentation sensible de la vitesse de rotation des machines.

D'ailleurs, le résultat des études auxquelles se sont ainsi livrés les constructeurs a été une telle amélioration des conditions du fonctionnement des moteurs d'une certaine puissance que, de l'aveu des ingénieurs de tous les pays, la plupart des machines exposées approchaient de la perfection dans la construction.

Il y avait malheureusement des exceptions, car certains constructeurs se refusent à modifier des modèles, établis depuis longtemps, et qui leur permettent de tenir encore pendant quelque temps en profitant surtout d'une réputation déjà ancienne ; mais le mouvement est commencé, et rien ne saurait l'enrayer. On ne trouvera plus, dans quelques années, acquéreur pour une machine qui ne sera pas bien étudiée et garantie comme étant d'un rendement convenable.

L'impression générale qui ressortait d'un premier examen est que la machine à tiroir plan a fait son temps, et qu'elle est presque universellement remplacée par la machine à distributeurs multiples.

Sans doute, nous assistons à une lutte de la part des partisans des vieux tiroirs ; il y a des tentatives intéressantes pour améliorer le système ancien, le mettre un peu en meilleure posture vis-à-vis de concurrents qui grandissent, et pour éviter l'emploi coûteux comme construction, nous devons le reconnaître, des distributions multiples à déclic ; mais l'économie de vapeur est devenue une condition primordiale pour tous les industriels, et, dans la discussion qui décide de leur choix, les administrations attachent moins d'importance à l'économie d'achat qu'au bon fonctionnement d'une machine.

On a beaucoup écrit sur la beauté et la perfection des machines des différentes nations qui participaient à l'Exposition universelle. Nous pensons que l'on a souvent exagéré, et nous nous permettons de donner, à notre tour, notre opinion sur la valeur comparée des machines motrices des diverses sections. Il ne peut être question ici, bien entendu, que d'appréciations générales, de vues d'ensemble sur les différentes machines d'une même section, sans qu'il soit entré dans notre pensée de viser personnellement aucun constructeur en particulier.

Les machines suisses continuent à tenir la première place par la perfection de la construction et la précision des mécanismes, auxquels on peut cependant faire le reproche d'être un peu compliqués.

Les machines françaises nous paraissent mériter le second rang. Quoique très attaqués par certains auteurs parce qu'ils n'ont pas radicalement transformé leur construction, nos ateliers français ont non seulement su donner à leurs produits un aspect très satisfaisant, mais ils ont généralement simplifié les mécanismes, en éliminant les organes compliqués.

Nous classerons ensuite, sensiblement sur le même rang, les machines austro-hon-

1. Si nous nous reportons aux tableaux qui figurent dans notre fascicule sur les installations générales (*La Mécanique à l'Exposition*, 1ᵉʳ fascicule, pages 76 et 77), nous voyons que les machines destinées à fournir l'énergie électrique à l'administration de l'Exposition étaient au nombre de 37, pour une puissance totale de 36.085 chevaux, soit une moyenne générale de 975 chevaux par machine.

Nous avons également comparé cette puissance à celle qui avait été nécessaire dans les Expositions précédentes, et nous avons constaté que de 1889 à 1900, la puissance moyenne par unité avait été portée de 166 chevaux au chiffre de 975 chevaux que nous venons d'indiquer. Cet accroissement considérable est la note dominante de la dernière Exposition.

groises et les machines hollandaises. Dans les sections de ces deux pays, figuraient des machines très intéressantes par l'application de la surchauffe.

La Belgique présentait un mélange de fort belles machines, et de machines d'une construction moins parfaite.

L'Italie nous a surpris avec les belles machines de la maison Tosi, dont la bonne construction dénote un outillage perfectionné.

L'Allemagne, avec ses énormes et encombrantes machines, n'a suscité l'admiration que des personnes toujours disposées à s'enthousiasmer pour ce qui est étranger et à critiquer ce qui est français. Nous sommes loin de contester l'importance des maisons qui avaient fourni les groupes électrogènes de cette section. Nous savons qu'elles occupent un personnel très nombreux, et qu'elles ont livré, tant dans leur pays d'origine que dans les pays voisins, des machines représentant une puissance très considérable, mais nous ne pensons pas qu'elles puissent être prises comme modèles, ni au point de vue de la conception générale, ni même comme exécution matérielle.

Par contre, les locomobiles de cette section sont très remarquables.

La Suède, la Norwège, le Danemark, avaient envoyé de petites machines intéressantes et d'ailleurs fort bien construites.

La Russie, qui présentait de véritables chefs-d'œuvre au point de vue chaudronnerie, était représentée, dans les machines à vapeur, d'une façon honorable, mais elle a encore des progrès sérieux à réaliser.

Les États-Unis avaient envoyé, tant à Vincennes qu'à Paris, un grand nombre de machines-outils fort belles, mais, en fait de machines à vapeur, ne figuraient que les deux petites machines de la « Ball Engine Cᵒ » qui fournissaient la force motrice à l'annexe américaine de Vincennes.

Quant à la Grande-Bretagne, nous craindrions d'être accusé de partialité si nous donnions notre appréciation personnelle sur la plupart de ses machines. Nous préférons nous contenter de traduire textuellement l'opinion émise par un ingénieur très compétent dans une revue allemande des plus sérieuses, en disant que, à part quelques honorables exceptions, « la plupart des machines anglaises étonnent par la lourdeur et l'antiquité de leur construction ».

En résumé, en ce qui concerne les machines à vapeur, l'ensemble de l'Exposition universelle était très satisfaisant ; et, bien que les moteurs à gaz, et en particulier ceux à gaz pauvre, aient fait des progrès considérables, nous ne partageons pas les craintes de l'un de nos collègues, qui voit la machine à gaz pauvre se substituant à bref délai à la machine à vapeur si, d'une part, les constructeurs de chaudières ne s'empressent pas d'appliquer les appareils spéciaux qu'il préconise, et si, d'autre part, les constructeurs mécaniciens n'entrent pas résolument dans la voie du surchauffage, en dehors de laquelle leur rôle ne peut, d'après lui, que se borner au calcul de cylindres et à l'amélioration de quelques détails de construction.

Nous estimons, avec un certain nombre de bons esprits, que le rôle de nos constructeurs de machines n'est point aussi effacé que veut bien le dire notre collègue, et notamment, que l'on peut chercher une nouvelle source d'économie de vapeur dans l'amélioration du rendement mécanique. Dans cet ordre d'idées, la machine de MM. Delaunay-Belleville et Cⁱᵉ est un type du plus haut intérêt.

Dans la plupart des machines puissantes, l'huile, partant d'une chambre, véritable station centrale de graissage, est envoyée partout où il est nécessaire, par de petits tubes convenablement disposés. Après avoir servi, elle tombe dans un réservoir où elle est filtrée, et pompée à nouveau.

Le graissage forcé est appliqué aux tourillons des manivelles en utilisant la force centrifuge due à la grande vitesse de rotation.

La maison Weyher et Richemond avait appliqué à ses plateaux-manivelles une intéressante disposition permettant de recueillir l'huile dans une gorge.

Enfin rappelons, qu'avec l'huile sous pression entre les surfaces frottantes de tous les organes, tous les corps étrangers sont refoulés au dehors, et que le rendement entre le travail effectif et le travail indiqué arrive à se rapprocher beaucoup de l'unité.

Si l'on écarte la question du rendement mécanique, conséquence d'une bonne exécution matérielle et d'un bon graissage, la consommation de charbon par cheval utile, seul résultat réellement intéressant pour l'industriel qui emploie une machine, et d'après lequel il apprécie sa perfection, ne dépend que de la consommation de vapeur par cheval indiqué.

Les facteurs qui interviennent à cet égard sont les suivants :

Emploi de fortes détentes générales. Elles atteignent des degrés extrêmement élevés. Certains constructeurs annoncent des détentes qui dépassent normalement 25. Emploi de pressions initiales élevées, qui, seules, permettent ces grandes détentes; suppression du laminage de la vapeur dans la distribution; bonnes proportions des cylindres; choix judicieux du nombre de tours; réduction des espaces morts; suppression aussi complète que possible des condensations intérieures, par l'emploi des enveloppes de vapeur; enfin, emploi, dans certains cas, de la vapeur surchauffée : tel est le résumé des dispositions adoptées, et qui, on peut le dire, font qu'il ne reste plus grand'chose à améliorer dans cet ordre d'idées. On est arrivé en effet à réduire considérablement la consommation de vapeur par cheval indiqué. Dans les bonnes machines monocylindriques, on obtient couramment 6 kilog.; dans les compound, 5 kg. 500, et dans les machines à surchauffe, on descend jusqu'à 4 kg. 500.

Pression de la vapeur. — L'usage général d'une pression élevée était l'une des caractéristiques de cette Exposition.

La vapeur était fournie, à l'Exposition, à la pression de 10 kilog., et la plupart des constructeurs l'utilisaient directement à cette pression.

Quelques-uns, cependant, et en particulier ceux qui avaient exposé des machines monocylindriques, n'employaient la vapeur qu'à 7 kilog. Ils avaient donc dû intercaler, sur le parcours de la vapeur, des détendeurs ou des valves de réduction.

Par contre, un certain nombre de constructeurs auraient désiré disposer de vapeur à une pression plus élevée. C'est ainsi que la maison Tosi réclamait de la vapeur à 14 kilog.; et que la machine Delaunay-Belleville était construite pour utiliser de la vapeur à 13 kilog.; enfin la « Erste Brunner Maschinenfabrik », la Société Cail, et Robey demandaient de la vapeur à 12 kilog.

NOMBRE DES CYLINDRES

Machines monocylindriques. — Nous avons eu l'occasion de faire remarquer dans notre étude sur les installations générales[1] que, parmi les constructeurs ayant participé à la production de la force motrice, cinq avaient fourni des machines monocylindriques, et que tous les cinq appartenaient à la section française. Une seule de ces machines, celle de M. Piguet, était à tiroirs plans.

MM. Garnier et Faure Beaulieu et la maison Farcot avaient fourni des machines Corliss, la Société Weyher et Richemond, des machines à papillons dans les fonds, et enfin la Société des hauts fourneaux de Maubeuge, une machine à distribution Hoyois, avec soupapes doubles dans les fonds, pour l'admission, et tiroirs plans à l'échappement.

La détente dans ces machines variait de 8 à 10 au maximum.

1. Fascicule n° 1, p. 76.

En dehors de ces groupes électrogènes, il y avait encore, dans la section française, un assez grand nombre de machines monocylindriques, dont la plupart avaient des distributions du genre Corliss (Mollet-Fontaine, Brulé, Weyher, Aillot). D'autres avaient encore des tiroirs plans, mais la plus intéressante était incontestablement la machine horizontale construite par le Creusot avec une distribution système Bonjour qui permet la réalisation pratique des détentes les plus élevées.

Dans les sections étrangères, nous ne voyons guère de machines monocylindriques présentant un intérêt que dans la section belge, où figuraient la machine du Grand Hornu (distribution Hoyois), celle des ateliers de Gilly, et celle de la maison Beer.

A l'étranger, et en particulier en Belgique, lors même que la détente totale ne doit pas être supérieure à 5, nous trouvons l'application du compoundage.

Sans vouloir aborder les théories sur l'utilité et l'économie pratique du compoundage, nous ferons simplement remarquer que si, en France, quelques maisons de premier ordre continuent, même pour des puissances importantes (la machine Farcot de l'Exposition développait 850 chevaux avec une introduction de $^1/_{10}$) à construire des machines monocylindriques, c'est parce que ces machines leur sont demandées par les industriels, pour lesquels elles présentent, dans certains cas, des avantages réels, et en particulier les suivants :

α Le nombre des organes en mouvement dans une machine monocylindrique étant moindre, le rendement mécanique général est meilleur.

β L'obéissance du moteur à son régulateur est beaucoup plus complète, puisque celui-ci agit sur la totalité de la détente, ce qui ne peut avoir lieu dans les machines multiples.

γ Une grande variation dans la puissance développée n'entraîne qu'une augmentation très minime dans la consommation de vapeur par cheval indiqué. En nous reportant aux résultats de la pratique, nous constaterons que la consommation de vapeur d'une bonne machine monocylindrique n'augmente que de $^1/_5$ lorsque l'admission varie de $^1/_{10}$ à $^3/_{10}$, entraînant une variation de puissance de 850 à 1.600 chevaux, et encore cette augmentation de consommation serait-elle moindre, si, au lieu d'employer de la vapeur à 7 kilog., la machine en question utilisait une pression plus élevée.

Ces considérations ont une grande importance dans les stations centrales d'Électricité, où les variations de résistance aux différentes heures de la journée sont souvent considérables, et où il arrive parfois, au moment de la faible charge, que les machines motrices à multiple expansion ont, en quelque sorte, à remorquer les pistons des cylindres de détente.

Nous n'avons certainement pas l'intention de nous faire ici l'avocat des machines monocylindriques d'une façon générale, et pour toutes les circonstances ; mais nous estimons que, avant de jeter la pierre, comme le font certains auteurs, à l'ensemble des constructeurs français, et de les accuser d'esprit routinier, il serait bon de réfléchir un peu à ces quelques observations, et de demander leur avis aux ingénieurs électriciens. Nous en connaissons, et non des moindres, qui leur répondraient sans hésiter que, pour rien au monde, ils ne voudraient, dans un secteur électrique, abandonner leurs bonnes machines monocylindriques et les remplacer par les « superbes » machines allemandes devant lesquelles ces auteurs tombent en admiration.

Nous nous ferons un devoir de payer ici un juste tribut à la mémoire du regretté M. Hirsch, en rappelant que, dans son rapport sur les machines à vapeur en 1889, il estimait que la supériorité des machines à plusieurs cylindres n'était pas très grande lorsque l'on a affaire à des appareils bien construits, et il se demandait si l'économie obtenue par le compoundage des machines à déclenchement n'était pas compensée par la complication du système et l'augmentation du prix de l'installation. Il est impossible de poser la question d'une façon plus nette.

Machines à expansions multiples. — Il est certaines industries, telles que les filatures, par exemple, dans lesquelles, contrairement à ce qui a lieu dans les stations centrales, les résistances sont d'une très grande régularité. Il est évident que, dans ce cas, les considérations exposées plus haut n'ont plus d'intérêt, et que l'emploi des machines compound s'impose.

Dans l'immense majorité des cas, les machines sont compoundées dès qu'elles atteignent la puissance de 200 chevaux, et bien souvent même au-dessous de cette puissance.

C'est à l'étranger surtout que nous trouvons des machines à triple expansion. Dans la section française, figuraient deux machines seulement de ce type, tandis que, dans les sections étrangères, nous en trouvons neuf.

Deux machines seulement : une en France (machine Bourdon), et une en Italie (machine verticale de la maison Tosi) utilisaient la quadruple expansion ; toutes deux étaient verticales et comportaient deux lignes de cylindres en tandem.

Les machines à triple expansion avaient commencé à être employées dans la marine en 1874, et ce n'est qu'après l'Exposition de 1889 que l'industrie française a commencé à les adopter.

A l'Exposition de 1900, les machines à triple expansion comportaient généralement qnatre cylindres, dont deux à basse pression.

Le dédoublement du cylindre à basse pression donne une répartition très convenable de l'effort moteur sur les deux manivelles auxquelles sont attelées les tiges des pistons ; les quatre cylindres sont en effet disposés par groupes de deux sur deux lignes parallèles.

La machine Ringhoffer présentait ce caractère particulier : que le cylindre dédoublé était le cylindre à haute pression. Nous examinerons, dans l'étude spéciale de cette machine, les considérations qui ont décidé le constructeur à adopter cette disposition.

Dans la machine Bromley, le petit et le moyen cylindres sont disposés en tandem, le grand cylindre est seul sur l'autre ligne.

Enfin, dans la plupart des machines verticales, la disposition des cylindres juxtaposés est adoptée, tant en vue de faciliter le montage et la surveillance, qu'en raison de la complication qui résulte de la disposition en tandem pour les renvois de mouvement destinés à attaquer la distribution à des niveaux différents.

Cependant, nous trouvons quelques dispositions de cylindres en tandem : Borsig, Delaunay-Belleville, Ringhoffer, Mertz, Sulzer, et enfin la machine Willans, dont chacun des éléments était composé de trois cylindres superposés.

Dans les machines à triple expansion, comme dans celles à double expansion disposées en tandem, le grand cylindre est généralement placé près de l'arbre. Cette disposition est motivée par les raisons suivantes :

1° Le petit cylindre, se trouvant placé à l'arrière, n'est généralement pas traversé par sa tige. L'un des presse-étoupes à haute pression se trouve donc supprimé. Remarquons cependant que plusieurs constructeurs prolongent les tiges des pistons à travers le fond arrière du petit cylindre, préférant un bon guidage des tiges de piston à l'économie du presse-étoupes.

2° Le grand piston étant supporté par deux presse-étoupes, son poids ne risque pas de faire fléchir la tige, et l'ovalisation du cylindre est évitée.

3° En plaçant le petit cylindre à l'arrière, on facilite la dilatation, comme aussi l'entretien et la surveillance de la distribution.

4° La glissière de tête du piston est moins échauffée.

5° Le condenseur peut ainsi être placé à l'avant, sous le cylindre d'expansion, et la pompe à air peut être conduite par un renvoi de mouvement pris sur la crosse du grand piston.

Cylindres parallèles et cylindres en tandem.

Dans les machines compound simples, horizontales, la faveur semble se partager à peu près également entre la disposition à cylindres parallèles et celle à cylindres en tandem.

La disposition à cylindres parallèles présente les avantages suivants :

1° Par la position des manivelles, obtention facile d'un mouvement très régulier ; par conséquent, réduction à la fois du poids du volant, tout en obtenant le même coefficient de régularité, et du diamètre de l'arbre.

2° Comme conséquence, réduction dans les frottements.

3° Facilité du démontage d'un piston.

La disposition en tandem, de son côté, présente d'autres avantages :

1° Ces machines coûtent sensiblement moins cher que celles à cylindres parallèles, tant comme achat de la machine que comme installation, emplacement et fondations.

Elles ne sont, finalement, guère plus encombrantes que les machines monocylindriques.

2° Elles se prêtent facilement à l'accouplement des dynamos ou à la commande directe des trains de laminoirs, qui peuvent être placés en prolongement de l'arbre moteur.

Par contre, le montage présente une certaine difficulté pour obtenir un alignement rigoureux de deux cylindres et d'une crossette, et à moins de dispositions particulières, comme par exemple dans la machine Carels, le démontage d'un piston de machine tandem entraîne un chômage plus long que dans une machine jumelle.

SURCHAUFFE

La surchauffe peut être considérée à deux points de vue.

S'agit-il de surchauffer légèrement la vapeur humide, de façon à vaporiser l'eau entraînée ou celle produite par les condensations. Dans ce cas, l'élévation de température est très modérée, on n'a pas à redouter les grippements, et cette surchauffe, assurément recommandable, est plutôt un réchauffage qui ne nécessite aucune dépense supplémentaire de combustible.

S'agit-il au contraire de la surchauffe telle que l'entendent les constructeurs austro-hongrois et hollandais, auprès desquels elle est surtout en faveur. Il y a lieu alors non seulement d'employer un surchauffeur indépendant, mais encore d'adopter, dans la construction de la machine, certaines dispositions spéciales ayant surtout pour but d'éviter les grippements : les soupapes deviennent les seuls organes de distribution possibles, et non seulement il ne peut plus être question de réchauffer, par une enveloppe de vapeur, le cylindre de haute pression, mais encore on est conduit à prendre des dispositions nouvelles pour refroidir la vapeur ou du moins la désurchauffer, par exemple en réchauffant la vapeur du receiver par la vapeur vive.

L'emploi de la surchauffe a permis, paraît-il, de réduire la consommation de vapeur par cheval jusqu'à des chiffres extrêmement bas. Certains essais auraient accusé une consommation de 4 kg. 38 et même au-dessous ; grâce à son emploi, des constructeurs n'ont pas craint de passer des contrats pour la fourniture de machines, avec une garantie de consommation de vapeur de 4 kg. 55 par cheval-heure.

C'est évidemment un résultat extrêmement remarquable, et qui mérite d'attirer l'attention.

Mais est-il de nature à faire engager tous les constructeurs dans la voie de la surchauffe et motive-t-il l'anathème lancé contre quiconque ne construit pas uniquement en vue de l'emploi de la vapeur surchauffée.

Motive-t-il les critiques acerbes adressées à l'administration de l'Exposition parce que le règlement ne permettait pas de faire, dans l'enceinte de l'Exposition, les expériences qui auraient pu permettre un contrôle plus ou moins parfait des économies annoncées par les constructeurs comme réalisées de ce fait sur la consommation de vapeur?

Pour satisfaire les uns, il eût été nécessaire de faire des essais de vaporisation sur les chaudières ; d'autres réclamaient des essais de consommation sur les machines à vapeur; d'autres enfin des expériences de surchauffe.

Il ne nous appartient pas de défendre ici les dispositions adoptées par l'administration[1]. Nous nous contenterons de rappeler, avec le fabuliste, qu'il est bien difficile de contenter tout le monde à la fois, et nous ferons remarquer qu'en raison du service public d'éclairage et de force motrice qu'il fallait, avant tout, assurer dans des conditions d'ailleurs fort difficiles, il était impossible de se prêter aux fantaisies de chacun.

Sans contester l'intérêt qu'il peut y avoir à réduire dans une forte proportion la dépense de vapeur, comme l'indiquent les essais auxquels nous faisons allusion, nous nous demandons, pour notre part, si le bénéfice de l'économie de vapeur occasionnée par la surchauffe ne serait pas quelque peu illusoire.

Dans l'établissement du prix de revient du cheval-heure, il faut, en effet, faire entrer la dépense du combustible nécessaire à la surchauffe, le graissage, beaucoup plus onéreux qu'avec les machines ordinaires, l'entretien et l'amortissement du surchauffeur. Il ne faut pas oublier non plus que les résultats annoncés ne sont obtenus qu'avec le concours d'un personnel stylé et exceptionnellement compétent (par conséquent payé très cher) rendu nécessaire par la complication de l'installation.

Enfin, il est à craindre que, dans une exploitation industrielle, cette complication elle-même ne soit la cause d'arrêts prolongés, dont le préjudice pourrait être incalculable.

Ces diverses considérations nous font estimer qu'il est prudent, avant de recommander l'emploi de la vapeur surchauffée, d'attendre que des installations importantes aient fonctionné pendant un temps assez long pour que l'opinion des ingénieurs chargés de leur direction ait pu être éclairée par les résultats de l'expérience et ne soit plus basée exclusivement sur des essais isolés ou sur des engagements de contrats, lesquels n'étant pas encore tenus, sont de simples promesses ; et les constructeurs français nous paraissent agir sagement en voulant, avant d'abandonner d'excellents modèles qui ont fait leurs preuves et donnent satisfaction aux industriels, être assurés qu'ils ne seront pas obligés de revenir aux modèles abandonnés.

Nos constructeurs ont l'habitude de se conformer aux désirs de leurs clients, qui

---

1. Si ceux qui les critiquent avaient été chargés de la difficile mission d'établir des règles générales qui, comme toute règle, peuvent avoir des défauts (que sont donc les exceptions, sinon la reconnaissance des défauts d'une règle trop générale), ils auraient probablement reconnu que la nécessité de tenir la balance égale entre les divers exposants de toutes les nations rendait inacceptable toute combinaison qui n'eût pas été d'une application générale.

La nécessité de faire produire couramment, par quatre-vingt-douze chaudières appartenant à des constructeurs différents et de nationalités différentes, la vapeur correspondant à une puissance de 20.000 chevaux, et de répartir cette vapeur entre des machines motrices assurant un service public, et représentant une puissance totale de 36.000 chevaux, marchant à vide ou en charge, sans compter 10.000 chevaux de machines exposées ou d'installations diverses, ne permettait pas une solution autre que l'alimentation de conduites générales de vapeur, et cette disposition impliquait naturellement l'impossibilité d'employer à l'Exposition la vapeur surchauffée.

Nous ne nous figurons pas bien, d'ailleurs, la section mécanique de l'Exposition Universelle de 1900 transformée en une série d'installations indépendantes, n'ayant pour objectif que de faire des expériences avec toute la mise en scène nécessaire pour apprécier avec la précision que demandent des essais de cette nature, les consommations de vapeur de chaque machine et les consommations de combustible de chaque chaudière, sans se préoccuper de savoir si l'exécution de ces expériences ne viendrait pas entraver le service de l'éclairage général.

Au surplus, si des ingénieurs désireux d'établir des théories estiment qu'ils ont intérêt à faire des essais sur l'emploi de la vapeur surchauffée, il semble qu'ils pourraient facilement opérer chez les constructeurs, qui ne refuseraient certainement pas de se prêter aux expériences permettant d'établir l'excellence de leurs machines demandent de préférence des machines de tout repos. C'est à dessein que nous employons ce terme généralement réservé aux valeurs de placement ; car nous pensons que la prudence des industriels français qui, à des machines motrices de systèmes peut-être très économiques, mais encore insuffisamment expérimentées, préfèrent des machines d'un rendement moins avantageux, mais convenable cependant, et sur lesquelles ils ont pu être renseignés à loisir, a quelque analogie avec la manière d'agir des capitalistes qui préfèrent des fonds d'État ou des obligations de chemins de fer, malgré leur faible revenu, à des valeurs moins sérieuses, dont le revenu peut sans doute être très élevé, mais reste quelque peu aléatoire.

DISTRIBUTION

On sait que l'une des conditions à réaliser pour un fonctionnement économique des machines est d'éviter le laminage de la vapeur ; cela oblige à rechercher la rapidité dans l'ouverture et dans la fermeture des orifices d'admission et d'échappement.

Pour obtenir des sections de passage suffisantes, on a été conduit à employer des machines à quatre distributeurs. Ces distributeurs soit du genre Corliss, soit du genre Sulzer, sont généralement munis de dispositifs de déclic, avec rappel permettant la fermeture très rapide. Cette disposition n'est pas sans présenter quelques inconvénients : non seulement, par suite de l'inertie des masses, et quelle que soit la rapidité du mouvement de la fermeture, il y a un certain temps perdu ; mais encore, et surtout lorsqu'il s'agit de soupapes, l'attaque brusque des tiges par les leviers occasionne des chocs qui nuisent au bon fonctionnement.

Ces machines sont cependant très bonnes et très économiques, mais elles sont très coûteuses, par suite du grand nombre d'organes à ajuster. En outre, en raison des déclics à dash-pots, leur vitesse normale de rotation se trouve limitée aux environs de 100 tours par minute.

Quoi qu'il en soit, c'est entre les machines à soupapes et les machines à tiroirs Corliss que s'est partagée la faveur des constructeurs. Quelques-uns ont même adopté un système mixte employant la soupape pour le cylindre à haute pression et la valve Corliss pour les cylindres de moyenne et basse pression.

MACHINES A SOUPAPES

La distribution par soupapes répond bien à la condition d'un réglage facile, condition très importante toutes les fois que l'on doit prévoir de fréquents changements de puissance.

Elle est très bien appropriée à l'emploi des fortes pressions, des hautes températures, et en particulier à celui de la vapeur surchauffée. Il n'y a en effet aucun frottement sur les organes de la distribution et par conséquent il ne saurait y avoir de préoccupation au sujet des difficultés que pourrait présenter leur graissage.

Par contre, la forme même des soupapes impose des conduits de vapeur qui constituent d'importants espaces nuisibles ; cet inconvénient est sans grande importance, il faut le reconnaître, dans les machines à expansion multiple.

Mais la section au passage de la vapeur est souvent insuffisante. Dans les machines de grande puissance, le calcul indique la nécessité de levées considérables, que l'on ne peut admettre à cause du bruit que produiraient les soupapes en se refermant, et surtout pour conserver en bon état les surfaces de contact.

Afin d'éviter à la fois de trop grands diamètres de soupapes, et des levées exagérées, on a été conduit à employer des soupapes à quatre sièges, que nous remarquons dans les cylindres à B P des machines Sulzer, Tosi, etc.

On a reproché aux soupapes de se maintenir difficilement étanches, de présenter des fuites pour la moindre interposition d'un corps étranger, et, lorsqu'elles sont à sièges multiples, la difficulté de les faire porter également sur tous les sièges. Pratiquement, cette difficulté n'existe pas, et les fuites ne se produisent que lorsqu'on cherche à obtenir une fermeture douce. Ces fuites, si elles existent, sont d'ailleurs sans inconvénients réels dans les machines compound. On regagne dans les cylindres d'expansion le travail qui n'a pas été suffisamment utilisé au petit cylindre, et le rendement général n'en est pas moins avantageux.

La levée des soupapes est produite par des cames ou des excentriques montés sur un ou plusieurs arbres parallèles au cylindre. Le mouvement est donné à ces arbres de dis-distribution par des engrenages d'angle montés sur l'arbre moteur.

Aussi, un assez grand nombre de constructeurs ont cherché à éviter les inconvénients des déclics et des rappels et à augmenter la vitesse de rotation des machines en employant, pour commander les soupapes, un levier à point d'appui variable, dit levier roulant. Une des extrémités du levier est reliée à la tige de la soupape; l'autre reçoit le mouvement de l'excentrique, et le levier est en contact permanent avec un¦ chemin de roulement convenablement tracé.

Au moment de l'ouverture, le point de contact a lieu le plus près possible du point de suspension du levier sur la tige de la soupape. Par suite du rapport des bras de levier, quoique la vitesse de l'excentrique soit très grande à ce moment (l'excentrique est à peu près à mi-course) la vitesse au contact est à peu près nulle, et la rencontre se fait sans choc. En raison du déplacement du point de contact sur le chemin de roulement, la levée se fait ensuite avec rapidité. Les phénomènes inverses se produisent à la fermeture, et les soupapes viennent reposer sans choc sur leur siège. Cette disposition permet de ne demander au régulateur qu'un effort de peu d'importance, la résistance à vaincre étant insignifiante.

Le déclic n'existant plus, on peut faire tourner les machines plus vite et par conséquent adopter des courses moins longues pour conserver la même vitesse de piston.

Nous aurons l'occasion d'étudier un certain nombre de dispositions de ce genre, depuis la machine Sulzer-Rieter, jusqu'à la machine Radovanovic modifiée, exposée par la Prager Maschinenfabrik (Ruston).

On a encore recherché ce même résultat sans avoir recours à l'emploi du levier roulant; notamment par la distribution Collmann à cataracte d'huile, dans laquelle l'action du ressort de rappel est adoucie par un piston à huile, à ouvertures progressives.

Il faut remarquer, que, lorsque par suite des différences des diamètres sur les deux sièges, les soupapes ne sont pas parfaitement équilibrées, elles se trouvent avoir à supporter, principalement lorsqu'on fait usage des hautes pressions, des charges considérables, qui doivent être surmontées par la commande de la distribution; de là une fatigue des organes de distribution, difficiles à mettre en mouvement par le régulateur. Nous verrons comment les soupapes Lanz, de la « Erste Brunner Maschinenfabrik » ont été étudiées de façon à éviter cet inconvénient, en donnant aux deux sièges des diamètres rigoureusement égaux.

MACHINES CORLISS

Les distributeurs Corliss permettent de réduire au minimum les espaces nuisibles. Ils offrent à la vapeur des passages courts et simples, et présentent de faibles surfaces de réfroidissement. Ils permettent, lorsqu'on emploie deux excentriques distincts pour com-

mander les obturateurs d'admission et ceux d'échappement, de pousser l'admission jusqu'à un degré très élevé.

Le robinet genre Corliss a fait ses preuves depuis longtemps. Il est d'un entretien très
facile, car, recevant normalement la pression de la vapeur, il repose toujours normalement
sur sa table, et se rôde par le jeu même de la distribution. Nous verrons en particulier la
disposition spéciale qu'emploie M. Bollinckx pour être assuré que cette pression s'exerce
bien normalement.

Les distributions de ce système sont commandées par des excentriques montés sur
l'arbre moteur, et dont les tiges, surtout dans les machines de grandes puissances et à
longue course, se trouvent avoir une très grande longueur. Ces tiges doivent donc être très
robustes pour éviter les vibrations. La même observation s'applique pour les différentes
bielles de détente.

Afin d'éviter cet inconvénient, les excentriques de distribution sont quelquefois montés
sur un arbre parallèle à l'arbre moteur, en avant du volant, et attaqués par engrenages.

Nous remarquerons que la distribution Wheelock proprement dite a disparu. Cependant, la disposition générale des distributeurs placés à la partie inférieure des cylindres,
se retrouve chez M. Dujardin et dans la machine de la firme Maerky, Bromovsky et
Schultz (section autrichienne).

La fermeture des tiroirs Corliss peut être très rapide et très brusque sans que l'on
ait à craindre les chocs, comme dans les machines à soupapes. Un corps étranger qui
s'introduirait par hasard dans un distributeur, serait déplacé facilement et ne gênerait pas
le mouvement du tiroir.

Les distributeurs Corliss sont indiqués pour les machines où la pression initiale de
la vapeur est modérée, et par conséquent, aussi, dans les machines à plusieurs cylindres,
pour les seconde et troisième détentes.

Dans les machines Corliss de puissance modérée, la proportion $\dfrac{d}{l} = 0,5$ est fréquem-

ment adoptée. Nous retrouvons un rapport encore plus faible (0,37) dans le cylindre à
haute pression de l'une des plus puissantes machines motrices horizontales, celle de
MM. Dujardin et Cie.

Dans les machines de grande puissance, en général, l'adoption de cette proportion
entraînerait des vitesses exagérées du piston.

Dans les cylindres de deuxième et de troisième détente des machines à expansion
multiple, ce rapport varie de 0,60 à 1,18 et en moyenne il est de 0,80.

Dans les machines verticales, elle conduirait à donner des hauteurs exagérées aux
machines, qui se trouveraient moins bien assises.

La proportion $\dfrac{d}{l}$, dans ces machines, atteint jusqu'à 1 m. 86 à la haute pression
dans une machine à grande vitesse.

MACHINES MIXTES

En Allemagne et en Autriche, où l'on fait volontiers usage de pressions élevées et de
vapeur surchauffée, un certain nombre de constructeurs ont employé des distributions par
soupapes pour les cylindres à haute pression, où les robinets Corliss auraient pu donner
lieu à des grippements et, en même temps, ils adoptaient des tiroirs Corliss pour les
cylindres de détente, combinant ainsi les deux systèmes de distribution de façon à profiter
des avantages de chacun.

Cette disposition est évidemment rationnelle, mais elle a l'inconvénient d'amener une
grande complication des mécanismes de la distribution.

C'est ce que nous constaterons dans les machines de la Société d'Augsbourg et de Nuremberg en particulier.

ESPACES MORTS

Tous les constructeurs, en général, se sont livrés à des études intéressantes pour arriver à réduire les espaces morts. — En France, le plus grand nombre ont adopté des distributeurs du type Corliss : d'autres ont employé des tiroirs, plans ou cylindriques, presque tangents aux générateurs du cylindre; quelques-uns enfin ont placé les distributeurs dans les fonds mêmes des cylindres. En général, les espaces morts ne dépassent plus 2 p. 100 du volume engendré par le piston.

ENVELOPPES DE VAPEUR

Elles sont maintenant universellement employées. La plupart des machines sont disposées pour être réchauffées par leurs fonds, au moyen de la vapeur vive, avant la mise en marche. Nous trouverons aussi des exemples de réchauffage par les pistons (Beer, Bourdon).

Les machines à grande vitesse restent généralement dépourvues d'enveloppes, la vapeur restant trop peu de temps dans les cylindres pour avoir le temps de se refroidir entre deux admissions de vapeur, et la condensation sur les parois devient presque nulle.

De même les enveloppes de vapeur sont supprimées, ou sont utilisées comme receiver, et par conséquent comme surfaces refroidissantes, dans les machines employant de la vapeur surchauffée.

En résumé, l'enveloppe de vapeur, nécessaire dans les machines monocylindriques, est très utile dans les compound multiples marchant à leur charge normale, onéreuse quand ces machines marchent à charge très réduite, et son influence est refroidissante dans les machines à surchauffe.

Receiver. — Le réservoir intermédiaire est généralement réchauffé. Nous signalerons comme dispositions types, le receiver de la machine Allis exposée par la Société Cail, et celui de la machine à vapeur surchauffée, de la maison Storck.

NOMBRE DE TOURS

Il est certain que le nombre de tours a moins d'importance au point de vue du fonctionnement que la vitesse des organes eux-mêmes. A cet égard, la vitesse des pistons présente un intérêt tout particulier.

On définit généralement la vitesse des machines d'après le nombre des révolutions qu'elles accomplissent en une minute. C'est un critérium défectueux, puisqu'il ne tient aucun compte de la course du piston.

Les vitesses de rotation sont beaucoup plus grandes qu'en 1889.

On n'en est pas encore à l'emploi courant des grandes vitesses, mais on s'est habitué maintenant à ce moyen terme, qu'on appelle les vitesses accélérées.

A part les turbines à vapeur, les machines rotatives n'ont pas encore pris leur place dans l'industrie, où elles rendraient pourtant de grands services. Cela tient à ce que l'on n'avait pas encore la machine rotative pratique. Le moteur Hult nous a paru cependant présenter un sérieux intérêt.

Une des conséquences de la grande vitesse de rotation est la disparition presque générale des coussinets en bronze et leur remplacement par des alliages en métal blanc, possédant cette propriété de ne pas risquer d'endommager les tourillons, alors même que le graissage ferait défaut.

Ces machines occupent un emplacement réduit et permettent une meilleure application directe, sur l'arbre du moteur, de ventilateurs, de pompes centrifuges, dynamos, etc.

Par contre, l'inconvénient général de ces machines réside dans les frottements considérables, qui occasionnent souvent des consommations exagérées. Plus que toutes autres, ces machines doivent donc avoir un graissage parfait.

A l'exception de celle de M. Delaunay-Belleville, les machines à grande vitesse fonctionnent à simple effet. L'effort sur le piston et les bielles se produit donc toujours dans le même sens, et, par conséquent, il n'y a ni chocs, ni vibrations sur les coussinets.

Elles sont presque toujours entièrement enfermées dans des enveloppes protectrices en fonte et tôle. Les parties en mouvement ne sont donc pas exposées à la poussière et peuvent être graissées par barbotage, tout en évitant les projections autour du moteur : la lubrification est complète, et ne demande à peu près aucune surveillance.

Dans les machines à simple effet, l'huile éprouve une certaine difficulté à pénétrer entre les portées des arbres et les coussinets, dont le contact est permanent.

C'est en vue d'éviter cet inconvénient, que M. Delaunay-Belleville est revenu à la machine à double effet ; mais alors, pour éviter que les chocs résultant des changements de direction dans les efforts reparaissent, il a été conduit à établir un graissage continu sous pression ; de cette façon, c'est sur l'huile que se font les changements de portage et les frottements, et l'usure des parties en contact est évitée par la mince couche d'huile sous pression.

VITESSE DES PISTONS

La vitesse des pistons est poussée à des limites que nul n'aurait envisagées, il y a seulement quelques années.

En 1867, cette vitesse était de 1 mètre à 1 m. 50, et le nombre de tours variait de 30 à 60 par minute. Actuellement, le nombre de tours varie de 60 à 600 ; dans les machines les plus lentes, la vitesse du piston ne descend pas au-dessous de 2 m. 40 ; et elle atteint 5 m. 40 dans la machine Bonjour.

Nous nous trouvons en présence d'une nouvelle preuve, s'il était nécessaire d'en donner une, que la désignation de « Machines à grande vitesse » est vicieuse et ne donne, sur la vitesse réelle des organes, que des idées inexactes, puisque la plus grande vitesse de piston que nous ayons eu à constater ne se rencontrait pas dans une machine dite à grande vitesse.

RÉGULATEURS

Un fascicule spécial devant contenir une étude de cette question, nous n'aurons pas à nous étendre, au sujet de chaque machine, sur les détails des dispositions adoptées pour les régulateurs.

Nous rappellerons seulement que les régulateurs agissent de trois façons principales dans les machines à vapeur :

1° Tantôt ils ferment directement l'arrivée de vapeur, en agissant soit sur un papillon, soit sur une soupape en forme de lanterne ;

2° Tantôt ils commandent la détente, en faisant varier le moment où le déclenchement du déclic se produit ;

3° Tantôt enfin, ils agissent directement sur le calage de l'excentrique, lequel se trouve modifié suivant les besoins.

Cette dernière disposition est principalement adoptée dans les machines à soupapes, et en particulier dans les machines à levier roulant. Nous la retrouverons également appliquée dans un certain nombre de machines françaises : la machine horizontale Garnier, à grande vitesse, les machines Bourdon, Bonjour, etc.

Signalons enfin les régulateurs spéciaux des turbines de Laval et Parsons, ce dernier commandé électriquement.

Nous trouverons également une disposition de régulateur électrique dans la machine Robey.

A signaler la commande par chaîne, appliquée par la Société Alsacienne et par la Cᵢₑ de Fives-Lille.

Deux machines françaises (Cail et Fives-Lille) étaient munies chacune de deux régulateurs.

Dans la machine de Fives-Lille, les deux régulateurs faisaient varier l'admission dans les deux cylindres. Bien que cette disposition, qui n'aurait aucune raison d'être dans les machines disposées en tandem, puisse prêter à la critique, on comprend cette préoccupation de la part des constructeurs, qui ont cherché à égaliser les efforts sur les pistons des cylindres parallèles, afin de diminuer la fatigue de l'arbre.

Dans la machine Cail, l'un des régulateurs agissait sur les détentes des deux cylindres, l'autre ne jouait qu'un rôle de sécurité.

D'une façon générale, les constructeurs ont reconnu que, seul, le petit cylindre à haute pression, doit être sous la dépendance du régulateur.

Dans la plupart des cas, les cylindres de détente avaient leur introduction variable à la main. Toutefois, dans un certain nombre de machines à triple expansion, le second cylindre seul était à admission variable à la main, la détente dans le grand cylindre étant fixe.

Manivelles équilibrées. — La nécessité d'obtenir une grande régularité de rotation pour les machines conduisant des alternateurs a conduit les constructeurs à équilibrer par des contrepoids l'influence des manivelles.

Les plateaux-manivelles portant, venus de fonte, des noyaux équilibrant les masses, et les contrepoids rapportés par des vis sur les manivelles, et affectant la forme de segments de cercles, étaient appliqués d'une façon égale.

Condenseurs. — La pratique de supprimer le clapet de pied aux pompes à air s'est répandue universellement sur le continent.

CLASSIFICATION ADOPTÉE

Nous avons cru devoir adopter, pour l'étude des machines exposées, la classification suivant, ebasée sur les types de distribution.

Le **Chapitre I** traite des machines employant des DISTRIBUTEURS A SOUPAPES. Il comporte trois catégories de machines.

1º Les machines à déclic du type classique.
Cette catégorie comprend les machines suivantes, toutes à cylindres horizontaux :
    Sulzer. Groupe électrogène avec Brown Boveri et Cᵢₑ.
    Société d'Augsbourg. Groupe électrogène avec la Société Hélios.
    Carels frères. Groupe électrogène avec Kolben, de Prague.

Tosi. Groupe électrogène avec la Société Schuckert.
Société de Gilly. Machine motrice marchant à vide.

2° Les machines à déclic avec cataracte à huile, système Collmann, savoir :
Machine horizontale française Biétrix, Leflaive, Nicolet et Cie.
Machine horizontale hongroise L. Lang.
Machine verticale allemande Borsig.

3° Les machines à levier à point d'appui variable, autrement dit à levier roulant.
Parmi ces machines, nous passerons successivement en revue :
Sulzer. Groupe électrogène avec J.-J. Rieter.
Erste Brünner Maschinenfabrik Gesellschaft. Groupe électrogène.
Bromley frères. Groupe électrogène de 300 chevaux.
Preud'homme-Prion (distribution Radovanovic).
Storck. Machine à vapeur surchauffée.

4° Machines à distribution Hoyois :
Ateliers du grand Hornu.
Hauts fourneaux de Maubeuge.

Dans le **Chapitre II** sont étudiées les machines à DISTRIBUTEURS CYLINDRIQUES DU GENRE CORLISS.
Ce chapitre se subdivise de la façon suivante :

1° Machines horizontales à déclic du type classique.
Garnier et Faure-Beaulieu. Groupe électrogène avec Postel-Vinay.
Crépelle et Garaud. Groupe électrogène avec Decauville.

2° Machines horizontales genre Wheelock.
Dujardin et Cie. Groupes électrogènes et machines motrices ordinaires.

3° Machines horizontales à déclic, des divers types de variantes.
Farcot.
Fives-Lille.
Société Alsacienne.
Mollet-Fontaine.
Brulé et Cie.
Weyher et Richemond.
Escher-Wyss.
Bollinckx.

4° Machines verticales à distribution par déclic.
Société Alsacienne. Groupe électrogène.
Société Cail. Groupe électrogène du type Allis-Reynolds, avec la Société Thomson Houston.
Galloways. Groupe électrogène avec Mather et Platt.
Garnier et Faure-Beaulieu. Machine motrice.
Weyher et Richemond. Machine motrice.

5° Machine à pistons-valves.
Van Den-Kerchove. Groupe électrogène avec Piéper.

6° Machines à grande vitesse, sans déclic.
>Horizontales : Garnier et Faure-Beaulieu. Groupe électrogène de 135 chevaux, avec Postel-Vinay.
>Verticales : Garnier et Faure-Beaulieu.
>>Raworth. Machine à vapeur universelle.
>>V. Legrand.

Le **Chapitre III** réunit les diverses machines qui comportent une distribution partiellement de l'un des systèmes Sulzer ou Corliss, ou une combinaison de ces deux systèmes. Nous étudierons successivement :

1° Les machines verticales mixtes, des types Sulzer et Corliss.
>Ringhoffer (distribution Colmann). Groupe électrogène avec Siémens et Halske.
>Ateliers de Nuremberg. Groupe électrogène avec la Société Schuckert.
>Ateliers de Nuremberg. Groupe électrogène avec la Société Lahmeyer.

2° Les machines horizontales.
>Prager Maschinenfabrik (Radovanovic-Corliss).
>Brand et Lhuillier (Soupapes mues par came et Corliss).
>Maerky Bromovsky Schultz (Soupapes et Corliss-Wheelock).
>Robey et Cie (Soupapes et grille).
>Schlick (Soupapes et tiroirs plans).

Dans le **Chapitre IV**, nous avons groupé les diverses machines dans lesquelles la distribution est opérée par des dispositions autres que les soupapes ou les robinets Corliss. Nous aurons par conséquent à passer en revue les machines à tiroirs cylindriques, celles à tiroirs plans, et toutes les variétés que peuvent comporter ces distributions.

Nous comprendrons dans une première division les machines à grande vitesse proprement dites. Toutes sont verticales et, en général, du type pilon. Elles comprendront plusieurs subdivisions.

1° Les unes sont à tiroirs cylindriques équilibrés :
>Delaunay-Belleville. Groupe électrogène avec Bréguet.
>Boulte-Larbodière.
>Lederer et Porges.
>Tosi. Groupe électrogène Bacini.
>Schneider et Cie (le *Kléber*).
>Bromley.
>Mertz. Modèles TC et CMC.

2° D'autres comportent une combinaison de tiroirs cylindriques équilibrés et de tiroirs plans :
>C. Bourdon.
>H. Brulé et Cie.
>Sautter-Harlé et Cie.
>Schneider.
>Escher-Wyss. Triple expansion.
>Augsbourg. Groupe électrogène avec Dulait.
>Ruston Proctor.

3° D'autres comportent des tiroirs genre Rider, à mouvement alternatif ou à mouvement rotatif :

Mertz (mouvement alternatif).

Sulzer. Groupe électrogène avec Œrlikon (mouvement rotatif).

Carels frères. Société des moteurs à grande vitesse.

4° Machines à tiroirs plans exclusivement.

5° Enfin les machines à tiroir central de :

Willans et Robinson.

et Van den Kerchove.

Une seconde division comprendra les machines à vitesse réduite qui, par conséquent, ne sont plus exclusivement verticales. Nous aurons à examiner :

Les machines horizontales, à tiroirs cylindriques :

Escher-Wyss. Machine à glace de 50 chevaux.

Société Liégeoise.

Ruston Proctor.

Panoux.

Machines à tiroirs plans :

Chaligny et Cie. Machine horizontale ordinaire.

—   Machine verticale de 100 chevaux.

Société Liégeoise.

Piguet et Cie. Groupe électrogène avec Grammont.

Beer.

Aubert. Machine de 80 chevaux.

Albaret. Machine de 80 chevaux.

The Ball Engine.

Popineau, Vizet et Cie.

Diepeven, Lels et Smith. Machine marine.

Nous réunirons à la fin de ce chapitre les données sur quelques machines de très
petites dimensions, destinées principalement à la navigation, et exposées par les maisons :

Thune.

Maiéwsky.

Chaligny et Cie.

Usines de la couronne russe, Voltkinsk.

Buffaud et Robatel.

Nègre.

Enfin, nous avons cru devoir constituer une section à part, avec les groupes électrogènes exposés par la maison Weyher et Richemond et les deux types de machines de
M. Bonjour, savoir : une machine horizontale fixe, à mouvements desmodromiques unifiés,
et une machine verticale à distribution hydrostatique. Ces machines ne peuvent en effet
être logiquement comprises dans aucune des catégories étudiées jusqu'ici.

Le **Chapitre V** comprendra les machines rotatives et les turbines à vapeur. Nous
aurons à examiner successivement :

Le moteur rotatif Hult

et les turbines à vapeur : de Laval, à détente simple. Turbines d'action.

Seguer, compound.

Parsons, à détente fractionnée, à réaction.

Rateau. Turbine d'action, à plusieurs roues.

Le **Chapitre VI** est réservé à l'étude des locomobiles et machines demi-fixes.

Jusqu'ici, les locomobiles ou les machines demi-fixes étaient restées confinées dans quelques emplois assez particuliers, pour lesquels la puissance de 80 à 100 chevaux semblait être un maximum.

Nous avons pu constater que, dans des pays voisins, on ne craint pas de dépasser le double de cette puissance.

La locomobile, en effet, a cessé d'être un moteur agricole. Elle a agrandi sa sphère d'action, en même temps que sa puissance augmentait, et aujourd'hui, nous la voyons, dans beaucoup d'installations industrielles, se substituer aux machines fixes.

Les constructeurs indiquent comme avantages pouvant motiver ce choix :

1° La facilité de mettre rapidement en place une locomobile et de changer son emplacement ;

2° La réduction de l'emplacement nécessaire ; la facilité et la rapidité du montage, et le peu d'encombrement occasionné par une locomobile ;

3° L'économie générale dans les frais de premier établissement et dans les frais annuels d'amortissement et d'exploitation résultant de :

α La suppression du massif de chaudière et des carneaux de fumée ;

β La suppression des fondations de la machine elle-même ;

γ La suppression des canalisations de vapeur et des condensations qui en sont la conséquence.

4° La simplicité de la conduite de la machine, qui peut être confiée à un mécanicien unique, lequel a tout sous la main et sous les yeux ;

5° La facilité du nettoyage de la chaudière.

Par contre, il faut reconnaître que les moteurs eux-mêmes, dans les locomobiles, sont généralement moins parfaits que les moteurs fixes, et qu'il faut prévoir la facilité de détartrage non seulement de la chaudière proprement dite, mais aussi des cylindres, quand ceux-ci sont logés dans le dôme, comme cela a lieu dans les machines Wolf et Lanz. Remarquons, en passant, les dimensions jusqu'ici inusitées des locomobiles de ces deux maisons. En outre, les locomobiles, étant exposées aux poussières des combustibles, demandent un graissage plus soigné qu'une machine à vapeur isolée dans une salle bien fermée. Enfin les coussinets sont plus difficiles à maintenir en bon état.

Les avantages étant de beaucoup supérieurs aux inconvénients, un courant en faveur des locomobiles s'est établi à l'étranger surtout, où les constructeurs se sont adonnés avec grande ardeur à la construction des locomobiles. Certains d'entre eux ont, d'ailleurs, exposé des machines très soignées, auxquelles ils avaient donné un aspect à la fois élégant et sobre en les recouvrant de tôles en acier bleui, retenues par des cercles en acier poli.

Pour éviter les grosses consommations de vapeur, et par conséquent l'exagération des dimensions des chaudières, on a été amené, d'une part, à élever le chiffre du timbre, et, d'autre part, à perfectionner la distribution.

Avec des chaudières timbrées à 10 ou 12 kilog., on obtient maintenant des consommations qui, sans condensation, ne dépassent pas 8 kg. 500 à 9 kilog. de vapeur par cheval.

Il y a lieu de mentionner dès maintenant l'apparition d'une locomobile d'un type absolument nouveau ; MM. Delaunay, Belleville et Cⁱᵉ ont rompu avec toutes les vieilles dispositions, et ont présenté un type de locomobiles comportant une chaudière Belleville du type courant et un moteur vertical placé en avant. Ces locomobiles sont démontables en pièces d'un poids très modéré et peuvent, par conséquent, être transportées par fragments dans les pays accidentés.

Les autres maisons françaises n'ont fait que présenter des types déjà connus, les uns d'une construction très soignée, comme les maisons Weyher et Richemond, Chaligny, etc..., les autres destinés surtout aux industries agricoles, dans ces dernières la perfection de la construction et l'économie de combustible sont moins recherchées que la modération des prix.

Nous étudierons donc successivement les machines demi-fixes et locomobiles, exposées par les maisons :

R. Wolf.	Ruston.
H. Lanz.	Garrett et Sons.
Delaunay, Belleville et Cie.	J. Le Blanc.
Weyher et Richemond.	Popineau, Vizet fils et Cie.
Chaligny et Cie.	Aubert.
Brulé et Cie.	Albaret.
Chemins de fer de l'État Hongrois.	Brouhot.

CHAPITRE I

MACHINES A SOUPAPES

Sulzer frères.

Machine horizontale à triple expansion, de 1.700 chevaux.

La machine horizontale à triple expansion, de 1.700 chevaux indiqués, correspondant à 1.500 chevaux effectifs, exposée par la maison Sulzer, était combinée avec un alternateur de la Société Brown, Boveri et Cⁱᵉ, calé sur l'arbre entre les deux bâtis, et servant de volant.

La triple expansion est obtenue au moyen de quatre cylindres, disposés en deux

FɪG. 1. — Groupe électrogène *Sulzer-Brown-Boveri.*
Vue d'ensemble.

lignes parallèles. Les deux cylindres à basse pression sont reliés directement aux deux bâtis, et ils portent en tandem, celui de droite, le cylindre à haute pression, et celui de gauche le cylindre à moyenne pression.

La distribution est du type courant à déclic de la maison Sulzer. Chaque soupape est actionnée par un levier à déclic et fermée par un ressort de rappel.

Les soupapes d'admission du cylindre HP sont seules sous la dépendance du régulateur.

Le régulateur commande par engrenages un arbre horizontal, parallèle à l'arbre de distribution, et qui porte un levier relié par des tiges de traction au collier d'excentrique. Cet arbre horizontal transmet ainsi à l'excentrique, dont il modifie la position sur l'arbre de distribution, les mouvements du régulateur.

Les soupapes d'admission des cylindres MP et BP et celles d'échappement sont conduites au moyen de tiges et de leviers par des cames calées sur l'arbre de distribution.

Des dash-pots amortisseurs adoucissent le mouvement de fermeture et assurent une marche silencieuse.

Afin de réduire la levée des soupapes, on les a faites à quatre sièges. Cette disposition a été appliquée par la maison Sulzer à des machines de 3.000 chevaux de la Société d'Électricité de Berlin. Les tracés de ces machines étaient exposés.

Plusieurs constructeurs avaient adopté cette disposition, que nous retrouverons notamment dans la machine horizontale de la maison Tosi.

Deux pompes à air correspondent aux deux cylindres B P.

Données principales :

Diamètre du cylindre HP		0,600
— — MP		0,850
— des deux cylindres B P		1,025
Rapport des sections $\dfrac{s_1}{s} =$		2
— $\dfrac{2s_2}{s_1} =$		2,92
— $\dfrac{2s_2}{s} =$		5,84
Course commune des pistons l		1.500
Rapport $\dfrac{d}{l} =$		0,4
— $\dfrac{d'}{l} =$		0,57
— $\dfrac{d''}{l} =$		0,70
Nombre de tours par minute		83,5
Vitesse moyenne du piston		4,175
Pression initiale dans le cylindre HP		11 kilog.
Admission normale au cylindre HP		30 p. 100
Puissance correspondante en chevaux indiqués		1.700
Puissance maximum		1.950 HP
Admission correspondante au cylindre HP		40 p. 100
Volume du petit cylindre		424 lit.
— du moyen cylindre		851 lit.
— des deux grands cylindres		2.475 lit.
Volume engendré par les deux grands pistons par seconde		6.888 lit.
Volume engendré par les deux grands pistons par cheval et par seconde		4 lit. 5
Coefficient d'activité		0,222

Carels.

Cette machine horizontale compound était du type désigné dans la maison sous le nom de « machines à vitesse accélérée ». Ces machines à soupapes équilibrées ont une distribution spéciale qui permet la levée et la chute rapides des soupapes. Ce type de machines, à cylindres disposés en tandem, est destiné spécialement à actionner des dynamos.

La machine qui figurait à l'Exposition conduisait un alternateur triphasé de la maison Kolben, de Prague. Elle était identique à celles qui actionnent les dynamos de la station électrique d'Anvers ; la seule différence qu'il y ait lieu de signaler est que la vitesse normale de rotation de la machine, qui est de 100 tours à Anvers, a dû être, à l'Exposition, réduite à 94 tours pour amener la fréquence de l'alternateur aux périodes demandées.

Conformément aux dispositions actuellement préférées, le grand cylindre est placé immédiatement contre le bâti, sur lequel il est boulonné, et le petit cylindre est à l'arrière. Dans le but de faciliter la dilatation, les deux cylindres reposent sur leurs fondations par l'intermédiaire de solides plaques rabotées, en fonte, sur lesquelles ils peuvent coulisser. Le petit cylindre est réuni au grand cylindre par une entretoise en fonte fortement nervurée et constituée par deux coquilles boulonnées suivant le plan vertical. De cette façon, le démontage de l'entretoise, celui des couvercles intérieurs des cylindres, et même celui des pistons, sont extrêmement faciles. D'ailleurs, tous les détails de cette machine ont été étudiés avec la préoccupation de faciliter, en même temps que l'accès de tous les organes, leur montage, leur démontage et au besoin leur remplacement.

C'est ainsi que le montage complet de la machine de l'Exposition a été terminé en seize jours.

Les cylindres sont tous deux à enveloppe de vapeur. Le fourreau est rapporté. Il est en fonte dure et très résistante (26 kilog. par millimètre carré). L'enveloppe est chauffée par de la vapeur vive.

Les deux pistons, du type suédois, à deux segments en fonte, sont montés sur une

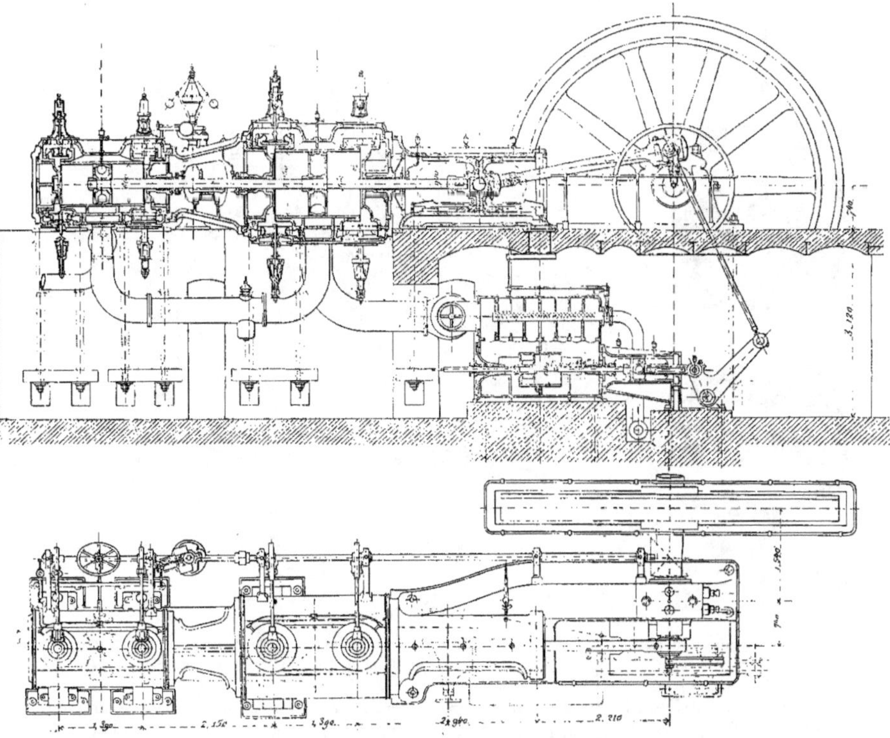

Fig. 2 et 3. — Groupe électrogène *Carels-Kolben*.
Coupe longitudinale et vue en plan.

tige unique, supportée en son milieu, entre les deux presses-étoupes, par une glissière demi-cylindrique à tourillons. De cette façon, on diminue la charge que les pistons exercent sur la partie inférieure des cylindres.

Dans chacun des cylindres, la vapeur est distribuée par quatre soupapes du type Sulzer (fig. 4, 5 et 7).

Dans le cylindre à haute pression, l'admission est variable entre 0 et 75 p. 100 par un régulateur très sensible, du type Porter, qui permet de limiter à 3 p. 100 la différence de vitesse, dans le cas où la machine passerait brusquement de la marche en pleine charge à la marche à vide, la période d'irrégularité ne durant que 10 secondes. Le contrepoids du régulateur est monté sur un chariot pourvu d'une vis de rappel susceptible d'être manœuvrée en marche.

Le mécanisme de la distribution est commandé par un arbre longitudinal, qui prend son mouvement sur l'arbre de couche lui-même, au moyen de deux engrenages coniques. Sur cet arbre de distribution, sont calés quatre excentriques, soit deux par cylindre, de telle sorte qu'un seul excentrique, à chaque extrémité du cylindre, commande à la fois la soupape d'admission et celle d'échappement correspondante. Le déclic opère sur le levier même des soupapes, afin de réduire l'inertie de leur chute.

Le taquet actif A (fig. 6) fait partie d'une équerre tournant librement sur une tige

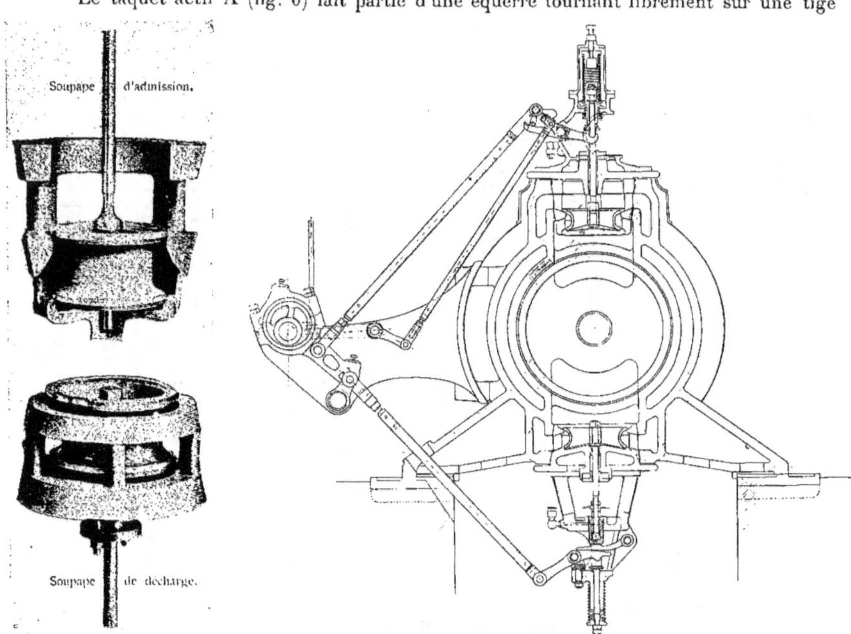

Fig. 4. — Détails des soupapes et de leurs sièges.

Fig. 5. — Machine *Carels* à vitesse accélérée. Détail de la distribution du petit cylindre.

attelée à l'excentrique. Il est guidé aussi autour de l'articulation du levier B de la soupape. En descendant, il rencontre à très faible vitesse l'extrémité libre du levier B, et l'entraîne jusqu'à ce qu'il déclenche par la rencontre du galet C, dont la position est sous la dépendance du régulateur, par une série de leviers de renvoi. Aussitôt, le ressort du dash-pot agissant, la soupape est renvoyée sur son siège.

La détente varie donc suivant la position de C.

L'échappement est commandé par le même excentrique, au moyen de deux leviers à mouvement progressif. On arrive à éviter les chocs, et on obtient une grande douceur dans la marche, le déplacement se faisant avec une vitesse très faible au commencement de la levée et à la fin de la fermeture de la soupape. Pendant le reste de la course, le mouvement est beaucoup plus rapide.

Au cylindre à basse pression, la distribution, l'avance à l'échappement et la compression sont variables à la main, en réglant la tige de commande. Normalement, l'admis-

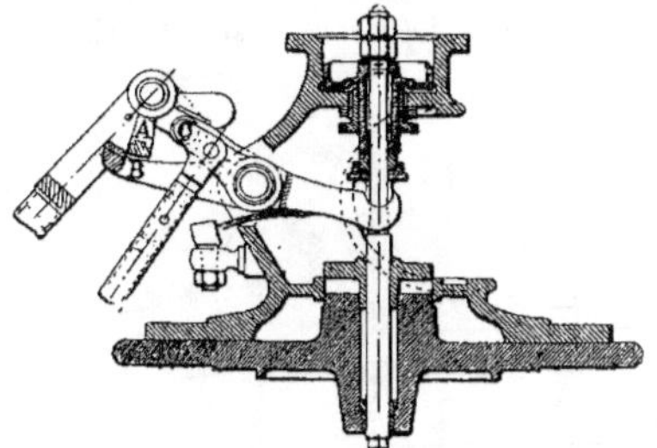

Fig. 6. — Machine *Carels*. Détail du mécanisme du déclic d'admission au petit cylindre.

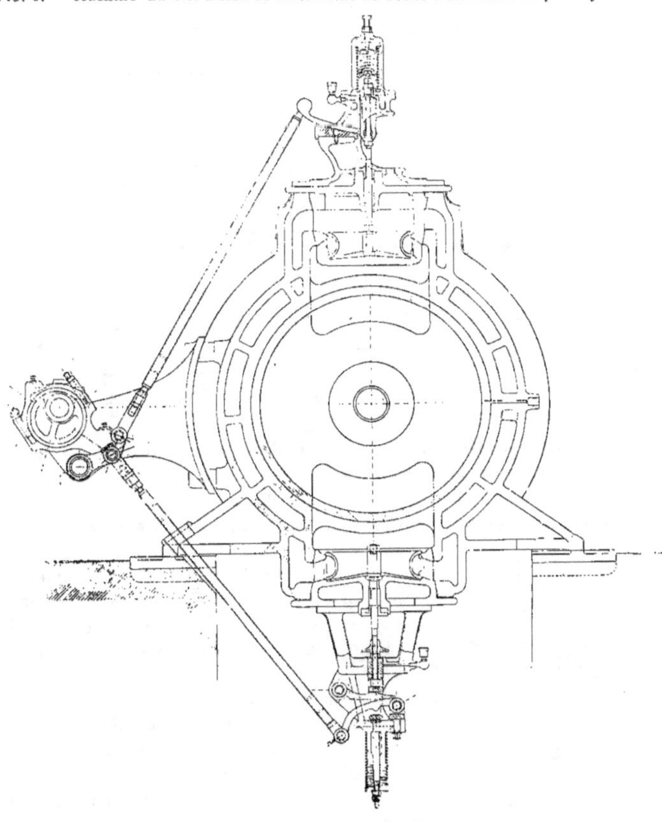

Fig. 7. — Machine *Carels*.
Distribution au grand cylindre.

sion est de 30 p. 100. Comme au cylindre à haute pression, il y a un seul excentrique pour deux soupapes, une d'admission et une d'échappement, et l'emploi de leviers à déplacement progressif procure les mêmes avantages.

Ce mécanisme simple donne de très bons résultats, ainsi que l'on peut s'en rendre

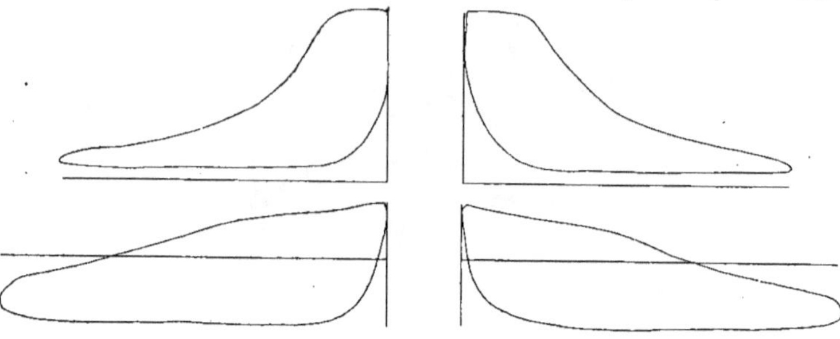

Fig. 8 à 11. — Machine *Carels*.
Diagrammes relevés sur la machine produisant 1.000 chevaux.

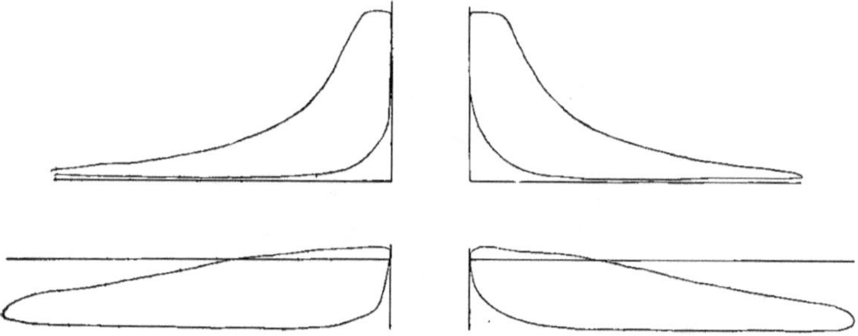

Fig. 12 à 15. — Machine *Carels*. Diagrammes relevés sur la machine, fonctionnant à 600 chevaux.

compte par l'examen des diagrammes ci-contre (fig. 8 à 15) qui ont été relevés avec des charges de 600 et de 1.000 chevaux.

Toutes les articulations sont trempées et rectifiées.

Le condenseur à injection est horizontal. La pompe à air à double effet est placée sous le sol et commandée par un balancier prenant son mouvement sur le bouton de la manivelle. Le vide obtenu est de 70 centimètres. La consommation de vapeur ne dépasse guère 6 kilog. avec la vapeur saturée, et avec une surchauffe à 250°, elle est réduite à 5 kg. 7.

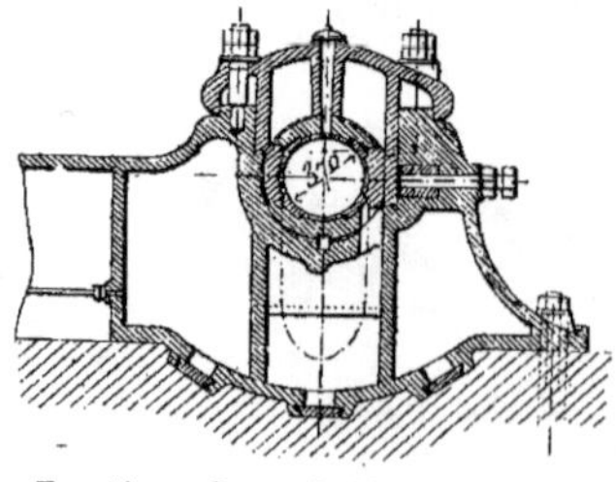

Fig. 16. — Coupe de l'arbre moteur.

Graissage — Les paliers de l'arbre moteur sont à graissage automatique et continu. Le tracé (fig. 16) montre que les coussinets sont en quatre parties, avec dispositif de rattrapage de jeu.

Le graissage des cylindres se fait par une pompe à déclic, actionnée par la machine.

Tous les autres organes sont graissés par des compte-gouttes.

A l'extrémité opposée aux cylindres, l'arbre de couche actionne une petite excitatrice pouvant donner 80 à 100 ampères sous 100 à 120 volts.

Les données principales de la machine sont les suivantes :

Diamètre du petit cylindre	0,660		Diamètre du volant	5,500
Diamètre du grand cylindre	1,050		Vitesse à la circonférence pour 94 tours.	27,07
Rapport des sections	2,52		Poids de l'inducteur volant	24.700 kg.
Course des pistons	1,150			

$$\text{Rapport} \quad \frac{d}{l} = \quad 0,57$$

$$- \quad \frac{d'}{l} = \quad 0,91$$

Soupapes :
Cylindre HP.

Nombre de tours par minute	94		Diamètre des soupapes d'admission	0,260
Vitesse du piston	3,60		Levée maximum, pour admission 65 %.	30 mm.
Limites de l'admission au cylindre HP.	de 0 à 75 %		Diamètre de la soupape d'échappement.	0,300
Admission normale au cylindre HP	0,19		Course —	30 mm.

Cylindre BP.

Détente totale	13		Diamètre de la soupape d'admission	0,400
Puissance en chevaux indiqués	1.000		Levée maximum pour l'admission 60 %.	34 mm.
Volume du petit cylindre	395 lit.		Diamètre de la soupape d'échappement.	0,450
— du grand cylindre	996 lit.		Course —	41 mm.
Volume par cheval	1 lit. 391			

Pompe à air :

Volume engendré par le grand piston par cheval et par seconde	3 lit. 12		Diamètre du piston de la pompe à air.	0,450
Coefficient d'activité	0,32		Course —	0,500

Tosi-Schuckert.

Comme disposition générale, la machine horizontale de la maison Franco Tosi, de Legnano, était absolument seule de son espèce.

Alors que tous les autres constructeurs ayant à grouper plus de deux cylindres les ont disposés sur deux lignes parallèles distantes de plusieurs mètres, de façon à placer la dynamo et le volant, lorsqu'il y avait lieu, entre les deux lignes de cylindres, et à laisser au machiniste, au centre de sa machine, un espace assez considérable d'où il puisse surveiller à la fois les deux arbres de distribution placés à l'intérieur, seule la machine Tosi se présente avec ses cylindres accolés deux à deux, formant ainsi une masse comprenant les quatre cylindres.

Contrairement aussi à la disposition qui dominait, et d'après laquelle le cylindre à basse pression est placé du côté de l'arbre moteur, ce sont le petit cylindre sur une des lignes, le moyen cylindre sur l'autre ligne, qui sont placés en avant, et chacun d'eux porte derrière lui, en tandem, un cylindre à basse pression.

La conséquence du groupement compact des cylindres est que, au lieu de porter des manivelles aux extrémités, l'arbre de couche comporte deux vilebrequins de part et d'autre de l'axe, et que le volant et la dynamo sont reportés aux deux extrémités de l'arbre. Cette disposition est surtout motivée par la nécessité d'avoir parfois une dynamo à courant continu d'un côté et un alternateur d'un autre côté, ou encore, dans d'autres cas, en vue d'une distribution à 3 fils, deux dynamos à courant continu.

L'arbre moteur est en acier forgé et en trois pièces : le tronçon central comporte un coude sur lequel se fait l'attaque du piston du cylindre à haute pression. A l'une de ses extrémités ce tronçon porte, venu de forge, un plateau par lequel se fait l'accouplement avec la partie portant la dynamo. A l'autre extrémité, une manivelle est placée à chaud à 90° de ce coude.

Le second tronçon porte un renflement sur lequel est calé le volant, et sur une de ses extrémités est placée une manivelle correspondant à la première, à laquelle elle est reliée par un très fort manneton sur lequel se fait l'attaque du second groupe de cylindres tandem.

Le troisième tronçon, relié au premier par un plateau forgé, porte la dynamo Schuckert.

Fig. 17. — Machine horizontale *Tosi*. Vue d'ensemble prise derrière les cylindres.

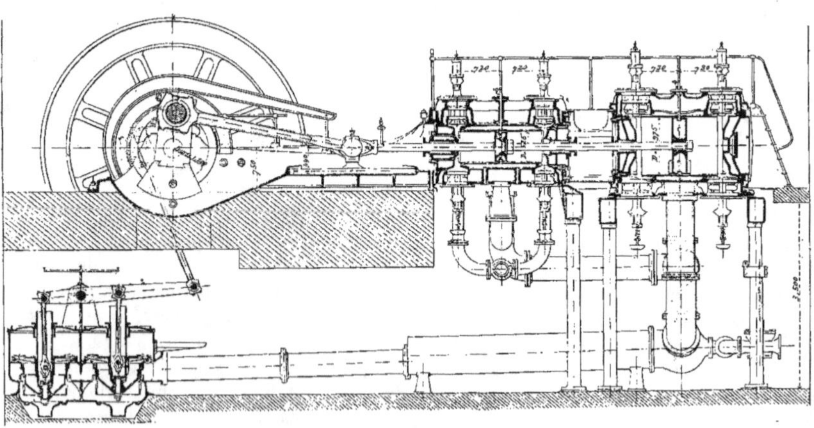

Fig. 18. — Groupe électrogène *Tosi-Schuckert*. Coupe verticale.

L'ensemble de l'arbre repose sur cinq paliers dont deux sont indépendants. Les trois autres font partie du bâti proprement dit.

Ce bâti est composé de deux moitiés symétriques, réunies suivant l'axe longitudinal de la machine, et par conséquent suivant l'axe du palier central. Ce mode de division du bâti, que nous retrouverons dans la machine verticale à quadruple expansion, semble être une des dispositions de principe de la maison Tosi dans le cas du groupement compact. Chaque demi-bâti comporte ainsi un palier latéral, une glissière et un demi-palier, ainsi que la partie de bâti en U qui se prolonge jusqu'à la bride d'attache des cylindres. La partie inférieure est formée de fortes nervures en forme de canal, raccordées à un plancher plat et solide en fonte. Il y est ménagé, pour les manivelles, un profond évidement qui sert de réservoir d'huile.

Les glissières sont plates et n'existent que d'un côté. On remarquera le dispositif adopté pour empêcher les projections d'huile en fin de course.

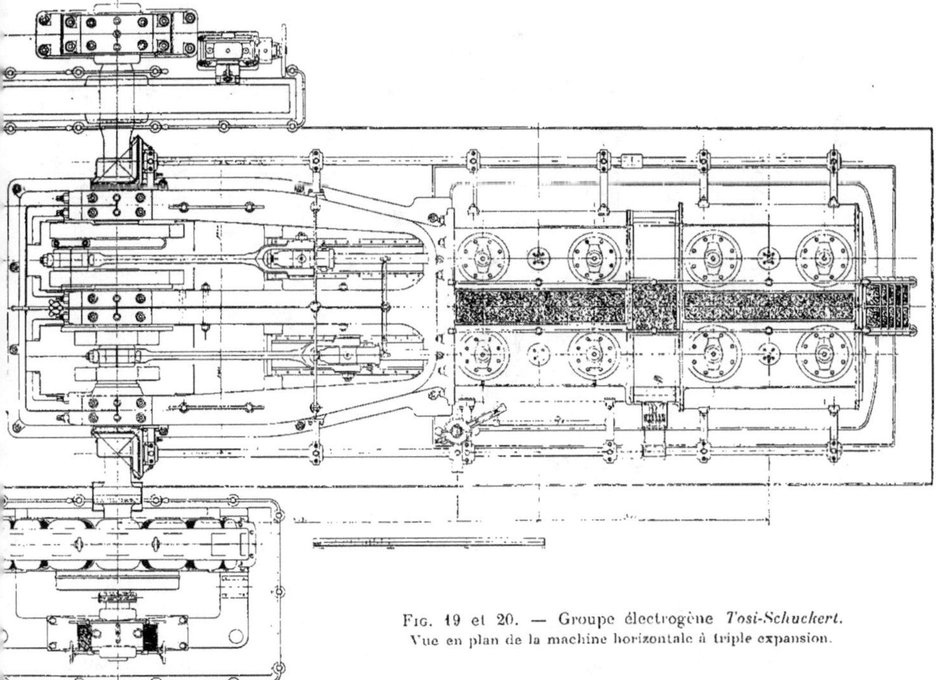

FIG. 19 et 20. — Groupe électrogène *Tosi-Schuckert*.
Vue en plan de la machine horizontale à triple expansion.

Les pistons sont en fonte et d'une seule pièce. Les segments sont en deux parties et appliqués contre les cylindres par des ressorts plats répartis sur la circonférence intérieure du segment, et tenus dans des rainures venues dans le piston.

Tous les cylindres sont enduits d'une matière isolante et recouverts par une tôle d'acier polie. A l'exception du cylindre à haute pression, qui est appelé à travailler avec de la vapeur surchauffée, ils sont à enveloppes de vapeur sur le pourtour du cylindre et au couvercle.

La distribution se fait, aux quatre cylindres, au moyen de soupapes genre Sulzer. Seules, les soupapes du cylindre à haute pression sont à double siège ; les douze soupapes des trois autres cylindres sont d'un modèle spécial à quatre sièges, mais un peu différentes de celles de la maison Sulzer.

Elles reçoivent leur mouvement de cames qui peuvent être actionnées et déplacées à la main, et qui permettent de faire varier l'avance et la compression.

La distribution du cylindre à haute pression est variable par le régulateur.

Deux arbres de distribution, placés longitudinalement de part et d'autre des cylindres, prennent leur mouvement de rotation sur l'arbre de couche, au moyen d'engrenages coniques munis de cache-engrenages. Un mouvement de va-et-vient est transmis, par la tige T, au point B et, par suite, au levier C oscillant autour du point fixe P (fig. 23).

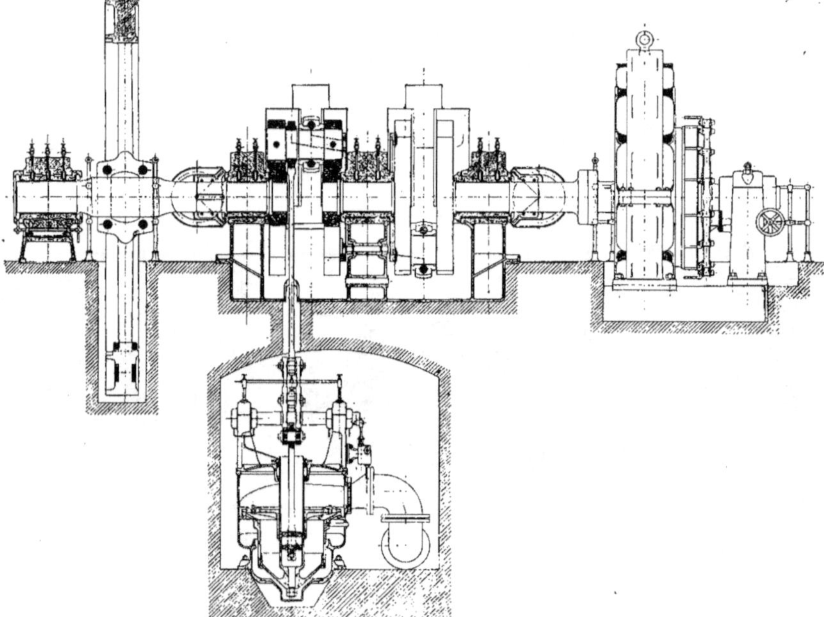

FIG. 21. — Machine horizontale *Tosi*. Coupe transversale.

Ce point P est aussi l'axe d'oscillation du levier D qui, par son extrémité gauche actionne la soupape d'admission et porte, à son extrémité droite, une palette.

Sur l'axe B est articulé un levier coudé A qui porte, à son extrémité inférieure, un taquet *e* et est relié par son autre extrémité, au moyen du tourillon E, à une tige R, articulée sur un levier en rapport avec le régulateur.

Les variations du régulateur se traduisent par des variations dans l'orientation du levier coudé A par rapport au levier C, et par conséquent dans la durée du contact du taquet *e* et de la palette, c'est-à-dire dans la durée de l'introduction de la vapeur.

Les axes sont en acier cémenté, trempé, et rectifié.

Le mouvement de déclenchement est obtenu au moyen de la came actionnant la soupape d'échappement. Mais ce mouvement ne se produit que quand ladite soupape est fermée. Le seul effort demandé à la came est donc un léger déplacement du secteur A, dont le poids est insignifiant, et le régulateur ne subit aucune réaction.

Le levier coudé, actionnant la soupape d'échappement, est relié à une tige terminée à son extrémité supérieure par un galet roulant sur la came. Cette tige, à peu de distance du galet, est articulée à un levier coudé oscillant autour d'un axe au-dessous de l'arbre de distribution, et dont le second bras est relié par une tige au petit levier qui est articulé par son autre extrémité avec la tige R.

Quand la soupape d'échappement s'ouvre, le point E s'élève et le taquet e est relevé en s'écartant de la palette du levier D. et en suivant la partie gauche de la courbe.

Pendant que la machine fait un tour complet, l'arête extérieure du taquet décrit ainsi

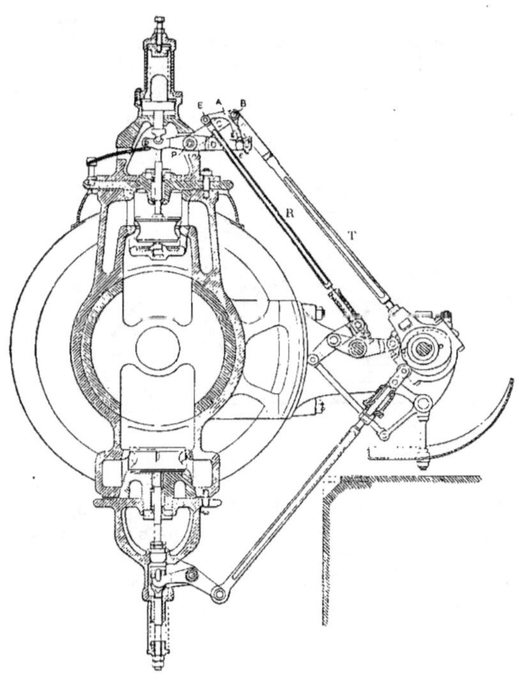

Fig. 22. — Machine *Tosi*.
Coupe transversale par le petit cylindre.

la courbe pointillée ressemblant à un trapèze : la partie de droite correspond à l'admission, c'est-à-dire au contact des taquets.

Il y a un mouvement transversal rapide du secteur, pendant que la barre d'excentrique, étant à bout de course, a une vitesse presque nulle. De cette façon, le secteur est dans sa position avant que la barre ait parcouru $^1/_6$ de son chemin descendant, avec une vitesse assez modérée à ce moment.

C'est alors que se fait le contact de la palette et du taquet, par conséquent sans choc.

La soupape se soulève donc lentement, mais sa vitesse augmente rapidement.

La soupape est déjà levée de $^1/_7$ de sa levée totale quand le piston est encore au point mort. A 8 p. 100 de la course du piston, la soupape a atteint sa levée maximum.

L'admission au cylindre à haute pression peut atteindre 70 p. 100.

Le régulateur est du type Porter à grande vitesse. Il est actionné par l'arbre de distribution au moyen d'une roue hélicoïdale et d'une vis sans fin.

Le nombre de tours de la machine peut être modifié en marche en déplaçant un contrepoids le long du levier du régulateur. Pour éviter d'agir directement sur la vis qui déplace ce contrepoids, un arbre auxiliaire et un volant à main agissent sur lui par l'intermédiaire d'un engrenage d'angle qui oscille autour du même axe que le levier du régulateur.

Le condenseur par mélange est placé sous le sol. La pompe à air, à simple effet, est à deux corps. Elle est actionnée par l'intermédiaire d'un balancier double mis en mouvement par une bielle montée sur le bouton faisant la jonction des manivelles entre deux tronçons de l'arbre. La pompe peut fonctionner sans bruit à grande vitesse. Il n'y a pas de clapets d'aspiration pour éviter la résistance de la circulation d'eau.

Le graissage des cylindres se fait sous pression par une pompe actionnée par l'arbre de distribution au moyen d'excentriques. Dans tous, il y a six arrivées d'huile.

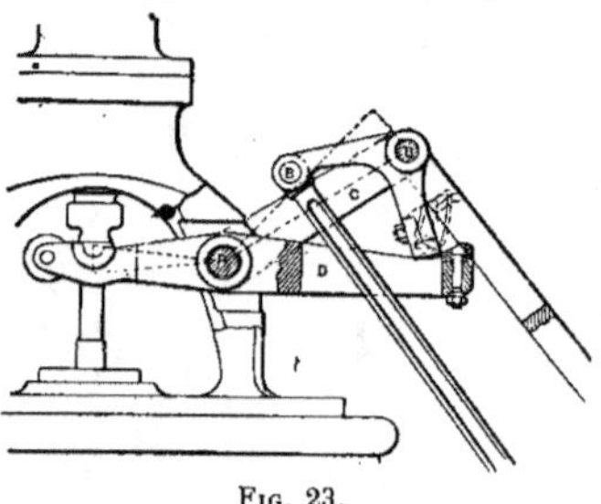

Fig. 23.

Les tourillons, les portées, glissières, sont lubrifiés par l'écoulement continu de l'huile provenant d'un réservoir placé à côté de la machine, le long d'un pilier, à 3 mètres au-dessus du sol. Après avoir servi au graissage, l'huile s'écoule au sous-sol, où elle est filtrée, et pompée de nouveau dans le réservoir.

Un vireur à vapeur vertical actionne, par un mouvement de vis sans fin, un arbre portant un pignon qui peut être mis en contact avec la couronne dentée du volant.

Données principales :

Diamètre du petit cylindre...........	0,525
— du moyen cylindre.........	0,825
— des deux grands cylindres....	0,975
Rapport $\dfrac{s_1}{s} =$	2,47
— $\dfrac{s_1}{s_2} =$ .... $2 \times 1,40 =$	2,80
— $\dfrac{s_2}{s} =$	6,92
Course des pistons..................	1.200
Rapport $\dfrac{d}{l} =$	0,44
— $\dfrac{d_1}{l} =$	0,69
— $\dfrac{d_2}{l} =$	0,82

Volume du petit cylindre.............	260 lit.
— du moyen cylindre..........	643 lit.
— des deux grands cylindres.....	1,800 lit.
Nombre de tours par minute.........	107
Vitesse moyenne des pistons.........	4 m. 28
Pression initiale de la vapeur........	10 kilog.
Admission normale au cylindre HP....	0,3
Détente totale correspondante........	23
Puissance correspondante, en chevaux indiqués............................	1.450
Volume des grands cylindres par cheval.	1 lit. 24
Volume engendré par les grands pistons par seconde et par cheval..........	4 lit. 4
Coefficient d'activité.................	0,225
Diamètre du volant..................	4 m. 50
Vitesse à la circonférence...........	25 m.

Vereinigte Maschinenfabrik Augsbourg
und Maschinenbau Gesellschaft Nuremberg Aktien Gesellschaft.

L'importante Société qui a réuni les ateliers de construction d'Augsbourg et de

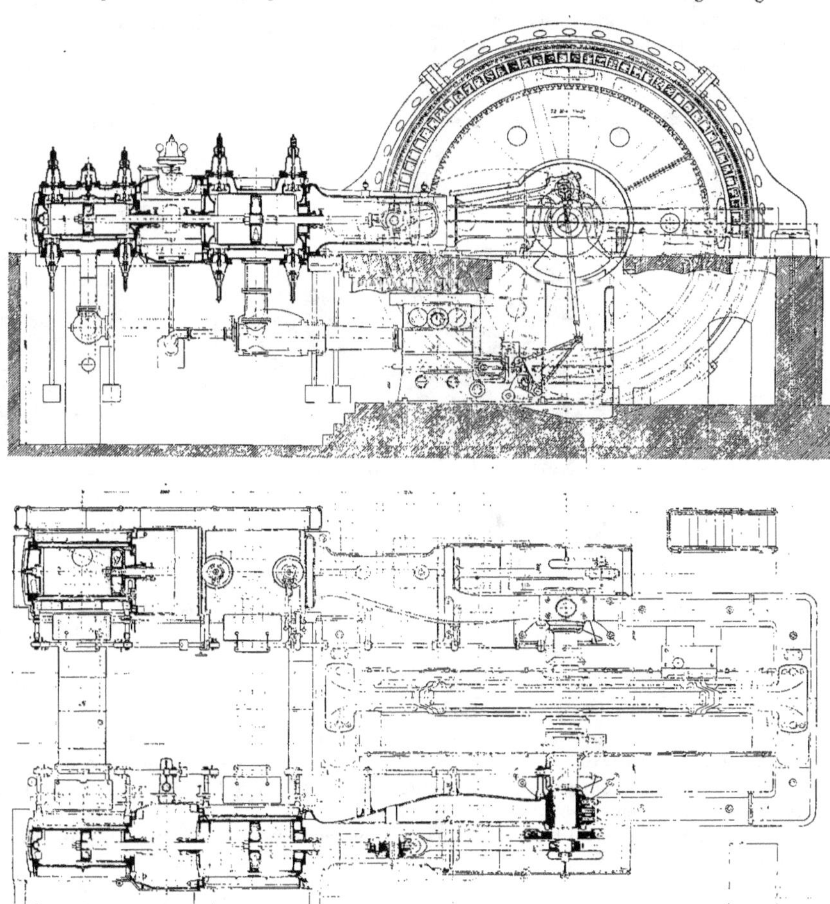

Fig. 24 et 25. — Machine horizontale à triple expansion des ateliers d'Augsbourg.
Groupe électrogène *Hélios*.
Coupe longitudinale et plan-coupe horizontal.

Nuremberg avait fourni trois des groupes électrogènes que l'Allemagne avait installés dans la galerie de 30 mètres du côté Suffren.

Sur ces trois machines, une horizontale, de la puissance admise de 2.200 chevaux, actionnant un alternateur de la Société Hélios, avait une distribution par soupapes. Les deux autres machines, verticales, avaient une distribution par soupapes, au cylindre HP, et des tiroirs Corliss aux autres cylindres. Nous les étudierons plus loin.

La machine horizontale à triple expansion et à quatre cylindres, qui nous occupe en ce moment, est, en somme, une reproduction agrandie des machines Sulzer du type courant. Elle est composée de deux lignes de cylindres, espacées de 6 m. 45 d'axe en axe.

Chacune de ces lignes comporte deux cylindres : un cylindre à basse pression, en avant, et, en tandem, à droite, le cylindre à haute pression, à gauche, le cylindre à moyenne pression.

A chacun des cylindres à basse pression, correspondent un condenseur et une pompe à air, en sous-sol ; la pompe à air horizontale est actionnée par une bielle montée sur un

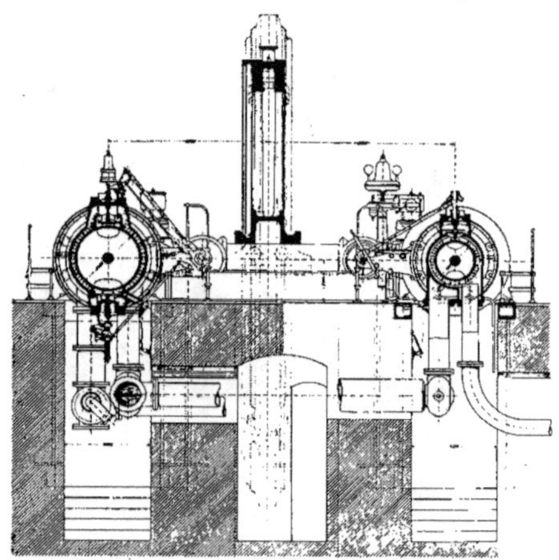

Fig. 26 — Machine horizontale de la *Société d'Augsbourg* (Groupe Hélios).
Coupes transversales.

contre-maneton de la manivelle et par balancier. La tuyauterie est disposée de façon à pouvoir marcher, au besoin, avec une seule pompe à air.

Les cylindres sont tous à enveloppe de vapeur. La vapeur circule dans l'enveloppe du cylindre où elle va travailler. Les pistons, en acier moulé, sont à garnitures en acier.

Les cylindres BP sont reliés par des couronnes de boulons à deux bâtis à baïonnette avec lesquels sont venus de fonte les paliers principaux.

Les coussinets, en métal blanc, sont en quatre pièces, et facilement réglables dans tous les sens.

L'arbre droit est en acier au creuset. Il est creux et pèse 10 tonnes. Son diamètre maximum, au droit de l'alternateur, est de 0,575 ; ses portées sur les paliers ont 0,475.

Les manivelles équilibrées, en acier moulé, sont calées à chaud à 90°.

La distribution est faite par des soupapes à double siège, conduites par leviers à déclic, sous la dépendance d'excentriques et de cames. Comme dans les machines Sulzer, au-dessus du cylindre HP et, dans son axe, est la soupape de prise de vapeur qui est manœuvrée par un volant et par engrenages coniques.

Le régulateur agit sur la distribution du cylindre à haute pression.

Un dispositif spécial a été étudié pour pouvoir le relier également aux soupapes du cylindre MP et même à celles des cylindres B P pour le cas où ces cylindres seraient seuls utilisés.

Les deux arbres de distribution sont commandés au moyen d'engrenages coniques, par l'arbre de couche de la machine.

Les soupapes d'échappement sont aussi à double siège, commandées par cames et leviers articulés.

Les cames montées sur les arbres de distribution peuvent, pour les cylindres à basse

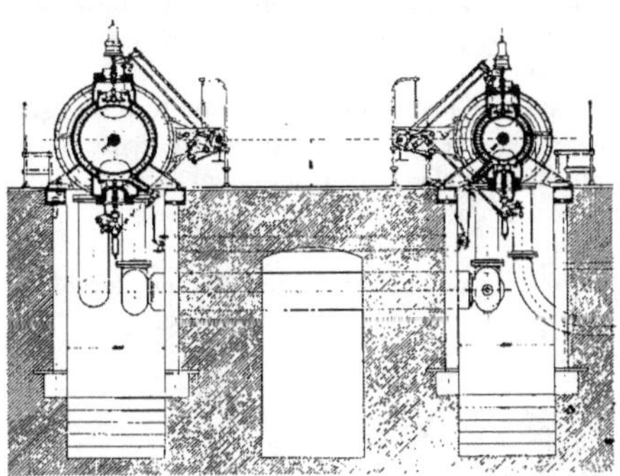

FIG. 27.
Coupe transversale.

pression, recevoir des orientations différentes suivant la compression que l'on veut obtenir dans ces cylindres, pour la marche à échappement libre ou à condensation.

Un grand levier à main permet de supprimer la connexion entre le régulateur et la distribution.

Données principales :

Diamètre du cylindre à haute pression.	0,700
— moyenne — .	1,100
Diam. des deux cylindres à basse — .	1,150
Rapports $\dfrac{s_1}{s} = $	2,47
— $\dfrac{2\,s_2}{s_1} = $	2,18
— $\dfrac{2\,s_2}{s} = $	5,40
Course commune des pistons	3,84
Rapports $\dfrac{d}{l} = $	0,44
— $\dfrac{d'}{l} = $	0,69
— $\dfrac{d''}{l} = $	0,72
Nombre de tours	72
Vitesse moyenne des pistons	1 m. 600

Volume du petit cylindre	615 lit.
— du moyen cylindre	1.520 lit.
— des deux grands cylindres...	3,325 lit.
Pression initiale de la vapeur	11 kilog.
Admission moyenne au petit cylindre.	0,33
Détente totale correspondante	16,3
Puissance admise, en chevaux indiqués	1.900
Volume des grands cylindres par cheval	1 lit. 45
Volume engendré par les grands pistons par cheval et par seconde....	3 lit. 5
Coefficient d'activité	0,285
Diamètre de l'alternateur volant	7,50
Vitesse à la circonférence	29,50
Poids	76 tonnes
Coefficient d'irrégularité	1/500
Poids total de la machine, environ...	500 tonnes

Sulzer frères-Rieter.

Machine horizontale compound tandem de 750 chevaux.

Comme la précédente, cette machine avait son cylindre BP à l'avant, et le condenseur en sous-sol. Comme elle aussi, elle a des soupapes à quatre sièges et par conséquent une levée faible. Elle est pourvue, en guise de volant, d'un alternateur de la maison J. J. Rieter et Cie.

En vue précisément de son adaptation à la conduite d'une génératrice électrique, et en raison de l'obligation où l'on se trouve fréquemment, dans ce cas, de faire fonctionner les machines à très faible charge et par conséquent avec des degrés d'admission très minimes, MM. Sulzer ont été amenés à étudier, pour cette machine, une distribution d'un système nouveau.

En effet, avec les systèmes ordinaires de distribution, lorsque la durée de l'admission

Fig. 28. — Machine horizontale *Sulzer* à leviers roulants.

est très courte, comme lorsque la levée de la soupape est très faible, il arrive que le piston du dash-pot n'a pas le temps d'aspirer une quantité d'air suffisante pour son bon fonctionnement.

Cette distribution est caractérisée par l'emploi d'un levier roulant A (fig. 29), qui oscille sur la base ajustable B.

Pour que, à l'ouverture de la soupape, le rapport des leviers soit aussi grand que possible, il est nécessaire que l'extrémité B se rapproche très près du centre de la tige.

L'extrémité C du levier A est mue par un dispositif de déclenchement analogue au système ordinaire de la maison, mais avec cette différence, que le dash-pot a été déplacé en D et qu'il est muni d'un ressort supplémentaire.

L'épure (fig. 30) montre le détail du mouvement. Au repos, le levier roulant est relevé et ne touche pas son chemin de roulement inférieur. Quand la machine se met en marche, le déclic, pressant sur sa came, amorce d'abord le dash-pot, puis, abaissant le levier roulant, l'amène au contact de son chemin de roulement après une certaine course à vide. C'est alors seulement que se produit le soulèvement de la soupape.

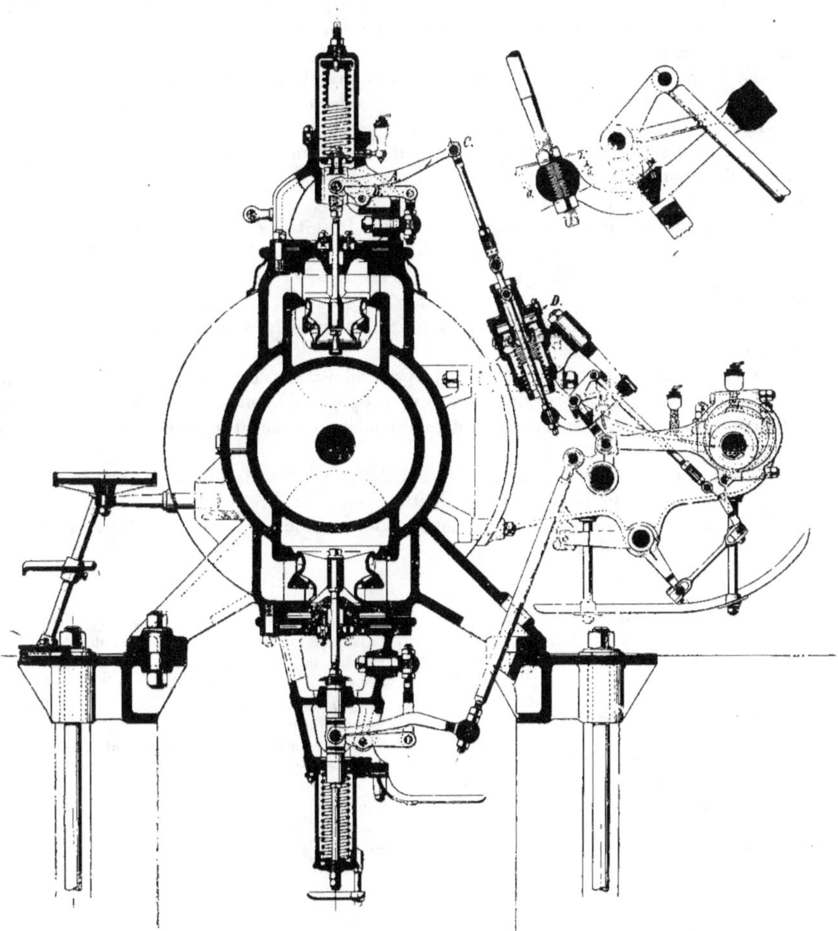

FIG. 29 et 30. — Machine horizontale *Sulzer* à leviers roulants.
Détails de la distribution et du déclic.

Le mouvement du secteur de déclenchement suit les courbes ordinaires en forme de cœur, mais l'ouverture de la soupape ne commence qu'en M, le point mort étant en O.

La hauteur N indique le moment où tout le système commence son mouvement.

A ce point, le levier roulant ne se trouve pas encore assis sur l'extrémité B, ce qui n'a lieu qu'à la hauteur M. Le piston à air fait donc un mouvement correspondant à MN, avant que la soupape elle-même commence à se lever. Il a donc la faculté d'aspirer de l'air et de le comprimer après le déclic, même si celui-ci se faisait avant que la soupape ait commencé à s'ouvrir, c'est-à-dire à la marche à vide.

La fermeture de la valve, après le déclic, est produite moins par l'action du dash-pot, que par le mouvement du levier roulant, uni à l'effet du ressort et à l'inertie des masses en mouvement, leviers, tiges, etc.

Le freinage dû au piston du dash-pot sert principalement après la fermeture de la soupape, à absorber la force vive restante des tiges encore en mouvement pendant la course à vide, et par conséquent à rétablir l'état de repos.

De ces dispositions, il résulte que même pour un nombre de tours très élevé, la vitesse de fermeture des soupapes reste très modérée, et que la marche est absolument douce à tous les degrés d'admission.

Le régulateur a peu de résistance à vaincre. Il agit directement sur les excentriques de l'arbre de distribution, qui commandent les soupapes d'admission au cylindre HP. Ceux-ci agissent sur le déclic par un attelage de tiges, et le mouvement se transmet, du déclic au levier roulant, par la tige du piston du dash-pot.

Le réglage à petite charge est particulièrement sensible, à cause des faibles levées des soupapes.

L'excentrique qui commande la soupape d'admission commande en même temps la soupape d'échappement correspondante. Les soupapes d'admission et d'échappement du cylindre à basse pression sont également commandées par excentrique avec emploi de leviers roulants.

Nous n'apprendrons rien à personne en disant que les machines qui sortent des ateliers Sulzer sont admirables de construction; on peut dire qu'elles atteignent la perfection mécanique, tellement tous les détails en sont étudiés, et tant le travail est soigné.

Données principales :

Diamètre du cylindre H P	0,525		Détente totale correspondante	12
— — B P	0,875		Puissance correspondante, en chevaux indiqués	750
Rapport des sections	2,77		Admission maximum au cylindre H P	0,40
Course des pistons	1.100		Volume du petit cylindre	238 lit.
Rapport $\dfrac{d}{l} =$	0,48		Volume du grand cylindre	661 lit.
$— \quad \dfrac{d'}{l} =$	0,80		Volume du grand cylindre par cheval	0,88
Nombre de tours	100		Volume engendré par le grand piston, par seconde et par cheval	2,95
Vitesse moyenne des pistons	3,65		Coefficient d'activité	0,34
Pression initiale de la vapeur	11 kg.		Diamètre de l'alternateur	5,200
Admission normale au cylindre HP	0,23		Vitesse à la circonférence	2ⁿ,30

Erste Brünner Maschinenfabrik Gesellschaft.

Les anciens établissements Th. Bracegirdle et Luz, de Brünn, fusionnés récemment avec la maison Frédéric Wannieck, participaient à la production de la force motrice par la fourniture d'une machine à vapeur horizontale Compound, combinée avec un alternateur de la Société Ganz et Cie, calé au milieu de l'arbre principal.

La distance d'axe en axe des deux cylindres est de 3 m. 90, et chacun d'eux est relié à son bâti, du type à baïonnette, par une couronne de boulons.

Ils reposent librement sur des plaques rabotées, scellées dans la maçonnerie des fondations. Les tiges des pistons traversent les cylindres de part en part. Leurs prolongements, protégés par des tubes, sont supportés par des glissières rapportées sur les fonds arrière.

Les garnitures des tiges sont métalliques.

La distribution aux deux cylindres est faite par deux arbres parallèles à l'axe longi-

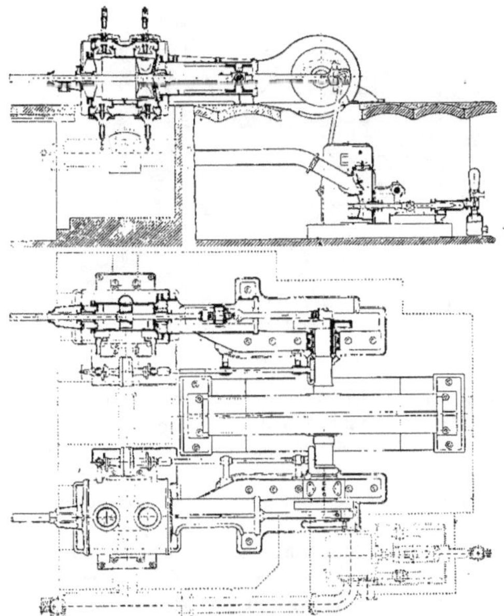

Fig. 31 et 32. — Machine horizontale de 910 chevaux de la *Erste Brünner Maschinenfabrik Gesellschaft*.
Coupe longitudinale et plan.

tudinal des cylindres et conduits par l'arbre de couche placé entre les cylindres, au moyen d'engrenages coniques.

Sur ces arbres, sont montés des excentriques actionnant des soupapes à course guidée, du système Lenz et Woit.

La distribution du petit cylindre est sous la dépendance immédiate du régulateur axial calé sur l'arbre de distribution. Celle du grand cylindre est réglable à la main. Le régulateur lui-même est réglable à la main en marche, au moyen d'un volant monté en bout de l'arbre de distribution, et qui permet de changer le nombre de tours en variant la tension du ressort du régulateur.

Les pistons Ramsbotton sont à segments en fonte.

Les plateaux-manivelles portent des contrepoids. Leurs manetons sont calés à 120°, le grand cylindre en avance sur le petit. Les constructeurs prétendent que les masses s'équilibrent ainsi plus parfaitement. On est en droit de se demander si la disposition de deux manivelles à 120° donne la même régularité que trois manivelles à 120°.

Les paliers font corps avec les bâtis. Les coussinets, garnis de métal blanc, sont en quatre parties, facilement amovibles.

Le condenseur à injection est en sous-sol.

La pompe à air à double effet est commandée par un renvoi prenant son mouvement sur le bouton de manivelle, du côté du grand cylindre.

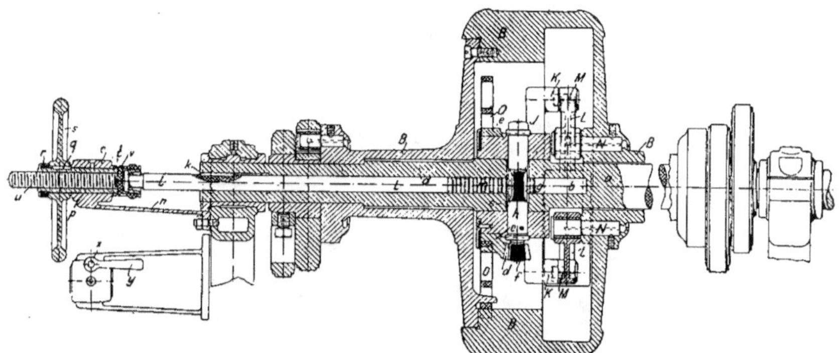

F ɪ ɢ. 33. — *Erste Brünner Maschinenfabrik Gesellschaft.*
Coupe longitudinale du régulateur axial système Lenz.

Les clapets d'aspiration et refoulement sont à garniture de caoutchouc, ceux d'aspiration plus grands que ceux de refoulement.

Le graissage est assuré par des graisseurs automatiques desservant les cylindres, les presse-étoupes du petit cylindre et les coussinets principaux.

L'ouverture et la fermeture des soupapes se font sans déclic, au moyen de leviers à cames, dont le mouvement dépend directement des tiges des excentriques.

Le mécanisme de la distribution est caractérisé par les points suivants :

1° Les excentriques actionnés par l'arbre du distributeur sont en communication directe avec une came soulevant ou laissant tomber un galet monté dans une chape de guidage disposée dans l'axe médian de la tige.

2° L'excentricité et l'angle de calage des excentriques conduisant les soupapes d'admission sont variés par le régulateur axial monté sur l'arbre de distribution.

3° Les réactions des organes d'admission sont annulées en partie grâce à la construction spéciale du régulateur et des excentriques ; les axes des tiges d'excentriques sont perpendiculaires aux surfaces de glissement des excentriques.

Avec ces dispositions on peut faire tourner les machines à 200 tours par minute.

Afin de pouvoir obtenir l'équilibre complet des soupapes, il faut pouvoir leur donner le même diamètre exactement. Dans ce but, elles sont coulées d'une seule pièce avec leur siège, puis clapet et siège sont travaillés ensemble sur le tour et ne sont détachés l'un de l'autre qu'à la fin du travail. Cela permet aussi d'avoir du métal de même dilatation et de même dureté.

En vue de supprimer les presse-étoupes des tiges des soupapes, et par conséquent de diminuer les frottements, la tige de la soupape porte des rainures transversales. Elle traverse une douille au milieu de laquelle est une chambre creuse ; à la partie supérieure est une cavité remplie d'huile.

Les deux ou trois gorges transversales supérieures se remplissent d'huile à chaque

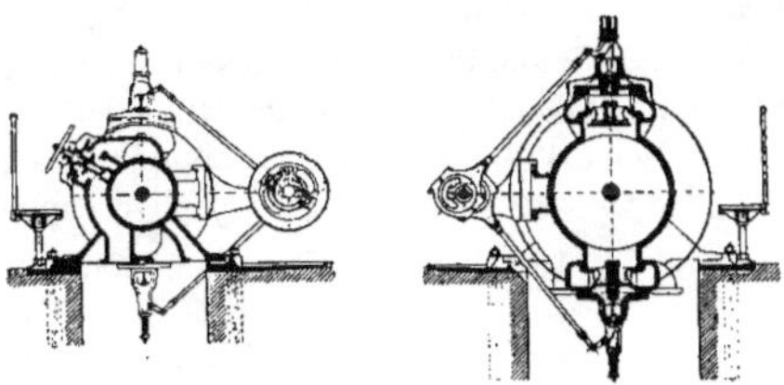

Fig. 34 et 35. — *Erste Brünner Maschinenfabrik Gesellschaft.*
Coupes transversales des deux cylindres.

course, et amènent cette huile entre les surfaces frottantes. La tige est ainsi graissée, en même temps que l'étanchéité assurée.

L'huile en excès et l'eau condensée sont réunies dans la chambre creuse, et évacuées par un tube qui en règle le niveau.

Cette machine a été étudiée en vue de pouvoir fonctionner à la vapeur surchauffée. Aussi le cylindre à HP n'a pas d'enveloppe de vapeur.

Le tuyau d'arrivée de vapeur, qui vient du dessous du cylindre HP, contourne seulement ce cylindre en son milieu, et reçoit la valve d'arrivée de vapeur.

Le volant-alternateur de la maison Ganz présente les mêmes dispositions générales que celui combiné avec la machine L. Lang.

Données principales :

Diamètre du cylindre à haute pression.	0,525	Détente totale	14
» » basse pression.	0,950	Volume du grand cylindre par cheval.	0,7
Rapport des sections	3,25	Volume engendré par le grand piston par seconde et par cheval	2,92
Course des pistons	0,900	Coefficient d'activité	0,34
Rapport $\dfrac{d}{l} =$	0,58	Diamètre du tuyau d'admission de vapeur	0,180
$\dfrac{d'}{l} =$	1,18	Diamètre du tuyau d'échappement	0,260
Nombre de tours par minute	125	Diamètre des paliers principaux	0,300
Vitesse moyenne des pistons	3,75	Longueur des portées	0,600
Volume du petit cylindre	196	Diamètre des manetons	0,180
» grand cylindre	638 lit.	Longueur —	0,230
Pression initiale	12 kg.	Diamètre de l'alternateur volant	4,100
Puissance admise en chevaux indiqués.	910	Vitesse à la circonférence	27 mètres
Admission correspondante au cyl. HP.	0,22	Poids de l'alternateur	21.000 kg.

Storck frères, à Hengelo.

La machine exposée par MM. Storck frères est une machine horizontale Compound à cylindres parallèles indépendants.

D'une construction très soignée, cette machine est disposée pour l'emploi de vapeur surchauffée à 350° par le système Schmidt.

Le surchauffeur Wilhelm Schmidt, qui ne pouvait fonctionner à l'Exposition, puisqu'il aurait nécessité l'emploi d'un foyer au milieu des galeries, peut produire une surchauffe atteignant jusqu'à 400° ; il était exposé à proximité de ce groupe électrogène.

La température la plus élevée que puisse pratiquement supporter sans inconvénient,

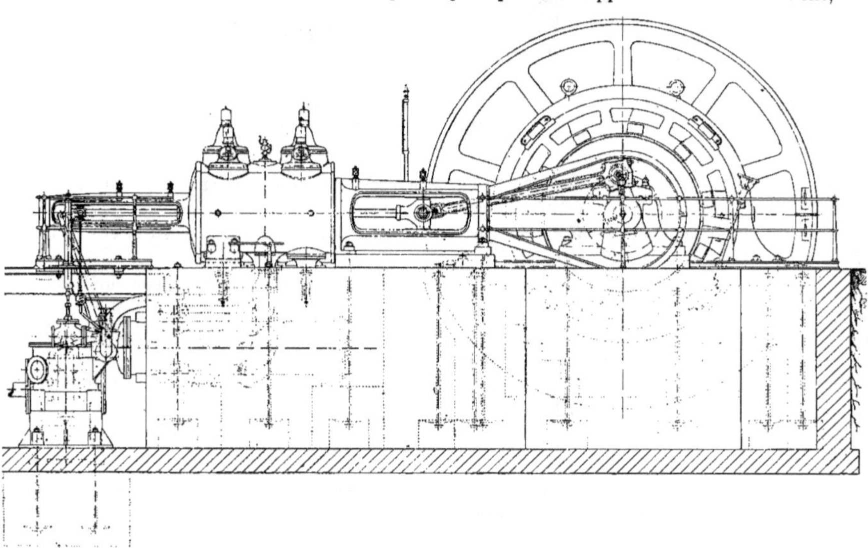

Fig. 36. — Machine horizontale de 550 chevaux de MM. *Storck frères* à Hengelo.
Élévation longitudinale.

et encore grâce à des dispositions spéciales, la fonte du cylindre HP ne doit pas dépasser 350° ; aussi une partie de la vapeur sortant du surchauffeur est envoyée dans le receiver placé dans les fondations. Ce receiver est composé d'un cylindre en fonte, terminé à une extrémité par une partie hémisphérique, et à l'autre extrémité par une boîte dont une des parois est une plaque tubulaire dans laquelle débouchent 76 tubes en U. La vapeur surchauffée passe dans les tubes, et la vapeur détendue sortant du petit cylindre venant remplir le receiver, un échange de température se fait à travers le faisceau tubulaire ; la vapeur détendue se réchauffe, pendant que la vapeur surchauffée se désurchauffe ou se sature. Il peut même se produire une certaine condensation, et une tubulure d (fig. 37, à la partie inférieure du receiver, permet d'évacuer l'eau qui se trouverait ainsi condensée. Du receiver, la vapeur désurchauffée se rend au petit cylindre, et, dans le parcours, se remélange avec une certaine quantité de vapeur venant directement du surchauffeur. Une valve, qui peut être actionnée soit à la main, soit par le régulateur, permet de faire passer dans les tubes du receiver une quantité plus ou moins considérable de vapeur, et par conséquent de régler à la fois la température de la vapeur entrant au cylindre à haute pression et celle de la vapeur allant au cylindre à basse pression. La surchauffe est donc variable :

1° Au petit cylindre, par l'adjonction plus ou moins grande de la vapeur désurchauffée ;

2° Au grand cylindre, par le passage plus ou moins grand de la vapeur surchauffée au réservoir.

Dans le petit cylindre, la détente produit un refroidissement, et la vapeur ainsi détendue passe au receiver. Son parcours est guidé par des cloisons venues de fonte avec le corps du receiver.

Des expériences faites au mois d'avril 1900 à Enschedé (Hollande) par les professeurs Ravenek et Grundel, de l'École Polytechnique de Delft, sur une machine à peu près identique à celle exposée, marchant à 85 tours et produisant 450 chevaux avec une surchauffe de 340° au petit cylindre et de 175° au grand cylindre, ont accusé, paraît-il, une consommation de 4 kg. 38 de vapeur par cheval heure pendant une journée, et de 4 kg. 62 le lendemain, correspondant à une consommation de combustible de 0 kg. 55 à 0 kg. 58 par cheval et par heure.

La chaudière Lancashire qui produisait la vapeur avait 90 m² de surface de chauffe et 3 m² 24 de surface de grille.

La surface du surchauffeur était de 100 m², et celle du receiver, de 10 m².

Le vide au condenseur était de 65,5 à 66 cm. de mercure.

Ainsi que nous l'avons exposé, les conditions de l'exploitation à l'Exposition n'ont pas permis de faire le contrôle de ces remarquables résultats.

Avec des températures aussi élevées, des enveloppes de vapeur aux cylindres seraient plus nuisibles qu'utiles. En outre, il ne saurait être question d'employer, pour les presses-étoupes, des garnitures ordinaires. On a donc été amené à employer une garniture composée d'une série de rondelles en fonte, de deux types différents, que l'on place en les alternant avec soin sur la tige du piston. Les unes sont coupées en biseau, et enfilées à frottement dur sur la

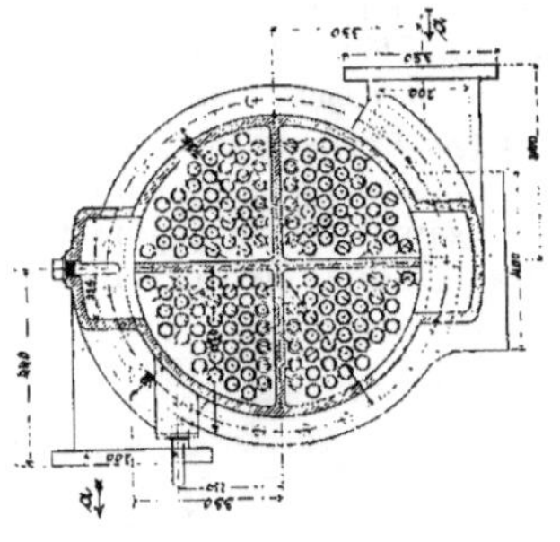

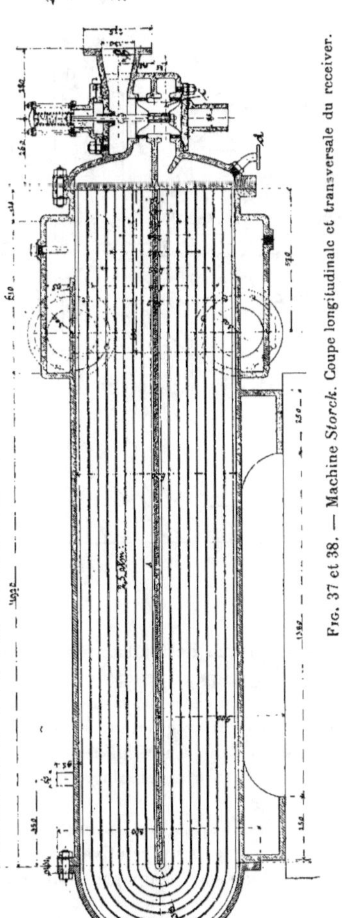

Fig. 37 et 38. — Machine *Storck*. Coupe longitudinale et transversale du receiver.

tige ; les autres présentent extérieurement une gorge, dans laquelle on place une garniture d'amiante qui fait joint contre la boîte à étoupes.

Les pistons sont en fonte, et creux ; celui du petit cylindre est du type Ramsbotton ; celui du grand cylindre a une garniture du système Pollit et Wigzell (Matter et Platt).

Les manivelles sont équilibrées par des contrepoids. Toutes les surfaces de frottement sont garnies de métal antifriction. Le volant, à dix bras, est en deux pièces fortement boulonnées. Il complète l'action régulatrice de la dynamo.

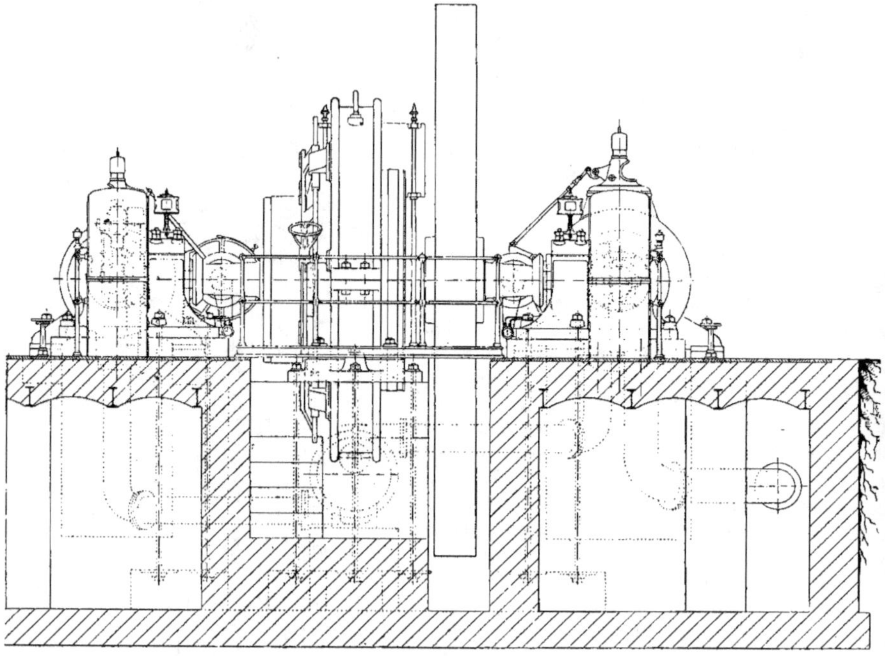

Fig. 39. — Machine compound de 550 chevaux de MM. *Storck frères.*
Vue en bout.

Une plaque de fondation générale règne, pour chaque moitié de la machine, depuis le cylindre jusqu'au palier.

Les soupapes sont à double siège ; celles d'admission au petit cylindre sont commandées par un régulateur Proell, qui permet de varier automatiquement l'admission de 0 à 60 p. 100. Ce régulateur étant monté sur l'arbre de commande de la distribution, son action fait varier le calage, sur cet arbre, de l'excentrique qui commande les soupapes d'admission.

Au grand cylindre, l'admission peut être changée à la main en modifiant la position des excentriques fous, relativement à un excentrique à eux accolé.

Les tiges des soupapes sont munies de garnitures analogues à celle de la tige du piston.

La commande des soupapes se fait sans déclics et par leviers roulants renversés. La rapidité de la fermeture ne dépend donc que de la forme des surfaces des leviers.

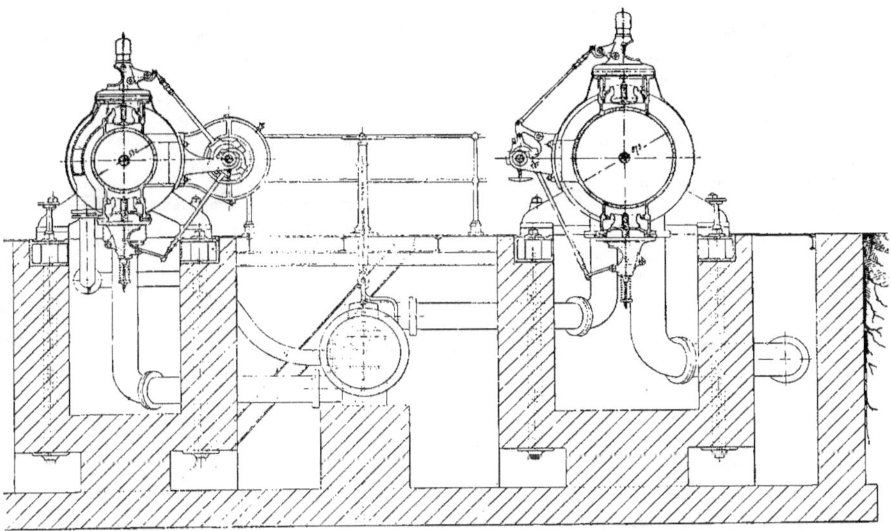

Fig. 40. — Machine horizontale de MM. *Storck frères*.
Coupe transversale.

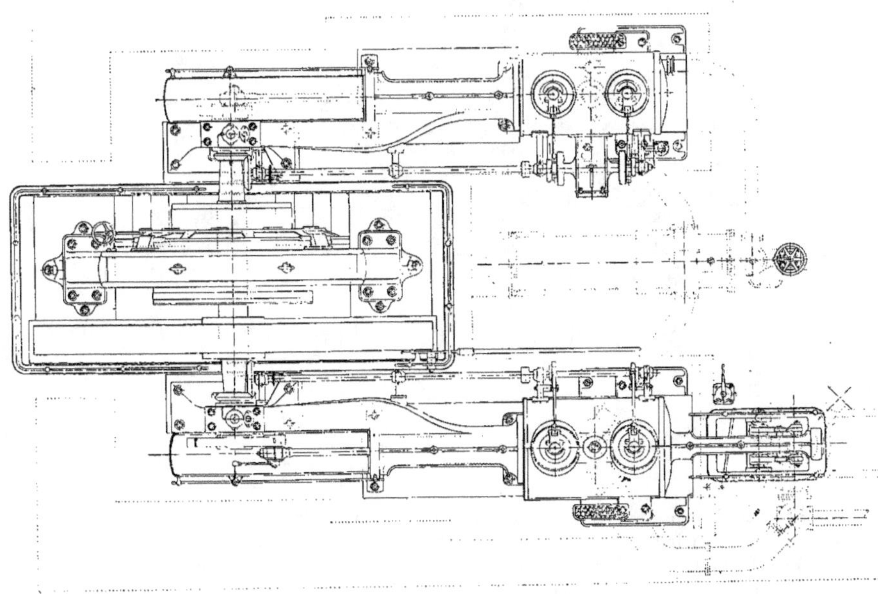

Fig. 41. — Machine horizontale de MM. *Storck frères*.
Vue en plan.

Le condenseur est à injection directe. La pompe à air verticale est actionnée par une bielle reliée au prolongement de la tige de piston du grand cylindre.

Données principales :

Diamètre du cylindre HP............	0,530	Admission normale au cylindre HP..	0,15
» » BP	0,875	Détente totale......................	17
Rapport des surfaces................	2,73	Puissance en chevaux indiqués.......	550
Course des pistons..................	1,000	Volume du grand cylindre par cheval	1 lit. 1
Rapport $\dfrac{d}{l} =$	0,53	Volume engendré par le grand piston par cheval et par heure............	3 lit. 9
$\dfrac{d'}{l} =$	0,87	Coefficient d'activité................	0,256
		Diamètre intérieur du receiver.......	0,630
Nombre de tours	110	Longueur » »	3,015
Vitesse des pistons.................	3,67	Nombre des tubes »	76
Volume du petit cylindre............	221 litres	Diamètre du volant................	5,00
Volume du grand cylindre...........	601 litres	Vitesse à la circonférence............	28,80

Bromley frères, à Moscou.

Il n'était pas sans intérêt de voir la Russie, dont l'industrie date d'hier, représentée dans le groupe de la Mécanique non seulement par les remarquables travaux de chaudronnerie qui ont été signalés dans un autre fascicule, mais encore par des machines à

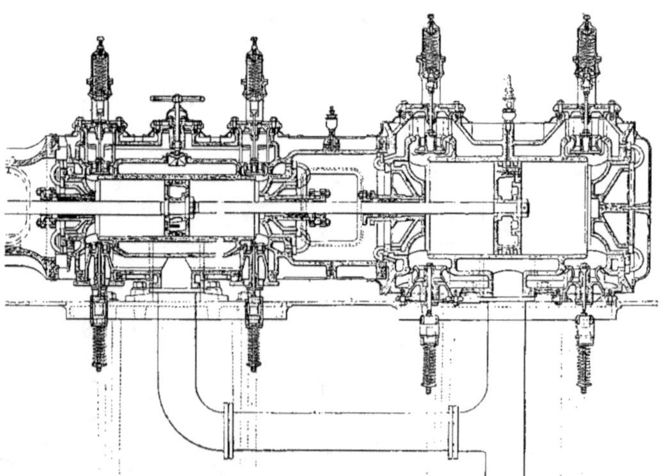

Fig. 42. — Groupe électrogène de MM. *Bromley frères.*
Coupe longitudinale des deux cylindres de gauche.

vapeur, dont la construction peut prêter, pour certains points, à la critique, mais n'en est pas moins un indice des grands progrès réalisés dans ce pays.

La maison Bromley frères, de Moscou, avait envoyé à l'Exposition plusieurs machines ; entre autres, un groupe électrogène et une machine verticale de 60 chevaux à grande vitesse.

Le groupe électrogène de 350 chevaux, le seul dont nous ayons à nous occuper pour l'instant, la machine verticale devant être étudiée dans un autre chapitre, comprend une machine horizontale à triple expansion, dont les trois cylindres sont groupés de la

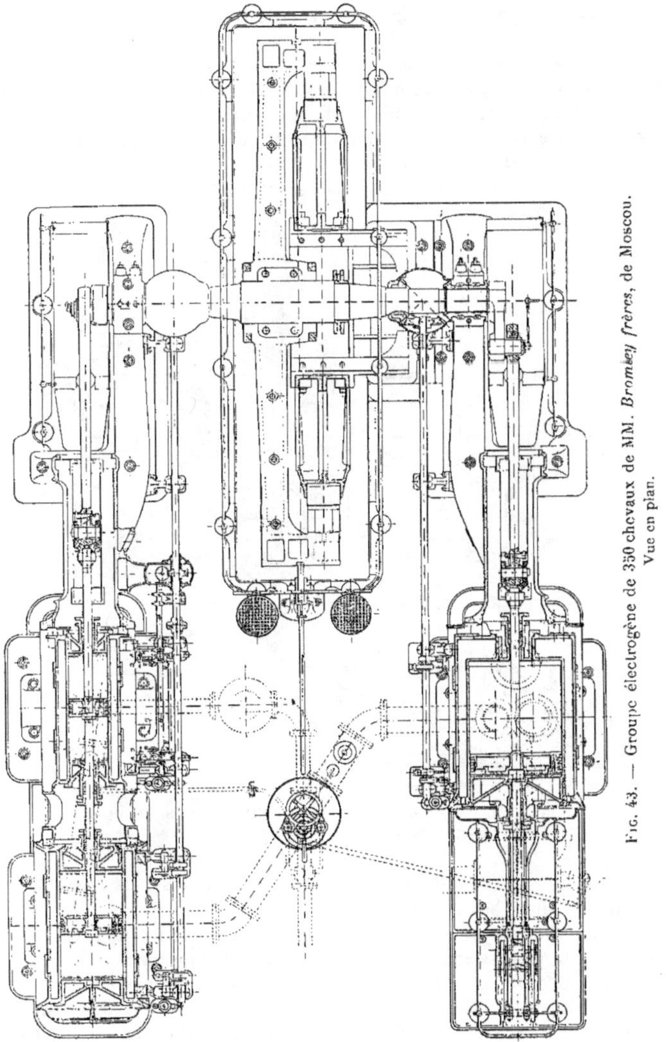

FIG. 43. — Groupe électrogène de 350 chevaux de MM. *Bromley frères*, de Moscou.
Vue en plan.

façon suivante : du côté gauche de la machine, le petit cylindre à l'avant, et le moyen cylindre en tandem derrière le premier ; du côté droit, le grand cylindre, sous lequel est placé le condenseur ; la pompe à air, horizontale, prend son mouvement sur le prolongement de la tige du piston, au moyen d'un renvoi par double balancier, de part et d'autre de la glissière, qui permet de réduire la course de 810 à 300 millimètres.

Il est certain que les efforts sur les manivelles sont très inégaux.

Le piston de la pompe à air se prolonge à l'avant et à l'arrière par deux fourreaux, à l'intérieur desquels passe une tige articulée qui sert à transmettre le mouvement du balancier.

Les clapets sont en caoutchouc; ils sont appliqués sur leur siège par des ressorts coniques; leur diamètre est de 120 millimètres. Le vide produit est de 66 c. de Hg.

Les trois cylindres sont à enveloppes de vapeur.

La vapeur vive remplit l'enveloppe du petit cylindre. C'est sur cette enveloppe qu'est placée la vanne de prise de vapeur.

Du petit cylindre, la vapeur passe dans l'enveloppe du cylindre de moyenne pression,

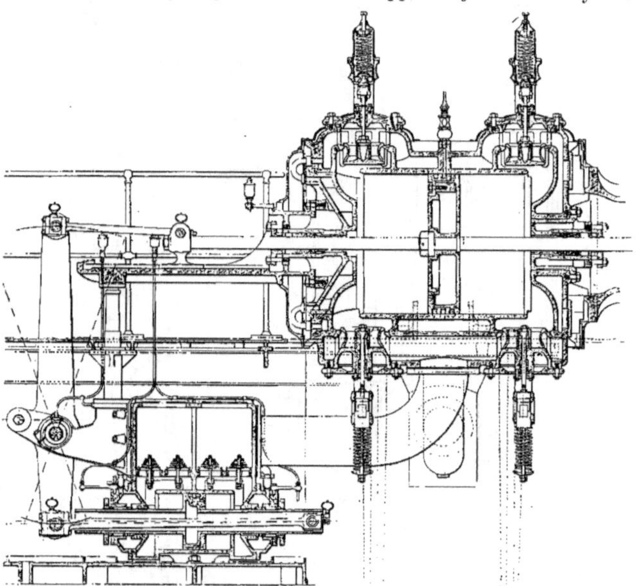

Fig. 44. — Groupe électrogène de MM. *Bromley frères.*
Coupe longitudinale du grand cylindre et de la pompe à air.

puis dans le cylindre moyen lui-même; enfin, dans l'enveloppe du grand cylindre, et de là dans le cylindre à basse pression.

La distribution se fait, à chaque extrémité des cylindres, par un excentrique unique, qui commande à la fois les soupapes d'admission et d'échappement.

Il n'y a pas de déclic pour la commande des soupapes d'admission.

Les arbres de distribution, parallèles aux cylindres, sont commandés, de chaque côté du volant, par des engrenages coniques munis de cache-engrenages. Les soupapes sont à double siège, et leur fermeture est adoucie par des dash-pots.

Un arbre auxiliaire, G (fig. 47), parallèle à l'arbre de distribution, le long du cylindre à haute pression, et qui n'existe que sur la longueur de ce cylindre, est relié au manchon du régulateur S, par le levier L et par la tige R dont la longueur est variable à la main au moyen du volant W. L'extrémité inférieure de cette tige est articulée avec le bras A claveté sur l'arbre G. Le levier coudé B est aussi claveté sur G, de telle sorte qu'à tout mouvement d'oscillation de A correspond un mouvement de B et, par conséquent aussi, de l'axe g autour duquel oscille la bielle r.

D'ailleurs, le levier B est double, et son deuxième bras est relié à un piston à cataracte d'huile, qui modère le balancement dû aux oscillations.

Enfin, la bielle r porte une tige f qui sert d'appui à la tige d'excentrique l.

L'axe v, à l'extrémité de l'excentrique l est relié par la tige K au levier V (fig. 45) conduisant la soupape d'admission.

Ce levier est légèrement convexe à la partie inférieure, de manière à rouler sur la surface horizontale du point d'appui F. De cette façon, au moment où la soupape doit se soulever, le point de contact entre F et V étant dans la tige même de la soupape,

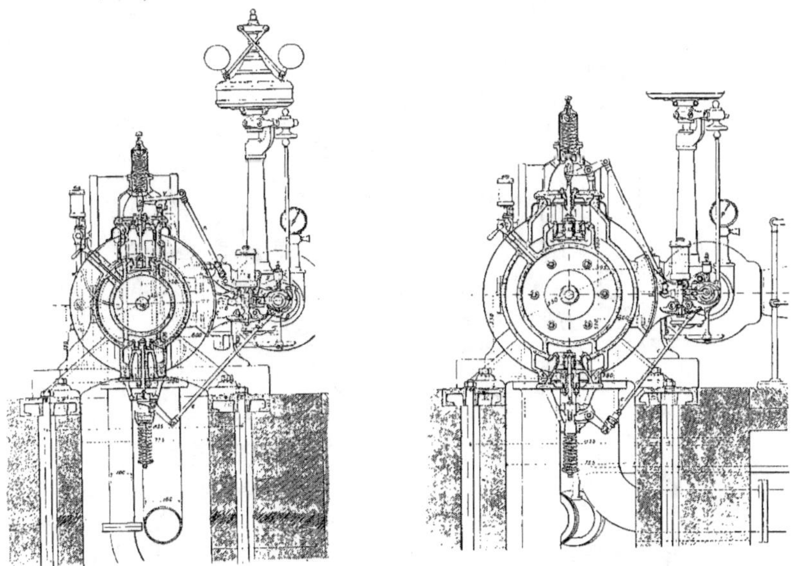

Fig. 45 et 46. — Groupe électrogène de MM. *Bromley frères.*
Coupes transversales du petit et du moyen cylindre.

(cette tige est fendue pour laisser passage au levier) à un déplacement même notable, du point d'articulation T correspond un déplacement minime de la soupape; le premier mouvement de montée est donc lent. Aussitôt ce premier mouvement produit, le point de contact entre F et V se déplace rapidement, et la levée de la soupape se produit à grande vitesse.

Pour la fermeture, le mouvement inverse se produit. La soupape descend très rapidement au début, mais au dernier instant la vitesse est très réduite, et le contact se fait sans aucun bruit. Le roulement du point d'appui du levier V sur la plaque F produit, dans le rapport des bras de levier, et par conséquent dans la vitesse de levée de la tige, une variation de 1 à 15.

Pour l'échappement, le dispositif est un peu différent. Le levier roulant a la forme indiquée au croquis ci-contre (fig. 49). Il est actionné par la tige e, reliée à l'excentrique par la pièce *p*. Par suite du mouvement de la tige *e*, le point *a* soulève d'abord légèrement la tige de la soupape, puis le mouvement continuant, le point B vient en contact, et dès lors la levée est rapide.

Le mouvement de *p* est tracé, sur la fig. 47, pour trois positions du régulateur. On

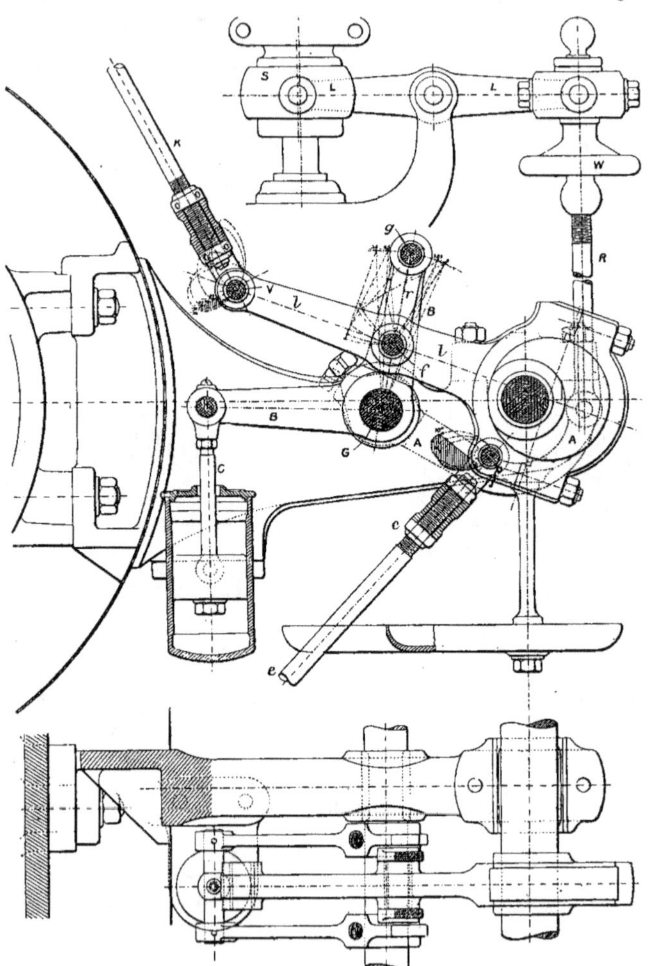

FIG. 47 et 48. — Machine de MM. *Bromley frères.*
Détails de la distribution.

voit que l'ouverture et la fermeture, marquées par de petits points, sont très rapides. Le moment de l'ouverture de la soupape d'échappement est à peu près constant, aux $\frac{9}{10}$ de la course, et la compression se produit aux $\frac{88}{100}$ de la course.

La même fig. (47) montre les diverses positions occupées par l'axe g, par le point d'appui f et par l'extrémité v du levier d'excentrique, lorsque les admissions sont de 0; $\frac{1}{20}$; $\frac{1}{5}$; $\frac{1}{2}$; $\frac{6}{10}$. On voit que les positions extrêmes du point f sont peu changées pour ces diverses admissions, et que, par conséquent, la hauteur dont la soupape se soulève est à peu près constante. Le tracé a été établi pour l'admission de $\frac{1}{5}$.

Au moyen et au grand cylindres, la détente varie à la main. L'arbre de distribution conduit les soupapes au moyen de cames en acier trempé, au nombre de quatre par cylindre; l'extrémité des leviers des soupapes d'admission est en fourchette.

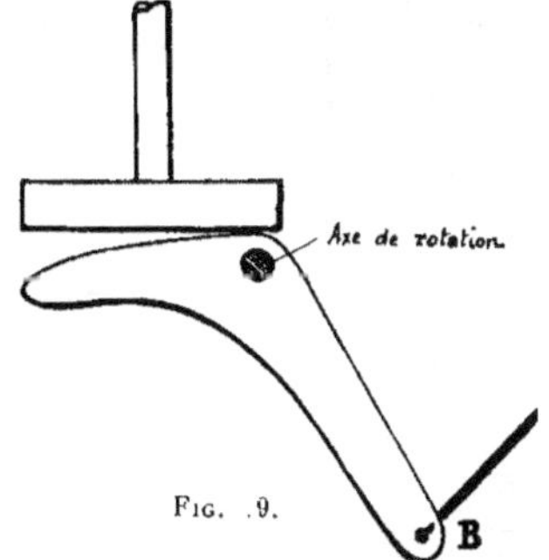

Fig. 49.

Le régulateur Steinlé, à bielles croisées et boules en haut, fait 130 tours par minute.

Les presse-étoupes sont à garnitures métalliques.

Les paliers à disques sont garnis de métal blanc; il en est de même pour toutes les parties ayant à subir des frottements.

Le diamètre de l'arbre de couche est de 200 millimètres aux paliers, et de 0,375 au droit de l'alternateur.

Le volant est en deux pièces, réunies par trois boulons sur chaque bras et quatre au moyeu; en outre le moyeu est fretté des deux côtés.

Données principales :

Diamètre du cylindre HP	0,340	
» MP	0,550	
» BP	0,820	
Rapport des sections $\frac{s_1}{s}$	2,60	
$\frac{s_2}{s_1}$	2,23	
$\frac{s_2}{s} =$	5,80	
Course des pistons	0,810	
Rapport $\frac{d}{l} =$	0,38	
$\frac{d'}{l} =$	0,68	
$\frac{d''}{l} =$	1,05	
Nombre de tours par minute	92,5	
Puissance normale en chevaux	300	
Volume engendré par le grand piston, par seconde et par cheval	4 lit. 4	
Coefficient d'activité	0,225	
Vitesse moyenne du piston	2,50	
Admission normale au petit cylindre	0,28	
» » moyen »	0,40	
» » grand »	0,45	
Détente totale	21	
Volume du grand cylindre	428 lit.	
Volume du grand cylindre par cheval	1 lit. 23	
Diamètre des soupapes d'admission et d'échappement du cylindre HP	0,120	
Diamètre des soupapes d'admission et d'échappement du cylindre MP	0,175	
Diamètre des soupapes d'admission et d'échappement du cylindre BP	0,225	
Diamètre du piston de la pompe à air	0,330	
Course » »	0,300	
Diamètre de l'induit-volant	4,65	
Vitesse à la circonférence	22,50	
Diamètre des clapets de la pompe à air	0,120	

Biétrix, Leflaive, Nicolet et Cie.
Forges et ateliers de la Chaléassière, à Saint-Étienne.

Cette machine horizontale compound tandem était seule à représenter, dans la section française, le type de distribution par soupapes.

La distribution Collmann, que nous retrouvons dans d'autres machines des sections

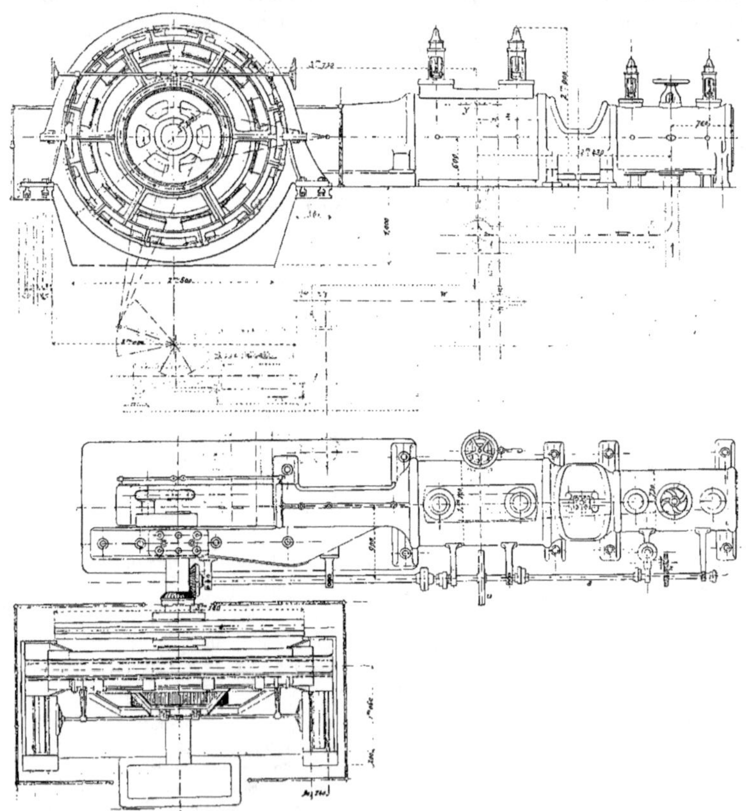

Fig. 50 et 51. — Machine horizontale de MM. *Biétrix, Leflaive, Nicolet et Cie*
Vue en élévation et vue en plan.

autrichienne et allemande, est caractérisée par le mode de construction de la soupape d'admission, qui est reliée par sa tige à un piston supérieur baignant dans l'huile et représenté en détail fig. 52 à 54.

Ce piston supérieur est percé, sur son pourtour, d'une série d'ouvertures k, dont la forme est indiquée à la fig. 55.

Lorsque la soupape d'admission est soulevée, le piston p suit son mouvement et, peu à peu, l'arête j découvre les ouvertures k. Mais, dès l'origine du mouvement, les petits orifices o se sont ouverts complétement, de façon que la levée de la soupape se fait sans résistance, et, par suite, l'huile qui se trouvait à la partie supérieure du cylindre l passe à la partie inférieure par les ouvertures k, dont la section augmente avec la levée de la soupape.

A la fin de l'admission, le mécanisme de distribution cesse de maintenir la soupape levée, et de comprimer le ressort supérieur.

La soupape serait donc ramenée brusquement sur son siège, si l'huile incompressible ne formait un véritable frein hydraulique.

Dès le commencement de la descente, les orifices o se ferment. L'huile repasse du

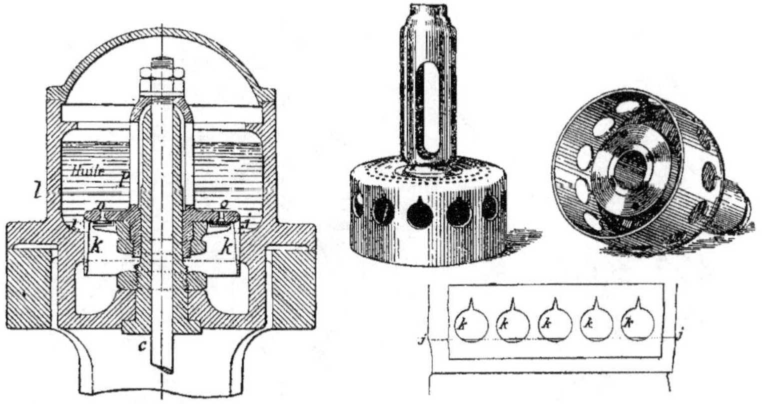

Fⁱɢ. 52 à 55. — Machine horizontale de M. *Biétrix*.
Détails du dashpot, du piston à huile et des ouvertures de ce piston.

dessus au dessous du piston par les ouvertures k, encore largement ouvertes ; mais, peu à peu, ces ouvertures sont recouvertes par l'arête j, et il ne reste plus, finalement, qu'une très petite section de passage, correspondant à la pointe qui surmonte chacune des ouvertures k. Par cette section angulaire il ne peut plus passer qu'une quantité très minime de liquide, et la fermeture s'achève lentement.

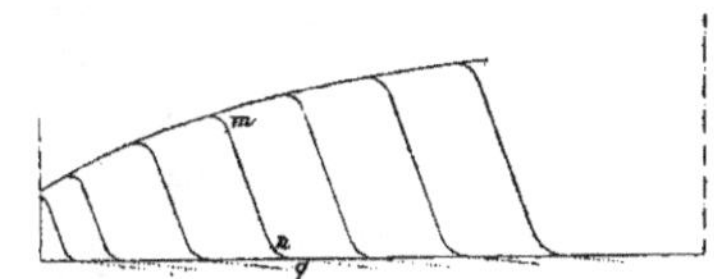

Fɪɢ. 56. — Machine *Biétrix*. Diagramme de la distribution Collmann.

Le diagramme ci-contre (fig. 56), comprenant les indications relatives à plusieurs admissions très différentes, met en évidence les diverses phases de ce mouvement.

On voit que la fermeture, très rapide de m à n, devient beaucoup plus lente entre n et q. On voit de plus que, quelle que soit l'introduction, la valeur nq reste constante ; et cela se comprend facilement, puisque cette partie du diagramme correspond à un passage du liquide à travers la section rétrécie qui reste la même, quelle que soit l'introduction.

Le mécanisme de distribution adopté pour la machine Biétrix, consistait en un excentrique dont la tige b (fig. 57) agissait par l'intermédiaire des leviers cd et du loquet de sur la tige de la soupape. Le levier à déclic f est articulé dans la chape du bout de la

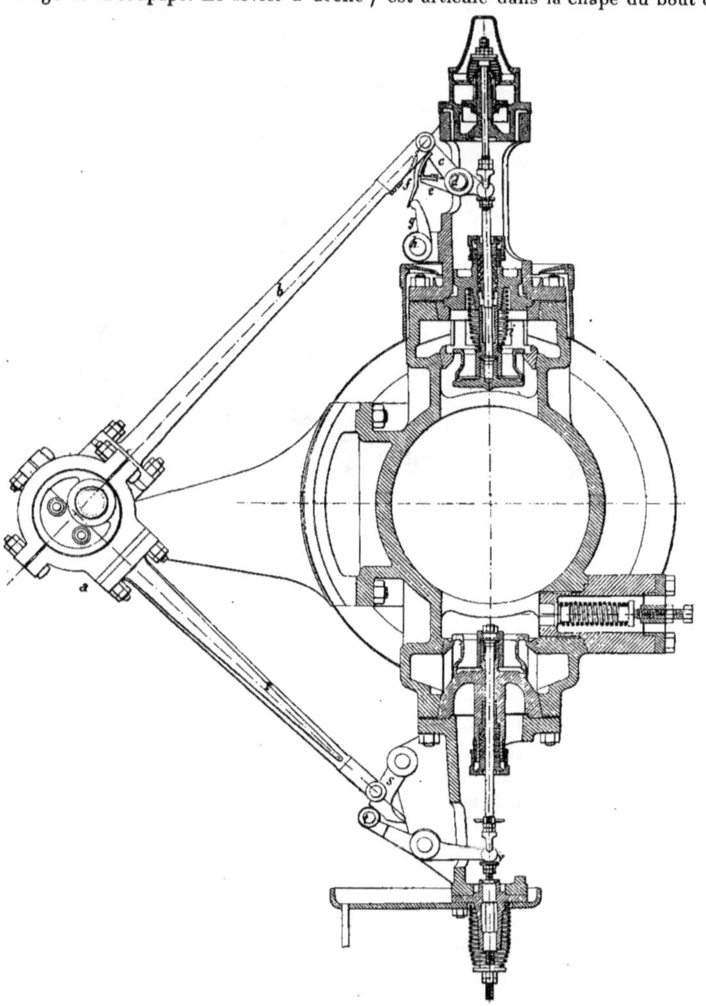

Fig. 57. — Machine *Biétrix*.
Détail de la distribution du petit cylindre.

tige b. Un ressort plat tend toujours à engager le déclic f avec le loquet e. Ce contact se fait sans choc, au point mort de l'excentrique.

Le déclic de la soupape d'admission au petit cylindre se produit au moyen d'une came g, montée sur l'arbre de détente h, soumis à l'action du régulateur.

Dans le grand cylindre. la détente n'est pas variable au régulateur ; alors, à la came *g*, est substitué un butoir susceptible d'être fixé en diverses positions, selon le degré de détente que l'on veut donner.

Quant à l'échappement, qui se fait par la partie inférieure, il est commandé par un excentrique *ar*, monté sur l'arbre de distribution, et qui fait osciller le levier *s*. Celui-ci agit par le galet *t* sur le levier coudé *tv* et par conséquent sur la soupape.

L'arbre de distribution prend son monvement sur l'arbre de couche au moyen de deux engrenages coniques. Il porte un volant *u* destiné à maintenir continuellement les dentures de ces deux engrenages en contact dans le sens du mouvement, pour éviter le bruit.

Le régulateur, placé sur le côté du cylindre à haute pression, est commandé par un

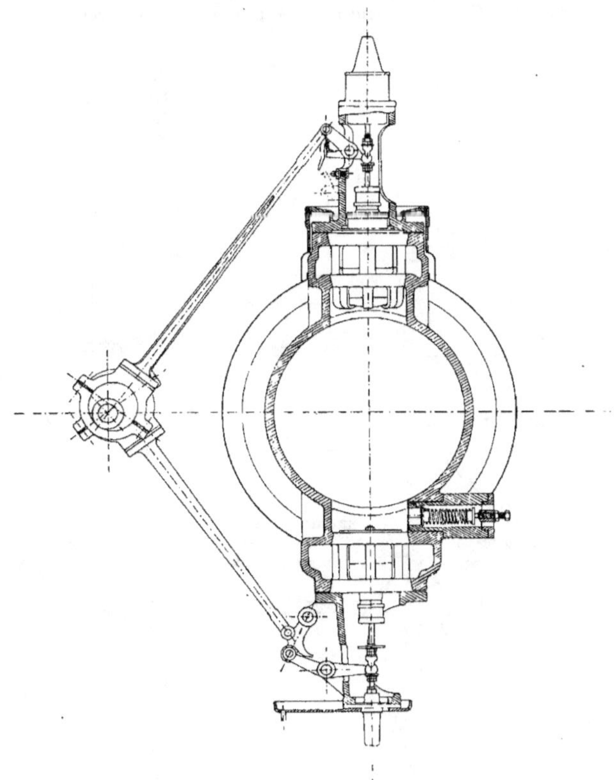

Fig. 58. — Machine *Biétrix*.
Coupe transversale du cylindre à basse pression.

engrenage droit, monté sur le prolongement de l'arbre de distribution. Ce prolongement est relié à l'arbre lui-même par un manchon composé de deux parties glissant l'une dans l'autre et permettant, par conséquent, les déplacements longitudinaux pouvant résulter des dilatations des cylindres.

Le petit cylindre n'a pas d'enveloppe de vapeur.

Cette machine est disposée en effet pour marcher avec surchauffe ; et nous constatons encore ici que c'est la seule machine dans la section française où une disposition de ce genre ait été prévue.

Le grand cylindre, au contraire, qui reçoit de la vapeur déjà refroidie, a une enveloppe de vapeur dans les fonds et sur le pourtour (fig. 59).

Le fourreau est rapporté.

Le condenseur est en sous-sol. La commande est faite par un balancier actionné par un maneton en prolongement du tourillon de la manivelle motrice.

Le graissage se fait dans la vapeur pour les soupapes d'admission.

Enfin, le tourillon de la manivelle est lubrifié par graissage central.

Des ingénieurs ont critiqué, non sans quelque raison, les huit excentriques actionnant

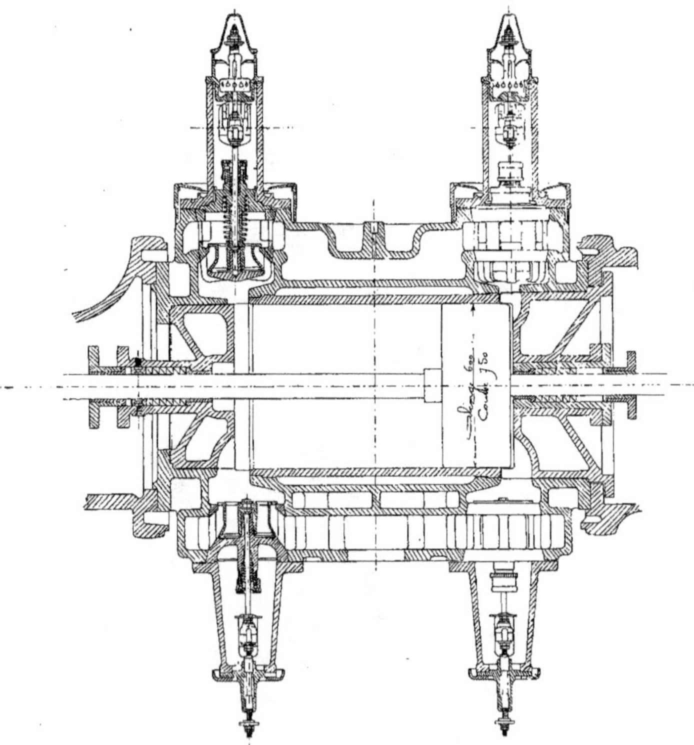

Fig. 59. — Machine *Biétrix*.
Coupe longitudinale du cylindre à basse pression

les huit soupapes de cette machine ; c'est, disaient-ils, le double du nécessaire. Mais, par contre, il faut que le désir de trouver motif à critique soit bien irrésistible pour avoir engagé un ingénieur anglais, correspondant de l'un des plus grands journaux techniques, à reprocher à cette machine sa marche trop silencieuse ; le bruit produit, dit-il, est une indication précieuse pour le mécanicien intelligent. Personne n'a été tenté de faire le même reproche à la machine de son compatriote M. Galloway.

Le même ingénieur estime aussi que, par suite de la rapidité de la chute de la soupape et de l'anéantissement de cette vitesse, il s'exerce une fatigue excessive sur la partie supérieure de la soupape.

Pour notre part, nous ne partageons pas cette critique. Nous avons vu fonctionner cette machine depuis les premiers jours de l'Exposition jusqu'à sa fermeture sans aucune interruption, et nous avons constaté qu'elle avait fait un service excellent.

Données principales :

Diamètre du petit cylindre	0,375	Volume du grand cylindre	211 lit.
— du grand cylindre	0,600	Admission au petit cylindre	0,25
Rapport des sections	2,56	Détente totale	10,2
Course du piston	0,750	Puissance de la machine, en chevaux indiqués	350
Rapport $\dfrac{d}{l} =$	0,50	Volume du grand cylindre par cheval..	0 lit. 6
— $\dfrac{d'}{l}$	0,80	Volume engendré par le grand piston par cheval et par seconde	2,42
Nombre de tours par minute	130	Coefficient d'activité	0,41
Vitesse moyenne des pistons	3,25	Diamètre du volant	3 m. 10
Volume du petit cylindre	82 lit. 5	Vitesse à la circonférence	21 m. 20

Borsig.

La maison A. Borsig, de Berlin, fournissait la force motrice à l'Exposition en actionnant une génératrice à courants triphasés de la maison Siemens et Halske.

Cette machine verticale à triple expansion est (fig. 60) composée de deux lignes de cylindres en tandem. Deux cylindres à basse pression, reposant directement sur l'entablement de la machine, sont surmontés, l'un, du cylindre à haute pression, l'autre, du cylindre à moyenne pression. Deux lanternes en fonte, renforcées dans leurs évidements par des colonnettes en acier, soutiennent les cylindres supérieurs, à une distance de 1 m. 25 de façon à laisser libre l'accès des presse-étoupes.

Les tiges des pistons actionnent deux manivelles montées à 180° et équilibrées par des contrepoids boulonnés.

L'arbre de couche est en deux parties assemblées par des plateaux de 0,900 de diamètre, venus de forge. Il est porté par quatre paliers venus de fonte avec la plaque de fondation, qui est elle-même composée de deux parties réunies par des bords relevés et solidement boulonnés.

Entre ces paliers, d'une part, l'avant de la machine et l'arrière, d'autre part, la plaque de fondation forme deux grands réservoirs d'huile, dans lesquels deux petites pompes conduites par l'arbre de couche, au moyen de câbles en fil d'acier, prennent l'huile pour la faire passer à la filtration et, de là, la renvoyer à la distribution générale.

A l'une de ses extrémités, l'arbre est prolongé de façon à supporter le volant dont la jante est dentée intérieurement : un autre manchon permet de l'assembler avec un troisième arbre portant l'alternateur, et supporté lui-même par deux paliers. Le palier placé entre le volant et l'alternateur n'a pas moins de 1 m. 20 de portée, avec un diamètre d'alésage de 0 m. 50.

A son autre extrémité, l'arbre de couche porte un plateau-manivelle par lequel, au moyen d'une bielle et de balanciers, sont actionnées deux pompes à air à simple effet, placées à 2 m. 50 au-dessous du sol de la machine ; l'une de ces pompes à air aspire pendant que l'autre refoule. Les clapets ont 0.100 de diamètre. Il y en a dix-neuf sur chaque soupape, et vingt-quatre clapets d'échappement sur chaque pompe. Les bielles, crosses, etc., sont du type des machines marines.

La partie supérieure de la machine est supportée d'une part par deux grands montants en fonte de 5 m. 50 de hauteur, boulonnés sur la plaque de fondation, et portaut des glissières plates, et, d'autre part, par deux fortes colonnes inclinées, en acier forgé, traversant à la fois la plaque de fondation et l'entablement formé par des prolongements des montants. L'assemblage de ces colonnes et des bâtis est fait à leurs deux extrémités, par des écrous puissants.

Les cylindres sont à enveloppes de vapeur : chacune de ces enveloppes est chauffée par la vapeur qui va travailler dans le cylindre correspondant.

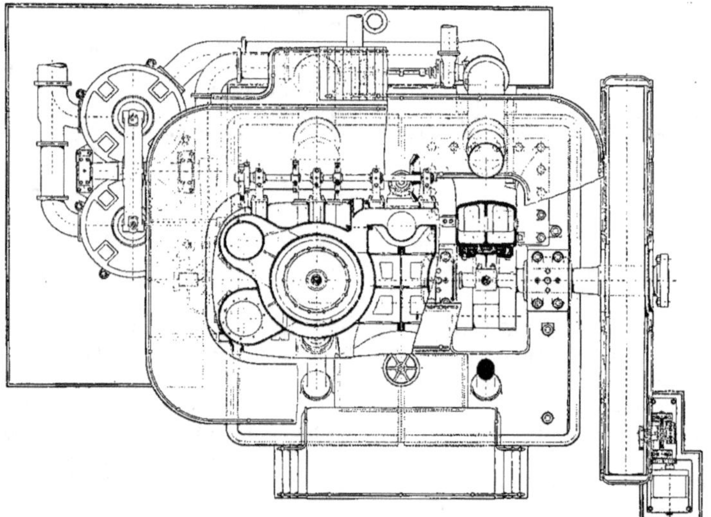

Fig. 60. — Machine *Borsig*.
Vue en plan.

Tous les pistons sont en acier moulé. Celui du cylindre HP est muni de segments en fonte du type Ramsbotton, et les autres de bagues type Buckley.

La hauteur totale, depuis le niveau du sol, atteint 12 m. 50, de telle sorte que, à l'Exposition, les appareils de levage ayant été construits pour laisser une hauteur libre de 12 m. 50, sous poutre, il a été nécessaire de maintenir le sol de la machine à une certaine profondeur au-dessous du niveau normal de la galerie.

Une conséquence de ces dimensions considérables est qu'on ne peut songer à introduire ou à retirer les tiges du piston par la partie supérieure de la machine. Les tiges de piston ont en effet une longueur de plus de 7 mètres.

Afin de pouvoir les retirer par la partie inférieure, un trou, ordinairement fermé par un couvercle, a été ménagé dans la plaque de fondation au milieu de chaque cuvette, et une cavité de 2 mètres de profondeur, correspondant à ce trou, a été réservée au moment de l'exécution de la maçonnerie.

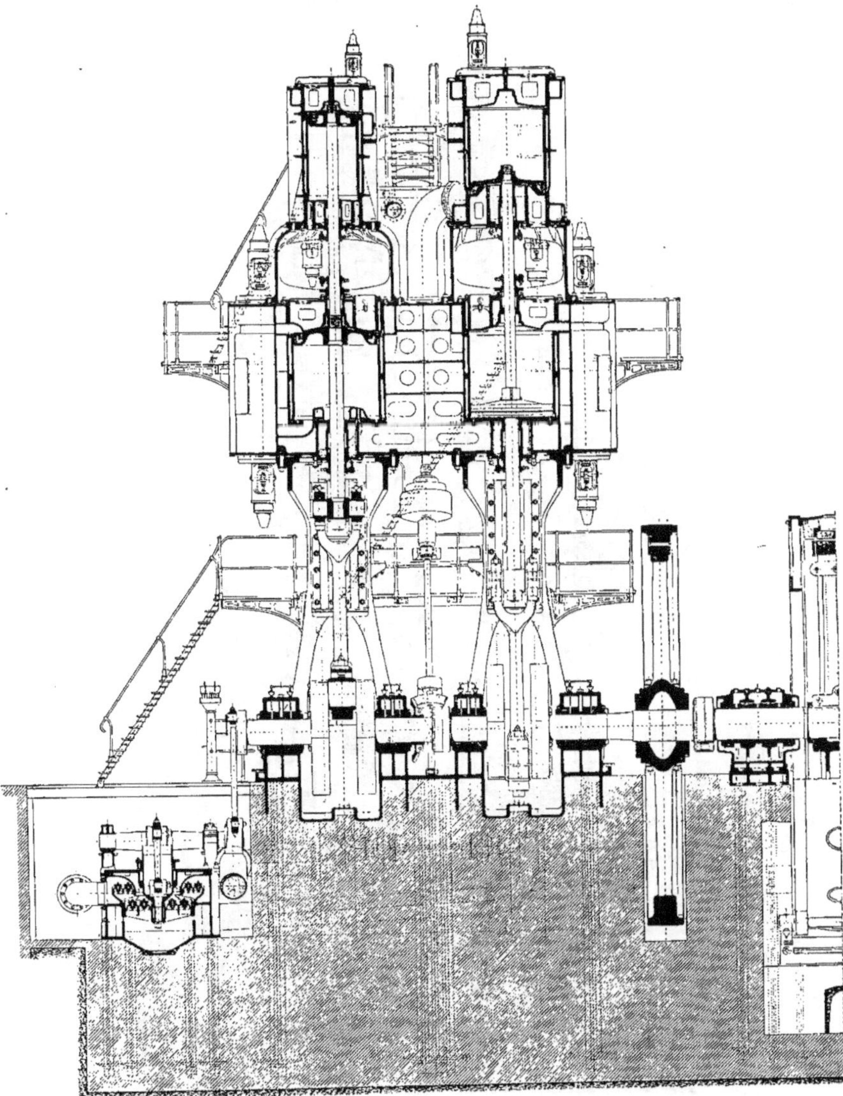

Fig. 61. — Machine *Borsig*.
Coupe verticale et longitudinale.

Les tiges découplées de leur crosse sont descendues dans ces trous, puis inclinées vers l'avant de la machine ; elles peuvent alors échapper l'entablement, et être retirées.

Le poids de chacune des deux plaques de fondation atteint 30.000 kilog., celui de la machine entière, non compris l'alternateur, est de 350.000 kilog. Tout est donc très grand

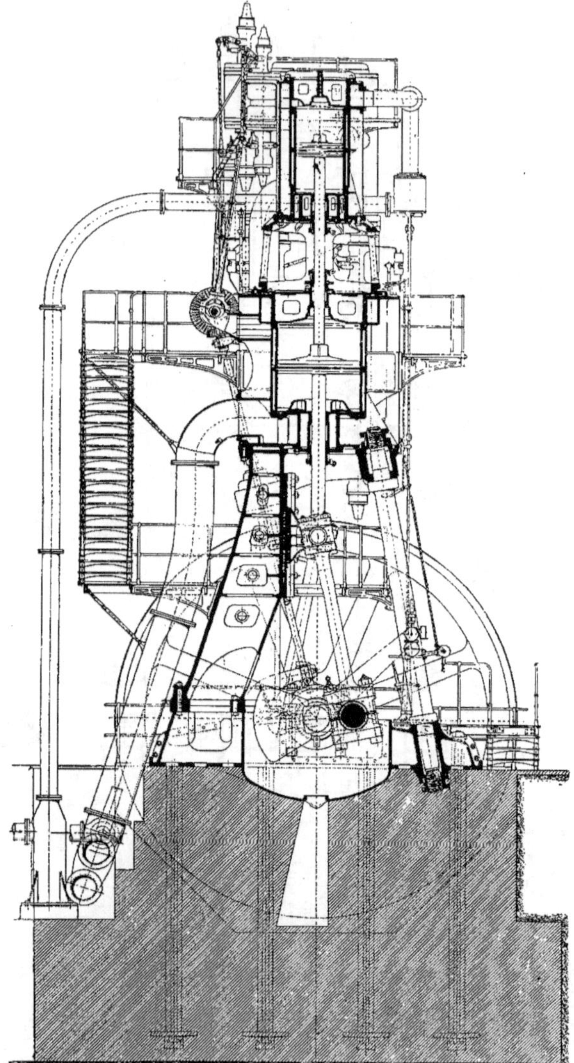

FIG. 62. — Machine *Borsig*. Coupe transversale.

dans cette machine, on pourrait même dire trop grand ; cette observation vise en parti-

culier les espaces morts, qui, déjà de 4 p. 100 et 5 p. 100 dans les cylindres HP et MP
atteignent 9 p. 100 dans les cylindres BP.

La distribution se fait, dans les quatre cylindres, par des soupapes à double siège et à
déclic du type Collmann.

Chaque boîte de distribution comprend une chambre centrale communiquant avec le
cylindre, et placée entre les soupapes d'admission et d'échappement.

A la haute et moyenne pression, chaque cylindre est muni de deux boîtes de distribution : l'une en haut, l'autre en bas, communiquant avec les fonds, et desservant chacune des
faces du piston.

Les distributeurs des cylindres BP sont placés latéralement, à droite et à gauche de
la machine, sur deux lignes parallèles à l'axe transversal. Ceux des cylindres HP et MP
sont placés en arrière de la machine, sur une ligne parallèle à l'axe longitudinal.

Tous les distributeurs sont actionnés par des excentriques montés sur un arbre hori-

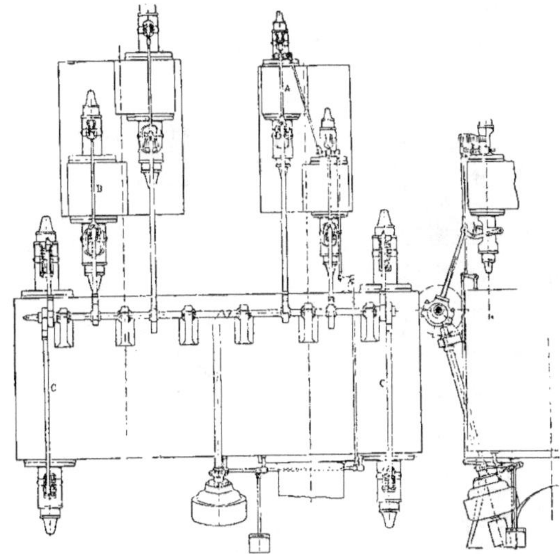

Fig. 63 et 64. — Machine *Borsig*. Disposition des cylindres et des soupapes de distribution.
Vue d'arrière et vue de profil.

zontal unique, en arrière de la machine, parallèlement à son axe longitudinal, au niveau de
la partie supérieure des cylindres BP. Cet arbre de distribution repose sur six consoles et
prend son mouvement sur l'arbre de couche, au moyen d'engrenages d'angle, par l'arbre du
régulateur à ressorts et à boules. Ces engrenages marchent sans bruit, grâce à une denture
en bois et fer. Une cale de chaque dent, dans les deux roues, est en bois dur ; l'autre, en
fer, de façon à avoir toujours en contact fer et bois.

Le régulateur agit sur l'introduction du cylindre HP au moyen de tiges et de leviers à
doigts actionnant les déclics des soupapes d'admission.

Aux deux cylindres supérieurs HP et MP, un même excentrique actionne la valve
d'admission et celle d'échappement d'une même boîte. Mais chaque soupape des cylindres
BP est commandée par un excentrique spécial.

On peut régler en marche la vitesse de la machine au moyen d'un volant à main,
actionnant un ressort auxiliaire disposé dans la cataracte à huile du régulateur.

Le graissage de tous les presse-étoupes est fait par l'huile sous pression.

Sur la plate-forme du second étage, on a disposé deux distributeurs qui graissent les bielles et paliers, et reçoivent l'huile d'un récipient en charge, alimenté par une pompe de refoulement du sous-sol. Un troisième distributeur, placé à la même hauteur, graisse les pistons et cylindres.

Enfin les paliers des pompes à air sont graissés par l'huile venant d'un distributeur fixé sur l'un des piliers du bâti, près du sol, à côté de l'arbre des manivelles.

Le constructeur prétend avoir pris le plus grand soin afin de rendre tout facilement accessible. Tel n'est pas précisément, selon nous, le résultat obtenu. Quatre niveaux à

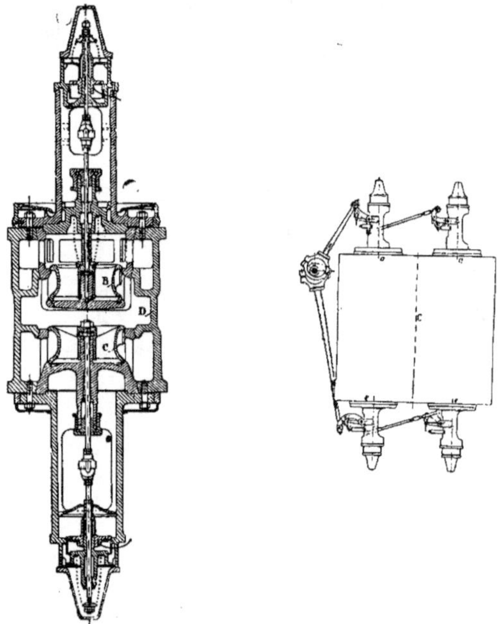

Fig. 65 et 66. — Machine *Borsig*. Distributeurs d'un cylindre à basse pression.
Détail de la boîte à soupapes du cylindre à haute pression.

surveiller, distants de 12 m. 50 comme position extrêmes, constituent une grosse complication, et une difficulté sérieuse pour l'usage courant.

La nécessité où il s'est trouvé de disposer le grand nombre de systèmes de graissage que nous venons d'indiquer montre combien il a été lui-même préoccupé de la difficulté qu'il y a à maintenir en bon état une pareille machine.

La vapeur arrive par l'arrière de la machine, passe par la valve de mise en marche, placée entre les deux cylindres supérieurs, puis, par un court tuyau, dans le cylindre HP, et, de celui-ci, par un tube de cuivre, dans le cylindre MP; de là dans le receiver en fonte, entre les deux cylindres BP, puis aux cylindres BP. De chacun de ces cylindres, la vapeur se rend à l'un des condenseurs par l'intérieur des piliers de bâti. Les robinets d'injection sont au sous-sol.

Données principales :

Diamètre du cylindre HP.................	0,760	
— MP..............	1,180	
— des deux cylindres BP....	1,340	
Rapport $\dfrac{s_1}{s}$	2,40	
— $\dfrac{2\,s_2}{s_1}$	2,60	
— $\dfrac{2\,s_2}{s}$	6,20	
Course des pistons $l =$	1,200	
Rapport $\dfrac{d}{l} =$	0,63	
— $\dfrac{d'}{l} =$	0,99	
— $\dfrac{d''}{l} =$	1,12	
Nombre de tours par minute...........	83,5	
Vitesse moyenne des pistons	3 m. 35	
Volume du petit cylindre.....	543 lit.	
Volume total des deux grands cylindres.	3,370 lit.	
Pression initiale de la vapeur	11 kg.	

Puissance de la machine en chevaux indiqués........................	2.230
Admission correspondante au cylindre H P....................	0,31
Détente totale correspondante......	20
Volume des grands cylindres par cheval........................	1 lit. 51
Volume engendré par les grands pistons par cheval et par seconde....	4 lit. 25
Coefficient d'activité............	0,235
Diamètre du volant................	6,500
Largeur de la jante	0,580
Poids du volant........	41 tonnes
Vitesse à la circonférence	28,40
Diamètre de la pompe à air........	1,100
Course du piston.................	0,250
Diamètre de chacun des tuyaux d'évacuation.........	0,50
Poids de chacune des deux plaques de fondation....	30.000 kg.
Poids total de la machine...........	350.000 kg.

Ladislas Lang.

La machine à vapeur compound de 1.200 chevaux exposée par M. Ladislas Lang, de Budapest, était combinée avec un alternateur triphasé de la Société Ganz et Cie.

Cette machine horizontale à deux cylindres parallèles espacés de 4 m. 880 d'axe en axe, comporte une distribution par soupapes équilibrées : celles d'admission à la partie supérieure, et celles d'échappement à la partie inférieure. Toutes sont à double siège, sauf celles d'échappement du grand cylindre, qui sont à quatre sièges. Elles sont commandées par deux arbres parallèles placés entre les cylindres, et conduits par des engrenages coniques montés sur l'arbre de couche.

Les manivelles sont calées à 90°, et sont entourées d'une enveloppe pour éviter les projections d'huile.

Les deux cylindres sont à enveloppe de vapeur, venue de fonte avec eux ; la vapeur circule dans l'enveloppe du cylindre où elle va travailler. Les fonds sont également chauffés. Les cylindres sont boulonnés sur des bâtis à baïonnette, et reposent sur les fondations par quatre patins munis de boulons de scellement.

Les presse-étoupes sont à garnitures métalliques.

Le régulateur à axe horizontal, calé sur l'arbre de distribution du cylindre à haute pression, agit directement sur les soupapes de l'admission à ce cylindre. Le galet destiné à opérer le déclenchement reste stationnaire tant que la vitesse reste constante, et l'ouverture de la valve d'admission se fait par un mouvement simple, réduisant les frottements au minimum.

Il y a deux excentriques à chaque extrémité du cylindre, l'un n'opérant que pour l'échappement, et l'autre donnant un mouvement continu au bras qui agit sur la soupape d'admission.

Si la vitesse augmente, le régulateur empêche la palette d'atteindre le levier de la soupape, et il n'y a pas d'admission. Le galet de dégagement, dont la position change par le régulateur et fait varier l'admission, est visible sur la fig. 69. Ces soupapes, et celles d'admission au grand cylindre, sont du type Collmann.

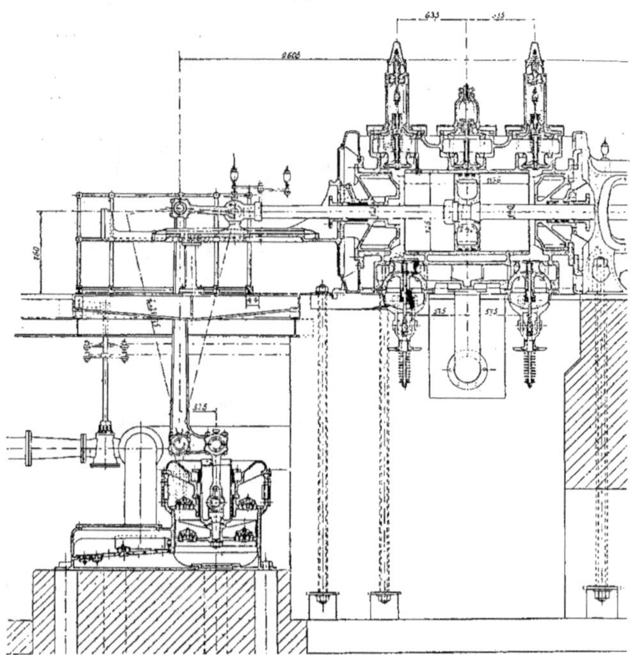

Fig. 67. — Machine *Lang*. Distribution *Collmann*.
Coupe longitudinale par l'axe du cylindre HP.

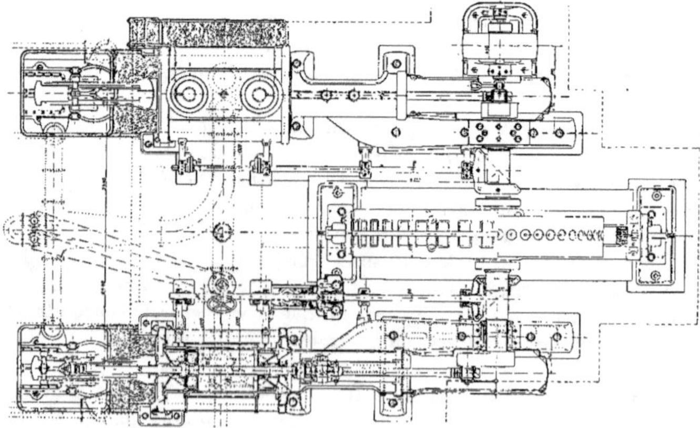

Fig. 68. — Machine horizontale *L. Lang* avec alternateur *Ganz et C*ⁱᵉ. Vue en plan.

L'échappement du petit cylindre, l'admission et l'échappement du grand cylindre, sont réglables à la main.

La machine peut, au besoin fonctionner avec un seul cylindre, en outre, l'échappement du petit cylindre peut se faire à volonté au condenseur ou dans l'atmosphère.

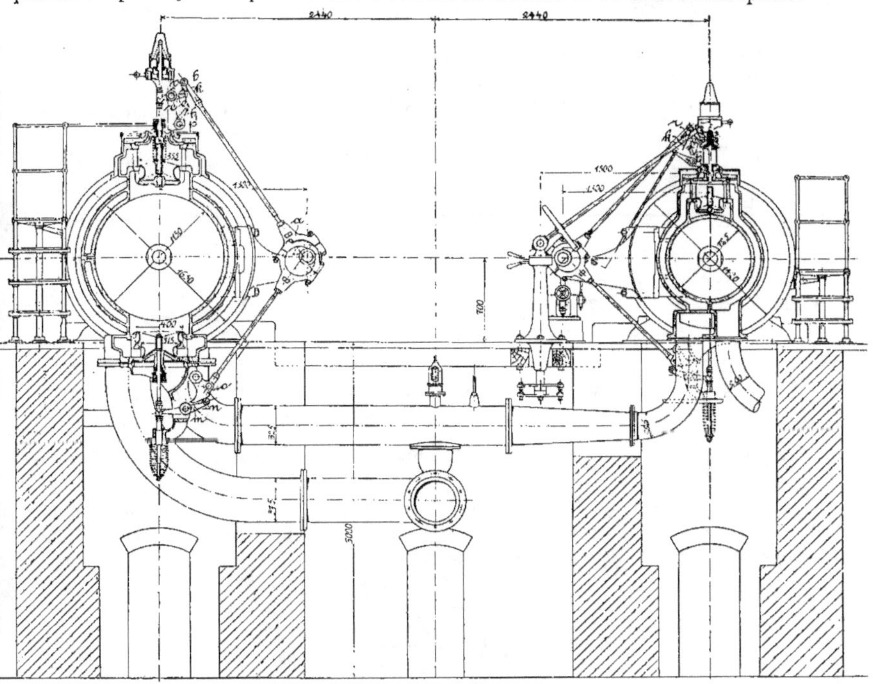

FIG. 69. — Machine L. Lang.
Coupe transversale.

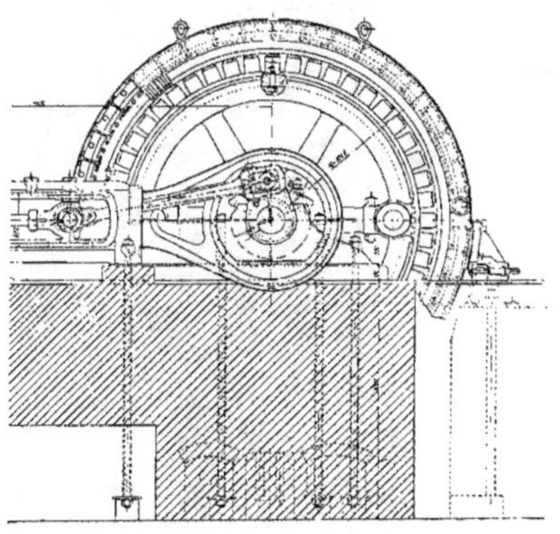

FIG. 70. — Machine Lang.
Vue extérieure en élévation de l'alternateur. Volant du palier principal et de la glissière.

Deux condenseurs par injection sont placés dans les fondations. A chacun d'eux correspond une pompe à air verticale, commandée par un balancier dont le mouvement est pris, par des bielles articulées, sur les prolongements des tiges des pistons, tiges guidées par des glissières à l'arrière des cylindres. Ces pompes à air sont de grand diamètre et de faible course.

L'excitatrice est commandée par un contre-bouton de la manivelle. Dans la machine Biétrix ce contre-bouton actionnait la pompe à air.

Le volant-inducteur, en fonte, est en deux pièces. La jante est réunie au moyeu par

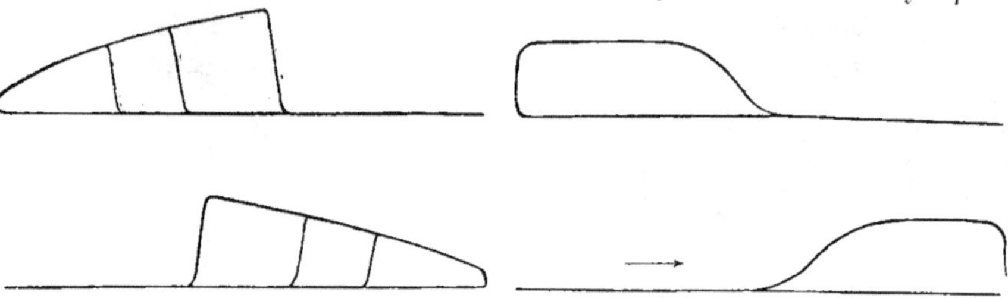

Fig. 71 à 74. — Machine *L. Lang*. Diagrammes de la distribution *Collmann*.
Ouverture et fermeture des soupapes d'admission et d'échappement. Course avant et course arrière.

six bras doubles. Deux de ces bras sont coupés en deux parties par le joint des deux moitiés du volant (fig. 70).

Deux boulons par bras font l'assemblage de ces parties du volant. En outre, quatre frettes circulaires sont posées à chaud dans des gorges pratiquées sur les faces de la jante. Le moyeu est fixé par deux clavettes placées à 90°.

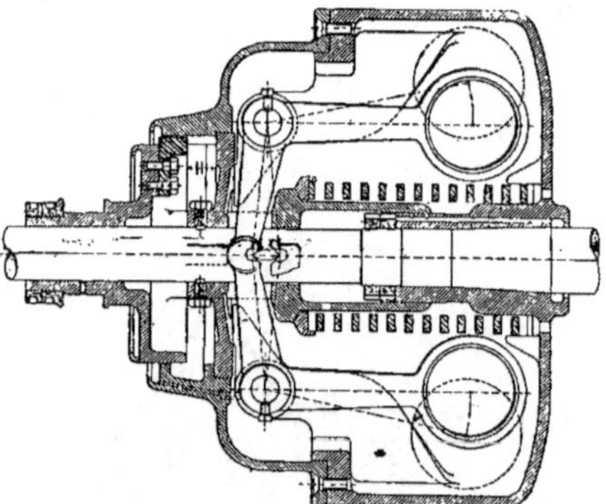

Fig. 75. — Machine *L. Lang*.

Données principales :

Diamètre du petit cylindre	0,725	Introduction normale au petit cylindre.	26 p. 100
— grand cylindre	1,150	Détente totale normale.	9,7
Rapport des surfaces	2,52	Volume du petit cylindre	413 lit.
Course des pistons	1.000	— du grand cylindre	1.039 lit.
Rapport $\dfrac{d}{l} =$	0,72	— par cheval	0,865
		— engendré par le grand piston	
$\dfrac{d'}{l} =$	1,15	par cheval et par seconde	3 lit. 63
		Coefficient d'activité.	0,28
Nombre de tours	125	Diamètre de l'alternateur volant	3 m. 70
Vitesse moyenne des pistons	4 m. 17	Vitesse à la circonférence	24 m. 40
Pression initiale de la vapeur	10 kg.	Poids du volant.	24.000 kg.
Puissance admise, en chevaux indiqués.	1.200		

Preud'homme Prion, à Huy (Belgique).

La distribution Radovanovic, que nous aurons l'occasion d'étudier en détail un peu plus loin (Prager-Maschinenfabrick), était appliquée à la machine horizontale Compound à cylindres parallèles, que M. Preud'homme Prion faisait fonctionner à vide dans la section belge.

La distribution Radovanovic est une des variétés des systèmes à leviers roulants et par conséquent à connexion rigide, supprimant les déclics et dash-pots.

Les deux cylindres sont espacés de 3 m. 85 d'axe en axe; les deux arbres de distribution, placés parallèlement aux cylindres, sont commandés par engrenages coniques. Le régulateur, du type Proell, commande la distribution du cylindre à haute pression, au moyen d'une tige munie d'un déclenchement susceptible d'être manœuvré à la main pour supprimer l'introduction de la vapeur, et qui, en cas d'emballement, agit automatiquement.

L'admission au grand cylindre est variable à la main.

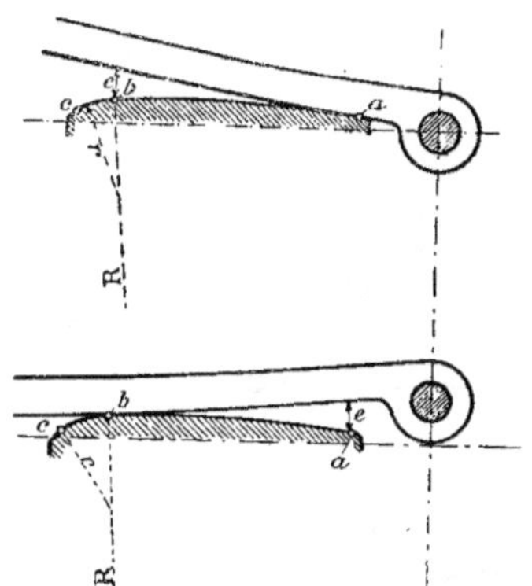

Fig. 76 et 77. — Machine de M. *Preud'homme Prion*.
Tracé du levier roulant.

Les soupapes sont à double siège, coniques et presque complètement équilibrées. Elles sont fondues avec leur siège.

Des excentriques séparés commandent les soupapes d'admission et celles d'échappement. Le petit cylindre est réchauffé par la vapeur vive, et le grand cylindre par la vapeur du réservoir intermédiaire. Les enveloppes sont venues de fonte avec les cylindres.

Les bâtis, du type à baïonnette, sont solidement reliés aux fondations, et les cylindres ne font que reposer sur des glissières en fonte; les déplacements dus à la dilatation peuvent ainsi se produire facilement.

Les coussinets sont en fonte et garnis d'antifriction.

Signalons enfin l'emploi d'acier nickel pour l'arbre de couche.

Les épures (fig. 78 et 79) montrent les levées des soupapes correspondant aux diverses admissions. Les courbes sont celles que décrivent les points d'attache des tiges de commande des leviers roulants.

Données principales :

Diamètre du cylindre HP.............. 0,400

   »   »   BP 0,650

Rapport des sections................... 2,65

Course des pistons.................... 0,800

Rapport $\dfrac{d}{l} =$ 0,5

         $\dfrac{d'}{l} =$ 0,81

Nombre de tours..................... 125

Vitesse moyenne des pistons........... 3,33

Pression initiale de la vapeur.......... 7 kg.

Force de la machine en chevaux 200

Volume du petit cylindre.............. 100 lit.

   »   grand   »   265

   »   grand cylindre par cheval... 1,32

   »   engendré par le grand piston par cheval et par seconde.. 5 l. 5

Coefficient d'activité.................. 0,182

Cylindre HP.

Diamètre des soupapes d'admission...... 0,170

       »   d'échappement... 0,208

Cylindre BP.

Diamètre des soupapes d'admission 0,235

       »   d'échappemement. 0,260

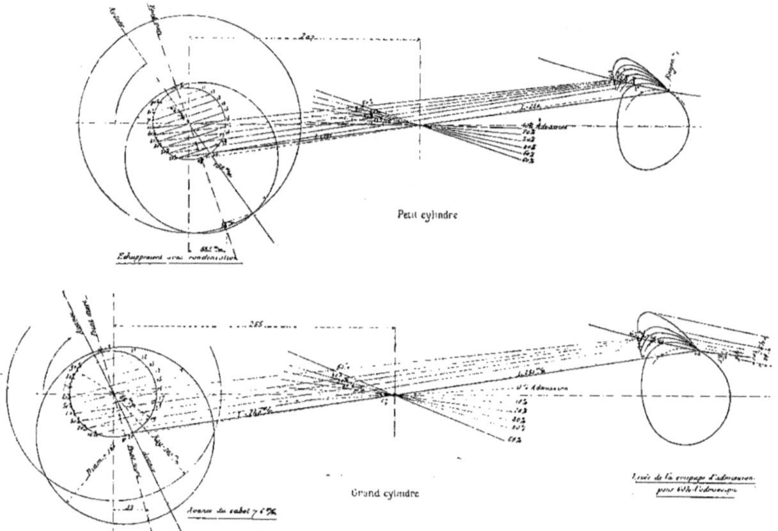

Fig. 78 et 79. — Machine de M. *Preud'homme Prion*.
Épures de la distribution Radovanovic.

Société des forges, usines et fonderies de Gilly (Belgique).

Cette machine horizontale monocylindrique de 120 chevaux a son condenseur placé
en tandem. Elle a une enveloppe de vapeur venue de fonte avec le cylindre. Les fonds
sont également réchauffés par la vapeur vive.

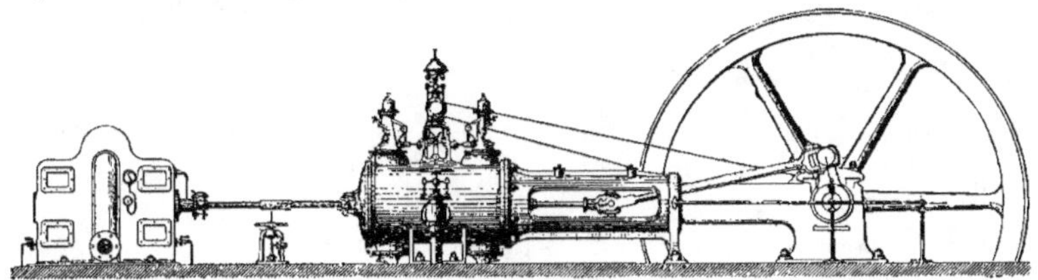

Fig. 80. — Machine de la *Société de Gilly*.

On peut faire varier le nombre de tours de la machine de 10 à 15 p. 100 en plus ou
en moins, en agissant sur le ressort du régulateur.

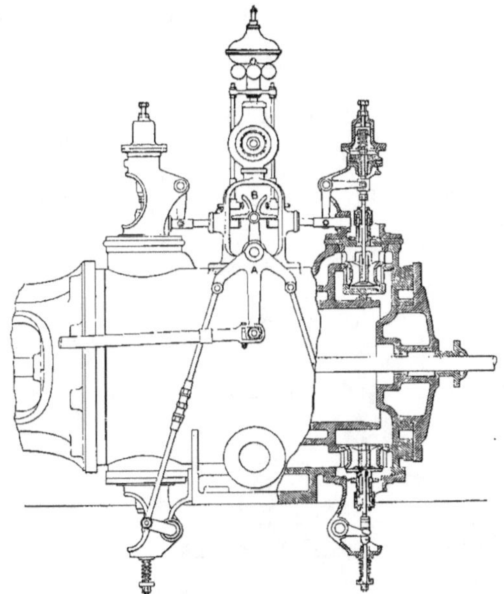

Fig. 81. — Machine de la *Société de Gilly*.
Détails de la distribution.

La distribution, qui est sous la dépendance du régulateur, se fait de la manière
suivante :

Une pièce à trois branches A (fig. 81) reçoit un mouvement d'oscillation autour de
l'axe A par la tige d'un excentrique monté sur l'arbre.

Les deux branches inclinées commandent, par des tringles à réglage, les soupapes
d'échappement.

La branche verticale porte la pièce B, qui agit sur les soupapes d'admission par l'intermédiaire d'une tige horizontale et d'un levier coudé.

Le déclenchement de cette pièce B est obtenu par son contact avec les touches portées par des tiges verticales montées sur la traverse du manchon du régulateur.

Les tiges des soupapes d'admission sont munies de ressorts opérant la fermeture, et de dash-pots amortisseurs.

D'après les constructeurs, la dépense de vapeur ne dépasse pas 8 kilog. par cheval-heure.

Les données principales sont :

Diamètre du cylindre	0,500		Volume du cylindre	177 lit.
Course du piston	0,900		Force en chevaux	120
Rapport $\dfrac{d}{l} =$	0,55		Volume par cheval	1 lit. 48
Nombre de tours par minute	80		Volume engendré par le piston par seconde et par cheval	3,95
Vitesse moyenne du piston	2,40		Coefficient d'activité	0,253

Grand Hornu.

Les ateliers de construction de la Société du Grand Hornu (Belgique) avaient fait

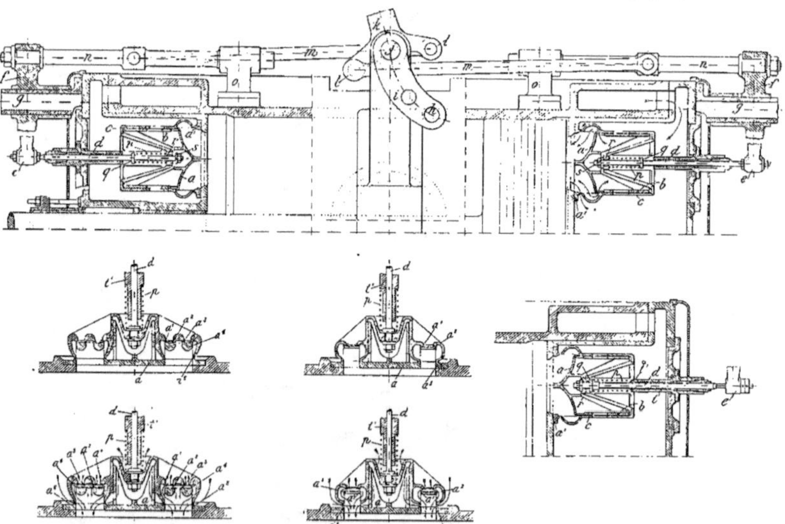

Fig. 82 à 87. — Distribution *Hoyois*.

Les sièges sont au nombre de deux, de quatre ou de six. $a\,a\,a_2$... avec le premier. a_1, venu de fonte au tambour h, qui guide la soupape c. En fig. 82, la tige d de la soupape c, commandée par le renvoi $ijklmfe$, guidé en o et g, glisse dans le corps r de la soupape, qu'elle ouvre, comme à droite de la fig. 82, par la butée de son écrou s, et qu'elle ferme par la poussée de son collet q sur le ressort p, jeu qui évite tout danger de rupture. Lorsque la soupape est commandée par un déclic, comme en fig. 83, le jeu de la tige a dans la soupape est supprimé, et le ressort p disposé entre le collet de cette tige et celui t_1 de son guide t.

figurer comme spécimen de leur construction une machine à vapeur horizontale monocylindrique à détente variable par le régulateur, du système Hoyois. Le cylindre est à enveloppe de vapeur ; il y a en outre un enduit calorifuge, et une tôle mince polie recouvre le tout.

En cas d'arrêt accidentel du régulateur. la machine s'arrête d'elle-même, grâce à un dispositif spécial.

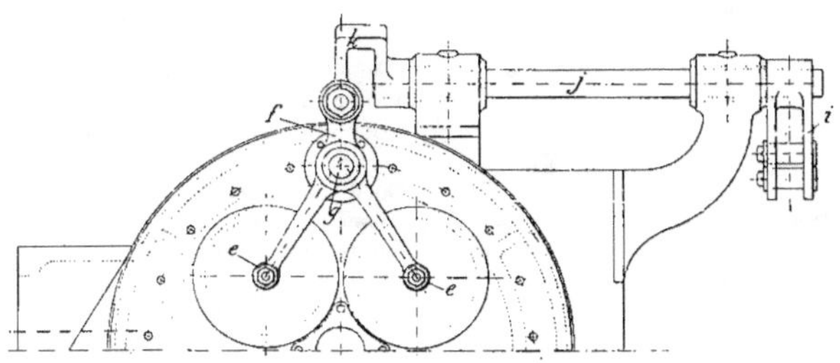

FIG. 88.

Les soupapes d'admission sont placées sur le couvercle et le fond du cylindre, de façon à réduire au minimum les espaces nuisibles,

Les fig. 82 à 88 montrent les dispositions de ces soupapes et du taquet de variation de la détente.

Données principales :

Diamètre	0,400	Vitesse du piston	1 m. 84
Course	0,550	Force en chevaux	65
Rapport $\frac{d}{l} =$	0,73	Volume du cylindre par cheval	1 l. 06
		Volume engendré par cheval et par heure	3 l. 55
Volume du cylindre	69 lit.	Coefficient d'activité	0,28
Nombre de tours par minute	95		

Hauts Fourneaux de Maubeuge.

Une machine monocylindrique horizontale de 500 chevaux indiqués, à distribution du système Hoyois, conduisait une dynamo construite, comme la machine à vapeur, dans les ateliers des Hauts-Fourneaux de Maubeuge.

Avant de travailler sur le piston. la vapeur circule dans une enveloppe de vapeur venue de fonte avec le cylindre.

Dans chaque fond. il y a deux soupapes d'admission équilibrées, à fermeture rapide, avec un amortisseur à air. placées vers la partie supérieure. et l'échappement se fait par des tiroirs plans, de course très réduite. disposés à la partie inférieure, et commandés par excentriques montés sur un arbre de distribution parallèle au cylindre, et commandé par l'arbre de couche, au moyen d'engrenages coniques. Les espaces morts sont très réduits.

Les tringles d'entraînement des soupapes sont commandées directement par les virgules du déclic. qui sont articulées sur le tourillon du levier de distribution.

Le mouvement est donné à ce dernier par un excentrique calé sur un arbre de distribution parallèle au cylindre, et actionné par engrenages coniques.

Les coussinets sont en fonte garnie de métal antifriction.

Le volant porte, relié à ses bras, le croisillon de l'induit.

Données principales :

Diamètre	0,750	Volume du cylindre	441 lit.
Course	1,000	Volume par cheval	0,88
Rapport $\frac{d}{l} =$	0,75	Volume engendré par le piston par seconde et par cheval	3 l. 55
Nombre de tours	120	Coefficient d'activité	0,28
Vitesse du piston par seconde	4 m. 00	Diamètre du volant	4 m. 00
Introduction normale	0,10	Vitesse à la circonférence	25 m 10
Puissance correspondante	500 ch.		

CHAPITRE II

MACHINES DU GENRE CORLISS

Garnier et Faure-Beaulieu.

La maison E. Garnier et Faure-Beaulieu avait exposé une machine monocylindrique horizontale du type Corliss ancien, à lames de sabre.

Il n'était pas sans intérêt, au milieu des recherches si variées faites par tous les constructeurs de France et de l'Étranger pour apporter des modifications plus ou moins profondes aux systèmes de distribution adoptés, de constater que l'une des meilleures parmi les firmes françaises avait pu, depuis près de trente ans, conserver le même type de distribution ; et la raison qu'en donnent les constructeurs est péremptoire : c'est que ce système fonctionne toujours bien, et que des machines, en service depuis plus de vingt-cinq ans, n'ont pas eu besoin de réparations sérieuses et donnent encore satisfaction à ceux qui les ont fait installer. C'est évidemment un argument qui vaut les meilleurs raisonnements du monde.

La disposition générale de la machine est la suivante :

Le cylindre, composé d'une chemise intérieure et de deux demi-cylindres extérieurs, est chauffé par de la vapeur vierge non graissée. On peut ainsi recueillir l'eau condensée et la renvoyer à la chaudière.

Les deux fonds comportent des presse-étoupes à garnitures métalliques : la tige du piston se prolonge pour commander la pompe à air, placée en tandem au-dessus du sol.

Le cylindre repose par quatre pieds sur deux règles en fonte, sur lesquelles les boulons de fondation d'arrière ne sont pas serrés à bloc. Un léger déplacement résultant de la dilatation peut donc se produire.

Le bâti, du type à baïonnette, renforcé, est supporté par un pied sous la glissière en V, et est relié au cylindre par une collerette avec vingt boulons.

Le piston est en une pièce, avec trois segments en fonte. Il est fixé sur la tige par un emmanchement conique avec écrou et goupille, et la tige est reliée à la crosse par un emmanchement cylindrique avec clavette.

La crosse est en acier, et le tourillon est venu de forge avec elle.

L'arbre, en acier demi-dur, a 4 m. 500 de longueur totale, les deux paliers étant espacés de 3 m. 60 d'axe en axe ; la portée a 0,585 de long sur 0,300 de diamètre.

Le diamètre de l'arbre est de 0,450 mm. au droit du volant et de la dynamo.

Le volant, à huit bras, est en deux pièces, réunies par tirants et clavettes, et par des frettes posées à chaud sur le moyeu.

Les coussinets sont en fonte, et garnis de métal blanc.

Le plateau-manivelle, en acier moulé, est équilibré et porte un bouton de 150 mm., calé à la presse hydraulique.

Le régulateur de Watt ordinaire, commandé par courroie, agit sur le déclic de la distribution par une brimballe. L'admission peut varier de 0 à 8/10.

Les obturateurs d'admission, à la partie supérieure, sont aussi rapprochés que possible de la génératrice supérieure du cylindre. Ceux d'échappement, à la partie inférieure, sont encastrés dans les fonds pour réduire les espaces nuisibles.

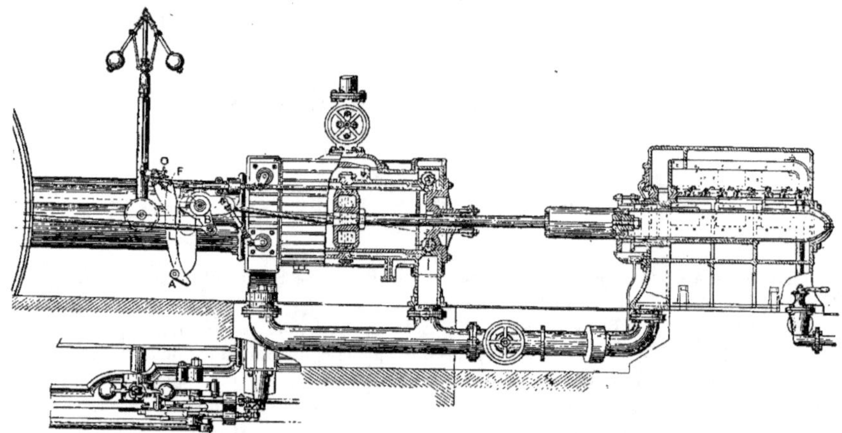

FIG. 89. — Machine de 400 chevaux de MM. *E. Garnier* et *Faure-Beaulieu*.
Coupe longitudinale par l'axe du cylindre et de la pompe à air.

Il est superflu d'ajouter que la construction est très soignée. Tous les axes de distribution sont trempés et rectifiés ; les articulations, biellettes et tringles de distribution sont munies de bagues mises en place par serrage à la presse. Le graissage se fait, pour les paliers, par des graisseurs compte-gouttes ; pour le bouton de manivelle, par une contre-manivelle, et pour le cylindre, par une pompe double spéciale.

Les données principales de la machine sont les suivantes :

Diamètre du cylindre	0,710	Volume du cylindre par cheval		0 l. 85
Course du piston	1,200	Volume engendré par le piston, par		
Rapport $\frac{d}{l}$	0,59	cheval et par seconde		2,54
		Coefficient d'activité		0,395
Nombre de tours	90	Diamètre de la pompe à air		0,300
Vitesse du piston	3,60	Course		1,200
Volume du cylindre	475 litres	Diamètre du volant		5 m. 00
Pression de la vapeur	7 kg.	Largeur de la jante		0,55
Introduction normale	0,125	Vitesse à la circonférence		22,30
Puissance correspondante en chevaux		Poids du volant		18.000 kg.
indiquée	560	Poids de la machine		60.000 kg.

Crépelle et Garand.

L'ancienne maison Le Gavrian (MM. Crépelle et Garand, successeurs de Brasseur), qui a introduit en France les machines Corliss, a abandonné la machine Wheelock qui avait valu un grand prix en 1889 à M. Brasseur, et est revenue au type primitif de détente, avec levier-ressort en lame de sabre, et dash-pot horizontal.

Elle a exposé une machine Cross-Compound de 1200 chevaux, à marche lente, si l'on ne considère que le nombre de tours ; 70 tours est en effet le minimum du nombre de tours des groupes électrogènes. Mais la vitesse des pistons n'en est pas moins considérable ; elle est la conséquence de la grande course du piston qui, avec celles de M. Dujardin et de la Société d'Augsbourg (alternateur Helios), est la plus longue qui figure à l'Exposition.

Les cylindres sont à enveloppe de vapeur. La distribution du petit cylindre est seule sous la dépendance du régulateur : celle du grand cylindre est variable à la main en marche.

Les tiges des deux pistons sont prolongées à l'arrière des cylindres ; elles sont munies de garnitures métalliques.

La glissière inférieure est réglable.

L'arbre est creux ; les manivelles sont calées à 90°.

La pompe à air verticale est placée en sous-sol.

Le graissage est opéré par une série de pompes forçant l'huile à circuler dans un filtre et dans un refroidisseur, avant d'arriver aux paliers principaux ; d'autres pompes envoient l'huile aux cylindres, aux tiges des valves, etc.

Données principales :

Diamètre du petit cylindre	0,685	Pression initiale de la vapeur	10 kg.
Diamètre du grand cylindre	1,320	Introduction au petit cylindre	0,25
Rapport des surfaces	3,72	Détente totale	14,8
Course du piston	1,600	Volume du petit cylindre	590 litres
Rapport $\dfrac{d}{l} =$	0,43	Volume du grand cylindre	2.185 litres
		Volume du grand cylindre par cheval	1,82
$\dfrac{d'}{l} =$	0,82	Volume engendré par cheval et par seconde par le grand piston	4 l. 25
Nombre de tours	70	Coefficient d'activité	0,235
Vitesse du piston	3,72	Diamètre du volant	6.00
Puissance admise, en chevaux indiqués	1200	Vitesse à la circonférence	21,90

Dujardin et Cⁱᵉ.

MM. Dujardin et Cⁱᵉ avaient incontestablement la plus importante installation mécanique de la section française : deux puissants groupes électrogènes, l'un de 1000 kilowatts, en participation avec le Creusot, l'autre de 500 kilowatts, en participation avec la Société « l'Éclairage électrique », et enfin deux machines motrices pour filature, de 1200 et de 400 chevaux. Cet ensemble constituait une belle exposition de 5000 chevaux environ, puissance à peu près égale à celle de la firme « Vereinigte Maschinenfabrik Augsbourg und Maschinenbau Nuremberg » dont les machines formaient la presque totalité de l'exposition de machines motrices de la section allemande.

On voit par là l'effort personnel considérable qu'a dû faire M. Dujardin, dont la maison, bien qu'elle ait plus de trente ans d'existence, ne s'est spécialisée que depuis quelques

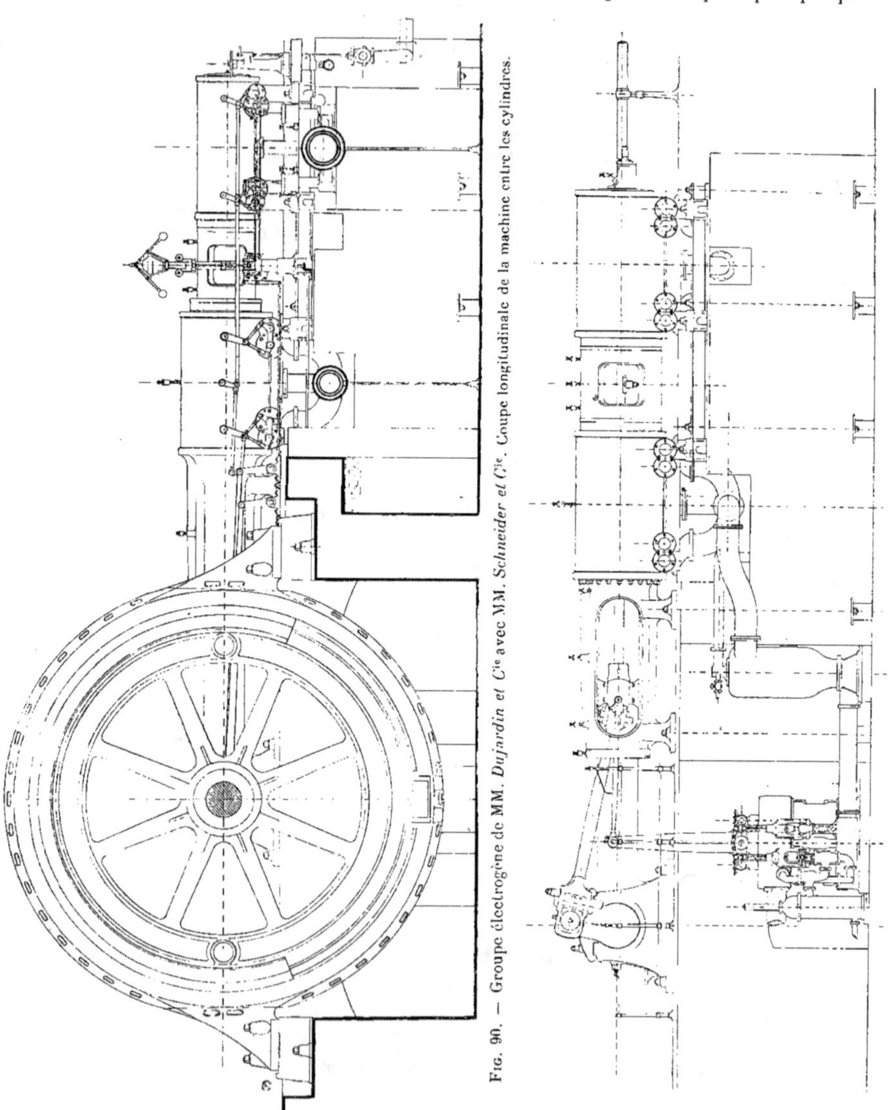

Fig. 90. — Groupe électrogène de MM. *Dujardin et C*ie avec MM. *Schneider et C*ie. Coupe longitudinale de la machine entre les cylindres.

Fig. 94. — Groupe électrogène de 1000 kw. *Dujardin-Schneider.* Vue longitudinale de...

années dans les machines à vapeur. Cette maison a pris, d'ailleurs, un développement aussi énorme que rapide, depuis 1887, époque où, pour la première fois, M. Dujardin a entrepris la construction des machines Compound.

Machine horizontale compound à triple expansion.

Parmi les quatre machines de M. Dujardin, une surtout, celle de 1000 kilowatts, présentait un intérêt particulier, car elle était, avec la machine verticale à grande vitesse de la maison Delaunay-Belleville et Cie, la seule machine à triple expansion de la section française.

Elle comporte quatre cylindres, sur deux lignes parallèles écartées de 6 m. 400 d'axe en axe, et entre lesquelles est l'alternateur. Vers l'arrière, et entre les deux rangées de cylindres, le machiniste a sous la main tous les volants : prise de vapeur, injection d'eau aux condenseurs, purgeurs des receivers, robinets casse-vide, etc. Enfin les manomètres et indicateurs du vide sont aussi installés à proximité du poste du mécanicien.

Chaque ligne comprend deux cylindres : un cylindre à basse pression, en avant, fixé

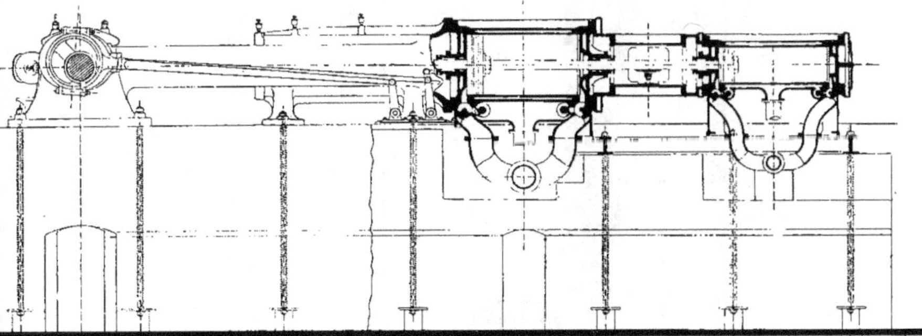

Fig. 92. — Groupe électrogène *Dujardin-Schneider*.
Coupe longitudinale par l'axe du cylindre de haute pression.

à un bâti à baïonnette, du type Sulzer, et un plus petit en tandem : du côté droit le cylindre admetteur, et du côté gauche le cylindre à moyenne pression.

Ces cylindres peuvent, sous l'action de la dilatation, se déplacer sur des glissières en fonte qui servent de plaques de fondation, et sur lesquelles ils reposent simplement.

Les manivelles sont calées à 90°. Comme leurs tourillons, elles sont en acier forgé, et emmanchées à la presse hydraulique sur l'arbre de couche.

Les pressions d'emmanchement ont été :

> 285 tonnes pour les manivelles,
> 120 tonnes pour les tourillons,
> 85 tonnes pour les axes des crosses des pistons.

Le diamètre de l'arbre est de 0 m. 650 au milieu, et de 0 m. 400 dans les paliers, qui ont 0 m. 775 de portée.

Le diamètre des tourillons des manivelles est de 0 m. 250.

L'arbre moteur est en acier Martin, foré suivant son axe.

Dans chaque cylindre, la distribution est faite par quatre tiroirs du genre Çorliss, accolés deux à deux, et placés à la partie inférieure. Cette disposition, tout en réduisant les espaces nuisibles, permet de simplifier les organes de distribution, et facilite l'agencement des tuyaux de vapeur sous le sol. Les quatre obturateurs d'un même cylindre ont le même diamètre, mais les sections de passage de la vapeur varient.

Les obturateurs sont portés sur leur tige d'une façon qui permet de les démonter

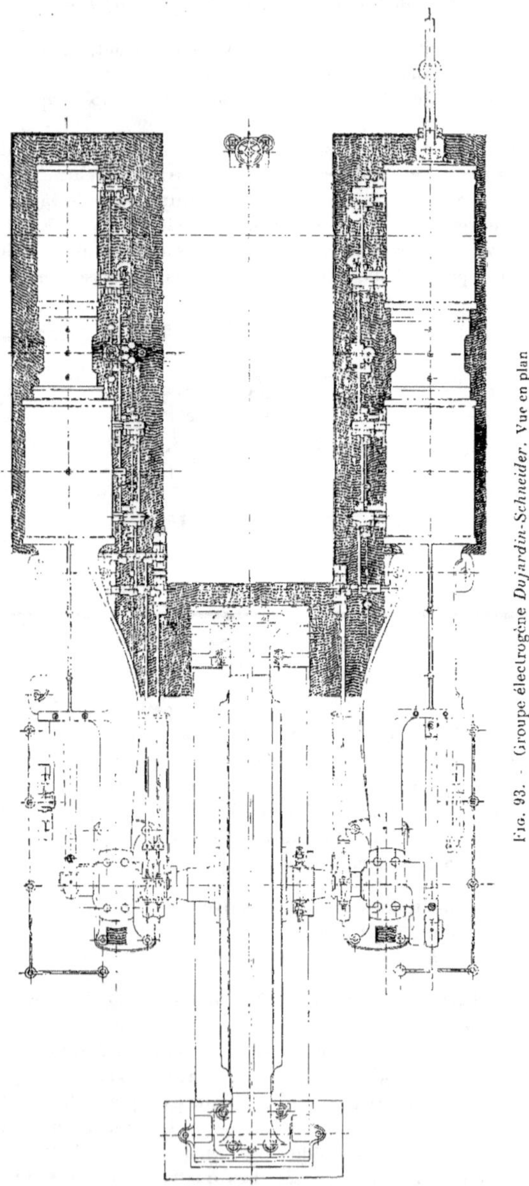

Fig. 93. — Groupe électrogène *Dujardin-Schneider*. Vue en plan

rapidement du côté opposé à la distribution, sans déplacer ni leur axe, ni aucune pièce
de la distribution (voir fig. 97).

Les deux cylindres à basse pression sont à détente fixe, et par conséquent ne comportent pas de déclic ; mais le cylindre à haute pression et celui à moyenne pression sont munis de déclics. La détente est variable, pour le petit cylindre, par le régulateur, et pour le moyen cylindre, à la main.

La distribution Dujardin est caractérisée par l'emploi d'un petit excentrique de

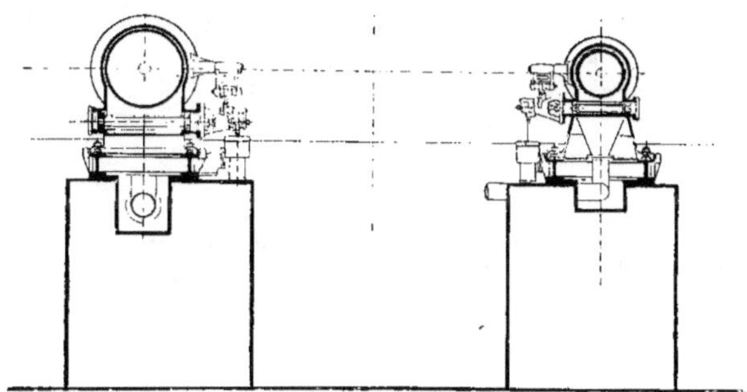

Fig. 94. — Groupe électrogène *Dujardin-Schneider*.
Coupe transversale par les distributeurs des cylindres à haute et à moyenne pression.

quelques centimètres de course, chargé du travail de déclenchement, qui se fait de façon à ne pas produire de réaction nuisible sur le pendule.

Les obturateurs d'admission du premier cylindre comportent une gâchette, sur laquelle il suffit d'exercer un effort minime et de courte durée, pour opérer le déclenchement de l'obturateur.

Cet effort est produit par la rencontre des gâchettes avec des tringles animées d'un

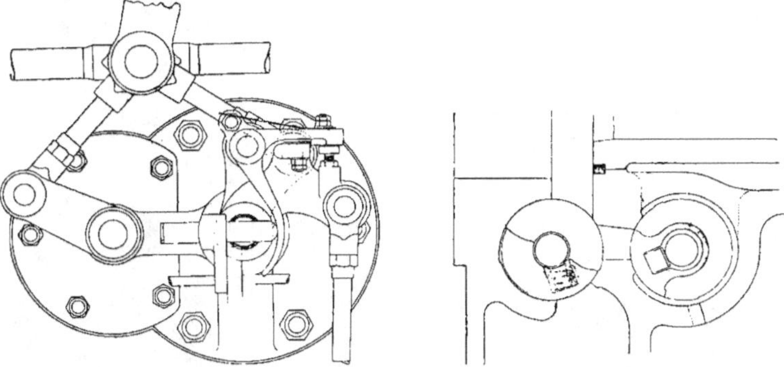

Fig. 95 et 96. — Groupe électrogène *Dujardin-Schneider*.
Distribution du petit cylindre. Élévation et coupe transversale.

mouvement de va et vient horizontal emprunté au petit excentrique. Le point de rencontre des tringles avec les gâchettes se trouvant à l'axe d'oscillation des obturateurs d'admission, et le petit excentrique n'ayant qu'une faible avance sur la marche du piston, le déclenchement peut être opéré dans toutes les positions des obturateurs, et à un moment quelconque de la presque totalité de la course des pistons. Cette disposition est importante pour les longues admissions.

Le pendule, suivant ses positions, déplace le mouvement des tringles de façon

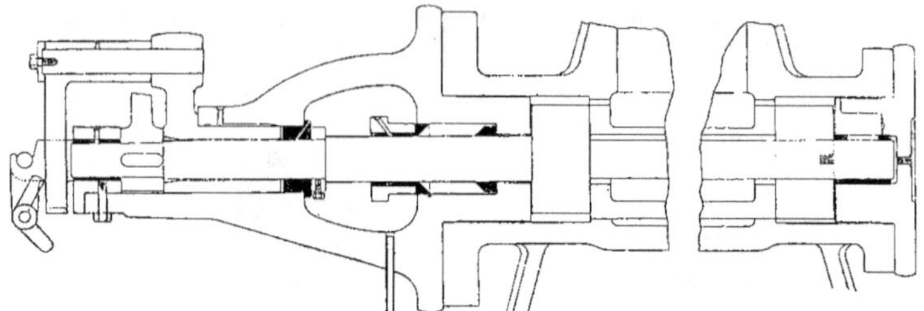

Fig. 97. — Groupe électrogène *Dujardin-Schneider*.
Distribution du cylindre à haute pression. Coupe suivant l'axe de l'obturateur.

à modifier le moment de leur rencontre avec les gâchettes d'après les besoins du fonctionnement du moteur.

Pour cela, il agit sur une vis à deux filets de même pas, et d'inclinaison opposée.

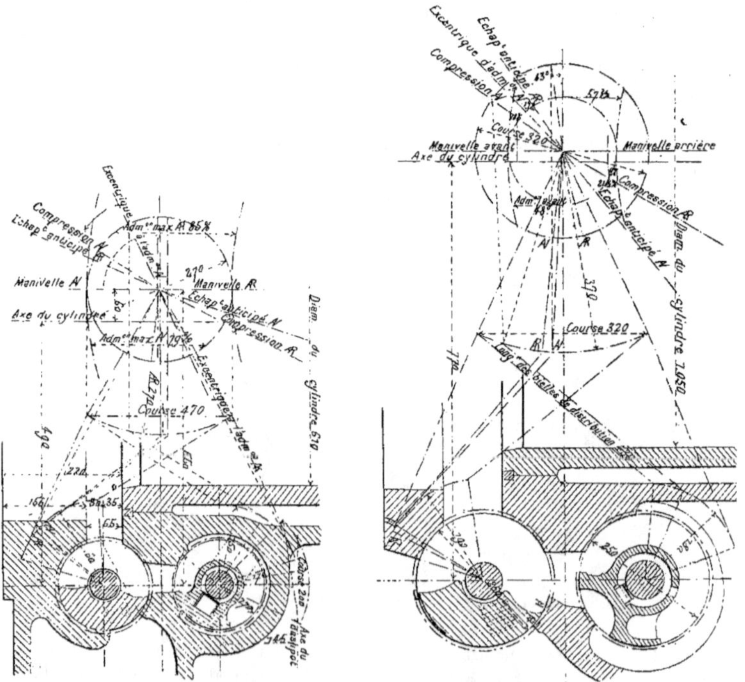

Fig. 98 et 99. — Groupe électrogène *Dujardin-Schneider*.
Épures de distribution aux cylindres à haute pression et à basse pression.

A tout mouvement angulaire de cette vis, correspond, par conséquent, un déplacement

symétrique, rapprochement ou éloignement, des deux écrous qui se déplacent sur ces
vis. Chacun de ces écrous porte l'axe d'oscillation d'un petit balancier vertical relié par

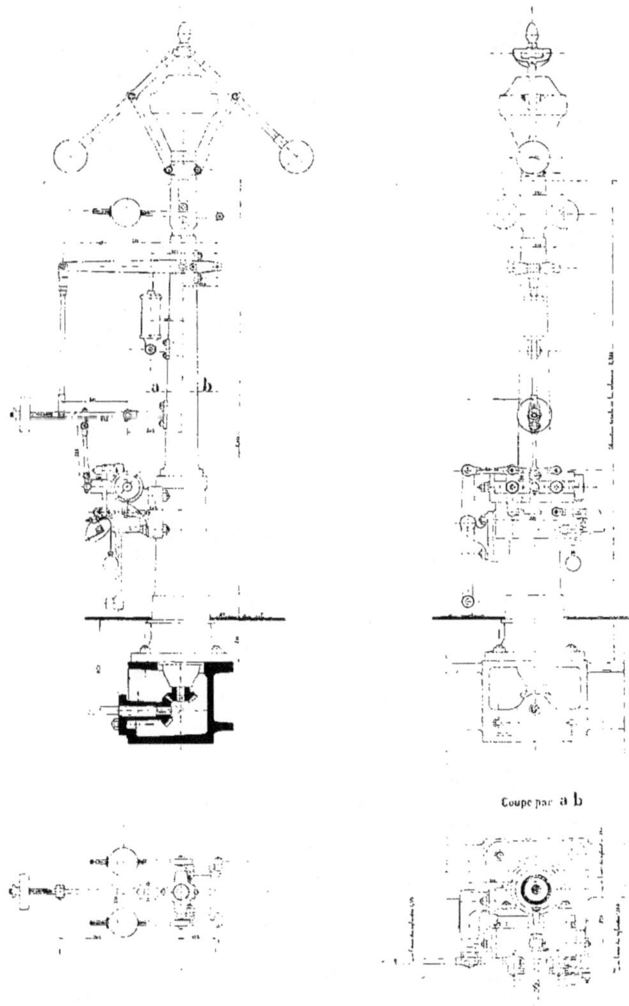

Fig. 100 à 103. — Groupe électrogène *Dujardin-Schneider*.
Ensemble du régulateur. Pendule avec appareil de déclenchement.

sa partie supérieure à l'excentrique de déclenchement, et par sa partie inférieure à l'une
des tringles d'actionnement des gâchettes (voir fig. 104 et 105).

La position relative des tringles et des gâchettes, et par conséquent le moment de

la rencontre qui opère le déclenchement, dépend donc du rapprochement ou de l'éloignement des écrous ; et, par suite de la disposition adoptée, l'effort de déclenchement ne
produit sur le pendule aucune réaction nuisible.

Ajoutons qu'un dispositif spécial empêche l'enclenchement des obturateurs, et par
conséquent provoque l'arrêt du moteur, dès que, pour une cause quelconque, le pendule
tombe en bas de course.

On peut utiliser ce dispositif pour arrêter instantanément l'introduction de vapeur
dans le cylindre en cas d'accident.

Tous les cylindres sont munis d'enveloppes de vapeur. Chaque cylindre est fondu

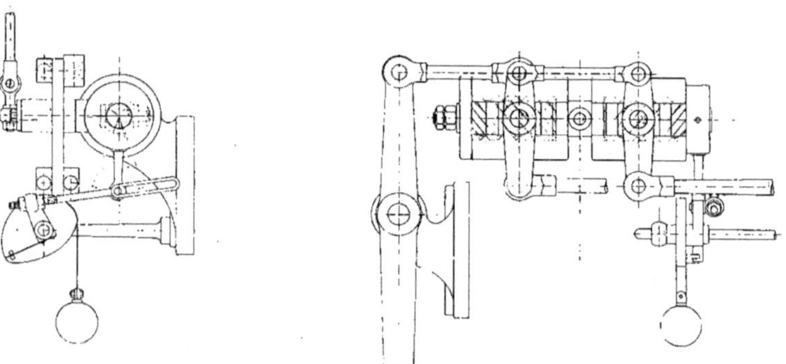

Fig. 104 et 105. — Groupe électrogène *Dujardin-Schneider*.
Détail de l'appareil d'actionnement du déclenchement.

séparément, la chemise est rapportée dans l'enveloppe à la presse hydraulique : après
quoi, des cercles en cuivre rouge maté assurent l'étanchéité du joint.

La tige du piston de moyenne pression se prolonge à travers le fond du cylindre.
Il n'en est pas ainsi pour la tige de droite, au cylindre à haute pression.

Ici, la vapeur venant de la chaudière circule dans l'enveloppe avant de pénétrer dans le
cylindre. Un sécheur de vapeur est d'ailleurs interposé sur la conduite, près du cylindre
à haute pression.

Entre le cylindre à haute pression et celui à moyenne pression, puis entre le cylindre
à moyenne pression et les deux cylindres à basse pression, sont intercalés deux receivers
munis chacun d'une enveloppe de vapeur.

Ces receivers, les enveloppes des cylindres à moyenne et à basse pression, les fonds
et couvercles des cylindres à basse pression et les fonds du cylindre à moyenne pression,
sont réchauffés par de la vapeur à 6 kgs.

Entre les receivers et les cylindres auxquels ils sont reliés, sont interposés des
appareils de dilatation.

A chaque cylindre à basse pression correspond, dans le sous-sol, un condenseur par
mélange, muni de deux pompes à air verticales à simple effet et à double corps de pompe,
comportant trois rangées de clapets de petit diamètre.

Les pistons de chaque groupe de pompes à air sont commandés par un balancier à
trois bras actionné par la crosse des tiges des pistons à vapeur.

Les pistons des pompes à air étant attelés aux deux bras horizontaux de ces balanciers,
leurs périodes d'aspiration sont alternées.

L'eau d'injection arrive à la partie supérieure du condenseur, par un ajutage à cône
d'épanouissement ; mais en outre, une petite vanne permet, au besoin, une injection

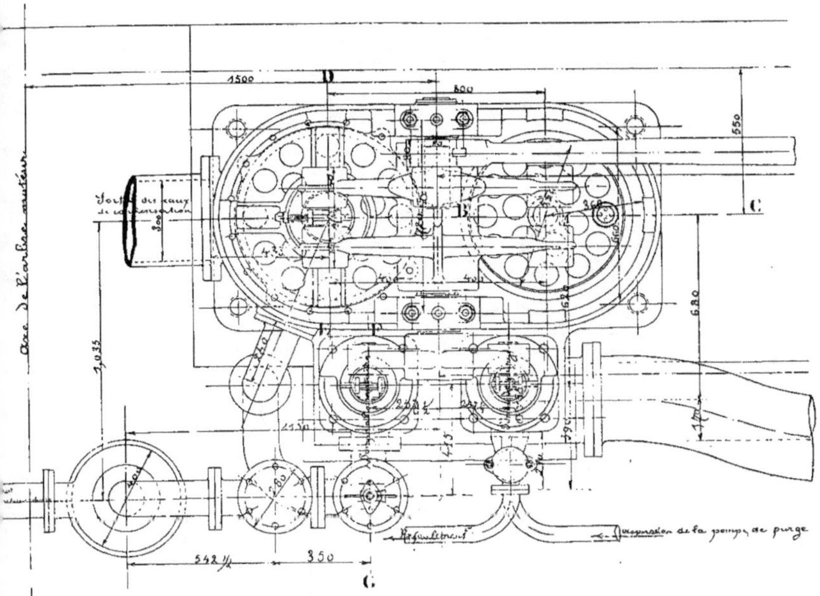

FIG. 106. — Machine *Dujardin*. Condenseur, plan.

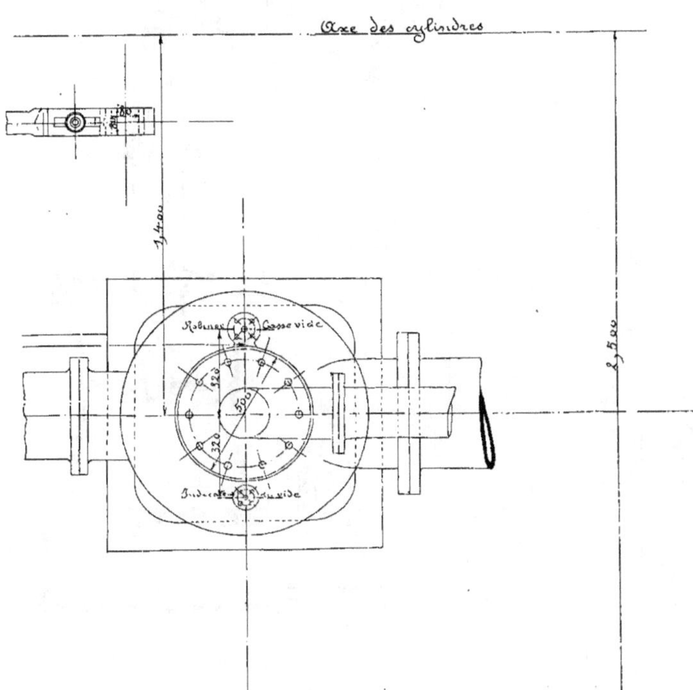

FIG. 107. — Machine *Dujardin*. Vue en plan de la bâche du condenseur.

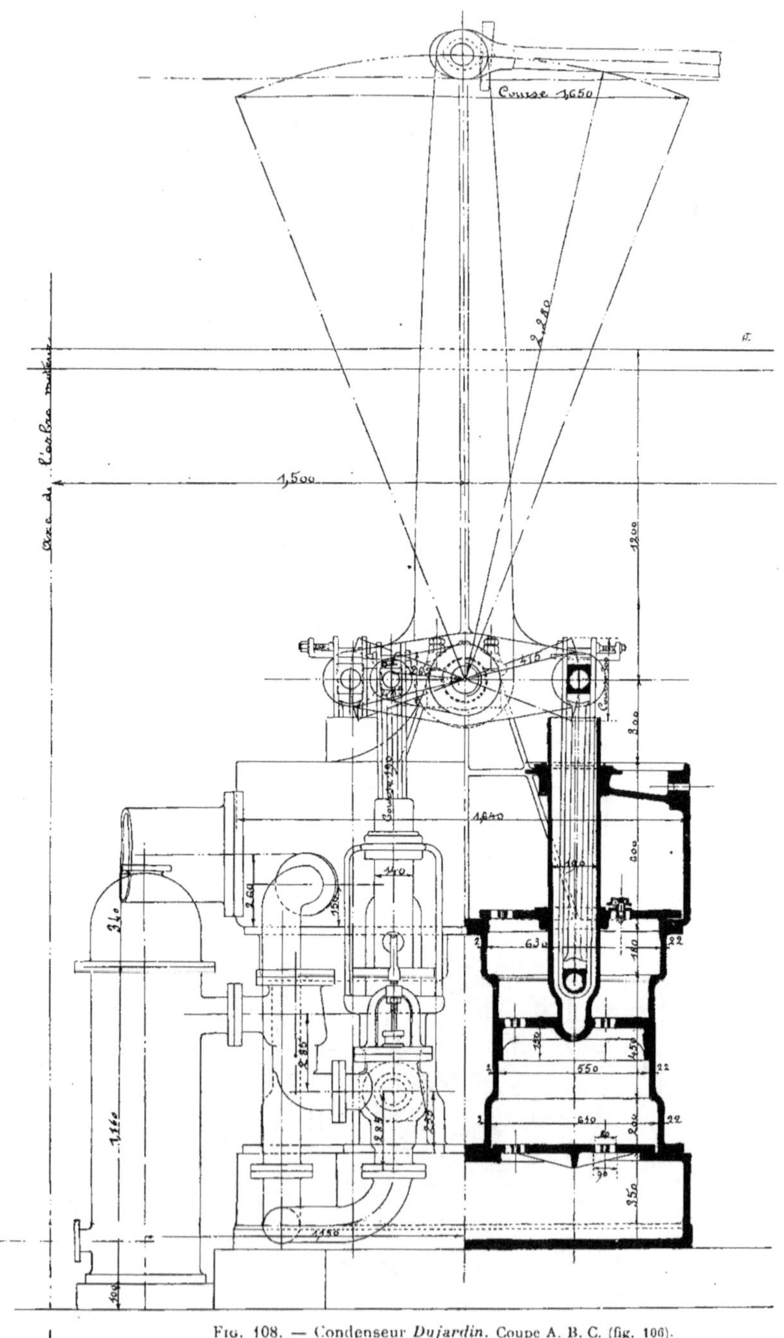

Fig. 108. — Condenseur *Dujardin*. Coupe A. B. C. (fig. 106).

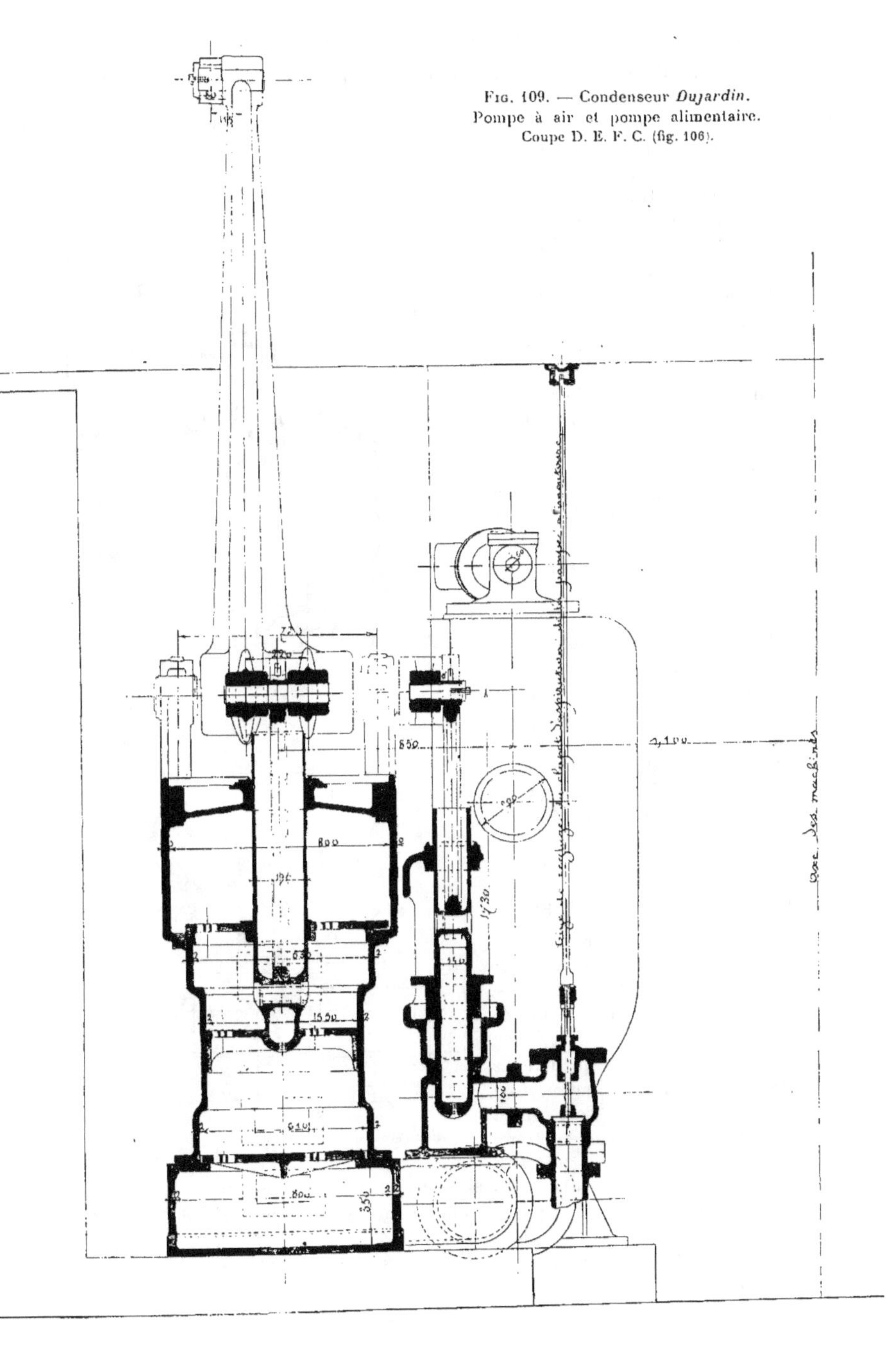

Fig. 109. — Condenseur *Dujardin*.
Pompe à air et pompe alimentaire.
Coupe D. E. F. C. (fig. 106).

momentanée d'eau sous pression, afin de déterminer l'amorçage s'il ne se produisait pas naturellement à l'ouverture de la vanne d'injection.

Deux appareils « casse-vide » sont placés dans chaque condenseur à des hauteurs différentes, pour supprimer l'arrivée d'eau et éviter les coups qui pourraient se produire par une élévation accidentelle du niveau de l'eau à l'intérieur des condenseurs. L'ouverture de ces soupapes est produite automatiquement par un flotteur, dès que l'eau prend accidentellement dans le condenseur un niveau dangereux : elle donne ainsi accès à l'air extérieur dans le condenseur, et par suite, provoque l'arrêt de l'injection d'eau.

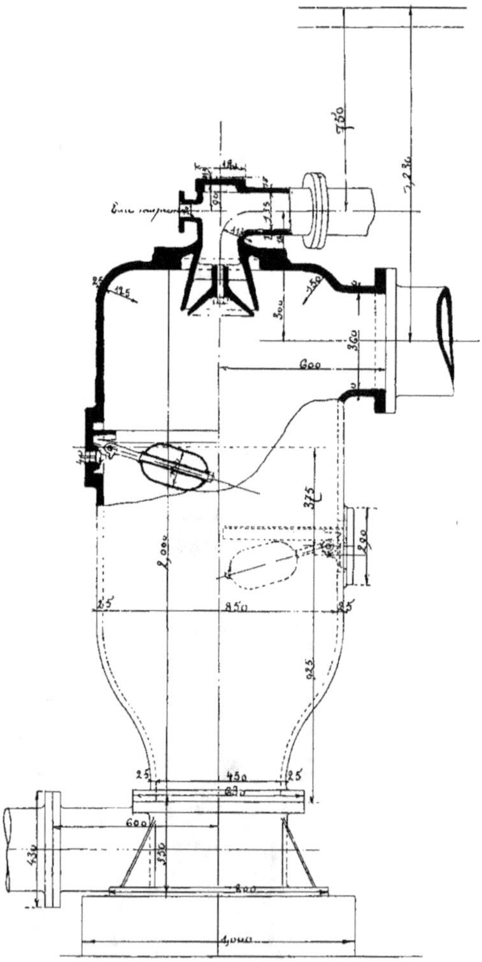

Des tubulures sont ménagées sur les conduites reliant les cylindres de basse pression à leurs condenseurs pour permettre de fonctionner à échappement libre.

Le volant est constitué par l'inducteur de l'alternateur ; il a huit bras doubles nervurés ; il est en deux pièces, assemblées suivant un diamètre, et dont la jonction est faite au moyen de boulons et par des frettes en acier forgé sans soudure. Des frettes placées sur la jante complètent cet assemblage.

Le coefficient d'irrégularité dans le tour est de $\frac{1}{250}$ environ.

La tuyauterie, la robinetterie et le régulateur sont disposés pour pouvoir faire marcher une moitié seulement du moteur, en cas de réparation.

Les axes des articulations des organes de distribution sont trempés et rectifiés. Ils tournent dans des bagues également trempées et rectifiées, encastrées à la presse hydraulique dans les biellettes et tringles de distribution.

Le graissage, pour les pistons, obturateurs et cylindres, est fait par des graisseurs à piston. Les chambres des obturateurs comportent en outre des graisseurs à main.

Toutes les pièces à mouvement rapide sont en rapport avec des graisseurs à débit visible.

Fig. 110. — Condenseur *Dujardin*. Détail de la bâche. Vue des flotteurs casse-vide.

Une transmission souterraine auxiliaire met en jeu deux pompes centrifuges envoyant l'huile dans deux récipients placés à la naissance des glissières.

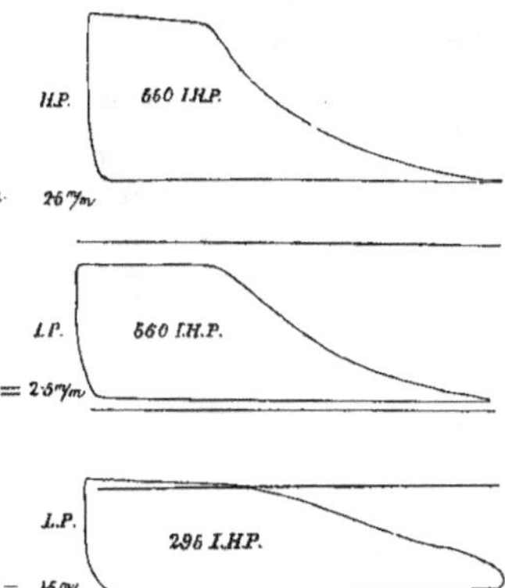

Fig. 111 à 113. — Groupe électrogène. *Dujardin-Schneider*. Diagrammes.

Des essais pratiques de consommation sur des machines Compound simples, communiqués par le constructeur, accusent, pour des puissances inférieures à la puissance normale, et par conséquent dans des conditions défavorables, des consommations variant de 6 kgs à 6 kg. 50 de vapeur, et les machines triplex, dans les mêmes conditions, donnent des consommations variant de 5 kg. 45 à 5 kg. 90.

Les diagrammes (fig. 111 à 113) relevés sur la machine exposée montrent la répartition du travail entre les différents cylindres, pour une charge totale de 1.700 chevaux, pour une pression initiale de la vapeur égale à 11 kg. et un vide au condenseur, égal à 69 centimètres, le nombre de tours étant de 72 par minute.

Les efforts sur les deux manivelles sont respectivement de 845 et 855 chevaux, c'est l'égalité parfaite entre ces efforts.

La force des ressorts est indiquée en millimètres à gauche de chaque diagramme.

Données principales :

Diamètre du petit cylindre	0,610
Diamètre du moyen cylindre	1,050
Diamètre des deux grands cylindres	1,050
Rapport des volumes du moyen et du petit cylindres	2,98
Rapport des deux grands au moyen cylindre	2
Rapport des deux grands au petit cylindre	5,95
Course commune des pistons	1,650
Rapport du diamètre à la course du piston du petit cylindre $\frac{d}{l} =$	0,37
Rapport du diamètre à la course des moyen et grand cylindres $\frac{d'}{l} =$	0,635
Nombre de tours par minute	72
Vitesse des pistons par seconde	3,96
Volume du petit cylindre	480 lit.
Volume du moyen cylindre	1429 lit.
Volume des deux grands cylindres	2.858 lit.
Pression initiale de la vapeur	11 kg.
Admission au petit cylindre	0,31
Détente totale	19
Puissance correspondante en chevaux indiqués	1700
Volume des grands cylindres par cheval	1 lit. 8
Volume engendré par seconde et par cheval au grand cylindre	4 lit. 04
Coefficient d'activité	0,247

Petit cylindre :

Diamètre du tuyau d'arrivée de vapeur au petit cylindre	0,210
Diamètre des obturateurs du petit cylindre	0,170
Section des orifices d'admission	0 m² 03
» » d'échappement	0,034
Vitesse de la vapeur à l'admission	37 m.
Vitesse de la vapeur à l'échappement	32 m.

Moyen cylindre :

Diamètre du tuyau d'arrivée de vapeur au moyen cylindre	0,310
Diamètre des obturateurs du moyen cylindre	0,250
Section des orifices d'admission	0,06
Section des orifices d'échappement	0,105
Vitesse moyenne de la vapeur à l'admission	24 m.
Vitesse moyenne de la vapeur à l'échappement	31 m.

Grands cylindres :

Diamètre des tuyaux d'admission aux grands cylindres	0,310
Diamètre des obturateurs des grands cylindres	0,250
Section des orifices d'admission	0,075
Section des orifices d'échappement	0,1155
Vitesse moyenne de la vapeur à l'admission	44 m.

Vitesse moyenne de la vapeur à l'échappement	28 m.		Course des pistons des pompes à air	0 m. 350
Volume total du premier receiver	873 litres		Rapport du volume d'un grand cylindre au volume utile d'une pompe à air double	19
Rapport du receiver au volume du petit cylindre (H P.)	1,815		Diamètre de l'inducteur volant	6,38
Volume total du deuxième receiver	1.420 litres		Largeur de la jante	0,615
Rapport au volume du moyen cylindre (M P.)	1		Nombre de bras doubles	8
			Poids de l'inducteur	54.000 kgs.
Volume total d'un condenseur	2.120 litres		Vitesse à la circonférence	24 mètres
Rapport de ce volume à celui d'un cylindre BP	1,5		PD² =	840.000
Diamètre des pompes à air	0 m. 550		Coefficient d'irrégularité par tour	$\frac{1}{250}$

Machine horizontale compound tandem.

La deuxième machine de la maison Dujardin conduisait un alternateur de la Société l'Éclairage électrique.

C'est une machine horizontale compound à 2 cylindres en tandem, à condensation.

L'alternateur, faisant fonction de volant, assure à la machine, à la vitesse normale de 80 tours, un coefficient d'irrégularité de $\frac{1}{300}$.

Comme dans la machine précédente, c'est le cylindre BP qui est fixé au bâti. Le cylindre à haute pression est attelé derrière le grand cylindre.

Les dispositions de-détail de cette machine, enveloppes de vapeur, mode de construction des cylindres, chauffage des cylindres, condenseur, etc., sont les mêmes que pour la machine à triple expansion.

La pompe à air verticale, à simple effet, est à trois zones de clapets de petit diamètre.

Les pressions d'emmanchement ont été de :

> 340 tonnes pour la manivelle,
> 135 tonnes pour son tourillon ;
> 100 tonnes pour l'axe de la crosse du piston.

La colonnette où sont groupés les organes de manœuvre pour la mise en route et l'arrêt, ainsi que les appareils indicateurs, est placée par le travers du petit cylindre.

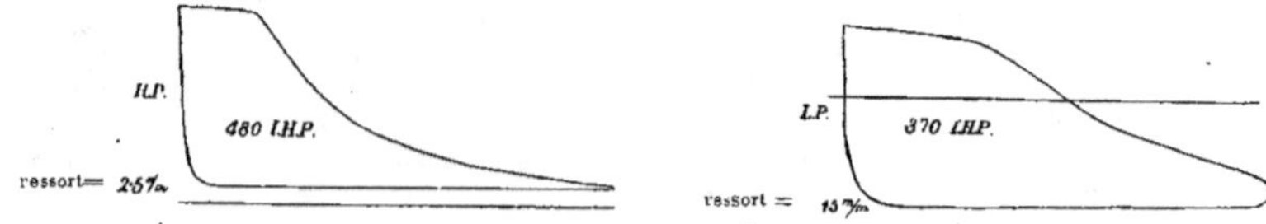

Fig. 114 à 115. — Groupe électrogène *Dujardin*. — *Éclairage électrique*.
Diagrammes.

Les deux diagrammes ci-dessus rendent compte du fonctionnement de cette machine. La force des ressorts est indiquée en millimètres, à la partie inférieure gauche de chacun des diagrammes. Les cylindres étant disposés en tandem, il n'y avait pas lieu de rechercher l'égalité absolue des puissances sur les deux pistons.

Données principales :

Diamètre du petit cylindre	0,650	Section des orifices d'admission	0,0325
Diamètre du grand cylindre	1,100	Section des orifices d'échappement	0,0422
Rapport des volumes	2,87	Vitesse de la vapeur à l'admission	36,70
Course commune des pistons	1,350	— — à l'échappement	28,300
Rapport $\frac{d}{l}$ (petit cylindre)	0,48	**Grand cylindre.**	
— $\frac{d'}{l}$ (grand cylindre)	0,82	Diamètre des obturateurs	0,250
Nombre de tours par minute	80	Section des orifices d'admission	0,0836
Vitesse des pistons par seconde	3,600	— — d'échappement	0,110
Volume du petit cylindre	448 lit.	Vitesse de la vapeur à l'admission	41
Volume du grand cylindre	1,280	— · à l'échappement	30 m. 50
Pression initiale de la vapeur	9 kilog.	Diamètre des tuyaux d'admission	0,310
Admission au petit cylindre	18 p. 100	— — d'échappement	0,360
Détente totale	17	Volume du receiver	0,622
Puissance correspondante en chevaux indiqués	850	Rapport au volume du petit cylindre	1,4
Volume du grand cylindre par cheval	1 lit.5	Volume du condenseur	1,57
Volume engendré par seconde et par cheval au grand cylindre	4 lit. 03	Rapport au volume du grand cylindre	1,25
Coefficient d'activité	0,247	Diamètre de la pompe à air	0,700
		Course du piston de la pompe à air	0,350
Petit cylindre.		Rapport du volume du grand cylindre au volume utile de la pompe à air	19
Diamètre du tuyau d'arrivée de vapeur	0,210	Diamètre de l'arbre dans les paliers	0,430
Diamètre des obturateurs	0,170	Longueur des portées	0,830
		Diamètre au droit de l'alternateur	0,600
		Diamètre du tourillon de la manivelle	0,250

Machines compound de 1.200 chevaux et de 300 chevaux.

Ces machines à condensation sont à deux cylindres horizontaux disposés parallèlement, avec manivelles calées à 90°.

Les cylindres sont fixés aux bâtis, et reposent librement, à l'arrière, sur des tabourets, de façon à laisser libres les mouvements de dilatation.

Le petit cylindre comporte la distribution Dujardin. Le déclic des obturateurs d'admission est commandé par le régulateur. Le grand cylindre ne comporte pas de déclic.

Les dispositions générales, cylindres, séchage, chauffage, receiver, condenseur, sont identiques à celles des machines précédentes. La pompe à air verticale, à simple effet, a trois zones de clapets de petit diamètre. Elle est commandée par un balancier à deux branches, actionné par la crosse de la tige du piston BP.

Les pressions d'emmanchement ont été de

> 205 tonnes pour les manivelles,
> 80 tonnes pour leurs tourillons,
> 62 tonnes pour les axes de crosses.

Une petite pompe rotative, sous le parquet, établit une circulation d'huile dans tous les organes principaux, et les cylindres sont graissés par des graisseurs mécaniques à pompe.

Le volant à 28 gorges pour câbles de 45 à 48 millimètres, est en deux parties. La liaison des deux parties se fait, au moyeu, par deux boulons et deux frettes d'acier forgé sans soudure, et à la jante, par des brides de 90 millimètres d'épaisseur, assemblées par huit boulons de 54 millimètres à chaque jonction. La jante est reliée au moyeu par une double série de dix bras.

Les diagrammes ci-contre montrent, qu'avec un vide de 69 centimètres et une pression initiale de la vapeur de 6 kg. 5 (fig. 116-117), les puissances produites sont, pour 62 tours par minute :

au cylindre H P............. .. .. 590 chevaux
— BP.............................. 610 chevaux

Enfin le moteur compound de 300 chevaux exposé par la même maison était exactement du même type que le précédent.

Le volant a dix gorges, pour câbles de 45 à 48 milimètres de diamètre.

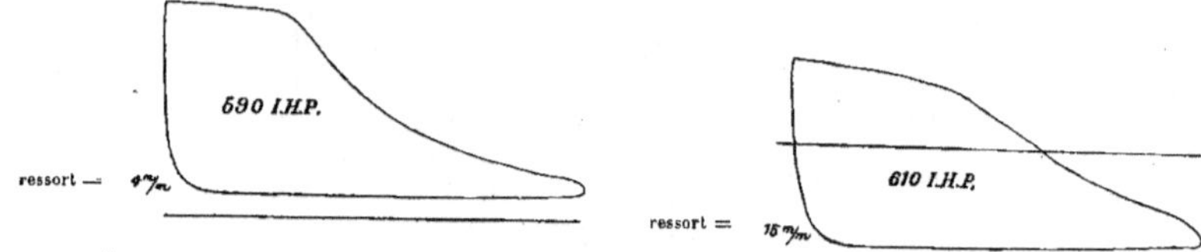

Fig. 116-117. — Machine compound *Dujardin* de 1200 chevaux.
Diagrammes.

Les pressions d'emmanchement ont été :

95 tonnes pour les manivelles,
48 tonnes pour leurs tourillons,
39 tonnes pour les axes des crosses.

Les diagrammes indiquent une puissance de 300 HP ainsi répartie :
Cylindre HP........................ .... 147 chevaux
— BP........................... ... 153 chevaux

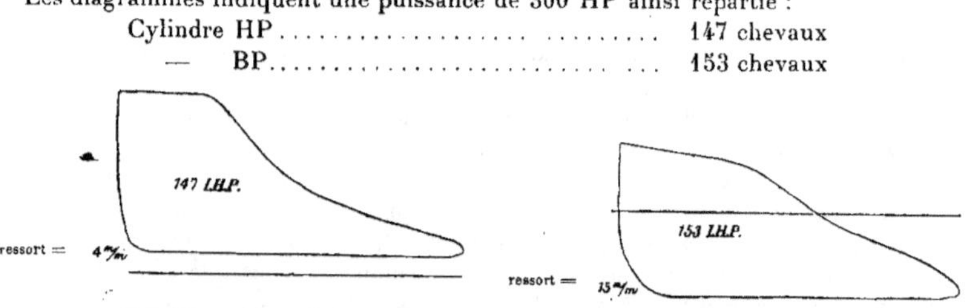

Fig. 118 et 119. — Diagrammes de la machine *Dujardin* de 300 chevaux.

Le tableau ci-dessous donne, sur ces deux dernières machines, les indications caractéristiques principales.

	Machine de 1.200 chx	Machine 300 chx
Diamètre du petit cylindre..............................	0 m. 750	0 m. 430
— grand —	1 m. 400	0 m. 800
Rapport des volumes..............................	3,46	3,47
Course des pistons..............................	1 m. 650	0 m. 900
Rapport $\frac{d}{l}$ petit cylindre..............................	0,45	0,48
— $\frac{d'}{l}$ grand cylindre..............................	0,85	0,89
Nombre de tours par minute..............................	62	84
Vitesse des pistons par seconde..............................	3,410	2,52

Volume du petit cylindre	730 lit.	131 lit.
— grand cylindre	2.540 lit.	450 lit.
Pression initiale de la vapeur	6 kg. 5	6 kg. 5
Admission au petit cylindre	0,27	0,29
Détente totale correspondante	13	12
Puissance en chevaux indiqués	1.200	300
Volume du grand cylindre par cheval	2 lit. 12	1 lit. 5
Volume engendré par le grand piston par seconde et par cheval	4 lit. 4	4 lit. 23
Coefficient d'activité	0,227	0,236

Petit cylindre :

Diamètre du tuyau de vapeur	0,250	0,130
Diamètre des obturateurs	0,200	0,135
Section des orifices d'admission	0,0390	0,0099
— — d'échappement	0,0562	0,0153
Vitesse de la vapeur à l'admission	38 m. 60	37
Vitesse à l'échappement	27	24

Grand cylindre :

Diamètre des obturateurs	0,300	0,135
Section des orifices d'admission	0 m² 1176	0 m² 0262
— — d'échappement	0 m² 1750	0 m² 0405
Vitesse de la vapeur à l'admission	44 mètres	48 mètres
— — à l'échappement	30 mètres	31 mètres
Diamètre du tuyau d'admission	0,400	0,190
— — d'échappement	0,475	0,230

Volume total du receiver	1 m³ 290	0 m³ 485
Rapport au volume du petit cylindre	1,8	3,7
Volume total du condenseur	3 m³	0 m³ 635
Rapport au volume du grand cylindre	1,2	1,4
Diamètre de la pompe à air	1,050	0,550
Course du piston de la pompe à air	0,310	0,180
Rapport du volume du grand cylindre au volume utile de la pompe à air	19	20
Diamètre de l'arbre dans les paliers	0,340	0,210
Longueur des portées	0,600	0,390
Diamètre au droit du volant	0,540	0,315
Diamètre des tourillons des manivelles	0,225	0,125
Diamètre du volant	7 mètres	4 m. 500
Poids	16.200 kg.	6.250
PD²	790.000	126.000
Coefficient d'irrégularité dans le tour	1/150	1/180
Vitesse à la circonférence	22 m. 700	19 m. 80

P. et A. Farcot.

Le groupe électrogène fourni par la maison Farcot est un des cinq monocylindriques de la section française. La machine à vapeur horizontale, à quatre distributeurs Corliss, est accouplée avec un alternateur à courants diphasés.

Le bâti formant glissière est relié par des boulons, d'une part au palier principal, dont le graissage est obtenu par l'entraînement de grands anneaux baignant dans l'huile (fig. 121), et d'autre part au cylindre qui se trouve parfaitement centré, et n'est supporté que par un tabouret en son milieu, laissant toute liberté à son déplacement longitudinal.

Les tiroirs de distribution sont placés dans les fonds, réduisant les espaces morts à

1 p. 100 du volume du cylindre ; ceux d'admission sont à la partie supérieure ; ceux d'échappement à la partie inférieure.

Le cylindre est à enveloppe de vapeur, dans les fonds et sur le pourtour. La chemise est rapportée, et le joint avec le corps du cylindre est fait au moyen de bagues en cuivre

Fig. 120. — Machine *Farcot*.
Vue extérieure de la distribution.

rouge. Le chauffage est fait par la vapeur vive, qui pénètre ensuite dans les fonds. Une pompe de purge spéciale assèche constamment l'enveloppe, et fait disparaître toute trace d'humidité. Une soupape de sûreté pressée sur son siège par des rondelles Belleville est

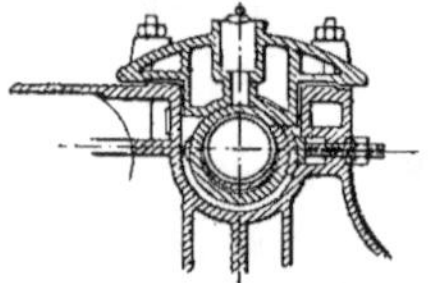

Fig. 121. — Machine *Farcot*.
Détail du palier.

placée dans l'axe du fond du cylindre pour éviter les coups d'eau (fig. 124).

La vitesse de rotation des tiroirs est aussi grande que possible, afin d'ouvrir et de fermer rapidement les orifices et d'éviter le laminage de la vapeur.

Le régulateur est à bras et bielles croisés. Il est muni d'un écrou vissé sur une tige filetée, et servant à obtenir un réglage continu de la vitesse, pour la mise en synchronisme de l'alternateur avec les autres alternateurs en service, et pour le réglage de la charge absorbée par la machine lorsque le couplage est effectué. Il est commandé par des engrenages coniques.

Le schéma de la distribution et ses détails sont montrés par les fig. 125, 127, 128 et 129.

Le mouvement d'oscillation, imprimé au plateau *b* par l'excentrique, est transmis par un axe A aux deux plaques *d* montées folles sur un manchon *g* claveté sur l'extrémité de l'axe du tiroir d'admission.

Ces plaques *d* portent une manette d'enclenchement *f* (fig. 127) constamment sollicitée vers l'axe par le ressort extérieur *r*. Le moyeu du manchon *g* porte, à côté des plaques *d*, une plaquette d'acier *h*, correspondant à la plaquette *j* de la manette *f* sur laquelle agit le ressort.

Suivant que les plaquettes *h* et *j* sont ou non en prise, le tiroir est entraîné ou non dans le mouvement de *d*. L'entraînement cesse quand, en agissant sur le ressort extérieur, on force la manette *f* à s'écarter de l'axe.

Pour obtenir ce déclenchement, deux cames en acier *k* et *k'*, oscillant en sens inverse,

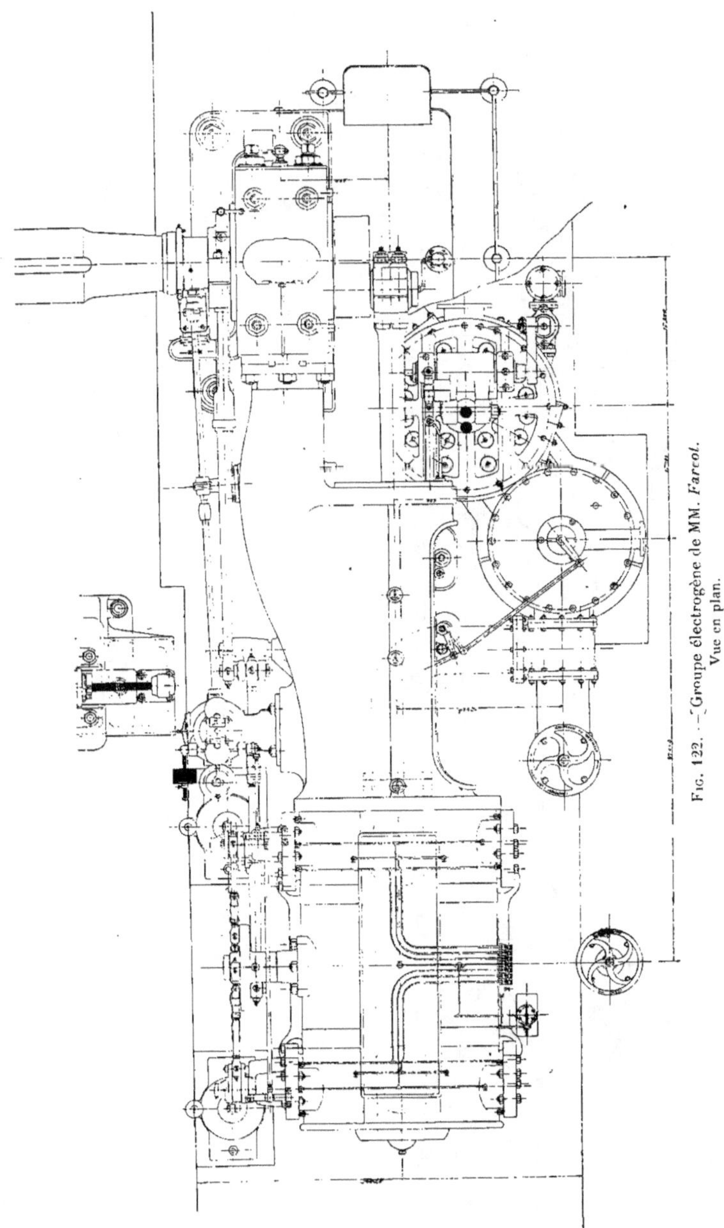

Fig. 122. — Groupe électrogène de MM. *Farcot.*
Vue en plan.

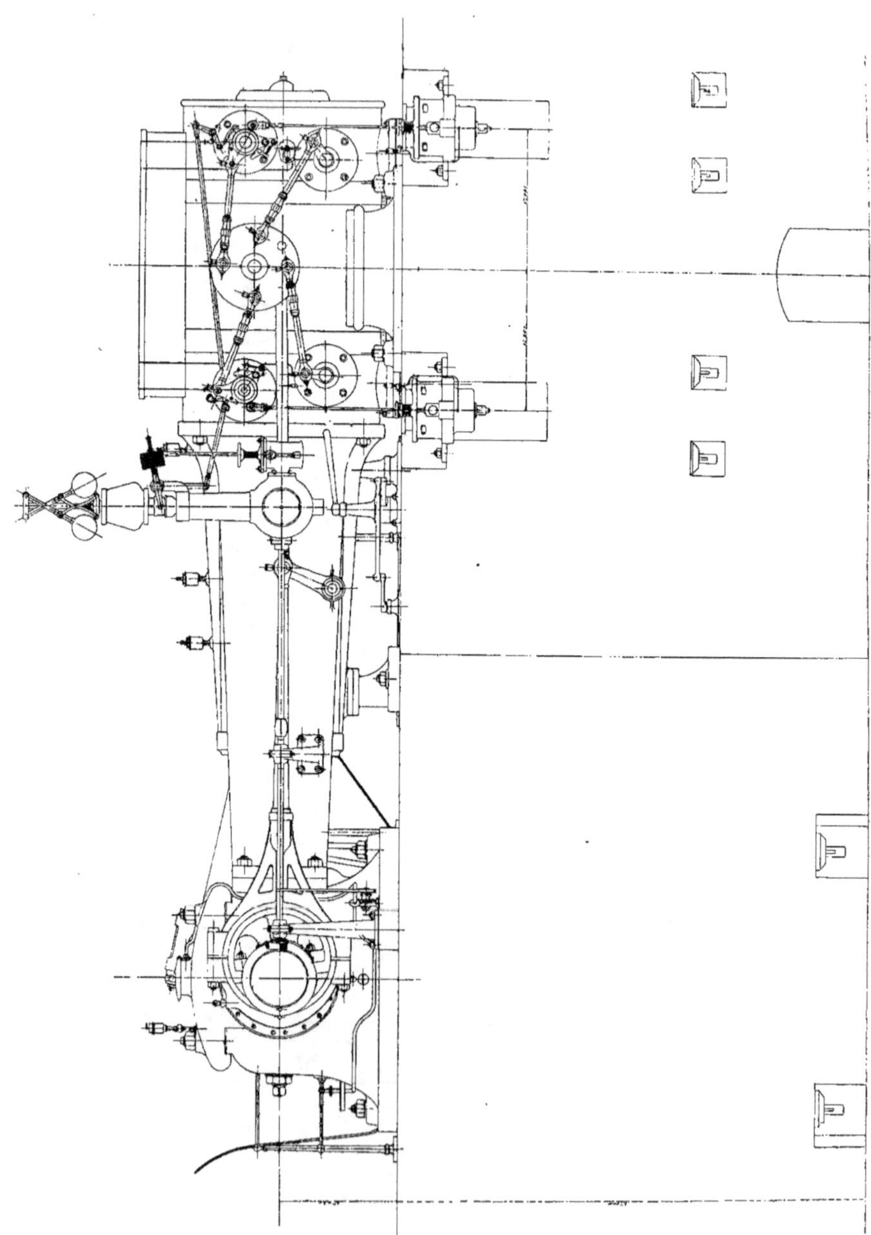

Fig. 123. — Groupe électrogène de MM. *Farcot*. Élévation extérieure du côté de la distribution.

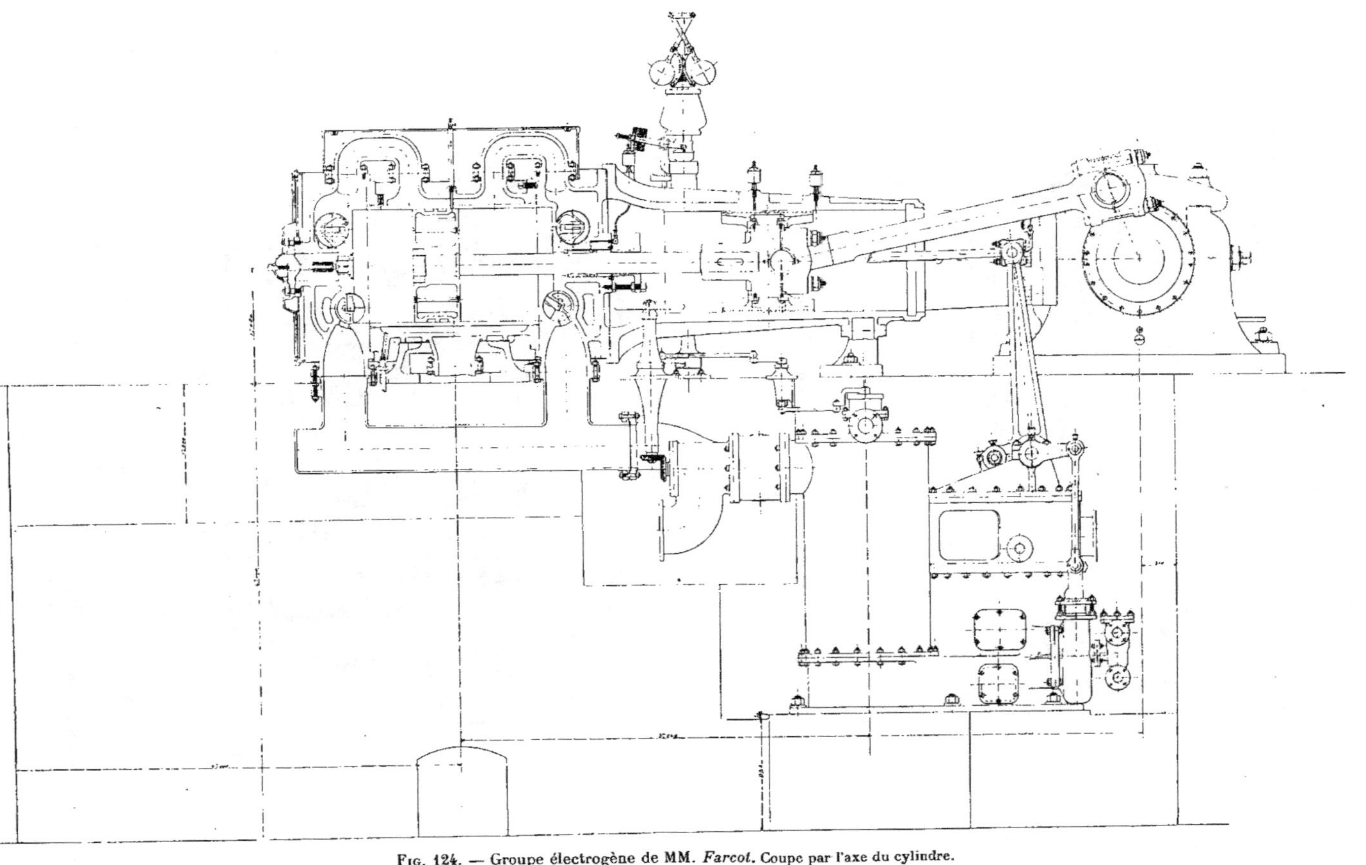

Fig. 124. — Groupe électrogène de MM. *Farcot*. Coupe par l'axe du cylindre.

sont actionnées par les bielles *l* et *l'*, commandées par le régulateur. Les bosses excentrées de ces cames, marchant l'une vers l'autre, viennent se présenter plus ou moins tôt sous le galet *o* (fig. 129) fou sur le doigt *m* de la manette *f*.

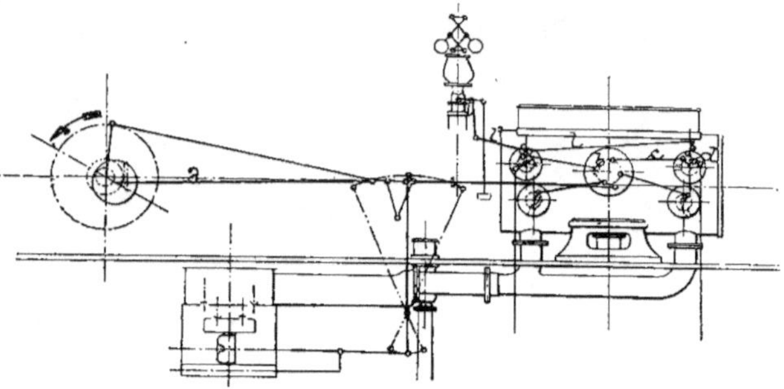

Fɪɢ. 125. — Machine *Farcot*.
Schéma de la distribution.

La came *k* agit sur *m* par l'intermédiaire du galet *o* pour faire déclencher pendant l'aller du tiroir, c'est-à-dire pour les introductions jusqu'à 35 p. 100 de la course du piston.

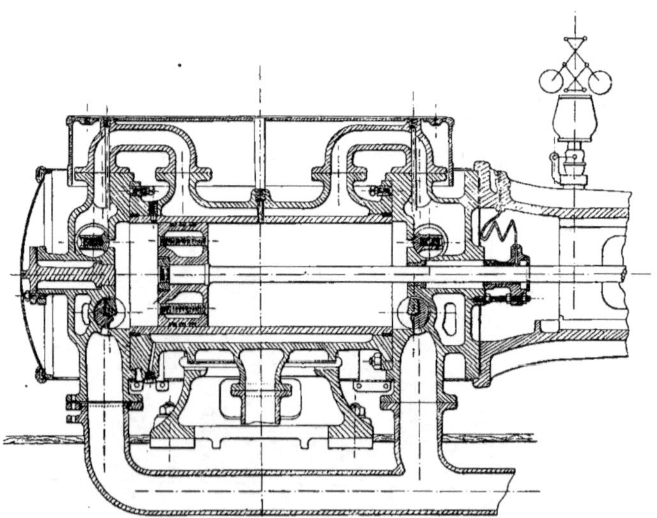

Fɪɢ. 126. — Machine *Farcot*.
Détails du cylindre.

La came *k'* produit le déclenchement pendant le retour du tiroir, c'est-à-dire pour les introductions jusqu'à 80 p. 100. Pour cela elle agit sur le doigt intérieur *n*.

Pendant l'aller du tiroir, ce doigt *n* disparaît dans le fourreau *m*, poussé qu'il est par un plan incliné latéral de la came k'. De cette façon, il évite la bosse de cette came. Repoussé de sa loge par un ressort, il vient se présenter derrière la bosse de k' pour déclencher plus ou moins tôt aux grandes introductions.

Ce déclenchement ne fonctionne que quand la came k des petites introductions n'a pas suffi pour déclencher, de sorte que, dans la marche normale et habituelle, le doigt

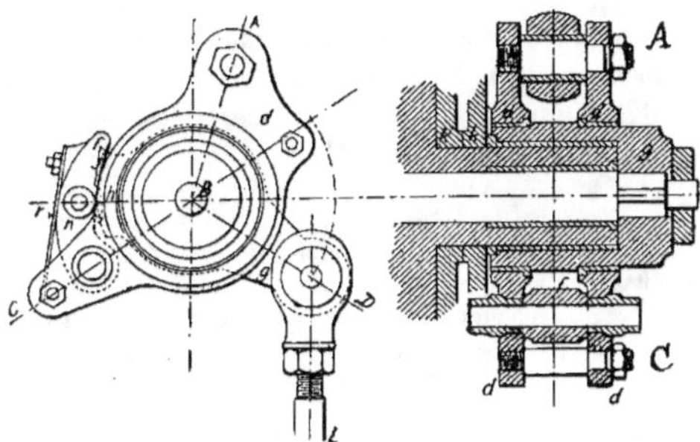

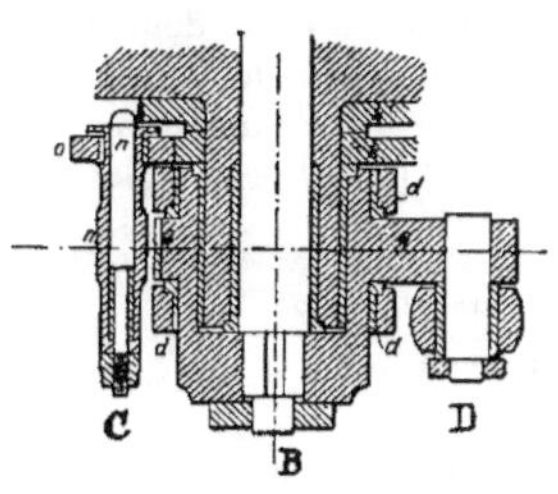

FIG. 127. — Machine *Farcot*.
Détail du déclic. Élévation.

FIG. 128.
Coupe brisée suivant ABC.

FIG. 129.
Coupe horizontale brisée suivant CBD.

intérieur n ne subit ni ne produit aucun frottement sur la bosse et sur le flanc de la came k'.

Une disposition spéciale des cames, qui supprime l'introduction de la vapeur, empêche tout emportement de la machine en cas d'accident au régulateur.

Les articulations principales, mannetons, axes du mouvement de distribution, arbres des tiroirs, le doigt, le galet, les cames sont trempés et rectifiés.

La tige du piston est à garniture métallique. Elle porte une embase forgée, noyée dans le piston, et, de l'autre côté, le piston est maintenu par un écrou également noyé.

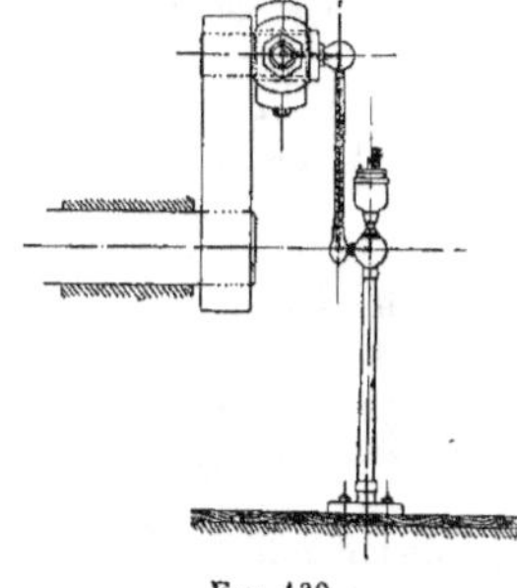

Les coussinets du palier principal sont en fonte, et garnis d'antifriction phosphorique. Les coussinets latéraux peuvent osciller, de manière à utiliser leur surface aussi complètement que possible.

Les parties frottantes du cylindre à vapeur sont lubrifiées par un graisseur à pompe, qui distribue l'huile à tous les points intéressés, au moyen d'un petit réseau de tuyaux terminés chacun par un bouton permettant de régler le débit.

Le graissage du manneton est fait par un système centrifuge.

La machine est disposée pour pouvoir fonctionner soit à échappement libre, soit à condensation.

FIG. 130.
Graissage du manneton.

Le condenseur à injection est placé en sous-sol, entre le cylindre et l'arbre de couche. La pompe à air verticale est commandée par un renvoi de mouvement pris sur la crosse de la bielle.

Nous n'avons pas à faire ici l'éloge de la construction de la maison Farcot. Chacun sait avec quel soin tous les détails y sont étudiés et exécutés.

Nous constaterons simplement qu'avant de jeter la pierre, comme le font certains auteurs, aux constructeurs français en général, parce que, à leur gré, ils ne marchent pas assez rapidement, dans la voie des cylindres multiples et du surchauffage, il convient de méditer sur les consommations de vapeur de certaines machines monocylindriques, celle dont nous nous occupons, par exemple.

Avec une introduction de $\frac{1}{10}$, la dépense de vapeur par cheval indiqué $= 6$ kg. 15

$$-\qquad \frac{2}{10} \qquad\qquad\qquad -- \qquad\qquad = 6 \text{ kg. } 55$$

$$-\qquad \frac{3}{10} \qquad\qquad\qquad - \qquad\qquad = 7 \text{ kg. } 45$$

et, par cette variation d'admission, la puissance a varié de 850 à 1.600 chevaux, soit à peu près du simple au double. Nous ne pensons pas que les machines de la section allemande, devant lesquelles tant d'auteurs sont en admiration, soient susceptibles de présenter des résultats comparables à ceux-là, et avec une semblable élasticité.

Données principales :

Diamètre du cylindre	1 m.		Puissance correspondant en chevaux indiqués	850
Course du piston	1,350		Volume du cylindre par cheval	1 lit. 25
Rapport $\frac{d}{l}$	1,35		Volume engendré par le piston par seconde et par cheval	3 lit. 34
Nombre de tours	80		Coefficient d'activité	0,30
Vitesse du piston	3,60		Diamètre de l'inducteur-volant	5,50
Volume du cylindre	1 m³ 060		Vitesse à la circonférence	23 m. 10
Pression initiale de la vapeur	7 kg.		Poids du volant	50.000 kg.
Admission variable de	$^1/_{15}$ à $^1/_5$			
Admission normale moyenne	0,10			

Cie de Fives-Lille.

Le groupe électrogène exposé par la Cie de Fives-Lille est composé d'un alternateur triphasé auquel le mouvement est donné par une machine à vapeur horizontale compound type Corliss, à deux cylindres parallèles espacés de 6 mètres d'axe en axe.

Les deux boutons de manivelles, de $0,200 \times 0,250$, sont calés à angle droit sur des plateaux-manivelles en acier moulé, équilibrés.

L'arbre de couche, droit, de 0,650 de diamètre et 5 m. 78 de longueur, porte en son milieu, en guise de volant, l'inducteur, du poids de 35 tonnes, dont la masse donne à la machine un coefficient d'irrégularité inférieur à $\frac{1}{250}$.

Cet inducteur-volant est en deux parties, reliées par des boulons et par des frettes posées à chaud.

La vitesse normale est de 80 tours ; la machine a dû, pendant l'Exposition, tourner à 79 tours, afin de conserver la fréquence de 50 périodes par seconde, que donnaient d'autres machines.

Deux forts paliers de 0,800 de portée, de 0,400 d'alésage, distants de 4 m. 38 d'axe en axe, supportent l'arbre moteur. Ils sont munis de coussinets en fonte et acier, garnis d'antifriction et graissés par des pompes à huile. Chacun d'eux fait partie d'un bâti robuste, de la forme Allis, solidement ancré sur la maçonnerie de la fondation, et relié au cylindre correspondant par une glissière formant entretoise.

Les cylindres reposent par des patins sur des plaques d'appui en fonte, sur lesquelles ils peuvent glisser.

La distribution se fait par des valves Corliss actionnées par un jeu de leviers réglables, et le mouvement est donné, pour chaque cylindre, par deux excentriques. Le rappel est effectué par des dash-pots atmosphériques.

L'admission peut varier de 0 à 45 p. 100 dans le petit cylindre, et de 12 à 60 p. 100 dans le grand.

Deux régulateurs à force centrifuge, à masse centrale, commandés par chaînes Ewart,

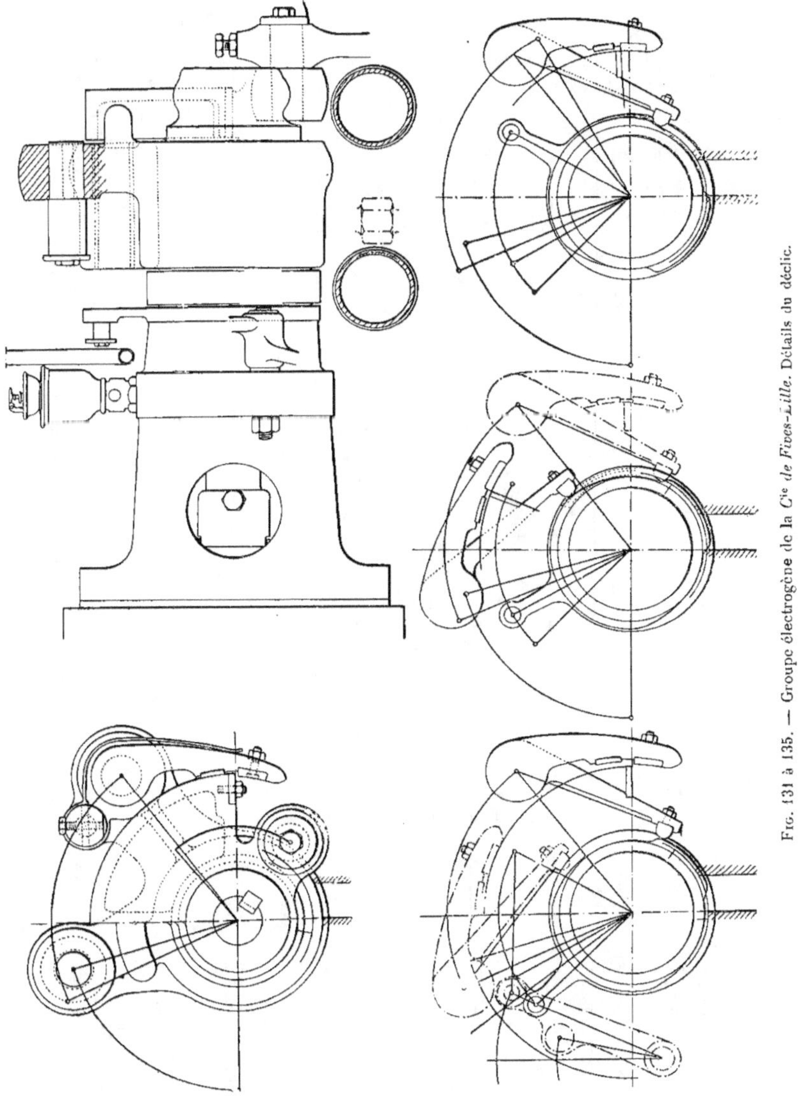

Fig. 131 à 135. — Groupe électrogène de la Cie de Fives-Lille. Détails du déclic.

et tournant tous deux à la même vitesse, ont leurs manchons reliés par un arbre transversal, qui assure l'identité de leurs déplacements.

A toutes les charges que peut recevoir la machine, correspondent des admissions

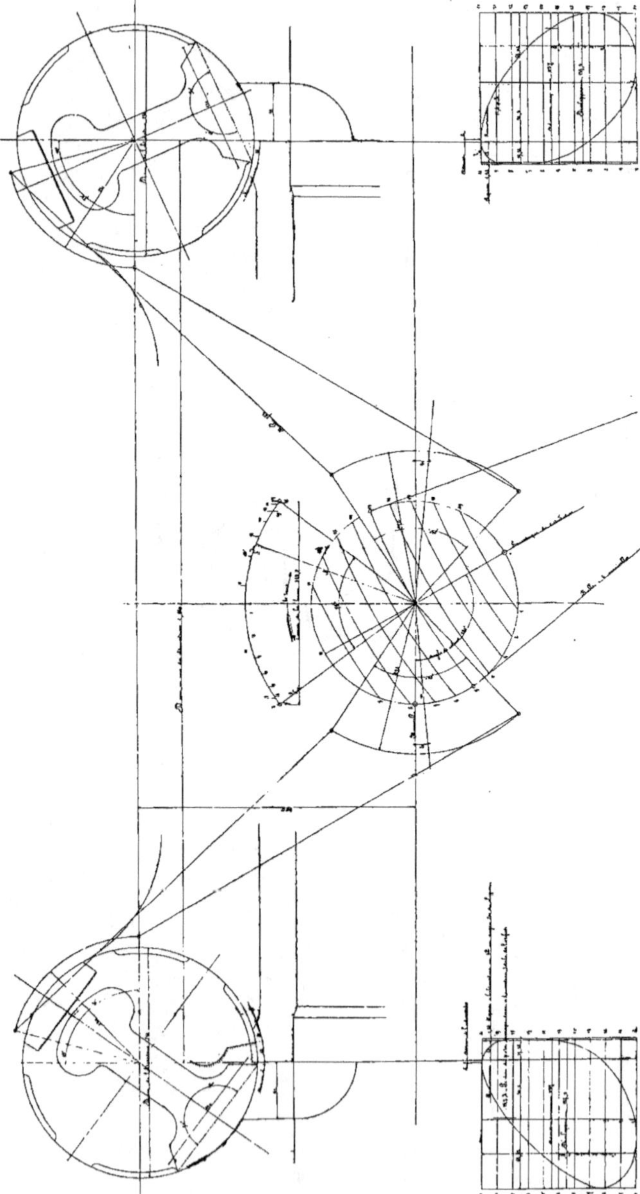

Fig. 136. — Groupe électrogène de la Cie de *Fives-Lille*. Épure de la distribution du cylindre à haute pression.

respectives bien définies pour chaque cylindre. Ces admissions sont déterminées de façon à répartir aussi également que possible le travail entre les deux pistons moteurs.

Les variations de la vitesse sont de 1 p. 100 en plus ou en moins de la vitesse normale.

Les deux cylindres ont des enveloppes de vapeur. Dans le cylindre à haute pression, l'enveloppe fait corps avec le cylindre lui-même. La vapeur vive circule d'abord dans l'enveloppe, et passe, de là, aux obturateurs d'admission. Dans le grand cylindre, l'enveloppe est rapportée. L'emmanchement est serré et le joint fait avec des cercles en cuivre rouge matés. Cette enveloppe est chauffée par de la vapeur à basse pression fournie par un détendeur spécial. Cette vapeur détendue réchauffe également, par son passage dans le faisceau tubulaire du receiver, la vapeur qui vient de travailler dans le petit cylindre.

Le receiver, en tôle d'acier, est cylindrique avec fonds emboutis. Sa capacité totale est de 3.500 litres. Il est placé dans le sous-sol, transversalement entre deux cylindres.

Les pistons sont en fonte, du type suédois, fixés par écrous serrant sur embase, et garnis de trois segments par piston.

La crosse est en acier forgé, avec patins en fonte garnis d'antifriction.

Le condenseur est à injection, avec pompe à air verticale, installée dans le sous-sol, sous la glissière du grand cylindre, la pompe étant actionnée par un balancier commandé lui-même par la crosse du piston. Le même balancier actionne les diverses pompes du service de la machine, savoir deux pompes de purge, avec plongeurs de 50 millimètres de diamètre et 0 m. 240 de course, et deux pompes alimentaires de 0,240 de course et 0,120 de diamètre.

L'exécution de cette machine est très soignée. Des organes de réglage et de rattrapage de jeu sont disposés partout où il est utile.

Les articulations sont munies de bagues emmanchées à la presse hydraulique.

Voici les données principales de cette machine :

Diamètre du cylindre HP	0,700		Diamètre du volant inducteur	6 m.
— BP	1,300		Vitesse à la circonférence	25 m. 13
Rapport des sections	3,42		Diamètre du receiver	1 mètre.
Course des pistons l	1,400		Longueur du receiver entre plaques tubulaires	3 m. 10
Rapport $\dfrac{d}{l} =$	0,50		Nombre de tubes de chauffage	19
Rapport $\dfrac{d'}{l} =$	0,93		Diamètre des tubes	90 mm.
Volume du petit cylindre	539 lit.		Diamètre des obturateurs du petit cylindre	0,210
— du grand cylindre	1.858 lit.		Diamètre des obturateurs du grand cylindre	0,320
Nombre de tours par minute	80		Diamètre de la prise de vapeur	0,250
Vitesse moyenne des pistons	3 m. 75		— de l'échappement au condenseur	0,450
Pression initiale de la vapeur	10 kg.		Diamètre de la pompe à air à simple effet.	1,050
Détente totale	19		Course du piston de la pompe à air	0,240
Puissance admise en chevaux indiqués	1.200		Diamètre du robinet d'injection	0,160
Volume du grand cylindre par cheval	1 l. 55		— de la conduite des eaux chaudes	0,400
Volume engendré par le grand piston, par seconde et par cheval	4 l. 15			

Société Alsacienne de Constructions mécaniques.

La Société Alsacienne faisait figurer à l'Exposition deux belles machines : un groupe électrogène de 1.200 chevaux, destiné à l'usine du quai Jemmapes de la Cie Parisienne de l'Air Comprimé, et qui concourait à la production de l'énergie électrique de l'Exploitation ; l'autre était un groupe électrogène horizontal de 300 chevaux, qui tournait à vide : la dynamo marchait en réceptrice.

Machine horizontale.

Cette machine à bâti à baïonnette et glissière cylindrique, est du système compound Corliss, à condensation, avec les deux cylindres disposés en tandem, le grand cylindre à l'avant. Les deux cylindres sont placés sur un châssis en fonte rabotée, scellé sur le massif de fondation, et sur lequel la dilatation peut se produire librement.

Les deux cylindres sont reliés entre eux par une entretoise formant fonds pour les deux cylindres dont elle porte les boîtes à étoupes, et servant à constituer le receiver avec l'enveloppe du grand cylindre. En sortant du petit cylindre, la vapeur passe donc dans l'enveloppe du grand cylindre et dans l'entretoise, avant de pénétrer dans le grand cylindre. On évite ainsi toute la tuyauterie ordinaire du receiver, et l'on réduit au minimum la surface de refroidissement.

Pour visiter ou démonter le grand piston, on recule le petit cylindre tout entier sur son châssis. Cette disposition est moins commode que celle qui est adoptée entre les cylindres de la machine Carels.

Pour réduire les espaces morts, les deux pistons portent des bossages pénétrant dans les logements des obturateurs d'échappement.

Le condenseur est placé à l'avant, à peu de distance du grand cylindre. La pompe à air est verticale ; son piston, dont la tige forme fourreau, est conduit par une bielle articulée au fond du fourreau, actionnée elle-même par un levier coudé dont le mouvement est pris sur la bielle motrice.

La distribution se fait par deux excentriques. L'un d'eux commande, au moyen de biellettes réglables, les quatre obturateurs du grand cylindre, par l'intermédiaire d'un contre-levier et d'un plateau oscillant autour d'un pivot placé au milieu du grand cylindre. Cet excentrique est calé avec une avance de 135° sur la manivelle, et donne dans ce cylindre une admission constante de 30 p. 100 environ, une avance à l'échappement et une compression de 15 p. 100. Les tiroirs d'admission au grand cylindre sont à double ouverture.

L'autre excentrique est calé à 70° et commande les deux obturateurs d'admission du petit cylindre, permettant de réaliser des admissions pouvant varier de 0 à 60 p. 100 de la course.

Ces obturateurs sont actionnés par un mouvemeut à déclic avec dash-pot de rappel. La durée de l'enclenchement est réglée par des tringles commandées par le régulateur vertical à ressort.

La palette de déclic est dégagée par un plan incliné en acier trempé, fixé sur un cran commandé par le régulateur.

Les obturateurs d'échappement du petit cylindre sont commandés par un mouvement combiné des deux excentriques, et permettant des avances à l'admission et à l'échappement, de 10 p. 100.

Ce mouvement est produit par un bras à ouverture elliptique, oscillant autour du pivot du plateau de distribution, et dont l'extrémité supérieure est reliée à la barre des obturateurs d'admission au cylindre à haute pression.

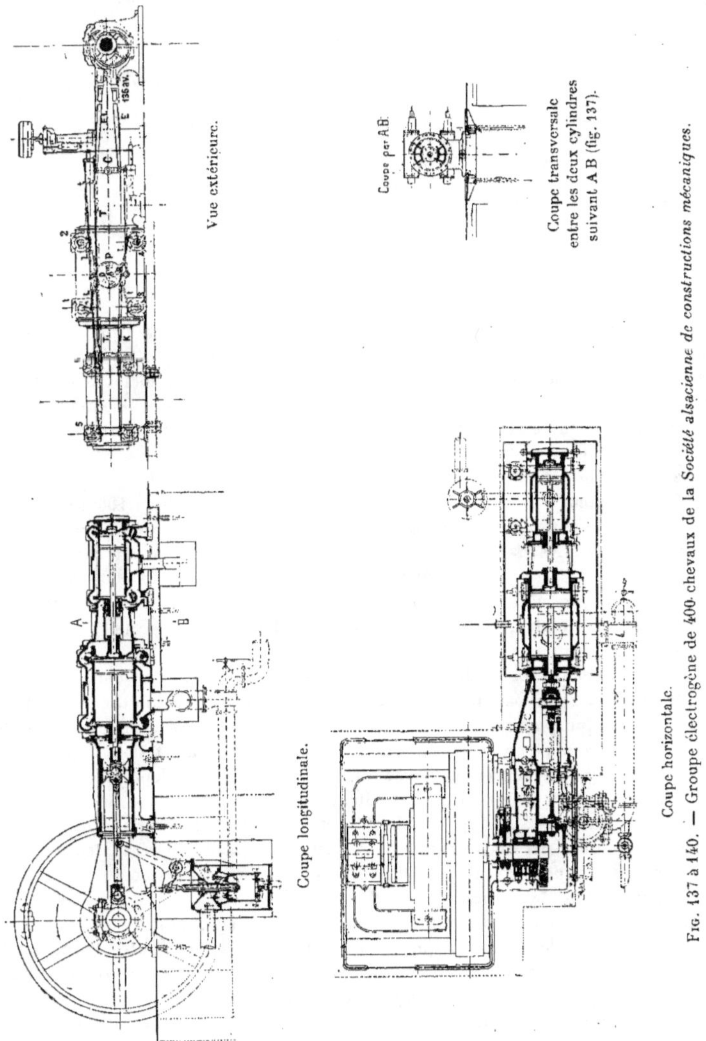

Fig. 137 à 140. — Groupe électrogène de 400 chevaux de la *Société alsacienne de constructions mécaniques*.

Un mouvement de balance appliqué au régulateur permet de faire varier la vitesse de la machine.

Données principales :

Diamètre du petit cylindre..........	0,440		Volume du grand cylindre par cheval.	0 l. 92
— grand —	0,720		Volume engendré par le grand piston par cheval et par seconde.........	3 lit. 72
Rapport des surfaces..............	2,7		Coefficient d'activité...............	0,27
Course des pistons................	0,900		Diamètre de la pompe à air..........	0,480
Rapport $\dfrac{d}{l}$......................	0,49		Course...........................	0,320
— $\dfrac{d'}{l}$......................	0,8		Diamètre des obturateurs du petit cylindre.......................	0,165
Nombre de tours par minute........	125		Diamètre des obturateurs du grand cylindre.......................	0,200
Vitesse des pistons................	3 m. 75		Diamètre du volant................	3,80
Volume du petit cylindre..........	137 lit.		Vitesse à la circonférence..........	24 m. 90
— grand —	367 lit.			
Puissance en chevaux indiqués......	400			

Groupe électrogène vertical.

Cette machine verticale est à deux cylindres parallèles, portés sur de forts bâtis en fonte, composés chacun de deux pièces solidement assemblées. La plaque de fondation générale sur laquelle reposent les bâtis est composée de deux socles portant, venus de fonte, quatre paliers moteurs à coussinets circulaires en fonte, garnis de métal antifriction. Une circulation d'eau établie par une pompe mue électriquement maintient ces coussinets constamment froids.

Les glissières sont alésées dans les bâtis.

L'arbre moteur est en acier doux forgé. Il porte deux coudes à 180°; son poids étant de 10 tonnes et sa longueur totale atteignant 8 m. 95, il est en deux pièces, fortement assemblées entre elles par des plateaux venus de forge. A l'une de ses extrémités, du côté du cylindre BP est calé l'induit de la dynamo, du poids de 18.000 kilog. Du côté du cylindre à haute pression, l'arbre porte le volant, du poids de 31 tonnes. Aussi a-t-on été conduit à installer à chaque extrémité un palier indépendant du socle, pour ne pas laisser en porte à faux des poids aussi considérables.

On a reproché à cette disposition la difficulté d'obtenir une concordance parfaite entre les axes des six paliers. Ce reproche peut avoir une valeur théorique, mais nous devons ajouter que pratiquement, la machine de la Société Alsacienne a été montée avec facilité et que sa mise en service n'a donné lieu à aucune hésitation. D'ailleurs, les six groupes électrogènes identiques à celui-ci, qui sont installés depuis bien des années à l'usine du quai Jemmapes, y font un excellent service.

La distribution est du type Frickart; les obturateurs d'admission du petit cylindre sont seuls actionnés par un mouvement de déclic dépendant du régulateur, type Proell.

L'admission peut varier de 0 à 50 p. 100 de la course du piston.

Le dispositif est le suivant :

La palette articulée sur le bras conducteur s'engage, par les deux lames d'acier trempé, sur le bras de l'axe de la came. La lame d'acier de la palette s'étend sur le côté, de 50 millimètres en dehors des bords engagés. Ce prolongement est relevé sur son bord avant, pour former un plan incliné qui passe sur un galet d'acier dur, de 35 millimètres de diamètre. Ce galet tourne autour d'un pivot sur l'extrémité d'un petit bras commandé par le régulateur.

Les deux obturateurs d'échappement sont mus par un excentrique spécial calé de façon à avoir une avance et une compression de 5 à 10 p. 100.

La distribution du grand cylindre est fixe et réglable à la main. Elle ne comporte donc de déclic à aucun des tiroirs.

Ces six obturateurs commandés directement, sans déclic, sont disposés de telle sorte,
que les tiges conductrices dépassent légèrement le point mort, ce qui donne aux valves

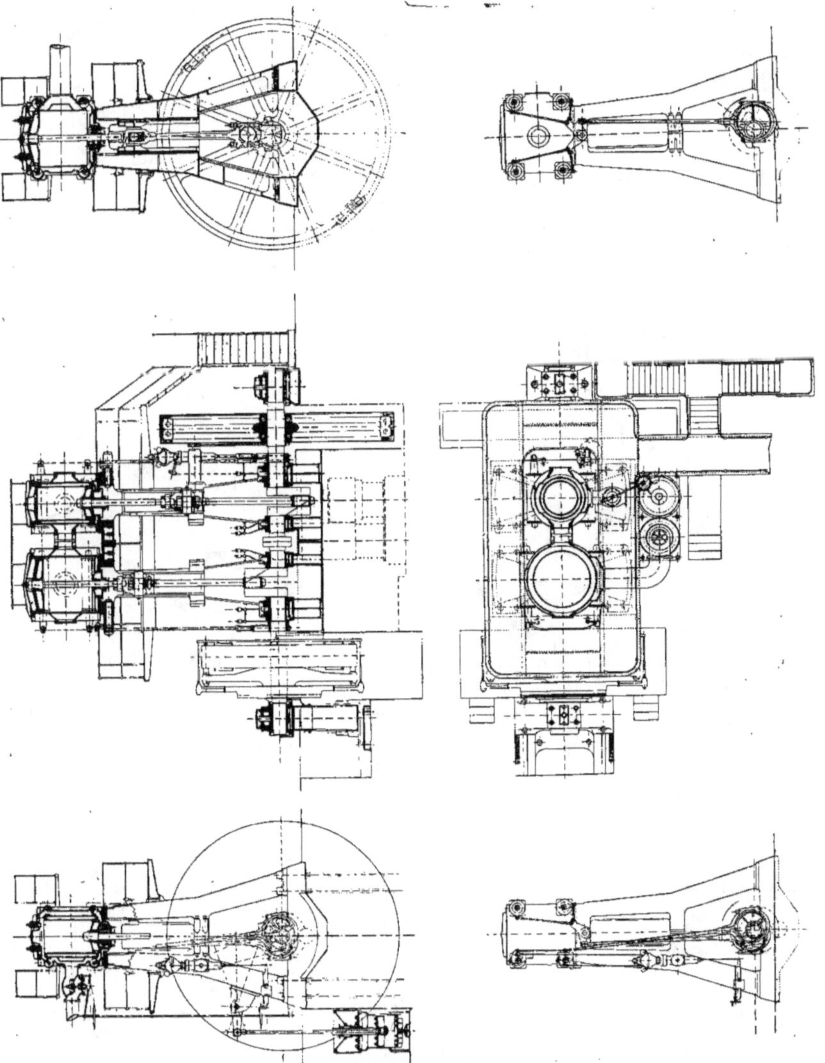

Fig. 141 à 146. — Groupe électrogène de 1.200 chevaux de la *Société alsacienne de constructions mécaniques.*

ouvertes une petite oscillation supplémentaire. On peut ainsi augmenter la durée de l'ouverture de l'orifice, sans discontinuité dans la commande de la valve.

Le petit cylindre est à enveloppe de vapeur sur le pourtour et dans les fonds. La chemise intérieure est rapportée. Cette enveloppe est chauffée par la vapeur vive.

Le grand cylindre a encore une enveloppe, le receiver. Cette enveloppe n'est que partielle sur le pourtour, mais les fonds sont chauffés.

Des soupapes de sûreté à ressort en spirale sont ménagées dans chacun des fonds des cylindres pour éviter les coups d'eau.

Le condenseur est à injection. Sa pompe à air est à simple effet. Elle est placée verticalement, sous le sol, derrière le bâti du grand cylindre, et est actionnée par un levier prenant son mouvement sur la crosse du petit piston. Le vide au condenseur est de 0,660. Une soupape spéciale permet de marcher à volonté avec ou sans condensation.

La vanne d'arrivée de vapeur peut être manœuvrée soit de la plate-forme supérieure, soit du niveau du sol.

Le volant est en deux pièces, assemblées par boulons ; il porte une denture intérieure actionnée par le vireur. Le poids de la pièce indivisible la plus lourde, l'inducteur, est de 22 tonnes. Des essais prolongés pendant 7 heures à l'usine du quai Jemmapes ont accusé, avec de la vapeur à 8 kilos, une consommation de 11 kg. 070 par kilowatt aux bornes, soit 6 kg. 579 par cheval indiqué, compris les purges, qui n'ont pu être déduites. Le rendement général du groupe électrogène a été trouvé de 0,80.

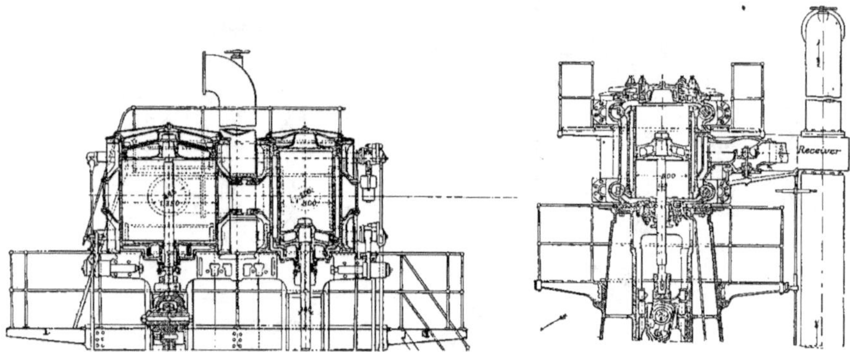

Fig. 147 et 148. — Groupe électrogène de la *Société Alsacienne de constructions mécaniques.*
Coupe verticale des deux cylindres, montrant l'enveloppe et le receiver, et coupe sur les distributeurs
du petit cylindre.

Données principales :

Diamètre du petit cylindre	0 m. 800		Puissance admise, en chevaux indiqués	1.200
— grand —	1,350		Volume du grand cylindre par cheval	1 lit. 43
Rapport des volumes	2,84		Volume engendré par le grand piston par	
Course des pistons	1,200		cheval et par seconde	3 lit. 35
Rapport $\dfrac{d}{l}$	0,66		Coefficient d'activité	0,298
			Diamètre des coussinets principaux	0,350
— $\dfrac{d'}{l}$	1.13		Portée — —	0,600
			Diamètre des tourillons de manivelles	0,360
Volume du petit cylindre	603 lit.		Longueur	0,270
— grand —	1,718 l.		Diamètre de la pompe à air	0,800
Nombre de tours par minute	70		Course du piston	0,440
Vitesse du piston	2,80		Diamètre du volant	5 m. 700
Admission normale au petit cylindre	0,23		Vitesse à la circonférence	20 m. 75
Détente totale	12		Poids du volant	31.000^{kg}

Mollet-Fontaine et Cie.

MM. Mollet-Fontaine et Cie, successeurs de l'ancienne maison Jean et Peyrusson, avaient exposé une machine horizontale de 150 chevaux, du type Corliss, monocylindrique, à condensation.

Le bâti est à baïonnette, les glissières sont cylindriques, et toutes les surfaces frottantes sont en antifriction ou en bronze titré. Les fonds sont chauffés et le cylindre est fondu d'une seule pièce avec son enveloppe. Il est relié aux fondations par des boulons traversant des bagues en fonte sur lesquelles portent les rondelles, et qui dépassent de 2/10 de millimètre les patins du cylindre. Ce dispositif destiné à assurer la libre dilatation est visible sur la fig. 150.

La bielle est à rattrapage de jeu à la crosse et en avant de la tête, et disposée de manière à conserver une longueur constante malgré l'usure. Cette disposition, combinée avec des paliers à rattrapage dans les trois sens, permet de faire arriver le piston très près des fonds, à 4 millimètres. Les obturateurs sont libres sur leurs axes, et constamment appliqués par la pression. Cette disposition rappelle celle adoptée par M. Bollinckx, (fig. 192, p. 125).

Les lumières d'admission sont ouvertes en plein à 1/10 de la course, et celles d'échappement au 1/16.

La section des lumières d'admission est de 1/11 de la section du piston. Celle des

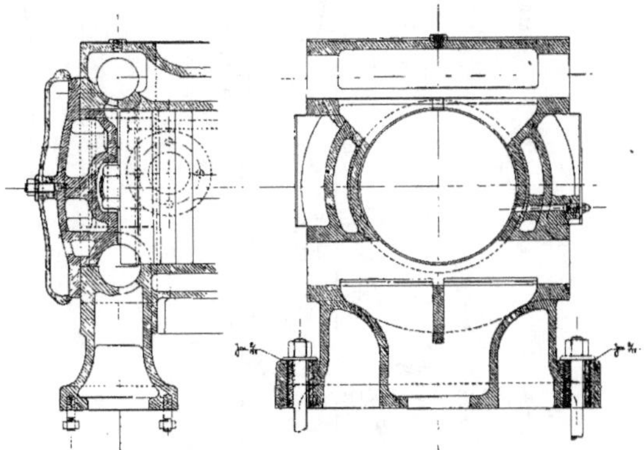

FIG. 149 à 150. — Machine de 150 chevaux de MM. *Mollet-Fontaine et Cie.*
Détail du fond du cylindre. Mode de fixation des patins du cylindre.

lumières d'échappement est double. Les obturateurs d'admission et d'échappement sont commandés par deux excentriques distincts. Les diagrammes ci-contre, fig. 152), correspondent aux admissions de 0,10 et de 0,65.

Le dispositif général du déclic est représenté sur les fig. 153 et 154. Dans la marche normale, le levier prend la position de la fig. 154 et le levier C est vertical. Un levier A, fou sur la douille du guide de l'obturateur, est commandé par l'excentrique. Il porte un chien de déclic c et un doigt de déclic d calés sur le même axe H, et maintenus par un ressort qui appuie constamment sur d. Le levier B est calé sur l'axe de l'obturateur, et relié au piston du dash-pot.

Le levier C, fou sur la douille, est commandé par le régulateur, et porte deux saillies a et b.

Dans le mouvement du levier A, le chien *c* vient présenter son crochet au buttoir du levier B. Le ressort provoque l'accrochage, et le levier B est entraîné, ouvrant la lumière

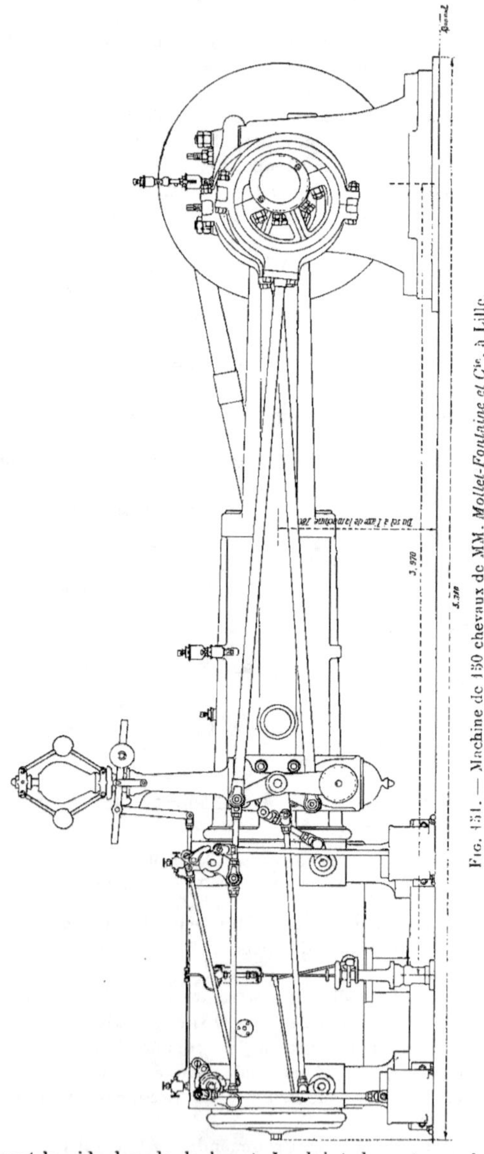

Fig. 131. — Machine de 150 chevaux de MM. *Mollet-Fontaine et Cie*, à Lille.

d'admission et faisant le vide dans le dash-pot. Le doigt *d* monte sur la saillie *a* du levier et soulève avec lui le chien *c*. Alors, le levier B n'étant plus retenu, le dash-pot le rappelle vivement et l'obturateur ferme de nouveau la lumière.

Le régulateur est du genre Porter ; il est muni d'un dispositif spécial qui supprime toute admission dans le cas où la courroie actionnant le régulateur viendrait à casser.

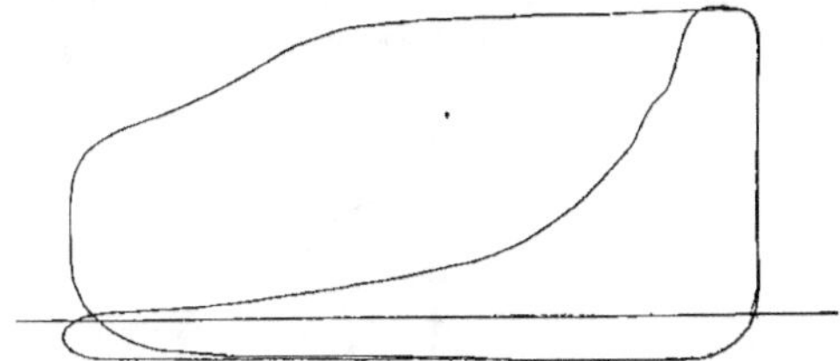

Fɪɢ. 152. — Machine de 150 chevaux de MM. *Mollet-Fontaine et Cⁱᵉ*.
Diagrammes obtenus avec les introduciions de 10 °/₀ et de 65 °/₀.

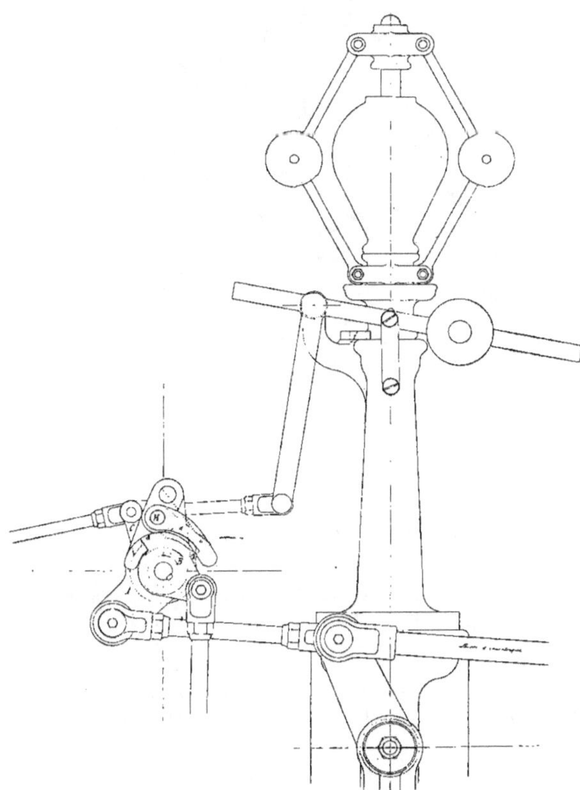

Fɪɢ. 153. — Machine horizontale de MM. *Mollet-Fontaine et Cⁱᵉ*.
Détails du mouvement de déclic.

A, levier fou sur la douille du guide de l'obturateur, commandé par l'excentrique ; c, d, chien et doigt de déclic ;
B, levier calé sur l'axe de l'obturateur, et lié au piston du dash-pot ; C, levier fou sur la douille commandé par le régulateur ; a, b, saillies ; f, doigt relevant la masse du régulateur pour la mise en marche.

Dans ce cas, le régulateur n'étant plus conduit par la courroie, prend la position la plus basse. Le levier C est alors dans la position de la fig. 153 et la seconde saillie *b* soulève le déclic, juste au moment de l'accrochage. Le chien *c*, solidaire du doigt *d*, reste levé, l'accrochage est supprimé, et l'obturateur ferme constamment la lumière.

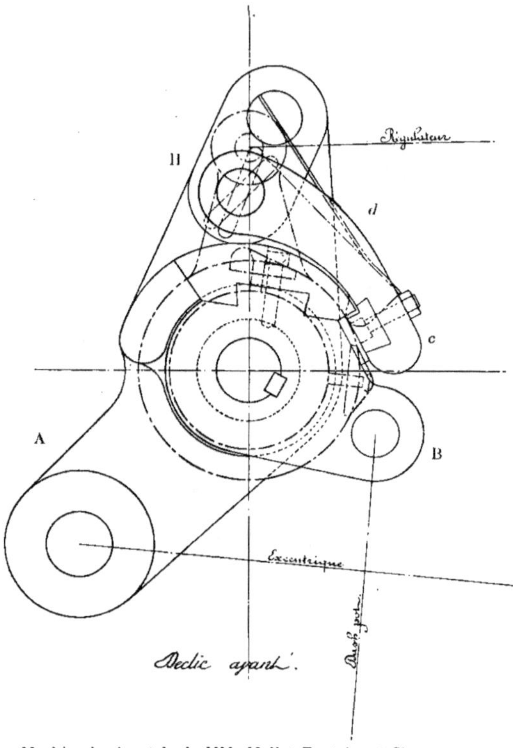

Fig. 154. — Machine horizontale de MM. *Mollet-Fontaine et C*ⁱᵉ. Détail du déclic d'avant.

Pour permettre la mise en route, on glisse sous la masse centrale du régulateur un doigt *f* (fig. 153) qui empêche le régulateur de tomber à la position la plus basse.

Données principales :

Diamètre du cylindre	0,450		Volume par cheval	0 lit. 92
Course du piston	0,900		Volume engendré par le piston, par seconde et par cheval	2 lit. 77
Rapport $\frac{d}{l}$	0,50		Coefficient d'activité	0,36
Nombre de tours	90		Importance des espaces morts	1,85 %
Vitesse du piston	2,70		Diamètre du piston de la pompe à air	0,450
Pression de la vapeur	6 kg.		Course	0,180
Limites de variation de l'admission	0 à 65 %		Diamètre du volant	4 m.
Admission normale	20 %		Poids	4.400 kg.
Puissance en chevaux indiqués	155		Vitesse à la circonférence	18 m. 80
Volume du cylindre	143 lit.		Poids total de la machine	12.000 kg.

H. Brulé et Cie.

MM. H. Brulé et Cie (ancienne maison J. Boulet et Cie, successeurs de Hermann Lachapelle), ont montré leur intention d'entrer dans la voie des machines modernes, en construisant, outre la machine verticale à grande vitesse de M. Bourdon, qui constituait une des rares nouveautés de l'Exposition, et que nous décrirons plus loin avec détails, une

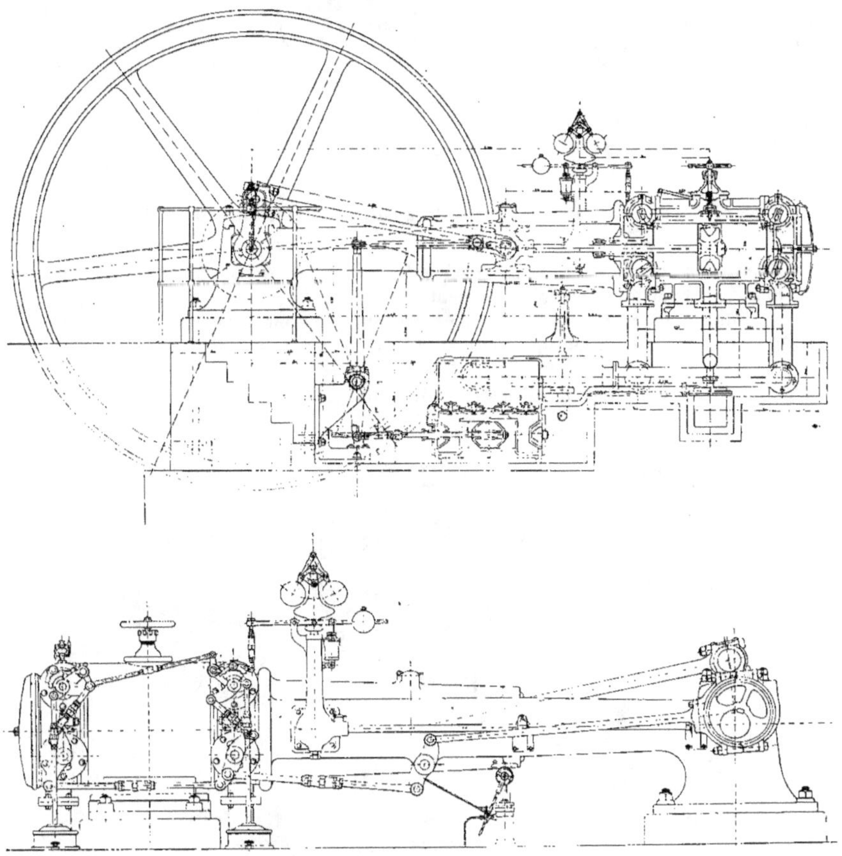

Fig. 155 et 156. — Machine de MM. *H. Brulé et Cie*.
Coupe longitudinale et élévation montrant la distribution.

machine Corliss horizontale, monocylindrique, à enveloppe de vapeur, à détente variable par un régulateur Andrade isochrone, muni d'une cataracte à huile, agissant sur le déclic. Le rappel des distributeurs est fait par des dash-pots à vide.

Le condenseur par mélange est placé en sous-sol, et la pompe à air est commandée par un balancier articulé sur la crosse du piston.

Le volant est en deux pièces assemblées par clavettes et boulons.

Le graissage du cylindre et des distributeurs est fait par un graisseur à pompe, à goutte visible.

Données principales :

Diamètre du cylindre	0,380		qués	80 chx
Course du piston	0,750		Volume du cylindre par cheval	1 lit. 05
Rapport $\frac{d}{l}$	0,50		Volume engendré par cheval et par seconde indiqué	3 lit. 35
Volume du cylindre	85 lit.		Coefficient d'activité	0,298
Nombre de tours par minute	90		Diamètre du volant	3 m. 60
Vitesse du piston par seconde	2,25		Poids du volant	2.000 kg.
Détente	9		Vitesse à la circonférence	16 m. 95
Pression initiale de la vapeur	7 kg.		Poids de la machine	11.000 kg.
Force de la machine en chevaux indi-				

Société des Etablissements Weyher et Richemond, à Pantin.

Quatre des machines exposées par cette Société rentraient dans la catégorie de machines que nous étudions en ce moment.

La plus importante, par ses dimensions, était une machine horizontale de 600 à 1.200 chevaux, monocylindrique, attelée directement à une pompe Meunier placée en tandem.

Le cylindre est directement boulonné aux glissières circulaires venues de fonte avec

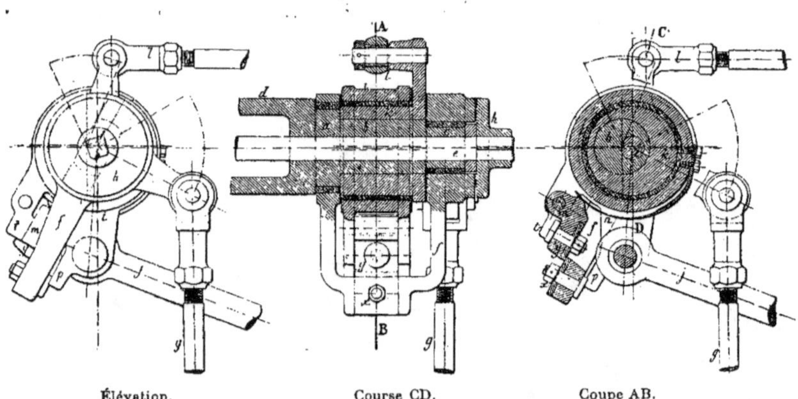

Élévation.   Course CD.   Coupe AB.

Fig. 157 à 159. — Machine *Weyher et Richemond*.
Détails du mécanisme d'enclenchement.

le bâti. Il repose simplement sur son pied ; la dilatation est donc libre. Il est à enveloppe de vapeur, chauffée par la vapeur vive.

Les paliers comportent un anneau graisseur. Leurs coussinets sont en fonte, garnis de métal antifriction.

La manivelle est équilibrée par un évidement ménagé dans la jante du volant.

Les distributeurs sont placés dans les fonds du cylindre, et la variation de détente est obtenue automatiquement par l'action, sur le déclic, d'un régulateur Porter, commandé par

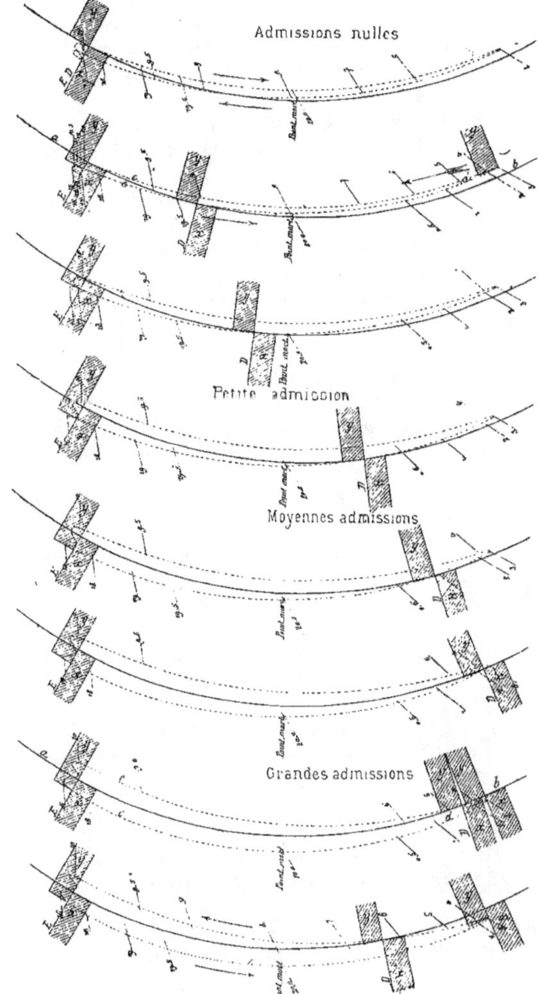

Fig. 160 à 167. — Machine *Weyher et Richemond* à distribution David.
Lois du mouvement des plaquettes.

engrenages, et muni d'un compensateur, système David, agissant sur le mouvement de
décalage.

Les articulations sont munies de bagues emmanchées à la presse.

Le condenseur, placé latéralement et en sous-sol, comporte une pompe à air verticale à deux corps, commandée par un levier relié à la crosse du piston.

L'étude du mécanisme d'enclenchement a été faite de façon à réaliser la permanence de l'armement de la plaquette entraîneuse avec une emprise très petite et à une vitesse très faible, les plaquettes venant en contact pendant la période de repos.

Le mécanisme d'enclenchement est porté par le prolongement abc du couvercle d de la boîte du distributeur (fig. 157 à 159).

La plaquette entraînée x est fixée sur l'arcade f qui oscille sur les deux portées a, c du couvercle, concentriques a l'arbre. Tout point de la plaque x décrit donc un arc de cercle.

L'arcade f est reliée à la tige du dash-pot, dans l'axe de la portée c, et près du chapeau d'entraînement h du distributeur.

La plaquette entraîneuse y est fixée sur le talon d'un manchon i relié par la bielle j au plateau-araignée attaqué par l'excentrique.

Ce manchon i étant monté sur l'excentrique k, lequel est conduit par la bielle l, oscille autour de la portée b. Le centre o de l'excentrique se déplace donc en entraînant la plaquette y, et passe de dessus en dessous du centre e de l'arbre, avec lequel il coïncide sensiblement à mi-course, point approximatif où se produisent l'enclenchement et le déclenchement de x et y.

Le mouvement d'oscillation de l'excentrique k est communiqué à la bielle l par un petit plateau-manivelle dépendant du régulateur, qui change son angle de calage relativement à l'arbre moteur.

Les fig. 160 à 167 montrent, pour différentes introductions, les diverses positions des plaquettes. Le trait plein est un arc de cercle représentant le chemin parcouru par l'arête supérieure de la plaquette entraînée x. La ligne ponctuée cde représente le parcours de l'arête inférieure de la plaquette entraîneuse y.

Le contact des deux plaquettes se fait partout au point E, c'est-à-dire à la fin de la période d'immobilité.

Quand le régulateur est en haut de sa course, l'admission est nulle (figure supérieure, p. 113) l'enclenchement ne se produit pas, la courbe entraîneuse passant de suite au-dessus de la ligne pleine.

Les deux figures suivantes correspondent encore à des positions élevées du régulateur; le contact dure un instant, mais cesse avant le passage du point mort. Il n'y a encore aucune introduction de vapeur.

Dans la quatrième figure (courte introduction) le déclenchement se produit peu après le point mort. Il s'en éloigne davantage dans les deux figures qui suivent, et qui correspondent à des admissions moyennes.

Enfin, les deux dernières figures, correspondant à de grandes admissions, montrent l'enclenchement subsistant pendant une partie de la course de la plaquette entraîneuse.

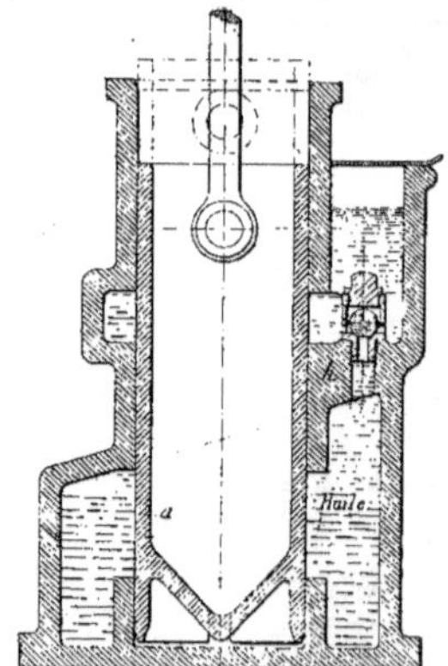

Fig. 168. — Machine *Weyher*.
Rappel amortisseur.

Un rappel atmosphérique, dont le piston unique sert à la fois d'organe de rappel et d'amortissement, a son cylindre composé de deux chambres pleines d'huile séparées par une soupape à bille

Deux fentes pratiquées au bas du piston a ont la hauteur de la paroi de la cuvette inférieure. Quand le piston monte, le vide se fait par dessous. D'une part, il entre de l'huile dans la cuvette inférieure, et d'autre part, l'huile de la chambre supérieure empêche toute rentrée d'air.

Au moment du déclenchement, le piston redescend très rapidement, mais vers la fin de la course, l'expulsion de l'huile par les lumières *l* modère cette vitesse et produit l'amortissement voulu.

Cette disposition a une certaine analogie avec celle du dash-pot Collmann.

La soupape à bille *h* ne sert qu'à la première mise en train, pour laisser échapper l'air contenu dans la chambre inférieure du cylindre.

Données principales :

Diamètre du cylindre	0 m. 790	Volume engendré par le piston par cheval et par seconde	3 lit. 05
Course du piston	1 m. 550	Coefficient d'activité	0,327
Rapport $\frac{d}{l}$	0,51	Diamètre de la pompe à air	0,560
Nombre de tours	72	Course — —	0,310
Vitesse du piston	3 m. 72	Diamètre du volant	6 m. 380
Volume du cylindre	760 lit.	Vitesse à la circonférence	24 m. 15
Pression initiale de la vapeur	6 kg. 5	Poids du volant	21.000 kg.
Admission variable de	0 à 80	Poids total de la machine, volant compris	52.700 kg.
Puissance normale en chevaux indiqués	600		
Volume du cylindre par cheval	1 lit. 26		

Machine du condenseur.

La seconde machine, également monocylindrique et horizontale; était attelée directement à un condenseur horizontal à mélange, à double effet, à piston plongeur. Ce condenseur, placé en tandem au-dessus du sol, servait à la fois à la condensation de la vapeur de la machine elle-même, et des autres machines en mouvement de la même firme. Une disposition automatique ferme la prise de vapeur lorsque le régulateur parvient tout au haut ou tout au bas de sa course.

Le cylindre est à enveloppe de vapeur, chauffée par la vapeur vierge. Les obturateurs d'admission sont à déclic commandé par un régulateur Porter.

Le plateau-manivelle est équilibré par un contrepoids intérieur.

Données principales :

Diamètre du cylindre	0,365	Puissance maximum	240
Course du piston	0,800	Volume du cylindre, par cheval	0,84
Rapport $\frac{d}{l}$	0,455	Volume engendré par cheval et par seconde	3 lit. 08
Nombre de tours	110	Coefficient d'activité	0,325
Vitesse du piston	2 m. 93	Diamètre du volant	3 m. 820
Volume du cylindre	84 lit.	Poids du volant	3.270 kg
Pression initiale de la vapeur	6 kg. 5	Vitesse à la circonférence	22 m.
Limites de la variation de l'admission	0 à 80 °/₀	Poids total de la machine, volant compris	12.030 kg
Puissance normale en chevaux indiqués	100		

Machine horizontale à volets.

Cette machine horizontale, dont le bâti à baïonnette est relié au cylindre par une couronne de boulons, est munie de tiroirs de distribution circulaires, avec tiroirs intérieurs de détente fermant par un déclic placé sous la dépendance du régulateur Porter. Ce régulateur est muni d'un compensateur agissant sur le mouvement de décalage.

Un dispositif spécial permet la fermeture automatique de la prise de vapeur. Cette fermeture est produite par un contrepoids placé dans la roue distributrice, et qui agit sur

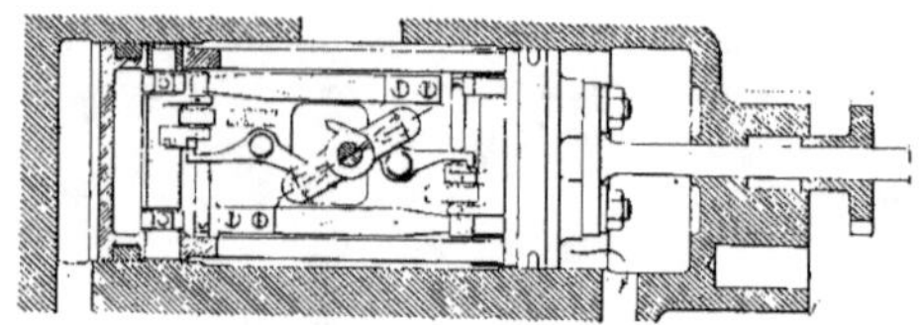

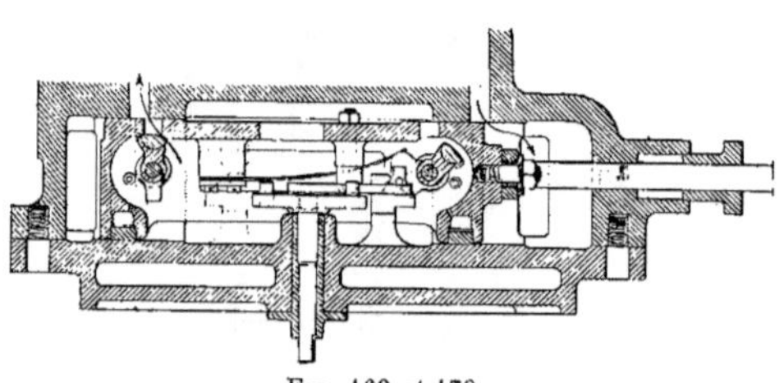

FIG. 169 et 170.
Détail de la distribution à volets.

le levier de fermeture de la prise de vapeur, lorsque la vitesse s'accélère d'une façon anormale.

Le condenseur par mélange est placé latéralement, sous le plancher de la machine.

La pompe à air est horizontale, à piston plongeur, à double effet; elle est commandée par un levier relié à la crosse du piston.

Données principales :

Diamètre du cylindre	0,435	Volume du cylindre par cheval	0,84
Course du piston	0,930	Volume engendré par cheval et par seconde	3 l. 05
Rapport $\dfrac{d}{l}$	0,47	Coefficient d'activité	0,327
Nombre de tours	110	Diamètre de la pompe à air	0,234
Vitesse du piston	3 m. 40	Course —	0,372
Volume du cylindre	138 lit.	Diamètre du volant	3 m. 70
Pression initiale de la vapeur	6 kg. 5	Vitesse à la circonférence	21 m. 40
Limites de variation de l'admission	0 à 80 %	Poids du volant	7.180 kg.
Puissance normale en chevaux indiqués	165	Poids de la machine, volant compris	23.580 kg.
Puissance maximum	380		

Machine verticale.

La machine verticale, du type pilon, se compose d'un bâti en forme de pyramide tronquée, à base rectangulaire, surmonté d'une glissière circulaire, sur laquelle le cylindre est boulonné.

Le cylindre est à enveloppe de vapeur vive; le piston, du type suédois, est à segments en fonte, et le plateau-manivelle, équilibré, en acier, est calé à la presse hydraulique sur l'arbre de couche droit.

La distribution se fait par quatre tiroirs circulaires. Ceux d'admission comportent des tiroirs intérieurs de détente, fermant par déclic, sous la dépendance du régulateur Porter et du compensateur qui agit sur le mouvement de décalage.

Le condenseur par mélange est placé derrière la machine, au-dessous du plancher.

La pompe à air verticale à un seul corps de pompe, est commandée par un levier relié à la crosse du piston.

Données principales :

Diamètre du piston	0,435	Puissance maximum	400 chx
Course	0,620	Volume du cylindre par cheval	0 l. 51
Rapport $\dfrac{d}{l}$	0,70	Volume engendré par cheval et par seconde	3 lit.
Nombre de tours	175	Coefficient d'activité	0,333
Vitesse du piston	3,62	Diamètre de la pompe à air	0,371
Volume du cylindre	92 lit.	Course —	0,174
Pression initiale de la vapeur	6 kg. 5	Diamètre du volant	2,50
Limites de variation de l'admission	0 à 0,80	Vitesse à la circonférence	23 m.
Puissance normale, en chevaux indiqués	180	Poids du volant	5.365 kg
		Poids de la machine	21.665 kg.

Escher Wyss et Cie.

L'importante Société anonyme des ateliers de construction Escher Wyss et Cie, à Zurich, participait à la production de l'énergie électrique par la fourniture d'une belle machine horizontale compound, à cylindres en tandem, actionnant une génératrice triphasée de la Société de construction d'OErlikon.

Le bâti, du type à baïonnette, porte, venu de fonte avec lui, le palier principal, dont les coussinets sont en quatre pièces, avec vis de réglage. Il repose sur les fondations par trois larges embases, et porte, relié à lui par une couronne de boulons, le cylindre à basse pression.

La glissière est refroidie par une circulation d'eau, voir coupe cd (fig. 175) ; le patin inférieur de la crosse est garni de métal blanc, et le patin supérieur est pourvu d'un système de réglage par vis et écrou.

A la suite du cylindre BP, est disposé en tandem le cylindre HP, et les deux cylindres sont réunis par une pièce intermédiaire, largement échancrée à sa partie supérieure, de façon à permettre de retirer le grand piston.

La section gh, faite sur cette partie de la machine, montre la glissière-support de la tige des pistons, entre les deux cylindres. Chacun des cylindres est fondu d'une seule pièce avec son enveloppe de vapeur et les chapelles des distributeurs. La chemise du petit cylindre est chauffée par de la vapeur vierge, et celle du grand cylindre par la vapeur du receiver.

Les pistons sont en fonte, à segments, du type Ramsbotton. Les tiges ont des garnitures métalliques.

Dans chacun des cylindres, la distribution est faite par quatre tiroirs Corliss, les tiroirs d'admission étant à la partie supérieure. Les tiroirs d'échappement sont tous placés à la partie inférieure, et sont munis à leur extrémité libre de soupapes de sûreté à ressort.

Au lieu d'employer un excentrique pour toutes les admissions et un pour tous les échappements, on a actionné la distribution entière de chaque cylindre par un excentrique

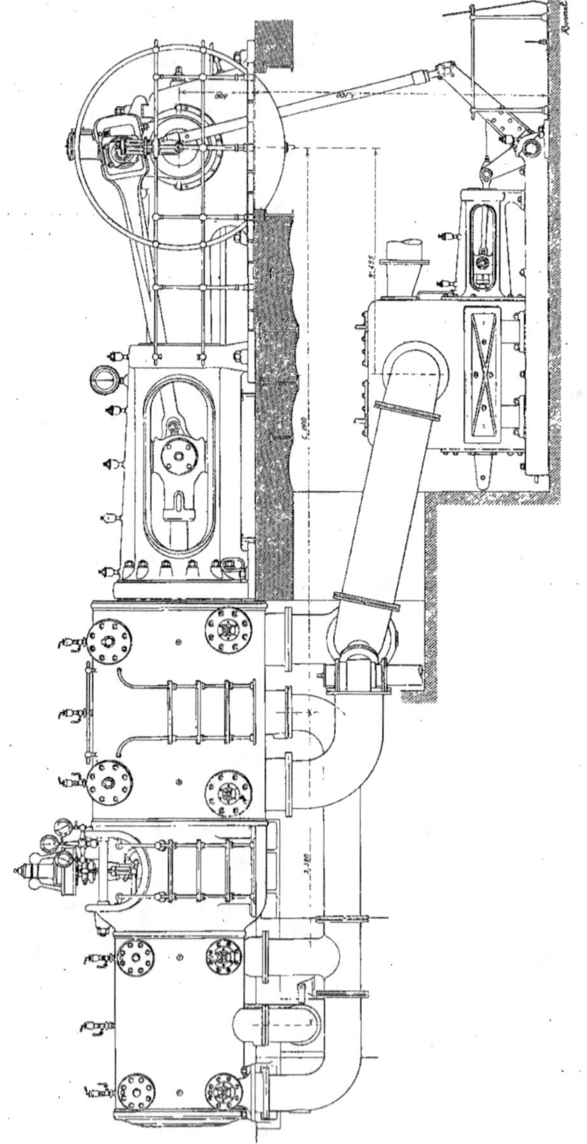

Fig. 171. — Machine de 1000 chevaux de MM. *Escher Wyss et C*ie. Élévation d'ensemble du côté droit.

indépendant. Un relais de tiges *c* est commun aux deux excentriques ; un second relais *d*, voisin du régulateur, dessert spécialement le petit cylindre (fig. 173).

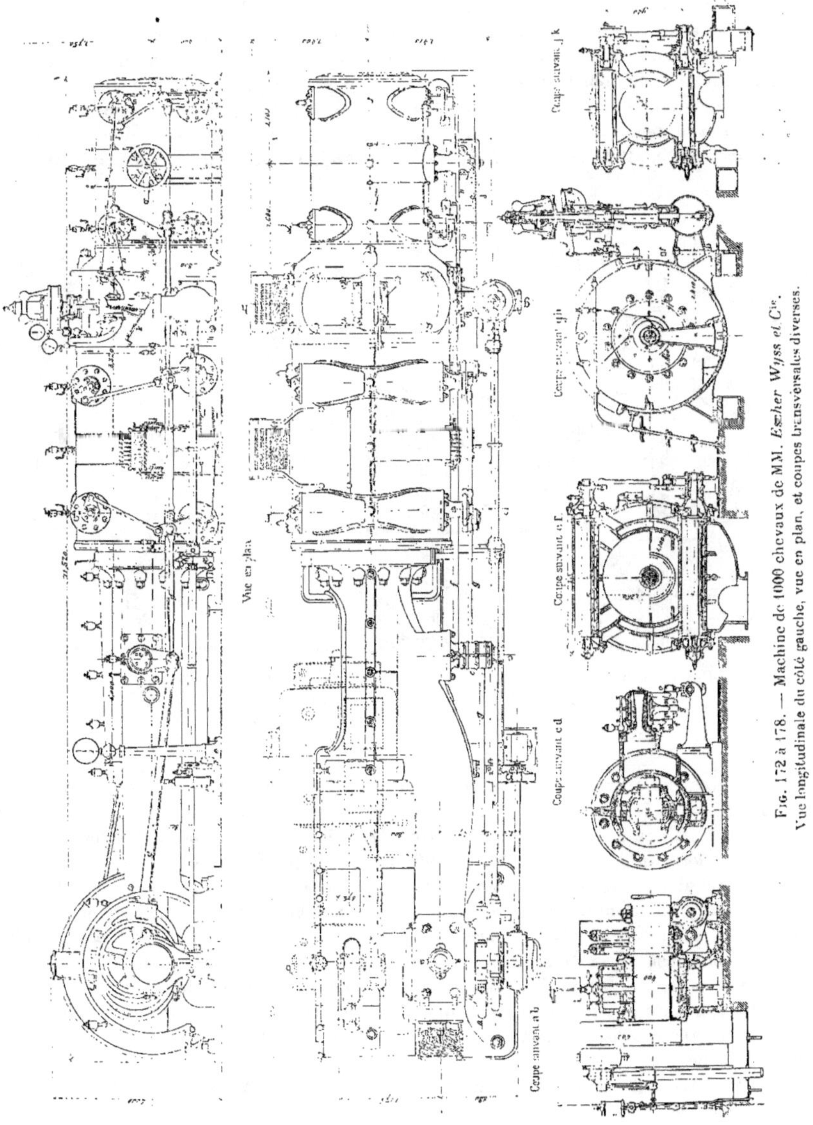

Fig. 172 à 178. — Machine de 1000 chevaux de MM. *Escher Wyss et Cie*. Vue longitudinale du côté gauche, vue en plan, et coupes transversales diverses.

Les tiges extrêmes $c\,f$ (fig. 173) sont affectées à ce dernier, et les tiges intermédiaires g commandent la distribution du grand cylindre.

La distribution du grand cylindre est réglable à la main ; celle du petit cylindre est faite par un mécanisme à déclic sous la dépendance du régulateur.

A cet effet, pour chaque valve d'admission, la commande agit sur une manette folle l, portant un levier coudé mm', auquel est attelée une tige n solidaire des mouvements du régulateur. Sur le tourillon de la valve est calé un autre levier coudé, dont le bras o s'enclenche avec celui m, et l'autre bras o' est relié à la tige p d'un dash-pot à huile. Le levier mm' a deux mouvements : l'un d'oscillation continue, sous l'action du levier à trois branches s, attelé au levier hh' et à la petite bielle q d'un plateau à manivelle r ; et

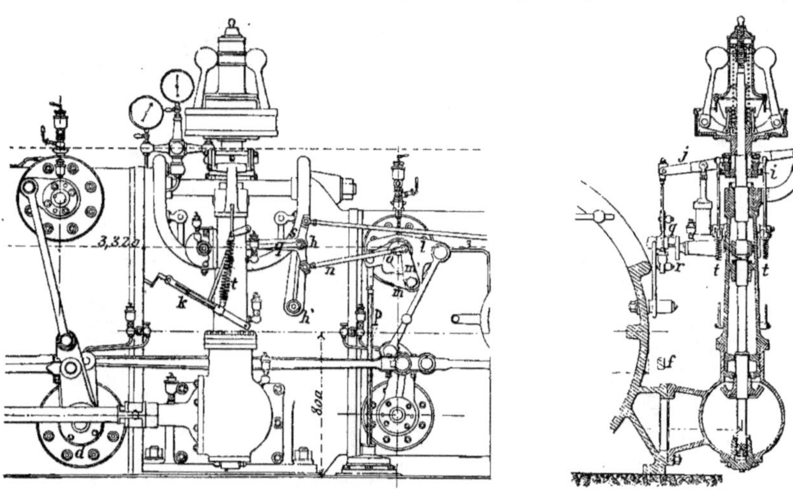

Fig. 179 et 180. — Groupe électrogène de la *Société des ateliers Escher Wyss et C*[ie] avec la *Société d'OErlikon*.
Détails du régulateur et de la distribution.

un déplacement angulaire autour de son articulation, par suite du pivotement de hh' autour de h. Le régulateur agit par le balancier j sur le levier triangulaire s. Le premier mouvement fait enclencher o et m ; le second fait déclencher plus ou moins tôt.

Les efforts antagonistes du déclic et du rappel s'exercent d'un même côté du tourillon.

Le régulateur vertical à ressorts est commandé par engrenages. Il est pourvu d'un mécanisme permettant de faire varier à la main le nombre de tours de la machine pendant la marche. Ce mécanisme se compose d'un levier oblique k, à l'intérieur duquel une pièce peut se déplacer au moyen d'une vis de rappel actionnée par une petite manivelle. On fait ainsi varier la tension des deux ressorts t reliés au manchon du régulateur.

Le condenseur à injection est muni d'une pompe à air à double effet, en sous-sol, sous la partie antérieure de la machine. Son mouvement lui est donné par le bouton de la manivelle.

Le graissage, très soigné, est fait par un distributeur Hamelle, et complété en cas de besoin par des graisseurs à main.

Le vireur est actionné par un petit moteur à vapeur à trois cylindres à simple effet, de 0,110 d'alésage et 0,100 de course, développant 18 chevaux effectifs, à raison de 300 tours par minute.

Les données principales, que nous indiquons ci-contre, de la machine exposée, n'ont pas exactement correspondu à celles qui avaient été primitivement indiquées par les constructeurs.

Diamètre du petit cylindre	0,650	Admission moyenne au petit cylindre.	0,25
— grand cylindre	1.100	Détente totale	11,5
Rapport des sections	2,87	Puissance de la machine en chevaux	
Course des pistons	1,200	indiqués	1.000
Rapport $\frac{d}{l}$	0,54	Volume du grand cylindre	1.142 lit.
		Volume du grand cylindre par cheval.	1 lit. 142
Rapport $\frac{d'}{l}$	0,92	Volume engendré par le grand piston	
		par seconde et par cheval	3 lit. 82
Nombre de tours par minute norma-		Coefficient d'activité	0,26
lement	100	Diamètre des paliers principaux	0,400
Nombre de tours maximum	105	Longueur de la portée	0,750
Vitesse moyenne des pistons	4	Diamètre de la pompe à air	0,480
Pression initiale de la vapeur	10 kg.	Course du piston	0,550

Ateliers de construction H. Bollinckx.

La maison Bollinckx, de Bruxelles, avait exposé une machine horizontale compound à deux cylindres parallèles, distants de 4 m. 800 d'axe en axe, entre lesquels était monté l'inducteur servant de volant. Les deux bâtis, du type à baïonnette sont à circulation d'eau

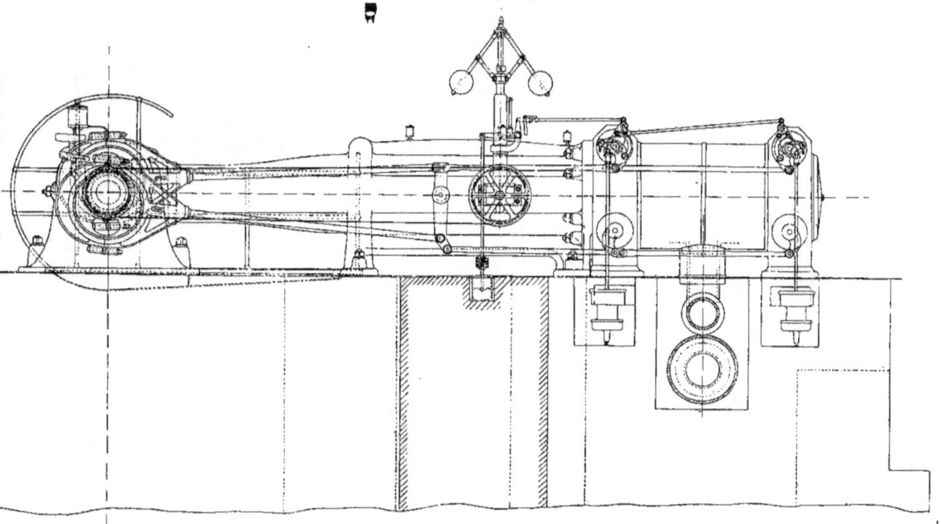

Fig. 181. — Groupe électrogène *Bollinckx-Dulait*.
Vue longitudinale, côté du cylindre de haute pression.

dans la partie qui sert de glissière. Ils sont reliés d'une part aux paliers, et d'autre part aux cylindres, et sont portés en leur milieu, à l'avant des glissières, par un pied en fonte. Les cylindres ne font que reposer seulement sur des pieds en fonte, scellés dans la maçonnerie des fondations. Ils peuvent donc se déplacer selon les variations de température résultant de la marche ou de l'arrêt de la machine, sans exercer de poussée ni sur les bâtis ni sur les fondations.

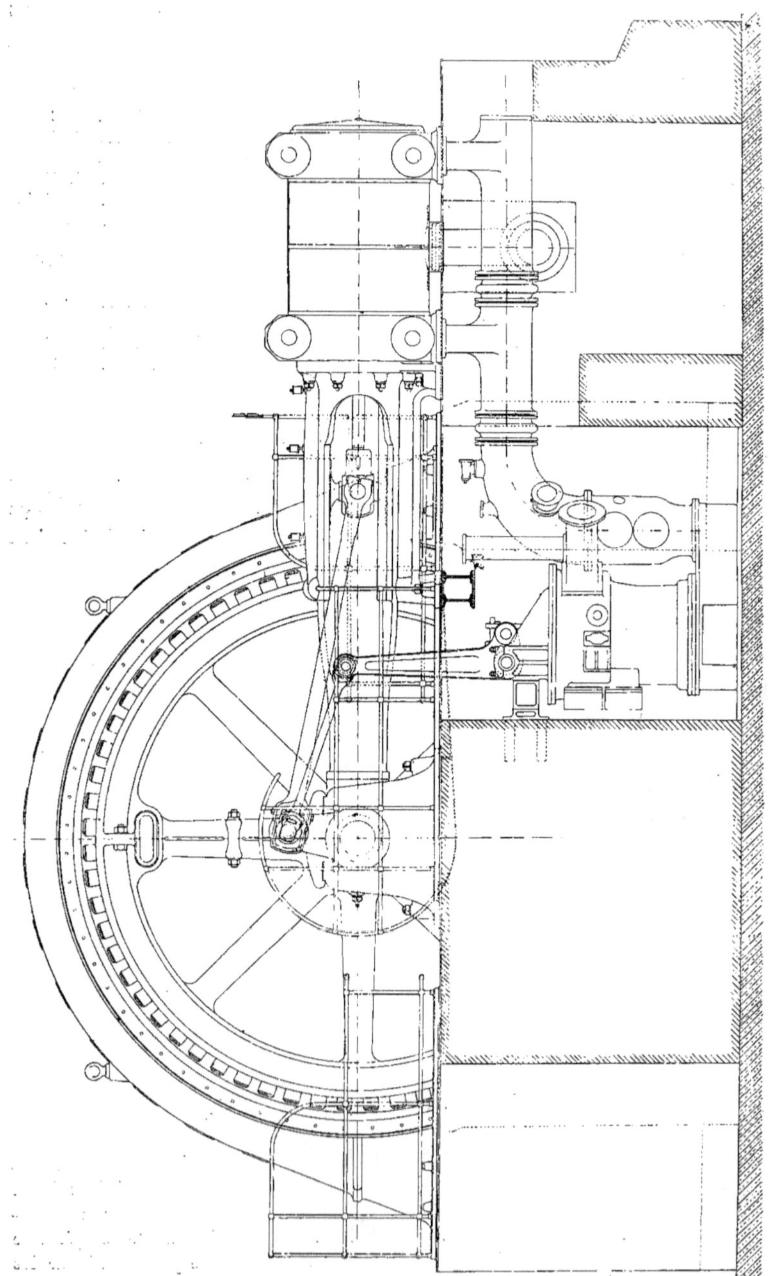

Fig. 182. — Groupe électrogène *Bollincka-Dulait*. Élévation longitudinale, côté du grand cylindre.

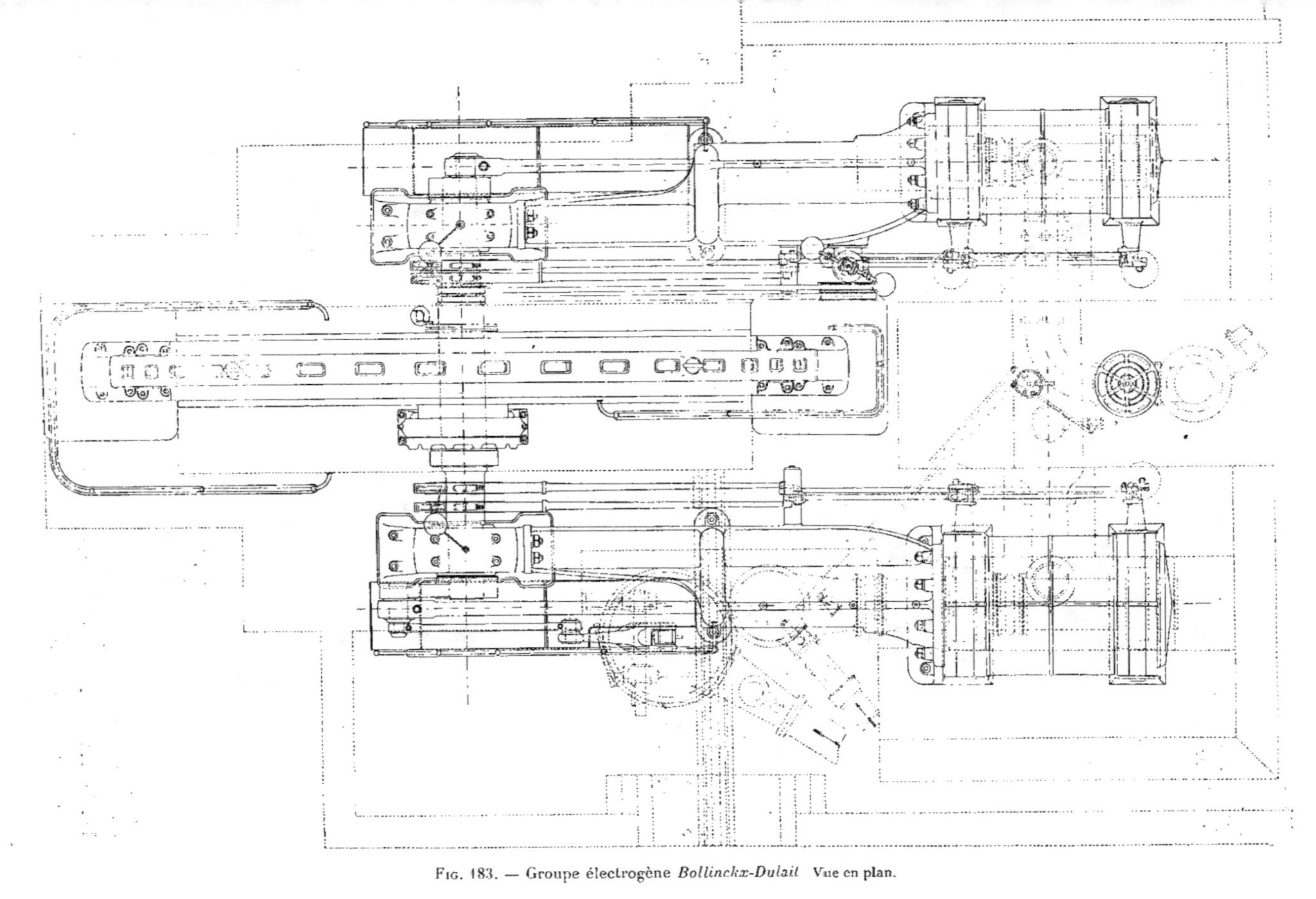

Fig. 183. — Groupe électrogène *Bollinckx-Dulait* Vue en plan.

Ils sont à chemise de vapeur, sur le pourtour et dans les couvercles, et sont composés de deux parties (fig. 184) simplement ajustées et assemblées sans joints, de façon à faciliter la dilatation de chacune des parties. L'une des pièces comprend l'enveloppe

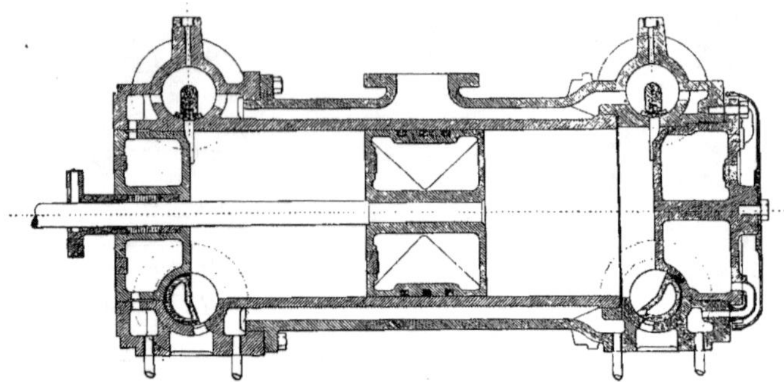

Fig. 184. — Machine *Bollinckx*.
Coupe longitudinale du cylindre.

extérieure avec les boisseaux du fond arrière; l'autre, le corps du cylindre intérieur et les boisseaux du fond avant.

On voit sur les fig. 184 et 185 que la surface extérieure du cylindre intérieur, formant paroi de la chambre à vapeur, présente des stries circulaires en forme d'ailettes, en vue d'augmenter l'effet du chauffage.

Les deux pièces composant les cylindres sont coulées debout, les boisseaux en bas,

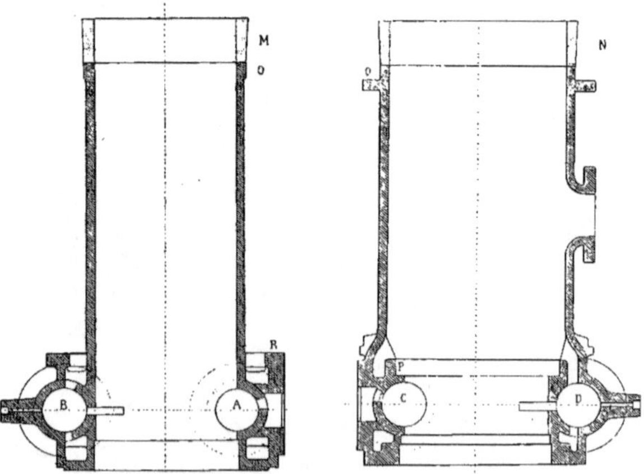

Fig. 185 et 186. — Machine *Bollinckx*.
Coulée des deux parties composant les cylindres.

de façon à avoir une fonte saine et dense, dans la partie ouvragée et destinée à supporter des frottements. L'entrée de la vapeur se fait par la partie supérieure, et l'eau condensée dans l'enveloppe est évacuée par la partie inférieure au moyen d'un purgeur automatique (fig. 187).

Les pistons sont en fonte, très larges et creux. Leurs faces sont planes des deux côtés, la tige ne comportant aucune saillie ; le calage se fait à la presse hydraulique. Les segments sont au nombre de trois. Les espaces morts atteignent à peine 2 p. 100.

Les valves sont du type Corliss avec une légère variante, destinée à éviter les effets de l'usure des tiges (fig. 188 et 189).

Les valves Corliss du type ordinaire, sont constituées par un V assez élevé, dans lequel s'emmanche la tige de commande de leur mouvement ; dans les machines Bollinckx, elles sont formées d'une portion de cylindre portant une arête radiale de faible hauteur (10 à 15 millimètres) qui constitue un tenon sur lequel s'emmanche une pièce en V renversé portée par la tige et formant mortaise.

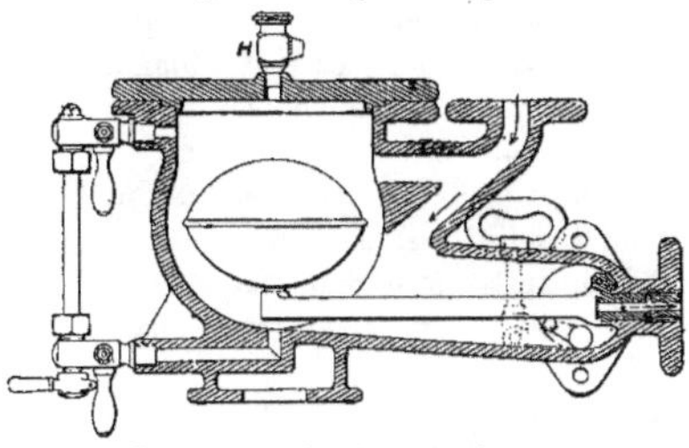

FIG. 187. — Machine *Bollinckx*.
Purgeur automatique de l'enveloppe de vapeur.

La faible hauteur de l'arête radiale au-dessus de la surface frottante empêche la tendance au léger mouvement de bascule de la

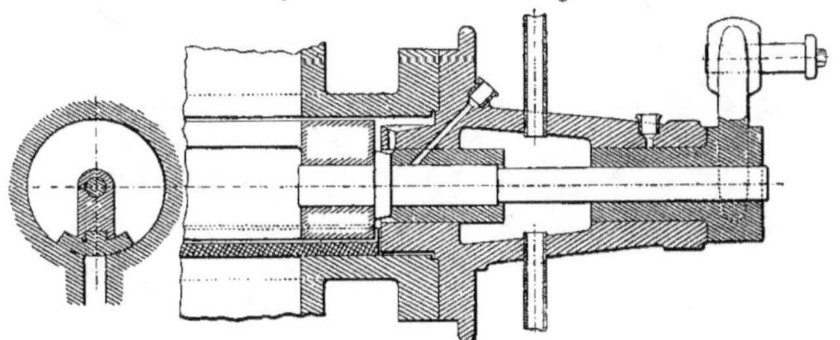

FIG. 188 et 189. — Machine *Bollinckx*.
Détail d'un robinet.

valve autour d'une de ses arêtes, qui pourrait résulter du déplacement de la tige par suite de l'usure de ses tourillons.

Les obturateurs n'ont pas de presse-étoupes. L'étanchéité est assurée par la surface

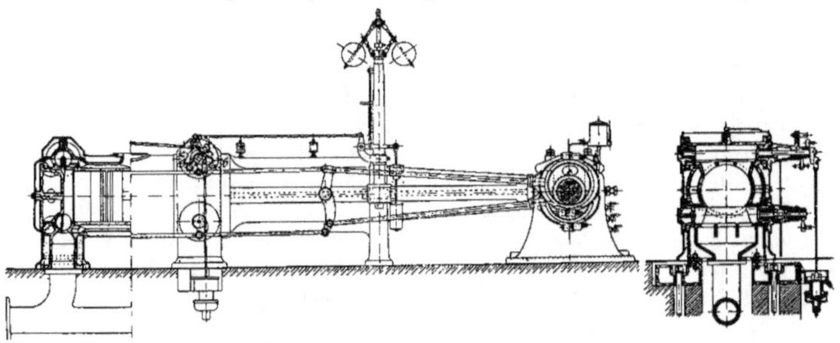

FIG. 190 et 191. — Groupe électrogène *Bollinckx-Dulait*.
Élévation-coupe sur le cylindre à haute pression. Coupe traversale du même cylindre.

du collet de l'extrémité arrière d'un petit axe, qui porte contre une pièce métallique dont la face arrière est dressée avec soin (fig. 189).

Les manivelles sont calées à la presse hydraulique, sur les extrémités de l'arbre, et à 90° l'une de l'autre.

L'arbre en acier forgé a un diamètre de 0,500 au droit du volant; il repose dans les paliers par des tourillons de 0,380 de diamètre et de 0,560 de portée.

Les coussinets, en métal blanc, sont circulaires : M. Bollinckx les construit en quatre morceaux, afin de pouvoir les retirer sans enlever l'arbre.

La manivelle du cylindre à basse pression conduit, par une bielle et un levier coudé, la pompe à air placée sous le plancher. Cette pompe à air est à simple effet ; elle a un diamètre de 1 mètre et une course de 0,275. Elle comprend 18 clapets en caoutchouc, de 150 millimètres de diamètre.

Le mouvement est donné aux valves de chaque cylindre par deux excentriques. L'un

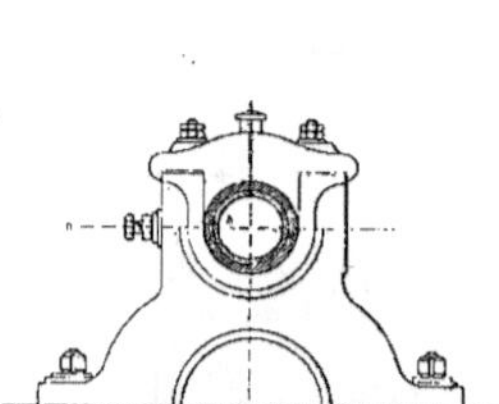

Fig. 192. — Machine *Bollinckx*.
Disposition des coussinets
dans les paliers principaux.

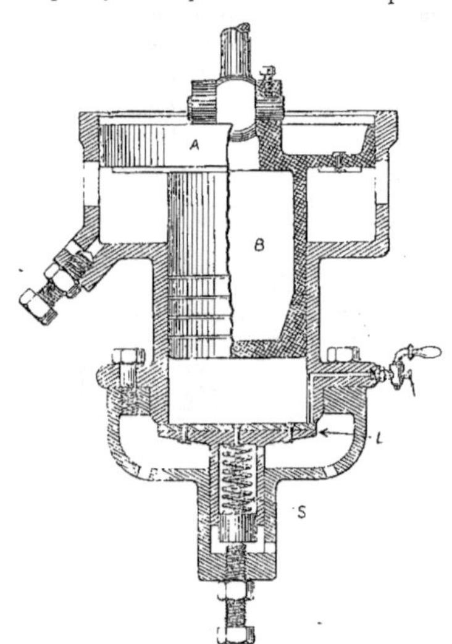

Fig. 193. — Machine *Bollinckx*.
Détail du dash-pot.

déplace directement les obturateurs d'échappement pendant que l'autre a un mouvement de déclic. Au petit cylindre, les variations de l'admission sont commandées par le régulateur; au grand cylindre, la variation se fait à la main.

La palette est déclenchée par un rouleau d'acier dur, porté par une tige radiale courte, que fait osciller un grand excentrique, suivant un arc dont la tige est le rayon, et dont le centre est déplacé par le régulateur.

Suivant l'angle sous lequel cet arc coupe le cercle dont le centre est l'axe de la valve, et qui passe par le rouleau, la fermeture se fait plus ou moins tôt.

Le régulateur de Watt est à faible vitesse. Il est commandé par courroie.

Chaque valve d'admission a un dash-pot à air spécial. Le plongeur B fait le vide pendant son ascension, quand la valve s'ouvre, et la valve se ferme par l'action, non d'un ressort, mais de la pression de l'air.

Le piston A, dans son retour, ferme les ouvertures d'air dans le cylindre et forme coussin d'air.

La surface de B, à la fin de son mouvement, s'appuie sur un coussin de cuir soutenu par le ressort S. C'est un peu compliqué.

Le volant-inducteur est en deux pièces, jonctionnées suivant l'axe d'un entre-bras.

Les détails de construction de cette machine sont très étudiés, et exécutés avec soin.

Les fig. 195 à 202 montrent des diagrammes relevés sur cette machine, aux charges de

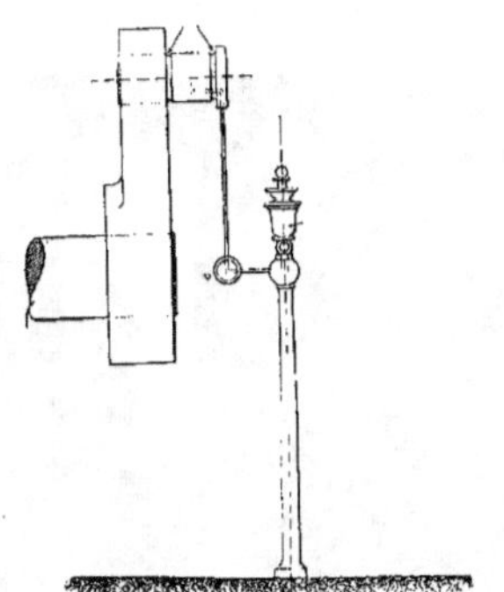

Fig. 194.

Assemblage des deux parties du volant.

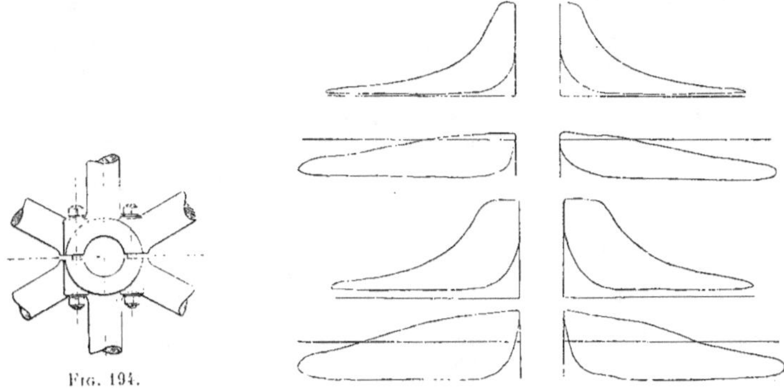

Fig. 195 à 202. — Machine *Bollinckx*.

Diagrammes aux charges de 600 chx et 1.000 chx.

600 et 1.000 chevaux. La consommation, par cheval, n'est que de 5 kg. 360 de vapeur sèche à 7 atmosphères ¹/₂, purges comprises.

C'est un résultat que l'on n'obtient pas toujours avec les machines utilisant la vapeur surchauffée. M. Bollinckx est, d'ailleurs, un adversaire résolu de l'emploi de la surchauffe.

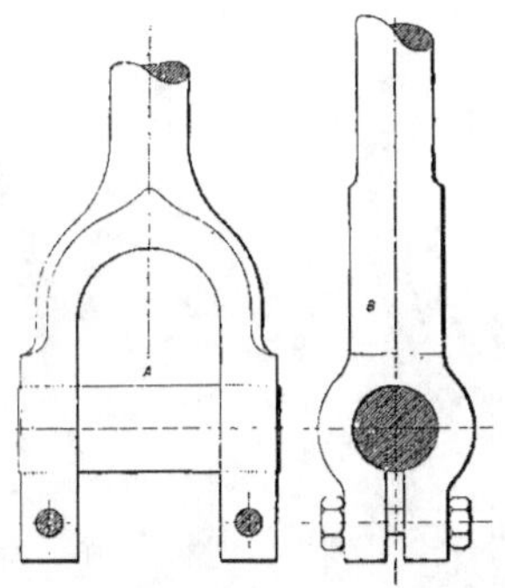

Fig. 203.

Machine *Bollinckx*. Graissage centrifuge.

Fig. 204 et 205.

Détail de la tête de bielle.

Graissage. — En raison de la grande vitesse du piston, il est nécessaire d'avoir un graissage très efficace. L'huile est envoyée par une petite pompe centrifuge dans les différents organes, d'où elle retourne à un filtre.

Le coulisseau de la tête du piston est percé de trous par lesquels l'huile sous pression se répand sur toute sa surface.

Les boutons de manivelle ont un graissage centrifuge.

Un graisseur Mollerup assure le graissage des cylindres.

Le graissage des tiges de commande des tiroirs se fait par la vapeur chargée d'huile. Le levier de commande se prolonge sur la tige, de façon à servir de tourillon dans le couvercle de la valve (fig. 189).

Données principales :

Diamètre du petit cylindre	0,760		Volume du grand cylindre par cheval.	1 lit. 55
— grand cylindre	1,150		Volume engendré par le grand piston	
Rapport des sections	2,29		par cheval et par seconde	4 lit. 15
Course des pistons	1,500		Coefficient d'activité	0,24
Rapport $\frac{d}{l}$	0,51		Diamètre des obturateurs petit cylindre	0,200
Rapport $\frac{d'}{l}$	0,77		Diamètre des obturateurs grand cylindre	0,250
Nombre de tours	80		Volume du réservoir intermédiaire	2.000 lit.
Vitesse du piston par seconde	4 m. 00		Diamètre de la pompe à air	1.000
Pression initiale de la vapeur	8 kg.		Course de son piston	0,275
Admission normale au petit cylindre	0,5		Diamètre de l'arbre au milieu	0,500
Détente totale	4,58		— aux portées	0,380
Force en chevaux indiquée	1.000		Diamètre du volant inducteur	5 m. 65
Volume du petit cylindre	680 lit.		Poids	20.000 kg.
— grand cylindre	1.555 lit.		Vitesse linéaire à la circonférence	23 m. 60

Société anonyme des anciens ateliers de construction
Van den Kerchove.

La machine à pistons-valves exposée par les anciens ateliers Van den Kerchove a, extérieurement, l'aspect d'une machine à soupapes, et cependant elle se rapproche plutôt

Fig. 206. — Machine de M. *Van den Kerchove.*

comme principe, des machines du genre Corliss. En raison du mécanisme des obturateurs agissant par déclic, on ne saurait la ranger dans la catégorie des machines à tiroirs cylindriques, organes avec lesquels les pistons-valves ont pourtant une grande analogie.

Le but de la disposition est de réaliser des ouvertures et des fermetures des lumières, très rapides, et d'éviter les chocs. En effet les pistons-valves peuvent dépasser librement le point de fermeture, et posséder un certain recouvrement au lieu de venir buter sur un siège ; et, sans pour cela avoir recours à un enclenchement brusque, ils peuvent acquérir une assez grande vitesse pour le moment de l'ouverture des lumières ; de même, au moment du déclenchement, ils retombent sans hésitation, pour couper nettement l'admission, le dash-pot n'amortissant l'élan de l'obturateur qu'après la fermeture des lumières.

Cette machine horizontale compound a ses deux cylindres placés en tandem, le cylindre à haute-pression à l'arrière.

Les cylindres sont tous deux à enveloppe de vapeur, sur les fonds comme dans le pourtour. Ils sont fondus, chacun, d'une seule pièce avec leur enveloppe.

Le réservoir intermédiaire est constitué par la tuyauterie et par l'enveloppe du grand cylindre.

Les espaces morts sont de 2 p. 100 seulement, et les surfaces refroidissantes sont très réduites.

Les valves sont placées dans les fonds, celles d'admission à la partie supérieure, de façon à éviter les entraînements d'eau, celles d'échappement, au-dessous de la génératrice inférieure du cylindre, de façon à laisser passer facilement, à chaque course du piston, l'eau condensée.

Ces pistons-valves sont de simples anneaux cylindriques en fonte, reliés par quatre nervures à un noyau central que traverse la tige de commande ; chacun d'eux est muni de deux segments en fonte qui en assurent l'étanchéité comme cela a lieu pour les pistons des cylindres.

Ce sont, finalement, de véritables pistons équilibrés, dont le déplacement vertical ne nécessite aucun effort.

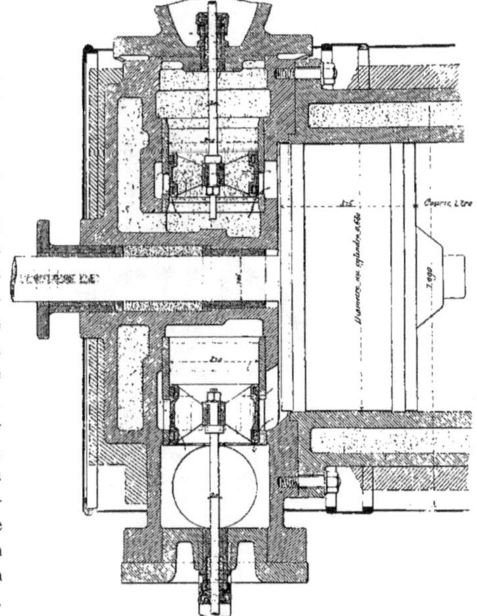

Fig. 207. — Machine *Van den Kerchove.*
Détail d'un fond de cylindre montrant les pistons valves.

Ce déplacement se fait dans des chemises rapportées, percées d'un grand nombre de lumières établissant, au moyen d'un canal circulaire, la communication avec le cylindre.

En s'élevant, l'obturateur d'admission découvre ces lumières et laisse pénétrer la vapeur dans le cylindre. En s'abaissant, il arrête l'introduction.

L'échappement se fait d'une façon analogue.

Les lumières sont au nombre de 16 pour le petit cylindre, et de 26 pour le grand cylindre. Elles ont toutes la même largeur, 30 millimètres, et pour varier les sections de passage, on fait varier leur hauteur. C'est ainsi que, dans le petit cylindre les lumières d'admission ont 48 millimètres de haut et celles d'échappement 73 millimètres, et dans le grand cylindre, les lumières d'admission ont 82 millimètres et celles d'échappement 113 millimètres. L'introduction est commandée par un mouvement à déclenchement, et l'échappement par un mouvement alternatif continu.

La détente est variable automatiquement dans les deux cylindres, le rapport des admissions aux deux cylindres étant établi par le régulateur, pour chaque degré d'introduction, et de façon à répartir le travail de la meilleure façon entre les deux pistons.

Le constructeur fait remarquer que les obturateurs étant parfaitement équilibrés, ils peuvent travailler sous de fortes pressions et à de grandes vitesses sans fatigue pour le mouvement de distribution ; qu'ils restent étanches sans qu'il soit utile de les roder, l'usure étant nulle, puisqu'il n'y a ni frottements anormaux ni martelages.

Distribution. — Le mouvement de rotation de l'arbre de couche est transmis par

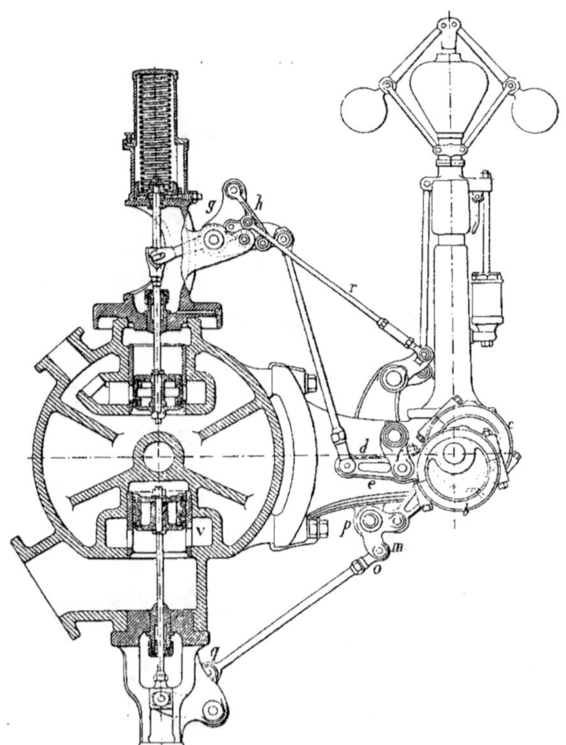

FIG. 208. — Machine *Van den Kerchove.*
Détails de la distribution.

engrenages coniques à un arbre de distribution longitudinal portant quatre excentriques par cylindre, deux pour commander les obturateurs d'admission et deux pour les obturateurs d'échappement.

L'excentrique d'admission porte un coulisseau dans lequel passe l'axe d'une menotte articulée sur le bâti.

L'excentrique d'admission est relié par une bielle réglable, à l'un des sommets k d'une pièce triangulaire g formant levier, articulée autour d'un axe A passant dans deux oreilles de la boîte du dash-pot. Le sommet supérieur du triangle g porte un axe, autour duquel oscille une palette à talon *h*, qui tend constamment, sous l'action d'un ressort, à enclencher avec l'extrémité correspondante d'un balancier *i* attelé à la tige de l'obturateur.

On voit donc que le mouvement de descente de la palette, conséquence du mouve-

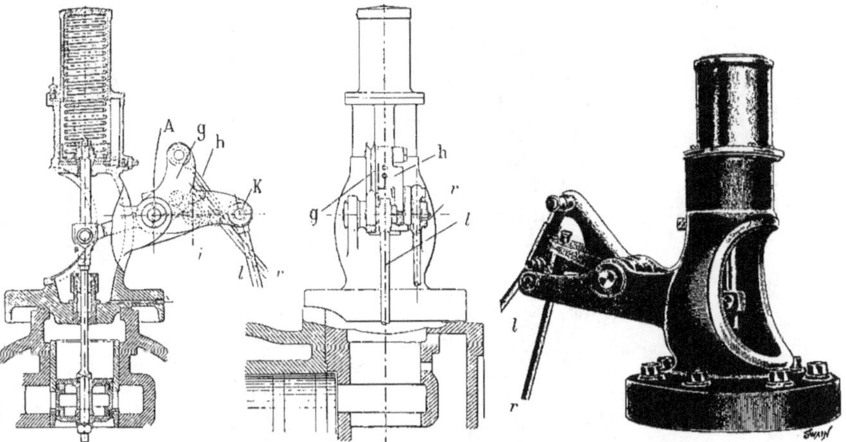

Fig. 209 à 210. — Machine *Van den Kerchove*.
Détail du mécanisme de déclenchement. Élévation et coupe sur le fond du cylindre.

ment de descente de la tige *l* et par conséquent, de la rotation de l'excentrique, fait osciller le balancier *i*, et détermine l'ouverture de l'admission, qu'il maintient ouverte jusqu'à ce que le déclenchement du balancier se produise, sous l'action du régulateur, par l'intermédiaire d'une bielle inclinée.

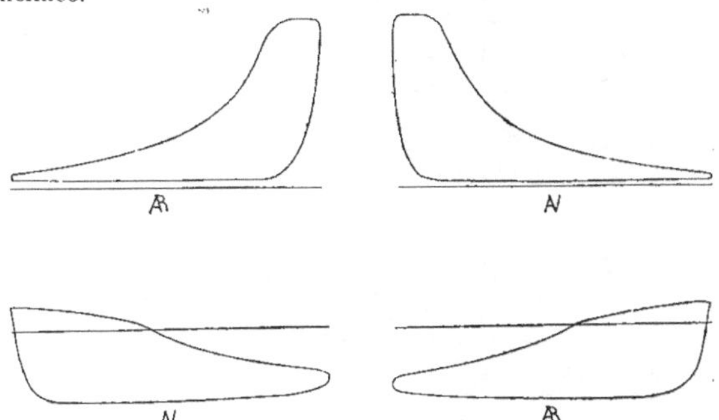

Fig. 212 à 215. — Machine *Van den Kerchove*. Diagrammes du petit et du grand cylindre.

Les articulations du mouvement sont pourvues de bagues en bronze phosphoreux.

L'admission peut varier de 0 à 60 p. 100.

La condensation se fait par mélange.

Le condenseur est placé en sous-sol ; la pompe à air est verticale, et munie d'un clapet de pied. Elle est commandée par le tourillon de la manivelle.

L'examen des diagrammes obtenus sur la machine exposée montre que la distribution se faisait d'une façon parfaite, et que la pression des deux côtés des cylindres était bien régulière.

Dans son ensemble, la machine présente les dispositions suivantes : le bâti à baïon-

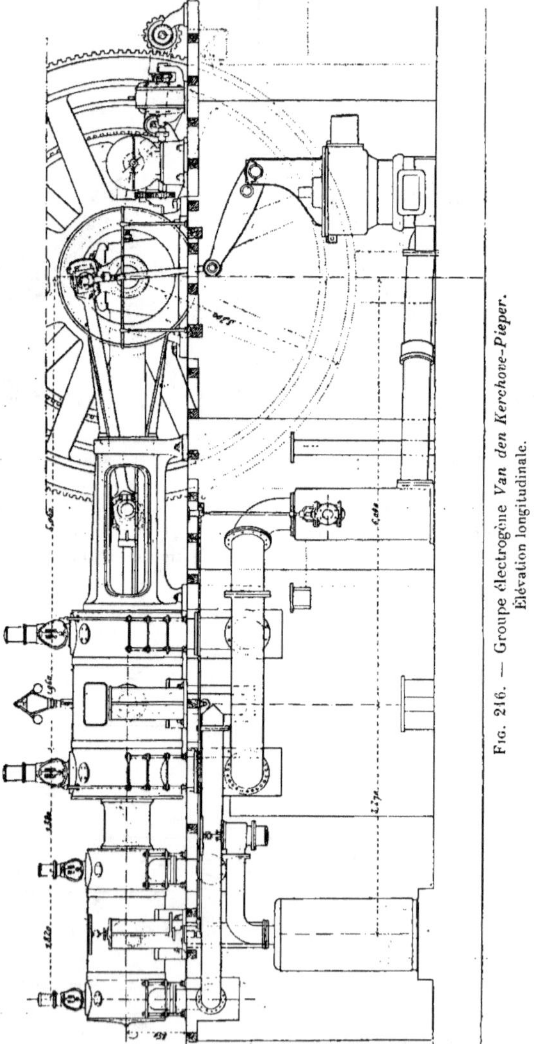

Fig. 216. — Groupe électrogène *Van den Kerchove-Pieper*.
Élévation longitudinale.

nette est venu de fonte avec le palier. Il est solidement ancré dans la fondation, les cylindres sont portés par des supports à glissière, qui permettent leur déplacement dans le sens longitudinal. Les coussinets du palier et de la bielle sont en acier, garnis de métal blanc. La crosse est en acier moulé ; elle est munie de larges patins en fonte, de hauteur réglable. L'arbre est en acier forgé ; son diamètre aux paliers est de 0,330 et, à la portée de l'alternateur, il est de 0,350. — La manivelle est calée à la presse hydraulique.

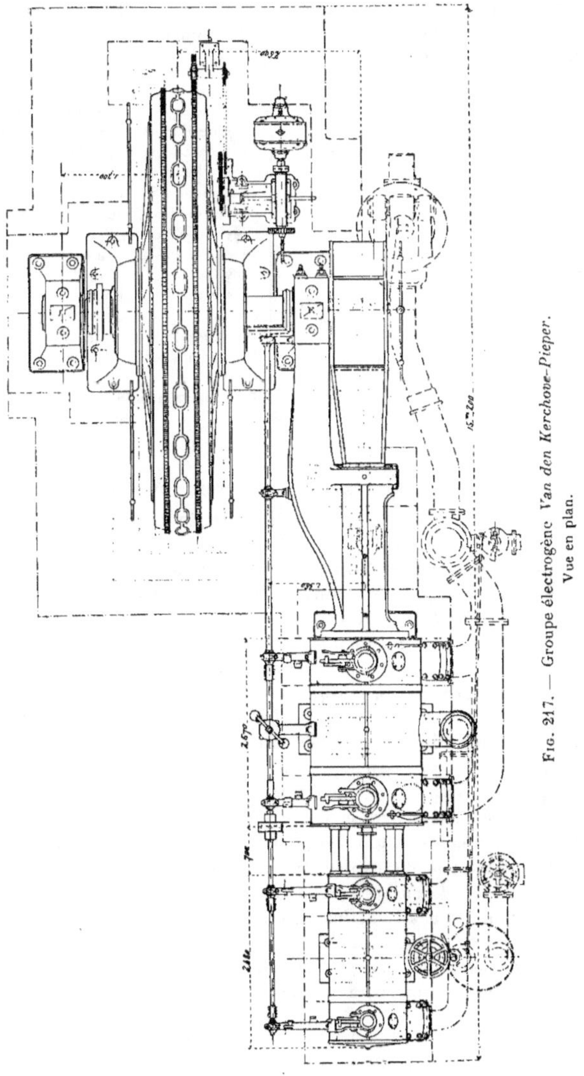

Fig. 217. — Groupe électrogène *Van den Kerchove-Pieper.*
Vue en plan.

Les coussinets sont graissés par des bagues, entraînant l'huile d'un réservoir logé dans les paliers. L'huile sert donc presque indéfiniment.

Les articulations de la bielle sont lubrifiées par des appareils automatiques ; les cylindres et les obturateurs, par des pompes munies de tubes à goutte visible et de pointeaux de réglage.

Le nombre normal des tours de cette machine est de 100, mais il a dû être réduit à l'Exposition, en raison du nombre des périodes demandées par le service électrique.

Données principales :

Diamètre du cylindre H P	0,630		Volume du grand cylindre	3 lit.10
— — B P	1,090		Volume du grand cylindre par cheval.	1 lit. 12
Rapport des sections	2,97		Volume engendré par le grand piston par cheval et par seconde	0,32
Course des pistons	1,200		Coefficient d'activité	1.120 lit.
Rapport $\dfrac{d}{l}$	0,53		Diamètre des pistons-valves du petit cylindre	0,210
$\dfrac{d'}{l}$	0,91		Diamètre des pistons-valves du grand cylindre	0,340
Nombre de tours	83		Diamètre de la pompe à air	0,865
Vitesse des pistons	3 m. 22		Course	0,248
Pression initiale de la vapeur	10 kg.		Diamètre de l'alternateur-volant	5,06
Détente totale	13		Vitesse à la circonférence	22 mètres
Puissance correspondante en chevaux indiqués	1.000		Poids	40.000 kg.
Volume du petit cylindre	374 lit.		Poids de la machine sans le volant	65.000 kg.

Société française de Constructions Mécaniques
(anciens établissements Cail.)

Les anciens établissements Cail avaient concouru à la production de la force motrice, dans la section française, par la fourniture d'une importante machine verticale, du type Allis. Ce type de machine est très apprécié et appliqué en Amérique, mais la machine que nous allons décrire en constituait le premier spécimen en France.

L'ensemble de ce groupe électrogène comporte deux machines à bâtis à crinoline, écartées de 6 m. 70 d'axe en axe, et reposant chacune sur une large plaque de fondation circulaire portant un palier. Entre les deux bâtis, se trouvent un volant de grand diamètre, et un alternateur triphasé de 1.000 kilowatts, de la Cie Thomson Houston.

L'arbre de couche en acier au nickel, ne repose que sur deux paliers fort écartés et, comme conséquence, tant de cet écartement que de l'indépendance des bâtis et du poids énorme de la charge sur l'arbre, il convenait de tenir compte de l'inclinaison légère que l'arbre pouvait prendre. On a donc été amené à munir les paliers de coussinets sphériques, leur permettant de pivoter sous un petit angle, et de prendre leur orientation exacte suivant l'axe réel de l'arbre moteur. Ces coussinets sont garnis de métal antifriction. Une circulation d'eau à l'intérieur s'oppose à tout échauffement des surfaces frottantes.

Sur les deux socles sont fixées deux fortes crinolines à évidements, en forme de solides d'égale résistance, servant à la fois, de bâtis, de glissières et de supports des cylindres.

A chaque extrémité de l'arbre de couche est placé, en porte-à-faux, un plateau manivelle en fonte, avec masse d'équilibre, emmanché à la presse hydraulique et claveté. Les boutons de manivelle ont 0,254 de diamètre et 0,254 de longueur. Les bielles sont longues, cinq fois et demi le rayon des manivelles, afin d'atténuer les ébranlements dus aux réactions des coulisseaux sur les glissières.

Les glissières sont alésées en même temps que les cylindres, pour obtenir un alignement absolument rigoureux.

Les cylindres sont à enveloppe de vapeur, sur les fonds comme sur le pourtour, et recouverts, comme les tuyaux de vapeur et le receiver, d'un enduit calorifuge et d'une tôle mince polie. Ils sont munis chacun de quatre obturateurs rotatifs à double orifice, placés dans les fonds, et les obturateurs d'admission des deux cylindres sont munis du système de déclic Reynolds-Corliss.

Deux excentriques, l'un pour l'admission, l'autre pour l'échappement, actionnent séparément la distribution de chaque cylindre.

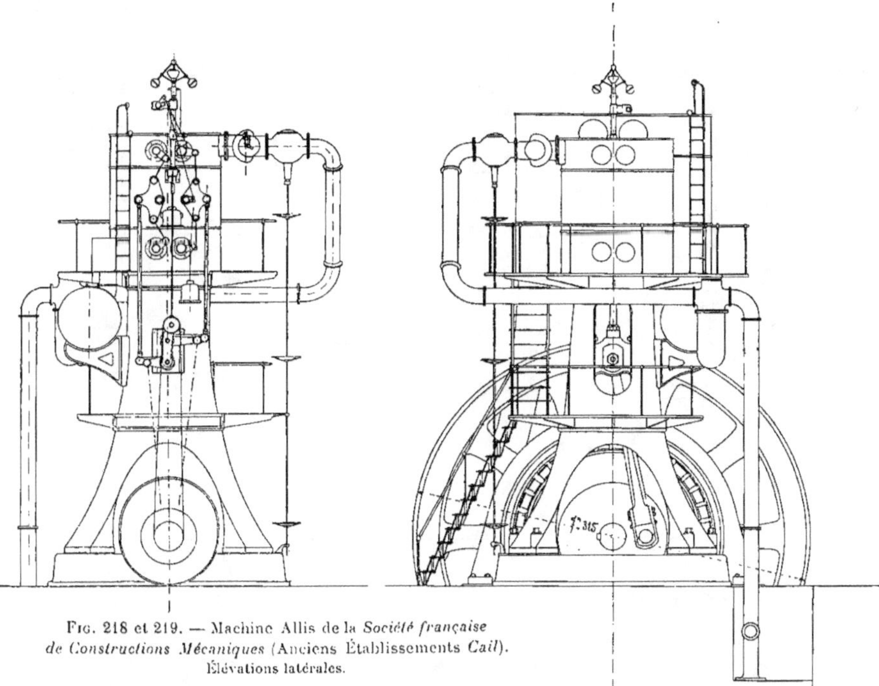

Fig. 218 et 219. — Machine Allis de la *Société française de Constructions Mécaniques* (Anciens Établissements *Cail*).
Élévations latérales.

Les obturateurs d'échappement (à gauche) sont commandés par l'intermédiaire de déclics.

Toutes les biellettes sont à rattrapage de jeu.

Deux régulateurs sont disposés à la partie supérieure de la machine : l'un agit simultanément sur les mécanismes de détente des deux cylindres, en équilibrant aussi complètement que possible la répartition du travail sur les deux pistons, pour toutes les variations de puissance ; l'autre n'est qu'un appareil de sûreté. Il est réglé à un nombre de tours un peu supérieur au nombre de tours normal du régulateur de vitesse, et agit sur un déclenchement qui ferme complètement l'arrivée de vapeur au petit cylindre et par conséquent arrête la machine, au cas où elle viendrait à s'emballer par suite d'une avarie survenue au premier régulateur.

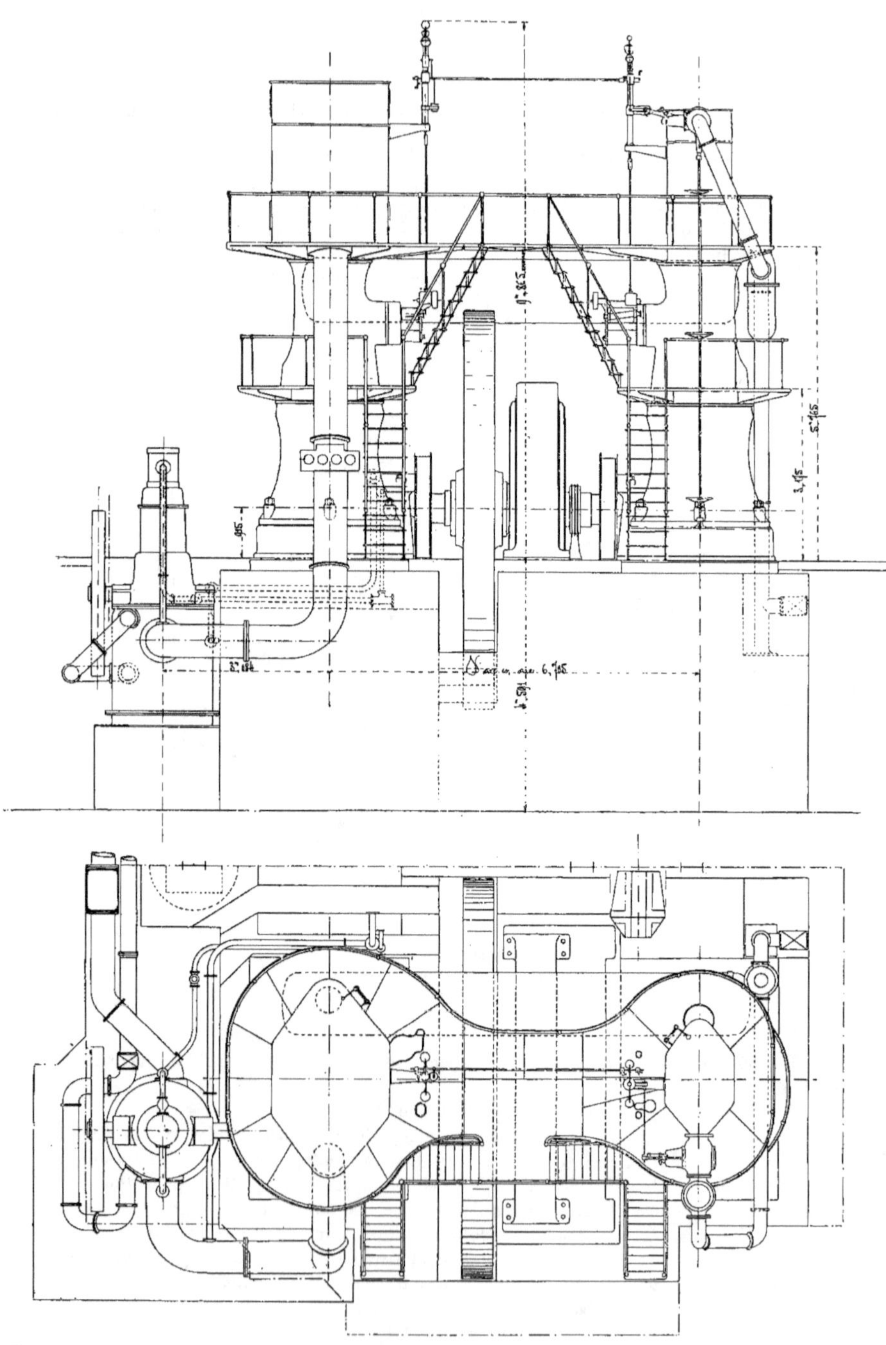

Fig. 220 et 221. — Machine Allis de la *Société française de Constructions Mécaniques*. Anciens Établissements *Cail*.
Élévation de face et vue en plan.

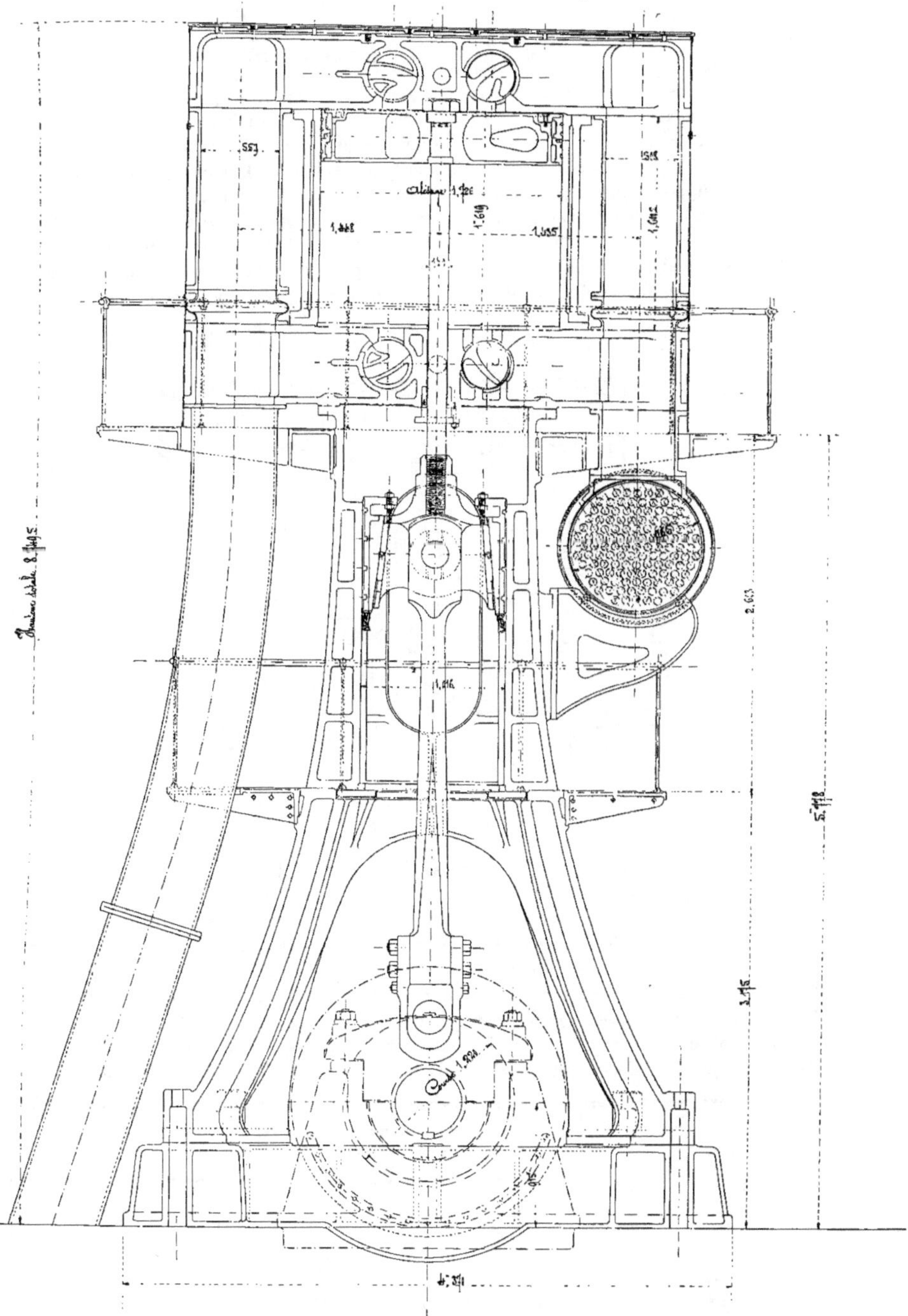

Fig. 222. — Machine Allis de la *Société Française de Constructions Mécaniques* (Anciens Établissements *Cail*).
Coupe transversale par l'axe du grand cylindre.

Les pistons sont en fonte : ils sont construits de telle façon que l'on peut remplacer l'unique segment de chaque piston sans retirer le piston du cylindre.

Le receiver est constitué par un réservoir cylindrique en tôle d'acier, de 8 m. 50 de longueur et de 0 m. 965 de diamètre, disposé transversalement, sous la plate-forme supérieure, et supporté par deux consoles. Vers le milieu de sa longueur, il renferme un faisceau tubulaire chauffé par de la vapeur vive. Ce faisceau compris entre deux plaques tubulaires rivées, est réchauffé par de la vapeur vive circulant autour des tubes, tandis que la vapeur allant du petit au grand cylindre passe à travers ces tubes. Il se produit ainsi une légère surchauffe, ou plutôt un certain réchauffage de la vapeur.

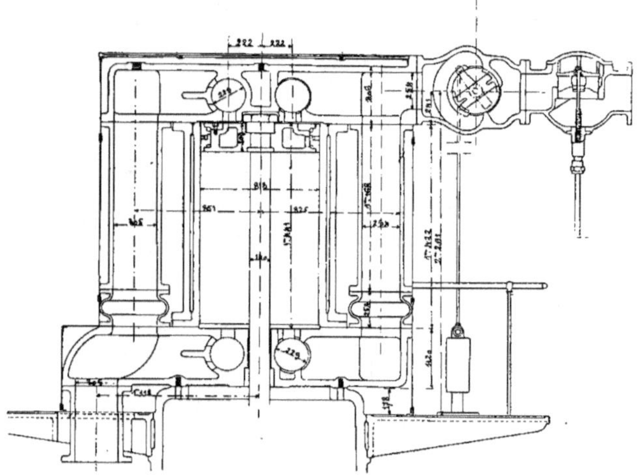

Fig. 223. — Machine Allis de la *Société française de Constructions Mécaniques*.
Coupe verticale du cylindre à haute pression.

La manœuvre de la soupape de prise de vapeur peut se faire, soit du sol, soit de chacune des plates-formes de service.

Cette machine est accompagnée d'un condenseur automoteur vertical, dont toutes les parties intéressantes à surveiller sont placées au-dessus du sol. Le condenseur par mélange et la pompe à air sont disposés en contrebas du sol, du côté du cylindre BP, et le cylindre moteur, placé au-dessus de la pompe à air, est muni de quatre distributeurs Corliss-Reynolds, à détente variable par le régulateur.

Le tableau ci-dessous indique les variations de puissance de la machine, correspondant aux variations de la pression de la vapeur et du degré d'admission au petit cylindre :

PRESSION de la vapeur	PUISSANCE EN CHEVAUX INDIQUÉS CORRESPONDANT à une admission au petit cylindre, de :		
	0,15	0,25	0,40
9ᵏᵍ	970	1530	2370
10ᵏᵍ	1105	1690	2630
12ᵏᵍ	1330	2020	3130

Signalons enfin des joints de compensation à soufflet sur les tuyauteries des deux cylindres, pour prévenir toute fatigue provenant des inégalités de dilatation.

Un séparateur de l'eau entraînée était placé en sous-sol sur la tuyauterie d'arrivée de vapeur au cylindre.

D'après les constructeurs, la consommation de vapeur de cette machine ne dépasse pas 5 kg. 600 par cheval, ce chiffre comprenant toutes les consommations accessoires, enveloppes de vapeur, chauffage du receiver, condenseur indépendant, etc.

Le volant est calculé pour donner un coefficient d'irrégularité de $\dfrac{1}{320}$.

Il est composé de dix pièces comportant chacune un fragment de jante venue de fonte avec un bras. Les bras sont serrés et boulonnés entre deux forts plateaux en fonte, fixés sur l'arbre moteur, et les différents segments de la jante sont réunis par des clames en acier, mailles d'acier forgé, de $0,760 \times 0,250$, sur $0,127$ d'épaisseur, posées à chaud et rivées deux à deux, dans des logements pratiqués à la fraise sur les deux faces du volant.

Après le montage de la jante ainsi constituée, qui a $0,250$ de largeur sur $0,735$ d'épaisseur radiale, on y ajoute, de chaque côté, huit plaques d'acier de 30 millimètres d'épaisseur, assujetties par des rivets de 76 millimètres de diamètre.

Données principales :

Diamètre du cylindre H P	0,813	Coefficient d'activité	0,24
— — B P	1,726	Diamètre du receiver	0 m. 965
Rapport des sections	4,52	Longueur totale du receiver	8,500
Course des pistons	1,220	Nombre des tubes	121
Rapport $\dfrac{d}{l}$	0,67	Longueur —	1,50
		Diamètres intérieur et extérieur	
— $\dfrac{d'}{l}$	1,41	Diamètre de la pompe à air	0,914
		Course	0,406
Nombre de tours par minute	75	Diamètre de l'arbre moteur, au volant	0,660
Vitesse des pistons	3,05	Diamètre de l'arbre moteur, aux tourillons	0,556
Volume du petit cylindre	632 lit.	Longueur des portées	1,067
— grand —	2,858 lit.	Largeur des paliers	0,965
Pression initiale de la vapeur	12 kg.	Charge maximum par centimètre carré de surface de portage	10 kg.
Admission normale au petit cylindre	0,186	Diamètre du volant	7,315
Détente totale	24	Vitesse à la circonférence	28 m. 80
Puissance en chevaux indiqués, correspondante	1,700	Poids du volant	65.000 kg.
Volume du grand cylindre, par cheval	1 lit. 68	Poids de l'alternateur	25.000 kg.
Volume engendré par le grand piston par cheval et par seconde	4 lit. 18		

Galloways L^d.

La machine verticale compound de 500 chevaux que MM. Galloways ont fait figurer à l'Exposition rappelle par ses dispositions d'ensemble, mais avec des dimensions moins grandioses, celle exposée par les Anciens Établissements Cail. Les deux bâtis, en forme de crinoline, reposent sur une plaque de fondation générale, composée de plusieurs segments, et disposée de façon à permettre de placer le volant et la dynamo entre les deux bâtis. Cette machine comporte des distributeurs Corliss pour les deux cylindres, avec commandes distinctes, par excentriques, pour l'admission et l'échappement.

On remarquera que, pour des distributeurs Corliss, la vitesse de rotation est une des plus grandes.

Le régulateur agit sur les valves d'admission au petit cylindre, et, pour les faibles charges, il agit en outre par étranglement de la vapeur.

L'arbre B du robinet porte un levier coudé à douille A, relié par son maneton et par la tige G au dash-pot, et pourvu d'un taquet D, en prise avec celui D₁ du plateau oscillant F qui reçoit en L la commande de l'excentrique (voir fig. 228 et 229).

Le plateau F marchant dans le sens de la flèche, D₁ repousse D, ouvre le robinet jus-

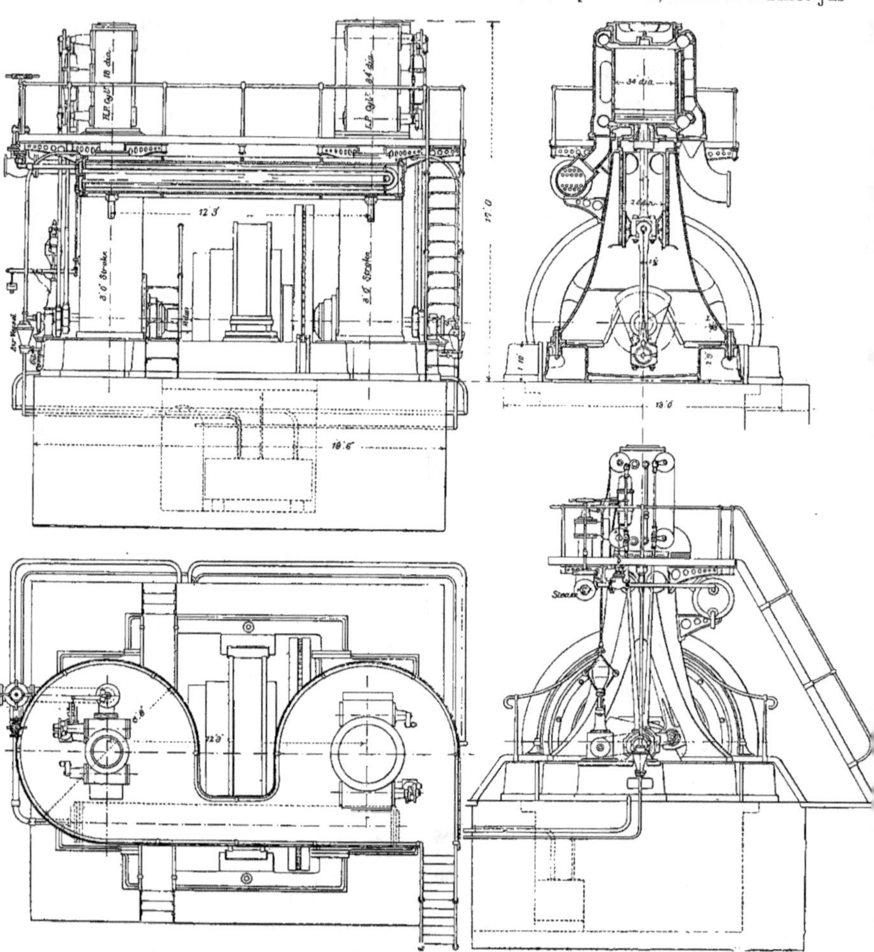

FIG. 224 à 227. — Groupe électrogène de MM. *Galloways et de Mather et Platt*.

qu'à ce que la came P du doigt AEC correspondant à D₁, en pivotant autour de E, monte sur la came J et fasse lâcher D par D₁. Aussitôt le dash-pot, agissant par G, ferme le robinet.

La douille H, commandée en N par le régulateur, est pourvue d'une came K qui relève le levier A avant J quand la marche du moteur s'accélère. En cas de rupture du régulateur, la tige ON ramène par son propre poids K sous A, et le moteur s'arrête.

Les manivelles sont équilibrées par des contrepoids.

Le receiver est un grand cylindre en tôle, supporté par des consoles fixées aux deux bâtis, au-dessous de la plate-forme du mécanicien. Dans ce cylindre sont disposés dix-huit tubes dans lesquels circule la vapeur vive pour réchauffer celle qui vient de travailler au petit cylindre.

Cette disposition, analogue à celle de la machine Allis, de la Société Cail, est évidemment très rationnelle. Il est heureux qu'il y eût au moins un point à recommander dans cette machine, dont le fonctionnement laissait plutôt à désirer.

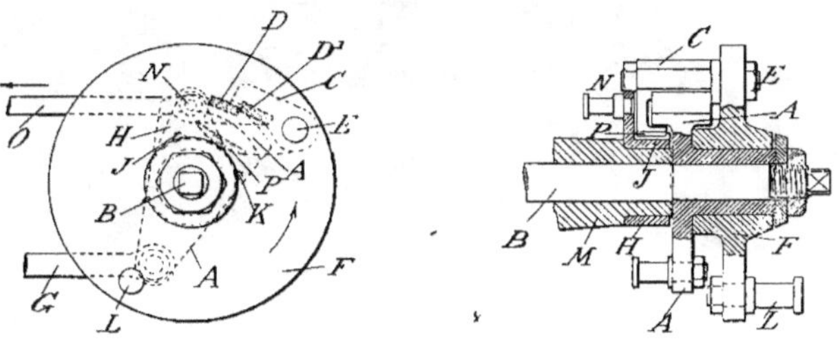

Fig. 228 et 229. — Machine *Galloway*.
Détails de la distribution.

La condensation se faisait par un éjecteur indépendant.

Données principales :

Diamètre du petit cylindre	0,457		Admission au petit cylindre	0,25
— grand —	0,863		Détente totale	14,2
Rapport des sections	3,56		Puissance admise en chevaux indiqués	500
Course du piston	0,914		Volume du petit cylindre	150 litres.
Rapport $\frac{d}{l}$	0,5		— grand —	535 —
			— grand cylindre par cheval	1 lit. 07
— $\frac{d'}{l}$	0,94		— engendré par le grand piston, par cheval et par seconde	3 lit. 75
Nombre de tours	105		Coefficient d'activité	0,266
Vitesse du piston	3 m. 20		Diamètre du volant	3 mètres.
Pression initiale de la vapeur	10 kilog.		Vitesse du volant à la circonférence	16 m. 40

MACHINES A GRANDE VITESSE

Garnier et Faure-Beaulieu

Machine horizontale.

Cette machine avait la même disposition générale que la machine de 400 chevaux déjà décrite : un cylindre horizontal, dont la tige de piston se prolonge pour commander le piston de la pompe à air à double effet placée en tandem.

Deux excentriques actionnent, l'un les deux tiroirs d'admission, l'autre les deux tiroirs d'échappement, au moyen de balanciers pivotant autour d'un axe porté par le cylindre. Il n'y a pas de déclic.

L'admission peut varier de 0 à 70 p. 100 par le changement du calage et de la course de l'excentrique, qui est sous l'action d'un régulateur avec ressorts à pincettes et contrepoids, calé sur l'arbre moteur à côté de la dynamo, et faisant fonction de volant.

Les axes, le tourillon de crosse, les pièces du régulateur sont trempés et rectifiés, les articulations sont munies de bagues mises en place à la presse hydraulique.

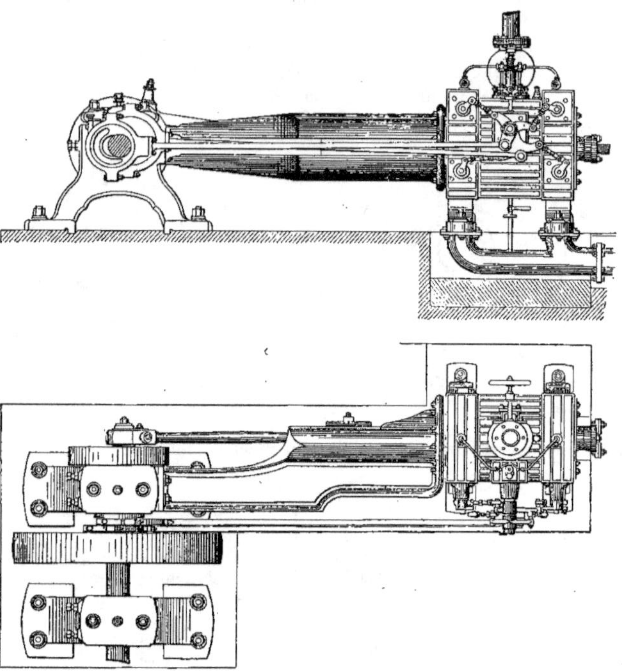

Fig. 230 et 231. — Machine horizontale à grande vitesse de MM. *Garnier et Faure-Beaulieu*.

Le plateau-manivelle en acier moulé est équilibré par un contrepoids en plomb.
Les excentriques et les paliers ont des garnitures en métal blanc.
Le cylindre est fondu d'une seule pièce avec son enveloppe.
L'arbre a un diamètre de 0,240 et une longueur totale de 2 m. 69.
Les paliers de 0,170 de diamètre sur 0,380 de portée, sont espacés de 2 m. 115.
Le graissage est par des compte-gouttes.
Données principales :

Diamètre du cylindre	0,460	Volume par cheval	0,62
Course du piston	0,500	Volume engendré par le piston, par cheval et par seconde	3 lit. 27
Rapport $\dfrac{d}{l}$	0,92	Coefficient d'activité	0.305
Nombre de tours	160	Diamètre de la pompe à air	0,190
Vitesse du piston	2,66	Course de la pompe à air	0,500
Pression initiale de la vapeur	7 kilog.	Diamètre du volant	3,000
Puissance admise	135	Vitesse à la circonférence	25 m.10
Introduction correspondante	0,1	Poids du volant	5.000 kg.
Volume du cylindre	83 lit. 10	Poids total de la machine	18 000 kg.

Machine verticale.

Une machine verticale de 180 chevaux, du type pilon, complétait l'exposition de MM. Garnier et Faure Beaulieu.

Une glissière alésée est reliée au cylindre par une collerette avec douze boulons.

Le cylindre, à enveloppe de vapeur, est fondu d'une seule pièce. Son piston, creux, en fonte, avec deux segments en fonte, est fixé sur la tige par un emmanchement conique avec écrou et goupille, et la tige est également reliée à la crosse par un léger cône avec écrou et goupille.

L'arbre moteur, droit, de 0 m. 260 de diamètre maximum et de 0,170 aux tourillons, repose sur deux paliers espacés de 1 m. 725. Sa longueur totale est de 2 m. 270. Les por-

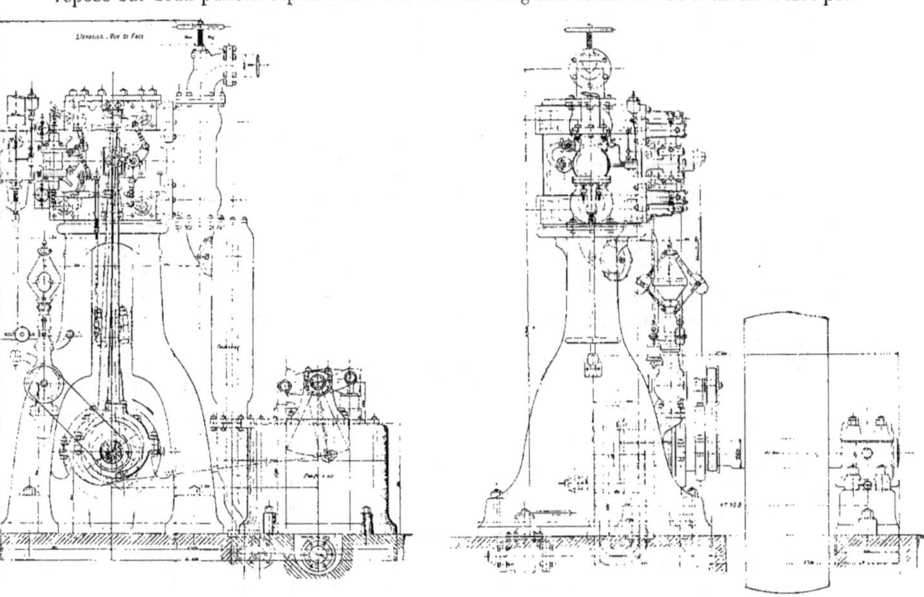

Fig. 232. — Machine verticale de 180 chevaux
de MM. *Garnier et Faure-Beaulieu.*
Élévation, vue de face.

Fig. 233. — Machine verticale de 180 chevaux
de MM. *Garnier et Faure-Beaulieu*
Élévation en bout.

tées ont 0,380 de longueur ; les coussinets, en fonte, sont garnis de métal blanc, et réglables par des vis.

Le plateau manivelle est équilibré. Le maneton est calé à la presse hydraulique.

Le nombre de tours est de 150. C'est la plus grande vitesse de rotation que nous ayons relevée pour des machines fonctionnant avec déclic.

La distribution, commandée par deux excentriques en fonte avec garniture de métal blanc, est d'un type spécial avec dash-pot ; les quatre obturateurs ont des douilles en bronze, sans presse-étoupes.

Le régulateur, du type Porter, commandé par courroie, agit sur l'admission, qui peut varier de 0 à 0,70 de la course.

Le condenseur par mélange est placé au-dessus du sol, à côté du bâti. La pompe à air verticale est à double effet, commandée par bielle et balancier.

Les bagues des articulations sont mises en place à la presse.

Données principales :

Diamètre	0,530	Volume par cheval	0 lit. 55
Course du piston	0,450	Volume engendré par le piston, par cheval et par seconde	2 lit. 75
Rapport $\frac{d}{l}$	1,17	Coefficient d'activité	0,363
Nombre de tours	150	Diamètre de la pompe à air	0,330
Vitesse du piston	2,25	Course	0,200
Pression de la vapeur	7 kilog.	Diamètre du volant	3 mètres.
Introduction normale	1/8	Vitesse à la circonférence	23,6
Puissance correspondante	180 chx	Poids	8.000 kg.
Volume du cylindre	99 litres.	Poids total de la machine	22.000 kg

Machine à vapeur universelle de M. Raworth.

Parmi les machines à grande vitesse, il en était une, placée en dehors des classes de la mécanique, qui a passé à peu près inaperçue. M. Pulsford, par qui elle était exposée, l'avait installée dans le stand de la classe 23 où il montrait sa fabrication de lampes à incandescence. A vrai dire, cette machine était arrivée avec un retard sérieux et ne figurait même pas au catalogue. Elle avait pourtant déjà été utilisée par la petite usine électrique de la Cⁱᵉ O. Patin pour l'éclairage des caissons et le transport de force du pont Alexandre III.

Elle se compose de deux cylindres superposés, dans chacun desquels la vapeur agit à simple effet. Elle est caractérisée par ce fait que deux tiroirs cylindriques seulement, du genre Corliss, placés entre les deux cylindres de haute et de basse pression, suffisent pour opérer la distribution, admission et échappement, dans les deux cylindres.

Le nombre de tours de la machine étant de 450 par minute, il ne pouvait être question d'employer un déclic.

Les tiroirs sont actionnés directement par deux bielles d'excentriques, agissant extérieurement sur des leviers fixés aux axes d'oscillation. L'excentrique du tiroir à haute pression S est entraîné par le régulateur. Il peut faire varier l'admission entre 0 et 0,62 de la course. Celui du tiroir à basse pression est monté sur l'arbre de la machine, et donne dans le grand cylindre une admission de 50 p. 100 environ.

Ces tiroirs jouent le rôle économique de conduits de vapeur courts et directs, réduisant le plus possible les espaces nuisibles. Le cylindre à haute pression communique avec le receiver, à la fois par sa partie supérieure, au moyen de deux rangées de trous formant lumières d'échappement, et par le tiroir S à fin de course.

La partie inférieure du cylindre à basse pression est en communication directe avec l'échappement au condenseur ; une série de trous percés dans la paroi de ce cylindre permet un véritable drainage de l'eau condensée qui, ramenée contre la paroi par la forme conique de la face supérieure du piston, est expulsée et entraînée dans la chambre inférieure d'évacuation au moment du point mort, par le passage de la vapeur à travers ces trous.

D'autre part, le tiroir d'échappement T est en communication, par un tuyau extérieur, avec la chambre d'évacuation, et, par conséquent, avec le condenseur.

Le fonctionnement de la machine se fait de la manière suivante :

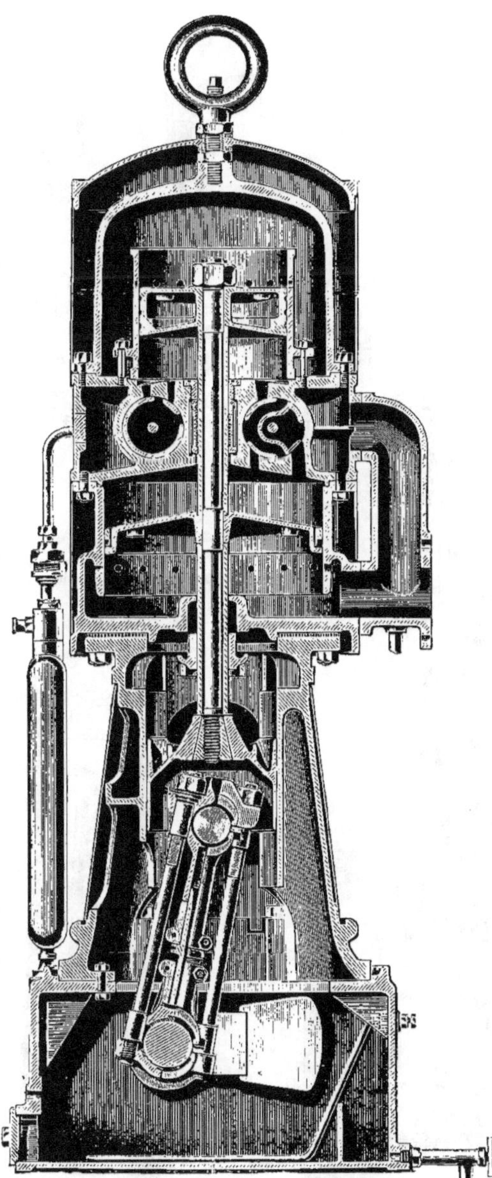

Fig. 234. — Machine à vapeur universelle *Raworth*.
Coupe verticale par l'axe transversal.

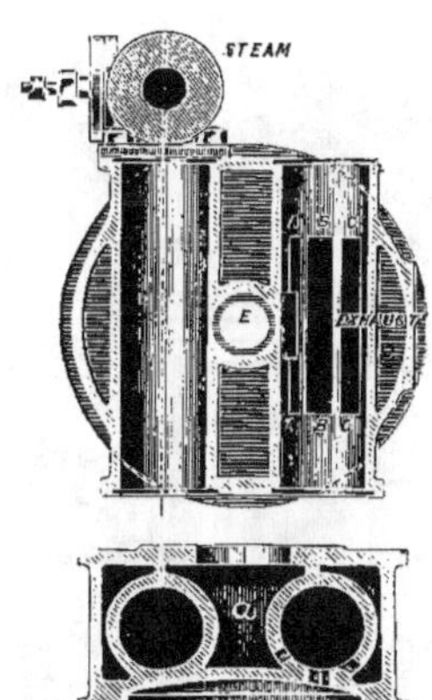

Fig. 235 et 236.
Coupes horizontale et verticale par la
boîte de distribution.

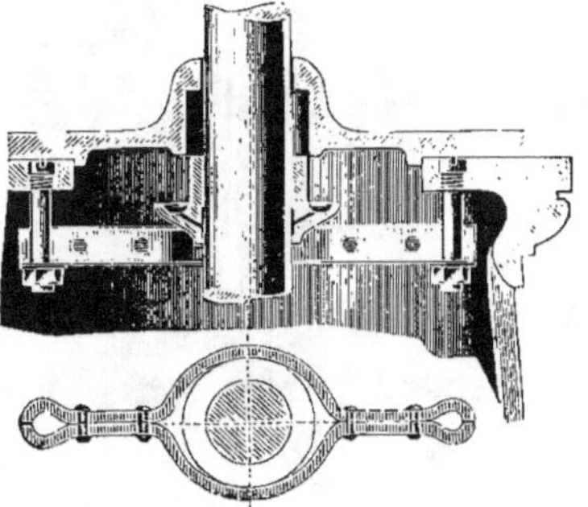

Fig. 237.
Disposition du presse-étoupes par le grand cylindre.

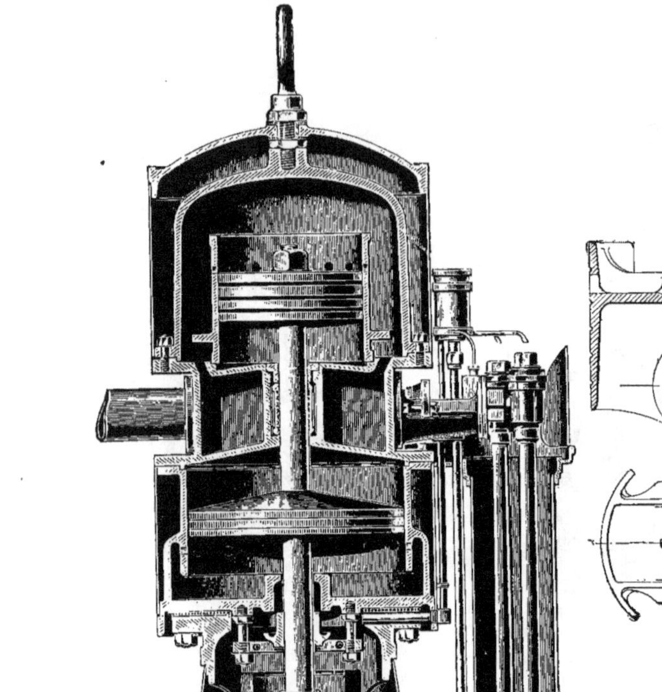

Fig. 238.
Machine universelle *Raworth*.

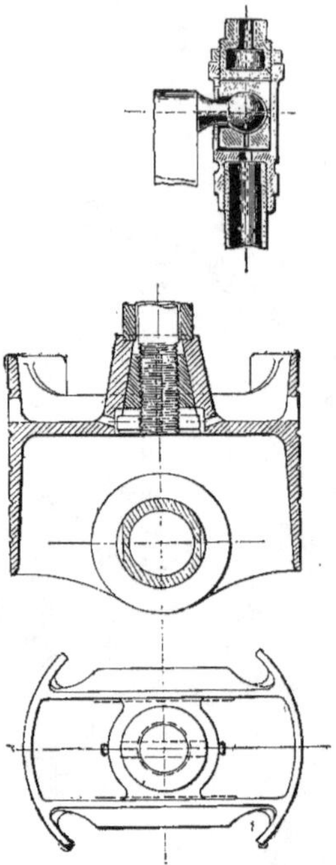

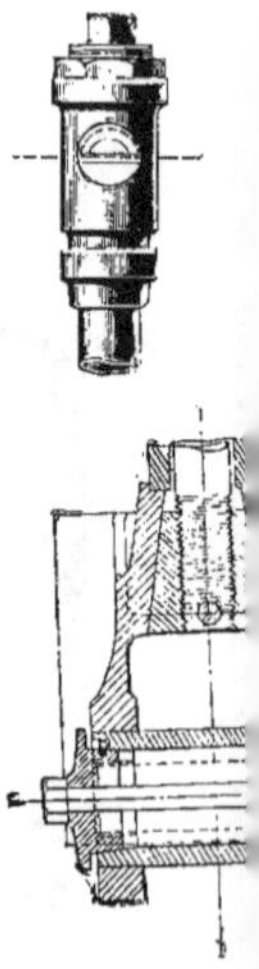

Fig. 239 à
Détail du coulis
tourillon de la tê

Fig. 244. — Détail de la bie

La vapeur à haute pression (10 kilog.) arrive par l'intérieur du tiroir de gauche S. Ce tiroir est percé de trois orifices : deux d'entre eux correspondent aux lumières d'admission, dans le cylindre, le troisième sert à laisser passer une légère quantité de vapeur entre le tiroir et son logement, dans lequel il est très légèrement excentré (une fraction de millimètre). La pression de la vapeur passant dans le petit espace ainsi obtenu entre le tiroir et son logement tend à appliquer la valve contre la partie supérieure, où se fait la distribution. La vapeur pénétrant en A fait monter le piston ; pendant ce temps, le tiroir S se déplace, et la détente se produit.

Lorsque le piston arrive au haut de sa course, la vapeur sort à la fois par les deux rangées de trous et par la lumière d'échappement du tiroir T. Cette vapeur remplit donc

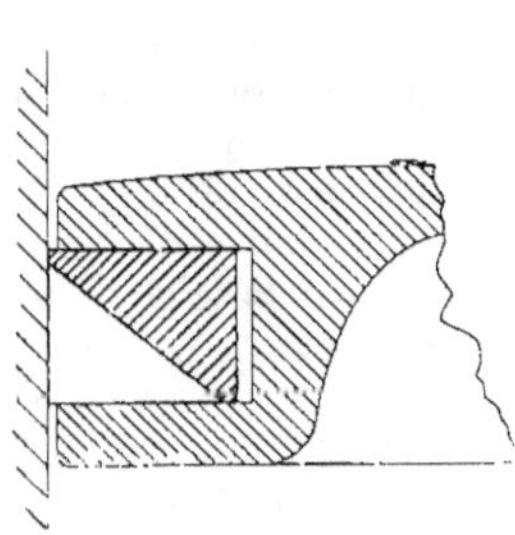

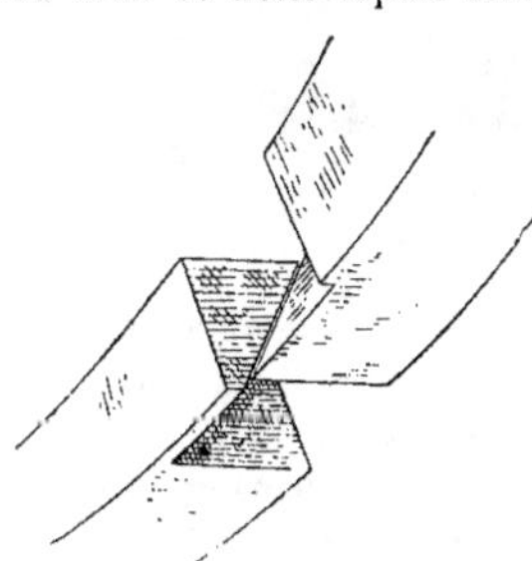

Fig. 245.   Fig. 246.

le receiver, qui comporte les espaces B, C, D, et le tiroir T établit la communication avec le grand cylindre. La descente du grand piston commence, l'admission se continue jusqu'à mi-course environ, et la détente se produit jusqu'au moment où, la rangée de trous étant découverte, l'évacuation au condenseur se produit. En même temps, le tiroir T établit la communication de H avec l'échappement E, et le cycle recommence.

Remarquons que, pendant la descente des pistons, il reste en A, sous le petit piston, une certaine quantité de vapeur, qui donnerait lieu à une petite perte de travail par compression, si l'on n'avait eu soin d'établir une communication avec le receiver par la valve S.

De même, pendant la période d'ascension, la vapeur contenue en H, dans le grand cylindre, communique, par la valve T, avec le condenseur.

Le petit cylindre est entouré par le receiver, qu'il réchauffe en se refroidissant lui-même. On se trouve donc, au point de vue thermique, dans des conditions peu rationnelles, et l'inventeur a eu raison de prévoir, pour le petit comme pour le grand cylindre, un mode d'évacuation facile par l'eau condensée. A l'exception du fond supérieur, qui est en contact avec le receiver, et par conséquent avec la vapeur qui va travailler dans ce cylindre même, le grand cylindre n'est entouré que d'un coussin d'air.

L'étude de cette machine demanderait donc à être complétée en quelques points. Elle n'en présente pas moins un intérêt réel, d'une part, par sa simplicité et par la facilité avec laquelle elle peut être conduite, et, d'autre part, par un assez grand nombre de dispositions de détail.

C'est ainsi que la bielle se compose (fig. 244) de trois pièces : deux tirants extérieurs supportent l'effort des pistons pendant la course ascendante, tandis que la tige de bielle proprement dite supporte la pression à la descente. La tige comporte une forte vis permettant le rattrapage de jeu.

La tête de bielle porte un tourillon creux fendu, qui joue librement dans l'œil de la crosse. Il est fixé par deux bouchons coniques serrés par le boulon qui les relie. L'action de ce serrage sur les cônes fait ouvrir le tourillon fendu, de manière à remplir le logement réservé dans la crosse.

Les paliers sont à rattrapage de jeu par des coins manœuvrés par une vis extérieure;

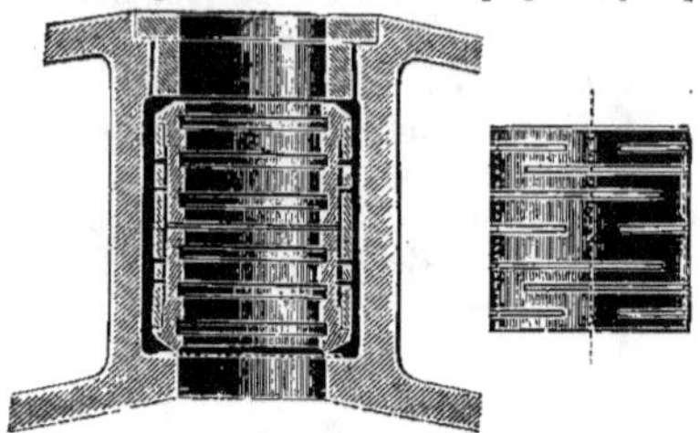

Fig. 245. — Garniture du presse-étoupe entre les deux cylindres.

les pistons comportent des bagues coupées (fig. 246) d'une façon spéciale; la tige des pistons est entourée de gaines en fonte, traversant des garnitures guides spéciales (fig. 237). Le presse-étoupe inaccessible entre les deux cylindres se compose seulement (fig. 245) d'une paire de manchons écartés l'un de l'autre par un ressort, et rainurés à l'intérieur.

Le régulateur se compose d'un disque, d'une platine d'excentrique, de deux bras équilibrés par deux ressorts. Par la rotation des masses, la platine d'excentrique tourne elle-même d'un certain angle, et le centre de l'excentrique monte ou descend par rapport au centre de l'arbre. Il en résulte une variation dans la longueur du rayon d'excentrique, et la course de la tige est augmentée ou diminuée.

Dans toutes les machines à grande vitesse, la question du graissage a une très grande importance. Dans la machine qui nous occupe, au moyen d'une pompe, on élève l'huile

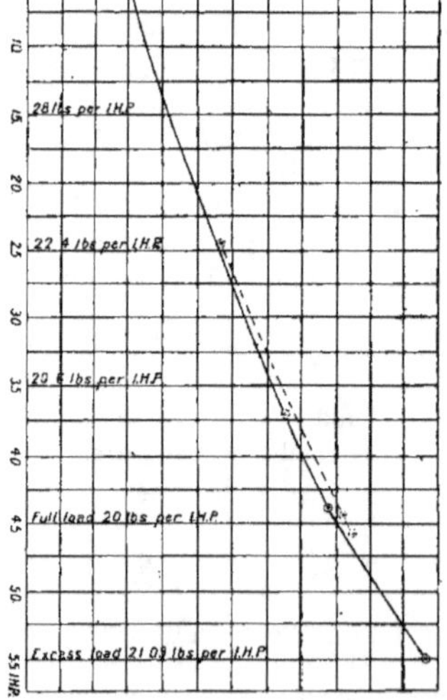

dans un réservoir supérieur d'où elle est distribuée aux têtes d'excentriques, qui sont creuses, aux paliers, aux leviers et aux axes des tiroirs, aux guides et à la crosse des pistons; la bielle est creuse également.

La vapeur est graissée par un lubrificateur ordinaire à déplacement, avant son entrée dans le cylindre supérieur.

Enfin un bain d'huile, dans le socle, permet le barbotage de la manivelle.

Les diagrammes suivants, obtenus (fig. 248) sur une même machine à ²/₃ de charge et à pleine charge sans condensation, sont intéressants. On voit que la chute entre les deux diagrammes est très faible; la

Fig. 246 et 248. — Machine *Raworth*.
Diagrammes à 2/3 de charge et à pleine charge.

pression dans le receiver monte quelque peu pendant la course ascendante des pistons; elle retombe pendant la course descendante.

Dans ces expériences, la consommation par cheval indiqué était de 9 kilog. à pleine charge et de 9 kg. 12 à ²/₃ de charge.

Il semble ressortir des tableaux communiqués que, dans la machine à condensation, la meilleure utilisation de la machine serait aux environs des $^2/_3$ de la charge et que, dans ces conditions, la consommation de vapeur tomberait à 6 kg. 850 pour une machine de 250 chevaux indiqués chargée seulement à 150 chevaux.

On remarquera que, malgré le grand nombre de tours de cette machine et son peu d'encombrement, c'est, de toutes celles que nous aurons l'occasion d'examiner, celle dont le coefficient d'activité est le plus faible.

Données principales :

Diamètre du petit cylindre	247 mm.	Diamètre du tuyau d'admission	71 mm.
— grand cylindre	368 mm.	— d'échappement	89 mm.
Rapport des sections	2,23	Volume du petit cylindre	7 lit. 3
Rapport $\dfrac{d}{l} =$	1,62	— grand cylindre	16 l. 2
— $\dfrac{d'}{l} =$	2,42	— grand cylindre par cheval	0 l. 36
		Volume engendré par le grand piston par seconde et par cheval	5 l. 4
Course des pistons	152 mm.	Coefficient d'activité	0,185
Tours par minute	450	Encombrement	1 m. 22 × 0 m. 75
Vitesse des pistons par seconde	2,28	Hauteur totale	2 m. 11
Puissance indiquée	45 chx	Poids, volant compris	2.000 kg.
Pression normale	10 kg.		

Machine V. Legrand.

M. Legrand avait exposé une petite machine à grande vitesse. Si l'on ne considérait que le nombre de tours, cette machine serait, croyons-nous, celle qui était animée de la plus grande vitesse de rotation, abstraction faite, bien entendu, des machines rotatives.

C'est une machine du système Woolf, enfermée dans un bâti en fonte, en forme de boîte. Elle est caractérisée par une distribution du genre Corliss, dont les deux tiroirs sont actionnés simultanément par un seul excentrique placé entre les deux cylindres.

Les cylindres n'ont pas d'enveloppes de vapeur. L'arbre, en acier, a ses deux coudes à 180°. Les pistons sont à fourreau, avec bagues en fonte. Les organes en mouvement sont en compression constante dans le même sens.

Le régulateur, placé dans le volant, agit sur une valve équilibrée.

Données principales :

Diamètre du petit cylindre	0,180	Puissance en chevaux	32
— grand cylindre	0,330	Volume du petit cylindre	3 lit. 55
Rapport des sections	3,37	— du grand cylindre	12 lit.
Course	0,140	— du grand cylindre par cheval	0,375
Rapport $\dfrac{d}{l} =$	1,28	— engendré par le grand piston par cheval et par seconde	6,25
— $\dfrac{d'}{l} =$	2,35	Coefficient d'activité	0,16
		Diamètre du volant	0,800
Nombre de tours par minute	500	Vitesse du volant, à la circonférence	21
Vitesse du piston par seconde	2,33	Diamètre de l'arbre	0,070
Pression initiale de la vapeur	7 kg.	Longueur des portées	0,200
Détente	6		

CHAPITRE III

MACHINES MIXTES

COMPORTANT APPLICATION DE L'UN DES SYSTÈMES SULZER OU CORLISS,
COMBINÉ SOIT AVEC L'AUTRE SYSTÈME, SOIT AVEC DES TIROIRS PLANS OU CYLINDRIQUES

1º MACHINES SULZER-CORLISS

Ringhoffer.

Les importants ateliers de construction de Prague-Smichow, appartenant au baron de Ringhoffer, avaient fait figurer, dans la section autrichienne, une puissante machine verticale à triple expansion et à quatre cylindres actionnant une dynamo Siemens et Halske de 900 kilowatts.

Contrairement aux dispositions généralement adoptées, le cylindre dédoublé est, dans cette machine, le cylindre à haute pression. Les deux lignes de cylindres comprennent donc, reposant directement sur le bâti, l'une le cylindre MP, l'autre le cylindre BP, et chacun de ces cylindres porte, en tandem, un cylindre à haute pression, à la partie supérieure.

Les cylindres HP sont munis de soupapes, et ceux MP et BP de robinets Corliss.

Chacun des deux groupes de cylindres transmet le mouvement à un arbre coudé, et ces deux arbres sont, eux-mêmes, réunis, par des manchons de couplage venus de forge, à un arbre du milieu portant la dynamo. L'arbre de couche est donc composé de trois pièces.

Les manivelles sont à 90º, celle du cylindre à basse pression étant en avance sur celle du cylindre à moyenne pression.

En prévision d'un fonctionnement ultérieur avec de la vapeur très fortement surchauffée, les pistons et soupapes ont été réduits à des dimensions ayant déjà donné de bons résultats pratiques avec l'emploi de la vapeur surchauffée. C'est une des raisons qui ont conduit M. Ringhoffer à dédoubler le cylindre à haute pression.

D'autres considérations l'ont confirmé dans cette décision, entr'autres les suivantes :

1º La division du cylindre diminue la charge des tiges, le cylindre HP, lorsqu'il est unique, étant celui qui, pour certaines charges réduites, subit les pressions initiales les plus élevées.

2º La répartition du travail sur les deux manivelles est plus régulière, malgré les plus grandes variations de la charge, et, par suite, le poids du volant peut être réduit.

3º Le régulateur agit quatre fois par tour, de sorte que la marche est très précise et que la vitesse étant plus régulière, c'est encore une raison qui permet de réduire le volant.

4º La stabilité de la machine est plus grande, par suite de la légèreté des cylindres HP relativement aux autres.

La distribution des deux petits cylindres se fait par des soupapes à double siège avec déclic système Collmann.

Les quatre soupapes d'un même cylindre à HP sont commandées par un seul excentrique. Le déclic des soupapes d'admission est sous la dépendance directe du régulateur.

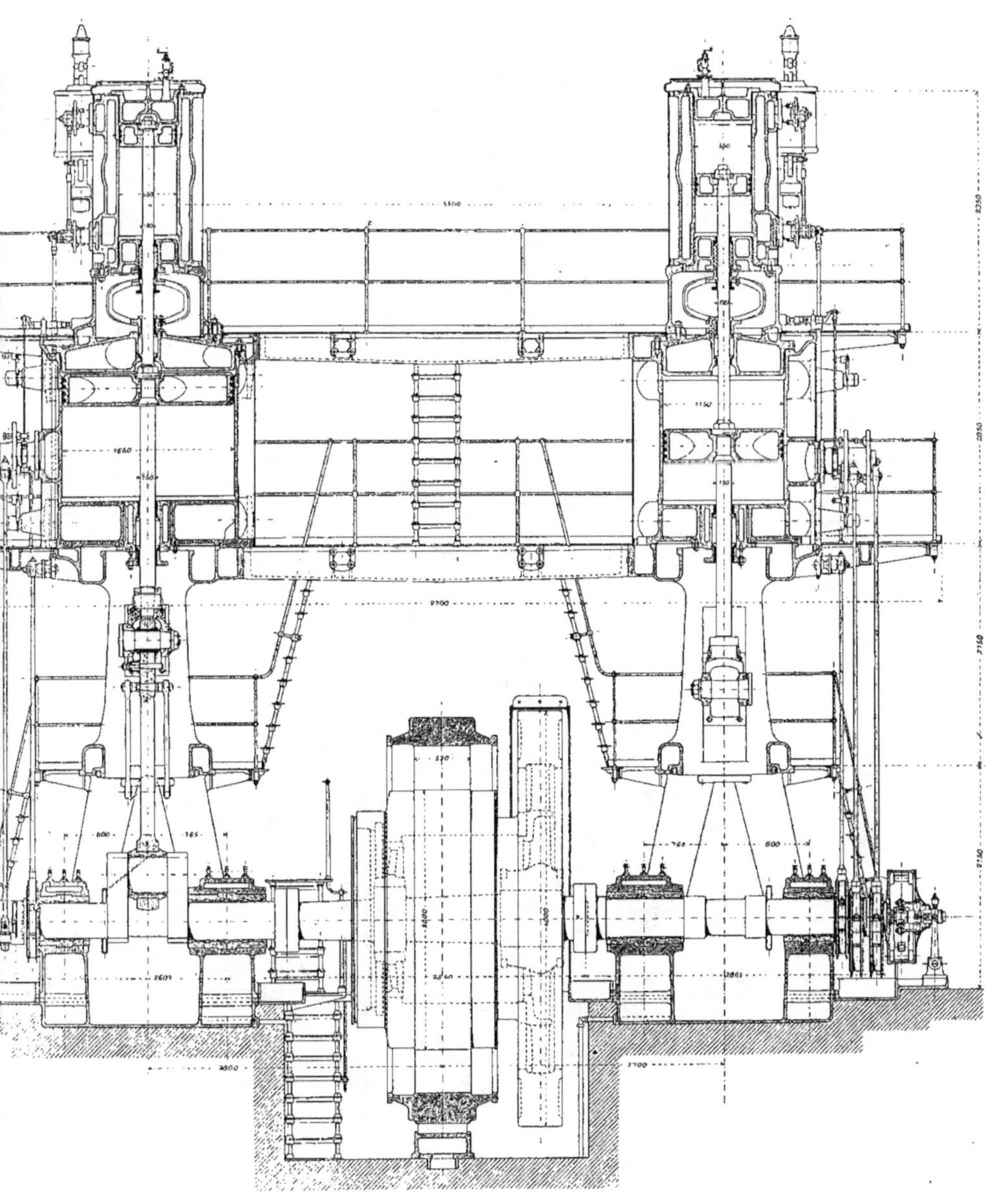

FIG. 246. — Machine verticale *Ringhoffer* à triple expansion.
Coupe longitudinale par l'axe des cylindres.

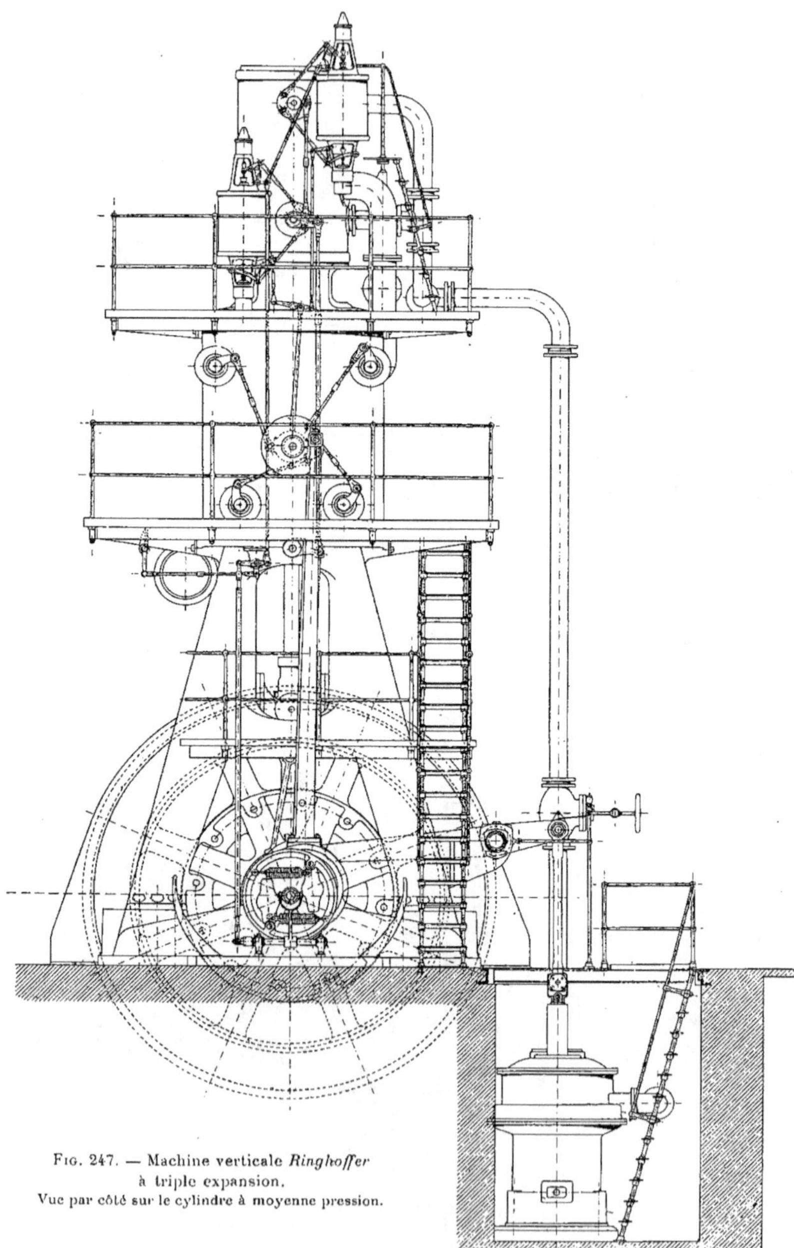

FIG. 247. — Machine verticale *Ringhoffer*
à triple expansion.
Vue par côté sur le cylindre à moyenne pression.

Les soupapes d'échappement sont sous l'action d'un mouvement auxiliaire dérivé des mouvements de l'un des disques de la distribution Corliss des cylindres placés au-dessous.

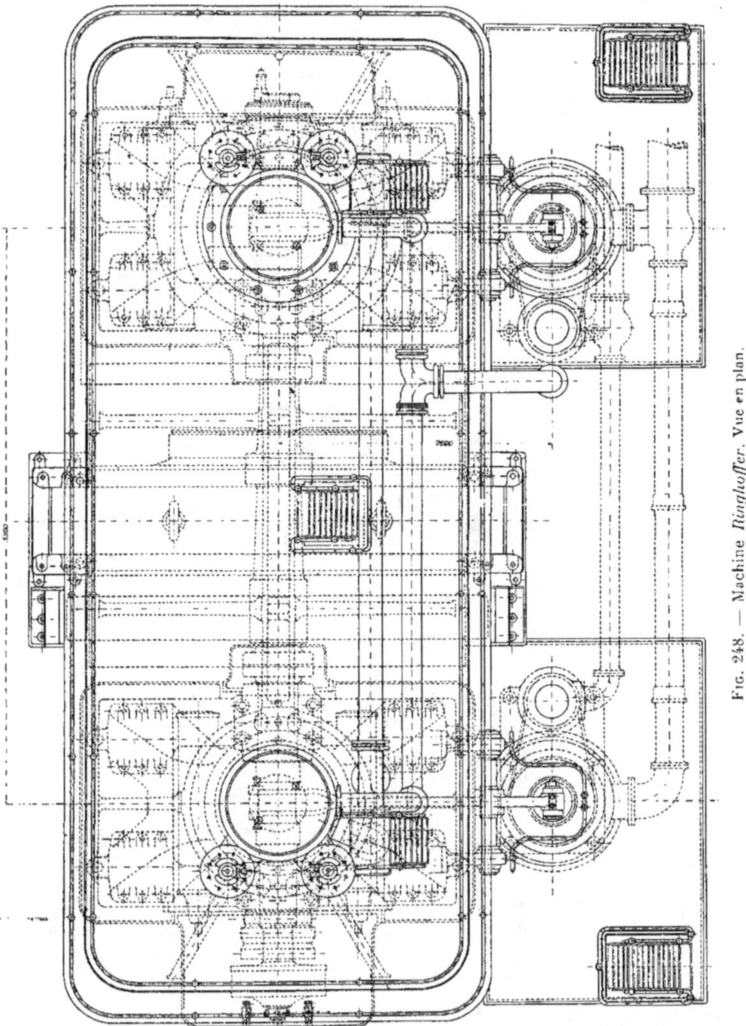

Fig. 248. — Machine *Ringhoffer*. Vue en plan.

Ce dispositif ne provoque le déclic que lorsque le mouvement de retour de la soupape a commencé. On peut ainsi régler à volonté le degré de compression.

Le régulateur axial est placé à l'extrémité libre de l'arbre.

Dans le cylindre MP, les tiroirs d'admission et d'échappement sont actionnés chacun par des excentriques distincts.

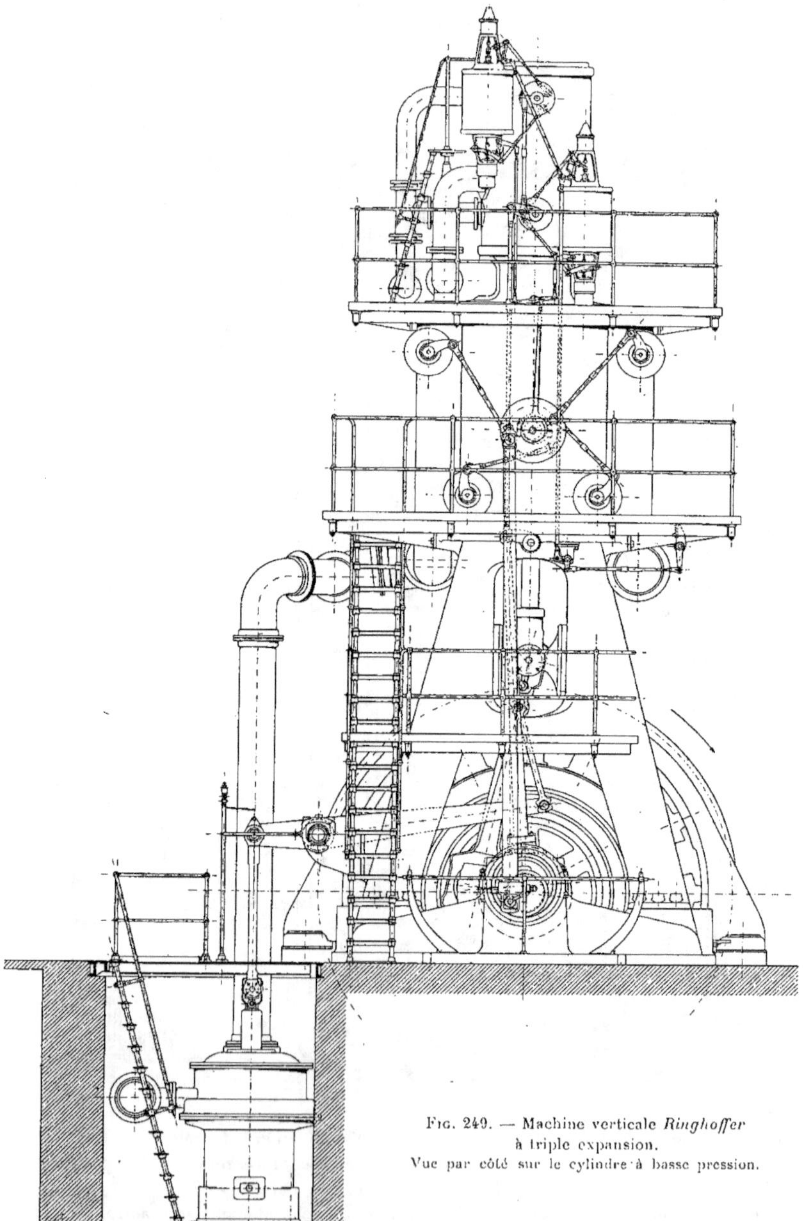

Fig. 249. — Machine verticale *Ringhoffer*
à triple expansion.
Vue par côté sur le cylindre à basse pression.

Dans le cylindre BP, un seul plateau commande les quatre tiroirs, et ce plateau est actionné, non par excentrique, mais par une simple bielle montée sur l'extrémité de l'arbre opposée au régulateur.

Il n'y a donc ni arbre de distribution ni engrenages.

Tous les appareils moteurs de la distribution sont sur les côtés extérieurs de la machine, et la dynamo étant au milieu ne risque pas de recevoir de projection d'huile.

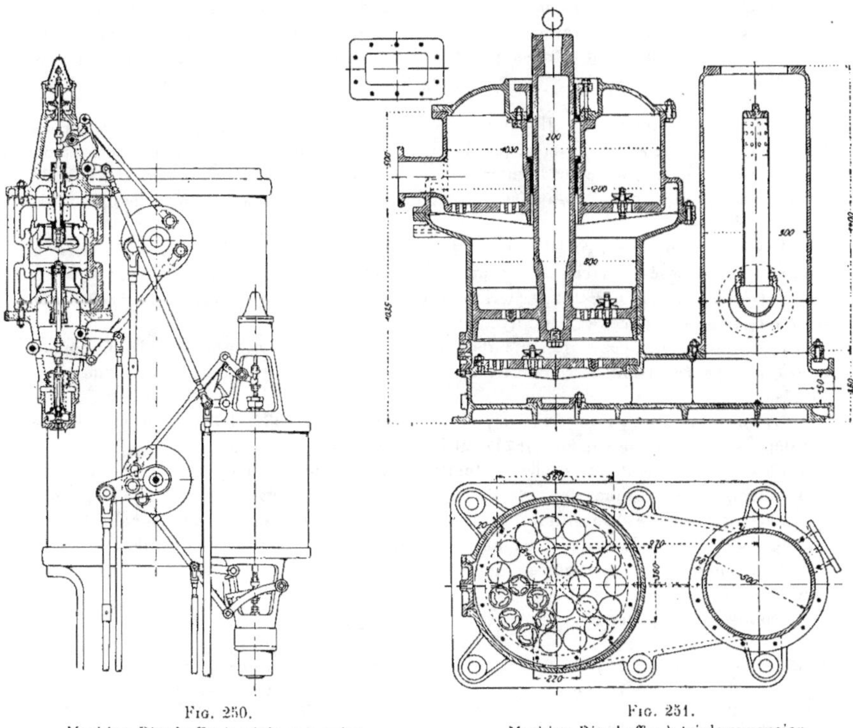

Fig. 250.
Machine *Ringhoffer* à triple expansion.
Distribution des cylindres à haute pression.

Fig. 251.
Machine *Ringhoffer* à triple expansion.
Condenseur et pompe à air.

Les cylindres MP et BP n'ont pas d'enveloppe de vapeur.

Seuls, les deux cylindres HP sont munis d'une chemise venue de fonte avec eux, et qui a un double rôle.

Elle permet le chauffage du cylindre avant la mise en marche. Une fois celle-ci effectuée, les chemises font office de receiver. La vapeur d'échappement des cylindres HP y circule, et se réchauffe en provoquant un refroidissement de la surface desdits cylindres, de façon à éviter les grippements lorsqu'on emploie la vapeur très surchauffée.

On a donc ici un exemple rare, mais logique, d'enveloppes de vapeur servant à refroidir les cylindres, en réchauffant la vapeur d'échappement aux dépens de la vapeur vive surchauffée. Cette disposition rappelle de loin celle que nous avons étudiée dans la machine Storck frères, à surchauffeur Smith.

La machine repose, par deux supports à quatre pieds, sur deux plaques de fondation en fonte, comportant chacune deux paliers. Chacun de ces supports est lui-même divisé en deux parties superposées.

Les coussinets en acier moulé sont garnis de métal blanc.

Les pistons sont creux, en fonte, et munis les uns de trois, les autres de quatre segments en fonte.

Le graissage de tous les paliers principaux, des tourillons, etc., est un graissage central. L'huile vient d'un réservoir installé sur la galerie centrale de la machine, et est distribuée d'abord par quatre tubes, puis par des appareils à égouttement réglable, à tous les points utiles ; de là, elle retourne à deux filtres et est renvoyée par des pompes au réservoir central.

Il y a deux condenseurs. Ils sont en sous-sol, ainsi que les pompes à air. Les condenseurs sont disposés de façon que le chemin à parcourir par la vapeur sortant du grand cylindre soit exactement le même pour chacun d'eux. Ils sont tous deux munis de robinets d'injection indépendants, pour pouvoir régler pour chacun d'eux les quantités d'eau envoyées.

Les pompes à air sont verticales, à double effet, du système Doerfel. Au-dessus du piston, sont disposés des caissons à air. L'air contenu dans ces caissons prend part à l'expansion et à la compression, et faisant ainsi l'office d'un coussin élastique, assure à la pompe une marche douce et régulière.

Les soupapes des pompes à air sont munies de garnitures en caoutchouc « Dermatine », et les pistons reçoivent des bielles leur mouvement, au moyen de leviers et de tiges forgées.

La consommation, avec de la vapeur surchauffée entre 330 et 340°, est garantie ne pas dépasser 4 kg. 4 de vapeur par cheval-heure indiqué.

C'est certainement un très beau résultat ; s'il est confirmé dans la pratique, il suffit pour anéantir les critiques formulées contre cette machine par certains ingénieurs qui n'admettent pas cette disposition d'une machine à quatre cylindres, dans laquelle le rapport final du volume du cylindre BP aux volumes des deux cylindres HP est de 4,5, c'est-à-dire, en somme, peu supérieur au rapport des volumes des deux cylindres d'une machine compound ordinaire.

Données principales :

Diamètre des deux cylindres HP	0,550
Diamètre du cylindre unique de moyenne pression	1,150
Diamètre du cylindre unique à basse pression	1,650
Rapport des sections $\dfrac{MP}{2\,HP} =$	2,18
— $\dfrac{BP}{MP} =$	2,06
— $\dfrac{BP}{2\,HP} =$	4,50
Course des pistons	0,900
Rapport $\dfrac{d}{l} =$	0,61
— $\dfrac{d'}{l} =$	1,24
— $\dfrac{d''}{l} =$	1,83
Nombre de tours par minute	95
Vitesse des pistons par seconde	2,85
Pression initiale de la vapeur	11 kg.
Limites de l'admission aux cylindres à HP	de 0 à 70 %
Admission normale aux cylindres H P.	0,3
Détente totale	15
Puissance admise en chevaux indiqués	1.600
Volume du grand cylindre	1.924 lit.
— par cheval	1 lit. 2
Volume engendré par le grand piston par cheval et par seconde	3 lit. 8
Coefficient d'activité de la machine	0,264
Diamètre du piston de la pompe à air	0,800
Course	0,250
Diamètre du volant	4 m. 70
Vitesse à la circonférence	23,25

Vereinigte Maschinenfabrik Augsburg und Maschinenbau Gesellschaft Nurnberg. Ateliers de Nurnberg.

Machine verticale à triple expansion de 2.000 chevaux.

La machine verticale exposée par la Société d'Augsbourg, en participation avec la Société Schuckert, est du type pilon à triple expansion, et à condensation par mélange. Trois cylindres juxtaposés reposent sur le couronnement du bâti, composé de trois

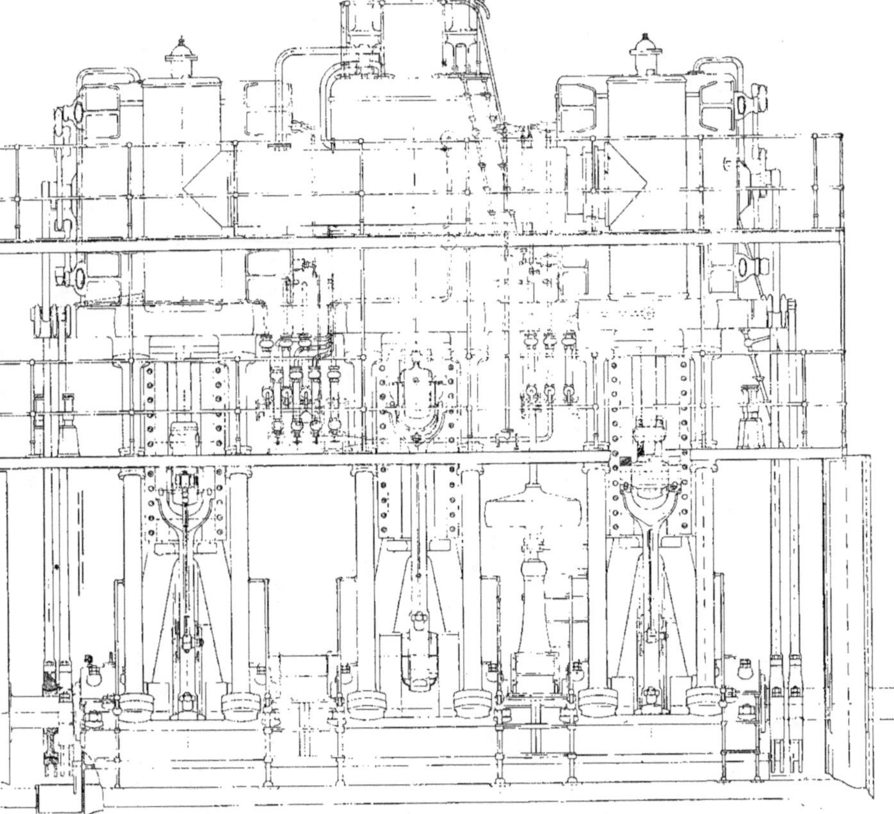

FIG. 252. — Ateliers de *Nürnberg*. Machine verticale à triple expansion (*Schuckert*).
Élévation de face.

montants en fonte en forme de fourche, soutenus chacun par deux fortes colonnes en acier fixées à la plaque de fondation.

Cette plaque de fondation est elle-même en trois parties portant, venus de fonte, les six paliers de l'arbre moteur.

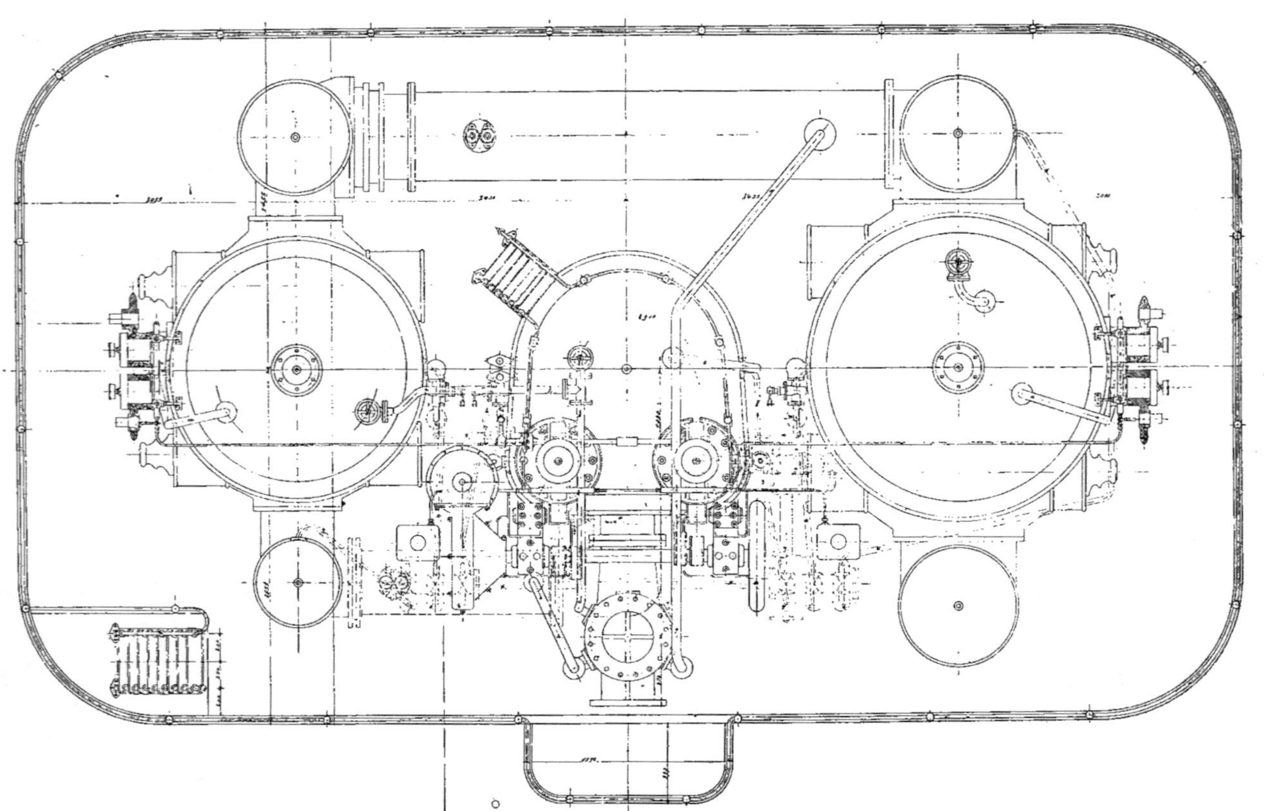

Fig. 253. — Machine verticale à triple expansion (*Schuckert*). Plan de la plateforme supérieure.

Cet arbre moteur, dont le diamètre est de 0,380 et dont le poids atteint 14.000 kilog. est en deux parties.

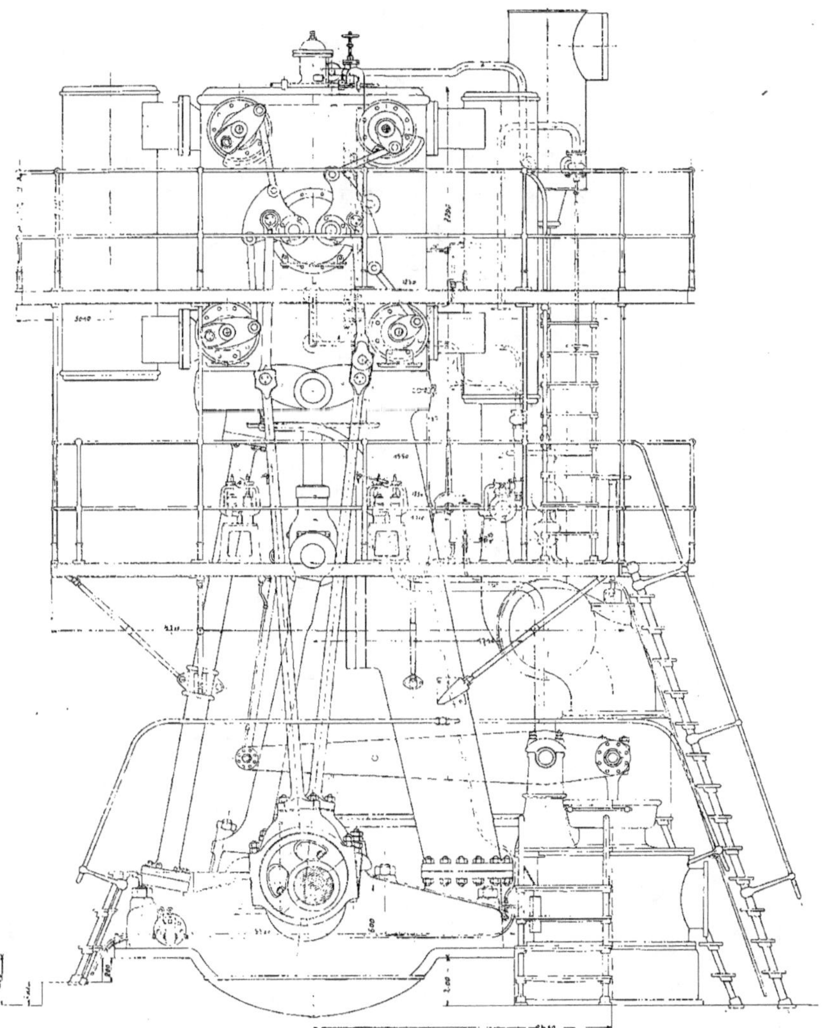

Fig. 254. — Ateliers de *Nürnberg*. Machine verticale à triple expansion (*Schuckert*).
Élévation latérale du côté du cylindre à moyenne pression.

Chaque tronçon est terminé par des brides d'accouplement servant à l'attelage direct des arbres des dynamos.

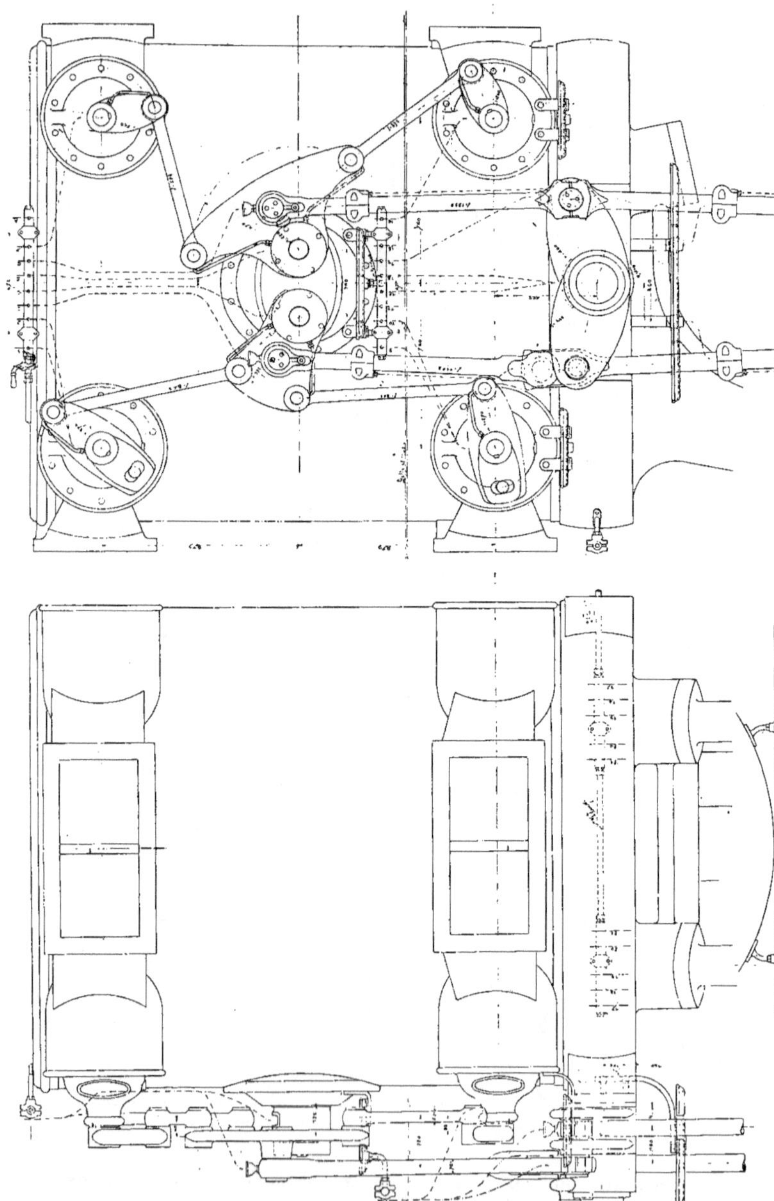

Fig. 255 et 256. — Ateliers de *Nürnberg*. Machine verticale à triple expansion (*Schuckert*). Détails de la distribution du cylindre à basse pression.

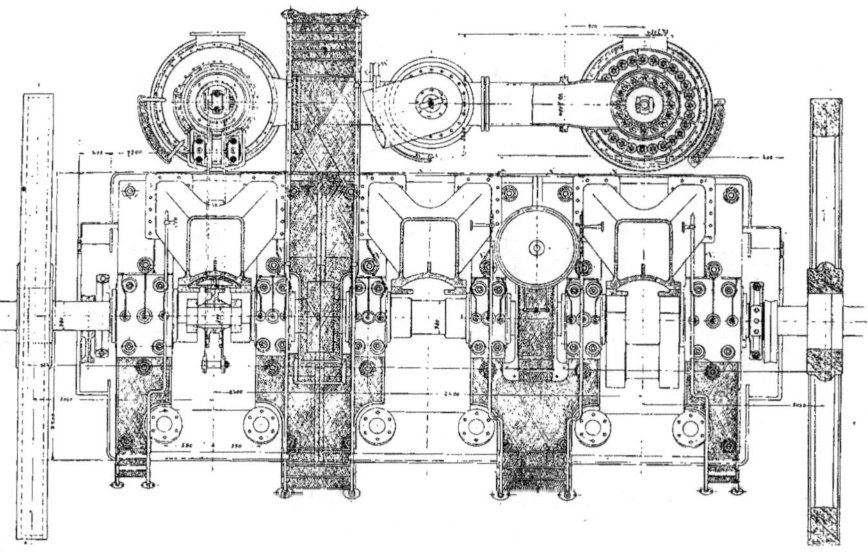

Fig. 257. — Ateliers du *Nürnberg*. Machine verticale à triple expansion.
Coupe horizontale et plan au-dessus de la plate-forme intermédiaire.

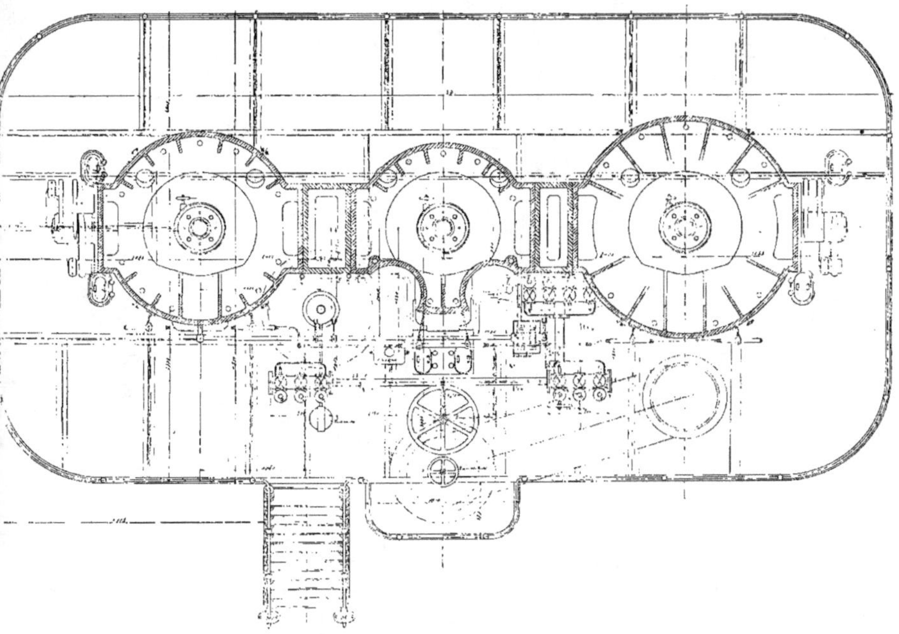

Fig. 258. — Ateliers de *Nürnberg*. Machine verticale à triple expansion (*Schuckert*)
Coupe horizontale sous la plate-forme supérieure.

Cette machine, en effet, porte deux volants et deux dynamos. Chacun des arbres des dynamos est porté par deux paliers, de sorte que l'arbre de couche, dont la longueur totale atteint 17 mètres, n'est pas supporté par moins de dix paliers.

Les manivelles sont à 120°.

Le cylindre à HP est placé au milieu; celui à MP à droite, et celui BP à gauche. Tous

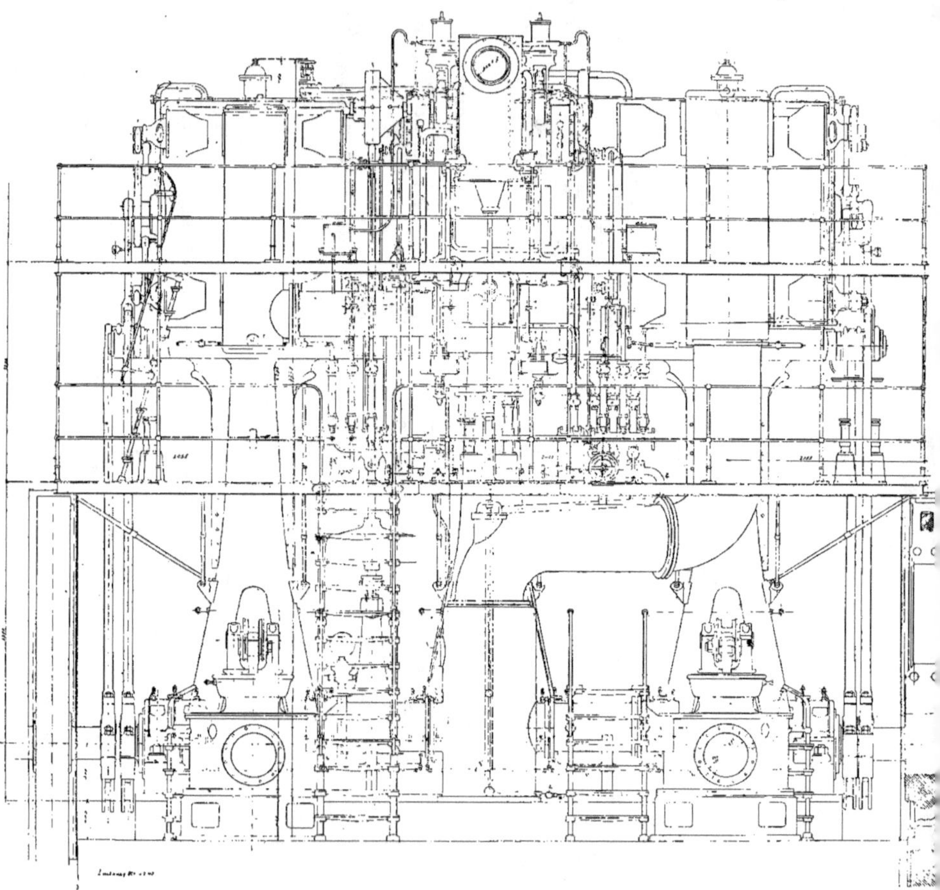

FIG. 259. — Ateliers de *Nürnberg*. Machine verticale à triple expansion (*Schuckert*)
Élévation postérieure.

trois sont boulonnés au chapiteau du bâti, mais ils ne sont point boulonnés entre eux, afin que leur dilatation reste indépendante.

Les cylindres HP et MP ont des fourrures rapportées, et une enveloppe de vapeur directe pour les fonds et le pourtour. Celui à BP n'est chauffé que par les fonds.

Les glissières plates sont rapprochées sur les manchons en fonte et sont desservies par un plancher en tôle avec garde-corps.

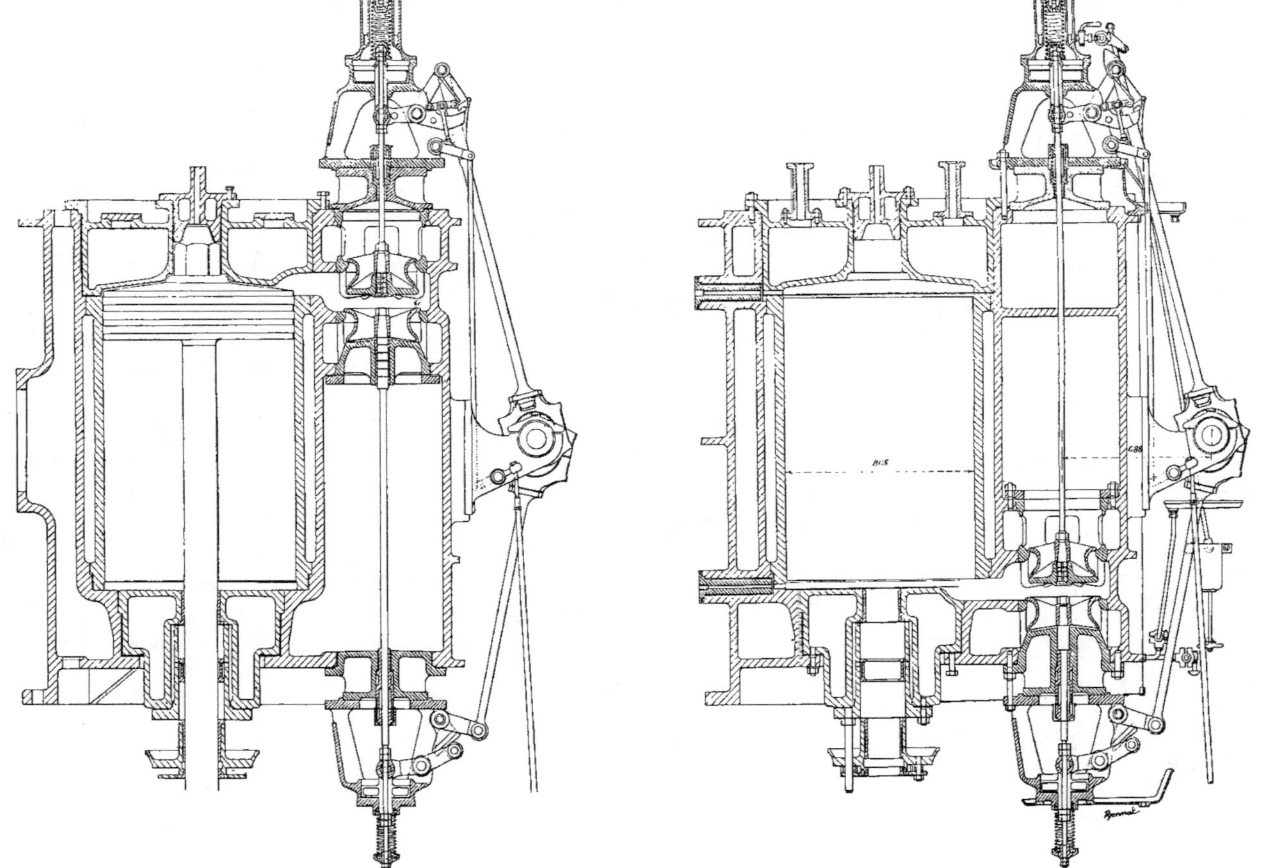

Fig. 260 et 261. — Ateliers de *Nürnberg*. Machine verticale à double expansion (*Lahmeyer*). Détails de la distribution du cylindre à haute pression.

La distribution est faite, au cylindre HP, par soupapes tubulaires à double siège.

Les soupapes d'admission sont à déclic conduit par un excentrique et actionné directement par le régulateur à ressort.

Le régulateur situé, en bas de la machine, n'a d'action que sur l'admission au cylindre HP.

Les soupapes d'échappement sont actionnées par des leviers directement conduits par des excentriques.

L'arbre horizontal de distribution, placé derrière les cylindres et conduit par engre-

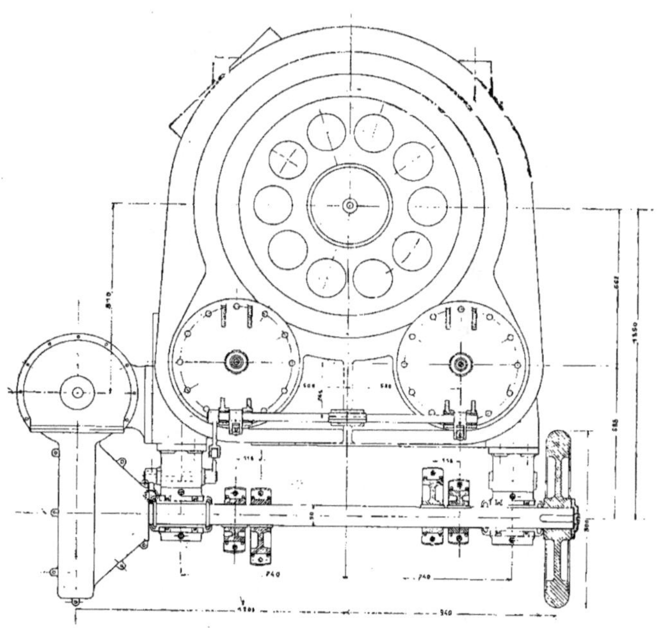

Fig. 262. — Ateliers du *Nürnberg*. Machine verticale (*Lahmeyer et Schuckert*).
Distribution du cylindre à haute pression.

nages héliçoïdaux, porte un volant servant à rendre la marche des engrenages régulière et silencieuse malgré les efforts périodiques qui se produisent dans la distribution par soupapes.

Les cylindres à MP et BP sont à distributeur Corliss, à connexion rigide.

Grâce à la position de ces deux cylindres aux extrémités, la distribution de ces cylindres peut être commandée directement par excentriques, et le démontage des tiroirs est facile.

Le condenseur par mélange est placé derrière le cylindre à haute pression. De part et d'autre de ce condenseur sont disposées deux pompes à air verticales, à aspiration double, et à refoulement simple, actionnées par des balanciers commandés par les crosses des pistons des cylindres MP et BP.

Malgré la présence d'un vireur commandé électriquement, des soupapes permettent de faire la mise en marche dans toutes les positions.

En cas d'accident, on peut arrêter rapidement la machine au moyen d'un mécanisme

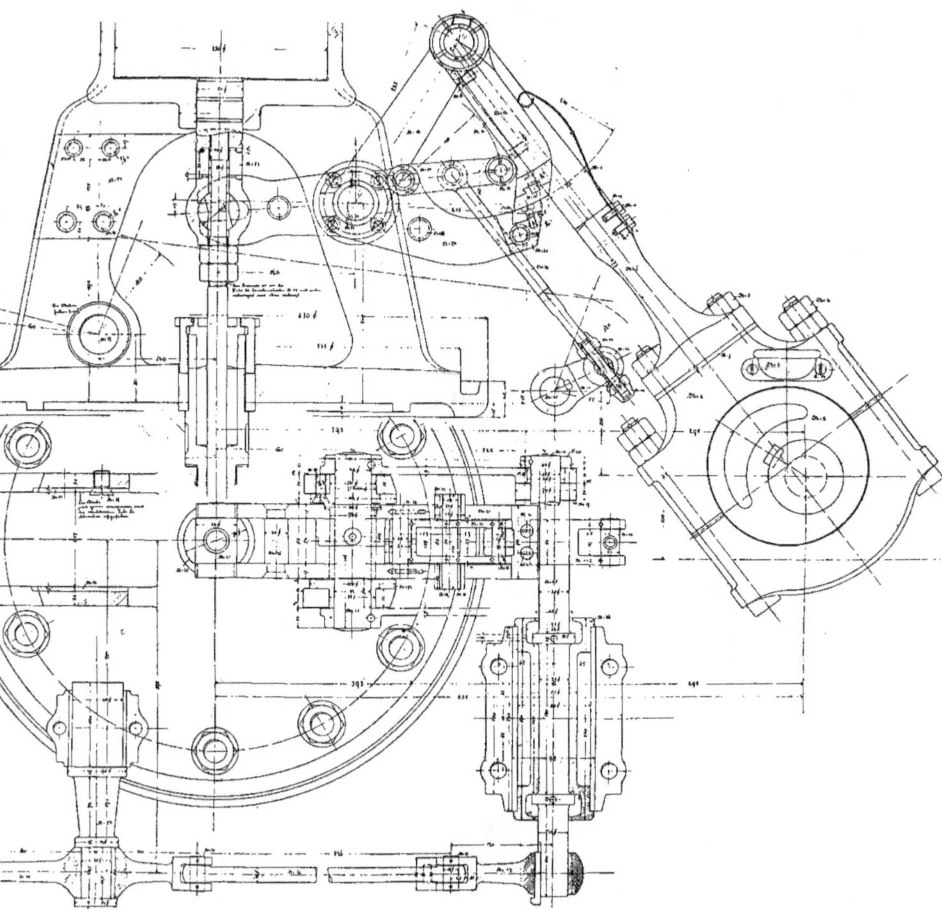

Fig. 263. — Ateliers du *Nürnberg*. Machine verticale (*Lahmeyer et Schuckert*).
Commande de la distribution du cylindre à haute pression.

agissant sur la distribution, et sans avoir recours à la fermeture de la soupape de prise de vapeur.

Une pompe à huile, actionnée par l'excentrique des distributeurs Corliss, aspire l'huile d'un récipient installé dans le sous-sol, et la refoule aux glissières des soupapes Corliss supérieures. De là, par un trop-plein, l'huile se déverse dans un réservoir placé sur la galerie supérieure, et sert au graissage des organes principaux, crosses, glissières,

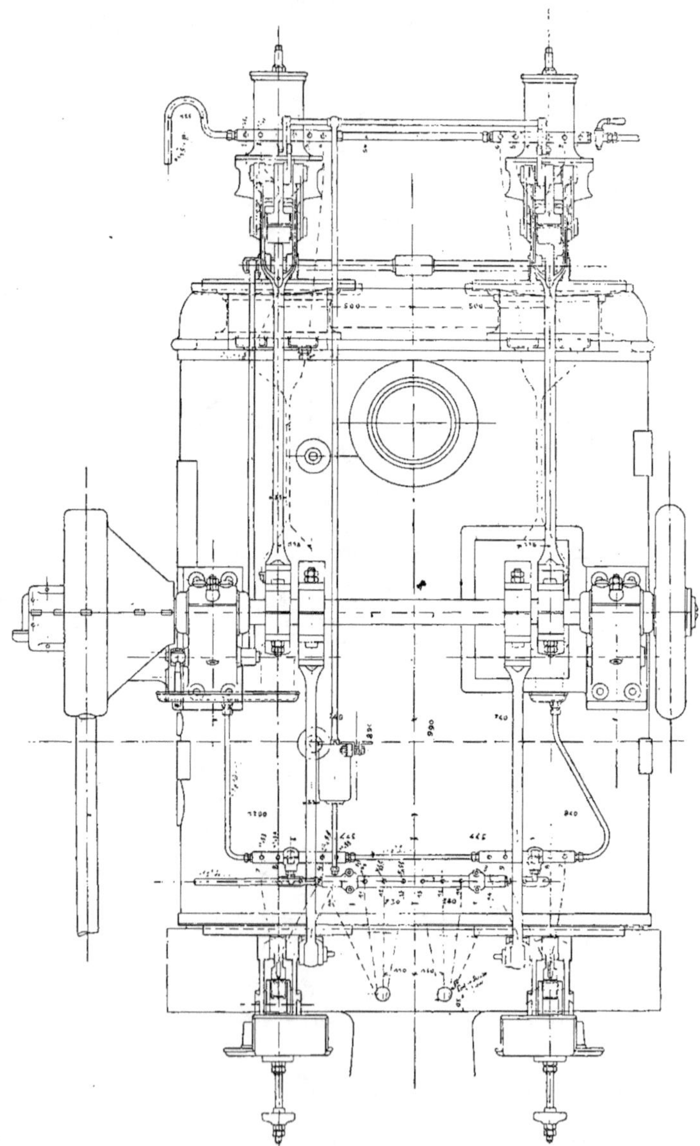

Fig. 264. — Ateliers de]*Nürnberg*. Machine verticale (*Schuckert et Lahmeyer*).
Distribution du cylindre à haute pression, vue de côté.

etc. L'huile en excédent tombe dans un troisième récipient installé sur la galerie inférieure, qui alimente les coussinets de l'arbre moteur. De là enfin, l'huile retourne au récipient du sous-sol.

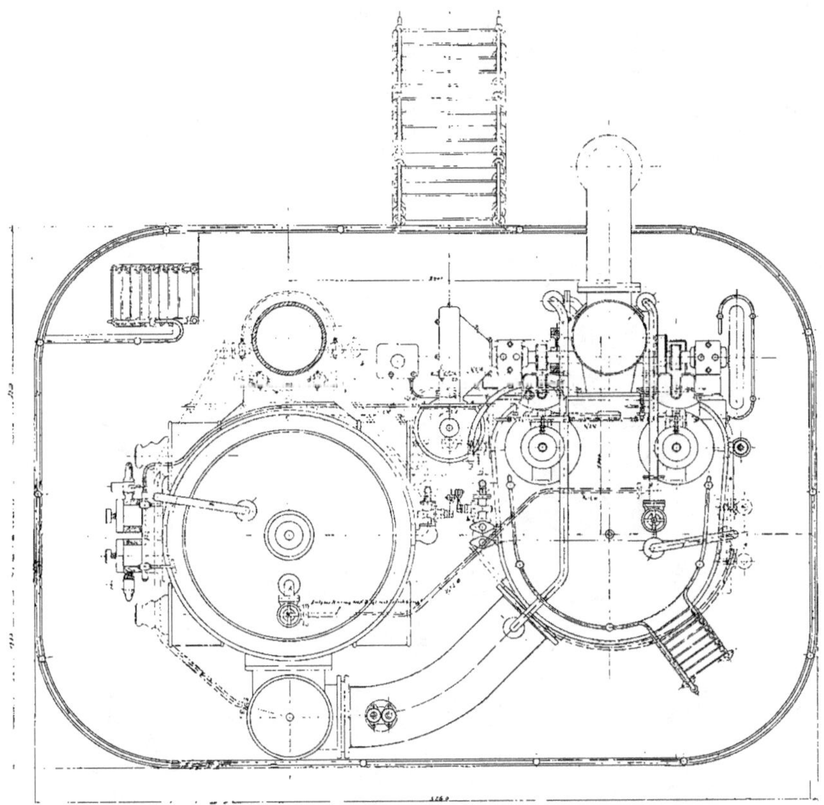

Fig. 265. — Ateliers de *Nürnberg*. Machine verticale à double expansion (*Lahmeyer*).
Vue en plan au-dessus de la plate-forme supérieure.

Des graisseurs à graisse consistante pourvoient à la lubrification des soupapes du cylindre à HP, des tiges des distributeurs Corliss et des trois tiges du piston.

Données principales :

Diamètre du petit cylindre	0,775		Rapport des sections $\frac{s_2}{s} =$	5,39
— moyen cylindre	1,240		Course des pistons	1.100
— grand cylindre	1,800		Rapport $\frac{d}{l} =$	0,70
Rapport des sections $\frac{s_1}{s} =$	2,56		— $\frac{d'}{l} =$	1,13
— $\frac{s_2}{s_1} =$	2,10			

Rapport $\dfrac{d'}{l} =$ 1,64

Nombre de tours par minute......... 83

Vitesse moyenne des pistons......... 3,05

Pression initiale de la vapeur........ 10 kg.

Puissance admise, en chevaux indiqués. 2.000

Admission correspondant au cylindre HP...................... 0,28

Détente totale correspondante........ 19

Volume du grand cylindre........... 2.799 lit.

— du grand cylindre par cheval. 1 lit. 47

— engendré par le grand piston,
par cheval et par seconde.......... 3 lit. 87

Coefficient d'activité................ 0,26

Diamètre des pistons des deux pompes
à air 0,770

Course 0,250

Diamètre des volants .... 5 m. 10

Largeur de la jante................. 0 m. 35

Vitesse à la circonférence........... 22 m. 20

Poids des deux volants............. 40.000 kg.

Poids total de la machine compris
le volant........................ 240.000 kg.

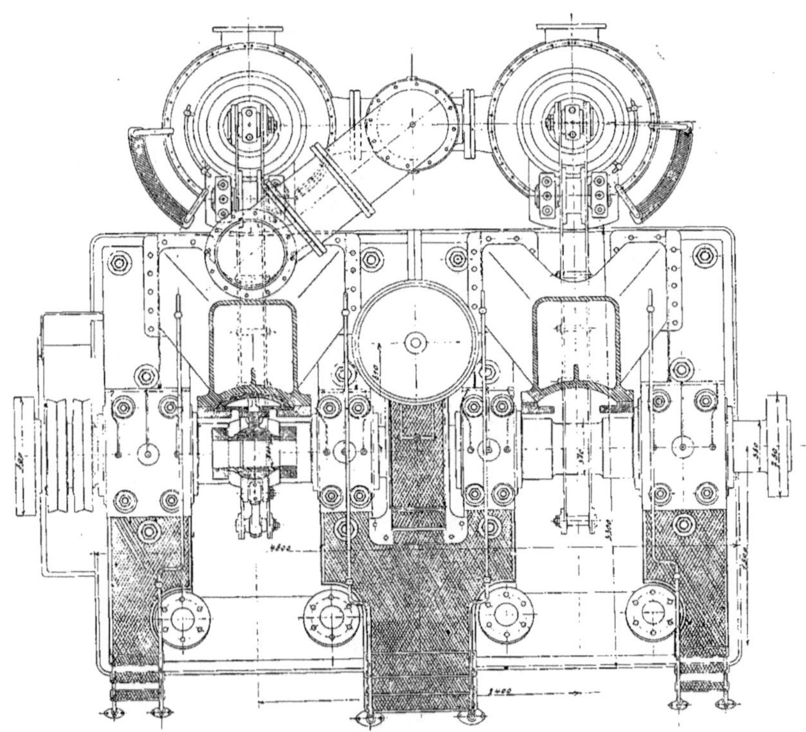

Fig. 266. — Ateliers de *Nürnberg*. Machine verticale de 1500 chevaux, à double expansion (*Lahmeyer*).
Plan-coupe par les glissières, au-dessous du plancher intermédiaire.

*Groupe Electrogène de 1.500 chevaux de la même Société
avec l'ancienne Société Lahmeyer.*

C'est une machine pilon à deux manivelles, dont les dispositions générales sont abso-

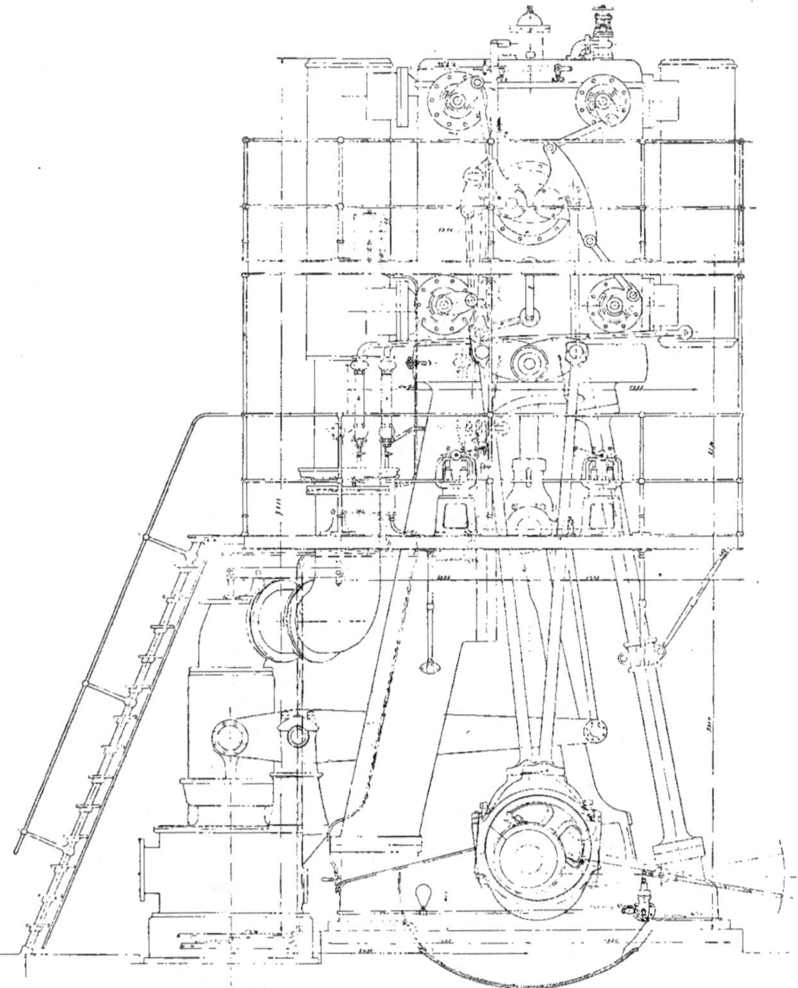

Fig. 267. — Ateliers de *Nürnberg*. Machine verticale de 1500 chevaux à double expansion (*Lahmeyer*).
Élévation de côté, sur le cylindre à basse pression.

lument semblables à celle de la machine précédente, en supprimant le montant et les
colonnes correspondant au cylindre de gauche. Comme à la précédente machine, la distri-

bution du cylindre HP est faite par soupapes, et celle du cylindre BP par des tiroirs Corliss.

L'arbre est porté par quatre paliers.

Les deux manivelles sont à 180°.

Il n'y a pas de paliers spéciaux entre le moteur et les dynamos.

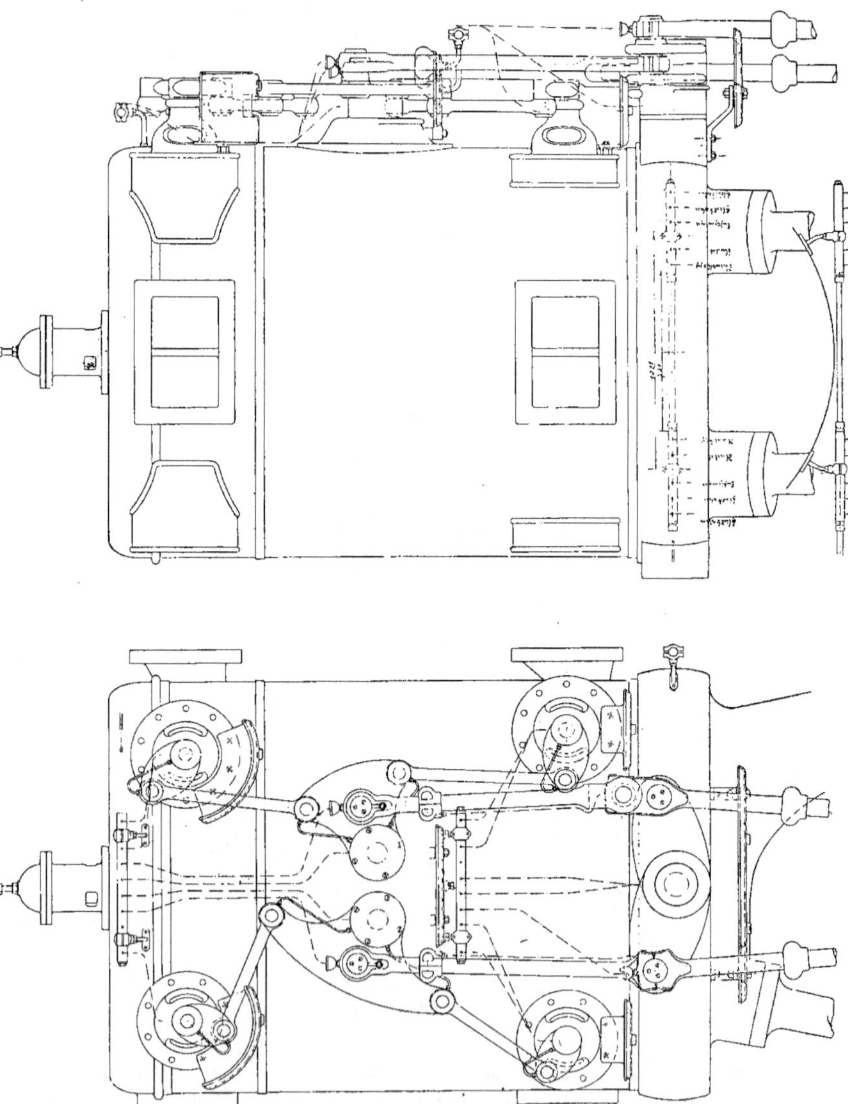

Fig. 268 et 269. — Ateliers de Nürnberg. Machine verticale de 1500 chevaux à double expansion (*Lahmeyer*).

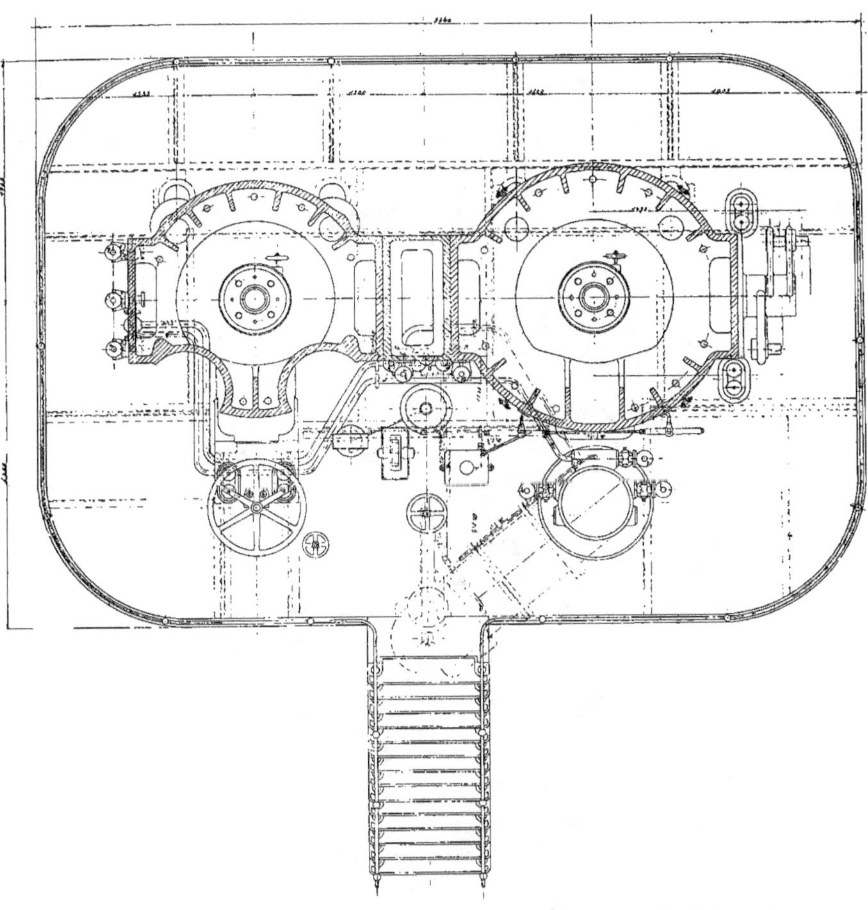

Fig. 270. — Ateliers de *Nürnberg*. Machine verticale à double expansion (*Lahmeyer*).
Coupe horizontale par les sièges des soupapes.

Données principales :

Diamètre du cylindre à haute pression	0,865
Diamètre du cylindre à basse pression.	1 m. 330
Rapport des sections	2,36
Course commune des pistons	1,100
Rapport $\dfrac{d}{l} =$	0,786
— $\dfrac{d'}{l} =$	1,21
Nombre de tours par minute	94
Vitesse moyenne des pistons	3,45
Pression initiale de la vapeur	10 kg.
Puissance admise en chevaux indiqués.	1.400
Admission correspondante au cylindre à haute pression	0,17
Détente totale	14
Volume du grand cylindre	1 lit. 574
— — par cheval.	1 lit. 13
— engendré par le grand piston par cheval et par seconde	3 lit. 53
Pompe à air	
Coefficient d'activité	0,28
Diamètre du piston de la pompe à air.	0,670
Course — —	0,250
Diamètre du volant	6,25
Vitesse à la circonférence	30 m. 50
Poids de l'induit volant	54.000 kg.
Poids de la machine, volant non compris	120,000 kg.

Prager Maschinenbau Actien-Gesellschaft.

L'ancienne maison Ruston et Cie exposait un groupe électrogène destiné à fournir l'éclairage électrique de la gare de Pilsen.

Cette machine horizontale compound est à cylindres parallèles, distants de 3 mètres d'axe en axe, et l'alternateur Krizik à courants triphasés formant volant est monté directement au milieu de l'arbre.

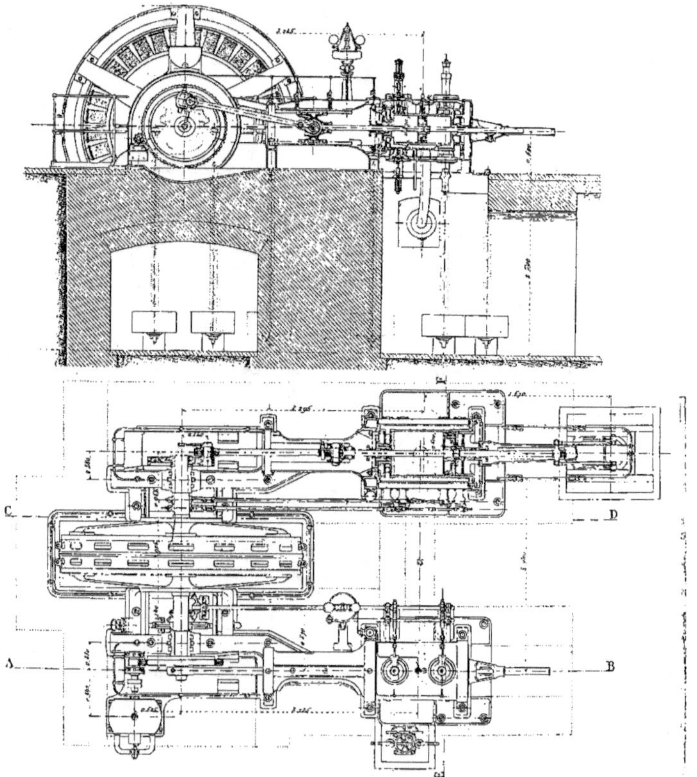

Fig. 271 et 272. — Groupe électrogène de la *Prager Maschinenbau Gesellschaft* (anciennement *Ruston et Cie*).
Coupes verticale et horizontale, et vue en plan.

Les boutons des manivelles sont calés à 90° sur des plateaux en acier moulé, montés aux extrémités de l'arbre.

Du côté du cylindre à haute pression, le plateau-manivelle porte une couronne dentée, au moyen de laquelle le mouvement de rotation est donné à un petit arbre parallèle, qui actionne, au moyen d'un embrayage flexible, l'arbre de l'excitatrice. Les deux cylindres sont à enveloppe de vapeur : celui à haute pression est chauffé par la vapeur vive, celui de droite par la vapeur du receiver.

Les presse-étoupes, à garnitures métalliques, permettent l'emploi de la vapeur sur-chauffée.

La distribution est faite au cylindre à haute pression, au moyen de soupapes, et au cylindre à basse pression par des obturateurs Corliss.

Le régulateur Proell est commandé par des engrenages.

La distribution Radovanovic, appliquée au petit cylindre, consiste dans l'attáque des deux soupapes, d'admission et d'échappement, par un excentrique commun, dont l'anneau est relié à la soupape d'échappement par une tige e et par un levier inférieur k mobile sur une surface h'. Cet anneau est muni d'un prolongement entourant un disque à rainure f,

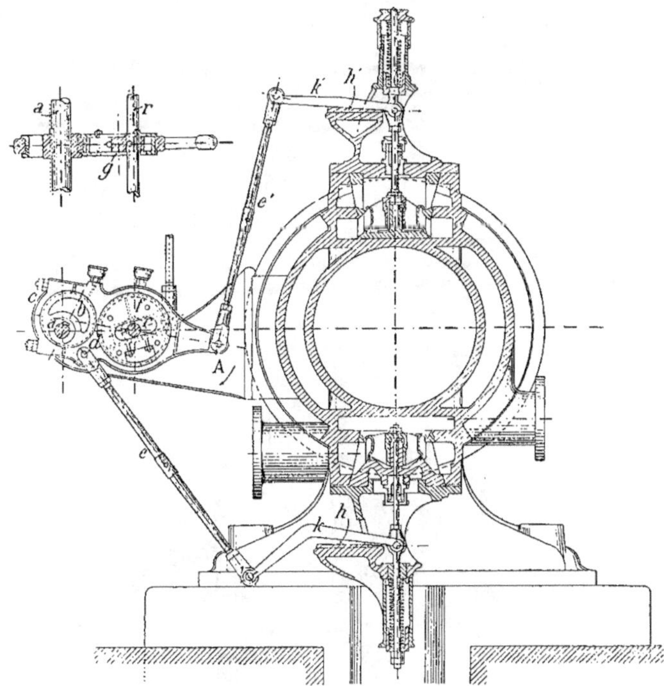

Fig. 273. — Machine de MM. *Ruston et Cie* à Prague.
Coupe transversale du petit cylindre.

et se termine par une queue sur laquelle est articulée une tige e' qui, par l'intermédiaire d'un levier k', mobile sur la surface h', actionne la soupape d'admission.

Le disque à rainure, qui est l'axe de rotation du levier constitué par l'excentrique, coulisse sur la pièce de guidage g calée sur l'arbre de distribution r.

La position de cette pièce g, dont l'arbre est soumis directement à l'action du régulateur, détermine la durée de l'admission. Afin d'éviter que les tiges de commande des soupapes soient soumises tantôt à des efforts de traction, tantôt à des efforts de compression, on a remplacé dans la machine que nous étudions ici, les leviers simples k et k' actionnant les soupapes, par des leviers doubles, disposés de manière à éviter tout mouvement latéral des pièces de la distribution ; de cette façon, la tige e' fonctionne toujours par refoulement et celle *e* par traction, et l'ouverture et la fermeture des soupapes se font avec douceur.

L'arbre de distribution est commandé par dés engrenages coniques.

Le cylindre à basse pression est muni de tiroirs Corliss placés à la partie inférieure du cylindre et commandés directement par deux excentriques. Le réservoir intermédiaire de vapeur est constitué par les tuyaux de l'échappement du petit cylindre, par ceux de

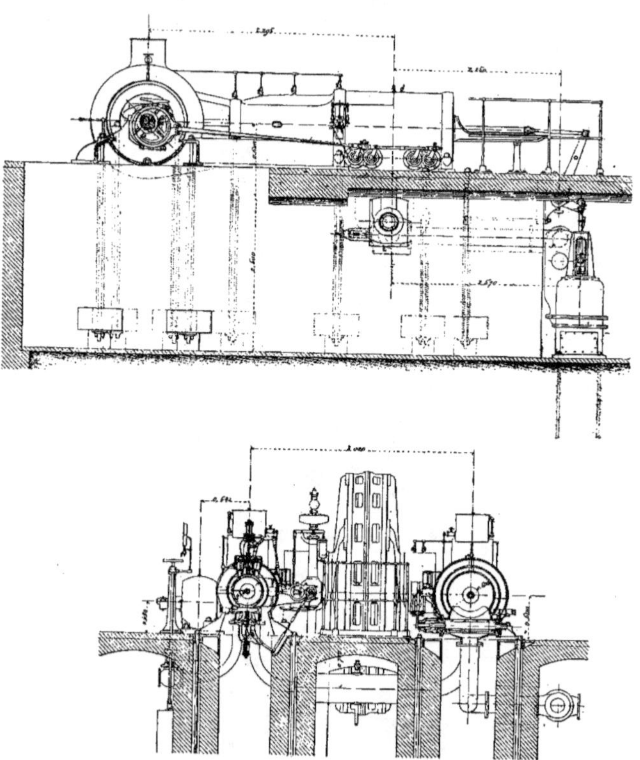

Fig. 274 et 275. — Machine Compound horizontale de la *Prager Maschinenbau Gesellschaft (Ruston et Cie)* Coupe longitudinale par l'axe de la machine. Vue du cylindre à basse pression. Coupe transversale par les cylindres.

l'admission au grand cylindre, et par un tuyau intermédiaire de 0,45 de diamètre sur 1 m. 65 de longueur, réunissant ces tuyauteries dans le sous-sol.

La pompe à air est verticale à double effet. Elle est actionnée par le prolongement de la tige du piston à basse pression, mais la machine peut aussi fonctionner à échappement libre.

Les boutons des manivelles sont à graissage centrifuge. Les cylindres sont munis de graisseurs à pompe. Pour les autres pièces, l'huile, contenue dans des réservoirs placés au-dessus des manivelles, s'écoule régulièrement par de petits tuyaux munis de robinets et de compte-gouttes.

Les plateaux-manivelles et les bielles sont recouverts par des enveloppes destinées à arrêter les projections d'huile.

Données principales :

Diamètre du petit cylindre 0,370

Diamètre du grand cylinde 0,600

Rapport des volumes......... 2,62

Course commune........... 0,700

Rapport $\dfrac{d}{l} =$ 0,53

— $\dfrac{d'}{l} =$ 0,86

Nombre de tours........... 120

Vitesse des pistons......... 2 m. 80

Pression initiale de la vapeur.. 10 kg.

Puissance de la machine, en chevaux.................. 240

Volume du petit cylindre..... 75

— grand — 198

— — — par cheval.................. 0,83

Volume du grand cylindre par seconde et par cheval....... 3 lit. 28

Coefficient d'activité......... 0,304

Diamètre du volant alternateur. 2,75

Vitesse à la circonférence 17,30

Brand et Lhuillier, à Brünn.

Aktien Gesellschaft fur Maschinenbau, Vormals Brand und Lhuillier.

La Société anonyme de construction de machines de Brünn, ci-devant Brand et

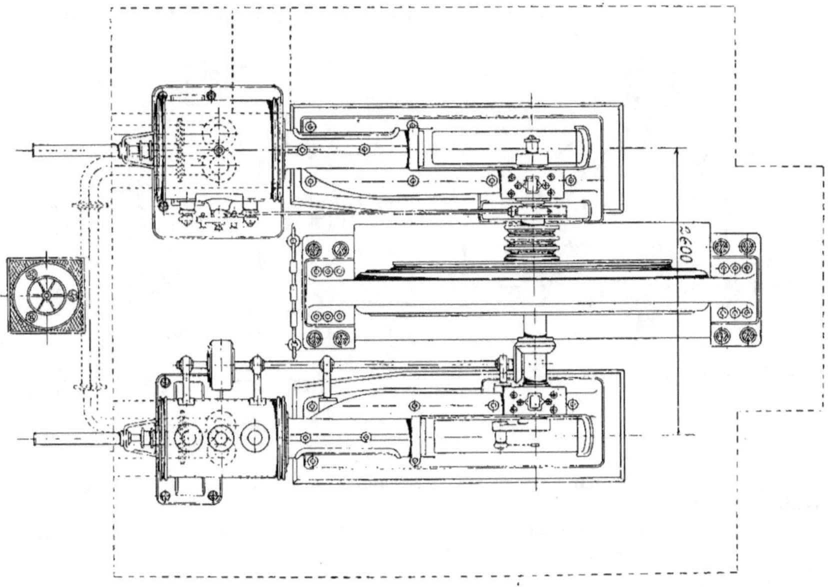

Fig. 276. — Groupe électrogène *Brand et Lhuillier* avec Siemens et Halske.
Vue en plan.

Lhuillier, exposait en commun avec la Société Siemens et Halske, un groupe électrogène au repos.

Comme celui de la Prager Maschinenbau Aktien Gesellschaft dont nous venons de

nous occuper, ce groupe électrogène comporte deux cylindres parallèles avec distribution
à soupapes au cylindre H P, et obturateurs genre Corliss au cylindre B P. Ces lignes de
cylindres sont distantes de 2 m. 600 d'axe en axe. Le cylindre à basse pression ne com-

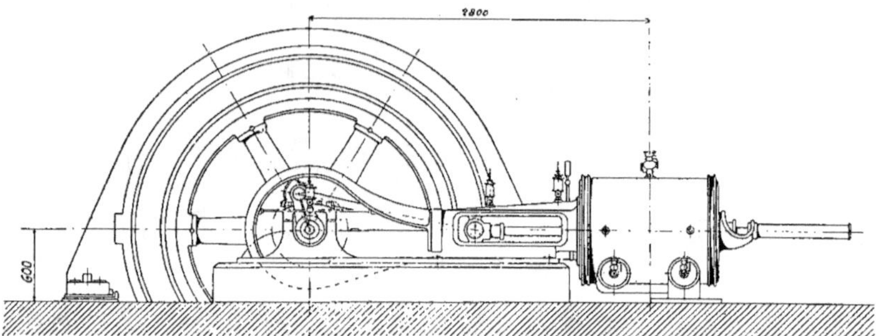

FIG. 277. — Groupe électrogène *Brand et Lhuillier* avec Siemens et Halske.
Vue du côté du cylindre à basse pression.

porte que deux distributeurs seulement, servant alternativement à l'admission et à
l'émission de la vapeur, avec détente fixe commandée par un seul excentrique.

Le cylindre à haute pression comporte quatre soupapes ; la distribution, du système

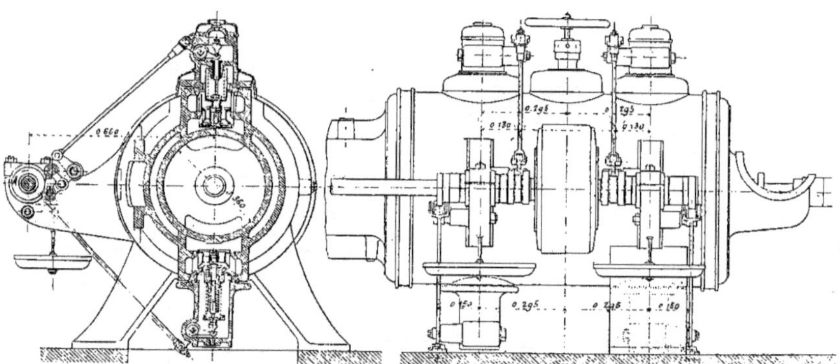

FIG. 278 et 279. — Machine *Brand et Lhuillier*.
Coupe transversale par le cylindre à basse pression et vue de côté de la distribution.

Knoller, est commandée par un régulateur à ressorts, calé directement sur l'arbre de
distribution.

Le mouvement de chaque soupape d'admission est obtenu au moyen de deux cames
montées sur l'arbre de distribution, parallèle au cylindre, et commandé par une paire d'engrenages coniques.

L'une de ces cames est fixe, calée sur l'arbre de distribution ; l'autre est folle sur ce
même arbre, et est entraînée seulement par les bielles d'accouplement du régulateur.
Chacune des cames commande un galet, et ces deux galets tournent autour d'axes qui
sont fixés aux deux bouts d'un court levier, qui pivote lui-même en son centre sur un
autre levier. Ce dernier reçoit donc le mouvement combiné des deux cames, la came fixe

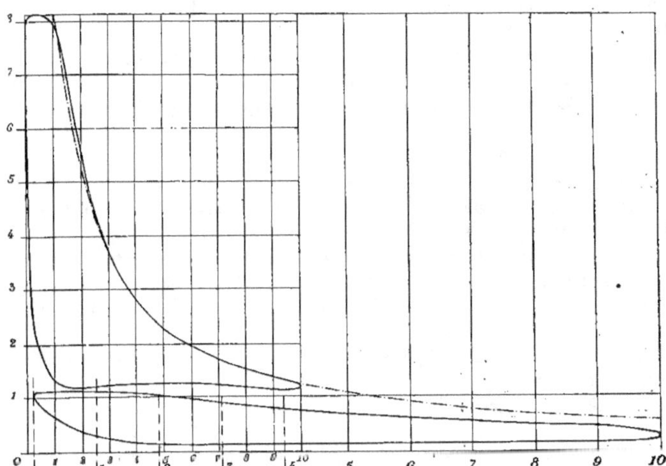

Fig. 280. — *Brand et Lhuillier*.
Diagramme avec emploi de vapeur surchauffée à 230°.

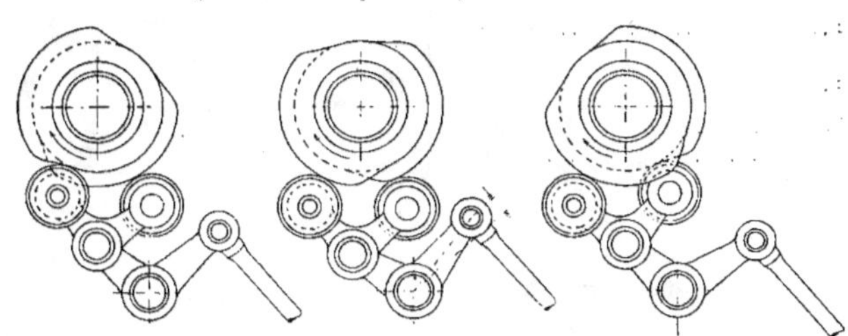

Fig. 281. — *Brand et Lhuillier*. Distribution Knoller.
Commande des soupapes par les cames.

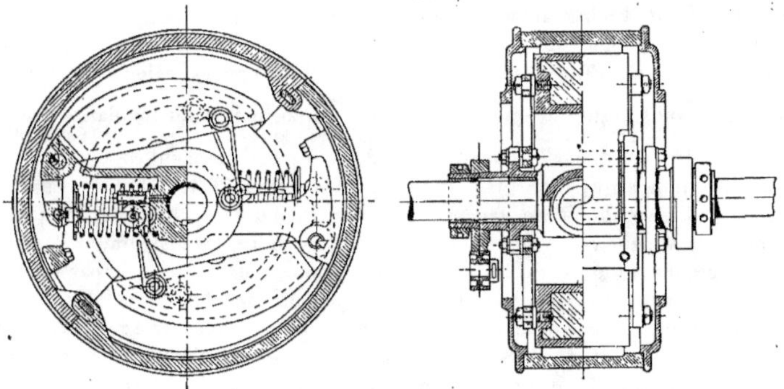

Fig. 282. — Machine horizontale *Brand et Lhuillier*.
Coupe du régulateur Knoller.

opérant l'ouverture de la soupape, et la came soumise à l'action du régulateur en opérant la fermeture.

Dans le but d'éviter les presse-étoupes, la transmission du mouvement à l'intérieur de la boîte à vapeur est effectuée par un arbre oscillant de faible longueur, muni d'un collet obturateur. Le ressort de rappel, placé à l'intérieur, agit directement sur la tige de la soupape.

Avec cette distribution ;

1° L'avance à l'admission est constante.

2° L'admission peut varier de 0 à 80 p. 100 ; l'ouverture reste constante et atteint le maximum, pour toute admission supérieure à 15 p. 100.

3° La vitesse de fermeture est constante pour tous les degrés d'admission. Cela permet l'emploi de vitesses qui peuvent atteindre jusqu'à 150 tours.

4° Une disposition spéciale des bielles permet l'égalité absolue de la distribution des deux côtés du cylindre.

Le diagramme fig. 280, p. 177, a été obtenu avec une surchauffe de la vapeur à 230° dans le cylindre à haute pression.

Données principales :

Diamètre du cylindre à haute pression...	0,360	Volume du petit cylindre.	61 lit.
Diamètre du cylindre à basse pression...	0,550	— grand —	142 lit.
Rapport des sections.	2,35	Admission au cylindre HP $=$	0,20
Course des pistons.	0,600	Détente totale.	11,8
Rapport $\dfrac{d}{l} =$	0,60	Force correspondante en chevaux.	200
		Volume du grand cylindre par cheval ..	0 lit. 71
$—\ \dfrac{d'}{l} =$	0,92	Volume engendré par le grand piston par seconde et par cheval.	2 lit. 85
Nombre de tours.	120	Coefficient d'activité.	0,35
Vitesse des pistons.	2,40		

Maerky, Bromovsky et Schultz.

La firme ci-dessus avait exposé, dans le hall de la Section Autrichienne, une machine à vapeur de 350 chevaux, formant groupe électrogène avec un alternateur triphasé de la Société « Vereinigte Elektricitaets Gesellschaft ».

La machine est horizontale compound, à deux cylindres parallèles distants de 3 m. 100 d'axe en axe. Entre les deux cylindres, l'inducteur est calé sur l'arbre en guise de volant. Son poids assure au moteur à vapeur un coefficient d'irrégularité de $\dfrac{1}{300}$.

Cette machine est disposée pour utiliser de la vapeur surchauffée à 280°.

La distribution au cylindre HP se fait par soupapes. Elle est du type Proel. Ce cylindre n'a pas d'enveloppe de vapeur. Le grand cylindre au contraire, en a une, dans laquelle passe la vapeur vive avant d'entrer au petit cylindre. La distribution à ce cylindre est faite par quatre obturateurs du type Corliss, placés tous quatre à la partie inférieure, comme dans les machines Dujardin, et actionnés par un excentrique réglable à volonté.

La distribution est sous la dépendance immédiate du régulateur à ressort, disposé sur le bâti. Les manivelles sont calées à 90°, et une contre-manivelle, à tourillon sphérique, du côté du cylindre à basse pression, commande directement l'excitatrice.

Le prolongement de la tige du piston du même côté (cylindre à basse pression) actionne la pompe à air à double effet.

Cette machine étant destinée à marcher en synchronisme avec une autre, avec alternateurs couplés, un appareil spécial, susceptible d'être actionné électriquement depuis le tableau de distribution, permet de faire varier de 3 p. 100 la vitesse angulaire de la machine, pendant la marche.

Données principales :

Diamètre du petit cylindre	0,460		Pression initiale de la vapeur	12 kg.
— grand —	0,700		Puissance en chevaux indiqués	350
Rapport des sections	2,3		Volume du grand cylindre	346 lit.
Course des pistons	0,900		— — par cheval	0 lit. 985
Rapport $\frac{d}{l} =$	0,51		— engendré par le grand piston par seconde et par cheval	3 lit. 62
— $\frac{d'}{l} =$	0,78		Coefficient d'activité	0,275
			Diamètre de l'inducteur-volant	3 m. 120
Nombre de tours	110		Largeur de jante	0,408
Vitesse des pistons	3,30		Vitesse à la circonférence	17 m. 90.
Volume du petit cylindre	150 lit.		Poids de l'inducteur	10.000 kg.
— grand cylindre	346 lit.			

Robey et C°, Lincoln.

Machine mixte à soupapes et à tiroir à gril.

La machine horizontale compound à cylindres parallèles exposée par MM. Robey et Cie comporte une distribution mixte, système Richardson-Rowland, par soupapes pour l'admission, et par tiroirs à grille pour l'échappement.

Les arbres de distribution sont disposés à l'intérieur de la machine, le long des cylindres.

Les cylindres parallèles sont distants de 3.900 d'axe en axe. L'admission, variable automatiquement de 0 à 75 p. 100 de la course, se fait par des soupapes équilibrées à double siège, commandées par un système d'excentriques et de leviers à déclic, représenté aux fig. 284 et 285. Le déclic L, articulé en C', après avoir pressé sur l'extrémité B du levier R qui fait lever la soupape A, glisse en abandonnant ce levier. A ce moment, la soupape, n'étant plus soutenue, se referme brusquement sous l'action du ressort de rappel ; sa fermeture est amortie par un dash-pot D, sur lequel est placé un petit clapet à air. La descente de la soupape se fait ainsi rapidement, mais sans choc.

En vue de l'application spéciale de cette machine à la conduite d'une dynamo, sa distribution a été étudiée de façon à suivre la charge électrique.

Le régulateur Richardson n'agit que sur la distribution du petit cylindre. Il permet une régularité de marche limitant à 3 p. 100 les variations de tension.

Un solénoïde dont le noyau équilibré est en rapport avec le contrepoids du régulateur centrifuge maintient constante la tension aux bornes de la dynamo. Si la tension augmente, le solénoïde attire son noyau, qui, en agissant sur le régulateur, diminue la vitesse de la machine. Si, au contraire, la tension diminue, le phénomène inverse se produit, et la vitesse de la machine augmente. Si une rupture de circuit fait que la tension devienne subitement nulle, le régulateur ferme complètement l'admission de la vapeur.

Les boules du régulateur, agissant sur le levier E, modifient la position du point R autour duquel pivote le levier BR ; comme conséquence, le déclenchement du déclic L se trouve aussi modifié.

Le levier E porte à son extrémité un contrepoids équilibrant l'effort produit sur l'autre extrémité par les pièces qui y sont fixées.

Enfin, en agissant au moyen d'un renvoi sur la corde fixée à l'extrémité du levier E, on supprime toute action du déclic sur le levier B, et il n'y a plus admission de vapeur.

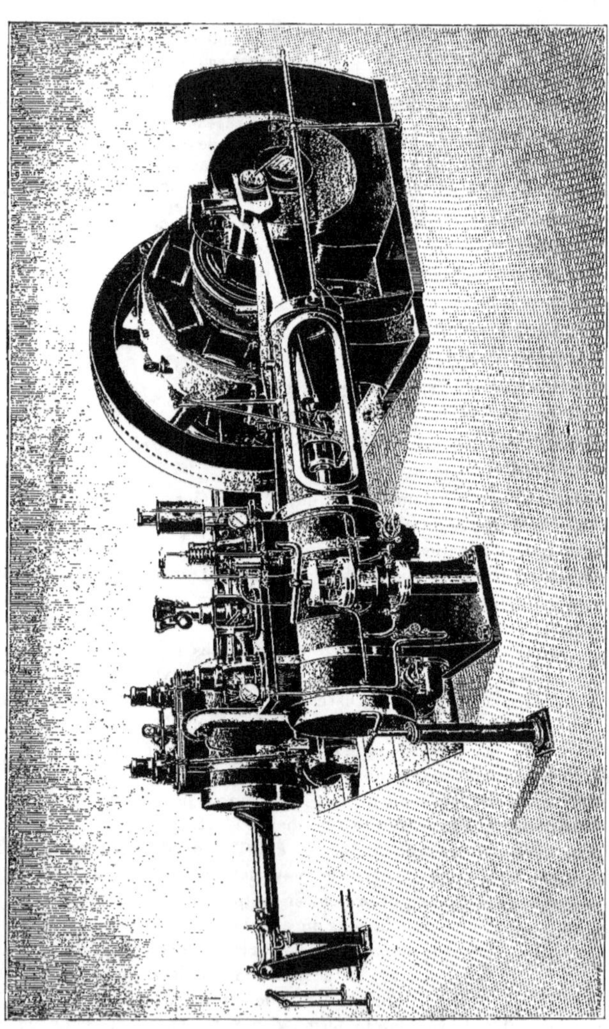

Fig. 283. — Machine *Robey* à soupapes et à tiroir à gril.

Un second excentrique H commande l'échappement. Celui-ci se fait par un tiroir à grille G, disposé horizontalement sous le cylindre et tangentiellement à l'enveloppe extérieure. Les condensations du cylindre s'écoulent ainsi naturellement.

Le condenseur est en sous-sol. Il est pourvu de deux pompes à air, actionnées par une bielle double attelée en prolongement de la tige du piston du grand cylindre.

Un levier à bascule permet d'ailleurs d'isoler le condenseur de la machine, et de marcher à échappement libre.

Il y a lieu de remarquer que le volant, quoique d'un diamètre relativement faible, est très lourd ; que le graissage est continu pour tous les organes en mouvement, et que les canaux d'admission de vapeur sont aménagés dans les fonds des cylindres.

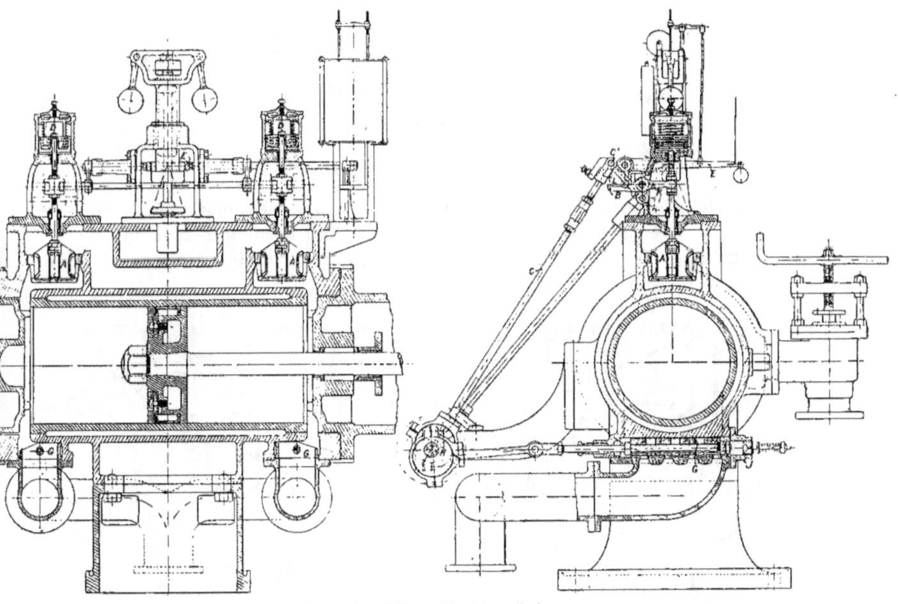

Fig. 284 et 285. — Machine *Robey*.
Coupe transversale du cylindre à haute pression, en long et en travers.

Enfin l'arbre moteur repose sur deux robustes paliers fixés sur une plaque de fondation générale, et entre lesquels sont le volant et l'induit de la dynamo.

Les plateaux-manivelles sont en porte-à-faux, et les manetons sont calés à 90°.

Données principales :

Diamètre du cylindre HP	0,508	Admission normale au cylindre HP =	0,30
— — BP	0,889	Détente totale	10,2
Rapport des sections	3,06	Puissance admise en chevaux indiqués	500
Course des pistons	1,067	Volume du petit cylindre	247 lit.
Rapport $\frac{d}{l} =$	0,465	— grand —	662 lit.
— $\frac{d'}{l} =$	0,845	— — — par cheval	1 lit. 3
Nombre de tours	80	Volume engendré par le grand piston par seconde et par cheval	3 lit. 51
Vitesse du piston	2 m. 84	Coefficient d'activité	0,285
Pression initiale de la vapeur	10 kg.	Diamètre du volant	4 m. 15
		Vitesse à la circonférence	17,25

CHAPITRE IV

MOTEURS DIVERS :

MOTEURS A GRANDE VITESSE

1° MACHINES A TIROIRS ROTATIFS

Sulzer frères.

Machine verticale attelée à une dynamo d'Œrlikon.

Cette machine à vapeur verticale, jumelle compound, à tiroirs rotatifs, était combinée avec une dynamo à courants biphasés, des Ateliers de Construction d'Œrlikon.

Le tiroir unique rotatif, placé entre les deux lignes de cylindres, permet de réduire

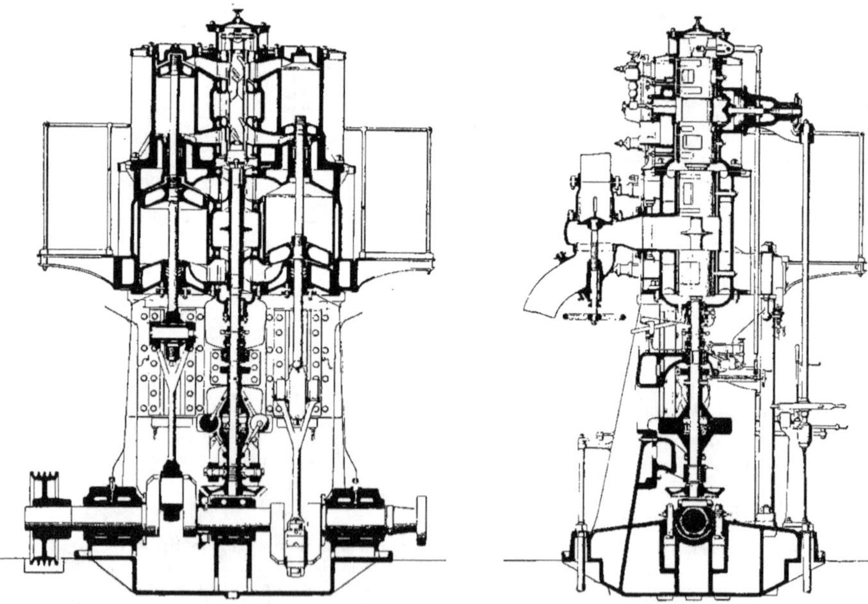

Fig. 286 et 287. — *Sulzer frères*. Machine verticale jumelle de 400 chevaux.
Coupes transversale et longitudinale.

au minimum le nombre des pièces animées d'un mouvement de va-et-vient. Les poids des pièces oscillantes sont équilibrés le mieux possible, en raison de la grande vitesse.

Le bâti est venu de fonte avec la plaque de fondation. L'accouplement entre l'arbre du régulateur et l'axe du tiroir est disposé pour se débrayer automatiquement dans le cas d'une résistance anormale à la circonférence du tiroir.

On peut, en déplaçant le poids mobile du régulateur, faire varier le nombre de tours de 10 p. 100 en plus ou en moins pendant la marche.

Tous les paliers et tourillons sont lubrifiés automatiquement au moyen d'un récipient de distribution rempli par une pompe de circulation aspirant l'huile d'un filtre.

Les manivelles sont calées à 180°.

L'arbre de couche est prolongé, et porte extérieurement une poulie à gorges, actionnant par câbles la pompe à air verticale, placée en sous-sol.

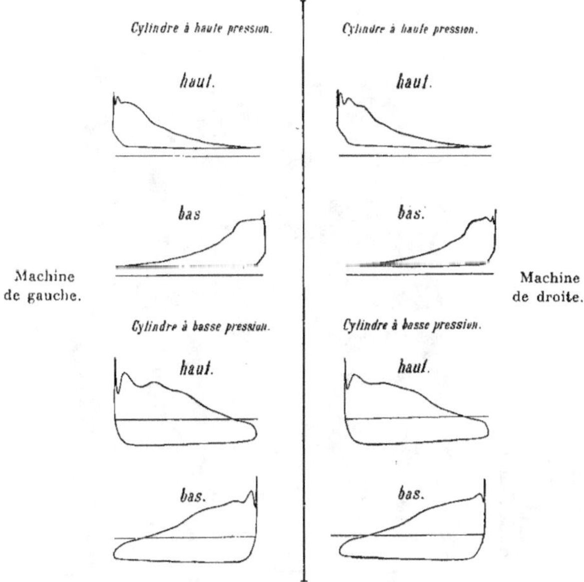

Fig. 288. — *Sulzer frères.*
Diagrammes relevés sur la machine verticale à tiroirs rotatifs installée à Luterbach.

Une machine identique, installée à la station électrique de Luterbach, a été soumise à des essais dont les diagrammes sont ci-dessous, et, avec une pression initiale de 9 kg. 2, la puissance moyenne développée a été de 305 chevaux indiqués, et la consommation de 7 kg. 90 de vapeur par cheval.

Données principales :

Diamètre des cylindres HP	0,280	Puissance normale admise, en chevaux indiqués	400
— — BP	0,450	Puissance maximum	515
Rapport des sections	2,58	Admission correspondante, aux cylindres HP	45 p. 100
Course des pistons	0,400	Volume des petits cylindres	0,0246
Rapport $\dfrac{d}{l} =$	0,7	— grands —	0,0636
— $\dfrac{d'}{l} =$	1,12	— engendré par chaque grand piston par seconde	530 lit.
Nombre de tours par minute	250	Volume engendré par seconde et par cheval	2,65
Vitesse des pistons par seconde	3 m. 33	Coefficient d'activité	0,376
Pression initiale de la vapeur	11 kg.		
Admission normale aux cylindres HP	25 p. 100		
Puissance correspondante, en chevaux indiqués, pour la machine double	385		

Moteurs Carels.

La Société anonyme des moteurs à grande vitesse, à Sclessin-Liège, avait exposé des moteurs de 200, 100 et 20 chevaux, système Carels.

Ces moteurs, du type fermé, sont simples t robustes ; ils fonctionnent à simple effet.

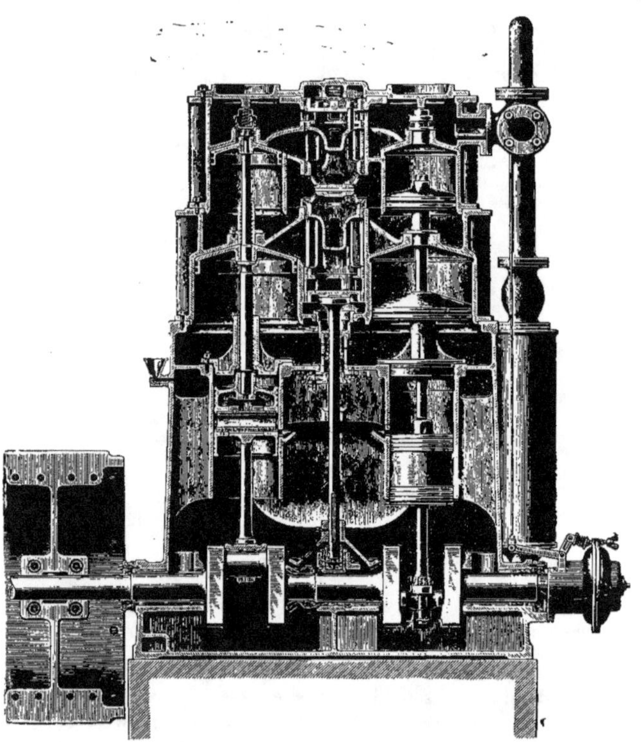

Fig. 289. — Machine *Carels* à grande vitesse.
Coupe verticale.

Le soubassement du bâti forme récipient à huile, dans lequel viennent barboter les manivelles, qui projettent l'huile sur les glissières, les crossettes et les bielles.

Les machines se composent d'une série de 2, 3, 4 paires de cylindres disposés en tandem. Ces cylindres sont en fonte résistante. Ils n'ont pas de presse-étoupes, ces derniers étant remplacés par des grains en bronze spécial.

Les petits cylindres sont munis (fig. 290), à leur partie supérieure, d'une soupape de sûreté à ressort en spirale.

Les pistons, du type suédois, sont emmanchés sur leur tige à la presse hydraulique ; ceux des petits cylindres sont fixés par des écrous en bronze.

La distribution se fait par un tiroir cylindrique équilibré, tournant dans un fourreau en bronze phosphoreux. La rotation de ce tiroir est facilitée par ce fait, que sa tige repose

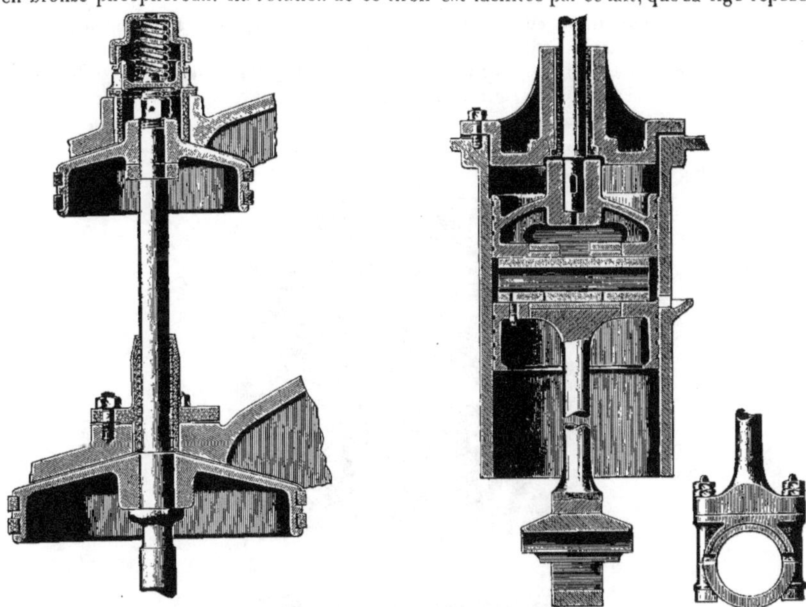

Fig. 290 à 293. — Machine à grande vitesse, système *Carels*.
Détail des pistons, des garnitures, et de la soupape de sûreté. Tête de bielle et crossette.

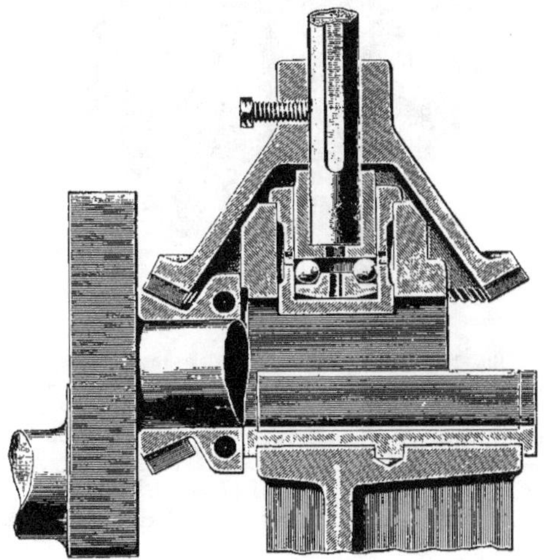

Fig. 294. — Machine *Carels* à grande vitesse.
Coupe par la crapaudine.

à la partie inférieure, sur une crapaudine à billes, tandis que, à la partie supérieure, il est lui-même buté sur un disque en acier trempé, avec billes interposées. La commande du tiroir est faite par un pignon conique en bronze, monté sur l'arbre de couche, et engrenant avec une roue en fonte de diamètre double, montée sur la tige du tiroir, de telle sorte que le tiroir ne fait qu'un tour quand l'arbre de couche en fait deux.

La tige des tiroirs tourne dans une boîte à bourrage munie d'un anneau à canal d'écoulement y (fig. 296), qui conduit dans la décharge des cylindres l'eau condensée du receiver, afin qu'elle ne tombe pas dans le bain lubrifiant.

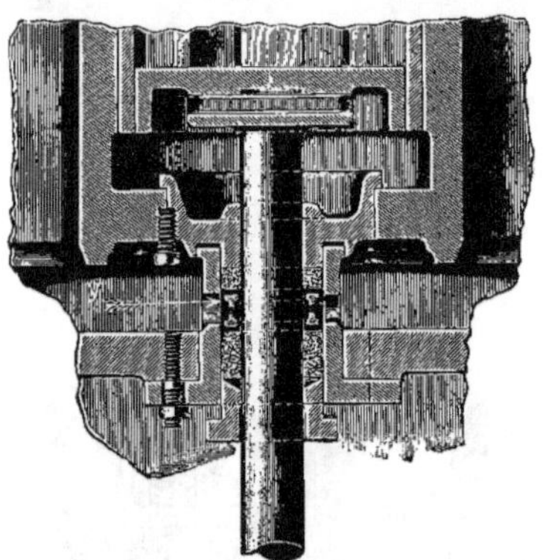

Fig. 295 et 296. — Machine *Carels* à grande vitesse.
Détail de la partie supérieure du tiroir et de la boîte à bourrage inférieure.

Les bielles sont articulées dans la crosse avec une bague en bronze phosphoreux. Les coussinets des manivelles sont garnis de métal blanc.

Les crossettes, en fonte extra-dure, munies de tourillons en acier trempés et perforés, fonctionnent comme pistons d'air, et font que les articulations travaillent constamment en compression.

La vapeur est graissée par un compte-gouttes. Un sécheur permet d'éviter les entraînements d'eau. La vapeur condensée dans ce sécheur est évacuée par un purgeur automatique.

Delaunay-Belleville et Cie.

La maison Delaunay-Belleville et Cie a entrepris, depuis quelques années, la construction des moteurs à grande vitesse.

Ces moteurs verticaux sont caractérisés par un système de graissage continu à haute pression, au moyen d'une pompe oscillante à piston plein sans clapets et commandée par un excentrique monté sur l'arbre moteur. Ce mode de graissage donne des frottements d'une douceur extraordinaire, dont la conséquence est un rendement mécanique exceptionnellement élevé.

La machine exposée est à triple expansion et à quatre cylindres. Les deux cylindres à basse pression reposent directement sur l'entablement du bâti, et sont surmontés, l'un, du cylindre à haute pression, et l'autre du cylindre à moyenne pression, placés en tandem.

A côté de chacun des deux groupes de deux cylindres ainsi constitués, sont placées les boîtes à tiroirs. La distribution se fait, pour chaque groupe de cylindres, au moyen de deux tiroirs cylindriques équilibrés en acier moulé, conduits par une tige unique reliée à un excentrique monté sur l'arbre de couche.

Dans chaque groupe, le cylindre supérieur est séparé du cylindre inférieur par une lanterne qui sert de couvercle au cylindre inférieur et de fond au cylindre supérieur. Cette pièce comporte, intérieurement, une garniture étanche pour les tiges de piston.

Les pistons sont en acier moulé, avec segments Ramsbotton.

En raison de la grande vitesse de rotation, aucun des cylindres n'a d'enveloppe de vapeur. Chaque cylindre est seulement garni de calorifuge et recouvert d'une enveloppe en tôle polie. La vapeur entre, par la partie supérieure, dans la boîte du tiroir à haute pression, en traversant une lanterne équilibrée, sur laquelle agit le régulateur. En sortant du cylindre HP, la vapeur se rend, par un tuyau de cuivre, à la boîte à tiroir du cylindre MP, et l'évacuation du cylindre MP aux deux cylindres BP se fait en deux parties, dans les boîtes à tiroir de ces deux cylindres.

Les deux échappements des grands cylindres se réunissent pour se rendre au condenseur indépendant.

Le régulateur à boules, avec roulement à billes, est actionné par engrenages. Un système de ressorts permet de faire varier dans une certaine mesure la vitesse de rotation de la machine.

La plaque formant entablement, et qui supporte les cylindres, est reliée à la plaque, de fondation par quatre montants, dont deux formant glissières.

La plaque de fondation elle-même est en une seule pièce, mais elle est divisée en trois parties par de puissantes nervures servant d'appuis aux paliers. Dans la partie du milieu sont les pompes à huile et les excentriques de distribution ; à droite et à gauche sont les manivelles équilibrées. L'arbre lui-même repose sur cinq paliers. Il est en deux parties, et ses deux extrémités, en porte à faux, reçoivent l'une l'alternateur, et l'autre l'excitatrice.

Le graissage mérite une étude détaillée.

Les deux pompes oscillantes ont des pistons plongeurs reliés aux excentriques de distribution, ainsi que le montre la coupe (fig. 299).

Elles sont représentées en détail par les fig. 301 à 304, mais le tracé ne représente pas la commande du piston plongeur par l'excentrique de distribution.

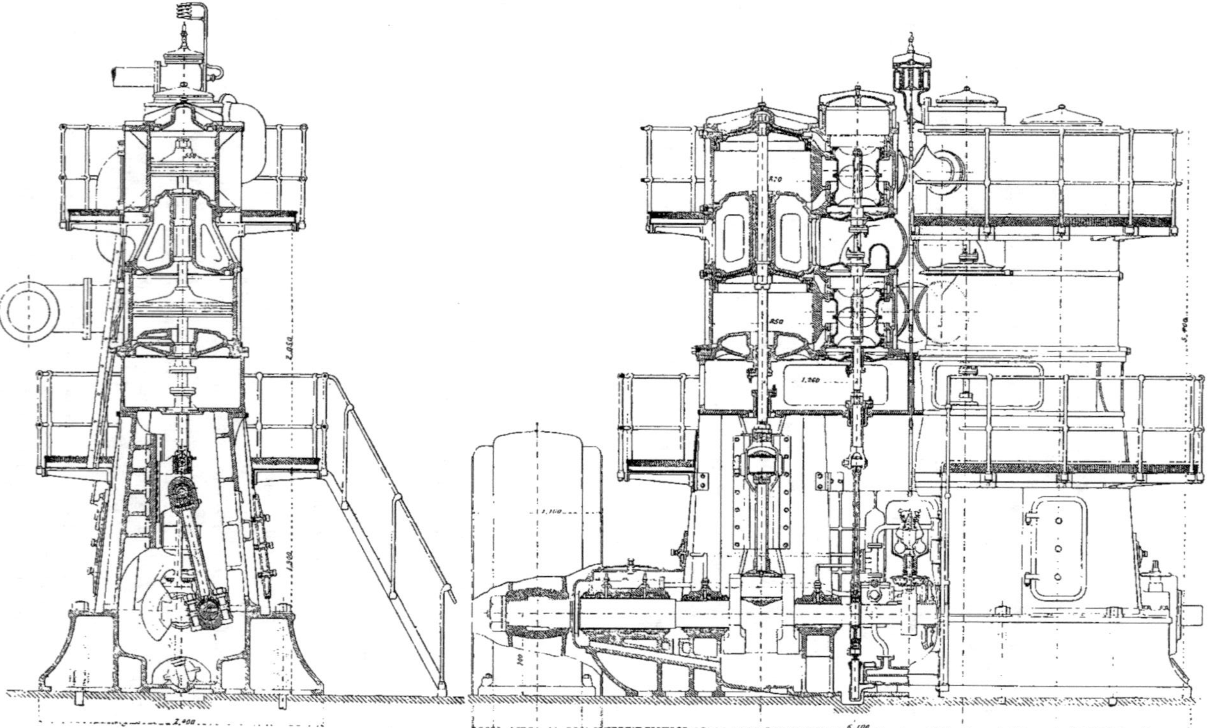

Fig. 297 et 298. — Machine à vapeur à grande vitesse de *MM. Delaunay-Belleville et C*^{ie}
Coupe transversale par l'axe du cylindre à haute pression. Élévation-Coupe longitudinale.

Les pompes oscillantes n'ont pas de clapet. On voit sur les fig. 299 et 300 que, avec la disposition adoptée, le déplacement angulaire du corps de pompe fait tantôt ouvrir, tantôt fermer les lumières. Cela permet de supprimer les clapets qui, à la vitesse de rotation de la machine, n'eussent pas manqué de produire un épaississement, une sorte de gommage de l'huile.

L'huile sous pression est refoulée dans un collecteur pourvu d'une soupape de sûreté, et sur lequel se font des prises pour le graissage des divers organes qui sont creux (arbre manivelles, bielles, etc.) et que l'huile traverse pour arriver aux divers points à lubrifier : paliers, pieds et têtes de bielles, patins des glissières, tiges d'excentrique, etc.

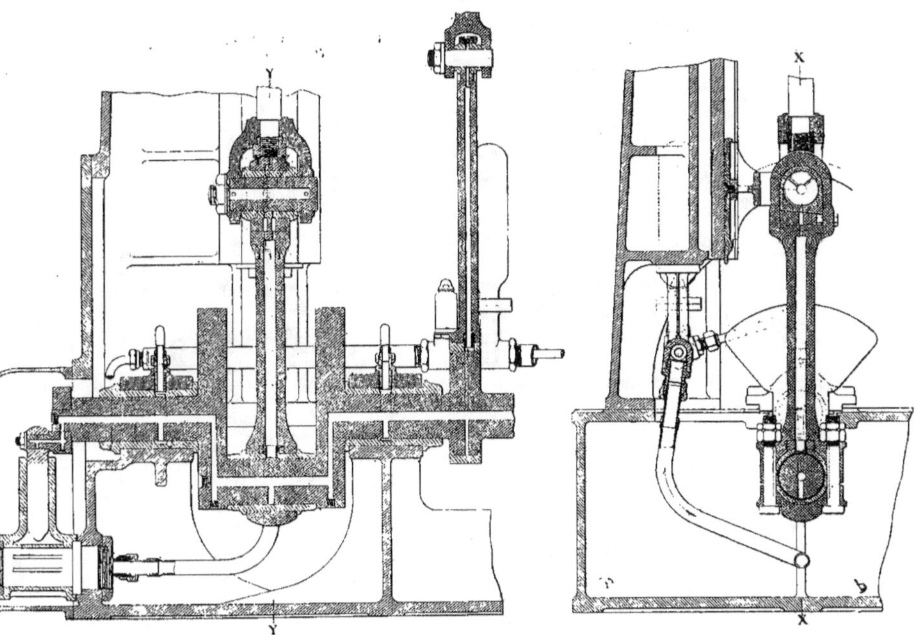

Fig. 299 et 300. — Machine *Delaunay-Belleville.*
Disposition des canalisations intérieures pour le graissage. Coupe XX et YY.

L'huile retourne ensuite à l'aspiration de la pompe oscillante, autrement dit dans le réservoir inférieur, où elle est à l'abri de la poussière, le bâti étant hermétiquement fermé.

Il y a donc un courant continu d'huile sous pression, de telle sorte que les frottement se font sur une couche d'huile, au lieu de se faire entre surfaces métalliques.

On peut dire que c'est ce système de graissage qui seul a rendu pratique pour les grandes vitesses l'emploi des machines à double effet, en supprimant absolument les chocs. Les changements de portage se font, en effet, non plus entre les parties métalliques, mais avec l'interposition d'une couche d'huile, et la pression exercée par les articulations les unes sur les autres se trouve équilibrée par la pression de l'huile qui remplit les jeux des articulations.

Des résultats d'expériences faites sur les premières machines de ce système construites par MM. Delaunay-Belleville et Cⁱᵉ, ont été communiqués par M. Compère au Congrès des ingénieurs en chef des associations de propriétaires d'appareils à vapeur, en 1898. Il ressort de ces communications, relatives à des machines de 75, 150 et 300 chevaux, que la consommation de vapeur, purges comprises, ne dépasse pas 7 kg. 020 à condensation et 9 kg. 080 sans condensation, et que le rendement mécanique varie entre 90 et 95 p. 100, la moyenne dépassant 92 p. 100.

Ce sont des chiffres extrêmement remarquables, mais que nous pensons avoir été dépassés dans la machine exposée. Nous nous permettrons de citer à cet égard un souvenir personnel.

Pendant la durée de l'Exploitation, à l'Exposition Universelle, certain soir où aucun

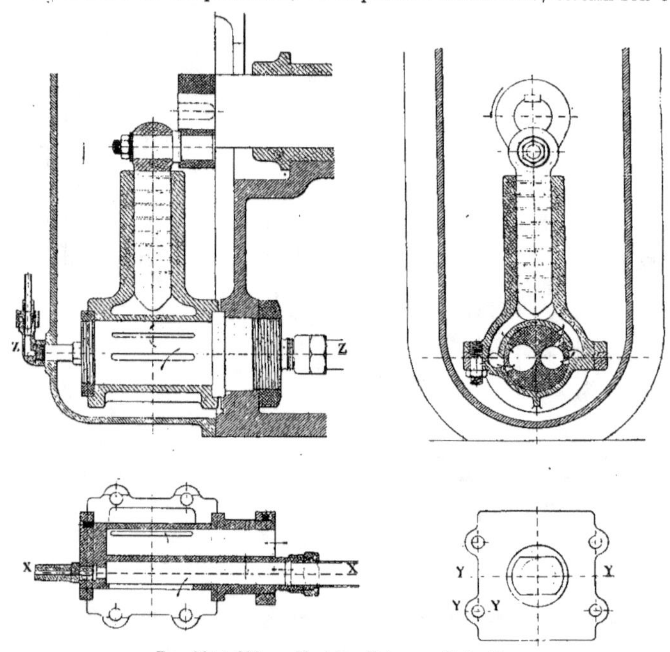

Fig. 301 à 304. — Machine *Delaunay-Belleville*.
Détail de la pompe à huile. Plan du corps de pompe. Coupes suivant XX, YY et ZZ.

des groupes électrogènes branchés sur la conduite qui alimentait la machine Delaunay-Belleville n'avait été commandé de service, et où par conséquent, par raison d'économie, la vapeur avait été coupée sur cette conduite, nous pûmes constater que cette machine marchait à sa vitesse normale de 250 tours avec la simple pression provenant de l'imperfection de la fermeture d'une vanne. Le manomètre placé sur le tuyau d'arrivée de vapeur à la machine accusait une pression de 0 kg. 2.

On ne peut objecter que les machines, lorsqu'elles ne sont pas en charge, marchent par le vide du condenseur, car le condenseur de cette machine était un condenseur indépendant, qui ne fonctionnait pas à ce moment.

Il est sans doute impossible de déterminer exactement quelle était alors la force employée et par conséquent de tirer parti de ce fait pour établir la valeur du rendement mécanique ; mais le fait n'en est pas moins intéressant et caractéristique.

Condensation. — Le condenseur est indépendant. Il est du type à surface.

Il se compose d'une caisse à tubes, en tôle, avec plaques de tête en laiton laminé.

L'eau circule dans l'intérieur des tubes, qui ont 1 millimètre d'épaisseur, et la vapeur arrive à l'extérieur.

L'eau est mise en circulation par une pompe centrifuge actionnée directement par un petit moteur électrique. Sur l'arbre du moteur, est monté un pignon attaquant une roue d'engrenage calée sur l'arbre coudé qui actionne une pompe à air entièrement en bronze. Avec ce rapport d'engrenages chacune des pompes tourne à la vitesse qui convient à son genre de travail.

Données principales :

Diamètre du cylindre à haute pression	0,550
— — moyenne —..	0,820
— des 2 cylindres à basse pression	0,850
Rapport des sections $\dfrac{s_1}{s} =$	2,23
— $\dfrac{2\,s_2}{s_1} =$	2,14
— $\dfrac{2\,s_2}{s} =$	4,77
Course commune des pistons.,,,,,,,	0,460
Rapport $\dfrac{d}{l} =$	1,20
— $\dfrac{d'}{l} =$	1,78
— $\dfrac{d''}{l} =$	1,85
Nombre de tours par minute........	250

Encombrement de la machine {	longueur.....	6,100
	largeur......	2,400
	hauteur......	5,400
Condenseur indépendant.		
Nombre de tours du moteur électrique.		900
Débit de la pompe centrifuge par heure		300 m³
Nombre de tours de la pompe à air ..		150
Rapport des engrenages		6

Vitesse moyenne des pistons........	3 m. 84
Pression normale de la vapeur	13 kg. 5
Puissance correspondante en chevaux indiqués..........................	1.750
Volume du petit cylindre...........	109 lit.
— moyen —	243 lit.
— des 2 grands cylindres.......	522 lit.
— — — par cheval pour la force de 1.750 chx......	0 lit. 3
Volume engendré par les grands pistons par cheval et par seconde.....	2,5
Coefficient d'activité pour 1.750 chx.	0,4
Diamètre du tuyau d'arrivée de vapeur	0,150
— — d'échappement ...	0,350
Course des tiroirs.................	0,140
Poids de la plaque de fondation......	15 tonnes
Poids total de la machine	40 —

Diamètre de la pompe à air.........	0,400
Course	0,235
Volume engendré par heure........	260 m³
Surface réfrigérante du condenseur à surface.........................	176 m²
Nombre de tubes du condenseur.....	1.465
Diamètres —	18 × 20
Longueur des tubes...............	1 m. 92

Boulte-Labordière et Cie.

Nous avons le regret de ne pouvoir donner aucun détail sur les deux machines de ces constructeurs, qui actionnaient des excitatrices dans la section française, les constructeurs n'ayant voulu mettre à notre disposition ni tracés, ni indication d'aucune sorte.

D'après le peu que nous avons pu voir, ces machines paraissent présenter une ressemblance très grande avec celle qui vient d'être décrite.

Lederer et Porges.

Les ateliers de construction de machines de Brünn Königsfeld — Lederer et Porges — avaient exposé une machine verticale, du type pilon, à manivelles calées à 180°.

La plaque de fondation comporte trois forts paliers. L'espace compris entre ces paliers forme des cuvettes servant de bain d'huile, et le bâti lui-même, composé de deux pièces réunies par boulons, est arc-bouté par des colonnes en acier sur lesquelles sont fixées des tôles protégeant contre les projections d'huile.

Chaque montant du bâti porte une glissière plate. La tige de chaque piston se pro-

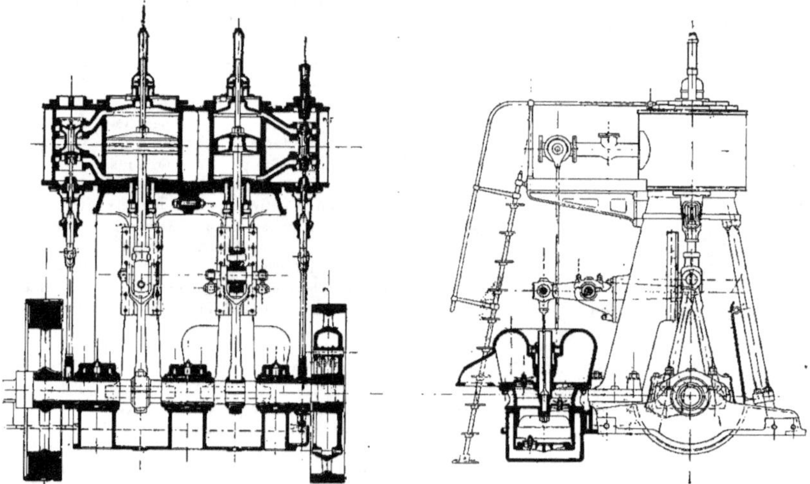

Fig. 305 et 306.

longe par un guide vertical. Les cylindres sont entourés par la vapeur du réservoir intermédiaire. — Cette construction, bonne pour le grand cylindre, n'est pas logique pour le cylindre HP, puisque l'on n'emploie pas la vapeur surchauffée.

Les tiroirs sont cylindriques équilibrés et sont actionnés, du côté BP par une tige commandée par un excentrique à calage fixe ; du côté HP, l'excentrique est sous la dépendance du régulateur.

La crosse du piston HP porte un balancier double qui actionne la pompe à air verticale, placée derrière le bâti.

Données principales :

Diamètre du cylindre HP	0ᵐ340	Rapport $\frac{d}{l}$		0,98
— BP	0,525	— $\frac{d}{l} =$		1,50
Rapport des sections $\frac{s_1}{s}$	2,3 60			
Course des pistons	0,350	Diamètre de la pompe à air		0,400

Tosi.

Groupe électrogène vertical.

La machine verticale à quatre cylindres de la maison Tosi est, avec celle de **M. Bour**don, le seul exemple de quadruple expansion que nous ayons trouvé en fonctionnement à l'Exposition Universelle. Cette machine était combinée avec une dynamo de la société

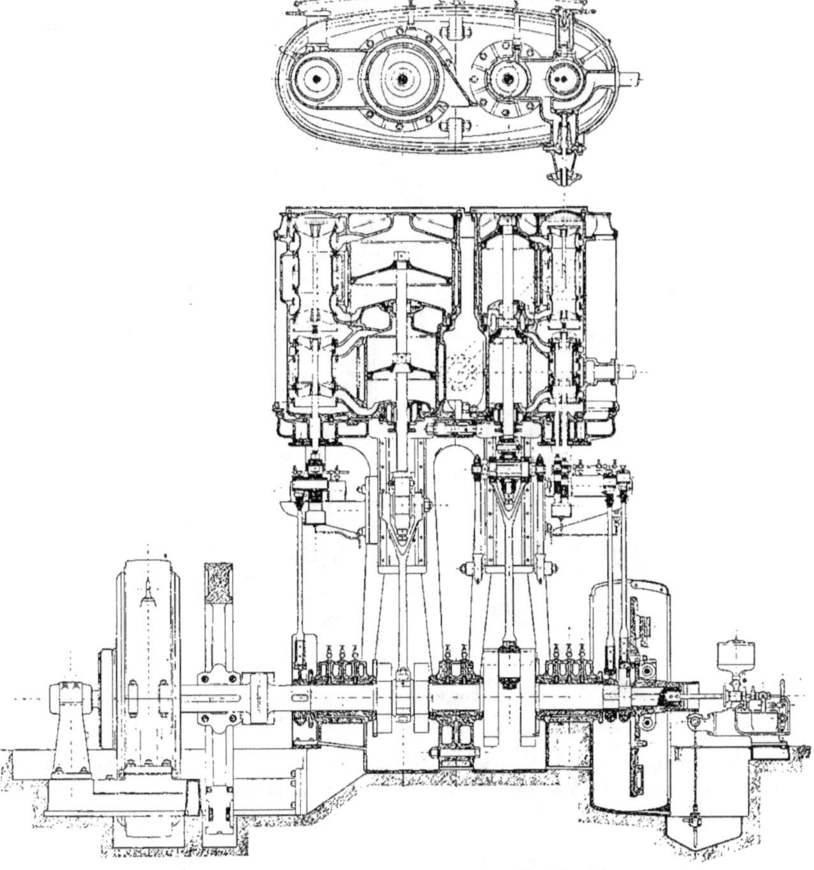

Fig. 307 et 308. — Groupe électrogène *Tosi-Bacini.*
Coupe longitudinale et vue en plan des cylindres.

Esercizio di Bacini. Elle est très ramassée. Le bâti est en deux pièces; chaque pièce comporte une partie du socle formant cuvette, et le montant servant de glissière et supportant un groupe de cylindre. Trois robustes colonnes en fer forgé, inclinées, placées en face de chaque palier, relient, à l'avant, le bas du bâti avec l'assise des cylindres, et laissent facile l'accès des mécanismes.

Les deux parties du bâti sont réunies par des boulons dont quatre, à la partie inférieure, reliant les deux moitiés du palier intermédiaire.

Les cylindres sont disposés deux à deux en tandem.

Le groupe de droite comprend le cylindre à haute pression, qui n'a pas d'enveloppe de vapeur, cette machine étant destinée à employer de la vapeur surchauffée ; immédiatement au-dessus, coulée d'une seule pièce avec lui, est l'enveloppe du premier cylindre de détente, dont la chemise est rapportée. Entre les deux, dans le couvercle intermédiaire rapporté, est logé un presse-étoupe étanche à garniture métallique.

Le second groupe comprend le troisième et le quatrième cylindres, ce dernier à la

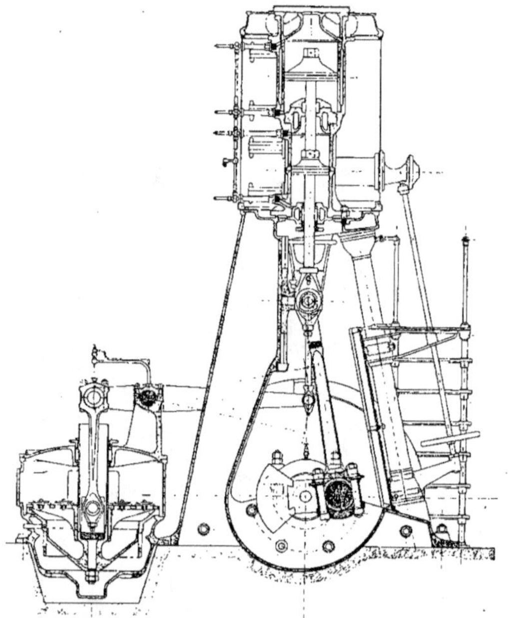

Fig. 309. — Machine verticale à quadruple expansion de la maison *Tosi*.
Coupe transversale par l'axe du petit cylindre.

partie supérieure. Chacun de ces deux cylindres a une chemise rapportée, et comme entre les deux premiers, un fond rapporté entre eux contient un presse-étoupes.

Les pistons sont de grands disques en acier forgé, garnis chacun d'un segment en fonte.

L'arbre moteur, doublement coudé, est forgé d'une seule pièce. Les deux coudes sont à 90°, et les manivelles portent des contrepoids les équilibrant. L'extrémité gauche de l'arbre porte, venu de forge, un plateau qui assure sa liaison avec l'arbre de la dynamo, et sur lequel est également monté le volant. Un palier extérieur soutient ce prolongement.

Sur l'extrémité droite est calé en porte-à-faux le régulateur.

La commande de la soupape d'admission de vapeur se fait du niveau du sol par un volant et un système d'engrenages coniques.

La distribution est faite, à chaque cylindre, par des tiroirs cylindriques équilibrés. Une seule tige d'excentrique conduit les deux tiroirs de deux cylindres superposés. Mais le distributeur du cylindre à haute pression comporte, intérieurement, un tiroir de détente, actionné par le régulateur placé sur l'arbre de couche, et qui règle l'admission jusqu'à 60 p. 100 de la course.

Le condenseur est à injection. La pompe à air verticale, à simple effet, est placée au niveau du sol, derrière la machine. Elle est actionnée par une des crosses de piston, au moyen d'un balancier double agissant sur une bielle articulée au fond d'un fourreau.

On peut changer la vitesse de la machine en injectant au moyen d'une pompe à main, de la glycérine dans les poids du régulateur.

Le graissage des quatre cylindres est fait par une pompe à huile multiple, mise en mouvement par l'arbre principal.

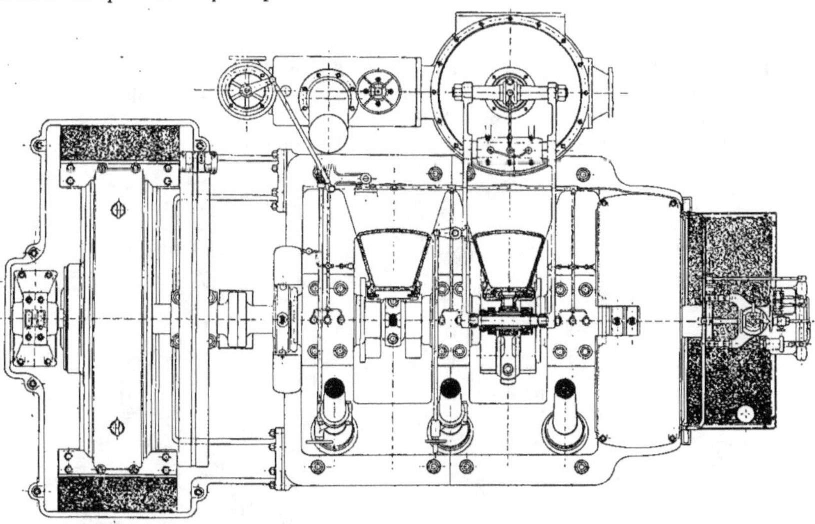

Fig. 310. — Groupe électrogène *Tosi-Bacini*.
Coupe horizontale par les glissières.

Les autres organes sont lubrifiés par l'huile provenant d'un réservoir supérieur, dans lequel elle est ramenée après filtration.

Les divers bassins d'huile sont reliés, à la partie inférieure, par des tubes permettant de faire écouler l'huile au point le plus bas, où elle est reprise par une pompe.

Données principales :

Diamètre du petit cylindre	0,375
— 1er cylindre intermédiaire	0,525
— 2e — —	0,675
— grand cylindre	1.000
Rapport des sections $\dfrac{s_1}{s} =$	1,96
— $\dfrac{s_2}{s_1} =$	1,65
— $\dfrac{s_3}{s_2} =$	2,20
— $\dfrac{s_3}{s} =$	7,1
Course commune $l =$	0,650
Rapport $\dfrac{d}{l} =$	0,575
— $\dfrac{d_1}{l} =$	0,81

Rapport $\dfrac{d_2}{l} =$ 1,04

$-\quad \dfrac{d_3}{l} =$ 1,54

Volume du petit cylindre............. 72 lit.
   — du grand cylindre............ 510 lit.
Nombre de tours par minute.......... 160
Vitesse du piston 3,45
Pression initiale normale au cylindre HP   14 kg.

Admission normale au petit cylindre... 0,33
Détente correspondante.............. 22
Puissance normale en chevaux........ 800
Volume du grand cylindre par cheval.. 0 l. 64
Volume engendré par cheval et par
   seconde au grand cylindre .... 3 l. 38
Coefficient d'activité................. 0,295
Diamètre du volant................... 2,68
Vitesse à la circonférence............. 22 m. 60

Petite machine verticale tandem.

La maison Tosi avait exposé en outre une petite machine verticale compound tandem, de 60 chevaux, actionnant une dynamo. Son bâti est du type à double bras en V, coulé d'une seule pièce avec les deux paliers.

Les glissières sont alésées, concentriques aux cylindres. Les deux cylindres sont

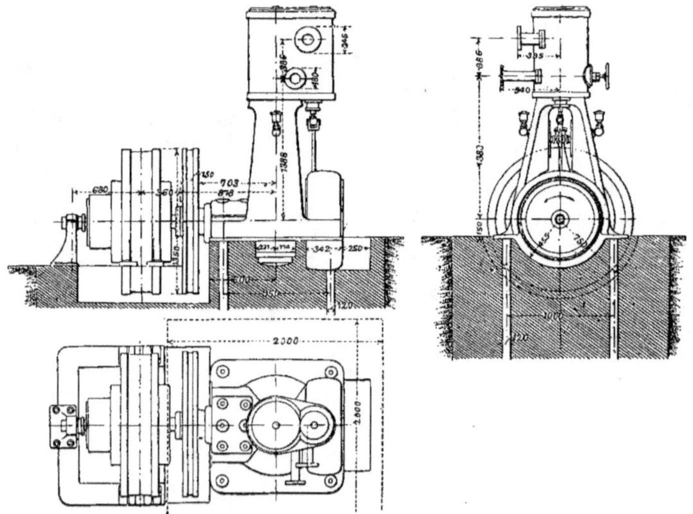

Fig. 311 à 313. — Machine *Tosi* de 60 chevaux sans condensation.
Vues extérieures de face, de côté et en plan.

fondus d'une seule pièce. Ils n'ont pas d'enveloppe de vapeur, mais sont entourés de matière calorifuge et d'une tôle mince. Un fond avec presse-étoupes métallique sépare les deux cylindres. Le petit cylindre repose directement sur l'entablement, et il est surmonté du grand cylindre.

La distribution est faite par pistons cylindriques équilibrés, et un seul excentrique sous la dépendance du régulateur, conduit la distribution des deux. L'admission varie de 0 à 50 p. 100. Les pistons sont en fonte et creux, avec garniture d'un type spécial.

Le piston du petit cylindre est seulement calé sur un renflement de la tige.

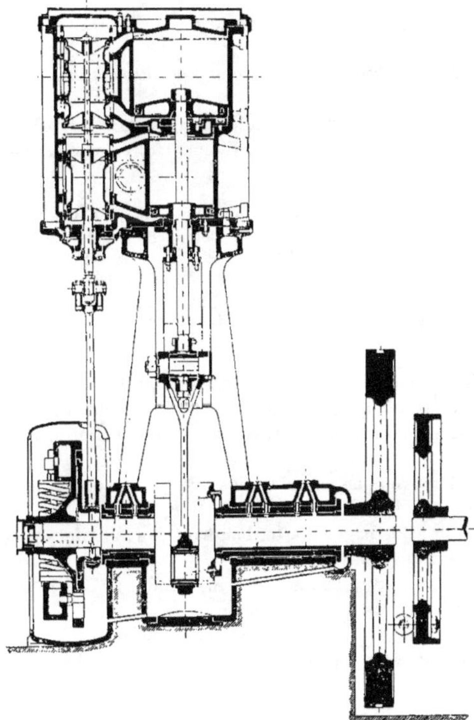

FIG. 314. — Machine *Tosi* de 60 chevaux.
Coupe longitudinale.

Les paliers ont de très longues portées et le graissage du maneton se fait par la force centrifuge.

Données principales :

Diamètre du petit cylindre	0,225	Nombre de tours par minute	325
— grand —	0,325	Vitesse des pistons	2 m. 38
Rapport des sections	2,07	Pression initiale	9 kg.
Course des pistons	0,220	Puissance en chevaux =	60
Rapport $\dfrac{d}{l} =$	1,02	Volume du grand cylindre par cheval...	0,30
		— engendré par le grand piston par cheval et par seconde	31.30
— $\dfrac{d'}{l} =$	1,48	Coefficient d'activité	0,303
Volume du petit cylindre	8,7	Diamètre du volant	1,350
— grand —	18,2	Vitesse à la circonférence	22 m. 95

Bromley.

Machine verticale compound 60 chevaux.

La maison Bromley avait exposé, à côté de la machine horizontale déjà décrite, une petite machine verticale à grande vitesse, actionnant directement une dynamo, et répondant aux données suivantes :

Diamètre du petit cylindre.............	0,252	Volume du petit cylindre....	8 lit. 9
— grand —	0,420	Volume du grand cylindre	25 lit.
Course des pistons.......	0,178	— par cheval...................	0 lit. 41
Nombre de tours...................	0,350	— engendré par le grand piston	
Vitesse du piston...................	2 m. 07	par cheval et par seconde..	4 lit. 83
Admission normale sans condensation .	32 p. 100	Coefficient d'activité.................	0,21
Puissance correspondante	60 chx.		

Chaque cylindre comporte un tiroir cylindrique équilibré, conduit par un excentrique.

L'excentrique du petit cylindre est monté sur l'arbre du régulateur, qui agit sur lui.

L'excentrique se déplace facilement, obéissant aux variations de vitesse sans adhérence définitive.

Le régulateur est un volant à simple poids avec un ressort spirale placé radialement et dont l'action fait varier l'admission de 0 à 60 p. 100.

Dans chaque palier, une bague inerte, baignant dans l'huile, est entraînée par l'arbre, et projette l'huile sur les organes à graisser.

Les cylindres n'ont pas d'enveloppe ; les manivelles sont à 180°.

Les coussinets sont garnis de métal blanc.

Les portées de l'arbre ont 75 millimètres de diamètre sur 225 de long.

Il faut reconnaître que les espaces morts sont considérables.

C. Bourdon.

Machine verticale à quadruple expansion.

H. Brulé et Cie, constructeurs.

M. Bourdon a poursuivi un double but :

1° Utiliser le mieux possible, par l'emploi d'une grande détente totale, la vapeur à pression élevée, qui seule peut permettre l'emploi d'une quadruple expansion.

2° Obtenir ce résultat économique sans que la machine dépasse l'encombrement, le poids et par conséquent le prix de construction d'un moteur ordinaire à double expansion.

Remarquons que, pour obtenir quatre détentes, il n'est pas nécessaire d'avoir quatre cylindres différents : deux cylindres peuvent suffire, si, dans chacun de ces cylindres, les capacités au-dessus et au-dessous des pistons sont suffisamment inégales pour qu'en passant de l'une dans l'autre, la vapeur trouve l'augmentation de volume nécessaire pour produire sa détente.

Chaque cylindre étant muni d'un prolongement en forme de fourreau, alésé en même temps que lui, mais d'un diamètre très différent, M. Bourdon emploie un piston double, dont les deux parties tournées et munies de segments sont réunies aussi par un fourreau (fig. 317).

Le volume A, compris entre la face inférieure du grand piston, le fond correspon-

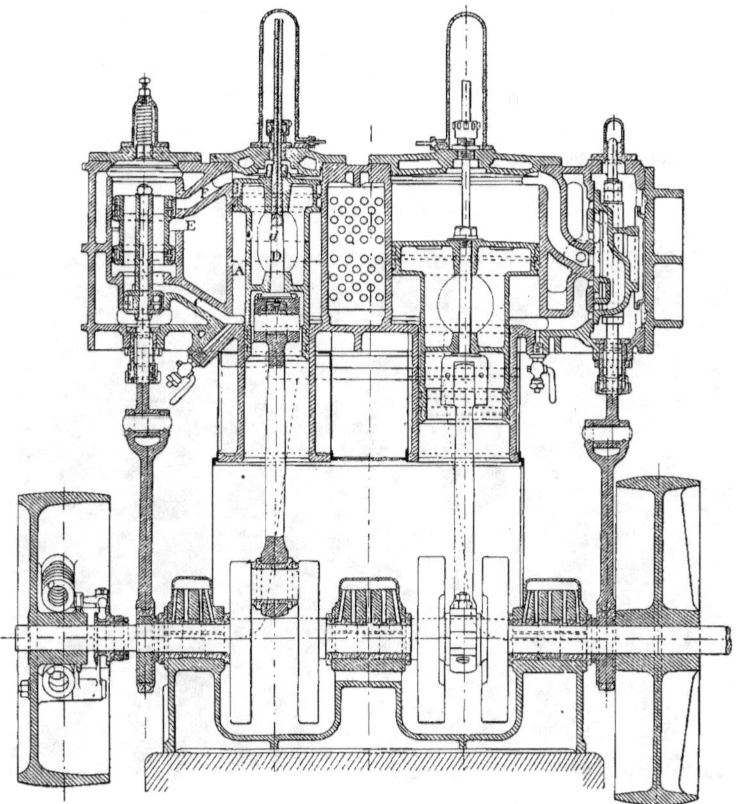

Fig. 315. — Coupe longitudinale par l'axe de la machine (*Génie civil*).

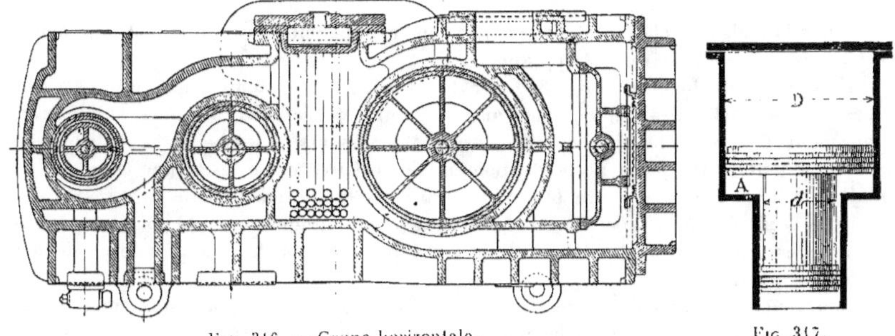

Fig. 316. — Coupe horizontale.   Fig. 317.

dant du cylindre et le fourreau *d*, constitue finalement le cylindre à haute pression.

Quand la vapeur a travaillé sur la face inférieure du piston, elle passe sur la face supérieure et occupe, en ramenant le piston à la partie inférieure, le volume complet du cylindre.

Dans ce premier couple, comprenant deux détentes dans un seul cylindre, le fonctionnement est celui d'une machine de Woolf et la deuxième détente est donnée par le rapport $\dfrac{D^2}{D^2 - d^2}$.

Un second couple analogue, mais avec des diamètres plus grands, est disposé à côté du premier, dont il est séparé par le receiver.

Ce second ensemble fonctionne donc comme compound, relativement au premier ;

FIG. 318. — Machine à vapeur à quadruple expansion, système Ch. Bourdon.

mais entre la troisième et la quatrième expansion, comme entre la première et la seconde, c'est la disposition Wolf qui est appliquée.

Une plaque de fondation (fig. 313 et 316) formant bâti et comportant trois paliers à larges portées, est reliée par des montants en fonte et par deux colonnes à une pièce comprenant à la fois les cylindres avec leurs prolongements et les boîtes de distribution. Extérieurement, cette pièce porte de puissantes nervures entre lesquelles est placé un enduit calorifuge recouvert d'une tôle mince qui l'enveloppe tout entière.

Il n'y a ni glissières à proprement parler, ni presse-étoupes, excepté pour les prolongements des tiges des pistons, et M. Bourdon supprime ainsi la plus grande partie des résistances passives.

Deux excentriques conduisent chacun un tiroir. Ces excentriques sont montés aux deux extrémités de l'arbre, contre les poulies-volants. Chacun des tiroirs sert à la fois pour les deux cylindres d'un même couple. Celui du premier couple est du type cylindrique double des tiroirs équilibrés, avec segments, et est analogue à un tiroir à coquille, avec une disposition particulière des lumières pour permettre d'effectuer la distribution suivant les besoins spéciaux de la machine. L'orifice inférieur C, en effet, ne peut jamais avoir à communiquer qu'avec la vapeur vive qui remplit la partie inférieure de la boîte de distribution, ou avec l'orifice supérieur F, et jamais avec l'échappement E (fig. 315).

De même, l'orifice supérieur F ne peut avoir à communiquer qu'avec C ou avec l'échappement E, mais jamais avec la vapeur vive.

Le fonctionnement est le suivant :

Le tiroir étant remonté jusqu'à la partie supérieure, l'orifice inférieur C est découvert et la vapeur, ayant accès dans la partie annulaire que nous appelons le petit cylindre, fait monter le piston ; pendant ce temps, le conduit F communiquant avec E, la vapeur qu a travaillé dans le second cylindre, se rend dans le réservoir intermédiaire. Le piston arrivant à bout de course, l'excentrique ramène le tiroir à la partie inférieure, fermant la communication de F avec E ; c'est la position représentée (fig. 315).

A ce moment, la vapeur qui vient de travailler dans le petit cylindre passe par C, traverse le tiroir creux, et, pénétrant par F sur le piston, c'est-à-dire dans le deuxième cylindre, fait descendre ce piston.

Du côté du deuxième couple, la distribution se fait par un tiroir à coquille, à orifices multiples, et à compensateur ; et, contrairement à ce qui a lieu au premier couple, les orifices d'admission dans les deux cylindres (troisième et quatrième) sont immédiatement l'un au-dessus de l'autre, vers le bas de la glace, tandis que l'échappement est à la partie supérieure.

L'orifice d'admission au troisième cylindre est double, comme aussi celui d'échappement, de façon à diminuer la course du tiroir, tandis que l'orifice d'admission au quatrième cylindre est simple, et par conséquent deux fois plus large que les autres ; cette disposition est sans inconvénient, cet orifice n'étant jamais recouvert puisque le quatrième cylindre est toujours en communication soit avec le troisième cylindre, soit avec le condenseur.

Aucun des cylindres n'est muni d'enveloppe de vapeur. L'emploi de ces enveloppes eût à la fois alourdi et compliqué la machine, et d'ailleurs, il y aurait eu quelque difficulté à déterminer exactement dans quelles parties de la machine il était plus avantageux de les établir : les fourreaux seuls sont absolument isolés, et ils peuvent emmagasiner une certaine quantité d'eau condensée, dans le petit espace annulaire qui existe entre le fourreau du cylindre et celui du piston. Il semble donc que c'est autour des fourreaux que l'emploi des enveloppes aurait été motivé. Mais la première conséquence de la présence d'enveloppes aux fourreaux aurait été de créer une grande surface rayonnant dans le vide, et par conséquent une notable déperdition de calories, lorsque le piston est au-dessus de cette enveloppe, c'est-à-dire pendant la moitié du temps. L'avantage à retirer des enveloppes était donc problématique et n'aurait pas compensé les inconvénients et la complication qui auraient été les conséquences de leur emploi.

Entre le second et le troisième cylindre, M. Bourdon réchauffe la vapeur au moyen du receiver ; à cet effet, il a installé dans le réservoir intermédiaire, entre les deux couples de cylindres, un réchauffeur tubulaire facilement amovible, composé de 18 tubes en U fixés sur un couvercle cloisonné. Ce réchauffeur (fig. 319) est alimenté par de la vapeur vive, qui entre en M, et l'eau condensée sort en N pour se rendre à un purgeur automatique.

Pour passer du deuxième cylindre au troisième, la vapeur doit donc traverser ce réchauffeur, et la fig. 316 montre qu'elle le traverse en diagonale, ce qui assure un contact assez prolongé avec les tubes et une utilisation convenable de la chaleur.

M. Bourdon réchauffe aussi les cylindres ; mais, au lieu de perdre des calories en rayonnant à l'extérieur, il se sert des pistons qui forment, à l'intérieur même des cylindres, des surfaces rayonnantes considérables, et ainsi toute la chaleur fournie est concentrée dans l'intérieur de la machine.

Dans ce but, la tige de chacun des pistons est forée, et se prolonge hors du cylindre, de manière à se déplacer dans une cloche en bronze, en communication, par une arrivée spéciale, avec de la vapeur vive, ou même avec de la vapeur surchauffée, si on en a à sa disposition. Mais après un certain temps, cette vapeur se condense, et il faut pouvoir en opérer l'évacuation.

A cet effet, à la partie inférieure du piston, on a ménagé intérieurement au fourreau,

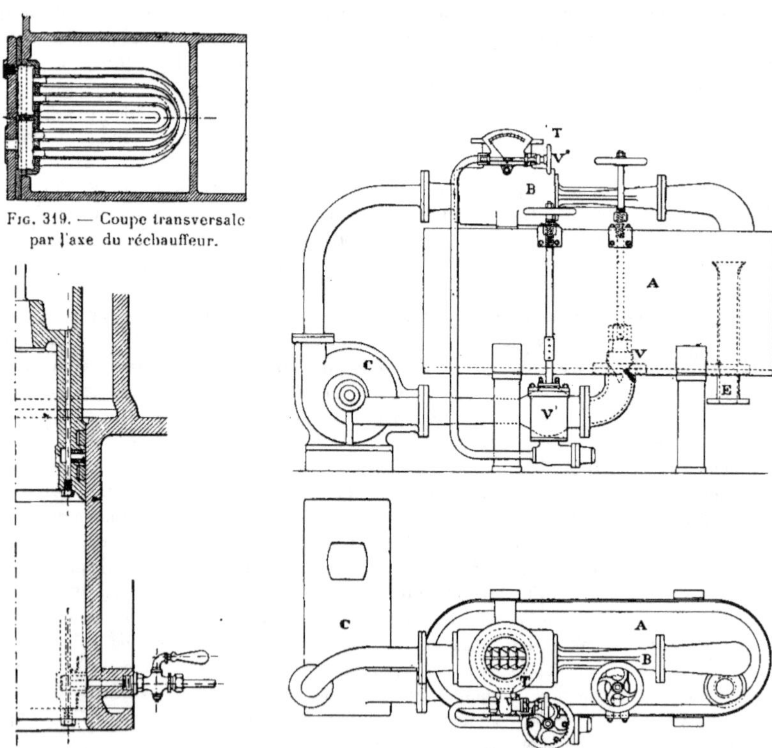

Fig. 319. — Coupe transversale
par l'axe du réchauffeur.

Fig. 320.
Purge du réchauffeur des pistons.

Fig. 321 et 322.
Élévation et plan de l'éjecto-condenseur, système *Ch. Bourdon*.

et suivant une de ses génératrices, un bossage venu de fonte, lequel est percé d'un petit trou et fermé par une vis à la partie basse (fig. 320).

En correspondance avec ce conduit, un trou a été percé normalement à la surface entre les deux segments, dans la partie pleine du petit piston. Un bouchon en bronze, percé lui-même d'un petit trou, perpendiculaire à la paroi du fourreau est ajusté avec soin dans ce trou, de façon à ne pas laisser passer la vapeur. Ce bouchon est poussé par derrière par un petit ressort à boudin, dont l'action, combinée avec celle de la vapeur, le maintient appliqué contre la paroi du fourreau, et empêche tout passage de vapeur ou d'eau par ce trou.

Mais, quand le piston arrive au bas de sa course, le trou du bouchon vient en coïncidence avec un autre trou, pratiqué dans le fourreau extérieur, et sur lequel est vissé un robinet purgeur.

La coïncidence des deux trous a lieu à bout de course, au moment où la vitesse du piston est nulle. Il y a alors un instant très court, pendant lequel l'eau condensée à l'intérieur du piston peut s'échapper à l'extérieur. L'ouverture du robinet purgeur peut être réglée de telle façon qu'il ne sorte que de l'eau. On peut aussi adapter un purgeur automatique.

La partie inférieure de la machine est entourée par une boîte en tôle. Les bielles peuvent ainsi barboter dans un bain d'huile ménagé dans la plaque de fondation.

D'autre part, un graisseur à goutte visible est placé à l'arrivée de la vapeur au petit cylindre. Le graissage se transmet ainsi aux différents organes moteurs de la machine.

Le régulateur est placé dans le volant. Il peut agir, soit sur le papillon, soit sur le calage de l'excentrique.

Contrairement à ce qui a lieu dans les machines compound ordinaires, la visite du cylindre inférieur est facile, en enlevant le couvercle du cylindre supérieur, on peut sortir les deux pistons sans difficulté.

Cette machine est d'une grande simplicité; et, tout en remplissant les conditions de détente et de chauffage requises pour un fonctionnement économique, elle réalise, au point de vue mécanique, tous les desiderata qui correspondent à un rendement élevé, puisqu'il y a peu d'organes à frottement et peu de masses en mouvement.

Données principales :

1er couple	Diamètre du fourreau.....	0,170
	Diamètre du cylindre.....	0,240
	Rapport $\frac{s_1}{s} =$	0,002
2e couple	Diamètre du fourreau.....	0,243
	Diamètre du cylindre.....	0,400
	Rapport $\frac{s_3}{s_2} =$	2,75
	— $\frac{s_3}{s} =$	5,5
Course commune des pistons.........		300
Rapport $\frac{d}{l} =$		0,56
— $\frac{d_1}{l} =$		0,80

Rapport $\frac{d_2}{l} =$	0,81
— $\frac{d_3}{l} =$	1,33
Nombre de tours par minute.........	400
Vitesse moyenne des pistons.........	4 m.
Limites de l'admission au petit cylindre. .... de 0,30 à 0,50	
Admission normale au petit cylindre..	0,45
Détente totale normale..............	12
Pression initiale de la vapeur........	11 kilog.
Force en chevaux....................	50
Volume du grand cylindre par cheval..	0,75
Volume engendré par le grand piston par cheval et par seconde.............	10 lit.
Coefficient d'activité.................	0,1

Éjecto-condenseur. — A cette machine était appliqué un éjecto-condenseur à eau récupérée.

Pour éviter une dépense d'eau exagérée, M. Bourdon établit, au moyen d'une pompe centrifuge C (fig. 321), actionnée par une courroie conduite par la machine elle-même, une circulation continue de l'eau de condensation dans la bâche, sur laquelle est monté son éjecto-condenseur à aspirations successives. Ce dernier est relié à l'échappement de la machine par un tuyau en cuivre aboutissant à la tubulure T.

Il fait ainsi absorber à l'eau en circulation, autant de vapeur qu'elle peut en prendre pour arriver à la température à laquelle il veut la rejeter.

D'autre part, au moyen d'une addition d'eau froide, il l'empêche de dépasser cette température limite fixée.

Deux vannes V V′ permettent de régler à volonté l'arrivée de l'eau ayant déjà servi et venant de la bâche et celle de l'eau froide venant du réservoir ou du puits où elle est aspirée par la pompe centrifuge C.

Un tuyau de décharge E laisse couler une quantité d'eau égale à celle que l'on a ajoutée par la vanne d'eau froide V′ ou par celle supérieure V″ : car afin d'éviter un abaissement trop rapide du vide, à mesure que la température du mélange s'élève, une vanne graduée permet d'injecter latéralement une petite pluie d'eau froide dans le tuyau d'arrivée de vapeur. Cette eau refroidit continuellement celle du condenseur, et elle est enlevée avec l'eau de circulation.

Grâce à ces dispositions, la température finale de l'eau peut atteindre 55°, tout en conservant un vide de 60 centimètres de mercure.

Dans ces conditions, la dépense d'eau ne dépasse pas vingt fois le poids de la vapeur à condenser, elle est donc au plus égale à celle d'un bon condenseur ordinaire avec pompe à air.

Émile Mertz.

Machine jumelle-tandem à simple effet.

Deux paires de cylindres superposés en tandem sont fixées sur un bâti hermétique-

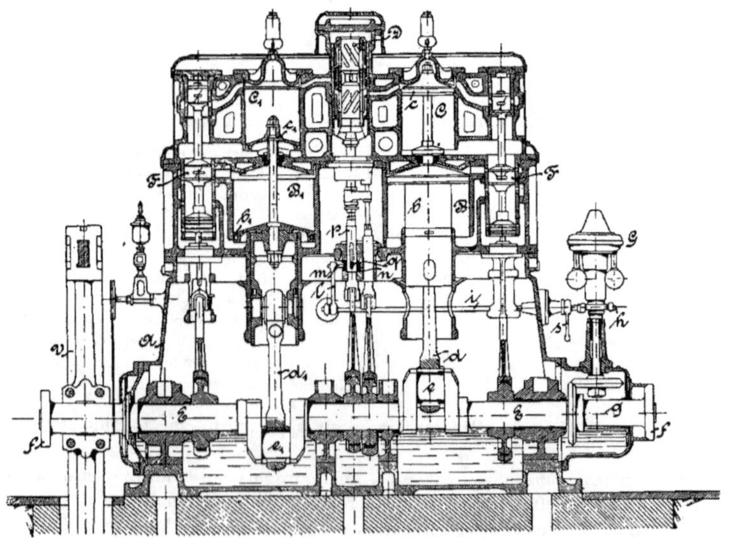

FIG. 323. — Machine *Mertz*, jumelle-tandem à simple effet.
Coupe longitudinale.

ment fermé. Les pistons accouplés attaquent l'arbre de couche par des manivelles disposées à 180°.

Les cylindres supérieurs, à haute pression, sont alternativement alimentés de vapeur par un distributeur d'admission commun rotatif D, à détente variable par le régulateur, et placé entre les deux lignes de cylindres. Ce distributeur comporte deux tiroirs concentriques du type Rider. L'échappement de la vapeur de chaque cylindre à haute pression, et son

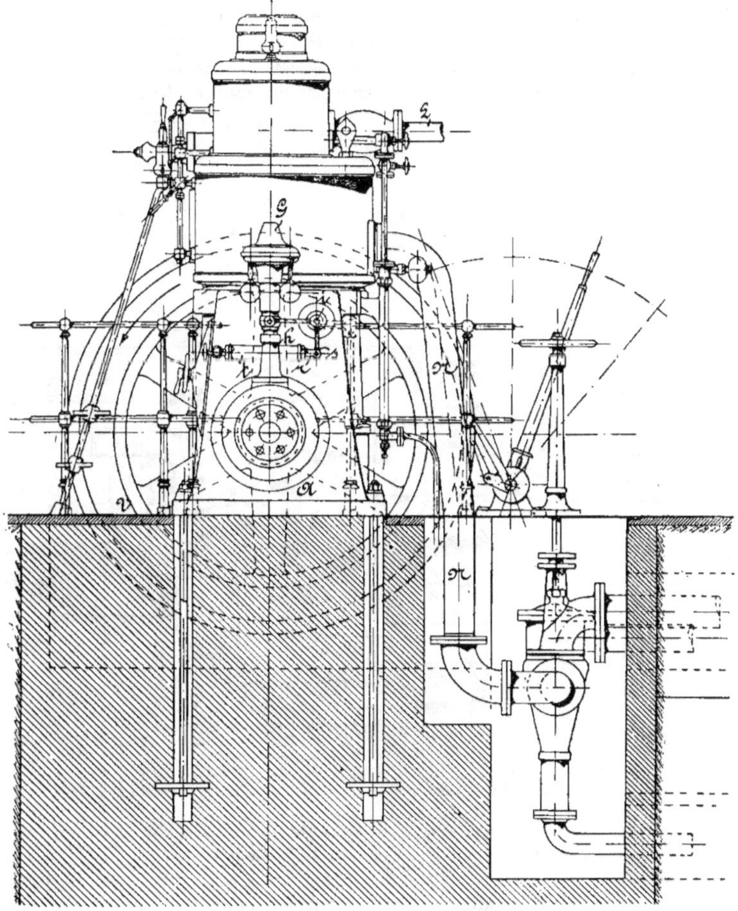

FIG. 324. — Machine *Mertz*, jumelle-tandem à simple effet.
Élévation latérale.

admission dans le cylindre à BP correspondant, sont commandés par un tiroir équilibré, à piston, lequel commande également l'échappement du cylindre BP au condenseur.

Le régulateur à force centrifuge, à ressort G, est commandé par une paire de roues d'angle. Il est combiné avec un second ressort, dit « ressort de réglage » logé dans la boîte *t* (fig. 324), et disposé de façon à ce que sa tension s'ajoute à celle du ressort du régulateur; de telle sorte qu'on peut faire varier, pendant la marche, la vitesse de la machine, en comprimant à la main, plus ou moins, le ressort additionnel, et en augmentant ou diminuant ainsi la somme des tensions des deux ressorts.

Une pompe à huile, actionnée par l'arbre de couche, assure le graissage des tiroirs et des pistons.

La vapeur entre par le tuyau L dans le distributeur D, et passe au-dessus du piston dans le cylindre C. Elle travaille en se détendant et en poussant le piston c vers le bas. Pendant ce temps, la vapeur qui a déjà travaillé au-dessus du même piston lors du précédent cycle, et qui se trouve maintenant au-dessous, remplissant ce cylindre C, qui joue le

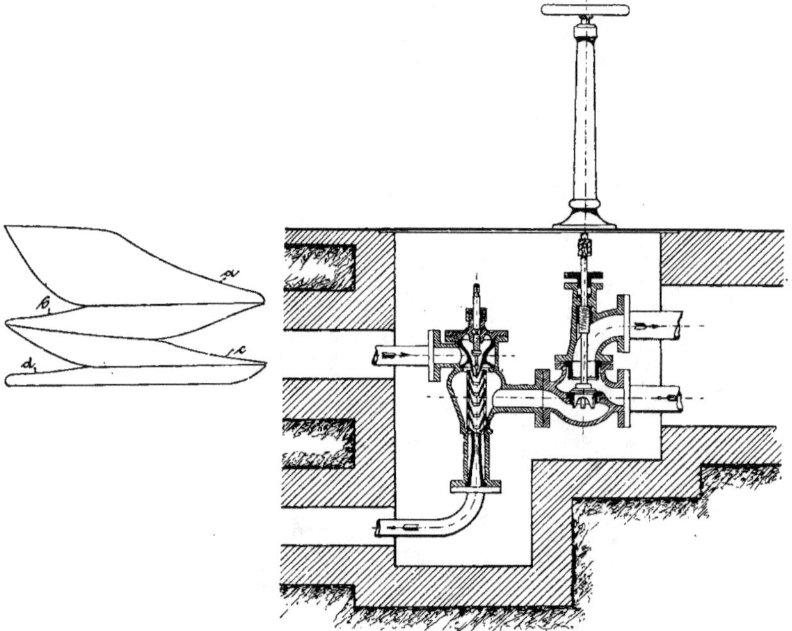

Fig. 325 et 326. — Machine *Mertz*, jumelle-tandem à quadruple expansion.
Diagrammes des détentes successives. Détail de l'éjecto-condenseur.

rôle de réservoir intermédiaire, passe au-dessus du piston b du cylindre B, où elle travaille de nouveau en se détendant. Pendant la course ascendante des pistons, la vapeur qui vient d'agir au-dessus du piston c passe à son tour sous ce piston, pendant que la vapeur qui vient de travailler au-dessus de b se rend au-dessous de ce piston, d'où elle passe, pendant la course descendante suivante, dans l'espace auquel est relié le tuyau N d'échappement à l'éjecto-condenseur.

La machine est symétrique par rapport à un plan médian transversal.

Tous les tiroirs sont commandés par des excentriques convenablement calé sur l'arbre moteur E.

Les diagrammes ci-dessus (fig. 325) montrent le travail effectué pendant un tour complet $a + b + c + d$.

A proprement parler, il n'y a que deux détentes actives, au-dessus de chaque piston, mais l'action de la vapeur sous ces pistons contribue cependant au travail produit, en équilibrant complètement les pistons pendant leur montée, sous l'action du second couple de pistons moteurs.

La machine était munie d'un éjecto-condenseur montré en coupe fig. 326.

Données principales :

Diamètre des deux cylindres à H P	0,330	Pression de la vapeur	10 kg.
— — B P.	0,500	Volume du petit cylindre	30 lit.
Course commune des pistons	0,350	— grand —	69 lit.
Rapport des sections	2,3	Puissance, en chevaux indiqués, de la machine double	225
Rapport $\dfrac{d}{l} =$	0,94	Volume du grand cylindre par cheval	0,306
— $\dfrac{d'}{l} =$	1,43	— engendré par le grand piston par cheval et par seconde	5,9
Nombre de tours par minute	290	Coefficient d'activité	0,17
Vitesse moyenne des pistons	3 m.38		

Machine à triple expansion.

Dans la machine verticale Mertz à triple expansion et à quadruple effet, les trois cylindres juxtaposés sont disposés sur un bâti robuste et entièrement fermé, qui permet d'éviter toute projection extérieure de l'huile qui baigne les organes en mouvement.

La caractéristique de cette machine, comme de la suivante, est que, dans chaque cylindre, deux pistons dont les tiges peuvent coulisser l'une dans l'autre, se déplacent en sens inverse l'un de l'autre, la vapeur agissant successivement sur leurs faces interne et externe. Dans ce but, le piston supérieur est muni d'une tige pleine qui se prolonge comme à l'ordinaire et vient s'articuler par une crosse à patin sur la tête d'une bielle donnant le mouvement à l'arbre de couche ; le piston inférieur se prolonge par une tige creuse, reliée par une articulation à rotule à une traverse dont les deux extrémités attaquent par des bielles deux tourillons de l'arbre manivelle placés de part et d'autre du précédent, et à 180° de celui-ci. Chaque cylindre a donc une longueur double de celle qui correspond à la course d'un piston.

Il y a lieu de remarquer seulement que la tige du piston supérieur, en raison du frottement auquel elle est soumise sur une grande longueur, présente des dispositions spéciales en vue d'assurer un bon graissage.

On comprend que la vapeur, introduite entre les deux pistons, les fait écarter l'un de l'autre pendant un demi-tour, et que, agissant ensuite sur les faces opposées des pistons, elle tend à rapprocher les deux pistons pendant la seconde moitié du tour. Chaque cylindre joue donc le rôle de deux cylindres à double effet, et les pressions sur l'arbre manivelle s'annulant mutuellement, la machine est parfaitement équilibrée. C'est ainsi que, pendant la durée de l'Exposition, une machine de ce type, de 360 chevaux, a pu fonctionner sans écrous sur ses boulons de fondation.

La conséquence de la disposition adoptée par M. Mertz est que, pour un diamètre donné des cylindres et une vitesse de rotation déterminée, la vitesse des pistons est réduite de moitié.

Les glissières sont fixées sur la face arrière et interne du bâti. La distribution se fait, dans le cylindre à haute pression, au moyen de deux tiroirs cylindriques concentriques, du type Rider, soumis à l'action d'un régulateur à ressort et à boules, placé derrière la machine, et commandé par l'arbre de couche au moyen d'une chaîne à rouleaux.

Les deux tiges commandant ces deux tiroirs concentriques sont elles-mêmes disposées l'une intérieurement à l'autre, mais commandées par deux excentriques distincts.

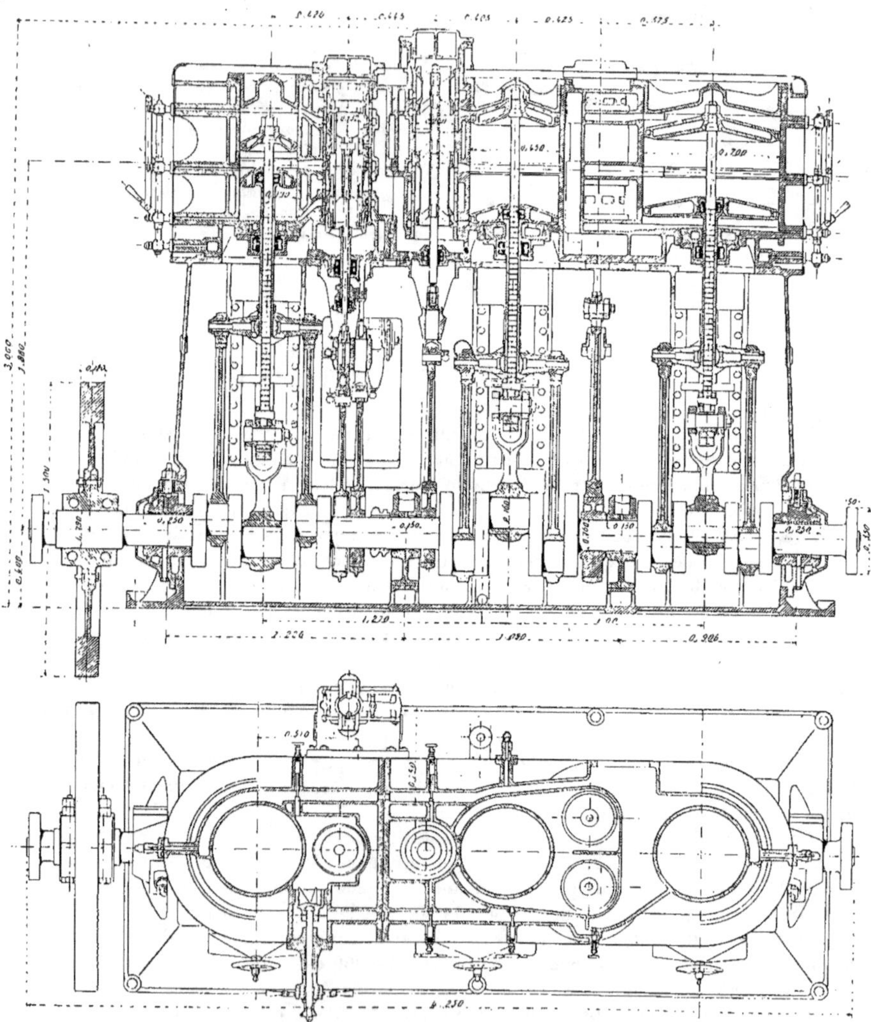

Fig. 327 et 328. — Machine *Mertz* à triple expansion de 300 chevaux.
Coupes longitudinale et horizontale.

Les tiroirs des cylindres à moyenne pression et à basse pression sont à détente fixe. Le cylindre à haute pression comporte deux tiroirs concentriques.

Une pompe à huile, actionnée par l'arbre de couche, effectue la lubrification des pistons et des tiroirs.

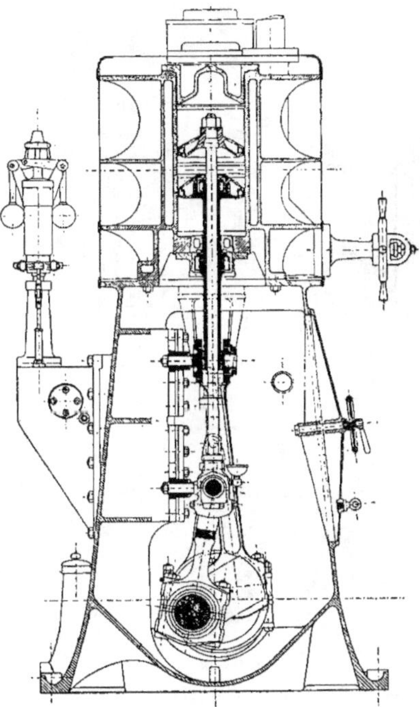

Fig. 329. — Machine *Mertz* à triple expansion de 360 chevaux.
Coupe transversale par l'axe du petit cylindre.

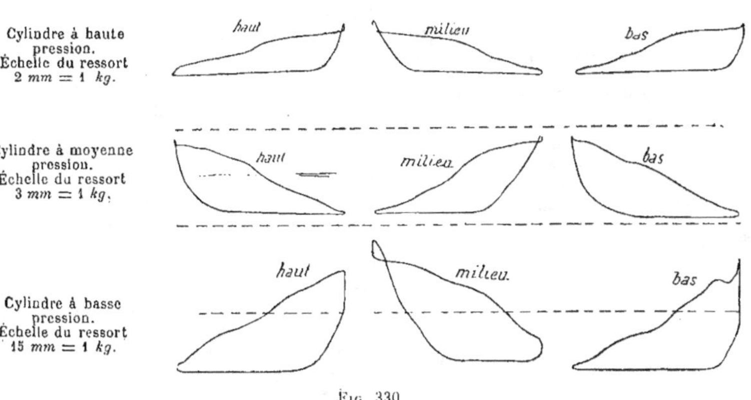

Fig. 330.

Les diagrammes ci-contre (fig. 330), relevés pendant l'Exposition, rendent compte du fonctionnement des diverses parties de la machine pendant un tour complet.

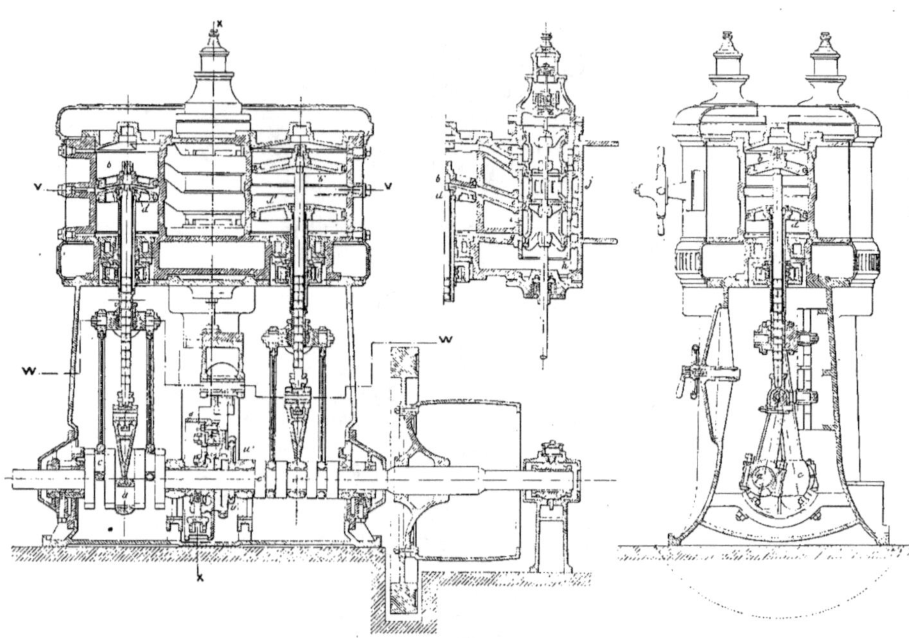

Fig. 331 à 333. — Machine verticale à double expansion, à quadruple effet.
Coupe longitudinale. Coupe transversale suivant l'axe du petit cylindre. Coupe suivant l'axe d'un tiroir.

Les indications qui en résultent sont les suivantes :

Pression dans la boîte à tiroir du cylindre
à haute pression.................... 9 kg. 5
Vide obtenu....................... 59 cm.
Degré d'admission au cylindre HP...... 0,48
Pression moyenne au cylindre HP...... 1 kg. 7

Pression moyenne au cylindre MP...... 2,02
        —   —   BP...... 0,52
Nombre de tours................... 280
Puissance en chevaux indiqués......... 344

Données principales de la machine :

Diamètre du cylindre à haute pression.... 0,290
    —   moyenne pression. 0,450
    —   basse pression.... 0,700
Course commune des pistons.......... 0m.220
(correspond à une course réelle de...... 0m.440)

Rapport $\dfrac{s_1}{s}$ 2,4

  — $\dfrac{s_2}{s}$ 2,42

  — $\dfrac{s_3}{s}$ 5,8

  — $\dfrac{d}{l}$ 1,32

Rapport $\dfrac{d'}{l}$ 2,05

  — $\dfrac{d''}{l}$ 3,19

Nombre de tours normal par minute.... 350
Vitesse moyenne des pistons par seconde. 2,55
Pression de la vapeur................ 10 kg.
Puissance de la machine.............. 360 chx
Volume du grand cylindre par cheval ... 0 l. 47
Volume engendré par les grands pistons
  par seconde et par cheval........... 5 l. 45
Coefficient d'activité................. 0,183
Diamètre du volant.................. 1,50
Vitesse à la circonférence............. 27 m.40

Machine verticale à double expansion à quadruple effet.

Comme principe, cette machine est semblable à la précédente. Les cylindres sont parallèles, fixés à la partie supérieure d'un bâti absolument fermé.

Entre les deux cylindres, sont disposés les distributeurs, qui sont des tiroirs cylindriques creux, garnis de trois gorges annulaires.

Dans chaque cylindre sont deux pistons se déplaçant en sens inverse, et dont les tiges coulissent l'une dans l'autre.

Les tourillons des manivelles, commandés par ces deux systèmes de pistons, sont à 180° l'un de l'autre, de sorte que les pressions s'équilibrent.

La détente est fixe pour le cylindre à basse pression. Elle est variable par le régulateur à ressort pour le cylindre à haute pression.

Une pompe à huile actionnée par l'arbre principal assure le graissage des pistons et des tiroirs.

Les autres organes en mouvement barbotent dans un bain d'huile.

Données principales :

Puissance, à 10 atmosphères, 120 chevaux effectifs à condensation; $D = 290$; $d = 440$; $l = 120$; $n = 520$; $v = 2$ m. 07.

Machine verticale compound équilibrée et à simple effet.

Cette machine se compose (fig. 334) d'un bâti sur lequel sont fixés deux cylindres

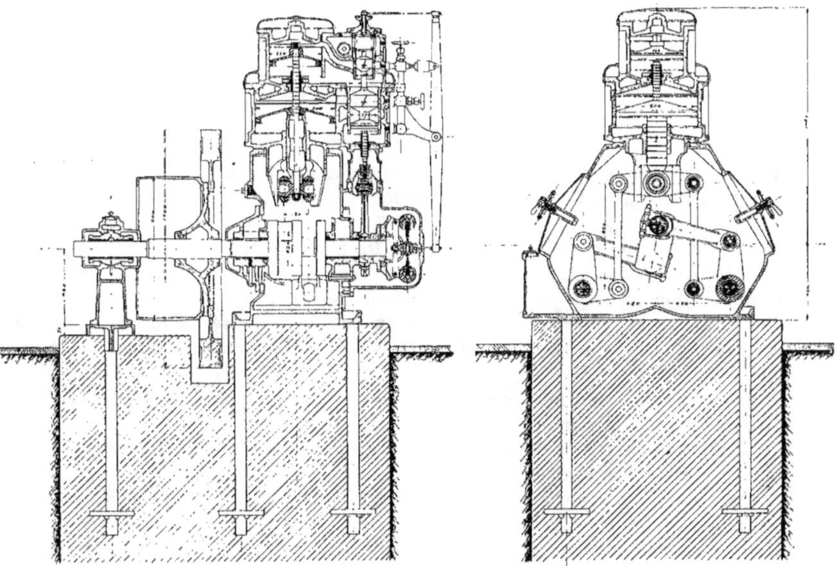

Fig. 334 et 335. — *Mertz*. Machine verticale compound équilibrée à simple effet.
Coupe longitudinale. Coupe transversale.

superposés agissant sur le même arbre de couche par un système de bielles équilibrant les masses et évitant les chocs et trépidations. Dans ce but, les leviers servant au renvoi du mouvement sont articulés à la partie inférieure du bâti de la machine, et l'attaque de l'arbre de couche se fait des deux côtés à 180°.

Le centre de gravité des pièces en mouvement reste toujours dans la verticale de l'axe de la machine.

Un manchon de grand diamètre, disposé sur la tige des pistons, assure un bon guidage inférieur.

La distribution se fait par des tiroirs-pistons cylindriques, dont la tige est reliée à l'excentrique de commande par un dispositif de réglage facile. Les cylindres sont à simple effet.

A l'une des extrémités de l'arbre de couche, est monté un régulateur à ressort.

Toute la partie inférieure de la machine est remplie d'huile assurant le graissage de tous les organes mobiles renfermés dans le bâti.

Un dispositif spécial, consistant dans la présence d'un troisième piston tiroir, permet de faire passer la vapeur qui a travaillé sur le grand piston sous la face inférieure de ce piston, et ce n'est qu'à la course descendante suivante des pistons que cette vapeur détendue passe au condenseur. La face supérieure du piston est donc soustraite à l'action réfrigérante du condenseur. Quand on marche sans condensation, on supprime le dernier tiroir du distributeur, et la vapeur s'échappe directement sans passer au-dessous du piston.

Données principales :

Puissance, à 10 atmosphères, 40 chevaux effectifs avec condensation; $D = 240$; $d = 360$; $l = 120$; $n = 470$.

H. Brulé et Cie.

La machine compound de 140 chevaux effectifs, soit 190 à 200 chevaux indiqués, exposée par MM. Brulé et Cie, est (fig. 336) verticale, du type pilon à deux cylindres juxtaposés.

Le bâti, de forme carrée, se prolonge par des glissières cylindriques, sur lesquelles sont boulonnés les cylindres. Le receiver est venu de fonte avec eux. Il en est de même des enveloppes, dans lesquelles circule de la vapeur vive.

Les pistons sont en fonte, avec double segment; ils sont fixés sur les tiges par un emmanchement conique et un écrou, et les tiges sont reliées aux crosses par une partie conique clavetée.

L'arbre moteur, doublement coudé, est en acier. Les manivelles sont équilibrées par des contrepoids venus de forge.

La distribution se fait par tiroir cylindrique au cylindre à haute pression, et, au grand cylindre, par tiroir plan compensé.

L'admission au petit cylindre, variable de 0 à 90 p. 100, est sous la dépendance du régulateur Armington placé dans un des volants; au grand cylindre, elle est fixe.

Un condenseur par mélange est disposé sur le bâti, derrière la machine. La pompe à air, verticale, est actionnée par un balancier articulé sur la crosse du piston.

Le graissage des paliers se fait par des graisseurs à mèche, celui des cylindres par un graisseur à pompe.

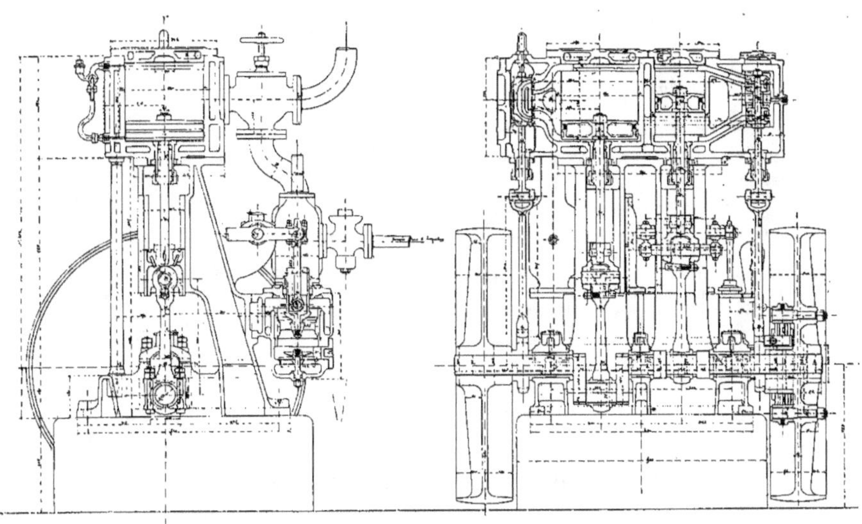

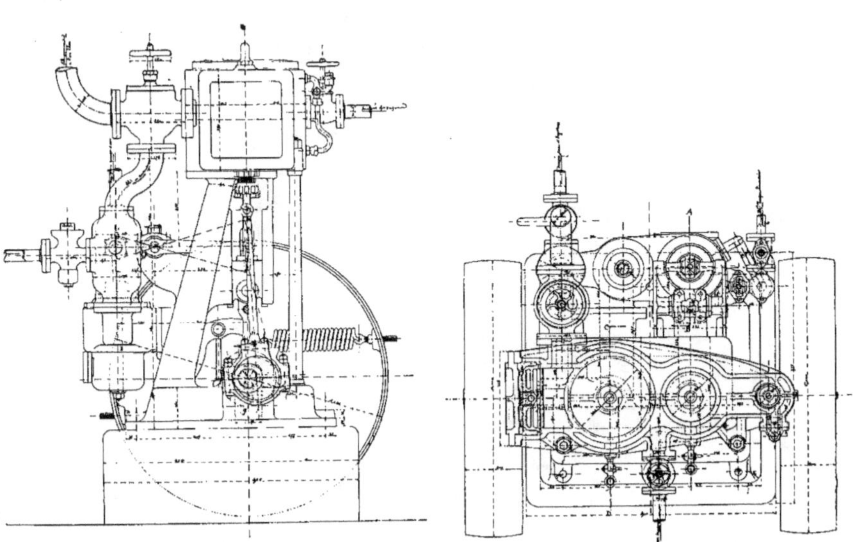

Fig. 336 à 339. — *H. Brulé et C*ⁱᵉ. Machine verticale compound de 140 chevaux effectifs.
Coupe transversale. Coupe longitudinale. Vue de profil. Coupe horizontale par l'axe des cylindres.

Données principales :

Diamètre du petit cylindre...........	0,340
— grand cylindre.........	0,550
Rapport des sections...............	2,6
Course des pistons................	0,400
Rapport $\dfrac{d}{l}$................	0,82
— $\dfrac{d'}{l}$................	1,38
Nombre de tours................	150
Vitesse des pistons...............	2 m.
Pression de la vapeur.............	7 kg.
Nombre de chevaux indiqués........	190

Nombre de chevaux effectifs.........	140
Volume du petit cylindre............	36 l. 4
— grand cylindre...........	95 lit.
— — par cheval effectif......................	0,68
Volume engendré par le grand piston par cheval et par seconde..........	2 l. 5
Coefficient d'activité................	0,4
Nombre des volants................	2
Diamètre des volants	1,50
Vitesse à la circonférence 4,71........	11 m. 80
Poids total de la machine............	10.000 kg

MACHINES A GRANDE VITESSE, A VALVE CENTRALE

Willans et Robinson, Victoria Works, Rugby.

La machine Willans est devenue un type classique; il n'est donc pas nécessaire de la décrire en détail. Tous les ingénieurs connaissent maintenant sa distribution par valve centrale ; les tiges des pistons sont creuses et percées d'un certain nombre de rangées de trous R (fig. 343 à 345). A l'intérieur de ces tiges se déplacent, mues par des excen-

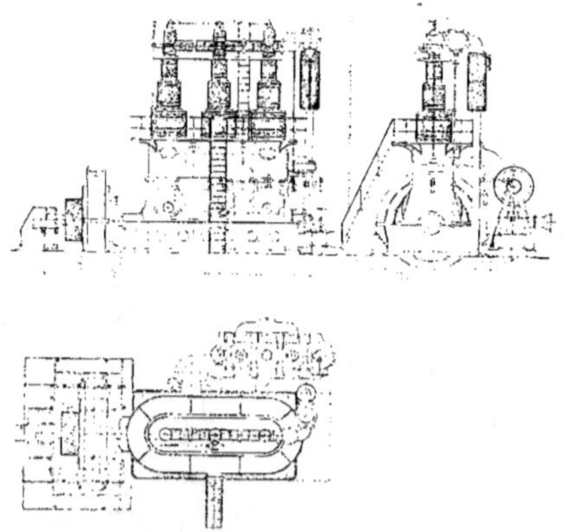

Fig. 340 à 342.— Moteur *Willans*.

triques, des valves F composées d'une série de douilles emboîtées les unes dans les autres, et traversées de bout en bout par une tige, filetée à ses deux extrémités, et serrée par écrou et contre-écrou.

La machine est à simple effet, et travaille à la descente ; les coussinets travaillent, comme la tige du piston, à la compression toujours dans le même sens.

Il n'y a d'exception que lorsque, la machine marchant à très faible charge, le régulateur étrangle la vapeur, et la pression devient insuffisante à la partie supérieure, pour maintenir l'excentrique en contact avec son axe.

La forme des pistons est telle, et les orifices d'échappement sont placés de telle façon qu'il se produit un très bon drainage de l'eau condensée.

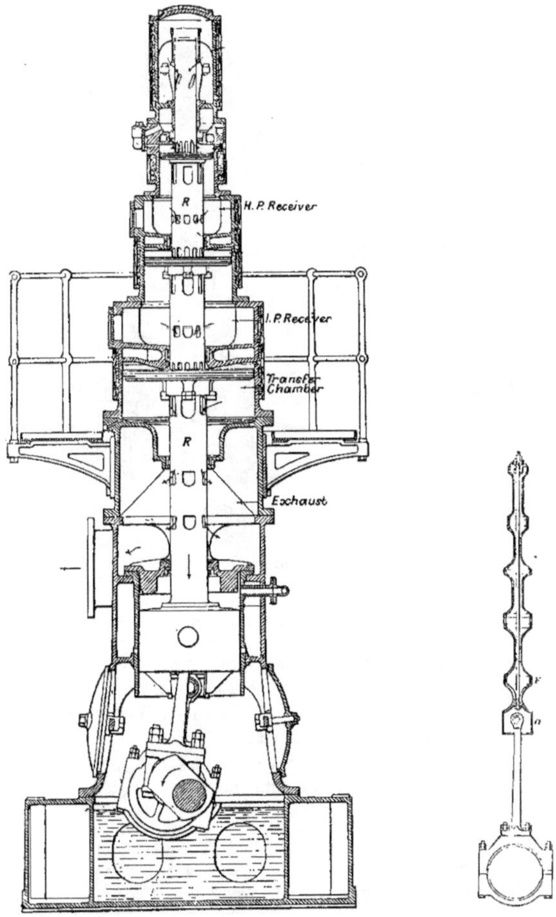

Fig. 343 et 344. — Distributions de moteurs *Willans*.

La vapeur passe derrière les garnitures des pistons et des tiges, et ajoute son action à celle des ressorts pour appliquer les bagues contre les surfaces en contact.

Chaque ligne de pistons est reliée à l'arbre de couche par deux manivelles, entre lesquelles est l'excentrique. Les bielles sont reliées à la partie supérieure par un axe en acier, percé d'un trou au milieu duquel passe l'excentrique.

Les coussinets sont amplement graissés par l'éclaboussement régulier produit à chaque tour par les manivelles plongeant dans la matière lubrifiante, ainsi que la partie supé-

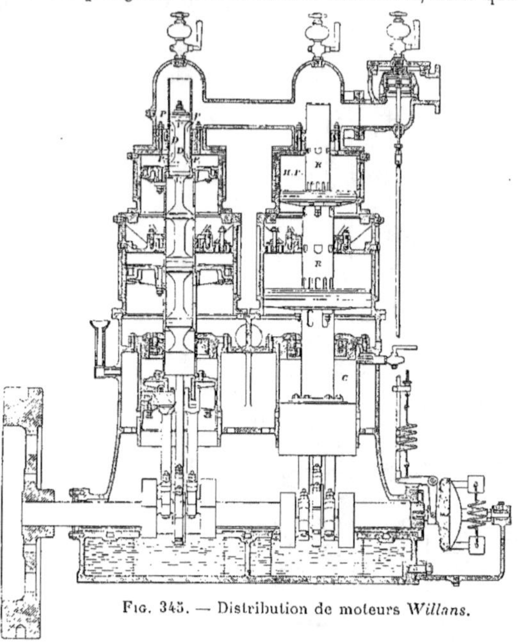

FIG. 345. — Distribution de moteurs *Willans*.

rieure des bielles de tige dans le cylindre-guide.

Van den Kerchove.

La machine Willans que nous venons d'examiner était dans la section Britannique.

A peu de distance de là, dans la section belge, figurait une machine de 180 chevaux du même type, mais composée de trois groupes conjugués à double expansion seulement, exposée par la maison Van den Kerchove, de Gand.

Elle actionnait directement une dynamo Pieper. La construction est soignée. Les coussinets, à très longue portée, sont garnis de métal blanc.

Données principales :

Diamètre du cylindre, haute pression..	0,280	Volume du petit cylindre............	9 lit. 2
— basse pression..	0,400	— grand cylindre............	18 lit. 8
Rapport des sections des cylindres....	2,04	Puissance en chevaux................	180
Course des pistons..................	0,150	Volume du grand cylindre par cheval..	0 lit. 14
Rapport $\dfrac{d}{l} =$	1,86	Volume engendré par le grand piston, par cheval et par seconde..........	1 lit. 64
— $\dfrac{d'}{l} =$	2,66	Coefficient d'activité................	0,61
		Diamètre de l'arbre coudé............	100
Nombre de tours par minute.........	470	Diamètre du volant.................	0,900
Vitesse des pistons par seconde.......	2 m. 35	Vitesse à la circonférence............	22 m. 20
Détente............................	4		

Il y avait, à côté de cette machine, un second groupe électrogène semblable, mais de 70 chevaux seulement.

MACHINES A TIROIRS PLANS

Chaligny et Cie.

Machine horizontale fixe compound à condensation.

La machine horizontale fixe compound à condensation exposée par MM. Chaligny et Cie dans la classe 19 fournit une puissance utile de 170 chevaux à la vitesse de 110 tours. Ses données principales sont les suivantes :

Diamètre du petit cylindre..	0,360	Puissance de la machine...............	170 chx
— grand —	0,580	Volume du grand cylindre.............	132 lit.
Course des pistons...................	0,500	— — par cheval ...	0,78
Rapport des sections	2,6	— engendré par le grand piston	
Rapport $\frac{d}{l} =$	0,72	par cheval et par seconde...........	2,85
		Coefficient d'activité	0,35
— $\frac{d'}{l} =$	1,16	Diamètre de la pompe à air...........	0 m. 180
		Course................................	0,500
Nombre de tours...................	110	Diamètre du volant..................	3 m. 50
Vitesse des pistons.................	1 m. 83	Vitesse à la circonférence............	20 m. 10

Les deux cylindres sont fondus d'une seule pièce avec leur enveloppe et le receiver.

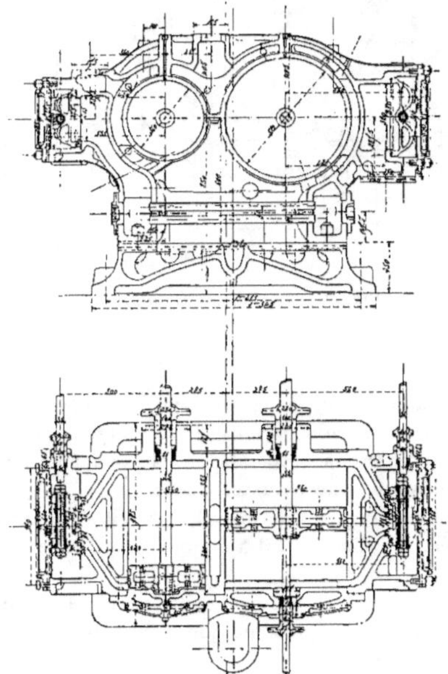

Fig. 346 et 347. — Machine *Chaligny*. Coupes transversale et horizontale des cylindres et du réchauffeur.

La vapeur vive, avant de pénétrer dans le petit cylindre, circule dans l'enveloppe et réchauffe les cylindres. La vapeur d'échappement du petit cylindre passe ensuite dans le receiver, où elle se réchauffe en passant à travers des tubes en laiton chauffés extérieurement par la vapeur vive. De là, elle passe au grand cylindre, où elle achève sa détente.

La distribution se fait, dans les deux cylindres, par des tiroirs à coquille conduits par des excentriques. Les tiges des tiroirs sont filetées, et les douilles en bronze qu'elles traversent et qui les relient aux tiroirs sont fixées sur ces tiges, en avant et en arrière, par écrou et contre-écrou.

L'admission est variable à la main dans le petit cylindre. Elle est fixe dans le grand cylindre.

Le régulateur agit seulement sur une valve équilibrée, en bronze, dont on trouvera le tracé détaillé dans la description de la machine verticale de la même maison.

M. Chaligny a remplacé l'ancien régulateur genre Porter, à masse centrale très

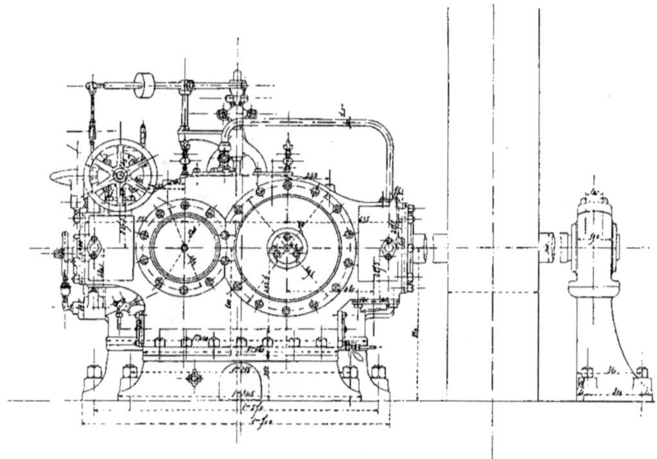

Fig. 348. — Machine *Chaligny*.
Vue en bout.

pesante, par un régulateur dont l'énergie est provoquée par des ressorts. Cette disposition a permis de réduire beaucoup le poids propre du régulateur et d'éviter, par suite, les actions de la force centrifuge sur la crapaudine et l'axe même de l'appareil, qui, avec l'ancien type, provoquait des jeux anormaux et nuisibles.

La variation d'admission à la main, en marche, se fait au moyen d'une coulisse, dont ci-contre (fig. 351) le tracé. La glissière est à double rampe hélicoïdale pour le rattrapage des jeux.

Le patin en fonte est réuni à la crosse du piston par l'intermédiaire de pièces de bronze. L'une des pièces est fixée par deux goujons taraudés directement dans la pièce en fonte constituant la crosse du piston.

Cette pièce à portée hélicoïdale, repose également sur une pièce en bronze, également en rampe hélicoïdale, tournant autour de l'axe vertical. En faisant tourner à l'aide de clefs ces dernières pièces, on peut rattraper des jeux de quatre centièmes de millimètre.

L'arbre est à deux vilebrequins croisés à 90°.

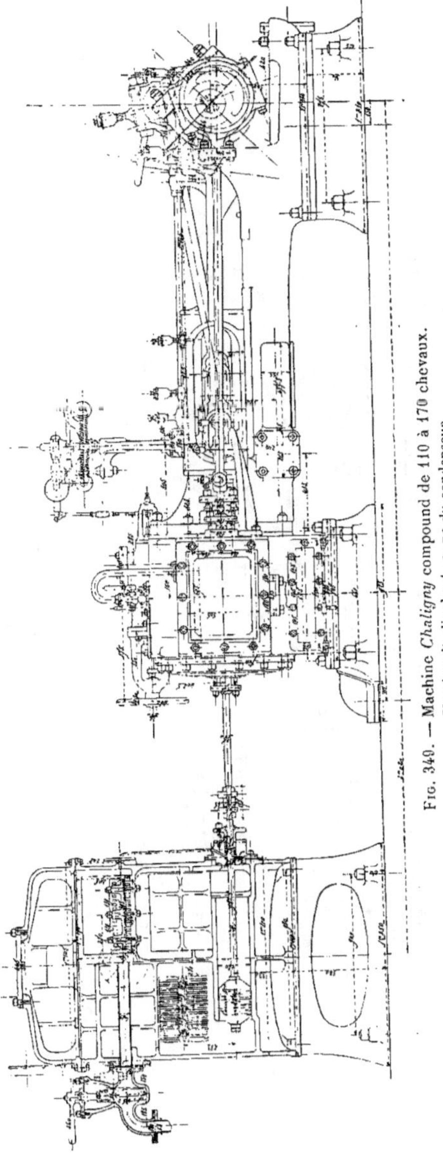

Fig. 340. — Machine *Chaligny* compound de 110 à 170 chevaux.
Vue longitudinale et coupe du condenseur.

Le condenseur est à injection. Il est commandé par le prolongement de la tige du

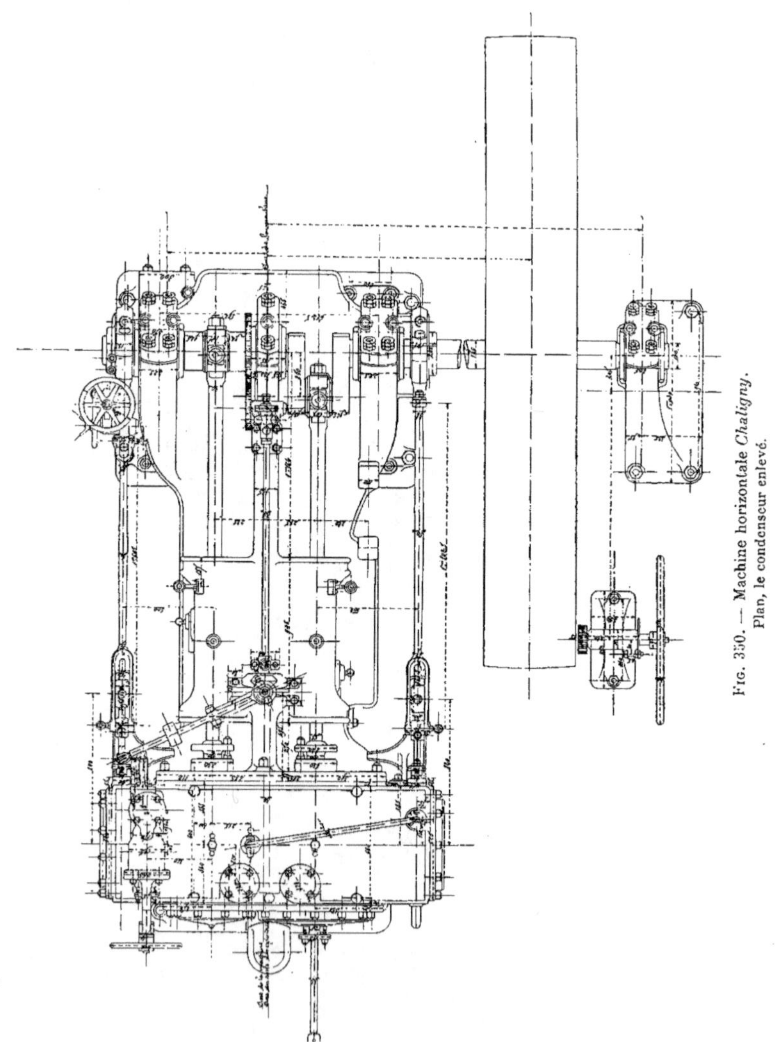

Fig. 350. — Machine horizontale *Chaligny*.
Plan, le condenseur enlevé.

grand cylindre. Un distributeur à trois voies permet d'envoyer la vapeur au condenseur ou d'échapper à l'air libre, à volonté.

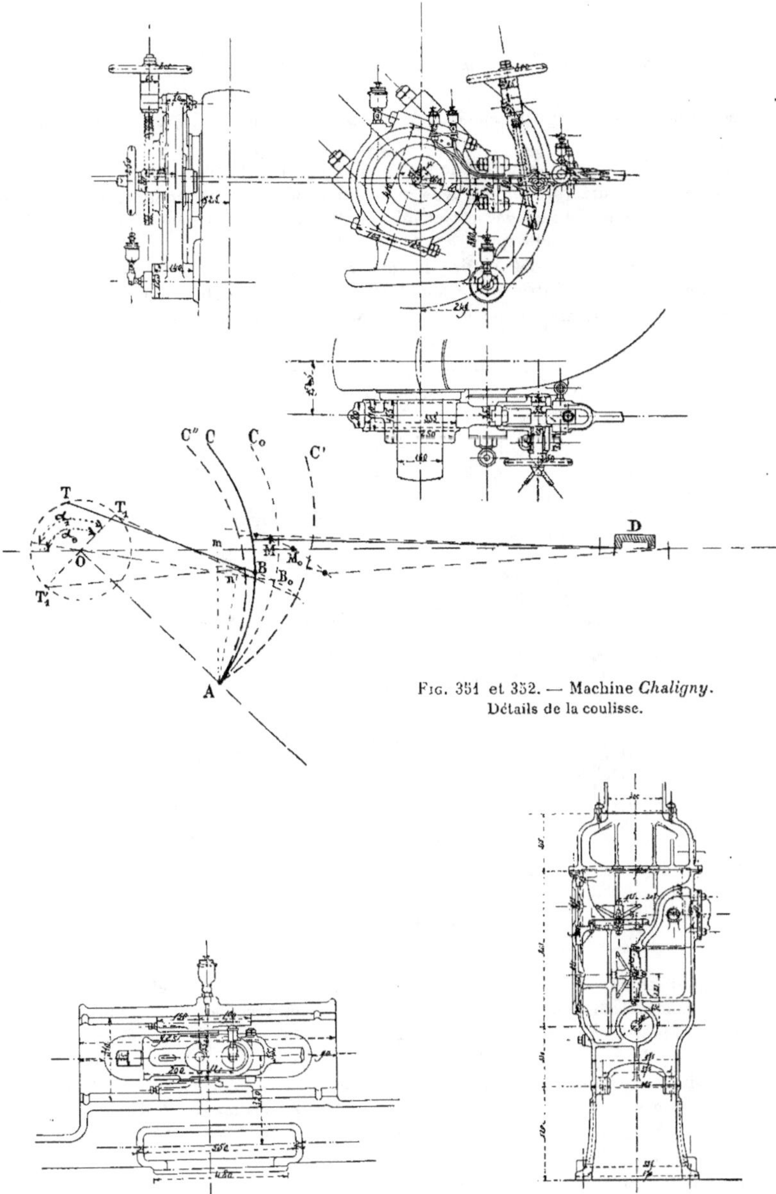

Fig. 351 et 352. — Machine *Chaligny*.
Détails de la coulisse.

Fig. 353. — Machine horizontale *Chaligny*.
Détail de la glissière.

Fig. 354. — Machine horizontale *Chaligny*.
Pompe à air en tandem avec le cylindre.

Machine verticale compound, à échappement libre, de 100 chevaux.

La puissance utile de 100 chevaux est obtenue à 180 tours avec de la vapeur à 7 kilog.

La consommation de vapeur est de 10 kg, 500 par cheval utile.

Les deux cylindres, du même type que pour la machine horizontale, sont à enveloppe de vapeur vive. Le receiver est chauffé également par la vapeur vive.

L'arbre est à deux vilebrequins à 90°.

La machine est munie d'une prise de vapeur à soupape équilibrée, sur laquelle agit un régulateur à masse centrale, à grande vitesse. Les distributions sont faites par des tiroirs à coquille. L'admission est variable en marche et à la main, au moyen d'une cou-

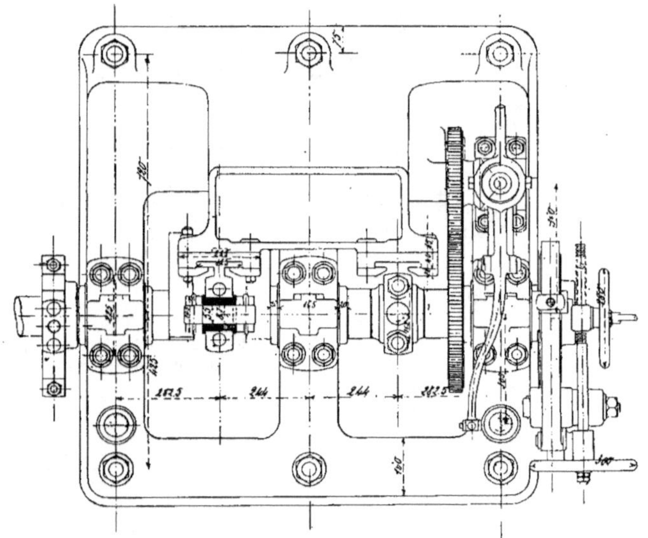

Fig. 355. — Machine verticale marine de M. *Chaligny.*
Vue en plan et coupe horizontale.

lisse oscillant autour d'un axe fixe monté sur le bâti du moteur, et commandée par l'excentrique dont la biellette porte le coulisseau. Ce coulisseau est fixé dans la coulisse dans une position en rapport avec l'introduction cherchée. Elle commande le tiroir par l'intermédiaire d'une articulation M (fig. 352), fixée sur elle.

La position moyenne de la coulisse est déterminée de telle façon que, le tiroir étant dans sa position moyenne, le point d'articulation M_0, qui commande le tiroir, se trouve sur la ligne OD, joignant l'axe de l'arbre, au tiroir (le mouvement du tiroir est supposé parallèle à celui du piston).

La condition que l'on s'impose est que l'avance linéaire reste constante. Pour que cette condition soit remplie, il faut que le tiroir reste fixe lorsqu'on déplace le coulisseau sur la coulisse, la manivelle correspondante étant au point mort ; la coulisse est donc un arc de cercle C', ayant pour centre le point T_1.

Pour que cet arc de cercle puisse passer du point T_1 au point T_1', en C", il est nécessaire que ce centre soit sur la perpendiculaire OA à T_1T_1'.

On le prend précisément au point A, d'intersection des deux cercles, de centres T_1 et T_1'.

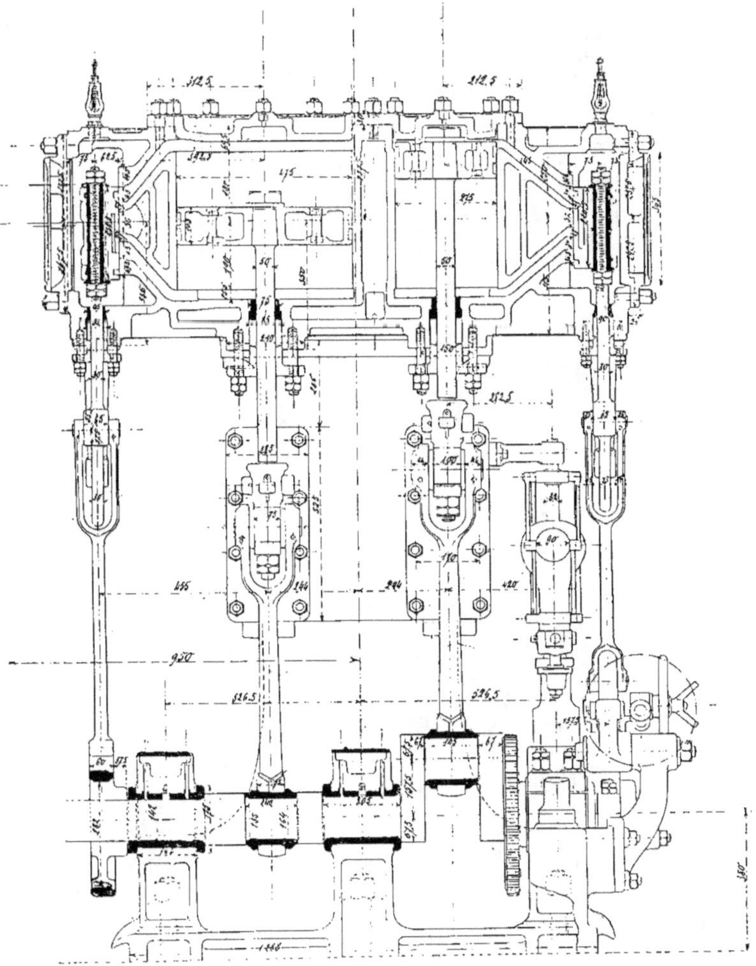

Fig. 356. — Machine verticale compound de M. *Chaligny*.
Coupe verticale.

Si nous considérons la position du coulisseau en un point B quelconque de la coulisse, l'angle x_1 se trouve être le nouvel angle de calage. Le mouvement du tiroir peut être considéré, en négligeant les obliquités des bielles, comme se faisant suivant la direction moyenne OB_0 de l'arc d'oscillation du coulisseau, et la course du tiroir, qui, pour la position moyenne du coulisseau dans la coulisse, est celle de l'excentrique, se trouve modifiée dans le rapport de $\dfrac{Am}{An}$.

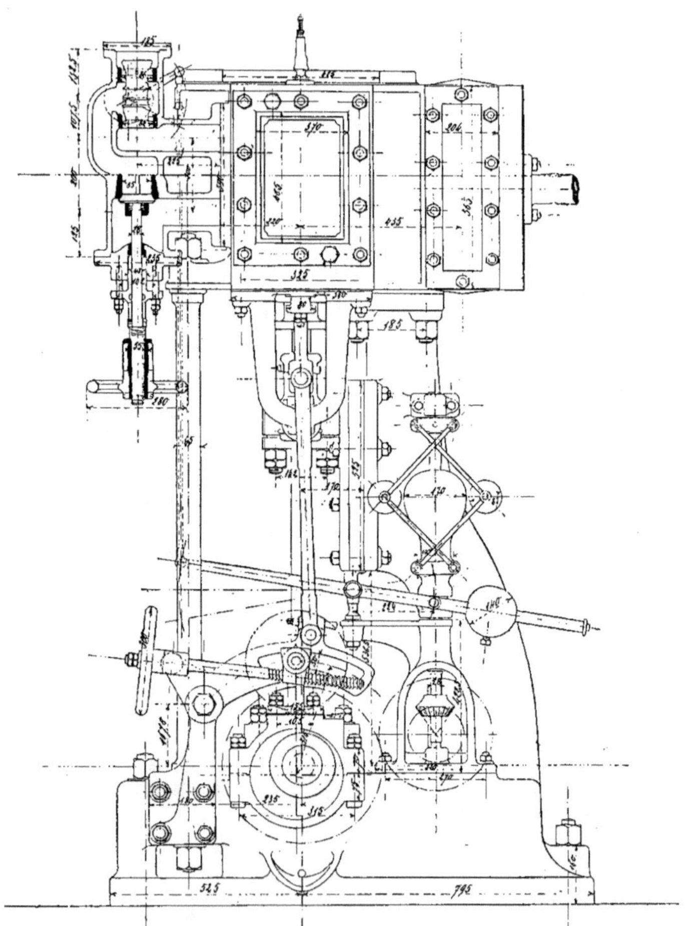

Fɪɢ. 357. — Machine verticale compound de M. *Chaligny*.
Élévation latérale.

La disposition générale des cylindres est, avec une légère variante, la même que celle de la machine horizontale.

Le bâti est simple, les cylindres sont en outre reliés au socle par deux colonnes en acier.

Les glissières sont planes, rapportées sur le bâti, et les coulisseaux sont à patins.

Données principales :

Diamètre du petit cylindre	0,275	Volume du grand cylindre	55 lit. 9
— grand	0,475	— — par cheval	0 lit. 56
Rapport des sections	2,98	Volume engendré par le grand piston	
Course	0,315	par cheval et par seconde	3 lit. 35
Rapport $\frac{d}{l} =$	0,87	Coefficient d'activité	0,30
		Nombre de paliers	3
— $\frac{d'}{l} =$	1,51	Longueur des portées	0,205
		Diamètre de l'arbre	0,110
Nombre de tours	180	Diamètre du volant	1.800
Vitesse des pistons	1 m. 89	largeur	0,350
Pression initiale de la vapeur	7 kg.	Vitesse à la circonférence	17 m. 00
Puissance moyenne	100 chx.	Poids de la machine	5.800 kg.

Schneider et Cie.

Appareil moteur du croiseur à 3 hélices « Le Kléber ».

Puissance collective développée dans les cylindres des 3 machines : 17.100 chevaux.

L'appareil moteur du Kléber comprend trois machines d'égale puissance et indépendantes, actionnant chacune une hélice.

Chaque machine est du type vertical à pilon, à trois cylindres, et à triple expansion.

La vapeur, dont la pression initiale est très élevée, travaille successivement dans les trois cylindres, avant de se rendre au condenseur.

Les tiroirs sont cylindriques. Le petit cylindre (HP) n'en a qu'un seul ; le moyen cylindre (M P) en a deux ; le grand cylindre (BP) en a quatre.

Tous les tiroirs sont actionnés par des coulisses Stephenson.

Cette machine présente le maximum de pression et aussi le maximum d'activité.

Dimensions principales de chaque machine :

Diamètre du petit cylindre	0 m. 860	Rapport $\frac{d''}{l} =$	2,44
— moyen —	1,255	Nombre de tours par minute	150
— grand —	1,950	Vitesse des pistons	4 m.
Rapport $\frac{s_1}{s} =$	2,12	Puissance de chaque machine	5.700 chx
		Pression initiale de la vapeur	18 kg.
— $\frac{s_2}{s_1} =$	2,42	Volume du grand cylindre	2.400 lit.
— $\frac{s_2}{s} =$	5,15	— — par cheval	0 lit. 42
Course commune des pistons	0 m. 800	Volume engendré par le grand piston	
		par cheval et par seconde	2 lit. 10
Rapport $\frac{d}{l} =$	1,07	Coefficient d'activité	0,475
— $\frac{d'}{l} =$	1,56	Poids total de l'appareil moteur	665 t.

Sautter, Harlé et Cie.

La maison Sautter, Harlé et Cie avait exposé plusieurs petits groupes électrogènes destinés à l'éclairage des navires.

Nous donnons les tracés et les données principales du plus puissant de ces groupes, celui de 200 chevaux indiqués. Il se compose d'une dynamo à courant continu, débitant

1.100 ampères sous la tension de 120 volts, actionné par une machine verticale, compound à cylindres jumelés. La distribution de la vapeur se fait par tiroirs cylindriques équilibrés.

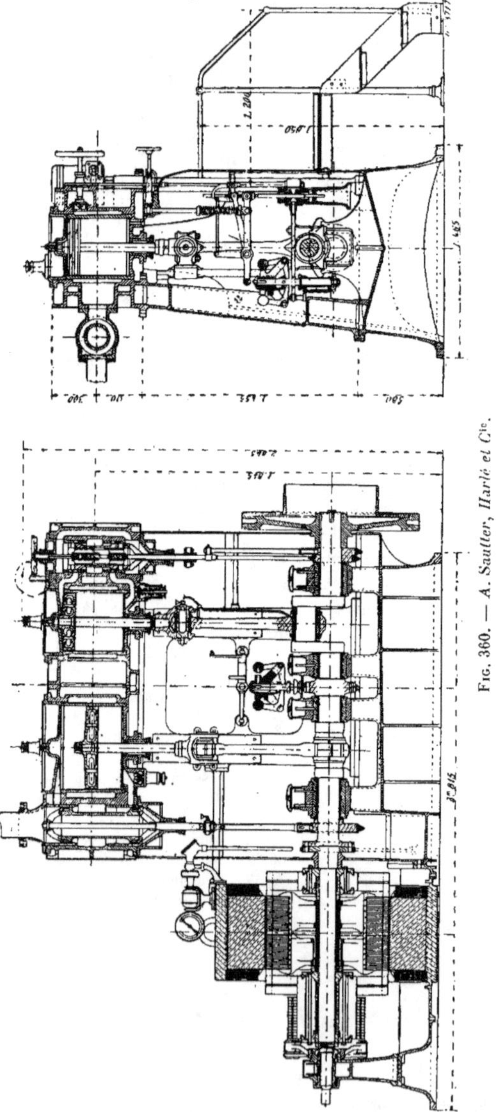

Fig. 360. — A. Sautter, Harlé et Cie.

Ces tiroirs sont commandés par des excentriques à calage fixe, calés sur l'arbre principal.

Les variations de puissance de la machine sont produites par l'action du régulateur sur une valve placée dans la conduite de vapeur à l'entrée du petit cylindre.

Les cylindres sont reliés au bâti par quatre colonnes en acier et sur l'avant du bâti, une plateforme en tôle permet de surveiller. pendant la marche, le fonctionnement et le graissage des organes.

Un volant en fonte, portant une poulie, complète l'action régulatrice de l'induit de la dynamo.

Données principales :

Diamètre du cylindre à haute pression.	0 m. 400	Puissance normale en chevaux indiqués.	220
— — à basse pression.	0.570	Volume du petit cylindre............	41 lit. 5
Rapport des sections.................	2,04	— grand cylindre......... ..	84 lit. 6
Course commune....................	0 m. 330	— — par cheval..	0 lit. 385
Rapport $\frac{d}{l} =$	1,20	Volume engendré par le grand piston par cheval et par seconde..........	3 lit. 52
$\frac{d'}{l} =$	1,73	Coefficient d'activité.................	0,284
		Diamètre du volant..................	1 m. 200
Nombre de tours par minute.........	275	Largeur du volant...................	0,120
Vitesse des pistons par minute........	3 m. 025	Vitesse à la circonférence........ ...	17 m. 30
Pression de la vapeur................	10 kg.		

Sulzer

Monocylindrique verticale à tiroirs à piston.

Cette machine à vapeur monocylindrique verticale, à tiroirs à piston, combinée avec un dynamo à courant continu de 30 chevaux, servait d'excitatrice à la dynamo de 1.500 chevaux de Brown Boveri.

Le régulateur à ressorts est placé dans le volant.

Les données principales de cette machine sont :

Diamètre du cylindre	0,200	Volume du cylindre ....,.....	6 l. 10
Course du piston..................	0,200	Puissance en chevaux indiqués..........	36
Rapport $\frac{d}{l}$...................	1.00	Volume du cylindre par cheval..........	0,17
		Volume engendré par le piston, par cheval et par seconde....................	1 l. 70
Nombre de tours	300		
Vitesse du piston par seconde	2 m.	Coefficient d'activité....................	0,59

Escher Wyss et Cⁱᵉ.

Machine verticale.

La machine verticale à trois cylindres exposée par cette firme est construite pour commander directement une dynamo.

Les trois cylindres à vapeur sont parallèles ; ils sont supportés, d'une part, par trois solides supports en fonte reliés à la plaque de fondation, et d'autre part, par quatre colonnes en acier.

Le cylindre à haute pression est placé entre ceux à moyenne pression et à basse pression. Tous trois sont munis d'enveloppe de vapeur.

Le cylindre à HP est réchauffé par la vapeur vive. Sa distribution est à tiroirs, du système Rider avec admission intérieure.

Les presse-étoupes sont ainsi toujours soumis à la pression de vapeur des receivers.

Les cylindres MP et BP sont réchauffés par la vapeur des receivers, Leur distribution est faite par tiroirs plats, système Penn, équilibrés.

Le régulateur horizontal à pendules à ressorts, sans contrepoids, est commandé par une chaînette articulée en acier actionnée par l'arbre manivelle. Il est pourvu d'un mécanisme de variations de tours, à la main, pendant la marche.

L'arbre en fer forgé est à trois coudes à 120°.

Du côté du cylindre BP est placé, en sous-sol, un condenseur par injection, avec une pompe à air verticale à simple effet.

Chaque cylindre est muni de soupapes de vapeur spéciales permettant de faire partir la machine dans n'importe quelle position des manivelles, en donnant la vapeur vierge, selon besoin dans chacun des cylindres.

Données principales :

Diamètre du petit cylindre	0 m. 320
— du cylindre MP	0,520
— — BP	0,800
Rapport des sections $\frac{s_1}{s} =$	2,62
— $\frac{s_2}{s_1} =$	2,36
— $\frac{s_2}{s} =$	6,20
Course des pistons	0 m. 450
Rapport $\frac{d}{l} =$	0,71
— $\frac{d'}{l} =$	1,16
Rapport $\frac{d''}{l} =$	1,78
Volume du cylindre HP	36 lit.
— — MP	95 —
— — BP	227
Nombre de tours	175
Vitesse des pistons	2 m. 62
Pression de la vapeur	12 kg.
Puissance de la machine	300 chx.
Volume du grand cylindre par cheval	0 lit. 76
Volume engendré par le grand piston par seconde et par cheval	4 l. 4
Coefficient d'activité	0,226

Société d'Augsbourg et de Nuremberg.

Cette firme, en outre de sa large participation à la fourniture de l'énergie électrique dans la section allemande, avait fourni la partie mécanique d'un groupe électrogène de 500 chevaux exposé par la Société Électricité et Hydraulique (M. J. Dulait, administrateur délégué) dans la section belge.

Il s'agit là d'une machine marine, à grande vitesse où la distribution est faite au cylindre HP par un tiroir Rider. La distribution aux deux autres cylindres est faite par des tiroirs plans.

La pompe à air est mise en mouvement par un bras articulé sur la crosse de l'un des pistons.

Données principales :

Diamètre du cylindre HP	0 m. 450
— — MP	0,715
— — BP	1,060
Rapport $\frac{s_1}{s} =$	2,53
— $\frac{s_2}{s_1} =$	2,20
— $\frac{s_2}{s} =$	5,57
Course commune	0,550
Rapport $\frac{d}{l} =$	0,82
— $\frac{d'}{l} =$	1,30
Rapport $\frac{d''}{l} =$	1,93
Nombre de tours	142
Vitesse moyenne des pistons	2 m. 60
Pression initiale de la vapeur	11 kg.
Puissance en chevaux indiqués	500
Volume du cylindre BP	448 lit.
— — par cheval	0,896
— engendré par le grand piston, par cheval et par seconde	4 l. 6
Coefficient d'activité	0,217
Diamètre du piston de la pompe à air	0 m. 800
Course	0,200
Poids de l'induit volant	7.500 kg
Poids total	43.000 kg

Ruston Proctor et Cie.

La maison Ruston Proctor et Cie avait envoyé une machine verticale compound, type marine, grande vitesse sans condensation.

Les deux cylindres sont côte à côte, recouverts de feutre, de bois et de tôle. Ils reposent, d'un côté sur deux bâtis verticaux en fonte renfermant les glissières et boulonnés sur le socle, et de l'autre sur deux colonnes en fer forgé. Un régulateur monté sur l'arbre moteur commande le piston-valve du cylindre à haute pression et fait varier la durée de l'introduction.

Les manivelles sont équilibrées.

Les paliers principaux sont venus de fonte avec le socle.

Données principales :

Diamètre du petit cylindre	0 m. 229	Force en chevaux indiqués	70
— du grand	0,394	Volume du grand cylindre	31 lit.
Rapport des sections	2,92	— — par cheval	0,44
Course des pistons	0 m. 254	Volume engendré au grand cylindre par seconde et par cheval	3 lit. 28
Rapport $\frac{d}{l}$	0,9	Coefficient d'activité	0,305
Rapport $\frac{d'}{l}$	1,56	Diamètre du volant	1 m. 55
		Largeur de jante	0,254
Nombre de tours	210	Vitesse à la circonférence	17 m.
Vitesse du piston	1 m. 89	Poids	5.500 kg.
Pression de la vapeur	8 kg.		

Escher Wyss et Cie.

Machine à glace, horizontale, de 50 chevaux.

Cette maison avait exposé dans le Palais de l'Alimentation une machine à glace actionnée par une machine à vapeur horizontale, monocylindrique, à enveloppe de vapeur, dont le cylindre est fixé directement sur le bâti à baïonnette ; le condenseur à injection est en sous-sol, la pompe à air est commandée par le tourillon de la manivelle, et la distribution est faite par un double tiroir Rider.

Données principales :

Diamètre du cylindre	0 m. 340	Puissance	50 chx.
Course du piston	0,700	Volume du cylindre	63 lit. 5
Rapport $\frac{d}{l} =$	0,49	— par cheval	1 lit. 70
Nombre de tours	85	— engendré par le piston, par cheval et par seconde	3 lit. 62
Vitesse du piston	2 m. 00	Coefficient d'activité	0,276
Pression de la vapeur	8 kg.		

Société Liégeoise.

La Société Liégeoise avait exposé une machine horizontale de 40 chevaux en fonctionnement, à bâti à baïonnette.

Cette machine monocylindrique avait une distribution Rider, avec une disposition intéressante destinée à l'enlèvement automatique de l'eau de condensation de la boîte de distribution et de l'enveloppe de vapeur.

La vapeur vive s'écoule après ouverture d'une soupape d'admission immédiatement fixée au cylindre, d'abord dans son enveloppe, et, de là, par le canal supérieur *a* (fig. 362), dans la boîte de distribution, pendant que deux canaux inférieurs *b* également en communication avec l'enveloppe de vapeur, permettent d'écouler l'eau condensée.

Pour faciliter l'évacuation automatique de la boîte de distribution à la partie inférieure de l'enveloppe, le cylindre porte comme le montre la fig. 364, une rainure saillante *c* qui

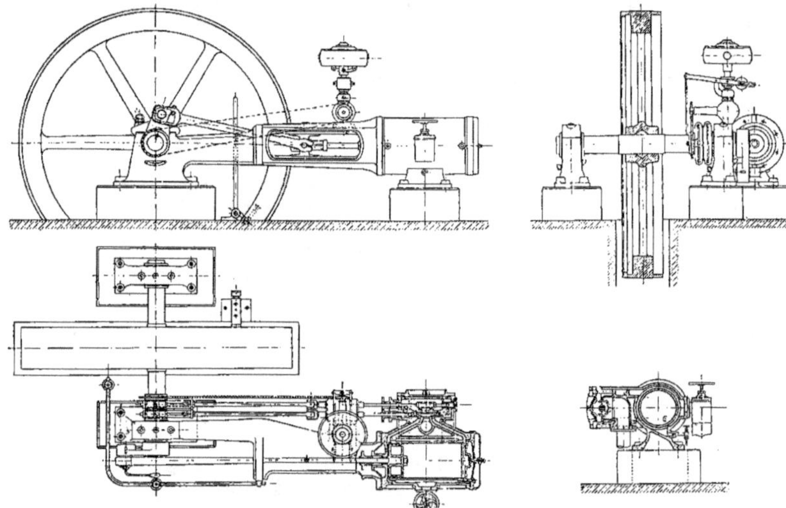

Fig. 361 à 364. — Machine horizontale de la *Société Liégeoise*.
Élévation latérale, plan, coupe transversale par le cylindre et par l'axe du volant.

hors les deux places où elle est interrompue sur quelques centimètres de long, va se raccorder à la boîte du cylindre.

Au point le plus bas, un robinet de vidange est en rapport avec un purgeur automatique.

Le régulateur à boules est actionné par une chaîne.

Les paliers de l'arbre du volant sont cylindriques et rapprochés.

La bielle a une tête fermée avec coin et écrou, l'autre est à fourche avec serrage par boulons la reliant à la crosse du piston.

Données principales :

Diamètre du cylindre	0 m. 300	Nombre de tours	120
Course du piston	0,500	Vitesse du piston	2 mètres
Rapport $\frac{d}{l} =$	0,60	Diamètre du volant	2 m. 30
		Vitesse à la circonférence	14 m. 44

Ruston Proctor et Cie.

Cette maison anglaise avait exposé deux machines horizontales monocylindriques de ses types courants très connus, l'une de 15, l'autre de 25 chevaux, mais toutes deux munies d'une détente Rider sous la dépendance du régulateur à ressort.

Le bâti est venu de fonte avec les glissières et les paliers.

La machine de 15 chevaux à arbre coudé, est très ramassée, son encombrement total n'est que de 1 m. 07 × 2 m. 23, son cylindre est en porte à faux.

Celle de 25 chevaux a un bâti venu de fonte avec le palier moteur, et le cylindre boulonné sur la glissière, repose sur le sol par un socle avec lequel il est venu de fonte.

Les données principales de ces deux machines sont réunies dans le tableau ci-dessous :

La pression de la vapeur et la vitesse du piston montrent suffisamment qu'il ne s'agit pas de types nouveaux.

	MACHINE de 15 chevaux.	MACHINE de 25 chevaux
Diamètre du cylindre	0 m. 203	0 m. 254
Course du piston	0,305	0,508
Rapport $\frac{d}{l} =$	0,666	0,50
Nombre de tours par minute	140	110
Vitesse du piston par seconde	1^{m}43	1^{m}86
Pression initiale de la vapeur	6^k	6^k
Volume du cylindre	9^{l}85	25^{l}6
— — par cheval	0^{l}66	1^{l}02
— engendré par le piston par cheval et par seconde	3^{l}08	3^{l}77
Coefficient d'activité	0,325	0,265
Diamètre du tuyau d'arrivée de vapeur	0,050	0,063
— — d'échappement	0,062	0,076
— du volant	1^{m}07	1^{m}83
Vitesse à la circonférence	7^{m}83	10^{m}60
Poids	175^k	800^k
Poids total de la machine	900^k	2.200

Une autre petite machine horizontale de la même forme, d'un type différent, et fonctionnant également à 6 kilog. à vitesse accélérée, avec bâti venu de fonte avec les glissières et les deux paliers, faisait 15 chevaux effectifs ; détente Rider actionnée par régulateur à ressort.

Le cylindre est enveloppé de feutre, de bois et de tôle. Cette machine est très ramassée : son encombrement total est 1 m. 07 × 2 m. 23.

Panoux.

Bien qu'elle ait son application directe aux locomotives, il semble que la distribution à changement de marche et à grande détente de M. Panoux, dont un modèle figurait au Groupe VI, pouvant s'appliquer aussi bien aux machines marines et aux locomobiles qu'aux locomotives, ne doive pas être déplacée dans notre étude.

La caractéristique de cette distribution est, tout en variant l'admission dans de grandes limites, de donner une large ouverture des orifices de vapeur, et une fermeture rapide.

Dans les machines compound, elle évite une compression exagérée au cylindre à haute pression.

Un tiroir A (fig. 365) cylindrique et creux, forme piston par sa surface extérieure qui

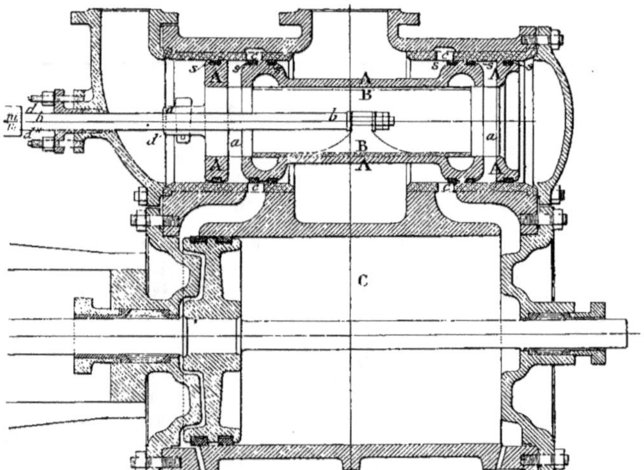

Fig. 365. — Distribution système *Panoux*.
Coupe du cylindre longitudinale.

est munie, aux deux extrémités, de segments *s*. La vapeur arrive par l'intérieur, et passe par les orifices *a* ménagés aux extrémités.

A l'intérieur de ce tiroir A, est un cylindre mince B, dont les extrémités viennent empêcher le passage de la vapeur par les orifices *a*.

Ce cylindre B est fendu suivant sa génératrice supérieure, et les deux lèvres sont ramenées en contact par le serrage du tiroir A. Ce cylindre B joue le rôle de la brique dans les tiroirs doubles. Il est mis en mouvement par une tige centrale *b*, pendant que le tiroir proprement dit est actionné par deux tiges *d*, *d'*, situées dans le même plan horizontal.

Piguet et Cie.

Nous avons vu que, s'il y avait, dans la section française, parmi les machines qui participaient à la fourniture de la force motrice de l'Exposition, un certain nombre de machines monocylindriques, il n'y en avait qu'une seule qui fût munie de tiroirs plans : c'était celle de MM. Piguet et Cie, de Lyon.

Malgré cette disposition d'ensemble démodée et une boîte à tiroirs qui frappait par

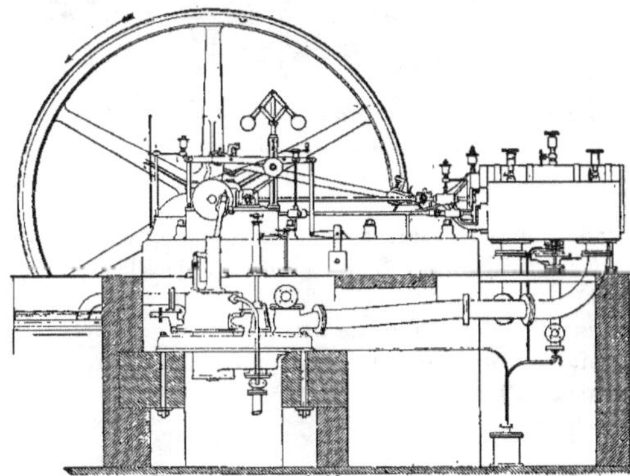

Fig. 366. — Machine de M. *Piguet.*
Élévation latérale.

l'énormité de ses dimensions, cette machine présentait un certain intérêt, tant à cause de la régularité de sa marche que pour sa consommation de vapeur relativement faible, résultant du peu de volume de ses espaces morts.

Le cylindre est à enveloppe de vapeur, avec chemise rapportée. Les fonds sont eux-

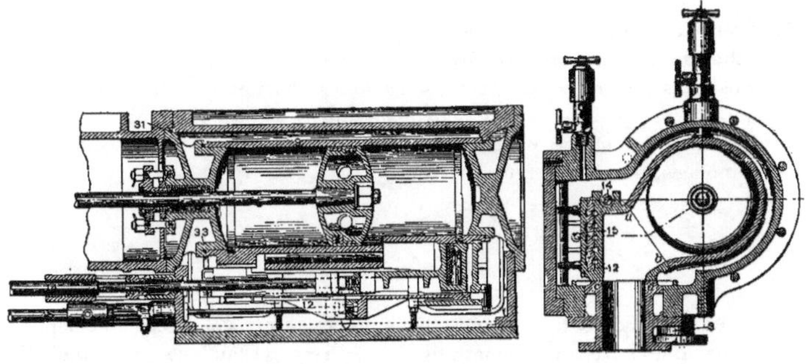

Fig. 367 et 368. — Machine *Piguet.*
Coupes longitudinale et transversale.

mêmes à circulation de vapeur, et les quatre joints entre les fonds, le corps du cylindre et le tube, sont faits avec des cercles en caoutchouc.

Le tiroir a une section générale à peu près triangulaire. Il est actionné par une tige reliée invariablement à un excentrique et règle l'admission et la compression. Un second tiroir, glissant sur le dos du premier, opère la fermeture. Il est actionné par une tige sous la dépendance du régulateur.

Les fig. 367 à 370 montrent les détails pratiques de cette distribution.

L'excentrique 53 conduit le premier tiroir par la tige 67.

L'axe 58, fixé sur le même excentrique, est relié à 59, sur la coulisse oscillante 63, et

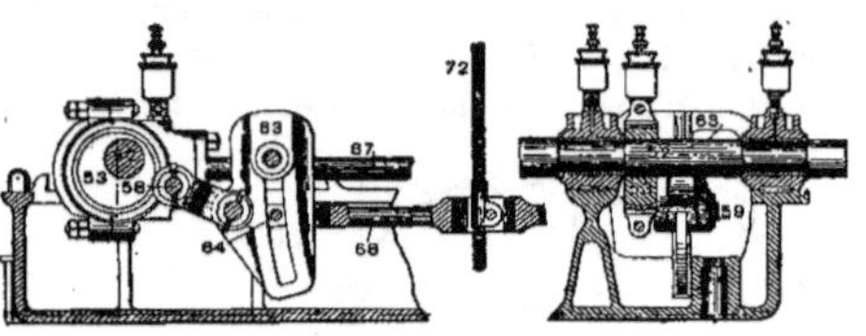

FIG. 369 et 370. — Machine *Piguet*.
Détails de la distribution.

lui donne un mouvement de balancement. Dans la coulisse, peut se déplacer un bloc 64, relié à la tige du second tiroir, qui, elle-même, reçoit, par la tige 72, le mouvement de montée ou de descente du régulateur.

L'eau déposée dans le cylindre s'écoule naturellement au condenseur.

La glissière est simple. La coulisse n'est pas guidée à la partie supérieure. La machine ne peut donc pas marcher à l'envers.

Données principales :

Diamètre du cylindre	0 m. 850	Volume du cylindre		0 m³ 624
Course du piston	1,100	— par cheval		1 lit. 04
Rapport $\dfrac{d}{l} =$	0,77	— engendré par seconde et par cheval		3 lit. 25
Nombre de tours par minute	94	Coefficient d'activité		0,306
Vitesse du piston par seconde	3 m. 45	Diamètre du volant		6 m. 000
Pression de la vapeur	7 kg. 5	Largeur		0 m. 600
Admission normale	0,10	Vitesse à la circonférence		29 m. 50
Puissance en chevaux indiqués	600	Poids du volant		19.000ᵏᵍ

MM. Piguet avaient en outre, à côté de leur machine principale, une petite machine de 20 à 25 chevaux actionnant l'excitatrice de l'alternateur Grammont, et présentant les mêmes dispositions générales. Ces petites machines fonctionnent très bien, et l'on ne saurait opposer à l'emploi des tiroirs plans dans des machines de faibles puissances, les mêmes critiques que l'on ne peut s'empêcher de formuler, au xxᵉ siècle, contre les machines démodées, de grande puissance.

Maison Beer.

Dans la section belge, figurait une machine de la maison Beer, à Jemeppe-Liège. C'était une machine horizontale monocylindrique avec réchauffage du piston, l'arrivée de la vapeur se faisant par l'intérieur d'une colonne qui sert de point d'appui au prolongement de la tige du piston.

Nous ne trouvons une autre disposition de ce genre que dans la machine à grande vitesse, de M. Charles Bourdon, mais qui n'a pas d'enveloppe extérieure de vapeur.

Ici, la vapeur sert non seulement à réchauffer le piston, du type suédois, mais aussi à appuyer le segment du milieu contre la paroi du cylindre qui est lui-même chauffé, sur tout son développement, à l'exception des orifices de sortie, par une enveloppe venue de fonte avec lui.

La machine repose sur toute sa longueur sur une plaque de fondation en fonte.

Ses dispositions caractéristiques sont destinées principalement à diminuer les espaces

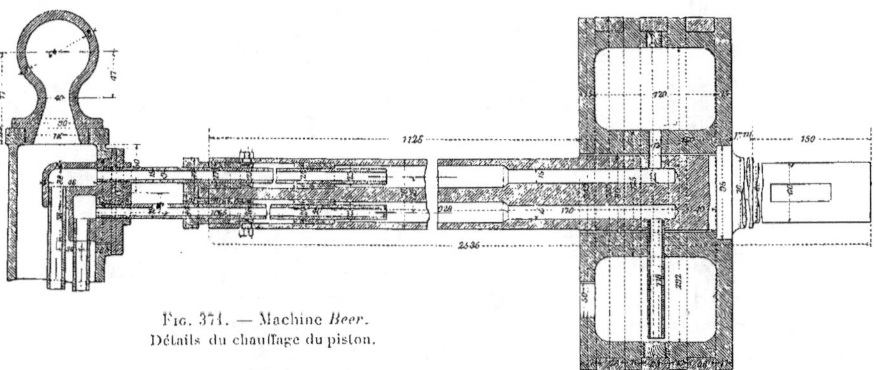

Fig. 371. — Machine *Beer*.
Détails du chauffage du piston.

morts, qui sont ramenés à la proportion de 1 p. 100 seulement du volume du cylindre, chiffre remarquable pour une machine à tiroirs plans.

La vapeur venant de la chaudière circule d'abord dans l'enveloppe du cylindre, puis passe dans les fonds où sont placés les tiroirs d'admission et d'échappement. Les conduites de vapeur n'ont alors que l'épaisseur même des fonds.

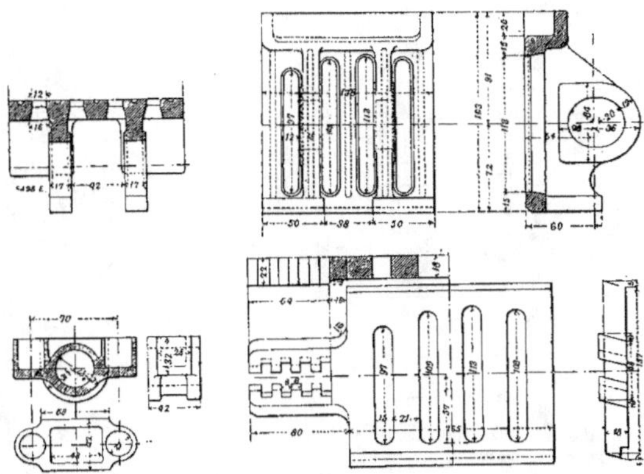

Fig. 372 et 373. — Machine *Beer*.
Détails du tiroir.

La partie du cylindre, qui n'est pas réchauffée par la vapeur, ne représente que 77, p. 100 de sa surface totale.

Les tiroirs sont à grille ; ils sont à peu près équilibrés. les fig. 372 et 376 en montrent les détails.

L'ouverture des tiroirs se fait par des cames montées sur un arbre latéral et au

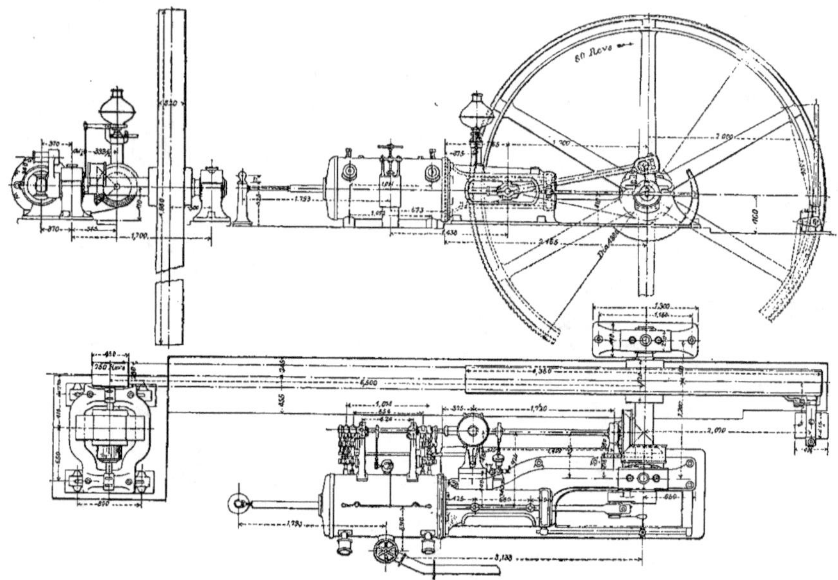

Fig. 374 et 375. — Machine *Beer*.
Élévation latérale et plan.

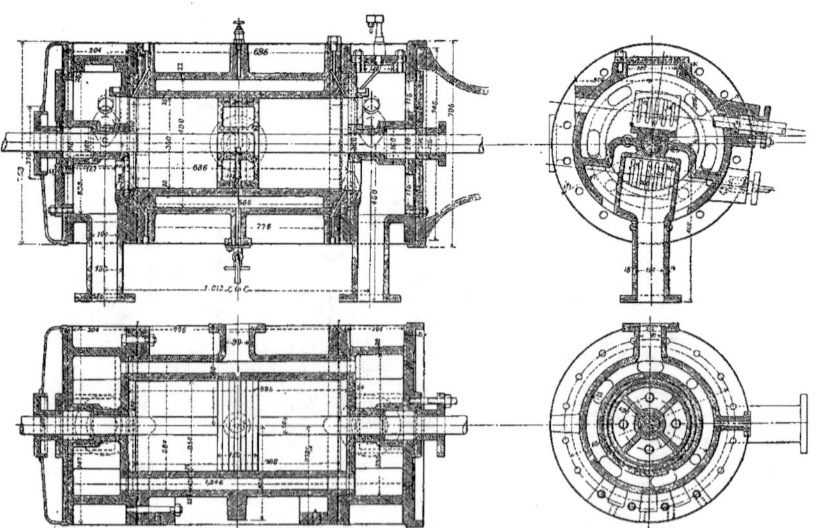

Fig. 376 et 377. — Machine *Beer*.
Détails du cylindre.

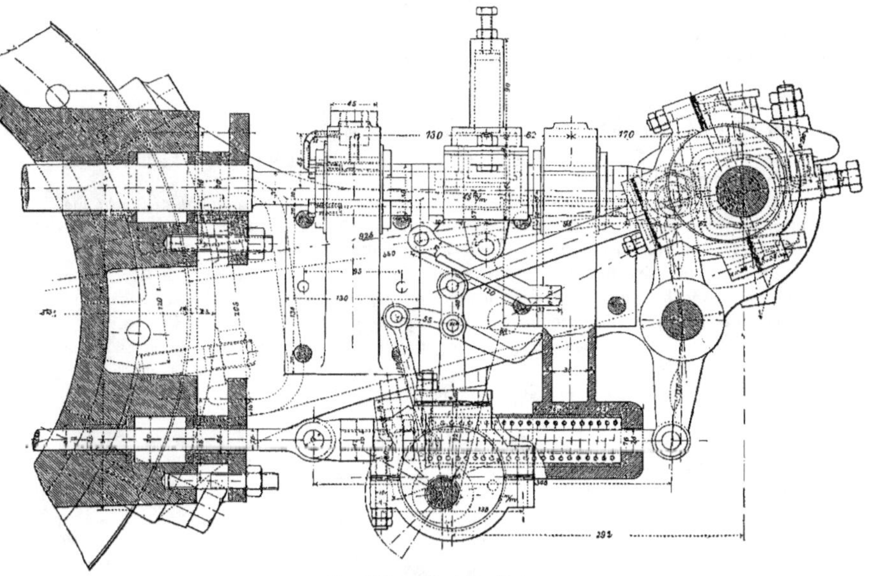

Fig. 378. — Machine *Beer*.
Détails de la distribution.

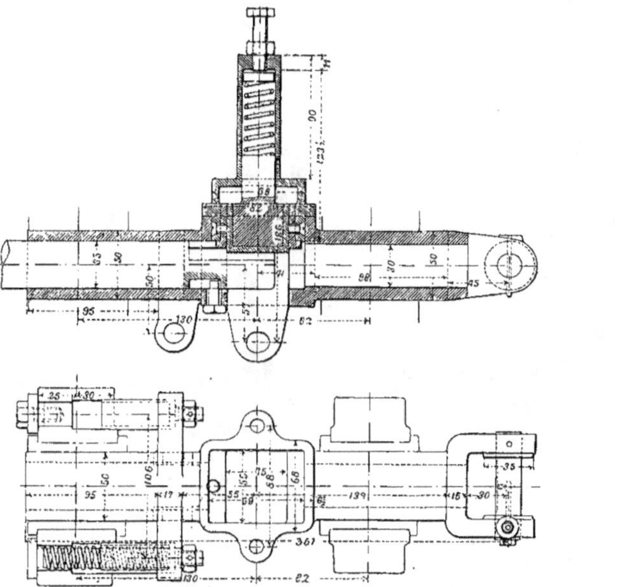

Fig. 379 et 380. — Machine *Beer*.
Détail du déclic.

moyen d'un mouvement représenté (fig. 378); cette ouverture est rapide et la fermeture est actionnée par un déclic, relié au régulateur, et dont le détail est montré par les fig. 379 et 380.

Le régulateur, du type Beer, est commandé par engrenages. Quand il cesse de tourner le déclic reste non verrouillé ; le passage de la vapeur est fermé et la machine s'arrête.

Les tiroirs d'échappement sont actionnés par deux cames distinctes, l'une pour l'ouverture, l'autre pour la fermeture.

Ces cames sont de modèles différents pour pouvoir varier le moment de l'échappement et le degré de la compression. Cette disposition est particulièrement utile quand la machine doit fonctionner tantôt à condensation et tantôt à échappement libre.

Lorsque la machine marche à condensation, la pompe à air est reliée à la tige arrière du piston. La machine de l'Exposition n'avait pas de condenseur propre ; sa vapeur était envoyée au condenseur de la machine voisine exposée par la maison Walschaerts.

Les boutons de manivelles sont graissés par graissage centrifuge, les cylindres par un graisseur système Monseur.

Les données principales de cette machine sont :

Diamètre	0 m. 350	Volume engendré par le piston, par cheval et par seconde	3 lit. 15
Course	0,680	Coefficient d'activité	0,316
Rapport $\dfrac{d}{l} =$	0,52	Diamètre du volant	4 m. 380
Nombre de tours	80	Largeur de la jante	0 m. 320
Vitesse du piston	1 m. 82	Vitesse à la circonférence	18 m. 40
Pression de la vapeur	7 atm.	Poids du volant	4.800 kg.
Limites de l'admission	de 0 à 0,7	Diamètre de l'arbre à la portée du volant	0,230
Force en chevaux indiqués	55	Diamètre aux paliers	0,175
Volume du cylindre	65 lit. 5		
— par cheval	1 lit. 19		

M. Aubert

M. Aubert avait exposé une machine horizontale monocylindrique à bâti à baïonnette, de 80 chevaux indiqués, dont la distribution présentait une disposition intéressante par

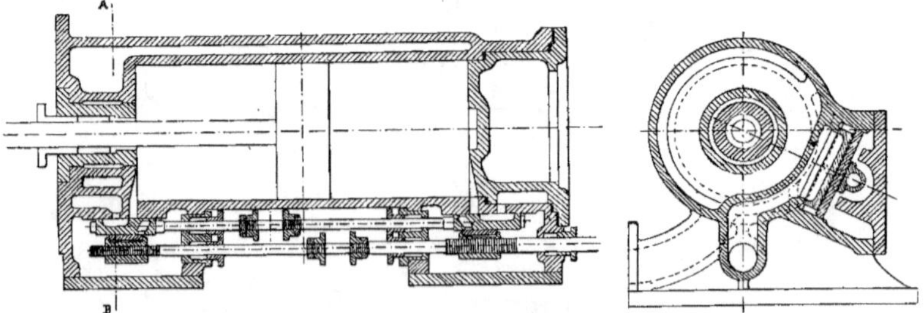

Fig. 380 et 381. — Machine fixe de M. *Aubert*.
Coupe longitudinale et coupe transversale sur les boîtes de distribution.

la suppression des espaces morts, qui ne sont guère plus grands qu'avec des distributeurs Corliss. En effet, la distribution est fractionnée, et l'échappement se fait, à chaque extrémité du cylindre, extérieurement aux orifices d'admission.

Les orifices d'admission ont leur glace tangente à la génératrice inférieure du cylindre, et se trouvent entièrement logés dans les embrèvements des fonds.

Seule, l'épaisseur de la fonte du cylindre sépare les glaces du cylindre. Les glaces sont inclinées relativement à l'axe vertical.

La distribution en elle-même rappelle la distribution Meyer.

Le régulateur agit sur la détente. Le cylindre est à enveloppe de vapeur, venue de fonte avec lui, et chauffée par la vapeur vive.

Données principales :

Diamètre du cylindre	0 m. 330	Volume par cheval	0,7
Course du piston	0,660	— engendré par le piston par seconde et par cheval	2,35
Rapport $\frac{d}{l} =$	2	Coefficient d'activité	0,425
Nombre de tours	100	Diamètre du volant	3,300
Vitesse du piston	2 m. 200	Vitesse à la circonférence	17 m. 30
Admission variable	de 0 à 60 p. 100	Pression de la vapeur	8 à 10 kg.
Force en chevaux indiqués	80	Puissance de la machine	80 chx
Volume du cylindre	56 lit.		

Albaret.

Machine à vapeur horizontale de 80 chevaux, à échappement libre.

Cette maison bien connue n'a pas voulu se contenter de présenter à l'Exposition ses machines locomobiles et demi-fixes, qui ont figuré avec succès dans toutes les Expositions depuis un grand nombre d'années.

Elle avait présenté deux machines fixes : une petite machine de 6 chevaux, véritable

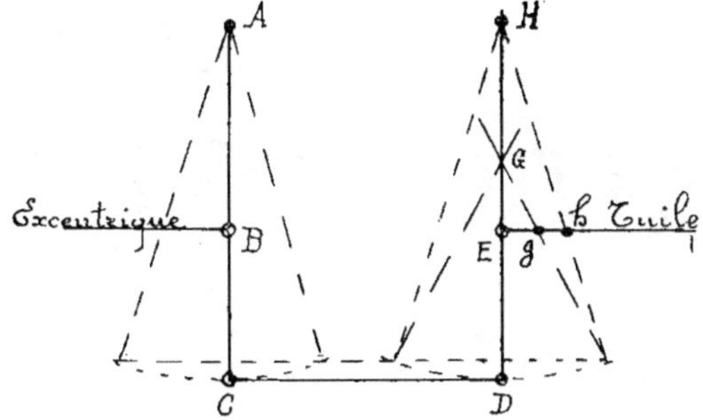

Fig. 381. — Machine fixe de MM. *Albaret, Lanssedat et C*[ie]. Schéma de la distribution.

machine de locomobile avec glissière cylindrique venue de fonte avec le cylindre ; tiroir simple ; détente variable par le régulateur, et dont les données principales sont les suivants :

Diamètre du cylindre	0 m. 170	Pression de la vapeur	7 kg.
Course du piston	0,300	Force en chevaux, sans condensation	6
Rapport $\frac{d}{l} =$	0,66	Diamètre du volant	1 m. 300
		Vitesse à la circonférence	9 m. 20
Nombre de tours	135	Poids de la machine	800 kg.
Vitesse du piston	1 m. 35		

L'autre machine, de 80 chevaux, était la première d'un type nouveau, créé par cette maison, robuste et simple, facile à conduire, convenant bien pour les industries agricoles, et cependant assez économique pour répondre aux exigences modernes.

Cette machine est horizontale, à bâti à baïonnette et à glissière cylindrique. Le cylindre est à enveloppe de vapeur venu de fonte avec lui ; la vapeur est admise constamment dans l'enveloppe, d'où elle est prise par une valve pour entrer dans la boîte à

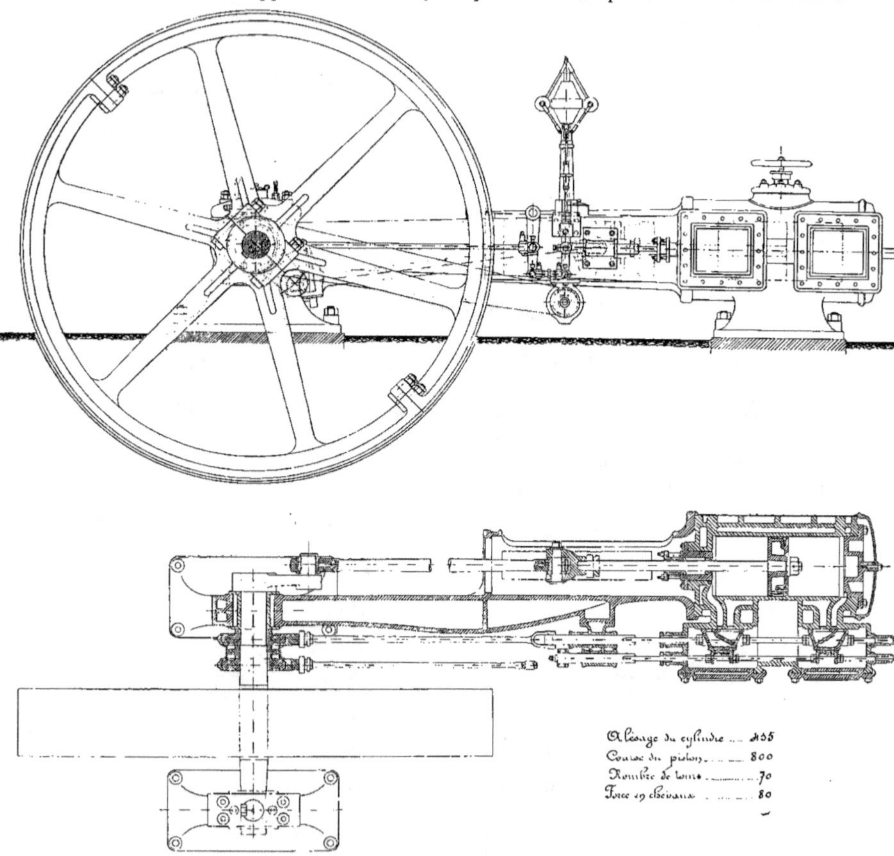

Fɪɢ. 382 et 383. — Machine horizontale fixe de MM. *Lefebre-Albaret, Lanssedat et Cⁱᵉ*.
Élévation latérale et coupe horizontale.

tiroir. L'arrivée et le départ de la vapeur se font dans le socle du cylindre. La distribution dérive à la fois des systèmes Meyer et Rider.

Un premier tiroir, à mouvements fixes, est commandé par une barre d'excentrique. Sur ce tiroir, se meut une tuile de détente commandée par une seconde barre d'excentrique, mais par l'intermédiaire d'un mécanisme qui fait varier la course de cette tuile sous l'action du régulateur.

La barre d'excentrique est attachée en B (fig. 381) sur une bielle pendante ABC ; une biellette CD transmet le mouvement oscillatoire de C à un levier DEGH, qui conduit par l'articulation E la tige de la tuile.

Le levier DEGH oscille autour d'un point variable entre G et H. Lorsque le centre d'oscillation est G, la course de la tuile est 2 fois Eg. Lorsque le centre d'oscillation est H, la course de la tuile est 2 Eh. Entre ces deux limites, elle peut prendre toutes les valeurs intermédiaires.

Le déplacement du centre d'oscillation entre G et H se fait par l'action du régulateur. Sa tige verticale fait monter ou descendre un coulisseau dans une glissière. Ce coulisseau porte une rotule à chape, dans laquelle glisse le levier. La tige Egh est guidée de manière à ce que le point E soit toujours maintenu dans l'axe de la tuile. La course de la tuile sera donc plus ou moins longue, suivant la position du régulateur.

Ce système donne des admissions pouvant varier de 0 à 72 p. 100, c'est-à-dire jusqu'à l'admission naturelle du tiroir.

Le régulateur n'a qu'un très faible effort à exercer pour vaincre le frottement du coulisseau dans sa glissière, et peut être extrêmement sensible.

Le tiroir est divisé en deux, pour réduire les espaces morts dus aux conduits des lumières. Les tuiles sont à quadruple orifice.

Toutes les surfaces de frottement sont larges, de manière à réduire l'usure autant que possible.

Données principales :

Diamètre du cylindre	435	Force en chevaux sans condensation	80
Course du piston	800	Force en chevaux à condensation	90
Nombre de tours	70	Admission normale	$^1\!/_6$
Rapport $\dfrac{d}{l} =$	0,54	Diamètre de l'arbre	200 mm.
		— du volant	3.500
Vitesse du piston	1 m. 87	Vitesse à la circonférence	12 m. 80
Pression de la vapeur	7 kg.	Poids de la machine	12.500 kg.

Ball Engine C°.

La force motrice était donnée, à l'annexe américaine de Vincennes, par une dynamo

FIG. 384. — Machine *Ball*. Vue extérieure de la machine, côté de la dynamo.

Bullock actionnée par une machine à vapeur de 300 chevaux de « La Ball Engine C° », d'Erié (Pensylvanie), à laquelle la vapeur était fournie par deux chaudières type Morrin-Climax.

Cette machine horizontale compound a ses cylindres placés en tandem, et l'arbre

Fig. 385. — *Ball*. Vue extérieure, montrant le volant-régulateur.

manivelle porte d'un côté la dynamo, et de l'autre côté un volant régulateur, agissant sur la détente du cylindre HP.

Fig. 386. — *Ball*. Coupe horizontale d'un cylindre.

Le fonctionnement à condensation n'ayant pas été imposé dans l'annexe de Vincennes, cette machine a marché à échappement libre.

Cette machine à rotation rapide est étudiée en vue d'un graissage automatique et simple. Les organes mobiles sont, à cet effet, recouverts d'une enveloppe en acier évitant les projections par le barbotage dans l'huile. Un robinet, placé à la partie inférieure, permet l'enlèvement de l'huile. Des ouvertures, normalement fermées par des tampons amovibles, sont ménagées dans l'enveloppe pour faciliter le démontage des presse-étoupes. Avant, des coussinets, de la crosse, du bouton de manivelle, etc.

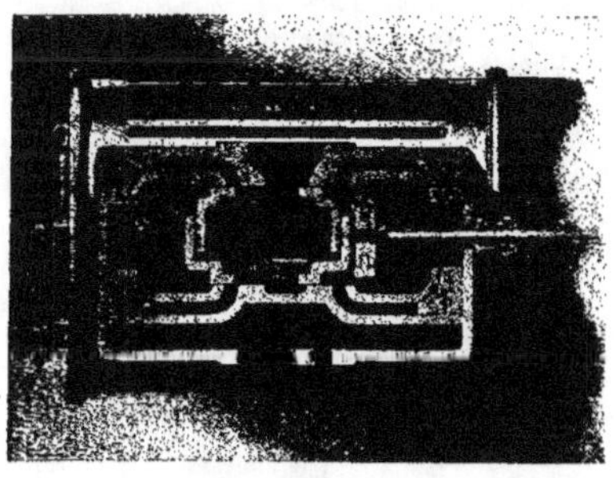

Fig. 387. — *Ball*.
Coupe de la boîte à vapeur.

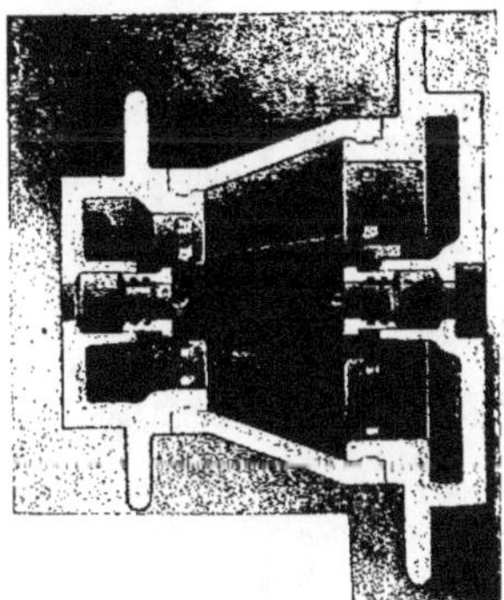

Fig. 388 — *Ball*.
Machine tandem-compound.

Les coussinets sont en bronze, et garnis de métal antifriction.

La fig. 388 montre les presse-étoupes des deux fonds de cylindres, et l'entretoise ajourée en fonte qui les recouvre.

La liaison entre le cylindre BP et la glissière se fait par une cloison du bâti (châssis).

Le cylindre HP s'appuie sur un prolongement de la plaque de fondation.

Fig. 389 et 390. — *Ball*.
Détails de la distribution.

Les boîtes à tiroirs des deux cylindres reposent, l'une d'un côté, l'autre du côté opposé de la machine.

La distribution se fait par des tiroirs équilibrés actionnés par un excentrique sous la dépendance d'un régulateur d'un type spécial.

Données principales :

Diamètre du cylindre HP	0 m. 380	Puissance en chevaux	300
— basse pression	0,630	Volume du grand cylindre	142 lit.
Rapport des sections	2,75	— par cheval	0,47
Course des pistons	0,455	Volume engendré par le grand piston par cheval et par seconde	3 l. 14
Rapport $\dfrac{d}{l} =$	0,83	Coefficient d'activité	0,318
— $\dfrac{d'}{l} =$	1,39	Diamètre du tuyau d'arrivée de vapeur	0 m. 152
Nombre de tours	200	— du tuyau d'échappement	0,304
Vitesse moyenne des pistons	3 m. 02	— des poulies et du régulateur	2 m.
Pression initiale de la vapeur	9 kg.	Vitesse à la circonférence du volant	20,80
		Poids de la machine	20.500 kg.

MM. Popineau, Vizet fils et Cie.

Cette firme a exposé, dans la classe 19, une machine fixe, dont les données principales sont les suivantes :

Diamètre du cylindre	0 m. 250	Volume du cylindre	19 lit. 5
Course du piston	0,400	— par cheval	0 lit. 78
Rapport $\dfrac{d}{l} =$	0,62	Volume engendré par le piston par cheval et par seconde	3 lit. 52
Nombre de tours	135	Coefficient d'activité	0,28
Vitesse moyenne du piston	1 m. 800	Encombrement de la machine :	
Pression de la vapeur, à la boîte du tiroir	8 kg.	Longueur	2 m. 95
Admission normale	0,20	Largeur	1,75
Puissance normale	25 chx	Hauteur	2,05

Avec une admission de 0,45, la puissance de la machine atteint 50 chevaux. Cette machine est monocylindrique, horizontale, à enveloppe de vapeur. Sans nous étendre sur les détails de la construction, nous signalerons le système de distribution par deux tiroirs triangulaires conjugués, sur le dos desquels glissent deux tuileaux recevant le mouvement d'un excentrique calé avec un angle d'avance de 90°, par l'intermédiaire de deux cames en hélice de pas contraire, pouvant écarter ou rapprocher l'un de l'autre les deux tuileaux et par conséquent augmenter ou diminuer la période de détente.

Cette détente a, comme on le voit, une certaine analogie avec la détente Meyer, mais elle est variable par le régulateur et peut donner des admissions variant de 0 à 70 p. 100.

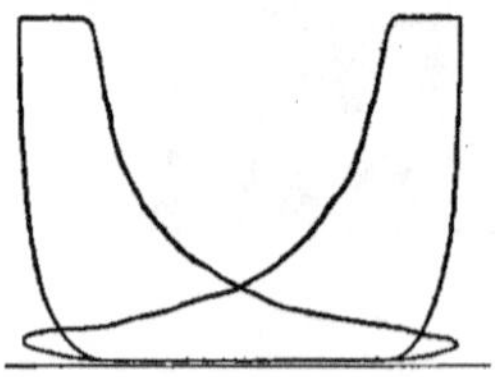

Les lumières sont à la partie inférieure du cylindre, ce qui permet de faire une purge naturelle par l'échappement et d'éviter les coups d'eau ; la glace de distribution est oblique sur le cylindre.

Pour obtenir l'amplitude complète de la détente, il faut que les cames puissent se déplacer de 360°, résultat qui est réalisé par une disposition spéciale du régulateur, et grâce à l'indépendance complète de la vis actionnant le cadran. Quelle que soit la position de la détente, le régulateur revient dans la position moyenne, et la vitesse reste constante malgré les variations de la charge.

Fig. 391. — *Popineau-Vizet.*

Les diagrammes ci-contre (fig. 391) indiquent un fonctionnement très satisfaisant. Ils ont été relevés sur une machine marchant sans condensation, et dans ces conditions, la consommation par cheval-heure est de 10 kg. 800. C'est évidemment un chiffre très convenable pour une machine de faible puissance.

Diepeveen, Lels et Smith à Kinderdijk (Hollande).

Cette maison avait fait figurer à l'Exposition une machine à triple expansion pour bateau, avec cylindres inclinés : les deux plus petits rapprochés, et surmontés chacun d'un distributeur cylindrique.

Le grand cylindre avait une vaste boîte à tiroir.

Données principales :

Diamètre du cylindre HP	0 m. 470
— MP	0,720
— BP	1,200
Rapport des sections $\frac{s_1}{s} =$	2,35
— $\frac{s_2}{s_1} =$	2,77
— $\frac{s_2}{s} =$	6,52
Course des pistons	1 m. 220
Rapport $\frac{d}{l} =$	0,385
— $\frac{d'}{l} =$	0,59
— $\frac{d''}{l} =$	0,98
Nombre de tours par minute	48
Vitesse des pistons par seconde	1 m. 95
Volume du cylindre HP	212 lit.
— MP	496 lit.
— BP	1.380 lit.
Puissance en chevaux indiqués	675
Volume du grand cylindre par cheval	2,04
Coefficient d'encombrement	
Volume engendré par le grand piston par cheval et par seconde	31.25
Coefficient d'activité	0,306

MACHINES DE PETITES DIMENSIONS

Thune.

M. Thune, de Christiania, avait trois petites machines verticales très remarquables par leur fini et par l'élégance de leur construction.

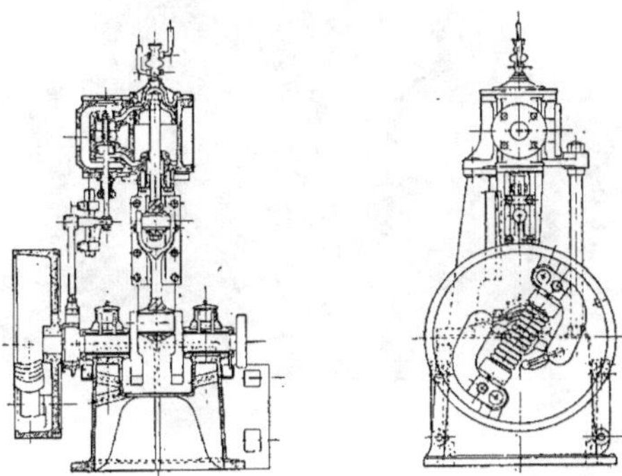

Fig. 392 et 393. — Machine verticale à simple expansion par M. *Thune*.
Élévation latérale et coupe verticale.

L'une de ces machines actionnait une dynamo pour torpilleur. Elle n'avait qu'un seul cylindre.

La seconde, compound, qui se fait depuis la force de 20 chevaux, représentait ce que l'on peut appeler le type normal parmi ces petits moteurs. Ces deux types de moteurs

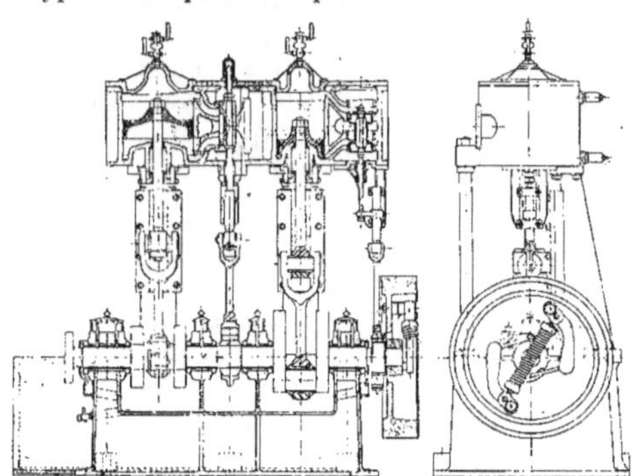

Fig. 394 et 395. — Machine verticale à double expansion, par M. *Thune*.
Élévation latérale et coupe verticale.

sont bâtis en fonte, avec colonnes en acier. Ils sont munis de régulateurs volants assurant une grande régularité de marche. En débrayant ou en embrayant brusquement toute la charge, la variation du nombre de tours ne dépasse pas 2 p. 100, en plus ou en moins.

Fig. 396. — Machine verticale *Thune* à simple expansion, accouplée avec dynamo *Schuckert*.

Enfin, une machine à triple détente, pour torpilleur de troisième classe de la marine norvégienne, a ses cylindres reliés à la plaque de fondation par une série de petites colonnes verticales reliées entre elles, à moitié de leur hauteur, par des tiges horizontales formant cadre, et entretoisées en long et en large par des tirants obliques.

Fig. 397. — Machine *Thune* à double expansion, accouplée avec dynamo *Schuckert*.

Le tableau ci-dessous résume, pour chacun de ces trois types de machines, les indications numériques que nous avons pu nous procurer.

	MACHINE monocylindrique.	MACHINE compound.	MACHINE à triple expansion.
Diamètre du cylindre HP.	0^m095	0^m200	0^m200
— du moyen cylindre	»	»	$0,300$
— du cylindre BP	»	$0,300$	$0,450$
Rapport des sections du moy. cylindre au p^t cylindre.	»	»	$2,25$
— du grand au moyen $\dfrac{s^2}{s^1}$	»	»	$2,25$
— du grand au petit $\dfrac{s^2}{s}$	»	$2,25$	$5,08$
Course des pistons $l =$	0^m090	0^m220	0^m280
Rapport $\dfrac{d}{l} =$	$1,05$	$0,91$	$0,715$
— $\dfrac{d'}{l}$	»	»	$1,07$
— $\dfrac{d''}{l}$	»	$1,36$	$1,61$
Volume du petit cylindre	0^l636	6^l90	8^l8
— du moyen cylindre	»	«	19^l8
— du grand cylindre	»	15^l6	44^l5
Nombre de tours par seconde	600	350	500
Vitesses des pistons	1^m80	2^m56	4^m65
Pression de la vapeur	8^{atm}	8^{atm}	14^{atm}
Puissance en chevaux-vapeur	$5,5$	55	300
Volume du grand cylindre par cheval	0^l115	0^l284	0^l148
— engendré par le grand piston par cheval et par seconde	2^l32	3^l3	2^l46
Coefficient d'activité	$0,43$	$0,303$	$0,405$

Maïevsky.

M. Maïevsky avait exposé une petite machine de 10 chevaux composée de deux groupes de deux cylindres compound sans enveloppes de vapeur.

Données principales :

Diamètre des petits cylindres..........	0 m. 080	Vitesse des pistons..................	1 m. 60
— grands —	0,120	Poids total........................	300 kg.
Rapport des sections................	2,26	Diamètre de l'arbre................	60 mm.
Course des pistons..................	0,080	Volume d'un grand cylindre....	0 lit. 904
Rapport $\frac{d}{l} =$	1	— par cheval.	0 lit. 18
Rapport $\frac{d'}{l} =$	1,5	Volume engendré par le grand piston par cheval et par seconde..........	3 lit. 6
Nombre de tours...................	600	Coefficient d'activité......	0,28

Chaligny et Cie.

Appareils moteurs pour canots de 6 m. 60, de 7 m. 60, de 10 mètres et de 11 mètres.

Ces moteurs développent respectivement 12, 18, 30 et 50 chevaux. Ils sont du type pilon compound à deux cylindres, fonctionnant avec de la vapeur à 8 kg. 5 et à condensation.

A partir du type de 30 chevaux, les cylindres sont à circulation de vapeur et à réservoir intermédiaire tubulaire.

Tous sont construits avec un très grand soin.

Le tracé des chaudières correspondant à ces appareils figure dans le fascicule concer-

		12 CHEVAUX	18 CHEVAUX	30 CHEVAUX	50 CHEVAUX
Chaudière	Surface de chauffe directe..........	0 m²59	0,78	1,04	1,57
	— extérieure des tubes.........	2,53	3,62	5,46	8,41
	— de chauffe totale...........	3,12	4,40	6,50	9,98
	— de grille...................	0,19	0,27	0,38	0,52
	Rapport $\frac{S}{G}$................. ..	16,4	16,15	17,1	19,2
	Timbre.....................	8 k 50	8 k 50	8 k 50	8 k 50
	Poids sans eau.................. .	460 k	613 k	845 k	1310 k
	Volume d'eau....................	110,¹	120¹	220¹	350¹
	— de vapeur..........	56 ¹	70¹	101¹	207¹
	Longueur......................	1ᵐ20	1ᵐ30	1ᵐ55	1ᵐ80
	Largeur......................	0ᵐ80	0ᵐ90	1ᵐ00	1ᵐ10
	Hauteur......................	1ᵐ05	1ᵐ20	1ᵐ35	1ᵐ50
	Section de la cheminée..........	2 dm 4	3 dm 14	4 dm 33	5 dm 70
Moteurs	Diamètre du petit cylindre..........	0ᵐ088	0ᵐ104	0ᵐ132	0ᵐ152
	— grand cylindre...........	0ᵐ155	0ᵐ184	0ᵐ232	0ᵐ268
	Course des pistons...............	0ᵐ127	0ᵐ127	0ᵐ150	0ᵐ190
	Tours......................	375	375	350	360
	Poids......................	165 k	190 k	378 k	528 k

nant les chaudières à vapeur, qui a déjà paru. Mais les données relatives à ces chaudières correspondant aux moteurs n'ayant pas été indiquées, nous croyons bon de donner ces renseignements à côté de ceux qui se rapportent aux moteurs.

La dépense de vapeur par cheval-heure varie de 1 kg. 200, dans les plus forts modèles, à 1 kg. 500 dans les plus petits.

Usine de la Couronne Russe, à Voltkinsk.

Petite machine de canot, verticale compound à cylindres parallèles dont les données principales sont :

Diamètre du cylindre HP............	0 m.089	Rapport $\dfrac{d'}{l} =$	0,94
— BP............	0,154	Nombre de tours par minute.........	350
Rapport des sections	3	Vitesse des pistons	2 m.80
Course des pistons..................	0,168	Pression initiale	9 kg.
Rapport $\dfrac{d}{l} =$	0,53		

Nègre.

M. Nègre avait exposé dans la classe 19 un petit moteur à quatre cylindres, très simple, qui avait extérieurement l'apparence des moteurs rotatifs; la seule pièce en mou-

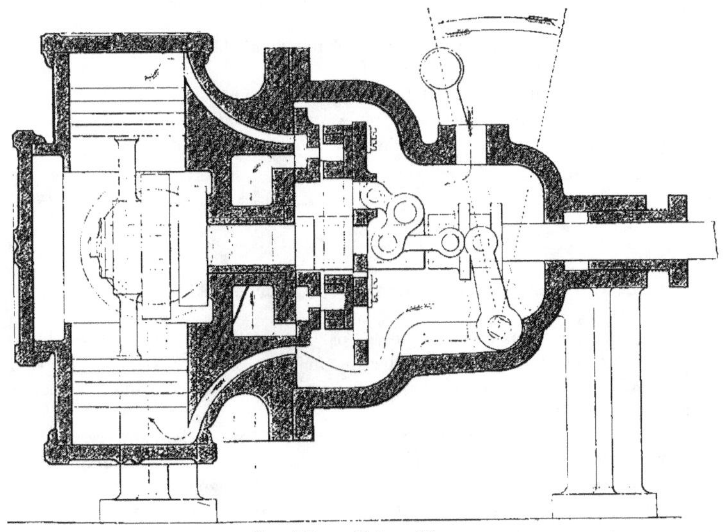

Fig. 398. — Moteur *Nègre*.
Coupe verticale et longitudinale.

vement que l'on pouvait apercevoir est un arbre sortant d'un presse-étoupes, et portant en porte à faux une petite poulie.

L'absence de points morts, le faible encombrement, et la légèreté du moteur (15 kilog.

environ par cheval) sont autant de caractères augmentant la ressemblance avec des moteurs rotatifs, et pourtant il ne s'agissait, dans l'espèce, que d'un moteur très simple

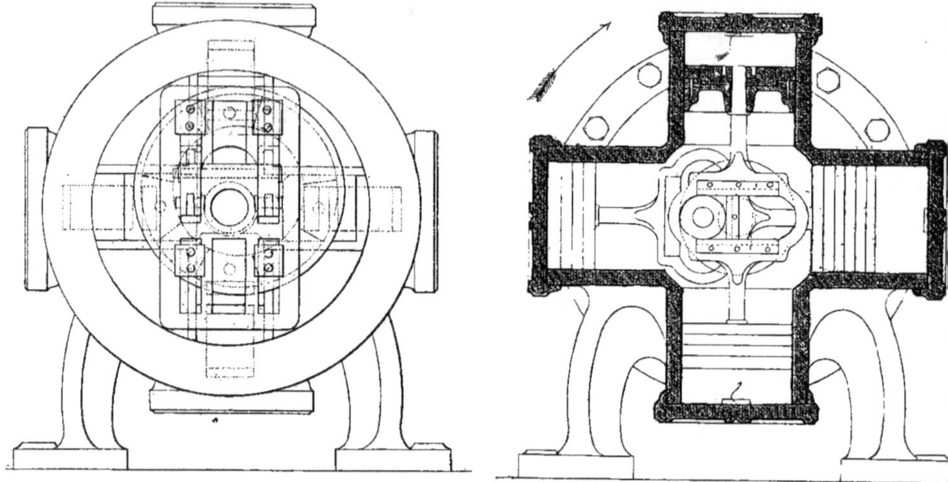

<table>
<tr><td>Vue en bout.</td><td>Coupe transversale.</td></tr>
</table>

FIG. 399 et 400. — Moteur *Nègre*.

à quatre cylindres, à détente variable, et à changement de marche instantané par un simple déplacement de levier.

Tous les organes sont enfermés et fonctionnent dans un bain d'huile.

La coupe longitudinale et la coupe transversale ci-contre permettent de se rendre compte très facilement, au moyen des flèches, du fonctionnement de tout le système.

MACHINES SPÉCIALES

Société des Établissements Weyher et Richemond.

Parmi les nombreuses machines exposées par la Société des Établissements Weyher et Richemond, figuraient trois groupes électrogènes munis d'un système de distribution spécial, dû à M. Lefer, et qui ne peut être classé avec aucun de ceux que nous avons eu l'occasion d'examiner jusqu'ici.

Parmi ces machines, deux étaient monocylindriques, donnant respectivement 1.000 chevaux (dynamo de la Société d'Électricité de Creil) et 500 chevaux (alternateur de la Compagnie Générale Électrique de Nancy) et une était compound, à deux cylindres parallèles ; cette dernière produisait 1.000 chevaux et actionnait un alternateur de la Société Électricité et Hydraulique.

Dans chaque fond de cylindre, sont placés deux distributeurs, l'un pour l'admission, l'autre pour l'échappement, commandés par l'arbre longitudinal de distribution, qui prend lui-même son mouvement de rotation sur l'arbre du régulateur, au moyen d'engrenages coniques.

Ces distributeurs sont des tiroirs plans autoclaves en forme de tuiles triangulaires ou plutôt de secteurs circulaires équilibrés, s'appuyant directement sur les orifices ménagés dans les fonds, et oscillant alternativement à droite et à gauche autour d'un axe, de façon à découvrir les orifices ou à les fermer.

Les bielles commandant les distributeurs d'admission sont munies d'une palette sur laquelle agit une touche commandée par le régulateur. Suivant la position de ce dernier, une charnière, intercalée sur la bielle, s'ouvre ou se ferme, et permet ainsi le rappel du distributeur et la fermeture rapide des orifices d'admission.

Le rappel est fait par un dash-pot à air.

Quant aux distributeurs d'échappement, ils ne font aucun mouvement pendant que

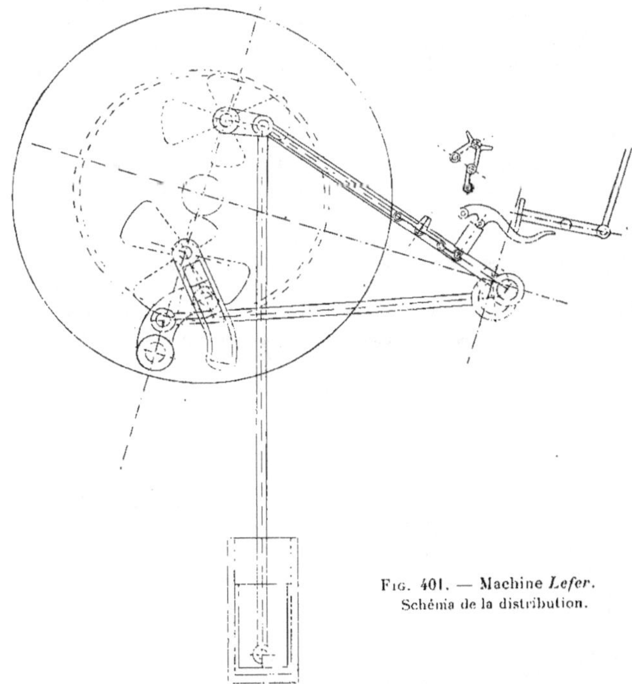

FIG. 401. — Machine *Lefer*.
Schéma de la distribution.

la pression de la vapeur s'exerce sur eux. Ce n'est que lorsque la détente est terminée et, que, par conséquent, la pression est à peu près nulle, que les distributeurs ouvrent brusquement les orifices en grand. Ils les referment ensuite avec la même rapidité et redeviennent immobiles pendant la course suivante du piston. La bielle de commande actionne un levier oscillant autour de son articulation inférieure et portant, à son extrémité supérieure, un coulisseau mobile dans une coulisse montée sur l'axe même du distributeur. La coulisse est tracée suivant une directrice formée d'une droite se raccordant à une courbe. Quand le coulisseau est engagé dans la partie droite de la coulisse, celle-ci suit son mouvement et entraîne le distributeur, pour ouvrir les orifices puis pour les fermer pendant le retour.

Lorsque, au contraire, le coulisseau est engagé dans la partie courbe, qui a pour centre l'articulation fixe du levier, la coulisse reste immobile et le distributeur aussi, malgré le déplacement du coulisseau. C'est à cette période que correspond le travail de la vapeur; à ce moment, il y a une pression réelle sur le distributeur d'échappement.

Les espaces nuisibles sont extrêmement réduits.

Le schéma (fig. 401) montre le principe du distributeur et la forme des orifices.

Le bâti comporte un palier moteur, relié par de robustes contreforts à une couronne circulaire qui reçoit elle-même la pièce formant glissière. De solides emmanchements circulaires centrent la glissière, d'une part sur cette couronne, d'autre part sur le cylindre.

Le cylindre est à enveloppe complète de vapeur; les fonds contiennent les boîtes d'admission et d'échappement. Un régulateur puissant est monté directement sur l'arbre moteur, dans les deux machines monocylindriques. Dans la machine compound, il a été fait usage d'un régulateur à boules, agissant sur la distribution du petit cylindre.

Un déclenchement de sûreté fonctionne, soit quand la machine dépasse la vitesse de régime, soit en cas d'avarie du régulateur.

Le graissage du cylindre est fait par une pompe à huile, et celui de toutes les parties externes par des compte-gouttes.

Notons, en passant, que la machine compound de 1.000 chevaux, de MM. Weyher et Richemond, a été la première qui ait tourné dans l'enceinte de l'Exposition, un mois avant l'ouverture officielle.

Les deux machines monocylindriques étaient munies de volants qui complétaient l'action régulatrice des génératrices d'électricité montées sur l'arbre de couche.

La vapeur de ces machines se rendait dans un condenseur indépendant, conduit par une machine à vapeur horizontale, qui a été décrite dans le chapitre des machines Corliss. Un robinet permet d'isoler le condenseur, en pleine marche, et de fonctionner à échappement libre.

Les données principales de ces machines sont les suivantes :

Machines monocylindriques

	de 1.000 chevaux Daydé et Pillé (Société d'électricité de Creil)	de 500 chevaux Cie G^{le} électrique de Nancy
Diamètre du cylindre	1 m.050	0 m.650
Course du piston	1,00	1,300
Rapport $\dfrac{d}{l}$	1,05	0,50
Volume du cylindre par cheval	0 l. 866	0 l. 862
Nombre de tours	120	93,5
Vitesse du piston	4 mètres	4 m. 05
Introduction normale	0,14	0,10
Pression de la vapeur	7 kg.	8 kg.
Poids du volant	30.000 kg.	

Machine de 1.000 chevaux compound.

Diamètre du petit cylindre	0 m.610	Volume total	1.400 lit
— grand cylindre	1	Volume du grand cylindre par cheval,	1 l. 02
Rapport des sections	2,68	Nombre de tours par minute	95
Course des pistons	1 m.300	Vitesse du piston	4 m. 12
Rapport $\dfrac{d}{l}$	0,47	Introduction au petit cylindre	0,25
		Pression de la vapeur	10 kg.
— $\dfrac{d'}{l'}$	0,77	Diamètre de l'inducteur-volant	5 m. 00
		Vitesse à la circonférence	26 m. 60
Volume du petit cylindre	380 lit.	Écartement d'axe en axe	5 m. 100
— grand cylindre	1.020 lit.		

Schneider-Bonjour[1].

Machine monocylindrique horizontale de 350 chevaux.

Le but poursuivi par M. Bonjour dans l'étude de sa machine horizontale à distributeur unique, actionné par un mécanisme desmodromique à mouvements différentiels unifiés, représentée fig. 401 et suiv., a été de supprimer les distributeurs multiples, les déclics, ressorts de rappel, dash-pots, en remplaçant les mouvements généralement compliqués qui actionnent les distributeurs par un seul distributeur équilibré, actionné par un procédé cinématique, sans pour cela augmenter les avances à l'émission et les compressions pour des admissions très réduites, et tout en ouvrant et fermant rapidement l'admission, et en donnant de larges sections de passage à la vapeur.

On sait en effet que, dans les machines à déclic, surtout lorsqu'elles marchent à une allure un peu vive, la manivelle parcourt toujours un certain angle entre le moment où le déclenchement se produit, et celui où l'orifice est effectivement fermé.

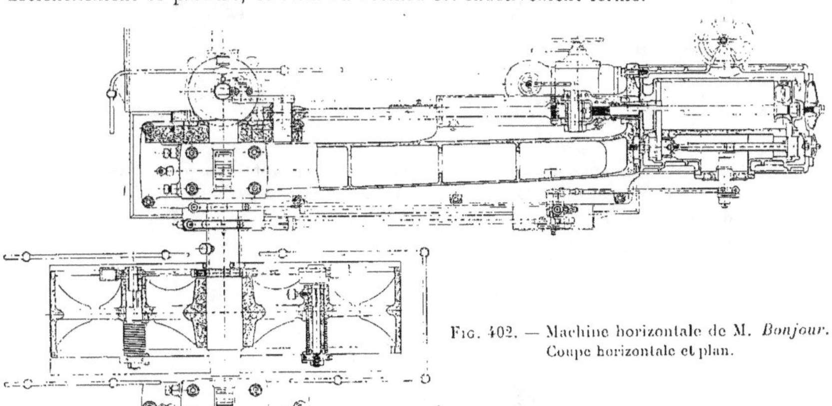

Fig. 402. — Machine horizontale de M. *Bonjour.*
Coupe horizontale et plan.

Ce retard est une conséquence de l'inertie des organes de la distribution et son importance est d'autant plus grande que la machine tourne à un plus grand nombre de tours.

On n'obtient donc pas pratiquement les ouvertures d'orifices correspondant à l'admission résultant des diagrammes. C'est ainsi que, par exemple, dans une machine à déclic marchant à 120 tours, vitesse évidemment déjà grande pour ce genre de machines, des expériences faites avec précision au moyen d'appareils indiquant exactement la levée du dash-pot tandis que l'on relevait un diagramme au même instant, ont permis de constater que le diagramme accusant une admission de 10 p. 100, le dash-pot n'avait été soulevé que de la quantité correspondant, d'après l'épure de distribution, à une admission de 2 p. 100.

On peut en conclure que la section de passage calculée pour la vapeur n'avait pas été atteinte, et qu'il en était résulté une vitesse excessive pour la vapeur.

<hr>

1. Depuis la composition de ce travail, M. Bonjour a succombé à la suite d'une courte maladie. Nous nous faisons un devoir de rendre hommage à la mémoire de cet ingénieux inventeur, de ce mécanicien émérite, qui savait toujours trouver les solutions les plus élégantes et les plus imprévues aux problèmes les plus délicats.

Dans la machine que nous étudions en ce moment, le mécanisme desmodromique **conduit** le tiroir directement et d'une façon certaine, sans interposition de déclic ni de ressorts. Il **ne peut donc** se produire aucune cause de retard, et, quelle que soit la vitesse de la machine, les **diverses ouvertures** ne peuvent manquer d'être en concordance avec

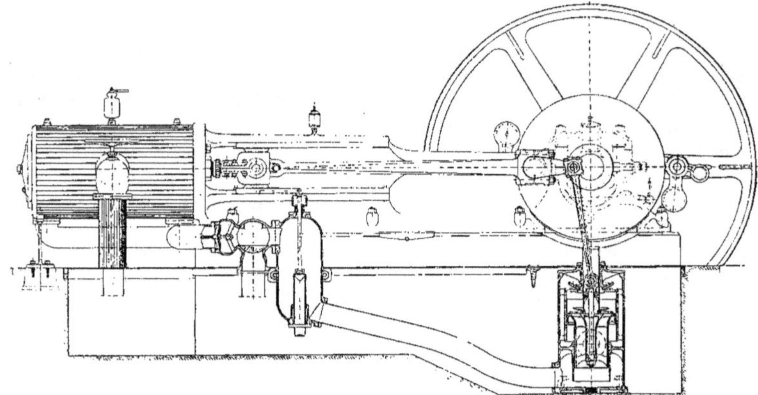

FIG. 403. — Machine horizontale de M. *Bonjour*.
Élévation latérale et coupe du condenseur et de la pompe à air.

les déplacements angulaires de la manivelle, et de correspondre exactement avec celles résultant de l'épure de distribution. En raison de la largeur effective des sections de passage de la vapeur, la vitesse de la vapeur se trouve inférieure de 40 p. 100 à celle correspondante dans la machine à déclic. prise comme comparaison.

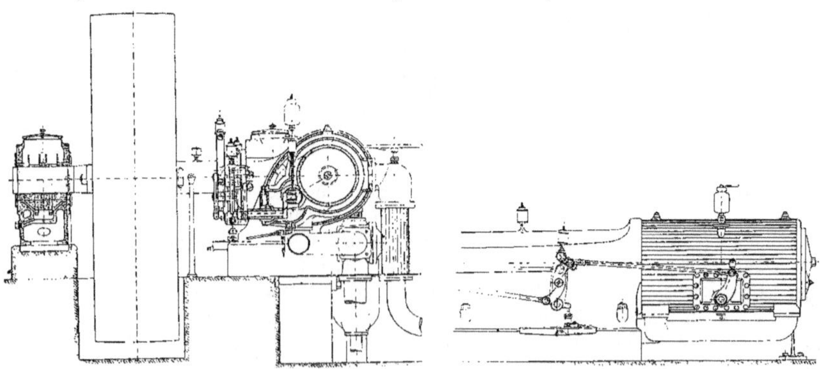

FIG. 404. — Machine *Bonjour*.
Coupe transversale par le palier et par le cylindre.

FIG. 405. — Machine verticale *Bonjour*.
Mécanisme de distribution.

Le tiroir cylindrique, de la longueur du cylindre lui-même, est dissimulé extérieurement dans l'enveloppe, et porte à ses extrémités deux pistons garnis de segments avec ressorts, montés sur une même tige. Ces deux pistons s'équilibrent et leur déplacement longitudinal est de 0 m. 173, c'est-à-dire dans chaque sens à partir de la position moyenne d'une quantité égale à l'ouverture de l'orifice, plus du recouvrement.

Il n'y a donc, à chaque extrémité du cylindre, qu'un seul orifice, par lequel se font successivement l'admission et l'échappement, l'admission se faisant toujours par l'arête intérieure et l'échappement par l'arête extérieure.

Les espaces morts ne dépassent pas 2,5 p. 100 du volume du cylindre.

Le mécanisme de la distribution, que nous allons avoir à décrire, est combiné de telle sorte que l'ouverture et la fermeture sont très rapides, et que, quel que soit le degré d'admission entre 0 et 70 p. 100, les avances à l'admission et à l'échappement restent constantes, ainsi que la compression.

Il convient de remarquer que, la puissance normale de la machine, 350 chevaux, correspondant à une admission de 10 p. 100, il y a peu de probabilités pour que l'on soit amené à employer une admission de 70 p. 100 à laquelle correspondrait une puissance de plus de 1000 chevaux. Une telle élasticité est rarement nécessaire ; elle peut cependant être précieuse dans certaines applications, notamment pour conduire des laminoirs.

Le mécanisme de distribution est constitué par deux excentriques circulaires, dont l'un, l'excentrique de distribution, est à calage fixe, et donne des mouvements angulaires à l'ensemble du mécanisme d'unification, tandis que l'autre, à calage variable dépendant du

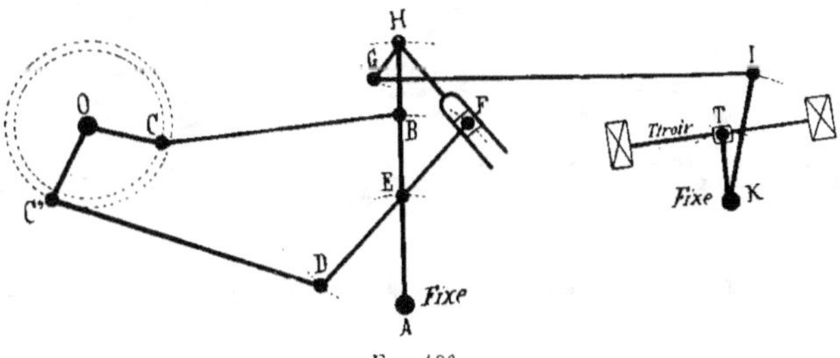

Fig. 406.

régulateur, et de course constante, opère la fermeture de l'admission comme s'il y avait deux tiroirs.

La fig. 406 montre le schéma de la combinaison cinématique par laquelle M. Bonjour réalise le programme qu'il s'était imposé.

La barre d'excentrique de distribution CB actionne, par son extrémité B, le levier de distribution ABH oscillant autour du point A, qui est fixé au bâti. Le point B décrit donc un arc de cercle.

La barre d'excentrique de détente C'D, dont le calage varie par le régulateur, est articulée en D sur le levier de détente DEF qui oscille autour du point E, sur le levier de distribution.

L'extrémité F du levier de détente, par l'intermédiaire d'un axe et d'un coulisseau, actionne une coulisse FH articulée, en H, sur le levier de distribution. Sur cet axe H, est clavetée une petite manivelle HG, dont le mouvement dépend de celui de la coulisse FH, et au bouton G est articulée la bielle de commande du tiroir, cette commande étant faite par l'intermédiaire d'une manivelle extérieure IK qui transmet son mouvement angulaire à l'intérieur de la boîte de distribution, par la manivelle KT.

Lorsque, dans son mouvement angulaire, le point F vient croiser la ligne ABH, il se rapproche du point H. A ce moment, à un déplacement, même minime du point F, correspond un grand déplacement angulaire de la coulisse HF. Ce déplacement angulaire de la coulisse va en diminuant à mesure que l'obliquité de FH s'accentue, et finalement le point F se déplace tangentiellement à la coulisse.

La période pendant laquelle l'excentrique de détente reste ainsi, par suite du déplacement tangentiel du point F dans la coulisse HF, sans influence sensible sur l'ensemble du mécanisme, correspond à un angle de 145° environ, c'est-à-dire à 80 centièmes de la course.

En comparant avec l'épure circulaire ordinaire (fig. 408) celle que donne la distribution de M. Bonjour (fig. 407), on se rend compte facilement de l'intérêt que présentent les résultats obtenus.

Les diverses courbes représentées sur ces épures mettent en effet en évidence les différences essentielles pour une même introduction.

De part et d'autre de l'axe de la position moyenne du tiroir, sont portés les recouvrements intérieurs et extérieurs AV et R, et, plus en dehors, la largeur des lumières AR et AV.

Les abscisses 0-5-10 .... 95-100 représentent les fractions de la course du piston. Les courbes sont tracées jusque pour une admission de 80 p. 100.

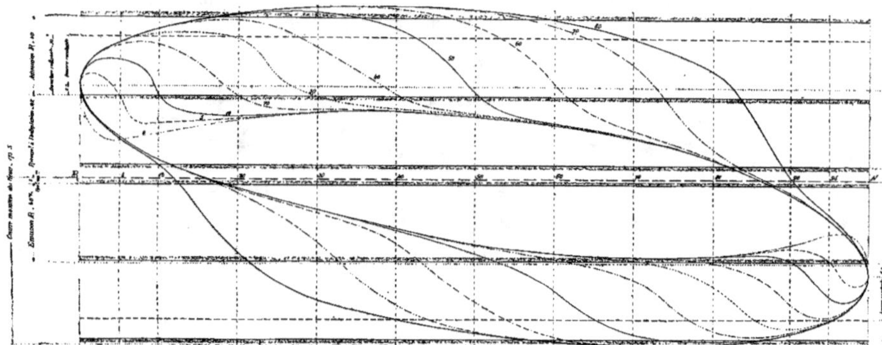

Fig. 407. — Machine horizontale de M. *Bonjour*.
Épure de la distribution

La hauteur totale du diagramme correspond à la course maximum du tiroir.
Du côté AV (à droite) les hauteurs représentent respectivement :

    ab l'admission ;
    bc l'avance à l'admission ;
    de l'avance à l'échappement.

Du côté AR (à gauche) les longueurs

    fg
    gh } représentent respectivement ces mêmes éléments.
    ij

Ainsi (fig. 407), pour la courbe 10 (admission 10 p. 100), du côté AR, l'avance à l'admission est de 6 mm. 3, l'ouverture maximum de l'admission a lieu à 2 p. 100 de la course ; cette ouverture est alors de 20 millimètres et la fermeture se produit à 10 p. 100. Remarquons que, à 8 p. 100, l'orifice conserve encore l'ouverture maximum.

La compression commence à 83 p. 100 ; il y a donc 17 p. 100 de compression, et l'échappement commence à 89 p. 100, soit une avance à l'échappement de 11 p. 100.

Du côté AR l'avance à l'admission est de 6 mm. 7.

L'ouverture de l'orifice atteint son maximum à 2 p. 100 et reste complète jusqu'à 6 p. 100. La quantité dont l'orifice est ouvert est de 21 millimètres.

La compression commence à 83 p. 100 et l'échappement à 89 ; ces chiffres sont les mêmes que du côté .R. Rappelons que les avances et la compression sont constantes pour tous les degrés d'admission entre 0 et 70 p. 100.

Au contraire, avec les mécanismes de distribution à tiroir unique usités jusqu'à ce jour, et pour une même largeur de lumière (fig. 408) nous constatons d'abord que, pour une même largeur d'orifice et pour une admission de 80 p. 100, la course du tiroir est

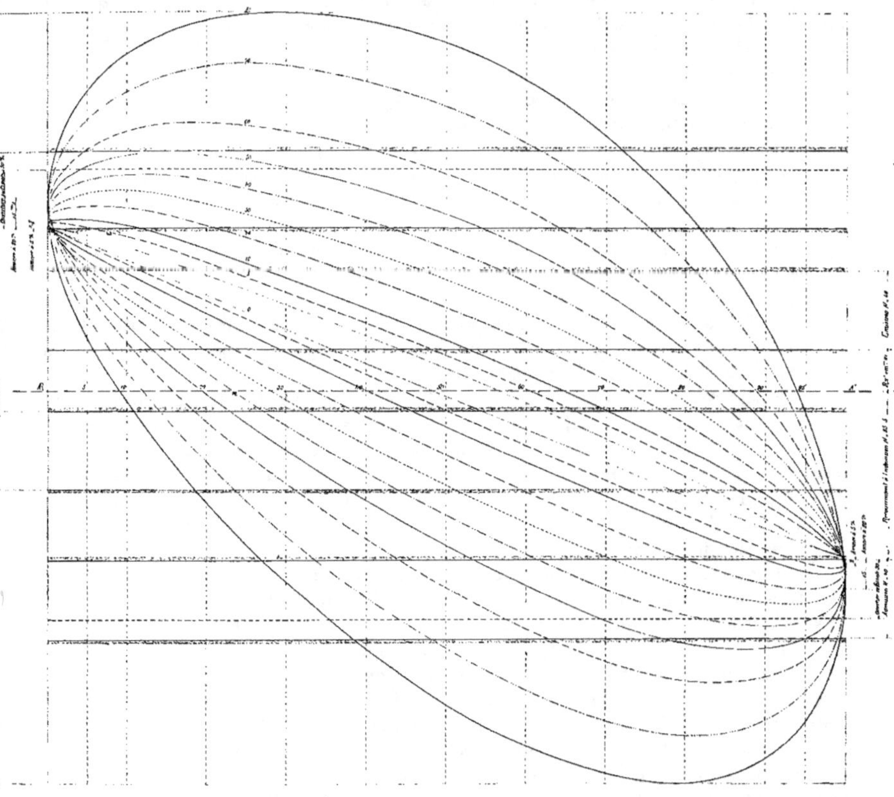

Fig. 408. — Épure de distribution avec tiroirs ordinaires.

2, 3 fois plus grande et pour une admission de 70 p. 100, elle est juste 2 fois plus grande qu'avec l'épure Bonjour. En outre, les avances à l'admission sont inégales et elles augmentent au fur et à mesure qu'augmente l'admission.

La compression, au contraire, augmente à mesure que diminue le degré d'admission. Il en est de même de l'avance à l'émission.

Ainsi, si nous examinons comme précédemment la courbe 10, nous voyons que, dans cette épure (fig. 407), pour le côté .R, l'avance à l'admission est de 2 mm. 7 ; l'ouverture de la lumière n'est que de 4 mm. 5.

Pendant cette course, l'évacuation A' se ferme à 53 p. 100 ; il y a donc 47 p. 100 de compression, et l'évacuation Æ commence à 70 p. 100. Il y a donc 30 p. 100 d'avance à l'échappement.

Pour le côté A', l'avance à l'admission est de 2,7 aussi ; l'ouverture est de 5 millimètres. L'évacuation Æ, pendant ce temps, se ferme à 54 p. 100, donnant 46 p. 100 de compression, et l'évacuation côté Æ commence à 71 p. 100, ce qui donne 29 p. 100 à l'évacuation.

Il n'était pas besoin de cette démonstration pour savoir, qu'avec les mécanismes usités jusqu'ici, il n'est pas possible de faire fonctionner d'une manière satisfaisante une machine à tiroir unique avec une admission de 10 p. 100.

L'examen de l'épure Bonjour montre que, même à l'admission de 1 p. 100, la distribution est encore absolument correcte, les avances et compressions restant immuables, car aucun mouvement dépendant de la coulisse ne se produit pendant ces phases, où seul l'excentrique de distribution agit.

C'est, qu'en effet, l'une des particularités essentielles du mécanisme réside dans l'interposition de la coulisse, dont le but est d'obtenir des périodes de ralentissement ou d'accélération très accentuées du bouton G.

Les périodes de ralentissement ont pour objet, en réduisant pendant un grand angle du parcours de la manivelle l'action de l'excentrique de détente, de laisser prépondérante celle de l'excentrique de distribution.

Les périodes d'accélération, au contraire, ont pour but d'augmenter l'intensité de l'action de l'excentrique de détente, cette intensité d'action se produisant pendant un angle très faible du parcours de la manivelle.

Les périodes de ralentissement coïncidant avec celles de l'ouverture des orifices par les distributeurs, et les périodes d'accélération coïncidant avec celles de fermeture des mêmes orifices, on conçoit que la combinaison de l'ensemble du mouvement a pour résultat d'opérer la fermeture rapide des orifices d'admission, et de conserver entre 0 et 70 p. 100 de la course du piston des avances et des compressions constantes, ainsi que le prouve l'examen que nous venons de faire des courbes de régulation.

Pour bien faire ressortir les particularités les plus intéressantes de son mécanisme desmodromique, M. Bonjour a établi deux séries de courbes qui montrent nettement, d'une part, que, dans un mécanisme de distribution déterminé, les divers éléments : compression, avance à l'émission, peuvent être déterminés et établis dans les conditions les plus favorables aux résultats que l'on veut obtenir, mais que, une fois déterminés, ils restent constants pour tous les degrés d'admission : et d'autre part, que, en déportant légèrement vers la gauche, la petite manivelle HG, on peut compenser les inégalités de distribution provenant des obliquités de la bielle motrice.

Ainsi la fig. 409 (Nᵒˢ 1 à 6) représentent les trajectoires décrites, pour toute une série d'admissions variées, par le bouton G qui attaque le tiroir, telles qu'elles résultent du mouvement initial ; et la fig. 410 représente les mêmes trajectoires, modifiées par le déplacement du bouton G vers la gauche, en vue de compenser les obliquités de la bielle motrice.

La fig. 411 représente les courbes de régulation résultant des diverses trajectoires Nᵒˢ 11 à 12.

Les trajectoires des fig. 412 et 413 Nᵒˢ 13 à 24 ainsi que les courbes de régulation fig. 414 sont analogues aux précédentes, mais elles ont été établies pour une compression de 14 p. 100 au lieu de 5 p. 100.

Les premières figures correspondent à la distribution d'un cylindre d'admission initiale dans une machine à multiple expansion, et les dernières à la distribution d'une machine monocylindrique devant fonctionner indistinctement à échappement libre ou à condensation.

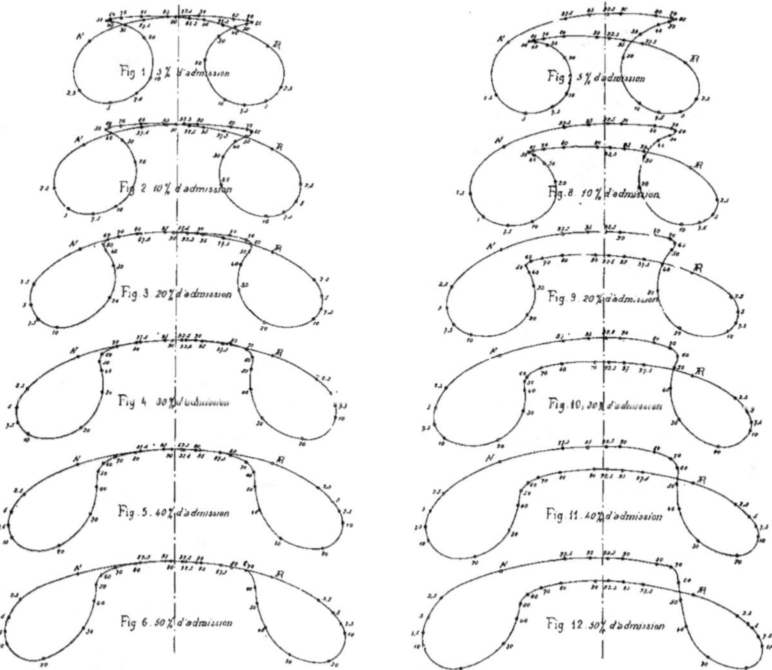

Fig. 409 et 410 (N° 1 à 12). — Machine *Bonjour* à mouvements différentiels unifiés.
Épures montrant les trajectoires du bouton d'attaque du tiroir avec compression de 5 %.
1 à 6. D'après mouvement initial.
7 à 12. Avec manivelle déportée pour corriger l'action de l'obliquité de la bielle.

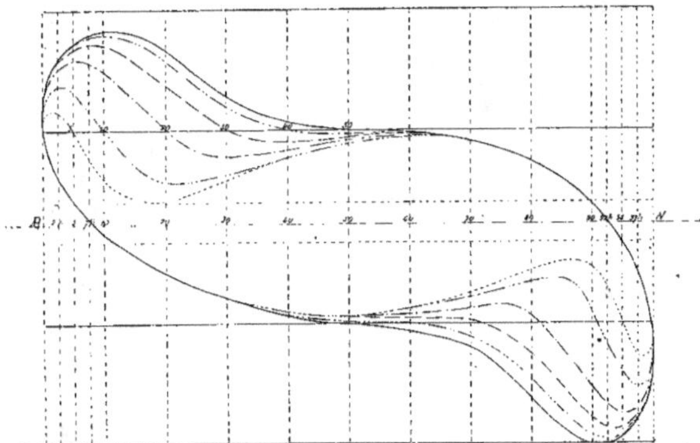

Fig. 411. — Machine *Bonjour*.
Recouvrements intérieurs (négatifs).

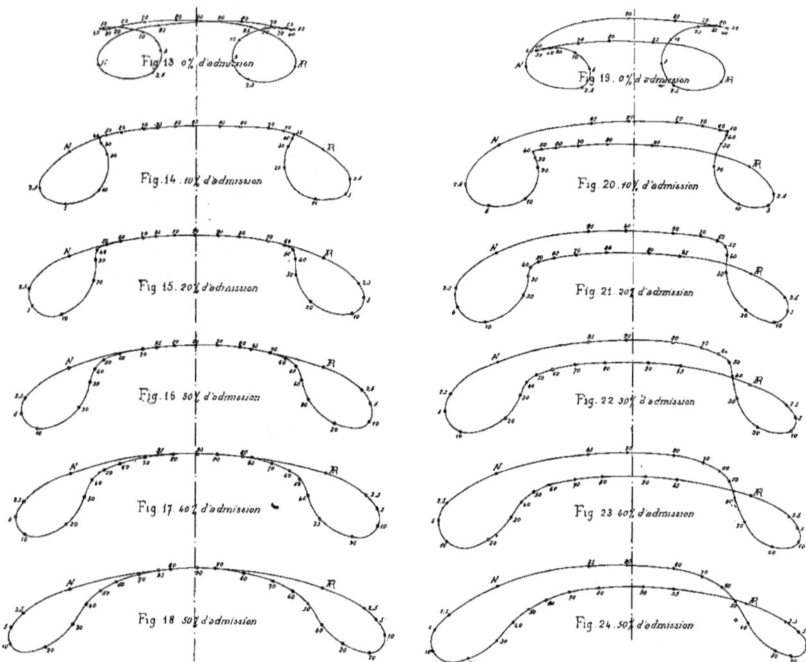

Fɪɢ. 412 et 413 (Nos 13 à 24). — Machine *Bonjour* à mouvements différentiels unifiés.
Trajectoires du bouton d'attaque du tiroir avec compression de 14 °/₀
13 à 18. D'après mouvement initial.
19 à 24. Avec manivelle déportée pour corriger l'action de l'obliquité de la bielle.

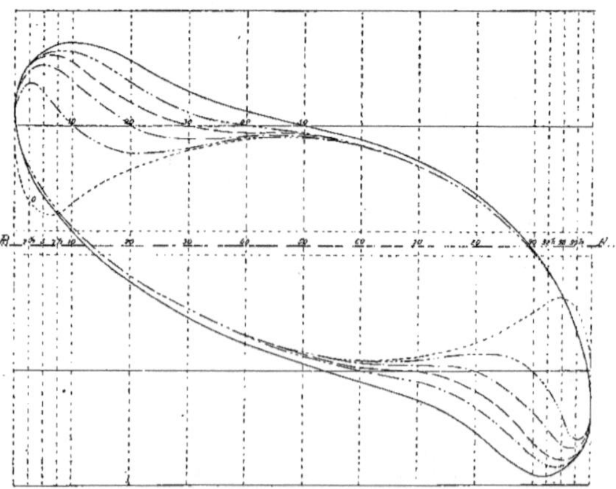

Fɪɢ. 414. — Machine *Bonjour*.
Recouvrements intérieurs (positifs).

Les données principales de la machine sont les suivantes :

Diamètre du cylindre d	0 m. 500	Volume du cylindre	196 lit.
Course du piston $l =$	1.000	Volume par cheval	0 l. 56
Rapport $\dfrac{d}{l}$	0,5	Volume engendré par le piston, par seconde et par cheval	21.8
Nombre de tours	150	Coefficient d'activité	0,36
Vitesse du piston par seconde	5 mètres	Diamètre du volant	3 mètres
Pression de la vapeur	7 kg.	Poids du volant	3.600 kg.
Admission normale	10 p. 100	Vitesse à la circonférence	23 m. 50
Puissance correspondant, avec condensation	350 chx.	Poids de la machine	18 tonnes

Donnons maintenant quelques indications sur les détails de construction de cette machine, détails qui ont été étudiés, de la façon la plus minutieuse, tant par l'inventeur que par le personnel mis à sa disposition par les usines du Creusot.

Le bâti avec lequel est venu de fonte le palier moteur est creux, mais afin de lui donner de l'assise, et d'éviter, qu'avec une marche rapide, il fasse cloche, il est rempli de maçonnerie au moment du montage.

Pour que le cylindre puisse se dilater librement, il est assujetti seulement par son extrémité antérieure, et n'est soutenu à l'arrière que par une simple béquille flexible. Son assemblage avec le bâti, est fait par un boulon servant de boîte à étoupes, et par conséquent il se trouve très bien centré. Ce boulon en acier travaille ainsi toujours à la traction, et à moins de 1 kilog. par millimètre carré.

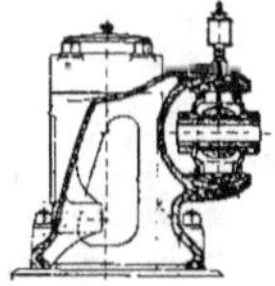

Fig. 415.
Machine *Bonjour*.
Coupe du bâti, de la glissière et du coulisseau.

Le cylindre est à enveloppe de vapeur complète, aussi bien dans les fonds que sur le pourtour. Le piston est creux, long, et en deux pièces. On peut, de cette façon, placer le segment unique sur le piston, sans le déformer en l'ouvrant. Les deux pièces constituant le piston sont réunies par la tige, qui porte une embase d'un côté et un écrou de l'autre.

La distribution se fait par la partie inférieure du cylindre, l'eau entraînée se purge donc automatiquement.

Le palier est à réglage latéral. Le graissage se fait, à l'intérieur, au moyen de deux anneaux qui entraînent l'huile.

La pompe à air est attaquée directement par une contre-manivelle. Elle est composés d'un piston et d'un plongeur fondus ensemble. La partie formant plongeur a une surface égale à la surface annulaire, donc à la moitié de la surface du piston. Quoiqu'il n'y ait qu'un seul clapet sur le piston et un clapet de retenue à la partie supérieure, le fonctionnement de la pompe est à double effet, tant à l'aspiration qu'au refoulement.

Un robinet sert à échapper à volonté à l'air libre ou au condenseur. Ce robinet se compose d'une clef conique à laquelle au moyen d'une manivelle on imprime un mouvement de 1/4 de tour ; puis, à l'aide d'un volant, on assure l'étanchéité absolue en mettant en contact parfait la clef et le boisseau.

A l'avant du robinet, un clapet spécial de sécurité est mobile horizontalement, et a pour mission d'empêcher tout retour d'eau au cylindre, provenant soit du condenseur, soit de l'échappement à l'air libre.

Le régulateur est dit unipolaire, parce que les actions combinées de la masse régulatrice, du ressort antagoniste et du frein modérateur sont sur un même axe, l'action de la masse régulatrice agit simultanément par la force centrifuge et l'inertie.

Les diagrammes ci-dessous (fig. 416), relevés en décembre 1898, pendant des essais faits au Creusot sur une machine identique à celle qui figurait à l'Exposition, sont très intéressants, non seulement parce qu'ils prouvent la bonne distribution, avec des marches très différentes, variant de 275 à 615 chevaux, mais aussi parce qu'ils permettent de

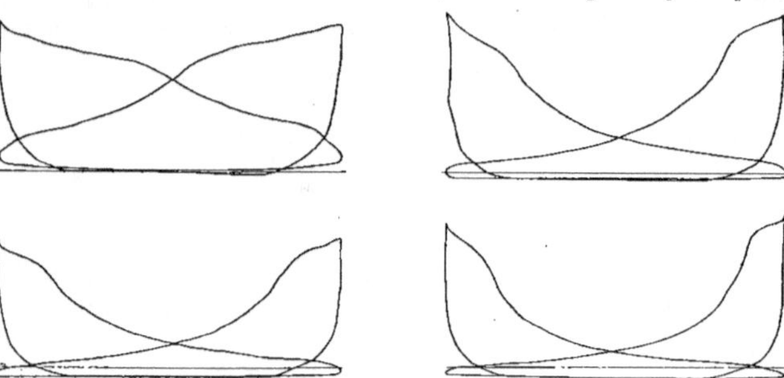

Fig. 416. — Machine horizontale *Bonjour*.
Diagrammes relevés avec des admissions très variées.

constater l'égalité aussi parfaite que possible entre les efforts exercés des deux côtés du piston. En outre, par suite du réchauffage du cylindre par l'enveloppe, par suite aussi de la correction de la distribution, les essais ont donné des résultats supérieurs à ceux des machines à déclic de mêmes dimensions. La simplicité et la robustesse des organes assurent à cette machine un fonctionnement constant et régulier.

Machine marine.

La machine motrice du type vertical à pilon, à triple expansion et à trois cylindres, pour torpilleur de première classe, que le Creusot avait exposée dans la classe 19, était caractérisée par une distribution très originale, que M. Bonjour a déjà appliquée avec succès, depuis 1898, à la machine du bateau « l'Ondine ».

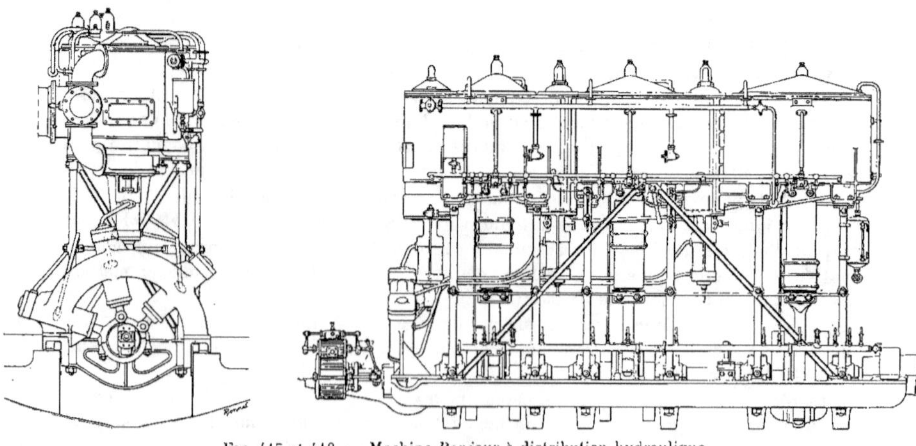

Fig. 417 et 418. — Machine *Bonjour* à distribution hydraulique.
Élévation longitudinale et vue en bout.

La conduite des tiroirs est obtenue par un système de distribution hydraulique qui consiste dans le remplacement des divers organes intermédiaires entre l'arbre de couche et les tiroirs (excentriques, colliers, coulisses, bielles de suspension, arbres de relevage, etc.) par une simple colonne de liquide incompressible actionnée au moyen de pompes.

En un point quelconque de l'arbre moteur est monté un excentrique, grâce auquel on peut opérer la distribution, la variation de détente, les changements de marche, dans un nombre quelconque de cylindres. Il suffit pour cela de relier au collier de l'excentrique des pompes à huile, disposées en éventail, en nombre égal au nombre de cylindres où doit être effectuée la distribution.

A l'Exposition, l'excentrique, logé en bout d'arbre, n'avait que des dimensions minimes, et les tuyaux de communication étant logés le long des bâtis, le mécanisme principal restait complètement dégagé et accessible.

Examinons, pour simplifier, la distribution dans une machine à un seul cylindre.

L'excentrique met en mouvement une pompe foulante génératrice, qui comprime le liquide et l'envoie, par un tuyau, sous

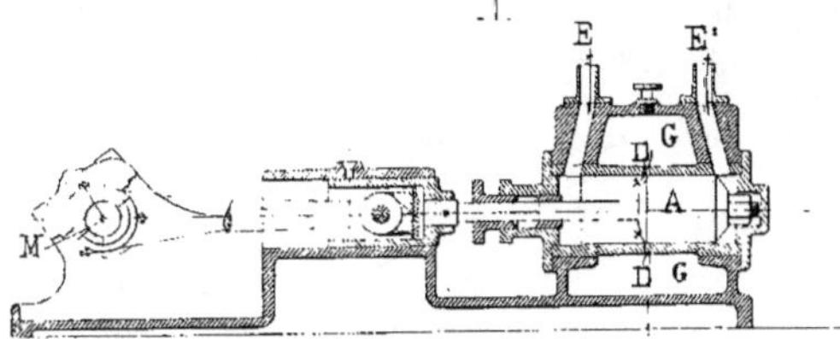

Fig. 419. — Distribution hydraulique *Bonjour*. Générateur.

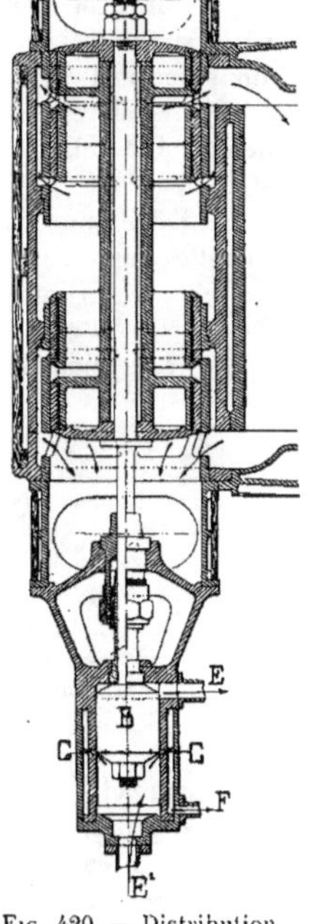

Fig. 420. — Distribution hydraulique *Bonjour*. Réceptrice.

un piston récepteur monté sur la tige du tiroir. S'il n'y a ni fuite, ni dilatation, les mouvements du tiroir suivront exactement ceux du piston générateur, le liquide comprimé remplissant l'office de bielle d'excentrique.

Mais il fallait parer aux conséquences des fuites et des dilatations possibles. Voici le dispositif adopté par M. Bonjour dans ce but [1].

L'excentrique M actionnant le piston A à double effet, et les tuyaux E, E', reliant le cylindre générateur au cylindre récepteur, le cylindre générateur est entouré d'huile, qui remplit le réservoir G. La communication entre le cylindre et le réservoir est établie par des orifices d'enclenchement D, percés sur le pourtour, et que le piston A découvre en fin de course.

De même, le cylindre récepteur B est percé d'orifices de libération C, qui le mettent en communication avec le tuyau de décharge F, par lequel le liquide est ramené au réservoir G.

Le piston générateur est un peu plus grand que le piston récepteur. Il s'établit donc une circulation continue, de l'un à l'autre, le liquide en excédent étant, à chaque coup de piston, ramené au réservoir G, et c'est cet excédent qui permet, le cas échéant, de compenser les pertes qui auraient pu se produire.

1. *Bulletin de la Société d'Encouragement pour l'Industrie nationale*, mars 1898. Rapport de M. Hirsch.

Pour obtenir le changement de marche et les variations de la détente, il faut, suivant le principe général, modifier la position de l'excentrique sur l'arbre de couche.

La manivelle étant en MH pour la marche AV avec l'admission maximum, et a étant le centre d'excentricité, si nous reportons le centre d'excentricité au point b, symétrique de a par rapport à MH, nous obtiendrons la marche ÆR dans des conditions analogues de distribution.

Si nous fixons successivement le centre d'excentricité aux différents points de la courbe ab, nous obtiendrons les divers degrés de détente soit dans la marche en avant, soit dans la marche en arrière, comme avec la coulisse de Stéphenson.

Les épures et les tableaux ci-contre (p. 265) donnent tous les éléments de la distribution AV et ÆR et montrent les courbes décrites par les points d'attache des pompes génératrices sur le collier d'excentrique pour l'admission minimum, l'admission moyenne et l'admission maximum.

Les recouvrements des tiroirs correspondant aux courses du piston à huile de 85 millimètres, 105 millimètres et 120 millimètres sont indiqués en dixième de course du piston.

La distribution du cylindre BP est représentée horizontalement. Les lignes de rappel sont interrompues par les épures relatives aux deux autres cylindres.

Celle du cylindre MP est montrée par l'épure inclinée à droite. Enfin celle du cylindre HP est montrée par l'épure inclinée à gauche.

A l'exception de la dernière, ces diverses positions correspondent aux angles de

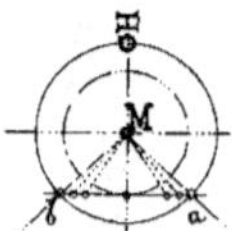

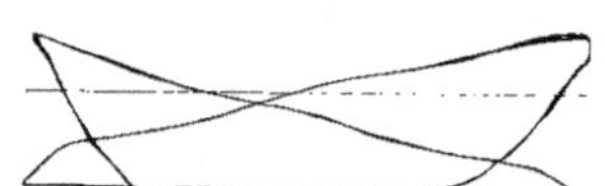

FIG. 421.

Machine *Bonjour* à distribution hydrostatique.
Changement de marche.

FIG. 422.

Machine *Bonjour* à distribution hydrostatique.
Superposition de cinquante diagrammes.

l'arbre manivelle, ainsi que l'indique la partie supérieure (fig. 423). Pour le cylindre HP la pompe génératrice a dû être déplacée de 180°, par suite de considérations d'emplacement dans le navire, et afin de la maintenir au-dessus du parquet. Bien entendu, pour cette pompe, les tuyaux ont été croisés, afin d'inverser le mouvement initial.

Les données principales de cette machine sont indiquées ci-dessous :

Diamètre du petit cylindre..........	0 m. 425
— moyen —	0,610
— grand —	0,870
Rapport des sections $\dfrac{s_1}{s} =$	2,06
— $\dfrac{s_2}{s_1} =$	2,04
— $\dfrac{s_2}{s} =$	4,2
Course des pistons..................	0 m. 450
Rapport $\dfrac{d}{l} =$	0,95
— $\dfrac{d'}{l} =$	1,35
Rapport $\dfrac{d''}{l} =$	1,94
Nombre de tours par minute........	360
Vitesse moyenne des pistons........	5 m. 40
Pression de la vapeur..............	15 kg.
Puissance moyenne de la machine ...	1.500 chx.
Volume du petit cylindre...........	6 3 lit.
— moyen —	131 —
— grand —	260 —
Volume du grand cylindre, par cheval.	0 l. 178
Volume engendré par le grand piston, par cheval et par seconde....	2 l. 14.
Coefficient d'activité................	0,47

La fig. 422, diagramme du petit cylindre, dans lesquels on a tenu le crayon appuyé

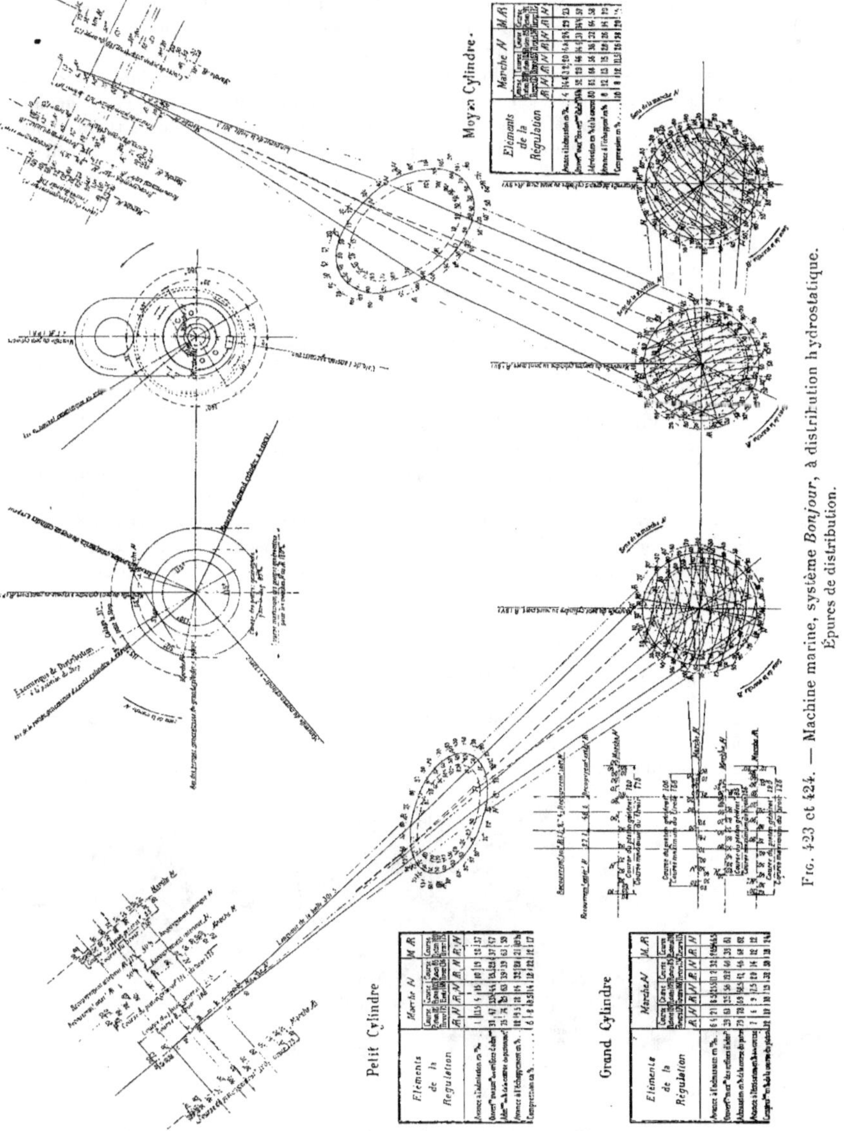

FIG. 423 et 424. — Machine marine, système *Bonjour*, à distribution hydrostatique. Épures de distribution.

pendant 50 révolutions de la machine, montrent par la superposition parfaite de ces 50 diagrammes avec quelle précision se produisent les mouvements.

Par suite de la grève qui avait éclaté au Creusot peu de temps avant l'ouverture de l'Exposition, cette intéressante machine n'avait pu être mise en marche dès le début. Des raisons de servitude, motivées par certains voisinages, ayant fait décider de ne mettre cette machine en mouvement que trois jours par semaine, un certain nombre de visiteurs, qui ont consacré un temps limité à l'examen du groupe de la Mécanique n'ont pas eu la satisfaction de la voir en fonctionnement. Mais tous ceux qui s'intéressaient véritablement à la Mécanique ont pu se rendre compte du fonctionnement remarquable de cette machine à sa vitesse normale, et ils ont pu constater que l'on n'avait à redouter ni coups de bélier, ni fuites d'huile.

CHAPITRE V

MACHINES ROTATIVES. — TURBINES A VAPEUR

Il n'entre point dans le cadre de cet ouvrage de faire une étude complète de cette question au point de vue théorique et au point de vue pratique.

Ceux qui désireraient approfondir ces questions pourront se reporter utilement au *Traité des Turbines à vapeur*, qu'a publié M. Sosnowski, directeur de la Société de Laval, et aux diverses communications faites par le même ingénieur aux Sociétés de Physique, d'Électricité et aux Ingénieurs civils de France, ainsi qu'aux savants Mémoires présentés par M. Rateau au Congrès de Mécanique appliquée, et publiés dernièrement dans la *Revue de Mécanique*.

Turbines de Laval.

En ce qui concerne la turbine de Laval en particulier, le principe auquel s'est arrêté l'inventeur est d'utiliser la force vive seule de la vapeur.

Le principe fondamental de cette turbine est en effet que la vapeur, primitivement

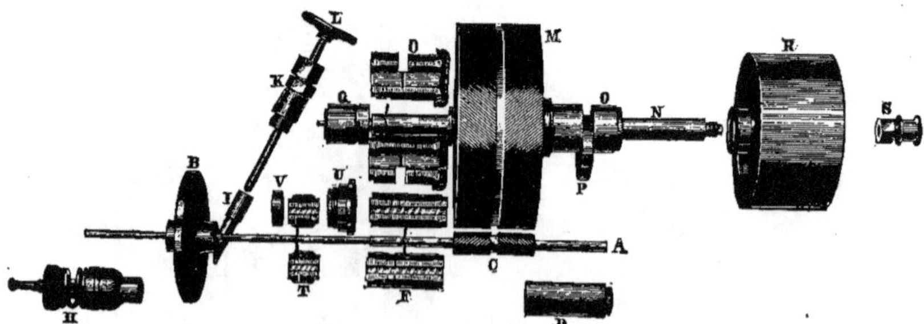

Fig. 425. — Turbine de *Laval*.

à haute pression, arrive entièrement détendue sur les aubes de la poulie réceptrice. Cette détente s'effectue dans le trajet compris entre la valve d'introduction et l'orifice du tube distributeur de vapeur. Dans ce trajet, elle a acquis une force vive due à sa propre détente, et cette force vive est égale au travail qu'elle aurait fourni en se détendant graduellement derrière un piston. La force vive est alors transmise aux aubes de la roue.

La turbine de Laval se compose d'une roue à aubes sur laquelle la vapeur complètement détendue est amenée par des ajutages inclinés sur le plan de la roue, et coupés tangentiellement à la roue, donc obliquement. De cette façon, l'ajutage couvre plusieurs augets.

La fig. 425 sur laquelle toutes les pièces sont détachées et écartées de manière à être rendues bien visibles, montre un ajutage I, arrivant obliquement sur la roue à aubes B, et la fig. 426 montre la disposition de quatre ajutages amenant la vapeur sur une roue.

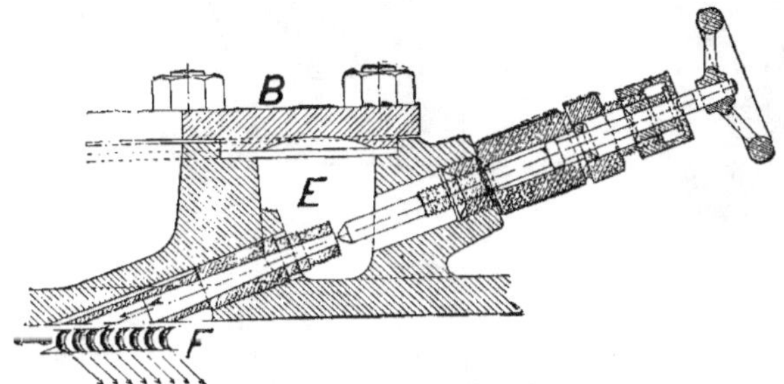

Fig. 426. — Turbine de *Laval*.
Détail d'un ajutage.

Les jets de vapeur pénètrent dans le récepteur en glissant le long des aubes en vertu de la vitesse relative, en leur communiquant la force vive de la vapeur. Cette vapeur sort (fig. 427) sur la face opposée du disque avec une vitesse absolue que l'on cherche à rendre la plus faible possible, par un tracé convenable des aubes.

Le corps de la turbine est monté sur un axe en acier A, qui repose sur deux coussinets, et tout l'ensemble tourne dans une chambre dont une partie, venue de fonte avec un conduit de distribution de la vapeur, porte es ajutages en bronze destinés à détendre et

Fig. 427 et 428. — Turbine de *Laval*.
Roue et régulateur.

à diriger le jet de vapeur, pendant que l'autre partie forme conduit d'échappement, et comprend le palier de bout d'arbre, dont le coussinet D est représenté au dessous.

L'arbre principal porte un double pignon C', à denture hélicoïdale. On voit sur la fig. 425 que les deux dentures de C, comme celles de la roue M avec lesquelles elles engrènent, sont inclinées à 45° et en sens opposé, de manière à former chevron et à empêcher les mouvements longitudinaux.

Ces engrenages réducteurs de vitesse sont enfermés dans une enveloppe en fonte dans laquelle une large circulation d'huile assure un graissage continu.

L'arbre auxiliaire ou arbre moteur N porte (fig. 428), à son extrémité, le régulateur à force centrifuge qui agit sur la valve d'admission de la vapeur par une biellette, et dont les détails sont représentés (fig. 429 et 430). Lorsque la turbine tourne trop vite, la tige du

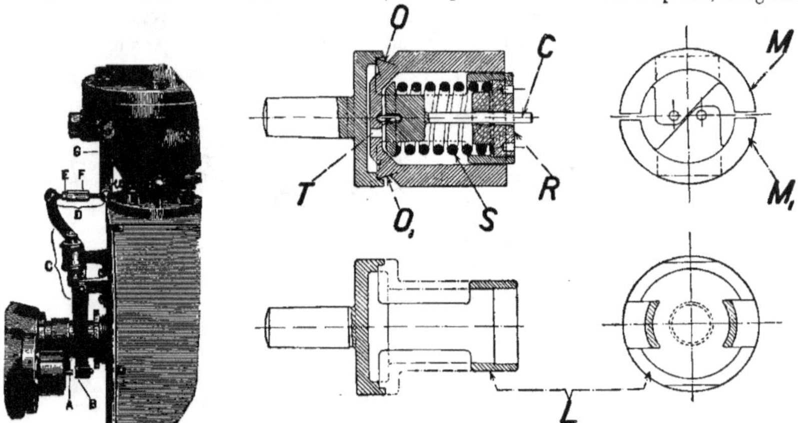

Fig. 429 et 430. — Turbine de *Laval.*
Régulateur.

régulateur C (fig. 430) et A (fig. 429) tend à sortir de la gaine, et à venir porter sur le grain B (fig. 429). La tête du régulateur T repose, par deux pointes, sur les talons des segments demi-cylindriques, qui emprisonnent entre eux et l'écrou R le ressort antagoniste S.

La fig. 427 montre quatre ajutages pour amener la vapeur de la valve aux aubes. Selon la puissance des machines, ces conduits sont au nombre de 4, 6, 8. Ils peuvent être obturés, ainsi que le montre le tracé des fig. 425 et 426, par des valves à la main L,

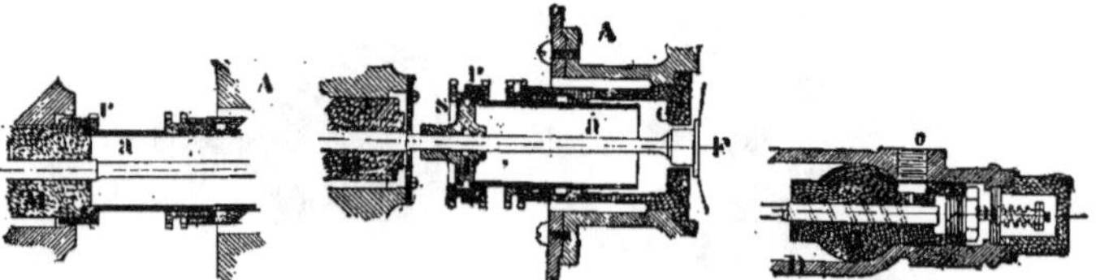

Fig. 431 à 433. — Turbine de *Laval.*
Arbre flexible.

manœuvrées de l'extérieur, ce qui permet de réduire à la moitié, au tiers, au quart, etc., la puissance maximum de la machine. Chaque ajutage fonctionne ainsi d'une manière indépendante.

A l'arrivée de vapeur, il y a une boîte à crépine destinée à arrêter au passage les matières solides qui pourraient être entraînées par la vapeur. La vapeur, après avoir traversé la boîte à crépine, et avant de pénétrer dans le conduit de distribution de la turbine, doit passer par des orifices de grandeur constamment variable, que deux soupapes ouvrent au-dessus de leurs sièges, et dont le jeu résulte de l'action de la vapeur.

La force vive seule de la vapeur étant utilisée, et la densité du fluide détendu étant très faible, toute la puissance dépend donc de la vitesse.

A la pression de 4 atmosphères, la vapeur s'écoulant dans l'air, par un orifice de petite section, atteint une vitesse de 735 mètres par seconde. Si l'on condense, et par conséquent si l'écoulement se fait dans un milieu où la pression est de 0 atm. 1, la vitesse d'écoulement devient de 1.070 mètres.

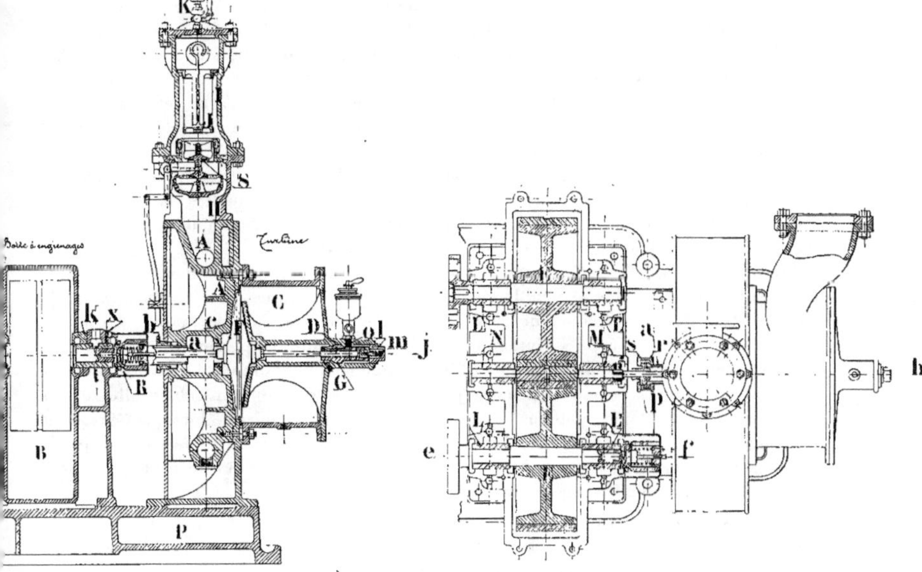

Fig. 434 et 435. — Turbine de *Laval*.
Coupe longitudinale, verticale et plan-coupe.

A Boîte de distribution.
B Boîte des engrenages.
C Boîte d'échappement.
C' Couvercle de la boîte d'échappement.
D Boîte du coussinet à rotule.
E, E Roues d'engrenages.
F Disque de la turbine monté sur l'arbre-pignon.
G Coussinet à rotule.
H Boîte de l'obturateur du régulateur.
I Boîte d'arrivée de vapeur.
J Crépine.
K Graisseur de la boîte d'arrivée de vapeur.
L Coussinets des arbres des roues d'engrenages, côté des dynamos.
L' Coussinets des arbres des roues d'engrenages, côté régulateur.
M Coussinet intermédiaire de l'arbre flexible.
N Coussinet du bout de l'arbre flexible.
P Plaque de fondation.
R Régulateur.
S Obturateur.

a Douille de l'arbre du presse-étoupes (voir détail fig.).
b Presse-étoupes de la douille.
c Bague de sûreté.
k, k. Chapeaux des paliers des coussinets, emboîtés dans le palier.
l Bouchon de la tige m.
m Tige du ressort du coussinet à rotule.
o Graisseur du coussinet à rotule G.
p. Obturateur de l'arbre du disque (en deux pièces) Cet obturateur a un jeu de 0 mm. 1 sur l'arbre et n'est pas serré entre la bague s et la douille a.
r Écrou de la douille a.
s Bague filetée, en deux pièces, maintenant l'obturateur au bout de la douille a.
x Vis à pointes pénétrant dans les coussinets et assurant leur position dans les paliers.

La conséquence de ce fait est que la vitesse de rotation de la roue réceptrice est considérable : de 7.500 à 30.000 tours par minute, suivant la puissance ; les vitesses périphériques varient ainsi de 175 à 400 mètres par seconde, et un travail très grand peut être transmis à l'arbre de la roue, avec des organes de dimensions extrêmement faibles.

C'est ainsi que le disque d'une turbine de 300 chevaux à 7.500 tours (telle était la puissance des turbines qui fournissaient le courant à l'Exposition) n'ayant que 0 m. 700 de diamètre, l'arbre de ces machines a 30 millimètres de diamètre au point le plus faible.

D'autre part, à de telles vitesses de rotation, les effets de la force centrifuge sont considérables ; et quels que soient les soins apportés à la construction, il est impossible d'obtenir que le centre de gravité de l'arbre coïncide rigoureusement avec son axe géométrique, et que son plan de symétrie lui soit perpendiculaire. Si l'arbre était rigide, la conséquence de ces petites irrégularités d'exécution pourrait être un échauffement des coussinets, et même la rupture de l'arbre.

M. de Laval a résolu cette difficulté par l'emploi d'arbres flexibles, et l'on conçoit que l'un des paliers de cet arbre doive être construit de façon à permettre une déviation de l'axe pendant les premiers moments de la rotation. C'est pour cela qu'un palier à rotule, dont le détail est donné fig. 433, est placé à l'extrémité de l'arbre.

D'un certain nombre de procès-verbaux d'expériences faites par des personnes fort compétentes et honorables, il semble ressortir que, pour des forces de 50 à 60 chevaux, la consommation de vapeur serait de 10 à 12 kilog. par cheval dans la marche à condensation, c'est-à-dire à peu près comparable à celle des machines à piston.

Nous ne pensons pas que l'on puisse, quelle que soit l'honorabilité et la compétence des expérimentateurs, compter dans la pratique d'une exploitation industrielle sur les mêmes résultats que l'on a obtenus dans des essais de peu de durée, alors que l'économie de ces essais résulte de soins méticuleux et d'un réglage parfait, et alors surtout que la consommation augmente dans des proportions considérables dès que le réglage laisse à désirer, ou que la moindre usure s'est produite.

Enfin, il ne faut pas perdre de vue que le passage de la vapeur détermine un frottement dont l'effet est une usure importante, et par conséquent motive une augmentation très sensible dans la consommation de vapeur.

Les tracés (fig. 434 et 435) donnent horizontalement et verticalement les détails d'exécution de la turbine de Laval.

Turbine Parsons.

Nous regrettons de ne pouvoir, conformément à notre principe, soumettre aux lecteurs de la « *Mécanique à l'Exposition* » le tracé détaillé de la turbine de M. Parsons.

Nous n'avons pu nous procurer que des schémas qui, d'ailleurs, permettent de se rendre compte suffisamment à la fois du principe de cette turbine, et de son mode général de construction.

Cette turbine à vapeur est une turbine à détente fractionnée entre plusieurs séries d'aubes, dans lesquelles la vapeur passe successivement, et correspond à peu près à ce que sont des machines compound dans la classe des machines à mouvement alternatif des pistons.

L'écoulement de la vapeur se produit donc entre des récipients dont les pressions sont peu différentes, et, par conséquent, il s'effectue avec une vitesse modérée. La rotation de vitesse peut varier de 1.500 à 3.500 tours.

Une série de disques sont ainsi placés les uns à la suite des autres, chacun recevant la vapeur du récipient amont et la transmettant au récipient aval. La pression va donc continuellement en décroissant d'étage en étage.

Des deux turbines exposées au Champ-de-Mars, l'une comportait une génératrice à courants alternatifs de 500 kilowatts et tournait à la vitesse de 2.400 tours par minute; l'autre, une dynamo à courant continu, de 50 kilowatts. Cette dernière a un condenseur formant plaque de fondation, sur les côtés duquel sont montées la pompe à air et la pompe à circulation d'eau. Ces pompes sont actionnées par l'intermédiaire d'une vis sans fin et d'un balancier.

La turbine de 500 kilowatts a son condenseur placé dans une fosse au-dessous de la machine, tandis que les pompes sont encore actionnées par la machine elle-même.

C'est grâce à la condensation que cet appareil a pu arriver à se répandre. Avant l'emploi de la condensation la consommation de la vapeur était très élevée.

La variation de puissance était obtenue, pour les machines à l'Exposition, par un régulateur magnétique prenant son courant sur la dynamo elle-même et agissant sur une valve équilibrée disposée sur l'arrivée de vapeur.

La *Revue de Mécanique* de novembre 1900 a publié un extrait de rapport rédigé par MM. Lindley, Schröter et H.-F. Weber sur les essais auxquels ils se sont livrés les 1er, 5 et 6 janvier 1900, dans les usines de M. Parsons sur une turbine de la ville d'Elberfeld, et d'après lesquels on a obtenu une consommation de 8 kg. 81 de vapeur par kilowatt-heure, soit 5 kg. 75 par cheval.

La compétence des personnes en présence desquelles ces essais ont été faits ne permet pas de mettre en doute l'exactitude des résultats obtenus; néanmoins il est permis de faire remarquer que la vapeur utilisée circulait, entre la chaudière et la turbine en essai dans un surchauffeur à chauffage indépendant, et que les essais, d'une durée totale de douze heures, ont duré trois jours : chaque essai a donc été relativement court. Enfin, le chiffre de 8 kg. 81, qui a été obtenu pour une marche de soixante-quatre minutes en surcharge de 40 p. 100, à 1.200 kilowatts environ, n'a point été relevé directement, mais est le résultat d'un calcul comparatif entre la dépense de vapeur et le travail utile, en déduisant du chiffre obtenu la quantité de calories correspondant à la marche à vide avec excitation. La vapeur effectivement consommée n'a été réellement mesurée que dans les essais à demi-charge, dont le résultat a été une dépense de vapeur de 11 kg. 42 par kilowatt-heure.

M. l'Ingénieur des Mines Rateau a fait paraître dans le même fascicule de la *Revue de Mécanique*, sous forme de note, des observations très intéressantes sur ces résultats.

Nous aurions une confiance beaucoup plus grande dans les résultats qui auraient été obtenus par une mesure directe de la quantité d'eau consommée pendant un essai de huit heures consécutives, à marche régulière, après un fonctionnement d'une année par exemple.

Il est regrettable que, la maison Parsons ayant évidemment des machines en service depuis un certain nombre d'années, n'ait communiqué au Jury et aux publications scientifiques et industrielles que les résultats d'essais de peu de durée faits chez elle sur des machines neuves.

Quels changements l'usure inévitable d'une turbine à vapeur pourra-t-elle apporter dans les chiffres ci-dessus indiqués, et quels seront les résultats pratiques obtenus dans l'exploitation courante, lorsque les appareils auront pris un peu d'usure? Il paraît vraisemblable que ces résultats pratiques seraient loin de ressembler à ceux des essais communiqués.

Il ne faut pas perdre de vue que, dans les essais dont les résultats ont été rendus publics par M. Parsons, les puissances normales des machines ont été dépassées de

40 p. 100, et que ces résultats n'ont été obtenus qu'avec l'emploi combiné de la condensation et d'une surchauffe.

Deux turbines Parsons étaient exposées au Champ-de-Mars : l'une comportant une génératrice à courants alternatifs de 500 kilowatts, l'autre une dynamo à courant continu de 50 kilowatts.

Turbine compound Seger.

Le compoundage est obtenu (fig. 436-438) par l'emploi de deux disques juxtaposés, a et b indépendants l'un de l'autre, séparés par un diaphragme percé d'orifices correspondant aux arrivées de vapeur ; la vapeur agit successivement sur les deux disques, qui tournent en sens inverse.

Les organes en mouvement sont enfermés dans une cage en fonte en deux parties, assemblées d'un côté par charnières. On peut donc ouvrir la turbine avec la plus grande facilité pour en examiner ou en démonter les disques.

Les arbres c et d des deux disques sont munis de poulies e et f, dont le rapport des diamètres est le même que celui des vitesses des deux disques.

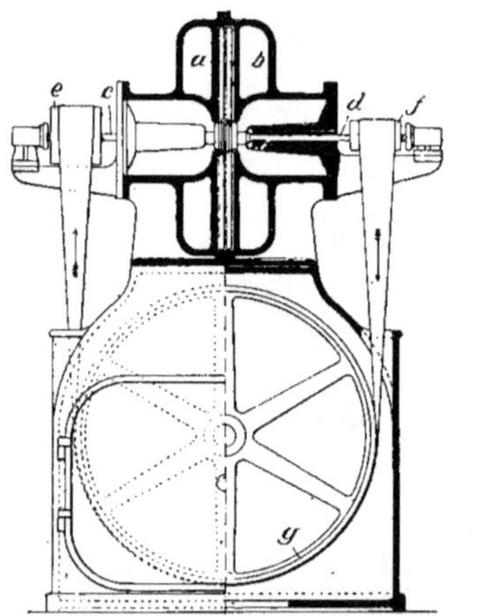

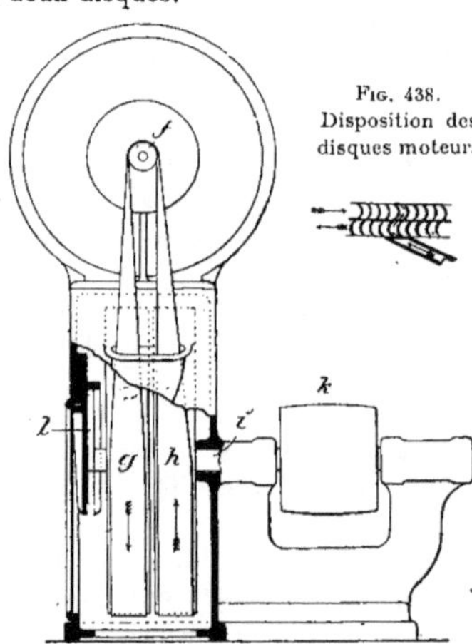

Fig. 438.
Disposition des
disques moteurs

Fig. 436.
Demi-coupe et élévation longitudinales de la turbine.

Fig. 437.
Demi-coupe et élévation du bout de la turbine.

Fig. 436 à 438. — Turbine à vapeur compound *Seger*.

Pour transmettre à un seul arbre de couche le travail des deux turbines, on emploie une transmission par courroie, qui évite un réducteur spécial. Une courroie unique passe autour de deux grandes poulies g et h placées dans le socle. De ces deux poulies, celle qui est en avant est mobile verticalement. Elle est soutenue par la courroie, vis-à-vis de laquelle elle joue le rôle de tendeur. La seconde poulie, placée en arrière de la première, reçoit la force transmise par la courroie. Cette poulie est calée sur l'arbre moteur, à l'intérieur du bâti.

La vapeur entre dans la machine par une soupape régulateur qui est sous la dépendance de l'arbre de la roue à haute pression, et, de là, passe par plusieurs ajutages, réglables à volonté selon la puissance à transmettre.

D'après des expériences effectuées en Suède, et dont les résultats sont communiqués par les constructeurs, une turbine compound Seger produisant 60 chevaux effectifs en employant de la vapeur par la pression de 7 kg. 5 a donné lieu à une consommation de 10 kg. 5 de vapeur par cheval et par heure, en marchant à condensation. Le vide obtenu par un Koerting était de 65 cent. 4. Les deux disques de la turbine tournaient à 8.400 et à 4.200 tours. L'arbre principal faisait 700 tours.

Sans condensation, les vitesses de rotation ont été de 6.600 et 3.300 tours, et la consommation 16 kg. 7 par cheval.

Moteur rotatif Hult.

C'était encore dans la section suédoise que figurait le moteur rotatif Hult, l'une des rares machines nouvelles de l'Exposition.

Elle présente un intérêt réel par la disposition qui consiste à faire tourner le cylindre lui-même en même temps que le piston et dans le même sens.

Le piston est excentré relativement au cylindre. Ce piston, calé sur un arbre creux, est muni de conduits de vapeur et porte plusieurs palettes mobiles.

Fig. 439. — Moteur rotatif *Hult*, accouplé à une dynamo.
Groupe électrogène de 30 kilowatts.

Pour la facilité du raisonnement, le tracé en coupe n'en comporte qu'une seule.

La vapeur pénètre par l'arbre creux et les canaux H pratiqués dans le piston ; elle remplit l'espace compris entre la ligne de tangence et la palette G. La pression de la vapeur s'exerçant sur cette palette, et le piston étant mobile autour de son axe, ce piston prend un mouvement de rotation dans le sens de la flèche.

Quand le piston a ainsi parcouru un certain angle, la vapeur est coupée automatique-

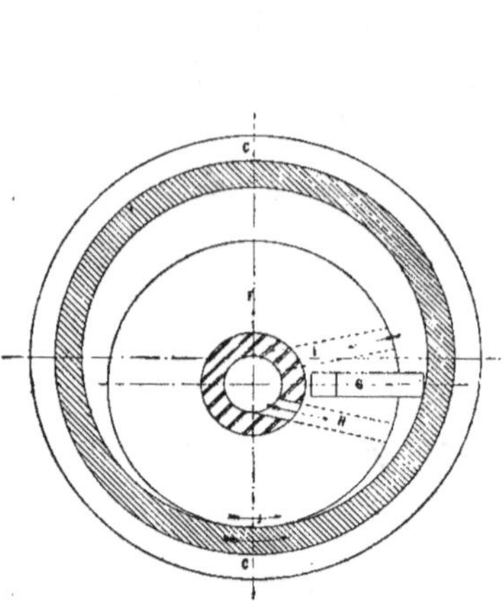

FIG. 440. — Moteur *Hull*.
Coupe transversale d'un piston à une seule palette.

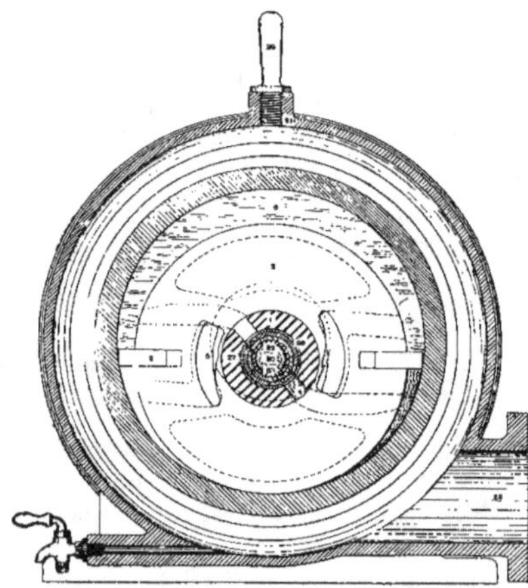

FIG. 441. — Moteur rotatif *Hull*.
Coupe transversale d'une machine à deux palettes.

FIG. 442. — Moteur rotatif *Hull*. Vue en bout le fond enlevé.

ment, et la détente se produit. Puis, le piston, dans sa course, découvre l'orifice d'échappement. Un petit volume de vapeur est, à la fin de la course, soumis à la compression.

Le cylindre, nous l'avons dit, est entraîné dans le mouvement de rotation du piston. Tous deux ont donc la même vitesse circonférentielle, de telle sorte que, à la génératrice de contact, le mouvement relatif des deux pièces est nul, mais forcément des vitesses angulaires différentes et par conséquent des nombres de tours différents puisque les diamètres sont différents. Le frottement entre les faces planes du piston et le cylindre n'est donc que différentiel, et, par suite, très peu important.

Les palettes sont appliquées contre le cylindre par un ressort, mais principalement par l'action de la force centrifuge. Le frottement est si minime, qu'après deux ans de fonctionnement, une palette n'a présenté qu'une usure de $^1/_{10}$ de millimètres.

Fig. 443. — Moteur *Hult*.
Vue en bout, le fond et la première couronne de galets étant enlevés.

Pour assurer la douceur de rotation du cylindre, il lui a été fait application d'un système de roulement sur galets formant deux couronnes mobiles E (fig. 444) à chaque extrémité du cylindre. Ces galets sont munis de bagues en acier trempé, formant fourreaux.

L'arbre creux du piston est maintenu également entre deux groupes d'anneaux tournant sur deux rangées de chemins de roulement B (fig. 446) excentrés relativement au cylindre.

Le frottement des paliers est donc remplacé par un frottement de roulement très doux.

La distribution se fait, nous l'avons déjà dit, par l'arbre creux.

A l'intérieur, et concentriquement à cet arbre, est un tube distributeur portant un orifice à sa partie inférieure. Ce tube distributeur est placé de telle façon que les orifices dans l'arbre et le canal d'admission dans le piston coïncident avec l'orifice du tube distri-

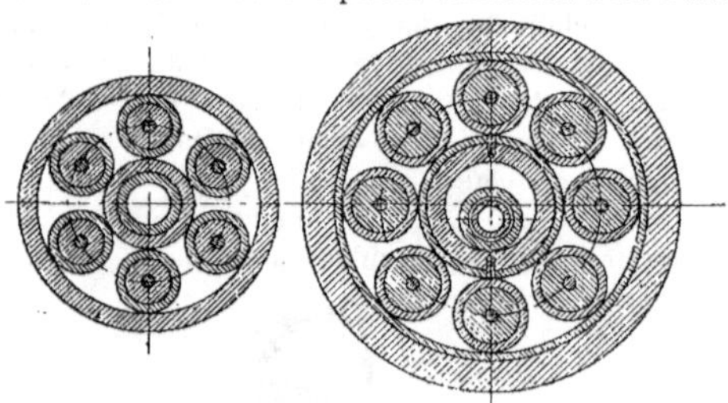

FIG. 444. — Moteur *Hull*.
Coupes transversales BB, EE (fig. 446) par les galets-rouleaux.

buteur au moment où la palette vient de dépasser la ligne de tangence. La vapeur entre alors librement dans le cylindre. Dès que le canal d'admission du piston a dépassé l'orifice du tube distributeur, la vapeur est fermée et la détente commence,

En avant de la palette G (fig. 440) est un conduit d'évacuation I, par lequel la vapeur s'échappe sur l'une des faces latérales du piston. Au commencement de la course, cette

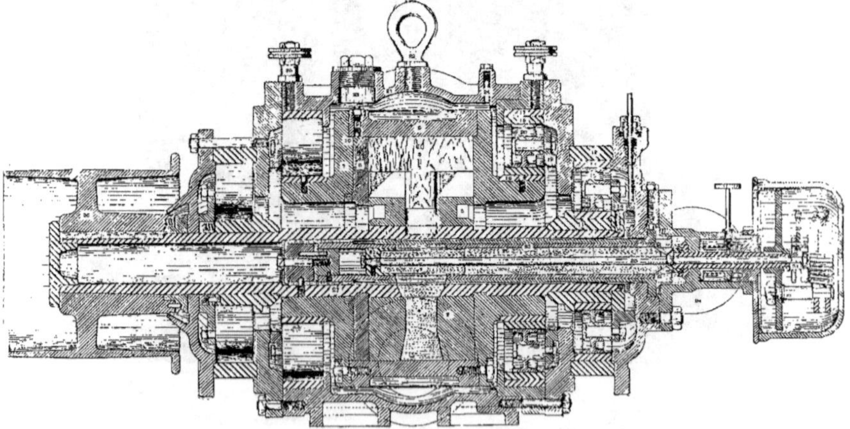

FIG. 445. — Moteur *Hull*.
Coupe longitudinale schématique.

ouverture est masquée par la paroi latérale du cylindre. Mais comme cette paroi ne descend pas jusqu'à l'arbre, à une certaine position du piston, l'orifice d'échappement se trouve en face d'un vide, et la vapeur du cylindre s'échappe.

A l'intérieur du tube distributeur est un papillon relié au régulateur par une tige concentrique à l'arbre. Le régulateur permet d'accélérer ou de ralentir, à un moment donné, la vitesse du papillon, de façon à fermer ou à ouvrir l'orifice du tube distributeur suivant que la charge diminue ou augmente.

L'huile destinée au graissage des organes en mouvement est entraînée par la vapeur.

Le moteur exposé produisait 45 chevaux effectifs à la pression de 10 kilog., et sa consommation de vapeur par cheval effectif était de 11 kg. 7, avec emploi d'un éjecteur Koerting donnant 55 centimètres de vide.

C'est une consommation qui, pour cette force, n'a rien d'excessif, et qui sera certainement réduite encore, et dans une proportion notable, pour les puissances plus grandes.

Le poids de la machine est très faible. Une machine de 45 chevaux pèse 850 kilog., soit 19 kilog. par cheval effectif; et constituée en groupe électrogène, la machine ne pesait que 66 kilog. par kilowatt.

Le reproche que l'on peut faire à ce moteur véritablement pratique est l'importance relative de ses espaces morts. Mais ce reproche ne s'adresse qu'aux moteurs de faible puissance.

En effet, pour les puissances un peu élevées, un dispositif spécial avec soupapes équi-

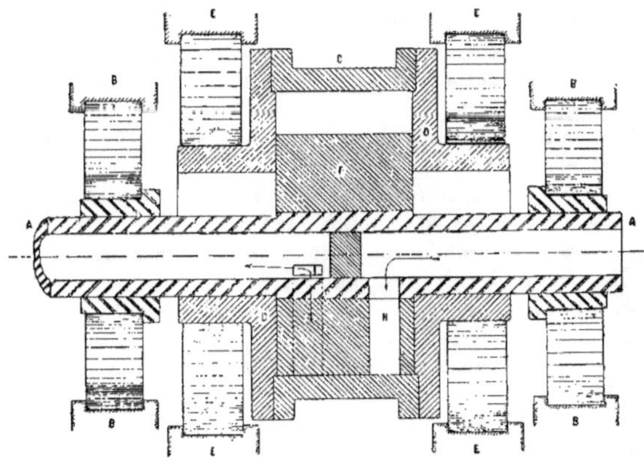

Fig. 446. — Moteur *Hult*.
Coupe longitudinale schématique.

librées placées dans le piston mobile, et détente variable pour le régulateur, permet de réduire les espaces morts à 2 ½ p. 100 et de diminuer par conséquent la consommation de la vapeur qui descend au-dessous de 9 kilog. par cheval effectif.

La vitesse de rotation est considérable, de 1.300 à 500 tours suivant modèle. Celui qui nous occupe marchait à 800 tours. C'est une vitesse très avantageuse pour un grand nombre d'applications industrielles, car elle permet l'attaque directe sans qu'il soit utile d'employer ni réducteur ni multiplicateur de vitesse.

Un second moteur, de 14 chevaux effectifs à la pression de 10 kilog., marchait à 1.250 tours, et sa consommation par cheval effectif est de 17 kilog. à l'air libre et 13 kilog. pour la marche à condensation.

Le poids du moteur était de 285 kilog., soit environ 20 kilog. par cheval effectif.

Enfin, un moteur de 5 chevaux pesait 58 kilog., soit 11 kg. 5 par cheval.

La consommation, à 10 atmosphères, était de 14 kg. 7 par cheval effectif en marchant à condensation, et de 19 kilog. en marchant à échappement libre.

CHAPITRE VI

MACHINES DEMI-FIXES ET LOCOMOBILES

Établissements Weyher et Richemond.

La Société des Établissements Weyher et Richemond avait exposé une locomobile de 18 chevaux et deux machines demi-fixes, l'une de 50, l'autre de 80 chevaux, cette dernière compound.

Ces trois machines présentaient un certain nombre de caractères communs.

Toutes trois sont montées sur des chaudières à foyer amovible, du type Thomas et Laurens ; les bâtis sont de même type, les glissières droites, boulonnées à la fois au bâti et à l'avant des cylindres.

Les cylindres sont à enveloppe de vapeur ; les pistons sont du type suédois avec emmanchement conique, et avec segments en fonte.

Les tiges sont reliées aux arbres manivelles en acier, par des bielles également en acier, ayant la grosse tête carrée et la petite tête fermée.

Les régulateurs sont du type Porter, avec le compensateur breveté de la maison.

Les manivelles sont graissées par des lécheurs.

Les données principales relatives à ces trois machines sont réunies dans le tableau ci-contre (page 279).

La première de ces machines est à distribution ordinaire, avec réglage par papillon (type 5).

La seconde, du type B 7 comporte une distribution par tiroir plat, équilibré avec volets de détente. La fermeture se fait par déclic.

Ce mode de distribution, de M. Lefer, se compose de deux blocs en fonte formant les recouvrements nécessaires à la distribution et réunis par des traverses maintenant leur écartement invariable.

Chacun des blocs est muni, sur trois faces, de barrettes segments s'appuyant sur les parois latérales et sur le couvercle de la boîte à vapeur de manière à faire un joint étanche.

L'arrivée de vapeur se fait à l'intérieur du tiroir, et l'échappement par les arêtes extérieures.

A l'intérieur du tiroir, sont deux volets se fermant plus ou moins tôt, par un déclenchement provoqué par une came sous l'action du régulateur.

On obtient, à la puissance de 40 chevaux, la consommation de 1 kg. 250 de charbon briquettes d'Anzin par cheval effectif au frein.

Enfin, la demi-fixe, type 6, compound, a deux cylindres accolés.

Au cylindre à haute pression, la distribution, du genre Farcot, est variable par le régulateur. Le grand cylindre a un tiroir ordinaire, à détente fixe.

Le receiver est formé par la communication reliant le petit au grand cylindre. Il est réchauffé par la vapeur de l'enveloppe des cylindres.

Cette machine est à condensation par mélange. Le condenseur est placé latéralement. La pompe à air, verticale, est à deux corps. Elle est commandée par un levier relié à la crosse du piston.

WEYHER ET RICHEMOND MI-FIXES ET LOCOMOBILE

CHAUDIÈRE	LOCOMOBILE	DEMI-FIXES	
	20 chevaux.	50 chevaux.	80 chevaux.
Type..................................	Monocylindrique	Monocylindrique	Compound
Force de la machine en chevaux	18 à 26	47 à 62	77 à 100
Pression de la vapeur......................	7^k	12^k	8^k
Surface de chauffe totale de la chaudière......	$13^{m2}04$	$21^{m2}25$	36^{m2}
Surface tubulaire.........................	8,60	15	26,40
Nombre de tubes..........................	16	28	32
Diamètre des tubes........................	59×65^{mm}	69×75	89×95
Longueur des tubes........................	$2^m 350$	2,540	3,015
Surface de grille..........................	$0^{m2} 37$	0,37	0,37
Diamètre de la cheminée...................	$0^m 285$	0,350	0,500
Section de la cheminée....................	$0^{m2} 0638$	0,0962	$0^{dm2} 01963$
Rapport $\dfrac{S}{G}$..........................	35,3	30	43
— $\dfrac{\text{surface de grille}}{\text{section de la cheminée}}$	58^{m2}	52	46
— $\dfrac{\text{section de la cheminée}}{\text{surface de grille}}$	0,172	0,192	0,218
Diamètre du corps de chaudière.............	$0^m 950$	1,135	1,452
Longueur du corps de chaudière............	$2^m 955$	3,667	4,730
Capacité en eau...........................	$0^{m3} 998$	$1^{m3} 744$	$3^{m3} 840$
— vapeur....................	0,244	0,439	1,360
MACHINES			
Diamètre du cylindre HP....................	$0^m 230$	0,284	0,285
— — BP....................	»	»	0,480
Rapport des sections.......................	»	»	2,96
Course des pistons........................	$0^m 314$	0,380	0,480
Rapport $\dfrac{d}{l}$	0,73	0,75	0,75
— $\dfrac{d'}{l}$	»	»	1
Nombre de tours..........................	100	120	90
Vitesse du piston.........................	$1^m 04$	$1^m 52$	$1^m 44$
Volume du grand cylindre..................	$13^{lit} 1$	$24^{lit} 2$	$86^{lit} 5$
$\dfrac{V}{F}$ volume par cheval..................	0,655	0,48	1,08
Limites de l'admission	de 0 à $56^0/_0$	de 0 à $25^0/_0$	0 à $25^0/_0$
Diamètre de l'arbre moteur.................	$0^m 110$	0,145	0,170
Diamètre aux paliers......................	0,090	0,130	0,145
Longueur des portées......................	0,150	0,300	0,220
Diamètre des volants......................	(1 vol.) 1,355	(2 vol.) 1,700	(1 vol.) 2,200
Vitesse des volants à la circonférence........	$7^m 10$	$10^m 68$	$10^m 36$
Poids des volants réunis....................	750^k	$2,440^k$	$2,720^k$
Poids total de la machine..................	$5,500^k$	$10,450^k$	$27,720^k$
— de la pompe à air, diamètre.......	sans condensation	sans condensation	260
— — — course........			161

Chaligny et Cie.

La machine demi-fixe compound, exposée par MM. Chaligny et Cie, était certainement, dans la section française, avec celles de la Société Weyher et Richemond, ce que
l'on pouvait opposer de plus soigné aux locomobiles allemandes.

La machine exposée était une machine de 28 chevaux, à 150 tours, avec une pression
de 6 kilog. à la chaudière. Elle était sans condensation. Mais un condenseur indépendant

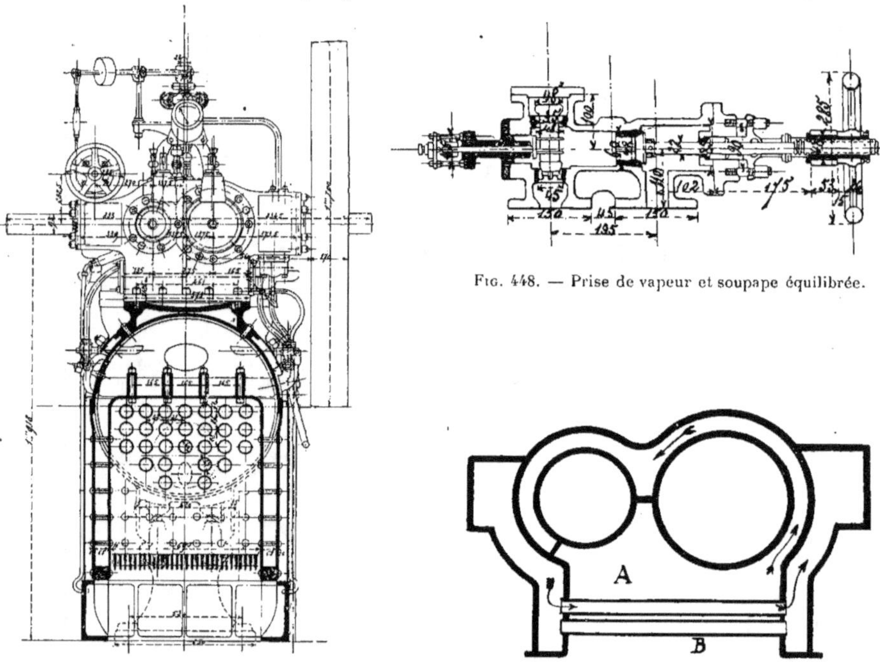

Fig. 448. — Prise de vapeur et soupape équilibrée.

Fig. 447 à 449. — Machine demi-fixe *Chaligny*.
Coupe verticale par le foyer.

peut être actionné par une courroie conduite par une petite poulie fixée sur l'extrémité de
l'arbre opposée au volant.

La distribution se fait par tiroir à coquille.

Le mécanisme tout entier est porté sur un bâti unique fixé par des vis sur une sellette
en fonte rivée sur la chaudière.

Les soupapes de sûreté, manomètre, prise de vapeur, sont sur l'enveloppe des
cylindres, qui sert de dôme de vapeur.

Les deux cylindres sont réchauffés sur tout leur pourtour et dans le fond par la vapeur
vierge; le receiver comporte des tubes en laiton, de 28 millimètres extérieur, dans
lesquels passe la vapeur, avant d'entrer dans le grand cylindre. La vapeur d'échappement
circule dans ces tubes qui sont baignés dans la vapeur vive.

La communication avec la chaudière est établie au moyen de deux trous percés sur la génératrice supérieure, à 0 m. 200 d'axe en axe, et garnis de douilles filetées en cuivre

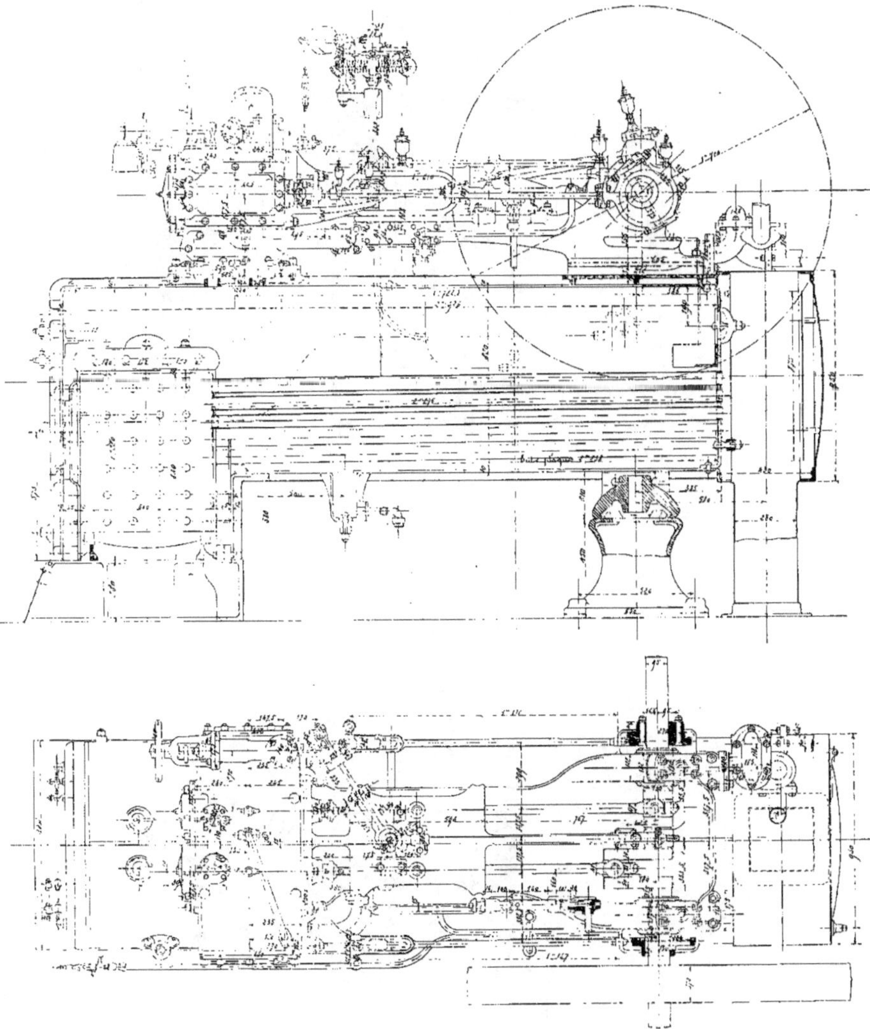

Fig. 450 et 451. — Machine demi-fixe *Chaligny*.
Coupe longitudinale et vue en plan.

rouge, laissant ainsi au passage de la vapeur et de l'eau de retour, deux orifices de 45 millimètres de diamètre.

Le piston de la pompe alimentaire a sa tige reliée à la crosse du piston du grand cylindre, et l'eau d'alimention est refoulée dans un réchauffeur composé de six tubes de laiton, de 30 millimètres intérieur, autour desquels circule la vapeur d'échappement.

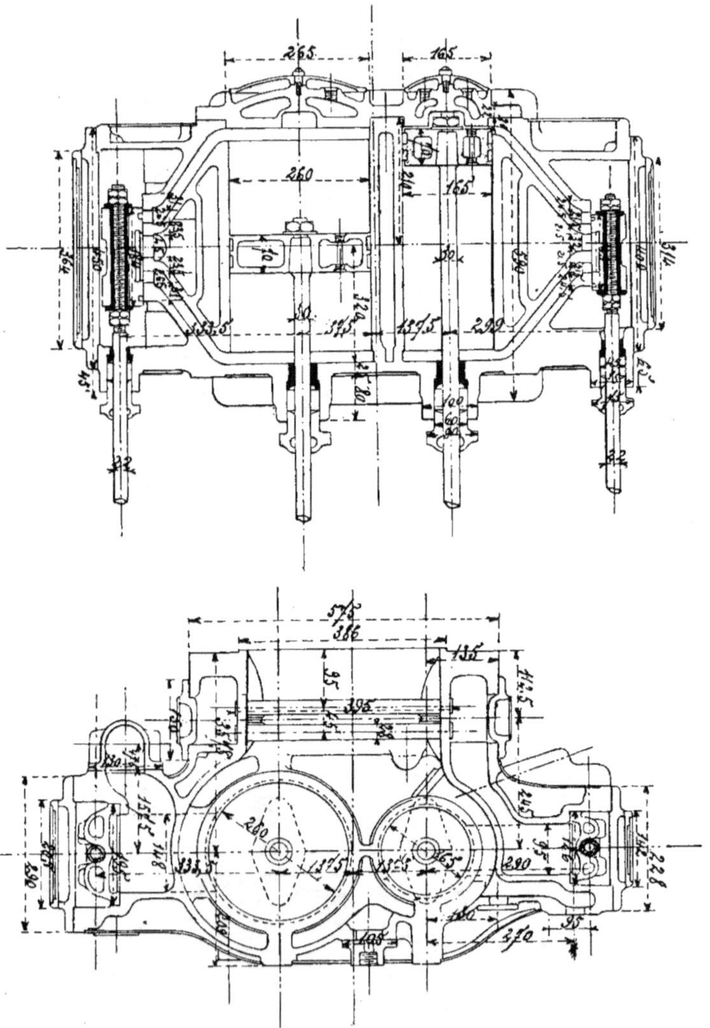

Fɪɢ. 452 et 453. — Machine *Chaligny*.
Coupes longitudinale et transversale des cylindres.

La machine en elle-même est identique à la machine fixe compound.
Les manivelles sont calées à 90°.

Le régulateur à ressorts est construit de manière à régler la vitesse à 2 1/2 p. 100 du nombre de tours normal, et il agit sur une valve équilibrée.

L'admission dans le petit cylindre varie entre 1/10 et 6/10. Dans le grand cylindre elle est de 50 p. 100.

Les pistons sont du système Suédois.

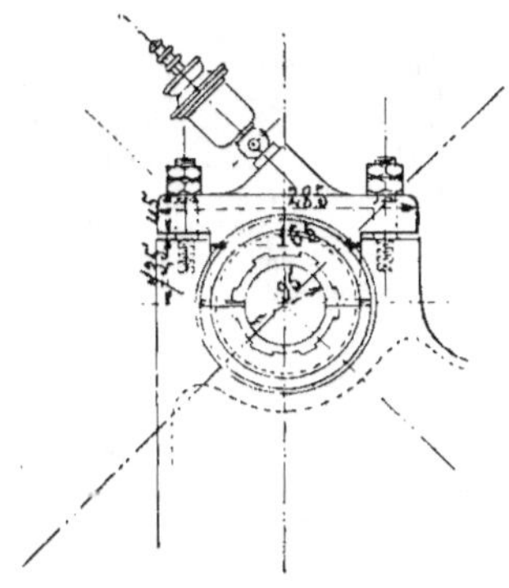

Fig. 454.
Machine demi-fixe *Chaligny*.

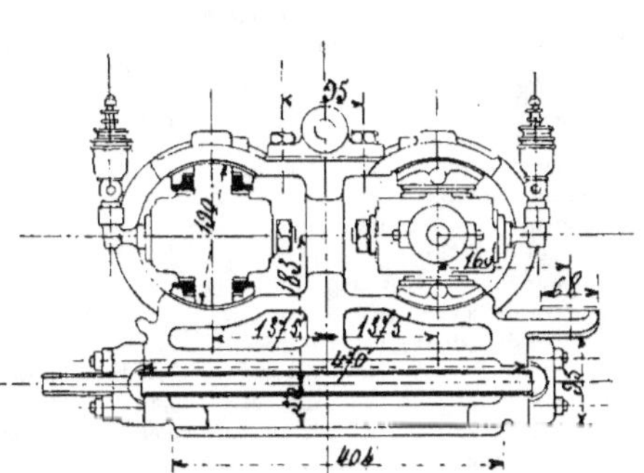

Fig. 455. — Machine demi-fixe *Chaligny*.
Coupe transversale par le réchauffeur

La chaudière est à foyer carré, soudé, entouré d'eau, avec enveloppe en bois recouverte de tôle mince.

Le cendrier et le support sont en fonte.

La production de vapeur est de 8 kg. 500 par kilog. de charbon, et la consommation,

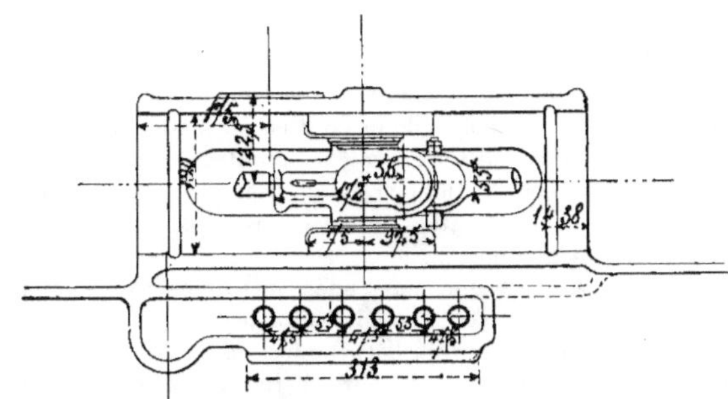

Fig. 456. — Machine demi-fixe *Chaligny*.
Glissière et tête du piston.

malgré la faible pression de la vapeur, ne dépasse pas 8 kg. 500 dans la marche à condensation, et descend même à 7 kg. 200 pour les plus gros modèles (100 chevaux).

A échappement libre, la consommation varie suivant puissance, de 10 kg. 500 à 12 kg. 200.

A la partie inférieure du corps cylindrique, immédiatement en avant de la boîte à feu, on voit un écran en tôle, qui sert à localiser les dépôts boueux produits à l'état pulvérulent par l'injection de l'eau d'alimentation en pleine vapeur, et à les empêcher de venir en contact avec les tôles chauffées du foyer. Une boîte à boues avec robinet de vidange est disposée à 0 m. 500 en avant de cette tôle, et sert à faire deux fois par jour l'extraction des dépôts.

Données principales :

Surface de chauffe ..... { foyer 2 m² 12 / tubes 11,380	13 m² 500	
Surface de grille	0,414	
Rapport $\frac{S}{G}$	32,6	
Longueur des tubes	2 m. 275	
Diamètre des tubes	60×65ᵐᵐ	
Diamètre du corps cylindrique	0 m. 840	
Épaisseur des tôles	10 mm.	
Longueur totale, foyer compris	2 m. 955	
Diamètre de la cheminée	0 m. 280	
Diamètre du cylindre haute pression ..	0,165	
— basse pression ..	0,260	
Rapport des sections	2,5	
Course des pistons	0 m. 360	
Nombre de tours	150	
Vitesse moyenne des pistons	1 m 80.	
Pression de la vapeur	7 kg. 1/2	
Admission au petit cylindre	de 1/10 à 6/10	
— grand —	0,50	
Volume du grand cylindre.	19 lit. 2	
— — par cheval ..	0 lit. 68	
— engendré par le grand piston par cheval et par seconde	3 lit. 4	
Coefficient d'activité	0,32	
Puissance	28 chx	
Diamètre de l'arbre aux portées	0 m. 095	
— du volant	1,700	
Largeur de la jante	0,170	
Vitesse du volant à la circonférence ...	13 m. 40	
Écartement d'axe en axe des paliers ..	0,667	
Poids de la machine	6.900 kg.	

Delaunay, Belleville et Cⁱᵉ

La maison Delaunay-Belleville avait exposé une machine demi-fixe de 12 chevaux, d'un type qui sort complètement des données habituelles, et qui n'en est que plus intéressant.

Le générateur, du type Belleville, est constitué par un certain nombre d'éléments composés chacun de six tubes de 0,100, placés verticalement l'un au-dessus de l'autre, et réunis à leurs extrémités par des boîtes de raccord en fer fondu malléable.

Les éléments sont montés sur un collecteur épurateur de vapeur U, sur lequel sont montées les soupapes de sûreté et celles de prise de vapeur. L'eau séparée se déverse dans un tuyau de retour d'eau K, surmontant un récipient déjecteur des boues calcaires, et relié à un collecteur d'alimentation LY.

Les foyers sont montés en briques dans une armature en cornières et tôlerie.

Les panneaux de l'enveloppe sont tous démontables.

Le moteur vertical est monté sur un bâti P adossé à la chaudière, sur laquelle il est boulonné. Le cylindre A est à la partie inférieure ; l'arbre coudé porte deux volants-poulies. La distribution se fait par un excentrique monté sur cet arbre, et la pompe alimentaire T est actionnée par le coulisseau de la tête du piston, et sur le refoulement de laquelle est un clapet de trop-plein H. Elle refoule l'eau par le tuyau D dans le régulateur automatique d'alimentation V, en communication par J et J′ avec le collecteur d'alimentation et avec le collecteur épurateur U.

Le régulateur automatique d'alimentation est constitué par une soupape équilibrée E réglant l'arrivée de l'eau dans le générateur. Cette soupape est manœuvrée par un flotteur renfermé dans une colonne de niveau communiquant haut et bas avec les éléments.

Un régulateur à force centrifuge maintient la vitesse constante à 150 tours.

Cette locomobile Belleville est démontable en pièces ne pesant pas plus de 150 kilog.

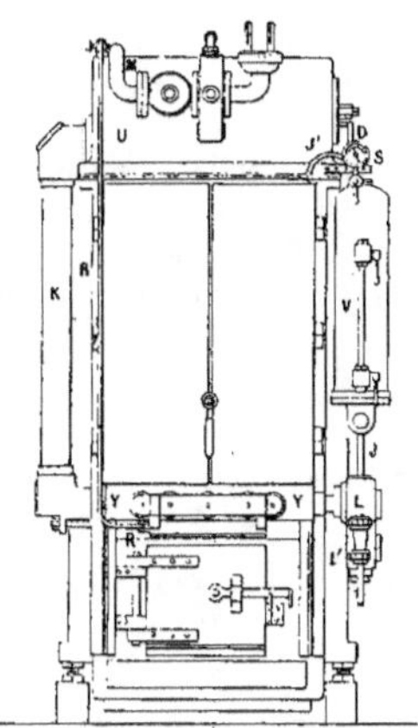

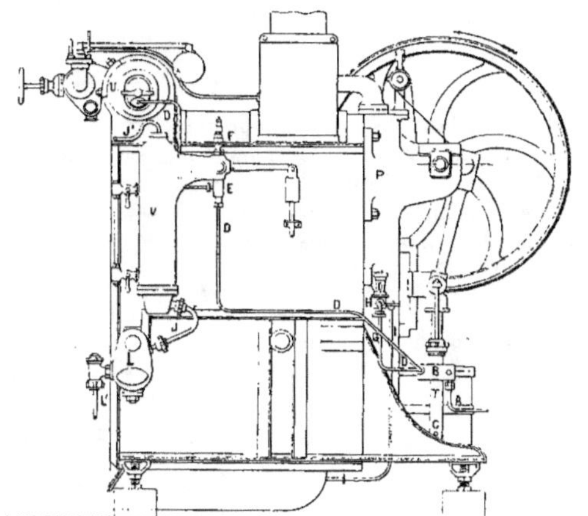

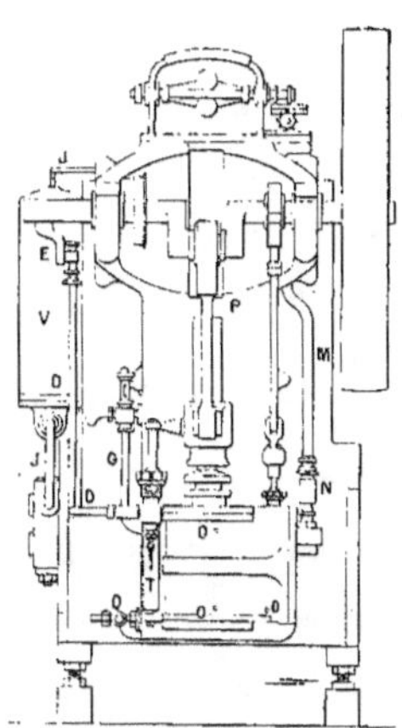

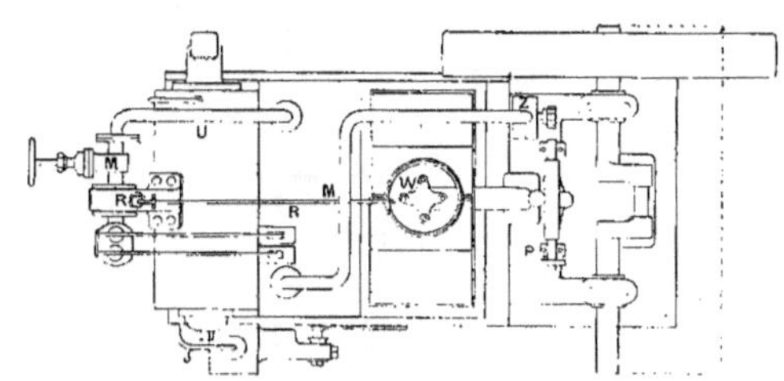

Fig. 457 à 460. — Machine demi-fixe de M. *Delaunay-Belleville*.
Vue de côté et vue arrière. Élévation de face et vue en plan.

Données principales :

Surface de grille	0 m² 39	Diamètre du cylindre d	0 m. 240
— chauffe	11,43	Course du piston l	0,200
Rapport $\frac{S}{G}$	29,5	Rapport $\frac{d}{l}$	1,20
Capacité totale	269 lit.	Nombre de tours	150
Largeur totale	1 m. 110	Vitesse du piston	1 m.
Longueur totale	1,685	Diamètre du volant-poulie	1,050
Diamètre de la cheminée	0,350	Vitesse à la circonférence du volant-	
Hauteur de l'arbre des volants sur le sol.	1,550	poulie par seconde	4,935
Hauteur totale	2,110		

H. Brulé et Cie.

Une machine demi-fixe compound de 50 chevaux, montée sur chaudière horizontale du type Thomas Laurens à foyer amovible, à arbre doublement coudé, et une petite machine demi-fixe de 3 chevaux, sur chaudière verticale à bouilleurs croisés, du vieux type Hermann Lachapelle, représentaient la participation de cette maison à la construction des machines demi-fixes ou locomobiles.

Machine verticale.

De la seconde de ces machines, il n'y a pas grand'chose à dire. Son type est clas-

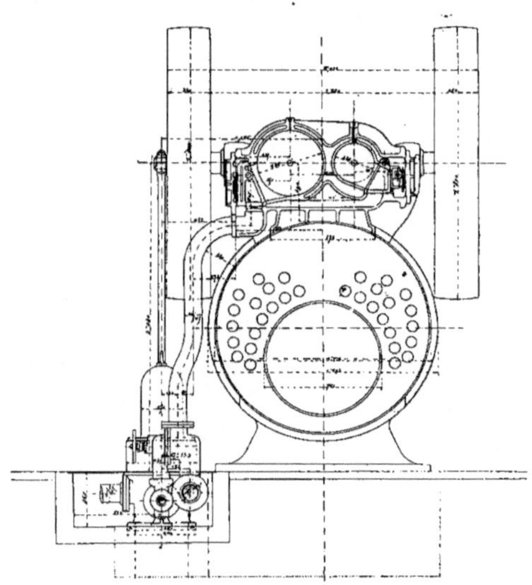

Fig. 461. — Machine demi-fixe *Brulé et Cie*. Coupe transversale.

sique. Le cylindre est à enveloppe de vapeur avec chemise rapportée. Nous nous contenterons d'indiquer ses données principales :

Chaudière :	
Surface de chauffe	3 m² 300
— grille	0,19
Rapport $\dfrac{S}{G}$	17,4
Nombre des bouilleurs	2
Capacité totale	355 lit.
Diamètre des bouilleurs	0 m.250
— du foyer	0,680
— de la cheminée	0,170
$\dfrac{\text{Cheminée}}{\text{Grille}} =$	0,12
Pression de la vapeur	7 kg.
Machine :	
Diamètre du cylindre	0 m.140

Course du piston	0 m.240
Rapport $\dfrac{d}{l}$	0,58
Nombre de tours	105
Vitesse du piston	0,84
Volume du cylindre	3 l. 7
Force en chevaux effectifs	3
Volume par cheval	1 l. 24
Volume engendré par le piston par che-val et par seconde	4 l. 33
Coefficient d'activité	0,23
Diamètre du volant	1 m. 200
Vitesse à la circonférence	6,60
Poids total de la machine	1.550 kg.

Machine horizontale compound.

La machine compound a ses deux cylindres fondus d'une seule pièce avec les enve-

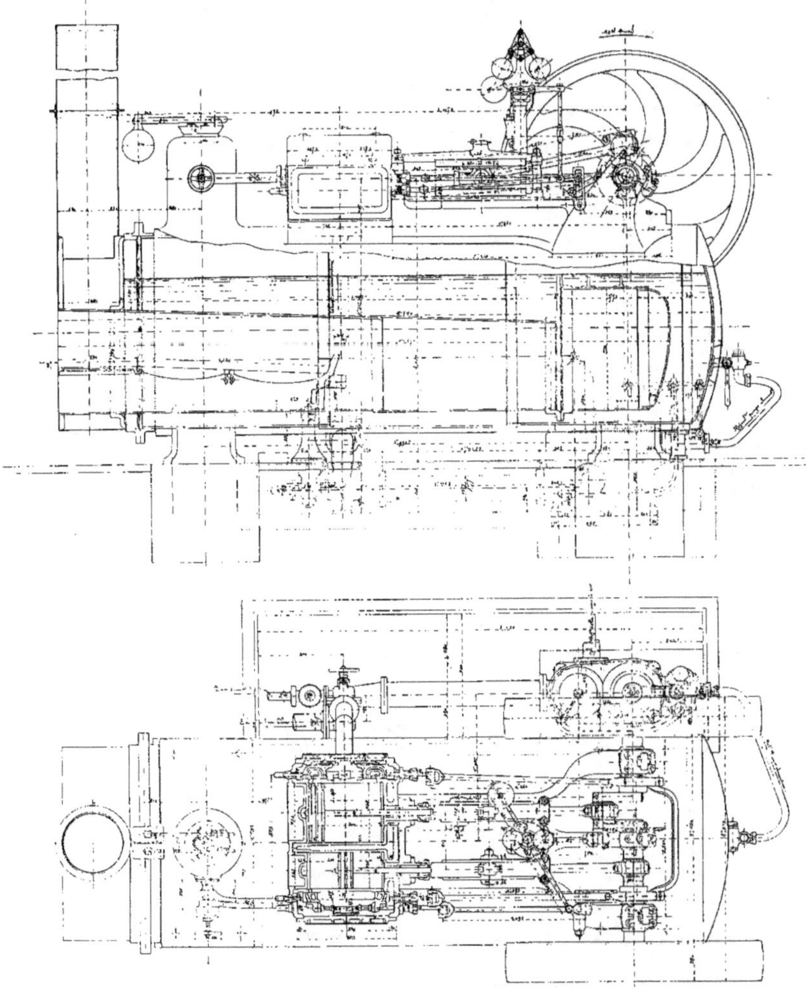

Fig. 462 et 463. — Machine demi-fixe *Brulé et Cie*.
Coupe longitudinale par l'axe de la chaudière. Coupe horizontale par l'axe des cylindres.

loppes de vapeur dans lesquelles circule la vapeur avant de passer au tiroir du petit
cylindre.

Le receiver, constitué par l'espace compris entre les deux cylindres, et venu de fonte avec eux, est partiellement réchauffé par la vapeur d'admission.

Les pistons sont du type Suédois, en fonte, avec tige emmanchée par une partie conique et maintenue par un écrou.

Les crosses sont reliées aux tiges par cône et clavette. L'arbre moteur, à deux coudes, est en acier forgé. La distribution se fait par deux tiroirs superposés, le tiroir de détente étant commandé par une coulisse Pius Finck.

Un régulateur isochrone Andrade est commandé par engrenages héliçoïdaux.

Les données principales sont les suivantes :

Chaudière :			
Surface de chauffe	33 m² 50	Rapport des sections	2,83
— grille	0,78	Course des pistons	0 m. 420
Rapport $\frac{S}{G}$	43	Rapport $\frac{d}{l}$	0,60
Diamètre du foyer	0 m. 740	— $\frac{d'}{l}$	1,00
Nombre des tubes	32	Nombre de tours	105
Diamètre des tubes	0 m. 080	Vitesse du piston par seconde	1 m. 47
Longueur des tubes	3 m. 130	Force en chevaux effectifs	50
Volume de vapeur	1.000 lit.	Volume du petit cylindre	20 l. 6
— d'eau	3.000 lit.	— grand cylindre	58 l. 2
Diamètre de la cheminée	0 m. 440	— — par cheval	1 l. 16
Rapport $\frac{\text{cheminée}}{\text{grille}}$	0,195	Volume engendré par le grand piston par cheval et par seconde	4 l. 1
— des sections	1.520 cm²	Coefficient d'activité	0,245
Pression de la vapeur	7 kg.	Nombre des volants	2
Machine :		Diamètre des volants	1 m. 800
Diamètre du petit cylindre	0 m. 250	Vitesse à la circonférence	9 m. 90
— grand cylindre	0,420	Poids total de la machine	14.000 kg.

Aubert.

La machine de M. Aubert était montée sur une chaudière à retour de flammes ; glissières plates, indépendantes du cylindre ; régulateur Porter, et distribution genre Rider.

Données principales :

Chaudière :			
Surface de chauffe	15 m² 45	Vitesse du piston	1 m. 21
— grille	0,420	Pression de la vapeur	7 kg. 1/2
Rapport $\frac{S}{G}$	36,7	Force en chevaux indiqués	25
Machine :		— effectifs	15 à 22
Diamètre du cylindre	240 mm.	Admission variable	de 0 à 60 %
Course du piston	330	— normale	18 %
Rapport des sections	0,725	Diamètre des deux volants-poulies	1 m. 400
Nombre de tours	110	Vitesse circonférentielle	8 m. 10
		Poids de chaque poulie-volant	500 kg.

Les coussinets sont en bronze phosphoreux ; les portées sont égales au double du diamètre.

Le cylindre est à enveloppe de vapeur.

Les diagramme communiqués montrent une marche très satisfaisante, et des résultats d'expériences faites par des agents de la Marine indiquent, pour des essais d'une durée de 4 heures faits sur une locomobile identique à celle-ci, ayant produit une force moyenne de 16 chx 21 et marchant sans condensation, une consommation moyenne de 1 kg. 420 de charbon brut, cendres non déduites, par cheval effectif et par heure.

Maison Albaret.

MM. Lefebvre-Albaret, Laussedat et Cie avaient exposé une machine locomobile de 7 chevaux et une demi-fixe de 10 chevaux.

Cette dernière est à retour de flamme ; son cylindre comporte une enveloppe de vapeur venue de fonte avec lui. Un régulateur à masse centrale fait varier la détente qui est du système Rider dans la demi-fixe et à tiroir simple dans la locomobile. Les pistons creux sont fixés sur leur tige par une partie filetée et rivée. Ils ont deux segments en fonte.

L'arbre coudé en acier doux tourne dans des coussinets en bronze mi-phosphoreux.

Les glissières cylindriques sont emboîtées et boulonnées sur les cylindres.

Les bâtis sont en cuvette.

Données principales :

Chaudière :	*Locomobile*	*Demi-fixe*
Surface de chauffe	11 m² 46	13 m² 90
Surface de grille	0,340	0,414
$\dfrac{S}{G} =$	33,7	33,7
Nombre des tubes	23	20
Diamètre	55/60	65/70
Longueur	2 m. 42	2 m. 15
Volume d'eau	740 lit.	1 m³ 292
Volume de vapeur	0,350	0,292
— total	1.090	1.584

Machine :		
Force en chevaux indiqués	7	10
Nombre de tours	115	115
Pression de la vapeur	8 kilog.	8 kilog.
Diamètre du cylindre	0 m. 180	0 m. 205
Course du piston	0,350	0,320
Vitesse du piston	1 m. 34	1 m. 23
Diamètre de l'arbre	0,075	0,090
Longueur des portées	0,119	0,130
Diamètre du volant	1.300	1.300
Vitesse à la circonférence	7 m. 85	7 m. 85
Poids de la machine	3.700 kg.	5.800 kg.

Popineau, Vizet fils et Cie.

Une locomobile de 15 chevaux effectifs, construite par MM. Popineau, Vizet fils et Cie, figurait dans la classe 28 (Génie civil).

La machine est du même type que celle de 25 chevaux, dont nous avons parlé dans le chapitre des machines à tiroirs plans.

Chaudière :		*Machine :*	
Timbre de la chaudière	9 kg.	Diamètre du cylindre	0 m.200
Surface de chauffe	1 m² 350	Nombre de tours	
Surface de grille	0,38	Vitesse moyenne du piston	1 m. 650
Rapport $\frac{S}{G} =$	35,5	Pression de la vapeur à la boîte à tiroir.	8 kg.
		Admission normale	0,17
Diamètre des tubes	0 m. 080	Encombrement de { Longueur	3,75
Nombre de tubes	14	la machine { Largeur	1,78
Type de la chaudière	Thomas-Laurens		

La puissance peut atteindre 30 chevaux, en faisant une admission de 0,45. L'eau de la purge de l'enveloppe du cylindre retourne directement à la chaudière, et la vapeur d'échappement traverse un réchauffeur d'eau d'alimentation.

Société française de matériel agricole et industriel.

Les anciens ateliers Gérard et Del, avaient exposé une machine fixe compound, à condensation qui montre que même les maisons qui construisent pour les industries agricoles, c'est-à-dire pour des clients recherchant plutôt le bas prix que la perfection mécanique, ont été amenées à poursuivre la bonne exécution et par suite l'économie de vapeur.

Les données principales de cette machine sont :

Diamètre du petit cylindre	0 m. 250	Rapport $\dfrac{d}{l} =$	0,58
— grand —	0,430		
Rapport des sections	2,95	— $\dfrac{d'}{l} =$	1
Course des pistons	0,430		

R. Wolf, à Magdeburg.

L'importante maison R. Wolf, à Magdeburg-Buckau, avait exposé une très belle machine demi-fixe, la plus forte, croyons-nous, avec celle de la maison H. Lanz, qui ait été construite jusqu'à ce jour. La puissance de cette machine, qui est normalement de 240 chevaux avec une admission de 0,25 au petit cylindre, atteint 360 chevaux quand l'admission est poussée à 0,55, correspondant à une détente générale de 6,3 et par suite à une marche très convenable et suffisamment économique.

Son encombrement maximum atteint 7 m. 24 de longueur totale avec 4 m. 400 de largeur en hors des volants, et 4 m. 57 de hauteur au-dessus des volants.

Cette puissante machine est montée sur une chaudière dont le foyer est amovible avec le faisceau tubulaire. Les tubes, dans les plaques tubulaires, sont vissés, mandrinés et matés. Ils sont disposés en quinconces, et, le faisceau étant sorti, tous les tubes sont accessibles aux appareils de nettoyage. Les viroles en tôle douce, de 25 millimètres, sont assemblées à deux rangées de rivets.

Le dôme de vapeur est fondu avec les cylindres : il est boulonné sur une assise à base très large, en forme de tubulure, laquelle est rivée sur la virole de tête du corps de chau-

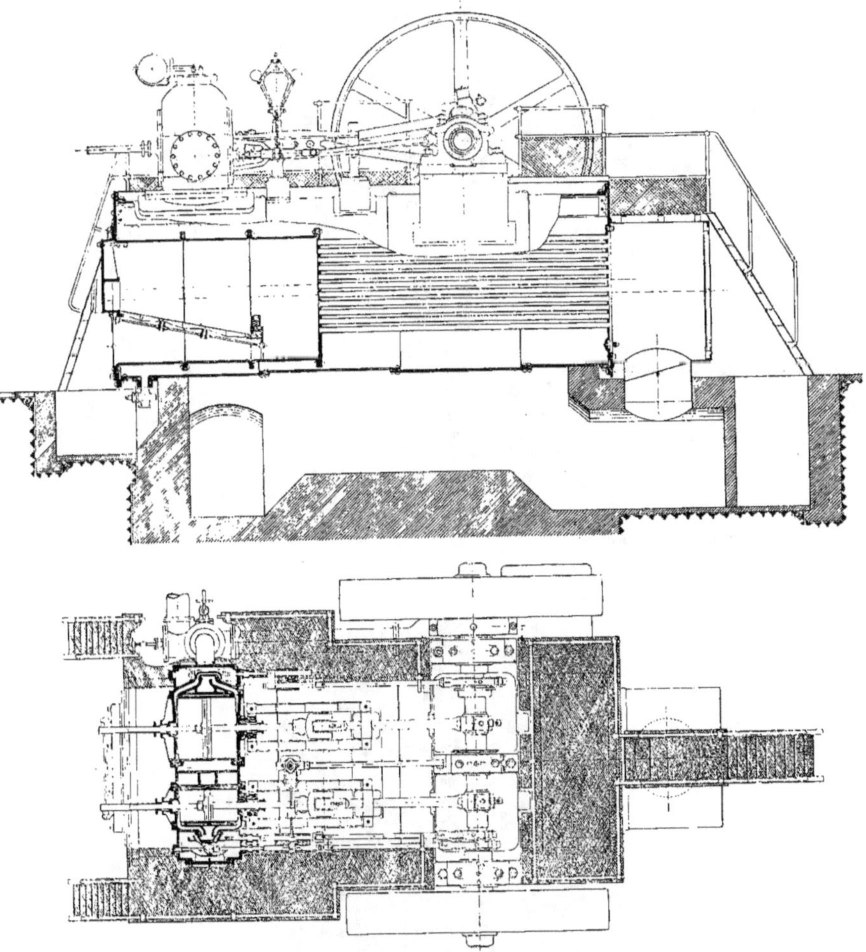

Fig. 464 et 465. — Machine demi-fixe *R. Wolf*.
Élévation. Coupe longitudinale, plan et coupe horizontale.

dière. Le joint entre cette assise et le dôme est fait par un anneau en cuivre rouge maté, et une forte garniture de goujons.

Sur le corps de la chaudière est également rivé le chevalet portant les paliers moteurs ainsi que celui des glissières.

Des tirants de renforts réunissent les deux fonds du corps de chaudière.

Le joint avant de la partie amovible avec la tôle de devant de la chaudière est fait par une garniture de soixante-dix goujons de 37 millimètres et un joint en amiante.

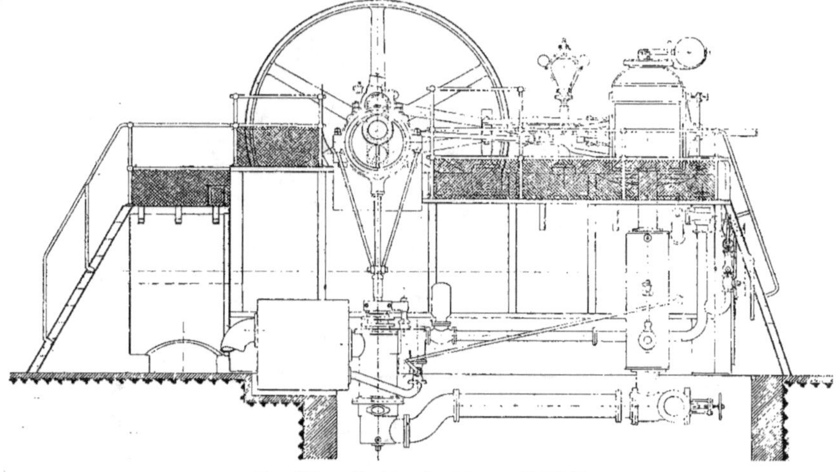

Fig. 466. — Machine demi-fixe de *R. Wolf*.
Élévation latérale.

Le fond arrière, à la boîte à fumée, comporte cinquante-huit goujons sur un cercle de 1 m. 580 de diamètre.

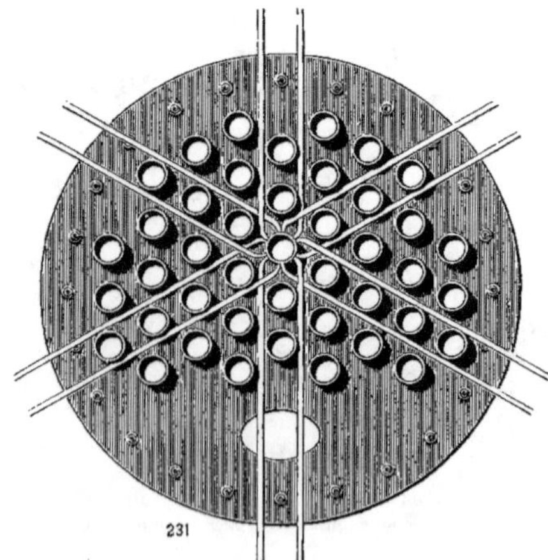

Fig. 467. — Chaudière *Wolf*.
Détail de la disposition des tubes. Schéma montrant la facilité de leur nettoyage.

La chaudière est entourée d'une chemise de liège de 0 m. 10 d'épaisseur, par-dessus laquelle est une tôle mince vernie.

La production normale de la chaudière est de 12 kg. 500 de vapeur par mètre carré.

Les cylindres sont fondus d'une seule pièce avec le dôme, les boîtes à tiroir et le receiver. Ils sont entourés de vapeur vive.

La valve d'admission elle-même est à l'intérieur du dôme.

Toutes les précautions sont donc prises en évitant les canalisations de vapeur, pour supprimer les pertes de calorique.

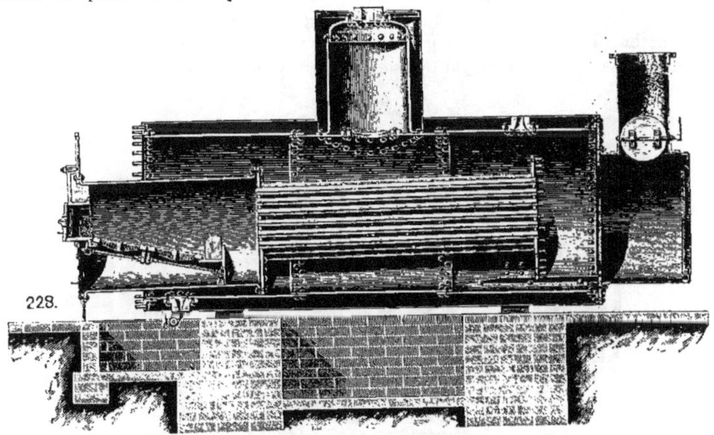

Fig. 468. — Chaudière *Wolf*.

L'arbre moteur doublement coudé est porté par trois paliers munis de coussinets en fonte, garnis de métal antifriction.

La surface de partage des coussinets dans les cages des paliers extrêmes est sphérique pour remédier aux effets dus à la flexion de l'arbre. Dans le palier du milieu, le coussinet est en trois parties, avec un système de réglage extérieur. Les manivelles sont à 180°.

Fig. 469. — Machine demi-fixe *Wolf*.
Fixation de la machine sur la chaudière. Disposition de la sellette.

Les pistons sont fixés par un écrou sur une portée conique de leur tige. Ils sont fixés par un prolongement de la tige, qui se meut dans une douille fixée au fond du cylindre. Ils sont munis de segments à ressorts. Un anneau en acier permet de rattraper le jeu.

Le cylindre à HP est à détente Rider à double tiroir. Le tiroir principal, à course fixe, est commandé par un excentrique déposé sur l'arbre moteur. La glace est plane du côté du cylindre à vapeur et concave cylindriquement du côté opposé.

Le second tiroir, cylindrique, mais découpé en forme de triangle, est commandé par un second excentrique à côté du premier.

La rotation du second tiroir dans un sens ou dans l'autre fait varier l'admission en plus ou en moins, et c'est le régulateur qui fait tourner ce second tiroir.

Dans ce but, la tige de ce tiroir porte des articulations qui permettent la rotation, et un levier, disposé sur cette tige, lui transmet les mouvements d'oscillation du régulateur.

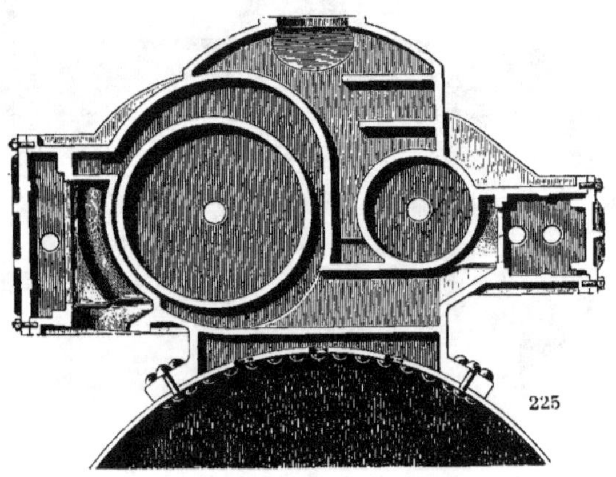

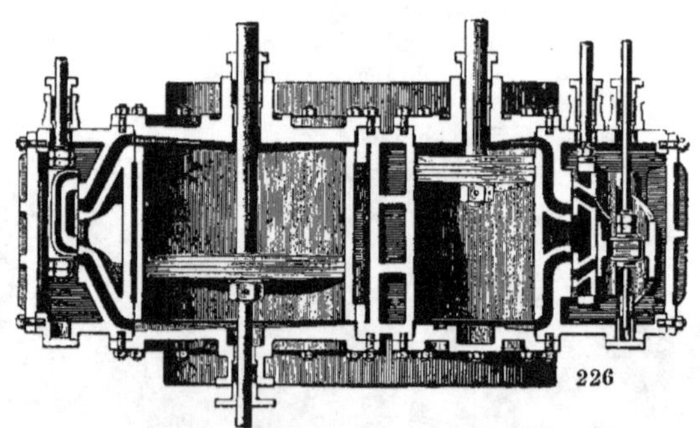

FIG. 470. — Machine demi-fixe de *R. Wolf*.
Coupes transversale et horizontale des cylindres.

Le cylindre BP est muni d'un tiroir Trick à doubles canaux ; la détente est variable à la main.

L'admission normale au petit cylindre est de 0,23. Elle peut varier de 0 à 55 p. 100.

Au grand cylindre, l'admission normale est de 0,48. Elle peut augmenter jusqu'à 60 p. 100.

Le tableau ci-dessous indique les variations de la puissance de la machine correspondant à diverses admissions dans les deux cylindres.

ADMISSION AU CYLINDRE HP	ADMISSION AU CYLINDRE BP	PUISSANCE CORRESPONDANTE
0,2	0,48	215 chevaux.
0,3	0,51	265 —
0,4	0,53	295 —
0,5	0,55	330 —
0,55	0,60	360 —

Le régulateur Porter est commandé par engrenages. Les volants, d'une seule pièce, ont leurs moyeux garnis de revêtements tournés. L'un d'eux a sa jante dentée intérieurement, pour être actionnée par un cliquet mû par un levier.

La condensation se fait par injection ; la pompe à air refoule l'eau de condensation dans un réservoir près de la boîte à fumée, où l'eau subit une véritable filtration grâce à

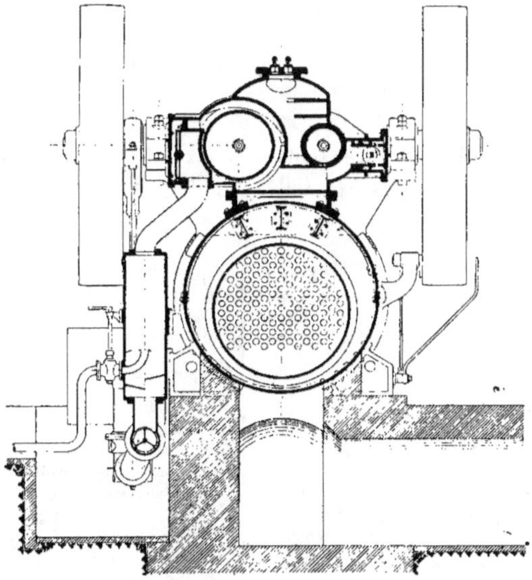

Fig. 471. — Machine demi-fixe de *R. Wolf.*
Coupe transversale de la chaudière et de la machine.

un jeu de chicanes séparant les liquides par densité, et de là l'écoulement se fait à l'arrière par un trop-plein.

L'alimentation est faite normalement par une pompe actionnée par le même excentrique que la pompe à air, et qui aspire dans le réservoir de condensation où la vapeur d'échappement condensée est débarrassée de l'huile entraînée ; on bénéficie ainsi d'une température de 32 à 35°.

En outre, en cas de réparation, un injecteur aspire dans une bâche près du foyer, et sa tuyauterie se raccorde à celle du refoulement de la pompe alimentaire.

Un robinet à trois voies permet de passer, sans arrêt, de la marche à condensation à celle sans condensation.

Toutes les articulations sont munies de graisseurs à mèche ou à gouttes. Les tiroirs et cylindres sont alimentés par des appareils à graissage forcé.

Pour éviter l'influence de la dilatation de la chaudière sur le mécanisme, on fait le montage et l'ajustage de toutes les parties mobiles pendant que la chaudière est chauffée à 10 kilog. De cette façon, pendant le fonctionnement, le mécanisme se trouve toujours dans son état normal. Il s'exerce, il est vrai, certains efforts au repos dans ces organes, mais ils disparaissent au moment de la mise en pression et ne peuvent, par conséquent, exercer aucune influence nuisible.

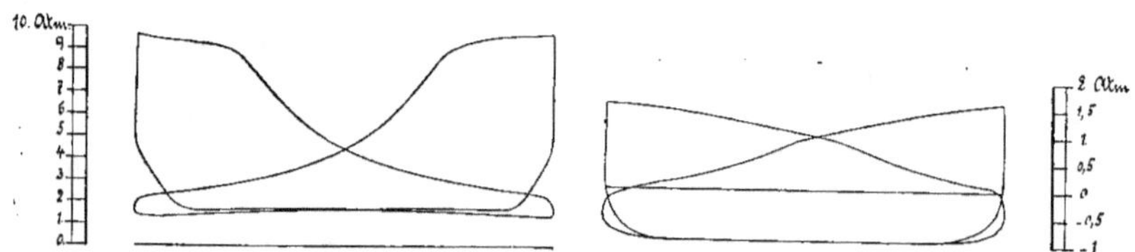

Fig. 472. — Machine demi-fixe de R. *Wolf*.
Diagramme à placer plus haut.

Les diagrammes communiqués sont très beaux. La puissance développée sur le piston du cylindre HP est de 116 chevaux, celle du cylindre BP étant de 82 chevaux.

Données principales :

Surface de chauffe tubulaire	120 m² 47		Rapport des sections	3,5
— — du corps cylindrique.	4 m² 41		Course des pistons	0 m. 600
— — totale	124 m² 88		Rapport $\dfrac{d}{l} =$	0,67
Surface de grille	2,759			
Rapport $\dfrac{S}{G} =$	45		Rapport $\dfrac{d}{l} =$	1,24
Timbre de la chaudière	10 kg.		Nombre de tours	110
Nombre des tubes	137		Vitesse moyenne des pistons	2 m. 20
Diamètre des tubes	76 mm.		Diamètre de l'arbre-manivelle	0 m. 220
Diamètre du foyer	1 m. 480		Longueur des portées des coussinets	0,550
Longueur du foyer	2,500		Admission normale au petit cylindre	0,25
Diamètre du corps cylindrique	2,080		— au grand cylindre	0,48
Longueur —	6,055		Puissance correspondante	240 chx
Volume de la vapeur	3 m³ 8		Diamètre des volants	3 m. 200
— de l'eau	10,94		Largeur de la jante	0,500
— total	14,74		Poids de chaque volant	3.600 kg.
Production de vapeur normale par m² de surface de chauffe	12 m. 5		Poids total de la machine	61.000 kg
Consommation correspondante par cheval-heure	6 kg. 5		Consommation journalière d'huile, aux cylindres	2 kg. 3
Diamètre du cylindre à haute pression.	0 m. 400		Consommation journalière d'huile, aux articulations de la machine pour la puissance de 240 chevaux	5 kg. 3
— — basse pression.	0,740			

La maison Wolf avait exposé, en outre, une locomobile sur roues dont les données principales sont :

Surface de chauffe	11 m² 23	Volume engendré par cheval et par seconde	2 lit. 2
— mouillée	12,54	Coefficient d'activité	0,45
Pression, timbre	10 atm.	Diamètre de la poulie-volant	1 m. 450
Diamètre du cylindre	0 m. 170	Largeur —	0.200
Course du piston	0,300	Consommation par cheval en eau. 12 kg. 3 à 13 kg.	
Nombre de tours par minute	145	— en charbon. 1 kg. 65 à 1 kg. 8	
Rapport $\frac{d}{l} =$	0,565	Poids net de la machine	5700 kg.
Vitesse du piston	1 m. 45	Encombrement général de la machine :	
Volume du cylindre	68 lit.	Longueur	348
Puissance normale	15 chx	Hauteur	2,72
Volume du cylindre par cheval	4 lit. 55	Largeur	1,75

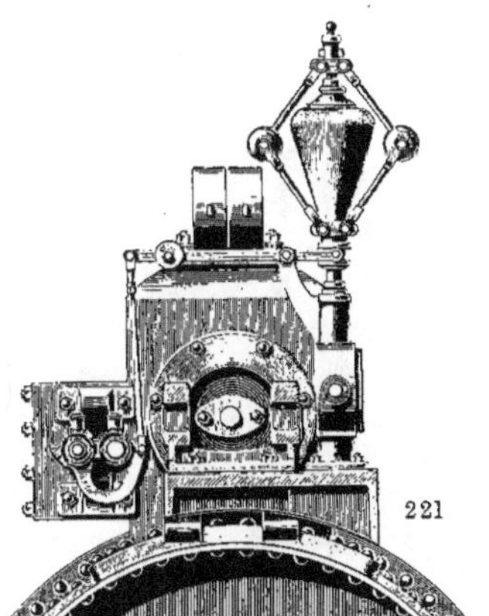

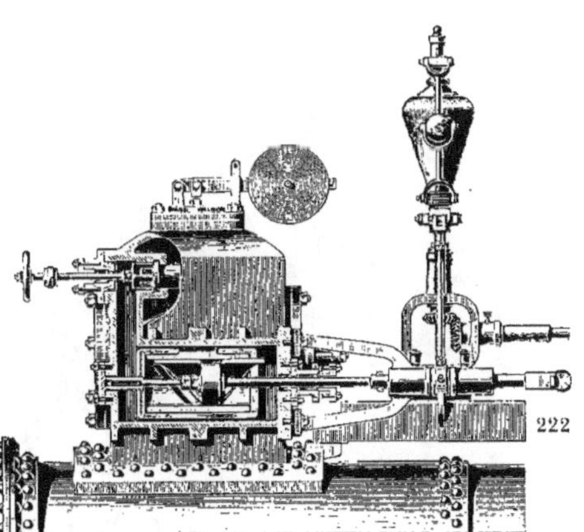

Fig. 473 et 474. — Machine locomobile de *R. Wolf.*
Coupe longitudinale et vue en bout.

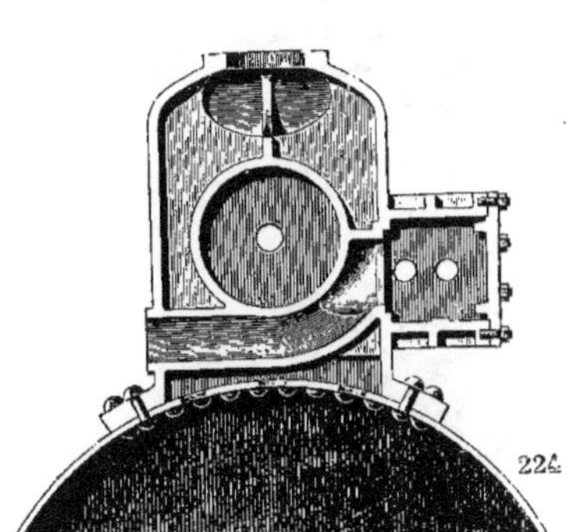

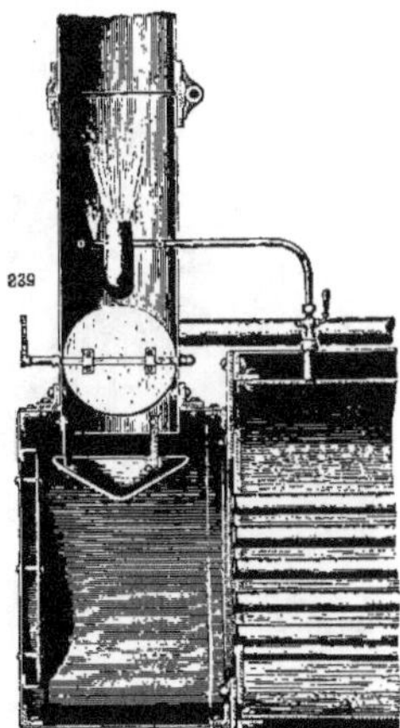

Fig. 475 et 476. — Machine de *R. Wolf.*
Coupe transversale du cylindre. Détail de la boîte à fumée.

Dans la construction de cette locomobile, d'un type plus léger que la précédente, et destinée aux industries agricoles, on a recherché surtout la simplicité de la construction et la robustesse des organes.

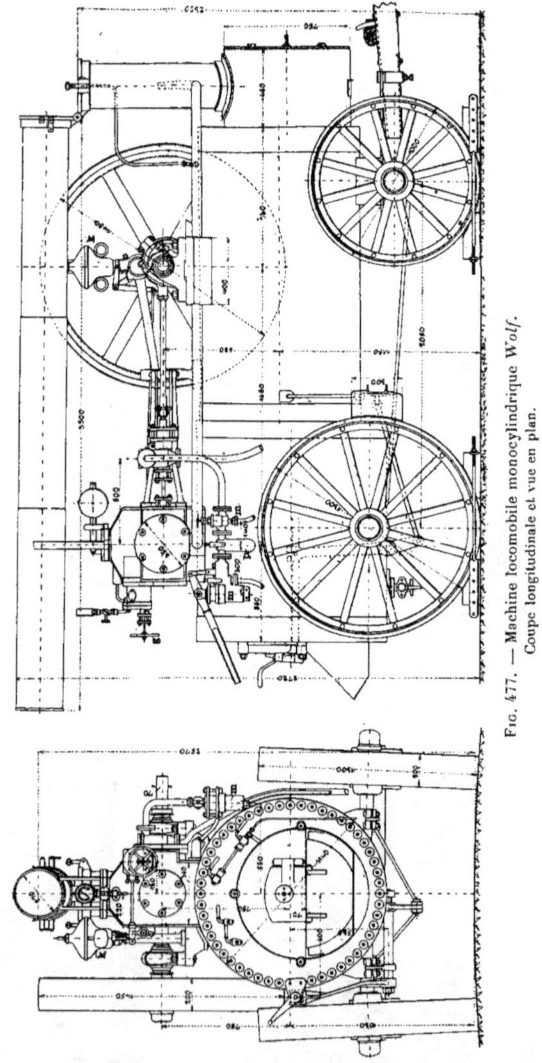

Fig. 477. — Machine locomobile monocylindrique *Wolf.*
Coupe longitudinale et vue en plan.

La machine est à haute pression, à simple expansion et la détente est variable à la main.

L'alimentation est faite par un excentrique actionnant directement une pompe, et on a ajouté une pompe à main permettant d'alimenter même au repos.

Heinrich Lanz, à Mannheim.

L'usine de Schwetzingen, faubourg de Mannheim, où M. Lanz construit ses locomobiles, est de création assez récente. Jusque-là, M. Lanz se contentait de construire des machines agricoles. Il est arrivé cependant à donner une grande extension à cette nouvelle spécialité.

La machine demi-fixe, exposée dans la classe 19, est d'une force normale de 250 chevaux, par conséquent de force équivalente à celle de M. Wolf ; la surface de chauffe est de 135 mètres carrés. L'encombrement de cette machine est de 8 m. 40 de longueur sur 5 m. 50 de hauteur et 5 m. 20 de large, et son poids total est de 65.000 kilog.

La chaudière comporte une triple enveloppe pour éviter les pertes par radiation. Le foyer est du type Morrison, en fer ondulé sans soudure ; le faisceau tubulaire est amovible avec lui.

Un certain nombre de tubes sont vissés dans les deux plaques tubulaires et forment ainsi tubes-tirants. Les autres sont simplement mandrinés.

Les chaudières de petites dimensions, dont la surface de chauffe est inférieure à 30 mètres carrés, sont du type locomotive. Les tubes sont rétreints du côté du foyer, et renflés vers la boîte à fumée, de telle façon que leur enlèvement soit facile par ce bout.

Dans les grandes machines, l'eau d'alimentation passe par un réchauffeur tubulaire dont le croquis est ci-contre, et dans lequel l'eau d'alimentation n'est pas mélangée avec la vapeur de chauffage, qui n'est autre que de la vapeur d'échappement. Mais, de cette façon, on évite l'introduction, dans la chaudière, de l'huile entraînée par la vapeur.

La disposition adoptée par M. Lanz pour éviter les efforts de dislocation produits par l'inégalité de la dilatation de la machine et de la chaudière, est représentée sur la figure.

Des tirants, un par palier, servent à recevoir la pression exercée par les pistons sur l'arbre de couche. En s'échauffant, la chaudière se dilate librement, sans nuire aux diverses pièces mécaniques, notamment au point de vue de la position du tiroir. Les paliers, en effet, reposent sur un support muni de larges rainures longitudinales, de telle sorte que la chaudière et le support rivé sur elle peuvent se dilater, tandis que l'arbre de couche et les paliers sont maintenus dans leur position première par les tirants.

Les lignes pointillées du support des paliers (la selle) indiquent le déplacement a, qui résulte de la dilatation de la chaudière. Cette distance a varie de 3 millimètres pour les plus petites locomobiles jusqu'à 5 millimètres pour les plus gros modèles.

Les cylindres et tiroirs sont baignés dans la vapeur vive. Il n'y a donc pas de tuyauterie de vapeur, et, par suite, aucune perte de vapeur par condensation. L'eau entraînée est retenue lors de son passage dans les enveloppes, et comme la vapeur entre par la partie supérieure dans les boîtes à tiroir, elle arrive pratiquement sèche dans les cylindres. .

Dans les petites machines, le régulateur agit sur un papillon.

Dans les grandes machines, M. Lanz applique au cylindre HP la détente Rider commandée directement par le régulateur.

Dans les deux cas, le régulateur prend son mouvement sur l'arbre, non par courroies, mais par engrenages hélicoïdaux parfaitement taillés.

A sa grande machine demi-fixe, M. Lanz avait appliqué un nouveau régulateur à ressort.

Le ressort enfermé dans le corps du régulateur est sollicité par traction et non par compression, ce qui évite tout coinçage par torsion du ressort.

La modification de la tension du ressort change l'allure de la machine. La levée des manchons est aussi faible que possible pour obtenir dans toutes les positions une action uniforme, tout en maintenant une sensibilité satisfaisante.

Les frottements propres au régulateur sont réduits au minimum par l'emploi de coussinets sphériques.

Le ressort peut être facilement retiré sans démonter l'appareil.

Tous les détails de la machine sont bien étudiés, et exécutés avec soin.

Dans les grandes machines, deux volants de mêmes dimensions permettent de transmettre la force d'une façon régulière. Dans les petites, généralement, il n'y a qu'un seul volant.

D'après des procès-verbaux d'essais communiqués par M. Lanz, les consommations de vapeur de ces machines seraient très réduites.

Une machine compound de 60 chevaux, ayant fourni une puissance au frein de 65 chevaux effectifs, marchant à condensation, n'a donné lieu qu'à une consommation de 7 kg. 44 de vapeur par cheval effectif, à la pression de 8 atm. 3/4; et une machine de 33 chevaux, monocylindrique, marchant à haute pression, a donné lieu à une consommation de vapeur de 12 kg. 1 par cheval effectif, à la pression de 6 atm. 86.

La pompe alimentaire est actionnée, non par des excentriques, mais par des leviers reliés à la crosse du piston du cylindre BP. On peut ainsi rapprocher les volants des paliers et supprimer le frottement résultant d'excentriques de grandes dimensions : cette disposition est semblable à celle adoptée par M. Wolf.

Nous regrettons de n'avoir pu obtenir des indications précises sur les dimensions de la chaudière et de la machine.

Ateliers de construction des Chemins de fer de l'État Hongrois à Budapest.

Une importante branche de la construction des ateliers de l'État Hongrois à Budapest est la construction des machines agricoles.

Parmi ces dernières, les locomobiles tiennent une large place, et deux locomobiles de types différents figuraient, l'une dans le groupe IV, l'autre dans le groupe X.

Ces locomobiles se distinguent toutes deux par les dimensions exceptionnelles des foyers et des chaudières, qui sont la conséquence de l'emploi comme combustible, du bois, de la paille, ou de lignites de qualité inférieure.

Quand les locomobiles sont destinées à brûler de la paille, un appareil spécial de chargement est disposé sur la devanture de la chaudière et une tôle, placée à l'intérieur du foyer, évite les entraînements de particules de paille dans les tubes. La consommation en paille pour alimenter une locomobile conduisant une batterie est de 7 p. 100 de la paille battue.

L'une des machines exposées avait un foyer ondulé, relié aux parois extérieures de la chaudière par des entretoises, et dont la partie inférieure était fermée par un anneau en fer forgé. Un autre anneau forgé entoure la porte du foyer.

1° *Locomobile.*

Dans les machines monocylindriques, le cylindre est dans l'axe longitudinal de la chaudière, et la boîte de la soupape de sûreté est à la partie supérieure de l'enveloppe du cylindre. La mise en route de la machine se fait par un levier spécial agissant sur un tiroir. La mise en route et l'arrêt peuvent ainsi s'effectuer très rapidement.

La distribution de la vapeur se fait par un tiroir à coquille. La glissière sert de couvercle au cylindre et porte, à son extrémité opposée, un pied en fonte la reliant au corps cylindrique de la chaudière.

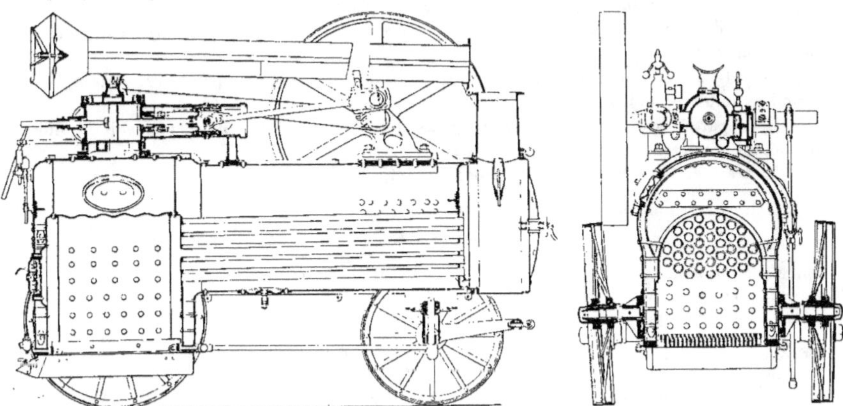

FIG. 478. — Ateliers de construction des *Chemins de fer de l'État Hongrois* à Budapest.
Locomobile de 32 chevaux effectifs, type lourd.

L'arbre-manivelle est en acier forgé. Ses paliers, dont les chapeaux forment un angle de 45° avec l'horizontale, sont en acier moulé, et rivés sur le corps de chaudière.

L'excentrique permet le changement du sens de la marche.

Le régulateur Porter agit sur un disque.

La pompe alimentaire fixée sur le côté de la chaudière, permet d'alimenter même avec de l'eau chauffée à 80°.

2° *Machine demi-fixe compound*.

Dans les machines compound, la chaudière est d'un type différent. Le ciel du foyer

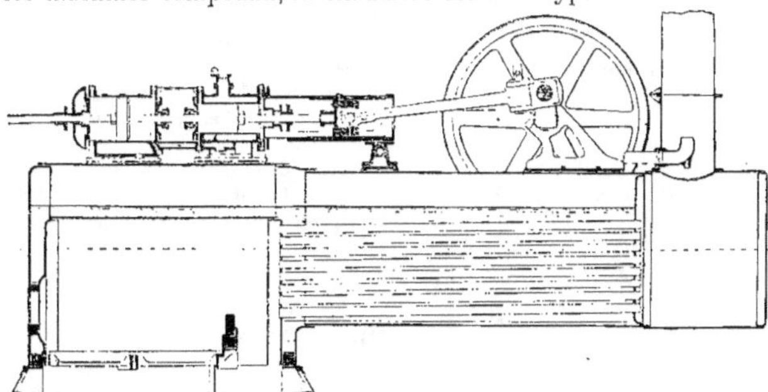

FIG. 479. — Ateliers de construction des *Chemins de fer de l'État Hongrois*.
Machine demi-fixe compound de 70 chevaux.

est relié à l'enveloppe par 105 entretoises. Les cylindres sont disposés en tandem, le cylindre à basse pression en arrière, contrairement à l'usage admis maintenant.

La glissière porte, à l'avant, sur une rotule. Les cylindres sont fondus d'une seule pièce avec l'enveloppe avec le receiver, chauffé par la vapeur vive ; ils sont montés sur une plaque en acier moulé, rivée sur l'enveloppe du foyer.

L'une des soupapes de sûreté est à la partie supérieure du petit cylindre ; l'autre est placée sur la gauche de la chaudière.

Le petit cylindre a une distribution du système Rider, variable par le régulateur ; le grand cylindre est muni d'une détente Meyer.

Un appareil de graissage à la graisse consistante système « Kordina » pourvoit d'huile les deux cylindres.

Le train et les roues sont entièrement en fer.

Données principales :

1° *Locomobile.*

Surface de chauffe	27 m² 7
— grille	0,82
Rapport $\frac{S}{G} =$	33,6
Nombre de tubes	53
Timbre	7 kg.
Diamètre de la cheminée	0,300
Machine :	
Section de la cheminée par mètre carré de grille	0 m² 086
Diamètre du cylindre	0 m. 300
Course du piston	0 m. 300
Rapport $\frac{d}{l} =$	1
Volume du cylindre	21 lit.
Nombre de tours	180
Vitesse du piston	1 m. 80
Puissance en chevaux indiqués	40 chx
Volume du cylindre par cheval	0 lit. 52
Volume engendré par le grand piston, par cheval et par seconde	3 lit 16
Coefficient d'activité	0,31

2° *Machine demi-fixe compound.*

Chaudière :	
Surface de chauffe	48 m²
— — du foyer	7,40
— — tubulaire	40.60
Nombre de tubes	76
Diamètre des tubes, en acier	63 mm.
Longueur —	2 m. 770
Surface de grille	1 m² 46
Rapport $\frac{S}{G} =$	33
Diamètre de la cheminée	0 m. 400
Section de la cheminée par mètre carré de grille	0,086
Timbre	12 kg.
Machine :	
Diamètre du cylindre HP	0 m. 225
— — BP	0,338
Rapport des sections	2,25
Course des pistons	0 m. 400
Rapport $\frac{d}{l} =$	0,66
— $\frac{d'}{l} =$	1,00
Nombre de tours	140
Vitesse du piston	1 m. 86
Volume du grand cylindre	36 lit.
Admission au petit cylindre	0,45 à 0,50
Puissance en chevaux	70
Volume du grand cylindre par cheval	0 lit. 51
Volume engendré par le grand piston, par cheval et par seconde	2 lit. 60
Coefficient d'activité	0,385
Diamètre de chaque poulie-volant	1 m. 600
Poids de chacun des volants	800 kg.
Poids total de la machine à vide	14.800 kg.

Garret, Smith et C°.

La maison Garret, Smith et C°, de Magdebourg Buckau, comme M. Wolf, construit comme les maisons précédentes, un grand nombre de locomobiles ou machines demi-fixes.

Il faut reconnaître que toutes les maisons ne peuvent atteindre la perfection réelle de construction qui caractérise les deux premières maisons allemandes que nous venons de citer.

Deux machines formaient l'exposition de cette maison : Une machine demi-fixe de 53 chevaux effectifs, et une locomobile de 22 chevaux.

Chaudières. — Leurs dimensions sont assez largement calculées pour que, en toute circonstance, la production de toute la vapeur nécessaire soit facile, même avec un feu modéré.

Les rivures sont toujours doubles; dans certains modèles, elles sont triples. Le travail de rivetage est fait hydrauliquement. Dans les grands modèles, la boîte à feu est en tôle ondulée. Les tubes sont facilement amovibles.

Pour la locomobile, le foyer n'est pas amovible : la chaudière est du type locomotive.

Machine. — Les cylindres forment dôme de vapeur. Ils sont coulés d'une seule pièce, et pourvus d'une chemise intérieure.

Le cylindre à basse pression a une détente fixe invariable. Celui à haute pression est pourvu d'un régulateur agissant automatiquement sur la détente du système Rider.

Afin d'éviter que des efforts successifs de tension et de compression développés par l'action de la vapeur sur l'une ou l'autre face du piston, s'exercent sur les parois de la chaudière et la fatiguent au droit des socles-selles, des tirants sont intercalés entre les cylindres et les coussinets principaux des machines à haute pression. Mais les machines compound sont assez robustes et assez solides pour que cette précaution soit inutile. Les actions des deux cylindres s'y compensent, et les tirants ne seraient qu'encombrants.

Un socle-selle en acier moulé est rivé sur la chaudière, et l'arbre coudé en acier repose sur ses trois paliers par de larges coussinets en bronze phosphoreux.

Les cylindres et tiroirs sont graissés automatiquement.

Ransomes.

La locomobile compound de 33 chevaux effectifs, exposée par cette maison, constituait une des rares représentations des locomobiles à grande vitesse de rotation.

Données principales :

Diamètre du petit cylindre	0 m. 190	Puissance en HP	33
— grand cylindre	0,305	Vitesse des pistons	2,03
Rapport des sections	3,9	Pression de la vapeur	9 kg.
Course	0 m. 203	Volume du grand cylindre	148 lit.
Rapport $\dfrac{d}{l}$	0,93	— par cheval effectif	4 lit. 5
— $\dfrac{d'}{l}$	1,5	— engendré par le grand piston par cheval et par seconde	4,5
		Coefficient d'activité	0,222
Nombre de tours par minute	300		

Ruston, Proctor et C°.

La maison Ruston, Proctor et C°, de Lincoln (Angleterre), dont nous avons déjà mentionné les machines fixes, avait encore exposé dans le groupe VI, classe 35, une locomobile de 20 chevaux effectifs et une locomotive routière de 20 chevaux également.

Toutes deux présentent, pour la liaison de la machine à la chaudière, sans que des boulons aient à traverser les parois de la chambre de vapeur, une disposition analogue à celle que nous avons étudiée dans les machines allemandes : les paliers de l'arbre moteur, le cylindre et le support de glissières, sont boulonnés sur des sellettes rivées sur la chaudière, puis rabotées. Le siège du cylindre est ouvert à la partie inférieure, et des trous sont ménagés pour permettre à la vapeur vive d'envelopper complètement le cylindre, et à l'eau condensée ou entraînée de retomber dans la chaudière.

La vapeur passe ensuite dans la boîte de distribution sur laquelle sont placées les soupapes de sûreté.

La distribution est du type « Rider »; le régulateur est commandé par une chaîne Reynolds.

Le cylindre est relié au palier de l'arbre moteur par une entretoise tubulaire extensible, constituée par un fort tube en fer, dans lequel passe la vapeur venant de l'enveloppe du cylindre et retournant à la chaudière, et par une entretoise proprement dite, et qui, par conséquent, se dilate en même temps que la chaudière et forme un lien très rigide.

Le réchauffeur d'eau d'alimentation est muni de tubes en cuivre.

Tous les graisseurs sont à graisse consistante, et le graissage du cylindre est automatique.

Ces locomobiles sont construites à un seul cylindre, de 4 à 36 chevaux, et à deux cylindres égaux, de 16 à 100 chevaux. Le timbre est de 7 kilog.

Nous retrouvons dans la classe des locomobiles l'application du principe favori des maisons anglaises, qui consiste à se contenter de suivre une fabrication connue et courante, et à n'apporter aucune modification aux types établis.

La locomobile routière est munie d'un treuil avec câble en fil d'acier, en vue d'une utilisation pour le labourage à vapeur.

L'engrenage commandant la grande et la petite vitesse est en acier. Il est disposé entre les paliers, réduisant la largeur de la machine et diminuant les efforts que doit supporter l'arbre moteur.

Données principales :

Locomobiles de 20 chevaux.

Surface de chauffe	18 m² 80	Diamètre du volant	1 m. 680
Timbre	7 kg.	Largeur de la jante	0 m. 203
Diamètre du cylindre	0 m. 279	Vitesse à la circonférence	11 m. 40
Course du piston	0,356	Poids total net	6.260 kg.
Rapport $\frac{d}{l}$	0,78	Encombrement général :	
		Longueur	3 m. 65
Nombre de tours	130	Largeur	2,00
Vitesse du piston	1 m. 55	Hauteur	2,82

Routière.

Surface de chauffe	11 m² 50	Provision de houille	280 kg.
Pression	9 kg.	Largeur des roues arrière	0 m. 356
Diamètre du cylindre	0 m. 203	Diamètre des roues arrière	1,670
Course du piston	0,305	Largeur des roues avant	0,229
Rapport $\frac{d}{l}$	0,67	Diamètre des roues avant	1,020
		Largeur totale de la machine sur les roues	2,06
Nombre de tours	150	Longueur totale	4,47
Vitesse du piston	1 m. 52	Poids total sans eau ni charbon	8.500 kg.
Diamètre du volant	1 m. 22	Grande vitesse, par heure	4 km. 40
Vitesse du volant	9 m. 55	Poids net remorqué sur rampes 8 p. 100	7.000 kg.
Consommation d'eau par heure	340 litres		
Provision d'eau	520 lit.		

MACON, PROTAT FRÈRES, IMPRIMEURS   *Le Gérant :* V^re Ch. DUNOD.

LA MÉCANIQUE

A l'Exposition de 1900

Publiée sous le Patronage et la Direction technique d'un Comité de Rédaction

COMPOSÉ DE MM.

HATON DE LA GOUPILLIÈRE, C. ✳, Membre de l'Institut
Inspecteur général des Mines, *Président*

BARBET, ✳, ingénieur des arts et manufactures.

DIENAYMÉ, C. ✳, inspecteur général du génie maritime.

BOURDON (ÉDOUARD), ✳, constructeur mécanicien, président de la chambre syndicale des mécaniciens.

BRÜLL, ✳, ingénieur, ancien élève de l'École polytechnique, ancien président de la Société des Ingénieurs civils.

COLLIGNON (ED.), O. ✳, inspecteur général des ponts et chaussées en retraite.

FLAMANT, O. ✳, inspecteur général des ponts et chaussées.

HIRSCH, ✳, inspecteur général honoraire des ponts et chaussées, professeur au Conservatoire des arts et métiers.

IMBS, ✳, professeur au Conservatoire des arts et métiers et à l'École centrale des arts et manufactures.

LINDER, C. ✳, inspecteur général des mines en retraite.

ROZÉ, ✳, répétiteur d'astronomie et conservateur des collections de mécanique à l'École polytechnique.

SAUVAGE, ✳, ingénieur en chef des mines, professeur à l'École des mines.

WALCKENAER, ✳, ingénieur en chef des mines, professeur à l'École des ponts et chaussées.

Secrétaire de la Rédaction : **GUSTAVE RICHARD**, ✳, 44, rue de Rennes.

4ᵉ LIVRAISON

LES MOTEURS A GAZ, A PÉTROLE ET A AIR COMPRIMÉ

PAR

M. Jules DESCHAMPS

ANCIEN ÉLÈVE DE L'ÉCOLE POLYTECHNIQUE, INGÉNIEUR-CONSEIL EN MATIÈRE DE MOTEURS THERMIQUES

PARIS

Vᵉ CH. DUNOD, ÉDITEUR

49, QUAI DES GRANDS-AUGUSTINS, 49

—

TÉLÉPHONE 147.92

—

1900

TABLE DES MATIÈRES

LA MÉCANIQUE A L'EXPOSITION

LES MOTEURS A GAZ, A PÉTROLE
ET A AIR COMPRIMÉ

PAR

M. Jules DESCHAMPS,

Ancien élève de l'École Polytechnique, ingénieur conseil en matière des moteurs thermiques.

INTRODUCTION

Les moteurs à explosion à combustion intérieure : moteurs à gaz, moteurs à combustibles liquides, font de tels progrès qu'il faut s'attendre à les voir s'adapter à tous les usages. Aussi est-on frappé tout particulièrement, dans l'exposition de cette année, de la diversité des tendances des constructeurs. Il semblait, aux expositions précédentes, que ces moteurs avaient un large champ ouvert devant eux en se bornant à être les moteurs de la petite industrie, moteur à gaz dans les villes, moteur à pétrole ou à gaz pauvre là où le gaz de ville manque ou est trop cher.

L'horizon s'est grandement élargi. Deux voies nouvelles se présentent. D'une part, chaque jour, les constructeurs tentent avec succès la construction de moteurs de plus en plus puissants. L'Exposition montre un moteur Simplex monocylindrique de 700 chevaux, ce qui semblait encore récemment inexcutable avec les hautes températures d'explosion, la maison Otto expose un moteur à deux cylindres de même puissance. La Société des brevets Letombe démontre pouvoir construire des moteurs jumelés de 1.000 chevaux. Ce sont des moteurs de grande industrie, et leur construction est d'autant plus encouragée que l'on découvre des sources d'énergie inconnues, ou plutôt que l'on songe à utiliser les puissants déchets d'énergie qui se perdaient avec les gaz des hauts fourneaux et des fours à coke.

C'est la lutte qui continue entre le moteur à gaz et la machine à vapeur, et la partie ne semble pas égale. Déjà les imperfections qui semblaient désavantager le moteur à gaz disparaissent les unes après les autres avec le progrès incessant. Le moteur était brutal, d'une régularisation élémentaire et imparfaite, et la commande des dynamos ne pouvait lui être confiée sans crainte. Tous les constructeurs ont perfectionné leur régularisation : celle du moteur Letombe est remarquable. — Le moteur Diesel peut voir varier du simple au double la charge de la dynamo entraînée, sans que le voltage subisse de variation sensible. Le moteur Crossley attaque directement une dynamo avec l'accouplement élastique Raffard, et tous les autres moteurs en général conviennent aujourd'hui aux stations électrogènes. Le moteur à gaz tend à conquérir les qualités de souplesse et de régularité qui ont donné, pour la petite industrie, toute confiance en la machine à vapeur et déjà, pour les groupes électrogènes puissants qui semblent l'avenir, l'économie du moteur avec gazogène s'impose à l'examen.

"

Et cependant le moteur est loin d'être parfait, les pertes aux parois atteignent encore une haute proportion et je ne suis pas certain que le moteur Otto, dont tous les moteurs dérivent, soit la solution définitive. L'évolution du moteur à gaz est loin d'être terminée, tandis que la machine à vapeur ne se perfectionne plus que dans le détail, que la révolution que l'on espérait obtenir avec la vapeur surchauffée a avorté, et que l'on discute aujourd'hui sur des bénéfices éventuels de 1 p. 100, alors que des moteurs à gaz ont 22, 25 p. 100 de rendement et pourraient aspirer presque au double.

Une autre voie ouverte, bien différente, c'est vers l'application des moteurs thermiques à la locomotion automobile. — Ici, c'est du moteur à pétrole qu'il s'agit, pour le moment. — Le moteur à alcool viendra peut-être, le moteur à acétylène ou à tout autre hydrocarbure artificiel semble d'avenir. La locomotion automobile était déjà représentée aux expositions précédentes par quelques machines agricoles, quelques canots à pétrole. Aujourd'hui, elle a pris, et en quelques semaines, un développement tel que son exposition doit être examinée à part. Le moteur à pétrole y domine. Il a bien des inconvénients ; il sent mauvais, et les constructeurs ne s'en inquiéteront que quand l'Administration, qui a l'habileté de soutenir les chauffeurs, tout en leur faisant de gros yeux, sera elle-même obligée d'y mettre ordre ; tout le monde s'en trouvera d'ailleurs bien. Ce qui rend l'odeur si désagréable, c'est que le pétrole est imparfaitement brûlé et il faudra bien le brûler mieux à l'époque prochaine, où l'on s'occupera du prix de revient. Le moteur était bruyant, trépidant. Des progrès considérables ont été faits dans cette voie, qui intéressait mieux la clientèle. Presque toutes les voitures nouvelles sont à moteur équilibré, certains de ceux-ci sont remarquables. Enfin, on peut espérer qu'on cessera de copier toujours les mêmes modèles avec une désolante routine, et qu'on verra enfin un moteur souple et réversible.

Pour que les moteurs thermiques soient universels, il ne leur reste que deux champs d'action. Il n'y a pas à ma connaissance d'essais définitifs pour les grandes machines marines, où cependant l'économie du combustible et la suppression des chaudières serait de premier intérêt. Je sais que l'on construit dans ce but un moteur Diesel et j'ai grande confiance en cet essai. La grande hauteur du moteur était un obstacle. On y a remédié en construisant un moteur plus ramassé, sans points morts, avec trois cylindres. Mais c'est surtout sur les locomotives que la machine à vapeur semble actuellement ne pas pouvoir être remplacée. Ce serait cependant bien intéressant de voir un moteur avec son gazogène sur roues entraîner les trains dans les pays nouvellement ouverts, où le combustible coûte si cher que l'on doit chercher par tous les moyens à en réduire la consommation, et où l'eau est souvent si difficile à approvisionner. Même dans les tramways, les moteurs à gaz et à pétrole ne semblent pas s'adapter. Là aussi, peut-être, faut-il attendre un type différent du moteur à quatre temps : un moteur réversible. Car c'est là une lacune bien fâcheuse dans les avantages du moteur à explosion. J'avoue trouver pénible l'emploi dans certaines locomotives, machines marines et tramways, du pétrole et des huiles lourdes pour chauffer des chaudières et transformer leur énergie en travail par l'intermédiaire compliqué de la vapeur d'eau avec un rendement réduit, alors qu'un emploi direct donnerait un rendement triple et éviterait l'encombrement des chaudières. Je crois n'être pas grand prophète en pensant que cette dernière étape sera bientôt franchie.

Une autre impression que l'on éprouve à l'examen de ces divers moteurs, c'est que tous sans exception sont au moins des moteurs à quatre temps, sinon tous des moteurs Otto. C'est très frappant. Déjà en 1889, les moteurs à quatre temps était nombreux, mais il y en avait un à six temps, plusieurs à deux temps et certains de ceux-ci semblaient d'avenir. D'autres moteurs, antérieurement, s'étaient signalés par des dispositions originales, ingénieuses. Il faut garder un grand souvenir au moteur Langen et Otto, se rappeler les premiers essais, le moteur si remarquable à mon avis de Bisschop, la variété et l'ingéniosité des moteurs Clerck, Ravel, Atkinson, Brayton, Gardie. — Un seul type semble avoir survécu.

Évidemment on a perfectionné le moteur à quatre temps, on a surtout cherché à modifier et augmenter sa détente. Les procédés de réglage sont différents chez beaucoup de constructeurs et tendent à s'écarter du tout ou rien d'Otto. Cependant, pour ne citer que tous les exposants Anglais, combien se sont tenus au type même d'Otto et n'y ont amené que des perfectionnements de détails. Ce qui frappe, c'est l'abandon de toutes les solutions originales, la victoire indiscutable des moteurs à quatre temps. Est-elle due à la supériorité réelle de ce type? Les faits sont là. Il est certain que l'universalité des constructeurs ne suivrait pas une mode et que ceux-mêmes qui fabriquaient des moteurs à deux temps les ont abandonnés pour aboutir au moteur à quatre temps, même et surtout en Angleterre, où cependant les brevets Otto avaient été le mieux protégés. Les avantages du moteur à quatre temps sont en effet de toute première importance. Le moteur peut être infiniment plus robuste, les explosions prématurées moins dangereuses. Aussi les constructeurs ont-ils cherché à perfectionner seulement le moteur à quatre temps.

Dans le genre Otto, les dispositifs nouveaux sont très nombreux. Certaines idées nouvelles semblent fort heureuses : telles que celle du moteur Tangye, que l'on trouve aussi dans le nouveau moteur à pétrole Otto. Partout ailleurs, c'est la construction surtout qui s'est améliorée. On tend à garnir les cylindres d'une chemise dure plus facile à remplacer, retourner ou retailler que lorsque le cylindre était tout entier venu de fonte. Cela permet aussi de fondre le cylindre avec le châssis et de supprimer un joint qui supportait les plus grands efforts. On s'est ingénié à rendre les soupapes d'un accès et d'un démontage facile. La mise en marche, qui se fait presque toujours avec une pompe, a été aussi améliorée pour les puissants moteurs. On a surtout cherché à éviter le choc brusque d'une première explosion sur un piston arrêté et l'on y a remédié chez divers constructeurs, soit en s'attachant à ce que le piston soit déjà légèrement en marche quand l'explosion a lieu, soit en donnant plus d'élasticité à l'explosion en laissant la chambre d'explosion en communication avec une chambre spéciale pour la mise en marche. Quant à la régularisation, elle se fait toujours, dans les moteurs Otto à gaz, par l'admission fermée, et, dans les moteurs à pétrole dérivés, par l'échappement, quelques-uns se règlent uniquement par la pompe d'injection de pétrole. En réglant par l'échappement fermé, on transforme le moteur en pompe et celle-ci fait frein. Cela présente des avantages en automobile où ce procédé est fréquemment employé. Au point de vue rendement, c'est détestable. Laisser l'échappement ouvert dans les passages à vide en réservant les gaz échappés dans un long tuyau, ou un silencieux, a l'avantage de ne pas refroidir le moteur comme le ferait l'arrivée de l'air froid, et il semble que ce procédé devrait toujours être employé concurremment avec la suppression de l'admission quand le réglage se fait par l'admission.

Ces procédés de réglage par tout ou rien présentent un inconvénient commun. Ils ont une action bien vive sur le volant, qui ne reçoit plus d'impulsion pendant 8 ou 12 tours à demi ou tiers de charge et qui ne peut marcher régulièrement que grâce à une inertie considérable ou des accouplements très souples. Aussi spécialement, uniquement même dans l'exposition française, rencontre-t-on divers autres modes de régularisation. On a cherché à modifier les proportions du mélange, à laminer les gaz à l'admission à réduire aussi la cylindrée d'admission (Fritscher et Houdry) et à donner plus grande souplesse au moteur en n'interrompant pas les explosions. Ce résultat a été surtout obtenu pour les moteurs à détente prolongée en variant cette détente.

C'est en effet dans l'exposition française que l'on rencontre les moteurs à détente prolongée : le moteur Charon, premier en date où la cylindrée d'admission est réduite à la détente prolongée par conséquent sous l'influence du régulateur; le nouveau moteur à double effet Duplex, où la détente est doublée, mais où le réglage est encore par tout ou rien; enfin, le moteur Letombe, si remarquable, qui prolonge la détente, la modifie en même temps que la compression et les proportions du mélange gazeux et sans nuire au rendement.

Si l'Exposition est la consécration en quelque sorte de la victoire des moteurs à quatre temps, il ne faut pas la considérer comme définitive. L'inconvénient capital du moteur à quatre temps est sa non réversibilité. Pour la commande d'un atelier, le défaut est sans importance, de même que la nécessité d'un lourd volant. Mais quand le succès des moteurs à explosion ou combustion intérieure les aura de plus en plus fait appliquer à la traction des voitures ou des bateaux, il faudra que cet inconvénient disparaisse, et je ne vois pas d'autre solution que d'abandonner le cycle à quatre temps. Je suis stupéfait de ne pas avoir vu d'essais sérieux en ce genre dans l'Automobilisme depuis le moteur Benz à deux temps. Le cycle à quatre temps présente un autre inconvénient : la compression du mélange gazeux est limitée à la température et à la pression qui déterminent l'explosion. La limite du rendement n'est donc pas susceptible d'amélioration.

L'idée ingénieuse de M. Diesel est d'avoir emprunté au moteur à quatre temps ses avantages et gardé ceux du moteur à deux temps. Je discuterai plus loin les qualités de ce moteur si remarquable; je tiens seulement à montrer ici qu'il est intermédiaire entre les moteurs à deux temps, qu'il réalise pour le combustible et l'air qui lui sert de véhicule, et les moteurs à quatre temps, auxquels il emprunte la compression dans le cylindre même de l'air comburant, que sa réserve d'air comprimé lui permet de marcher sans combustible aux périodes de mise en marche et de changements de marche, que la régularisation peut y être faite en dosant le combustible. Ce moteur si remarquable n'a déjà plus les défauts de moteur à quatre temps; il fonctionne même à deux temps quand il marche à l'air comprimé sans combustible.

Oui, le moteur à deux temps a disparu, le moteur à combustion sous pression constante aussi n'est représenté par aucun type. Je crois, malgré le succès du moteur à quatre temps qui s'est réellement imposé, qu'il ne faut pas renoncer à ces types de moteurs et que leur retour sera prochain, comme peut-être celui du moteur à balancier, où l'inertie même du balancier peut être singulièrement bien utilisée. L'avenir partagera probablement les applications entre ces différentes variétés du moteur à gaz.

Je dirai encore un mot des moteurs à pétrole; tous les constructeurs des moteurs à gaz en fabriquent actuellement et plusieurs s'y sont consacrés uniquement. L'emploi s'en est fortement répandu. Je les décrirai en même temps que les moteurs à gaz de la même maison. Ce que je remarquerai seulement dans la classe 20, c'est qu'il n'y a pas eu un seul carburateur d'exposé. Il y a cependant eu des centaines de brevets pris en ces dernières années, et autant de moteurs d'automobiles, autant de carburateurs. De fait, dans les moteurs fixes le pétrole est constamment vaporisé par des procédés sommaires et s'il est pulvérisé ce n'est qu'une mesure auxiliaire; c'est la chaleur d'une lampe, ou celle des gaz brûlés qui fait la vaporisation. En automobile, au contraire, presque tous les carburateurs fonctionnent à froid. Dans certains moteurs même d'automobile, comme le moteur Gobron et Brillié, l'un des meilleurs, le pétrole est introduit en gouttes divisées sans carburateur spécial. La combustion s'y fait aussi bien. Qu'est-ce qui a causé l'engouement des constructeurs d'automobiles pour certains carburateurs : je ne le vois pas clairement. C'est peut-être parce qu'en introduisant de l'air chargé de gouttelettes au delà de ce que le moteur devait raisonnablement consommer, on arrivait à donner au moteur une puissance supérieure à celle qu'en bonne marche il eut dû fournir. C'est ainsi qu'en alimentant un moteur avec un carburateur à barbotage, puis ensuite avec un carburateur à pulvérisation la puissance croît de 50 p. 100. Pour les moteurs fixes, les seuls dont je m'occupe ici, ces

considérations n'entrent pas en jeu; c'est le rendement et la bonne marche qui doivent
être considérés et je n'ai vu que les moteurs fixes dérivés de l'automobile, tel le Daimler,
qui fonctionnent avec un carburateur à froid. Sans empiéter sur le compte rendu de
l'automobile, je signale le moteur de la voiture Penelle, dont la carburation est faite à
chaud, et les expériences faites à Vincennes même montreront la consommation réduite
de ce moteur. C'est en se basant sur une théorie incomplète que l'on a cru aux carburateurs à froid.

Il n'y a rien à signaler dans l'exposition comme moteur à air chaud, pas de turbines
à gaz, un moteur rotatif et d'intéressants moteurs à air comprimé.

Il y a au contraire beaucoup à remarquer dans les gazogènes exposés et ceux que
construisent les exposants. C'est la première fois que des gazogènes sont exposés, et certains
constructeurs n'ont pas reculé devant cette lourde dépense. Autant il est facile, dans les
moteurs, de distinguer différents systèmes et de les séparer dans une classification, autant
cela semble impossible pour les gazogènes. On pourrait noter ceux à marche régulière
alimentant un gazomètre et ceux dont les gaz sont aspirés par le moteur. Ce serait inutile
à mon avis. Il me semble qu'on peut tous les ranger en tel ordre que, de l'un à l'autre, les
différences soient peu essentielles. On irait ainsi de ceux très simplifiés marchant à
l'anthracite et réduits à la cuve où se fait la gazéification, à ceux qui deviennent une véritable usine chimique, où les gaz sont épurés soigneusement de leurs poussières, des
goudrons, des sulfures, des produits ammoniacaux et comportent une soufflerie, des chaudières et un gazomètre.

Évidemment, à mon avis, pour une installation importante, le prix de revient de la
houille joue un rôle prépondérant. Il faut déjà la choisir de telle nature qu'elle ne se soude
pas dans le foyer. C'est l'inconvénient actuel de tous les gazogènes. Si l'on se borne à ce
premier triage de la houille, les épurateurs sont de toute nécessité, et il faut les employer.
En outre, il semble judicieux d'admettre que la marche d'un gazogène doit être meilleure
quand les gaz se rendent au foyer et le traversent, ainsi que les épurateurs, avec une
vitesse constante. C'est admettre la nécessité de l'insufflation de l'air et de la vapeur.

Pour les petits moteurs au contraire, les frais de surveillance deviendraient onéreux, et
il est très séduisant, quitte à payer l'anthracite plus cher, de n'avoir qu'à charger de temps
en temps son gazogène, le décrasser quand le moteur s'arrête, et encore certains restent
allumés et fonctionnent en marche lente comme un chouberski pendant cette période.

Peut-être, dans la voie ouverte par Gardie, dont est exposé un remarquable gazogène, pourrait-t-on employer n'importe quelle houille, et, grâce à des températures élevées
de combustion, produire des gaz inoffensifs : il faudrait trouver un procédé pour empêcher le charbon soudé de s'opposer au passage des gaz.

Je décrirai ces divers gazogènes dans l'ordre où je les renconterai avec les moteurs à
gaz, comme je ferai pour les mêmes raisons pour les moteurs à pétrole.

Pour les moteurs à gaz, je parlerai d'abord des moteurs Otto et des moteurs genre
Otto.

LES DIVERS EXPOSANTS

Compagnie française des moteurs à gaz et des constructions mécaniques.

La *Compagnie française des moteurs à gaz et des constructions mécaniques* expose le moteur « Otto » dans un pavillon spécial annexe de la classe 20.

Au plus ancien constructeur français de moteurs à gaz, incombait de montrer au public la place de plus en plus prépondérante qu'a pris le moteur à gaz ; c'est ce que cette Compagnie a compris et elle expose ses différents types, depuis 1 cheval jusqu'à 500 chevaux.

Les moteurs de petites forces, horizontaux et verticaux, qu'expose cette Compagnie, sont tous du nouveau modèle Otto, à distribution par soupapes.

Ces moteurs sont connus, et il n'est pas utile de les décrire. On peut dire toutefois que ce sont des modèles du genre, par la bonne disposition de leurs organes de distribution, la facilité d'accès de leurs soupapes et leur excellente construction.

Le moteur de 500 chevaux est à deux cylindres, spécialement construit pour marcher au gaz de hauts-fourneaux, il présente certaines dispositions particulières qui sont à retenir.

Comme pour les petits moteurs, on a cherché à rendre les clapets d'admission et d'échappement très accessibles. Le clapet d'échappement est le plus près de la chambre de compression ; le clapet d'admission est, au contraire, tout à fait à l'arrière, de sorte que les gaz froids de l'admission viennent lécher au passage le clapet d'échappement et le refroidissent tout en s'échauffant.

Le clapet d'admission est à retombée rapide, mais celui d'échappement, qui n'a pas besoin d'une fermeture brusque, a été prévu avec un piston à parachute.

Les cylindres de ces moteurs sont des chemises indépendantes venant se loger dans le renflement du bâti qui forme chambre de circulation d'eau.

Les pistons ont une disposition particulière, brevetée[1] ; à l'avant, du côté de la bielle, ils portent de larges rainures, garnies de métal antifriction ; ce sont, pour ainsi dire, des segments d'antifriction qui constituent un frottement très doux du piston dans la partie du cylindre qui forme guide du piston.

Le graissage du moteur a été particulièrement bien étudié.

Les paliers du bâti sont des paliers graisseurs à bagues. Le graissage des cylindres et des pistons est assuré par pompe à débit réglable, celui des grosses têtes de bielles par graisseur à plateau à force centrifuge, celui des petites têtes de bielles par graisseur lécheur.

Enfin, ce moteur est pourvu d'un dispositif très ingénieux pour la mise en marche par l'air comprimé.

C'est un moteur semblable a celui exposé qui a été fourni aux Aciéries de Micheville.

La Compagnie « Otto » prépare, pour la Société de Vezin-Aulnoye à Homécourt, trois moteurs à quatre cylindres, de 600 chevaux.

1. *Revue de Mécanique*, octobre 1899, p. 465.

La Gasmotoren-Fabrik Deutz, qui construit le moteur Otto en Allemagne, a fait de nombreuses installations de ces moteurs alimentés au gaz de hauts-fourneaux ; on m'a cité notamment :

La Société des Chemins de fer de la Haute-Silésie à Friedenshutte, deux moteurs de 200 chevaux et de 300 chevaux.

La Société pour l'Exploitation de Mines et Fonderies Guttehoffnungshutte à Oberhausen, deux moteurs de 300 chevaux et un moteur de chevaux.

La Société des Fonderies Dudlingen, à Dudlingen, deux moteurs de 600 chevaux et 200 chevaux.

La Société de Mines, Forges et Fonderies, à Hoerde, un moteur de 1.000 chevaux.

Fig. 1. — Moteur à gaz *Otto* de 500 chevaux.

Eisen und Sholwerk Hoesch Dortmund, un moteur de 300 chevaux, etc.

Dans ce stand, est exposé un moteur à pétrole, système Diesel, de la force de 20 chevaux dont je parlerai ailleurs.

Je crois intéressant de décrire le moteur Otto à pétrole qui est d'un nouveau modèle peu connu. Il est représenté fig. 2.

Ce moteur est à quatre temps, comme tous les moteurs Otto. Nous donnons une vue de la machine qui nous dispensera d'entrer dans une description trop détaillée.

Le pétrole est injecté par une pompe h. Le fonctionnement de cette pompe et du clapet d'admission C se font par la came n, le galet n' et les leviers r et p. Le débit de la pompe est réglable par le coulisseau r'. Le pétrole, pulvérisé par l'aspiration d'air f, se volatilise sous la soupape C. Les admissions sont solidaires de l'échappement qui est réglé par le régulateur y. Pendant les passages à vide, la soupape d'échappement est tenue ouverte, le piston aspire alors les gaz chauds dans le pot d'échappement et la chambre de combustion n'est pas refroidie, ce qui se produirait si on aspirait l'air froid.

A noter aussi une disposition particulière qui est un perfectionnement sérieux.

L'explosion qui suit un ou plusieurs passages à vide est toujours très faible, sujette à rater et d'un très mauvais rendement, ainsi qu'il est facile de le constater sur les diagrammes.

Il convient donc de renforcer dans ces conditions la proportion de pétrole injecté. Pour y parvenir par un procédé simple, on a disposé, à côté de la came *n* et sur la même douille, une seconde came non figurée au dessin et d'amplitude beaucoup réduite, de sorte que lorsque le régulateur déplace la came *n* par l'intermédiaire du levier coudé *s*, la pompe *h* continue à fonctionner et à envoyer de petites quantités de pétrole.

Ce pétrole, injecté dans le vaporisateur, s'y volatilise de suite, et, à la première aspiration, il renforce la charge normale; l'aspiration se fait alors dans de bonnes conditions.

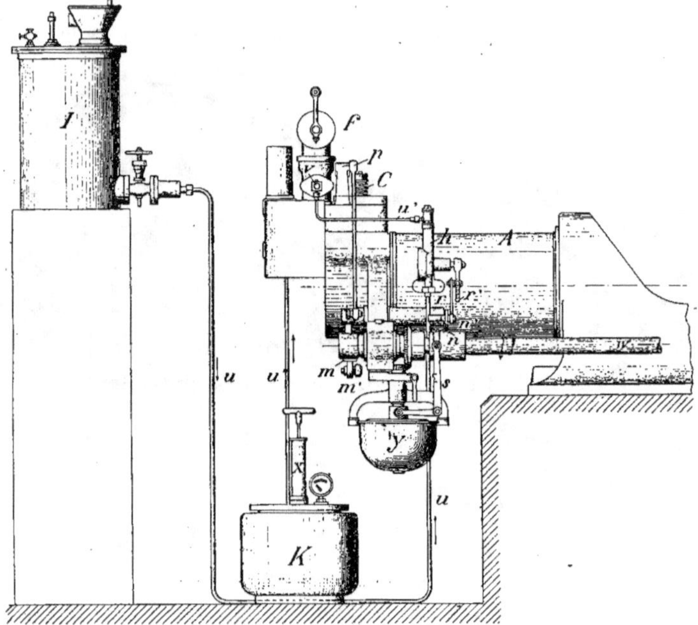

Fig. 2. — Moteur à pétrole *Otto*.

L'allumage, dans ce moteur, est obtenu par tube incandescent. Un réservoir à pétrole K, dans lequel on fait une pression d'air au moyen de la pompe à main X, alimente le brûleur à tube incandescent.

On construit également ce moteur avec allumage par magnéto et, dans ce cas, la mise en marche du moteur se fait à l'essence.

Compagnie des moteurs Niel.

La *Compagnie des moteurs Niel* fait une exposition très importants au Champ-de-Mars et à Vincennes pour justifier de son ancienne et excellente réputation. Les moteurs à gaz sont nombreux, de puissances variées, suivant le besoin de la clientèle. La maison Niel fournit de préférence des moteurs de petite et moyenne puissance construits par série en pièces interchangeables.

Les moteurs de cette maison sont bien connus, les moteurs à gaz surtout et je ne les décrirai pas. Je signalerai seulement un moteur récent à pétrole, moteur vertical où le vaporisateur et les soupapes sont bien ramassés au haut du cylindre et enfermés dans leurs enveloppes en fonte.

Sur le châssis A, est boulonné le cylindre B, que les figures 3 et 3 *bis* montrent d'ensemble. Le piston G transmet son mouvement comme d'ordinaire, directement à l'arbre moteur C par la bielle F. Cet arbre, qui porte volant et poulie, est relié par un engre-

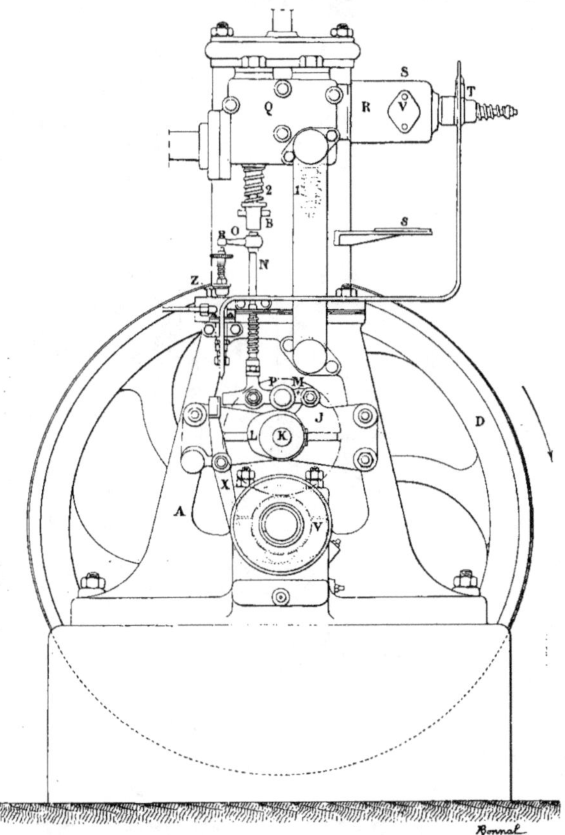

Fig. 3. — Moteur à pétrole *Niel*. Élévation.

nage H I à l'arbre auxiliaire K. Cet engrenage est intérieur au châssis, disposition qui présente le défaut d'augmenter le porte à faux de l'arbre manivelle éloigné de ses coussinets C, mais a le grand avantage d'enfermer et de protéger l'engrenage.

L'arbre de distribution K porte une came L, qui agit sur le galet P, solidaire du levier M, qui actionne la tige N de la soupape d'échappement. Celle-ci est seule commandée et doit agir sur la régularisation du moteur. La fig. 5 en montre le détail. Un régulateur 1, articulé autour de l'axe 2 et retenu en régime normal par le ressort 3, s'écarte au contraire si la vitesse est dépassée. Il repousse le levier X, et il est facile de voir sur la figure que le levier écarté de sa position vient se placer au-dessous du levier M quand celui-ci ouvre l'échappement et lui interdit de fermer la soupape, tant que la vitesse de régime n'est pas atteinte à nouveau. C'est le mode de régularisation connu du tout ou rien par l'échappement ouvert. L'aspiration est interdite par les résistances petites, mais suffisantes, des soupapes d'admission, et le moteur où retournent les gaz précédemment brûlés n'est pas inutilement refroidi par l'air frais et ne travaille pas en compresseur.

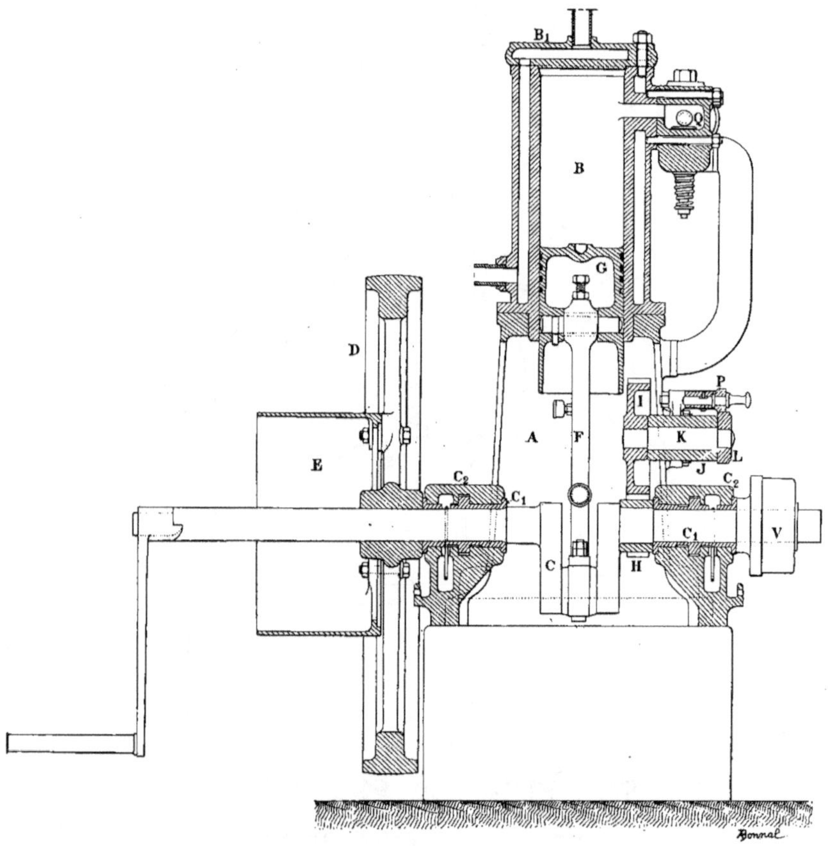

Fig. 3 *bis*. — Moteur à pétrole *Niel*. Coupe verticale.

L'aspiration de l'air se fait par la soupape 1 (fig. 4), et le pétrole est aspiré en même temps dans le vaporisateur par la soupape T, à laquelle il est amené par un conduit relié à une pompe spéciale.

Ce vaporisateur est, avant la mise en marche, chauffé par une lampe portative qui se pose sur la console S. Cette lampe, représentée fig. 7, est un éolipyle et est elle-même échauffée au préalable par de l'alcool dans la coupelle 3. Le pétrole est chassé par une compression d'air faite par la petite pompe à main 5.

Le vaporisateur doit être chauffé au rouge sombre et pour qu'il soit intérieurement chaud, on ouvre les volets V qui sont au contraire refermés après les premiers temps de la

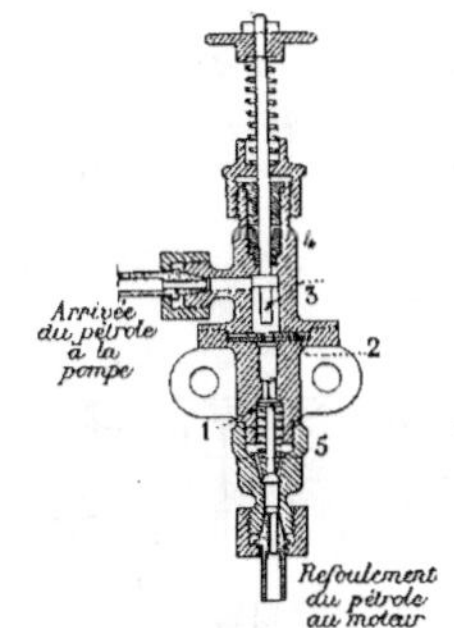

Fig. 4. — Moteur *Niel*. Allumage et distribution.

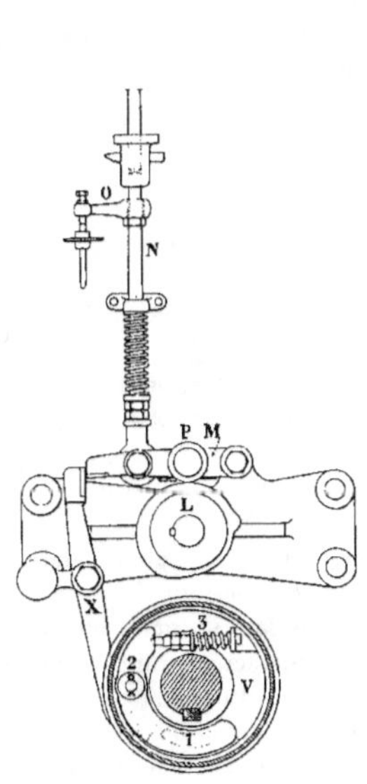

Fig. 5. — Moteur *Niel*. Régulateur.

Fig. 6. — Moteur *Niel*. Pompe à pétrole.

mise en marche, c'est-à-dire quand la lampe devient inutile, doit être éteinte, et que le vaporisateur est entretenu à une température élevée par les explosions. En ce cas, les

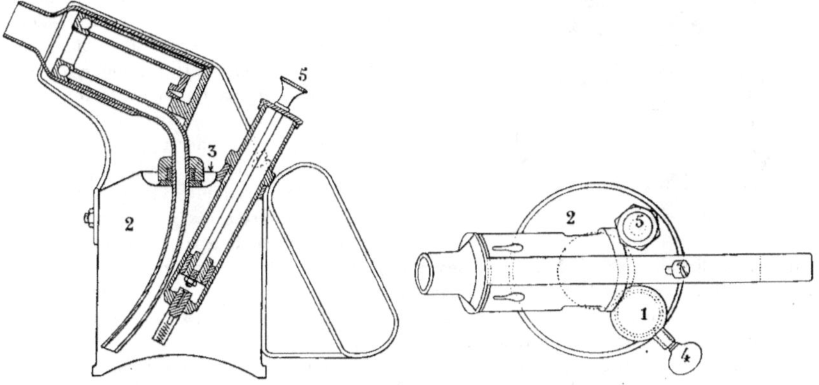

Fig. 7. — Moteur *Niel*. Lampe de mise en train.

volets fermés isolent une couche d'air dans l'enveloppe extérieure S et préservent R du refroidissement.

La fig. 6 montre aussi la pompe à pétrole, qui refoule par le bas, et dont le piston est buté et entraîné par le bras O, fixé sur la tige N de la soupape d'échappement.

L'écrou qui termine la tige du piston de la pompe permet d'en régler la longueur et de varier ainsi à la main le débit de pétrole suivant les besoins.

Enfin, pour la mise en marche, et par un procédé général sur les moteurs Niel, un bouton permet de déplacer le galet P et de le faire agir sur une bosse de la came de façon à ce que l'échappement s'ouvre à la fin de la compression et permette ainsi d'éviter les trop grands efforts pour la mise en route.

MM. J. et O. Pierson. — Moteurs Crossley.

MM. *J. et O. C. Pierson* exposent au Champ-de-Mars les moteurs Otto bien connus de la maison *Crossley.*

Ces moteurs ont reçu des perfectionnements ces dernières années, on s'est tout particulièrement occupé de rendre les soupapes plus faciles à démonter et à simplifier les organes. La mise en marche se fait d'une façon fort originale. Dans un réservoir spécial, un mélange détonant est allumé et l'explosion se propage jusque derrière le piston moteur amené au préalable à la position convenable, de façon à ce que l'explosion se faisant dans une chambre agrandie ait une action moins brutale. Divers autres perfectionnements sont à l'ordre du jour, tel qu'une soupape horizontale équilibrée pour l'échappement[1]. Mais je ne décrirai pas plus longuement un moteur aussi universellement connu.

La maison Pierson fait construire en ce moment un moteur de 500 chevaux[2] pour gaz de haut fourneau. Et cependant on n'y est pas partisan des unités de haute puissance. L'expérience montre en effet, chez ces constructeurs, que le rendement atteint un maximum et décroît aux hautes puissances, en outre il y a toujours intérêt à marcher à pleine charge, comme je le disais plus haut. Aussi, pour en donner un exemple et citer des documents plus intéressants, je crois, que la description d'un moteur connu, je montrerai,

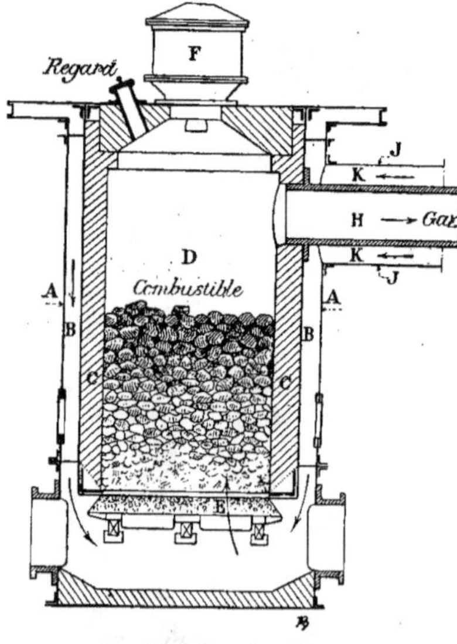

Fig. 8. — Gazogène *Pierson.*

grâce à l'obligeance de ces Messieurs, les plans d'une installations pour groupe électrogène aux tramways de Cassel. A ce sujet, malgré la régularisation brutale par tout ou rien, MM. Pierson relient directement leurs moteurs aux dynamos par un accouplement Raffard qui leur donne toute satisfaction.

Ceci me permettra de parler du gazogène, qui occupe tout spécialement MM. Pierson depuis ces derniers temps. Deux gazogènes de 350 chevaux chacun viennent d'être installés à l'usine de Dion-Bouton, à Puteaux. Petits et grands sont compris avec les deux mêmes

1. *Revue de Mécanique,* novembre 1899, p. 589; janvier, mars, avril, juillet, août 1900, p. 130, 389, 512, 129, 263.
2. *Revue de Mécanique,* août 1900, p. 258.

Plan général

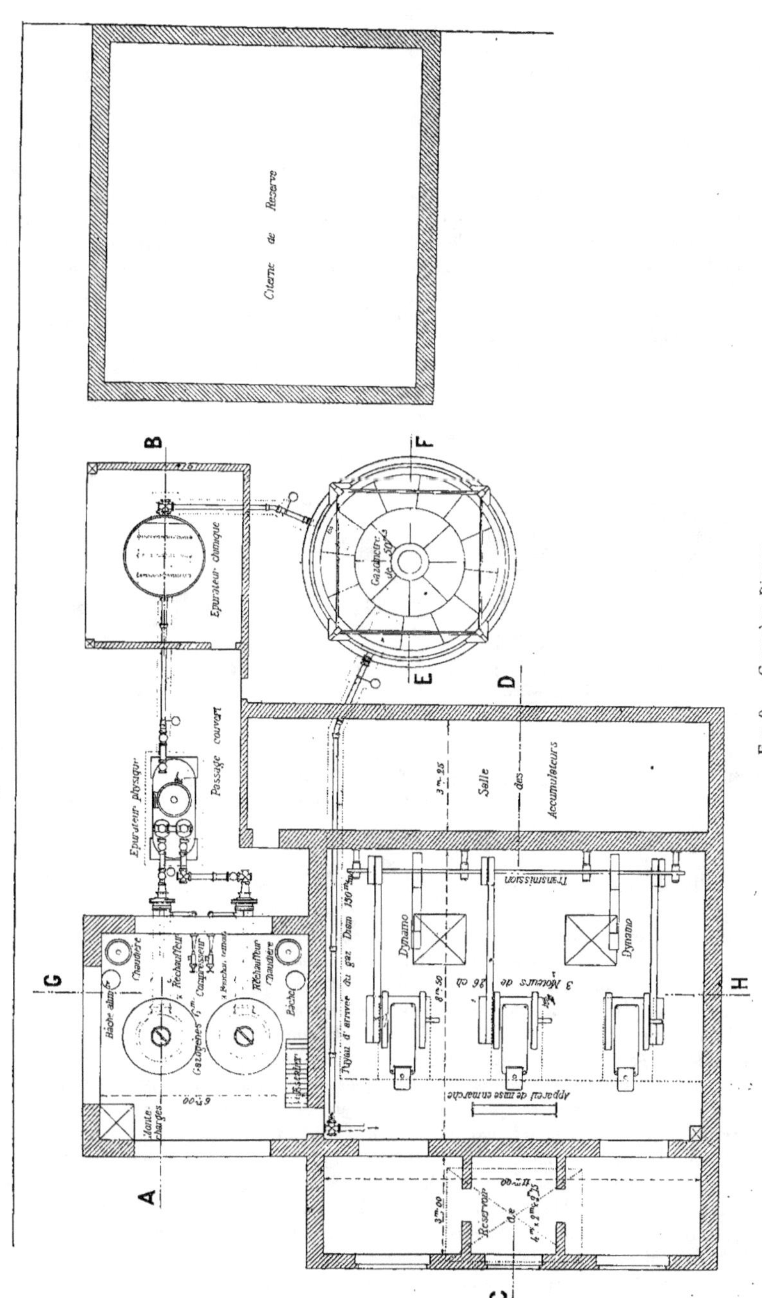

Fig. 9. — Gazogène Pierson.

principes : épuration physique et chimique complète, abaissement absolu de la températu-
ture des gaz avant l'accès aux moteurs.

La fig. 8 donne une coupe d'un gazogène Pierson. L'air et la vapeur d'eau pénètrent
dans la chambre extérieure BB, où ils s'échauffent à 180° environ au contact des parois
par la chaleur perdue par le foyer. MM. Pierson pensent que c'est une économie de chaleur
perdue et que le matelas d'air protège le gazogène. Si l'un était vrai l'autre serait inexact
et il conviendrait mieux il semble, en théorie, d'utiliser seulement les chaleurs perdues
des gaz sortant du générateur et de protéger mieux les parois du gazogène. Mais, en
pratique, les échanges de chaleur de gaz à gaz sont difficiles et l'appareil marche fort bien
ainsi. D'ailleurs la figure montre que les gaz entrants circulent autour des gaz sortants,
où ils atteignent déjà 75° ; cette chambre B est limitée par une paroi A, enveloppe démontable par panneaux, avec soufflet de dilatation en haut et regards.

L'air et la vapeur traversent la grille E que l'on peut décrasser par les portes GG et
se transforment dans le combustible. Le charbon est introduit par la trémie F, à clapet et

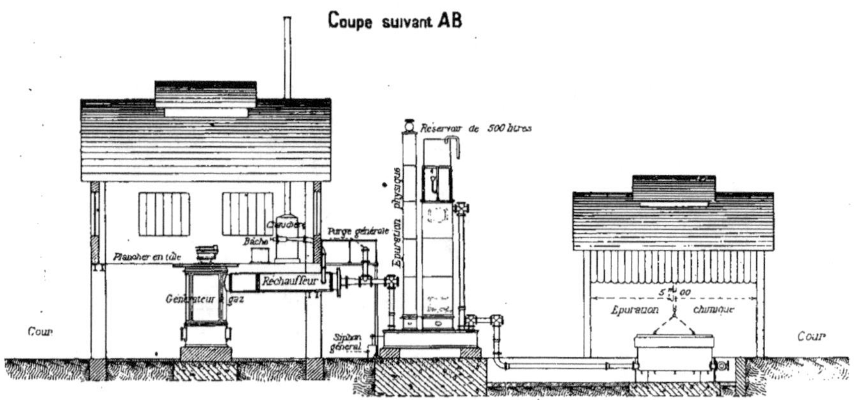

Fig. 10.

à couvercle, dans le foyer formé par la chemise réfractaire C, et où un ringard qui peut
être introduit par un procédé fort ingénieux, permet de faire écouler le charbon en cas de
nécessité. La combustion atteint des températures très élevées près de la grille mais,
comme dans tous les gazogènes, les gaz se refroidissent en se carburant dans la partie
supérieure du charbon et sortent seulement à 450° environ.

Deux gazogènes semblables sont visibles côte à côte sur le plan d'ensemble, dessin
n° 9 ; les dessins suivants n°s 10, 11, 12 montrent les épurateurs physiques à coke avec filet
d'eau, assez larges de section pour que les gaz circulent au maximum à la vitesse de
1 mètre 50, et ensuite les épurateurs chimiques destinés surtout à retenir l'hydrogène
sulfuré dont l'effet est si pernicieux sur les moteurs. Les gaz vont enfin à la cloche où ils
s'accumulent. Évidemment, ce luxe d'épurateurs rend l'installation plus onéreuse et plus
encombrante, mais il donne toute sécurité pour la bonne marche du moteur en supprimant tout danger d'encrassement du cylindre et des soupapes. En outre, et ceci est capital,
il permet l'emploi des houilles maigres des divers bassins houilliers et n'astreint pas
l'usage à l'emploi des anthracites anglais dont le prix élevé compense en partie l'économie
de l'appareil. MM. Pierson estiment la dépense par cheval-heure à 650 grammes. Le plan
d'ensemble montre encore la grande longueur des réchauffeurs, la disposition des chau-

dières ; celle d'un plancher supérieur où sont logées ces chaudières et qui permet la charge facile des gazogènes ; enfin, l'installation des 3 moteurs de 26 chevaux chacun.

Cette installation, très étudiée et très soignée, me semble particulièrement typique. L'influence du praticien y est prépondérante et certaines idées chères à d'autres y sont sacrifiées. C'est ainsi que les gaz font un trajet considérable du gazogène au moteur avec une perte de charge évidente et que l'installation est certainement fort onéreuse. Mais ce n'est que de l'argent bien placé, certains de ces gazogènes fonctionnent, paraît-il, plusieurs

Coupe suivant CDEF

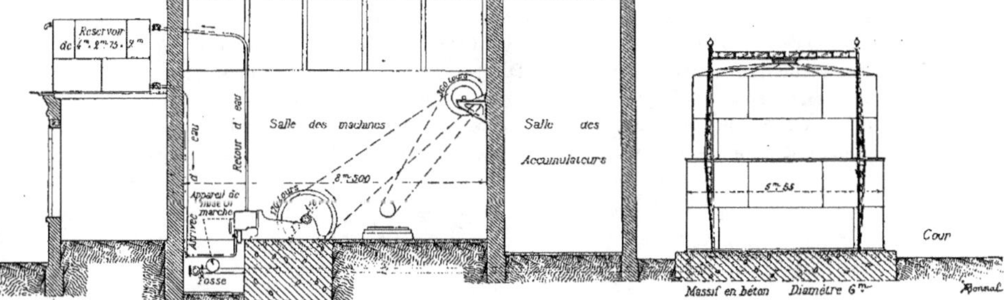

FIG. 11.

mois sans arrêt nécessaire. Un jeu de manomètres tient d'ailleurs au courant du moindre encombrement qui pourrait se produire dans la circulation et la multiplicité des machines : trois moteurs et deux gazogènes pour 75 chevaux, permettrait en cas d'accident, surtout grâce au gazomètre, de remédier sans causer aucun embarras et aucun arrêt de marche.

Coupe suivant GH

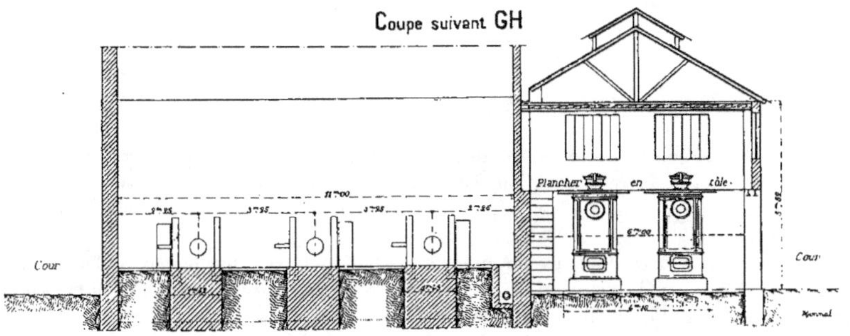

FIG. 12.

A noter, comme document pour le débat ouvert sur la préférence à accorder aux puissants moteurs monocylindriques, cette installation toute récente (juin 1900) où, pour 75 chevaux, l'on emploie trois moteurs de 25 et deux gazogènes.

Des essais sur un gazogène Pierson montrent une constance remarquable dans le pouvoir calorimétrique du gaz pauvre. Le chiffre moyen obtenu était 1.310 calories, chiffre indiqué peut être un peu faible par calorimètre Junkers. Ce gaz était obtenu au moyen du charbon maigre « Braisette La Grange », d'Anzin qui contenait 8 à 10 p. 100 de cendres et 9 à 10 p. 100 de matières volatiles. Les écarts à plusieurs heures d'intervalle n'atteignent pas 15 calories.

MM. Roux frères. — Moteur Tangye.

Les moteurs Niel et Crossley sont des moteurs Otto sans différence caractéristique. On trouve un perfectionnement très intéressant dans les moteurs qu'exposent MM. *Roux frères*, au Champ-de-Mars et à Vincennes, provenant de la *Maison Tangye*, de Birmingham, moteurs à pétrole et moteurs à gaz.

Les moteurs à pétrole sont les modèles déjà connus, auxquels seulement une transformation de construction va assurer la rigidité et l'étanchéité. Le cylindre et la culasse ainsi que ceux des nouveaux moteurs à gaz vont être fondus d'une seule pièce, une chemise intérieure recouvrant la partie frottante[1]. Dans ce moteur, on peut remarquer les brûleurs très ingénieux formant éolipyle, le réservoir de pétrole où le niveau est maintenu constant par un procédé analogue au réservoir des oiseaux, sorte de cloche où l'air rentre par un orifice pour maintenir le niveau au fur et à mesure. Le pétrole sortant du réservoir vient

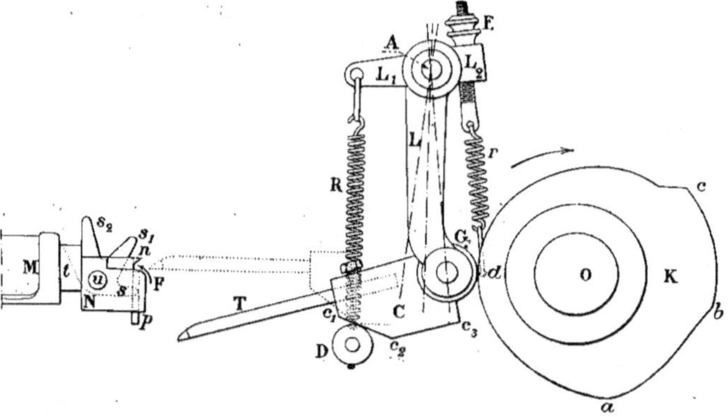

Fig. 13.

tomber goutte à goutte sur le siège de la soupape où il se vaporise. La combustion semble excellente et la régularisation, commandée par une lame flexible pour les petits moteurs et par un régulateur à boules pour ceux de haute puissance, se fait par l'échappement ouvert.

Les moteurs à gaz du nouveau modèle sont d'un type sensiblement différent. Ce n'est d'abord pas par l'échappement que se fait la régularisation mais par l'admission, procédé tout ou rien. Le moteur est du type Otto ; mais la maison Tangye, par un procédé assez nouveau, fort heureux est très ingénieux a cherché à réaliser une économie de rendement dont voici le principe :

La proportion d'air et de gaz nécessaire a une combustion rapide et complète, qui seule assure un bon rendement, est bien déterminée pour un moteur en régime permanent de pleine charge, mais cette proportion doit varier dans le cylindre lorsqu'à charge réduite l'admission a été suspendue. Le cylindre est en effet refroidi et demanderait une proportion de gaz plus élevée, et, d'autre part, au contraire, l'air est venu balayer les gaz brûlés et cette proportion est en général plus restreinte. Il faut évaluer de 20 à 25 p 100 la proportion habituelle des gaz brûlés résiduaires. Il serait donc fort judicieux d'augmenter

1. *Revue de Mécanique*, août 1899, p. 230.

la quantité des gaz combustibles introduite d'au moins cette quantité pour l'explosion qui succède à une suspension d'admission.

Pour y parvenir, une cale vient se fixer automatiquement chaque fois qu'il y a course double du piston sans explosion, derrière la tige de la soupape d'admission et se trouve ainsi allonger la levée de cette soupape, quand agit la came de la distribution. Le procédé

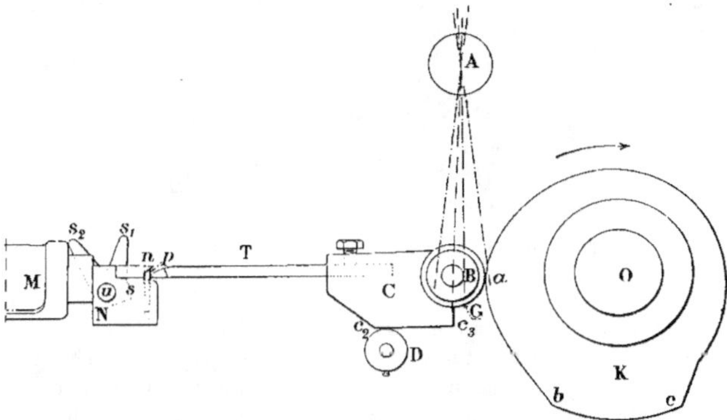

Fig. 14. — Moteur *Tangye*. Détail du réglage.

est différent suivant que le moteur marche avec un régulateur à boules ou pour les plus petits moteurs un régulateur à lame lancée d'une impulsion différente suivant la vitesse à chaque tour.

Dans le premier cas *abcd* est (fig. 13), la came qui agit sur le galet B et entraîne

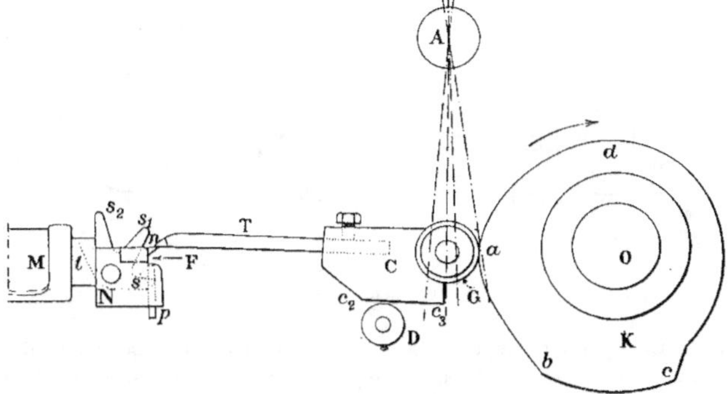

Fig. 15. — Moteur *Tangye*. Détail du réglage ; passage à vide.

la pièce C portant la butée T, fixée par une vis de réglage et oscillant autour de l'axe A, rappelée par les ressorts R et *r*, qui agissent sur les leviers LL, et dont le dernier est réglable par le double écrou E.

En marche normale, la pièce T viendra buter dans l'encoche *n*. Quand, au contraire, entraîné par sa force vive T se soulèvera, trop chassé par la vitesse trop grande du moteur, et passera au-dessus de la dent *n*, ainsi que l'indique la fig. 15, il butera sur le levier s_1 le fera tourner autour de son axe *u*, et ce mouvement fera monter la clavette *p*.

A l'oscillation suivante, T viendra-t-il de nouveau s'engager dans l'encoche n, la clavette p viendra alors en quelque sorte allonger de son épaisseur la course que la pièce C, guidée par le galet D sur lequel elle glisse, fait sous l'impulsion de la came $b\,c$, ainsi que le montrent les fig. 14 et 17.

Quand la tige de la soupape d'admission est aussi entraînée par la butée T, le levier S_1S_2s appuie sur le manchon M de la soupape (fig. 14) par son bras S_2 et il est facile de voir, aux figures successives, que le levier reprend sous cette influence la position qu'il avait dans la fig. 13. Mais la clavette p, pressée entre N et T, ne redescendra prendre sa position

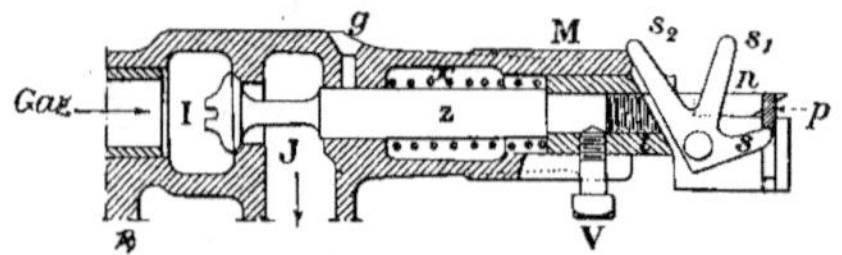

FIG. 16. — Moteur *Tangye*. Détail de la soupape d'admission.

initiale que lorsque la butée T l'aura abandonnée à la fin de l'admission figurée en fig. 17.

En résumé, le mouvement même qui entraîne T au-dessus de N place la clavette p en bonne position pour allonger la poussée de T sur la soupape, cette clavette p n'agit qu'une fois et retombe jusqu'à ce qu'un nouveau refus d'admission la mette en jeu.

Quand le régulateur est à boules, pour les moteurs plus puissants le dispositif est un peu différent.

Le levier L (fig. 18) sur lequel agit la came K par le galet d porte le couteau c qui doit venir s'engager dans l'encoche de la pièce G afin de soulever la soupape. Le régula-

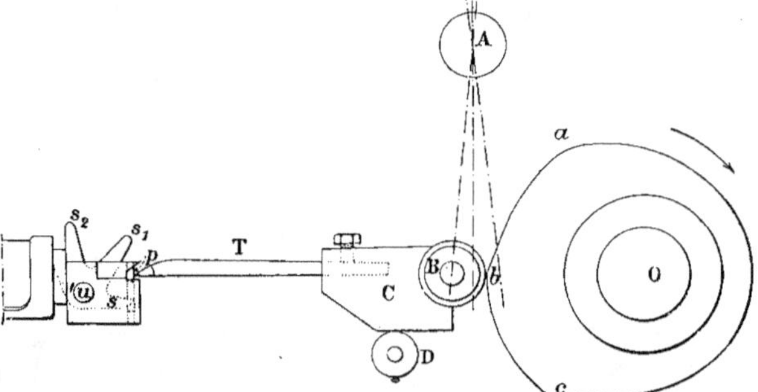

FIG. 17. — Moteur *Tangye*. Détail du réglage. Fin de l'admission.

teur agit par la tige t qui présente C soit devant G, soit au-dessous quand la vitesse dépasse le régime. Une pièce B, mobile autour d'un axe solidaire du levier L, taillée de façon à ce que sa surface supérieure s'appuie d'une part sur le support D du couteau c, porte d'autre part et fait glisser dans une rainure la clavette A, qui vient en ce cas se placer derrière le couteau C. La clavette A, qui joue ainsi le rôle de la clavette p dans les dessins précédents, dépend ici du levier au lieu de dépendre de la soupape. Quand la tige t s'abaisse pour un passage à vide, B, poussé par D, pivote et met en position derrière le couteau la clavette A (fig. 19). Le couteau C est bien entraîné (fig. 20), mais ne vient pas rencontrer l'encoche de la tige G de la soupape, et la pièce B ne vient pas buter en F. Au contraire, à l'oscillation suivante, quand t a ramené le couteau C à la position active, il imprime à la soupape une levée d'autant plus puissante que A l'a prolongé de son épaisseur;

mais B bute en F, fig. 21, A reprend sa position première (fig. 21 *bis*) et, après le contact,
B non maintenu retombe en la position fig. 18.

L'idée est nouvelle je crois, le dispositif est fort ingénieux. Cette invention ne peut
être que favorable au rendement dont l'amélioration exige toujours que les mélanges
explosifs soient aussi riches que possible, et deux diagrammes qui m'ont été communiqués,
que je reproduis en fig. 22, montrent bien ce qui se produit après un passage à vide avec
ou sans l'usage de cette clavette *p* ou A. C'est d'ailleurs bien vraisemblablement en voyant
l'influence de passage à vide sur le diagramme suivant que cette idée heureuse est venue
perfectionner le moteur Tangye, dont les rendements que l'on m'a indiqués sont excellents.

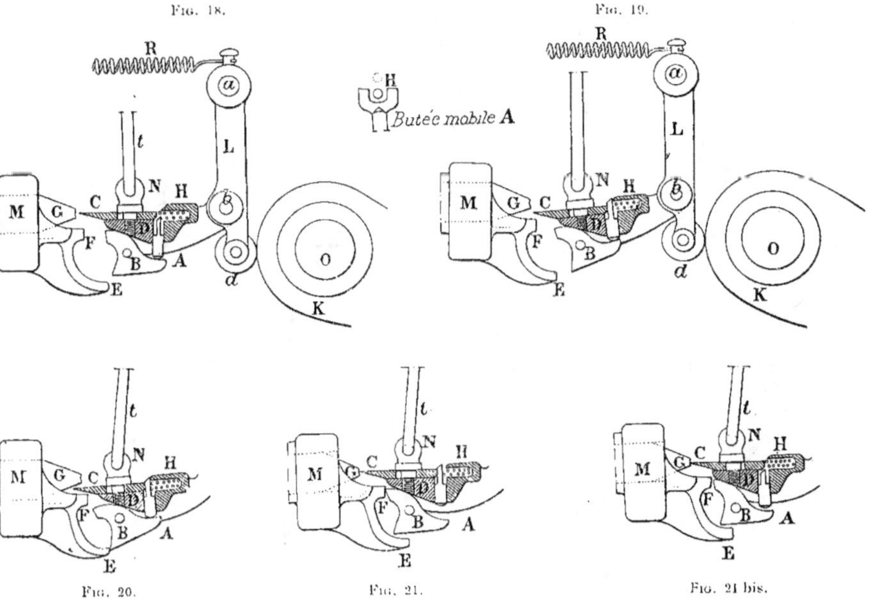

FIG. 18 à 21 *bis*. — Moteur *Tangye*. Réglage par régulateur à boules.

La seule critique que ce dispositif pourrait m'amener à formuler c'est la crainte qu'il
ne nuise à la régularité de marche en entraînant des explosions plus violentes aux périodes
où la puissance décroît. Mais le mal est facile à réparer avec des volants ou des accouplements suffisants.

Le moteur Tangye présente encore divers perfectionnements ingénieux. J'en citerai
un relatif à la mise en marche et à l'allumage. La mise en marche, pour les moteurs puissants, se fait au moyen d'une pompe comprimant le mélange détonant derrière le piston.
Quand le moteur dépasse 60 chevaux, on comprime dans un réservoir spécial que l'on met
en communication avec le fond du cylindre. L'on peut même alors, avec une butée spéciale,
bloquer la soupape d'allumage, qui se débloquera automatiquement par le mouvement de
l'arbre auxiliaire de transmission dès que le piston sera mis en route sous l'influence de
la pression du mélange réservé; l'explosion ne se produira alors, et c'est fort important,
que lorsque l'inertie des organes sera en partie vaincue. Elle sera moins brutale. Dans ce

cas de mise en marche il serait à craindre que les gaz moins comprimés qu'en marche normale ne pénètrent pas suffisamment loin dans le tube d'inflammation pour atteindre le point spécialement chauffé pour produire l'allumage. La maison Tangye y a remédié en permettant par une vis A fig. 23 de modifier le volume de la chambre qui fait suite au tube d'inflammation.

Le tube 4 est chauffé spécialement sur une très faible hauteur et tout autour par les gaz d'un bunsen qui arrivent en 7 et sont projetés sur le tube par les orifices radiants 8.

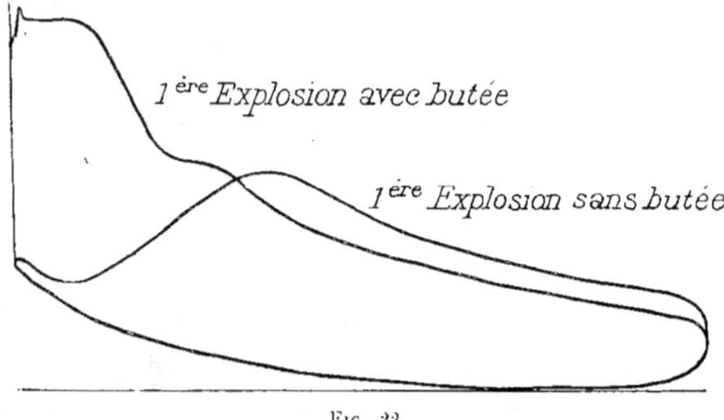

Fig. 22.

Les gaz de la chambre d'explosion du cylindre pénètrent dans le tube 4 par l'orifice 2 percé dans la pièce 1 qui supporte le tube et y est jointe par des rondelles d'amiante. L'autre extrémité du tube 4 est jointe de même manière à une rondelle en fonte 5, percée

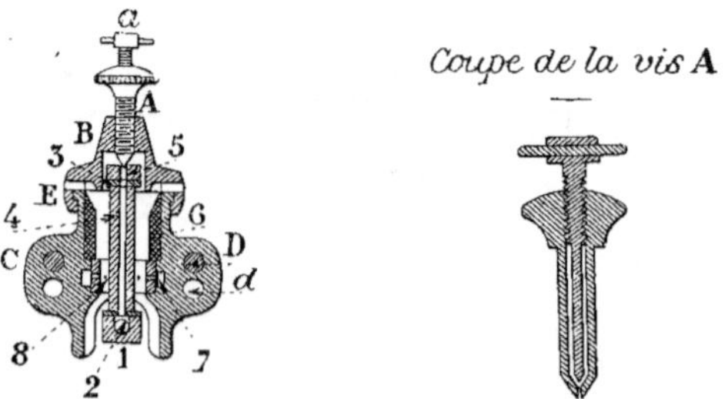

Fig. 23. — Moteur *Tangye*. Allumage et mise en train.

d'un petit canal aboutissant à la vis creuse A, qui maintient ainsi en place le tube 4. Dans A, se visse un piston a, qui permet de faire varier le volume intérieur de A. Tout le système est maintenu par une cheminée C et un chapeau B. L'inflammation dépend de l'arrivée des gaz combustibles à la partie spécialement chauffée du tube d'allumage. On comprend que suivant la compression elle dépende de la position du piston a, c'est-à-dire du volume disponible dans la vis creuse A. On dévissera donc a quand on voudra mettre en marche pour que l'allumage puisse se faire à une pression réduite.

Pour régler la machine, il est d'ailleurs facile de varier la position de l'anneau chauffé du tube d'allumage. C'est à cet effet que l'on a prévu deux positions D et d pour les boulons d'attache au cylindre de la cheminée C; de même l'anneau 8 a ses orifices à une hauteur non symétrique, de sorte qu'en retournant cet anneau on pourrait aussi modifier la position de la couronne d'allumage. Enfin, on peut aussi modifier la position de la conduite d'amenée 2.

La « *National Gas Engine Company* L^d » expose des moteurs système *Otto*, fort bien construits et présentant des perfectionnements intéressants. Le cylindre est muni d'une chemise en métal dur, le régulateur à boules agit par tout ou rien sur l'admission, les soupapes sont rendues d'un nettoyage facile. Ceci est courant.

L'allumage a été particulièrement étudié pour que le tube soit maintenu incandescent avec une petite dépense de gaz et ne se rompe pas. La cause la plus fréquente est la différence de température des extrémités généralement froides du tube et de la partie chauffée. Pour y remédier le tube est disposé de façon à être isolé du métal froid. En outre l'allumage est disposé sur le côté du cylindre au lieu d'être sur le fond, comme généralement. Les gaz moins près des parois froides semblent s'allumer mieux. Je ne décrirai pas d'autres dispositifs brevetés intéressants relatifs à l'assemblage du piston et de la bielle et et au graissage du tourillon de la manivelle où l'huile, entraînée par la rotation de la manivelle, parvient par sa propre force centrifuge.

MM. *Cundall and Sons* sont représentés à Paris par M. Birch qui expose divers moteurs à pétrole. La maison garantit une consommation maxima de un demi-litre de pétrole par cheval effectif, et construit des moteurs de $\frac{1}{2}$ à 200 chevaux. Il semble que ce bon rendement soit dû à la bonne carburation du pétrole qui est envoyé au carburateur par une pompe sous l'influence du régulateur.

MM. *Emile Salmson et Cie* présentent les moteurs à gaz et à pétrole *Dudbridge*. Ce sont des moteurs *Otto*, à régularisation tout ou rien, se faisant par un régulateur à boules. La construction en est simple et soignée, le cylindre est muni d'une chemise intérieure, les soupapes, qui aboutissent directement au cylindre, sont d'un accès facile, et l'allumage se fait par incandescence, avec ou sans valve suivant la puissance.

Les moteurs à pétrole sont au contraire régularisés par la variation des injections du pétrole au vaporisateur. Celui-ci est chauffé par les gaz brûlés de la lampe qui entretient le tube d'allumage.

M. de Faramond de Lafajole. -- Moteur Priestman.

Je signale ici le moteur *Priestman* dont le Concessionanire en France est M. *de Faramond de Lafajole*. C'est pour ne pas le séparer des moteurs anglais, avec lesquels il est exposé et présente des points de ressemblance.

Ce n'est cependant pas du tout un moteur genre Otto. Il présente des différences caractéristiques sur lesquelles je n'insisterai pas parce que le moteur est connu depuis longtemps.

M. de Faramond de Lafajole expose les deux types bien différents, que représentent les figures 25 et 26. L'un est un type de moteur d'atelier ou de ferme. L'autre est applicable et appliqué à la navigation. Les qualités du moteur se présentent particulièrement bien pour cet emploi

On peut en effet, dans ce moteur, varier la vitesse en agissant sur l'avance de l'allumage et sur le régulateur. Celui-ci a une action particulièrement douce. Il règle le volume du mélange introduit, sans faire varier sa composition, et par suite en modifiant uniquement la compression initiale.

Enfin, dans ce moteur se trouve déjà l'idée qui deviendra l'idée maîtresse du moteur Banki. Une injection d'eau pulvérisée, en très petite quantité, est faite après chaque explosion, et vient rafraîchir le cylindre en donnant ensuite de la vapeur qui vient s'échauffer, se tendre et se détendre pendant les phases de l'explosion [1].

Fig. 25. — Moteur *Priestman*.

Il reste encore dans la section anglaise à signaler toute une série de moteurs genre *Otto*, notamment la très brillante exposition tant au Champ-de-Mars qu'à Vincennes des

Fig. 26. — Moteur *Priestman* actionnant une hélice.

moteurs *Campbell* dont les agents généraux pour la France sont MM. *Caramija frères*. On a déjà signalé dans plusieurs publications les dispositions ingénieuses de la soupape d'admission et du vaporisateur à pétrole de leur nouveau type de moteur à pétrole dont je donne fig. 29 une vue d'ensemble [2].

MM. *R. Wallut et C*[ie] exposent de même les moteurs *Hornsby-Akroyd* bien connus.

1. *Revue de Mécanique*, octobre 1898, p. 449.
2. *Revue de Mécanique*, juillet 1900, p. 130.

Les moteurs à gaz et à pétrole système *Robey et C*^{ie} représentés par M. *William Mason* présentent aussi quelques perfectionnements de détail. On y remarque l'action

Fig. 29. — Moteur à pétrole *Campbell*.

immédiate du régulateur dont la masse est directement reliée par un levier à un galet mobile. Ce galet, qui est monté sur le levier commandant la soupape d'admission du gaz, passe ainsi sur la came correspondante, ou y échappe suivant la position du régulateur.

Enfin je quitterai la section anglaise en signalant les moteurs *Dougill* représentés par M. *Duncan*, et ceux de MM. *Blakstone and C°* [1].

Compagnie des moteurs universels. — Moteurs Grob.

La maison *Grob et C°* expose les petits moteurs à pétrole et à gaz qui lui ont valu son succès habituel. Elle fabrique depuis peu un modèle de moteur à pétrole nouveau, où la carburation est singulièrement bien étudiée. Les résultats viennent à l'appui de l'idée que la carburation doit être faite à chaud. On m'assure que le premier moteur livré tout récemment de ce type nouveau a donné une consommation par cheval-heure de

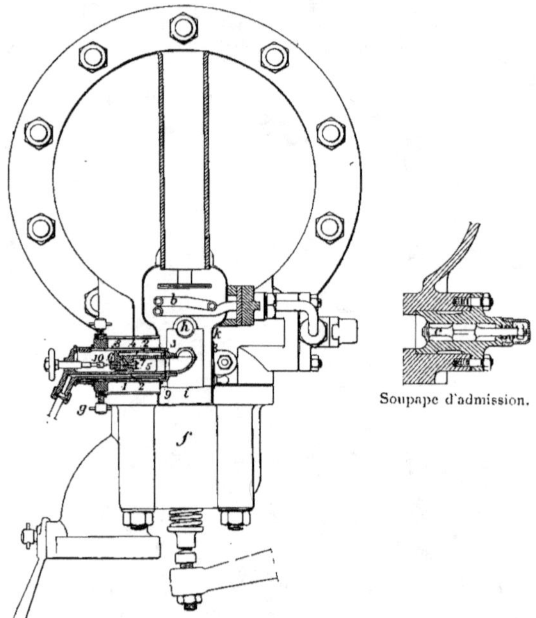

Fig. 30. — Moteur *Grob*. Distribution.

252 grammes de pétrole, ce qui serait fort remarquable. Il s'agit du cheval indiqué, certainement.

Les figures 30, 31 montrent la distribution singulière et originale de ce moteur. L'air arrive dans le cylindre par la soupape *f*, *p* est le levier qui la fera ouvrir sous l'influence d'une came. On voit aussi, dans la fig. 31, le levier *n*, qui actionne la soupape d'échappement. L'air qui doit entraîner le pétrole est, au préalable, comprimé par une pompe non figurée, dans un réservoir compris dans le bâti. Il est comprimé entre 4 et 6 atmosphères. Les flèches montrent l'air venant du compresseur et aboutissant en G. Le pétrole est lui-même fourni par une pompe *d*. Cette pompe est actionnée par le levier H au moyen du couteau C, sous l'influence du régulateur qui règle par tout ou rien. La pompe *d* peut, au moyen d'une vis, se soulever ou s'abaisser afin que le piston plongeur agisse d'une course

1. *Revue de Mécanique*, mars 1897, p. 272.

plus ou moins longue, la course de C se trouvant toujours la même, mais sa période d'action étant allongée ou raccourcie.

Le pétrole est ainsi conduit par *s* et en suivant la flèche en *e*. Là se trouve une sorte de Giffard, et, quand la soupape G d'admission d'air est soulevée par l'action du levier F agissant sur sa tige *a*, un vif courant d'air comprimé suit la flèche et vient rencontrer

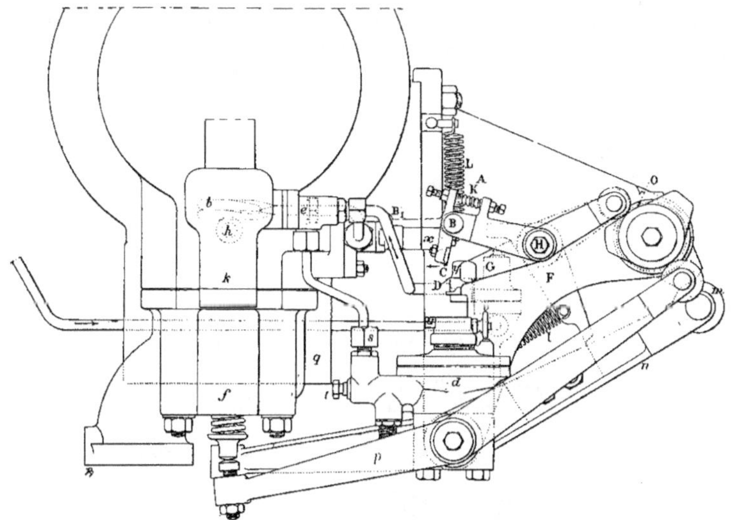

Fig. 31. — Moteur *Grob*. Distribution.

l'ajutage de pétrole en *e*. Celui-ci est finement pulvérisé, entraîné dans un serpentin figuré en *b*, et chauffé par les chaleurs perdues de la lampe *g*, qui chauffe le tube d'allumage *h*; puis air et vapeur de pétrole aboutissent à la soupape automatique d'admission *c* figurée à part.

On comprend qu'à l'admission, commandée par une came, l'air libre pénètre dans le

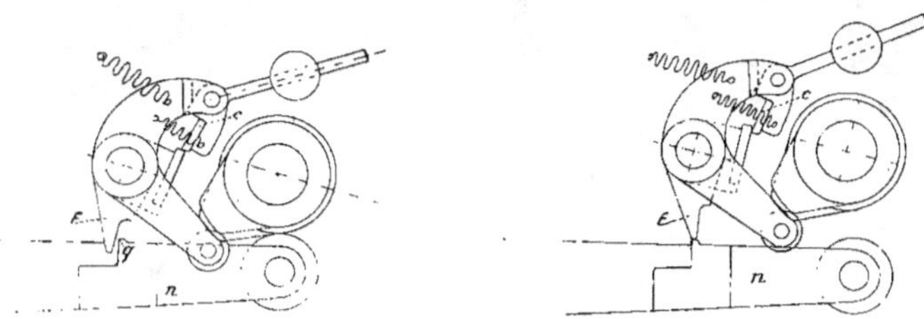

Fig. 32 et 33. — Moteur *Grob*. Régulateur.

cylindre. Dès que l'air comprimé peut pénétrer, il s'y précipite avec une grande vitesse et le mélange qu'il forme déjà avec les poussières et vapeurs de pétrole se délaye dans la masse, que l'énergie cinétique des gaz brasse vigoureusement.

Les détails, lampes, pompes de compression du pétrole, etc., sont intéressants à examiner. Cela m'entraînerait bien loin, je signalerai seulement le régulateur.

Les fig. 32, 33, 34, 35, en montrent le principe et dessinent avec une variante de forme le levier B et son couteau c, le levier F et le doigt qui le termine.

Le principe est qu'en marche normale le couteau c (fig. 32) vienne buter contre la tige de la pompe à pétrole de façon à lui donner une impulsion et que F ne rencontre pas la butée q du levier n. Quand, au contraire, il convient de marcher à vide, la vitesse augmentant, on voit facilement que le régulateur, animé d'un mouvement presque isochrone, est trop lent dans sa marche (fig. 35) ; il viendra buter en q et empêcher ainsi l'échappe-

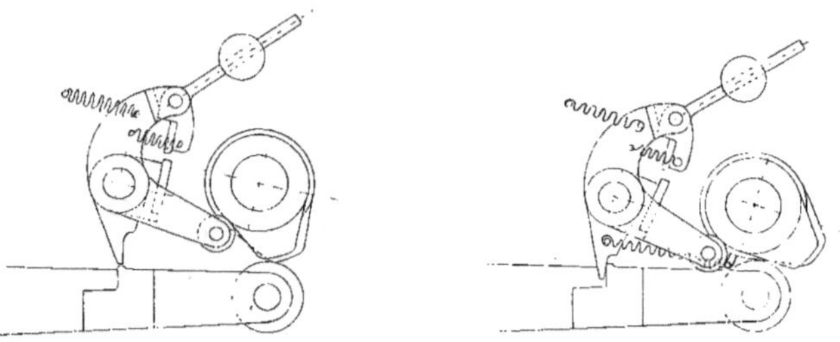

Fig. 34 et 35. — Moteur *Grob*. Régulateur.

ment de se fermer, tandis que c (fig. 33) manquera la touche correspondante et qu'il n'y aura pas de pétrole pompé. La fig. 34 montre le régulateur dans sa course en marche à pleine charge.

C'est un ingénieux régulateur à pièce lancée qui diffère des autres en ce qu'il est

Fig. 36. — Palier *Grob*.

disposé pour produire deux effets ensemble par un procédé bien simple. En outre, au lieu de dépasser le but, comme le font généralement ses pareils, c'est au retour qu'il agit par son retard, agissant comme un pendule.

Je signalerai encore les paliers de l'arbre de couche. La fig. 36 montre un palier ordinaire de transmission du même système. Il est formé de deux coussinets dans lesquels des rainures obliques permettent à l'huile de s'étendre. L'huile y est amenée par des couronnes cannelées qui sont entraînées par l'arbre lui-même sur lequel elles frottent par le haut. Elles sont logées par un canal ménagé dans le palier et traversant, grâce à leur diamètre plus grand que celui de l'arbre, le coussinet inférieur, allant ainsi se tremper dans l'huile que contient une monture à section ellipsoïdale, formant en ce cas réservoir, et soutenant et réunissant les deux coussinets.

Tout le système, au lieu d'être boulonné en place, est réuni par deux pivots diamétralement opposés à un anneau en fonte solidaire d'une chaise, ou lui-même boulonné là où il convient, de telle sorte que de légers déplacements du palier autour de l'axe commun de ces deux pivots peuvent se faire sans frottements de l'arbre contre le palier, ce qui est très avantageux là où une machine peut donner un mouvement conique à l'arbre.

Parmi les moteurs genre *Otto* exposés encore dans les sections étrangères sont ceux de la maison *Kœrting*, bien connus et très appréciés et ceux de la *Société anonyme d'Élec-*

FIG. 37. — Moteur à gaz de la *Société Anonyme d'Électricité et de Constructions mécaniques* de Bruxelles.

tricité et de Constructions mécaniques de Bruxelles, dont la fig. 37 montre bien les dispositions essentielles, puis un moteur russe de MM. *Bromley frères* de Moscou, moteur vertical de huit chevaux singulièrement massif pour une puissance aussi réduite.

La maison *Martini et Cⁱᵉ*, représentée par M. *Hohenhausen*, fait aussi une exposition intéressante à Vincennes, ainsi que Messieurs *J. et C. G. Bolinders*, de Stockholm, qui exposent au Champ-de-Mars.

Dans les moteurs de la section française, beaucoup sont aussi fort connus, et je ne m'attarderai pas sur leur description, qui ne présenterait pas de nouveauté.

C'est ainsi que la maison *Brulé et Cie* expose les moteurs *Koerting* et un moteur *Roser* de vingt chevaux, dont je parlerai plus loin.

MM. *A. Lacroix et Cie*, de Caen, exposent leurs moteurs à pétrole et à gaz et un moteur à air chaud pour l'élévation de l'eau. Le pétrole s'enflamme dans le vaporisateur qui est maintenu à température suffisante et n'a besoin d'être chauffé qu'à la mise en marche. Le régulateur est dans le volant et agit très simplement sur l'admission. Enfin ces moteurs très robustes fonctionnent aussi fort bien alimentés à l'alcool.

MM. Brouhot et **C**^ie

MM. *Brouhot et Cie*, constructeurs à Vierzon, exposent au Champ-de-Mars et à Vincennes les moteurs habituels de leur fabrication, moteurs dont la construction est fort simple et le nombre des pièces aussi réduit que possible, aussi les moteurs de cette maison se remarquent-ils par leur robustesse et leur sécurité.

Fig. 38. — Moteur *Brouhot* type léger.

Un petit moteur original est le moteur dit type léger (fig. 38) entièrement enveloppé d'un carter, moteur horizontal dont tous les organes sont protégés. Ce sont là de grandes qualités pour de petits moteurs à pétrole appelés à fonctionner sans surveillance.

MM. *Merlin et Cie*, également de Vierzon [1], n'ont pas apporté non plus de perfectionnements importants à leurs moteurs.

Ces deux maisons travaillent beaucoup pour l'agriculture, et il y a longtemps que les desiderata sont satisfaits. Toute modification qui améliorerait le fonctionnement au détriment de la simplicité et de la sécurité serait funeste pour une clientèle semblable.

Je signalerai encore, dans les moteurs fixes genre *Otto* de la section française, les moteurs *Gnome*, exposés par MM. *Thevenin frères, L. Séguin et Cie*, moteurs à gaz très ramassés, bien protégés et fort robustes. Ils sont très avantageusement connus.

Il en est de même du moteur *Le Champion* de MM. *Galoin et Marc* de Lille, et du moteur *Le Rationnel* construit et exposé par M. *A. Dolizy*.

M. Henri Rouart.

La maison *Henri Rouart* mérite une mention spéciale à cause de son ancienneté. Elle est restée fidèle au moteur *Lenoir* qui, d'ailleurs, a été modifié de jour en jour de telle

---

1. *Revue de Mécanique*, novembre 1897, p. 1062.

façon qu'il ne ressemble plus du tout au type primitif de 1883, et qu'il n'a plus ni chambres de compression avec ailettes et faisant volant de chaleur, ni l'allumage électrique qui est remplacé par des tubes incandescents.

De même, la maison *Rouart* construit des moteurs à essence spécialement pour l'agriculture et la navigation.

Enfin elle construit de récents moteurs à pétrole où la carburation se fait dans un appareil ingénieux dans lequel le pétrole tombe en cascade sur un coin à rainure et se brasse avec l'air dans un noyau fortement chauffé par les chaleurs perdues de la lampe d'allumage. Dans ces moteurs, le régulateur agit sur l'échappement qui reste ouvert dans les passages à vide.

Sociéte Cockerill. — Moteur Simplex.

Dans la section belge, figure le *moteur Otto* construit par la *maison Fétu Defize*, et le très remarquable moteur *Simplex* de MM. *Delamarre et Debouteville*, construit et exposé par la *Société Cockerill* de *Seraing*.

Ce moteur est celui qui attire le plus le regard à l'Exposition. Je regrette de ne pou-

Fig. 39. — Moteur *Cockerill*.

voir en donner, figure 39, que le dessin d'ensemble. Il est en effet curieux à examiner à plus d'un point.

D'abord ses dimensions sont considérables. Le cylindre a 1 m. 30 de diamètre, le piston 1 m. 40 de course. La bielle a 4 m. 60 de long. L'arbre de couche de 460 millimètres de section, arbre coudé avec manivelle équilibrée par un contre-poids est soutenu par deux paliers et prolongé avec le soutien annexe d'un troisième palier, pour porter un volant de 5 mètres de diamètre et 33 tonnes de poids.

Ce moteur est présenté actionnant directement une machine soufflante dont le cylindre a 1 m. 70 de diamètre. L'ensemble des deux machines représente un encombrement de 11 mètres — 6 mètres — 4 mètres et pèse 160 tonnes. Le moteur a lui seul pèse 127 tonnes.

Le piston de la machine soufflante et du moteur sont montés sur la même tige qui traverse deux stuffing-boxs.

Ce moteur a été construit dans un but spécial, et c'est ce qui le rend tout particulièrement intéressant. On cherchait à l'usine de Seraing à solutionner le problème si actuel de l'emploi des gaz de hauts fourneaux. La grande difficulté semblait être de se préserver des poussières entraînées par les gaz, poussières tellement impalpables que tous les systèmes de filtrage sur du coke mouillé, avec des dépenses considérables d'eau, furent trouvés sinon inutiles, du moins insuffisants. Le cylindre d'un tel moteur est considérable, il fait trois mètres cubes environ, la proportion de gaz introduit est elle-même très élevée. Il utilise en effet du gaz à faible puissance calorifique, d'autant plus faible en somme que le haut-fourneau est meilleur, et on ne se trouve pas dans les conditions du gaz d'éclairage où pour un mètre cube de gaz on emploie 6 mètres d'air. Ici, par cylindrée, il faut prévoir 1 m. 66 de gaz environ.

Si on évalue à 3 grammes par mètre cube la poussière entraînée, et cette proportion est parfois doublée, on aurait ainsi 5 grammes par admission de gaz, soit cent cinquante grammes environ à l'heure ; c'est là une grosse menace.

Elle a été écartée très heureusement. C'est paraît-il grâce aux procédés de refroidissement et aux dispositifs des soupapes, — tout est refroidi par circulation d'eau dans ce beau moteur : le cylindre, — le piston, — la tige du piston, — les soupapes.

Aussi doit-on s'attendre à trouver une forte consommation par les parois, et les chiffres suivants qui résultent d'essais faits par M. Hubert sont concluants.

Chaleur utilisée en travail indiqué.	....	28 p. 100
» perdue aux parois.	....	52 p. 100
» perdue à l'échappement	....	20 p. 100
		100 p. 100.

Ceci comparé à d'autres essais à pleine charge donnerait un rendement en travail effectif d'environ 21 p. 100. — C'est un joli résultat. — Mais on voit, et j'y reviendrai, que le rendement d'une aussi considérable machine ne dépasse pas celui de moteurs plus réduits.

Il y a encore à signaler dans ce moteur, pour lequel je déplore de ne pas avoir pu obtenir de renseignements plus complets, la disposition des soupapes d'admission, et celle adoptée pour la mise en marche.

La compression, grâce au faible pouvoir calorifique des gaz, peut être poussée jusqu'à 9 kg. 5. Dans ces conditions, et avec de grandes soupapes, les effets de l'explosion doivent être prévus. Aussi la soupape d'admission est-elle triple — 2 soupapes donnent chacune accès l'une au gaz, l'autre à l'air dans une chambre commune qui communique par une troisième soupape avec le cylindre. Il est facile de comprendre combien ainsi se trouvent protégées les deux premières soupapes, dont les sections sont proportionnelles aux quantités à introduire d'air et de gaz, et dont le fonctionnement est particulièrement délicat.

D'ailleurs des dispositions analogues semblent aujourd'hui s'imposer dans les grands moteurs. Je me demande si on ne sera pas aussi amené dans les grands moteurs à manœuvrer les soupapes autrement qu'avec des cames qui font supporter des efforts trop considérables à l'arbre de distribution [1].

Pour la mise en marche le volant est actionné par un treuil. On fait déplacer le piston en avant en faisant pénétrer dans le moteur par un dispositif spécial de l'air carburé d'un carburateur Longuemarre, puis, toujours avec le treuil, on produit une compression réduite. L'étincelle enflamme le mélange, et l'impulsion est suffisante pour fournir deux révolutions au bout desquelles une charge explose et le moteur prend ainsi sa vitesse de régime.

---

1. *Revue de Mécanique*, mars 1897, p. 260 et août 1900, p. 263.

Celle-ci oscille entre 80 et 95 tours, suivant la façon dont on fait agir le régulateur.

Le moteur exposé est construit pour fournir 600 chevaux au gaz de hauts fourneaux. Il en fait près de 700 au gaz de ville, avec un seul cylindre.

Le remarquable moteur Cockerill, très admiré et très discuté, soulève une question du plus haut intérêt et fort opportune. Y a-t-il lieu de chercher à construire des moteurs monocylindriques de puissance de plus en plus haute ?

C'est une question difficile sur laquelle Monsieur Witz, dans son rapport au Congrès international de Mécanique appliquée a nettement réservé son avis, et que j'aborderai avec prudence. Je vais cependant chercher à y apporter un peu de lumière.

D'abord, si j'ai posé la question sous cette forme, c'est que c'est de cette manière que je l'ai vu présenter et que le moteur Cockerill se signale à la fois comme monocylindrique et comme puissant moteur. Mais pour la discuter il faut la diviser.

Faut-il rechercher les moteurs monocylindriques pour les hautes puissances ? Il est remarquable que presque tous les moteurs, machines fixes, qui sont exposés sont monocylindriques. Il n'y a guère que les moteurs d'automobile qui soient, eux, presque tous polycylindriques. C'est une réponse de fait. Elle ne me satisfait pas beaucoup. Je vois de grands avantages aux moteurs à plusieurs cylindres. Mais le sujet m'entraînerait hors des limites d'un compte rendu.

Reste donc à examiner s'il y a lieu de chercher à construire des moteurs de très haute puissance et s'il ne convient pas mieux, pour une puissance déterminée, de prendre 2, 3, ou une série d'unités.

La question se présente différemment suivant l'application du moteur. C'est qu'en effet il y a là à considérer le prix de revient relatif à la consommation, à l'entretien, au capital engagé et les convenances des machines commandées. Ainsi, pour le moteur Cockerill, qui actionne directement une soufflerie, y a-t-il peut-être un intérêt capital à ce que le moteur marche à aussi lente allure et cet intérêt prime-t-il tout autre. Aussi je ne parlerai que sous réserves et des installations qui ne présentent pas d'exigences particulières.

La question ne doit pas être considérée de la même manière pour les machines à gaz que pour celles à vapeur. Pour ces dernières, la puissance peut être calculée pour donner le maximum de rendement dans le travail moyen d'un atelier, la machine ayant assez de souplesse pour pouvoir, le cas échéant, actionner simultanément tous les outils à des conditions moins bonnes, mais en travail exceptionnel.

Pour les moteurs à gaz, au contraire, et sauf de rares exceptions aux moteurs à détente variable, le maximum de rendement coïncide avec la marche à pleine charge. Ceci vient déjà contrarier les installations avec un unique moteur. S'il faut 600 chevaux de puissance maxima, et qu'en général la puissance employée n'excède pas 400 chevaux, il est facile de comprendre que trois moteurs, dont deux marcheront presque constamment dans les meilleures conditions, vaudront mieux qu'un. D'ailleurs, l'expérience semble montrer que le rendement ne croît pas indéfiniment avec le diamètre du cylindre et que le maximum est atteint vers 25 à 50 chevaux. La perte aux parois semble devoir être sensiblement la même car si la surface est plus petite proportionnellement au volume pour les gros cylindres, l'allure est plus lente et les gaz sont plus longtemps en contact. D'autre part, il est probable que, dans les grands cylindres, l'explosion se propage moins bien dans la masse gazeuse. Il semble donc que, pour des puissances moyennes, le rendement de plusieurs moteurs accouplés est préférable à celui d'un moteur unique.

Ce qui est plus onéreux, c'est le prix d'achat et les frais d'installation. Un moteur de puissance moyenne coûte beaucoup moins cher que deux ou trois moteurs qui le remplaceraient. Pour une installation à prévoir, il faut en tenir compte, ainsi que de la complication qu'accroît la multiplicité des moteurs et aussi, en sens contraire, de ce fait qu'un accident arrivé à une unité d'un moteur dédoublé ou détriplé est moins grave que l'arrêt total d'un atelier occasionné par une avarie à un moteur unique.

Reste à examiner si, pour les groupes importants, il y a une limite à prévoir à l'importance de l'unité employée. C'est une question d'encombrement et de frais d'installation. Or si le prix ne croît pas aussi vite que proportionnellement à la puissance pour les moteurs moyens, il semble en être tout différemment pour les hautes puissances, où les frais de construction croissent beaucoup plus vite. On pourrait penser que c'est là une question d'outillage, que l'avenir reculera de plus en plus la limite à laquelle aujourd'hui (en ne considérant que le prix d'achat) on doit borner le choix d'une unité. Cela peut être vrai pour les frais de main-d'œuvre. La théorie va montrer que ce n'est pas exact pour la dépense matière.

Je fais appel à la loi de similitude de Joseph Bertrand. Je rappelle que si λ, μ, τ, ψ sont les unités de longueur, de masse, de temps, de force choisies pour construire un moteur semblable à un moteur déterminé, on aura nécessairement :

$$\frac{\mu . \lambda}{\tau^2} = \psi.$$

Deux moteurs semblables de puissance différente se trouveraient actionnés par des gaz aux mêmes pressions spécifiques à un moment donné. Ceci introduit la relation $\frac{\psi}{\lambda^2} = K_1$, K_1 étant une constante.

Cette relation était d'autre part nécessaire et suffisante pour la construction, de même métal, car elle assure les efforts proportionnels aux sections des pièces qui les transmettent.

Si le métal est le même dans les deux cas et a donc la même densité, il s'ensuit la 3ᵉ relation : $\frac{\mu}{\lambda^3} = K_2$, K_2 étant une constante.

On tire de ces 3 relations

$$\frac{\lambda}{\tau} = \sqrt{\frac{K_2}{K_1}} = \text{constante}$$

C'est la vitesse linéaire du piston par exemple qui devra donc être une constante.

La vitesse aérolaire sera $\frac{1}{\lambda}\sqrt{\frac{K_2}{K_1}}$ et sera proportionnelle à $\frac{1}{\lambda}$, tandis que la puissance est proportionnelle à λ^2 et la masse totale et le poids à λ^3. L'encombrement en plan à λ^2. Dans les cas de moteurs semblables, la régularité de marche du volant reste la même.

L'expérience a toujours vérifié la loi de similitude de J. Bertrand. Voyons comment elle peut s'appliquer aux moteurs à gaz.

Supposons des moteurs semblables dont le diamètre du cylindre soit l'unité de longueur, à laquelle toutes les autres dimensions du moteur sont rapportées. J'ai montré que la vitesse aérolaire devait varier comme $\frac{1}{\lambda}$ et la puissance comme λ^2. Je trouve cependant, sur un catalogue de la Compagnie du Gaz, des moteurs du même type variant de 8 à 50 chevaux. La vitesse devrait varier comme les racines de ces nombres du simple au double. Elle varie au contraire de 140 à 165 tours, c'est-à-dire très peu. Il semble y avoir désaccord.

Il n'en est rien, comme je le montrerai plus loin, et il est intéressant de comparer les deux moteurs extrêmes : le plus grand et le plus petit, le moteur Cockerill de 1 m. 40 de course, tournant à 80 tours et le moteur de Dion-Bouton de 0 m. 08, tournant à 1400 tours et de voir, que les produits de ces deux chiffres donnent le même résultat, 112 mètres, vitesse linéaire du piston.

Il faut bien comprendre, que la loi de similitude ne s'applique qu'aux pièces en mouvement ; que rien n'empêche un constructeur de faire des bielles trop épaisses, un volant trop lourd et de faire tourner à 200 tours un moteur de 8 chevaux, alors que son allure normale pourrait atteindre 7 à 800 tours, pour rester dans les conditions de régularité et de

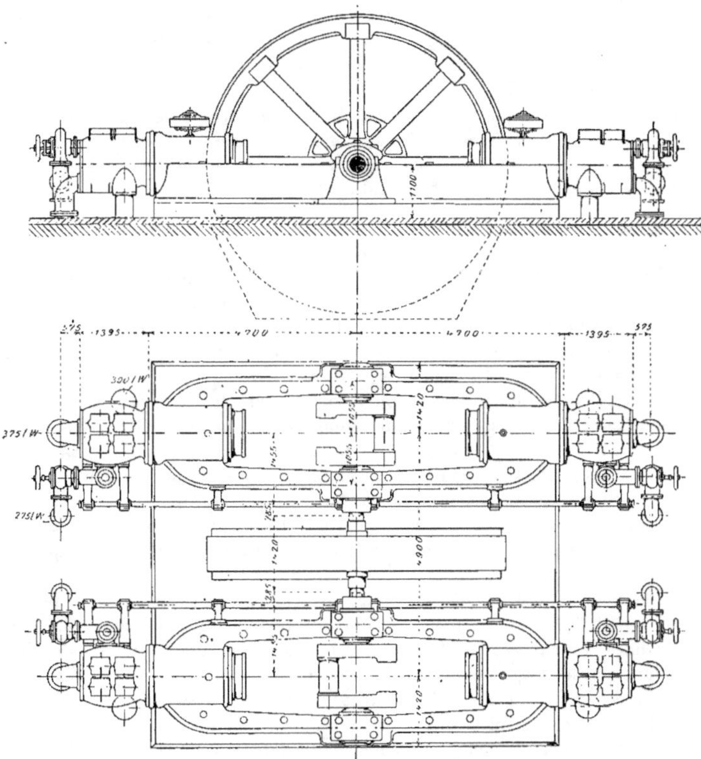

FIG. 10. — Moteur de 1000 chevaux de la *Gasmotoren Fabrik Deutz*.

résistance des organes choisis pour le moteur Cockerill, par exemple. On peut donc réduire la vitesse des petits moteurs. Mais il est impossible de dépasser le maximum de vitesse dans les gros moteurs, on serait obligé de diminuer la masse des pièces mobiles et du volant. Réduire celle des pièces de transmission, ce serait impossible, à cause des efforts qu'elles subissent, celle du volant, cela retirerait au moteur la régularité imposée. La loi, dont on peut s'affranchir pour les petits moteurs, devient donc impérieuse pour les grands et

le poids des pièces mobiles doit croître comme la puissance $\frac{3}{2}$ de la puissance du moteur,

c'est-à-dire sensiblement plus vite. L'encombrement doit croître proportionnellement, la vitesse décroître comme l'inverse de la racine carrée.

Si le poids des pièces mobiles, notamment du volant, croît comme la puissance $\frac{3}{2}$ de la puissance du moteur, celui du bâti doit croître au moins proportionnellement et voici je crois de sérieuses raisons, qui feront réfléchir ceux, qui rêvent d'unité de très haute puissance. Les faits viennent à l'appui. Le moteur Cockerill exposé pèse 130 tonnes. Un moteur Otto de puissance moitié, pèse environ 50 tonnes et le rapport s'écarte peu de $2\frac{3}{4}$ c'est-à-dire, 2,84.

La conclusion semble être, que, sauf des exigences spéciales, il serait fort onéreux de chercher des unités de très hautes puissance en moteur monocylindrique cycle Otto. On pourra y parvenir en moteurs à 2, 3 et 4 cylindres, et encore mieux avec des moteurs à haute pression tels que le Diesel.

Un remarquable exemple en est dans le moteur quadruple que construit la Gasmotoren Fabrik Deutz. La fig. 40 montre les 4 cylindres, opposés deux par deux, de façon que l'équilibre se fasse et qu'un des cylindres soit toujours en activité. Dans ce moteur le volant peut être, ainsi qu'on le voit, considérablement réduit.

Si la loi de similitude, qu'on ne saurait trop souvent invoquer, semble ainsi mettre une limite pour les grandes unités, quelle que soit l'importance du groupe à installer, quelle indication donne-t-elle pour les petits moteurs ?

Suivant la formule, un moteur de quatre chevaux devrait marcher à 1.000 tours, de deux chevaux à 1.500 tours. Les constructeurs se sont complètement écartés de ces vues. Ils ont eu d'excellentes raisons ; les inconvénients inhérents aux moteurs rapides les ont retenus. La nécessité, pour la commande de la plupart des machines, d'employer des démultiplications aurait fortement abaissé le rendement. On a donc construit des moteurs de faible puissance, à allure très réduite. Puis certaines maisons ont construit des moteurs verticaux, à allure plus rapide, le type vertical s'y prêtant mieux. Tous ces moteurs jouissent de qualités précieuses, ils sont robustes et s'accouplent directement aux transmissions. Mais ils ont un encombrement et un poids bien plus considérable qu'il ne leur serait permis.

C'était là, pour les moteurs d'automobiles, deux inconvénients de première importance. Pour y obvier, il fallait créer des moteurs à grande vitesse. La théorie, comme je l'ai montré, indique d'avance les vitesses que l'on ne doit pas dépasser. Pour les atteindre, il a fallu combiner divers procédés, abandonner des volants dont les dimensions étaient irrationnelles, envelopper le mécanisme, baignant dans l'huile, dans un carter ; augmenter la surface et réduire le jeu des soupapes, etc... Les moteurs d'automobiles sont ainsi nés, leurs défauts se corrigent chaque jour et il est tout naturel qn'ils viennent aujourd'hui menacer les petits moteurs fixes à vitesse réduite. Ils ont déjà l'avantage du poids, de l'équilibrage pour certains. Ils auront peut-être demain celui du rendement, la vitesse du piston étant plus rationnelle. Ils semblent convenir particulièrement pour la conduite des dynamos à marche rapide. Un démultiplicateur à engrenage hélicoïdal fonctionne sans trop de déchet et leur permet de tenter la conduite d'un atelier.

Ce sont ces considérations qui rendent particulièrement suggestive à examiner l'exposition de la *Société anonyme des Anciens Ateliers Panhard et Levassor.*

Société anonyme des anciens ateliers Panhard et Levassor.

La maison *Panhard-Levassor* fait à Vincennes une exposition d'autant plus intéressante, que ses moteurs y sont présentés en application.

A noter, tout d'abord, un tout petit moteur à 4 cylindres, faisant 12 à 16 chevaux et tournant à 1.000 tours, en entraînant une dynamo calée sur l'arbre de couche. Comme il semble démontré, qu'au delà d'un cheval de consommation, une machine-outil est toujours actionnée avantageusement par transmission électrique, voilà un joli moteur, léger, peu encombrant, d'une mise en marche facile, pour un atelier de quelques machines. C'est en tout cas une solution singulièrement élégante pour l'éclairage électrique. J'aurais voulu m'étendre sur la description de cette machine, et en donner des dessins. Les brevets sont trop récents [1].

Une autre solution pour la manœuvre de diverses machines-outils, plus radicale encore, est exposée dans le même stand. C'est la commande directe par un moteur de 1, 2, 3 chevaux suivant l'outil. Là fonctionne une machine à tailler les dents de scie, actionnée directement par un petit moteur fixe, genre Daimler, dont l'ouvrier n'a pas à se préoccuper plus que d'une transmission, qui se règle de lui-même à la vitesse convenable. Les moteurs, genre Daimler, exposés sont suffisamment connus, pour que je n'aie pas besoin de les décrire.

MM. Delahaye et Cie

Dans le même ordre d'idée on peut examiner au Champ-de-Mars l'exposition de MM. *Delahaye et Cie*. Ces messieurs présentent deux types de moteurs fixes, dérivés de

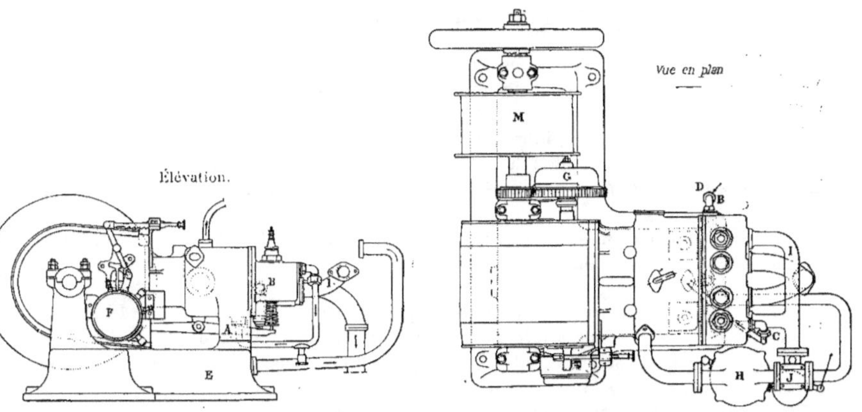

FIG. 41 et 42. — Moteur *Delahaye et Compagnie*.

l'automobile, remarquables par leur légèreté et leur grande vitesse. L'un est un moteur vertical, l'autre horizontal, dont les fig. 41, 42, 43, 44, montrent les détails ; il se construit à un et deux cylindres. Le moteur de cinq chevaux tourne à 900 tours et pèse 130 kilog. Celui de dix chevaux tourne à 880 tours et pèse 250 kilog.

Dans le moteur à deux cylindres, ici représenté, on peut noter, que l'air est pris sous

1. *Revue de Mécanique*, février 1900, p. 237.

le bâti E et que le mélange d'air pur et d'air carburé, provenant du carburateur H, est réglé par le robinet à gaz J. La conduite I amène le mélange aux soupapes d'admission.

On voit en M la poulie motrice, sur un arbre L, qui est relié à celui sur lequel agissent les pistons, par un engrenage démultiplicateur G. C'est ainsi que la grande vitesse du

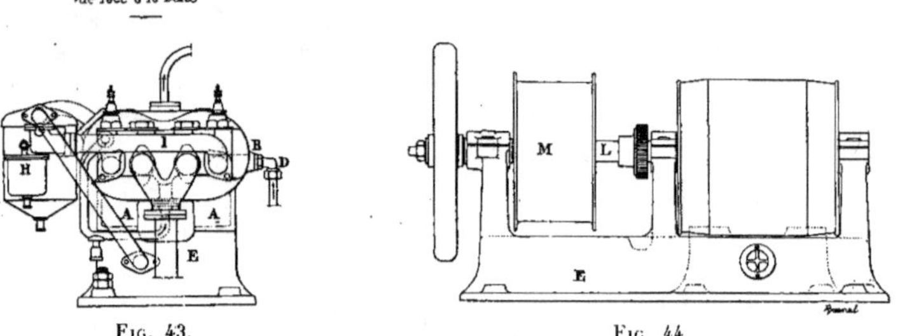

Fig. 43.   Fig. 44.

moteur se trouve réduite pour les emplois courants. Elle peut l'être encore par un rapport judicieux du diamètre de la poulie motrice b à celui de la poulie réceptrice.

Je ne dirai rien du moteur *Werner*, petit moteur très gracieux, mais dont la description est spéciale à l'automobile, ainsi que du moteur *Auto-Moto*, de MM. *Chavanet, Gros, Pichard*[1]. Le moteur *Daniel Augé* est fort intéressant, mais il a été fréquemment décrit et le moteur *Cyclope* est lui aussi destiné principalement à l'automobile.

Société des moteurs Gobron-Brillié[2].

Le moteur *Grobon et Brillié* fonctionne à l'essence de pétrole et au gaz ; je l'ai même vu alimenté d'un hydrocarbure artificiel assez lourd, 800 grammes environ, et se fort bien comporter. Il a été décrit dans toutes les publications d'automobiles, et en vaut la peine. Il est remarquablement bien équilibré, et, malgré la grande complication des articulations multiples pour la transformation du mouvement alternatif des pistons en mouvement circulaire, il semble fort résistant. Le pétrole y est introduit par un distributeur à alvéole, sans carburateur.

On construit actuellement un type à cylindres inclinés à 45°, ce qui présente des avantages pour l'automobilisme.

M. *O. Berlin*, constructeur à Alfortville, expose un petit moteur d'atelier : « Le Milon », fonctionnant au pétrole, qui arrive directement, sans pompe, au vaporisateur chauffé par une lampe. La régularisation se fait par la soupape d'échappement immobilisée par l'action d'un régulateur à boules. Rien de bien spécial ne semble devoir y être signalé, c'est un petit moteur robuste et sans organe délicat.

M. L. Goutailler.

M. *L. Goutaillier* expose à Vincennes des petits moteurs dont la culasse à ailettes est refroidie par un courant d'air produit par une hélice. La régularisation se fait par l'échap-

---

1. *Revue de Mécanique*, mars 1899, p. 328.
2. *Revue de Mécanique*, décembre 1898, p. 707 et février 1900, p. 267.

pement ouvert. Différents dispositifs brevetés sont ainsi présentés : un indicateur de circulation d'eau, qui, en automobilisme au moins, peut rendre de grands services ; un carburateur, où le pétrole est injecté et vient s'écraser sur une paroi ondulée chauffée par les gaz de l'échappement tout à l'avantage du rendement ; un embrayage.avec changement de marche permettant d'appliquer le moteur non réversible à la commande des hélices de canots ; une pompe centrifuge de circulation, etc.

Les petits moteurs, genre automobile ou autres, abondent, et je ne saurais les signaler tous, ainsi que leur application. Je ne dois pas cependant oublier la maison *Japy* dont l'exposition est remarquable par la variété des emplois des moteurs qui y sont exposés : pompe portative, locomobile, scie à bois sur chariot. Le moteur « Le Succès » est bien trop répandu pour que je le décrive. La maison expose aussi un moteur d'automobile, à cylindres opposés, dont les détails me font défaut.

Les moteurs genre Otto présentent tous l'inconvénient franc d'avoir une détente insuffisante, plusieurs constructeurs ont cherché à y remédier. De là sont nés différents types de moteurs et je citerai d'abord les constructeurs tels que M. Roser et la Compagnie Duplex qui ont augmenté la détente sans chercher dans la variation de la détente le mode de réglage du moteur et en restant fidèle au tout ou rien.

M. Roser.

Le moteur *Roser Mazurier*, construit par la maison Roser de Saint-Denis, est un des plus remarquables de l'Exposition. Il doit ses qualités à l'application de principes excellents. Aussi accuse-t-il une consommation de 300 grammes de pétrole, d'aucuns disent 350 grammes, ce qui est exceptionnel pour un petit moteur genre automobile.

C'est le seul moteur, à double expansion, du groupe des moteurs tonnants et MM. Roser Mazurier ont eu l'excellente idée de composer leur moteur de deux cylindres primaires, marchant à quatre temps, comprenant entre eux le cylindre secondaire, recevant à chaque tour les gaz de détente de l'un des premiers cylindres.

Cette disposition de 2 pistons marchant ensemble, aspirant et poussés par l'explosion tour à tour, et du troisième piston, dont la bielle est calée à 180° des deux premières, sur le même arbre manivelle, donne un très faible encombrement et se prête merveilleusement à l'équilibrage du moteur, qui est aujourd'hui de toute nécessité en automobile. Il suffit en première approximation que le piston du cylindre secondaire soit aussi massif que les deux pistons primaires réunis. Les sections sont dans le rapport de 3 à 2.

MM. Roser Mazurier, renouvelant une idée, que les constructeurs ont oubliée et que les premiers inventeurs des moteurs tonnants avaient comprise, ont cherché à éviter aux gaz explosants d'avoir à séjourner, à haute température, sans pouvoir travailler, derrière un piston au point mort, perdant aux parois toute l'énergie, qui ne peut se transformer en travail. C'est dans ce but qu'ils ont décentré l'arbre moteur afin d'atténuer ce fâcheux effet. — C'est un procédé renouvelé notamment de moteur de Bisschop et je ne serais pas étonné que le rendement si remarquable du moteur Roser Mazurier lui soit aussi imputable qu'à l'augmentation de la détente.

Le moteur se règle par la variation de la quantité de mélange tonnant introduit et par le déplacement du point d'allumage. — Ce sont les procédés habituels aux moteurs d'automobile. — Il y a encore à remarquer la disposition heureuse des soupapes aboutissant toutes les sept, deux pour chaque cylindre primaire, trois pour le cylindre secondaire, au fond plat de chacun des cylindres. — Les avantages en sont très grands. C'est, pour le cylindre de détente, la suppression des espaces nuisibles, et, pour les cylindres où se fait l'explosion, cette disposition a été consacrée par l'expérience et a fait le succès de la culasse Buchet. Enfin cela permet d'avoir les sept tiges des sept soupapes dans le même plan et de les commander facilement.

L'air venant du carburateur, chauffé par les gaz d'échappement, ainsi que l'air pur, traversent un papillon manœuvré par le régulateur, qui modifie ainsi les proportions du mélange tonnant et régularise ainsi la vitesse du moteur.

L'allumage est électrique.

Compagnie Duplex [1].

La *Compagnie Duplex* double la détente, comme M. Roser, mais par un procédé tout à fait différent, qui consiste à diviser la masse gazeuse admise dans le cylindre en deux parties, qui exploseront consécutivement.

Il s'agit d'un nouveau moteur, à double effet, représenté par les fig. 45, 46, 47. On voit sur la fig. 45 que le piston agit par ses deux faces. Vers le milieu du cylindre sont dessinées une petite soupape qui sert à l'introduction du gaz, une valve et la soupape qui règle l'introduction du mélange d'air et de gaz. Cette dernière soupape aboutit à un large

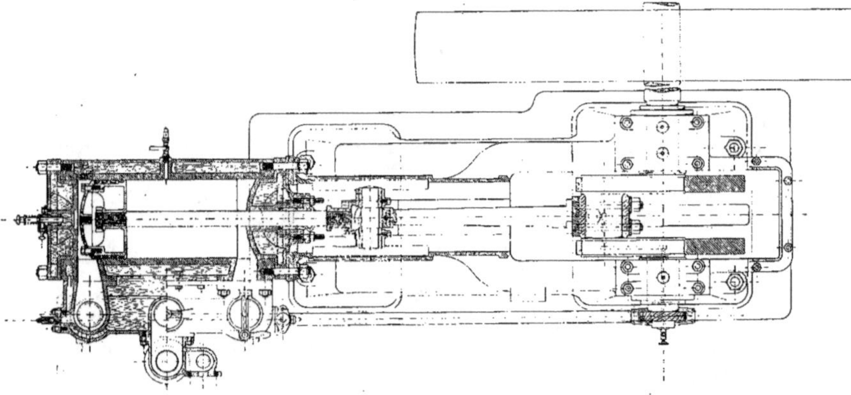

FIG. 45. — Moteur *Duplex* à double effet. Coupe horizontale.

conduit, sorte de couloir parallèle au cylindre moteur, qui communique par deux soupapes aux deux extrémités de celui-ci, ainsi que le montrent le plan et la section. D'autre part sur la section figure la soupape horizontale qui sert à l'échappement. Toutes ces soupapes sont manœuvrées par des cames visibles dans les dessins, actionnées par des leviers munis de galets. Un arbre auxiliaire, relié à l'arbre moteur par un engrenage hélicoïdal, fait tourner ces cames. Une tringle parallèle dépendant du régulateur ouvre ou ferme l'arrivée du gaz, en faisant agir, ou non, la came correspondante. Il restera, pour décrire ce moteur, à signaler une soupape placée à l'extrémité du cylindre pour éviter les hautes compressions à la mise en route. Le mouvement du piston est transmis par une tige qui traverse un presse-étoupes et va s'appuyer sur un coulisseau, où elle s'articule à la bielle.

Voici maintenant le fonctionnement. Le piston aspire une cylindrée du mélange gazeux à la pression atmosphérique, puis les soupapes d'admission se ferment. Le cylindre

1. *Revue de Mécanique*, janvier 1897, 91.

est rempli, ainsi que le couloir latéral, et les deux soupapes des extrémités restent levées. Vers le milieu de la course, le piston sépare le cylindre en deux parties, à peu près égales,

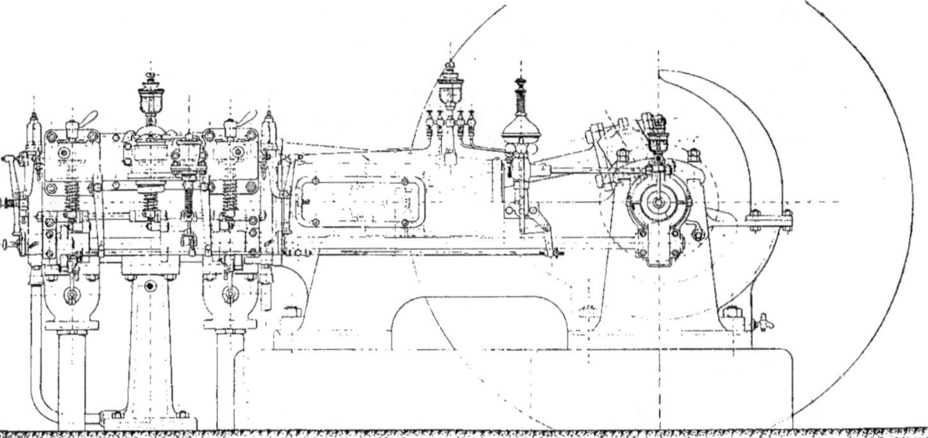

Fig. 46. — Moteur *Duplex* à double effet.

du mélange tonnant. La soupape vers laquelle marche le piston se ferme et les gaz sont comprimés sur cette face et explosent. Pendant cette fin de course, une dépression s'est

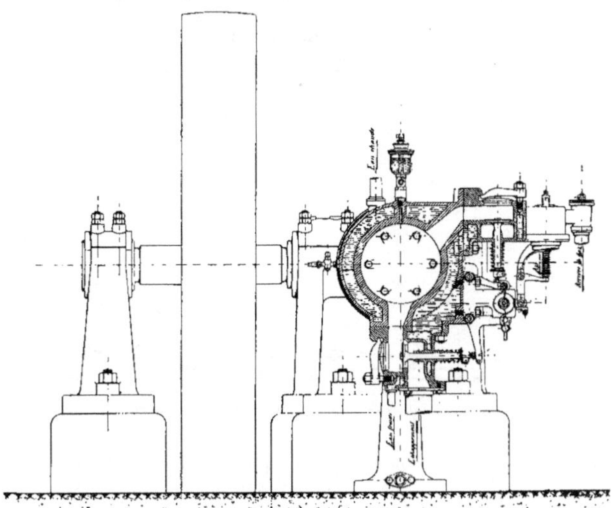

Fig. 47. — Moteur *Duplex*. Coupe verticale.

faite sur l'autre face du piston, elle est fort réduite, comme il convient, par le volume gazeux qui remplit le couloir et l'échauffement des gaz par les parois.

Dans le mouvement en avant, que produit l'explosion, la seconde soupape, dite de répartition, se ferme ; la masse gazeuse, côté du volant, est comprimée et explose. Il y a de ce fait deux explosions consécutives en un tour de volant et un tour à vide. Deux moteurs couplés donneraient une remarquable régularité de marche.

Il se trouve en fait que la détente est doublée, et ce n'est pas excessif, car les diagrammes montrés (fig. 48, 49) attestent qu'à la fin de la course la pression est encore d'environ $^1/_2$ kilog. Ces diagrammes sont intéressants à beaucoup de points de vue. La surface de leur deuxième demi-course est environ 20 p. 100 de la surface totale et montre

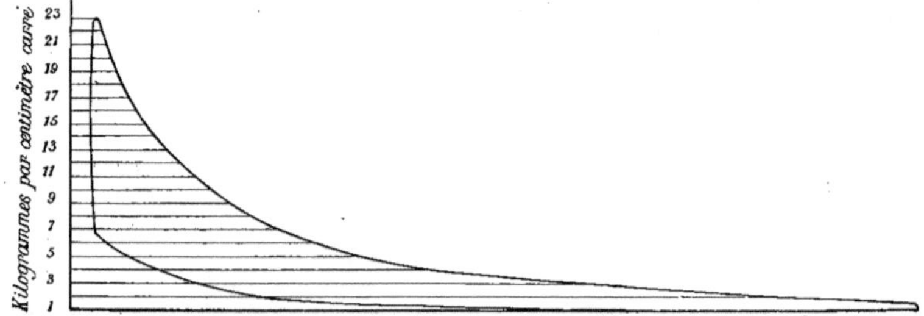

Fig. 48. — Moteur *Duplex*. Diagramme côté culasse.

le bénéfice, qu'il semble, que cette détente additionnelle a apporté au rendement du moteur. Rigoureusement cette comparaison est inexacte, mais elle ne doit pas s'écarter beaucoup ainsi de la vérité.

L'inexactitude tient à ce que l'influence des parois n'est pas la même dans la première demi-course, qu'elle serait dans un moteur, dont ce serait la course totale ; la vitesse du piston se modifiant dans un autre ordre. On peut encore remarquer, sur ces deux diagrammes, que l'élévation de température semble moindre dans celui-là même, où la

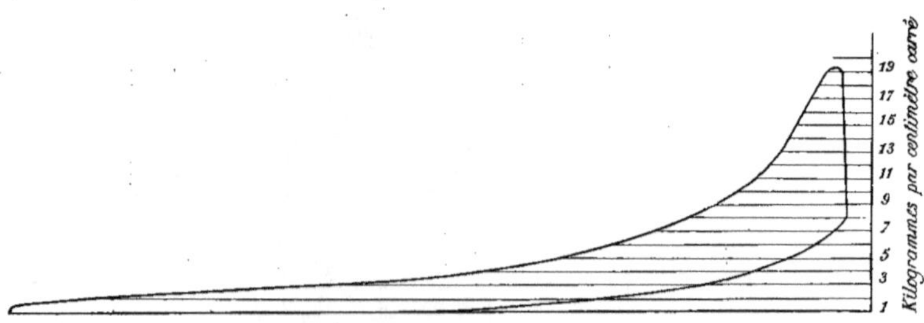

Fig. 49. — Moteur *Duplex*. Diagramme côté volant.

pression de la compression est la plus élevée et que le travail y est moins considérable. Ceci semblerait contradictoire avec le même mélange tonnant, mais j'estime que cela est dû à un plus grand échauffement et à une densité et un pouvoir calorifique par conséquent moindre, pour les gaz, qui sont le plus longtemps au contact avec les parois avant l'explosion.

En outre de ce moteur tout à fait intéressant, la Compagnie Duplex expose ses modèles habituels et un gazogène que représente la fig. 50. Ce gazogène reçoit l'air envoyé d'une pompe ou d'un ventilateur et dont l'arrivée est réglée par un régulateur antipulsateur. Cet air circule, comme dans beaucoup de gazogènes, entre une double enveloppe et celle qui entoure le foyer et s'y réchauffe. Il se charge de vapeur au contact de l'eau, qui est elle-même chauffée, au-dessus du foyer, dans une sorte de cuvette, qui entoure l'ouverture de chargement du combustible et où le niveau est maintenu constant par le jeu d'un plongeur et d'une soupape. Puis l'air aboutit au foyer ainsi que le montrent les flèches en traversant des tuyaux en fer verticaux concentriques à d'autres tuyaux traversés eux-mêmes par les gaz sortants. C'est là un dispositif très heureux, car les gaz, dont la chaleur

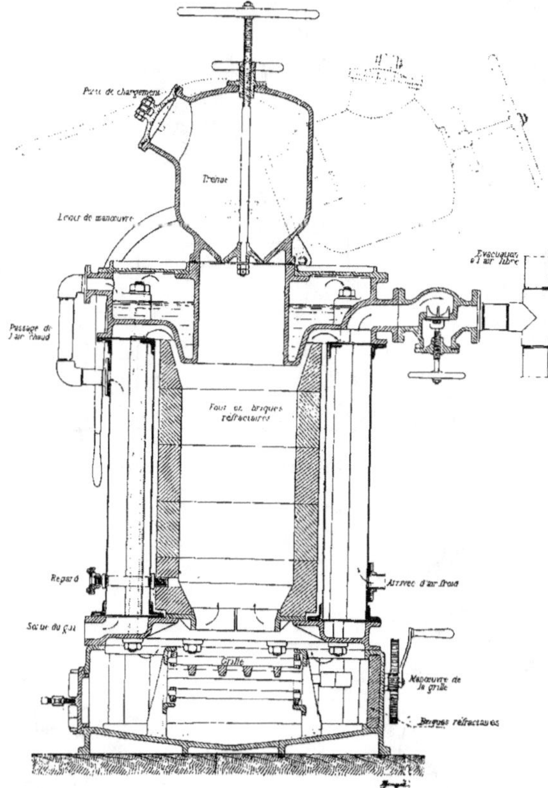

Fig. 50. — Gazogène *Duplex*. Coupe verticale.

sera perdue, l'emploient à réchauffer l'air et la vapeur entrant et cela, d'une part, en versant de la chaleur extérieurement dans la double enveloppe, et d'autre part en entourant l'air et la vapeur déjà échauffés.

Le foyer en briques réfractaires est ouvert au-dessus d'une grille plus large où le charbon vient s'appuyer en cône, ce qui facilite énormément l'accès de l'air et de la vapeur. Les gaz sortent en marche normale par une ouverture, au bas du gazogène, ce qui facilite leur passage dans la colonne à coke. Pour la mise en marche, ils peuvent s'échapper en haut du gazogène, par une porte habituellement fermée par un robinet.

La figure montre le dessin de la trémie qui, pour le décrassage, s'ouvre avec une charnière et de la porte de chargement, ainsi que du robinet à vis, qui fait, ou non, communiquer la trémie avec le foyer.

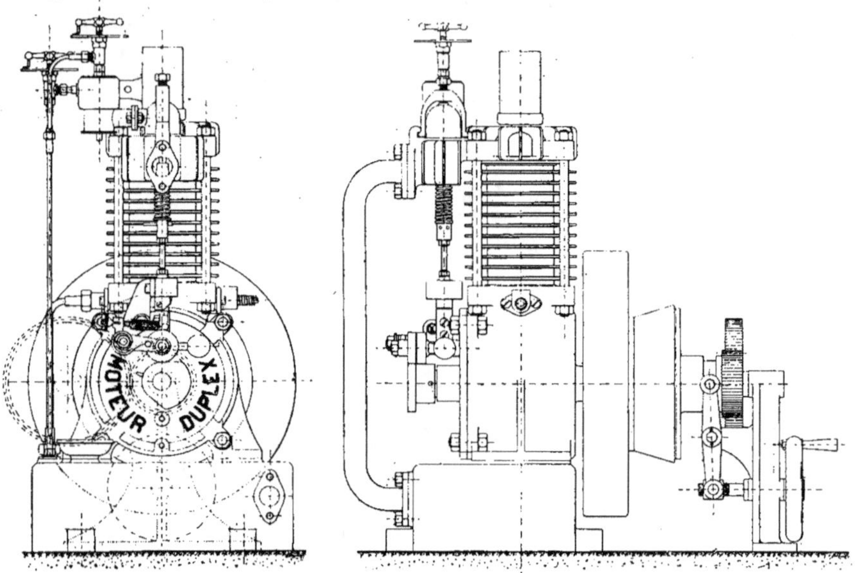

Fig. 51 et 52. — Petit moteur *Duplex*. Élévation.

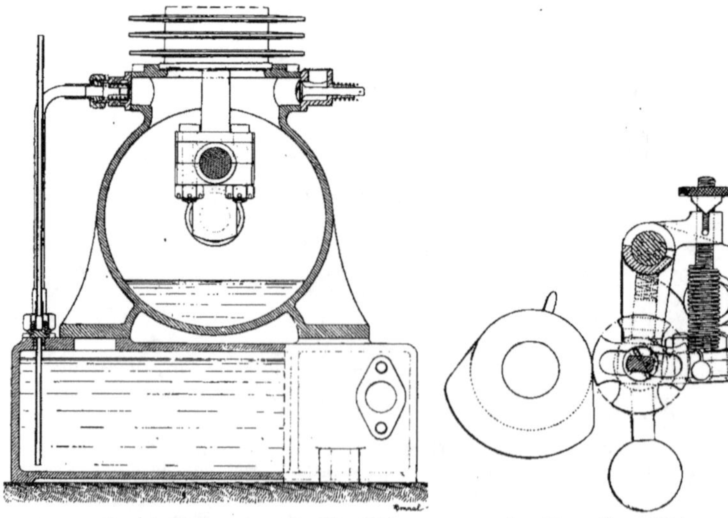

Fig. 53. — Coupe du socle. Élévation
du pétrole.

Fig. 54. — Dispositif de commande
de la soupape d'échappement.

La Compagnie Duplex expose aussi un petit moteur à pétrole vertical à ailettes (fig. 51, 52). Celui-ci présente deux particularités caractéristiques : le carburateur et la lampe sont généralement alimentés par une pompe. Ici c'est la face inférieure du piston qui comprime l'air dans le socle de la machine. Il a suffi de fermer celui-ci hermétiquement et d'y mettre une soupape laissant rentrer l'air aux dépressions et une soupape de refoulement (fig. 53).

D'un autre côté, les constructeurs ont cherché à réaliser le but, fréquemment poursuivi, de supprimer l'arbre auxiliaire, marchant habituellement à demi-vitesse, de l'arbre moteur, dans les machines à quatre temps. Le dispositif choisi est le suivant :

La soupape d'admission étant automatique, il suffit de manœuvrer la soupape d'échappement. La tige de celle-ci est entraînée par un levier, (fig. 54), solidaire d'un disque vertical, qui est percé d'un trou cylindrique de même axe et d'une rainure diamétrale. Dans ce trou et dans cette rainure, s'engage le tourillon d'un galet, qui est, à chaque tour, soulevé par une came calée sur l'arbre moteur. Si ce tourillon rencontre la rainure, le disque n'est pas soulevé et la soupape d'échappement ne joue pas. Il suffit donc que ce disque tourne d'un quart de tour, à chaque tour de l'arbre de couche, pour que la soupape d'échappement fonctionne tous les deux tours.

Ceci est obtenu en donnant au disque une forme en croix de Malte et on voit nettement, sur la figure, une dent, taillée dans la came même, mais dans le plan du disque, qui, à chaque révolution, produit le mouvement de 90° désiré.

Je vais montrer une disposition du même genre dans un moteur *Fritscher* et *Houdry* et il y a d'exposé au Champ-de-Mars, par M. *Émile Gérard*, un modèle de moteur, qui réalise le même but d'une façon très ingénieuse. La came, qui repousse la tige de la soupape, agit en ne faisant qu'un quart de tour et elle tourne, sous l'action d'une vis sans fin calée sur l'arbre moteur, d'un quart de tour, chaque double tour de l'arbre.

MM. Fritscher et Houdry [1].

Voici maintenant les constructeurs qui augmentent la détente, mais la font varier, pour régler leur moteur, en abandonnant le tout ou rien.

MM. *Fritscher et Houdry*, constructeurs à Provins et successeurs de la maison Noël, exposent un moteur, dont le mode de réglage est fort ingénieux et très élégamment réalisé.

C'est le mode de régularisation par étranglement de la conduite d'admission, procédé qui évidemment n'est pas favorable au rendement, puisqu'il conduit à des compressions insuffisantes, et qui ne conviendrait pas aux moteurs de haute puissance, mais qui offre, dans la petite industrie, des avantages de tout premier ordre. Le moteur à gaz ou à pétrole ainsi réglé est aussi souple qu'une machine à vapeur le serait, si elle n'avait qu'un temps moteur sur quatre ; il ne nécessite pas de volants massifs, en ayant toujours une impulsion tous les deux tours. Légèreté, souplesse, pas de bruits ni de chocs, c'est pour la clientèle spéciale de MM. Fritscher et Houdry, clientèle de petits ateliers et de petits tâcherons en chambre, le but cherché, réalisé, que la régularisation par tout ou rien ne peut fournir, aussi ces moteurs conviendraient-ils particulièrement bien pour les petits éclairages électriques.

Le dispositif de distribution est représenté fig. 55.

La soupape Z d'admission s'ouvre automatiquement et laisse passer les gaz d'une chambre Y, qu'une soupape G fait communiquer avec une chambre J, où une prise d'air H aboutit, et, par une deuxième soupape E, avec une autre chambre, où aboutit la prise de gaz F.

---

1. *Revue de Mécanique*, avril 1898, p. 421, et juillet 1899, p. 117.

Les dimensions des orifices H et F règlent la proportion constante de gaz et d'air. Les

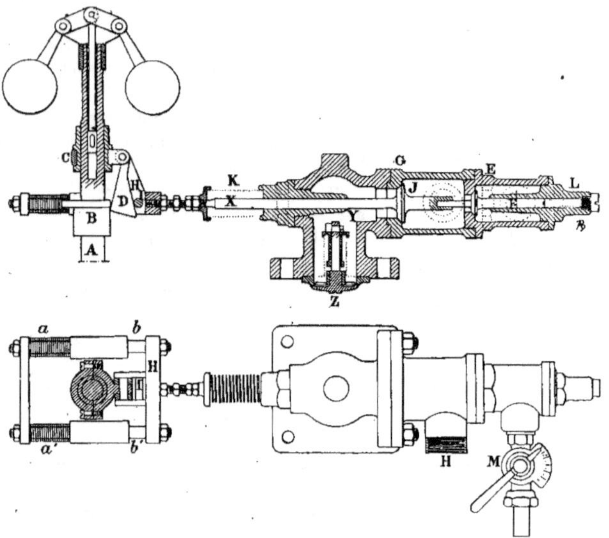

Fig. 56. — Moteur *Fritscher et Houdry*. Soupape d'admission et régulateur.

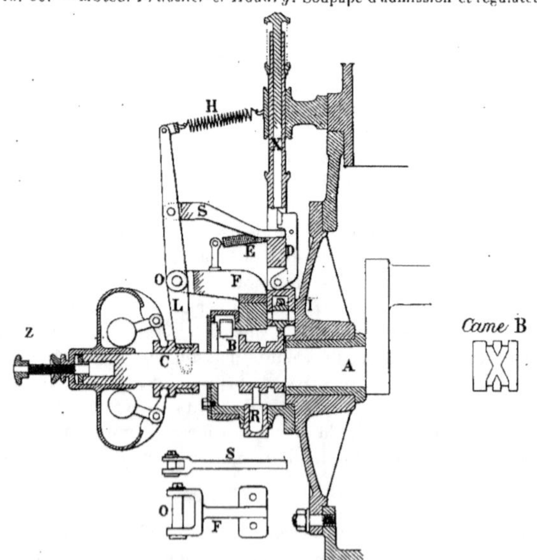

Fig. 55. — Moteur *Fritscher et Houdry*. Régulateur.

soupapes non automatiques G et E sont commandées par la tige X et ramenées sur leurs sièges par les ressorts K et L. Quand ces soupapes sont fermées et que le moteur aperis par la soupape Z, la dépression les contient sur leur siège.

Il est facile de voir maintenant l'action du régulateur à boules. L'arbre auxiliaire A, qui fait mouvoir le régulateur, porte la came B, qui, par l'intermédiaire de la pièce D et de la touche I, soulève les soupapes d'une quantité d'autant plus grande que la pièce D, qui a la forme d'un coin, est plus ou moins relevée. Cette pièce D, qui tourne sur une charnière, est attachée à une bague C, qui est elle-même levée ou abaissée par l'action des boules du régulateur.

La maison Fritscher et Houdry expose aussi un moteur présentant un dispositif de distribution assez singulier. Là c'est le système de tout ou rien, mais ces Messieurs ont supprimé l'arbre auxiliaire de distribution et, par un ingénieux procédé, ils actionnent la soupape d'échappement, qui régularise le moteur en ne s'ouvrant pas, quand le moteur excède la vitesse de régime, et l'allumage, par une came B (fig. 56) qui est taillée avec une nure en 8 et qu'un doigt fixe R fait coulisser le long de l'arbre A. Chaque 2 tours, l'une des saillies vient produire l'allumage au contact d'une touche ou entraîne la pièce I, qui soulève le taquet D, maintenu en place par le ressort E, et actionne, par cet intermédiaire, la tige X de la soupape d'échappement.

Il est facile de comprendre que le régulateur, pour une vitesse excessive, entraîne le coulisseau C et le levier L qui pivote en O, maintenu par la console F, et est sollicité par le ressort H qui, en même temps, équilibre la réaction centrifuge des boules. Le doigt S s'enfonce et interdit au taquet D de soulever la tige X. C'est la régularisation par fermeture de la soupape d'échappement. Le moteur fait frein. Une vis Z permet de modifier l'action de ce régulateur.

Société générale des Industries Économiques. — Moteur Charon[1].

La *Société générale des Industries Économiques* fait, au Champ-de-Mars et à Vincennes, une exposition fort importante. Les moteurs exposés sont du type consacré par un long usage, à détente variable et prolongée. Le principe en est connu et assure un rendement très favorable, au moins à pleine charge. Aussi la Société vend-elle ses moteurs, à partir de 10 chevaux, garantis comme ne consommant à pleine charge pas plus de 500 litres de gaz à 15° et 760 millimètres, ce qui correspondrait à 473 litres à 0° et 760 millimètres.

Les perfectionnements des dernières années ont surtout porté sur l'accroissement de puissance. La moyenne de vente semble être d'une quinzaine de chevaux, moyenne élevée, si l'on songe à un grand nombre de moteurs de 1 ch. $^1/_2$, 2 chevaux, que demande le commerce.

Aux hautes puissances, le rendement devrait, semble-t-il, assez rapidement décroître, Des tableaux, qui m'ont été montré, il résulte qu'il varie au contraire fort peu ; à 50 chevaux on pourrait peut-être garantir 480 litres, c'est tout le bénéfice. Aussi convient-il mieux, pour de grandes installations, de grouper différents moteurs de 60, 80, 100 chevaux. C'est ainsi que, pour l'installation de la Compagnie des tramways de Paris et du département de la Seine, 500 chevaux sont divisés en 2 moteurs de 60 chevaux, 3 moteurs de 120 chevaux avec gazogène Taylor. Consommation garantie 450 grammes d'anthracite.

On a affaire à des unités éprouvées, dont l'usage est connu, et le réglage s'en fait d'autant mieux que l'on peut débrayer quelques unités. Le rendement lui-même en bénéficie, car il décroît assez vite sur chaque unité quand la puissance baisse. On peut estimer, paraît-il, sur des tableaux d'essais qui m'ont été confiés, ainsi la variation : Un moteur de 50 chevaux, qui consomme 480 litres à pleine charge, en emploie 600 à $^3/_4$ de charge, 750 à $^1/_2$ charge.

Revue de Mécanique, janvier 1900, p. 134.

Le mode de réglage du moteur Charon se prête particulièrement bien à la commande des dynamos par la douceur de la variation de la puissance, aussi les moteurs Charon sont-ils surtout employés à l'éclairage électrique.

Les plus puissants moteurs en construction sont de 160 chevaux. La maison Charon a fait ces derniers temps beaucoup d'installations de moteurs avec gazogènes de différents systèmes, notamment de gazogène Taylor. Elle garantit à pleine charge une consommation d'anthracite de 700 grammes pour les petites unités, de 500 au-dessus de 20 chevaux et de 450 au-dessus de 30, d'après une cinquantaine de contrats qui me sont communiqués.

Société d'exploitation des brevets Letombe[1].

Le moteur Letombe est bien un moteur à quatre temps et à détente prolongée, mais il présente au moins deux idées originales, qui en font, sans contredit, l'un des plus remarquables de cette exposition.

Le moteur Letombe est de la classe à détente variable et se règle à la fois par l'admission et la détente. Il bénéficie donc des avantages propres à ces deux procédés. Il y a toujours une explosion par deux tours à chaque cylindre, les volants n'ont pas besoin d'être calculés pour réserver l'énergie consommée pendant les passages à vide ; d'où les qualités de souplesse des moteurs à détente variable. Mais pour ceux-ci, en général, il y a un écueil ; l'admission varie habituellement comme la détente, et la compression est d'autant plus forte que l'admission est plus longue. Comme, d'autre part, le mélange détonant est de proportions constantes, il s'ensuit que, pour éviter les explosions intempestives, on doit prendre comme maximum la compression à admission entière. Il en résulte que dès que l'admission est incomplète, c'est-à-dire presque toujours, puisqu'un moteur ne marche pour ainsi dire jamais à pleine charge, la compression est réduite au grand détriment du rendement.

M. Letombe a imaginé, au contraire, de varier les proportions du mélange détonant avec la longueur de l'admission et de les choisir telles que la compression soit toujours celle qui convienne le mieux, c'est-à-dire la plus élevée que le mélange puisse supporter sans explosion prématurée. Le perfectionnement est considérable et c'est en théorie l'idée la plus élégante, la plus jolie trouvaille, que l'on pût faire pour les moteurs à gaz.

Cette idée, féconde en théorie, a été excessivement bien appliquée en pratique, c'est-à-dire par des procédés très simples et bien conçus.

L'autre idée maîtresse est de réduire, autant que possible, l'encombrement et le déchet organique en ayant des machines à effets multiples. Les premiers moteurs de M. Letombe étaient à simple effet, puis sont venus les moteurs à double effet, où le piston agit sur les deux faces, et, dans ce cas, la tige du piston devait être guidée par une glissière pour s'articuler avec la bielle, M. Letombe a eu l'idée ingénieuse de remplacer cette glissière encombrante, par un cylindre à simple effet, qui ne prend guère plus de place et est un organe actif. Là le piston est directement articulé à la bielle. Cela fait deux cylindres en tandem et un moteur à triple effet.

J'ai déjà montré l'intérêt qu'il y avait, en matière de moteurs à gaz, à avoir plusieurs cylindres, ils sont ici réunis aux mêmes bielle et manivelle, l'encombrement est infiniment réduit, ainsi que le poids du moteur et le coût du bâti et des arbres. Le poids du volant ne doit pas être considérable, puisque les 3 effets assurent 3 impulsions pour 2 tours. Les résistances passives sont, d'une part, un peu augmentées par les deux stuffing box, mais, d'autre part, il n'y a que deux pistons qui frottent et, en comparant ce moteur à un moteur à trois cylindres indépendants, outre la résistance d'un piston, faut-il déduire

---

1. *Revue de Mécanique*, janvier 1899, p. 87.

celle des tourillons des bielles et manivelles supprimées et d'une ou deux paires de coussinets supportant l'arbre moteur, qui est ici réduit au minimum.

La fig. 57 montre la section du cylindre à double effet et l'élévation du côté des soupapes du cylindre glissière; la fig. 58, un ensemble du moteur de 200 chevaux qui

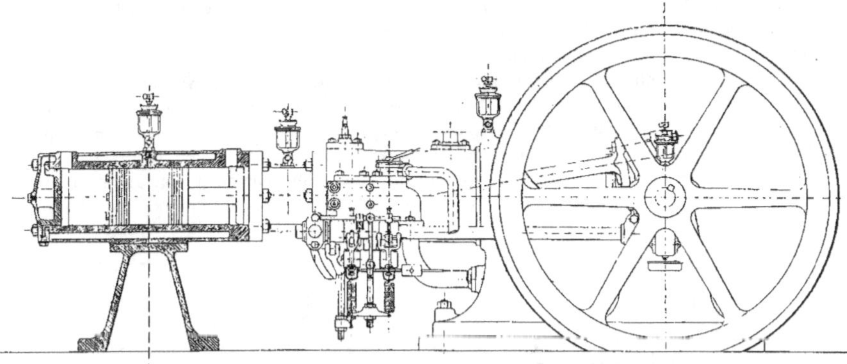

Fig. 57. — Moteur *Letombe*. Coupe et élévation.

est exposé à Vincennes et des appareils du gazogène Letombe qui l'accompagnent. On y remarque combien le piston du cylindre à double effet est long. Ce piston n'est en effet refroidi que par son contact avec le cylindre; et il est chauffé par les explosions

Fig. 58. — Moteur et gazogène *Letombe*.

sur les deux faces. Je ne décrirai pas le jeu de soupapes, que la figure montre très bien, et qui ont déjà été maintes fois décrites. Je rappellerai seulement l'idée ingénieuse de faire commander la soupape de prise de gaz par la même came que celle de la prise d'air, la tige de l'une venant buter celle de l'autre, quand la saillie de la came est suffisante et la disposition très heureuse en soupape double, l'une commandée par une came et introduisant air et gaz, l'autre automatique et se levant dès que l'aspiration se fait dans le cylindre. Il y a ainsi une chambre intermédiaire, entre les deux soupapes, qui permet à la dépression de l'air, quand l'admission est raccourcie d'être moins vive et les efforts sur la 1re soupape sont annulés très heureusement par la fermeture automatique de la 2e soupape dès que la compression commence.

Ce moteur semble atteindre la limite suprême du perfectionnement, dont est susceptible le cycle Otto. Dans ce cycle toute amélioration de rendement ne peut être obtenue qu'en diminuant les chaleurs perdues aux parois, mais les constructeurs ne semble pas s'en soucier beaucoup, et en accroissant autant que possible la compression. Or, M. Letombe atteint le maximum de compression, quelle que soit la proportion du mélange gazeux.

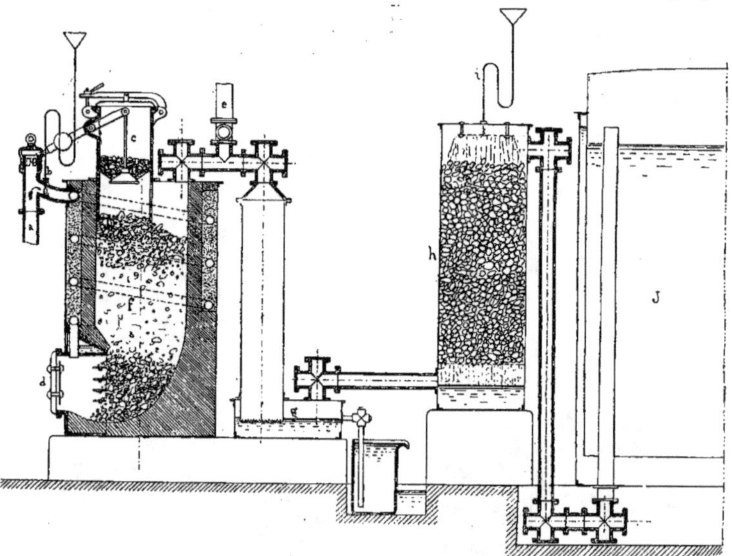

Fig. 59. — Gazogène *Letombe*.

C'est là l'idée si heureuse qui caractérise son moteur. Le rendement va-t-il réellement en croissant quand la puissance décroît, comme l'affirme M. Letombe ? Les formules de théorie employées généralement l'établiraient, si la chaleur perdue aux parois ne jouait pas un rôle aussi considérable. Malheureusement celle-ci croît avec la compression et, malgré ces formules, une grande compression, avec, pendant l'explosion, une élévation de température trop faible provenant d'un mélange trop pauvre, donnerait fort bien un rendement négatif. C'est pourquoi le régulateur de la machine Letombe, quand la puissance baisse, commence son action sur l'un des effets, celui de la face avant du piston, et réduit le moteur à être à double effet en tandem avant d'agir sur les deux autres effets. Ceci d'ailleurs est tout indiqué pour éviter l'échauffement inutile du piston intérieur et je ne serais pas bien étonné que dans l'avenir ce double effet du premier cylindre soit supprimé.

Le régulateur agit de même ensuite sur les soupapes vers la culasse et le moteur devient à simple effet. Ceci ne semble pas, chez l'inventeur, manifester un bien grand désir de voir, de préférence, des grandes compressions avec des explosions réduites. Mais, en tous cas, ce qui est certain, c'est que, si même le rendement baissait avec la puissance, il baisserait indiscutablement moins vite qu'avec tout autre type de machine à gaz à quatre temps et l'intérêt pratique est toujours de marcher à puissance élevée, parce que, s'il peut y avoir discussion pour le rendement en travail indiqué, il ne peut y en avoir aucune pour le rendement en travail effectif.

Là encore, le moteur Letombe subit un déchet organique moindre, que tout autre, avec sa disposition à simple effet. — En résumé, les perfectionnements que M. Letombe a apporté au cycle à quatre temps à détente variable assurent à son moteur une consommation réduite et variant au minimum avec la charge, ce qui est capital, et une marche très régulière sans nécessité d'un volant massif. — Un moteur de l'importance de celui de la Maison Cockerill pèserait paraît-il 70 tonnes au plus, soit la moitié du poids. Les moteurs sont construits par la Cie de Fives-Lille et doivent donc inspirer toute confiance.

La Société d'exploitation des Brevets Letombe expose à Vincennes, avec le moteur, un gazogène construit aussi à Fives-Lille. Il y a grand avantage à ce qu'une maison expose et construise à la fois gazogènes et moteurs. Elle peut ainsi assurer à sa clientèle un rendement déterminé et le garantir en toute connaissance de cause.

Ce gazogène est à grille verticale, ainsi que le montre la fig. 39. Pour chauffer l'air et vaporiser l'eau, qui lui est versée par un siphon figuré en *b* et qui vient tomber dans la conduite de l'air chassé en *a* par un ventilateur non figuré, on fait circuler cet air et cette eau dans un serpentin, qui descend jusqu'à la grille et s'échauffe, dans un bain de sable, des chaleurs perdues. Le foyer en briques réfractaires est, ainsi qu'on le voit, fort peu étranglé par le bas. En haut, une cloison sépare le charbon versé dans une trémie et qui tombe dans le foyer quand la soupape *c* est baissée, et réserve une partie du haut du gazogène pour que les gaz s'y réunissent et sortent par une tubulure verticale. On voit, en *e*, la cheminée munie d'une clef, qui sert à l'allumage, en *d*, la porte pour le décrassage. Les gaz viennent, en *g*, barbotter dans l'eau, sont lavés dans l'épurateur *h* garni de coke sur lequel l'eau coule, ainsi que le montre la figure, puis aboutissent en J dans la cloche.

Société des moteurs Froment.

Je décrirai, pour terminer, certains moteurs fort originaux, qui doivent être examinés à part et ne rentrent dans aucune catégorie.

La Société des moteurs Froment expose un moteur qui n'est point banal et fait exception au type Otto. L'idée n'est pas neuve et ramène à une époque où l'on s'occupait beaucoup de la stratification des gaz.

Le moteur est à quatre temps en un seul tour de volant. La détente se fait à mi-course. Elle est très brève et, la soupape d'échappement refermée, le piston continue sa course et aspire, derrière les gaz brûlés, des gaz frais. Au retour, les gaz sont chassés, les gaz nouveaux comprimés à 3 kilog. environ et le cycle recommence.

M. Froment, comme M. Ravel, annonce être partisan des faibles compressions. Il est vrai qu'il reconnaît n'avoir pas fait d'expériences de consommation.

Son cylindre est refroidi à circulation d'eau pour la partie frottante du piston, à ailettes pour la culasse, ce qui est une heureuse idée. L'allumage électrique est supprimé dès que la culasse atteint une température suffisante.

La régularisation du moteur se fait en variant l'échappement, dont l'ouverture de la soupape est réglée par une came oblique. Il est clair que plus l'échappement est hâtif plus est grande la quantité aspirée et la compression; ce qui est bien fâcheux pour la détente.

MM. Markt et Cie. — Moteur Meitz et Weiss [1].

Les moteurs à gaz et à pétrole système *Meitz et Weiss*, de la Maison *Markt et Cie*, sont-ils à deux temps ou à quatre temps? C'est une question de définition. Je les classerai comme moteurs à quatre temps, quoiqu'il y ait une explosion par tour de manivelle, ainsi que je viens de le faire pour le moteur Froment. Le moteur se présente bien ramassé, on peut y remarquer combien les organes sont protégés, les fig. 61 et 62 montrent la coupe du moteur à gaz et du moteur à pétrole.

Dans le mouvement de gauche à droite du piston l'explosion entraîne celui-ci jusqu'à une position, où il découvre à la fois les orifices G et H. Par G arrivent les gaz frais, préalablement comprimés légèrement, par H s'échappent les gaz brûlés. Ces deux opérations, qui demandent deux temps dans les moteurs cycle Otto, sont ici simultanées et immédiates. Une ailette E guide les gaz frais dans leur mouvement, les chasse vers le fond du

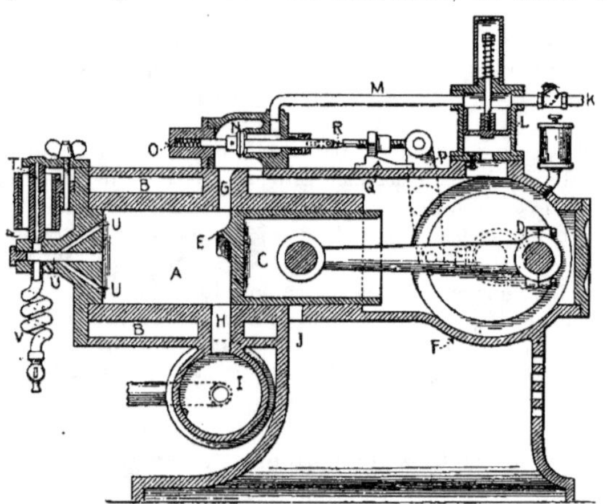

Fig. 61. — Moteur à gaz *Meitz et Weiss*. Coupe.

cylindre et, par suite, les gaz brûlés sont bien refoulés en H. Cette idée est bien américaine, elle choque nos préjugés, qui nous font toujours considérer les pressions comme homogènes dans les masses gazeuses et négliger l'énergie cinétique des gaz.

Pour obtenir cette chasse, la compression de l'air se fait d'une façon semblable par la face avant du piston qui, remarquons-le, est un fourreau sans segments; une ouverture J sert à l'admission, toujours sans soupape. On voit, au-dessus du cylindre, le couloir qui conduit l'air comprimé à l'orifice G, la boîte, qui renferme la manivelle, étant, bien entendu, étanche. La régulation se fait par une tige lancée sur un plan incliné et qui, allant à bonne allure, vient frapper la tige de la soupape, qui amène le gaz, ou de la pompe, qui distribue le pétrole. En cas d'excès de vitesse le but est dépassé et soupape ou pompe ne fonctionne pas.

Dans le moteur à gaz, un cylindre annexe figuré en L, joue, pour le gaz, le rôle de compresseur. Il se remplit de gaz, à l'aspiration, dans le mouvement de droite à gauche du piston, par une soupape sur le tuyau d'amenée K, puis, à la compression, le piston figuré en L, équilibré et légèrement surchargé par un ressort, donne au gaz la pression suffisante pour sortir en N.

1. *Revue de Mécanique*, décembre 1897, p. 1239.

Dans le moteur à pétrole, la quantité nécessaire est envoyée en K par la pompe L, le pétrole en sort vraisemblablement par la chute de pression à l'échappement et tombe sur les ailettes JJ, où l'air frais vient se mélanger aux vapeurs de pétrole. La chambre de combustion, en ce cas, doit être maintenue chaude, elle est en même temps allumeur et vaporisateur, ceci est obtenu, ici comme ailleurs, en l'enfermant avec un matelas d'air dans une 2ᵉ enveloppe et, pour la mise en marche, il convient d'ouvrir cette seconde enveloppe et de chauffer la paroi interne avec une lampe.

Dans le moteur à gaz, l'allumage se fait d'une façon analogue par un tube représenté en T. Deux dispositions singulièrement ingénieuses montrent encore le souci de l'action cinétique des gaz. D'abord, pour distribuer en quelque sorte l'explosion, une série divergente de conduits atteint les diverses parties du cylindre. Il en sortira des jets de flamme qui propageront l'explosion et en rendront la durée plus brève.

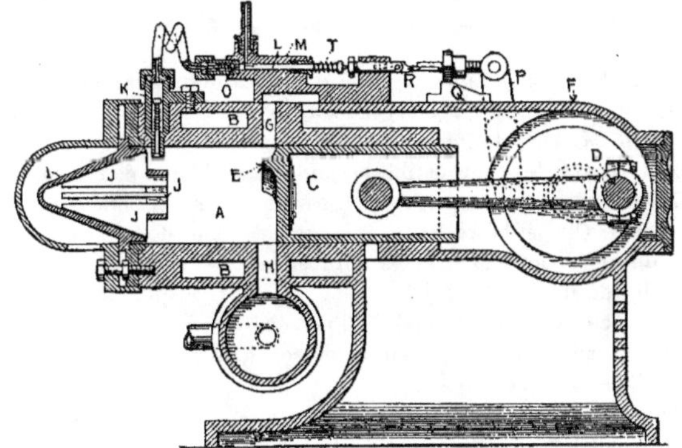

FIG. 62. — Moteur à pétrole *Meitz et Weiss*. Coupe.

Ensuite, pour éviter les explosions prématurées, l'inventeur termine sa chambre d'explosion par un serpentin, où l'explosion se propagera, se dédommagera en quelque sorte, quand elle sera faite avant la fin de la course de compression et que le mouvement arrière du piston chassant les gaz par les conduits *u* s'opposera aux jets de chalumeau des gaz enflammés.

Il paraît que ce moteur marche fort bien, il s'accouple directement à une dynamo. Il mérite une plus longue étude.

M. Ravel[1].

Je regrette, malgré mes démarches, de n'avoir pu fournir aucun dessin du moteur *Ravel*, dit le *moteur intensif*. C'est un moteur d'automobile, à pistons équilibrés, très stable. Je puis le décrire car il est exposé avec les moteurs et M. Ravel n'annonce pas devoir le réserver à l'automobile.

En voici le principe : dans ce moteur, à deux pistons calés à 360°, comme dans l'ancien Phœnix, la face avant du piston comprime l'air dans le carter, où sont enfermées les manivelles, et le refoule, au travers du carburateur, dans l'un des deux cylindres, qui admet pendant que dans l'autre se font l'explosion et la détente. De cette façon, l'air est introduit au-dessus de la pression atmosphérique à 1 kg. 150. Mais, loin de profiter de cette élévation de pression

1. *Revue de Mécanique*, janvier 1899, p. 116.

pour comprimer plus fortement, M. Ravel ne comprime, dit-il, qu'à 2 kg. $^1/_2$; d'où le fait que l'explosion n'atteint que 12 kilog. Les températures des gaz brûlés sont ainsi peu élevées et le déchet aux parois réduit. De là, dit M. Ravel, une économie de rendement. Je crois que c'est tout le contraire, et je reviendrai au moteur Diesel, sur cette erreur de réduire les températures de combustion.

Les divers constructeurs du moteur Diesel.

Le moteur *Diesel* est largement représenté à l'Exposition de 1900. Une machine de 60 chevaux est exposée par la *Machinen Fabrik Augburg-Nürnberg*, une machine de 50 par la *Société française des moteurs Diesel à combustion intérieure*, trois moteurs de 10 et 20 chevaux par la *Compagnie française des moteurs à gaz et des constructions mécaniques* concessionnaires.

C'est le moteur dont on a le plus parlé dans ces dernières années, celui dont le rendement, comme moteur à pétrole, est de beaucoup le plus réduit, sous réserves du moteur *Banki* décrit plus loin. M. Diesel a, en effet, réussi merveilleusement avec le combustible pétrole, ou, mieux, avec tous les combustibles liquides, car il emploie à volonté les schistes les plus épais. C'est là la grande supériorité de ce moteur malgré une consommation analogue du moteur *Banki*. On peut dire, et je crois, qu'à ce point de vue ce moteur est arrivé au dernier degré de perfection. M. Diesel aura encore beaucoup à travailler, s'il veut aboutir dans l'emploi direct, qu'il a déjà cherché, du charbon pulvérisé introduit dans le cylindre; c'est une voie ouverte dans laquelle il persévérera, j'espère. J'ai beaucoup moins de confiance, je ne crois même pas, au succès de son moteur comme moteur à gaz, tout au moins sans modifications radicales.

Le moteur Diesel a subi tellement de transformations dans la période d'études, qu'il semble utile de les rappeler. L'histoire est d'ailleurs curieuse.

Dans le moteur Diesel il y a au moins une idée de génie, et le mot ne semble pas excessif. Par un hasard singulier c'est au contraire sur les utopies les plus bizarres que, semble-t-il, constructeurs et autres se sont emballés.

L'invention de génie qui, parmi tous les avatars, subsistera seule, et c'est presque déjà fait, fut de perfectionner le cycle à quatre temps et de permettre les compressions les plus élevées en comprimant l'air comburant, qui fait le plus grand volume, dans le cylindre de détente et en y injectant le combustible et un peu d'air comprimé *suivant une loi déterminée par l'expérience telle que la combustion se fasse au fur et à mesure de l'injection, sans délai et totalement.*

Là tout est parfait. Tout le bénéfice du moteur à quatre temps est de ne pas avoir à introduire l'air, comprimé à part, au cylindre de combustion, avec des pertes et un refroidissement déplorable. L'air comprimé aussi adiabatiquement que possible dans le cylindre même où il sera employé, non seulement perd moins de chaleur aux parois, mais, s'il est refroidi auprès des parois, il garde une température très élevée au centre, là où le pétrole sera injecté. C'est là surtout où est le bénéfice. L'air comprimé et chaud amené par une soupape, comme dans les moteurs à deux temps, prendrait une température homogène, ayant été brassé dans les conduits. Cela faciliterait moins la combustion. C'est la grande supériorité du moteur Diesel sur les moteurs à deux temps, dont il a le bénéfice, tout en ayant en même temps les avantages du moteur à quatre temps. C'est ce qui permettra au moteur Diesel de donner une combustion parfaite, de brûler intégralement les hydrocarbures.

Autour de cette idée de génie, tout le reste, c'est-à-dire les idées théoriques contenues dans le brevet de 1892 (français), celles défendues par M. Diesel dans ses diverses communications, sont autant d'erreurs, que le temps émiette autour de l'édifice principal.

Elles sont le produit de théories incomplètes, où le cycle de Carnot se présente comme le but de toute recherche, alors qu'il n'y a pas de cycle à considérer dans un moteur à pétrole, mais un diagramme, ce qui n'est pas du tout la même chose, et que les limites, dans lesquelles on a à s'enfermer, sont données par les pressions, températures, que le cylindre peut supporter.

Le principe de Carnot ne s'applique pas à des transformations irréversibles, mais, s'y appliquerait-il, qu'il ne faut pas oublier que le cycle de Carnot donne le *maximum* de rendement d'une transformation réversible *entre deux températures déterminées*. Si donc, ayant comprimé, on peut, par la combustion de la même quantité de combustible, obtenir une courbe différente d'une isotherme, à pression constante par exemple, de façon à ne pas dépasser les limites de résistance du cylindre, on obtiendra un meilleur rendement, si la surface du diagramme en est augmentée. On n'est pas, comme dans la machine à vapeur, limité par la température supérieure.

M. Diesel répond à cela que la température choisie pour la combustion (600° à 800° suivant les constructeurs) est déjà bien élevée, que plus on l'élèvera plus on augmentera la perte aux parois. Ceci est vrai, mais il faut considérer, d'une part, que la température ne s'élève qu'au centre de la masse gazeuse pendant un temps court; que, d'autre part' pour un déplacement déterminé du piston, l'élément de travail pdv est proportionnel à la pression, qui est elle-même proportionnelle à la température, et que, par suite, perte aux parois et travail récolté croissent en même temps. Il ne faut pas craindre d'augmenter la quantité du déchet, quand on augmente le bénéfice en plus larges proportions.

En vérité tout doit être subordonné à la bonne combustion du liquide. C'est par tâtonnements que doit aussi être réglée l'injection de celui-ci. Ni trop lente, ce qui abaisserait la pression, ni trop vive, ce qui déterminerait des combustions incomplètes, et enverrait le pétrole se déposer sur les parois froides. C'est ce que la pratique a démontré, ce que l'usage impose. L'isotherme de combustion, erreur initiale de théorie, disparaît de plus en plus dans les diagrammes. On ne la retrouve plus qu'aux puissances réduites.

Une seconde idée fort remarquable de M. Diesel est de comprimer suffisamment l'air comburant, pour qu'il soit à une température, où la combustion se fasse sans inflammation nécessaire. La combustion est spontanée par le fait même de l'injection du combustible dans le mélange. Cette invention dérive de la première. Toutes deux assurent une combustion parfaite, et c'est là l'immense et unique avantage du moteur Diesel, dont le rendement théorique n'est pas merveilleux, mais est très approché dans la pratique, mieux que dans tout autre moteur à hydrocarbure liquide, où le déchet non brûlé est toujours considérable.

Je ne parlerai que du moteur à pétrole, ou autres combustibles liquides, c'est le seul qui se fabrique et puisse être considéré comme ayant abouti. Je remarquerai seulement au sujet des autres combustibles, que, si le pétrole s'enflamme très bien, injecté à haute pression dans de l'air dont la température moyenne est 600, il n'en est pas de même du gaz. M. Diesel a expliqué, au Congrès de mécanique appliquée, que le gaz ne pouvait ainsi s'enflammer, qu'avec une petite injection de pétrole faisant, en quelque sorte, capsule. Cela seul prouverait, selon moi, que, pendant la combustion du pétrole, la température s'élève, là où la combustion se fait, fort haut, probablement aux températures de dissociation et cela montrerait encore le peu de cas, que l'on peut faire, d'une isotherme dans la combustion.

Dans sa première conception, M. Diesel employait deux cylindres pour la compression qu'il avait au début songé à faire, partie isothermique, ce qui était une autre erreur de théorie, partie adiabatique, puis il détendait dans le deuxième cylindre pendant la combustion et un troisième cylindre, de diamètre plus grand, recevait les gaz imparfaitement détendus et terminait l'évolution.

A ce moment, l'attention fut fortement attirée sur ces essais et de grands construc-

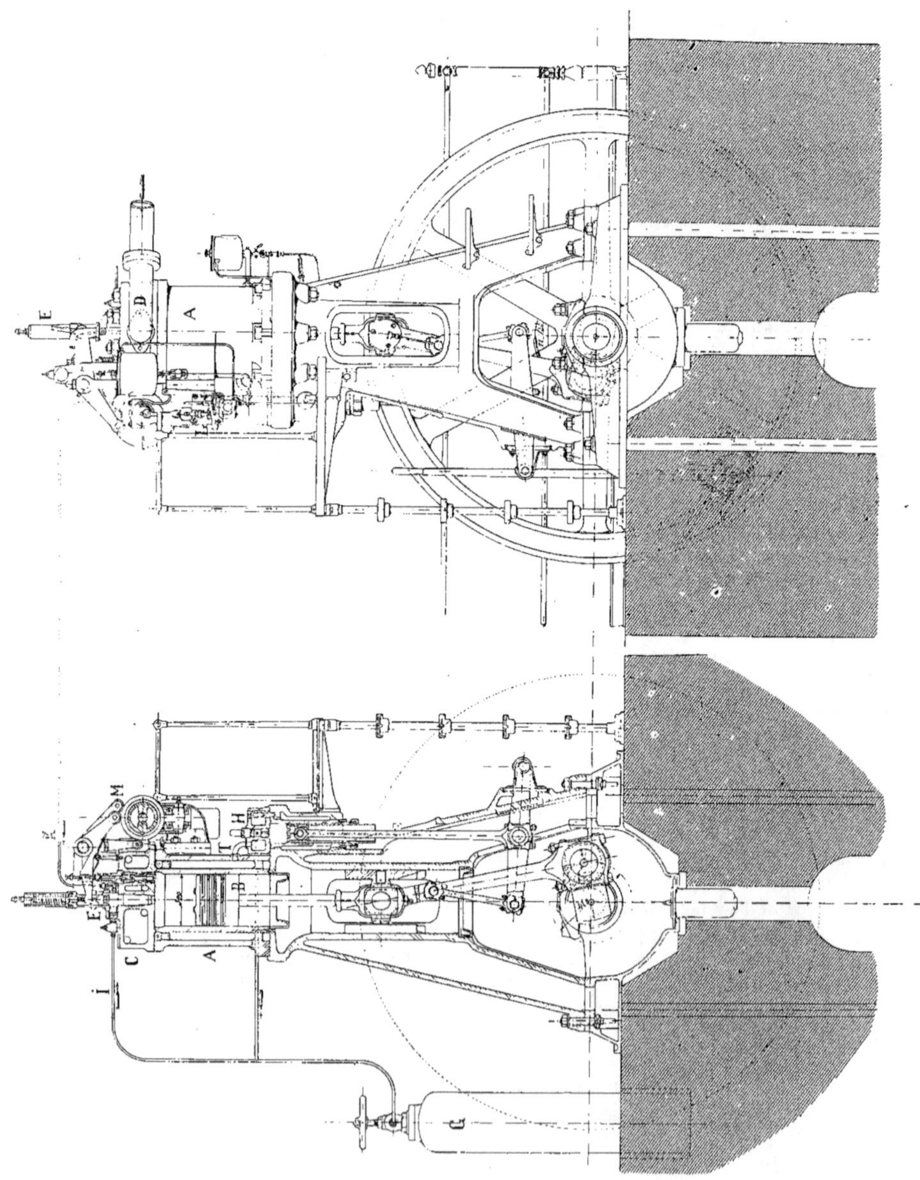

teurs allemands y vinrent soutenir M. Diesel, en fondant à Augsbourg une station d'essais remarquablement installée.

On abandonna ainsi l'idée des trois cylindres, qui compliquaient la machine, et d'ailleurs la compression adiabatique se fait infiniment mieux dans un cylindre unique.

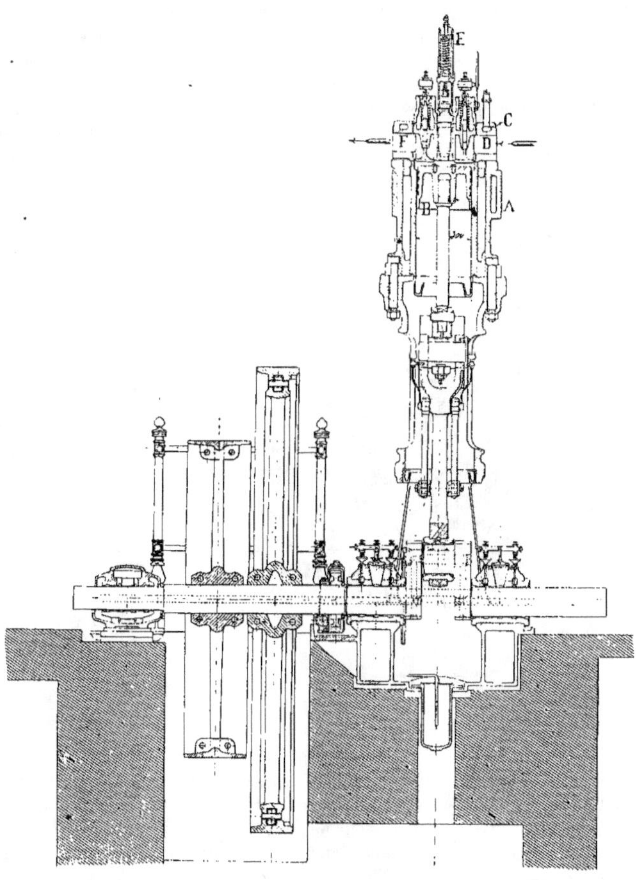

Fig. 63. — Moteur *Diesel*.
Coupe par l'arbre moteur.

Après différents essais le moteur a été ainsi établi que le représentent les fig. 63, 64, 65, 66. Je le décrirai sommairement, en empruntant figures et souvent texte à la très intéressante communication de M. Diesel au Congrès international de Mécanique appliquée.

On voit en A le cylindre, en B le piston, relié, à la façon ordinaire des moteurs-pilons, à l'arbre du volant. Dans le fond du cylindre sont, en C, toutes les soupapes et, au-dessus, les organes de distribution.

Le moteur fonctionne comme un moteur à quatre temps, sauf que, pendant l'aspiration, l'air venant du dehors est seul introduit, puis seul comprimé, et ce n'est qu'à la fin de la course de compression et pendant une courte période de la détente, que le pétrole est injecté en même temps que de l'air surcomprimé.

Cet air supplémentaire, destiné à entraîner le liquide, est accumulé au préalable dans le réservoir G (fig. 63), sous une pression d'environ 40 à 45 atmosphères, par une petite pompe H actionnée, ainsi qu'on peut le voir sur la fig. 64, par la bielle de la machine, une biellette et un levier. L'air vient de G au cylindre par un tuyau I et l'ajutage E (fig. 63) qui, d'autre part, communique par un tuyau K avec une petite pompe L (fig. 64). Celle-ci refoule, à chaque coup de piston, une petite quantité de pétrole, dans le corps de l'ajutage E où le courant d'air comprimé viendra la prendre et l'entraîner graduellement dans le fond du cylindre, dès que le levier M de distribution ouvrira la soupape de l'ajutage.

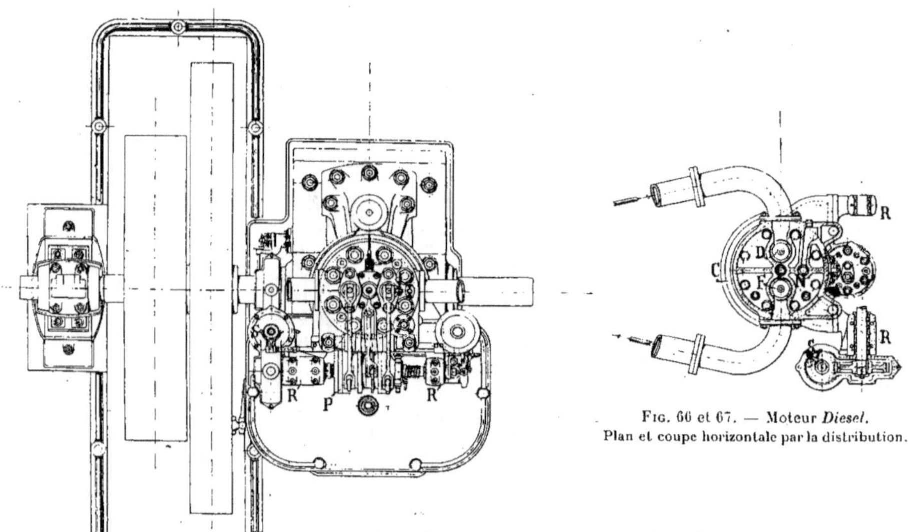

Fig. 66 et 67. — Moteur *Diesel*.
Plan et coupe horizontale par la distribution.

Les fig. 66 et 67 montrent mieux l'ensemble de cette distribution. On voit les différentes cames P montées sur le même arbre soutenu par les deux paliers R R′ venus de fonte avec le cylindre, et actionné par l'arbre moteur au moyen d'un arbre auxiliaire S et de deux jeux d'engrenages hélicoïdaux. Le tambour des cames P peut coulisser le long de l'arbre et être fixé dans deux positions, dont l'une correspond à la période de mise en marche, la seconde, au fonctionnement normal de la machine. Le passage des cames, de la position initiale à la position normale, se fait automatiquement, par le déclenchement d'un cliquet, sous l'action du régulateur, dès que la machine a atteint une vitesse suffisante.

La régulation de la machine ne dépend, dans de telles conditions, que de la quantité de pétrole amenée à l'ajutage, donc de la pompe L, et c'est sur cette pompe que le régulateur doit agir. Voici le procédé.

La fig. 68 montre le piston plongeur *a* actionné par un excentrique, ou l'extrémité de l'arbre de la distribution. Le pétrole vient à la pompe par la soupape *b* et retourne au réservoir, à la descente du piston, tant que *b* reste ouvert, passant au contraire, quand *b* se ferme par la soupape *c* et le tuyau *d* qui conduit à l'ajutage.

La soupape b a sa tige prolongée en k qui est solidaire d'une autre tige g laquelle, sous l'action d'un ressort, tend toujours à être soulevée et à ouvrir la soupape b. C'est l'action d'une butée f, qui est calée sur la tige du piston a, qui vient abaisser g, en agissant

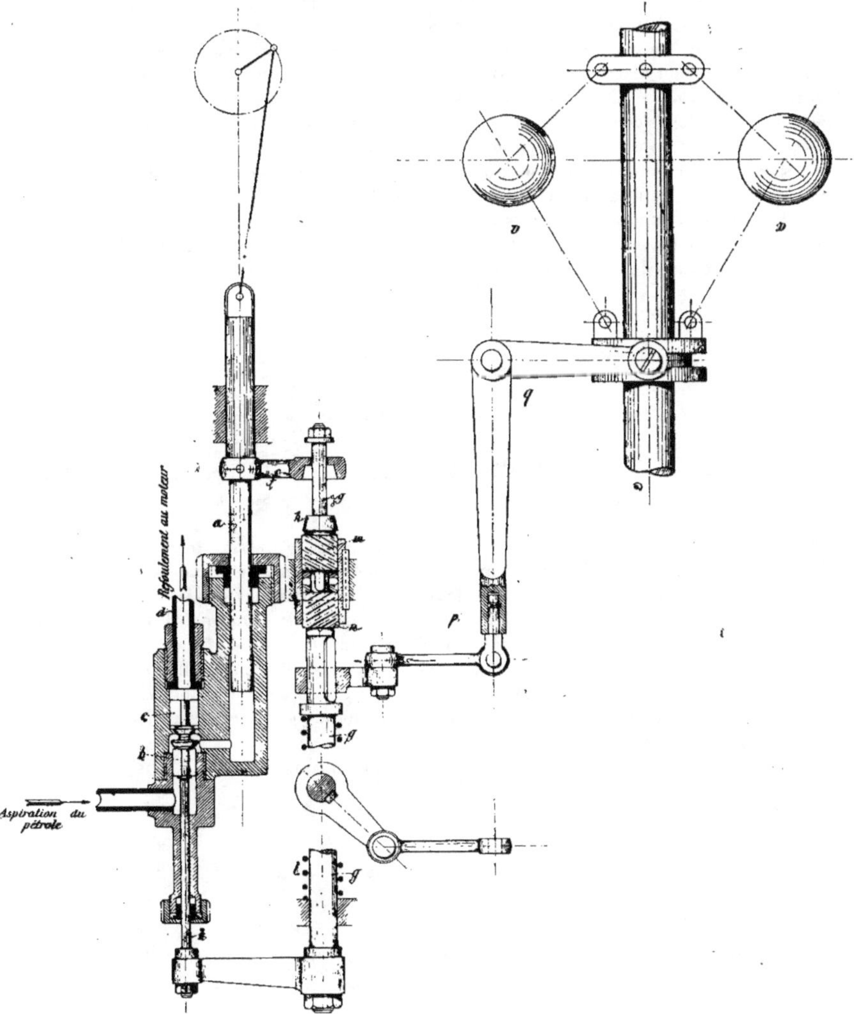

FIG. 68. — Moteur *Diesel*.
Réglage de la pompe à pétrole.

sur un épaulement h. Il suffit donc que le régulateur déplace cet épaulement h, pour modifier la période utile de l'action du piston a. Le procédé employé ici consiste à faire tourner, par l'intermédiaire des leviers $p\ q$ et d'une pièce clavetée, la tige g autour de son axe, et de la faire ainsi agir sur un double écrou *mn*. L'épaulement *h* est ainsi déplacé en quelque sorte par raccourcissement ou allongement de la tige *g*.

Le cylindre et la pompe à air sont refroidis par une circulation d'eau, qui passe d'abord autour de la pompe à air. Celle-ci est en effet à action rapide.

Pour la mise en marche, il était tout naturel, puisqu'on employait la compression de l'air, de prévoir un réservoir G suffisant pour qu'à l'arrêt il reste chargé jusqu'à la mise en marche prochaine. C'est pour cette marche à admission d'air comprimé pendant la période habituelle de combustion, que M. Diesel a prévu un double jeu de cames. On ferme à vis le réservoir G pendant les périodes d'arrêt. Cette réserve d'air permettrait encore, non seulement une mise en marche facile, mais les changements de marche. Nous verrons que M. Dyckhoff les a très heureusement réalisés.

Je montrerai encore deux séries de diagrammes (fig. 69, 70), en marche normale, à admission plus ou moins réduite. On y remarque que plus l'admission est grande, plus le diagramme s'écarte du diagramme théorique préconisé par M. Diesel. Non seulement la

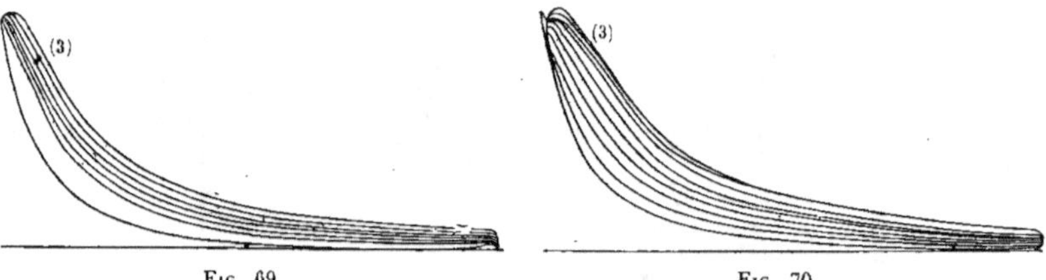

Fɪɢ. .69.   Fɪɢ. 70.

combustion ne se fait plus à température constante, mais la pression tend à monter et à descendre ensuite bien moins rapidement. Le rendement en travail indiqué baisse avec l'augmentation de la charge, ainsi qu'en fournissent la preuve des essais des professeurs Schröter, Sauvage, Walkinson, Denton, d'Allemagne, de France, d'Angleterre et d'Amérique, tous pays où le moteur Diesel est hautement apprécié. Il ne faudrait pas, à mon avis, en conclure pratiquement que la combustion est d'autant meilleure qu'elle est plus isothermique, ainsi que le soutient M. Diesel. Une première raison, c'est qu'il est facile de démontrer que, même en combustion isothermique, le rendement doit baisser avec une plus grande admission.

Voici les chiffres les plus importants fournis par ces expériences :

	A pleine charge. P. 100.	A demi-charge. P. 100.
Chaleur transformée en travail indiqué.......	34,2	38,5
— — effectif.......	25,7	22,4
Rendement mécanique....................	75	—

	kilogr.	kilogr.
Pétrole consommé par cheval-heure indiqué..	0,238	0,276
— — effectif...	0,180	0,161

Le moteur Diesel ayant aujourd'hui beaucoup de concessionnaires, beaucoup de constructeurs, il faut s'attendre à voir bientôt les différents types s'écarter les uns des autres. Déjà, en Amérique, l'on emploie des compressions plus élevées, jusqu'à 45 kilog., ce qui abaisse encore le rendement si remarquable de ce moteur. En France, il ne consomme guère que 250 grammes, et même moins, de carbure liquide, et l'on y brûle les schistes les meilleur marché, sans s'inquiéter de la provenance.

Le rendement organique 0,75 n'est pas très bon. Il s'améliorera certainement. Il est aussi à considérer que le moteur est fort lourd et coûte cher. Cela tient évidemment à la forme pilon et aux soucis dus aux hautes pressions. Là encore des perfectionnements sont probables.

La forme même tend à se modifier; on construit à Longeville, chez Otto en France, le type même d'Augsbourg. Il en est demême chez Nobel, en Russie. Mais, en Amérique, on construit un moteur plus ramassé, plus enfermé dans, un carter, ayant l'aspect des machines Willans. En outre je connais déjà deux constructeurs qui préparent des machines réversibles.

Je parlerai seulement de celle qu'a construite M. *Dyckhoff*, de Bar-le-Duc, et dont la

FIG. 71. — Moteur *Dyckoff*.

fig. 71 montre une photographie. Les brevets sont de son invention. Les fig. 72, 73, 74, montrent une coupe du cylindre moteur et de la pompe de compression, élévation et coupe des trois cylindres moteurs, plans et sections d'un moteur à trois cylindres réversibles, genre Locomotive.

Les figures suivantes expliqueront mieux l'ingénieux procédé de M. Dyckhoff, dont cependant tout le mécanisme est nettement visible sur la coupe fig. 72.

Le problème était compliqué. chaque cylindre, voir fig. schématique 75, a en effet 4 soupapes à faire manœuvrer, la soupape d'air comprimé pour la mise en marche, celle d'admission, celle d'échappement, celle d'injection. De plus il faut, en marche normale, deux jeux de cames : un pour la mise en marche à l'air comprimé agissant sur la soupape d'air 1 2 3 et celle d'échappement 4 5 6, un autre jeu en marche normale de 9 cames agissant sur les 9 soupapes 4, 5, 6, 7, 8, 9, 10, 11, 12. Mais, pour marcher en sens contraire, fallait-il encore 15 autres cames.

Il semblait impossible de loger les 30 cames sur un même arbre. M. Dyckhoff les a

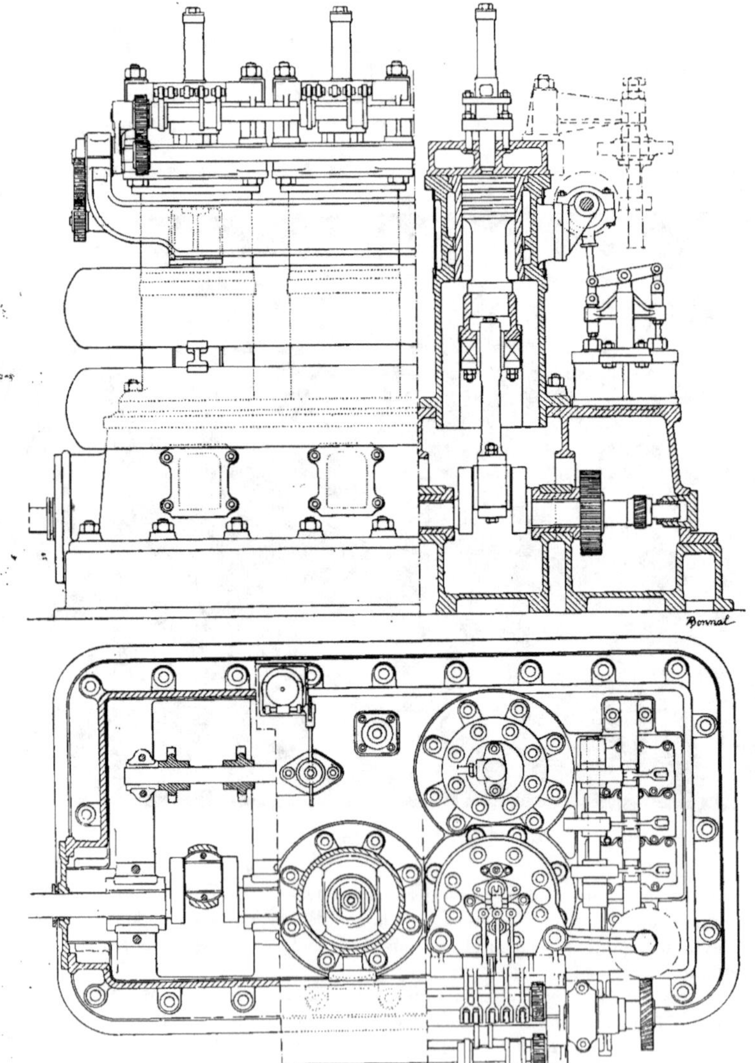

FIG. 72 et 73. — Moteur *Dyckoff*.

placées sur 4 arbres parallèles, que la fig. 76 montre en bout. Ces quatre arbres
sont montés, comme les génératrices d'un cylindre, sur un segment et le levier V, sur une

glissière à encoche, vient, à la volonté du conducteur, mettre en position de travail l'un de
ces 4 arbres L, M, N, P, qui sont développés en plan dans la fig. 75. Les galets S, R, T, U,

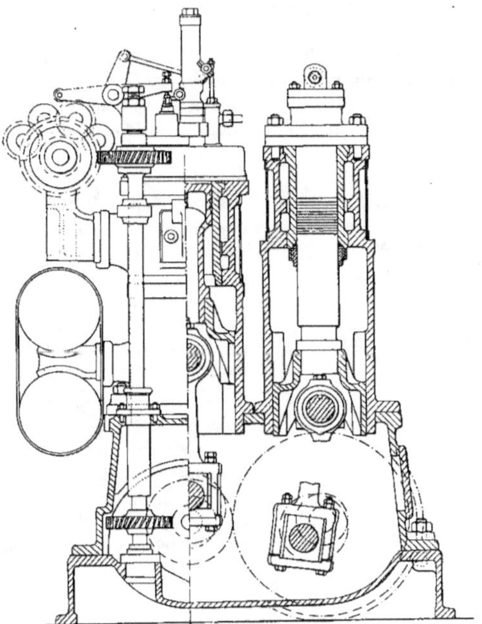

Fig. 74. — Moteur *Dyckoff*.

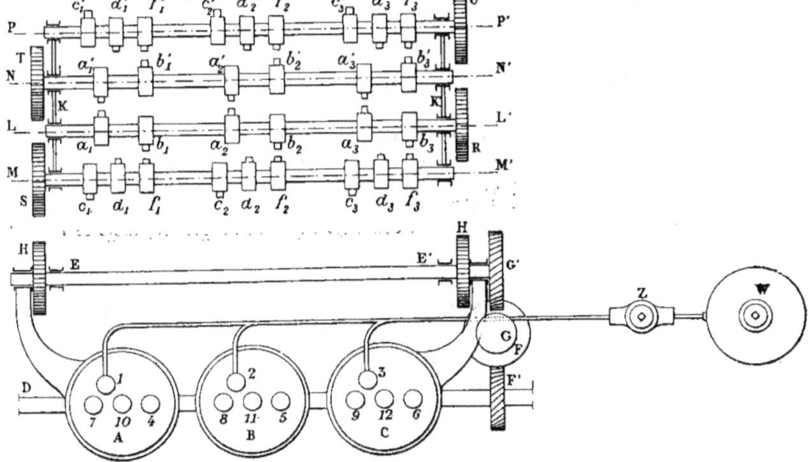

Fig. 75. — Moteur *Dyckoff*. Schéma de la distribution.

sont en prise constante avec l'engrenage H, qui lui-même reçoit le mouvement de rotation, avec vitesse réduite de moitié, de l'arbre de couche. Sur la fig. 75 on a séparé ces galets par deux groupes aux deux extrémités du moteur. C'est, paraît-il, moins encombrant.

Il est facile de comprendre qu'à tout moment le conducteur peut, en amenant un des arbres L ou N suivant le sens de la marche, intervertir l'ordre de la mise en marche, ou même, en marche, le transformer. Le moteur Diesel marchant avec ces deux arbres, c'est-à-dire comme un simple moteur à air comprimé est à deux temps. Sur trois cylindres, ceux qui, avec l'arbre L, travaillaient en admission ou en détente, auront immédiatement leur soupape d'échappement ouverte. Il y aura, sur trois pistons calés à 120°, l'un au moins qui de même, verra son échappement fermé et l'admission d'air ouverte, au contraire. Dès que le mouvement est ainsi réglé, le mécanicien passe à l'arbre suivant, M ou P, en manœuvrant toujours le levier V et le moteur fonctionne au pétrole et renouvelle sa provision d'air comprimé. Enfin la position O correspond à l'arrêt du moteur.

Je suis heureux, grâce à la bienveillance de M. Dyckhoff, d'avoir pu montrer les qualités précieuses d'un moteur à réserve d'air comprimé, et l'habile emploi qui va en être fait.

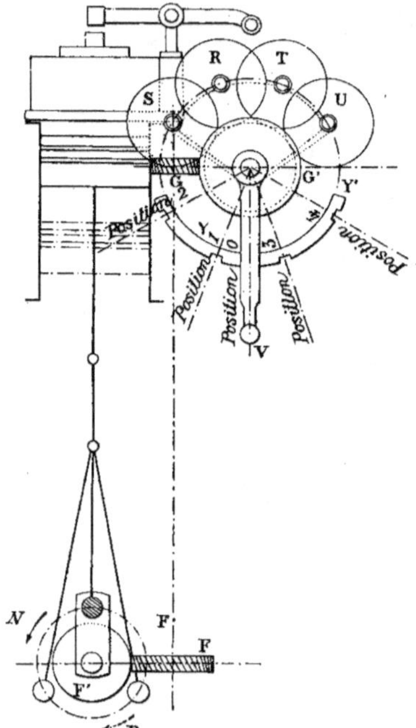

Fɪɢ. 76. — Moteur *Dyckoff*. Schéma. Vue en bout.

MM. Ganz et Cie. — Moteur Banki.

L'idée théorique, qui a guidé M. *Banki* dans l'invention du remarquable moteur qu'expose la maison *Ganz et Cie* de Budapest, est celle-ci.

Les moteurs à combustion sous volume constant sont, en théorie, ceux qui donnent le meilleur rendement à compression égale. Plus le volume est réduit et la compression grande avant la combustion, meilleur encore est le rendement. D'autre part, une combustion immédiate, telle que doit être une combustion à volume constant, ne peut être qu'une explosion, la durée d'introduction et de mélange du combustible et du comburant ne pouvant être laissée suffisante, pour que la combustion se fasse comme dans le moteur précédent.

Il faut donc employer un cycle à quatre temps et trouver un procédé qui empêche les explosions prématurées et permette de comprimer à haute pression. M. Banki a songé, comme jadis Hugon dans un autre but je crois, à refroidir la masse gazeuse introduite en y injectant de l'eau. Cette eau refroidit d'abord les parois, emprunte ensuite de la chaleur au mélange pour se volatiliser pendant la période de compression et affaiblit le mélange gazeux. Ce sont trois raisons qui, chacune, concourent à rendre la compression plus facile.

C'est ainsi que, lorsque les constructeurs des moteurs à explosion ont dû borner la compression au rapport de 4 ou 5 à 1 en volume, M. Banki peut réduire celui-ci dans le rapport de 9,83.

Cette compression donne jusqu'à 16 kg. 4 ce qui, après l'explosion, porte la pression à 38 kilog. au centimètre carré. Voilà, de beaucoup, les plus hautes pressions de compression préalable et d'explosion obtenues jusqu'ici.

Là, comme dans toute la théorie des machines à gaz et à vapeur, le diagramme ne donne pas d'indication certaine sur la température du mélange, et parler de courbes adiabatiques ou isothermiques est une dangereuse méthode.

L'eau injectée et vaporisée, partie au début, partie pendant la compression, réduit certainement la perte aux parois et la courbe de compression du moteur Banki est certainement l'une des plus adiabatiques, quoique cela semble paradoxal. Si la température s'élève peu, ou, du moins, moins rapidement que dans les compressions ordinaires, ce qui seul peut expliquer, avec la dilution du mélange, l'étrange degré de compression que l'on puisse atteindre, c'est que la vaporisation de l'eau consomme, on le sait, un nombre considérable de calories. C'est là une perte et un déchet certain, puisque cette eau s'échappera entièrement à l'état de vapeur. Il est en effet improbable qu'elle se condense pendant la détente, étant très surchauffée.

Reste donc à savoir, si le déchet dû à la chaleur latente de l'eau employée, et non pas celui dû à l'échauffement de la vapeur d'eau, car cette vapeur a travaillé dans le cylindre et la chaleur qu'elle perd à la sortie en est la conséquence nécessaire, est plus ou moins important que le bénéfice dû à la surcompression du mélange explosif. J'ai vu quelques calculs à ce sujet. Ils me semblent mal basés, l'équation de Poisson étant inapplicable à un pareil mélange et les équations, de la forme $pv^x = $ constante, ne pouvant être admises pour des détentes ou compressions avec perte aux parois.

Ce qui me semble beaucoup plus intéressant, ce sont les chiffres de consommation que je trouve dans un article du professeur Meyer « Versuche am Banki-Motor » donnant, en benzine, les consommations suivantes du même moteur, dans des essais suffisamment longs :

Pour 25,2 chevaux effectifs		242 gr.
19,5	—	264
13,2	—	284
6,76	—	381

Ce sont là des consommations aussi réduites que celles du moteur Diesel, et le moteur Banki, à ce point de vue, lui est équivalent. Toutefois faut-il noter que l'explosion ne permet pas l'introduction des mêmes combustibles bon marché, huiles lourdes, schistes.

Dans d'autres essais, avec de la benzine de densité 0,73, contenant au kilogramme 10180 calories, essais faits par le professeur Edmond Jonas, les 26 et 27 octobre 1899, je trouve les chiffres suivants, encore plus remarquables :

Pour 26,4 chevaux indiqués		221 gr.
20,7	—	235
15,05	—	261
8,21	—	326

D'après les tableaux des mêmes expériences, on voit que la consommation d'eau, à pleine charge, est environ de cinq fois en poids celle de la benzine. Cela reviendrait à dire que si un kilog. de benzine met en liberté 10180 calories, il faut en déduire 5606 calories employées à volatiser l'eau, et que la chaleur disponible n'est réellement que de 10180 — 3030 = 7050 calories. C'est, du fait de l'emploi de l'eau injectée, un déchet de 30 p. 100. Mais il est racheté, partiellement, par une diminution importante de la perte aux parois pendant la compression. C'est ainsi à mon avis que la théorie doit se présenter [1].

---

1. Essai sur la théorie des moteurs à gaz. *Revue de Mécanique*, juillet, septembre 1900.

Le moteur Banki, exposé à Vincennes, monocylindrique de 50 chevaux est représenté aux figures 79, 80, 81, 82, 83, 84, 85, 86.

Ce moteur peut, paraît-il, fonctionner au gaz et à divers pétroles. On nous le montre marchant à la benzine, combustible qui lui convient le mieux.

Le bâti A supporte le cylindre F où est serrée la chemise F'. L'arbre de couche s'ap-

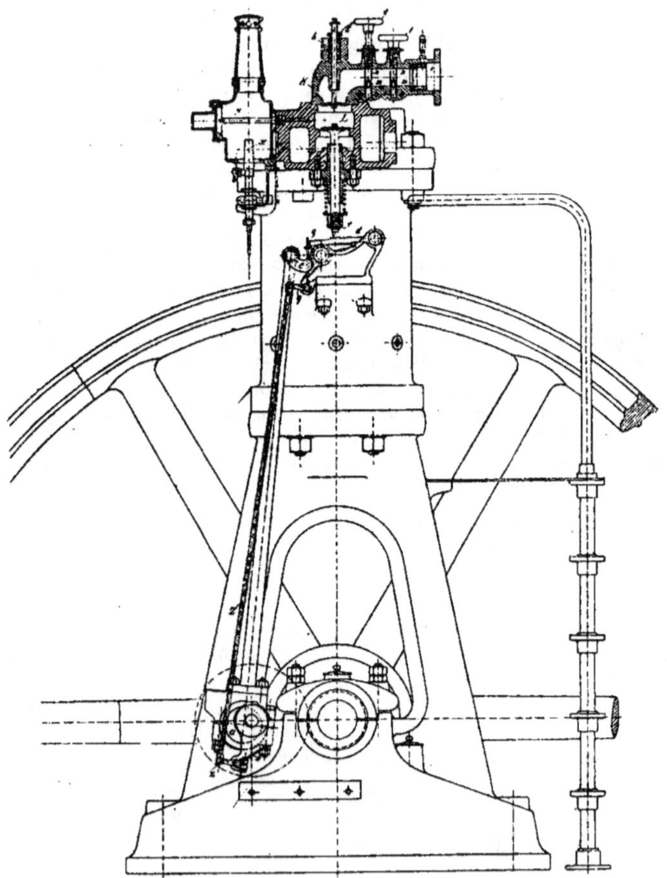

FIG. 79. — Moteur *Banki*. Vue par bout.

puie sur des paliers, venus de fonte avec le bâti, et des volants y sont calés de chaque côté de la manivelle équilibrée C, articulée à la bielle D. La culasse G est refroidie par l'eau qui circule autour du cylindre.

On voit aux figures 79 et 82 la chambre L que 2 soupapes mettent en communication, l'une avec le tuyau d'arrivée K, l'autre avec le conduit d'échappement L', et où aboutit le tube d'inflammation y, chauffé par la lampe X.

La soupape S, tendue par le ressort Z, au-dessus de la chambre L, s'ouvre pendant l'aspiration, automatiquement.

L'air y est aspiré et entraîne des gouttelettes de benzine et d'eau qui y sont amenées par les pulvérisateurs mm, réglés eux-mêmes par les vis nn. Enfin l'arrivée d'air est influencée par le papillon i. Dans la figure 85 sont dessinés les 2 appareils semblables qui règlent l'arrivée d'eau et de benzine et, au moyen des flotteurs p, lui assurent une pression constante, le clapet à boule v s'ouvrant automatiquement dès que le niveau du liquide baisse ainsi que le flotteur.

L'échappement se fait au travers de la soupape K, serrée par le ressort r'. Cette sou-

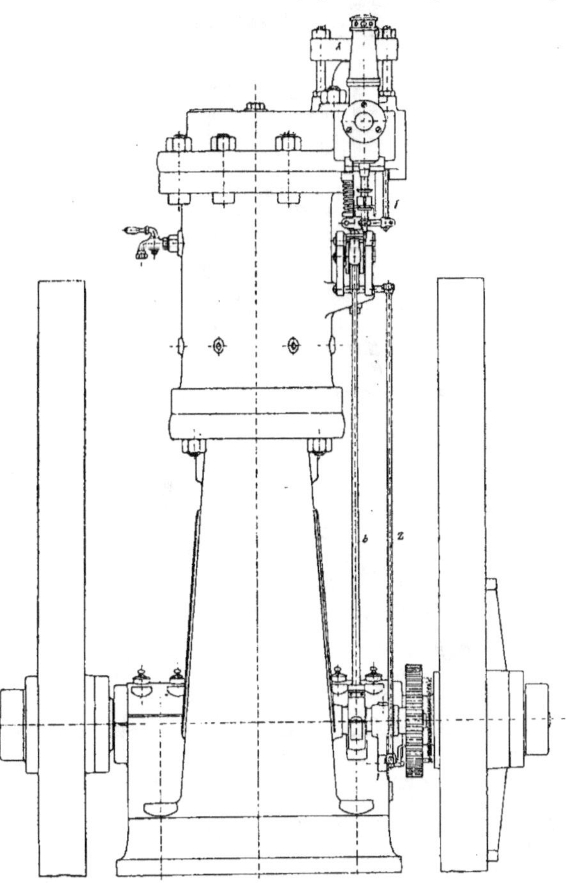

Fig. 80. — Moteur *Banki*. Élévation latérale.

pape est commandée par un levier à deux bras c dont l'un est articulé à la tige $b\ d$ commandée par un excentrique sur l'arbre moteur et l'autre soulève la soupape par le levier auxiliaire d.

La figure 86 montre le régulateur-volant où les masses, réunies d'une part par le bras l, s'écartent, sous l'influence d'une vitesse exagérée, malgré le ressort qui les retient.

Dans ce cas, l'ergot u vient agir sur un bras u' d'un levier coudé dont l'autre bras soulève la tringle r et vient aussi, par une équerre qq, maintenir le levier d levé et la soupape d'échappement ouverte.

Il y aurait, en ce cas, à craindre que l'admission ne s'ouvrît quand même ; aussi, pour plus de précaution, M. Banki fait agir en même temps sur la soupape d'admission. Une

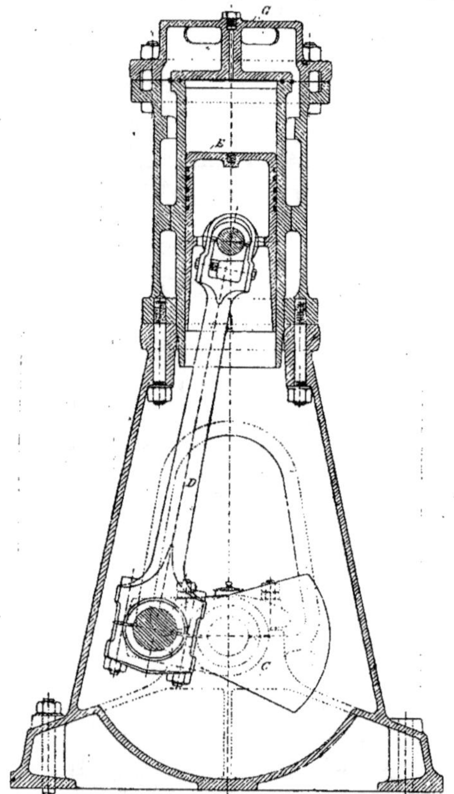

FIG. 84. — Moteur *Banki*.
Coupe par l'axe du cylindre et celui de la manivelle.

tige auxiliaire f, dépendant de z, vient à cet effet appuyer sur le ressort de la soupape, et l'asseoir sur son siège.

Il y a encore à signaler, dans le moteur Banki, la mise en marche, qui est des plus ingénieuses et des plus heureuses. M. Banki met en marche, sauf pour les puissances réduites auxquelles la main de l'homme suffit, par les gaz comprimés. Ceci est fréquent. — L'ingéniosité consiste en ce que, au lieu de recourir à un compresseur qui compliquerait la machine, il emprunte des gaz comprimés à l'explosion du moteur en fonctionnement.

L'appareil est fixé au fond de la culasse par 4 boulons. Il se compose d'un clapet dont la tige est guidée et qui est appuyé sur son siège par un ressort assez puissant. On met ainsi en communication avec un réservoir de volume suffisant, ou plus pru-

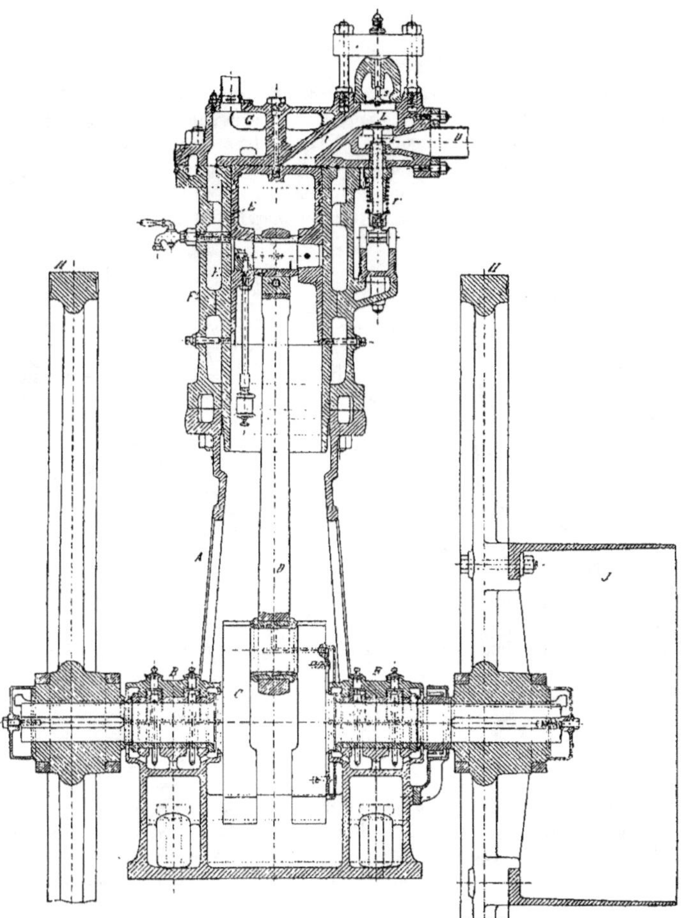

Fig. 82. — Moteur *Banki*. Coupe par l'axe du cylindre et l'arbre de couche.

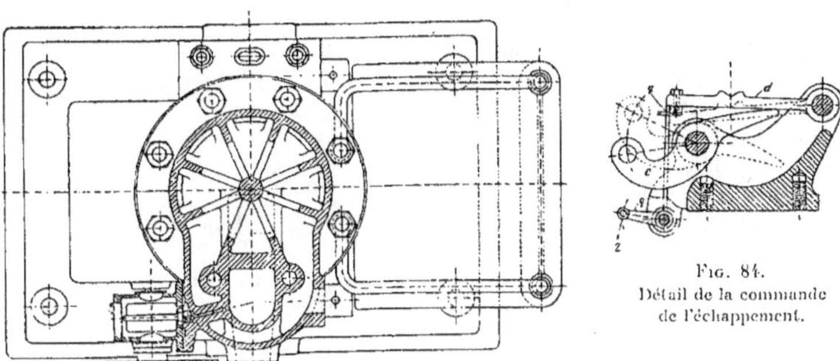

Fig. 83. — Plan et coupe de la culasse.

Fig. 84.
Détail de la commande
de l'échappement.

demment encore, 2 ou 3 réservoirs successivement, c'est ce qui se fait à Vincennes, le fond du cylindre. Tant que l'explosion donne une pression supérieure à celle du réservoir, les gaz brûlés vont dans le réservoir où ils atteignent bientôt 30 kilog. environ.

Quand le ou les réservoirs sont ainsi chargés, on tourne un levier qui serre une vis et cesse de laisser ainsi la communication se faire.

Quand au contraire, on voudra mettre en marche, il suffira d'amener le piston,

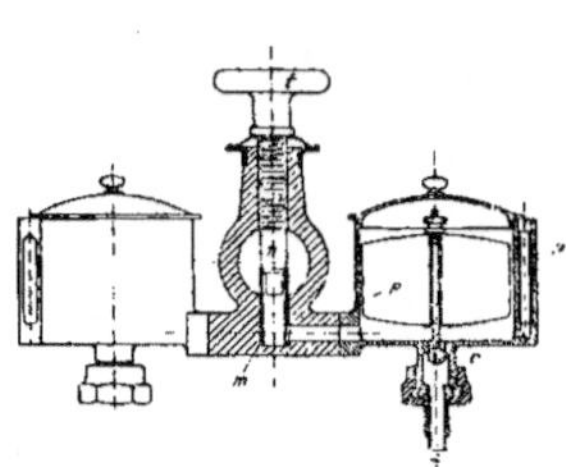

Fig. 85. — Moteur *Banki*.
Régulateurs de la pression d'alimentation.

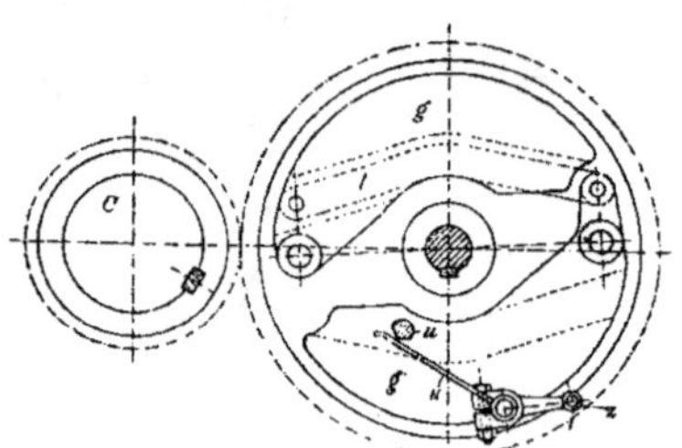

Fig. 86. — Moteur *Banki*.
Régulateur volant.

en agissant sur le volant, au fond du cylindre et, avec le levier, d'ouvrir à nouveau la vis afin de mettre le réservoir en communication avec le cylindre. Quelques impulsions suffisent ainsi.

Ce procédé fort original semble pouvoir s'appliquer très heureusement à tous les moteurs.

M. Jules Leblanc.

Dans toute cette exposition, les moteurs à gaz et à pétrole sont, on le voit, fréquemment représentés. Encore n'ai-je pas cité tous les exposants. Les moteurs à acétylène ne présentent aucun type spécial à cet explosif. Ceux exposés sont des types connus de moteurs à gaz; aucun, à tort bien certainement, n'a été étudié spécialement pour cet explosif brisant.

J'ai bien rencontré des moteurs à air chaud, mais presque tous actionnant directement une pompe, il convient de citer celui de *Rider-Ericson*, celui de M. *Jules Le Blanc* et celui de M. *Lacroix*.

Celui de M. Jules Le Blanc est un moteur de 3 à 4 chevaux système Brown. Il n'est pas nouveau. Il est cependant fort intéressant, et ne consomme, dit son constructeur, que 800 grammes environ de coke par cheval-heure. Le défaut de ces moteurs est d'être encombrants et lourds, et, quand on peut introduire directement dans le cylindre les produits d'un gazogène, il semble que toute solution permettant à un foyer de n'agir que d'une façon indirecte, qu'il s'agisse de moteurs à air chaud ou d'un gazogène, comme le gazogène à cornues, doit être soigneusement évitée. Des circonstances locales seules peuvent le conseiller.

Je n'ai pas vu de moteurs à acide carbonique liquéfié, ni d'analogues. Quant aux moteurs à air comprimé, ils sont représentés, en application, à la section américaine où l'air comprimé actionne directement certains outils, et cet exemple sera peut-être suivi.

Compagnie parisienne de l'air comprimé.

Comme machines motrices *à air comprimé*, je n'ai vu que celles exposées par la *Compagnie Parisienne de l'air comprimé*.

L'un de ces moteurs est d'un type original. C'est une machine, système *Piguet*, spécialement étudiée pour l'usage des Mines, et disposée de façon à produire du froid, soit avec travail utile, soit sans travail utile.

L'inventeur, si j'ai bien compris, se base sur ce principe: que la détente de l'air comprimé dans un milieu fermé, expérience classique de Joule, ne produit ni chaud ni froid. Si en effet l'air comprimé se détend en se refroidissant, l'air extérieur est comprimé et réchauffé de la même quantité de calories. En l'application, dans une galerie de Mines on ne se trouve pas absolument dans les conditions d'un vase fermé, et le principe ne peut s'appliquer que d'une façon toute restreinte. Toutefois l'invention réside en ceci que, quand le moteur ne travaille pas utilement, il doit actionner un compresseur envoyant au dehors l'air puisé dans la mine. C'est un échange d'air sain, frais et détendu, pris, au lieu d'air chaud et pollué, expulsé ; ce mouvement d'air est sans dépense, puisqu'il eût fallu détendre, sans en utiliser le travail, la même quantité d'air, pour obtenir un refroidissement peut-être beaucoup plus imparfait.

Un autre moteur est à piston rotatif, il est à ce sujet fort intéressant et je l'ai représenté figures 87, 88, 89.

A est le cylindre en fonte, B sont les plateaux dans lesquels sont percés les canaux d'arrivée et d'échappement de l'air comprimé, C est le piston cylindrique en acier coulé faisant corps avec l'arbre, et portant les alvéoles NN qui servent à la distribution.

DD' sont les palettes en acier fondu et trempé, qui s'emboîtent l'une dans l'autre, et coulissent dans une rainure enchâssée à cet effet dans le piston. Le jeu de ces palettes peut être rattrapé par les plaquettes E. F est le régulateur, G le volant, K le canal d'arrivée de l'air, L celui de l'échappement.

Le moteur a son centre de rotation excentré par rapport au cylindre. Dans la position du point mort, les distances entre le centre de rotation et l'extrémité des palettes sont égales; par conséquent, les efforts sur les deux palettes s'équilibrent. Dès que le point mort a été dépassé, par suite de l'excentricité, la distance devient plus grande que la distance du centre à l'extrémité de l'autre palette.

L'air comprimé agissant simultanément sur les deux palettes, fera tourner le moteur dans le sens où l'effort sera le plus grand.

Dans la position indiquée sur le plan, le moteur est au point mort ; dans cette position les palettes et le piston obstruent les orifices d'arrivée et d'échappement d'air.

Dès que le moteur a quitté cette position, dans le sens de rotation indiqué par la flèche, la partie du cylindre au-dessus du piston et des palettes se remplit d'air ; car l'alvéole N est venue découvrir l'orifice K, et la palette mobile D' empêche cette partie du cylindre de communiquer avec l'orifice d'échappement L.

Pendant la fraction de la course correspondant à la longueur de l'alvéole N, il y aura admission d'air. Dès que l'autre bord de l'alvéole aura recouvert complètement l'orifice K, l'admission sera fermée. A partir de ce moment, grâce à l'excentricité de l'arbre, l'air comprimé agira et se détendra, jusqu'à ce qu'un demi-tour ait été fait, et que D soit venu en D'. Ce sera la fin de la détente, car dès que D dépassera l'orifice L et le démasquera, l'air s'échappera par cet orifice.

A ce moment, l'autre partie du cylindre se remplira d'air comprimé, et le mouvement rotatif se continuera ainsi.

La régulation de ce moteur se fait par le régulateur F qui étrangle plus ou moins l'arrivée de l'air.

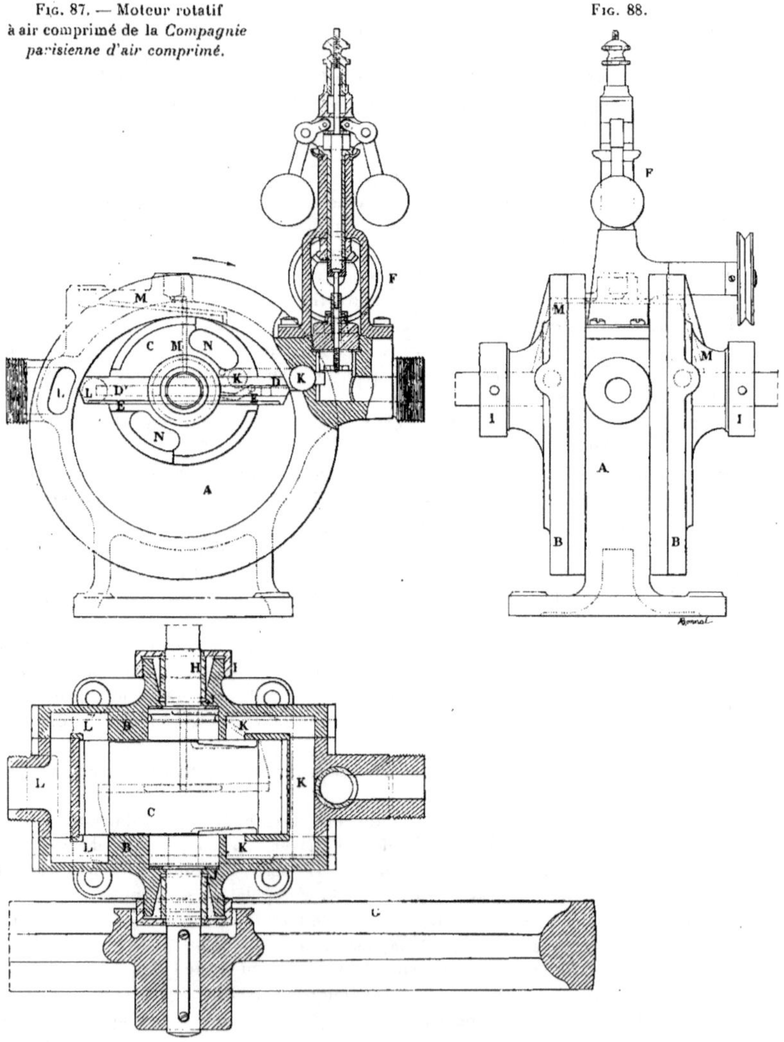

Fig. 87. — Moteur rotatif à air comprimé de la *Compagnie parisienne d'air comprimé.*

Fig. 88.

Fig. 89.

Ce moteur pourrait, avec peu de modification, marcher à la vapeur, et aux gaz d'explotion. C'est ainsi que se présente un autre moteur rotatif : Le moteur *Arnaud et Marot.*

C'est un moteur à quatre cylindres et à pistons tangents. Je n'en ai vu que l'extérieur et je n'en dirai rien d'autre.

Quant aux moteurs à turbines, ils se font une place très brillamment dans la classe des machines à vapeur et il n'y a aucune impossibilité à les appliquer aux gaz tonnants. La Société de Laval et M M. Rateau, Sautter et Harlé y songent, ou y songeront, paraît-il. Je regrette de n'avoir rien de plus ferme à enregistrer ici.

Je ne parlerai pas des gazogènes à acétylène. Il me restera à signaler divers gazogènes transformant l'énergie contenue dans les combustibles naturels, houille, bois, ou dérivés de distillation, coke, charbon de bois. L'industrie de la construction du gazogène semble en effet devoir être distincte de celle de la fabrication des moteurs à gaz, et ceux qui me restent à décrire s'adaptent indifféremment aux divers types de moteurs. Ces appareils sont extrêmement perfectionnés, et méritent une grande attention. Leur rendement n'est pas limité, et atteint déjà facilement 85 p. 100 et mieux.

MM. Taylor et Cie. — Gazogène.

Le gazogène de MM. *Taylor et Cie* est employé par un grand nombre de constructeurs, notamment la Compagnie des moteurs Niel et la maison Charon. C'est en faire un grand éloge. Il est en effet fort simple.

Il se compose d'une chaudière, chauffée par les gaz chauds sortant du gazogène, d'où la vapeur, se mélangeant à l'air, entre sous la grille du foyer dans un fourneau vertical, en produits réfractaires entourés d'une chemise cylindrique en tôle. L'intervalle est rempli de terre à four pilonnée. Ce fourneau, rétréci à la partie inférieure, sans grille, laisse les cendres tomber en cône entre deux portes permettant de les enlever de temps en temps. Un regard en mica permet de surveiller le cendrier, et une trappe d'introduire un ringard en cas de besoin.

Le combustible employé est de l'anthracite, qui se charge par une trémie supérieure prolongée par un cône, sorte d'entonnoir en tôle, autour duquel les gaz circulent et échauffent préalablement le charbon. Les gaz, après avoir chauffé la chaudière, se rendent dans un épurateur physique, colonne de coke, à filet d'eau, peu encombrante et peu haute et de là à un réservoir, très restreint, intermédiaire entre le moteur et le gazogène.

Si l'on ajoute un petit ventilateur, voisin du foyer, pour la mise en marche, on a décrit tout l'appareil, qui est remarquable par son peu d'encombrement et sa simplicité. D'après les résultats communiqués, il semble que ce gazogène assure un excellent rendement. Il a l'avantage de marcher sans pompe, par la simple aspiration du moteur, la différence de pression que l'admission produit dans le réservoir qui la précède. Sans préjuger de sa valeur aux hautes puissances, il semble convenir particulièrement aux petits moteurs. On en construit pour moins de dix chevaux, ce qui permet à ces moteurs une économie que l'on n'était pas habitué à y rencontrer.

Les *Fontaines à Gaz*, indiquées comme générateur de gaz, sont de simples accumulateurs, carburateurs à froid, qui se chargent chez le fabricant, et rendent le pétrole vaporisé à domicile. L'idée peut être heureuse, mais ces appareils sont des accumulateurs, et doivent en avoir les inconvénients. Les frais de transport doivent grever lourdement cette industrie.

Les constructeurs annoncent seize à dix-sept mètres cubes de gaz carburés à moins de 4.000 calories, correspondant, par mètre cube de gaz, à 350 grammes de pétrole. Comme la fontaine coûte 4 fr. 50 de rechargement à Paris, le mètre cube de gaz revient à 0 fr. 28. Ce prix n'est pas avantageux par rapport à celui du gaz d'éclairage qui, pour 0 fr. 30, donne 5.300 calories. Aussi je ne crois pas les fontaines à gaz applicables économiquement à la production de la force motrice. En province, où le pétrole est moins cher, le rechargement peut devenir moins onéreux ; mais là encore, pour la force motrice, un moteur à pétrole semblera plus économique. Il n'y a donc que pour l'éclairage, que les Fontaines à Gaz peuvent présenter un certain intérêt.

Compagnie du gaz Riché.

Le gazogène *Riché*, exposé à Vincennes, se compose essentiellement de plusieurs cornues de distillation I chauffées par les gaz d'un foyer F, circulant dans la chemise

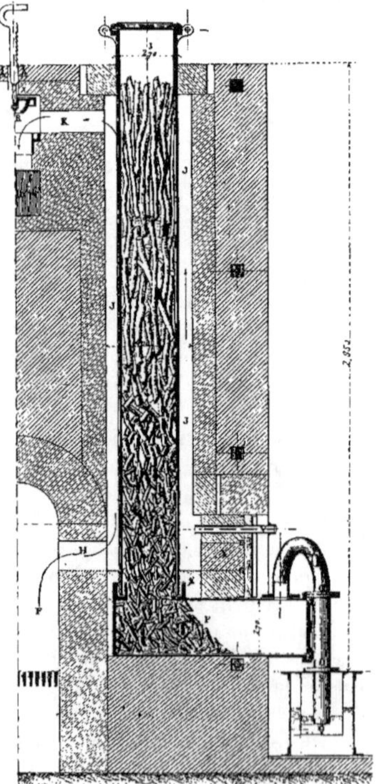

Fig. 90. — Gazogène *Riché*.
Cornue de distillation.

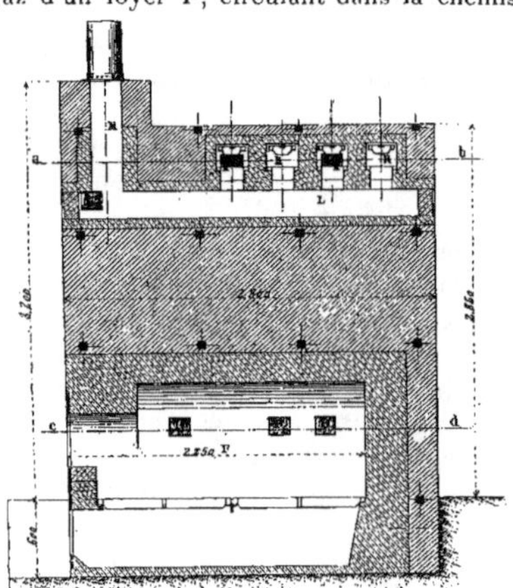

Fig. 91. — Gazogène *Riché*. Coupe du foyer.

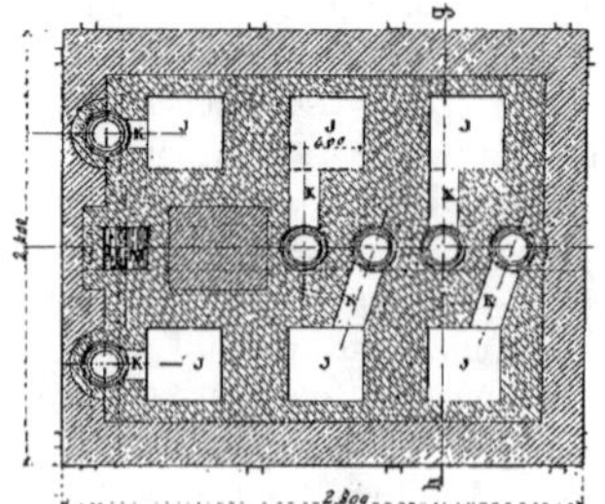

Fig. 92. — Gazogène *Riché*.
Coupe horizontale, par les carnaux K.

extérieure J. Les gaz combustibles récoltés sont ceux provenant de la distillation des bois qui sont chargés dans la cornue (fig. 90).

La fig. 91 montre la disposition du foyer sur lequel, suivant les circonstances, se brûle de la houille, ou d'autres combustibles, bois, déchets de bois notamment. On y voit la cheminée d'appel M, les carnaux K et les registres R permettant de régler le tirage, et les carnaux horizontaux H qui amènent les gaz brûlés autour de la cornue. La fig. 90 montre d'ailleurs fort bien le jeu de ces carnaux. Les fig. 92, 93 montrent le détail en plan de ce foyer, ainsi que la conduite *f* qui emmène les gaz au gazomètre. La fig. 94 et surtout la fig. 90 montrent le détail des cornues.

Celles-ci sont en deux parties, une partie cylindrique I qui doit être fermée hermétiquement. La forme cylindrique a été adoptée pour réduire les efforts sur le charbon de bois qui avec la forme conique s'écrasait. Ce long cylindre est fermé en haut par un tampon qui, ouvert, sert à l'introduction du bois. Ce tampon est serré sur la cornue, dans une gorge en queue d'aronde, garnie d'amiante, par un levier à vis.

En bas, I est joint à la deuxième partie P de la cornue, en s'engageant dans une gorge, le tout étant noyé de sable X sur une certaine hauteur. La partie horizontale P de la

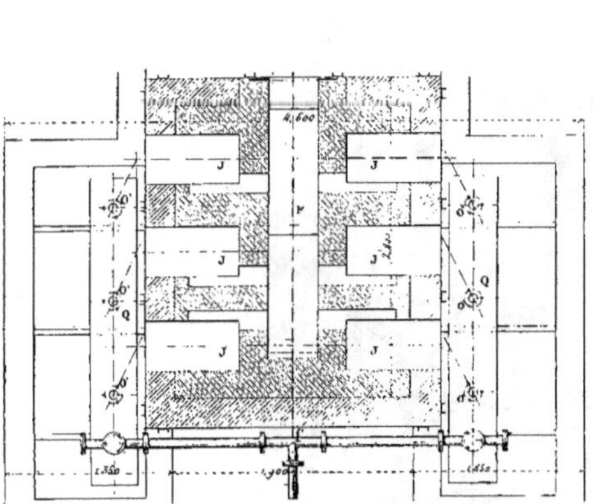

Fig. 93. — Gazogène *Riché*.
Coupe horizontale montrant les canalisations récoltant
le gaz et le conduisant au gazomètre.

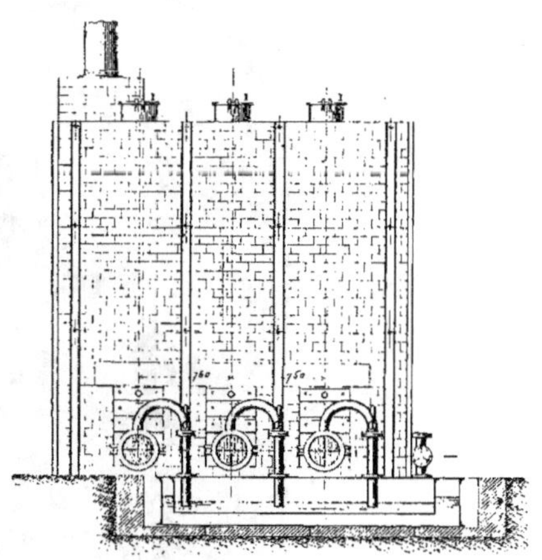

Fig. 94. — Gazogène *Riché*
Élévation.

cornue reçoit le charbon de bois, et laisse passer les gaz de distillation qui s'en vont au réservoir par le siphon *oo'q*.

Les dessins représentent la maçonnerie, intérieure réfractaire et extérieure en briques ordinaires, qui complète l'appareil.

Le gazogène H. Riché exposé à Vincennes est, on le voit, d'un type tout spécial. Est-ce d'abord un gazogène ? La dénomination a été discutée. N'est-ce pas plutôt un appareil de distillation? Il se distingue en effet nettement des gazogènes, dont le haut fourneau est le type, et où la combustion partielle fournit la chaleur nécessaire aux transformations chimiques et dissociations utiles pour créer un combustible gazeux. Dans le gazogène Riché une partie de la chaleur, une grande partie, est empruntée à un foyer extérieur, et c'est dans une cornue intérieure que le bois traité, est distillé, brûlé en partie par la dissociation de la vapeur d'eau, mais non totalement, comme dans les gazogènes, et fournit un résidu de charbon de bois.

Si ce sous-produit se vend bien, et si le bois ne coûte pas cher, l'opération peut être fort avantageuse, et les cas ne manquent pas, aux colonies en particulier, où le gazogène Riché peut être extrêmement utile et son introduction un bienfait, ainsi que dans les usines où le travail du bois laisse des déchets considérables, qui sont on ne peut plus mal employés, généralement, à chauffer des chaudières.

D'autre part, si l'on discute la dénomination de gazogène, ce qui n'est pas une critique, c'est encore parce que l'air ne traverse pas le gazogène, où il n'y a pas non plus injection de vapeur. Il ne vient à la cloche à gaz que les produits de la distillation, par conséquent pas ou guère d'azote. Ceci est un avantage marqué sur les gazogènes ordinaires où une partie de la chaleur sert à chauffer à 450° environ de l'azote, chaleur absolument perdue. Le gaz est nécessairement plus riche et atteint 3.100 calories au mètre cube ; ce qui le différencie nettement des gaz des gazogènes sans cornue.

Fig. 95. — Gazogène *Riché*.

Il est évident, d'autre part, que le foyer est une cause de perte, et que les gaz brûlés emportent beaucoup de calories, d'autant plus que la chaleur traverse difficilement les parois d'une cornue ; que les cornues en fonte supportent mal ces hautes températures, et doivent être remplacées assez fréquemment, ce qui est onéreux. Ce sont là les deux grands inconvénients du gazogène à cornue de distillation, et le type de ce gazogène ne bénéficie pas de ce qui fait la supériorité habituelle du gazogène sur la chaudière : c'est qu'en principe ce sont les gaz du foyer eux-mêmes que l'on emploie, et qu'il pourrait en théorie ne pas y avoir de déchet.

On a reproché aussi, au gazogène Riché, de ne pas chercher à utiliser les produits tant recherchés de distillation de bois. C'est, à mon avis, un tort. Le gazogène Riché a été très étudié par son auteur. Il doit rendre des services considérables là où le bois, ou le déchet de bois est très bon marché, et, dans ce cas spécial, il ne faut pas compliquer l'appareil et le transformer en usine de produits chimiques.

M. Riché ne pourrait-il pas, sans grands frais, utiliser la chaleur perdue des gaz de distillation sortant de la cornue, à échauffer au préalable l'air introduit au foyer? Il remplacerait, à mon avis, par ce procédé, une grande partie du déchet inhérent à la cheminée même du foyer.

Le gazogène exposé ne comportait que deux cornues, et non six, ainsi qu'en témoigne la fig. 95 représentant l'installation. Mais j'ai emprunté à la *Revue industrielle* ce dessin d'un type à six cornues, dont la disposition m'a semblé plus intéressante.

M. Louis Guénot. — Gazogène.

Le gazogène *Guénot* est du même type que le gazogène Riché, c'est-à-dire qu'il se compose d'une cornue *ab*, chauffée par les gaz du foyer *j* (fig. 96). Ces gaz suivent le sens

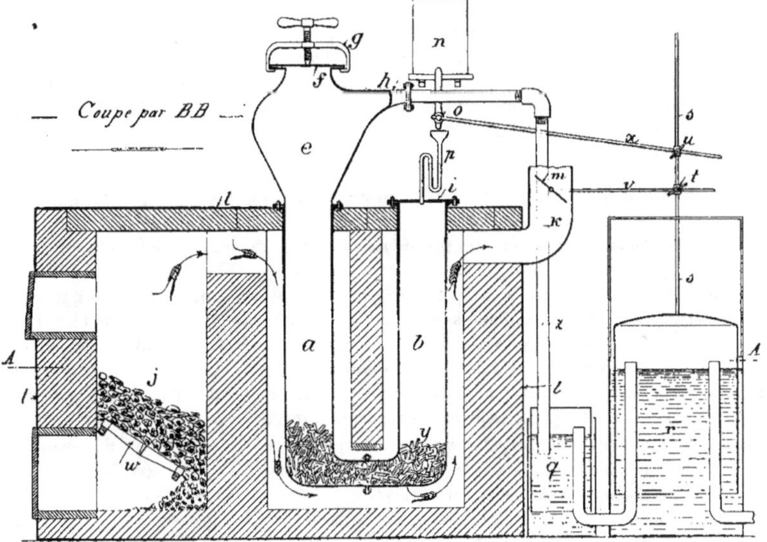

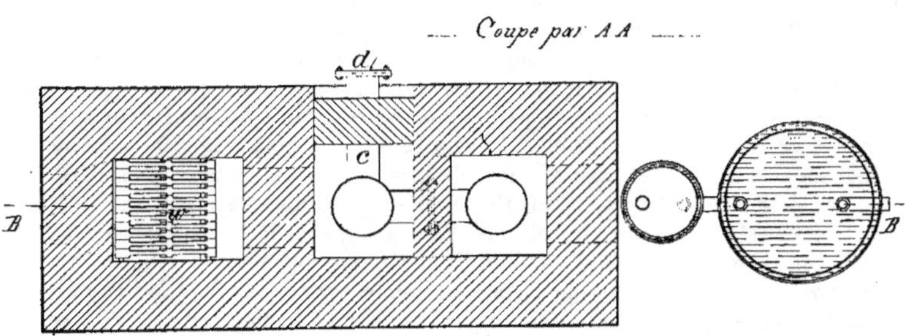

Fig. 96. — Gazogène *Guénot*.

de la flèche, et chauffent d'abord le haut de *a*, c'est-à-dire le charbon de bois récemment introduit par la trémie *c*, puis ils sortent après avoir chauffé *b*, de bas en haut, par la cheminée *k* que règle un papillon *m*.

Il diffère essentiellement du gazogène Riché, d'autre part, en ce que le charbon de bois, qui est en *ab*, n'est pas et ne pourrait être distillé, mais est réduit par la décomposition de l'eau introduite en *p* et qui se vaporise dès l'entrée. De telle sorte, les gaz, qui sortent en *h*, vont barboter en *q*, et de là passent dans le gazomètre *r*, se composant d'hydrogène en forte partie, d'oxyde de carbone et d'acide carbonique. Les proportions sont :

	en volume.	en poids.
CO^2	25	70,4
CO	12	21,5
H^2	63	8,1

La proportion, très élevée, d'hydrogène donne une grande légèreté à ce gaz qui semble convenir tout particulièrement pour gonfler les ballons. Il semble qu'il serait facile de réduire cette proportion, et celle de l'acide carbonique surtout qui est excessive, et d'augmenter celle de l'oxyde de carbone, au bénéfice du rendement et de la qualité du gaz pour moteurs.

Société Anonyme des moteurs thermiques Gardie. — Gazogène.

La Société Anonyme des moteurs thermiques Gardie n'expose pas des moteurs, mais seulement un gazogène. Celui-ci est d'ailleurs fort remarquable. Ce qui est regrettable, c'est de le voir accouplé à un moteur genre Otto, car, ce qui fait tout l'intérêt du gazogène Gardie, c'est sa bonne allure aux hautes pressions. Il marche, paraît-il, à partir de 1 kg. 100 ; il faut donc, en tous cas, un compresseur, et l'idée originale de Gardie fut de comprimer avant de carburer, mais de faire la compression complète. C'est la méconnaître que d'atteler le gazogène à un moteur à quatre temps, et il ne me semble pas certain qu'à une pression de 1 kg. 100, et quelquefois moindre, les gaz brûlés soient exempts d'impuretés chimiques, notamment d'hydrogène sulfuré, ce qui faisait la supériorité du principe. J'aurais préféré le voir atteler à un vieux modèle de moteur à deux temps. C'eût été un défi que des inventeurs eussent peut-être relevé.

Ce gazogène, représenté fig. 97, doit être rempli de gaz à 6 kilog. environ. Il est donc fermé par tous les bouts, et entouré d'une enveloppe de tôle, en deux parties réunies par des brides, pouvant résister à cette pression. Le charbon, d'espèce très maigre, s'introduit en morceaux très petits, par une boîte ovoïde E, que l'on ferme par un tampon T, fortement assujetti. Un robinet R, ouvert ensuite, fait tomber le charbon par un entonnoir renversé, en tôle, dans le foyer ; la longueur de cet entonnoir a pour but de réduire la hauteur du combustible actif et de rendre en quelque sorte constant le niveau supérieur du charbon, afin que la hauteur traversée par les gaz soit constante. Le foyer, cylindrique en haut, ovoïde en bas, n'a pas de grille. L'ouverture inférieure est seulement assez petite. Le foyer est naturellement entouré d'une chemise épaisse A, en terre réfractaire. Les cendres, ou le laitier, tombent dans une rigole, où une ouverture, fermée par un bouchon, permet, le cas échéant, d'enlever les résidus. L'air entre, sous le foyer, par une conduite fermée B par robinet à vis V, et entraîne l'eau par un ajutage X. L'eau est dans un réservoir en tôle P à la pression de régime, et monte par une tubulure J. Cette eau est déjà chauffée par le gazogène, et, entraînée par l'air, elle est vaporisée avant d'arriver au foyer.

Quand l'air est entré dans le foyer, il brûle à très haute température quand la pression de l'air est ainsi élevée, les gaz traversent ensuite le charbon rouge et s'y désoxydent, puis, après avoir circulé autour du cône renversé du charbon neuf ainsi réchauffé, ils

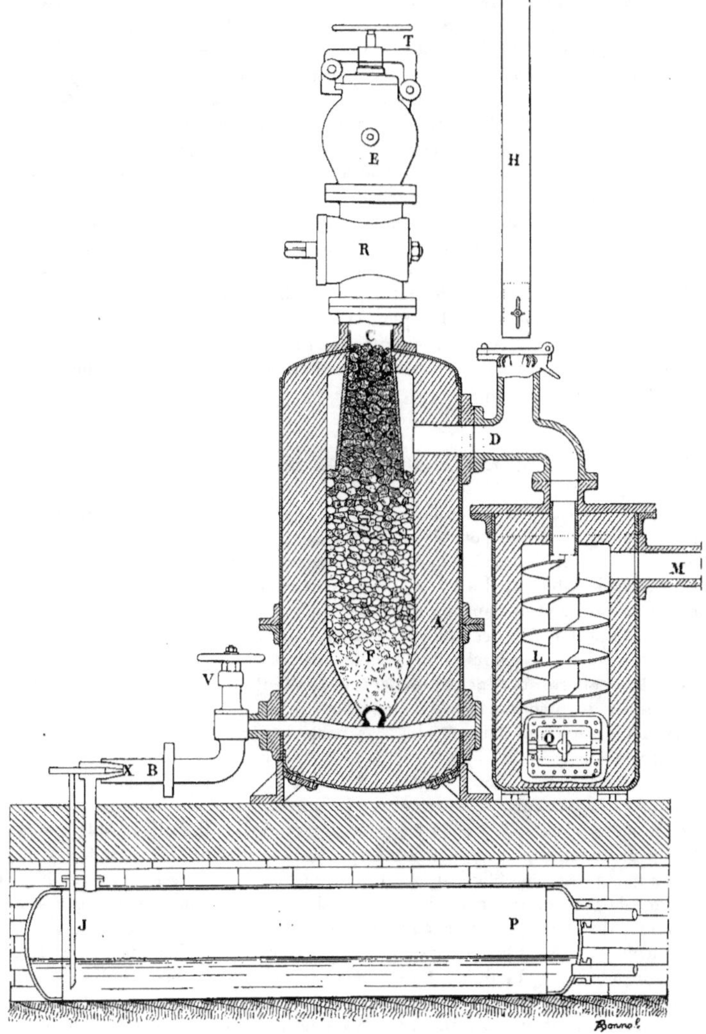

Fig. 97. — Gazogène *Gardie*.

sortent en De à une température de 800°. De là ils sont conduits dans un nettoyeur bien simple, représenté en L, et sortent, en M, pour être employés. Une porte Q sert au nettoyage de l'appareil L. Une cheminée H, fermée en temps de marche, permet l'allumage du charbon dans le gazogène où on ne laisse l'air, grâce à la vis V, qu'entrer sous une faible pression et un courant suffisant.

La caractéristique du gazogène Gardie est de fonctionner à haute pression. Les résultats sont que les gaz à haute température ne contiennent pas de matières goudronneuses ni d'eau ammoniacale, et n'ont pas besoin d'épuration avant d'être employées dans un moteur. Mais aucun moteur ne se prête actuellement à cet emploi sous pression de 6 kilog. environ. Ces gaz sont, en outre, à haute température. On pourrait, sans inconvénient, abaisser cette température en faisant circuler l'air frais à travers les gaz sortants. Il ne peut y avoir là aucune perte, les calories changent seulement de véhicule, et, pour un moteur comme pour un four, l'arrivée du combustible à une aussi haute température ne peut se faire qu'avec de grands déchets.

La Société anonyme des moteurs thermiques Gardie, représentée à Paris par M. Leroy, concessionnaire, s'occupe activement en ce moment de l'emploi des gazogènes Gardie aux fours de fusion des métaux ou de cuisson de la céramique. Dans ces fours, dont les résultats semblent forts intéressants, on détend le gaz combustible. Il n'est pas employé sous pression. Mais il n'est détendu qu'à l'emploi, et circule dans les conduites à sa pression totale ; aussi le gazogène Gardie, outre ses autres qualités, nécessite-t-il une tuyauterie peu encombrante, et est-il lui-même de petite dimension. A volume égal il débite six fois plus de gaz qu'un gazogène ordinaire.

M. Lencauchez. — Gazogène.

Il me reste à dire quelques mots des gazogènes exposés par M. *Lencauchez*. Je regrette de devoir me limiter, et de ne pouvoir décrire les très remarquables perfectionnements qu'a apporté, à ce sujet, M. Lencauchez qui y a consacré sa vie avec un rare bonheur.

Dans ces derniers temps, il s'est particulièrement préoccupé de fournir au gazogène un mélange intime d'air et de vapeur surchauffée y pénétrant environ à 300° au moins. Il est, en effet, très important d'éviter que, par moment, l'air vienne sec et active la combustion au détriment du rendement, ce qui est détestable, mais surtout élève la température à un tel degré que les matières fondent, se soudent, et arrêtent la descente du combustible.

Il s'est beaucoup préoccupé aussi d'empêcher ces sortes de voûtes de se former, en obligeant la combustion à se faire le plus bas possible dans le gazogène, et autant que possible au centre.

Comme le dernier étage d'un gazogène est toujours formé par des barreaux de grille échelonnés, qui peuvent s'enlever et permettre avec un ringard de décrasser, M. Lencauchez s'est efforcé de faire pénétrer entre ces barreaux le moindre afflux d'air possible, tout juste ce qu'il faut pour éviter que les grilles et les portes se chauffent à l'excès. Il y a réussi, dans certains gazogènes, en obligeant, par des plaques de tôle, l'air à passer par la grille plate qui forme le fond du gazogène et le sépare du cendrier. Pour des gazogènes d'une forme différente, il remplace les grilles par un distributeur de vent, de forme conique, au milieu du fond du gazogène ; les crasses parées par ce coin s'écoulant, de part et d'autre, dans un bassin à joint hydraulique. C'est ainsi qu'il abaisse et maintient au centre la partie la plus chaude du foyer.

Je décrirai seulement un gazogène, exposé à Vincennes, spécialement étudié pour les moteurs, et devant fonctionner avec des matériaux anthraciteux dont la combustion s'effectue toujours régulièrement.

Les fig. 98, 99, 100, le représentent, M. Lencauchez a eu la très heureuse idée d'utiliser la chaleur perdue, par les gaz brûlés du moteur, en plaçant le pot d'échappement dans la chambre u où se fait la prise d'air. Cet air se chicane, en v, sur une série de cascades formées par l'eau chaude venant de l'enveloppe du cylindre du moteur. Aussi se sature-t-il facilement en vapeur, et c'est ainsi qu'il est introduit dans le gazogène par le robinet y.

Ce robinet à deux voies, tourné de 90°, permet, à la mise en marche, de recevoir l'air d'un ventilateur qui se manœuvre à la main ; les gaz formés sont alors perdus par la cheminée S. Celle-ci est fermée de même dès que le gazogène est en marche normale. Les

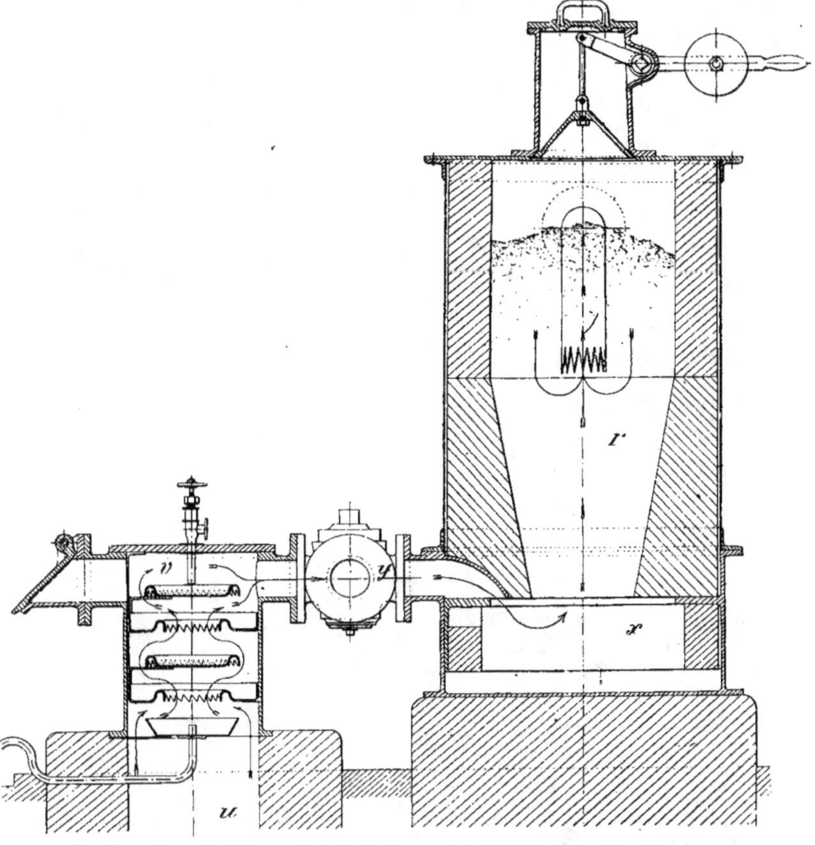

Fig. 98. — Gazogène *Lencauchez*. Coupe du gazogène et de l'admission d'air et de vapeur.

gaz sont alors aspirés, par le moteur, suivant ses besoins. La fig. 98 montre la vanne de chargement du combustible qui remplit en partie le gazogène, entourant la prise de gaz qui est ici centrale. La fig. 99 montre le passage de ces gaz, pour l'épuration, dans une colonne à coke z en deux étages, l'étage inférieur où le coke est arrosé d'eau, l'étage supérieur où il est sec. Puis le gaz s'échappe par la tubulure L.

Un gazogène de ce système fonctionne très bien à Vincennes, où il alimente des moteurs à gaz de la maison Otto.

Je me suis, peut-être, trop étendu sur la description des gazogènes. C'est parce que le problème, quoique peu nouveau, se présente avec une actualité frappante. Si, d'une part, les moteurs à gaz peuvent s'occuper moins exclusivement de la petite industrie où le transport de force à domicile, électrique ou à air comprimé, s'imposera tôt ou tard, au moins dans les grands centres, et peuvent tenter de supplanter la machine à vapeur, pour les moyennes et hautes puissances, ce n'est que grâce aux gazogènes. Les progrès du gazogène et du moteur thermique sont liés. Je crois fermement à leur succès.

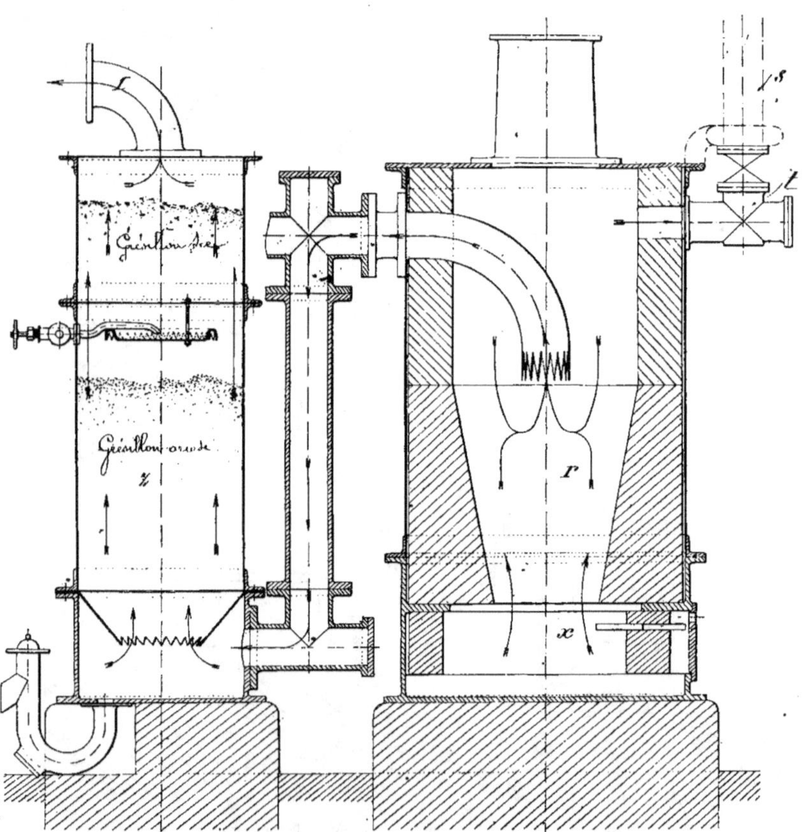

FIG. 99. — Gazogène *Lencauchez*. — Coupe du gazogène et de l'épurateur.

Si j'osais prévoir l'avenir, je n'oublierais pas que l'exposition de 1900 a dû faire une large place aux moteurs à gaz et à pétrole qui n'ont pu se loger au Champ-de-Mars et ont envahi Vincennes. Je serais plus ambitieux pour une exposition internationale prochaine et je voudrais voir une batterie gigantesque de gazogènes concurrencer celle des chaudières à vapeur, et, grâce aux moteurs à gaz, fournir l'électricité à meilleur compte. Toute la chaleur du combustible irait au moteur au lieu d'être entraînée, en partie, par de grandes cheminées si peu décoratives. La comparaison, à tous les points de vue, serait facile, et je crois pouvoir dire, en terminant, que dès aujourd'hui elle demande à être faite par une grandiose expérience.

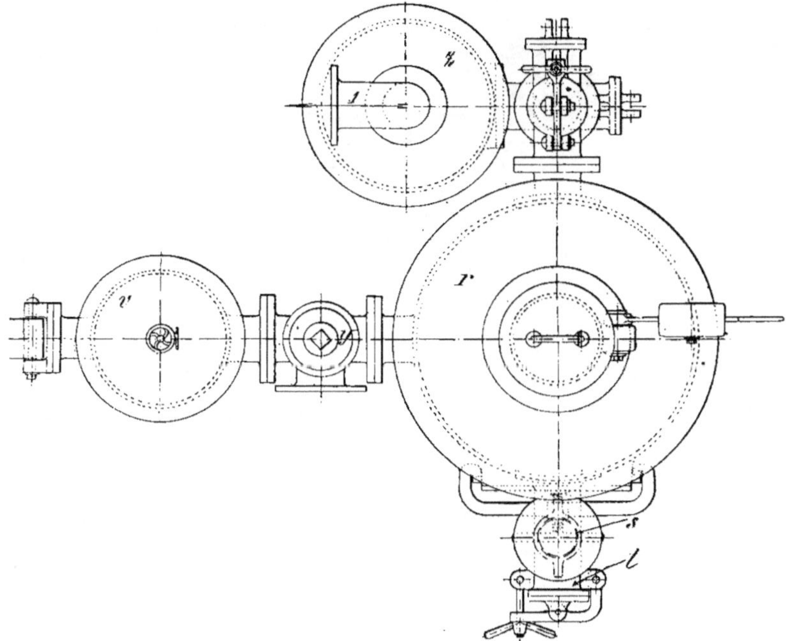

FIG. 100. — Gazogène *Lencauchez*.
Vue en plan.

Je remercie les constructeurs et ceux qui ont bien voulu me faciliter mon travail en me fournissant des documents. Je regrette seulement que la hâte que j'ai dû m'imposer m'ait obligé d'y laisser des lacunes. Je chercherai à les combler.

MACON, PROTAT FRÈRES, IMPRIMEURS.

Le Gérant : Vve Ch. DUNOD.

LA
MÉCANIQUE

A l'Exposition de 1900

Publiée sous le Patronage et la Direction technique d'un Comité de Rédaction

COMPOSÉ DE MM.

HATON DE LA GOUPILLIÈRE, G. O. ✳, Membre de l'Institut
Inspecteur général des Mines, *Président*

BARBET, ✳, ingénieur des arts et manufactures.

BIENAYMÉ, C. ✳, inspecteur général du génie maritime.

BOURDON (Édouard), O. ✳, constructeur mécanicien, président de la chambre syndicale des mécaniciens.

BRÜLL, ✳, ingénieur, ancien élève de l'École polytechnique, ancien président de la Société des Ingénieurs civils.

COLLIGNON (Ed.), O. ✳, inspecteur général des ponts et chaussées en retraite.

FLAMANT, O. ✳, inspecteur général des ponts et chaussées.

IMBS, ✳, professeur au Conservatoire des arts et métiers et à l'École centrale des arts et manufactures.

LINDER, C. ✳, inspecteur général des mines en retraite.

ROZÉ, ✳, répétiteur d'astronomie et conservateur des collections de mécanique à l'École polytechnique.

SAUVAGE, O. ✳, ingénieur en chef des mines, professeur à l'École des mines.

WALCKENAER, O. ✳, ingénieur en chef des mines, professeur à l'École des ponts et chaussées.

Secrétaire de la Rédaction : **GUSTAVE RICHARD**, ✳, 44, rue de Rennes.

5ᵉ LIVRAISON

LES MOTEURS HYDRAULIQUES

PAR

M. RATEAU

INGÉNIEUR DES MINES

PARIS. VI

Vᵛᵉ CH. DUNOD, ÉDITEUR

49, QUAI DES GRANDS-AUGUSTINS. 49

TÉLÉPHONE 147.92

1902

TABLE DES MATIÈRES

LES MOTEURS HYDRAULIQUES A L'EXPOSITION DE 1900

PAR

MM. Prasil, Professeur à l'Ecole polytechnique de Zürich,

ET

A. Rateau, Ingénieur au corps des mines.

INTRODUCTION

Les turbines hydrauliques constituaient, à l'Exposition universelle de 1900, un ensemble important parmi la classe générale des moteurs.

Depuis leur invention par Fourneyron, il y a à peu près soixante-quinze ans, ces machines, qui utilisent la force naturelle de l'eau en se pliant merveilleusement à toutes les circonstances, ont été de plus en plus employées. Mais c'est seulement depuis dix ans que la recherche de la force motrice hydraulique pour la production de l'électricité leur a donné le magnifique essor auquel nous venons d'assister.

L'adaptation des moteurs hydrauliques à la conduite des génératrices électriques a exigé plusieurs perfectionnements aux anciennes dispositions, particulièrement pour produire des puissances élevées et pour obtenir un réglage aussi parfait que possible de la vitesse de rotation, malgré des variations brusques et importantes de la charge. C'est pourquoi l'étude des turbines présentées à la dernière exposition est un sujet très instructif.

A vrai dire, la plupart des dispositifs qu'on nous montrait étaient déjà connus par les publications antérieures qui en avaient été faites, soit dans les revues périodiques, soit dans les ouvrages ; et nous-mêmes nous les avons en grande partie décrits dans *la Revue suisse*[1], et dans *la Revue de mécanique*[2]. Il y avait toutefois un certain nombre de nouveautés intéressantes sur lesquelles nous insisterons plus particulièrement dans cette étude.

La plupart des maisons françaises avaient exposé leurs types d'appareils, sauf celles de la région des Alpes : toutes les maisons suisses aussi, à l'exception des ateliers de Vevey, qui n'ont présenté que quelques photographies de leurs récentes installations ; il faut y ajouter quelques maisons hongroises, suédoises et américaines.

C'est, sans contredit, l'Exposition suisse qui présentait, dans l'ensemble, le plus d'intérêt ; surtout en ce qui concerne l'importante question du réglage automatique.

Avant d'entrer dans l'examen détaillé de chaque machine exposée, il est utile d'examiner rapidement, dans des généralités, les choses essentielles que l'Exposition mettait en relief. Nous allons donc dire quelques mots des turbines centripètes et de leurs avantages, de la manière dont on s'y prend aujourd'hui pour faire des turbines puissantes, des roues à poches, genre Pelton, et enfin de la régulation automatique des turbines.

Des turbines centripètes. — Il y a fort longtemps que les turbines centripètes ont été imaginées : comme l'on sait, il en existait déjà quelques unes en France avant 1843 ; mais c'est indubitablement l'Américain Francis qui en vit nettement les avantages et qui construisit le premier, en 1849, des turbines centripètes ayant un bon rendement. A sa suite, les ingénieurs

---

1. Fr. PRASIL. Rapport sur les turbines à l'Exposition de Genève, *Schweizerische Bauzeitung* (novembre et décembre 1896).

2. A. RATEAU. *Traité des turbo-machines* (Revue de Mécanique, 1897 à 1900, et tirage à part Dunod, à Paris, 1900).

américains développèrent considérablement le genre centripète sous des formes très variées [1] ; ce n'est que récemment que nous vîmes introduire ce type dans la pratique, en Europe. En France, la maison Singrün frères, à Épinal, s'est fait, depuis une vingtaine d'années, une spécialité de la construction des turbines américaines ; elle a fabriqué un très grand nombre de turbines centripètes du type dit « Hercule », combiné par l'Américain Mac Cormick. Certaines maisons allemandes fabriquent aussi, depuis assez longtemps déjà, des turbines centripètes. Tout récemment, les constructeurs suisses ont fini, eux aussi, par suivre le mouvement. Si bien qu'aujourd'hui, quand il s'agit de turbines à injection totale, qu'on installe sur des chutes faibles ou moyennes, c'est presque toujours au type centripète que l'on s'adresse. Nous allons bientôt dire quels sont les avantages par lesquels elles s'imposent.

Ces turbines centripètes sont naturellement toujours des turbines à réaction, c'est-à-dire qu'à la sortie du distributeur, dans les joints entre la roue mobile et le distributeur fixe, la pression n'est pas encore tombée à ce qu'elle sera à la sortie de la roue mobile. Ordinairement, le degré de réaction est voisin de 0,5.

Les avantages principaux que nous offrent les turbines centripètes sont les suivants :

Meilleur rendement mécanique. — A égalité de coefficients de pertes à l'entrée de la roue mobile et dans les canaux de cette roue, le rendement maximum des centripètes est un peu plus élevé que celui des centrifuges et même que celui des hélicoïdes ; la différence n'est pas grande, 2 0/0 environ ; mais il faut considérer aussi que les coefficients de pertes doivent être eux-mêmes plus faibles dans les centripètes, puisque les ailes de la roue mobile y sont relativement moins courbes et moins longues que dans les autres genres.

Le gain sur le rendement devient maximum vers la vitesse relative de $0{,}80$ [2]. Dans des conditions analogues, ce gain peut alors atteindre 4 à 5 0/0.

Application facile des amortisseurs. — Le genre centripète se prête très bien, au moins lorsque l'axe est vertical, à l'application des amortisseurs, qui se réduisent dans ce cas à de simples tuyaux coniques divergents. Grâce à cet organe, le bénéfice sur le rendement s'accroîtrait encore de quelques unités pour 100.

Plus grande vitesse relative. — A égalité de rendement, ou même à rendement supérieur, la vitesse relative des centripètes peut être portée à un chiffre notablement plus élevé qu'avec les autres genres. Il résulte de là que, à égalité du diamètre de la roue mobile, la vitesse angulaire est plus grande, ce qui est généralement avantageux pour l'accouplement avec des génératrices électriques.

Diamètres plus petits, ailes moins nombreuses. — Pour la même puissance, le diamètre de la roue est plus petit avec les centripètes. Les ailes peuvent aussi être moins nombreuses, parce qu'il est possible de les prolonger jusque près de l'axe.

Plus grande puissance. — Il résulte des deux avantages précédents que, sur une même hauteur de chute et avec un même nombre de tours, l'on peut obtenir plus de puissance en employant le genre centripète.

Plus grande facilité de vannage. — Le distributeur étant, dans les centripètes, extérieur à la roue mobile, présente tout naturellement ses plus grandes sections à l'entrée. On a donc toute facilité pour trouver le logement des vannes, en rétrécissant au besoin les canaux distributeurs à l'endroit où une vanne doit trouver à s'effacer. Aussi voit-on dans les centripètes une bien plus grande variété de vannages que dans les centrifuges. Ces dernières ne permettent guère qu'une seule sorte de vanne : la vanne cylindrique à translation, placée soit à l'entrée, soit à la sortie de la roue mobile.

---

1. Consulter G. RICHARD, La mécanique générale à l'Exposition de Chicago (*Bulletin de la Société d'Encouragement*, 1894).

2. Rappelons que l'on appelle vitesse relative d'une turbine, le rapport de sa vitesse linéaire u_0 au point d'entrée de l'eau dans la roue mobile, à la vitesse $\sqrt{2gH}$, due à la hauteur de chute. Si nous désignons par ξ cette vitesse relative, nous avons donc : $\xi = \dfrac{u_0}{\sqrt{2gH}}$.

On remarquera encore que les organes de distribution et de vannage étant extérieurs à la roue mobile, on trouve toujours à les loger, même avec de très faibles diamètres de roue, qui seraient inadmissibles avec des distributeurs intérieurs.

Vitesse d'emballement plus faible. — Avec la disposition centripète, la courbe de rendement, en fonction de la vitesse relative ξ, tombe relativement plus vite quand la vitesse de rotation augmente au-delà de la vitesse normale. Autrement dit, la vitesse limite à charge nulle, qu'on appelle quelquefois vitesse d'emballement, est, dans les centripètes, plus petite que le double de la vitesse normale (en rendement maximum), tandis qu'elle est sensiblement égale à cette valeur double dans le cas des hélicoïdes, et plus grande dans les centrifuges.

Il y a là une propriété qui peut être, dans certains cas, un avantage.

Installation moins coûteuse. — Enfin l'installation des centripètes est plus simple et moins coûteuse que pour les autres genres, quand la turbine est placée dans une chambre d'eau en maçonnerie.

Mais c'est l'inverse qui a lieu si la machine doit être enfermée dans une chambre métallique. La turbine centripète devient alors plus encombrante peut-être et, en tout cas, plus coûteuse que les autres. C'est là, à notre avis, le seul véritable défaut des turbines centripètes.

Turbines de grande puissance. — Disons maintenant quelques mots de l'importante question des turbines de grande puissance sur faibles chutes. Autrefois on ne s'en préoccupait guère, tandis qu'aujourd'hui, pour l'accouplement direct avec les machines dynamo-électriques, on a besoin de faire des turbines aussi puissantes que possible pour un nombre de tours déterminé, la hauteur de la chute étant fixée, ou encore, ce qui revient au même, d'obtenir la vitesse de rotation la plus élevée pour une puissance déterminée. Il convient donc d'examiner jusqu'où l'on peut aller avec une seule roue mobile et ensuite comment on peut associer entre elles plusieurs de ces roues, de manière à grouper leurs puissances sur le même arbre.

Quand la hauteur de chute dépasse 40 m, comme dans le cas des installations bien connues du Niagara (42,50 m), il est facile de construire une turbine qui développe l'énorme puissance de 5 000 chevaux, par exemple, sur un arbre tournant relativement vite (250 tours par minute dans le cas du Niagara). L'accouplement avec la génératrice électrique se fait dès lors dans les meilleures conditions pour l'une et pour l'autre machine. Mais il n'en va pas de même si la hauteur de chute est faible. Déjà, à 10 ou 12 m, on a bien de la peine à établir des turbines qui tournent aussi vite que le demandent les constructeurs de dynamos, tout en conservant un bon rendement mécanique, et l'union des deux machines nécessite de leur part des concessions mutuelles ; à 5 ou 6 m, il y a franchement incompatibilité entre elles ; pour les accoupler, il faut alors sacrifier l'une ou l'autre.

L'efficacité d'une turbine au point de vue où nous nous plaçons ici est parfaitement définie par un coefficient, que nous appelons coefficient de puissance et dont l'expression est la suivante :

$$\tau = \frac{\omega^2 P}{(2g)^{1/2}\,\Pi\,H^{5/2}},$$

dans laquelle :

ω désigne la vitesse angulaire de l'arbre.

P, la puissance, en kilogrammètres par seconde,

g, la constante de la gravité terrestre en mètres par seconde,

Π, le poids spécifique du liquide qui traverse la turbine : 1 000 kg par m³, en pratique, pour l'eau,

H, la hauteur de chute en mètres.

Il est facile de se rendre compte que, toutes les quantités qui entrent dans cette formule étant exprimées en unités concordantes, l'expression numérique de τ est un simple nombre indépendant des unités de mesure, et ce nombre caractérise d'une manière parfaite un type de turbine au point de vue de la puissance qu'il sera susceptible de fournir sur une chute donnée, avec un nombre de tours par minute assigné à l'avance.

Nous voyons notamment, d'après l'expression ci-dessus, que la hauteur de chute étant déterminée, la puissance que pourra donner un type de turbine sera inversement proportionnelle au carré de la vitesse angulaire, et que, d'autre part, la vitesse angulaire étant déterminée, la puissance croîtra plus vite que le carré de la hauteur de chute; exactement elle sera proportionnelle à $H^{2,5}$.

On peut introduire, dans l'expression de ce coefficient, la vitesse relative de la turbine. On constate alors que cette vitesse relative y entre au carré. Il y a donc un très grand intérêt, pour faire des turbines puissantes, à élever le plus possible leur vitesse relative. En construisant les courbes de rendement mécanique des différents types de turbines en fonction de cette vitesse relative, on se rend compte qu'il y a avantage à adopter des turbines à forte réaction : 50, 60 et même 70 0/0. D'autre part, l'on pourra donner à la vitesse relative une valeur un peu plus élevée que celle qui correspond au maximum de rendement, et l'on sera ainsi conduit à choisir une valeur de cette vitesse relative supérieure d'environ 15 0/0 à celle du maximum de rendement.

Ainsi se trouvent justifiées les pratiques des constructeurs actuels qui fixent habituellement entre 0,80 et 0,85 les vitesses relatives des turbines de grande puissance. Avec ces valeurs, l'on n'a pas encore, à beaucoup près, les limites possibles des puissances; mais si l'on augmentait davantage le coefficient de vitesse, on devrait subir inévitablement une diminution corrélative du rendement mécanique.

Précisons par quelques chiffres ce que l'on peut arriver à faire avec les genres hélicoïde, centrifuge et centripète :

1° Genre hélicoïde — Dans les turbines Jonval modernes, à deux ou trois couronnes d'aubes, on va jusqu'à une vitesse relative périphérique ξ égale à 1,03, avec un rapport des diamètres interne et externe atteignant 2,45, et un angle α au distributeur égal, en moyenne, à 24°. Le coefficient τ de puissance atteint, dans ces conditions, la valeur 0,44, alors que le rendement mécanique net reste supérieur à 0,76, si la construction de la turbine est soignée.

Mais avec $\xi = 1,03$, on est très loin de la limite de puissance. Tous les anneaux d'aubage que l'on peut ajouter autour et à l'intérieur d'une roue mobile ordinaire procurent un couple moteur supplémentaire, à la condition de ne pas dépasser certaines limites.

Bien entendu, l'effet utile de ces anneaux décroît de plus en plus à mesure que l'on s'écarte davantage, en plus ou en moins, de la valeur 0,66, qui correspond au maximum de rendement; en sorte qu'il convient de se borner, dans cette voie, à des valeurs de ξ qui ne soient pas trop au-dessus de 1 ni au-dessous de 0,4.

En supposant l'emploi possible d'un amortisseur, on arriverait à un coefficient de puissance voisin de 0,9, double du coefficient des turbines Jonval modernes les plus puissantes.

Mais ce n'est pas encore là la limite de ce qu'il serait possible d'obtenir si, ayant de l'eau surabondamment, l'on n'avait pas à se préoccuper du rendement mécanique.

2° Genre centrifuge. — En étudiant de près le cas du genre centrifuge, nous constaterions que l'on peut pousser le coefficient de puissance jusqu'à la valeur de 0,52, le rendement mécanique restant supérieur à 0,70. On pourrait aller encore un peu plus loin avec des turbines coniques centrifuges, sans l'impossibilité où l'on est de placer un vannage pratique sur ce genre de turbines.

3° Genre centripète. — Le genre centripète permet d'atteindre, avec une vitesse relative de 0,80, un coefficient de puissance de 0,45 avec un rendement mécanique net s'approchant de 0,80. On pourrait, d'ailleurs, adjoindre à la partie cylindrique d'une turbine centripète une partie conique qui permettrait de porter le coefficient de puissance à la valeur 0,85, le rendement mécanique moyen s'élevant à environ 0,73, et, avec l'application d'un amortisseur, on porterait respectivement ces chiffres à 0,90 et 0,78.

A titre de comparaison, disons que les turbines doubles du Niagara, par exemple, ont un coefficient de puissance égal à 0,295 et que les turbines doubles de Rheinfelden ont un coefficient de puissance de 0,72, soit encore la moitié, 0,36, pour le cas de la turbine simple.

Turbines multiples. — Quand on ne parvient pas à la puissance désirée au moyen d'une seule roue mobile unilatérale, on a la ressource d'en associer plusieurs sur un même axe. De cette manière on peut atteindre, théoriquement tout au moins, telle puissance que l'on veut en embrochant sur l'arbre un nombre suffisant de roues simples. En pratique toutefois, on est limité par les conditions d'établissement de la machine. Ainsi pour le cas de l'arbre vertical, on s'est borné, jusqu'à présent, à deux turbines doubles sur le même arbre, et, si l'arbre est horizontal, on n'a pas dépassé, que nous sachions, le nombre de 6 roues en 3 turbines doubles.

De remarquables exemples de ces turbines ont été donnés par les installations faites par la maison Escher-Wyss et Cᵢᵉ, à Chèvres, près de Genève, et à Rheinfelden, sur le Rhin. Nous verrons ultérieurement plusieurs exemples de turbines multiples, qui nous étaient présentés à l'Exposition, notamment par la maison Th. Bell de Kriens.

Turbines sur hautes chutes. Roues Pelton. — Avec la facilité que donne le courant électrique de transporter à des distances, même considérables, l'énergie mécanique, l'on recherche toujours davantage les chutes de montagnes, qui permettent des installations peu coûteuses, d'autant moins coûteuses généralement que la hauteur de chute est plus grande. C'est ainsi que l'on s'est préoccupé d'utiliser des chutes de plus en plus élevées. Tout d'abord, il y a une dizaine d'années, les constructeurs avaient une certaine appréhension pour dépasser des hauteurs de chute de 200 m. Ils pouvaient craindre, en effet, que le rendement décroisse et que l'usure des aubes soit rapide, et, d'un autre côté, il convenait de se méfier des ruptures par l'effet de la force centrifuge dans les roues tournant à une vitesse périphérique élevée. En fait, nous connaissons plusieurs accidents survenus de ce chef. Mais peu à peu l'on a appris à utiliser des chutes beaucoup plus fortes : 400, 600 et même 900 m[1].

Pour ces grandes hauteurs de chute, quel est le genre de turbines qui convient le mieux ? On est à peu près d'accord maintenant pour préférer les roues à poches symétriques du genre « Pelton ». Les roues Girard, que l'on installait autrefois et que l'on installe d'ailleurs encore, leur cèdent le pas de plus en plus. Il y avait à l'Exposition un grand nombre de roues genre Pelton présentées par différents constructeurs français et suisses.

Ces turbines pour hautes chutes sont toujours précédées d'une conduite en tôle relativement longue par laquelle le liquide est amené à la machine réceptrice. Dans cette conduite fermée, la vitesse moyenne de l'eau atteint jusqu'à 2 et 3 m par seconde, quelquefois même plus ; la force vive totale du courant en mouvement est alors considérable, et elle jette le trouble dans la régulation de la turbine.

Les coups de bélier occasionnés par les mouvements de fermeture du vannage peuvent alors, si on n'y prend pas garde, augmenter beaucoup, par moments, la pression du liquide en amont de la turbine. Et l'augmentation, ayant lieu dans un temps très bref, prend le caractère d'un choc qui peut aller jusqu'à provoquer la rupture des tuyaux, comme cela s'est vu plusieurs fois. Il importe donc de se rendre un compte exact de l'effet produit par l'inertie des colonnes en mouvement. Ce phénomène, d'une théorie malheureusement difficile, en raison des éléments qu'il faut y faire figurer, a été étudié, dans ces derniers temps, par M. l'Ingénieur J. Michaud, puis par M. le Prof. Stodola, et enfin par l'un de nous[2].

Régularisation automatique de la vitesse des turbines. — Le réglage automatique des turbines a pour but de maintenir la vitesse de rotation d'une telle machine entre d'étroites limites, quelles que soient les variations de la charge, lentes ou brusques.

1. Nous pouvons citer une chute de 900 m, à Vouvry (Valais) près du lac de Genève, qu'on aménage en ce moment et sur laquelle seront installées plusieurs turbines de 500 chevaux, étudiées et construites par les ateliers de Vevey. Vitesse de rotation : 1 000 tours par minute.

2. A. Rateau, *Traité des Turbo-Machines*, p. 238 à 260.

Le régulateur doit remplir deux fonctions distinctes qui sont, jusqu'à un certain point, contradictoires entre elles. Il faut, d'abord, qu'il assure, en *régime permanent*, la constance approximative de la vitesse pour une puissance quelconque, depuis la charge nulle jusqu'à la pleine charge. Il faut, ensuite, que lorsque survient une variation rapide et même brusque de la charge, donnant lieu à une période de *régime troublé*, il rétablisse rapidement l'équilibre entre la puissance motrice de la machine et la puissance qui lui est réclamée, en limitant au minimum possible, comme nombre et comme amplitude, les oscillations de vitesse qui se produisent généralement à ce moment.

Dans le cas des moteurs de fabriques ou de moulins, on peut tolérer des écarts de vitesse atteignant 10 0/0 et même davantage; mais, maintenant que les turbines sont le plus généralement utilisées à la conduite des dynamos, on est devenu beaucoup plus exigeant. La plupart des contrats d'aujourd'hui portent que, en régime permanent, l'augmentation de la vitesse, de la pleine charge à la marche à vide, ne doit pas dépasser 5 0/0, et même 3 0/0 seulement, et que l'écart de vitesse, lors d'une variation brusque de charge atteignant le quart de la puissance maximum, en plus ou en moins, ne doit pas s'élever à plus de 4 0/0, 3 0/0 et même 2 0/0.

Le contrôle de la vitesse est toujours, en pratique, effectué par un régulateur à boules tournantes ou régulateur centrifuge, que nous appellerons dorénavant le *tachymètre*. Ce n'est pas que l'on ne puisse appliquer d'autres genres de régulateurs; mais on préfère les régulateurs centrifuges, dérivés de celui de Watt, uniquement parce que ce sont des appareils dont le fonctionnement est sûr. Ils offrent de plus cet avantage de n'emprunter au moteur qu'une force insignifiante.

Dans les moteurs à vapeur, le tachymètre agit directement sur l'organe réducteur de la puissance de la machine, valve d'admission de vapeur ou appareil de détente variable. Il ne peut en être de même dans les moteurs hydrauliques, où l'organe de vannage exige toujours, pour être mis en mouvement, un effort relativement considérable, qu'il faut demander à un « relais », c'est-à-dire à un moteur auxiliaire, placé sous la dépendance du tachymètre : dès lors celui-ci n'intervient que pour embrayer ou débrayer ce moteur auxiliaire, dont l'énergie peut être empruntée à la turbine elle-même (régulateurs, à courroies, à déclics, à cônes de frottements, etc.) ou à de l'eau sous pression (régulateurs hydrauliques). On peut encore, évidemment, s'aider d'un courant électrique ou d'une source d'énergie quelconque, pourvu que l'on satisfasse à ces deux qualités essentielles : *la rapidité d'action et la sûreté de fonctionnement*.

La liaison entre le tachymètre et le moteur auxiliaire était autrefois un simple dispositif d'embrayage et de débrayage. Ce n'est qu'assez récemment que l'on s'est aperçu de l'avantage considérable qu'il y avait, pour le réglage en régime troublé, à réaliser l'asservissement du second de ces appareils au premier, suivant les principes posés par M. J. Farcot. Grâce à cet asservissement, qui est réalisé, comme nous le verrons, par l'addition de quelques pièces très simples, la position de la vanne de réglage de la turbine est complètement déterminée, en régime permanent, par celle de l' « index » du tachymètre, tandis que ses déplacements d'ouverture ou de fermeture en sont, dans une certaine mesure, indépendants pendant une période de régime troublé.

Les premiers servomoteurs pour turbines ont été installés, en 1885, par M. P. Piccard, sous la forme de servomoteurs hydrauliques. Depuis, M. Piccard a imaginé un dispositif de servomoteur à déclic, très ingénieux, qui a reçu beaucoup d'applications, tandis que d'autres constructeurs, Escher-Wyss et Cie principalement, reprenaient le servomoteur hydraulique en le perfectionnant.

S'il ne s'agissait que de parer à des variations lentes de la charge de la turbine, les organes dont nous venons de parler suffiraient, et il n'y aurait même pas besoin de l'asservissement du moteur auxiliaire; mais, pour restreindre les écarts de vitesse lors des variations brusques ou rapides de la charge, il est nécessaire d'ajouter un « volant » d'autant plus important que l'on désire une vitesse plus régulière. Souvent ce volant est constitué simplement par les pièces tournantes de la dynamo attelée à la turbine.

Ainsi, dans les cas ordinaires, l'appareil complet qui réalise le réglage d'une turbine se compose, outre la vanne elle-même, de trois organes essentiels : le tachymètre, le servomoteur auxiliaire et le volant.

Ce n'est pas tout. L'on se heurte parfois à une grave difficulté qui ne se rencontre pas dans les moteurs à vapeur : je veux parler de l'inertie des colonnes d'eau en mouvement, inertie qui se manifeste, lorsque la turbine est alimentée à l'aide d'une conduite fermée, par des « coups de bélier » d'autant plus énergiques que la conduite est plus longue et la fermeture de la vanne plus rapide. Si l'on n'y prend pas garde, ces coups de bélier affolent le régulateur et rendent tout réglage impossible.

On y a remédié autrefois en disposant sur la conduite, près de la turbine, une cloche à air formant tampon élastique. Mais il s'est trouvé parfois que le remède était pire que le mal ; la cloche à air, au lieu de diminuer les coups de bélier, les exagérait jusqu'à provoquer la rupture de la conduite. Le calcul de ces cloches à air est encore aujourd'hui assez incertain.

Plutôt que de risquer de se trouver pris par les phénomènes de résonnance des cloches à air, les constructeurs préfèrent renoncer aujourd'hui à leur emploi, d'autant mieux d'ailleurs que ces cloches, pour être efficaces, doivent être volumineuses, qu'elles coûtent cher par conséquent, et qu'on a pu, ainsi que nous le verrons, trouver à ce difficile problème une autre solution, très élégante.

Les tachymètres modernes se composent de masses tournantes, de forme quelconque, mais généralement sphériques ou cylindriques, fixées à l'une des extrémités d'équerres articulées sur couteaux, dont l'autre extrémité agit sur une tige ou un manchon glissant parallèlement à l'axe de rotation du tachymètre. L'extrémité de cette tige ou de ce manchon est ce que nous appelons « l'index » du tachymètre. Cet index est ordinairement, aujourd'hui, une pointe sur laquelle s'appuie le levier qui transmet le déplacement à l'organe de réglage. Autrefois c'était un anneau : le manchon du régulateur.

La force centrifuge des masses tournantes ou pendules est équilibrée par un ou plusieurs ressorts qui peuvent être disposés à l'intérieur ou à l'extérieur du tachymètre. Les ressorts intérieurs, qui tournent avec l'appareil, sont généralement longitudinaux, c'est-à-dire qu'ils sont disposés le long de l'arbre et autour de lui. Les ressorts extérieurs peuvent se placer en un point quelconque du système cinématique qui relie l'index du tachymètre à l'organe de réglage. Ces derniers ressorts exigent que l'index soit taillé en pointe, sans quoi la résistance de frottement deviendrait considérable, en raison de ce que tout l'effort du ressort se transmet aux masses tournantes, par l'intermédiaire de l'index. Mais ils offrent cet avantage qu'ils permettent de faire très facilement varier la vitesse de régime de la machine.

Autant que possible, on doit faire en acier trempé les couteaux et les pointes, ainsi que leurs surfaces d'appui.

Presque toujours le tachymètre est complété par un frein à huile destiné à amortir les oscillations de l'appareil. Ce frein est monté à l'extrémité d'un levier relié à l'index du tachymètre ; d'autres fois, comme dans les régulateurs de la maison Escher-Wyss et Cie, le frein est installé directement sur l'axe du régulateur de façon à éviter toute transmission intermédiaire ; mais cela semble avoir aucun avantage.

Quelquefois on a soin de laisser un peu de jeu dans l'articulation avec le frein à l'huile, afin que le tachymètre ne soit en aucune façon gêné dans le commencement de son action. On gagne ainsi en rapidité, ce qui est essentiel.

Après ce préambule, nous allons passer à l'examen détaillé de tous les objets exposés dans la classe des turbines hydrauliques. Nous commencerons par les maisons françaises.

La plupart des dessins que nous aurons à joindre au texte ont été déjà publiés dans la *Schweizerische Bauzeitung*[1].

---

1. Prof. Fr. Prášil. Die Turbinen und deren Regulatoren an der Weltausstellung in Paris, 1900. *Schweiz. Bauzeitung*, Bd XXXVI. n° 13 et Bd XXXVII, n°° 6 à 18.

MAISONS FRANÇAISES

DARBLAY PÈRE ET FILS, A ESSONES ET PARIS

MM. Darblay ont exposé une turbine américaine (*fig.* 1), à axe vertical, montée dans une

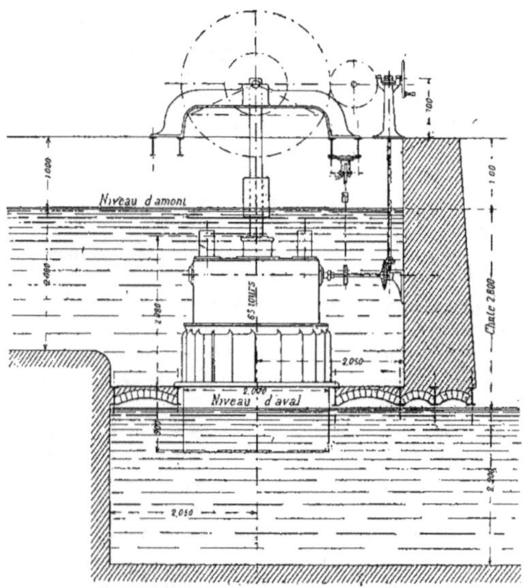

Fig. 1. — Installation d'une turbine américaine à chambre d'eau,
par la maison Darblay.

chambre d'eau, et dont les aubes rapportées, en bronze, étaient fixées par des boulons au moyeu

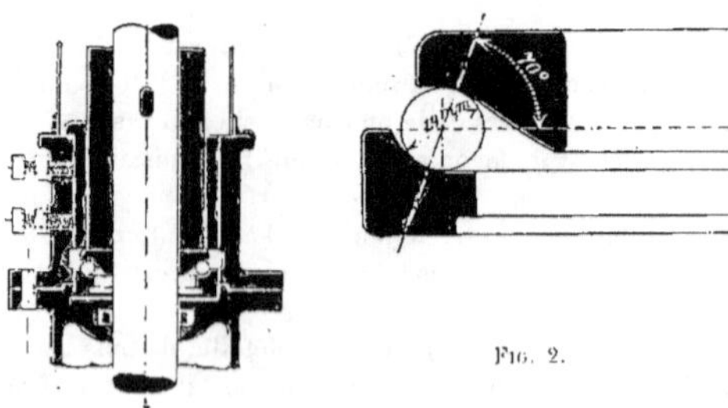

Fig. 2.

de la roue mobile, sans liaison aucune sur la circonférence extérieure. Ils font tout spécialement remarquer leur palier à billes, système Ch. Vigreux [1] (*fig.* 2).

1. Ch. VIGREUX, Turbines. *Art de l'ingénieur*. Paris, 1899.

Cette maison présentait encore une turbine Girard à injection partielle et des échantillons de roues mobiles et de directrices de turbine Girard à axe vertical, bruts de fonderie, sans nouvelle particularité de construction.

LAURENT ET COLLOT A DIJON

Ces constructeurs avaient exposé une turbine dite normale, dérivée du type américain « Hercule », et un régulateur hydraulique à action directe.

Turbine normale. — La figure 3 représente une turbine à axe vertical. Les aubes, en fonte ou tôle d'acier, boulonnées sur le moyeu en fonte, sont fortement serrées par des frettes rivées, et se contrebuttent les unes contre les autres sur le milieu de leur hauteur.

Une des cloisons verticales du distributeur est amovible de manière à permettre la visite de la turbine.

L'appareil de vannage est formé par un cylindre circulaire extérieur à la turbine et dont la base est composée d'une série de lèvres en acier qui, en coulissant entre les aubes du distributeur, servent à guider la veine liquide. Grâce à ce vannage extérieur, on évite tout jeu appréciable entre le distributeur et la roue mobile, et on est dispensé de construire une chambre étanche au-dessus du distributeur pour l'y loger, comme dans le cas du vannage intérieur.

Le pivot est noyé (*fig.* 3). La crapaudine renversée qui termine l'arbre de la turbine vient s'appuyer sur un bloc de bois vissé à l'intérieur d'une douille qui coulisse, à frottement doux, dans le noyau d'un croisillon venu de fonte avec le tube de décharge. Cette douille repose sur un balancier compensateur qui rattrape le jeu venant de l'usure de ce bloc de bois. Des canaux ménagés dans la crapaudine évitent l'élévation de température du pivot en assurant la circulation de l'eau. La turbine fonctionne noyée.

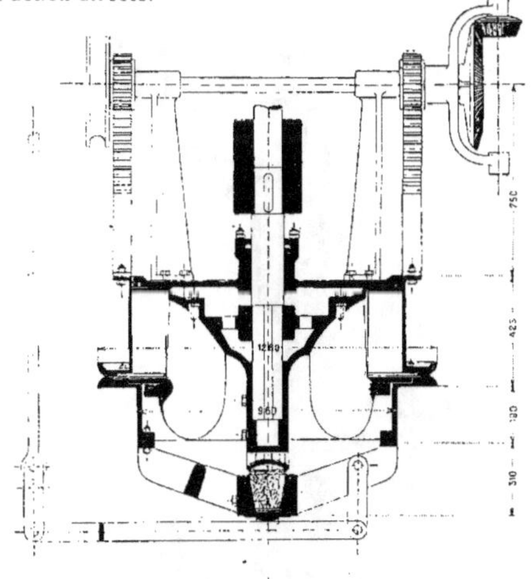

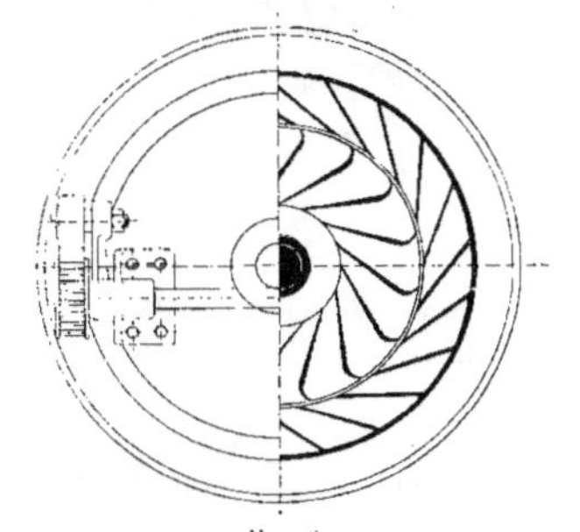

Fig. 3.

Le régulateur (*fig.* 4), qui était exposé d'autre part, est à action directe. Voici, en principe, son mode de fonctionnement. Le pendule centrifuge peut, par l'intermédiaire d'un balancier et de la tige T, donner un mouvement de va et vient aux deux manchons m et m' ; le poids de l'ensemble de la tige et des manchons est équilibré par une masse fixée à l'extrémité du balancier. L'arbre de la turbine transmet son mouvement de rotation à l'arbre O par le dispositif A, B ou C. Cet arbre O, par les pignons coniques a et b, ou a' et b' fait tourner, dans un sens ou dans l'autre, l'arbre K qui commande par vis sans fin l'arbre vertical V relié au vannage.

Afin d'embrayer ces pignons, la tige T porte deux colliers qui font coulisser sur l'arbre O les deux manchons m' et m solidaires de cet arbre ; ces manchons entraînent à leur tour, par cónes de friction D ou D', fous sur l'arbre O, les cylindres E ou E'. A l'intérieur de chacun de ces cylindres, un ressort r fixé à ses extrémités au manchon D et au pignon d, vient, en s'enroulant ou se déroulant, se serrer fortement, soit contre la surface latérale du cylindre E, soit contre une bague l calée sur l'arbre O, à une distance convenable de a. Dans l'un ou l'autre cas on conçoit, qu'une fois le ressort tendu, le mouvement du manchon D sera transmis au pignon, et qu'on aura embrayé.

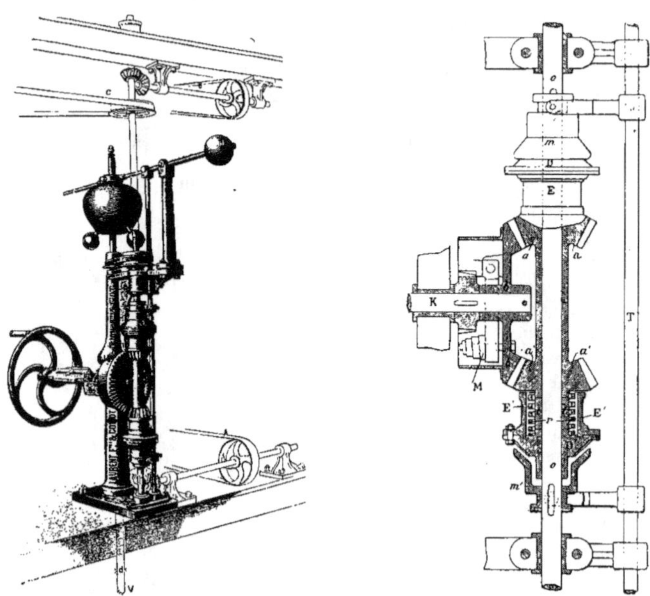

Fig. 4.

En résumé, on voit que le régulateur aura eu simplement à tendre ou à détendre un ressort, pour que le vannage soit mis en mouvement par un arbre tournant sous l'impulsion même de la turbine.

Si la résistance d'inertie à vaincre dépasse celle pour laquelle les ressorts r ont été calculés, un encliquetage de sûreté, maintenu par un fort ressort M, isole la roue dentée et évite tout accident ; le déclenchement se fait avec bruit et sert d'avertisseur.

ROYER ET JOLY, A ÉPINAL

Cette maison n'exposa que des turbines à action ; entre autres une turbine à injection totale, pour débits variables (*fig.* 5), de 2,80 m de diamètre moyen ; à chambre d'eau ouverte.

L'aubage de la roue mobile est disposé pour que la veine fluide remplisse complètement le vide laissé par les aubes, de façon que la turbine conserve son rendement lorsqu'elle tourne dans l'eau.

L'arbre, en fonte, est creux, avec pivot Fontaine.

Le vannage, du système Joly, se manœuvre mécaniquement à l'aide d'un volant. Il est composé de clapets ouvrant ou fermant, les uns après les autres, les orifices du distributeur, de manière qu'un orifice ne s'ouvre ou ne se ferme que lorsque le précédent l'est déjà complètement.

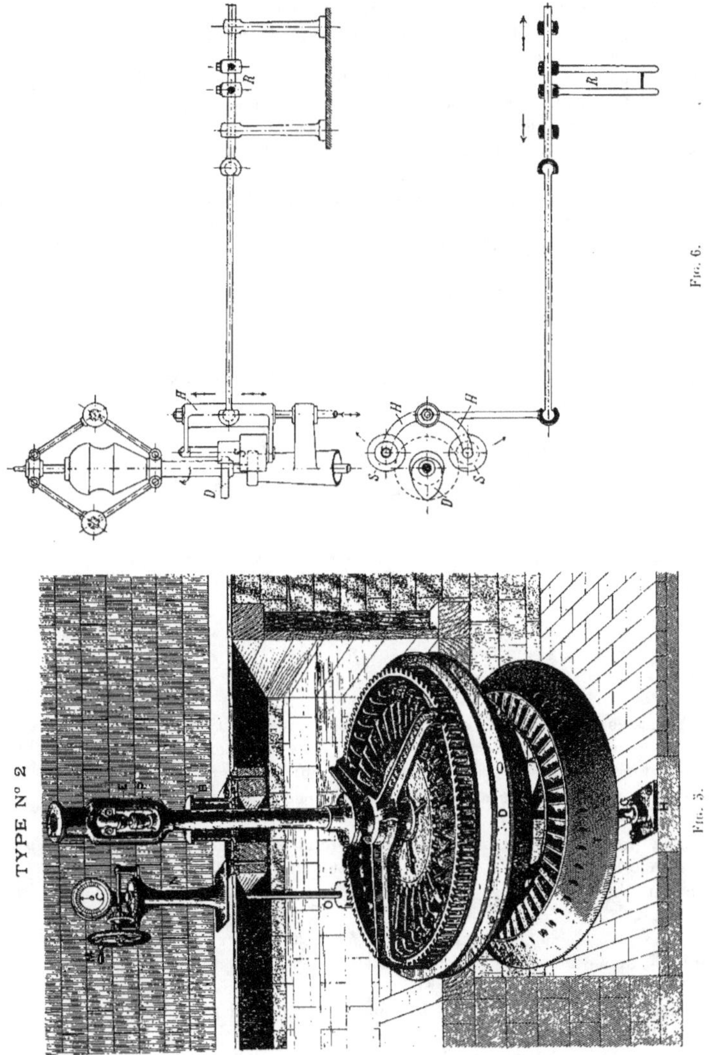

Aucun organe, vis, boulons ou articulations, n'entre dans la construction de ce vannage, ce qui permet à un ouvrier de monter et démonter les clapets sans aucun outil. Chaque clapet s'enlève et se place instantanément.

Les glaces, le limon, le sable, en un mot tous les corps étrangers qui passent à travers le grillage se posant sur le vannage, sont renversés puis entraînés par l'eau à l'ouverture de chaque clapet.

Une turbine Girard double, à axe horizontal, était munie d'un régulateur actionnant l'arbre de réglage par engrenages coniques. La figure 6 donne un schéma de ce régulateur.

Sur la douille du tachymètre est fixé un excentrique D. Un double levier H porte à chacune de ses deux extrémités des galets *s* de diamètres différents ; le plus grand galet au-dessous du petit pour la branche avant et au-dessus pour la branche arrière.

En montant ou descendant, l'excentrique D vient appuyer soit sur les galets d'arrière, soit sur ceux d'avant, ce qui déplace les leviers H et la fourche à courroie R, d'où l'embrayage de l'un ou de l'autre des engrenages coniques réalisant la fermeture ou l'ouverture du vannage.

En outre, pour supprimer autant que possible l'écart entre les vitesses d'embrayage et de débrayage, on a adopté une disposition spéciale. Le levier H est animé d'un mouvement vertical de va et vient de telle amplitude, que si, par exemple, l'excentrique a agi, pour fermer le vannage, sur le gros galet du levier avant, par suite du mouvement ascensionnel de ce galet, l'excentrique l'abandonne bientôt et vient au contact du galet moyen, la fourche R ramène alors la courroie de transmission sur la poulie folle, et ainsi de suite. On n'a donc, comme on le voit, qu'une action intermittente de l'arbre de réglage.

Le tableau suivant fait connaître les angles donnés habituellement aux aubes du distributeur et de la roue mobile :

	Distributeur	Roue mobile
Turbine à veine moulée	25°	22°
— Girard axiale	25°	15 à 16°
— — à injection partielle	20°	12°

SINGRÜN FRÈRES, A ÉPINAL

Ces constructeurs exposèrent une série de turbines qu'ils divisaient en trois catégories.
Turbines pour basses et moyennes chutes ;
    —   —   moyennes et hautes chutes ;
    —   —   très hautes chutes.

Les turbines des deux premières catégories sont toutes du type centripète bien connu « Hercule » dû à l'ingénieur américain Mac Cormick, mais la maison Singrün y a apporté différentes modifications. Elle désigne le type qui en est résulté sous le nom de « Hercule Progrès ».

La troisième catégorie est formée par des roues à poches du genre Pelton.

Turbines pour basses et moyennes pressions. — En figure 7 est représentée une turbine à chambre d'eau ouverte, construite pour une chute de 2 à 8 m. Elle transmet son mouvement par engrenage, ou par courroie si la puissance ne dépasse pas 50 chevaux, à un arbre horizontal.

Les aubes de la roue mobile sont en fonte de fer, fonte d'acier ou bronze ; elles sont rapportées et fixées au moyeu par un ou deux boulons chacune, suivant leur poids ; elles sont maintenues sur la circonférence extérieure par deux frettes en fer forgé. Cette fabrication par pièces détachées, plus coûteuse, il est vrai, que le moulage en une seule pièce, a l'avantage d'assurer la correcte exécution de chaque élément.

Une des aubes du distributeur est démontable afin de permettre la visite de la roue mobile. Le distributeur repose sur un anneau de fonte placé sur le plancher de la chambre d'eau. Cet anneau porte le croisillon auquel est fixé le pivot de l'arbre de la turbine.

Le réglage se fait par vanne cylindrique à tiroir mue par crémaillères et pignons coniques,

Le couvercle de la chambre qui abrite cette vanne supporte un palier de guidage pour l'arbre de la machine.

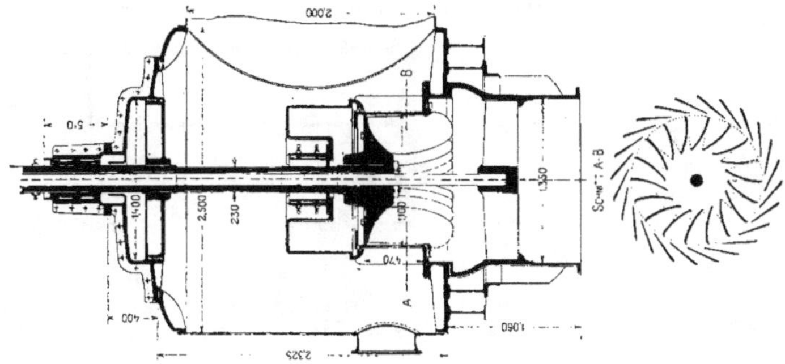

Tous les paliers sont en bois de gaïac.

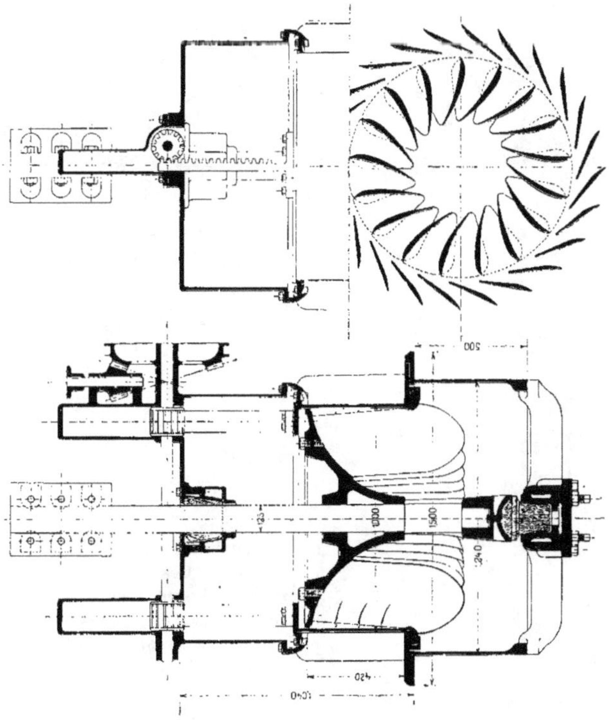

L'arbre est creux, en fonte. ou plein, en acier. Dans ce dernier cas, le pivot peut être noyé. C'est alors un pivot Fontaine avec lentilles d'acier et coussinet de réglage en gaïac. Il peut être aussi au-dessus de la turbine, hors de l'eau, et composé comme le système précédemment

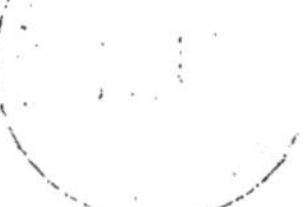

décrit — d'une rangée de billes roulant entre deux plateaux d'acier fondu, le tout graissé à
l'huile et logé dans une cuvette facilement accessible. Cette disposition, en compensation de

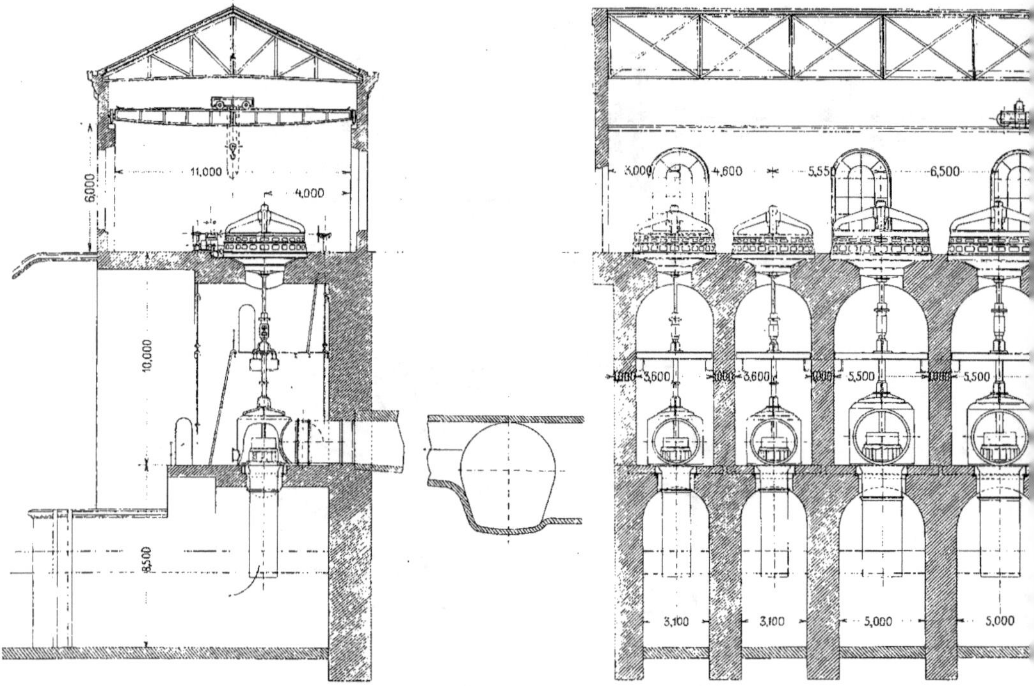

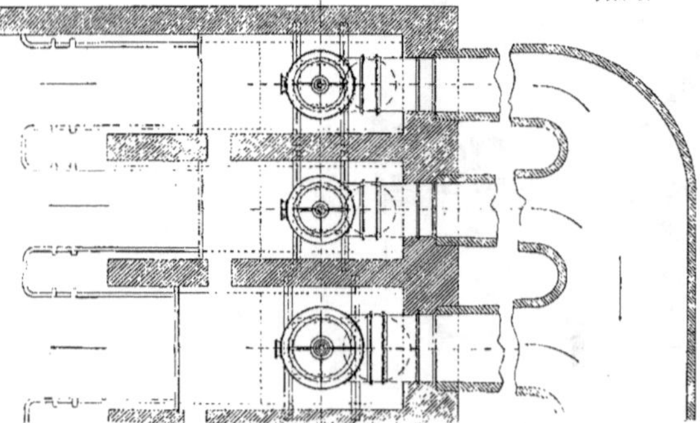

Fig. 9.

son prix assez élevé, assure au moteur
une marche plus douce et un meilleur rendement.

**Turbines pour moyennes et hautes
chutes.** — Ces turbines, à axe horizontal
ou vertical, sont le plus souvent installées
dans une chambre forcée ou huche métallique, et reçoivent l'eau par une conduite
en tôle, en fonte, ou même en bois lorsque
la chute n'est pas trop élevée. Leur installation est particulièrement facile. Comme
leur vitesse de rotation est très grande, elles
peuvent, dans la généralité des cas, être attelées directement aux dynamos. Elles peuvent aussi
être placées en un point quelconque de la chute et travailler en aspiration sur une partie de
celle-ci. Pour équilibrer le poids de la partie mobile de la dynamo calée sur l'arbre de la turbine.

un piston compensateur (*fig.* 8) reçoit sur sa face inférieure la pression de la conduite d'alimentation, alors que sa face supérieure est en communication avec l'atmosphère.

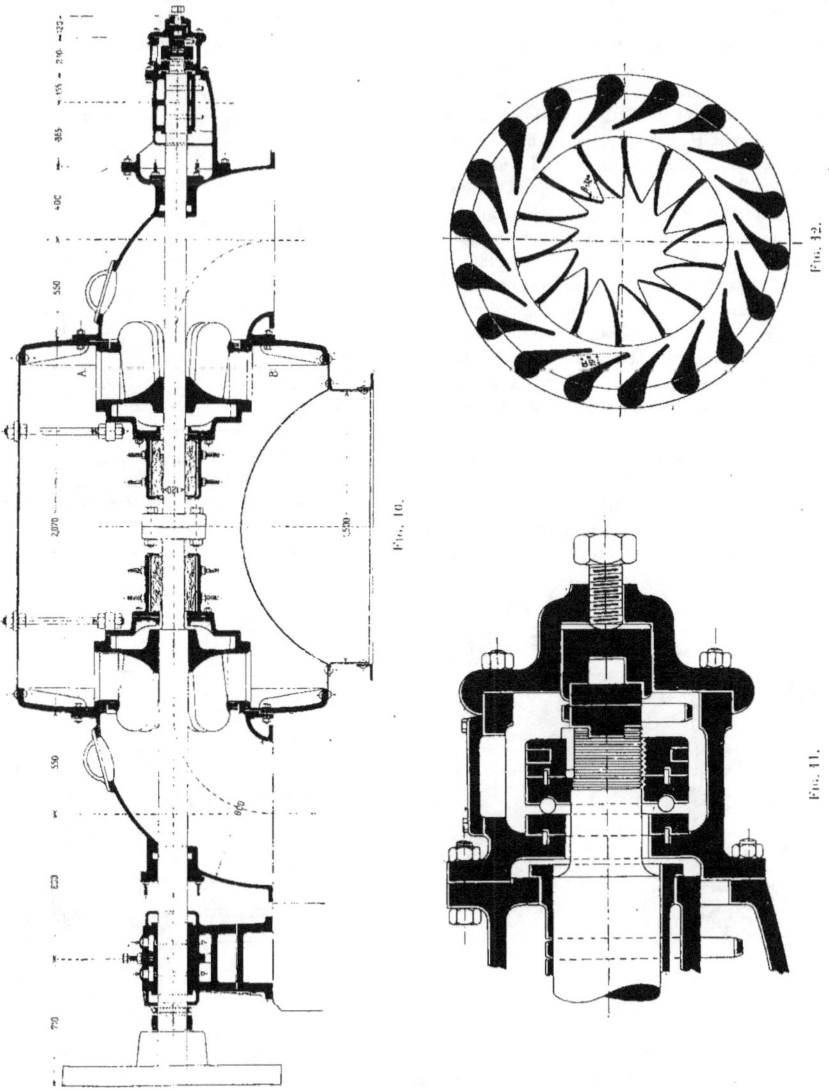

La figure 9 donne un schéma de l'installation de la station électrique de Zamora, qui comprendra, quand elle sera complètement terminée, deux turbines de 500 chevaux et 5 turbines de 900 chevaux, accouplées directement aux génératrices.

Les figures 10 et 11 représentent une turbine double horizontale, d'une puissance de 1 500 chevaux pour 30 m de chute et 450 tours par minute. Le réglage s'y fait par une vanne rotative (*fig.* 12) disposée à la circonférence extérieure de la roue mobile. Deux coudes en fonte, munis de regards de visite, et prolongés par des tubes de succion, évacuent l'eau de chaque côté de la huche. L'arbre moteur, en acier forgé, sort de la huche à travers deux presse-étoupe, et est supporté, à une extrémité, par un large palier à graissage automatique fixé sur un support en fonte indépendant du bâti de la machine ; et, à l'autre extrémité, par un palier de butée solidaire de la huche. Ce palier permet de faire fonctionner l'une ou l'autre des deux turbines isolément. A cet effet, il résistera à une poussée longitudinale dans un sens par les lentilles E et à une poussée en sens contraire par le système des plateaux P et des billes B. Quand les deux turbines marcheront simultanément, les poussées longitudinales étant équilibrées, le palier de butée ne supportera aucune pression. Enfin, à l'intérieur de la huche, entre les deux turbines, l'arbre est guidé par deux boîtards fixés sur les dômes des moteurs.

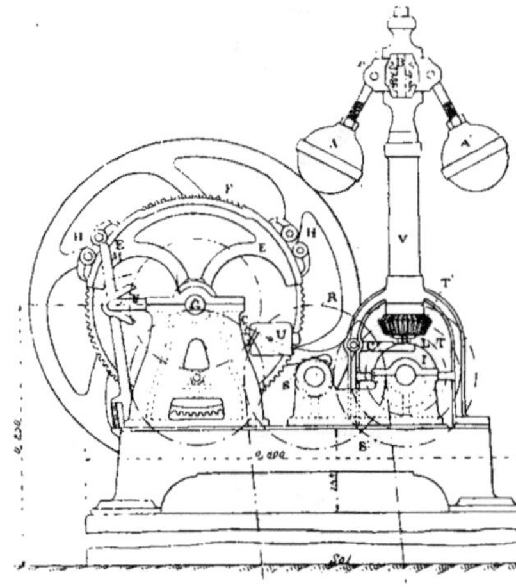

Turbines pour très hautes chutes. — Pour les roues dites « Excelsior », qui appartiennent à la classe des roues Pelton, MM. Singrün ont imaginé un ajutage permettant de régler le débit sans modifier la direction de la ligne médiane de

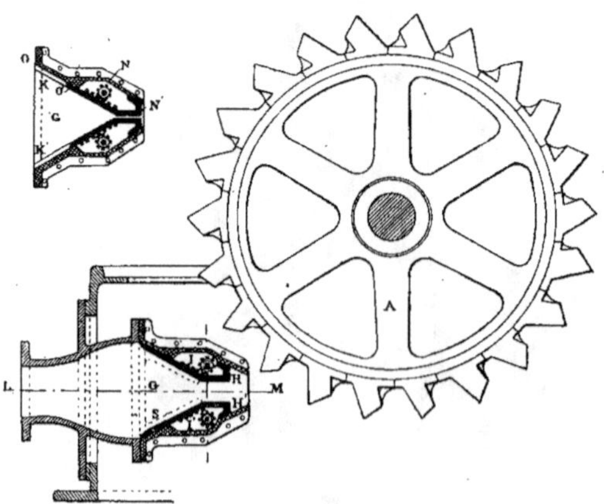

Fig. 13.

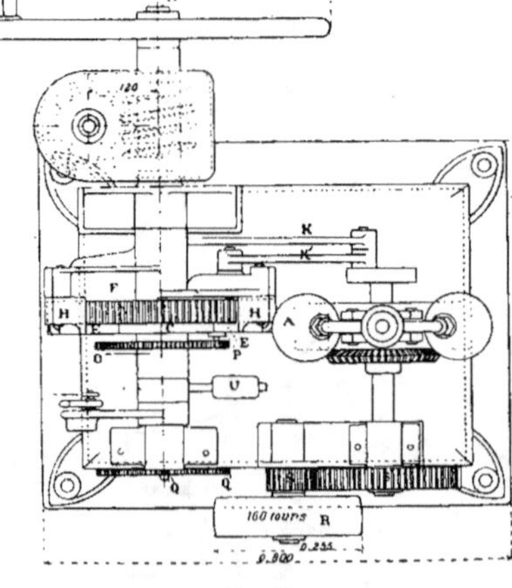

Fig. 11.

la veine fluide, et sans que celle-ci cesse de rester compacte. A cet effet, deux mâchoires H et H' (*fig.* 13) qui limitent latéralement l'ajutage, peuvent être rapprochées ou écartées par les pignons I ; des rainures S conduisent l'eau sur la face extérieure de ces mâchoires, équilibrant ainsi la pression qu'elles supportent et facilitant leur manœuvre. Les arbres des pignons I et I' sont commandés par une vis sans fin unique, actionnée soit à la main, soit par le régulateur.

Une des roues exposées était calculée pour 225 chevaux et 600 tours par minute sous une chute de 200 m. Elle avait 0,90 m de diamètre et portait 22 aubes en acier coulé, avec arête médiane, montées sur un disque en fonte. Son arbre, en acier forgé, était maintenu par deux longs paliers, à graissage automatique. Le bâti était en fonte, et un couvre-roue en tôle d'acier empêchait les projections de l'eau à l'extérieur.

Le régulateur à double effet de la maison Singrün (*fig.* 14) fonctionne, en principe, de la manière suivante. Deux paires de cliquets H et H', animés d'un mouvement continuel de va-et-vient, peuvent pousser, dans un sens ou dans l'autre, l'engrenage F calé sur l'arbre G qui, par une vis sans fin, commande le vannage. Quand la vitesse de la turbine est normale, un plateau E soulève les cliquets dont le mouvement est alors sans action sur la roue F. Si la vitesse de la turbine varie, le régulateur agit par la tige B sur le levier C, qui porte un secteur denté engrenant avec un pignon venu de fonte avec le disque E. Le déplacement du levier C détermine la rotation du disque E dans un sens ou dans l'autre, dégageant ainsi les cliquets H et H' ou H' et H. Ceux-ci, à leur tour, agissant sur la roue F, ouvrent ou ferment le vannage. L'asservissement n'est pas réalisé; car le mouvement de retour du plateau E se produit sous l'action du régulateur lui-même, lorsque celui-ci revient à sa position moyenne. Par l'intermédiaire de la poulie R et de l'engrenage T, T', la turbine commande l'appareil. Le levier M permet

de ramener à la main le disque E dans sa position moyenne pour arrêter l'action du régulateur lorsqu'on veut manœuvrer la vanne pour la mise en marche ou l'arrêt du moteur. « Comme il peut arriver que la turbine, étant accouplée à un moteur, ce dernier l'entraîne, et que le régulateur, si on a oublié de le débrayer, agisse encore sur la vanne dans un sens ou dans l'autre lorsqu'elle est arrivée à fond de course, on a muni l'appareil d'un dispositif de sécurité. A cet effet, un engrenage O, portant un taquet P, reçoit son mouvement de rotation d'un petit pignon Q, par l'intermédiaire d'un engrenage Q' dont le diamètre est calculé de façon que, pour une course donnée du taquet P, l'arbre G fait le nombre de tours voulu pour ouvrir en plein la vanne de la turbine. Quand celle-ci est à fond de course, le taquet P intervient donc pour ramener automatiquement le disque E à sa position moyenne, l'action du pendule étant reprise, automatiquement aussi, dès que la cause qui a produit le déclenchement aura cessé[1]. »

Comme pièce de fonderie, très réussie, on peut citer la roue mobile coulée d'une seule pièce, représentée figure 15.

1. GÉRARD LAVERGNE. *Les turbines hydrauliques à l'Exposition de* 1900 (*Génie civil*, 20 avril 1901).

TEISSET, Vve BRAULT ET CHAPRON, A PARIS ET A CHARTRES

Cette maison construit toujours des turbines Fontaine (celui-ci fut le fondateur de l'usine de Chartres) à axe vertical et vannage à rouleaux. On les installe dans une chambre à l'air libre ; quelquefois, pour des chutes de 5 à 20 m, en bâche. Les constructeurs estiment que si l'on veut avoir une vitesse de rotation relativement faible, il est préférable d'employer des turbines Fontaine, qui, fonctionnant sans réaction, peuvent avoir un diamètre plus grand que les turbines américaines à réaction, d'où une vitesse moindre.

Ils exposèrent des turbines américaines (*fig.* 16 et 17), système « Hercule », à vanne cylindrique mue par crémaillères, et à pivot hors de l'eau. Le pivot noyé a en effet, d'après ces cons-

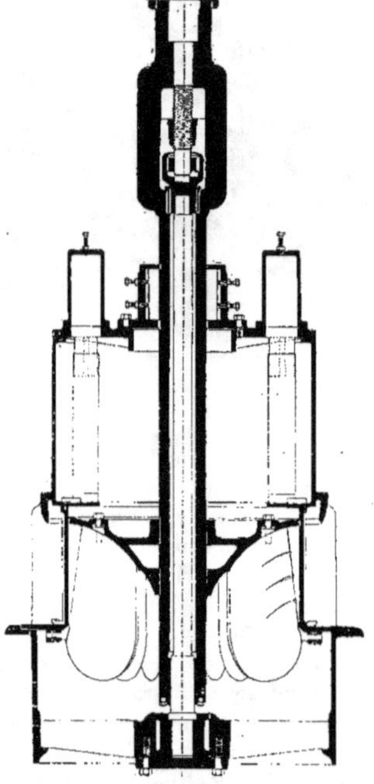

Fig. 16.

tructeurs, l'inconvénient de se brûler dès que le niveau d'aval s'abaissant, il vient à être dénoyé. En outre, dans le fonctionnement normal, la partie centrale dans laquelle l'eau ne circule jamais se détruit, et toute la pression se reportant à la périphérie, il en résulte une dépense notable de travail de frottement. Enfin la mise hors de service de ce pivot entraîne l'arrêt momentané de toute l'usine, et, pour pouvoir le remplacer, il est nécessaire de démonter la turbine ou d'établir un batardeau à l'aval et d'épuiser la chambre.

Le pivot hors de l'eau est toujours accessible et démontable ; graissé à l'huile, il absorbe notablement moins de travail de frottement que le pivot en bois ; il peut être remplacé en quelques minutes. Ces avantages compensent largement la dépense nécessaire à sa construction. La disposition de l'arbre creux qui porte le pivot hors de l'eau permet de régler la turbine d'une façon précise, par rapport à son distributeur.

On remarquait encore un régulateur du système Ribourt, où le pendule centrifuge est remplacé par une pompe rotative, pressant le liquide dans un réservoir fermé par un piston à sa partie supérieure, et pourvu d'une ouverture de décharge fermée par une soupape à cône qui offre au liquide une section d'écoulement de plus en plus faible, à mesure que la pression croît dans le récipient. La commande de la pompe est faite directement par l'arbre moteur ; le débit de liquide est donc proportionnel à la vitesse de rotation de la turbine. On règle la soupape de décharge de manière que, pour la vitesse normale, la quantité de liquide qui s'écoule soit justement égale au débit de la pompe ; le piston supérieur restera alors immobile. Si la vitesse change, ce piston se déplace, et son mouvement est transmis à la soupape de réglage d'un servomoteur hydraulique. La transmission de mouvement entre le piston et la soupape de réglage se fait au moyen de cordes. L'appareil paraît donc être encore dans la période d'essais.

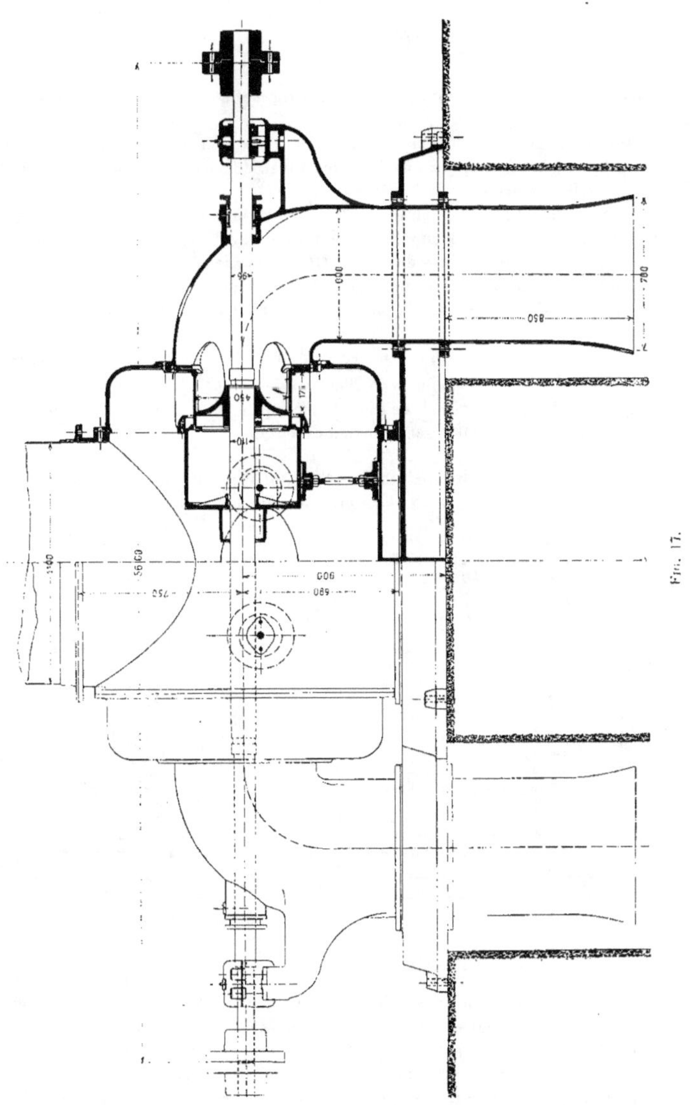

Fig. 17.

AUTRICHE ET HONGRIE

La **Schiffsbau und Maschinenfabrik Aktiengesellschaft « Danubius »** à Budapest, a exposé :

1° Une turbine Francis de 50 chevaux à 332 tours par minute, sous une chute de 10 m, à arbre horizontal, à chambre d'eau ouverte avec tuyau de succion et où le réglage, du système Fink, se faisait à la main.

2° Une roue mobile « Francis », faisant partie d'une turbine à axe vertical de 28 chevaux et 34 tours et demi par minute, sous une chute de 1,25 m, destinée, par le Gouvernement hongrois, à mouvoir les portes de l'écluse d'O'Besce (Hongrie) sur le canal « François-Ier ».

3° Une roue mobile « Girard », dans laquelle on obtenait un guidage symétrique et la concentration de la veine liquide autour du cylindre moyen, grâce à la position et à la forme bombée des aubes en tôle.

La vitesse d'entrée de l'eau à la circonférence de ces deux dernières roues mobiles devait être : $u = 0,62 \sqrt{2gH}$. C'est-à-dire que le coefficient ξ de vitesse égale 0,62.

Cette exposition hongroise, sans originalité marquée, se recommandait pourtant par la variété de ses formes et par l'intelligence de son exécution.

Régulateur Rüsch-Sendtner. — Dans la section autrichienne, fut exposée une série de régulateurs système Rüsch-Sendtner (*fig.* 18). Ce sont des freins hydrauliques d'absorption du travail

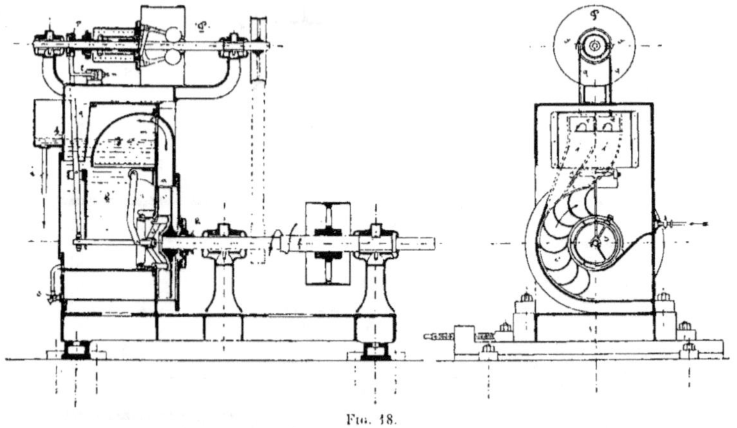

Fig. 18.

en excès. Ils se composent, en principe, d'une caisse à deux compartiments a et b. Une pompe centrifuge C provoque un mouvement continu du liquide d'un compartiment vers l'autre. Le pendule centrifuge à ressort P déplace, par l'intermédiaire de leviers q et r, une vanne à tiroir presque équilibrée, qui règle la quantité de liquide en circulation, et, de ce fait, la quantité d'énergie absorbée par la pompe centrifuge. On accouple le régulateur et la pompe à la turbine. Tout changement de vitesse de celle-ci provoque une variation simultanée dans le travail de la pompe ; il en résulte que la vitesse de tout le système restera dans les limites correspondant à la course du régulateur. A la vitesse limite inférieure, la vanne est fermée et, la pompe n'absorbe qu'une petite fraction du travail de la turbine. Ce dispositif mettant en mouvement, au contact de l'air, une grande masse de liquide, l'élévation de température y est relativement faible. Une pompe annexée à l'appareil permet d'ailleurs de renouveler l'eau, dès que la température s'y élève trop.

Les diagrammes de la figure 19 montrent que ces appareils peuvent être employés dans de larges limites de vitesse.

Appliqué aux turbines, ce régulateur a l'avantage de ne causer aucune variation de pression dans la conduite d'amenée; mais il a l'inconvénient de tous les freins d'absorption, qui est d'abaisser d'autant plus le rendement mécanique du moteur que le travail utile demandé à ce

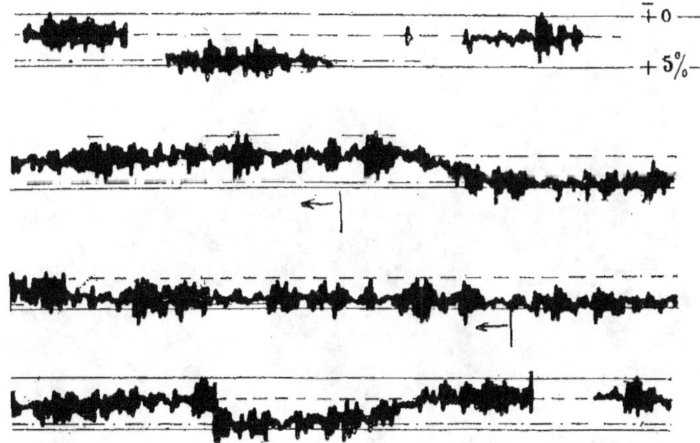

Fig. 19.

dernier est plus faible. Il serait tout à fait irrationnel dans le cas où, la turbine étant alimentée par un réservoir de faible capacité, il faudrait ne consommer qu'une quantité d'eau proportionnelle au travail du moteur.

La rapidité d'action de ce régulateur est mise en évidence par les diagrammes de la figure 19, relevés lors de l'essai d'un appareil du type n° 5. La variation maximum de puissance allait de 0 à 18 chevaux.

GANZ ET Cⁱᵉ. A BUDAPEST

La Société **Ganz et Cⁱᵉ**, de Budapest, exposait une grande turbine à axe horizontal, système « Francis », munie d'un régulateur avec servomoteur à double effet. Cette turbine, destinée à la fabrique de carbure de Jaice (Bosnie), était calculée pour donner 1 000 chevaux à 300 tours par minute sous une chute de 68 à 74 m.

On voit (*fig.* 20), un système de réglage, par servomoteur hydraulique avec régulateur à ressort, qui a été appliqué à deux turbines de 630 chevaux du même système. L'eau, amenée par une conduite de 1,60 m de diamètre, destinée à alimenter cinq turbines (*fig.* 21, 22, 23), passe dans une volute spiraloïde avant de pénétrer dans le distributeur. Cette volute constitue le bâti de la machine. On peut isoler chaque turbine de la conduite par une vanne à papillon manœuvrée à la main. L'amplitude des variations de niveau dans le bief d'aval pouvant atteindre 5,32 m, on a adapté un tube de succion à la turbine.

Le distributeur comprend vingt-quatre aubes mobiles à charnière, du système Fink (*fig.* 23) et des aubes de guidage. Dans la turbine exposée, la tige du piston du servomoteur agissait, par l'intermédiaire de leviers, sur la couronne portant sur les aubes mobiles, réglant ainsi la section offerte à l'admission de l'eau dans les aubes directrices.

Fig. 20.

Il y a à la roue mobile trente aubes à veine moulée, solidaires des couronnes extérieures. Le diamètre périphérique de cette roue est de 1,45 m, ce qui donne une vitesse tangentielle

$$u = 0,487 \sqrt{2gH} \qquad (\xi = 0,487).$$

L'arbre sort de la turbine à travers deux presse-étoupe. Il repose à ses extrémités sur deux longs paliers graisseurs à bague, fixés l'un au bâti, l'autre à une semelle faisant corps avec le distributeur. Un manchon d'accouplement, système Zodel (*fig.* 20), relie l'arbre au moteur.

Le servomoteur est à double effet ; l'asservissement a été réalisé par une disposition rationnelle des leviers liant le manchon du régulateur, le servomoteur et son organe de réglage.

Cet organe de réglage se compose d'un cylindre et de deux pistons. Le cylindre communique avec les deux faces du servomoteur et peut recevoir de l'eau sous pression préalablement filtrée. Un premier piston, dit de suspension, se meut librement à l'intérieur du cylindre. Il est formé par huit rondelles en bronze régulièrement espacées, et calées sur un arbre creux percé d'orifices pouvant mettre en libre communication les intervalles compris entre ces rondelles. Un

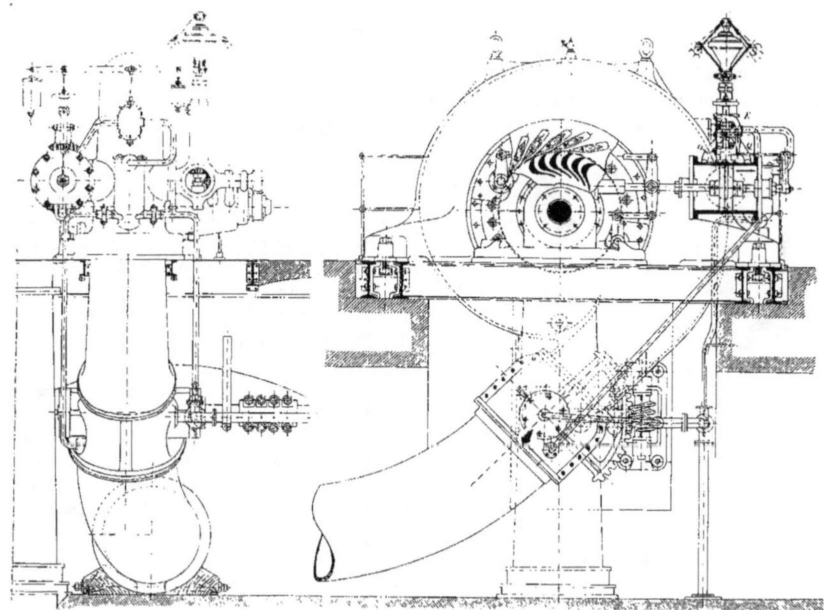

Fig. 21.

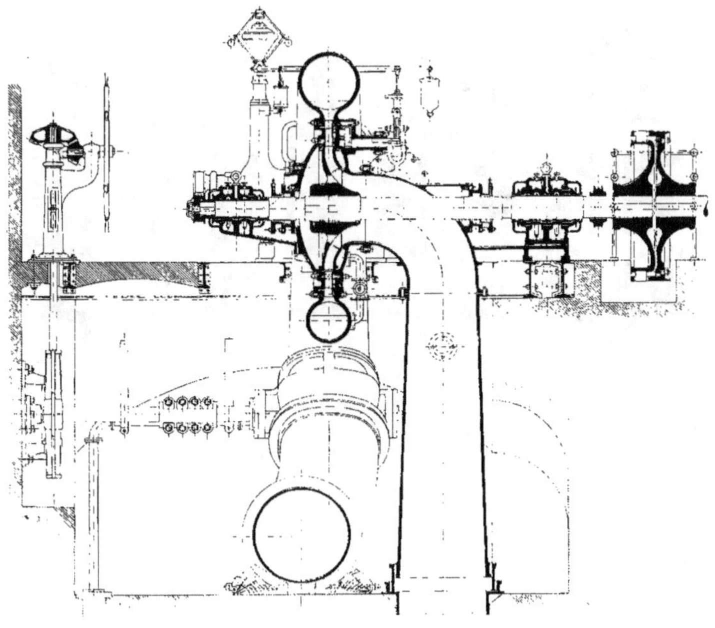

Fig. 22.

second piston, dit de réglage, se déplace à l'intérieur de cet arbre creux sous l'action du pendule centrifuge ou du servomoteur.

La figure 24 montre les différentes positions relatives des deux pistons, auxquelles correspondent des phases différentes dans le fonctionnement du servomoteur.

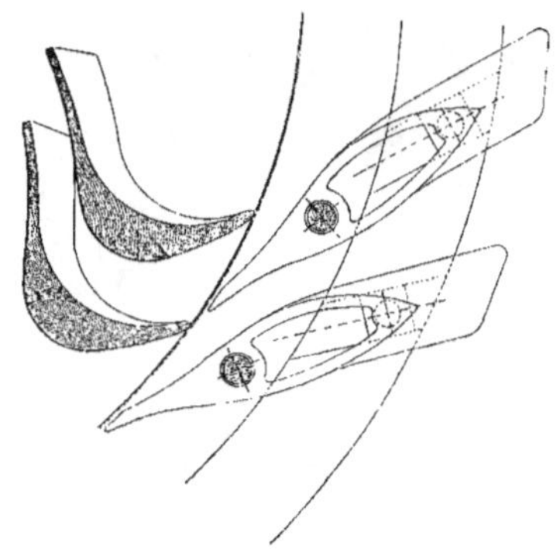

Fig. 23.

Position 1. — Le piston de réglage et le piston de suspension sont à leur position moyenne ; le servomoteur est au repos.

Position 2. — Le piston de réglage est soulevé. La pression de l'eau venant du filtre s'exerce alors sur la face inférieure du piston de suspension qui se soulève aussi, et la conduite d'eau sous pression communique avec le servomoteur.

Position 3. — Les pistons de suspension et de réglage ont repris la position relative, l'un par rapport à l'autre, qu'ils avaient dans le schéma 1 ; mais le servomoteur fonctionne.

Position 4. — Le piston de réglage est revenu à sa position moyenne. L'eau sous pression, agissant alors sur la face supérieure du piston de suspension, le fait descendre ;

et l'appareil revient à une position 5, qui n'est autre que la position 1. Par suite de la symétrie de construction du cylindre et des pistons, le même mouvement, mais en sens inverse, se produirait, si le piston de réglage, au lieu d'être soulevé, était abaissé par le régulateur.

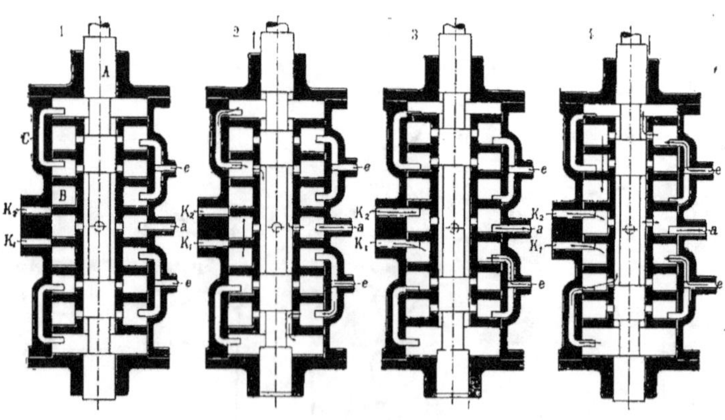

Fig. 24.

Dans cette machine, on doit louer la modernité de la forme, la solidité et la précision de l'exécution. Une petite turbine Girard, axiale, de 5 chevaux, sous une chute de 50 m, était sans particularité nouvelle.

SUÈDE ET NORVÈGE

Les **Drammens Jernstoberi et mekaniske Vaerksted** ont exposé une turbine Girard à injection partielle, axe horizontal, valve à papillon et régulateur avec servomoteur hydraulique à double effet. — Elle était destinée à une fabrique de Flekke Fiord (Norvège) et devait donner 150 chevaux et 500 tours par minute, sur une chute de 100 à 106 m.

La maison **Qvist et Gjers**, à Arboga (Suède), exposait une turbine double, à axe horizontal à quatre rangées d'aubes, calculée pour 300 chevaux et 250 tours sous 10 m de chute. Elle devait être installée à l'usine électrique de Téroug, sur la rivière Kolback.

Elle était renfermée dans une huche en fonte, qui portait trois tubulures d'admission et deux tuyaux de succion; les roues mobiles avaient 0,70 m de diamètre extérieur, d'où une vitesse périphérique $u = 0,65 \sqrt{2gH}$ ($\xi = 0,65$).

Le réglage, par vanne à rideau, sur le pourtour extérieur des distributeurs, n'était qu'une variante du système Zodel, qui sera décrit ultérieurement.

Maison F. Hiorth, à Christiania. — Ce constructeur s'est proposé de ne pas modifier le régime du cours d'eau sur lequel la turbine est installée, quel que soit le travail de celle-ci. Pour cela, il faut que la même quantité d'eau traverse toujours la machine; en marche normale, aussi bien qu'à l'arrêt. Il y est parvenu par la disposition de la figure 25.

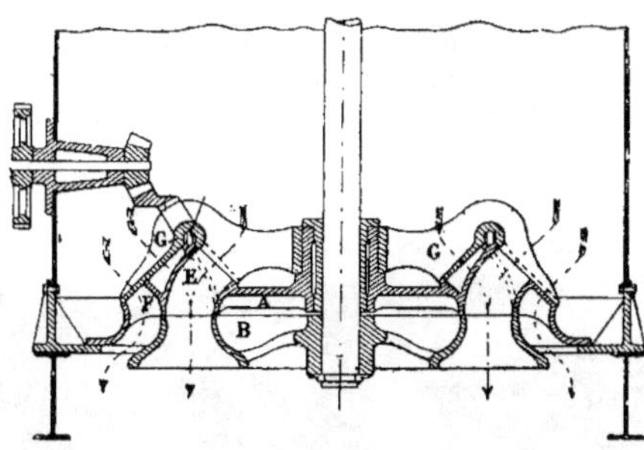

Fig. 25.

Le distributeur, par les orifices E, conduit l'eau à la roue mobile, et, par les orifices G et les canaux F, envoie directement la quantité excédante dans le tube de décharge.

Quand le vannage découvre les orifices E, il ferme en même temps les orifices G, de manière que la surface totale d'écoulement de l'eau reste constante. Il en résulte que le débit à travers la turbine demeure invariable. Le distributeur est aussi muni d'ailettes externes qui permettent d'envoyer dans la turbine, en sens inverse du mouvement de celle-ci, l'eau qui s'échappe directement; d'où l'arrêt presque instantané de l'appareil.

MAISONS SUISSES

ESCHER-WYSS ET Cie, A ZURICH

Cette Société, qui a pris part à presque toutes les installations d'usines hydroélectriques faites, ces dernières années, en France et en Suisse, a apporté d'importants perfectionnements à la construction et au réglage automatique des turbines. La première, en Suisse, elle leur a appliqué l'appareil Meunier. En 1889 déjà, elle avait exposé une turbine alimentée par dessous, de façon à soulager le pivot, et munie, sur le tuyau d'aspiration, de soupapes régularisant la marche en cas de variations brusques de la charge.

Turbines centripètes pour faibles chutes

A l'Exposition dernière, on remarquait particulièrement une turbine double Francis, à axe horizontal, de 2 500 chevaux et 160 tours par minute, sous 25 m de chute. Cette turbine est représentée (*fig.* 26, 27 et 28). L'eau est évacuée à travers un bâti en forme de cloche qui surmonte le tube de succion.

Fig. 26.

La roue mobile, de 1,60 m de diamètre extérieur, se compose de 20 aubes en tôle d'acier de

10 mm d'épaisseur. prises, par leur bord, dans la fonte qui forme les joues. Les arêtes de sortie

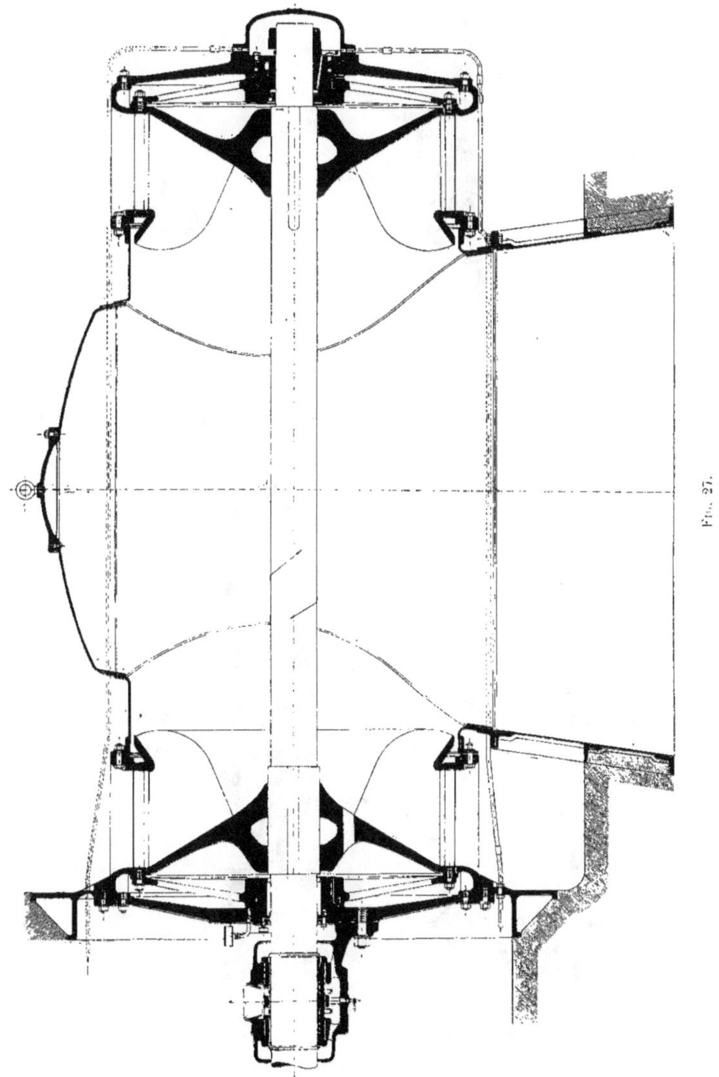

des aubes engendrent une surface de révolution conique, ce qui favorise l'écoulement de l'eau vers l'ouïe et évite les remous.

Pour 1,60 m de diamètre extérieur de la roue, 25 m de chute de 160 tours par minute, on obtient une vitesse relative $u : \sqrt{2gH} = 0,60$.

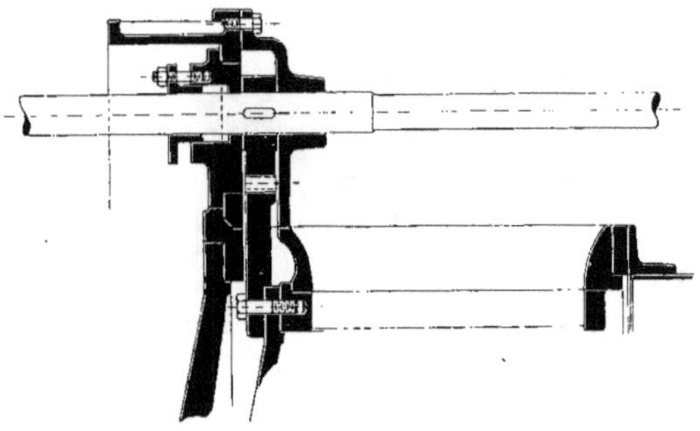

Fig. 28.

Le vannage est du système Zodel; le réglage est effectué par servomoteur à pression d'huile (30 kg par cm²).

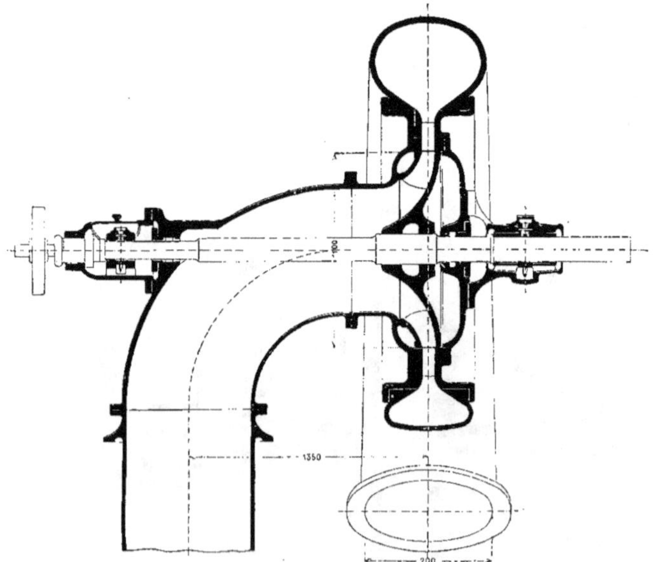

Fig. 29.

Les paliers, fixés aux couvercles des distributeurs, sont à graissage automatique; celui de gauche (côté de la transmission) reçoit sur ses joues, par deux collets de l'arbre, des poussées longitudinales, faibles d'ailleurs par suite de la répartition symétrique des deux turbines.

Un anneau porteur, en fonte, sert à fixer le bâti, et le tube de succion est encastré dans la maçonnerie, à sa partie supérieure.

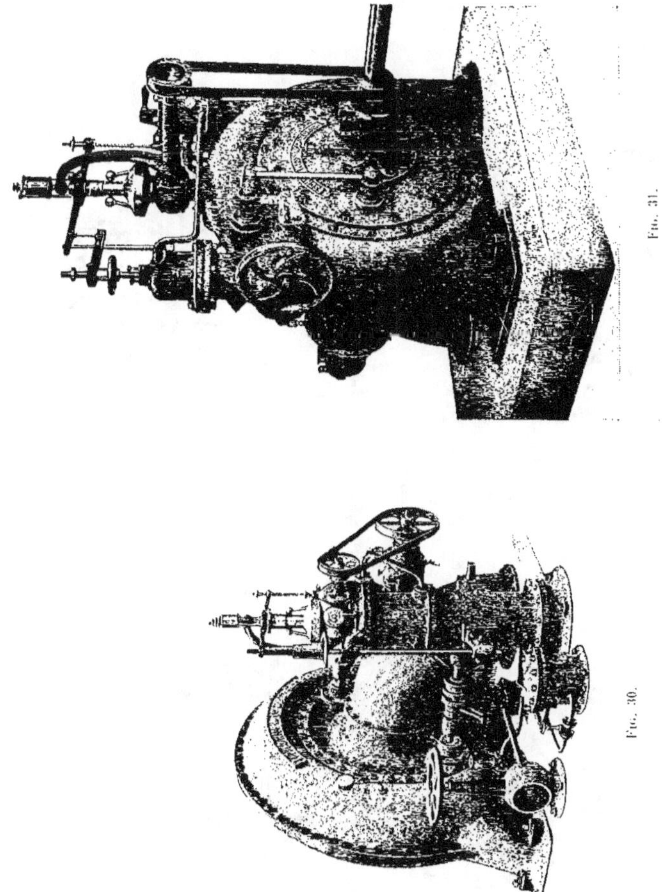

Fig. 31.

Fig. 30.

La figure 29 représente une turbine « Francis », de 600 chevaux, à axe horizontal et à distributeur spiraloïde, qui doit faire 300 tours par minute sous 43 m de chute. On a construit 4 de ces turbines pour la Société des forces motrices de la Vézère, près Limoges. Le réglage se fait par anneau Fink, mû par servomoteur hydraulique (fig. 30). L'arbre traverse le corps de turbine dans deux presse-étoupe. Il est supporté par deux paliers, à graissage automatique. Les

3

poussées longitudinales sont transmises à l'un des paliers par un collet, et au bâti par un dispositif de butée qui se voit en figure 29.

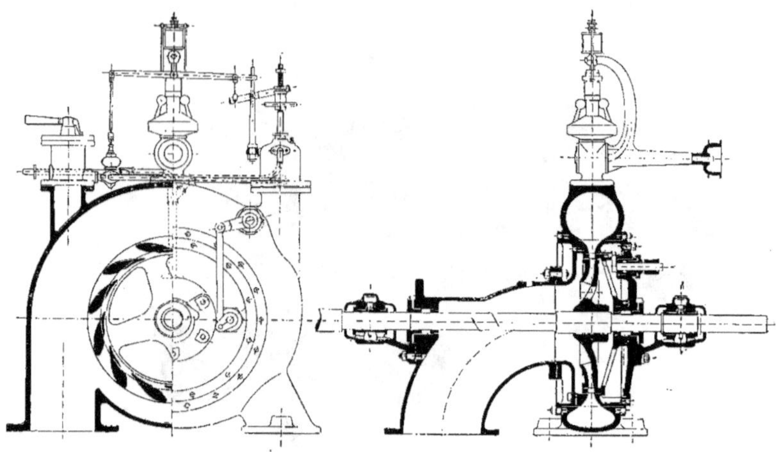

Fig. 32.

Une turbine plus petite, dans laquelle le régulateur et le servomoteur sont fixés sur le bâti même de la machine, est représentée (*fig.* 31 et 32). Le vannage est du système Zodel (*fig.* 33).

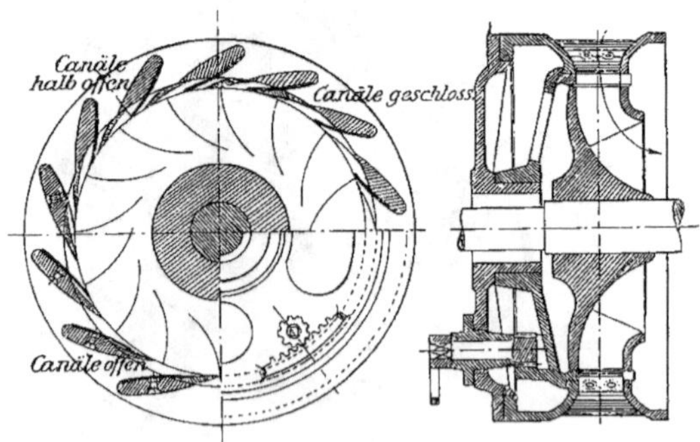

Fig. 33.

Il se compose, en principe, d'un anneau pouvant se déplacer entre le distributeur et la roue mobile, et portant des cloisons qui, à l'admission totale, forment le prolongement des aubes fixes du distributeur. Une tôle d'acier prolonge la face postérieure de ces aubes fixes jusqu'à l'entrée de la roue mobile, assurant ainsi un guidage parfait de la veine liquide, quelle que soit la position du vannage.

On peut reprocher à cette disposition d'introduire, entre le distributeur et la roue mobile, des lamelles d'acier flexibles, susceptibles de vibrer sous l'action des jets d'eau. D'autre part, on aperçoit un défaut de ce système : la brusque contraction des canaux distributeurs, suivie d'un brusque évasement, dû au décrochement des parties mobiles des ailes par rapport aux parties fixes; c'est une cause de tourbillons et de pertes de charge, lors des ouvertures partielles du vannage.

Servomoteur hydraulique. — Les figures 34 et 35 représentent le servomoteur hydraulique employé par la maison Escher-Wyss dans plusieurs de ses turbines.

L'eau sous pression agit sur un piston différentiel AB qui est relié, par une bielle I et une manivelle G, à l'arbre F qui commande le vannage de la turbine.

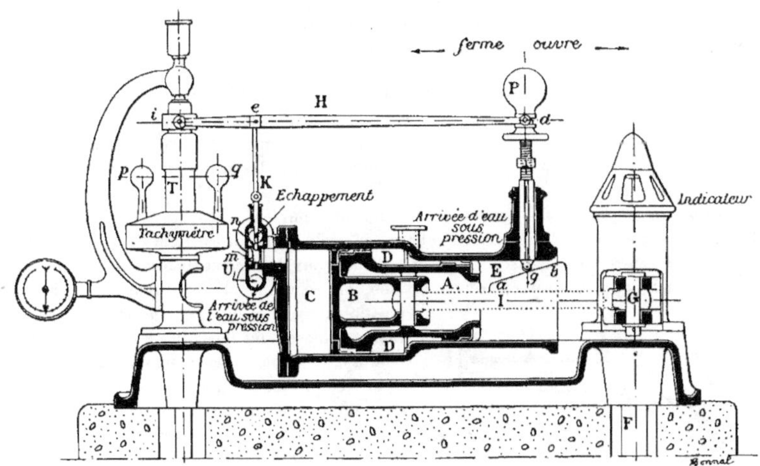

Fig. 34.

L'espace annulaire DD′ est en communication permanente avec l'eau sous pression, tandis que le grand cylindre C est mis en communication par le tachymètre T, soit avec l'eau sous pression, soit avec l'échappement à l'atmosphère. Dans le premier cas, le piston différentiel se déplace vers la droite, et produit la fermeture du vannage, tandis que, dans le second cas, le piston est ramené vers la gauche, et l'ouverture du vannage s'ensuit.

La distribution de l'eau sous pression au cylindre C est faite par une soupape qui oscille entre les deux petits orifices m et n.

Par la tige K, la soupape est suspendue au point e du levier H pivoté en d et appuyé sur l'index du tachymètre T. Quand le tachymètre déplace son index, il produit donc en même temps le déplacement de la soupape. Or l'orifice m est en relation constante avec l'eau sous pression, pendant que l'orifice n est en relation avec l'échappement à l'atmosphère; et l'intervalle entre les deux orifices est en communication avec le grand cylindre C. On voit donc que, lorsque l'index du tachymètre s'élève et que la soupape s'élève aussi, l'orifice n se ferme, et l'eau sous pression afflue dans le cylindre C par l'orifice m, et que, au contraire, lorsque l'index s'abaisse, la soupape ferme l'orifice m d'arrivée d'eau pendant qu'elle ouvre l'orifice n.

Si, maintenant, la soupape se tient entre ces deux positions extrêmes, de manière que les deux orifices présentent à l'eau la même section, la pression dans le cylindre C se maintient à la moitié environ de la pression initiale de l'eau, et il y a équilibre des poussées de part et d'autre du piston différentiel AB. Celui-ci reste donc en place.

Ce système très simple de la distribution de l'eau, offre deux avantages très sérieux. D'abord la soupape n'est poussée que rarement à fond de course par le tachymètre ; généralement elle ne se déplace que partiellement et il en résulte une vitesse de fermeture ou d'ouverture plus ou moins grande. Ce ne sera que dans une variation importante de la charge que la soupape sera poussée à fond par le régulateur, et que la vitesse de déplacement du piston AB s'élèvera au maximum dont elle est susceptible. Lors d'une petite variation de charge, au contraire, la vitesse de fermeture ou d'ouverture de la vanne se proportionne à la grandeur de cette variation.

Ensuite on voit que la petite soupape reçoit du liquide une poussée variable quand elle s'abaisse, la poussée de bas en haut qu'elle subit croît depuis zéro jusqu'à une valeur qui peut atteindre plusieurs kilogrammes. Cette poussée s'oppose un peu au déplacement du tachymètre, et lui donne de la stabilité.

Bien entendu, il faut, dans chaque cas, calculer la pression de l'eau et les sections du piston différentiel, de manière que la résistance du vannage soit toujours largement vaincue. Il faut aussi calculer les sections des petits orifices m et n, de façon que la vitesse de fermeture de la vanne soit celle que l'on s'est proposé d'obtenir. Généralement des orifices de 6 à 10 millimètres de diamètre suffisent.

L'asservissement est réalisé par des dispositifs très simples.

Le point de rotation d du levier H n'est pas, en réalité, fixe ; il est relié au piston AB de telle façon qu'il s'élève ou s'abaisse proportionnellement aux déplacements de ce piston. Il résulte de là, que quand le piston est en repos et que, par conséquent, la soupape S occupe sa position moyenne, ainsi que le point d'articulation e, l'index i du tachymètre est obligé de se fixer à la position qui correspond à celle du point d, et, réciproquement, le point d et le piston AB sont obligés de suivre le mouvement de l'index i. C'est cette dépendance obligatoire des mouvements de l'index et du piston, pendant le régime permanent, qui constitue l'asservissement du second au premier. Mais on doit remarquer que l'index i agit librement sur l'articulation e pendant le régime troublé, indépendamment de ce qui se passe au point d.

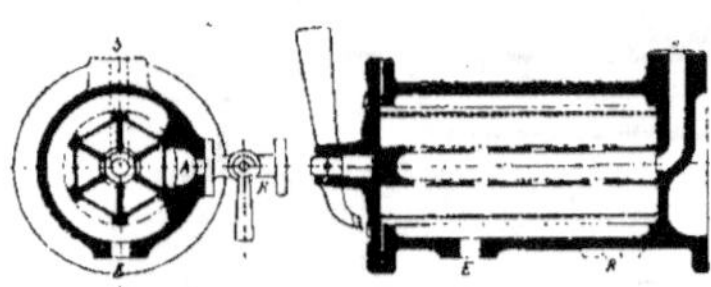

Fig. 33.

Quant à la relation cinématique entre le point d et le piston AB, elle s'établit de différentes manières. Sur la figure 34, la rampe, ab solidaire du piston AB, pousse le galet g, relié au point d par la tringle dg. Le contrepoids P maintient le galet en contact avec la rampe ab. On peut changer un peu la vitesse de régime en modifiant la longueur de la tringle dg. C'est dans ce but qu'elle porte un filetage.

Habituellement on dispose entre les deux cylindres différentiels un tube d'équilibre avec robinet de façon à pouvoir, le cas échéant, faire mouvoir le vannage à la main au moyen d'une vis disposée à cet effet.

Filtre. — Le servomoteur fonctionne avec de l'eau filtrée. Dans l'appareil représenté ($fig.$ 35), l'eau arrive en E et sort en S, après avoir traversé une toile métallique qui retient les corps étrangers. Cette toile est fixée sur un tambour rotatif hexagonal. Pour la nettoyer, il suffit d'ouvrir le robinet R au moment où l'un des côtés de ce tambour se présente devant la chambre A. L'eau sous pression, traversant alors la toile métallique en sens inverse du courant, entraîne tout ce qui s'était déposé.

Turbines de Saint-Maurice. — La figure 36 donne la coupe d'une turbine qui est la combinaison des trois machines décrites précédemment.

Le servomoteur est fixé au bâti. Le réglage s'y fait, non plus par pendule centrifuge, mais par régulateur électrique.

Il y a six de ces turbines à l'Usine électrique de Saint-Maurice en Valais qui éclaire la ville de Lausanne. Accouplées directement aux moteurs électriques, elles font 1000 chevaux à 300 tours par minute avec un débit de 31 m³ à la seconde sous 32 à 34 m de chute.

Étant données leurs dimensions, on a pour coefficient de vitesse : $\dfrac{u}{\sqrt{2gH}} = 0{,}62$.

L'eau est distribuée par une conduite unique de 2,70 m de diamètre, dont chaque turbine peut être isolée par une vanne à papillon.

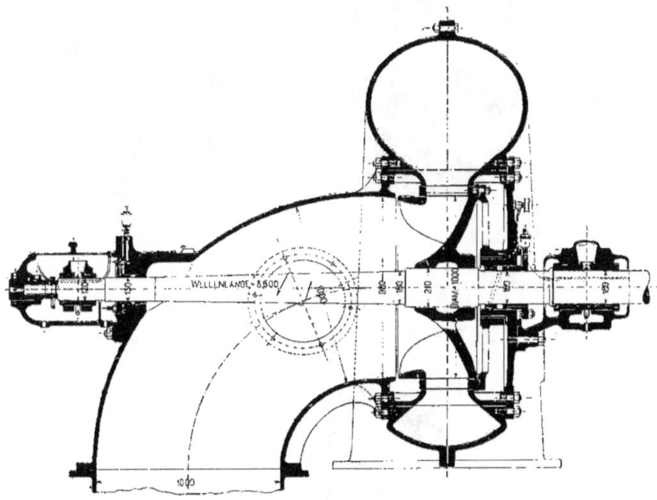

Fig. 36.

Une pompe, mue par une petite turbine indépendante, comprime de l'huile dans un réservoir unique de distribution d'où elle s'écoule aux paliers des différentes machines.

Un régulateur central électrique agit à la fois sur toutes les soupapes de réglage des servomoteurs; ceux-ci, par contre, ramènent individuellement les soupapes à leur position moyenne.

En outre, chaque turbine est pourvue d'une commande de réglage à main.

Turbines à haute pression

Les turbines à haute pression, exposées par la maison Escher-Wyss, sont habituellement faites avec une roue à doubles poches, du genre Pelton.

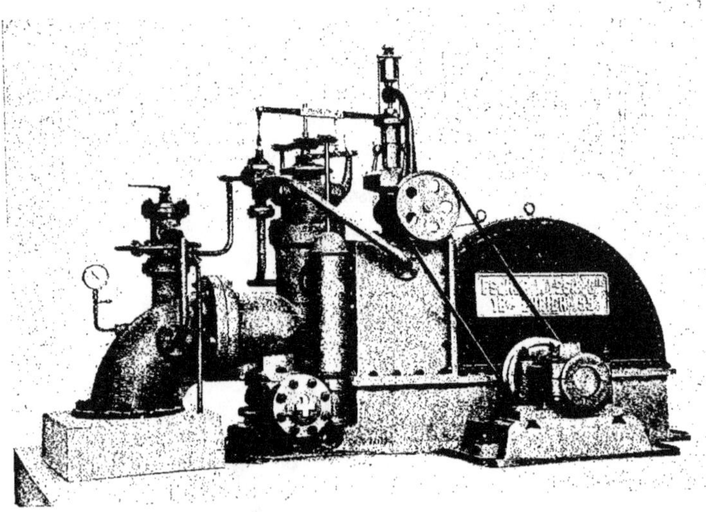

Fig. 37.

La figure 37 représente une turbine à haute pression de 110 chevaux et 600 tours sous 92 m de chute, destinée à l'usine électrique d'Arsoa.

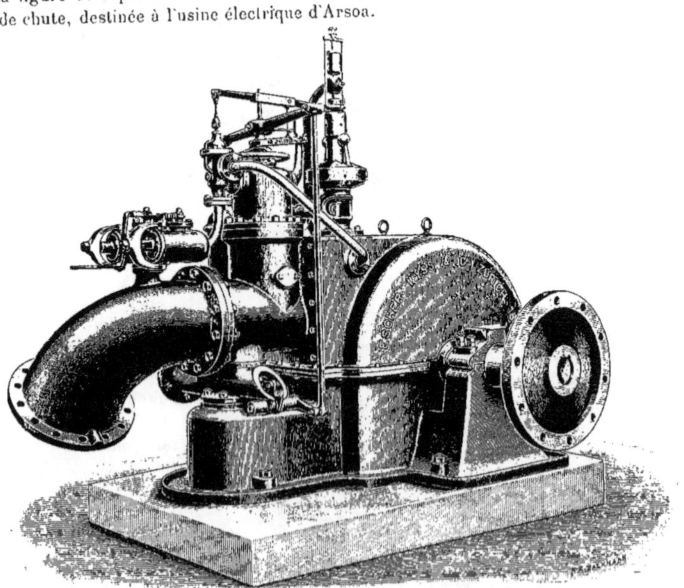

Fig. 38.

La figure 38 représente une des trois turbines, de 550 chevaux et 375 tours pour 92 m de chute, qui sont installées à l'usine de Barcelone.

La figure 39 donne une coupe verticale de l'injecteur, du servomoteur et de sa soupape de réglage, dont nous allons expliquer le fonctionnement. L'ouverture ou la fermeture du bec de la tuyère d'injection dépend du piston P, qui se déplace dans le cylindre s. Une soupape de réglage, r, peut mettre s en communication : 1° avec la conduite d'eau sous pression par le canal a ; 2° avec la conduite d'échappement par le canal c. Quand cette soupape est à sa position moyenne, ce qui est le cas de la figure, le cylindre s est complètement isolé

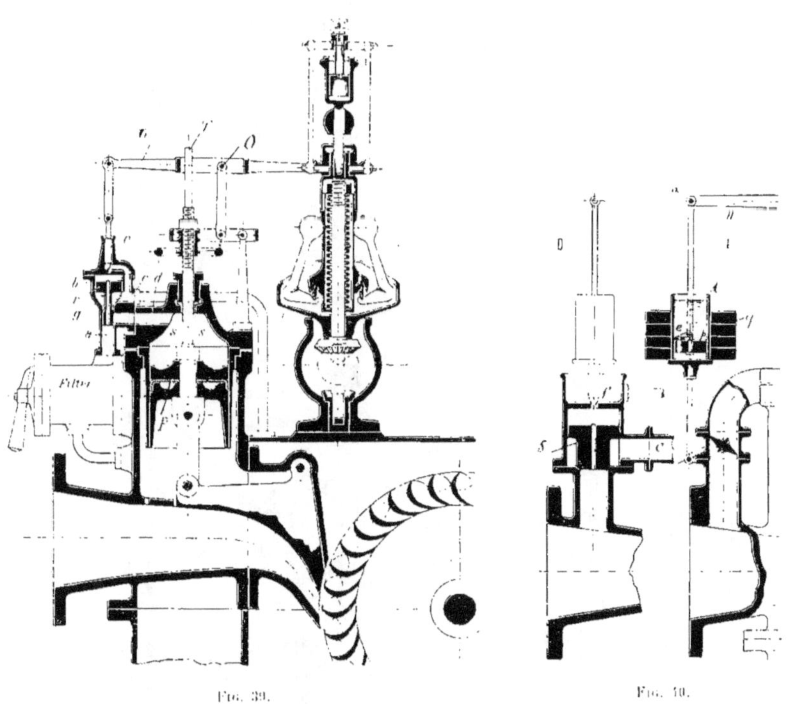

Fig. 39.   Fig. 40.

de a et de c. La soupape r est percée, en son centre, d'un petit canal qui fait communiquer a et b. Elle a la forme d'un piston différentiel, calculé de manière que, dans sa position moyenne, la somme des pressions qui s'exercent sur ses faces inférieures a et c, équilibre la pression sur la face b.

Si l'index du tachymètre vient à s'abaisser, le piston P étant immobile, O est momentanément un point fixe ; et le levier L soulève le pointeau v, qui découvre un orifice conique percé dans le couvercle du cylindre b.

Les sections du canal central de la soupape et de cet orifice sont telles que l'eau s'écoule plus vite du cylindre b qu'elle n'y entre. La soupape r va donc être soulevée et l'eau sous pression, pénétrant par a dans le cylindre s, fera descendre le piston P qui ouvrira le bec de la tuyère. Le piston P, dans son mouvement de descente, entraîne le levier L qui referme v. La soupape de réglage revient à sa position moyenne. Étant donnée la grandeur relative des surfaces a, b et c par rapport à la masse de cette soupape, le déplacement de celle-ci est très rapide, en sorte qu'elle suit, sans retard appréciable, les mouvements du tachymètre.

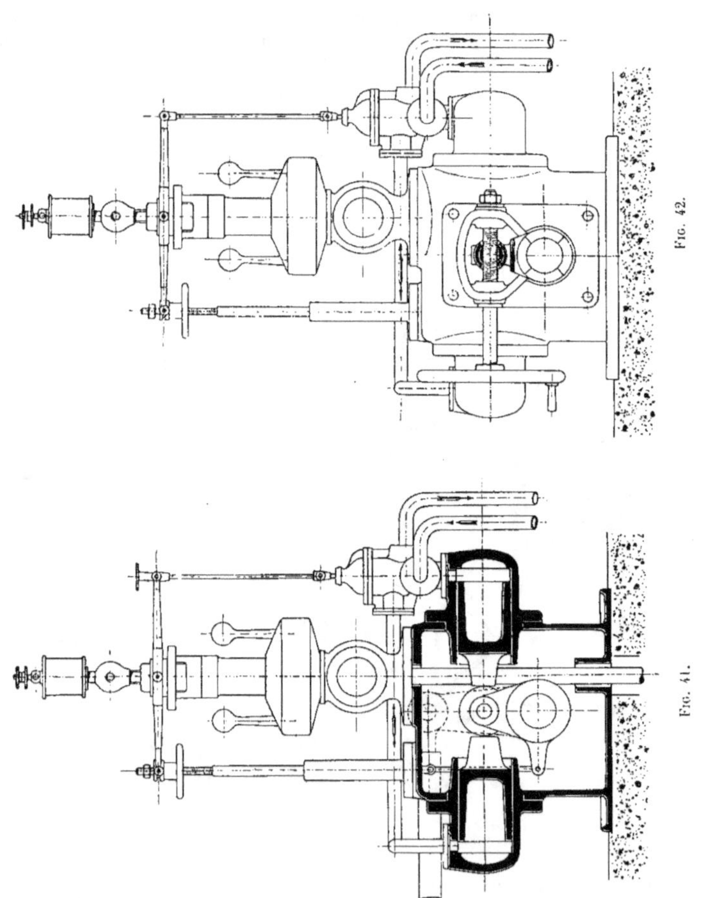

Régulateur de pression. — Quand on a voulu régler automatiquement les turbines pour .hautes chutes, on a éprouvé de grosses difficultés, par suite de l'inertie des colonnes d'eau en mouvement; à une fermeture rapide du vannage correspond un coup de bélier capable de désorganiser l'appareil [1]. Pour y remédier, on pensa à ouvrir sur la conduite d'amenée un orifice de décharge, au moment même où l'on fermait le vannage. Mais, pour réduire la perte au minimum, il fallait qu'aussitôt ouvert cet orifice se refermât automatiquement et progressive-

1. On sait combien les brusques variations de pression sont fatales aux régulateurs de vitesse, dont elles rendent le fonctionnement impossible.

ment. MM. Escher.-Wyss et Cie ont trouvé une solution des plus élégantes et des plus simples de ce problème.

Ils disposent sur la conduite forcée un tuyau de décharge c (*fig.* 40), fermé par une vanne à papillon, ou, plus récemment, par une soupape s de construction et de fonctionnement analogue à la soupape de réglage du servomoteur décrit précédemment.

La tige T du piston P de ce servomoteur est fixée, en b, au levier H. A l'extrémité a de ce levier est suspendu un piston p, qui se déplace dans un cylindre d rempli d'huile et portant le poids additionnel q. Ce piston est percé d'un canal sur lequel vient s'appliquer un clapet e, percé d'un trou plus petit que la section du canal.

Si le piston P se soulève, fermant ainsi l'injecteur, il entraîne le piston p. Le mouvement de ce dernier étant assez rapide pour que l'huile contenue dans le cylindre d n'ait pas le temps

Fig. 43.

de s'écouler par l'orifice e, le cylindre d est soulevé et dès lors il dégage le pointeau f ; mais l'huile, continuant de passer en e, le cylindre d redescend, obstrue peu à peu l'orifice f; et la soupape s, revenant lentement à sa position moyenne, ferme automatiquement et progressivement la conduite de décharge.

Si le piston P s'abaisse, au contraire, le piston p descend, l'huile s'écoule rapidement en soulevant le clapet e, le cylindre d tombe, et la soupape s revient brusquement à sa position moyenne.

Servomoteur à haute pression. — Pour les basses et moyennes pressions, incapables d'actionner directement un servomoteur ; on dispose des servomoteurs à huile à haute pression, tels qu'ils sont représentés figures 41, 42, 43. La pression d'huile est généralement voisine de 30 kgs par centimètre carré. Elle est obtenue au moyen d'une pompe à piston auxiliaire.

Régulateur universel hydromécanique

La Société Escher-Wyss construit un régulateur universel hydromécanique, représenté par les figures 44, 45 et 46. Son mode d'action est le suivant.

Dans un bâti A, rempli d'huile, un arbre C, animé d'un mouvement de rotation continu par la poulie D, porte deux pignons coniques B qui, en embrayant l'un ou l'autre avec le pignon E peuvent agir sur l'arbre s pour ouvrir ou fermer le vannage.

Les pignons B sont solidaires de boîtes renfermant deux roues d'engrenage (*fig.* 44). La roue 1 est calée sur l'arbre C et la roue 2 tourne autour d'un axe fixé dans les couvercles de la boîte.

Quand la turbine a sa vitesse de rotation normale, la roue 1 entraîne la roue 2 qui, agissant à la manière d'une pompe rotative, provoque un déplacement de l'huile de Q vers R, à travers la boîte B.

Un distributeur G peut fermer l'orifice R de l'une ou l'autre boîte, sous l'action du régulateur, par l'intermédiaire des leviers K, J, H.

Quand cet orifice est fermé, l'huile, faisant frein, empêche tout mouvement relatif de la roue 2 par rapport à la roue 1, et la boîte entière est entraînée par l'arbre C, d'où la rotation du pignon E et le déplacement du vannage.

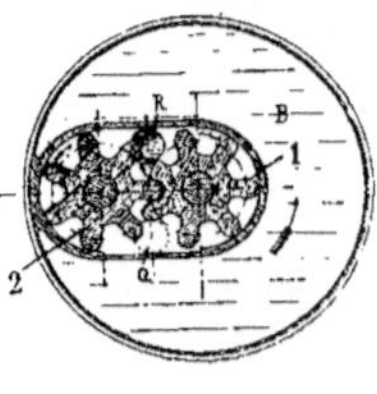

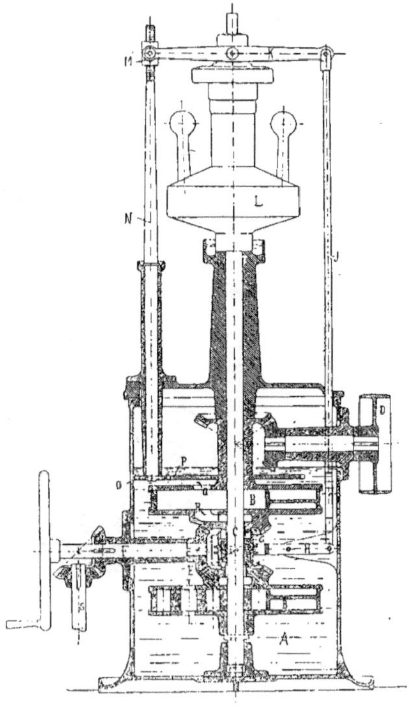

Fig. 44.   Fig. 45.

Pour prévenir les excès de réglage, on a asservi le distributeur g à l'arbre F. A cet effet, le mouvement de la boîte B est transmis, par l'engrenage PO, à l'arbre N, sur lequel peut se déplacer l'écrou M. Cet écrou ramène le distributeur à sa position moyenne par le levier K, faisant ainsi cesser le mouvement du vannage.

Ce mode de réglage est très rapide, le tachymètre n'ayant qu'à déplacer un peu le distributeur pour agir. Toutes les pièces baignant dans l'huile, l'usure par frottement est pour ainsi dire nulle.

Comme l'appareil est susceptible de transmettre une grande puissance, il est tout indiqué pour la manœuvre des vannages lourds, et sa robustesse permet enfin de l'employer dans toutes les machines où il y a des variations nombreuses et brutales de la charge.

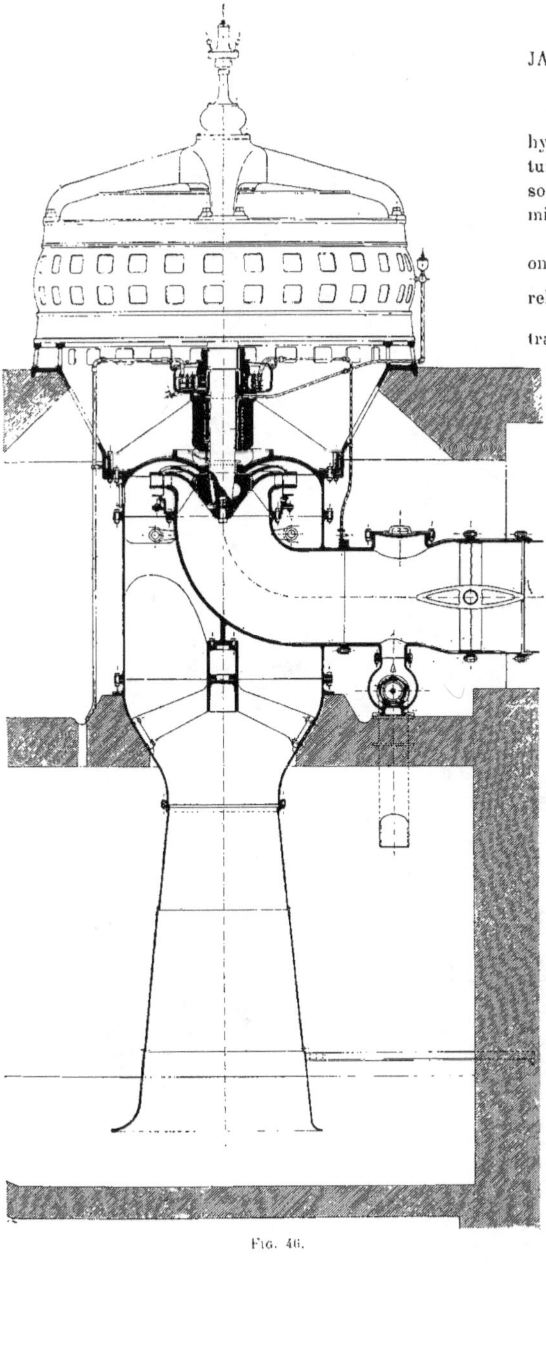

JACOB RIETER, A WINTERTHUR

M. Jacob Rieter a installé, à l'usine
hydroélectrique de Montbovon, quatre
turbines radiales, alimentées par dessous de 1 100 chevaux, 300 tours par
minute, sous une chute de 64 m.

Une de ces turbines fut exposée, et
on la voit en coupe (*fig.* 47). La vitesse
relative prévue est $\dfrac{u}{\sqrt{2g\mathrm{H}}} = 0{,}485$; elle
travaille à veine moulée.

L'arbre, remarquablement
court, est guidé par des paliers
graisseurs à refroidissement par
circulation d'eau.

On accouple directement la
génératrice électrique à la turbine.

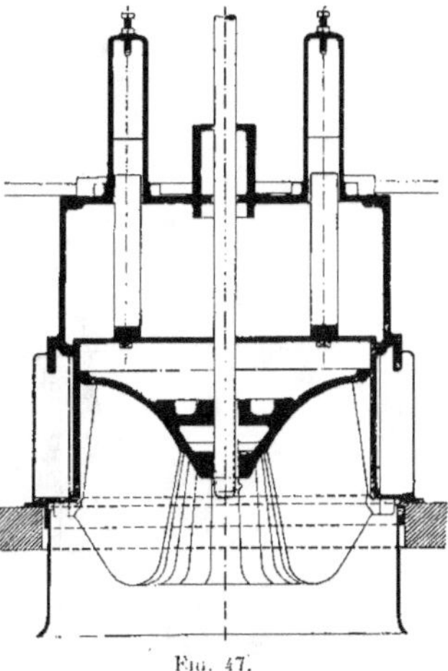

Fig. 47.

Le régulateur centrifuge,
placé à l'extrémité de l'arbre,
agit sur la soupape de réglage
d'un servomoteur hydraulique, à
piston différentiel, fixé au bâti.
Ce servomoteur fait coulisser,
entre le distributeur et la roue
mobile, une vanne cylindrique
équilibrée, réglant ainsi la puissance de la turbine.

Fig. 46.

La soupape de réglage qui est asservie au piston différentiel (*fig.* 51) n'est pas dans le voisinage immédiat du servomoteur. Elle est placée sur la conduite d'eau sous pression

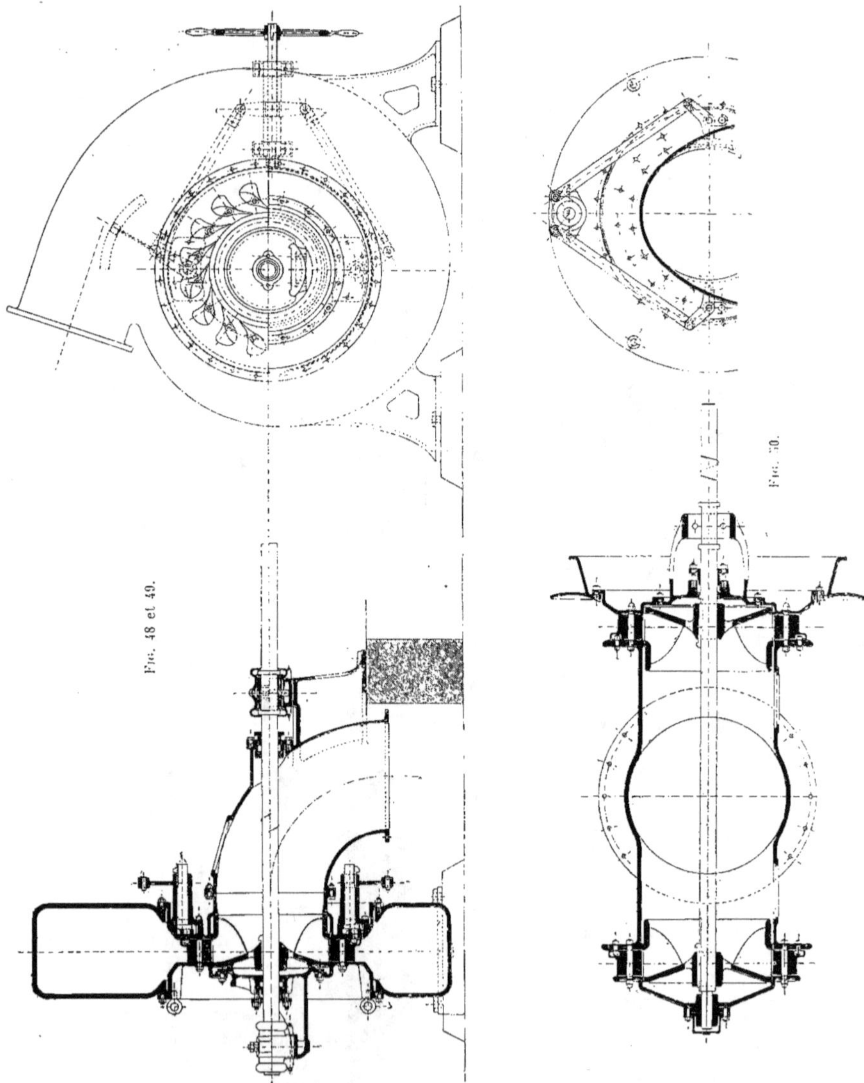

venant du filtre. De ce fait, elle est certainement soumise aux variations de vitesse qui se produisent dans cette conduite pendant le réglage.

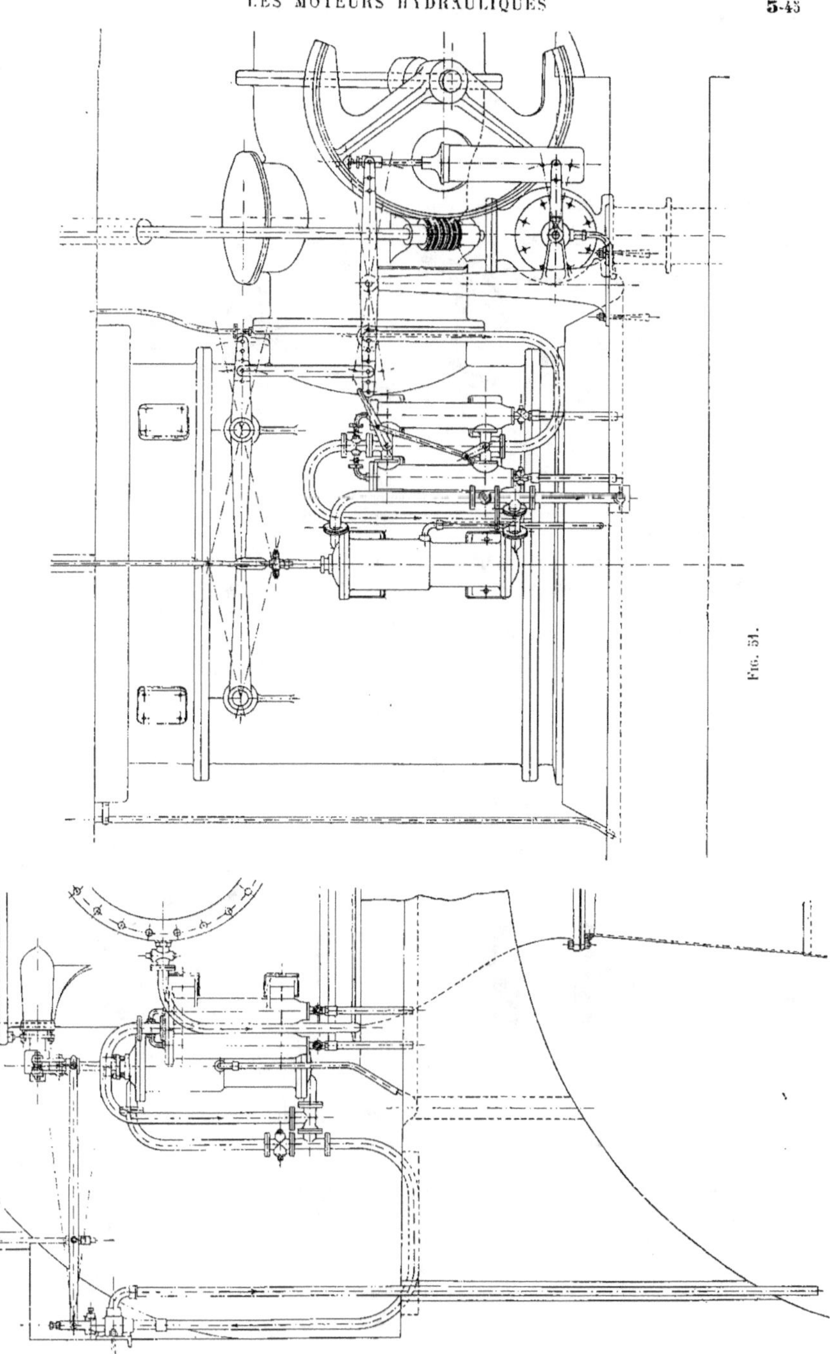

Fig. 51.

La conduite d'eau qui agit sur le régulateur est une déviation de la conduite d'amenée. Cette eau est filtrée avant d'entrer dans le servomoteur ; on peut nettoyer le filtre en marche.

Le servomoteur agit aussi sur un régulateur de pression qui fonctionne en sens inverse du mouvement du vannage.

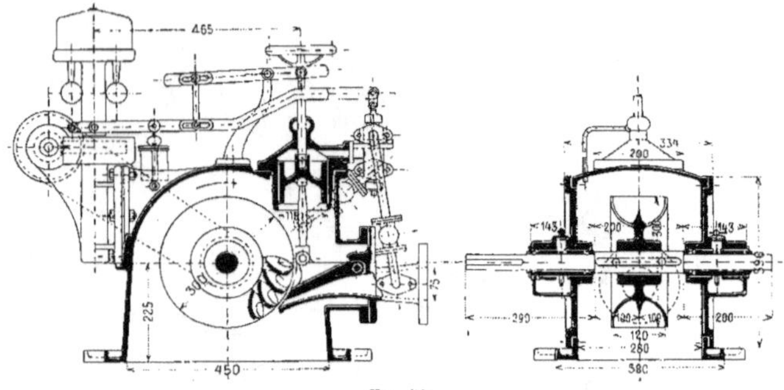

Fig. 52.

Toute l'installation est très ramassée ; mais les différents organes en sont cependant assez facilement accessibles.

Cette maison exposa encore une turbine du type « Hercule » (*fig.* 48) sans particularité nouvelle, et deux turbines « Francis » (*fig.* 49 et 50). La première, simple, avec distributeur en spirale; la seconde, double et à chambre d'eau ouverte. Toutes deux à axe horizontal, avec réglage Fink et aubages américains.

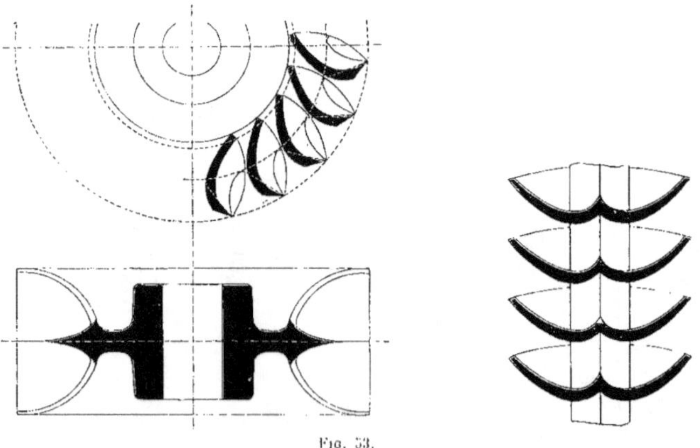

Fig. 53.

En vue de diminuer les pertes par frottement, la transmission de mouvement aux aubes mobiles de l'anneau Fink présente une disposition nouvelle. L'anneau porte sur sa face intérieure une série de goujons qui viennent s'engager entre deux coins de bronze, formant coussinet, logés dans l'oreille de l'aube mobile. Le mouvement de rotation est communiqué à l'anneau par deux bielles et deux leviers à doubles articulations (*fig.* 49).

Les figures 52 et 53 donnent les détails d'une roue genre Pelton pour hautes chutes.

D'après le prospectus de la maison Rieter, les régulateurs qu'elle construit sont de 5 types :

1° Régulateurs centrifuges pour installations courantes, avec tolérance de 5 à 10 0/0 dans les variations de vitesse ;

2° Régulateurs de précision pour installation électriques, avec tolérance de 1 à 3 0/0 quand la force varie de 25 0/0 ;

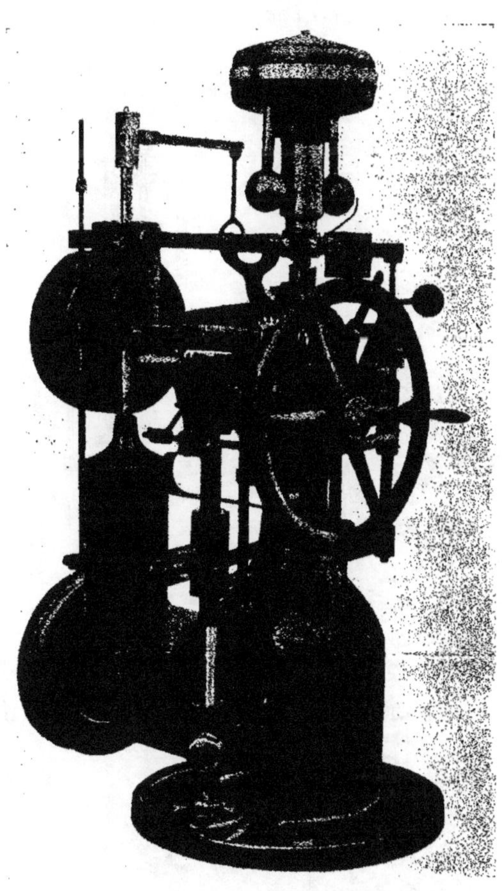

Fig. 54.

3° Régulateurs à frein, à action rapide, avec ou sans mécanisme de réglage du vannage de la turbine ;

4° Régulateurs de niveau d'eau pour cas spéciaux ;

5° Régulateurs de sûreté pour turbines à hautes chutes, destinés à prévenir l'emballement en cas de rupture.

La figure 54 est la photographie d'un régulateur de précision ;

TH. BELL, A KRIENS

Cette maison a fait breveter une forme de tuyau de succion, qu'elle a appliqué pour la première fois à la station centrale électrique de Berne. Ce tuyau de succion[1] est un canal d'évacuation disposé dans la fondation en béton de la turbine ; près de celle-ci il a une section

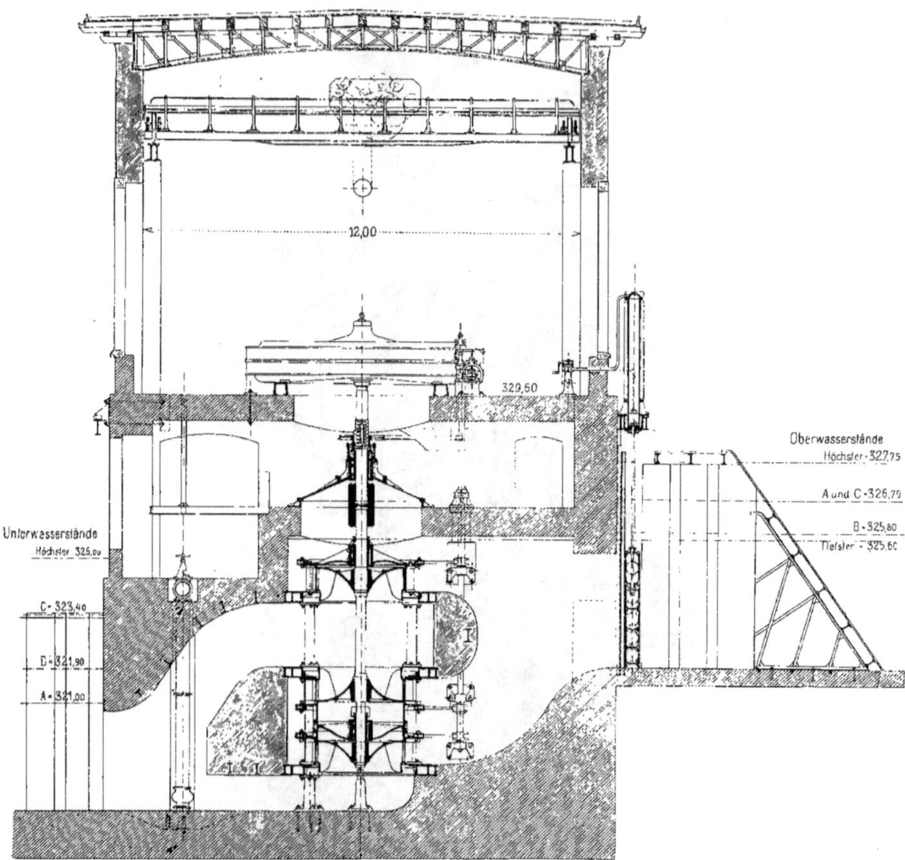

Fig. 55.

circulaire ; quand il se recourbe pour déboucher horizontalement dans la fosse, sa section s'amoindrit dans le sens de la hauteur, et s'élargit en conséquence dans l'autre sens. Il procure, paraît-il, un bon échappement.

La figure 55 représente une turbine à trois étages, à axe vertical, et chambre d'eau ouverte

1. PRÁŠIL, Communication au Congrès de Mécanique appliquée, 1900.

en béton, destinée à l'usine électrique de Betznau, près Turgi, sur l'Aar. Elle est calculée pour donner 1 000 chevaux et 67 tours par minute, sur une chute de 3 à 5 m. Son diamètre extérieur étant de 2,30 m, on atteint un coefficient de vitesse $\dfrac{u}{\sqrt{2gH}} = 0,925$ extraordinairement élevé, comme on le voit.

Sur un solide couvercle de fonte s'appuie, à la partie supérieure de la chambre d'eau, un palier de butée à anneau circulaire qui supporte toute la partie mobile de la machine hydroélectrique. Il est placé non pas sur l'arbre de la turbine, mais sur celui de la génératrice électrique qui lui est directement accouplée. D'autres paliers, du modèle de celui de la figure 56, empêchent l'arbre de fouetter. Le dernier est installé entre les deux roues inférieures de la turbine.

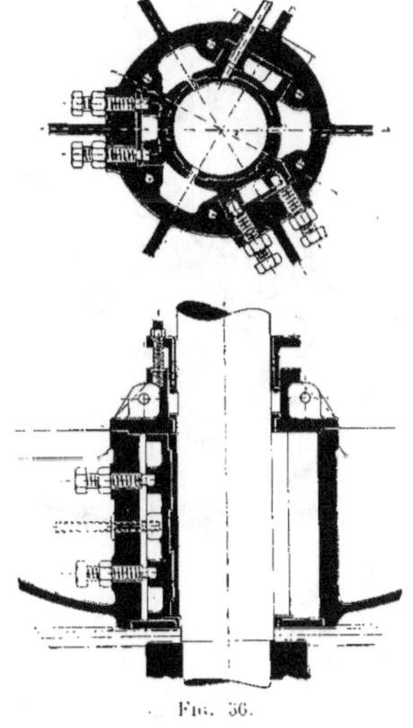

La roue intermédiaire est alimentée par dessous, et la poussée verticale qu'elle subit de ce fait soulage le palier de suspension.

Le réglage est très original (fig 57); les aubes du distributeur sont en deux parties, l'une fixe, venue de fonte avec le corps du distributeur; l'autre, mobile, portée par une rondelle encastrée dans la couronne du distributeur.

Par l'intermédiaire de leviers, l'anneau mobile peut, sous l'action du servomoteur, faire pivoter à la fois toutes les rondelles autour de leur axe, inclinant ainsi plus ou moins les parties mobiles des aubes par rapport aux parties fixes, et sans que le contact cesse d'exister entre elles.

Fig. 56.

On peut ainsi faire varier, rapidement et simultanément, le débit à travers toutes les roues de la turbine.

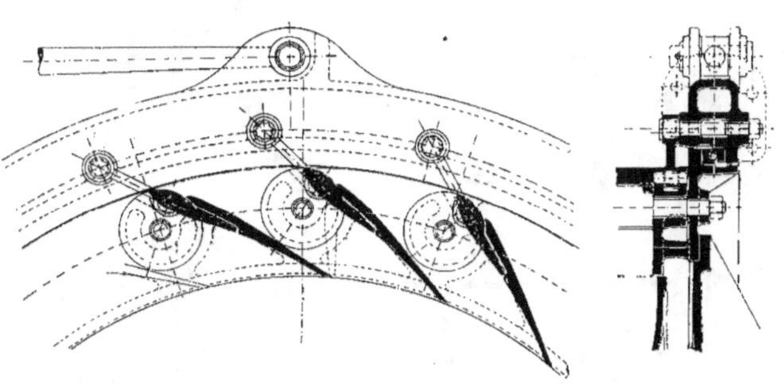

Fig. 57.

Pour rendre plus facile le mouvement de l'anneau A, on a interposé des billes entre cet anneau et le distributeur.

Cette Société présenta encore deux turbines à axe horizontal pour moyenne chute.

L'une à deux roues et canal spiraloïde (fig. 58); l'autre (fig. 59), à chambre d'eau ouverte et à 4 roues de 0^m,50 de diamètre portant chacune quinze aubes. Ces roues, opposées deux à deux, débouchent dans deux tubes de succion.

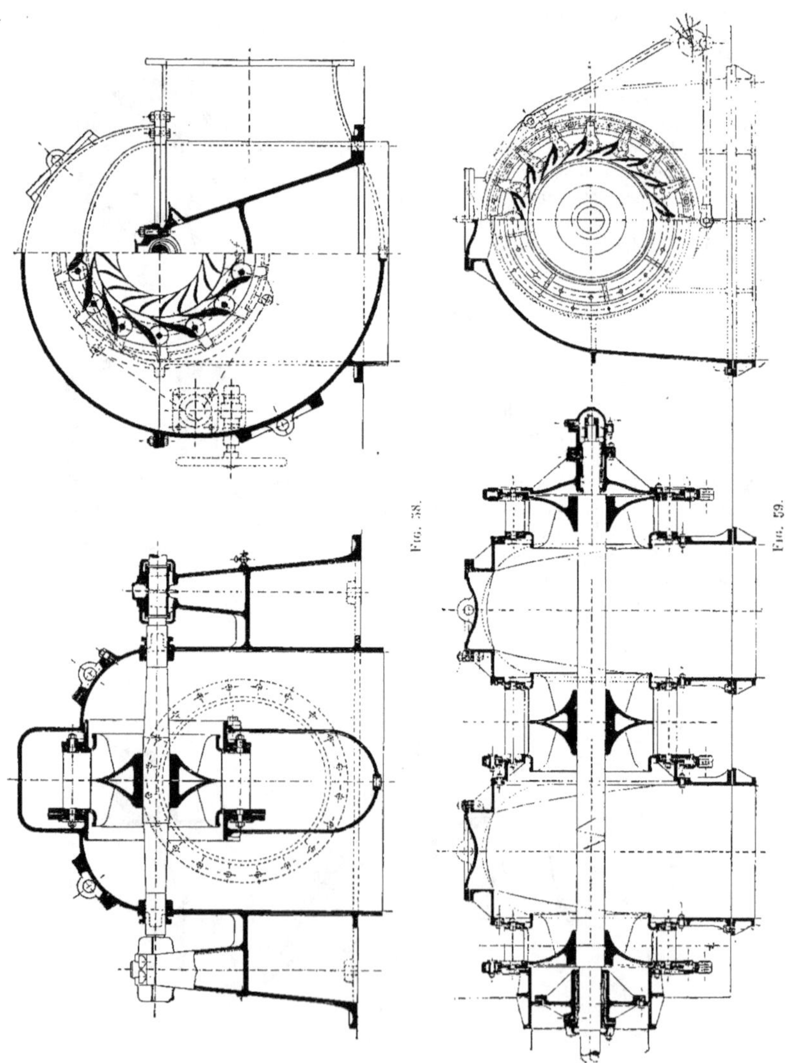

L'arbre porte un épaulement et un écrou claveté qui s'appuient, par l'intermédiaire de deux rondelles libres, sur un croisillon fixe. Le vannage est du système décrit précédemment.

Les turbines à haute pression (*fig.* 60) exposées étaient munies d'un système de réglage de la vitesse et de la pression des plus original ; le voici, en principe.

Le bec B de la tuyère d'injection, que la pression de l'eau de la conduite tend toujours à ouvrir, est relié au piston P du servomoteur. L'index du tachymètre peut, en agissant sur la soupape de réglage D, mettre le dessus de ce piston P en communication soit avec la conduite d'eau sous pression venant du filtre E, soit avec la conduite d'échappement, et, de ce fait, régler le débit. Pour éviter toute variation de pression dans la conduite d'alimentation, un orifice C s'ouvre automatiquement d'une quantité égale à la fermeture du bec de l'injecteur. La languette qui ferme cet orifice est manœuvrée, par l'intermédiaire d'un levier, par un piston *p* qui peut se déplacer à l'intérieur du piston P. Ce piston *p* reçoit sur sa face supérieure, par le tuyau *d*, la pression de l'eau de la conduite d'alimentation Si P s'abaisse brusquement, l'eau contenue entre deux pistons n'a pas le temps de s'écouler par le tuyau *d* ; et le piston *p*, suivant le mouvement de P, ouvre

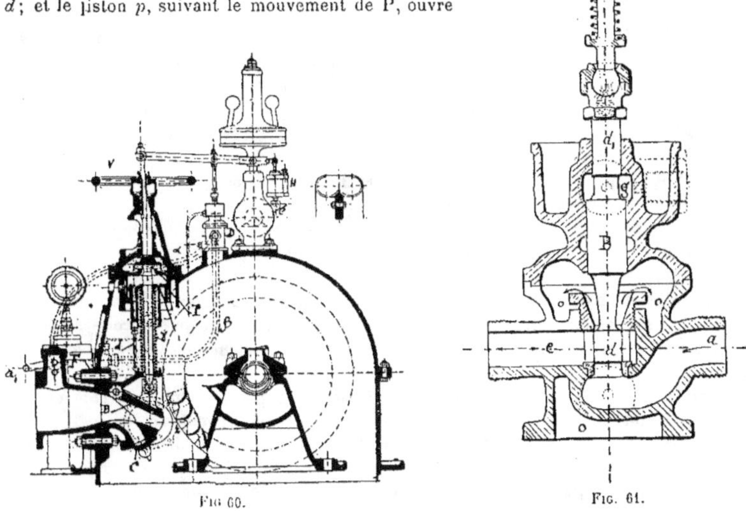

Fig. 60.   Fig. 61.

l'orifice C. Mais le ressort γ, qui a été comprimé dans le mouvement de descente, se détend peu à peu en continuant de faire écouler l'eau par le tuyau *d* ; faisant ainsi remonter *p* qui ferme progressivement l'orifice C.

La soupape de réglage de ce servomoteur (*fig.* 61) est aussi assez originale. Le piston-soupape *d* peut mettre, par la conduite *e*, le dessus du piston P en communication soit avec l'eau sous pression venant du filtre par la conduite *a*, soit avec l'échappement *o*. En *g*, on envoie de l'huile, comprimée dans le cylindre H par l'eau même de la conduite, afin d'équilibrer la poussée qui s'exerce sur la face inférieure de *d*, et d'éviter l'usure de la tige B, par les grains de sable que pourrait entraîner l'eau.

Nous avons emprunté au prospectus de cette maison la description suivante de ses régulateurs de vitesse.

a) **Régulateur à servomoteur mécanique à déclic** (*fig.* 62). — Un tambour à denture hélicoïdale, commandé par courroie porte à l'intérieur, à gauche et à droite, trois cliquets d'entraînement. Sur les axes de ces cliquets sont fixés, en dehors du tambour, de petits leviers de déclenchement. Le tambour est traversé par un arbre mobile de réglage sur lequel est clavetée une roue à rochet portant un pignon d'angle. Un arbre creux fixe est muni à son extrémité intérieure de deux pivots portant, l'un un pignon d'angle, l'autre un rouleau de buttée pour le décliquetage des cliquets, après chaque tour du tambour.

Ce même arbre creux porte une deuxième roue à rochets sur laquelle est fixé un troisième pignon d'angle.

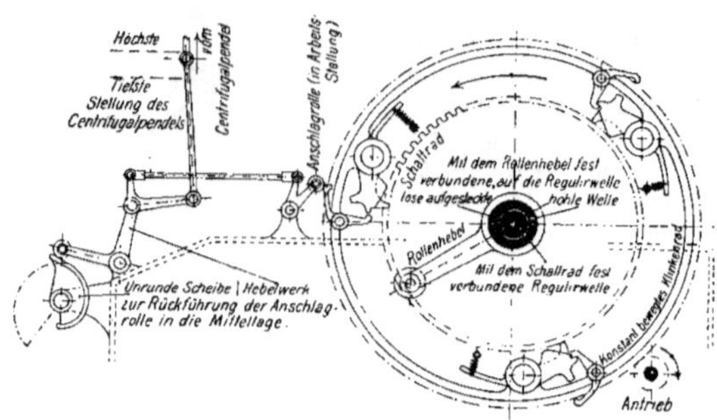

Fig. 62.

L'ensemble de ces trois pignons et de leurs deux roues à rochets constitue le mécanisme de commande de l'arbre de réglage, qu'il peut faire tourner dans un sens ou dans l'autre, suivant qu'un buttoir est déclenché à droite où à gauche.

Un arceau, glissant entre les deux jeux de cliquets d'entraînement, empêche qu'un cliquet de gauche puisse engrener, pendant qu'un cliquet de droite est en fonction et *vice versa*.

Le tambour peut faire 180 encliquetages par minute s'il tourne à 60 tours.

La durée de fermeture varie de 10 à 25 secondes.

L'arbre de réglage est solidaire d'un pendule à ressort, commandé ordinairement par une courroie indépendante de la commande du servomoteur.

Régulateur hydromécanique. — Pour que, dans les moteurs hydrauliques, un régulateur de vitesse automatique puisse répondre aux exigences toujours croissantes avec les progrès de l'électricité, il faut qu'il comprenne un servomoteur qui agisse avec rapidité et énergie.

Certes un régulateur à commande hydraulique est le plus souvent préférable à un régulateur à commande purement mécanique, qui ne peut agir avec la même rapidité.

Le nouveau régulateur produit lui-même la contre-pression hydraulique nécessaire à son fonctionnement et peut donc être appliqué aux turbines à basse pression. Il n'emploie pas l'eau de la chute, qui entraîne généralement du sable ou d'autres impuretés nuisibles.

Son principe est analogue à celui du régulateur hydromécanique de la Société Escher-Wyss, que nous avons décrit précédemment.

L'effet de ce régulateur est caractérisé par un balancement continuel de gauche à droite de l'arbre de réglage. La durée de fermeture peut être de 7 à 15 secondes.

Ce régulateur a pour principe de transmettre le travail de la courroie de la commande du servomoteur par le moyen d'un mouvement différentiel et de deux paires de roues droites emboîtées, servant à faire passer, en circulation continue, deux courants de liquide d'un réservoir à une soupape à double effet, de telle manière que la différence des pressions et des vitesses produite par le déplacement de ladite soupape soit transmise au moyen d'un second mouvement différentiel récepteur sur l'arbre de réglage du moteur, soit à gauche, soit à droite, suivant le déplacement de l'index du tachymètre.

L'une des paires de roues sert toujours comme appui pour le mouvement de l'autre.

Tant que la vitesse est normale, la soupape reste au milieu de sa course et les deux pressions hydrauliques sont en équilibre en sorte que l'arbre de réglage reste au repos.

Le mouvement de l'arbre de réglage est asservi à celui du tachymètre et à celui de la soupape hydraulique.

Le tachymètre est commandé directement par courroie, indépendamment du servomoteur.

Le liquide employé (eau ou huile) est en circulation continue et n'a pas besoin d'être souvent renouvelé.

c) **Régulateur hydraulique à piston différentiel.** — Ce servomoteur est appliqué aux turbines à basse pression. On y emploie de l'huile comprimée à 25 atmosphères par une pompe capable d'alimenter à la fois douze servomoteurs de turbines de 1.000 chevaux.

Son mode de fonctionnement est bien connu. Il est pourvu d'un dispositif de réglage à la main, tout à fait indépendant du réglage automatique. La durée de fermeture du vannage varie de 3 à 5″.

PICCARD, PICTET ET Cie A GENÈVE

MM. Piccard et Pictet ont toujours construit des turbines centrifuges, qu'ils se sont efforcé de plier aux exigences modernes et d'adapter aux cas les plus divers, sans changer notablement la forme des aubes ni la disposition générale de la machine.

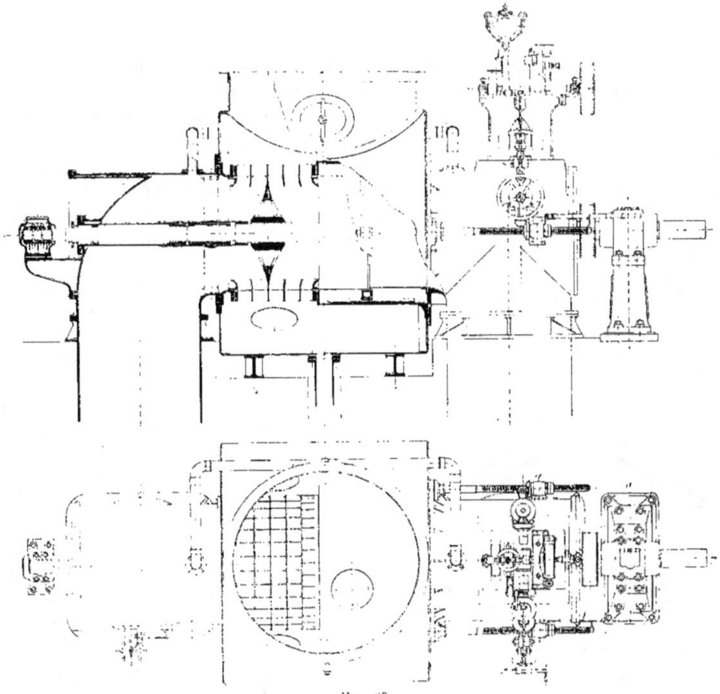

Fig. 63.

Cependant, ils établissent aussi des turbines centripètes, quand il convient, comme le montre l'exemple de la figure 63, qui donne le dessin d'une turbine à axe horizontal, destinée à l'usine électrique de Saut-Mortier (Jura). Elle est calculée pour une puissance de 500 à 700 chevaux,

250 tours par minute, sous 13 à 18 m. de chute. Elle porte cinq couronnes d'aubes radiales à alimentation extérieure, avec réglage par vannes circulaires. Sous une chute moyenne de 16 m,

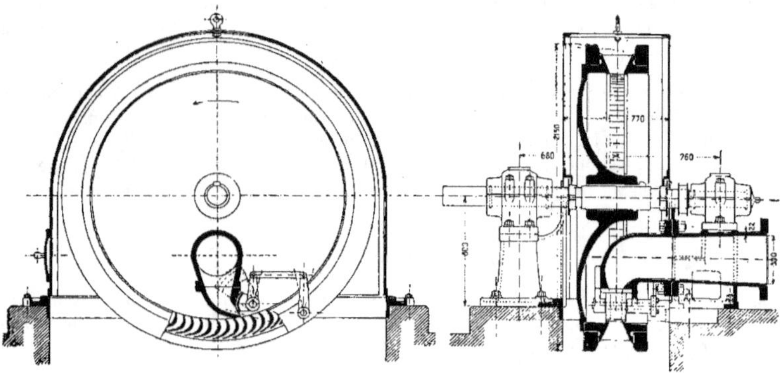

Fig. 64.

la roue mobile ayant un diamètre périphérique de 1,05 m, le coefficient de vitesse est égal à 0,775. Seules les quatre rangées d'aubes placées symétriquement par rapport au moyeu fonctionnent sous

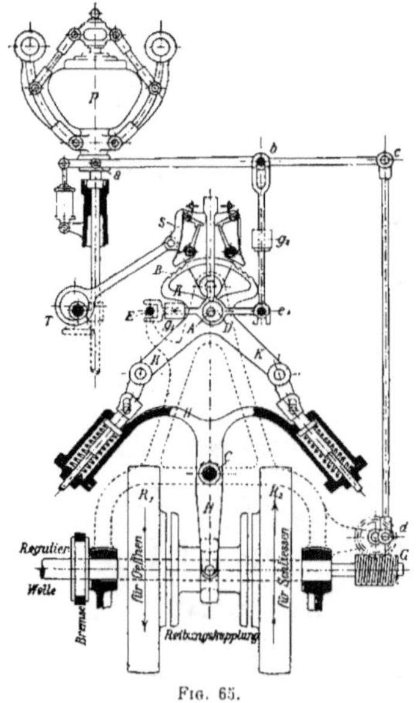

Fig. 65.

la chute moyenne ; la cinquième rangée, qu'on n'utilise que pendant les hautes eaux, possède un aubage spécial. La nécessité de loger une vanne cylindrique a empêché de disposer les couronnes d'aubes symétriquement par rapport au plan médian de l'appareil. Les deux tuyaux de succion sont, eux, symétriques par rapport à ce plan médian et on a eu soin de prolonger le tuyau de droite à l'intérieur du bâti jusqu'au contact de la dernière couronne mobile. Des tuyaux, qui réunissent la conduite d'alimentation aux tubes de succion, permettent d'équilibrer la pression quand la turbine fonctionne à débit réduit. La vanne circulaire, en tôle d'acier, est actionnée par le régulateur au moyen d'arbres traversant, dans des presse-étoupe, le côté droit du bâti.

La figure 64 représente une turbine à haute pression, de 1 000 chevaux et 500 tours par minute, sous 500 m de chute effective destinée, à l'usine électrique de Vernayaz. C'est une turbine du type Girard, à axe horizontal et injection intérieure par une tuyère unique à laquelle est adapté le système Piccard de bascule extérieure, représenté figures 63 à 68. Le tiroir qui ferme l'orifice du distributeur est déplacé par le régulateur. Ce mode de réglage, très souvent appliqué aux turbines de cette maison, nécessite une exécution très soignée, si l'on veut éviter les pertes d'eau sensibles, quand on ferme partiellement ou totalement l'injecteur.

Pour un diamètre extérieur de 2,15 m et 500 tours par minute, la vitesse circonférentielle atteint 56 m par seconde. On pourrait craindre alors une rupture de la roue mobile, qui est en fonte ; aussi l'a-t-on frettée par deux anneaux d'acier de 130 mm de largeur et de 10 mm d'épaisseur. Chacun de ces anneaux est appliqué à chaud et se contracte, par refroidissement, de quelques dixièmes de millimètre.

Pour que l'action du régulateur spécial de la maison Piccard et Pictet soit efficace, il est nécessaire que l'arbre de la turbine soit muni d'un volant d'une puissance vive proportionnée à la force du

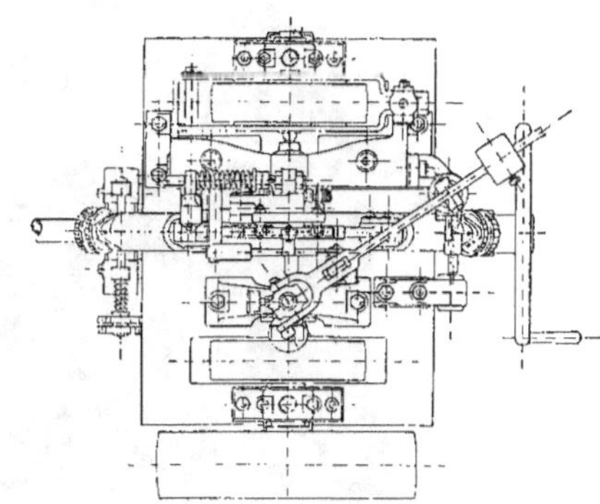

moteur. Dans cette turbine, la roue mobile, frettée comme nous l'avons dit, a une masse suffisante pour former volant.

Le tuyau d'alimentation de l'injecteur est en fonte d'acier et a 300 mm de diamètre.

MM. Piccard et Pictet exposaient aussi toute une série de régulateurs analogues à ceux des célèbres turbines du Niagara. Les figures 65, 66, 67, représentent l'un de ces régulateurs. Nous allons expliquer le fonctionnement de cet appareil, extrèmement ingénieux.

C'est une combinaison du mécanisme caractéristique à déclic de Piccard avec un embrayage par plateaux de friction permettant de transmettre à l'arbre de réglage le mouvement de l'une ou l'autre des deux poulies folles R_1 ou R_2, entraînées d'une manière continue par la turbine au moyen de courroies croisées.

On voit, chez l'auteur de ce dispositif, le désir évident de créer un appareil formant un tout très ramassé, encore que très accessible dans ses différents organes.

Les pièces principales sont : le pendule centrifuge P, la plaque en forme de cœur portant les cliquets S ; la pièce K, à secteur denté, solidaire de la pièce H, qui porte les manchons d'accouplement ; l'arbre de vannage avec ses deux poulies folles ; le levier à trois branches D ; et enfin le dispositif d'asservissement.

Le régulateur centrifuge P agit, par l'intermédiaire du levier ab, sur un levier à trois branches, qui peut osciller autour du point D. Les deux poids additionnels g_1 et g_2 assurent le parallélisme de ab et Ee, dans la faible limite de course que permet la fourche E. L'excentrique T communique un mouvement oscillatoire continu, autour de l'axe B, à la plaque portant les deux cliquets S, qui peuvent agir sur le secteur denté K.

La pièce K, qui oscille autour du point A, excentré par rapport à D, transmet son mouvement à la pièce H, oscillant autour de C, et portant les deux boîtes à ressort X, et les deux manchons d'accouplement.

Ceux-ci transmettent à l'arbre G de commande du vannage le mouvement de l'une ou l'autre des poulies folles, R_1 ou R_2, tournant sur cet arbre dans le sens indiqué par les flèches.

Fig. 67.

L'ensemble Gdc, constitue un mécanisme d'asservissement du mouvement du levier de commande des cliquets S aux mouvements de l'arbre G.

Supposons que l'index a du tachymètre vienne à s'élever. Le point b suit le mouvement de a ; et le poids g_1 fait basculer le levier J, vers la gauche, autour de D. Une pointe venant frapper contre J dégage le cliquet S de gauche et la pièce K, sous l'action de ce cliquet, tourne autour de A, engageant ainsi le manchon d'accouplement de la poulie R_2. L'arbre G ferme alors le vannage.

Ce mouvement de rotation a eu pour effet de placer en ligne droite les points α, β, A. Il en résulte que l'action du ressort X_1, s'exerçant suivant cette droite, empêche tout déplacement de la pièce K sous l'action du ressort X_2 et maintient solidement le contact entre la poulie R_2 et son manchon d'accouplement H.

Nous allons voir que le mouvement de bascule de la pièce K a encore eu pour effet de soustraire le cliquet S à l'action du levier J. En effet, pendant ce mouvement, le point D s'est élevé en tournant autour du point A ; le point e est resté fixe et le levier à trois branches a pivoté autour de e de gauche à droite ; le cliquet S a cessé, de ce fait, d'être soumis à l'action de J. Ce mouvement de retour du levier à trois branches sous l'action de la pièce K prépare l'action du mécanisme d'asservissement sur ce levier, et évite ainsi tout retard au débrayage.

L'arbre G continuant à tourner, le mécanisme d'asservissement G, d, abaisse bientôt le point e, basculant le levier à trois branches vers la droite, J déclenche le cliquet S qui ramène la pièce K à sa position moyenne, séparant, de ce fait, la poulie R_2 de son manchon d'accouplement H, et arrêtant le mouvement de fermeture du vannage.

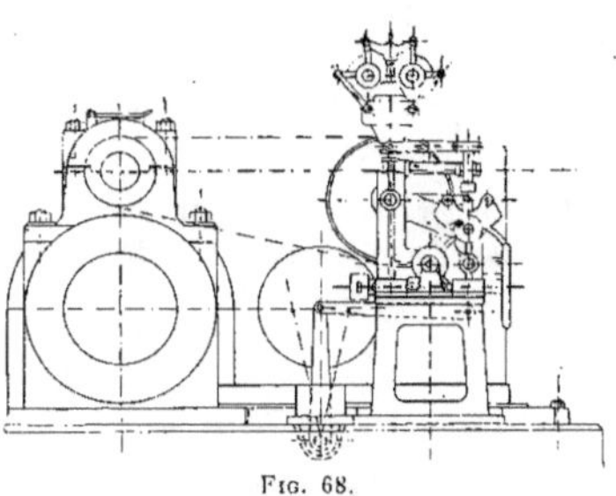

Fig. 68.

Notons que, dans ce mouvement de retour de la pièce K, le levier J, par suite du dispositif d'asservissement que nous avons décrit, a dégagé le cliquet S, de droite, aussitôt après que la pièce K a commencé de tourner vers la droite.

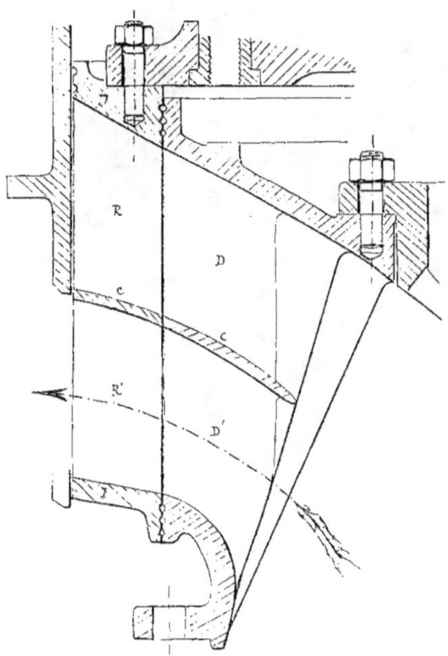

Fig. 69.

La figure 68 montre comment on peut caler le mécanisme de déclic par un levier à poids, quand on veut commander le réglage à la main.

Cet appareil, qui ne va pas, on le voit, sans une assez grande complication, a prouvé à l'usage, dans les nombreuses installations où il a été employé, combien son étude avait été judicieuse.

Les régulateurs mécaniques, et ceci est une remarque générale, ont sur les régulateurs hydrauliques l'avantage d'un fonctionnement toujours sûr et régulier, tandis que la marche de ces derniers peut être parfois dérangée par le passage d'un corps étranger en suspension dans l'eau, ou encore par des coïncements dans les garnitures.

Nouvelle turbine de 5 000 chevaux pour le Niagara. — MM. Piccard et Pictet exposaient les dessins d'un projet de turbine pour la deuxième usine de 50 000 chevaux au Niagara. Dans ce projet, les auteurs se sont proposé de produire le même travail qu'avec leurs anciennes turbines à deux roues, à la même vitesse de 250 tours par minute, mais avec une seule roue mobile.

La figure 69 montre la coupe du distributeur et de la roue mobile de cette turbine. On voit que c'est encore une centrifuge, ayant deux rangées d'aubes R et R′ séparées par une cloison intermédiaire C. Les joues I et J de la roue ainsi que la cloison intermédiaire ne sont pas, comme dans la première turbine, disposées suivant des plans perpendiculaires à l'axe ; elles forment des surfaces coniques, en sorte que l'inflexion des veines d'eau arrivant par l'ouïe de la turbine est moins grande. C'est, ainsi que nous l'avons expliqué ailleurs, une condition de bon rendement [1].

ATELIERS DE CONSTRUCTIONS MÉCANIQUES DE VEVEY

Les ateliers de Constructions mécaniques de Vevey n'ont pas exposé de turbines : c'est regrettable, parce qu'ils ont réalisé dans ces dernières années quelques belles installations. Mais ils nous montraient, dans l'Exposition de la Société d'Applications Industrielles, des pho-

Fig. 70.

tographies de leurs turbines les plus récemment construites, ainsi qu'un modèle en bois représentant la coupe de l'installation de Bellegarde.

La figure 70 montre une turbine centripète à distributeur spiraloïde d'une force de 400 chevaux pour l'éclairage électrique de la station de Davos. Cette turbine est pourvue, ainsi qu'on le voit sur le dessin, d'un régulateur automatique à servomoteur hydraulique.

[1] *Traité des turbo-machines*, p. 171. La figure 133 de cette page qui montre la coupe par l'axe d'une turbine centrifuge que nous avons calculée pour être aussi puissante que possible tout en ayant un rendement mécanique supérieur à 60 0/0, est tout à fait analogue à celle du projet de MM. Piccard et Pictet.

La figure 71 est une copie photographique du modèle en bois des turbines de Bellegarde. La chambre d'eau et le tuyau d'évacuation sont creusés dans la roche calcaire des bords du Rhône. Les turbines débitent 11 m³ par seconde sous une chute nette de 11 à 13 m, et elles donnent, à 114 tours par minute, une puissance effective de 1 200 à 1 500 chevaux. Ce sont des turbines centripètes, genre Francis, formées de trois couronnes d'aubes superposées. La sus-

Fig. 71.

pension est faite par un pivot supérieur, système Fontaine. Elles présentent des particularités très intéressantes : d'abord le vannage, est constitué par un anneau circulaire à fenêtres rectangulaires, dont les pleins peuvent venir obturer plus ou moins les canaux distributeurs, à un endroit où les aubes directrices ont reçu une épaisseur correspondante à celle de l'orifice ; ensuite un piston compensateur soulage le poids de la partie tournante. Le réglage se fait par un servomoteur hydraulique.

Nous n'insisterons pas davantage sur la description de ces turbines, que l'on pourra lire ailleurs [1].

1. A. Rateau. *Traité des turbo-machines*, p. 144 à 146.

ÉTATS-UNIS

La **Smith-Company** York présenta une turbine à aubage mixte. Pour tenir compte des variations du degré de réaction avec les différents degrés d'admission, la roue mobile était divisée en trois secteurs, dans chacun desquels l'angle des aubes à l'entrée de la roue avait une valeur déterminée, différente de celle du secteur voisin. On passait sans transition d'une valeur à l'autre.

Messieurs Sloan et Cie exposèrent plusieurs turbines américaines, notamment la turbine de M. Mac Cormick pour petite chute et débit variable.

Cette turbine a été présentée par M. Sloan lui-même, au Congrès de Mécanique appliquée. Elle est du type centripète avec distribution par directrices mobiles à charnières. Toutes ces

Fig. 72.

directrices (*fig.* 72) sont mues par un secteur circulaire qui les ouvre ou les ferme simultanément de la même quantité. La roue mobile est dérivée de celle du type « Hercule », dû aussi à M. Mac Cormick. Mais ici il y a une particularité, ainsi qu'on le voit sur la figure 73. Les aubes, au lieu d'avoir leur bord d'entrée parallèle à l'axe, sont inclinées vers le bas, de telle manière que l'incidence de l'angle d'injection sur la paroi de l'aube donne une résultante dont la direction est telle que l'eau est poussée vers l'orifice de sortie de la turbine. En d'autres termes, ces aubages inclinés permettent de donner aux filets fluides une impulsion naturelle vers la sortie de la roue mobile.

Lorsqu'il s'agit de débits très variables, M. Mac Cormick fait plus ; il construit ces aubes encore plus inclinées et il les divise en zones pour les différents débits au moyen d'ondulations dans la surface des aubes, comme on le voit en figure 73. Il paraît qu'avec des roues ainsi construites, l'importance du vannage est moindre que d'habitude.

La construction de cette turbine est d'ailleurs faite en vue d'en rendre le démontage et la visite extrêmement faciles.

Le pivot est toujours fait en bois de gaïac, ainsi que le boitard de l'arbre.

Des essais officiels, exécutés à Holioke, sur ce genre de turbines, ont montré un rendement allant jusqu'à 85,3 0/0.

MM. Sloan et Cie exposaient aussi des pièces détachées de leurs turbines et notamment des roues mobiles en fonte de fer d'une jolie exécution.

Roue Cassel. — Une turbine hydraulique à réglage très original a figuré à l'Exposition de Vincennes, dans la Section Américaine ; c'est le moteur imaginé par M. Cassel. Le petit modèle qui était exposé n'a pu être présenté qu'au mois de septembre ; mais, par contre, on le voyait en fonctionnement.

Le moteur Cassel est en quelque sorte une roue Pelton, qui porte en elle-même son régulateur. L'inventeur a eu l'idée de séparer la roue mobile en deux moitiés par un plan perpendiculaire à l'axe et de permettre à ces deux moitiés de se rapprocher l'une de l'autre ou de s'éloigner en coulissant légèrement le long de l'arbre, de part et d'autre du plan médian ; de telle manière que, lorsque les deux moitiés sont en contact, elles constituent une roue unique, et que, dès qu'elles sont un peu écartées, les jets d'eau passent en partie librement entre les deux moitiés de la roue.

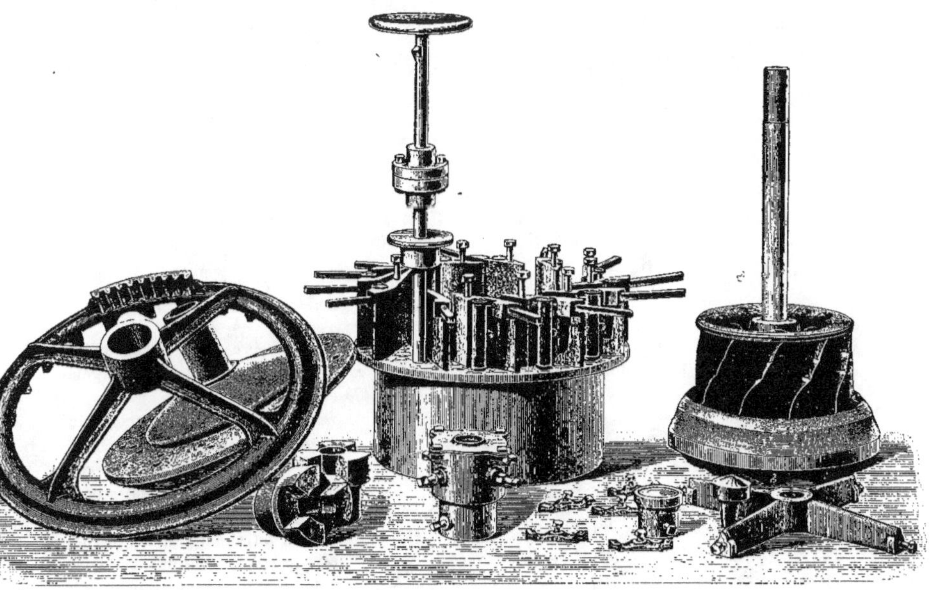

Fig. 73.

Les figures 74 et 75 représentent la machine en vue par bout et en coupe. On voit en PQ et P'Q' les deux moitiés de la roue, auxquelles, suivant l'écartement qui leur est donné, les jets d'eau communiquent une impulsion plus ou moins grande. Il suffit que l'écartement atteigne une grandeur égale au diamètre du ou des jets, pour que ceux-ci passent en entier sans toucher la roue, et alors l'impulsion est réduite à 0. Bien entendu, il faut que les deux parties dans lesquelles la roue mobile est dédoublée, puissent entraîner l'arbre sans frottements notables. A cet effet, elles s'appuient par des galets de roulement *ll* (*fig.* 75) sur les faces radiales *m*, *n* d'un moyeu de grand diamètre *dd* (*fig.* 75) claveté sur l'arbre. L'écartement des deux parties de la roue est contrôlé par un régulateur à boules, directement monté sur l'arbre de la turbine. On voit en *gg* les pendules de ce régulateur, et en K les ressorts antagonistes de l'effort centrifuge exercé sur ces pendules. Ceux-ci oscillent autour des points *e*, *e* (*fig.* 74), et à leurs bras sont rigidement fixées des traverses *i*, *i'*, terminées à leurs extrémités par des galets de roulement, qui s'appuient respectivement sur les flasques de la roue mobile. Quand, la vitesse s'exagérant, les boules s'éloignent de l'axe, elles entraînent avec elles la traverse ii', et les galets écartent les deux moitiés de la roue, jusqu'à ce qu'une quantité d'eau suffisante passe sans produire d'impulsion.

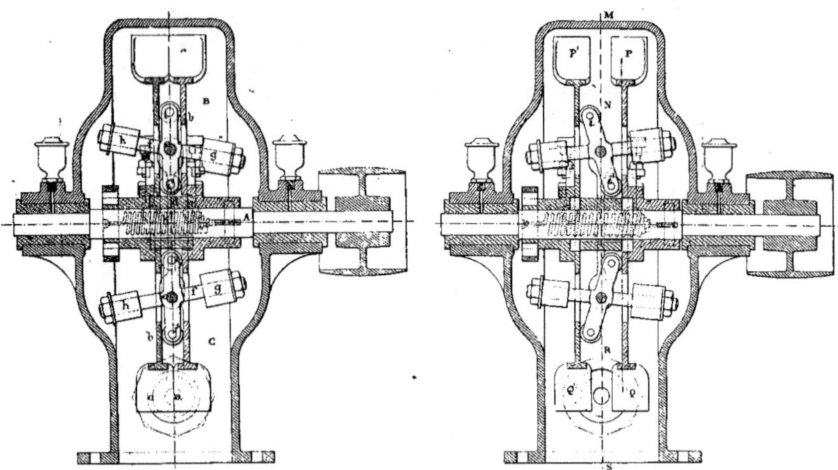

Fig. 74.

Les ressorts K sont montés parallèlement de part et d'autre de l'arbre, et ils tirent sur les deux flasques de la roue mobile, de manière à tendre toujours à mettre les deux moitiés d'augets en contact.

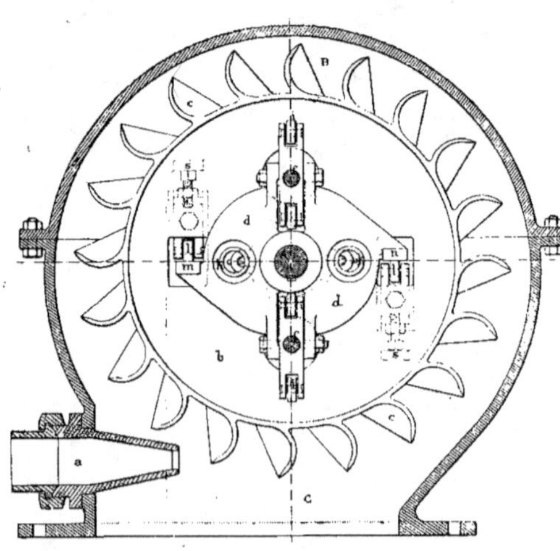

Fig. 75.

On comprend que l'action du régulateur puisse être extrêmement prompte, puisqu'il agit avec le minimum d'intermédiaire possible sur la distribution d'eau et que, d'autre part, il n'y a que très peu de déplacement à faire subir aux organes pour passer de la pleine charge à la charge nulle. Aussi ce système de réglage paraît-il présenter des avantages certains pour les petits moteurs.

Il est du reste d'une grande simplicité. Tout l'appareil est enfermé dans l'enveloppe M. Nous devons toutefois faire observer que le système ne paraît pas applicable aux turbines de grande puissance, au moins sous sa forme actuelle, car évidemment il y a un assez grand effort de frottement à vaincre par le régulateur aux points m et n, où les deux parties de la roue mobile entraînent le moyeu dd claveté sur l'arbre.

De plus, ce système n'économise pas l'eau, puisque le débit par les jets est toujours le même. On peut, il est vrai, concevoir une complication de l'appareil, dans laquelle il y aurait plusieurs jets qui seraient successivement obturés par un dispositif supplémentaire. .

Par contre, le système de M. Cassel serait particulièrement avantageux dans le cas où le moteur doit être alimenté par une longue conduite, car le réglage n'agissant pas du tout sur le débit d'eau, il n'y aurait aucunement à redouter les coups de bélier, qui sont inévitablement occasionnés, dans les systèmes ordinaires, par la fermeture ou l'ouverture des orifices d'injection de l'eau sur la roue mobile.

CONCLUSION

La conclusion de cette étude sommaire sera que l'industrie des turbines, d'origine européenne, a été vivifiée par les ingénieurs d'Amérique qui ont montré nettement les avantages des turbines centripètes et des roues à poches genre Pelton. Mais, toutefois, si l'impulsion première fut donnée par les Américains, ce furent surtout les constructeurs Européens qui, par une étude judicieuse des conditions de fonctionnement des moteurs hydrauliques, parvinrent à les plier aux exigences modernes les plus diverses.

Comme on le sait, il est une application des turbines qui a fait réaliser les plus grands progrès aux dispositions de détail de leur installation, c'est la commande directe des machines électriques ; commande qui nécessite que la vitesse de rotation ne varie que dans d'étroites limites. Aussi a-t-on été conduit, dans ce but, à étudier des appareils permettant de modifier automatiquement le débit dans un temps très court et d'éviter les oscillations de vitesse ; d'où les servo-moteurs hydrauliques et mécaniques que nous avons décrits, actionnant, le plus souvent, des vannages nouveaux.

Mais, pour les turbines installées sur de hautes chutes, ces mouvements rapides du vannage auraient été impossibles à réaliser, du fait de l'inertie des colonnes d'eau en mouvement, si l'on n'avait pas imaginé en même temps des dispositifs de réglage automatique de la pression. C'est seulement grâce à ces appareils, qui garantissent la turbine contre les coups de bélier, qu'on peut maintenant utiliser, avec une sécurité absolue, des chutes d'eau extrêmement élevées. Nous devons reconnaître que ce sont les maisons suisses qui ont étudié et résolu les premières cet important problème du réglage automatique de la vitesse et de la pression.

Les constructeurs français qui s'étaient laissés devancer paraissent décidés à s'engager dans cette voie eux aussi, et à s'efforcer de regagner le temps perdu.

Tours. — Imprimerie Deslis Frères, rue Gambetta, 6.